AF546017

Stefan Röhling | Heinz Meichsner

Rissbildungen im Stahlbetonbau

Stefan Röhling | Heinz Meichsner

RISSBILDUNGEN im Stahlbetonbau

Ursachen – Auswirkungen – Maßnahmen

Fraunhofer IRB Verlag

Bibliografische Information der Deutschen Nationalbibliothek:
Die Deutsche Nationalbibliothek verzeichnet diese Publikation in der Deutschen Nationalbibliografie; detaillierte bibliografische Daten sind im Internet über www.dnb.de abrufbar.

ISBN (Print): 978-3-8167-9645-9
ISBN (E-Book): 978-3-8167-9646-6

Lektorat: Thomas Altmann
Herstellung: Angelika Schmid
Layout: Fraunhofer IRB Verlag
Umschlaggestaltung: Martin Kjer
Satz: Mediendesign Späth GmbH, Birenbach
Druck: Westermann Druck Zwickau GmbH, Zwickau

Fraunhofer-Informationszentrum Raum und Bau IRB
Nobelstraße 12, 70569 Stuttgart
Telefon +49 7 11 9 70-2500
Telefax +49 7 11 9 70-2508
irb@irb.fraunhofer.de
www.baufachinformation.de

Vorwort

Risse sind im Stahlbetonbau wenig erwünschte, aber kaum vermeidbare Erscheinungen, die praktisch in jedem Stahlbetonbauwerk zu finden sind. Aufgrund dieser sehr frühzeitig bekannten Tatsache ging bereits der erste Bemessungsansatz für Stahlbetondecken von Matthias Koenen aus dem Jahr 1886 von einer gerissenen Zugzone aus. Diese Annahme bildet auch in den modernen Bemessungsansätzen die Grundlage. Neben dem Einfluss der Rissbildung auf die Tragfähigkeit sind heute auch die Auswirkungen auf die Gebrauchstauglichkeit und Dauerhaftigkeit von herausragender Bedeutung. Um diese Zielstellungen zuverlässig zu erreichen, sind in den vergangenen Jahrzehnten vielfältige und umfängliche Forschungsarbeiten durchgeführt worden. Dabei sind viele Erkenntnisse über die Entstehung, die Vermeidung und die Begrenzung der Rissbildungen gewonnen worden. Obwohl dadurch umfangreiche Kenntnisse über den Umgang mit Rissen vorliegen, sind noch viele Fragen offen geblieben.

Der aktuelle Wissensstand über die Ursachen der Rissbildung, die Berechnung der Rissbreiten sowie die Dimensionierung und Konstruktion einer zweckmäßigen Bewehrung zur Einhaltung bestimmter Rissbreiten ist inzwischen recht umfangreich geworden und beinhaltet nicht nur übereinstimmende Meinungen. In der Praxis können sich diese Differenzen in den Auffassungen nachteilig auswirken. Nicht zuletzt entstellen gelegentliche Interpretationen des Normtextes und auch Literaturstellen die tatsächlichen Sachverhalte und Zusammenhänge. Auf kaum einem vergleichbaren speziellen Gebiet des Stahlbetonbaus ist die Fehlinterpretation und unterschiedliche Ausdeutung der Normen so verbreitet wie bei den Rissen. Das betrifft auch die Berechnung von Rissbreiten, deren Ergebnisse zwar ausdrücklich als Rechenwerte bezeichnet werden und keinen Anspruch auf genaue Übereinstimmung mit realen Rissen erheben, aber oft Vertragsgrundlage und Abnahmekriterium bilden. Ausgerechnet zum praktischen Umgang mit Rissen und der Messung der Rissbreiten gibt es keinerlei Normung. Dieser Zustand verleitet den Praktiker dazu, unter Bezug auf die in Normen enthaltenen Festlegungen unzulässige Bezüge auf praktisch gemessene Rissbreiten herzustellen und manchmal sogar bis in den Gerichtssaal zu tragen. Hinweise im vorliegenden Buch für zweckmäßige Verhaltensweisen in solchen Situationen sollen diesen unbefriedigenden Zustand etwas mildern.

Für die rechnerische Ermittlung der notwendigen Bewehrung zur Beschränkung der Rissbreite bzw. zum Nachweis der Einhaltung eines vorgegebenen Rechenwertes der Rissbreite wurden theoretisch begründete und experimentell nachgewiesene

Zusammenhänge über den Mechanismus der Rissbildung mathematisch formuliert und in Gleichungen für die praktische Handhabung in der Tragwerksplanung zur Verfügung gestellt. Die Kompliziertheit der Zusammenhänge, die erforderlichen Vereinfachungen und die Streuungen der Eingabewerte führen dazu, dass die rechnerisch ermittelten Rissbreiten nur mit einer gewissen Wahrscheinlichkeit der Realität entsprechen. Eine Auffassung, dass die angewandte Methodik eine hinreichend zuverlässige Ermittlung der Rissbreiten bzw. der rissbreitenbeschränkenden Bewehrung erlauben würde, ist durch die praktische Erfahrung nicht bestätigt. Auch die aktuell verbindliche Fassung der DIN EN 1992-1-1 mit dem nationalen Anhang bedeutet keine Verbesserung, sondern schreibt die Modellungenauigkeiten fort. Die einzuhaltenden Rissbreiten haben damit lediglich den Charakter einer Orientierung, um eine sinnvolle Bewehrung festlegen zu können. Eine Verringerung der rechnerischen Rissbreiten kann nur als eine Vergrößerung der Sicherheit gegen unverträgliche Rissbildungen verstanden werden, eine zuverlässige Begrenzung sämtlicher am Bauwerk auftretenden Rissbreiten ist nicht zu erwarten. Hinlänglich ist bekannt, dass die Eintreffenswahrscheinlichkeit vor allem bei kleineren Rissbreiten in der Größenordnung von etwa 75 % liegt. Bei unzureichender Möglichkeit der Vorhersage sich einstellender Rissbreiten bleibt die verbindliche Einhaltung der normativen Grenzwerte eine unsichere Angelegenheit, die zu verschiedenen Konsequenzen führen kann, wie beispielsweise zu zusätzlichen Aufwendungen für das Füllen von Rissen, juristischen Auseinandersetzungen zwischen Auftraggebern und bauausführenden Unternehmen, einem größerem Bewehrungsstahlbedarf oder eben fehlender Gebrauchstauglichkeit und Dauerhaftigkeit.

Weder der Begriff der »Rissbreite« noch der des »Rechenwertes der Rissbreite« ist so definiert, dass er am Bauwerk nachgemessen werden könnte. Dazu kommt eine Unschärfe bei der messtechnischen Feststellung von Rissbreiten, die durch die Wahl des Messverfahrens bedingt ist. Am gleichen Riss misst man mit einer optischen Messung (Rissmesslupe, Vergleichsmaßstab) die etwas kleinere Rissbreite sowie mit einer Wegmessung (induktive Wegaufnehmer, Setzdehnungsmesser) die etwas größere Rissuferverschiebung. Ein Vergleich von zwei unterschiedlichen Messwerten mit nur einem Rechenwert führt zu einem Konflikt, der bisher in der Literatur wenig Beachtung gefunden hat.

Seit Jahrzehnten werden wissenschaftliche Untersuchungen durchgeführt, um dieses grundsätzliche Problem zu lösen. Eine Verfeinerung der Berechnungsansätze auf der Grundlage des normgemäß verbindlichen Modells hat sich nicht als zielführend erwiesen. Als maßgebende Schwierigkeit bleibt weiterhin bestehen, dass im gegenwärtigen Normenwerk eine sehr wesentliche Eingangsgröße die Risskraft darstellt, die durch die Bewehrung aufgenommen werden muss und vom Risszeitpunkt und der vorhandenen Betonzugfestigkeit abhängt. Eine begründete Annahme für diese Rechengröße ist ohne Kenntnis der Entwicklung der Zwangspannungen im Bauteil aber eigentlich nicht zu treffen. Der Übergang von der risskraftbasierten Vorgehensweise zur verformungskonsistenten Betrachtung erscheint als neuer, aussichtsreicher Weg, um die Ursachen der Rissbildung durch zwangbedingte Verformungen und die Wirkung der Bewehrung so zu verknüpfen, dass eine bessere Gewähr der Gebrauchstauglichkeit und Dauerhaftigkeit erreicht wird. Diese zwischenzeitlichen Forschungsarbeiten zur Anhebung des Sicherheitsniveaus in der rechnerischen Vorhersage der Rissbreiten haben im nationalen

Anhang zur Norm noch keine entsprechende Berücksichtigung gefunden. Aufrechterhalten bleiben jedoch auch bei diesem Ansatz die Notwendigkeit der Kenntnis der Zwangverformungen und die Schwierigkeiten bei deren Ermittlung.

Bei der ursachenbezogenen Betrachtung der Rissbildung kann zwischen frühem und spätem Zwang unterschieden werden. Bei der frühzeitigen Zwangeinwirkung sind hauptsächlich hydratationsbedingte Faktoren zu berücksichtigen (Wärmeentwicklung, autogenes und chemisches Schwinden), die Vorgänge im späteren Alter werden vor allem durch das Trocknungsschwinden und meteorologisch bedingte Verformungen (Jahresgang der Lufttemperatur) bestimmt. Während bei Lastbeanspruchungen die Kräfte zuverlässig bestimmt werden können, liegen die Verhältnisse bei den Zwangbeanspruchungen völlig anders. Die verschiedenen Beanspruchungen entwickeln sich in den Bauteilen entsprechend abweichender Form und Größe unterschiedlich und ebenso wie die Festigkeitseigenschaften des Betons über einen gewissen Zeitraum hinweg, sodass die rechnerische Erfassung einer risskritischen Situation oder der Zwangverformungen nach dem Temperaturausgleichsvorgang ebenfalls mit größeren Unsicherheiten verbunden ist. Trotz dieser Einschränkungen eröffnet die Berechnung der Zwangverformungen die Möglichkeit der Einschätzung, ob überhaupt mit Rissen gerechnet werden muss und in welchem Maße betontechnologische Gegenmaßnahmen wirkungsvoll sind.

Die Autoren bedanken sich bei allen, die zum Gelingen des Buches beigetragen haben. Der besondere Dank gilt dem Fraunhofer IRB Verlag für die gute Zusammenarbeit. Der Verlag hat sich der Thematik, die Ursachen und Folgen der Rissbildung in Stahlbetonkonstruktionen umfassend darzustellen, mit großer Aufmerksamkeit zugewandt. Die Vorschläge der Autoren zur bildlichen und textlichen Erläuterung der Sachverhalte wurden aufgegriffen und bei der Gestaltung des Buches sehr anerkennenswert umgesetzt. Unser besonderer Dank gilt Herrn Dipl.-Ing. Thomas Altmann und seinen Mitarbeitern aus dem Fraunhofer IRB Verlag für die gewohnt angenehme Zusammenarbeit und das daraus entstandene, vorliegende sehr ansprechende Ergebnis als Fachbuch.

Es wäre eine Anerkennung für die Bemühungen des Verlages und der Autoren, wenn durch die Veröffentlichung die Diskussion zu den aufgeworfenen Fragen angeregt und die Vorschläge zur Beherrschung der Rissproblematik Eingang in die Planung und die Bauausführung finden würden.

Dezember 2017 Die Autoren

Inhaltsverzeichnis

1 Rissbildungen als Bestandteil der Stahlbetonbauweise – Zum Anliegen des Buches –

Immer wieder treten in Stahlbetonkonstruktionen Risse auf, die Anlass von Bedenken bei der Abnahme der Baukonstruktion oder während der Nutzung sind. Dabei wird verkannt, dass Rissbildungen ein Bestandteil der Stahlbetonbauweise und in der Regel unvermeidbar sind. Entscheidend ist, die Möglichkeit der Entstehung von Rissen bereits in der Planungsphase zu berücksichtigen, Vorsorge in Hinblick auf die Auswirkungen zu treffen und Maßnahmen zur Begrenzung der Rissbildungen zu ergreifen.

Die Ursachen für Rissbildungen sind vielfältig. Stahlbeton ist ein Verbundbaustoff; die Übertragung der Zugkräfte aus dem Beton in den Bewehrungsstahl ist mit Verformungsdifferenzen und daher mit Rissbildungen verbunden. Insofern ist die Tragwirkung der Bauteile an diesen Mechanismus gebunden und nicht zu vermeiden.

Nach dem Einbau des Frischbetons, während der Erhärtung und im Gebrauchszustand treten lastunabhängige Verformungen aus Temperatur und Schwinden auf, die bei konstruktiven Behinderungen oder auch aufgrund der Eigenmasse beträchtliche Zwangbeanspruchungen hervorrufen können. Überschreiten diese Zwangspannungen die Zugfestigkeit des Betons, sind Rissbildungen die zwangsläufige Folge. Diese Rissbildungen verändern zwar das Tragverhalten der Konstruktion, können aber auch zur Reduzierung dieser Beanspruchungen und zur Entspannung in der Konstruktion beitragen. Insofern ist eine Rissbildung zwar unerwünscht, aber erst dann zu beanstanden, wenn daraus eine Gefährdung für das Tragwerk entsteht. Die Aufgabe der Tragwerksplanung und der Vorbereitung der Bauausführung besteht deshalb darin, die Rissbildungen zu berücksichtigen und Maßnahmen zur Verminderung der Zwangkräfte und zur Begrenzung der Rissbreiten vorzusehen. Diese Maßnahmen können die konstruktive Gestaltung und die Bemessung einer ausreichenden Bewehrung, die Betonzusammensetzung und den Bauablauf, die Anordnung von Abdichtungen und ggf. die Durchführung von nachträglichen Injektionen betreffen.

Die Abschätzung der rissverursachenden Verformungen und der sich einstellenden Rissbreiten ist unbestritten mit größeren Schwierigkeiten und Unsicherheiten verbunden. Die Aussagen zu den lastunabhängigen Verformungen und den Behinderungen sind an zahlreiche Annahmen gebunden, die oft nur innerhalb von bestimmten Grenzen angegeben werden können. In der Phase der Tragwerksplanung müssen bereits Festlegungen getroffen werden, ohne dass die Bedingungen der Baudurchführung bekannt sind. Eine besondere Problematik ist dabei die zeitliche Abhängigkeit der Betoneigenschaften.

Zur Begrenzung der Rissbreite ist eine Mindestbewehrung anzuordnen. Die Bemessung geht dabei von sogenannten rechnerischen Rissbreiten aus, die lediglich eine Rechengröße darstellen, aber oft fälschlich mit den am Bauwerk auftretenden Rissbreiten gleichgesetzt werden.

Eine wichtige Aufgabe des Konstrukteurs besteht darin, die Anordnung der Bewehrung optimal an die Bedingungen der Bauausführung anzupassen. Die Bewehrung muss so gestaltet werden, dass ein qualitätsgerechter Betoneinbau und eine ausreichende Verdichtung des Frischbetons möglich sind.

Die Beurteilung der Rissbildungen am Bauwerk und der wahrscheinlichen Auswirkungen auf die Gebrauchstauglichkeit und Dauerhaftigkeit hat eine erhebliche Bedeutung. Die Anforderungen an die Dichtigkeit und die Beständigkeit gegenüber Korrosion haben ständig zugenommen und sind durch die Ausdehnung der Einsatzgebiete der Stahlbetonbauwerke und die Erfahrungen in den letzten Jahrzehnten begründet. Die Abschätzung der Rissbreiten und die Beurteilung der Konsequenzen hat dabei eine erhebliche Brisanz.

In diesem Buch sollen die komplexen Zusammenhänge, die zur Rissbildung führen und der Umgang mit den Rissen in Theorie und Praxis dargestellt werden. Der Inhalt wurde in den einzelnen Kapiteln wie folgt gegliedert:

In **Kapitel 2** wird auf die sehr frühzeitigen Verformungen eingegangen, die unmittelbar nach dem Einbau und Verdichten des Frischbetons einsetzen und eine Frührissbildung nach sich ziehen können. Zu diesem Zeitpunkt verfügt der Beton über keine Festigkeit und ist besonders sensibel gegenüber jeglicher Beanspruchung. Diese Erscheinungen sind zwar seit langem bekannt, werden aber erst jetzt als Bestandteil des Rissgeschehens während der Erhärtung des Betons angesehen. Diese sehr früh entstehenden Risse werden oft nicht wahrgenommen, bilden aber den lokalen Ansatz für spätere Rissentwicklungen. Neuere Messtechnik gestattet, die Spannungen in der Baudurchführung zu verfolgen und rechtzeitig Nachbehandlungsmaßnahmen einzuleiten.

Mit **Kapitel 3** wird die Darstellung des Zusammenhanges von Verformungen, Zwangspannungen und Rissbildungen begonnen. Begriffe wie junger Beton, später Zwang und dergleichen werden erläutert, die Einflussfaktoren auf die Zwangspannungen genannt und die Auswirkungen der mechanischen Eigenschaften des erhärtenden Betons geschildert. Es zeigt sich, dass die Untersuchungen der Auswirkungen von Zwangspannungen nicht zeitlich abgegrenzt werden können und das Verhalten des Betons im gesamten Erhärtungs- und Nutzungszeitraum betrachtet werden muss.

Kapitel 4 behandelt umfassend die lastunabhängigen Verformungen der Bauteile. Die thermischen und autogenen Verformungen sind dabei relativ zuverlässig erfassbar, ebenso der Einfluss der Temperatur auf den Erhärtungsverlauf, da diese Phänomene mit der Hydratation des Zements in Verbindung stehen. Heute stehen Geräte zur Verfügung, die die Temperatur feststellen und auf dieser Grundlage eine Aussage über den Erhärtungszustand und die zu erwartenden Verformungen ermöglichen. Eine rechnerische Ermittlung der Temperatur ist bei jungem Beton sehr aufwendig, sodass eine Abschätzung auf der Basis von Orientierungswerten zweckmäßig ist, die aus Beobachtungen gewonnen wurden. Der Zusammenhang zwischen Temperatur und Verformung kann durch Messungen an Bauteilen vor Ort festgestellt werden. Schwierig einzuschätzen ist das Trocknungsschwinden über lange Zeiträume in Abhängigkeit von den Umgebungsbedingungen. Die Streubreite ist in Abhängigkeit von der Betonzusammensetzung und den Umgebungsbedingungen relativ groß, die Aussage demzufolge nicht verlässlich.

In **Kapitel 5** wird das Bauteilverhalten während der Erhärtung und bei Beanspruchungen behandelt. Im Mittelpunkt steht die zeitabhängige Entwicklung der Zugfestigkeit, die für die Ermittlung der Mindestbewehrung und die Abschätzung einer wahrscheinlichen Rissbildung eine Schlüsselrolle spielt. Dabei wird auch auf die Kopplung mit dem Hydratationsgrad eingegangen, die auch in Rechenprogrammen verwendet wird. Die anderen mechanischen Kenngrößen wie E-Modul und Zugbruchdehnung werden ebenfalls in der Zeitabhängigkeit dargestellt und wechselseitige Bezüge angegeben. Eingegangen wird auch auf die Möglichkeit, die Entwicklung der Eigenschaften während der Bauausführung abzuschätzen. Dabei wird von der Reife des Betons ausgegangen, die sich aus der temperaturbedingten Korrektur der Erhärtungszeit ergibt. Ausführlich wird auf die viskoelastischen Eigenschaften des Betons eingegangen, da die Kenntnis der Relaxation für die realistische Beurteilung der Zwangspannungen von großer Bedeutung ist. Die Relaxation im jungen Beton erklärt auch die Zugspannungen, die sich während der Erhärtung im Bauteil entwickeln.

Kapitel 6 widmet sich der Verformungsbehinderung, die zur spannungswirksamen Dehnung und Rissbildung in den Stahlbetonbauteilen führt. Die Grundformen der Behinderung, die in allen Konstruktionen als zentrischer und außermittiger Zwang zu finden sind, bilden auch die Basis für die Berechnung der Zwangspannungen und die Abschätzung der rechnerischen Rissbreite. Ausführlich behandelt werden dabei die Bedingungen in den Wänden und Bodenplatten, die in vielfältigen Formen und Abmessungen die hauptsächlichen Bestandteile sehr unterschiedlicher Bauwerke sind. Eingegangen wird auch auf die Eigenspannungen, die aufgrund innerer Behinderungen im Bauteil entstehen und zu Randrissen führen können. Dabei wird auch die normative Festlegung diskutiert, nur in Abhängigkeit von der Bauteildicke eine Abminderung der Zugfestigkeit vorzunehmen, da pauschal Randrisse unterstellt werden. Schließlich wird darauf eingegangen, dass das entstandene Rissbild durch Temperaturwechsel und das Schwinden verändert werden kann.

Kapitel 7 verfolgt die Zwangspannungen und Rissbildungen in Bauwerken mit erhöhten Anforderungen. Diese resultieren aus den besonderen Bedingungen bei wasserundurchlässigen und flüssigkeitsdichten Konstruktionen, aus den größeren Abmessungen bei Massenbetonbauteilen sowie aus der spezifischen Konstruktion bei Elementdecken und -wänden. Die Vielfalt der zwangbedingten Beanspruchungen wird anhand einiger Beispiele von ausgeführten Bauwerken ergänzend dargestellt. Dabei wird auf das Rissbild und die Rissursachen ebenso eingegangen, wie auf die Minimierung oder Vermeidung der Rissbildungen.

In **Kapitel 8** werden Maßnahmen zur Verminderung der Zwangspannungen erläutert. Diese umfassen die konstruktiven Möglichkeiten, die im Zuge der Tragwerksplanung zu berücksichtigen sind, und die Vorgehensweise zur Steuerung der Temperaturverhältnisse im Bauteil durch Betonzusammensetzung, Bauausführung und Nachbehandlung. Die Reduzierung der Zwangkräfte ist eine wesentliche Komponente der Strategie zur Beherrschung der Rissbildung und Sicherstellung der Dauerhaftigkeit und Gebrauchstauglichkeit.

Die Ausführungen in **Kapitel 9** wenden sich der messtechnischen und rechnerischen Ermittlung der Zwangspannungen zu. Die messtechnische Untersuchung der Zwangspannungen im Labor führt zu sehr wesentlichen Hinweisen für die Berechnung, auf der Baustelle gibt sie während der Baudurchführung Aufschluss über die Beanspruchungssituation. In der Berechnung wird darauf eingegangen, wie die Angaben der vorlaufenden Kapitel verwendet werden können und wie schrittweise der Spannungsaufbau nachvollzogen werden kann. Dabei wird auf die thermischen Beanspruchungen und die Besonderheiten des Einflusses des Schwindens eingegangen. Anhand von Risskriterien wird deterministisch und probabilistisch eingeschätzt, inwieweit eine Rissgefährdung vorhanden ist.

Kapitel 10 ist der zweiten Komponente der Strategie zur Beherrschung der Rissbildungen vorbehalten. Sehr ausführlich werden die Grundlagen des Verbundes und der Überleitung der Zwangschnittgrößen bei Rissbildung in die Bewehrung sowie die Modellvorstellungen zur Berechnung der Mindestbewehrung und der rechnerischen Rissbreite behandelt. Die Unterschiede in der Auslegung der europäischen Norm DIN EN 1992-1-1 bzw. DIN EN 1992-1-1/NA werden dabei herausgearbeitet. Weiterhin wird auf die Streuungen eingegangen, die sich bei der Ermittlung der rechnerischen Rissbreite infolge der Abweichungen in den Eingabewerten und den Modellparametern ergeben. Auf die Bedeutung einer realistischen Annahme der zeitabhängigen Zugfestigkeit und der Abminderung der Festigkeitseigenschaften durch die eigenspannungsbedingten Rissbildungen wird gesondert eingegangen. Die Darlegungen führen zwangsläufig zu der Einschätzung, dass die rechnerischen Rissbreiten selbst als Rechengröße nur mit einer gewissen Wahrscheinlichkeit akzeptiert werden können. Neben der normgemäßen Annahme der Rissschnittgröße als maßgebend für die Ermittlung der Rissbreite wird auch auf verformungskompatible Konzepte eingegangen, die die Verformung im Bauteil zugrunde legen. Diese insgesamt auftretende Verformung muss durch die Summe der Rissbreiten im Bauteil kompensiert werden.

In **Kapitel 11** werden die Rissentstehung und die wesentlichen Risseigenschaften behandelt. Risse entstehen aus kleinen Unregelmäßigkeiten im Betongefüge, die immer vorhanden sind und die sich bei einer Beanspruchung durch Last oder Zwang mit neu gebildeten Mikrorissen mit wachsender Dehnung zum realen Riss vereinigen. Im Zugversuch an einem unbewehrten Versuchskörper, mit dem eine Zwangbeanspruchung simuliert wird, beginnt die Rissentstehung bei Erreichen der Zugfestigkeit. Im sogenannten absteigenden Ast, in dem sich der Riss eigentlich erst bildet, reißen die Rissuferflächen allmählich auseinander und sind etwa bei einer Rissuferverschiebung von 0,15 mm völlig getrennt. Erst dann ist der Riss fertig.

Kurz vor Erreichen der Zugfestigkeit entstehen an der künftigen Rissstelle plastische Verformungen, die sogenannte Rissprozesszone; in ihr entsteht dann der Riss. Die Reste der Rissprozesszone bleiben an den Rissflächen haften und verengen den entstehenden Rissspalt etwas. Dadurch entsteht eine Differenz zwischen dem Rissspalt einerseits und der Längenänderung des Bauteils über den Riss hinweg andererseits (Rissuferverschiebung). Sowohl der Rissspalt (Rissbreite) als auch die Rissuferverschiebung werden in Theorie und Praxis als die Rissbreite des Risses bezeichnet und behandelt, obwohl es sich in beiden Fällen um unterschiedliche Werte handelt. Die Differenz kann bis zu 0,1 mm betragen und darf für übliche Risse mit bis zu 0,4 mm Rissbreite nicht vernachlässigt werden. Diese nicht ganz neue, aber von der Fachwelt bisher nicht zur Kenntnis genommene Tatsache, hat mehrere Konsequenzen für den Umgang mit Rissen im Stahlbetonbau.

Wie Rissbreiten zu messen sind und welche Probleme dabei bestehen, wird in **Kapitel 12** behandelt. Rissbreite und Rissuferverschiebung eines Risses werden mit unterschiedlichen Messgeräten bestimmt. Mit der optischen Messung (Vergleichsmaßstab, Rissmesslupe) wird die Rissbreite gemessen. Die Rissuferverschiebung wird als Weg der beiden durch den Riss getrennten und sich voneinander entfernenden Teile im Betonbauteil gemessen (Setzdehnungsmesser, induktive Wegaufnehmer). Beide Werte sind für den gleichen Riss nicht zahlengleich und können sich bis zu 0,1 mm unterscheiden. Da bis in die Gegenwart sowohl in der Wissenschaft als auch in der Praxis kein Unterschied zwischen beiden Werten gemacht wird, hat das die ohnehin im Betonbau gewohnten Streubreiten von Messwerten zusätzlich vergrößert.

Der Rechenwert der Rissbreite ist allein durch die Berechnungsvorschrift in der Norm als Längendifferenz zwischen der Bewehrung und dem Beton definiert. Mit der genormten Berechnungsmethode für den Rechenwert der Rissbreite kann kein Dehnungsanteil aus der Rissprozesszone berücksichtigt werden. Deshalb ist er eine Rissuferverschiebung, also etwas größer als die mit der Rissmesslupe messbare Rissbreite. Er ist ein ideeller Wert, der am realen Riss nicht messbar ist. Eine vertragliche Vereinbarung einzuhaltender Rissbreiten ist deshalb sachlich nicht haltbar und für den Bauunternehmer ein hohes Risiko.

Leider gibt es keine Prüfnorm zur Messung von Rissbreiten. So haben sich in der Praxis drei unterschiedliche Messmethoden herausgebildet, die am gleichen Riss zu drei verschiedenen Rissbreitenwerten führen.

Das Kapitel enthält Angaben zu gebräuchlichen Messinstrumenten, zu ihren zweckmäßigen Anwendungsmöglichkeiten und zur Auswertung.

In **Kapitel 13** werden mögliche Auswirkungen von Rissen für die Nutzung von Bauwerken behandelt. Jeder Riss bedeutet eine Trennung des Betongefüges, in die Substanzen eindringen, die den Beton und vor allem die Bewehrung schädigen können. Das kann Auswirkungen auf die Nutzungsdauer eines Bauwerks haben. Außerdem genügt in vielen Fällen bereits das Vorhandensein von Rissen, um Sichtflächen zu beeinträchtigen. Bei vielen Praktikern ist nicht bekannt, dass es für Rissbreiten bis 0,5 mm keinen direkten Zusammenhang zwischen Korrosionsgefährdung und Rissbreite gibt. Es ist also überflüssig, für den in der DIN EN 1992-1-1 geregelten Bereich bis zu einem Rechenwert der Rissbreite von 0,4 mm die Rissbreiten streng zu differenzieren. Das erleichtert auch die

Auswertung von Rissbreitenmessungen am Bauwerk. Die für die chloridinduzierte Korrosion geltenden Besonderheiten werden erläutert.

In **Kapitel 14** werden Risseigenschaften behandelt, die bei Einwirkung von Wasser auf gerissene Bauteile von Bedeutung sind. In erster Linie betrifft das die Selbstheilung/Selbstdichtung von Trennrissen. In der WU-Richtlinie sind dazu empirisch gewonnene Erkenntnisse aus den 1980er- und 1990er-Jahren aufgenommen worden. Aus heutiger Sicht sind diese Erkenntnisse ergänzungsbedürftig, was Auswirkungen auf den diesbezüglichen Inhalt der WU-Richtlinie haben muss.

Das Selbstdichtungskriterium der WU-Richtlinie ist nach gegenwärtigem Kenntnisstand zu optimistisch. Das hat zwei Ursachen:

- Bei der Formulierung des Selbstdichtungskriteriums anhand von fast 70 Durchflussversuchen mit systematisch variierten Parametern ist relativ großzügig verfahren worden. Beispielsweise ist ein zulässiger Rissbreitenwert von 0,2 mm höchstens bei sehr geringen Druckdifferenzen von bis zu 2 mWS gerechtfertigt.
- Die Gleichsetzung der sehr sorgfältig mit Messlupe eingestellten Rissbreiten im Versuch mit Rechenwerten der Rissbreite ist nicht korrekt. Dazu kommt, dass besonders bei kleinen Rissbreiten bis 0,15 mm die Vorhersagewahrscheinlichkeit mit 70 bis 80 % so gering ist, dass sehr oft mit wasserführenden Rissen zu rechnen sein wird, wo die Festlegungen der WU-Richtlinie Dichtigkeit in Aussicht stellen.

Arbeitsfugen in WU-Bauwerken haben andere Eigenschaften als durch Bruch der Betonstruktur entstandene Risse. Dadurch sind sie viel anfälliger gegenüber Wasserdruckbeanspruchungen und erfordern bei der Planung und Realisierung eine besondere Sorgfalt. Die Rissprozesszone im natürlichen Riss scheint günstigere Bedingungen für die Rissrauigkeit zu schaffen als eine noch so gut aufgeraute Arbeitsfugenfläche.

Die WU-Richtlinie enthält Forderungen für die Mindestdruckzonenhöhe bei Biegerissen in WU-Bauwerken, gibt aber keine Auskunft, wie die Druckzonenhöhe im Gebrauchszustand berechnet werden kann. Deshalb wird in diesem Kapitel eine Methode zur Bestimmung der Druckzonenhöhe bei Biegerissen behandelt.

In **Kapitel 15** sind einige Schlussfolgerungen und Hinweise zusammengefasst, die sich aus der kritischen Betrachtung der im Buch geschilderten Zusammenhänge ergeben. Dabei wird auf die Ursachen und die Folgen einer zu umfangreichen Mindestbewehrung, die nicht definierten Rissbreiten in der Berechnung und bei der Messung am Bauwerk und dergleichen eingegangen.

Die Behandlung der Thematik »Rissbildungen im Stahlbetonbau« steht unter der Prämisse, dass die in Bauwerken entstehenden Verformungen aus Schwinden und Temperatur, also durch nicht oder nur sehr begrenzt beeinflussbare äußere Umgebungsbedingungen und betonstoffliche Vorgänge, nicht verhindert werden können. Sind diese Verformungen behindert, entstehen Zwangkräfte und bei Überschreitung der Zugfestigkeit oder der Verformungsfähigkeit des Betons Rissbildungen. Wenn das Tragwerk nicht statisch bestimmt oder durch Fugen getrennt geplant wird und größere Bauteilabmessungen aufweist, ist immer mit einer Zwangsituation und mit Rissbildungen zu rechnen. Unvertretbar wäre, wenn den zu erwartenden Zwangkräften durch eine steifere Konstruktion oder durch eine umfangreiche Bewehrung begegnet würde. Demgegenüber wird bei dem Entwurf des Tragwerks das Ziel verfolgt, die Zwangkräfte zu vermindern und die unvermeidbare Rissbildung durch Bewehrung zu steuern. Die kontrollierte Rissbildung ist dabei eine wesentliche Maßnahme zur Verringerung der Zwangverformung.

Maßgabe für die Herstellung zwangbeanspruchter Stahlbetonbauten ist, die zur Verfügung stehenden Möglichkeiten in der Tragwerks- und Ausführungsplanung abzustimmen und unter Abwägung der Vor- und Nachteile ein Optimum anzustreben. In vielen Fällen ist dabei ein Weg durch Konfliktbereiche zu finden, wie beispielsweise

- die Abdichtung von zwangmindernden Fugen,
- die Dichtigkeit von Bauteilen mit begrenzter Rissbildung oder
- die Verminderung der Hydratationswärme und Bauteiltemperatur bei langsamerer Erhärtung und Festigkeitsbildung während der Baudurchführung.

Die oft einseitige und unabgestimmte Behandlung der Problematik kann die Sicherheit vermindern, die erforderliche Gebrauchstauglichkeit und Dauerhaftigkeit zu erreichen. Alle Überlegungen stehen unter der Randbedingung, dass sich Zwangverformungen und Zwangkräfte rechnerisch nur unsicher erfassen lassen. Außerdem sind die Vorhersage der Lage der Risse im Tragwerk und die zu erwartende Rissbreite problematisch. Insofern ist immer Vorsorge zu treffen, dass nicht tolerierbare Risse nachträglich dauerhaft geschlossen werden können. Die Schwierigkeiten bei der Herstellung zwangbeanspruchter Stahlbetonkonstruktionen können beträchtlich sein und größere Folgekosten nach sich ziehen, auch wenn Regelwerke und Veröffentlichungen oftmals einen anderen Eindruck vermitteln.

2 Frühe Verformungen und Rissbildungen im plastischen Beton

Bereits unmittelbar nach dem Einbau des Frischbetons treten Verformungen auf, die selbst im plastischen Zustand zu Rissbildungen führen und dadurch die Dauerhaftigkeit und Gebrauchstauglichkeit nachteilig beeinflussen können. Ursachen sind neben dem Setzen des Frischbetons das Frühschwinden in der Randzone des Bauteils infolge eines Wasserverlusts durch Verdunstung. In DIN EN 13760:2011-07 und DIN EN 1045-3 wird deshalb darauf hingewiesen, dass das Frühschwinden durch eine geeignete Nachbehandlung gering zu halten ist bzw. verhindert werden muss. Dieser Forderung kann jedoch häufig nicht entsprochen werden, da bei Industrieböden, Parkdecks und ähnlichen Bauteilen zwischen dem ersten Oberflächenabschluss und der endgültigen, abschließenden Bearbeitung oder unmittelbar danach eine Begehbarkeit des Bauteils und die Möglichkeit der Nachbehandlung nicht gegeben ist. Diese »Nachbehandlungslücke« ist oft die Ursache, dass wiederholt Rissbildungen aufgetreten sind. Die vorhandene Bewehrung kann in diesem Stadium die sich einstellende Rissbreite nicht begrenzen. Im Folgenden wird auf die Ursachen der Frührissbildungen und deren Vermeidung am Beispiel der Ausführung eines ausgedehnten Parkdecks eingegangen. Dadurch soll auch auf Rissbildungen aufmerksam gemacht werden, die in der Bauausführung oft nicht die notwendige Beachtung finden.

2.1 Sedimentation und Bluten des Frischbetons, Entstehen von Setzungsrissen

Ein Frischbeton üblicher Zusammensetzung kann als eine Suspension betrachtet werden, in der alle Bestandteile mit Wasser umhüllt und frei beweglich sind. Unter der Einwirkung der Vibrationsverdichtung und aufgrund der Schwerkraft sinken die schwereren Gesteinskörnungen in den unteren Bereich des Bauteils ab, das sogenannte Blutwasser steigt zur Oberfläche auf und bildet dort zunächst einen durchgängigen Wasserfilm (Bild 2.1). Das Freisetzen des überschüssigen Zugabewassers im Zuge der Sedimentation stellt in dieser Frühphase bei ungeschützten horizontalen Bauteilflächen einen Schutz vor Austrocknung dar und ist damit hilfreich. Auch ein gewisses Nachsaugen dieses

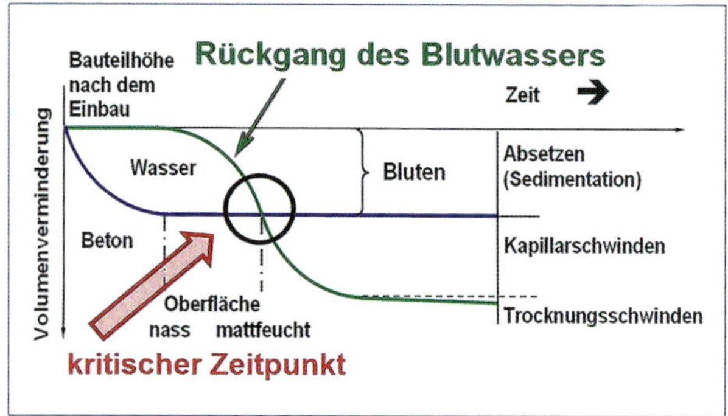

Bild 2.1: Sedimentation, Blutwasser an der Bauteiloberfläche und kritischer Zeitpunkt für den Beginn des Kapillarschwindens

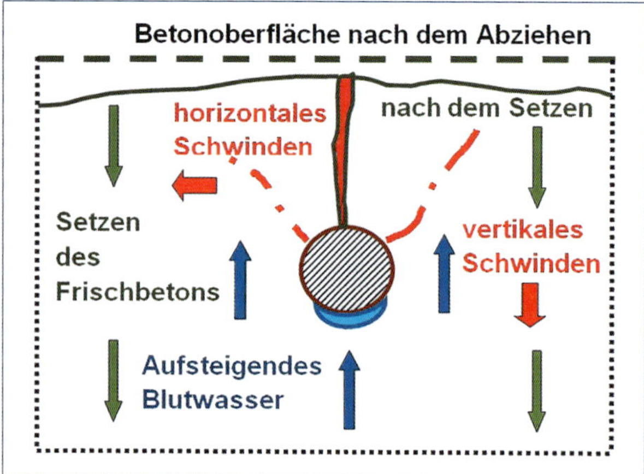

Bild 2.2: Setzen des Frischbetons nach dem Einbau, aufsteigendes Blutwasser und anschließendes plastisches Schwinden

Bild 2.3: Setzungsriss über der horizontalen Bewehrung

Wassers zurück in die Randzone des Bauteils findet infolge beginnender Hydratationsvorgänge statt und ist vorteilhaft.

Nachteilig zu beurteilen sind Wasseransammlungen unter den oben liegenden Bewehrungsstählen, groben Gesteinskörnungen und Einbauteilen sowie ein Aufschwemmen von Zementleim und die Bildung einer Randschicht (Bild 2.2). Weiterhin ist zu beachten, dass über verformungsbehindernden Konstruktionsteilen breitere Risse mit Abmessungen von mehreren Millimetern entstehen können, wie beispielsweise über der Bewehrung (Bild 2.3). Die Risstiefe ist dagegen gering und betrifft nur den oberen Randbereich des Bauteils. Diese Setzungsrisse können jedoch in Verbindung mit dem plastischen Schwinden tiefer in das Bauteil hineinreichen. Nicht alle Setzungsrisse sind sofort sichtbar, sondern können sich bei später einsetzenden weiteren Verformungen bis zum Bauteilrand verlängern. Maßnahmen zur Begegnung von Setzungsrissen sind neben der Betonzusammensetzung (Wassergehalt, Sieblinie) eine rechtzeitige Nachverdichtung.

Die Menge an Blutwasser hat sich in den letzten Jahrzehnten merklich verringert. Ursachen sind beispielsweise die Herabsetzung des Wasserzementwertes zur Erzielung hochfester Betone und die Vergrößerung des Wasserrückhaltevermögens durch die Zunahme von Feinststoffen in der Frischbetonmischung. Unter dem Gesichtspunkt der Vermeidung von Frühschwindrissen erscheint eine Optimierung der Betonzusammensetzung mit dem Ziel eines ausreichenden Blutwasserreservoirs durchaus angemessen. Die Steigerung der Betondruckfestigkeit wäre danach nur anzustreben, wenn konstruktiv unbedingt erforderlich.

2.2 Plastisches Schwinden und die Entstehung von Frühschwindrissen

Ist eine horizontale Bauteiloberfläche ungeschützt der Außenluft ausgesetzt, verdunstet zunächst die Blutwasserschicht ohne jegliche Verformung des Gefüges (Bild 2.4, Phase A). Die Verluste durch die Trocknung werden durch nachstoßendes Blutwasser ausgeglichen. Die fortschreitende Komprimierung des Feststoffgerüstes durch die Setzung (Bild 2.4, Phase B) erschwert den Nachschub des Blutwassers, sodass die Verdunstungsrate überwiegt. In der dann abgetrockneten Oberfläche, die charakteristisch nur noch mattfeucht erscheint (Bild 2.1), bilden sich Menisken zwischen den Feststoffpartikeln (Zement, Zusatzstoffe, Gesteinskörnung) aus, die Kapillarkräfte und damit ein horizontales Schwinden und eine Versteifung des Gefüges hervorrufen (Bild 2.4, Phase C). So lange noch eine Setzung stattfindet, wachsen die Kapillarkräfte nur langsam an. Mit der Einschränkung der Beweglichkeit und Behinderung des Flüssigkeitstransports (kritischer Punkt in Bild 2.5) beschleunigt sich der Aufbau des Kapillardrucks. Wenn die Randzone weiter austrocknet, vertiefen sich die Menisken und wandern in das Bauteilinnere (Bild 2.4, Phase D). Dabei werden die Räume zwischen den Partikeln mit den größeren Radien R zuerst entleert. Der Kapillardruck p_k steigt ständig weiter an, bis das Gefüge keinen ausreichenden Widerstand entgegensetzen kann und ein Lufteinbruch stattfindet. Die Rissbildung hat lokal begonnen (Bild 2.4, Phase E).

Der Druck und der Zeitpunkt, an dem der Lufteintritt stattfindet, sind dominante Größen ([Wit], [Slo2]). Das weitere Schwinden vertieft und verbreitert die Risse (Bild 2.4, Phase F). Für die Nachbehandlung ist von Bedeutung, dass die Kapillarspannungen sofort zurückgehen, wenn Wasser zugeführt wird. Wirkungsvoll ist demzufolge jede Maßnahme, die ein Austrocknen der Randzone verhindert oder wieder aufhebt.

Aufgrund der unterschiedlichen Partikelgröße und der Partikelverteilung im Zementleim vollzieht sich der Lufteintritt nicht gleichzeitig in allen Poren, sondern örtlich getrennt. Dies erklärt die örtlich unterschiedlichen Ergebnisse von Kapillardruckmessungen [Slo2]. Im Zuge der weiteren Austrocknung vereinigen sich die als Rissspitzen wirkenden Störstellen im Gefüge. Das geschieht bevorzugt an Übergangszonen zwischen gröberen Gesteinskörnungen und Zementleim und unter dem Einfluss einer Verformungsbehinderung, sodass eine Rissfront entsteht.

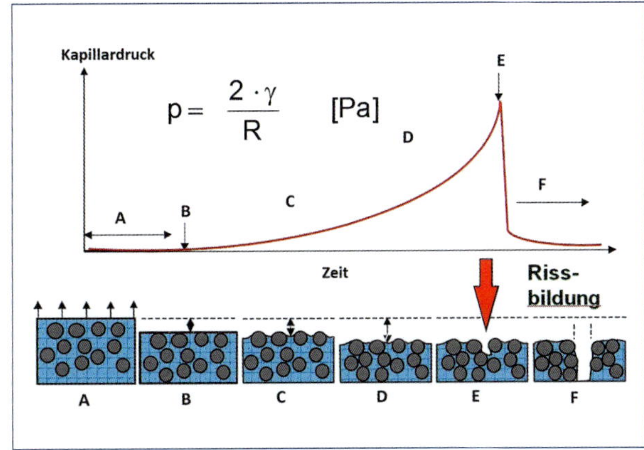

Bild 2.4: Verdunstung des Wassers an der Bauteiloberfläche und Entwicklung des Kapillardrucks bis zur Rissbildung (nach [Com1])

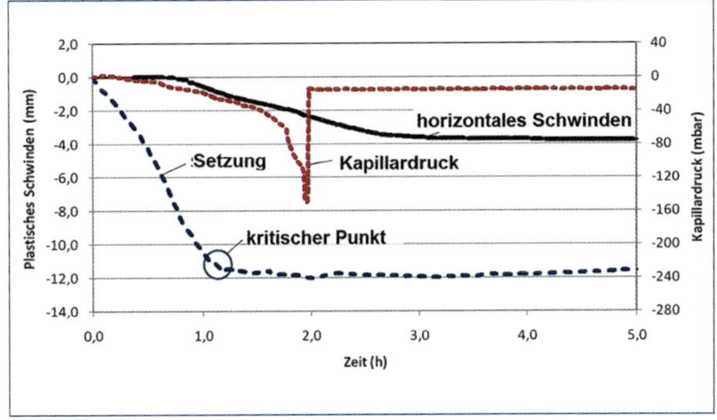

Bild 2.5: Plastisches Schwinden vertikal (Setzen des Betons) und horizontal (Kapillarschwinden) sowie Kapillardruck eines trocknenden Betons (w/z = 0,65) in den ersten fünf Stunden [Fon1]

Der Kapillardruck und das Kapillarschwinden sind von einer Reihe von Faktoren mit unterschiedlicher und bei Überlagerung auch mit gegensätzlicher Auswirkung abhängig. Ein Anstieg tritt grundsätzlich auf mit der Zunahme der Verteilung und des Volumens der feinen Partikel in der Betonmischung. Dazu zählen die Zementmahlfeinheit (höherfeste Zemente), die Erhöhung des Mehlkorngehaltes und die Betonzusatzstoffe mit großer Oberfläche (Silikastaub) sowie Flugasche. Ungünstig sind eine Verringerung des Wasserzementwertes sowie ein größeres Wasserrückhaltevermögen, der Einsatz wassersaugender Gesteinskörnungen, ein höherer Zementleimgehalt, ein verzögertes Erstarren (Betonzusatzmittel) und eine langsame Hydratation und Festigkeitsentwicklung (Zementart und -sorte). Bei einer langsamen Erhärtung dauern die Erstarrungs- und Liegezeit sowie die gesamte plastische Periode länger an. Die Umgebungstemperatur beschleunigt die Verdunstung und damit die frühzeitige Austrocknung, andererseits auch die Strukturbildung und den Widerstand gegen Rissbildung. Vorteilhaft ist ein verspäteter Trocknungsbeginn (Blutwasser, Nachbehandlung), besonders bei schnell erhärtenden Zementen. Mit ansteigendem Wasserzementwert wird der rissauslösende Kapillardruck verringert und auf einen späteren Zeitpunkt verschoben, jedoch auch das spätere Trocknungsschwinden angehoben. Damit scheint sich für die Betonzusammensetzung ein günstiger Bereich bei w / z = 0,45 bis 0,55 einzustellen [Wit1].

Verschiedene Untersuchungen zeigen die Widersprüchlichkeit und die Komplexität der Einwirkungen der Faktoren Wasserzementwert, Zementleimgehalt und Blutwassermenge auf. Eine eindeutige Beurteilung ist derzeit noch nicht möglich.

Die Rissneigung ist nicht prognostizierbar und nur qualitativ im Sinne von »größer oder kleiner« abschätzbar. Eine Berechnung der Schwindspannungen und der Risssicherheit ist aufgrund der fehlenden Informationen zu den Kenngrößen des Betons bis zum Erhärtungsende aussichtslos. Eine Vorhersage durch vorauslaufende Untersuchungen im Labor ist aufgrund der maßgebenden Einwirkungen während der Baudurchführung ohne praktischen Nutzen. Gegenwärtig erscheint als Hilfsmittel lediglich die Messung des Kapillardrucks im Bauteil geeignet.

2.3 Freigesetzte Blutwassermenge

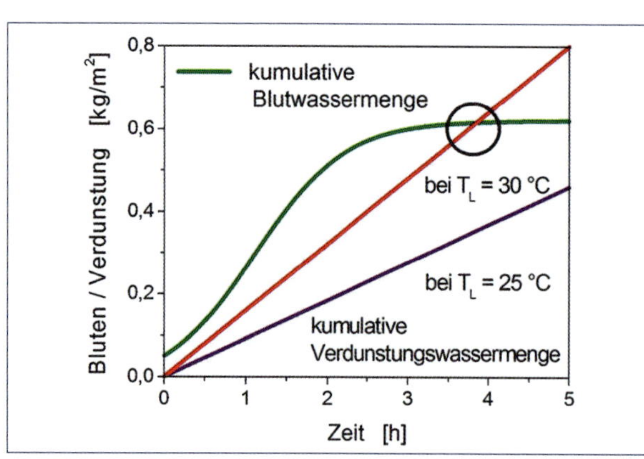

Bild 2.6: Entwicklung von Blut- und Verdunstungswassermenge und Beginn des risskritischen Zustandes im Bauteil; schematische Darstellung der Bilanz zwischen dem aufsteigenden Blutwasser und der verdunstenden Wassermenge (T_L = Lufttemperatur)

Nach [DBV4] kann bei befahrenen Konstruktionsteilen lediglich mit einem Blutwasservolumen von V_{BW} < 0,2 Vol.-% (2,0 M.-%) gerechnet werden. Verschiedene Untersuchungen zeigen jedoch, dass der Anteil wesentlich größer ist. [Kre1] gibt bei einem Beton für befahrene Bauteile ein $V_{BW} \approx 0{,}5$ Vol.-% und aus Untersuchungen des VDZ ein $V_{BW} = 0{,}2$ bis 0,5 Vol.-% an. Diese Werte werden als Orientierung für die später zu beschreibende Betonzusammensetzung des Parkdecks angesehen und ergeben für das 12 cm dicke Bauteil etwa 0,6 kg/m² (Bild 2.6). Festzustellen ist, dass die Blutwassermenge zunächst sehr rasch ansteigt und dann anschließend nur noch asymptotisch auslaufend zunimmt, sodass für das Parkdeck anfänglich mit nicht mehr als etwa 0,3 kg/(m² h) gerechnet werden kann (Bild 2.6). Da die Verdunstung unter sommerlichen Bedingungen diesen Wert in der Regel übersteigt, kann das Blutwasser nur als Unterstützung, nicht aber als ausreichend für eine rissfreie Herstellung der Verkehrsflächen angesehen werden. In der DIN EN 13670:2011-07 wird deshalb sehr begründet eine unverzüglich nach der Oberflächenbearbeitung anzuschließende Nachbehandlung und eine Zwischennachbehandlung bei einer zeitlich verschobenen Oberflächenbearbeitung gefordert. Die dazu genannten Maßnahmen sind bei nicht gegebener Begehbarkeit eingeschränkt oder würden den Wassergehalt der Randzone ungünstig verändern; auf die Notwendigkeit und die Möglichkeiten der Nachbehandlung nach der Oberflächenbearbeitung wird normativ nicht eingegangen.

Die Blutwassermenge ist keine durch ein genormtes Prüfverfahren generell erfasste Eigenschaft des Frischbetons und nur für Beton mit Zusatzmitteln geregelt (DIN 480-4). Die Prüfmethodik im Merkblatt [DBV4] verhindert nicht, dass praxisrelevante Faktoren (Verflüssigung durch Verdichtung, Bauteildicke usw.) zu größeren Streuungen der Ergebnisse führen. Da bei der Auslieferung das Betonwerk im Regelfall keine Angaben zum Wasserabsondern mitteilt, liegt keine Kenntnis über diese besondere Frischbetoneigenschaft vor.

2.4 Beginn und Dauer der frühen Rissbildungsperiode

Unmittelbar nach dem Einbau des Frischbetons beginnen Hydratationsreaktionen des Zements und der anderen reaktionsfähigen Feinststoffe, die das zunehmende Ansteifen bewirken und schließlich das Erstarren hervorrufen – ein Vorgang, dem zeitlich das Erhärten des Betons folgt. Charakteristisch für diesen Zeitraum sind die drastischen Veränderungen der Eigenschaften (Bild 2.7). Zunächst wächst die Steifigkeit schnell an und die Verformbarkeit nimmt entsprechend ab, sodass auftretende Eigen- und Zwangspannungen einen Zugbruch des noch labilen Gefüges herbeiführen können (Bild 2.8). Frühe Spannungen können dabei aus Temperaturänderungen (abendliche Abkühlung) und der inneren Austrocknung infolge von Hydratation (chemisches/autogenes Schwinden) bei niedrigen Wasserzementwerten $w/z < 0{,}40$ entstehen.

Die plastische Frühschwindrissbildung kann damit nicht erklärt werden, da der risskritische Bereich vor dem normgemäßen Erstarrungsbeginn beginnt und die Rissbildung in der Periode großer Dehnungsfähigkeit stattfindet. Die wiederholt geäußerte Schlussfolgerung, dass Risse demzufolge erst nach dem Erstarrungsbeginn auftreten können, ist experimentell als nicht zutreffend bewiesen [Slo1]. Tatsächlich wird die Beweglichkeit des Gefüges durch die Kapillarkräfte drastisch eingeschränkt, sodass die Schwindverformungen die frühzeitig beobachteten Risse hervorrufen. Entscheidend ist und bleibt der Trocknungsbeginn an der Oberfläche des Bauteils (Bild 2.6).

Mit der weiteren Hydratation entsteht ein stabiles Gefüge des jungen Betons mit sich ständig steigernden Festigkeitskennwerten und abnehmender Frühschwindrissgefahr. Oft wird ein Grenzwert von $f_{ct} = 1\ N/mm^2$ diskutiert, ab dem eine kapillare Rissbildung nicht mehr auftreten kann. Insofern ergibt sich ein Zeitraum mit der Möglichkeit einer Schwindrissbildung vom Einbau und Verdichten des Frischbetons bis nach Erstarrungsende (Bild 2.7). Die Nachbehandlung ist auf diesen Zeitraum abzustimmen.

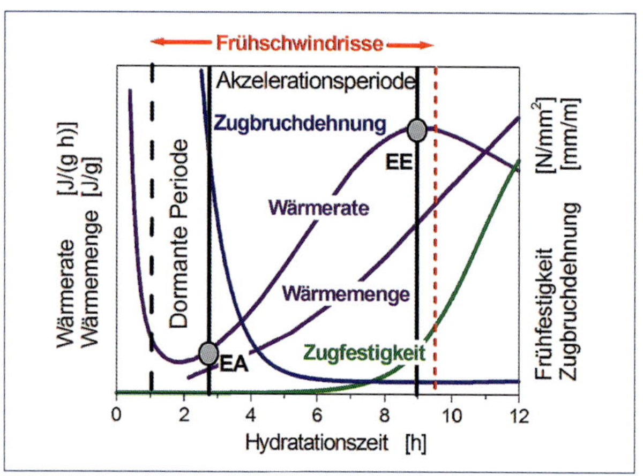

Bild 2.7: Veränderungen und Entwicklung der Eigenschaften eines Betons aus CEM I 32,5 R bis zum Erhärtungsbeginn

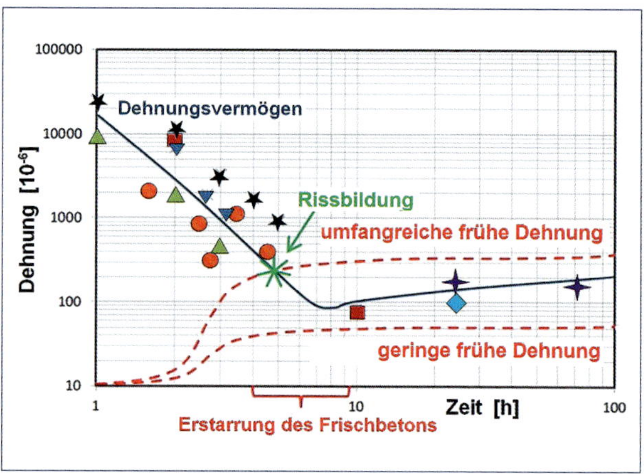

Bild 2.8: Dehnungsvermögen des erhärtenden Betons nach verschiedenen Untersuchungen (nach Angaben von [Bos2])

2.5 Charakteristische Frühschwindrissbildungen

Die Ausbildung von plastischen Schwindrissen ist zufällig, nicht vorhersehbar und wird von mehreren Faktoren wie zum Beispiel Windrichtung, Behinderung durch Seitenschalungen oder Bauteilauflagerung, Verlauf der Lufttemperatur und Sonneneinstrahlung bestimmt. Ein solches Rissbild unterscheidet sich deutlich von einem Rissbild, das im erhärtenden Beton unter thermischer oder hygrischer Dehnung verursacht wird. Die Risse sind in der Regel netzartig miteinander verbunden und vermitteln einen schollenartigen Eindruck (Bild 2.9: Netzartige plastische Schwindrisse auf einer Betonoberfläche bei direkter Sonneneinstrahlung und unter Windeinfluss). Eine strahlenförmige, sich verästelnde Form (Bild 2.10 a) oder mehrere parallele Einzelrisse (Bild 2.10 b) unterschiedlicher Länge und Breite, eng benachbart oder auch mehrere Meter entfernt, sind ebenfalls möglich. Bereits geringe Abweichungen der Austrocknungsbedingungen können das Rissbild deutlich verändern.

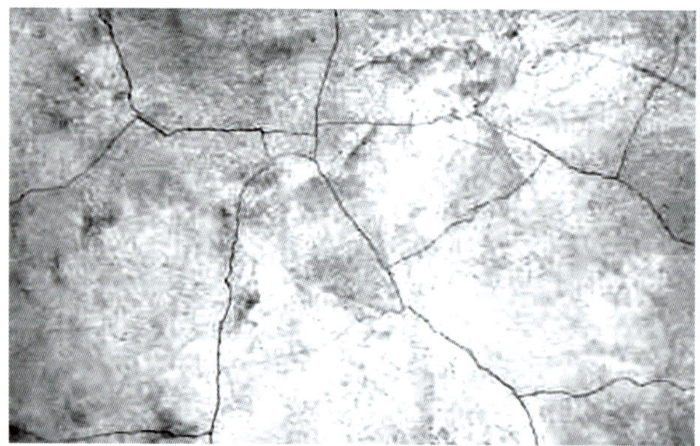

Bild 2.9: Netzartige plastische Schwindrisse auf einer Betonoberfläche bei direkter Sonneneinstrahlung und unter Windeinfluss

Die Risslängen können nur wenige Zentimeter, aber auch mehrere Meter betragen. Die plastischen Schwindrisse beginnen an der Bauteiloberfläche und setzen sich mit abnehmender Breite in die Tiefe fort. Während für massige Bauteile eine begrenzte Tiefe von bis zu 10 cm angegeben wird [Gru2], können bei Bauteilen geringerer Dicke auch Durchrisse entstehen ([Esp1], [Esp2]). Daraus ergeben sich Risstiefen von 15 bis 20 cm. Anhand eigener Überprüfungen mit Bohrkernen konnten diese Angaben bestätigt werden; ebenso, dass die Stahlbetonplatten eines Parkdecks ohne Ausnahme durchtrennt worden waren. Aus anderen Berichten geht hervor, dass auch 30 cm dicke

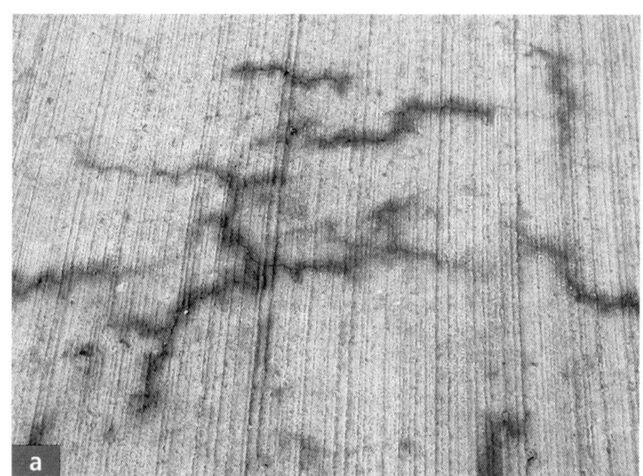

Bild 2.10 a und b: Frühschwindrissbildungen auf den Stahlbetonplatten eines Parkdecks (Aufnahmen nach dem Bewässern der Risse)

Deckenplatten Trennrisse aufwiesen und die Haarrisse an der Unterseite zu unzutreffenden Einschätzungen führten.

Die Rissbreiten können erfahrungsgemäß etwa 0,5 bis 2 mm, in einzelnen Fällen bis 3 mm betragen [Gru1]. In vielen Fällen sind die Risse nur sehr schmal (Haarrisse) und deshalb leicht zu übersehen oder werden im Zuge der Oberflächenbearbeitung scheinbar geschlossen. Durch Besprühen mit Wasser können die Risse leicht sichtbar gemacht werden. Später einsetzende Dehnungen (thermisch und hygrisch bedingte Dehnungen, Lastbeanspruchung) weiten die Risse auf, wodurch die Verwendungsfähigkeit der Bauteile durchaus in Frage gestellt werden kann. Die Rissbreite wird durch die traditionelle Bewehrung nicht begrenzt. Mit einem Zusatz von kurzen Fasern (z.B. Polypropylen, 5 cm lang) können Schwindrisse in der Breite begrenzt und verteilt werden. Zur Wirksamkeit unterschiedlicher Fasern gibt es jedoch widersprüchliche Aussagen, der Wirkungsmechanismus gilt als noch nicht vollständig geklärt.

Wenn die Risse sehr frühzeitig erkannt werden, könnten diese durch eine Nachverdichtung geschlossen werden. Inwieweit damit die Trennung des Gefüges vollständig aufgehoben wird, kann nicht eindeutig ausgesagt werden. Zu diesen Fragen gibt es keine systematischen Untersuchungen.

2.6 Betontechnologische Planung und Bauausführung Beispiel: Herstellung eines ausgedehnten Parkdecks

Die Vorgehensweise zur Vermeidung der Frühschwindrissbildung wird am Beispiel der Ausführung eines großflächigen Parkdecks erläutert [Röh7]. Bei dieser Bauaufgabe wurden etwa 12 000 m² frei bewitterte Parkfläche in Einzelflächen von 3,50 m × 3,50 m hergestellt. Die Dicke betrug 120 mm, bei Anpassungen an die Gefällesituation bis auf 180 mm ansteigend. Für die Wärmedämmung wurde ein extrudierter Hartschaum eingesetzt. Die meteorologischen Bedingungen waren in einem Zeitraum vom Frühsommer bis zum Beginn des Winters sehr unterschiedlich.

2.6.1 Bauaufgabe und Bauablauf

Ausgehend von den maßgebenden Expositionsklassen XC4, XD3, XF4 und XM2 wurde ein Beton C35/45 mit der Betonzusammensetzung $z = 360\ kg/m^3$, CEM I 42,5 N, $f = 40\ kg/m^3$ und $w/z = 0{,}45$ ($w = 170\ l/m^3$) gewählt. Anstelle chemischer Luftporenbildner (LP) wurden Mikrohohlkugeln (Air Solid) mit $30\ kg/m^3$ zugesetzt. Auf das Aufsprühen von Nachbehandlungsmitteln wurde verzichtet, da Nachteile für die Wirksamkeit eines nachträglich aufgebrachten, chemisch reagierenden Dichtungsmittels nicht ausgeschlossen werden konnten.

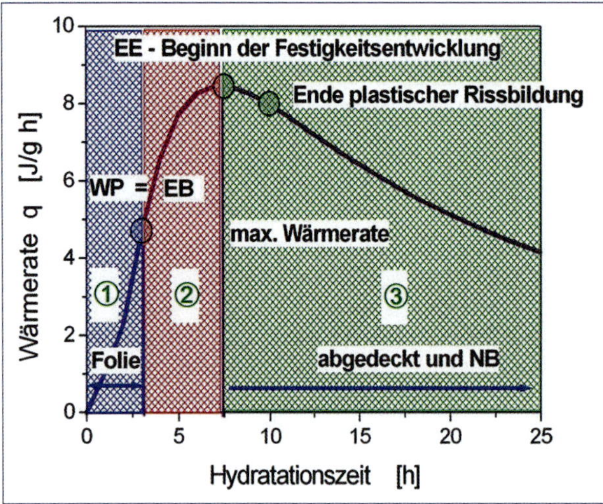

Bild 2.11: Entwicklung der Eigenschaften und der Verlauf der Wärmerate nach dem Einbau des Frischbetons sowie die »Nachbehandlungslücke« (Bereich 2), (EB = Erstarrungsbeginn; EE = Erstarrungsende; WP = Wendepunkt); isotherme und adiabatische Messungen an Zementleim und Beton

Die Ausführung der Betonarbeiten war ganzjährig vorgesehen, sodass der tägliche Ablauf an sehr unterschiedliche Witterungsbedingungen angepasst werden musste. Das Ausbreitmaß wurde mit einem Verflüssiger und die Verarbeitungsfrist über die Zugabe eines Erstarrungsverzögerers gesteuert.

Nach der Anlieferung und dem Einbau des Frischbetons schloss sich eine Wartezeit bis zur Oberflächenbearbeitung an, in der der Frischbeton mit Folien abgedeckt wurde (Bild 2.11, Bereich 1). Nach der Ausführung der Textur der Oberfläche war eine solche Schutzmaßnahme nicht möglich (Bild 2.11, Bereich 2). Bis zur Standfestigkeit und Begehbarkeit der Stahlbetonplatten (Bild 2.11, Bereich 3) musste deshalb eine anderweitige Maßnahme ergriffen werden, und zwar wurde eine Vernebelung mit Wasser vorgesehen. Die Wirksamkeit einer solchen Nachbehandlung wurde durch die Messung des Kapillardrucks im Frischbeton kontrolliert bzw. nachgewiesen.

2.6.2 Abschätzung einer risskritischen Situation

Zur zuverlässigen Beurteilung des Rissrisikos stehen auf der Baustelle keine Möglichkeiten zur Verfügung. Eine Hilfe bilden Erfahrungen, Ergebnisse von Probebetonagen und die Kenntnis der Auswirkung einiger Faktoren. Eine durch Kapillardruckmessung gesteuerte Nachbehandlung würde deshalb die Sicherheit sehr wesentlich verbessern [Sch11].

Faktor 1: Frischbetonzusammensetzung

Der Einfluss des Wasserzementwertes in Verbindung mit dem Zementleimvolumen im Beton nach den Untersuchungen [Lur1] und die gewählte Rezeptur ist in Bild 2.12 angegeben. Wie daraus abzuleiten, liegt die Zusammensetzung des Betons im Bereich eines erhöhten Rissrisikos. Ungünstig muss auch die vergrößerte Mahlfeinheit des Zementes CEM I 42,5 N und der Einsatz des Verzögerers beurteilt werden. Schlussfolgerung: Es muss mit erheblichem Frühschwinden und einer Rissbildung gerechnet werden (vgl. dazu Bild 2.8).

Faktor 2: Verdunstung des Blutwassers

Verschiedene Empfehlungen beinhalten, dass Rissbildungen immer einsetzen, wenn die Verdunstungsrate $1{,}0\ kg/(m^2h)$ überschreitet, z.B. [Wis1]. Tatsächlich treten diese Erscheinungen aber bereits bei einer verdunstenden Wassermenge von $0{,}5\ kg/(m^2h)$ auf

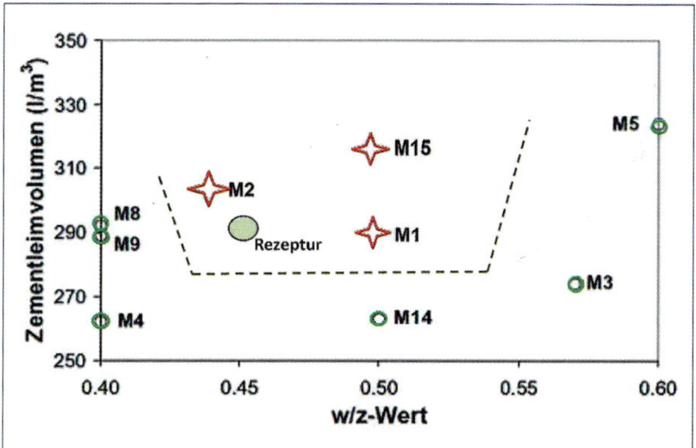

Bild 2.12: Rissgefahr in Abhängigkeit vom Wasserzementwert und dem Zementleimgehalt nach den Untersuchungen von [Lur1]: Die durch Stern gekennzeichneten Mischungen M1, M2 und M15 zeigten Rissbildungen; eingeordnet ist die vorhandene Rezeptur des Betons.

[Esp1]; danach können Risse, wenn auch vermindert, erwartet werden, wenn die Verdunstung im Bereich von 0,5 bis 1,0 kg/(m² h) liegt [Sne1]. Ein geringes bis kein Risiko besteht dagegen bei einer Verdunstungsrate bis zu 0,5 kg/(m² h). Als Risskriterium ist die Verdunstungsrate jedoch nicht ausreichend.

Die verdunstende Wassermenge bei horizontalen Flächen wird im Wesentlichen durch die relative Luftfeuchtigkeit, die Lufttemperatur, die Windgeschwindigkeit und die Oberflächentemperatur des Betonbauteils bestimmt. Der Windeinfluss ist von gravierender Bedeutung. Die Längsrissbildungen sind deshalb oft rechtwinklig zur Windrichtung orientiert; ein Windschutz ist eine wichtige Maßnahme. Seit Jahrzehnten wird die Verdunstungsrate mithilfe eines Diagramms abgeschätzt, in dem die vorgenannten Faktoren Eingangsparameter sind. Dieses Diagramm (z.B. in [VDZ1]) beruht zwar auf Messungen zur Verdunstung über einem freien Wasserspiegel, hat sich aber zur Abschätzung des verdunstenden Blutwassers als geeignet erwiesen.

Die vom Deutschen Wetterdienst gesammelten stündlichen Wetterdaten ermöglichten zumindest die Abschätzung der Verdunstungsrate. Für einen Zeitraum (hier den Juli im Jahr der Bauausführung) sind die Daten auszugsweise in Bild 2.13 dargestellt.

Bei Verwendung der zugrundeliegenden Gleichung zeigte sich, dass nahezu immer eine kritische Verdunstungsrate erreicht wird und mit einer Rissgefahr gerechnet werden muss.

$$W_V = 5 \cdot \left[(T_c + 18)^{2,5} - \frac{RH}{100} \cdot (T_a + 18)^{2,5} \right] \cdot (v_W + 4) \cdot 10^{-6} \qquad [kg/(m^2h)]$$

T_c, T_a: Temperatur des Betons bzw. der umgebenden Luft [C]

RH: relative Luftfeuchte [%]

v_W: Windgeschwindigkeit [km/h]

Die Jahreszeit ändert daran wenig. Im Sommerhalbjahr ist die Lufttemperatur hoch und die Feuchtigkeit gegenläufig gering; die Festigkeitsentwicklung verläuft jedoch beschleunigt. In der kälteren Jahreszeit liegt die Temperatur des Frischbetons deutlich über der Lufttemperatur, sodass dadurch die Verdunstung ansteigt; außerdem ist die Festigkeitsentwicklung verlangsamt, sodass die Mindestzugfestigkeit später eintritt.

Bei besonders exponierten Stahlbetonplatten und unter sommerlichen Bedingungen wurde zur Kontrolle der Wirksamkeit der Nachbehandlungsmaßnahmen die Verdunstungsmenge durch sogenannte Curing Meter ermittelt, die als Sensoren direkt auf die Betonoberfläche aufgelegt wurden (siehe dazu [Jen] und [Slo1]). Weiterhin wurden die Lufttemperatur, die Luftfeuchte sowie die Windgeschwindigkeit gemessen und durch einen Datenlogger festgehalten. Die Betontemperatur wurde mit Thermoelementen etwa 2 cm unter der Oberfläche erfasst. Ein Beispiel für die Verfolgung der verdunstenden Wassermenge zeigt Bild 2.14. Die Verdunstungsrate folgt der ansteigenden Bauteiltemperatur und ergibt sich im Mittel zu 1,0 kg/m² h. Mit vorgenannter Gleichung ergibt sich mit den über die Zeit veränderten Verdunstungsbedingungen (Lufttemperatur 22 → 35 °C, relative Luftfeuchte 33 → 26 %, Betontemperatur 21 → 50 °C) ein mit der Messung übereinstimmendes Ergebnis. Das Beispiel zeigt auch, dass die Messung der Lufttemperatur allein völlig unzureichend ist, wenn horizontale Flächen der direkten Sonneneinstrahlung ausgesetzt sind.

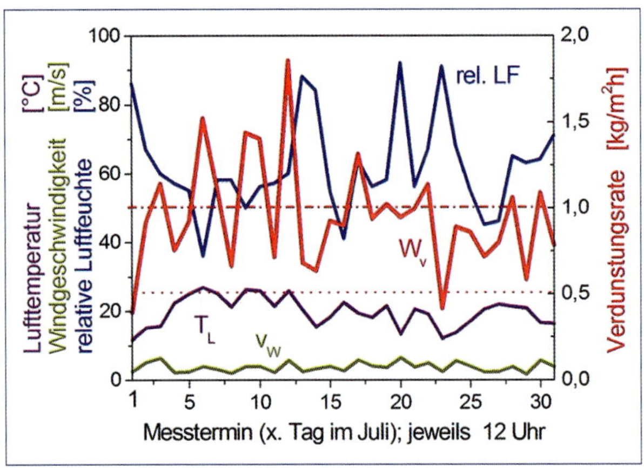

Bild 2.13: Meteorologische Daten zur Beurteilung einer kritischen Verdunstungsmenge

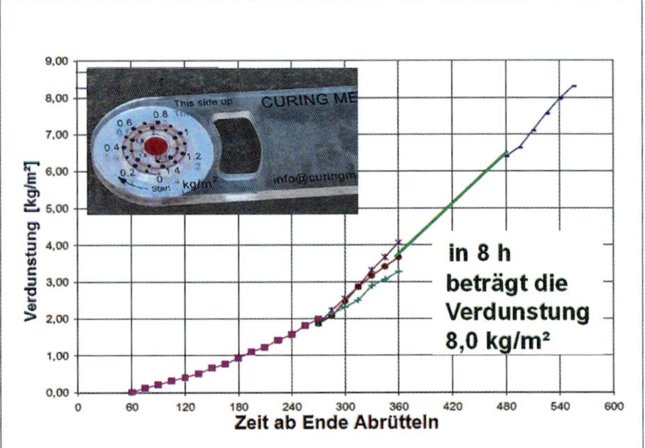

Bild 2.14: Verdunstungsmenge [kg/m²] über der Bauteiloberfläche unter sommerlichen Bedingungen (im Monat Juli); Erfassung mit dem Curing Meter [Sch12]

2.6.3 Konzept der Nachbehandlung

Zielstellung für die Nachbehandlung ist, die verdunstende Wassermenge so lange zu verringern bzw. die Verdunstung zu verhindern, bis eine ausreichende Mindestzugfestigkeit des erhärtenden Betons gegeben ist. Die äußere Nachbehandlung kann vorgenommen werden durch:

- Wasserrückhaltende Methoden
  Belassen in der Schalung,
  Abdeckung mit einer dampfdichten Folie,
  Aufbringen eines Nachbehandlungsmittels (Curing),
- Wasserzuführende Methoden
  Auflegen einer wasserspeichernden Abdeckung mit ständiger Feuchthaltung,
  Besprühen mit Wasser zur Aufrechterhaltung eines Wasserfilms auf der Bauteiloberfläche.

Die Anwendung ist vom Erhärtungszustand (Begehbarkeit) abhängig – daher ist oft eine Kombination der Methoden erforderlich. Für die horizontalen Bauteile ist die Auswahlmöglichkeit eingeschränkt; die wirksamste Methode, eine Flutung des Bauteils (Unterwasserlagerung) vorzunehmen, scheidet im frühen Stadium aus.

Bei der Herstellung des Parkdecks wurde unmittelbar nach dem Einbau des Frischbetons als Schutz eine dampfdichte Folie aufgelegt, die bis zum Beginn der Oberflächenbearbeitung (Besenstrich) beibehalten werden konnte (Bild 2.11). Danach war diese Maßnahme nicht möglich (Bereich 2 in Bild 2.11). Da eine Verschattung nicht ausreichte und ein direktes Besprühen der Flächen ausgeschlossen ist, kam in diesem Zeitraum nur eine Benebelung durch Verdüsen von Wasser in Frage. Spezielle Düsen erzeugen eine Wolke ultrafeiner Tropfen (< 0,1 mm), die über der Betonoberfläche schwebt. Mit Nebellanzen konnten die bearbeiteten Betonoberflächen überstrichen werden (Bild 2.15). Nebelkanonen mit Düsen und einem Ventilator ermöglichen es, den Wasserdampf über eine Distanz von bis zu 30 m zu verteilen (Bild 2.16). Diese Methode ist besonders wichtig, wenn der eingebaute Frischbeton keine oder nur geringe Neigung zum Bluten besitzt. Der Einsatz wurde bereits in [Sch11] vorgeschlagen, ebenso die Möglichkeit, den Kapillardruck als Steuergröße für eine Anlage zur Benebelung der Betonoberfläche zu verwenden.

Nach Erreichen einer Mindestfestigkeit (Bild 2.11, Bereich 3) war der direkte Schutz der Oberfläche wieder möglich und die übliche Nachbehandlung durch Bewässerung und Folienabdeckung durchführbar.

Bild 2.15: Benebelung einer Betonoberfläche mit der Nebellanze

Bild 2.16: Nebelkanone der Fa. FOG Systems (aus [Slo1])

2.6.4 Messtechnische Verfolgung der Kapillardruckentwicklung

Bei der zur Anwendungsreife entwickelten Messmethode kann der vorhandene Druck mit nadelförmigen Messelementen kontinuierlich ermittelt werden, die etwa 30 bis 50 mm in den Frischbeton eingesteckt werden (Bild 2.17). Die Minidrucksensoren sind in ein Kunststoffgehäuse eingefasst und mit einem Kabel oder einem Funksender versehen, um die Messdaten kontinuierlich an eine Basisstation zu übermitteln. Die Station ist über USB-Kabel an einen Messrechner angeschlossen. Die Reichweite der Funkverbindung beträgt etwa 80 m.

Ein Messergebnis ist in Bild 2.18 dargestellt; der Vergleich zeigt, wie die mit Folie abgedeckte Probe in der Kapillardruckentwicklung verzögert ist. Gegenüber der freien Verdunstung ist das Druckmaximum um etwa 2,5 bis 3,0 Stunden verschoben.

Die Wirksamkeit verschiedener Schutzmaßnahmen ist aus Bild 2.19 zu ersehen. Unmittelbar nach dem Einbau und Abziehen des Frischbetons erfolgte eine Folienabdeckung, die nach 195 Minuten entfernt wurde, um die Oberflächenbearbeitung (Texturierung durch Besenstrich, Glätten der Randbereiche) vorzunehmen. Danach wurde die Verdunstung durch Wasservernebelung deutlich vermindert. Erst nach etwa 300 Minuten begann ein messbarer Anstieg des Kapillardrucks. Eine erneute und verstärkte Verdüsung von Wasser und das Abdecken mit Folie führte zwar nicht zu einer wesentlichen Absenkung des Kapillardrucks, aber auch zu keinem weiteren Anstieg.

Die chemische Reaktion war bis zu diesem Zeitpunkt durch die Zusatzmittel weitgehend verhindert, danach begann die Hydratation mit der damit in Verbindung stehenden inneren Austrocknung. Die mit Folie abgedeckte Probe zeigt hier den Beginn des Kapillardruckaufbaus und bestätigt damit den Beginn der Hydratationsreaktion. Vergleichsweise beginnt der Druckaufbau an der nicht nachbehandelten Messstelle sehr frühzeitig und zeigt den Durchbruch im Gefüge nach 360 Minuten an.

Die Strategie, den Beginn der Kapillardruckentwicklung zeitlich hinauszuschieben, hat sich damit als erfolgreich erwiesen.

Bild 2.17: Kapillardrucksensor mit Funkverbindung im mit Folie abgedecktem Bauteil

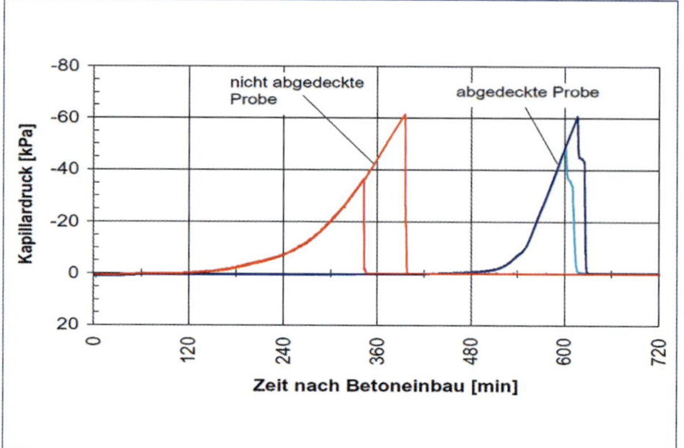

Bild 2.18: Entwicklung des Kapillardrucks in einem Beton mit und ohne Folien-Abdeckung [Sch12]

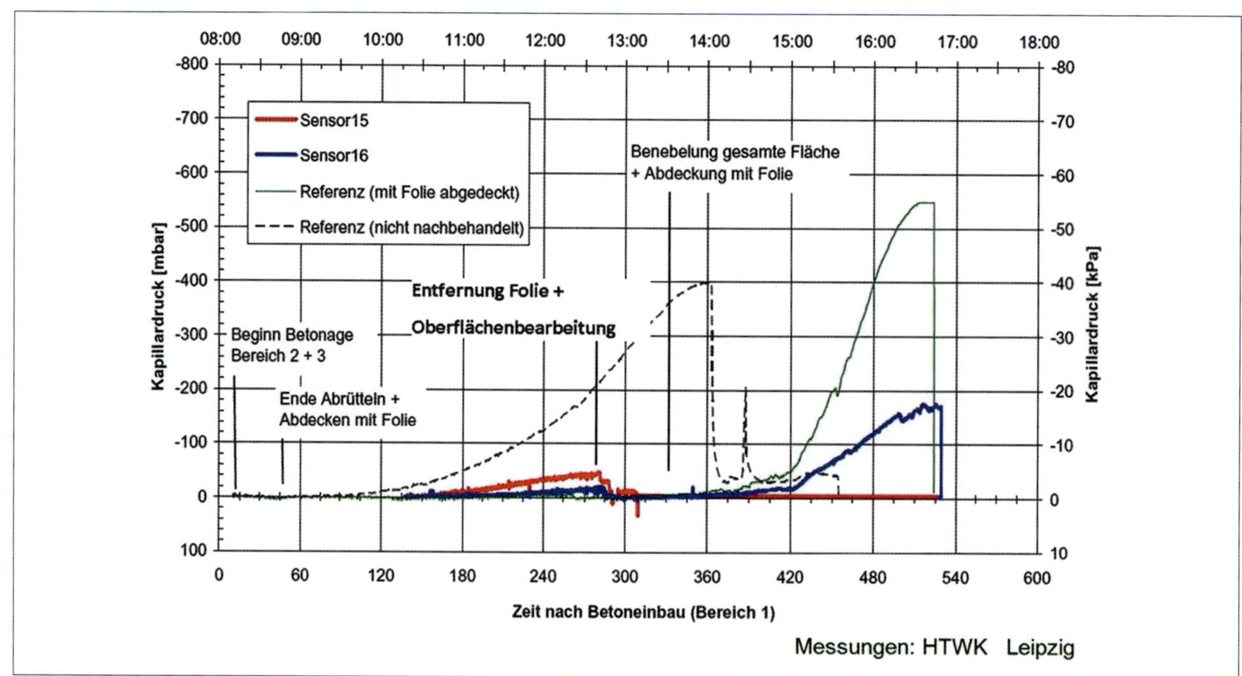

Bild 2.19: Kapillardruckentwicklung bei fehlender Nachbehandlung sowie Abdeckung mit Folie und Vernebelung [Sch12]

2.7 Auswirkungen der Frühschwindrissbildung

Das Frühschwinden kann die Ausbildung einer dauerhaften Bauteilrandzone verhindern. Durch diese Rissbildungen entstehen Störungen im Gefüge, die als Rissspitzen vom Rand her der Ansatz für später auftretende Trennrisse sein können. Diesen ersten Oberflächenrissen wird nicht die gebührende Aufmerksamkeit geschenkt. Untersuchungen haben ergeben, dass etwa 40 % aller in den Betonkonstruktionen auftretenden Zwangrisse ihren Ursprung in Frührissen hatten, davon etwa die Hälfte in Verbindung mit dem Setzen des Frischbetons.

Mit der Austrocknung vor und während der beginnenden Erhärtung wird der Hydratationsprozess nachteilig beeinflusst. Bei einem Absinken der Feuchte wird zunächst die Hydratationsgeschwindigkeit verlangsamt und schließlich der Hydratationsvorgang unterbrochen. Die Folgen sind eine geringere Festigkeit, eine Zunahme der Porosität und eine höhere Wasseraufnahme, die sich auf die Frostsicherheit und andere Kenngrößen der Dauerhaftigkeit auswirken. Von Bedeutung ist vor allem die geringere Festigkeit der Randzone, die bei Eigenspannungen die Rissbildung begünstigt. Insofern handelt es sich bei diesem frühen Schwinden nicht nur um eine Oberflächenrissbildung, sondern um die Beeinträchtigung der später im Gebrauchszustand besonders beanspruchten Bauteilrandzone.

3 Verformungen und Zwangspannungen in Beton- und Stahlbetonbauteilen

Von der Herstellung an ist die gesamte Lebensdauer der Beton- und Stahlbetonbauteile von lastunabhängigen Verformungen begleitet. Wenn diese Verformungen behindert werden, resultieren daraus Zwangspannungen und bei größeren Bauteildicken außerdem Eigenspannungen. Diese Beanspruchungen wirken unabhängig von den Eigen-, Nutz- und Verkehrslasten während der Bauzeit und im Nutzungszustand auf das Tragwerk ein und können allein oder in der Überlagerung mit den statischen Belastungen eine Rissbildung hervorrufen, wenn die Verformungsfähigkeit oder die Festigkeit des Betons im Bauteil überschritten wird. Zur Vermeidung unerwünschter Auswirkungen auf die Dauerhaftigkeit und Gebrauchstauglichkeit ist die Anordnung einer rissbreitenbegrenzenden Mindestbewehrung und die Einhaltung von rechnerischen Rissbreiten normativ vorgeschrieben. Darüber hinaus sind aber Maßnahmen zur Verminderung der Zwangspannungen sinnvoll und oft unverzichtbar, wie beispielsweise bei wasserundurchlässigen Konstruktionen oder massigen Bauteilen.

Die Verformungen entstehen durch innere Vorgänge und durch äußere Einwirkungen während der Erhärtung sowie im Gebrauchszustand und sind im Einzelnen zurückzuführen auf:

- die Temperaturerhöhung infolge von Hydratation und den anschließenden Temperaturausgleich,
- chemisches und autogenes Schwinden infolge von Wasserbindung durch die Hydratation des Zements,
- Schwinden aufgrund der Austrocknung des Bauteils in Abhängigkeit vom Bauteilquerschnitt und von der relativen Luftfeuchte,
- jahreszeitlich bedingte äußere Temperatureinwirkung.

Aufgrund der Zeitabhängigkeit der Einwirkungen haben sich die Begriffe »früher Zwang« und »später Zwang« eingebürgert, die auch in den Regelwerken und zur Abgrenzung der Planungsschritte der Nachweisführung zur Begrenzung der rechnerischen Rissbreite verwendet werden. Eine eindeutige Definition gibt es jedoch nicht.

Wenn von der Frührissbildung des eingebauten Frischbetons bis zum Erstarrungsende (Kapitel 2) abgesehen wird, können die Verformungen zwei Zeitabschnitten zugeordnet werden, die durch den Erhärtungszustand des Betons charakterisiert sind (Bild 3.1):

- Junger Beton während der Erhärtung bis zum Maximum der Festigkeitsbildung (früher Zwang):
  In der Regel wird darunter ein Zwang verstanden, der in einem Zeitraum der ersten 3 bis 5 Tage der Erhärtung entsteht, z.B. durch Abfließen der Hydratationswärme.
- Erhärteter Beton im Nutzungszustand (später Zwang):
  Der Zwang tritt nach der Wirkung der Hydratationswärme und hauptsächlich ab dem Erreichen der Normfestigkeit des Betons auf und wird durch Temperaturveränderungen und Schwinden hervorgerufen.

Wie sich herausgestellt hat, ist eine zeitliche Abgrenzung nicht sinnvoll, da risskritische Zeitpunkte von den Bauteilabmessungen und Umgebungsbedingungen sowie der Betonzusammensetzung und der Überlagerung verschiedener Zwangverformungen abhängen und damit jederzeit auftreten können. Auch der sogenannte frühe Zwang kann aufgrund des Temperatureinflusses während der Erhärtung innerhalb der ersten Tage den Riss in einem Bauteil mit bereits höherer Festigkeit herbeiführen. Beispielsweise hat sich zur Bemessung der Mindestbewehrung die Annahme einer Frühfestigkeit von 50 % der Normwerte für die Zugfestigkeit als zu niedrig und damit unzutreffend erwiesen.

In Abhängigkeit von den Erhärtungs- und Umgebungsbedingungen ist auch eine Überdeckung der Beanspruchungen nicht auszuschließen. Wenn beispielsweise der Wasserzementwert $w/z < 0{,}50$ beträgt, tritt das autogene Schwinden im jungen Beton neben den Temperaturdehnungen auf. Bei fehlender Nachbehandlung findet das Trocknungsschwinden dann sehr frühzeitig und bereits während der anfänglichen Erhärtung statt.

Die Vernachlässigung des späten Zwangs ist nicht vertretbar, da die abfließende Hydratationswärme nicht den maßgebenden Größtwert der Zwangbeanspruchung nach sich ziehen muss. Schwindvorgänge können zu kontinuierlich anwachsenden Verformungen führen und nach Jahren beträchtliche Risse hervorrufen. Die Bemessung allein auf frühen Zwang würde ohne weitere Überprüfung von unzutreffenden Annahmen ausgehen.

Das Bauteil wird demzufolge während der Erhärtung und der Nutzung durch nacheinander oder parallel auftretende Zwangverformungen beansprucht; ein risskritischer Zustand kann sich deshalb zu verschiedenen Zeitpunkten und auch wiederholt einstellen (Bild 3.2). Insofern ist die Ermittlung der Mindestbewehrung unter Berücksichtigung der insgesamt auftretenden Beanspruchungen vorzunehmen.

Neben den vorgenannten Verformungen treten noch weitere Einwirkungen auf, die eine Rissbildung verursachen, aber hier nicht einbezogen werden, nämlich

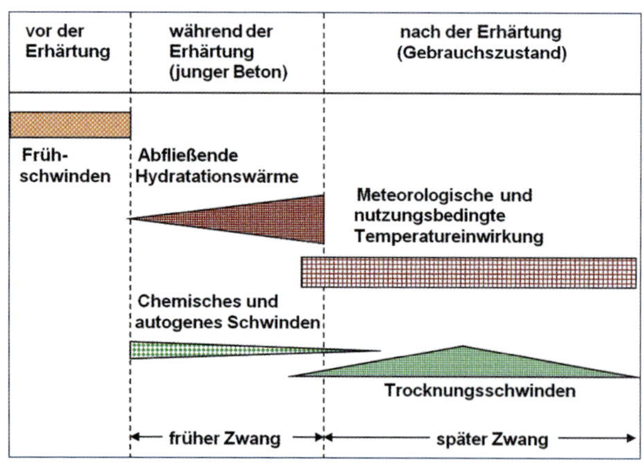

Bild 3.1: Auftreten von Verformungen vor, während und nach der Erhärtung des Betons (schematisch)

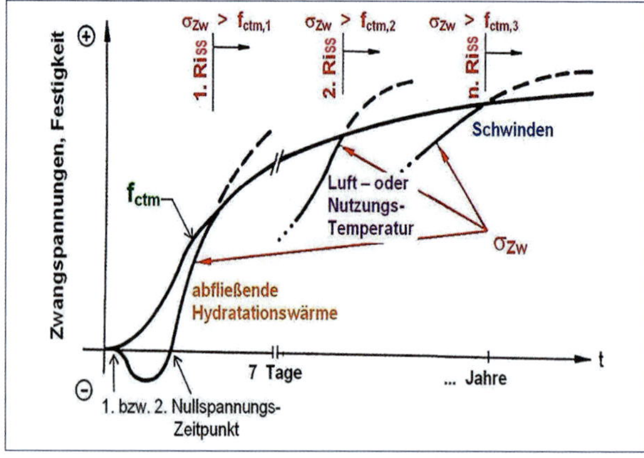

Bild 3.2: Zwangbeanspruchungen, Festigkeitsentwicklung und Rissbildung während der Erhärtung des Betons

- statische und dynamische Überlastungen, Stützensenkungen und ähnliche Ursachen,
- expansive Vorgänge im Betongefüge durch chemische Reaktionen, wie z.B. die Alkali-Kieselsäure-Reaktion oder das Sulfattreiben,
- zerstörende Mechanismen infolge von Rostbildung an der Bewehrung und eine dadurch hervorgerufene Volumenvergrößerung,
- schädigendes Gefrieren des erhärtenden Betons oder Auswirkungen der Frost-Tausalz-Beanspruchung.

Risse infolge von Überlastungen werden nicht behandelt, da eine ausreichende Bemessung und die Beibehaltung der vorgesehenen Nutzung des Tragwerks unterstellt wird. Die anderen genannten Ursachen der Rissbildung stehen mit der ungeeigneten Zusammensetzung des Betons und den Umweltbedingungen in Verbindung und werden ebenfalls nicht weiter betrachtet.

Wenn sich Bauteile frei und ungehindert bewegen und ausdehnen können, treten keine Zwangkräfte auf. Ebenso wie bei Lastbeanspruchungen liegt dann eine statisch bestimmte Konstruktion vor. In der Praxis ist dieser Fall aber nur selten anzutreffen und kann in einzelnen Fällen durch besondere Maßnahmen annähernd erreicht werden, beispielsweise durch die reibungsarme Auflagerung von Bodenplatten. Im Allgemeinen ist ein sich in der Länge veränderndes Bauteil durch angrenzende Bauwerksteile behindert, die der Ausdehnung oder Verkürzung einen Widerstand entgegensetzen. Die Größe dieser Behinderung, die als Behinderungsgrad bezeichnet wird, hängt vom Verhältnis der Steifigkeiten des behindernden und des behinderten Bauteils ab. Wie nachgewiesen ist, besteht eine lineare Beziehung zwischen dem äußeren Behinderungsgrad und der daraus resultierenden spannungsrelevanten Dehnung. Insofern ist eine einfache Handhabung dieses Faktors zur Berechnung der Zwangspannungen möglich. Je größer der Behinderungsgrad, desto geringer ist der Dehnungsbetrag, der als frei und ungehindert festgestellt werden kann. Bei einer vollständigen Behinderung wird die gesamte eingetragene Dehnung in Form von Zwangspannungen wirksam. In diesem Fall wird vom »vollen Zwang« gesprochen. Da die Behinderung am Bauteil wirksam wird, handelt es sich um »äußeren Zwang«.

Aufgrund der viskoelastischen Eigenschaften des Betons findet innerhalb des Beanspruchungszeitraums eine Verminderung der Verformungen und damit ein Spannungsabbau statt, ein Vorgang, der als Relaxation bezeichnet wird. Es handelt sich in diesem Fall, vergleichbar mit einem verminderten Behinderungsgrad, um »teilweisen Zwang«. Die Wirkung der Relaxation zeigt sich besonders im jungen Alter, da die Festigkeit noch relativ gering und die Verformungsfähigkeit des Betons groß ist.

Die Zwangspannungen ergeben sich, wenn die Kenngrößen als konstant angenommen werden, aus den auftretenden Verformungen ε_0, dem Zugelastizitätsmodul E_{ctm}, Behinderungsgrad R und der Relaxation ψ im Zeitabschnitt $(t-t_0)$ zu:

$$\sigma_{ct} = \varepsilon_0 \cdot E_{ctm} \cdot R \cdot \psi(t,t_0) \tag{3.1}$$

Tatsächlich sind alle Kenngrößen, vor allem bei jungem Beton, zeitabhängig und dabei durch die Erhärtungsbedingungen beeinflusst. Insofern muss die Spannungsgeschichte im Bauteil verfolgt werden, wenn die zu einem bestimmten Zeitpunkt auftretenden Zwangspannungen abgeschätzt werden sollen. Daraus ergibt sich zwangsläufig die Notwendigkeit der Kenntnis der einzelnen Parameter in Gleichung (3.1) und sehr deutlich die Problematik einer realitätsnahen Berechnung der Zwangspannungen.

Unter Berücksichtigung der Verformungen und der Eigenschaften des erhärtenden Betons in der zeitabhängigen Entwicklung der Kennwerte ergeben sich die Zwangspannungen σ_{ct} zum Zeitpunkt t zu:

$$\sigma_{ct}(t) = \int_0^t \varepsilon_0(t) \cdot E_{ctm}(t) \cdot R(t) \cdot \psi(t,t_0) \tag{3.2}$$

Die Rissbildung setzt ein, wenn die spannungswirksame Dehnung die mittlere Zugbruchdehnung des Betons oder die Zwangspannung die Betonzugfestigkeit erreicht bzw. überschreitet. Die Zugbruchdehnung wird normgemäß bestimmt aus den Mittelwerten der

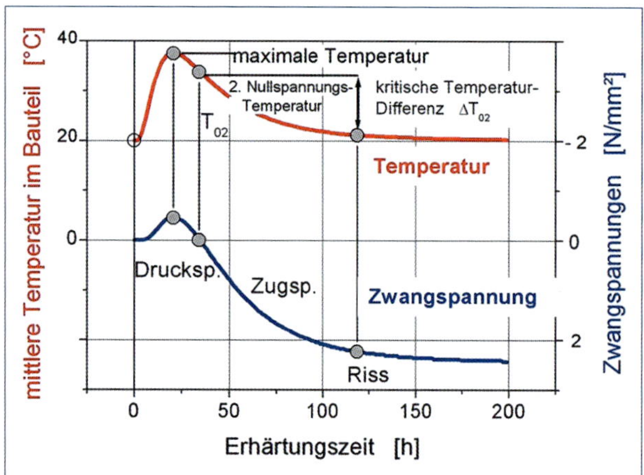

Bild 3.3: Temperaturverlauf und Entwicklung der Zwangspannungen infolge abfließender Hydratationswärme in einem axial beanspruchten Bauteil

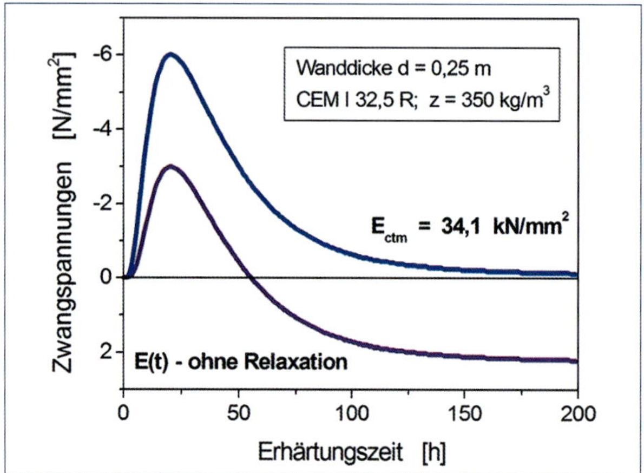

Bild 3.4: Verlauf der frühen Zwangspannungen bei konstantem und zeitabhängigem E-Modul

Zugfestigkeit und des E-Moduls des jungen oder erhärteten Betons zum Risszeitpunkt. Auch diese Kenngrößen sind zeitabhängig zu betrachten und werden durch die Erhärtungsbedingungen beeinflusst. Da alle Kenngrößen Streuungen unterliegen, ist auch das Ergebnis einer Abschätzung der Überschreitung oder des Nichterreichens der Zugfestigkeit nur mit einer gewissen Wahrscheinlichkeit zutreffend. Werden die risskritische Zwangdehnung ε_{cr} oder -spannung σ_{cr} mit den entsprechenden Kenngrößen des Betons verglichen, ist bei deterministischer Betrachtung keine Rissbildung zu erwarten, wenn

$$\varepsilon_{cr} \leq \varepsilon_{ctu} \tag{3.3}$$

$$\sigma_{cr} \leq f_{ctm} \tag{3.4}$$

In der Frühphase der Erhärtung ist die Situation gekennzeichnet durch die Hydratation des Zements, die nach einer kurzen Ruheperiode einsetzt, zur Wärmefreisetzung führt und eine Temperaturerhöhung im Bauteil hervorruft. Der nach dem Temperaturmaximum einsetzende Temperaturausgleichsvorgang ist mit einer Verkürzung des Bauteils und der Herausbildung der Zwangspannungen verbunden (Bild 3.3). Bis zum Temperaturmaximum entstehen infolge der Ausdehnung Druckspannungen, die durch die intensive Relaxation des jungen Betons sehr stark vermindert werden. Mit dem Abklingen des Temperaturanstiegs setzt noch vor dem Temperaturmaximum bereits ein Rückgang der Druckspannungen ein. Nach Überschreiten des Temperaturmaximums und der einsetzenden Abkühlung werden zunächst die Druckspannungen weiter abgebaut, ab der zweiten Nullspannungstemperatur sind dann ständig zunehmende Zugspannungen vorhanden, die immer weniger durch die Relaxation verringert werden. Bei einer kritischen Temperaturdifferenz findet aufgrund der nicht mehr ausreichenden Zugfestigkeit die Rissbildung statt.

Wären der E-Modul und die Relaxation konstant, würde durch die Temperaturdehnung lediglich eine temporäre Druckspannung aufgebaut, die nach dem Temperaturausgleichsvorgang nicht mehr vorhanden ist. Eine Rissgefahr bestünde damit nicht (Bild 3.4).

Für den frühen Zwang bilden die abfließende Hydratationswärme und der daraus resultierende Temperaturausgleichsvorgang die maßgebende Ursache der Beanspruchungen und Rissbildungen. Sehr oft wird die Mindestbewehrung lediglich darauf abgestellt und erweist sich dann bei spätem Zwang als zu gering.

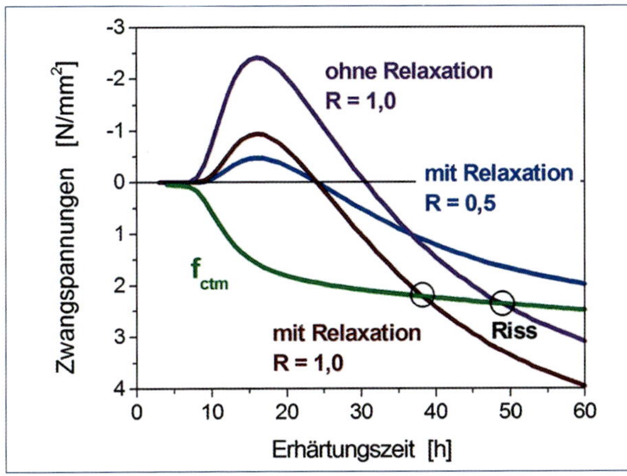

Bild 3.5: Verlauf der Zwangspannungen in Abhängigkeit von der Relaxation und dem Behinderungsgrad R bei axialer Beanspruchung

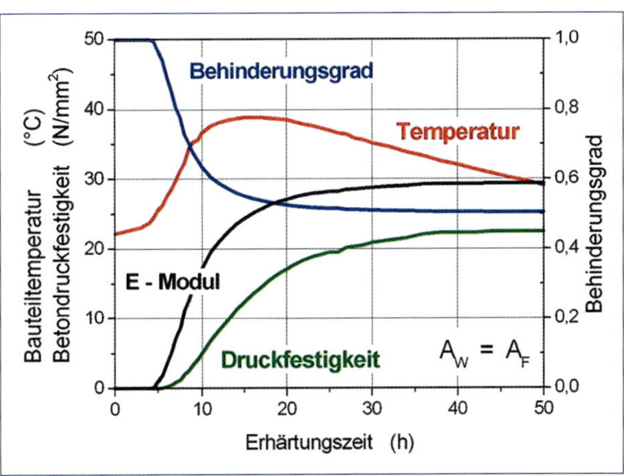

Bild 3.6: Veränderung des Behinderungsgrads in einer Wand auf einem Fundament in der frühen Erhärtungszeit

Je intensiver anfänglich die Relaxation wirkt und die Druckspannungen verringert, desto größer sind die Zugspannungen während und nach der Abkühlung. Die Relaxation ist mit der Erhärtung rückläufig, sodass die anfänglichen Druckspannungen erheblich vermindert werden, die entstehenden Zugspannungen aber in weitaus geringerem Umfang. Wie aus Bild 3.4 ersichtlich, ist daraus folgend der zeitabhängige Spannungsverlauf bei übereinstimmendem Behinderungsgrad (R = 1,0) vertikal verschoben und der risskritische Zustand zeitlich vorgezogen.

Eine Beeinflussung dieser stofflichen Vorgänge ist praktisch nicht möglich. Die Zielstellung zur Verminderung der Zwangbeanspruchungen kann deshalb nur darin bestehen, die mittlere Bauteiltemperatur herabzusetzen und den Behinderungsgrad durch planerische und ausführungstechnische Maßnahmen zu verringern. Wie in Bild 3.4 schematisch dargestellt, findet bei diesem Beispiel bereits keine Rissbildung mehr statt, wenn ein entsprechend geringer Behinderungsgrad vorhanden ist. Während zu Beginn der Erhärtung immer eine vollständige Behinderung des betonierten Bauteils vorhanden ist, ändert sich die Situation mit der anwachsenden Festigkeit sehr rasch. In Bild 3.6 ist der Temperaturverlauf als Ursache der Zwangdehnungen und die Entwicklung der Druckfestigkeit und des E-Moduls in zeitlicher Abhängigkeit in einer erhärtenden Wand auf einem Fundament dargestellt. Wie ersichtlich, hat bis zum Beginn des Ausgleichsvorgangs ein deutlicher Rückgang des Behinderungsgrads stattgefunden, der auf die Zunahme des E-Moduls und damit der Steigerung der Steifigkeit des erhärtenden Bauteils zurückzuführen ist. Während der Behinderungsgrad asymptotisch auf einen Endwert zuläuft und konstant bleibt, wachsen die Festigkeitsgrößen weiter an. Der E-Modul entwickelt sich dabei schneller als die Zugfestigkeit und hat entsprechende Zwangspannungen zur Folge. Insofern ist aus der verminderten Behinderung allein noch keine Steigerung der Risssicherheit abzuleiten. Die gravierenden Änderungen im Verlauf des Behinderungsgrads zeigen, wie bedeutsam dessen zutreffende Abschätzung ist. Die Zusammenhänge in Bild 3.5 weisen wiederum auf die Schwierigkeiten hin, die bei der rechnerischen Ermittlung der zeitabhängigen Entwicklung von Zwangspannungen zu erwarten sind.

Eine thermische Dehnung mit Ausdehnung und Kontraktion kann auch im Gebrauchszustand auftreten, beispielsweise im jährlichen Temperaturgang zwischen Sommer und Winter oder bei fehlender Überbauung von Bodenplatten und Temperaturabfall im Winter (Bild 3.7). Die Auswirkungen sind von der

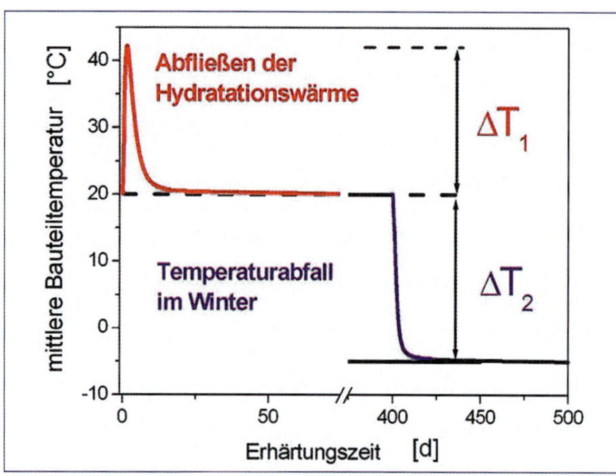

Bild 3.7: Absenkung der mittleren Bauteiltemperatur durch die meteorologischen Bedingungen im Winter und Vergleich zur Wirkung der abfließenden Hydratationswärme

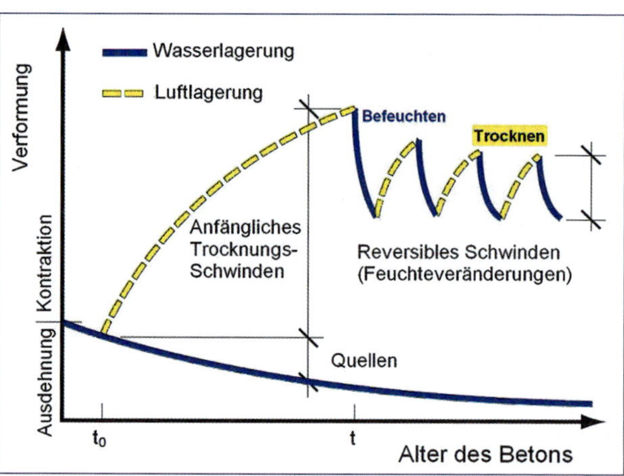

Bild 3.8: Verformungsvorgänge durch Quellen und Schwinden im Betonbauteil (Schematischer Versuchsablauf)

Amplitude der Temperaturschwankungen abhängig; dabei sind die Extremwerte zugrunde zu legen. In diesem Sinne steigt das Rissrisiko vor allem bei tiefen Temperaturen im Winter an.

Das Schwinden ist mit einer kontinuierlichen und irreversiblen Kontraktion des Gefüges verbunden. Durch eine intensive Nachbehandlung gegen eine frühzeitige Austrocknung kann die Verformung solange begrenzt werden, bis eine ausreichende Festigkeit vorhanden ist und eine Frührissbildung nicht mehr stattfinden kann. Wie Bild 3.8 erläutert, kann bei ausreichendem Wasserhaushalt im Beton ein Quellen stattfinden, das vor allem in der Anfangsphase der Erhärtung auftritt. Durch dieses Verhalten kann die hydratationswärmebedingte Verformung beeinflusst und die resultierenden Zwangspannungen verringert werden. Mit der anschließenden nicht vermeidbaren und auch gewollten Austrocknung des Bauteils setzt das Trocknungsschwinden ein, durch das kritische Verformungswerte eintreten können. Da diese Vorgänge langzeitig verlaufen, findet ein merklicher Spannungsabbau durch die Relaxation statt. Ist eine große Behinderung der Dehnungen vorhanden und bleiben die Zwangspannungen hoch, treten im Bauteil Risse auf, und zwar zuerst an den Stellen mit der geringsten Festigkeit. Dazu gehören auch Arbeitsfugen.

Neben der äußeren Behinderung der Bauteile besteht noch die Möglichkeit eines »inneren Zwangs«, der durch eine ungleichförmige Verteilung von Dehnungen innerhalb des Bauteilquerschnitts hervorgerufen wird. Bei dickeren Bauteilen entstehen Dehnungsprofile infolge abfließender Hydratationswärme, der meteorologischen Temperatureinwirkung und des Trocknungsschwindens. Der Zwang entsteht durch gegenseitige Behinderung der Bauteilfasern im Querschnitt oder die Behinderung des Betons beim Schwinden durch die Bewehrung. Diese spezifischen Beanspruchungen werden als Eigenspannungen bezeichnet und können im jungen und erhärteten Beton auftreten.

Wie Bild 3.2 schließlich zeigt, können während des gesamten Zeitraums der Erhärtung und Nutzung Überlagerungen der zwangbedingten Einwirkungen und auch mit den Lastbeanspruchungen stattfinden.

Die Nachweisführung zur Gewährleistung der Gebrauchstauglichkeit durch Begrenzung einer rechnerischen Trennrissbreite ist gegenwärtig vor allem auf den Lastfall »Abfließende Hydratationswärme« gerichtet. Dadurch werden spätere Zwangbeanspruchungen unbegründet vernachlässigt, die aber maßgebend sind und späte Rissbildungen hervorrufen [Mei4]. Die dieser Vorgehensweise zugrunde liegende Annahme, dass der frühe Zwang durch Relaxation abgebaut und spätere Einwirkungen keinen kritischen Zustand hervorrufen, hat sich als unbegründet erwiesen. In Bild 3.9 ist beispielsweise zu sehen, wie unter der Wirkung der Relaxation die sich herausbildenden kritischen Spannungen zu späteren Zeitpunkten verschoben werden und bei dem erst dann einsetzenden Riss und den vorhandenen größeren Betonzugfestigkeiten entsprechende Zwangkräfte entstehen. Die vorhandene Bewehrung reicht dann häufig nicht aus, die rechnerischen Rissbreiten wirkungsvoll zu begrenzen.

Bislang wurde das chemische und autogene Schwinden bei Betonen mit w / z > 0,50 nicht einbezogen, im neuen Regelwerk ist jedoch die Berücksichtigung vorgesehen. Nach Überschreiten des Temperaturmaximums überlagern sich beide Anteile der Verformungen gleichsinnig; die Wahrscheinlichkeit der Rissbildung wird dadurch bei längerem Abkühlungsvorgang etwas erhöht.

Wenn Risse in Konstruktionen infolge lastunabhängiger Zwangbeanspruchungen zu einem bestimmten Zeitpunkt auftreten, ist die Zuordnung zu einer Ursache oft nicht möglich.

Eigen- und Zwangspannungen können im jungen Beton zu Rissen führen, die durch späten Zwang aufgeweitet oder durch weitere Rissbildungen ergänzt werden. Ist dies nicht der Fall, bleiben die Spannungen im Bauteil eingeprägt und können trotz eines teilweisen Abbaus durch Relaxation zu einem späteren Zeitpunkt bei Überlagerung mit zusätzlich auftretenden Temperatur- und Schwindspannungen zur Rissbildung führen. Vorschädigungen aus der Frührissbildung können der Ansatz für die Rissbildung im jungen und erhärteten Beton sein. Die Erfahrung hat gezeigt, dass Frührisse infolge plastischen Schwindens das späte Rissrisiko verstärken können.

Rissbildungen treten in den Beton- und Stahlbetonbauteilen häufig auf und sind nur bei geringen Abmessungen mit betontechnologischen Maßnahmen und ohne größere Behinderungen zu vermeiden. Durch eine geeignete Vorgehensweise können die Rissbildungen durchaus eingeschränkt werden.

Risse können aber nicht grundsätzlich als ein Mangel angesehen werden. Sie aktivieren den Verbund zwischen Bewehrungsstahl und Beton und sind ein

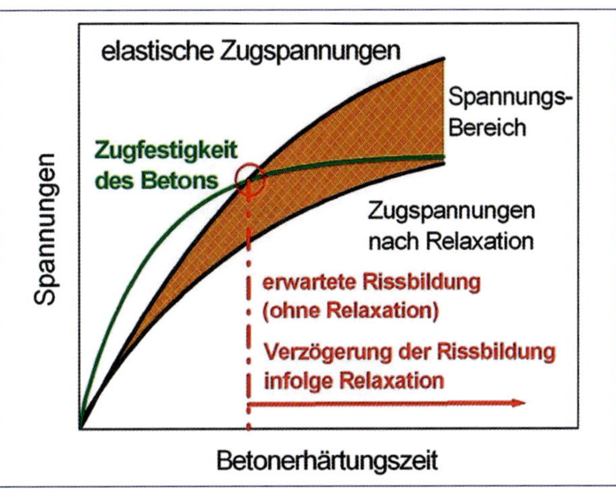

Bild 3.9: Verzögerung der Rissbildung infolge von Relaxation der Schwindspannungen

Kennzeichen der Stahlbetonbauweise. Risse vermindern die zwangbedingten Verformungen und entlasten die Konstruktion. Risse können aber die Gebrauchstauglichkeit infrage stellen und sind deshalb auf eine maximale Breite zu begrenzen.

Im Regelfall wird normgemäß eine Mindestbewehrung angeordnet, um die Rissbildung zu kontrollieren. Als ein wesentlicher Parameter dient dazu die sogenannte rechnerische Rissbreite, die eine fiktive Größe darstellt und am Bauwerk als Messwert nicht vorgefunden werden kann. Da die Eigenschaften des Betons zu einem angenommenen Risszeitpunkt in der Planungsphase nicht bekannt sind, kann das Ergebnis der Berechnung der Mindestbewehrung nur mit einer gewissen Wahrscheinlichkeit zutreffen. Insofern erscheint es notwendig, die Rissbildung durch betontechnologische und konstruktive Maßnahmen zu steuern und durch eine ausreichende Mindestbewehrung zu beherrschen. Eine alternative Vorgehensweise, wie beispielsweise als Entwurfsgrundsätze für Weiße Wannen vorgeschlagen, würde diesem Anliegen nicht entsprechen.

Die prinzipiellen Möglichkeiten zur Kontrolle der Rissbildungen und deren Auswirkungen können, wie in Bild 3.10 angegeben, charakterisiert werden. Entscheidend ist, dass die Bestandteile a) bis c) in einer Vorgehensweise kombiniert werden, da weder auf eine

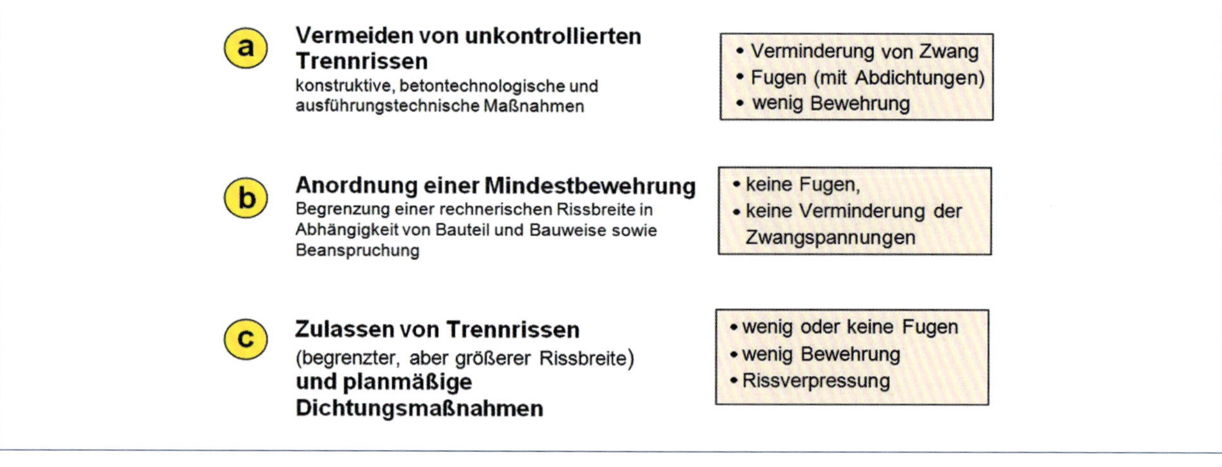

Bild 3.10: Bestandteile und Maßnahmen zur Kontrolle der zwangspannungsbedingten Trennrissbildung

Bewehrung verzichtet werden kann, noch die rechnerischen Rissbreiten ohne betontechnische Maßnahmen zuverlässig gesichert werden können. Oft muss auch eine Rissverpressung vorgenommen werden, da trotz Einhaltung der rechnerischen Rissbreite keine ausreichende Dichtigkeit erreicht werden konnte. Zur Gewährleistung der Betonierbarkeit der Bauteile oder unter wirtschaftlichem Gesichtspunkt kann eine größere rechnerische Trennrissbreite zu einer reduzierten Mindestbewehrung führen, die in Verbindung mit zwangspannungsvermindernden Maßnahmen und einer Rissverpressung die Gebrauchstauglichkeit sicherstellt. Die zu treffenden Entscheidungen bedingen, dass in Abhängigkeit von der Konstruktion und Bauaufgabe sowie der zu verfolgenden Strategie die auftretenden lastunabhängigen Verformungen, das Festigkeitsverhalten des verwendeten Betons sowie die Auswirkungen der ausführungstechnischen, betontechnologischen und konstruktiven Maßnahmen auf die Zwangspannungen bekannt sind oder zumindest abgeschätzt werden können.

Die rechnerische Ermittlung der Zwangspannungen ist eine sehr komplexe Aufgabenstellung, die aufgrund der streuenden Eingabewerte derzeit noch nicht mit der wünschenswerten Zuverlässigkeit und Genauigkeit durchgeführt werden kann. Dies gilt vor allem für den Erhärtungszeitraum des jungen Betons mit den sich ständig verändernden Kenngrößen und Parametern. Insofern erscheint die vorgenannte Kombination der Maßnahmen unerlässlich. Die Verbindung der maßgebenden Faktoren zur Abschätzung der Zwangspannungen ist in Bild 3.11 für eine Beanspruchung aus abfließender Hydratationswärme dargestellt. Der Zusammenhang trifft auch auf die Beanspruchung durch das Schwinden oder die Temperatureinwirkung im späten Alter zu. Beispielsweise wird die »Zwangdehnung bei Temperaturausgleich« ersetzt durch die entsprechende Zwangdehnung. Die in Bild 3.11 genannten Schritte zur Kontrolle der Rissbildung werden in den folgenden Kapiteln behandelt.

Zur Sicherstellung der Gebrauchstauglichkeit und Dauerhaftigkeit sollte von folgenden Kombinationen in den Beanspruchungen ausgegangen werden:

- Temperaturausgleich infolge abfließender Hydratationswärme, ggf. in Verbindung mit dem chemischen und autogenen Schwinden (vor allem bei höherfesten Betonen),
- Schwinden infolge von Austrocknung des Bauteils, ggf. mit dem zusätzlichen Einfluss aus Veränderungen der Umgebungstemperatur,
- Temperaturänderungen während der Nutzung der Konstruktion, ggf. mit Berücksichtigung des Trocknungsschwindens bei noch nicht abgeschlossener Erhärtung (vor allem bei dickeren Bauteilen).

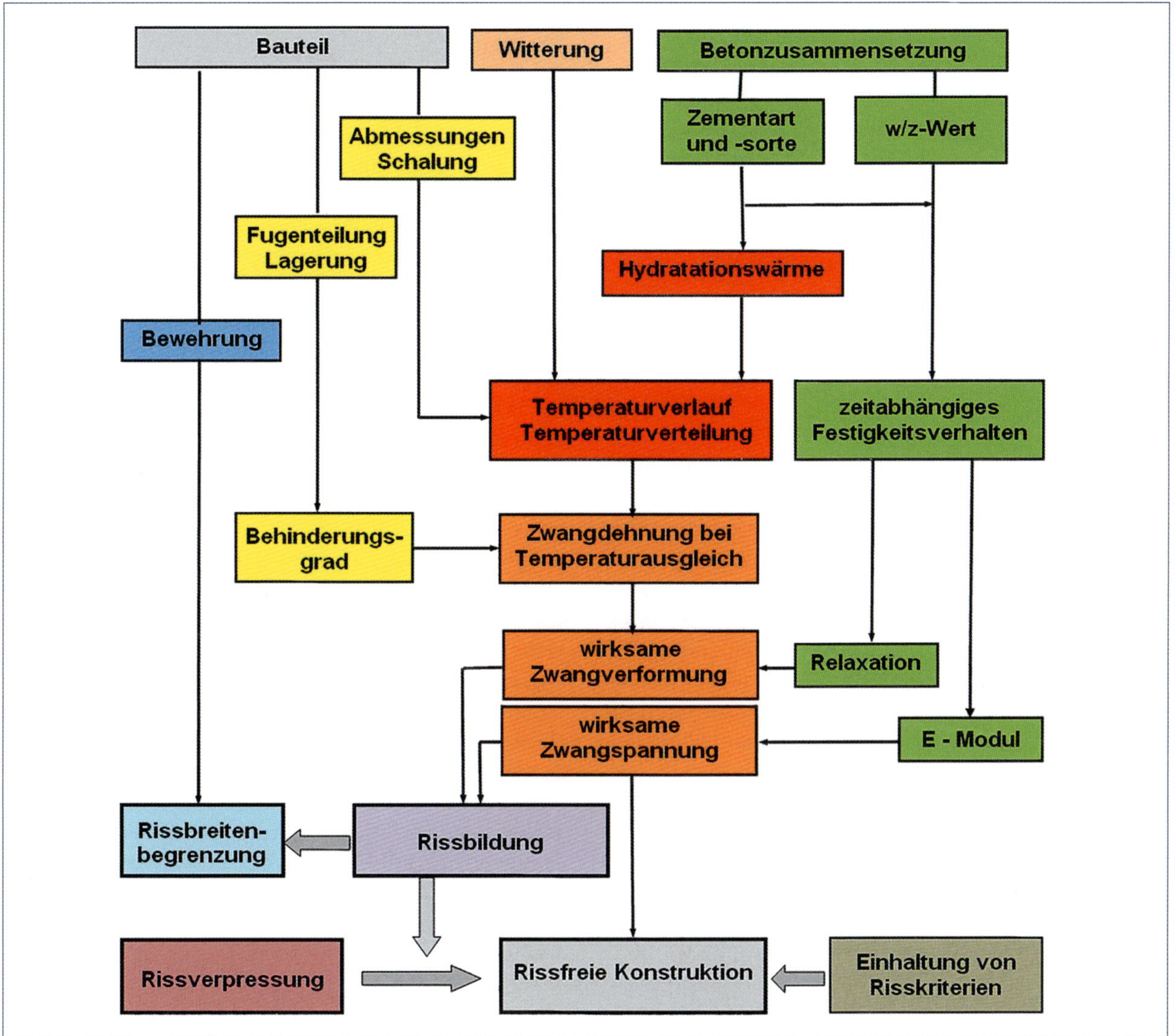

Bild 3.11: Übersicht zu den maßgebenden Faktoren für die rechnerische Ermittlung der Zwangspannungen und die Maßnahmen zur Sicherstellung der Gebrauchstauglichkeit bei einer Beanspruchung durch abfließende Hydratationswärme

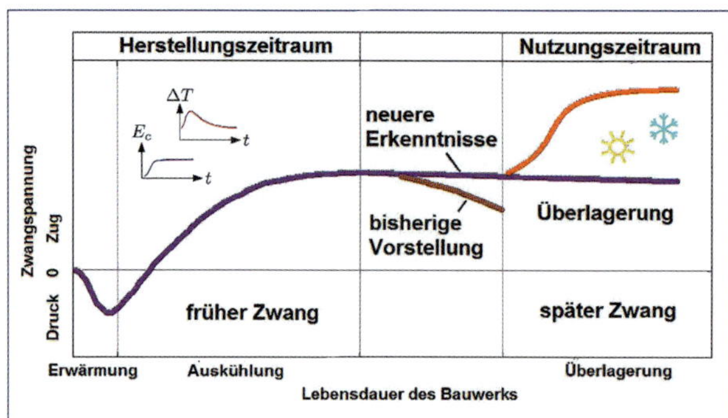

Bild 3.12: Spannungsgeschichte über die Lebensdauer des Bauwerks (nach [Tur1])

Die dafür benötigten Angaben zu den einzelnen Verformungen sind in den nachfolgenden Kapiteln zu finden. Diese dienen nicht nur zur Abschätzung der Spannungen, sondern auch der Breite und des Abstands von Dehnungsfugen und dergleichen.

Im Normenwerk sind keine Festlegungen oder Hinweise zur Berücksichtigung der Aufeinanderfolge und der Überlagerung von frühem und spätem Zwang enthalten. Eine verbreitete Auffassung dazu ist, dass die Schnittgrößen, die im jungen Betonbauteil entstehen, durch das viskoelastische Verhalten vermindert oder sogar abgebaut werden und dass die weiteren Einwirkungen im Nutzungszeitraum auf ein Bauteil mit reduzierter Steifigkeit treffen, wenn eine Rissbildung stattgefunden hat.

Nach [Tur1] sind diese Annahmen ohne hinreichende experimentelle Überprüfung getroffen worden. Wie die Untersuchungen gezeigt haben, konnte ein Rückgang der frühen Zwangkräfte nicht beobachtet werden (Bild 3.12). Aus den bislang vorliegenden Ergebnissen [Tur1] müsste die Schlussfolgerung gezogen werden, dass die Spannungen aus frühem und spätem Zwang ohne Abminderung zu überlagern sind. Erst eine späte Rissbildung kann zu einer Entspannung im Bauteil führen. Bis eine späte Rissbildung stattfindet, wäre aufgrund der Verformungen eine Aufweitung der bereits vorhandenen Risse festzustellen.

Das durch frühen Zwang entstandene Rissbild ist nicht endgültig und wird durch weitere Verformungen verändert. Durch die Relaxation wird nach bisheriger Erkenntnis die Zwangverformung vermindert, die zu dem ersten Rissbild geführt hat und es findet eine, wenn auch geringfügige Verminderung der Rissbreite statt. Werden im späteren Alter weitere Verformungen eingetragen, werden die vorhandenen Einzelrisse aufgeweitet, wenn eine zwischenzeitliche Festigkeitsentwicklung stattgefunden hat. Wenn das Dehnungsvermögen des Betons überschritten ist, entsteht ein weiterer Riss. Wenn die Rissbildung abgeschlossen ist, findet keine weitere Rissbildung, sondern nur eine zunehmende Öffnung der bestehenden Risse statt. Diese Vorgänge können durch eine kontinuierliche Zunahme der Verformung infolge des Trocknungsschwindens als auch durch eine zeitlich begrenzte Temperatureinwirkung hervorgerufen werden. Wechselnde Temperaturen können in beiden Risszuständen zu konformen Rissbreitenänderungen führen, die sich bei der Schließung der Risse durch Injektion oder bei Aufbringen einer Beschichtung nachteilig auswirken.

4 Lastunabhängige Verformungen der Beton- und Stahlbetonbauteile

Die auftretenden lastunabhängigen Verformungen haben unterschiedliche Ursachen. Die inneren Vorgänge der Hydratation rufen das chemische und autogene Schwinden sowie die Wärmefreisetzung mit daraus resultierendem Temperaturverlauf und daraus resultierender Dehnung hervor. Als äußere Einwirkungen führen die Luftfeuchte und die Umgebungstemperatur zur Austrocknung und Verkürzung der Betonkonstruktion. Die Umgebungstemperaturen während der Erhärtung und im Nutzungszustand sind mit entsprechenden Dehnungen verbunden.

Jede dieser einzelnen Verformungen hat einen unterschiedlichen Spannungszustand innerhalb der Betonbauteile zur Folge. Die Abkühlung beim Temperaturausgleichsvorgang führt zur Verkürzung des gesamten Bauteilquerschnitts, d.h. des Betons und der Bewehrung. Das Trocknungsschwinden dagegen verursacht lediglich eine Kontraktion des Betons, die durch die vorhandene Bewehrung behindert wird. Das chemische Schwinden schließlich wirkt vor allem im Kapillarporensystem des erhärtenden Betons und ruft Rissbildungen innerhalb der Mikrostruktur hervor. Eine besondere Rolle spielt die Temperatur im Bauteil, da neben den Verformungen die Geschwindigkeit der Erhärtung und die Festigkeit im Nutzungszustand beeinflusst werden.

4.1 Auswirkungen der Temperatur im Bauteil

Bei einer Temperaturänderung im Bauteil entstehen dazu proportional Dehnungen. Der dafür maßgebende Temperaturausdehnungskoeffizient ist von der Zusammensetzung und dem Erhärtungszustand des Betons abhängig. Er ist im jungen Alter bis zu etwa 48 Stunden veränderlich, stetig abnehmend und an einen Endwert angleichend. Die Auswirkungen sind relativ gering, da sich nur relativ geringe Druckspannungen aufbauen können. Im späteren Alter kann der Koeffizient als konstant angenommen werden.

Die Bauteiltemperatur wird durch die freigesetzte Hydratationswärme bestimmt und ist von der Zusammensetzung des Zements abhängig. Unter Einwirkung der Temperatur verändert sich das Reaktionsverhalten, sodass beispielsweise Zemente mit Hüttensand nicht im erwarteten Umfang zur Verminderung der Bauteiltemperatur und temperaturbedingten Verformung beitragen. Eine weitere Folge einer erhöhten Temperatur ist die Beschleunigung der Reaktion und damit einer Beschleunigung der Wärmefreisetzung und Erhärtung.

Eine Aussage zu risskritischen Beanspruchungen durch Zwangspannunen kann nur anhand der Temperaturdifferenzen während des Temperaturausgleichsvorgangs im jungen Beton oder innerhalb eines Zeitabschnitts im erhärteten Beton getroffen werden. Die orientierenden Kennwerte über wahrscheinlich auftretende Temperaturdifferenzen vereinfachen durch Reduktion der Einflussfaktoren oft derart, dass eine zutreffende Einschätzung nicht getroffen werden kann. Genauere Berechnungen und Messungen sind dann unumgänglich. Bei dickeren Bauteilen entstehen Temperaturprofile im Bauteilquerschnitt, die Eigenspannungen hervorrufen und Risse im Randbereich zur Folge haben können.

4.1.1 Wärmefreisetzung durch Hydratation des Zements

Der Fortgang und die Vollständigkeit der Reaktion des Zements wird mit dem **Hydratationsgrad** HG definiert, und zwar durch den Anteil des zum betrachteten Zeitpunkt chemisch gebundenen Wassers in Relation zu dem bei vollständiger Umsetzung des Zements. Stellvertretend wird dafür auch das Verhältnis der bis zu einem Zeitpunkt t freigesetzten Hydratationswärme Q(t) zu der nach vollständiger Hydratation $Q(\infty)$ verwendet:

$$HG(t) = Q(t)/Q(\infty) \qquad (4.1)$$

Die insgesamt freigesetzte **Hydratationswärme** $Q(\infty)$ [kJ/kg] ist abhängig von der chemisch-mineralogischen Zusammensetzung des Zementklinkers und der beigefügten weiteren Hauptbestandteile des Zements wie Flugasche, Hüttensand oder Silikastaub. Die Aktivität des Zements wird darüber hinaus durch eine wechselseitige Beeinflussung der Komponenten bestimmt. Eine Berechnung der Wärmeentwicklung anhand der einzelnen Bestandteile ist deshalb nur mit Einschränkungen möglich (weitere Erläuterungen dazu siehe [Röh2]). Dieser rechnerisch ermittelte, theoretische Wärmebetrag Q_{pot} kann im Beton lediglich in dem vom Hydratationsgrad HG_{max} bestimmten Umfang freigesetzt werden. Der maximale Hydratationsgrad HG_{max} hängt von der Feuchte im Porensystem ab, d.h. vom Wasserzementwert und einer ausreichenden Nachbehandlung. Höhere Temperaturen bewirken ebenfalls einen niedrigeren Hydratationsgrad. Wie aus Bild 4.1 ersichtlich, ist bei hochfesten Betonen oder bei durch ungenügende Nachbehandlung abgesenktem Wasserzementwert mit einer verringerten potenziellen Wärmeentwicklung zu rechnen.

$$Q_{max} = Q_{pot} \cdot HG_{max} \quad [J/g \text{ bzw. } kJ/kg] \qquad (4.2)$$

Bei einem w/z-Wert = 0,50 wird beispielsweise der Hydratationsgrad mit etwa HG = 0,85 begrenzt. Eine Orientierung für die maximale Wärmefreisetzung Q_{max} der Zementarten bei einem Hydratationsgrad HG = 0,85 ist in Tabelle 4.1 zusammengestellt. Weitere Angaben sind in [Röh1] und [Ros6] zu finden.

Dieser von der Betonzusammensetzung abhängige Maximalwert wird im Bauteil aufgrund des Wärmeübergangs an den Außenflächen nur zu einem Teil als Temperaturerhöhung wirksam.

Die **Messung der Wärmefreisetzung** kann an Zementleimproben lösungskalorimetrisch (7 Tage konservierende Erhärtung des Zementsteins bei 20 °C, Bestimmung der Lösungswärme in einer Mischung aus Salpeter- und Flusssäure nach DIN EN 196-8) und isotherm bei konstanten Temperaturen im Wärmeflusskalorimeter (w/z = 0,50; Messdauer 72 h bei 20 °C bzw. 25 °C) oder an Beton- oder Mörtelmischungen adiabatisch als Temperaturerhöhung unter weitestgehender Vermeidung einer Wärmeabgabe an die Umgebung erfolgen. Unter Inkaufnahme gewisser Ungenauigkeiten kann der nach den unterschiedlichen Methoden festgestellte zeitliche Verlauf der Wärmeentwicklung umgerechnet werden, d.h. beispielsweise eine adiabatische in eine isothermische und umgekehrt. Dazu dienen sogenannte Reife-Funktionen (Kapitel 4.2). Die Verhältnisse bei realen Bauteilen liegen zwischen beiden Extremen und sind durch die Bauteildicke und die Randbedingungen an der Oberfläche (Schalung, Umgebungstemperatur) bedingt. Mit zunehmender Bauteildicke nähern sich die Temperaturverhältnisse den adiabatischen Bedingungen an, wie bei wasserbaulichen Anlagen nachgewiesen. Mit der teil-(semi-) adiabatischen Messung wird der Verlauf den tatsächlichen Verhältnissen im Bauteil besser angepasst (w/z = 0,50; Messdauer nach [Hin1] drei bis fünf Tage). Eine Gegenüberstellung der Temperaturverläufe in Abhängigkeit von der Messmethode ist in Bild 4.2 vorgenommen worden.

Die Ergebnisse der Messung der spezifischen Hydratationswärme Q [kJ/kg] an Zementleim, Mörtel und Beton weichen voneinander ab, da die Zusammensetzung der Proben und die Erhärtungsbedingungen nicht identisch sind. Weiterhin ist die Extrapolation über die Messergebnisse hinaus zur Feststellung der maximalen Wärmentwicklung unsicher; für eine einfache, proportionale Umrechnung ist im Regelfall der Hydratationsgrad nicht bekannt. Zur besseren Erfassung der tatsächlich zu erwartenden Wärmeentwicklung in massigen Bauteilen werden deshalb häufig Probeblöcke betoniert und Temperaturmessungen durchgeführt. Zur Simulierung des quasiadiabatischen Abkühlungsverhaltens der Bauteile werden dabei beträchtliche Abmessungen von 1 bis 3 m Dicke gewählt und Dämmungen angebracht, durch deren Entfernen während der Erhärtung auch die Auswirkungen des Ausschalvorgangs verfolgt werden können. Im Wasserbau sind kubische Betonblöcke mit 2,0 m Kantenlänge vorgeschrieben, die allseits mit einer Wärmedämmung von 360 mm Dicke (Wärmeleitgruppe 040) zu versehen sind. Die Messdauer beträgt 168 h [ZTV1]. Aus vergleichenden Untersuchungen folgt, dass die festgestellten Temperaturen mit den Messergebnissen bei Verwendung von adiabatischen Kalorimetern vergleichbar sind. Die Hydratationswärme des Betons der jeweiligen Zusammensetzung kann unter diesen spezifischen Erhärtungsbedingungen zurückgerechnet werden. Mithilfe von Temperatur-Zeit-Funktionen kann die adiabatische Temperaturentwicklung in eine isotherme transformiert werden (Kapitel 4.2).

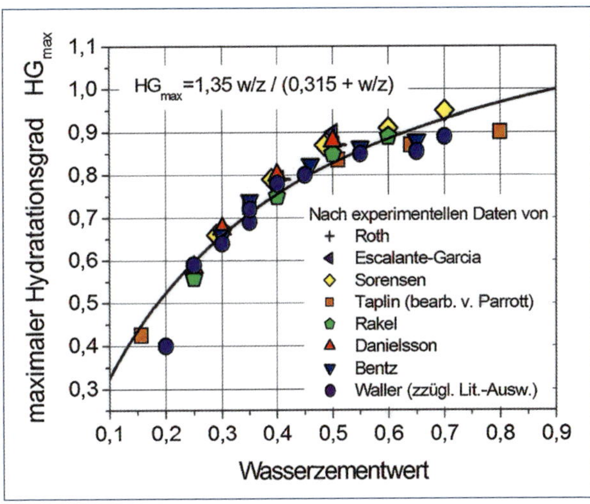

Bild 4.1: Maximaler Hydratationsgrad HG_{max} in Abhängigkeit vom Wasserzementwert nach verschiedenen experimentellen Daten [Röh1]

Wenn die **Bauzustände** maßgebend werden, sind nach DIN EN 1992-3 die charakteristischen Merkmale der Wärmeentwicklung für den jeweiligen Zement in

Tabelle 4.1: Wärmeentwicklung der einzelnen Zementarten bis zum Erreichen des Hydratationsgrads HG_{max} = 0,85 (Mittelwerte)

Zementart	CEM I 52,5 CEM I 42,5 CEM I 32,5	CEM II/A 42,5 CEM II/A 32,5	CEM II/B-S 32,5 (30 % HÜS)	CEM III/A 42,5 CEM III/A 32,5 (55–60 % HÜS)	CEM III/B 42,5 CEM III/B 32,5 CEM III/B 42,5 – LH/HS/NA
Q_{max} [kJ/kg]	450	420	400	380	360

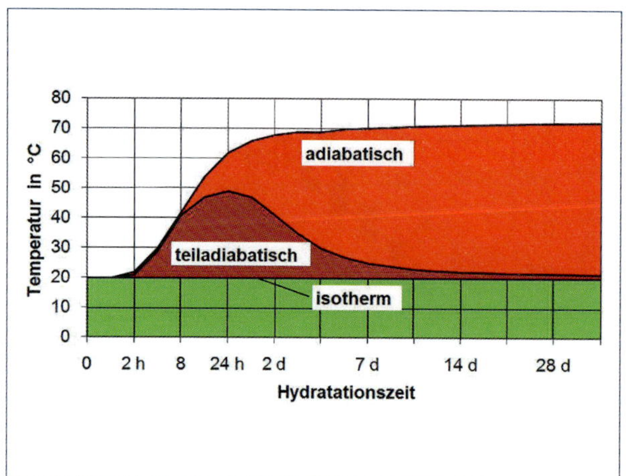

Bild 4.2: Charakteristischer Temperaturverlauf in der Probe bei der experimentellen Ermittlung der Hydratationswärme

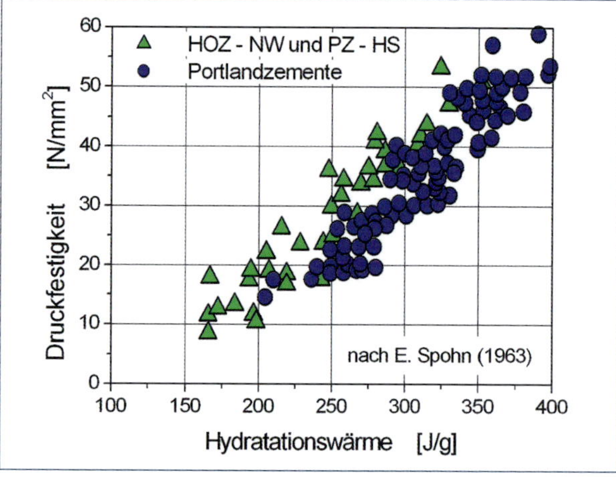

Bild 4.3: Isotherm freigesetzte Hydratationswärme und Normdruckfestigkeit von Zement (w/z = 0,50) [Spo1]

der Regel durch Versuche zu ermitteln. Die tatsächliche Wärmeentwicklung ist in der Regel unter Berücksichtigung der zu erwartenden Bedingungen im frühen Bauteilalter (z.B. Nachbehandlung, Umweltbedingungen) zu bestimmen. Die Höchsttemperatur und der Zeitpunkt ihres Auftretens nach dem Betonieren sind in der Regel in Abhängigkeit von der Betonzusammensetzung, der Art der Schalung und den Umgebungsbedingungen festzustellen.

Ein wichtiger Zusammenhang besteht zwischen der freigesetzten **Hydratationswärme und der Normdruckfestigkeit der Zemente** (Bild 4.3). Daraus können Rückschlüsse zur Festigkeits- bzw. Wärmentwicklung während der frühen Erhärtung gezogen werden. Hohe Zementfestigkeit ist danach mit niedriger Hydratationswärme unvereinbar. Bei hüttensandhaltigen Zementen werden bei einer mit CEM I vergleichbaren Festigkeit etwa 50 J/g weniger Wärme freigesetzt. Unter isothermen Bedingungen wird mit steigendem Hüttensandgehalt die Wärmeentwicklung zu allen Zeitpunkten verringert. Da die Reaktion des Hüttensandes durch erhöhte Temperaturen aber sehr wesentlich beschleunigt wird, nimmt demgegenüber die Wärmeentwicklung deutlich zu und ist deshalb adiabatisch zu erfassen. Andernfalls werden nicht zutreffende Schlussfolgerungen für die zu erwartende Temperatur im Bauteil, vor allem bei größeren Dicken, gezogen. Flugasche ist für die Wärmeentwicklung bedeutungslos, trägt jedoch zur Festigkeit bei. Zemente, die innerhalb der ersten sieben Tage nicht mehr als 270 J/g Wärme entwickeln, werden nach DIN EN 197-1 als LH-Zemente (Low Heat, frühere NW-Zemente) bezeichnet. Eine neuere Entwicklung sind VLH-Zemente (Very Low Heat, DIN EN 14216), die eine maximale Wärmefreisetzung von 220 J/g nach sieben Tagen aufweisen und in die Festigkeitsklasse Z 22,5 eingeordnet sind. Die zeitliche Wärmefreisetzung unter isothermen Bedingungen ist für einige Zementsorten in Bild 4.5 angegeben. Für weitere Angaben siehe [Röh1].

Die **zeitliche Entwicklung der Hydratationswärme** wird wiederum durch die Zusammensetzung des Zements, sehr wesentlich aber durch dessen Mahlfeinheit, d.h. die Korngröße, bestimmt. Zielstellung für die Herstellung des Zements sind in der Regel nicht die Hydratationswärme, sondern die Gewährleistung von Festigkeitswerten zu bestimmten Zeitpunkten. Unterschiede sind auch zwischen Zementwerken und während der Produktionsdauer festzustellen. Da die Beschaffenheit des Zements streut, haben selbst gleiche Zementsorten einen abweichenden Verlauf der Wärmefreisetzung und einen differenten Maximalwert (Beispiel in Bild 4.4) bei

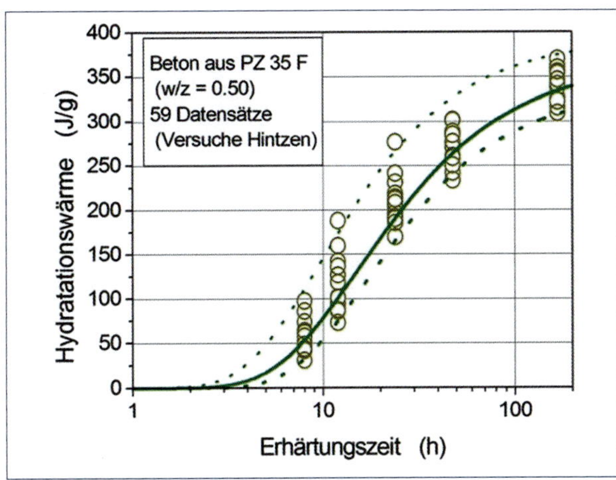

Bild 4.4: Streuung der Wärmeentwicklung eines CEM I 32,5 R (früher PZ 35 F) bei Lieferung aus verschiedenen Werken und zu unterschiedlichen Terminen (nach [Hin1], aus [Röh1])

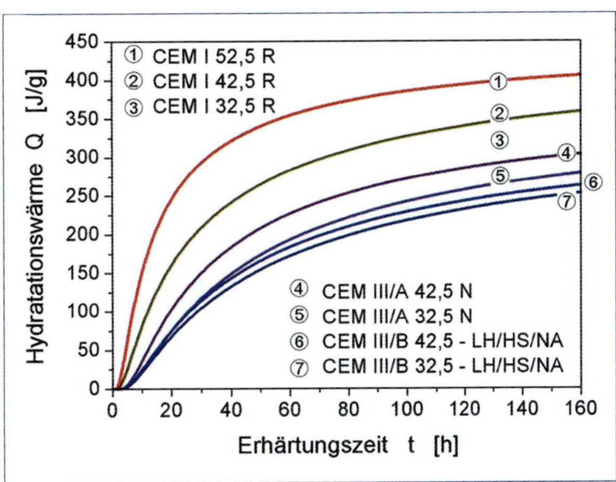

Bild 4.5: Wärmeentwicklung einiger gebräuchlicher Zementsorten (Mittelwerte) unter isothermischen Erhärtungsbedingungen [Röh1]

Lieferung aus verschiedenen Werken und zu unterschiedlichen Terminen (nach [Hin1], aus [Röh1]). Es gibt keine, für eine Zementklasse typische Wärmeentwicklung, die ohne Korrektur übertragbar wäre. Im Allgemeinen reichen aber Angaben zu Mittelwerten der Wärmeentwicklung aus, um eine Situation einzuschätzen, da wesentliche Streuungen aus dem Wärmeübergang an der Bauteiloberfläche resultieren.

Die zeitliche Entwicklung der Hydratationswärme und der Festigkeit oder einer anderen Kenngröße des erhärtenden Betons kann hinreichend genau durch eine einheitliche mathematische Beziehung in Abhängigkeit von der effektiven Zeit t_{eff} beschrieben werden. Der Relativwert der jeweiligen Kenngröße $ß(t_{eff})$ beträgt

$$\beta(t_{eff}) = \exp \cdot \left\{ B \cdot [t_{eff}]^C \right\} \tag{4.3}$$

t_{eff}: effektive Zeit entsprechend der Betontemperatur (Kapitel 4.2)

B und C: Koeffizienten, jeweils durch Regression zu bestimmen

Die Absolutwerte zum jeweiligen Zeitpunkt ergeben sich dann aus dem Größtwert, in der Gleichung als Koeffizient A bezeichnet, zu

$$P(t_{eff}) = A \cdot \beta(t_{eff}) = A \cdot \exp \cdot \left\{ B \cdot [t_{eff}]^C \right\} \tag{4.3a}$$

Beispielsweise betragen in Bild 4.4 die Werte
$A = 368$ J/g; $B = -14{,}8$; $C = -0{,}98$; t_{eff} in [h]

Liegen keine Angaben aus Messungen vor, kann die zeitliche Entwicklung nach Tabelle 4.2 abgeschätzt werden. Bei Temperaturen, die von 20 °C abweichen, ist die effektive Zeit nach dem Reife-Ansatz zu bestimmen (Kapitel 4.2.2).

Vorgaben zur Beschreibung der Eigenschaftsentwicklung sind auch in der Norm DIN EN 1992-1-1 enthalten, siehe dazu Abschnitt 4.3.2 (Schwinden) und Abschnitt 5.2.4 (Zugfestigkeit).

4.1.2 Temperaturentwicklung im erhärtenden Bauteil

Für die Verfolgung der Zwangspannungen ist die Kenntnis des Temperaturverlaufs unabdingbar. Auf der Grundlage der isothermischen (z.B. Bild 4.5) oder adiabatischen Entwicklung der Hydratationswärme können mithilfe von Rechenprogrammen der zeitlich veränderliche Temperaturverlauf und die Temperaturverteilung (auch dreidimensional) mit großer Genauigkeit ermittelt werden, der eindimensionale Verlauf auch durch vereinfachte Berechnung in Zeitschritten. Wenn die Berechnungen nicht zeitparallel zur Baudurchführung stattfinden, kann die vorlaufende Berechnung nur angenähert zutreffen, da die meteorologischen Bedingungen nicht genügend genau vorhersehbar sind. Zur Einschätzung der Situation am Bauwerk werden auch Temperaturmessungen durchgeführt, deren Ergebnisse dann für spätere, vergleichbare Betonieraufgaben zur Verfügung stehen können.

Die Beziehung zwischen der Hydratationswärme $Q_H(t)$ und der dadurch hervorgerufenen **Temperaturerhöhung** $\Delta T_H(t)$ zu beliebigen Zeitpunkten ergibt sich aus der Beziehung

$$\Delta T_H(t) = \frac{Q(t) \cdot z}{c_c \cdot \rho_c} \text{ [K]} \tag{4.4}$$

Die spezifische Wärmekapazität c_c [kJ/(kg K)] und die Rohdichte [kg/m³] sind vom Wassergehalt des erhärtenden Betons und vom Hydratationsgrad abhängig; für die Wärmekapazität kann jedoch hinreichend genau $C = c \cdot \rho = 2500$ [kJ/(m³K)] gesetzt werden.

Wenn beispielsweise ein Beton mit Zement CEM I 32,5 N und $z = 320$ kg/m³ nach vier Tagen Erhärtung im Bauteil etwa $Q(4) = 300$ kJ/kg freisetzt, wird dadurch die Bauteiltemperatur um $\Delta T(4) = 38{,}4$ K angehoben und erreicht bei einer Einbautemperatur von 18 °C einen Wert von $T(4) = 56{,}4$ °C. Eine vergleichbare Temperatur kann auch aus Bild 4.6 entnommen werden.

Die Temperatur im Bauteil folgt unter adiabatischen Bedingungen dem Verlauf der freigesetzten Hydratationswärme (Bild 4.6). Bei einer Wärmeabgabe an der Oberfläche ist aufgrund der Temperaturverhältnisse im Bauteil und der dadurch beschleunigten Hydratationsgeschwindigkeit eine nahezu übereinstimmende Wärmeentwicklung vorhanden, die äußeren Bedingungen haben nur relativ geringen Einfluss auf die Wärmefreisetzung. In Abhängigkeit von den Abkühlungsbedingungen wird jedoch nur ein Teil dieser Hydratationswärme in einer Temperaturerhöhung wirksam. Je intensiver der Wärmeübergang an

Tabelle 4.2: Richtwerte für die Hydratationswärme von Zement unter isothermischen Bedingungen in Abhängigkeit von der Zementfestigkeitsklasse (bestimmt mit dem Lösungskalorimeter nach DIN 1164-8:1978), nach [VDZ1], [Wes2], [Röh2]

Festigkeitsklasse	Hydratationswärme Q(t) [J/g] nach einer Lagerungszeit in Tagen bei 20 °C					
	1	2	3	7	28	vollständige Hydratation (Q_{pot})
32,5 N [1)]	60 – 175	90 – 180	120 – 250	140 – 300	210 – 380	bis 460
32,5 R; 42,5 N	120 – 210	170 – 300	210 – 340	270 – 380	290 – 420	bis 490
42,5 R; 52,5	210 – 275	270 – 320	290 – 350	340 – 380	370 – 425	bis 525
52,5 R	290 – 350	390 – 440	400 – 470	460 – 520	500 – 550	bis 600

1) vorzugsweise Hüttenzemente mit hohem Hüttensandgehalt und Portlandzemente mit wenig oder keinem C_3A

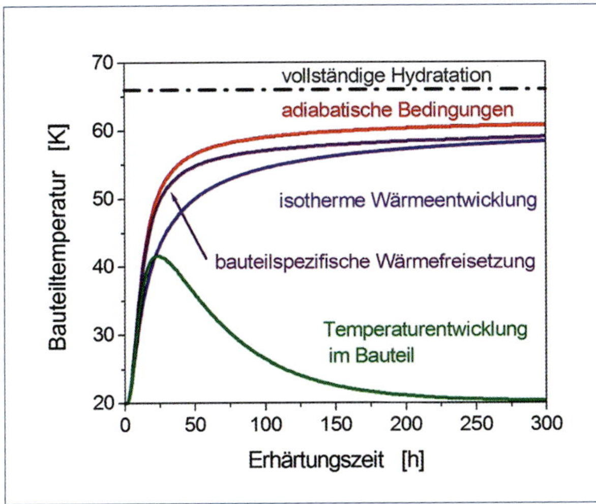

Bild 4.6: Wärmeentwicklung und dadurch hervorgerufene Zunahme der Bauteiltemperatur in Abhängigkeit von den Wärmeübergangsbedingungen an der Bauteiloberfläche

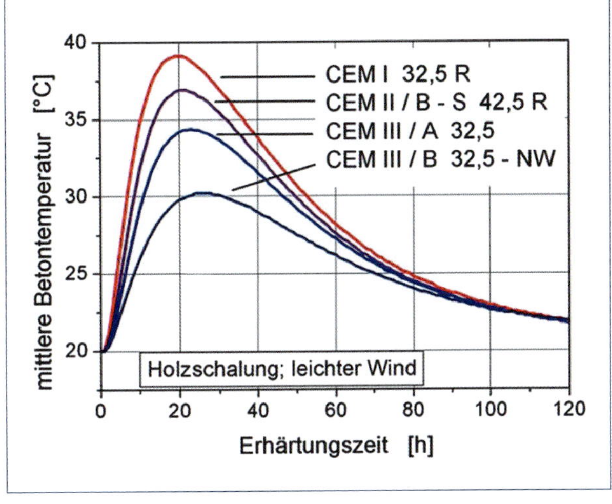

Bild 4.7: Verlauf der mittleren Bauteiltemperaturen bei Verwendung unterschiedlicher Zementarten (Wanddicke 30 cm, Holzschalung, z = 300 kg/m³)

die Umgebung ist, desto geringer ist der Temperaturanstieg. Auf dieser Tatsache basiert die thermische Nachbehandlung zur Verminderung der zentrischen Zwangspannungen.

Beispiele für den Verlauf der Bauteiltemperatur in Abhängigkeit von der Wärmefreisetzung verschiedener Zementarten ist in Bild 4.7 und der Bauteildicke in Bild 4.8 dargestellt. Weitere Beispiele siehe [Röh1] und [Röh4].

Entscheidend für den Temperaturverlauf und die Temperaturverteilung im Bauteil ist der **Wärmeübergang** an der Oberfläche, der von der Schalung, der Temperatur der umgebenden Luft, der Feuchteabgabe durch Verdunstung, der Aufheizung durch die direkte Sonneneinstrahlung und anderen Faktoren abhängt. Aufschluss über zu erwartende Temperaturen und Temperaturdifferenzen geben Temperaurfeldprogramme, die bei zutreffenden Eingabewerten sehr gut übereinstimmende Ergebnisse mit Messungen liefern. Die große Genauigkeit ist auch durch die relativ wenig streuenden betonstofflichen Eingangsgrößen wie Rohdichte, Temperaturleitzahl etc. und die verhältnismäßig langsame Veränderung der Luft- und Bauteiltemperatur begründet.

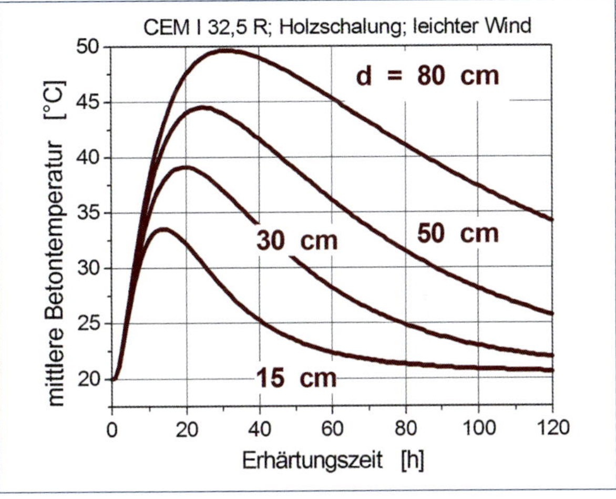

Bild 4.8: Verlauf der mittleren Bauteiltemperaturen in Abhängigkeit von der Bauteildicke (CEM I 32,5 R; z = 300 kg/m³; Luft- und Frischbetontemperatur 20 °C)

Eine sehr einfache Möglichkeit zur Abschätzung des Temperaturverlaufs ergibt sich, wenn die Abmessungen des Bauteils in Richtung des Wärmestroms klein sind, Temperaturdifferenzen im Querschnitt vernachlässigt werden können und von einem gleichmäßig erwärmten Körper ausgegangen wird. Aufgrund der inneren Wärmequelle muss die Berechnung der mittleren Bauteiltemperatur schrittweise vorgenommen werden. Beispiele dazu finden Sie in [Röh1]. Die Wärmeübergangsbedingungen werden dabei durch den Abkühlungsbeiwert m charakterisiert:

$$m = \frac{k \cdot A}{c \cdot \rho \cdot V} \quad [1/h] \tag{4.5}$$

k: Wärmedurchgangskoeffizient an der Bauteiloberfläche (Schalung, Dämmung usw.);
A / V: Fläche / Volumen des Bauteils [1/m].

Der Wärmedurchgangskoeffizient ergibt sich aus der Wärmeübergangszahl α_a [kJ/(m² h K)] sowie den Wärmeleitzahlen der Materialien λ_i [kJ/(m h K)] und deren Dicke s_i [m].

$$1/k = \frac{1}{\alpha_a} + \sum \frac{s_i}{\lambda_i} \quad [m^2hK/kJ] \tag{4.6}$$

Bei freien Oberflächen beträgt α_a etwa 35 (Bodenplatten) bis 40 (Wände) und 45 (Fahrbahnplatten) [kJ/(m² h K)].

Die Wärmeübergangszahl wird sehr wesentlich durch die Windgeschwindigkeit bestimmt. Zur Vermeidung von größeren Temperaturdifferenzen ist deshalb bei ungünstigen Witterungsbedingungen während der Baudurchführung und nach dem Ausschalen ein Windschutz aufzustellen. Werte für k können für verschiedene Bedingungen an der Bauteiloberfläche aus Bild 4.9 entnommen werden.

Die Temperatur ergibt in Zeitschritten Δt_i zu

$$T_{c,i+1} = (T_{c,i} - T_L) \cdot \exp(-m \cdot \Delta t_i) + T_L + \Delta T_{H,i} \quad [°C] \tag{4.7}$$

T_L: Lufttemperatur
$\Delta T_{H,i}$: Temperaturanstieg im Zeitverlauf infolge von Hydratation

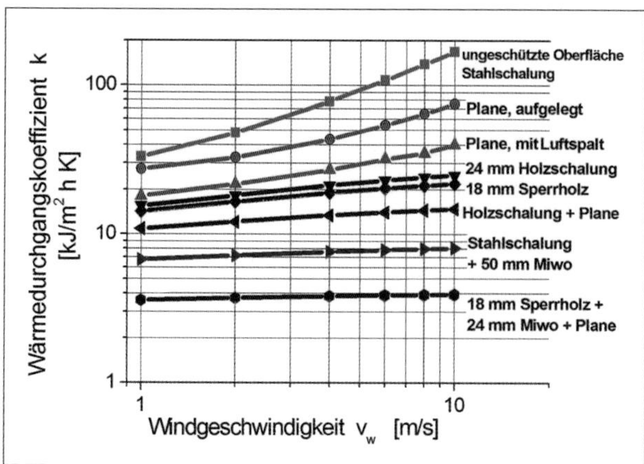

Bild 4.9: Wärmedurchgangskoeffizienten k in Abhängigkeit von den Wärmeübergangsbedingungen und der Windgeschwindigkeit [Röh1]

Die Auswirkungen der Wärmeübergangsbedingungen auf die mittlere Bauteiltemperatur sind beispielhaft für eine Wand mit beiderseitiger Schalung in Bild 4.10 dargestellt. Bei m = 0 liegen adiabatische Bedingungen vor. Für eine Wand mit einer Dicke h = 0,4 m in beiderseitiger Holzschalung (k = 15,0 kJ/(m² h K]) würde der Beiwert m = 0,031 1/h betragen und eine Maximaltemperatur T_{max} = 52 °C erwartet werden können.

Der sich einstellende Mittelwert der **Maximaltemperatur** T_{max} wird durch die Einbautemperatur des Frischbetons T_{c0}, durch die im Bauteil wirksame Hydratationswärme sowie der daraus resultierenden Temperaturerhöhung ΔT_H bestimmt und ist vom Wärmeübergang an der Bauteiloberfläche sowie der Bauteildicke abhängig. Je schneller der Zement hydratisiert, desto eher wird das Maximum erreicht und dabei weniger Wärme an die Umgebung abgegeben, sodass im Bauteil höhere Temperaturen entstehen. Aus den Abkühlungsbedingungen resultiert ein Wirkungsgrad η_H der Hydratationswärme, die zur Temperaturerhöhung im Bauteil beiträgt. Dieser Wirkungsgrad für die sich einstellende Temperatur T_{max} kann aus Bild 4.11 entnommen werden. Daraus folgt

$$\Delta T_{max} = \eta_H + \frac{Q_{max}}{c_c \cdot \rho_c} \quad [K] \tag{4.8}$$

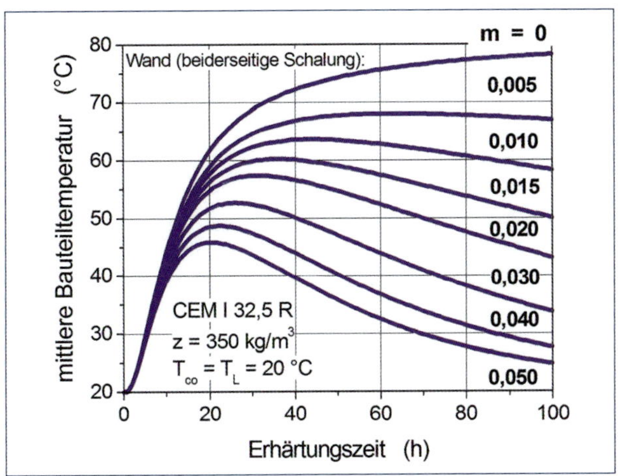

Bild 4.10: Temperaturverlauf in Abhängigkeit vom Abkühlungsbeiwert m (Q_{max} = 420 kJ/kg, Frischbeton- und Lufttemperatur 20 °C)

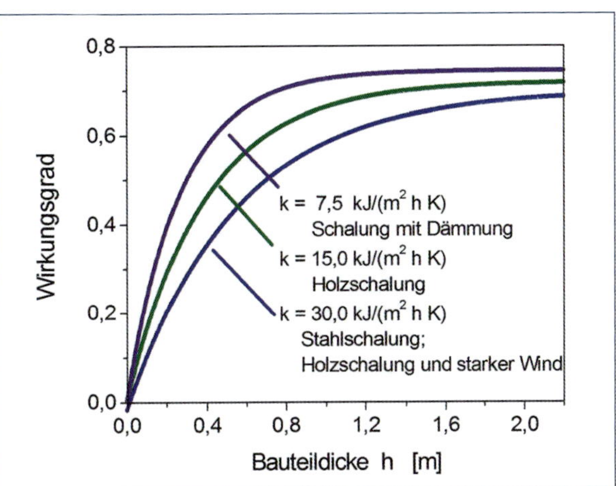

Bild 4.11: Wirkungsgrad der freigesetzten Hydratationswärme bei Wänden mit beiderseitiger Schalung

Bei der Betonage im Winterhalbjahr ist die Verminderung der Bauteiltemperatur angenähert über die Vergrößerung der Wärmeabgabe zu erfassen. Eine Absenkung ist auch dann vorzunehmen, wenn eine intensive Wärmeabgabe an angrenzende Bauteile stattfindet.

4.1.3 Zwangspannungswirksame Temperaturdifferenz im Bauteil

Wie aus Bild 3.3 ersichtlich, entwickeln sich die zentrischen Zwangspannungen aus den Temperaturdifferenzen während des Temperaturausgleichvorgangs, die nach Überschreiten des Maximums und nach Durchlaufen der **zweiten Nullspannungstemperatur** T_{N2} auftreten. Mit einer vorhandenen Temperatur T_U während dieses Ausgleichs folgt

$$\Delta T_{NU} = T_{N2} - T_U \tag{4.9}$$

Zur Abschätzung einer risskritischen Situation im Bauteil muss die zweite Nullspannungstemperatur T_N und der Temperaturabfall bis auf die betreffende Umgebungstemperatur $\Delta T_{NU} = T_{N2} - T_U$ bekannt sein (Bild 3.3). Diese Temperaturdifferenz wird auch für die verformungskonsistente Nachweisführung der Einhaltung der Rissbreite benötigt. T_U kann dabei die Luft- oder die angrenzende Bauteiltemperatur sein, wie bei Wänden auf Bodenplatten. Die Nullspannungstemperatur T_{N2} ist selbst bei einer messtechnischen Verfolgung der Temperaturentwicklung im Bauteil nicht feststellbar und mit Berechnungsprogrammen nicht zuverlässig zu ermitteln. Oft sind deshalb nur Daten über die maximale Bauteiltemperatur T_{max} vorhanden, wie in Bild 4.7 und Bild 4.8 angegeben. Die daraus resultierenden Annahmen über die auftretende Temperaturdifferenz ΔT_{NU} sind zwangsläufig ungenau und Streuungen unterworfen; als Hilfe kann aus Bild 4.12 ein Mittelwert in Abhängigkeit von T_{max} angenommen werden. Vereinfacht kann die benötigte Temperaturgröße zu $T_{N2} = 0{,}95\ T_{max}$ gesetzt werden. Nach [Kan1] wurde eine gute Übereinstimmung mit dem Beiwert 0,92 nachgewiesen. Ein Beispiel für die sich einstellende Temperaturdifferenz $\Delta T_N = T_{max} - T_U$ in Abhängigkeit von der Zementart und Bauteildicke ist in Bild 4.13 dargestellt.

$$\Delta T_N = 0{,}95 \cdot T_{max} - T_U \tag{4.10}$$

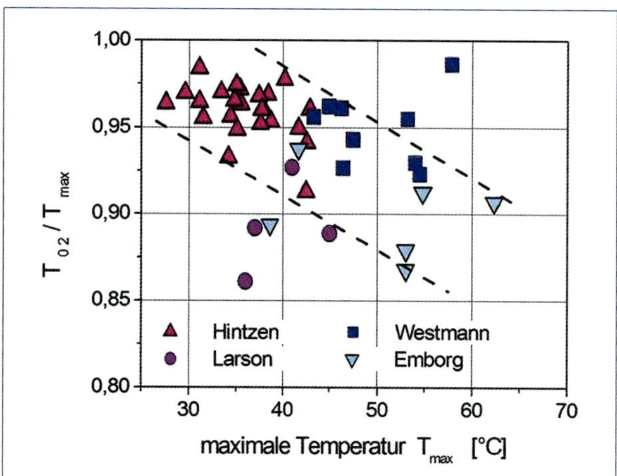

Bild 4.12: Temperaturdifferenz zwischen Maximaltemperatur und der zweiten Nullspannungstemperatur [Röh1]

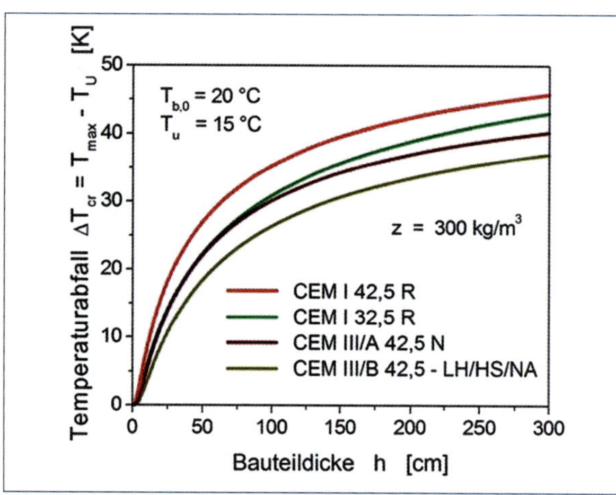

Bild 4.13: Temperaturdifferenz ΔT vom Temperaturmaximum bis zum Temperaturausgleich mit der Umgebung in Abhängigkeit von der Bauteildicke h und bei Verwendung unterschiedlicher Zementsorten (Zementgehalt z = 300 kg/m³)

Für die **zwangspannungswirksame Temperaturdifferenz** ΔT_N werden, um eine Abschätzung der zu erwartenden Beanspruchungen zu ermöglichen, Orientierungswerte genannt, beispielsweise von [Kön1]. Danach können, auf der sicheren Seite liegend, zur Ermittlung der zentrischen Zwangspannungen die folgenden Temperaturdifferenzen angenommen werden:

$\Delta T_N = 10 - 15$ K (für dünne Bauteile mit $h \leq 30$ cm)
$\Delta T_N = 15 - 25$ K (für mäßig dicke Bauteile mit $30 \leq h \leq 60$ cm)
$\Delta T_N = 20 - 40$ K (für massige Bauteile mit $h \geq 60$ cm)

Die unteren Grenzen gelten für Zemente mit niedriger und langsamer Wärmeentwicklung, die oberen für Zemente mit größerer Wärmeentwicklung.

Die vorgenannten Eckwerte bzw. zu erwartenden Temperaturdifferenzen zwischen Bauteil und Umgebung können auch anhand von Tabellen und Grafiken abgeschätzt werden, die wichtige Eingangsgrößen der Temperaturberechnungen (Schalungsart, Bauteildicke usw.) berücksichtigen (Zusammenstellung in [Röh1]). Als Beispiele sind die Tabelle 4.3 und Tabelle 4.4 angegeben. Die Betoneinbautemperatur liegt im Mittel 5 K über der Umgebungstemperatur. Grundsätzlich gilt, dass für anspruchsvolle Bauaufgaben eine Temperaturberechnung durchgeführt werden sollte.

Für **massige Bauteile** ist ein Vorschlag in [Böd2] enthalten, mit dem der Anteil der freigesetzten Wärme, der bei der Erzeugung des zentrischen Zwangs umgesetzt wird, abgeschätzt werden kann. Aus umfangreichen Vergleichsberechnungen wurde ein Faktor k^0 ermittelt, der nur von der Querschnittsdicke h [m] abhängt:

$$k^0 = 0{,}7 - \frac{0{,}2}{h^{0,3}} \leq 0{,}55 \tag{4.11}$$

Ab einer Dicke von 2,0 m steigt der Anteil k^0 nicht weiter an. Bis auf den nicht erklärbaren Grenzwert von 0,55 erscheint der Zusammenhang für übliche Abkühlungsbedingungen stimmig (vgl. dazu Bild 4.11). Die Gleichung (4.11) kann aber sicherlich nicht zutreffen, wenn beispielsweise massige Bauteile nach dem Betonieren mit Dämmmatten vor schneller Abkühlung geschützt werden. Insofern erscheint die Schlussfolgerung, dass die Mindestbewehrung nur für eine Zwangkraft bemessen werden muss, die aus dem unteren Grenzwert der Gleichung (4.11) resultiert, nicht zutreffend.

Die Temperaturentwicklung und die Dauer des Temperaturausgleichsvorgangs bei den Bauteilen im

Tabelle 4.3: Anhaltswerte für die Temperaturdifferenz ΔT_N zwischen der maximalen Kern- und der mittleren Ausgleichstemperatur nach [Dhi1]; (Verwendeter Zement: CEM I, Einbautemperatur T_{b0} = 20 °C, Umgebungs-(= Ausgleichs-)Temperatur (im Mittel T_U = 15 °C))

Bauteil-dicke h [cm]	Stahlschalung Zementgehalt z [kg/m³]				Holzschalung Zementgehalt z [kg/m³]			
	220	290	360	400	220	290	360	400
30	12	16	19	21	19	24	29	32
50	19	24	29	32	24	31	37	41
70	24	31	37	41	28	36	44	48
100	29	38	46	50	32	41	50	55
Bei Einsatz von Flugasche ist der reduzierte Zementgehalt maßgebend. Wenn die Frischbeton- und Umgebungstemperaturen abweichen, ist die Temperaturdifferenz durch Zu- und Abschläge zu berücksichtigen (z. B. T_{b0} = 30 °C, T_L = 18 °C → ΔT = (30 – 20) + (15 – 18) = Tabellenwert +7 °C).								

Tabelle 4.4: Anhaltswerte für die Temperaturdifferenz ΔT zwischen der maximalen Kern- und der mittleren Ausgleichstemperatur nach [Dhi1], entnommen den Grafiken in [Bam1]; (Zement mit 30 %, 50 % und 70 % Hüttensandanteil = Werte in den Zeilen 1 bis 3; Einbautemperatur T_{b0} = 20 °C, Umgebungs- (= Ausgleichs-) Temperatur (im Mittel T_U = 15 °C))

Bauteil-dicke h [cm]	Stahlschalung Zementgehalt z = [kg/m³]				Holzschalung Zementgehalt z = [kg/m³]			
	220	290	360	400	220	290	360	400
30	12 10 9	14 12 10	16 14 12	17 15 13	16 14 12	20 17 14	24 20 16	26 22 17
50	16 14 12	20 18 14	24 20 16	26 22 17	22 19 16	27 24 19	33 28 22	35 31 24
70	21 18 15	26 23 19	31 27 22	35 30 23	26 23 19	33 29 23	39 35 28	43 38 30
100	27 24 20	34 30 25	41 36 29	45 40 32	30 28 23	38 35 28	46 42 34	50 46 37
Bei Einsatz von Flugasche ist der reduzierte Zementgehalt maßgebend. Wenn die Frischbeton- und Umgebungstemperaturen abweichen, ist die Temperaturdifferenz durch Zu- und Abschläge zu berücksichtigen (z. B. T_{b0} = 30 °C, T_L = 18 °C → ΔT = (30 – 20) + (15 – 18) = Tabellenwert +7 °C).								

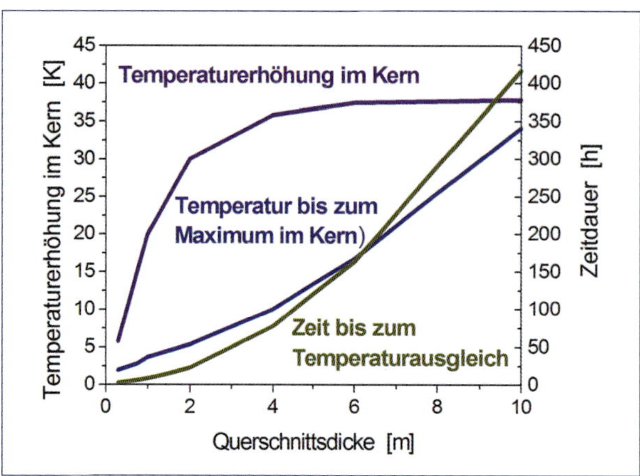

Bild 4.14: Zeitdauer bis zum Erreichen des Temperaturmaximums und des Temperaturausgleichs sowie die Temperaturerhöhung in Abhängigkeit von der Bauteildicke im Wassserbau (nach Angaben von [Böd2])

Wasserbau hat [Böd2] für Betone mit LH-Zementen untersucht. In Bild 4.14 sind die Ergebnisse in Abhängigkeit von der Bauteildicke angegeben. Erst ab einer Bauteildicke von etwa 5,0 m sind danach näherungsweise adiabatische Verhältnisse vorhanden. Diese Situation würde in Bild 4.10 dem Temperaturverlauf mit m = 0,015 entsprechen. Der Temperaturausgleichsvorgang ist so langandauernd, dass immer mit einer entsprechend großen Zugfestigkeit gerechnet werden muss. Die Zeitdauer bis zum Temperaturmaximum im Kern des Bauteils ist ebenfalls beträchtlich. Je dicker das Bauteil, desto größer ist die zeitliche Differenz bis zum Eintreten des Temperaturmaximums im Vergleich zum Randbereich. Damit unterscheiden sich nicht nur die Nullspannungstemperaturen und der Beginn des Temperaturausgleichsvorgangs, sondern auch die Festigkeitsentwicklungen zwischen Kern und Rand.

4.1.4 Temperaturdifferenzen im erhärtenden Bauteilquerschnitt

Die Eigenspannungen im Bauteil werden durch das Temperaturprofil im Querschnitt bestimmt. Messergebnisse liegen in der Regel nicht vor, sodass Abschätzungen vorgenommen werden müssen. Liegen Angaben über die mittlere Temperatur im Bauteil vor, können maximale Temperaturdifferenzen zwischen Kern und Rand des Bauteils mithilfe der **Biot-Zahl** abgeschätzt werden (siehe dazu [Röh1]). Der Ausdruck (4.12) ist ein Eingangsparameter zur Bestimmung der Eigenwerte bei der Lösung der DGL der Wärmeleitung. Da die Biot-Zahl die Abkühlungsbedingungen widerspiegelt, müssen Änderungen wie z.B. beim Ausschalen des Bauteils, gesondert betrachtet werden.

Mit Vereinfachungen können die Temperaturen im Kern T_K und am Rand T_R sowie die Temperaturdifferenz im Querschnitt $\Delta T_{BT} = T_K - T_R$ bestimmt werden ([Fre2], [Röh1]). T_L = Lufttemperatur °C]

$$Bi = \frac{k \cdot h}{2 \cdot \lambda_C} \quad (4.12)$$

h: charakteristische Abmessung; bei symmetrischen Abkühlungsbedingungen stellt h die Bauteildicke [m] dar

λ_c: Wärmeleitzahl des Betons in [kJ/m h K] (im Mittel 7–8 kJ/m h K)

k: Wärmeübergangskoeffizient [kJ/(m² h K)]

Gleichung (4.12) ist abgeleitet für identische Wärmeübergangsbedingungen an beiden Außenflächen. Unterscheiden sich die Werte für den Koeffizienten k, ist die Biot-Zahl getrennt zu ermitteln, und zwar mit der Bauteilhälfte.

Die Ableitung der **maximalen Temperaturdifferenz** ist in [Röh1] angegeben und kann Bild 4.15 entnommen werden. Mit den Eingangswerten h = 0,90 m, k = 20 kJ/(m² h K), T_m = 45 °C, T_L = 18 °C ergibt sich beispielsweise die Temperaturdifferenz in der Wand, wie in Bild 4.15 angegeben, von ΔT_{BT} = 11,6 K.

Aus der Temperaturdifferenz ΔT_{BT} können die Anteile ΔT_R und ΔT_K abgeleitet werden, die die Steigerung der Temperatur am Rand und im Kern gegenüber der Temperatur beim Einbau des Betons in die Schalung

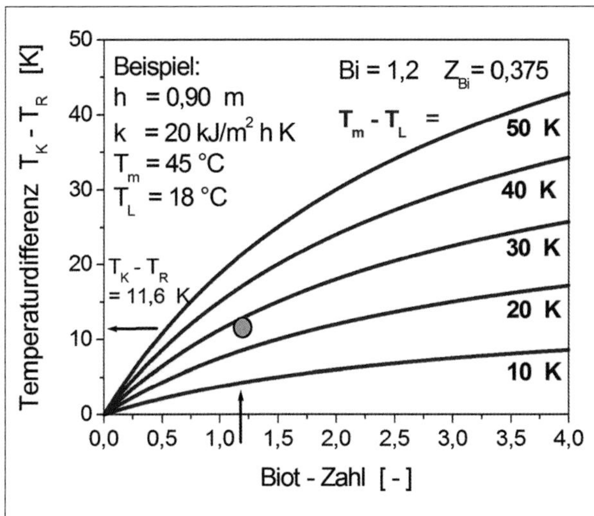

Bild 4.15: Temperaturdifferenz im Bauteilquerschnitt T_{BT} in Abhängigkeit von der Biot-Zahl und der Temperaturdifferenz zwischen mittlerer Bauteiltemperatur T_m und der Lufttemperatur T_L

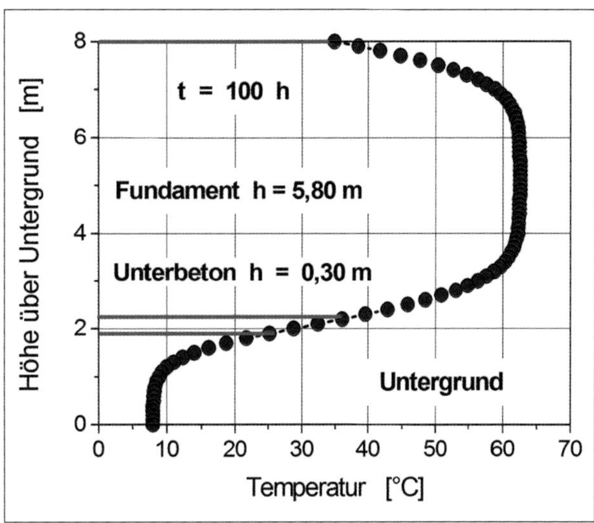

Bild 4.16: Temperaturprofil in einer dicken Fundamentplatte mit einem Übergangsbereich zum Untergrund 100 h nach dem Betoneinbau (CEM III/B 32,5 – NW/HS/NA [DIN EN 197-1])

darstellen. Aus diesen Temperaturwerten resultieren die Zug- bzw. Druckspannungen. Dabei wird als hinreichend genau unterstellt, dass die Temperaturverteilung im Querschnitt für mittlere Bauteildicken durch eine Parabel beschrieben werden kann:

$$\Delta T_K = \frac{1}{3} \cdot \Delta T_{BT} \quad [K]$$
$$\Delta T_R = \frac{2}{3} \cdot \Delta T_{BT} \quad [K] \qquad (4.13)$$

Die Annahme der parabelförmigen Temperaturverteilung ist nur für eine Bauteildicke von etwa 0,25 m bis zu etwa 3,0 m berechtigt. Mit zunehmender Bauteildicke wird ein Kernbereich mit übereinstimmender Temperatur immer breiter, sodass die daraus resultierenden Randzugspannungen gegenüber denen aus der Gleichung (4.13) zunehmen (Beispiel in Bild 4.16). Anstelle der vorstehenden Abschätzung ist dann eine Temperaturberechnung erforderlich. Angenähert kann

$$\Delta T_K = \frac{1}{4} \cdot \Delta T_{BT} \quad [K]$$
$$\Delta T_K = \frac{3}{4} \cdot \Delta T_{BT} \quad [K] \qquad (4.14)$$

gesetzt werden. Bei Bauteilen mit geringer Dicke ($h < 0{,}25$ m) nähert sich das Verhältnis dem Wert

$$\Delta T_K = \Delta T_R = \frac{1}{2} \cdot \Delta T_{BT} \quad [K] \qquad (4.15)$$

In der Literatur sind Überschlagsformeln mitgeteilt, die oft zur Abschätzung der Temperaturdifferenz im Bauteil ΔT_{BT} verwendet werden, die aus Messungen oder Temperaturberechnungen abgeleitet worden sind ([Bas1], [Czi1], [Der1]). Für normale Abkühlungsbedingungen und Bauteildicken von 0,50 bis zu 3,0 m kann danach angenommen werden:

$$\Delta T_{BT} = 10 \cdot h + 3 \quad [°C] \qquad (4.16)$$

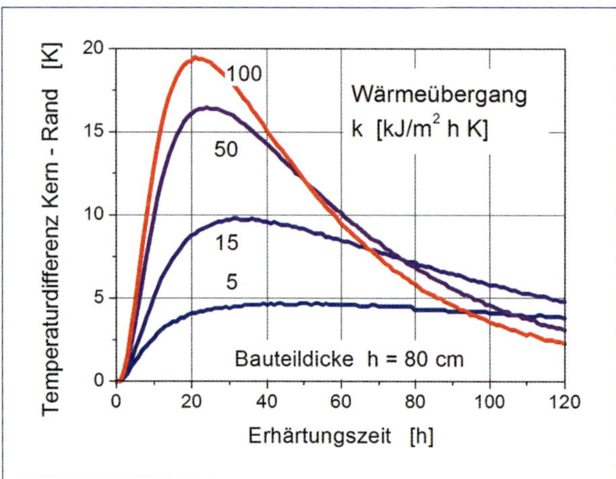

Bild 4.17: Temperaturdifferenz zwischen Kern und Rand bei unterschiedlichem Wärmeübergang (Bauteildicke h = 0,80 m; CEM I 32,5 R)

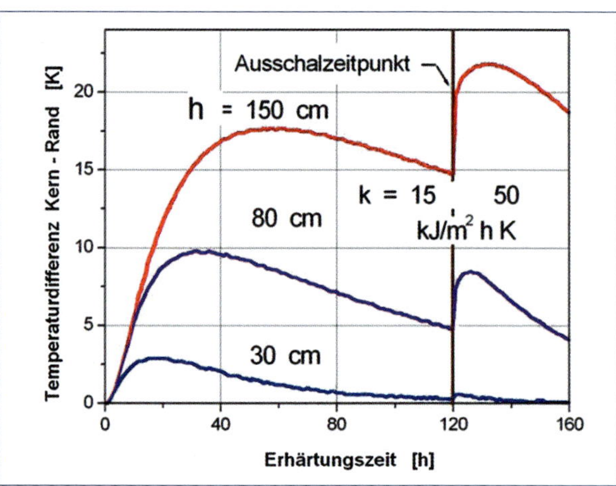

Bild 4.18: Temperaturdifferenzen zwischen Kern und Rand bei unterschiedlichen Bauteildicken vor und nach dem Ausschalen [Röh1] (CEM I 32,5 R, z = 300 kg/m³, T_L = 20 °C)

Bei ungünstigeren Bedingungen (Frischbetontemperatur über 20 °C und/oder höhere Lufttemperatur) wird empfohlen:

$$\Delta T_{BT} = 12 \cdot h + 4 \quad [°C] \tag{4.17}$$

Je dicker das Bauteil und/oder je intensiver der Wärmeübergang an der Bauteiloberfläche ist, desto steiler ist der **Temperaturgradient über den Querschnitt** (vgl. dazu Bild 4.16). Die größten Temperaturdifferenzen entstehen bei üblichen Bauteilabmessungen und ohne Änderung der Wärmeübergangsbedingungen immer am Temperaturmaximum. In Bild 4.17 ist der Wärmeübergang (k-Wert) variiert; die Temperaturdifferenz steigt nicht proportional zur Zunahme des Wärmeübergangs an, erreicht aber ohne Schutzmaßnahmen kritische Werte. Die Wirkung frühzeitigen Ausschalens und damit der plötzlichen Steigerung des Wärmeüberganges an der Bauteiloberfläche kann aus Bild 4.18 entnommen werden. Bei niedrigen Lufttemperaturen und einer Verkürzung der Ausschaltermine wird dieser Effekt weiter verstärkt.

Die betontechnologischen Maßnahmen sind, vor allem bei dickeren Bauteilen, oft darauf gerichtet, die Temperaturdifferenzen zu verringern, z.B. durch Einhausungen mit Matten und dergleichen. Dabei ist zu bedenken, dass dadurch in der Regel die zentrischen Zwangspannungen vergrößert werden.

4.1.5 Witterungsbedingte Temperatureinwirkungen

Während der Nutzung des Bauwerks findet im Tages- und Jahresgang der Lufttemperatur eine Erwärmung und Abkühlung des Bauteils statt. Die Temperatur im Bauteil wird bei direkter Sonneneinstrahlung weiter gesteigert. Bei Temperaturwechseln wird zunächst die Betonrandzone beeinflusst und längerfristig der gesamte Betonquerschnitt erfasst.

Der **Tagesgang der Lufttemperatur** wirkt sich dabei besonders bei Bauteilen geringerer Dicke aus, da die Bauteiltemperatur verhältnismäßig rasch folgt. Es kann von einer mittleren Temperatur im Bauteilquerschnitt ausgegangen werden. Bei der anschließenden Abkühlung in der Nacht oder bei schnellen

Temperaturwechseln im Winter können erhebliche Temperaturdifferenzen auftreten.

Bei dickeren Bauteilen bildet sich ein Temperaturprofil aus, das Eigenspannungen hervorruft, die die aus dem Abfließen der Hydratationswärme resultierenden Werte übertreffen können.

Daten der meteorologischen Stationen des Deutschen Wetterdienstes im Bundesgebiet sind archiviert und können zur Einschätzung von örtlich vorhandenen Wettersituationen herangezogen werden. Ein Beispiel ist in Bild 4.19 dargestellt. Die Temperaturdifferenzen betragen dabei innerhalb eines Tages im Frühling 16,1 K, im Sommer 17,6 K, an einem Wintertag 11,0 K. Normgemäße Mittelwerte können zur Planung verwendet werden, bedürfen aber der Überprüfung während der Baudurchführung ([DIN 4710], [VDI1]). Die Auswirkungen sind bei bestimmten Bauwerken besonders zu beachten (Kapitel 7.2).

Von beträchtlicher Auswirkung ist dabei die **wirksame Sonneneinstrahlung**, die eine oft unterschätzte Aufheizung der Betonoberfläche verursacht. Bei Nichtbeachten der Sonneneinstrahlung während der Bauphase kann bereits frühzeitig der Temperaturverlauf sehr ungünstig beeinflusst werden.

Messungen zeigten, dass die Oberflächentemperatur von Betonplatten in Abhängigkeit von den zur Abdeckung verwendeten Materialien gegenüber der Lufttemperatur um 30 K zunahm. Horizontale Flächen können bis auf 60 bis 70 °C aufgeheizt werden. Die Kerntemperatur von 50 cm dicken Wänden in Stahlschalung und mit Orientierung in Südrichtung wurde um 6 K (weiße Folie), 13 K (ohne Folie) und 29 K (schwarze Folie) angehoben [Nis1]. Hohe Oberflächentemperaturen sind nicht zwangsläufig schadensträchtig, erhöhen aber bei größeren Temperaturdifferenzen das Risiko der Rissbildung. Besonders kritisch ist eine Wettersituation, wenn aufgeheizte Oberflächen durch Schlagregen schnell abgekühlt werden.

Zur Abschätzung der Auswirkungen der Sonneneinstrahlung auf die Bauteiltemperatur kann vereinfacht die Sonnenstrahlungsintensität J [kJ/(m² K)] mit der zum Zeitpunkt herrschenden Lufttemperatur zu einer sogenannten ideellen Außenlufttemperatur $T_{L,J}$ kombiniert werden, obwohl die Maxima und Minima der beiden meteorologischen Größen zu unterschiedlichen Zeitpunkten auftreten. Im Zuge der Berechnung ändert der Wärmestrom lediglich die Richtung (Kapitel 4.1.2).

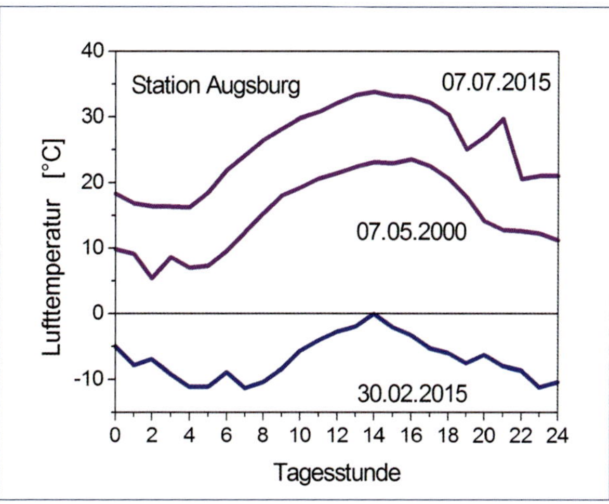

Bild 4.19: Tagesgang der Lufttemperatur an je einem Tag im Frühjahr, Sommer und Winter (Deutscher Wetterdienst, Station Augsburg)

$$T_{L,J} = T_L + a_J \cdot J/\alpha_a \qquad (4.18)$$

Der Absorptionskoeffizient a_J [–] beträgt nach [Rie1] für Holz und Holzwerkstoffe (Schalung) $a_J = 0{,}44$, für Beton (glatt) $a_J = 0{,}55$ und dunkle Oberflächen (z.B. Stahl) $a_J = 0{,}80$

α_a = äußere Wärmeübergangszahl [kJ/(m² h K)], Kapitel 4.1.2

Die auf das Bauteil auftreffende Wärmestromdichte ergibt sich aus der Strahlungsintensität J, dem Trübungsfaktor und dem Neigungswinkel der Fläche. Angaben zur Strahlungsintensität sind in DIN 4710 enthalten oder bei [Rie1] zu finden. Ein Vergleich zwischen verschiedenen Strahlungsintensitäten ist in Bild 4.20 vorgenommen worden, ein Anwendungsbeispiel ist in Bild 4.21 dargestellt. Die gemessene Lufttemperatur wurde durch die Strahlungsintensität auf die (ideelle) Sonnenlufttemperatur entsprechend Gleichung (4.18) angehoben.

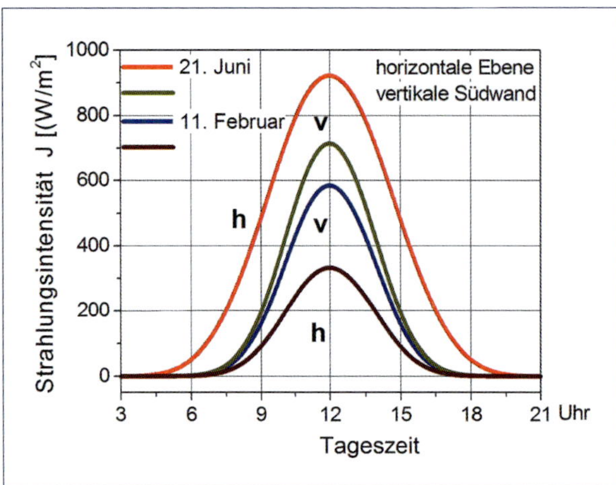

Bild 4.20: Tagesverläufe der Einstrahlungsintensitäten auf eine horizontale Ebene und eine Südwand am 11. Februar und 21. Juni (nach [Fra1] und [Mer1])

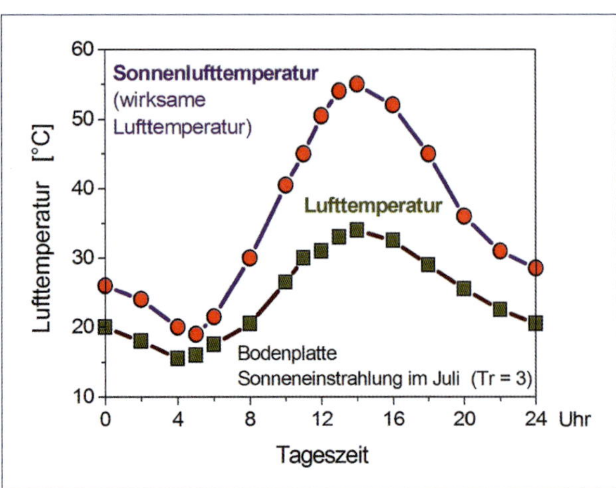

Bild 4.21: Gemessene und wirksame Lufttemperatur an einem Tag im Juli (Tr = Trübungsfaktor) bei der Sonneneinstrahlung auf eine Bodenplatte

Während der Bauzeit können sich die äußeren Temperatureinwirkungen mit der hydratationsbedingten Steigerung der Bauteiltemperatur überlagern. Der Temperaturverlauf und die tägliche Abkühlung führen zu entsprechend großen Zwangspannungen. Besonders betroffen sind horizontale Bauteile, wie Parkdecks, Geschossdecken, Freiflächen etc. Ein Beispiel für die Differenz zwischen Luft- und Betontemperatur infolge der Sonneneinstrahlung zeigt Bild 4.22. Da gleichzeitig noch die Luftfeuchte abnimmt, findet ohne Nachbehandlung eine intensive Austrocknung statt.

Im Gebrauchszustand treten tägliche Temperaturschwankungen auf, die zu Verformungen und Beanspruchungen führen. Bei Bauteilen geringerer Dicke sind Zwangspannungen die Folge, bei dickeren Konstruktionsteilen entstehen Temperaturdifferenzen und Eigenspannungen. Ein Beispiel für das Ausmaß der täglich auftretenden Temperaturdifferenzen ist in Bild 4.23 dargestellt. Das Temperaturmaximum im Randbereich des Bauteils beträgt 55 °C. In der Literatur werden vergleichbare Oberflächentemperaturen von 60 °C bei Parkdecks, Brückenbauteilen, Außenwänden und Betonstraßen mit intensiver Sonneneinstrahlung genannt. Bei dunklen Oberflächen wurden Werte bis zu 80 °C festgestellt. Der Unterschied zwischen Luft- und Bauteiltemperatur im oberen Randbereich beträgt

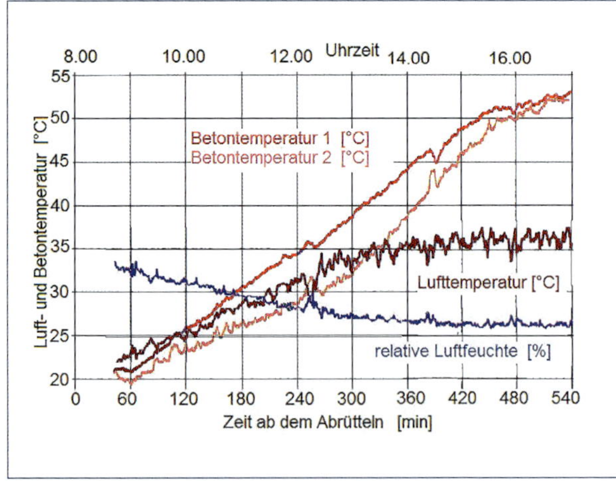

Bild 4.22: Luft- und Betontemperaturen sowie relative Luftfeuchte im Verlauf eines Tages nach dem Betonieren einer Parkdeckplatte mit einer Dicke von 120 mm

in Bild 4.23 etwa 20 K und ist auf die Wirkung der Sonneneinstrahlung zurückzuführen (vgl. dazu Bild 4.22). Die Amplitude der Betontemperatur beträgt innerhalb eines Tages etwa 35 K, wie Untersuchungen an einem Parkdeck zeigen (Bild 4.24). Die täglichen Temperaturschwankungen können nach Literaturangaben bis zu 50 K betragen.

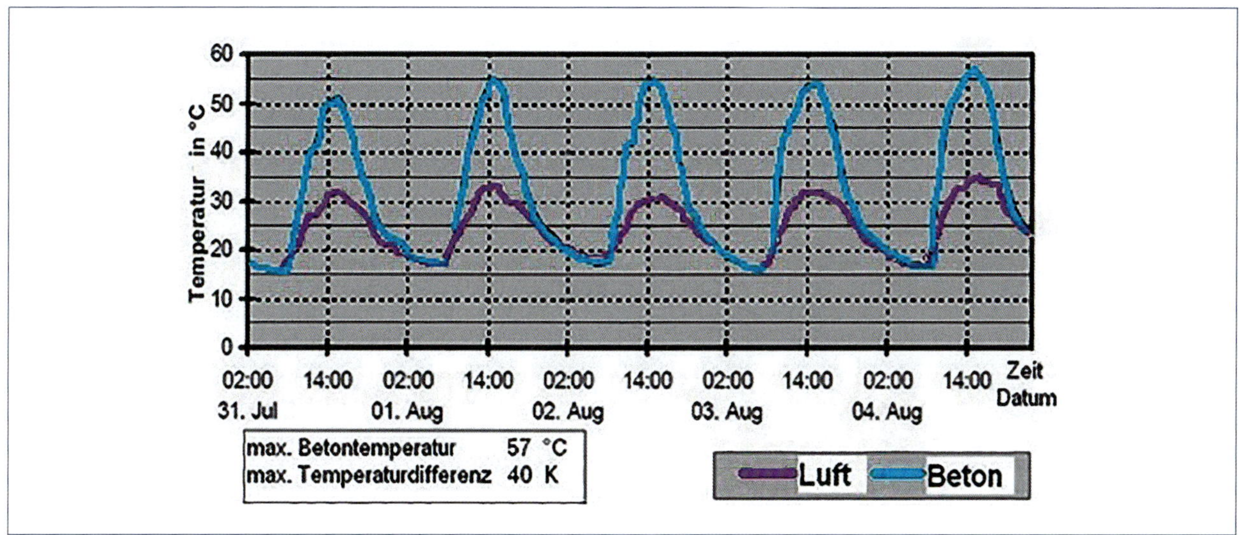

Bild 4.23: Temperaturverlauf in den oberen 5 mm einer Betonplatte an einem Sommertag [Bol1]

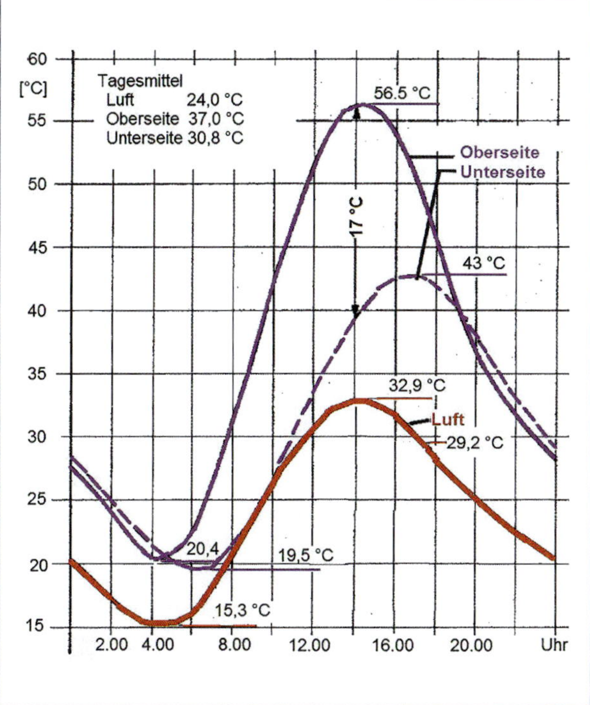

Bild 4.24: Temperaturverlauf an der Ober- und Unterseite eines Parkdecks mit einer Dicke von h = 160 mm innerhalb eines Tages (nach [Heg3])

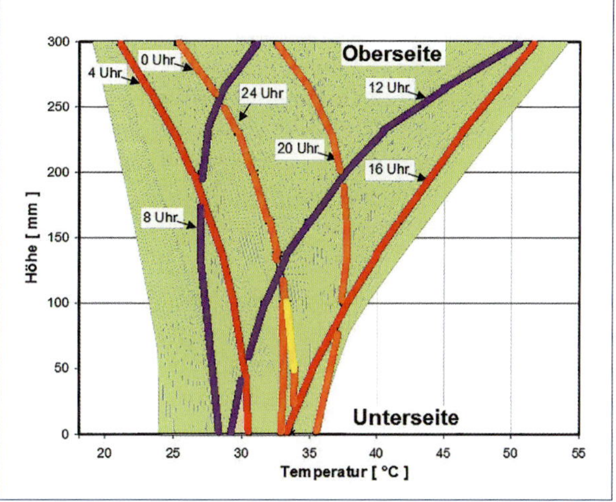

Bild 4.25: Temperaturverläufe in einer Betonbodenplatte innerhalb eines Tages im Juli eines Jahres nach den Untersuchungen von [För1]; der grüne Bereich umfasst alle untersuchten Varianten (unterschiedliche thermische Parameter, Sonneneinstrahlung und Lufttemperatur)

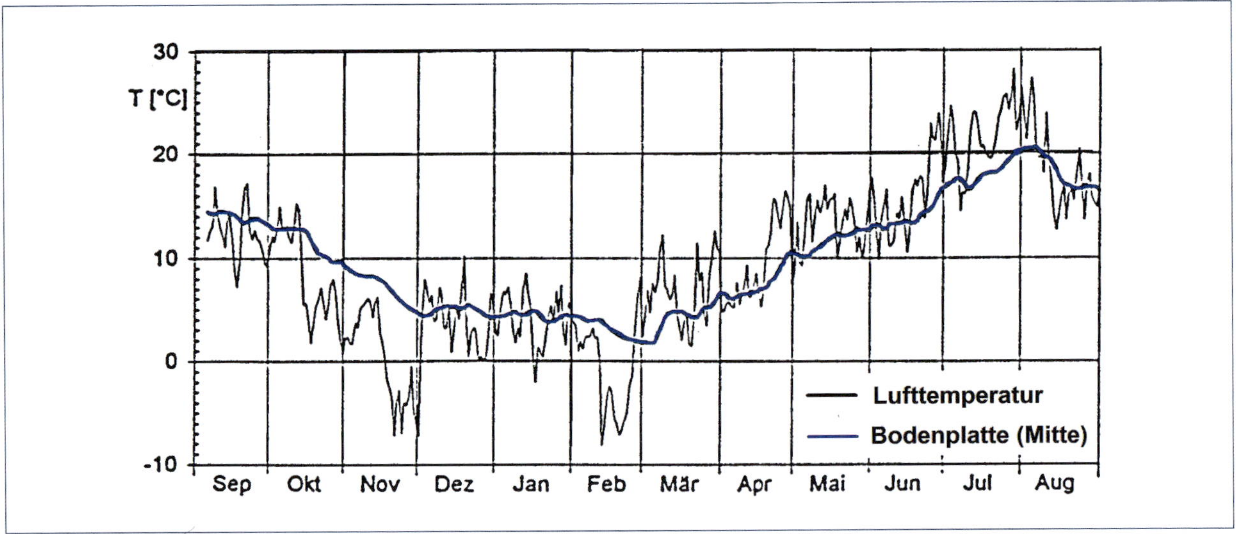

Bild 4.26: Tagesmitteltemperaturen der Luft und im Boden bzw. in der Bodenplatte [Sch25]

In Abhängigkeit von der Bauteildicke entstehen Temperaturdifferenzen über den Querschnitt. Mit Zunahme der Abmessungen bildet sich eine Temperatur im Kern heraus, auf die sich die täglichen Temperaturschwankungen immer weniger auswirken. Bei Sohlplatten bildet sich eine vergleichbare Situation an der Unterseite heraus, wie beispielsweise aus Bild 4.26 ersichtlich. Der Gradient beträgt dabei etwa 0,11 K/mm. Ist das Bauteil hinreichend dick, stellt sich dort ein Mittel aus den Temperaturen über einen längeren Zeitraum ein.

Die ungleichmäßige Temperaturverteilung besitzt einen linear veränderlichen Anteil, der ein Biegemoment hervorruft, das abwechselnd ein Aufwölben oder Aufschüsseln bewirkt. Wenn die Eigenmasse eine Verformung verhindert, entstehen Zwangspannungen. Aus dem gekrümmten Verlauf resultieren außerdem Eigenspannungen.

Über die täglichen Schwankungen hinausgehend treten **jährliche Veränderungen der Lufttemperatur** auf, die zu entsprechenden Beanspruchungen der Bauteile führen. Die langandauernden Einwirkungen haben ausgeprägte Temperaturprofile und wechselnde Bauteilmitteltemperaturen zur Folge, wenn die Bauwerksteile ungeschützt der Witterung ausgesetzt sind. Bei den systematischen Untersuchungen [Sch25] an Betonplattenstreifen mit einer Dicke von 200 mm wurden Tagestemperaturamplituden von etwa 15 K, ein Temperaturabfall innerhalb weniger Tage von etwa 25 K und Differenzen in den Bauteilmitteltemperaturen zwischen Sommer und Winter von etwa 47 K beobachtet (Bild 4.26). Selbst bei einer verformungsunterstützenden Lagerung können dann Rissbildungen auftreten.

Dazu kommen noch plötzliche Ereignisse, wie ein starker Regen nach einer intensiven Erwärmung unter sommerlichen Bedingungen. Wenn eine Überlagerung mit den Verformungen aus dem Trocknungsschwinden stattfindet, können risskritische Spannungssituationen entstehen.

Bekannt sind Schäden an Hallenfußböden, die aufgrund von Bauzeitverzögerungen im Winter nicht überbaut waren oder an Parkbauten, die planerisch nicht bedacht, dem Windeinfluss in der kalten Jahreszeit ausgesetzt wurden.

4.1.6 Temperaturbedingte Verformungen

Zwischen der Temperaturveränderung um den Betrag ΔT und der dadurch hervorgerufenen Verformung ε_T besteht ein proportionaler Zusammenhang, der über die **Temperaturdehnzahl** α_T hergestellt wird. Die Linearität dieser Beziehung kann auch für Beton als experimentell nachgewiesen und als unstrittig angesehen werden. Die freie und völlig unbehinderte Dehnung einer Bauteilfaser oder eines begrenzten Bauteilabschnittes mit gleichmäßiger Erwärmung ergibt sich zu

$$\varepsilon_T = \alpha_T \cdot \Delta T \quad (4.19)$$

In der sehr frühen Phase der Erhärtung besitzt der Beton eine deutlich größere Temperaturdehnzahl, zeigt aber auch eine intensive Relaxation. Für die Abschätzung der Zwangspannungen hat dieser Zeitabschnitt keine wesentliche Bedeutung. Ab dem Temperaturmaximum kann mit einem Mittelwert gerechnet werden.

Die Temperaturdehnzahl α_T [$10^{-6} \cdot 1/K$] des Betons ist hauptsächlich abhängig von den temperaturproportionalen Verformungen der Gesteinskörnung und des Zementsteins sowie den Anteilen der beiden Komponenten und der Feuchte. Da die voneinander abweichenden Dehnzahlen zu Verformungsdifferenzen, Behinderungen und Spannungen innerhalb der Betonstruktur führen, haben auch die E-Moduli des Zementsteins und des Zuschlags Einfluss. Die Temperaturdehnzahl kann deshalb nicht durch einfache Addition der Einzelwerte für die Gefügebestandteile und ihrer prozentualen Anteile bestimmt werden, sondern muss über eine entsprechende Wichtung unter Berücksichtigung der Eigenschaften und Auswirkungen der Bestandteile ermittelt werden. Eine **Berechnungsmöglichkeit** wird in [Det1] angegeben. Die Werte nehmen zwar wie bei allen mineralischen Stoffen mit steigender Temperatur weiter zu, der Betrag ist aber im Temperaturbereich von 0 bis 60 °C vernachlässigbar gering [Det1]. Weiterhin zeigen alle Stoffe mit kapillarer Struktur eine zusätzliche, »scheinbare« Dehnung, die auf Feuchtebewegungen zurückzuführen ist. Wassergesättigte und extrem getrocknete Körper zeigen, da Feuchtebewegungen nicht stattfinden können, keine

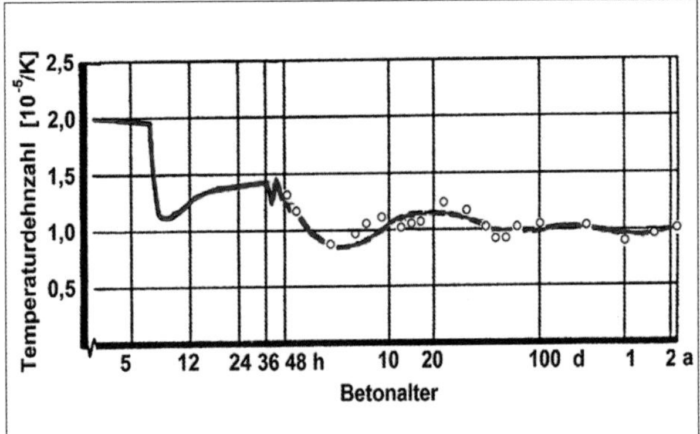

Bild 4.27: Zeitliche Entwicklung der Temperaturdehnzahl nach den Untersuchungen aus [Nol1]; verwendet wurde der Zement CEM I 32,5 R

scheinbare Wärmedehnung; Maximalwerte treten bei einem Feuchtegehalt von 50 bis 80 % auf.

Untersuchungen zeigen auch einen Einfluss des w / z-Werts, des C_3S-Gehalts und der Mahlfeinheit des Zements; dadurch bedingte Beziehungen zur Porosität und zum Wassergehalt sind wahrscheinlich.

Unmittelbar nach der Herstellung bis zum Zeitpunkt der Erstarrung sind die höchsten Werte für die Temperaturdehnung vorhanden, da das Wasser eine etwa 10-fach größere Temperaturdehnzahl besitzt als der Festbeton (vgl. Bild 4.27). Durch das Ansteifen und Erstarren nimmt die Temperaturdehnzahl zunächst sehr schnell ab (bis auf etwa $20 \cdot 10^{-6}$ bis $25 \cdot 10^{-6}$ 1/K). Der Verlauf ähnelt dem der Zugbruchdehnung des jungen Betons. Stark streuende Daten bis zur und für die Erstarrungsphase spielen für die Berechnung keine Rolle, da die Dehnungen zunächst durch Plastifizierung fast vollständig und anschließend durch Relaxation weitgehend abgebaut werden. Für Berechnungen von Temperaturspannungen im sehr jungen Beton kann jedoch eine genauere Berücksichtigung der Temperaturdehnzahl notwendig sein.

Im Zuge der chemischen Bindung des Wassers und Selbstaustrocknung wird der Feuchtegehalt verringert, die Temperaturdehnzahl steigt wieder an und nähert sich asymptotisch einem Endwert (Tabelle 4.5).

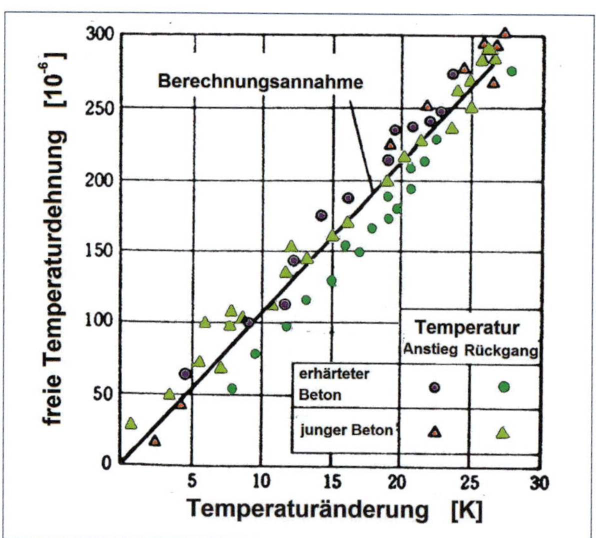

Bild 4.28: Beziehungen zwischen der Temperaturänderung und der unbehinderten Temperaturdehnung [Iwa1]

Die Temperaturdehnzahl von **Festbeton** liegt in Abhängigkeit von der Art der Gesteinskörnungen zwischen $6{,}0 \cdot 10^{-6}$/K (dichter Kalkstein) und $13{,}0 \cdot 10^{-6}$/K (quarzitische Gesteine); weiterhin spielt der Wassergehalt eine wesentliche Rolle. Die Temperaturdehnzahl des Zementsteins ist dagegen relativ konstant, aber vergleichsweise hoch (etwa $20{,}0 \cdot 10^{-6}$ 1/K). Aus diesem Grund weisen Betone mit höherem Gehalt an Zementstein auch größere Temperaturdehnzahlen auf.

Eine zielgerichtete Beeinflussung der Zwangsspannungen durch eine Zusammensetzung, die eine verringerte Temperaturdehnung nach sich zieht, ist theoretisch denkbar, praktisch aber nur in Ausnahmefällen realisierbar. Beispiele zeigen, dass für besondere Bauteile mit großen Abmessungen, wie beispielsweise im Wasserbau, eine darauf orientierte Zusammensetzung durchaus vorteilhaft sein kann, um die Zwangspannungen und Rissbildungen zu verringern.

Verschiedentlich wurde festgestellt, dass sich die Werte bei Expansion und anschließender Kontraktion unterscheiden. Ein nicht unmaßgeblicher Anteil muss dabei aber auf den zwischenzeitlich deutlich veränderten Hydratationsgrad zurückgeführt werden. Nach den Messungen von [Iwa1] kann dagegen dieser Einfluss vernachlässigt werden. Bei der Ableitung von Rechenwerten muss danach nicht zwischen der Erwärmungs- und Abkühlungsphase unterschieden werden (Bild 4.28).

Nach DIN 1045-1, MC 90 und anderen **Regelwerken** durfte für den Nachweis der durch Wärmewirkung hervorgerufenen Schnittgrößen oder Verformungen ein Mittelwert

$$\alpha_T = 10 \cdot 10^{-6} \qquad (4.20)$$

angenommen werden. Auch nach DIN EN 1992-3 (Kapitel 3.1.3) darf dieser Kennwert verwendet werden, sofern keine genaueren Angaben vorliegen.

Tabelle 4.5: Altersabhängigkeit der Temperaturdehnzahl von Beton

Zeitpunkt	Temperaturdehnzahl α_T in $10^{-6} \cdot 1/K$
Frischbeton Erstarren sowie innerhalb der ersten 24 Stunden 1.–2. Tag 2.–6. Tag	20–25 15 13–14 12
Ansätze für die Berechnung aus der Literatur: für die Erhärtung bis zum Temperaturmaximum nach dem Temperaturmaximum für den länger andauernden Temperaturausgleich	 12 11 10

Wie Bild 4.28 zeigt, ist der Rechenwert in einem weiten Bereich der Erhärtung und Temperaturänderungen zutreffend. In der Regel ist aber die Streuung in Abhängigkeit von der Art der Gesteinskörnung und den Feuchtebedingungen im Beton zu beachten. Bei Beton aus dichtem Kalkstein beispielsweise beträgt die Temperaturdehnzahl etwa $7 - 8 \cdot 10^{-6}$.

Wenn keine Versuchsergebnisse vorliegen, wird der vorgenannte Wert oft auch für die **Spannungsberechnung** im jungen Beton verwendet. In Abhängigkeit von der jeweiligen Betonzusammensetzung kann damit die temperaturbedingte Verformung des Betons deutlich über- oder unterschätzt werden. Es wird deshalb auch sehr oft vorgeschlagen, einen Koeffizienten $\alpha_T = 12 \cdot 10^{-6}$ 1/K zu verwenden.

Ein Bauteil von 25 m Länge würde sich bei einer Temperaturerhöhung von $\Delta T = 20$ K um 6 mm ausdehnen (= 0,24 ‰). Diese nicht ungewöhnliche Temperaturbeaufschlagung weist nachdrücklich auf die Notwendigkeit hin, die Zwangspannungen zu berücksichtigen, z.B. durch die Anordnung von Fugen bzw. einer Mindestbewehrung zur Begrenzung der Rissbreiten.

Durch die unterschiedlichen Wärmedehnzahlen von Zementstein und Gesteinskörnung entstehen bei thermischen Vorgängen, wie auch bereits bei der Abkühlung infolge abfließender Hydratationswärme, Mikrorisse in der Übergangszone, die sich bei weiterer Beanspruchung ausdehnen können. Quarzitische Körnungen haben einen größeren Mikrorissanteil als beispielsweise Kalkstein, aber auch eine größere Spaltzugfestigkeit [Kus1]. Eine Mikrorissbildung kann nicht verhindert und unter Beachtung der weiteren Beziehungen und Zusammenhänge auch nicht zielgerichtet beeinflusst werden.

4.1.7 Überlagerung früher und späterer temperaturbedingter Dehnungen

Nach dem Temperaturausgleichsvorgang in der Frühphase der Erhärtung kann eine weitere Dehnung infolge witterungsbedingter Temperaturänderungen eingetragen werden. Inwieweit eine Überlagerung stattfindet, ist von der Dauer der zwischenliegenden Zeitspanne und dem Einfluss der Relaxation abhängig. In der Bauausführung schließen sich die beiden Temperaturwirkungen nicht selten unmittelbar aneinander an, beispielsweise bei Parkhäusern, die dem Witterungseinfluss im Winter ausgesetzt sind (vgl. dazu Bild 3.5).

Zur Berücksichtigung der Überlagerung in der Berechnung werden Vereinfachungen vorgeschlagen, wie beispielsweise nach [BA1]:

$$\varepsilon_{th} = 0{,}8 \cdot \alpha_T \cdot (\Delta T_{N1} + \Delta T_{N2}) \qquad (4.21)$$

ΔT_{N1}, ΔT_{N2}: Temperaturdifferenzen bis zur jeweiligen Ausgleichstemperatur [K]

Die Überlagerung ist nur dann wirksam und anzusetzen, wenn die Beanspruchungsrichtung und der Ort der größten Spannungen sowohl im frühen als auch im späteren Beanspruchungsstadium zusammenfallen.

4.1.8 Überlagerung von temperaturbedingten und Schwinddehnungen

Im Zuge der Tragwerksplanung wird sehr oft die Nachweisführung zur Einhaltung der rechnerischen Rissbreiten auf die Belastung infolge abfließender Hydratationswärme abgestellt. Analysen an Bauwerken haben ergeben, dass die Rissbildungen tatsächlich aber sehr häufig im jungen Alter aufgetreten sind. Somit wird anscheinend nicht unbegründet davon ausgegangen, dass eine Bewehrung zur Steuerung der Rissbildung im jungen Alter ausreicht, um die Beanspruchungen auch im späten Alter ohne eine weitere und breitere Rissbildung aufzunehmen. Diese Auffassung wird durch praktische Erfahrungen bestätigt, aber auch widerlegt. Es ist ebenfalls hinlänglich bekannt, dass bei der Abnahme von Bauwerken zunächst eine Rissfreiheit vorlag, nach einiger Zeit aber Risse festgestellt werden mussten. Diese unterschiedlichen Erscheinungen sind auf die Überlagerung von nicht relaxierten Restspannungen aus der Frühphase der Erhärtung mit Dehnungen aus dem Trocknungsschwinden oder mit weiteren späten Temperatureinwirkungen zurückzuführen. Da die späten Schwind- und frühen Temperaturdehnungen in gleicher Größenordnung auftreten können, ist eine nur auf den frühen Zwang ausgerichtete Bewehrung sehr wahrscheinlich nicht ausreichend. Die Zusammensetzung des Betons und deren Beziehung zur Schwinddehnung sowie die Umgebungsbedingungen sind dabei von Einfluss. Wenn diese Schwinddehnungen mit späten Temperaturdehnungen überlagert werden, ist eine risskritische Situation sicher ebenfalls nicht auszuschließen. Nähere Ausführungen dazu in Kapitel 6.11.

4.2 Einfluss der Temperatur auf die zeitliche Entwicklung der Eigenschaften

Sämtliche Vorgänge bei der Erhärtung des Zements und Betons werden durch die dabei vorhandene Temperatur und Feuchte bestimmt. Wird eine ausreichende Nachbehandlung durchgeführt, beeinflusst die Temperatur allein den durch die Zusammensetzung vorgegebenen Hydratationsfortschritt und damit die Wärmefreisetzung, das Schwinden und die Festigkeitsbildung. Ausgangspunkt für eine Abschätzung des Erhärtungszustandes und der vorhandenen Festigkeit war dabei die Überlegung, dass Betone gleicher Zusammensetzung immer dann zu einem bestimmten Zeitpunkt übereinstimmende Eigenschaften aufweisen müssten, wenn eine vergleichbare Temperaturgeschichte während der Erhärtung und damit eine übereinstimmende Reife des Betons vorlag. Alle Prognosen über das zeitabhängige Verformungs- und Festigkeitsverhalten verwenden heute ein Reife-Konzept, dessen Anwendungsgrenzen berücksichtigt werden müssen. Die Grenzen ergeben sich dabei für die Höchsttemperaturen im Beton, die effektive Erhärtungsdauer bzw. den Hydratationsgrad oder die Erhärtungsdruckfestigkeit. Reifemessgeräte sind deshalb nur für den jungen Beton geeignet.

4.2.1 Grundlagen der Methode des äquivalenten Alters

Die Temperatur beeinflusst die Hydratationsgeschwindigkeit und damit die zeitliche Entwicklung der Wärmefreisetzung und Strukturbildung. Die Bewertung des Einflusses der Temperaturhöhe auf die Geschwindigkeit der Festigkeitsentwicklung des Betons erfolgt über sogenannte Temperatur-Zeit-Beziehungen, mit denen die tatsächliche in eine wirksame bzw. äquivalente Erhärtungszeit transformiert wird. Dabei wird der prinzipielle Verlauf der Eigenschaftsentwicklung als unverändert zugrunde gelegt und nur als durch die Temperatur verschoben angesehen. Festlegungen in den Normen gibt es dazu nicht. Das Prinzip ist in Bild 4.29 dargestellt.

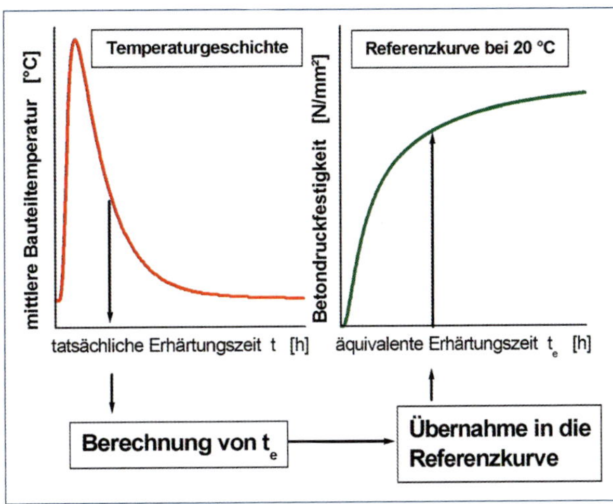

Bild 4.29: Ermittlung der temperaturbeeinflussten Festigkeit des erhärtenden Betons nach dem Prinzip der Reife

4.2.2 Ermittlung der äquivalenten Erhärtungszeit

Grundsätzlich kann auf zweierlei Weise vorgegangen werden. Zum einen wird die tatsächliche Erhärtungszeit entsprechend der herrschenden Temperatur mit der Temperatur-Zeit-Beziehung korrigiert und eine mit der Lagerung bei 20 °C vergleichbare, d.h. äquivalente bzw. effektive Erhärtungszeit t_{eff} ermittelt. Dafür wird auch der Begriff des wirksamen Betonalters (z.B. im Model Code 90) verwendet. Bei sich verändernden Temperaturen wird in Zeitschritte Δt unterteilt, abschnittsweise korrigiert und zur gesamten **effektiven Erhärtungszeit** summiert.

$$t_{eff} = \sum \Delta t_i \cdot k(T) \qquad (4.22)$$

k(T) ist der Geschwindigkeitsfaktor (in der Reaktionskinetik als Geschwindigkeitskonstante bezeichnet).

Im zweiten Fall wird eine Reifesumme aus der Multiplikation von korrigierter Zeit und Temperatur gebildet [C h], international auch als Maturity (M) bezeichnet. Auf eine weitere Methode der gewichteten Reife nach [Vre1] soll hier nur hingewiesen werden.

Üblich geworden ist die Anwendung der Gleichung (4.22) mit dem von Arrhenius gefundenen Zusammenhang für die **Geschwindigkeitskonstante** der Reaktion, die den Ausdruck besitzt:

$$k(T) = \exp\left[\frac{E_A}{R}\left(\frac{1}{293} - \frac{1}{273+T}\right)\right] \qquad (4.23)$$

E_A: Aktivierungsenergie [kJ/mol]
R: Universelle Gaskonstante [0,008314 kJ/(mol K)]
T: Temperatur [°C]

Der Ausdruck E_A / R wird auch als Aktivierungstemperatur [K] bezeichnet.

Aus Versuchen abgeleitet sind auch vereinfachende Formulierungen im Gebrauch, z.B. nach [Röh1]:

$$k(T) = [(T + 15)/35]^m \qquad (4.24)$$

m = 2 für CEM I, m = 2,5 für CEM III/B

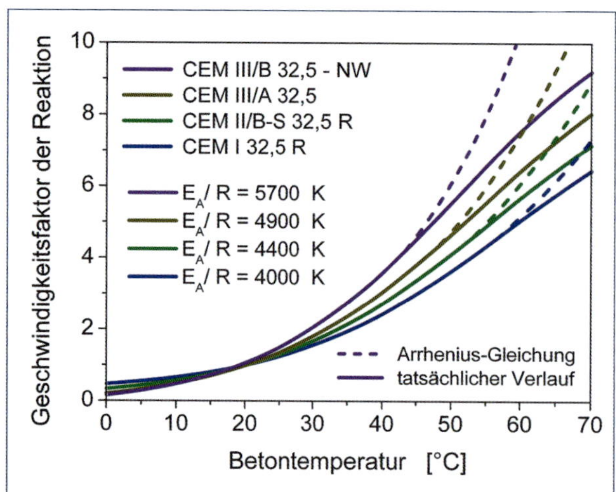

Bild 4.30: Geschwindigkeitsfaktor k(T) in Abhängigkeit von der Beton- und Aktivierungstemperatur E_A / R mit Korrektur der Arrhenius-Beziehung nach [Sch10]

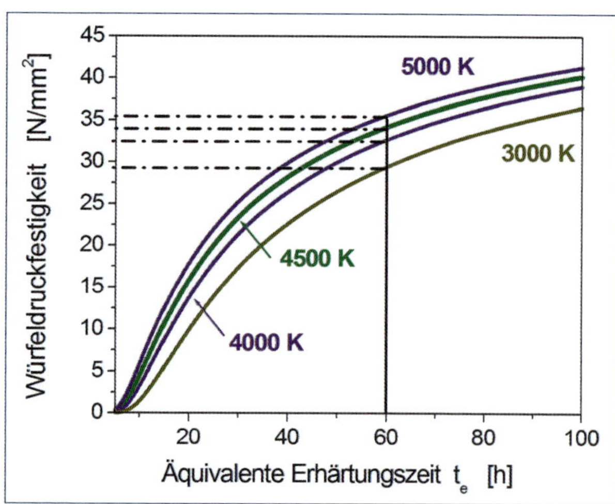

Bild 4.31: Auswirkungen unterschiedlicher Annahmen für die Aktivierungstemperatur E_A / R auf die Festigkeitsentwicklung bei einer Erhärtungstemperatur von 40 °C

Die **Aktivierungsenergie** E_A ist abhängig von der Zementart, Mahlfeinheit des Zements, Zumahlstoffen, Zusatzmitteln (Erstarrungsverzögerer oder -beschleuniger, Plastifikatoren) und dem Wasserzementwert. Darüber hinaus wird oft der Einfluss der Temperatur selbst und des Reaktionsfortschritts bzw. des Reaktionsmechanismus bei der Umsetzung des Zements unterschätzt.

Die Aktivierungsenergie bestimmt entsprechend Gleichung (9.24) die Geschwindigkeit der Hydratation und Festigkeitsbildung. Bild 4.30 zeigt den Verlauf des Geschwindigkeitsfaktors k(T) für die **Aktivierungstemperaturen** verschiedener Zementsorten nach Gleichung (4.23) anhand der gestrichelten Linien. Wie nachgewiesen, werden hüttensandhaltige, langsam erhärtende Zemente durch höhere Bauteiltemperaturen besonders reaktiv und besitzen demzufolge auch eine höhere Aktivierungstemperatur. Eine Übersicht zu Literaturangaben über die Aktivierungstemperatur E_A / R für verschiedene Zementsorten ist in [Röh1] zu finden. Die Unterschiede zwischen den Zementsorten nehmen mit steigender Erhärtungstemperatur zu. Eine Überprüfung der Auswirkungen ungenauer Daten auf die Abschätzung der Festigkeitsentwicklung zeigt jedoch eine relativ geringe Streuung. Aus Bild 4.31 ergibt sich bei einer Variation $E_A / R = 4000 - 5000$ K lediglich eine Abweichung der Würfeldruckfestigkeit von ± 5 %. Selbst eine größere Abweichung mit $E_A / R = 3000$ K weicht vom Mittelwert nur um 14 % ab. Insofern beeinträchtigen nicht genau bekannte Werte das Ergebnis nicht wesentlich. Wenn nur angenäherte Angaben vorhanden sind, erscheint deshalb eine experimentelle Ermittlung nicht notwendig.

Ab einer gewissen Temperatur folgt der Verlauf nur noch sehr eingeschränkt der Arrhenius-Beziehung, weil der Reaktionsmechanismus eine weitere Beschleunigung unterbindet (durchgezogene Linien). Aus Bild 4.30 ergäbe sich eine Begrenzung der Anwendung ohne weitere Korrektur lediglich bis zu einer Erhärtungstemperatur von etwa 50 °C für Zemente der Kategorie CEM III und bis 60 °C, maximal 70 °C für Zemente der Kategorie CEM I.

Dieser Zusammenhang ist bei Einsatz der verfügbaren Messgeräte zur Ermittlung von Temperatur, effektiver Erhärtungszeit und, daraus abgeleitet, der Festigkeit im Bauteil zu beachten.

4.2.3 Bestimmung des Geschwindigkeitsfaktors k(T)

Wenn erforderlich, lässt sich die Aktivierungstemperatur E_A verhältnismäßig einfach ermitteln. Dazu werden Temperaturmessungen unter definierten Bedingungen durchgeführt, entweder isotherm an Zementleim oder semi-adiabatisch an Mörtelproben bzw. adiabatisch an Betonen. Eine Transformation auf isotherme Bedingungen ist erforderlich [Röh1]. Aus den Temperaturverläufen werden die Raten der Wärmeentwicklung dQ/dt abgeleitet, wie in Bild 4.32 für einen CEM I 32,5 R angegeben. Die Reaktionsgeschwindigkeiten für verschiedene, aber mindestens zwei Temperaturen an einem bestimmten Stand der Reaktion, charakterisiert durch den Hydratationsgrad α_H oder die freigesetzte Hydratationswärme Q [J/g], werden ins Verhältnis gesetzt, und zwar wie aus der Umstellung der Gleichung (4.23) folgt:

$$\frac{E_A}{R} = \ln\left(\frac{dHG_1/dt}{dHG_2/dt}\right) \cdot \frac{(T_1+273)\cdot(T_2+273)}{T_1 - T_2} \qquad (4.25)$$

Mit der isotherm ermittelten Wärmeentwicklung und der daraus abgeleiteten Wärmerate nach Bild 4.32 ergibt sich die Geschwindigkeitskonstante k(T) nach Bild 4.33. Zweckmäßig ist, den Zustand der maximalen Wärmerate zu wählen, da hier die messbare Festigkeitsentwicklung und die Bildung des jungen Betons beginnen. In der Frühphase der Erhärtung ist die Aktivierungstemperatur noch relativ konstant, unabhängig von der Temperatur sowie vom Grad der Umsetzung des Zements und der anderen reaktiven Bestandteile. Weitere Hinweise sind in [Röh1] zu finden.

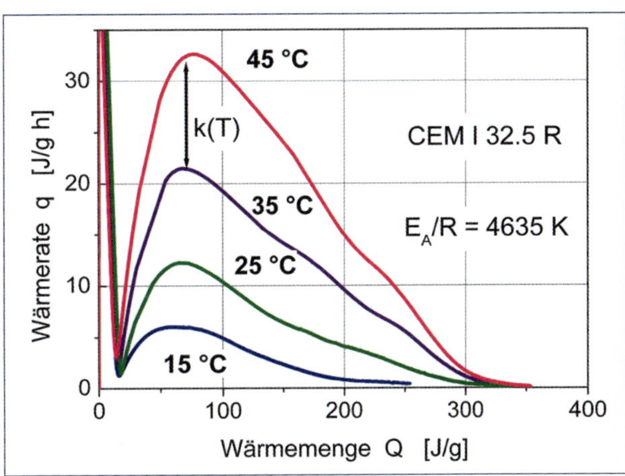

Bild 4.32: Wärmeentwicklungsrate eines Zements CEM I 32,5 R bei verschiedenen isothermen Erhärtungstemperaturen (DCA-Analyse)

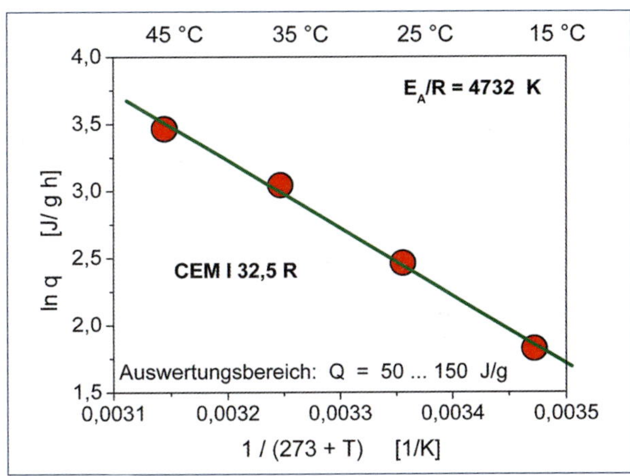

Bild 4.33: Bestimmung der Aktivierungstemperatur E_A/R aus den Versuchsdaten in Bild 4.32

4.2.4 Anwendungsbereich des Reifekonzepts

In der frühen Erhärtungsphase kann selbst in einem größeren Temperaturbereich die Festigkeitsentwicklung auf eine Erhärtung bei Normtemperatur von 20 °C transformiert werden (Bild 4.34). Die parallel verlaufenden Kurventeile können durch den Faktor nach Gleichung (4.23) zur Deckung gebracht werden. Diese Übereinstimmung wird mit zunehmendem Erhärtungsalter vermindert, da die Hydratation unabhängig von der Temperaturhöhe einem Endwert zustrebt. Außerdem nehmen die Streuungen infolge der Temperaturwirkung auf die Festigkeit mit dem Erhärtungsalter immer stärker zu (Bild 4.35). Weiterhin verändert sich der Reaktionsmechanismus, indem die anfängliche Oberflächenreaktion zunehmend durch die diffusionskontrollierte Reaktion abgelöst wird. Daraus resultiert eine deutliche Veränderung der Aktivierungsenergie (Bild 4.36). Je höher die Erhärtungstemperatur, desto schmaler ist das Plateau.

Damit ergeben sich zwangsläufig Grenzen der Anwendbarkeit des Reife-Konzepts, die zu beachten sind;

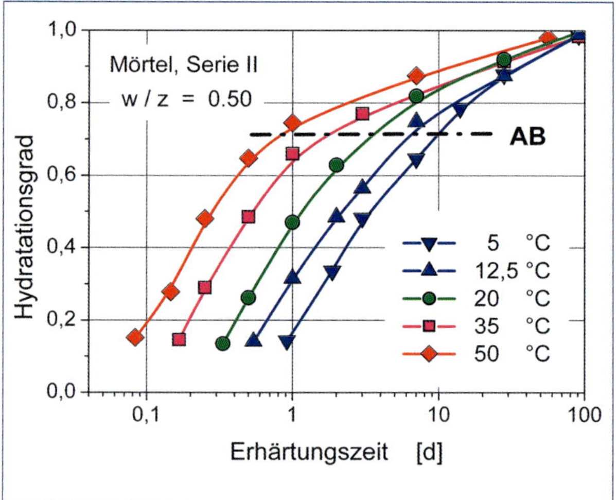

Bild 4.34: Entwicklung des Hydratationsgrads in Abhängigkeit von der isothermen Erhärtungstemperatur (nach [Kje1]); Bezugsbasis: maximaler Hydratationsgrad in Abhängigkeit vom w/z-Wert, AB = Anwendungsbereich des Reifekonzepts

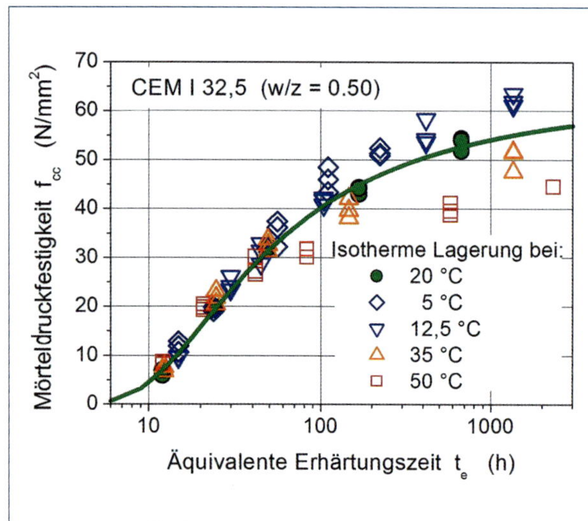

Bild 4.35: Festigkeitsentwicklung erhärtender Mörtelproben bei verschiedenen Lagerungstemperaturen mit dem Reifekonzept auf eine Erhärtung bei 20 °C transformiert (Daten aus [Kje1])

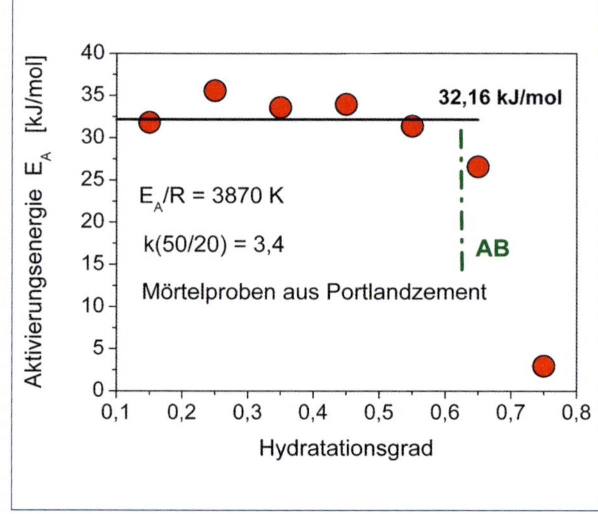

Bild 4.36: Aktivierungsenergie E_A [kJ/mol] in Abhängigkeit vom Hydratationsgrad nach Versuchsergebnissen an Mörtelproben [Kje2]; die Daten sind Mittelwerte im Temperaturbereich von 5 bis 50 °C
AB = Anwendungsbereich des Reifekonzepts

vor allem dann, wenn das Reife-Konzept in Computer implementiert werden soll. Während die Eigenschaften des jungen Betons mit hinreichender Genauigkeit erfassbar sind, ist ein längerer Erhärtungszeitraum auf diesem Wege nur mit größerer Ungenauigkeit zu beurteilen. Der Gültigkeitsbereich des Reife-Konzepts kann, wie in Bild 4.34 und Bild 4.35 angegeben, nicht exakt eingegrenzt werden. Er entspricht einer Betondruckfestigkeit bis etwa 60 % des Wertes nach 28 Tagen Erhärtung unter Normbedingungen und liegt damit etwas über der Festigkeitsentwicklung in der Erhärtungsphase, die als junger Beton bezeichnet wird. Darüber hinausgehende Prognosen bergen bei höheren Temperaturen, wie diese in dickeren Bauteilen auftreten, die Gefahr der Überschätzung der vorhandenen Festigkeit. Bei Temperaturen bis zu 40 °C kann der Anwendungsbereich bis auf 70 % der Normdruckfestigkeit ausgedehnt werden. Je mehr sich Bauteil- und Normtemperatur nähern, desto länger kann die Festigkeitsentwicklung zutreffend verfolgt werden.

Eine Mindestfestigkeit bis zu 1 bis 2 N/mm² ist nicht zuverlässig erfassbar.

4.3 Verformungen infolge von Schwinden des Betons

Sämtliche Schwindvorgänge sind auf Veränderungen in der Konstitution der Wassermoleküle und des Wasserhaushalts im Gefüge zurückzuführen.

Das Frühschwinden wird durch den Entzug des Wassers aus dem noch verarbeitbaren Frischbeton und die dadurch entstehenden Kapillarkräfte hervorgerufen. Es findet vor dem eigentlichen Hydratationsprozess statt und ist für die zwangbedingte Rissbildung vernachlässigbar (Kapitel 2).

Das chemische Schwinden entsteht durch die Volumenverminderung aufgrund der chemischen Bindung des Anmachwassers und bewirkt ohne Wasserzufuhr von außen eine innere Austrocknung des Gefüges. Es führt zu autogenem Schwinden. Dieses autogene Schwinden fördert eine frühe Rissbildung bei zwangbeanspruchten Bauteilen und niedrigem w/z-Wert, da die Vorgänge bereits sehr frühzeitig im gesamten Querschnitt stattfinden.

Langfristig ist das autogene Schwinden Bestandteil des Trocknungsschwindens, das durch den Wasserverlust des chemisch nicht gebundenen Wassers nach außen und die Austrocknung während der Erhärtung bedingt ist. Autogenes Schwinden und Trocknungsschwinden haben eine Kontraktion in der Zementsteinmatrix zur Folge, die durch die nicht schwindende Gesteinskörnung und die Bewehrung behindert wird.

Das Karbonatisierungsschwinden ist auf chemische Vorgänge zurückzuführen und kann Netzrisse hervorrufen, ist aber nicht bemessungsrelevant.

Normgemäß wird auf das Gesamtschwindmaß ε_{cs} aus der Addition von autogener Dehnung ε_{ca} und Trocknungsschwinddehnung ε_{cd} abgestellt, das für die Rissbildung bei dünnen Bauteilen maßgebend ist, sofern keine anderen signifikanten Einwirkungen auftreten. Wenn der frühe und der späte Zwang getrennt betrachtet werden, können auch andere Kombinationen bemessungsrelevant sein: beispielsweise das autogene Schwinden in Verbindung mit der abfließenden Hydratationswärme sowie das Trocknungsschwinden des Festbetons in Verbindung mit der Temperaturänderung im Gebrauchszustand der Bauteile. Autogenes und Trocknungsschwinden haben zwar übereinstimmende Ursachen und treten immer gemeinsam auf, aber abhängig von der Zusammensetzung des Betons mit unterschiedlicher Größe. Bei Normalbeton überwiegt das Trocknungsschwinden, bei hochfesten Betonen nimmt der Einfluss des autogenen Schwindens zu.

4.3.1 Chemisches Schwinden

Durch die chemische Bindung der Wassermoleküle entstehen Hydrate mit geringerem Volumen als die Ausgangsstoffe. Dieses chemische Schwinden, auch chemisches Schrumpfen genannt, setzt mit den ersten Reaktionen ein und dauert bis zum Abschluss der Hydratation an. Der Vorgang wird unterbrochen, wenn durch Entzug der Feuchte, der durch Austrocknung oder die Hydratation stattfinden kann, ein kritischer Grenzwert unterschritten wird. Insofern hat die Intensität der Nachbehandlung einen Einfluss auf den Verlauf des chemischen Schwindens. Die innere Austrocknung führt zu einem Hydratationssog und, wenn eine intensive Nachbehandlung oder eine Wasserlagerung durchgeführt wird, zur Auffüllung der Poren der Randzone und dort zur Aufrechterhaltung der Hydratation.

Der Umfang des chemischen Schwindens wird durch die Bestandteile des Zements und der daraus gebildeten Hydrate bestimmt, da die Wasserbindung unterschiedlich ist. Das Volumendefizit beträgt im Zementleim in Abhängigkeit von der mineralogischen Zusammensetzung etwa 6,0 bis 6,5 ml/100 g hydratisierten Zements, im Beton entsprechend dem Anteil des Zementleims in der Mischung.

Die Verformungen durch das Schwinden verlaufen anfänglich parallel zur Entwicklung des Hydratationsgrads und zeigen sich in einer sehr geringfügigen Verringerung der äußeren Abmessungen. Solange der Beton noch plastisch ist, entstehen praktisch keine Spannungen infolge einer Behinderung durch die Eigenmasse, die Schalung oder angrenzende Bauteile. Die Volumenverringerung kann aber zu Rissen über der Bewehrung führen, die dann besonders bei dickeren Querschnitten oben auftreten. Ein Nachverdichten oder ein schichtweises Aufbauen der Konstruktion wird als hilfreich angesehen [Jac2]. Ein Ausgleich des verringerten Volumens kann auch durch Vergrößerung der Porosität (Schrumpfporenraum) stattfinden.

Mit der Zunahme der Steifigkeit des erhärtenden Betons ist die freie Verformbarkeit rückläufig, die Schwindmaße nehmen ab, werden jetzt als autogenes Schwinden bezeichnet und ergeben bei einer Behinderung dann Schwindspannungen. Beide Prozesse sind Ergebnisse der Hydratation und deshalb eng miteinander verbunden. Bis zum Zeitpunkt t_0 verlaufen die Vorgänge parallel bzw. sind identisch (Bild 4.37). Messtechnisch sind die beiden Schwindvorgänge getrennt nur schwer erfassbar. Der Verlauf in Bild 4.37 wurde für das chemische Schwinden durch Unterwasserwägung festgestellt und bei dem autogenen Schwinden mit einem Volumendilatometer erfasst. Ab dem Zeitpunkt t_0, der mit dem im VICAT-Verfahren gemessenen Erstarrungsende korrespondiert und an dem die höchste Schwindrate auszumachen ist, stimmen die Messwerte beider Messverfahren nicht mehr überein. Ab dem Zeitpunkt t_0 können Spannungen übertragen werden, sodass das autogene Schwinden zurückgeht und schließlich asymptotisch ausläuft. Aufgrund der Schwierigkeiten bei der Messung werden Kenngrößen auch oftmals summarisch angegeben.

In der Regel sind die Schwindmaße im Vergleich zum Trocknungsschwinden relativ gering und in diesen Werten enthalten. Daraus darf aber nicht die falsche Schlussfolgerung resultieren, die Schwindmaße nicht zu beachten, da aufgrund der mechanischen Eigenschaften des jungen Betons durchaus Risse auftreten können. Zu beachten sind in diesem Zusammenhang auch die prinzipiellen Unterschiede in den Ursachen und den Auswirkungen.

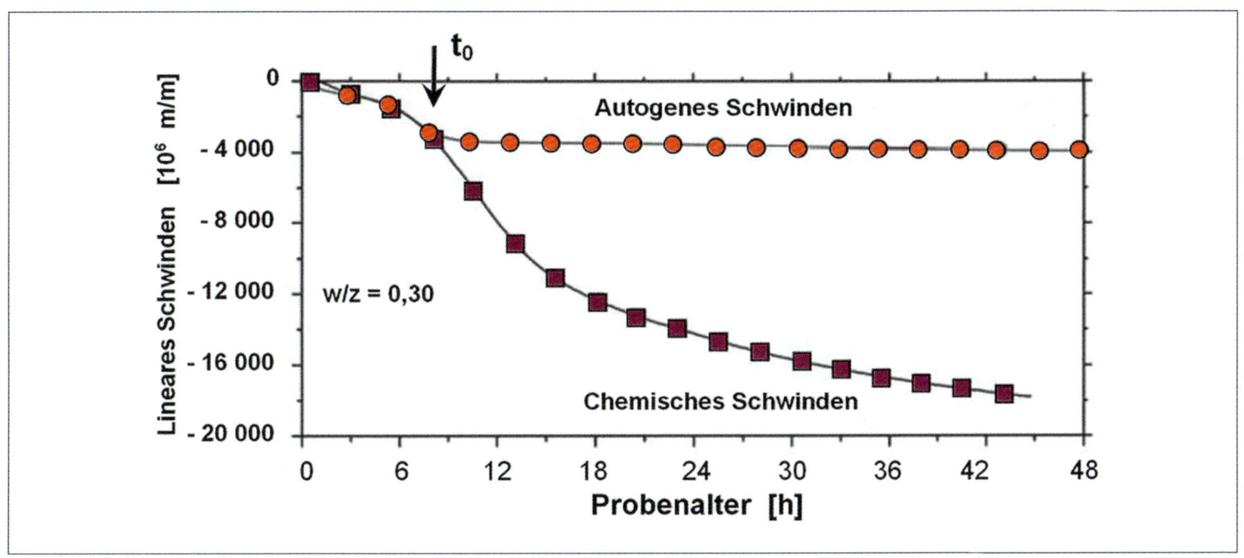

Bild 4.37: Entwicklung des chemischen und autogenen Schwindens [San1]

4.3.2 Autogene Schwinddehnung

Die innere Austrocknung durch die fortschreitende Hydratation ist unter anderem mit Kapillarspannungen im Porensystem verbunden, die eine Verkürzung auslösen. Diese wird durch die zunehmende Verfestigung des Gefüges nicht mehr als eine Veränderung der Bauteilabmessungen wirksam. Die Behinderung des Zementsteinschwindens im Betongefüge durch die Gesteinskörnung führt zu Spannungen und Mikrorissen, bevorzugt in der Kontaktzone oder an Bewehrungsstählen (Bild 4.38). Diese Mikrorisse können spätere Rissbildungen auslösen, sich an späteren Trennrissen beteiligen und beeinflussen das Spannungs-Dehnungs-Verhalten des Betons bei Zugbeanspruchung. Insofern ist die oft praktizierte Vernachlässigung des autogenen Schwindens nicht gerechtfertigt. Da das autogene Schwinden durch die Hydratationsvorgänge ausgelöst wird, entsteht im Gegensatz zum Trocknungsschwinden auch kein Feuchtegradient. Insofern würden lediglich zentrische Zwangspannungen entstehen. Wenn der Beton jedoch unter einem Feuchteprofil im Bauteil erhärtet, sind Eigenspannungen nicht auszuschließen.

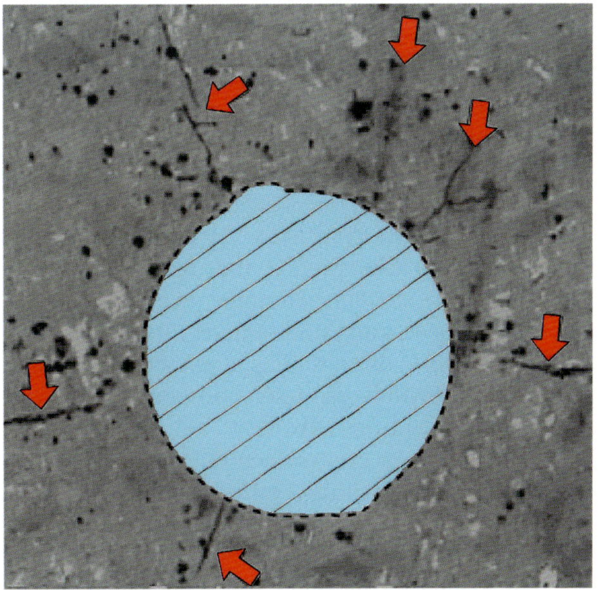

Bild 4.38: Risse um den Bewehrungsstahl infolge autogenen Schwindens eines ultrahochfesten Betons (UHPC9, [Sat1])

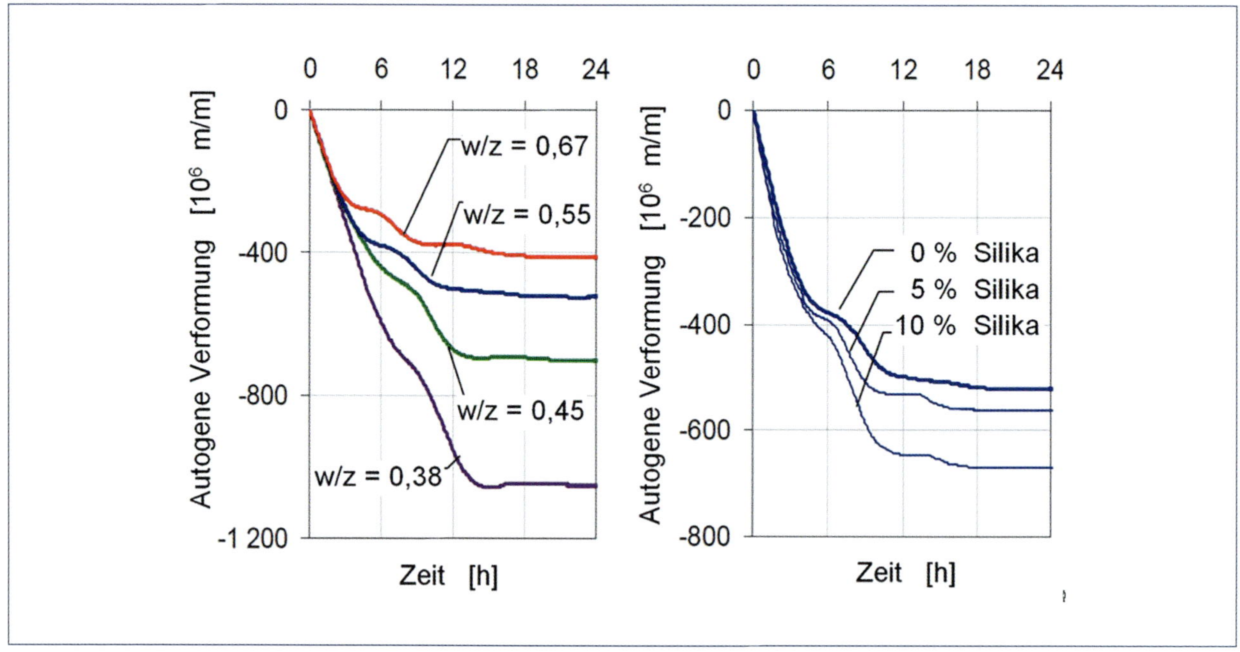

Bild 4.39: Autogenes Schwinden von selbstverdichtendem Beton in Abhängigkeit vom Wasserzementwert und dem Gehalt an Silikastaub [Esp3]

Da an die Hydratation gebunden, ist das autogene Schwinden nur in den ersten Tagen und vielleicht Wochen relevant. Informationen zum Verlauf ergeben sich aus der zeitlichen Entwicklung der Hydratationswärme. Die Verformungen steigen an mit der Verminderung des w/z-Wertes (Bild 4.39), der Zunahme der Feinststoffe (z.B. Silikastaub) und weiterer Faktoren, die auch für die Kapillarspannungen und die Frührissbildung von Bedeutung sind (Kapitel 2.2).

Früher wurde die Auffassung vertreten, dass dem autogenen Schwindvorgang erst ab einem w/z-Wert ≤ 0,45 eine Bedeutung zukommt und nur bei hochfesten Betonen beachtet werden muss. Diese Limitierung kann aber durch die Festlegungen im Normenwerk als aufgehoben angesehen werden. Nach dem **Berechnungsmodell in EN 1992-1-1** ist nun davon auszugehen, dass Betone aller Festigkeitsklassen ein Schrumpfmaß besitzen und sich nur in dessen Größe unterscheiden. Je geringer der w/z-Wert, desto größer ist der Anteil des autogenen Schwindens am Gesamtschwindmaß. Bei einem höheren w/z-Wert kann diese Schwindverformung durchaus vernachlässigt werden.

Die Meinung, dass das autogene Schwinden hauptsächlich innerhalb des ersten Tages auftritt und die Rissgefahr steigert, kann ebenfalls als unzutreffend beurteilt werden. Es wird dabei offensichtlich lediglich das chemische Schwinden betrachtet. Es ist ebenso ein längerer Zeitraum sowie eine Überlagerung mit dem Trocknungsschwinden zu berücksichtigen.

Nach DIN 1045-1 und DIN EN 1992-1-1 ist die Schrumpfverformung formuliert mit:

$$\varepsilon_{cas}(t) = \varepsilon_{cas0}(f_{cm}) \cdot \beta_{as}(t) \quad (4.26)$$

$ß_{as}(t)$ stellt die Zeitfunktion dar, siehe Gleichung (4.29).

Der Grund- (bzw. End-) Wert besitzt nach [DAS5] dagegen den Ausdruck:

$$\varepsilon_{cas0}(f_{cm}) = -\alpha_{as} \cdot \left(\frac{f_{cm} / f_{cm0}}{6 + f_{cm} / f_{cm0}}\right)^{2,5} \cdot 10^{-6} \qquad (4.27)$$

f_{cm}: mittlere Zylinderdruckfestigkeit im Alter von 28 Tagen

f_{cm0}: 10 N/mm²

Werte für α_{as} sind in Tabelle 4.6 angegeben.

Nach EN 1992-1-1 wird der Endwert der Schrumpfdehnung in Abhängigkeit von der Festigkeitsklasse vereinfacht bestimmt zu

$$\varepsilon_{cas}(\infty) = 2,5 \cdot (f_{ck} - 10) \cdot 10^{-6} \qquad (4.28)$$

Diese Beziehung entspricht ebenfalls der Auffassung, dass alle Betone über einer Zylinderdruckfestigkeit von 10 N/mm² ein autogenes Schwinden aufweisen. Für die Zeitfunktion ist anzusetzen:

$$\beta_{as}(t) = 1 - \exp[-0,20 \cdot t^{0,5}] \qquad (4.29)$$

t: Erhärtungszeit [d]; zu verwenden ist jedoch die wirksame Erhärtungszeit t_e

Anmerkung

Anstelle der Zeitfunktion wird in Rechnerprogrammen auch der Verlauf des Hydratationsgrads zugrunde gelegt, der sich aus der Wärmeentwicklung ergibt und in proportionaler Beziehung zur chemischen Wasserbindung steht.

Das Normenwerk berücksichtigt zwei **wichtige Einflüsse** auf das autogene Schwinden nicht.

Bei Vergleichen zwischen berechneten und experimentell ermittelten Schrumpfwerten sind wiederholt nennenswerte Differenzen festgestellt worden, die ihre Erklärung in der unterschiedlichen Auswirkung vom Wasser-Bindemittel-Wert (w / b-Wert) und der Druckfestigkeit auf das Schwinden haben. Bei höherfesten Betonen sind die Rechenwerte zu niedrig, bei Betonen geringerer Festigkeit – vor allem in der Anfangsperiode der Erhärtung – zu hoch. Bei Betonen mit größeren w / b-Werten kann ein anfängliches Quellen auftreten, sodass sich die berechneten Schrumpfmaße nicht einstellen. Wichtig ist die Tatsache, dass auch Betone mit w / b-Werten > 0,50 bei längerer Erhärtung erhebliche Schwinddehnungen aufweisen, die zu beachtenswerten Spannungen führen können. Die physikalische Erklärung für die Auswirkung des w / b-Wertes ist die Entstehung des Kapillardrucks im Mikrogefüge des Zementsteins infolge der sich ändernden Porenluftfeuchte durch die Wasserbindung während der

Tabelle 4.6: Beiwerte für die Gleichung (4.27) und die Gleichung (4.34) in Abhängigkeit vom Zementtyp nach [DAS5]

Zementtyp nach EC 2	Merkmal	Zementart nach DIN EN 197-1	Festigkeitsklasse	α_{ds1}	α_{ds2}	α_{cas}	α
SL	langsam erhärtend	CEM III CEM II CEM II/B-S	– 32,5 N 42,5 N	3	0,13	800	−1
N, R	normal oder schnell erhärtend	CEM II CEM I	32,5 R; 42,5 N; 42,5 R 32,5 N; 32,5 R; 42,5 N	4	0,12	700	0
RS	sehr schnell erhärtend und hochfest	CEM I	42,5 R; 52,5 N; 52,5 R	6	0,11	600	1

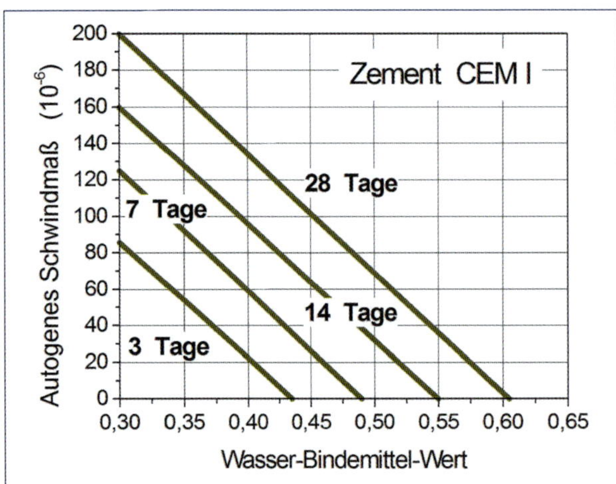

Bild 4.40: Autogenes Schwindmaß in Abhängigkeit vom w/b-Wert und der Erhärtungsdauer nach [Bam1]

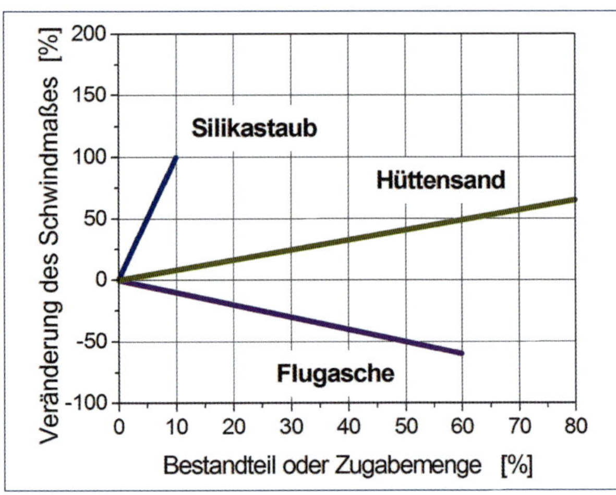

Bild 4.41: Veränderung des autogenen Schwindmaßes in Abhängigkeit von der Art und Menge des Zusatzstoffs im Zement und Beton nach [Bam1]

Hydratation. Übereinstimmend dafür entnommene Wassermengen senken bei niedrigem Wasser-Bindemittel-Verhältnis die Porenfeuchte stärker ab.

In Auswertung der Literatur wird von [Taz1] vorgeschlagen, das Endschwindmaß in Abhängigkeit vom Wasser-Bindemittel-Wert (w/b-Wert) zu formulieren:

$$\varepsilon_{cas}(\infty) = 3070 \cdot \exp\left(-7{,}2 \cdot \frac{w}{b}\right) \cdot 10^{-6} \tag{4.30}$$

für $0{,}2 \leq w/b \leq 0{,}5$

$$\varepsilon_{cas}(\infty) = 80 \cdot 10^{-6} \tag{4.31}$$

$w/b > 0{,}50$

Für die Zeitabhängigkeit wird in [Bam1] vereinfacht angegeben:

$$\varepsilon_{cas}(t) = 240 \cdot t^{0,15} - 650 \cdot w/b \tag{4.32}$$

Das autogene Schwindmaß im Zeitraum von 3 bis zu 28 Tagen ist in Bild 4.40 dargestellt.

Weiterhin ist festgestellt worden, dass die **Zusammensetzung des Bindemittels** einen Einfluss ausübt. Der Einfluss der Kompositzemente und weiterer Mischungsbestandteile kann nach Bild 4.41 berücksichtigt werden. Die Veränderung der Masseanteile am gesamten Gehalt des Bindemittels wirkt sich proportional aus. Beispielsweise steigt dass autogene Schwinden bei der Zugabe von Hüttensand um etwa 8 % an, bezogen auf einer Vergrößerung des Anteils am gesamten Bindemittel um 10 %.

4.3.3 Trocknungsschwinden

Sobald im Beton vorhandenes Wasser über die Bauteiloberfläche verdunstet, setzt das Trocknungsschwinden ein. Dieser Prozess ist unvermeidlich, da ein Ausgleich zwischen der Feuchte im Porensystem und der umgebenden Luft stattfindet. Das Schwinden kann deshalb selbst durch eine intensive Nachbehandlung nicht verhindert, sondern nur der Beginn und der Verlauf beeinflusst werden. Nach Beendigung der Nachbehandlung setzt die Verdunstung und damit das Schwinden ein. Die Auswirkungen werden jedoch vermindert, da eine länger andauernde Relaxation die Spannungen bei einer Verformungsbehinderung reduziert. Insofern spielt der Ausschalzeitpunkt ebenfalls eine wesentliche Rolle.

Die **Ursachen des Schwindens** sind durch die Vorgänge in der Mikrostruktur des austrocknenden Zementsteins begründet. Die Entfernung des Wassers führt zu Kapillarkräften sowie zur Annäherung der Hydrate und damit zur Volumenverminderung; der Mechanismus ist mit dem Frühschwinden vergleichbar (Kapitel 2.2). Stoffliche Einflussfaktoren auf die Schwindwerte sind der w/z-Wert, die Eigenschaften des Bindemittels, das Verhältnis der Volumina von Zementleim und Gesteinskörnung sowie schwindreduzierende Zusatzmittel. Je kleiner der Anteil an Zementleim ist, desto geringer sind die Schwindmaße. Dieser Zusammenhang ist prinzipiell auch beim E-Modul festzustellen (Kapitel 5.4). Die Schwindmaße von Mörtel und Beton in Abhängigkeit vom Zementgehalt und w/z-Wert sind in Bild 4.42 angegeben.

Wenn sich im Bauteilquerschnitt, wie im Regelfall zu erwarten, eine Feuchteverteilung und ein Schwindprofil ausbilden, sind nicht nur Zwang- sondern auch Eigenspannungen die Folge. Bei Sohlplatten können auch Verwölbungen auftreten, die ein Zwangmoment hervorrufen.

Die **Schwindmaße** werden im zeitabhängigen Verlauf durch das Austrocknungsverhalten des Betonbauteils bestimmt, d.h. in Abhängigkeit von der relativen Luftfeuchte, der Temperatur und der wirksamen Bauteildicke (Verhältnis von Fläche zu Umfang). Der Zeitraum bis zum Erreichen der Ausgleichsfeuchte und dem Endschwindmaß kann bei größeren Bauteilquerschnitten mehrere Jahre und sogar Jahrzehnte betragen.

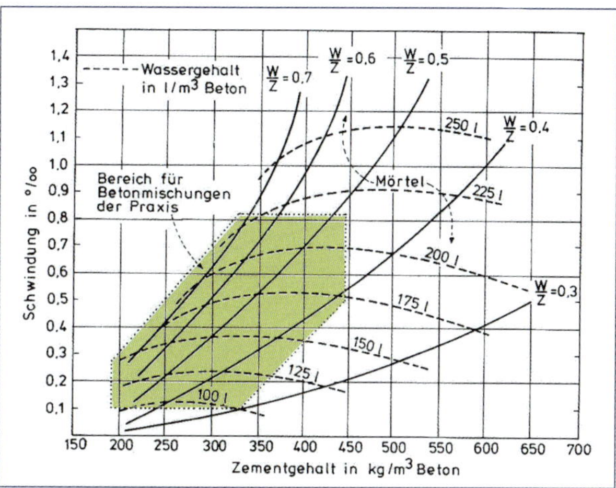

Bild 4.42: Schwindmaße von Mörtel und Beton in Abhängigkeit vom Wasserzementwert (w/z) und dem Zementgehalt (aus [Cze1], nach [US1])

Nach dem **Regelwerk DIN EN 1992-1-1** wird das Schwindmaß infolge von Austrocknung im Zeitraum $(t-t_s)$, im Prinzip übereinstimmend mit DIN 1045-1, ermittelt zu

$$\varepsilon_{cd}(t) = \varepsilon_{cd,0} \cdot k_h \cdot \beta_{ds}(t,t_s) \qquad (4.33)$$

t_s: Zeitpunkt des Trocknungsbeginns [Tage]

Die einzelnen Faktoren ergeben sich wie folgt:

$$\varepsilon_{cd,0} = 0{,}85 \cdot \beta_{RH} \cdot [(220 + 110 \cdot \alpha_{ds1} \cdot \exp(-\alpha_{ds2} \cdot f_{cm} / f_{cm0})] \cdot 10^{-6} \qquad (4.34)$$

Der Grundwert $\varepsilon_{cd,0}$ ist in Abhängigkeit von der relativen Luftfeuchte für einige Betonfestigkeitsklassen in Bild 4.43 dargestellt (erwartete Mittelwerte mit einem Variationskoeffizienten von ca. 30 %). Die Berechnung erfolgte nach Gleichung (4.34) in Verbindung mit Gleichung (4.36), die Beiwerte sind Tabelle 4.6 zu entnehmen.

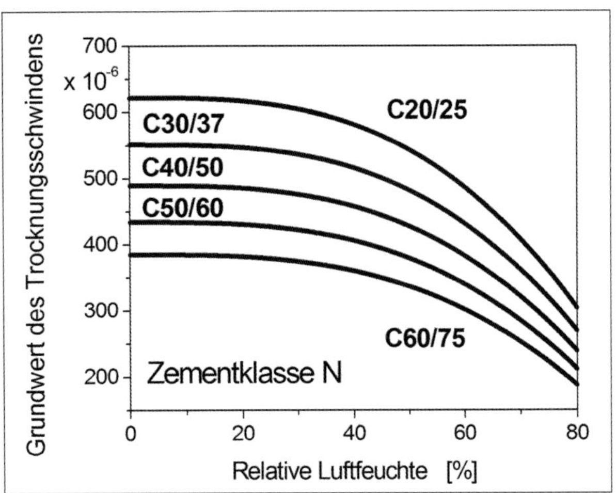

Bild 4.43: Grundwerte für die unbehinderte Trocknungsschwinddehnung $\varepsilon_{cd,0}$ [µm] für Beton mit Zement CEM Klasse N (CEM 32,5 R, CEM 42,5 N) nach DIN EN 1992-1-1, Tabelle 3.2

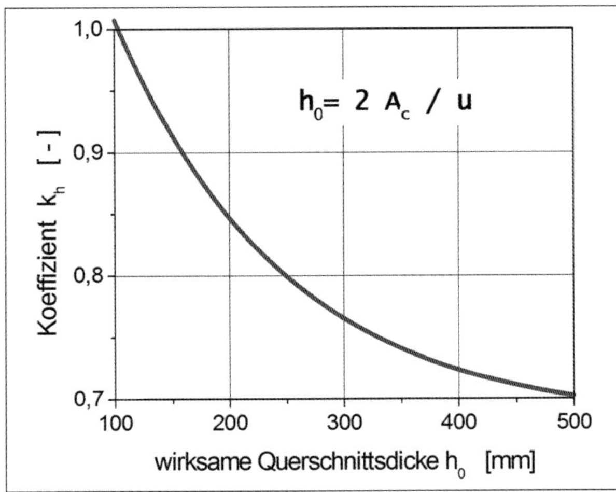

Bild 4.44: k_h-Werte für die Gleichung (4.35)

k_h ist ein von der Querschnittsfläche h_0 abhängiger Koeffizient (Bild 4.44). Die wirksame Querschnittsdicke h_0 beträgt dabei

$$h_0 = 2 \cdot A_c / u \quad [\text{mm}] \tag{4.35}$$

A_c: Querschnittsfläche [mm²]
u: Umfangslänge der dem Trocknen ausgesetzten Querschnittsflächen [mm]

Für Wände, die von beiden Seiten austrocknen, kann näherungsweise gesetzt werden: $h_0 \sim h$. h ist dabei die Wanddicke. Für Wände und Bodenplatten mit einer austrocknenden Seite ergibt sich $h_0 = 2\,h$.

$$\beta_{RH} = 1{,}55 \cdot \left[1 - \left(\frac{RH}{RH_0}\right)^3\right] \tag{4.36}$$

für 40 % ≤ RH < 99 %

$$\beta_{RH} = 0{,}25 \tag{4.37}$$

für RH ≥ 99 % · β_{st}

$$\beta_{s1} = \left(\frac{35}{f_{cm}}\right)^{0,1} \leq 1{,}0 \tag{4.38}$$

f_{cm}: mittlere Zylinderdruckfestigkeit des Betons im Alter von 28 Tagen = f_{ck} + 8 N/mm²
f_{cm0}: 10 N/mm²
RH: relative Feuchte der umgebenden Luft (in %); RH_0 = 100 %
Beiwerte α_{ds1} und α_{ds2} nach Tabelle 4.6

Der Beiwert β_{s1} berücksichtigt die innere Austrocknung von hochfestem Beton und kann im Allgemeinen vernachlässigt werden.

Der Term $\beta_{ds}(t,t_s)$ stellt die Zeitfunktion für das Trocknungsschwinden dar und ist nach DIN EN 1992-1-1 in Abhängigkeit von der wirksamen Querschnittsfläche formuliert. Er weicht damit von DIN 1045-1 ab.

$$\beta_{ds}(t,t_s) = \frac{(t - t_s)}{(t - t_s) + 0{,}04 \cdot \sqrt{h_0^3}} \tag{4.39}$$

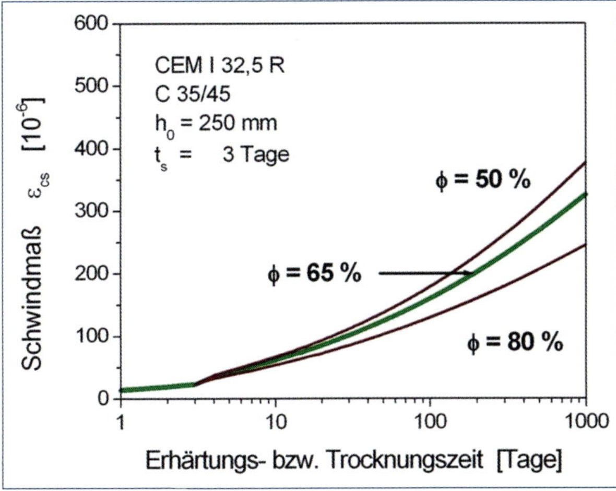

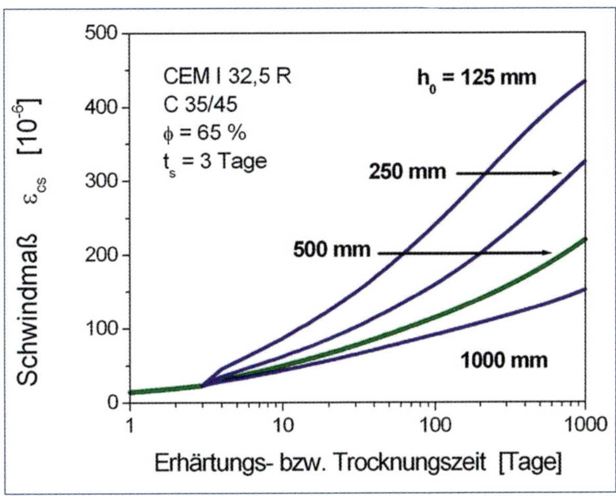

Bild 4.45: Schwindmaße und Verlauf des Schwindens nach der Norm (links: Wand mit einer Dicke h = 250 mm, rechts: Wand bei einer relativen Luftfeuchte von 65 %)

h_1: Bezugswert = 100 mm
t_s: Betonalter zu Beginn der Austrocknung [in Tagen]
t_1: Bezugswert = 1 Tag

Für Bauteile im Freien gilt im Regelfall eine relative Luftfeuchte von 65 %. Die Annahme einer schwindungsreduzierenden höheren Luftfeuchte (z.B. 80 %) ist nur dann berechtigt, wenn die Bauteile ständig durch verdunstendes Wasser umströmt werden, wie z.B. über freien Wasserflächen. Eine Ausnahme bildet auch die Betonstraße, die aufgrund der ständigen Bodenfeuchte und der periodischen Beregnung ein geringeres Schwindmaß aufweist [Eic1]. Die Auswirkungen der Variation der Parameter Luftfeuchte und Bauteildicke auf den zeitlichen Verlauf des Trockenschwindens zeigt Bild 4.45.

Anmerkungen

Das vorstehende Berechnungsmodell impliziert eine maßgebende Abhängigkeit des Endschwindmaßes von der Festigkeit des Betons. Damit müsste ein LP-Beton der Festigkeitsklasse C30/37 ein geringeres Schwindmaß aufweisen, als ein Beton C35/45 ohne Luftporen. Tatsächlich handelt es sich aber um eine vergleichbare Zusammensetzung des Betons sowie Struktur und Festigkeit des Zementsteins, die durch den Einsatz von Luftporen abgemindert wird. Dieser Sachverhalt wird auch deutlich, wenn anstelle von chemischen Zusatzmitteln für die Luftporenbildung alternativ Mikrohohlkugeln verwendet werden, die eine weitaus geringere Festigkeitsminderung verursachen. Maßgebend für das Schwinden ist eben hauptsächlich die Änderung der Feuchteverhältnisse und nicht die Festigkeit (siehe dazu auch [Röh2]). Bei Anwendung der Gleichung (4.33) könnte demnach eine Unterschätzung der zu erwartenden Schwindmaße und Zwangspannungen die Folge sein. Auch die Untersuchungen [Jac1] haben keine stringente Beziehung zwischen dem Schwindmaß und der Betondruckfestigkeit ergeben. Die normgemäße Annahme, dass das Schwinden mit wachsender Druckfestigkeit zurückgeht, konnte nicht bestätigt werden.

Weiterhin wurde verschiedentlich festgestellt, dass die Schwindwerte zum Teil erheblich größer waren als normgemäß ermittelt. Als Ursachen werden eine unzureichende Nachbehandlung unter sommerlichen Bedingungen, eine größere Betondruckfestigkeit und eine ungünstige Zusammensetzung des Betons angegeben, bei der ein höherer Zusatz von Flugasche erfolgte.

4.3.4 Überlagerung und Auswirkungen der Schwindvorgänge

Autogenes und Trocknungsschwinden resultieren zwar übereinstimmend aus der Abnahme der Feuchte im Beton, jedoch in einem unterschiedlichen Erhärtungszeitraum. Beide können gemeinsam auftreten, dann aber in Abhängigkeit von der Zusammensetzung des Betons mit unterschiedlichem Anteil am Gesamtschwindmaß. Bei Normalbeton überwiegt das Trocknungsschwinden, bei hochfesten Betonen das autogene Schwinden. Die Gemeinsamkeiten und Unterschiede in den Schwindvorgängen ergeben ein zeitabhängiges spezifisches Beanspruchungsprofil im Bauteilquerschnitt.

Die mittleren Schwindverformungen in einem Bauteil ergeben sich aus der Summe der beiden Verformungskomponenten:

$$\varepsilon_{cs}(t) = \varepsilon_{cas}(t) + \varepsilon_{cds}(t,t_s) \tag{4.40}$$

In Bild 4.46 ist der normgemäße Verlauf der beiden Schwindanteile und die Gesamtdehnung für ein Wandbauteil von 500 mm Dicke dargestellt. Betonzusammensetzung und Betonklasse bedingen ein relativ

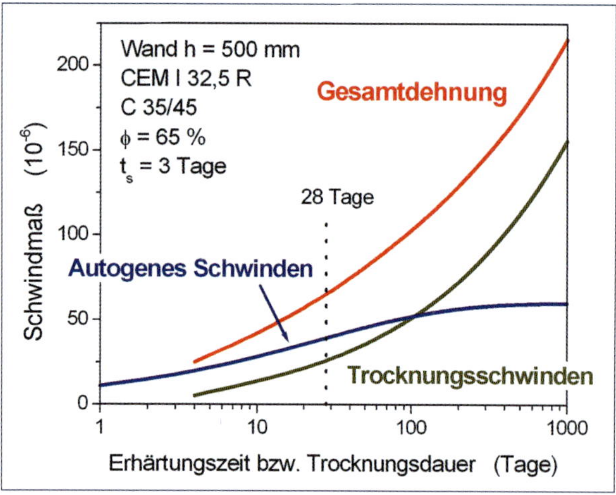

Bild 4.46: Dehnung infolge autogenen Schwindens und Trocknungsschwindens nach DIN 1045-1 (Wand mit h = 500 mm, Beton C 35/45 aus CEM I 32,5 R); die Schalung wurde nach t_s = 3 Tagen entfernt

geringes autogenes Schwindmaß, das, der Hydratation des Zements folgend, nach einer Erhärtung von 28 Tagen nur noch um höchstens 50 % des vorhandenen Betrages weiter anwächst. Wenn die äquivalenten Erhärtungszeiten infolge höherer Bauteiltemperatur in die zu Gleichung (4.40) gehörenden Grundgleichungen eingesetzt werden, beträgt der Anteil innerhalb von 28 Tagen bereits etwa 85 % des Endwertes. Das Trocknungsschwinden setzt zwar erst nach drei bis vier Tagen ein und nimmt aufgrund der größeren Bauteildicke nur langsam zu. Die weitaus größeren Endwerte führen aber dazu, dass die Dehnbeträge die des autogenen Schwindens bald übersteigen und für Langzeitbetrachtungen maßgebend werden.

Das autogene Schwinden findet gleichmäßig im Querschnitt statt und entsprechend dem Hydratationsfortschritt hauptsächlich innerhalb der ersten 28 Tage. Bei Bauteilen mit äußerer Behinderung können Zwangspannungen und Trennrisse die Folge sein. Das Trocknungsschwinden vollzieht sich vom Rand her in das Innere des Bauteils, oft ungleichmäßig und entsprechend der Bauteildicke über einen längeren Zeitraum. Der Vorgang ruft einen Feuchte- und Schwindgradienten und aufgrund der Behinderung des Bauteilrandes durch den Kern Eigenspannungszustände hervor. Diese können zu oberflächennahen Rissen führen (Bild 4.47). Bei weiterer Austrocknung gleichen sich die Differenzen in der Schwindverformung aus und die Risse schließen sich wieder weitgehend. Die Gefügetrennungen aber bleiben bestehen und können die Zug- und die Biegezugfestigkeit herabsetzen.

Bei parallel laufender Belastung findet durch das Kriechen eine Verformung der Konstruktion statt, die durch das Trocknungsschwinden verstärkt und in der Lage fixiert wird.

Das Alter des Betons bei Austrocknungsbeginn ist für das Gesamtschwindmaß des Betons von geringer Bedeutung, wenn das autogene und Trocknungsschwinden zusammen betrachtet werden. In Abhängigkeit vom Wasserzementwert verschieben sich lediglich die Anteile des autogenen Schwindens und des Trocknungsschwindens am Gesamtschwind-

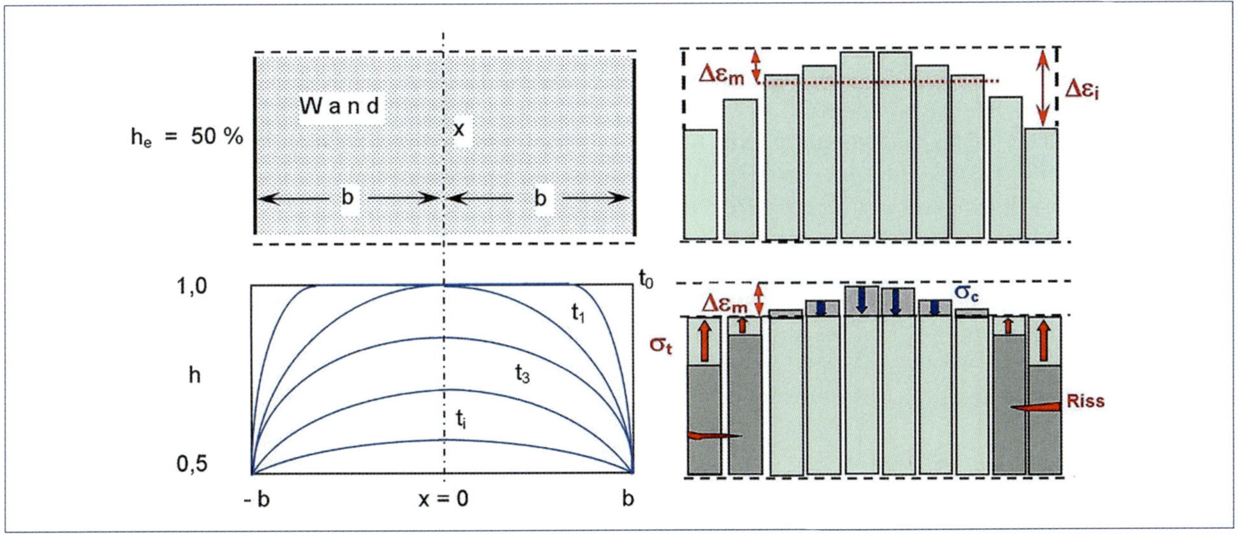

Bild 4.47: Feuchteverteilung im austrocknenden Bauteil (Bildteil links); Schwinden in den Querschnittsfasern (Bildteil rechts oben); Eigenspannungen mit Zugspannungen am Rand und Druckspannungen im Bauteilkern (Bildteil rechts unten)

maß. Die angegebenen Austrocknungsbedingungen entsprechen der Lagerungsart »unter Dach im Freien« und sind für längere Nutzung zutreffend. Grundsätzlich kann danach davon ausgegangen werden, dass das Endmaß der beiden Schwindvorgänge etwa konstant ist. Für einen Betonkörper mit d / h = 150/30 mm, einer Luftfeuchte von 65 % und einer Temperatur von 20 °C ergibt sich ein Endschwindmaß für beide Schwindarten von ε_{cs} = – 0,65 ‰. Die Schwindmaße übersteigen die Zugbruchdehnung des Betons (ε_{ctu} = ~ 0,1 bis 0,15 ‰), sodass bei vollständiger Behinderung (100 %) und damit maximalem Zwang selbst bei Ansatz der Relaxation immer mit Rissbildungen gerechnet werden muss. Beispiele für diese Beanspruchung sind Wände auf massiven Fundamenten, Aufbeton auf Fertigteildecken oder Fahrbahnplatten auf stählernen Trägerrosten von Brücken.

Eine Schlussfolgerung besteht auch darin, dass die vom Planer festgelegten Bauabschnitte und die Anordnung von sogenannten Schwindgassen in der Bauausführung unbedingt eingehalten werden müssen. Die Unterteilung der Konstruktion in der Länge und im Querschnitt (z.B. Hohlkastenträger) muss den Schwindarten und Schwindmaßen Rechnung tragen.

4.3.5 Einfluss schwindreduzierender Zusatzmittel

Um das Risiko der Schwindrissbildung bei großflächigen Bauteilen zu verringern, wurden Zusatzmittel entwickelt, mit denen bei Zugabe in die Frischbetonmischung das Schwinden reduziert werden kann (SRA – Shrinkage Reducing Admixtures). Diese Mittel werden in Europa seit Ende der 1990er-Jahre eingesetzt, sind aber durch das Normenwerk noch nicht erfasst bzw. geregelt. Einzelne Beispiele für eine erfolgreiche Anwendung, auch im deutschsprachigen Raum, sind bekannt geworden. Da es in Deutschland noch keine bauaufsichtlichen Zulassungen gibt, ist der Einsatz für tragende Bauteile derzeit nicht möglich.

Der Wirkungsmechanismus beruht auf der Herabsetzung der Oberflächenspannung des Wassers in der Porenlösung des Betongefüges bis auf einen kritischen Wert. Von da ab bleibt die Oberflächenspannung konstant, der Kapillardruck zwischen den Partikeln wird verringert und die Schwindneigung unterdrückt. Dieser Effekt ist durch Vergleichsversuche zum freien Schwinden nachgewiesen worden [Sch27]. Die Rissbildung trat deutlich später und mit geringerer Breite auf. Widersprüchlich ist, dass die Porosität vermindert, aber auch die Druckfestigkeit verringert wird. Nachgewiesen wurde auch ein nachteiliger Einfluss auf das Luftporengefüge bei LP-Beton und daraus resultierend ein verminderter Frostwiderstand.

Entscheidend für eine Anwendung sind das Langzeitverhalten und die Beeinflussung der gesamten Schwindvorgänge sowie die Gewährleistung der Dauerhaftigkeit.

Untersuchungen von [Sch28] haben gezeigt, dass das unbehinderte (freie) Gesamtschwinden innerhalb der ersten Tage abhängig von der Art des Zements und des Zementgehalts im Beton um bis zu 35 % vermindert war. Die Wirkung über einen Zeitraum von drei Jahren hinweg war jedoch rückläufig und ergab keine weitere Reduzierung. Der Rückgang des Schwindens insgesamt betrug bis zu 70 %. Die Tendenz wurde auch bei der behinderten Verformung im Ringtest festgestellt.

Ein Einsatz der Schwindreduzierung erscheint durchaus wünschenswert, ist aber in größerem Umfang noch nicht zu erwarten, da die Wirkung der einzelnen Typen in Verbindung mit den Zementsorten, unterschiedlichen Wasserzementwerten und dem Anteil im Beton nicht mit der erforderlichen Sicherheit bekannt ist. Bei dafür geeigneten Bauteilen ist bei entsprechender betontechnologischer Vorbereitung und Prüfung ein Vorteil durch vermindertes Gesamtschwinden zu erreichen.

5 Verformungs- und Festigkeitsverhalten des Betons

Beim Nachweis der Tragfähigkeit der Konstruktion zur Aufnahme der Eigen- und Verkehrslasten wird die Zugfestigkeit im Regelfall nicht in Ansatz gebracht. Die Betondruckfestigkeit bildet die wichtigste Kenngröße, obwohl eine Mindestzugfestigkeit die Grundlage der Stahlbetonbauweise ist. Bei Zwangbeanspruchungen verändert sich die Situation: Alle Maßnahmen zur Beherrschung des Rissgeschehens erfordern eine Bilanz zwischen den Zugkräften und dem Widerstand des Betons während der Erhärtung und im Nutzungszustand. Zur Berechnung der Zwangspannungen werden Angaben zu den Festigkeitskenngrößen benötigt. Dazu zählen Zugfestigkeit und Zugbruchdehnung, der Elastizitätsmodul sowie das viskoelastische Verhalten (Kriechen und Relaxation). Zur Ermittlung der Mindestbewehrung muss die Zugfestigkeit zum Risszeitpunkt bekannt sein. Die Lösung dieser Aufgaben ist maßgeblich davon abhängig, dass die Entwicklung der betontechnischen Kennwerte unter den unterschiedlichen Erhärtungsbedingungen im Bauteil nachvollzogen werden kann.

Im Allgemeinen stehen aber lediglich die Angaben aus den Regelwerken über die Festigkeitsgrößen der Betonklassen sowie der Hersteller über die Festigkeitsentwicklung der Zemente zur Verfügung. Dabei sind die maßgebenden Festigkeitsgrößen aus Beziehungen zur Betondruckfestigkeit abgeleitet und mit Streuungen verbunden, wie beispielsweise die Relation zwischen Druck- und Zugfestigkeit. Die Daten der Regelwerke berücksichtigen auch nicht die Überfestigkeiten, die oft bei der Lieferung einer bestimmten Betonsorte vorhanden sind. Wenn die Ermittlung der Zwangspannungen und die Abschätzung der Rissgefahr für ein exponiertes Bauvorhaben als wichtig angesehen werden, ist eine experimentelle Erfassung der maßgebenden Kenngrößen für die vorgesehene Betonzusammensetzung erforderlich. Das Verhalten des Betons unter Zwangbeanspruchung kann weiterhin an sogenannten Reißrahmen mit einstellbarer Behinderung und bei unterschiedlichen Abkühlungsbedingungen verfolgt werden.

Das Festigkeitsverhalten ist an die Zusammensetzung des Betons und die Eigenschaften der Bestandteile gebunden. Daraus resultieren zum einen die nicht unerheblichen Streuungen zwischen den einzelnen Festigkeitskenngrößen wie z.B. zwischen E-Modul und Druckfestigkeit, zum anderen auch Abweichungen gegenüber den Angaben in den Regelwerken wie z.B. beim E-Modul. Wenn genauere und zuverlässige Angaben von Bedeutung sind, ist eine experimentelle Feststellung unerlässlich.

Eine Anpassung der Festigkeitsentwicklung des jungen Betons an die Baustellenbedingungen und die Erhärtung im Bauteil kann über sogenannte Temperatur-Zeit-

Funktionen vorgenommen werden. Aus langjährigen Untersuchungen wurde eine Beziehung zwischen dem Hydratationsgrad und der Entwicklung der Festigkeitseigenschaften abgeleitet. Auf diesem Weg ist in Rechenprogrammen eine durchgängige Verbindung zwischen Wärmefreisetzung, Bauteiltemperatur und Festigkeitszustand herstellbar.

5.1 Festigkeitseigenschaften des Betons

Die Betoneigenschaften sind, bedingt durch eine Vielzahl einwirkender und mit Streuungen verbundener Faktoren, keine deterministischen, sondern statistische Kenngrößen. Die Zementfestigkeit besitzt eine Verteilung innerhalb der normativ zulässigen Grenzwerte der Festigkeitsklassen. Die Zusammensetzung des Betons ist trotz der heute eingesetzten Maschinentechnik gewissen Schwankungen unterworfen. Weiterhin werden die Eigenschaften vom Einbau und von der Verdichtung des Frischbetons sowie von den Bedingungen während der Erhärtung bestimmt, zum Beispiel von Feuchte und Temperatur. Schließlich haben die Belastungen während der Festigkeitsentwicklung und eine Dauerlast Einfluss auf das Festigkeitsverhalten. Die Prüfung von Betonproben und die Umrechnung von Festigkeitskenngrößen sind ebenfalls mit Streuungen behaftet, beispielsweise die Beziehung zwischen Würfel- und Zylinderdruckfestigkeit oder die Ermittlung der Zugfestigkeit aus der Betondruckfestigkeit. Es besteht zudem ein Unterschied in der Erhärtung und Strukturbildung im Bauteil und in Laborprüfkörpern. Insofern beschreiben die Kennwerte des Betons das Festigkeitsverhalten im Bauteil nur mit einer gewissen Wahrscheinlichkeit. Bei der Beurteilung von durch Zwangspannungen hervorgerufenen risskritischen Situationen ist diese Unsicherheit zu berücksichtigen.

Die vorgenannten Faktoren wirken sich nicht nur auf die Festigkeitseigenschaften aus, sondern auch auf deren zeitliche Entwicklung. Jede Abschätzung einer Rissgefahr durch Vergleich der Zwangbeanspruchung mit dem vorhandenen Festigkeitsverhalten ist an die Kenntnis der Eigenschaftsentwicklung im Bauteil gebunden. Diese Bedingung weist auf die Schwierigkeiten hin, die bei der Beurteilung der zwangbedingten Beanspruchungen bei jungem Beton zu erwarten sind.

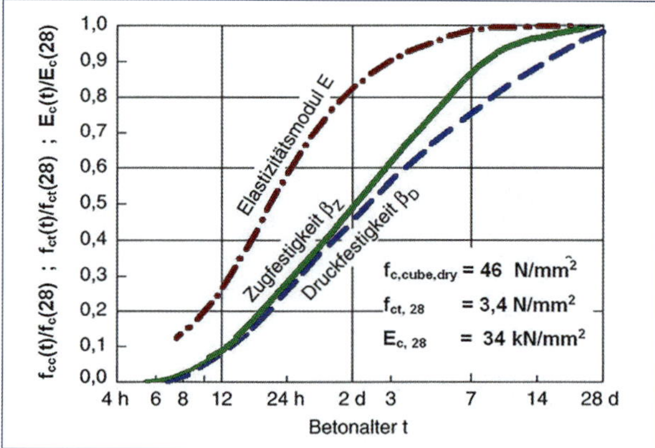

Bild 5.1: Entwicklung der Relativwerte der Betondruck- und -zugfestigkeit sowie des E-Moduls (nach [Wei1])

Die durch Hydratation entstehenden Neubildungen wirken sich unterschiedlich auf die Entwicklung der Eigenschaften der einzelnen Kenngrößen aus. Wie Bild 5.1 zeigt, steigt der E-Modul sehr schnell an, gefolgt von der Zugfestigkeit. Daraus resultiert, dass die Spannungen bereits beträchtlich angewachsen sein können, wenn die Festigkeiten noch vergleichsweise gering sind.

Da das Verformungs- und Festigkeitsverhalten von der Hydratation des Zements und der Strukturbildung des Betons abhängt, kann eine Verbindung zwischen der Wärmeentwicklung bzw. dem Hydratationsgrad und den mechanischen Kenngrößen hergestellt werden. Der Vorteil besteht unter anderem darin, dass Prüfergebnisse aus Versuchen oder der Qualitätsüberwachung auf Betone mit veränderter Zusammensetzung übertragen werden können. Dadurch stehen zuverlässigere Daten für die Berechnung der Zwangspannungen zur Verfügung.

Tabelle 5.1: Festigkeitskennwerte für Normalbeton nach DIN EN 1992-1-1 (Tabelle 3.1), und DIN 1045-1 (Tabelle 9) sowie Model Code 90 und MC 2010

Kenngröße	Festigkeitsklassen															Analytische Beziehung
f_{ck}	12*	16	20	25	30	35	40	45	50	55	60	70	80	90	100	
$f_{ck,\,cube}$	15	20	25	30	37	45	50	55	60	67	75	85	95	105	115	
f_{cm}	20	24	28	33	38	43	48	53	58	63	68	78	88	98	108	(1)
f_{ctm}	1,6	1,9	2,2	2,6	2,9	3,2	3,5	3,8	4,1	4,2	4,4	4,6	4,8	5,0	5,2	(2)
$f_{ctk,0,05}$	1,1	1,3	1,5	1,8	2,0	2,2	2,5	2,7	2,9	3,0	3,1	3,2	3,4	3,5	3,7	(3)
$f_{ctk;\,0,95}$	2,0	2,5	2,9	3,3	3,8	4,2	4,6	4,9	5,3	5,5	5,7	6,0	6,3	6,6	6,8	(4)
$E_{c0m}\ 10^3$ DIN 1045-1	25,8	27,4	28,8	30,5	31,9	33,3	34,5	35,7	36,8	37,8	38,8	40,6	42,3	43,8	45,2	(5)
$E_{cm} \cdot 10^3$ DIN 1045-1	21,8	23,4	24,9	26,7	28,3	29,9	31,4	32,8	34,3	35,7	37,0	39,7	42,3	43,8	45,2	(6)
$E_{cm} \cdot 10^3$ DIN EN 1992-1-1	27,1	28,6	30,0	31,5	32,8	34,1	35,2	36,3	37,3	38,2	39,1	40,7	42,2	43,6	44,9	(7)
$E_c \cdot 10^3$ Model Code 2010	22,9	24,6	26,2	28,0	29,8	31,4	33,0	34,4	36,0	37,5	38,8	41,7	44,4	46,0	47,5	(8)
f_{ctm} (aus f_{cm} nach [Hei1])	1,52	1,78	2,08	2,36	2,67	2,93	3,21	3,44	3,70	4,2	4,4	4,6	4,8	5,0	5,2	
ε_{ctu}	0,061	0,066	0,073	0,083	0,088	0,094	0,100	0,107	0,110	0,110	0,113	0,113	0,114	0,115	0,115	

*) Die Festigkeitsklasse C12/15 darf nur bei vorwiegend ruhender Belastung verwendet werden.

(1) $f_{cm} = f_{ck} + 8$

(2) $f_{ctm} = 0{,}30\ f_{ck}^{2/3}$ (≤ C50/60)

(2) $f_{ctm} = 2{,}12\ \ln(1 + f_{cm}/10)$ (> C55/67)

(3) $f_{ctk;\,0,05} = 0{,}7\ f_{ctm}$

(4) $f_{ctk;\,0,95} = 1{,}3\ f_{ctm}$

(5) $E_{c0m} = 9\,500\ (f_{ck} + 8)^{1/3}$

(6) $E_{cm} = \alpha_i \cdot E_{c0m}$ mit $\alpha_i = (0{,}8 + 0{,}2\ f_{cm}/88) \leq 1{,}0$

(7) $E_{cm} = 22 \cdot (f_{cm}/10)^{0,3}$

(8) $E_c = \alpha_i \cdot 21{,}5 \cdot 10^3\ (f_{cm}/10)^{1/3}$ mit $\alpha_i = (0{,}8 + 0{,}2\ f_{cm}/88) \leq 1{,}0$

5.2 Zugfestigkeit des Betons

Die Zugfestigkeit des Betons im Bauteil und deren zeitliche Entwicklung bilden die Voraussetzungen für die Beurteilung einer möglichen Rissgefahr infolge einwirkender Zwangkräfte sowie die Grundlagen der Berechnung der Risslast, der Mindestbewehrung und der zu erwartenden rechnerischen Rissbreiten. Außerdem besteht eine Abhängigkeit zwischen Zug- und Verbundfestigkeit, die wesentlicher Bestandteil des Berechnungsmodells zur Begrenzung der Rechenwerte der Rissbreiten ist. Der zutreffende Ansatz der Zugfestigkeit im Bauwerk hat eine herausragende Bedeutung und ist gleichzeitig mit beträchtlichen Unsicherheiten verbunden.

Die Zugfestigkeit wird durch die gleichen Faktoren beeinflusst wie die Druckfestigkeit, d.h. Wasserzementwert, Zementfestigkeit und Zusatzstoffe (Flugasche, Silikastaub). Darüber hinaus spielen die Erhärtungsbedingungen, die durch die Umgebung und Nachbehandlung gegeben sind, wie Temperatur und Feuchte, eine wesentliche Rolle. Im Gegensatz zur Betondruckfestigkeit wirken sich vor allem die Eigenschaften der Übergangszone zwischen der Gesteinskörnung und dem Zementstein auf die Zugfestigkeit aus, sodass sich deutliche Unterschiede zwischen Kies- und Splittbeton ergeben. Nachgewiesen ist auch, dass eine Vorbelastung durch eine Zwangbeanspruchung die zentrische Zugfestigkeit vermindert, nach [Onk1] bis zu 15 %. Auch eine Dauerbeanspruchung kann die Zugtragfähigkeit herabsetzen. Parallel zur Oberfläche wirkende Eigenspannungen aus Temperaturdifferenzen beeinflussen die Zugfestigkeit nachteilig. Insofern spielt auch die Bauteilgröße eine Rolle, auf die in der Norm [DN1] explizit hingewiesen wird. Die Zugfestigkeitswerte streuen nicht nur innerhalb eines Bauteils, sondern auch von Bauteil zu Bauteil in der Betonkonstruktion und können niedriger ausfallen als bei der Messung zuvor im Baustoffprüflabor.

Die Rechenwerte für die Betonzugfestigkeit werden in der Regel auf der Grundlage von Beziehungen aus der Druckfestigkeit abgeleitet, die an Prüfkörpern labortechnisch ermittelt wurden. Die Festigkeitswerte im Prüfkörper unterscheiden sich aufgrund der differenten Verarbeitungs- und Erhärtungsbedingungen von denen im Bauteil.

Zur zeitlichen Entwicklung der Zugfestigkeit liegen vergleichsweise nur wenige systematische Untersuchungen vor, sodass die mathematischen Zusammenhänge, die für die Betondruckfestigkeit Gültigkeit besitzen, übernommen werden. Die mit dieser Vorgehensweise verbundenen Streuungen wirken sich auf die Ergebnisse der Berechnungen aus, die sich auf die Zugfestigkeit stützen.

Insgesamt gesehen ist die Zugfestigkeit, und vor allem die des jungen Betons, eine nicht hinreichend sicher einschätzbare Kenngröße. Wenn verlässliche Angaben zur Zugfestigkeit und deren zeitabhängige Entwicklung von Bedeutung sind, wird deshalb in [DN1] empfohlen, dass zusätzliche Prüfungen unter Berücksichtigung der Umgebungsbedingungen und der Bauteilgröße durchgeführt werden.

Für die Ermittlung der Mindestbewehrung zur Begrenzung der rechnerischen Rissbreite wurden diese Sachverhalte im Normenwerk nur eingeschränkt berücksichtigt.

Der Normwert der Zugfestigkeit f_{ctm} in DIN EN 1992-1-1 ist ein Mittelwert nach 28 Tagen Erhärtung und durch Transformation aus der Druckfestigkeit abgeleitet worden. Die Streuungen bei der experimentellen Ermittlung der Festigkeitswerte sind erheblich, betragen etwa ± 30 % und werden durch die Fraktilwerte $f_{ct,05}$ und $f_{ct,95}$ charakterisiert (Tabelle 5.1). Die Kenngröße f_{ctm} berücksichtigt nicht die Überfestigkeiten, die in den Betonfestigkeitsklassen praxisüblich auftreten. Für die Festigkeitswerte innerhalb des Erhärtungszeitaums wird die Bezeichnung $f_{ctm}(t)$ verwendet. Die Berücksichtigung festigkeitsmindernder Einflüsse und die Veränderungen der Festigkeitsentwicklung durch die Erhärtungsbedingungen ergeben eine effektive Zugfestigkeit $f_{ct,eff}$. Deren Betrag ist im Zustand I unmittelbar vor der Rissbildung im Bauteil für die Rissschnittkraft maßgebend.

5.2.1 Kenngrößen der Zugfestigkeit

Die Betonzugfestigkeit charakterisiert bei kontinuierlicher Steigerung einer Zugbeanspruchung den Bruchzustand im Prüfkörper oder Bauteil. Die Zugfestigkeit nach DIN EN 1992-1-1 bezieht sich auf die höchste Spannung, die bei zentrischer Zugbeanspruchung erreicht wird [DIN EN 1992-1-1; 3.1.2(7) P].

Im Vorschriftenwerk ist als maßgebende Festigkeitskenngröße die **zentrische Zugfestigkeit** $f_{ct,ax}$ verankert, da diese der »wahren« Zugfestigkeit des Betons am ehesten entspricht und den Bauteilwiderstand bei Zwangbeanspruchung darstellt. Die Zugfestigkeit f_{ctm} bezeichnet in DIN 1045-1 und DIN EN 1992-1-1 diese als zentrische Zugfestigkeit.

Aufgrund der aufwendigen Ermittlung wird die zentrische Zugfestigkeit auch aus Messwerten mit anderen **Prüfmethoden** und aus der Betondruckfestigkeit abgeleitet. Die Ergebnisse der Umrechnung werden durch die Betonzusammensetzung sowie die Prüfkörperform und -methode beeinflusst. Weitere Differenzen treten bei der Erhärtung des Betons in Laborprüfkörpern und im Bauteil auf.

Nach dem Regelwerk darf die Kenngröße als Biegezugfestigkeit $f_{ct,fl}$ (nach DIN EN 12390), Spaltzugfestigkeit $f_{ct,sp}$ (nach DIN EN 12360) und zentrische Zugfestigkeit $f_{ct,ax}$ bestimmt werden. Die labortechnische Bestimmung der axialen Festigkeit ist derzeit noch nicht in einer Norm geregelt.

Eine Beschreibung der Prüfkörper und die Darstellung der Prüfbelastung bei den einzelnen Methoden sind beispielsweise in [Grü1] zu finden. Eine tiefgehende Untersuchung zur Spaltzugfestigkeit wurde von [Mal1]) durchgeführt. Die methodenabhängigen Prüfergebnisse dürfen mithilfe von Umrechnungsbeiwerten wechselseitig transformiert werden. Die Koeffizienten haben Gültigkeit für erhärteten Beton; Angaben zu den Beziehungen bei jungem Beton liegen nicht vor.

Die Relation der verschiedenen Formen von Zugfestigkeit untereinander wird sehr wesentlich durch die Betonzusammensetzung, die Art der Gesteinskörnung und die Erhärtungsbedingungen bestimmt. Die Streuung der Verhältniswerte kann erheblich sein und ist bei der Ableitung bestimmter Festigkeitskenngrößen zu beachten. Selbst unter vergleichbaren Bedingungen weichen die Ergebnisse sehr voneinander ab.

Wenn die zentrische Zugfestigkeit mittels der **Spaltzugfestigkeit** $f_{ct,sp}$ bestimmt wird, darf näherungsweise der Wert der einachsigen Zugfestigkeit f_{ct} mit folgender Gleichung ermittelt werden [DIN EN 1992-1-1; 3.1.2(8)]:

$$f_{ct} = 0{,}9 \cdot f_{ct,sp} \tag{5.1}$$

Dieser festigkeitsunabhängige Umrechnungsfaktor stammt aus den 1960er-Jahren und wurde auf der Grundlage von Versuchen an den damals üblichen normalfesten Betonen hergeleitet [Hei1]. Die Auswertungen von Versuchen, z.B. [Mal1], zeigen, dass damit die zentrische Zugfestigkeit unterschätzt wird. Angemessen und mit [MC2010] übereinstimmend wäre danach:

$$f_{ct} = 1{,}1 \cdot f_{ctm,sp} \tag{5.2}$$

Weitere Beiwerte zur Ermittlung der zentrischen Zugfestigkeit aus der Spaltzugfestigkeit und der Biegezugfestigkeit sind in Tabelle 5.2 angegeben.

Die mittlere **Biegezugfestigkeit** bewehrter Betonbauteile hängt nach DIN EN 1992-1-1 vom Mittelwert

Tabelle 5.2: Beiwerte zur Umrechnung von Ergebnissen aus verschiedenen Festigkeitsprüfungen $f_{ct,sp}$ = Spaltzugfestigkeit, $f_{ct,fl}$ = Biegezugfestigkeit, $f_{ct,ax}$ = zentrische Zugfestigkeit

	$f_{ct,sp}$	$f_{ct,fl}$	Quelle
$f_{ct,ax}$ =	0,75 bis 0,90	0,45 bis 0,55	[DAS4]
	0,89	0,53	[Wes1], [Heil1]
	0,90	–	DIN 1045-1
	$f_{ctm} = \alpha_{sp}\, f_{ctm,sp}$	$f_{ctm} = \alpha_{fl}\, f_{ctm,fl}$	Model Code 2010

der zentrischen Zugfestigkeit f_{ctm} und der Querschnittshöhe h ab. Die folgende Beziehung darf verwendet werden:

$$f_{ctm,fl} = (1{,}6 - h/1000) \cdot f_{ctm} \geq f_{ctm} \ [N/mm^2] \quad (5.3)$$

Dabei ist h die Gesamthöhe des Bauteils in mm.

Die Beziehung nach Gleichung (5.3) gilt auch für charakteristische Zugfestigkeiten, wie $f_{ctk;0,05}$ usw.

Im fib Model Code 2010 [fib1] wird von mittleren Festigkeitswerten ausgegangen. Die Beiwerte betragen in Ergänzung zu Tabelle 5.2:

$$\alpha_{sp} = 1{,}0 \quad (5.4)$$

$$\alpha_{fl} = \frac{0{,}06 \cdot h_b^{0,7}}{1 + 0{,}06 \cdot h_b^{0,7}} \quad (5.5)$$

h_b: Prüfkörper-Balkenhöhe [mm]

5.2.2 Beziehung zwischen Zugfestigkeit und Normdruckfestigkeit

Die Zusammensetzung des Betons wird in der Regel in Hinblick auf die zu erreichende Betonfestigkeit festgelegt. Durch Veränderung der Art der Gesteinskörnung kann noch der Forderung nach einer größeren Zugfestigkeit entsprochen werden. Wenn experimentell ermittelte Druckfestigkeitswerte vorhanden sind, können daraus Angaben zur wahrscheinlichen Zugfestigkeit abgeleitet werden. Die zu erwartenden Streuungen in den Festigkeitswerten sind anhand der obengenannten Fraktilwerte deutlich zu erkennen. Selbst zwischen Laborprüfkörpern aus einer Betonzusammensetzung treten Abweichungen auf, wenn ein übereinstimmender Hydratationsgrad vorhanden ist (Bild 5.2). Vergleichbare Differenzen werden auch festgestellt zwischen betrieblicher Prüfung und Laborprüfung oder zwischen verschiedenen Herstellern bei übereinstimmender Rezeptur [Heg1]. Die Auswertung von Bohrkernprüfungen an bestehenden Bauwerken in Bild 5.3 zeigt diesen Sachverhalt ebenfalls. Wenn die in den Regelwerken enthaltenen Beziehungen zwischen Druck- und Zugfestigkeit des Betons angewendet werden, ist davon auszugehen, dass die Kennwerte im Bauwerk dann wesentlich von der rechnerischen Vorhersage abweichen können.

Die Angaben in den Normen und anderen Regelwerken gehen auf frühere experimentelle Untersuchungen zurück, die vor allem von [Hei1] und [Rüs1] durchgeführt wurden. Die Zugfestigkeiten wurden dabei mit den Ergebnissen einfach durchführbarer Würfeldruckprüfungen zur Druckfestigkeit in Verbindung gebracht.

Danach besteht zwischen der zentrischen Zugfestigkeit $f_{ct,ax}$ und der **mittleren Würfeldruckfestigkeit** $f_{cm,cube}$ nach einer Erhärtung von 28 Tagen näherungsweise die Abhängigkeit

$$f_{ct,ax} = c \cdot (f_{cm,cube})^{2/3} \quad (5.6)$$

Die Beiwerte c für die 5 %- und 95 %-Fraktile sowie der Mittelwert sind in [Hei1] angegeben mit

c = 0,17 bzw. 0,29 (Mittelwert c = 0,24)

Grundlage ist die Würfeldruckfestigkeit $f_{c,cube,200}$ nach der damals gültigen Norm DIN 1045 einschließlich der Nachbehandlung der Prüfkörper mit einer Nasslagerung von 7 Tagen. Die Daten in Bild 5.4 resultierten aus eigenen Messwerten, die durch Versuchsergebnisse aus der Literatur ergänzt und dazu umgerechnet wurden. Werte für höherfeste Betone lagen damals nicht vor.

In [Rüs1] sind die Beiwerte für den Zusammenhang zwischen der Labor- und Nennzugfestigkeit unter Berücksichtigung der Überfestigkeiten angegeben, die sich üblicherweise bei der Vorgabe der Betonfestigkeitsklasse in der Praxis einstellt (Werte siehe [Ros2]).

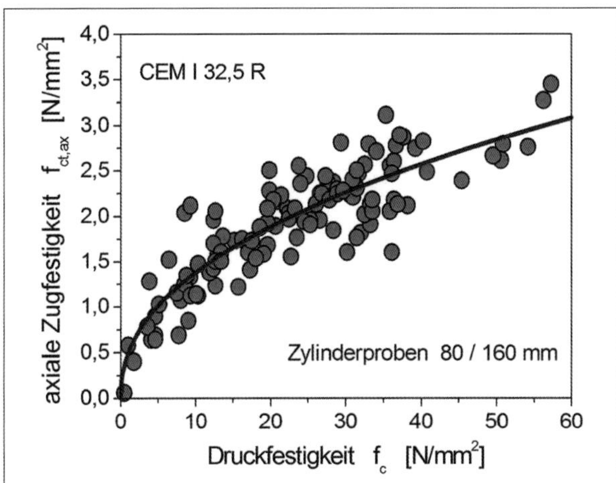

Bild 5.2: Beziehungen zwischen Zug- und Druckfestigkeit erhärtender Betonproben nach Versuchsergebnissen von [Gut1]; Basis ist der übereinstimmende Hydratationsgrad zu verschiedenen Zeitpunkten

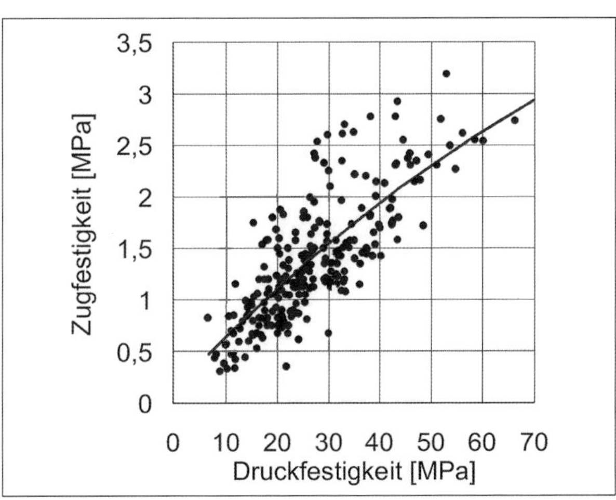

Bild 5.3: Korrelation von Zug- und Druckfestigkeit der Bohrkernproben aus bestehenden Wasserbauwerken [BAW3]

Nach DIN 1045-1:2001, DIN EN 1992-1-1 und Model Code 2010 ist übereinstimmend der Bezugswert die **Beton-Nennfestigkeit**. Für den mittleren Wert der Zugfestigkeit f_{ctm} gilt:

$$f_{ctm} = 0{,}30 \cdot (f_{ck})^{2/3} \quad (5.7)$$

Der Beiwert c ergibt aus dem Faktor zur Umrechnung der Würfel- in die Zylinderdruckfestigkeit sowie aus der Relation zwischen f_{cm} und f_{ck}, abgerundet als Mittelwert zu c = 0,30. Anzumerken ist, dass der Wechsel von der mittleren zur charakteristischen Druckfestigkeit und die einheitliche Standardabweichung für alle Betonfestigkeitsklassen eine differenzierte Handhabung des Faktors c verlangen würde. Vertretbar ist die Vorgehensweise, weil die Abschätzung der Zugfestigkeit mit nicht unerheblichen Ungenauigkeiten verbunden ist.

Dem Erfordernis entsprechend, dass auch Ober- und Untergrenzen der Zugfestigkeit benötigt werden, sind Rechenwerte der Betonzugfestigkeit für den Normenzeitpunkt der Festigkeitsprüfung (t = 28 d) festgelegt worden, die auf die Untersuchungen von [Hei1] zurückgehen:

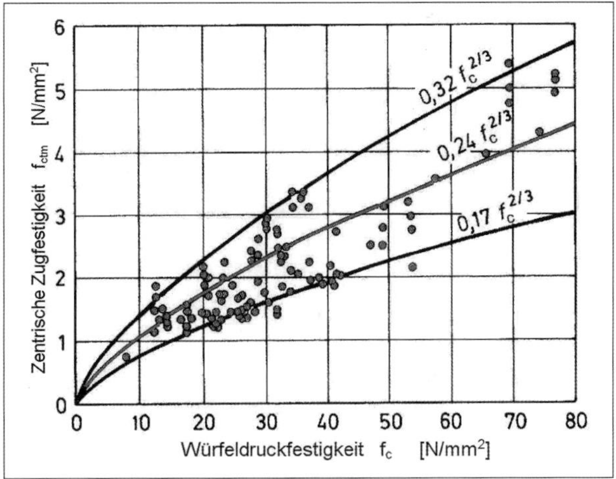

Bild 5.4: Ergebnisse der Überprüfung des Zusammenhangs zwischen Druck- und Zugfestigkeit des Betons durch [Hei1]

5 %-Quantilwert $f_{ctk;0,05} = 0{,}7\, f_{ctm}$
95 %-Quantilwert $f_{ctk;0,95} = 1{,}3\, f_{ctm}$

Vorlaufende Festlegungen, wie beispielsweise im Model Code 90, haben zwar eine etwas abweichende Formulierung, bringen aber praktisch gleiche Ergebnisse. Zu beachten ist, dass die mittlere Zugfestigkeit eine Streuung von ± 30 % aufweist.

Bei Betondruckfestigkeiten > C55/67 wird die Zugfestigkeit überschätzt, sodass eine Korrektur erforderlich ist. Nach [Rem1] ergibt sich die Beziehung, die in die [DN1] übernommen wurde:

$$f_{ctm} = 2{,}12 \cdot \ln[1 + (f_{cm}/10)] \qquad (5.8)$$

Aus verschiedenen Untersuchungen von [Byf1], [Gut1] und [Onk1] folgt, dass die Beziehung zwischen Betondruck- und zugfestigkeit nicht nur für die normgemäße Lagerung und Prüfung nach 28 Tagen angewendet werden kann, sondern auch unabhängig davon, ob es sich beispielsweise um einen Beton niedriger Festigkeitsklasse oder einen mit noch geringem Erhärtungsgrad handelt. Insofern gelten die Werte für f_{ctm} in DIN EN 1992-1-1 (Tabelle 5.1) auch für **den jungen Beton**. In [Wes1] ist angegeben, dass die Gleichung (5.6) prinzipiell auch auf die Ableitung der Spaltzug- und Biegezugfestigkeit aus der Druckfestigkeit angewendet werden kann. Die Streuungen der Festigkeitswerte werden beibehalten.

Für alle Vergleiche zwischen Zwangspannungen und Zugfestigkeit sowie zur Bemessung der Mindestbewehrung werden in der Regel die zur Festigkeitsklasse gehörenden maßgebenden Festigkeitswerte zugrunde gelegt. Tatsächlich liegen aber Überfestigkeiten vor, die zu berücksichtigen sind. Wenn dazu keine Angaben vorhanden sind, wird in [Ros6] empfohlen, einen Zuschlag in Höhe von 10 N/mm² anzusetzen.

5.2.3 Zugfestigkeit im Bauteil

Die im Bauteil vorhandene Zugfestigkeit weist gegenüber Laborprüfkörpern geringere und stärker streuende Festigkeitswerte auf, wie z.B. auch aus Bild 5.3 zu ersehen ist. Die Unterschiede sind auf die Betonierfolge, die Bauteilform und -abmessungen, die Intensität der Verdichtung und andere Faktoren zurückzuführen.

Einfluss des Betoneinbaus, der Betonierfolge und der Verdichtung

Die Verdichtung und die Betonierfolge führen dazu, dass in vertikaler Betonierrichtung die Zugfestigkeit sehr stark vermindert wird. Als Erklärung können wasserreiche und damit poröse Zementsteinschichten unter den groben Gesteinskörnungen gelten, die beim Einbau und nach dem Verdichten auftreten. Bei Wänden und Sohlplatten entwickelt sich die Zwangspannung in der Regel rechtwinklig zur Betonierrichtung, sodass bei dieser Beanspruchung geringere Zugfestigkeiten auszuschließen wären.

In Auswertung von Versuchen wird vorgeschlagen, den Einfluss der Verdichtung durch einen Abminderungsfaktor in Höhe von 0,85 [Onk1] bzw. 0,90 [Ros5] zu berücksichtigen. In [BAW1] wird für dicke Bauteile
$k_v = 0{,}90$
angesetzt.

Auswirkung von Eigen- und Gefügespannungen

Weiterhin ist die nutzbare Zugfestigkeit im Bauteil durch die im jungen Alter hervorgerufene Mikrorissbildung, hauptsächlich in den oberflächennahen Schichten, herabgesetzt (Temperaturdifferenzen, Schwinden).

Die Angaben über den Einfluss der Mikrorissbildung streuen nicht unerheblich. Vorgeschlagene Abminderungsfaktoren liegen zwischen

$k_E = 0{,}75$ [Bam1] und
$k_E = 0{,}60$ für Bauteile mit einer Dicke $h > 0{,}80$ m [BAW1].

Normgemäß [DIN EN 1992-1-1] ist ebenfalls ein Minderungsfaktor k zur Berücksichtigung der nichtlinear verteilten Eigenspannungen in Abhängigkeit von der Bauteildicke vorgeschrieben. Dieser führt zum Abbau von Zwang und ist bei der Rissbreitenberechnung anzusetzen. Normgemäß sollen damit auch weitere risskraftreduzierende Einflüsse abgegolten sein:

$k = 1{,}00$ für Stege und Gurtbreiten mit $h \leq 300$ mm
$k = 0{,}65$ für Stege und Gurtbreiten mit $h \geq 800$ mm
(Zwischenwerte durch lineare Interpolation)

Inwieweit die Abminderung tatsächlich berechtigt ist, hängt jedoch von der Temperaturverteilung und den dadurch hervorgerufenen Eigenspannungen ab. Wenn durch Nachbehandlungsmaßnahmen wie z.B. dämmende Abdeckungen Rissbildungen an der Bauteiloberfläche verhindert werden, ist ein Faktor der Festigkeitsminderung unberechtigt. Eine darauf zurückzuführende Unterschätzung der vorhandenen Zugfestigkeit ist nachgewiesen worden (siehe dazu auch Kapitel 10.4.4).

Die sich im Bauteil frühzeitig entwickelnden Spannungen und Rissbildungen an der Oberfläche durch **frühzeitiges Austrocknen** wirken sich ebenfalls aus. Angaben dazu liegen nicht vor, eine Abschätzung könnte lediglich über die bekannten Verläufe der Festigkeitsentwicklung in Abhängigkeit von der Umgebungsfeuchte vorgenommen werden.

Wirkung von Zwangspannungen während der Erhärtung

Wenn Probekörper unter einer Beanspruchung erhärten, werden die im Labor ermittelten Festigkeitswerte verändert. Nach den wenigen vorhandenen Informationen ist anzunehmen, dass diese Tendenz auch bei einer Erhärtung im Bauteil vorhanden ist. Bei Druckbeanspruchung während der Erhärtung werden nachweislich höhere Festigkeitswerte für die Druck-, Zug- und Biegezugfestigkeit erhalten. Bei Zugbeanspruchung fallen die Ergebnisse entgegengesetzt aus. Denkbar wäre, mithilfe einer geeigneten thermischen Vorspannung, eine Erhöhung der Sicherheit gegen Frühribildung zu erreichen. Dazu müssten die Bauteile an der Außenfläche deutlich erwärmt werden. Gegenwärtig ist weder eine vorteilhafte noch eine nachteilige Wirkung der Beanspruchung während der Erhärtung in Ansatz zu bringen. Versuche zur thermischen Vorspannung werden in [Bec2] an einem Beispiel erläutert.

Auswirkung einer Dauerbeanspruchung

Die üblicherweise angegebenen Zugfestigkeiten gelten für eine Kurzzeitbelastung. Eine langandauernde Zwangbeanspruchung wirkt sich nachteilig auf die wirksame Betonzugfestigkeit aus; der quantitative Nachweis ist in [Onk1] zu finden, die Reduzierung wird mit etwa 15 % angegeben. Nach sieben Tagen konstanter Last soll die Zugfestigkeit sogar bis auf etwa 70 % vermindert sein [Grü1].

Der sich langsam aufbauende Zwang bis zur Bruchdehnung wird bei dickeren Bauteilen durch einen Abminderungsfaktor $k_D = 0{,}85$ berücksichtigt [BAW1]. Aus anderen Quellen (siehe [Bam1]) resultiert ein Abminderungsfaktor 0,75 bis 0,81. Noch offen ist, ob die gemeinsame Wirkung von Dauerzwang und Eigenspannungen zu einer größeren Schädigung führen könnte [Onk1].

Bei der Ermittlung der rissbreitenbeschränkenden Bewehrung wird der Einfluss der Dauerbeanspruchung normgemäß berücksichtigt (Kapitel 10.4.6).

5.2.4 Zeitabhängige Entwicklung der Zugfestigkeit

Im Vergleich zur Druckfestigkeit ist in der Frühphase der Erhärtung bei übereinstimmendem Volumen neu gebildeter Hydrate eine größere Zugfestigkeit vorhanden. Daraus resultiert, dass die Entwicklung der Zugfestigkeit zunächst schneller verläuft und der Endwert eher erreicht wird, als bei der Druckfestigkeit. Bei höheren Festigkeitsklassen folgt die Zugfestigkeit immer weniger der Druckfestigkeit und läuft schließlich asymptotisch aus.

Die zeitabhängige Zugfestigkeit ist nur in relativ geringem Umfang untersucht worden. Da keine speziellen Altersfunktionen für die Zugfestigkeit vorhanden sind, werden die bekannten Verläufe für die Druckfestigkeit herangezogen und Angaben für die Zugfestigkeit zu bestimmten Zeitpunkten abgeleitet (z.B. in DIN 1045-1 als k_{zt}-Werte). Die Vorgehensweise geht davon aus, dass die Beziehungen zwischen Druck- und Zugfestigkeit unabhängig von der Festigkeitsklasse und dem Erhärtungsgrad gelten. Die Werte für f_{ctm} in DIN EN 1992-1-1 (Tabelle 5.1) sind damit auch für den erhärtenden Beton anwendbar und folgen damit der Entwicklung der Druckfestigkeit. Der Verlauf kann demnach ebenfalls durch eine sogenannte Entwicklungsfunktion beschrieben werden, wie beispielsweise Gleichung (4.3).

Die zeitliche Entwicklung der Zugfestigkeit hängt von den Eigenschaften des Zements (Zusammensetzung des Klinkers, Mahlfeinheit, sonstige Hauptbestandteile des Zements) und von der Temperatur während der Erhärtung ab. Die Feuchte im Beton entscheidet, ob die Hydratation ungestört verläuft oder nachteilig beeinflusst wird. Der Wasserzementwert beeinflusst zwar die Feuchteverhältnisse, aber relativ geringfügig die Geschwindigkeit der Reaktion. Trocknet der Beton vorzeitig aus, findet keine normgemäße Festigkeitsentwicklung statt. Die Bauteilgröße ist von Bedeutung, weil davon die Temperatur- und Feuchtebedingungen abhängen.

Wenn die zeitabhängige Entwicklung der Festigkeit für die Bauaufgabe von Bedeutung ist, wird in DIN EN 1992-1-1 empfohlen, dass zusätzliche Prüfungen unter Berücksichtigung der Umgebungsbedingungen und der Bauteilgröße durchgeführt werden.

Normgemäße Beschreibung der Festigkeitsentwicklung

Wenn keine genaueren Werte vorliegen, darf die zeitliche Zugfestigkeit $f_{ctm}(t)$ normgemäß wie folgt angenommen werden:

$$f_{ctm}(t) = [\beta_{cc}(t_{eff})]^{\alpha} \cdot f_{ctm}(28) \tag{5.9}$$

Der Beiwert β_{cc} ist für die Druck- und Zugfestigkeitsentwicklung übereinstimmend und beträgt:

$$\beta_{cc}(t) = \exp\left[s \cdot \left(1 - \sqrt{28/t_{eff}}\right)\right] \tag{5.10}$$

t_{eff}: wirksames Alter des Betons [d]

Das wirksame Alter t_{eff} wird über eine sogenannte Reife-Funktion ermittelt, mit der der Einfluss der Temperatur auf die Erhärtung und Festigkeitsentwicklung berücksichtigt werden kann (Kapitel 4.2).

Für den Exponenten α ist einzusetzen:

$\alpha = 1$ für $t < 28$ Tage
$\alpha = 2/3$ für $t \geq 28$ Tage

In [Ros1] wird für den Exponenten α ein Streubereich zwischen 0,55 und 0,67 angegeben. Im Model Code 90 und im MC 2010 ist keine gesonderte Beziehung für die zeitliche Entwicklung der Zugfestigkeit angegeben, der Exponent beträgt für den gesamten Erhärtungszeitraum $\alpha = 2/3$. Der tatsächlichen frühen Zugfestigkeitsentwicklung wird mit dem Faktor $\alpha = 1$ nicht entsprochen, sodass zu geringe Risslasten zugrunde gelegt werden.

Variable s im Beiwert β_{cc}

Die Variable s ist in der Norm lediglich für die drei unterschiedlichen Zementtypen bzw. -klassen S, N und R angegeben (siehe Tabelle 5.3). Die Werte sind mit denen für die Druckfestigkeit identisch. Der sich daraus resultierende Verlauf für die Entwicklung der relativen Zugfestigkeit (Faktor β_{cc}) eines Betons C30/37 aus diesen Zementen ist in Bild 5.5 dargestellt.

Aus Vergleichen mit verschiedenen Zementsorten folgt, dass zum Teil erhebliche Abweichungen zwischen den Messwerten und der mathematischen Beschreibung nach der Norm auftreten. Vor allem bei Zementen mit einem größeren Anteil an Zumahlstoffen hat sich der Beiwert s als nicht zutreffend herausgestellt. Die Festigkeitsentwicklung verläuft langsamer. Die Differenzen bei den Zementen CEM III/A und CEM III/B sind dabei im gesamten Erhärtungszeitraum festzustellen. Ein Beispiel zeigt Bild 5.6. Die Überschreitung beträgt nach drei Tagen Erhärtung 40 % und nach sieben Tagen noch 25 %. Bei Portlandzementen der Klassen R und N treten die Abweichungen im Wesentlichen in der Frühphase der Erhärtung bis zu drei Tagen auf (Bild 5.7). Wenn der Erhärtungszeitraum bis zu 28 Tage betrachtet wird, würden die Messwerte nur erfasst, wenn der Beiwert s als nicht konstant angesehen wird. Bei sehr fein aufgemahlenem Klinkeranteil dagegen verläuft die Festigkeitsentwicklung auch schneller, als der Beiwert s nach Norm angibt. In Tabelle 5.3 sind weitere Angaben zum Beiwert s für verschiedene Zementsorten zusammengestellt.

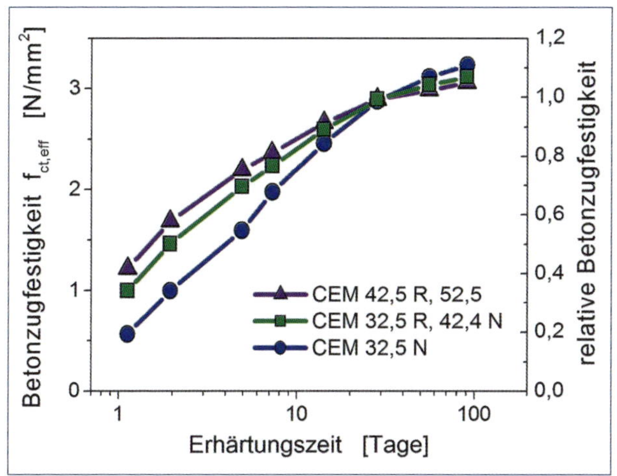

Bild 5.5: Zeitabhängige Entwicklung der Betonzugfestigkeit nach den normativen Annahmen für den Faktor s

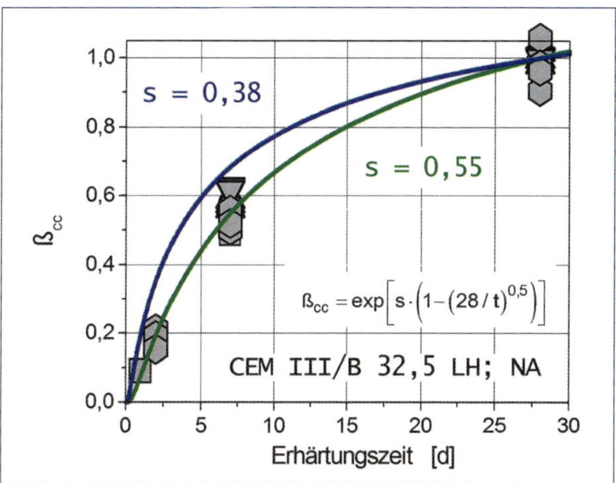

Bild 5.6: Festigkeitsentwicklung eines langsam erhärtenden Zements nach Normprüfung in acht Unternehmen und Regression im Vergleich mit dem Verlauf nach DIN EN 1992-1-1; die Parameter betragen nach Norm s = 0,38 und anhand der Prüfergebnisse s = 0,55

Alternative Formulierung der Festigkeitsentwicklung

Wenn die Festigkeitsentwicklung zuverlässig benötigt wird, sind zutreffende Werte nur durch entsprechende Eignungsuntersuchungen zu erhalten. Mit den Ergebnissen kann eine Verbesserung der s-Werte vorgenommen werden, wie in Bild 5.6 angegeben.

Eine andere Beschreibung des Festigkeitsverlaufs ist mit Gleichung (4.3) möglich, wie aus Bild 5.7 ersichtlich. Der Verlauf wird dabei immer im Bereich vorhandener Messergebnise über eine Regression angepasst. Eine vergleichbare Funktion wurde von [Web1] mit

Tabelle 5.3: Angaben für den Beiwert s in Gleichung (5.10)

	CEM 32,5 N (Klasse S)	CEM 32,5 R, CEM 42,5 N (Klasse N)	CEM 42,5 R, CEM 52,5 (Klasse R)
Nach MC 90 DIN EN 1992-1-1	0,38	0,25	0,20
	CEM III/B 32,5 NW (Betone C 40/50)	**CEM I 42,5 R (Betone C 40/50)**	**CEM I 52,5 (Betone C 60/70)**
Nach [Ros1]	0,28 – 0,45	0,20 – 0,23	0,17 – 0,22
	CEM II/B 32,5 CEMII/A – 32,5 CEM II/B 32,5	**CEM I 32,5 R CEM I 42,5 R CEM III/A 42,5**	**CEM I 52,5**
Eigene Daten	0,30 – 0,40 / 0,55 / 0,60	0,25 – 0,30 / 0,20 – 0,25 / 0,40	0,12 – 0,15

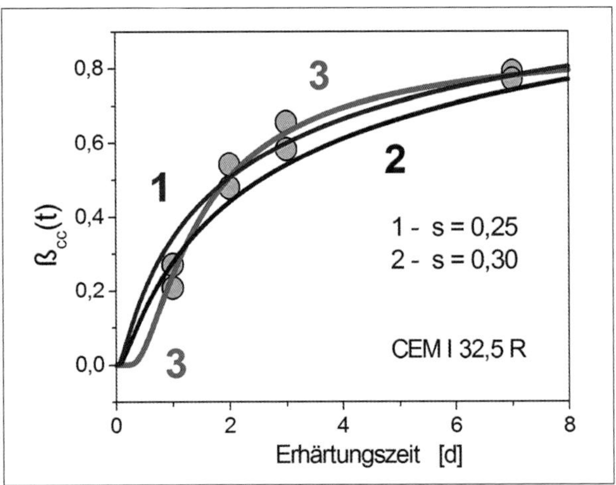

Bild 5.7: Relative Festigkeitsentwicklung für einen Beton aus CEM I 32,5 R nach Gleichung (5.9) mit s = 0,25 und s = 0,30 sowie nach Gleichung (4.3a), Kurve 3

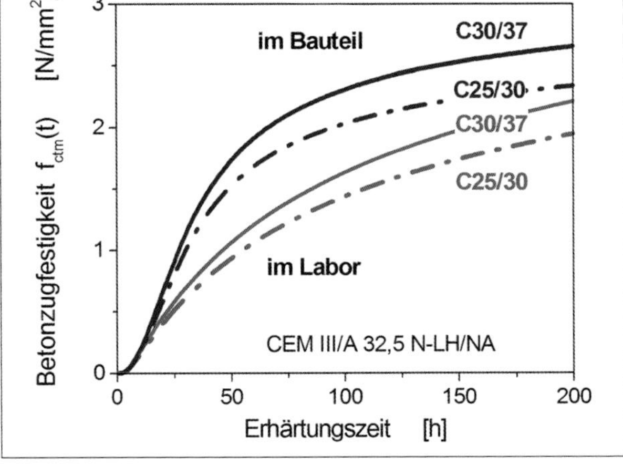

Bild 5.8: Vergleich der Festigkeitsentwicklung in Abhängigkeit von der Erhärtungstemperatur im Labor und im Bauteil (Bauteildicke h = 0,60 m, Anwendung der Reife-Beziehung)

konstantem Exponenten C vorgeschlagen, in einer erweiterten Form von [Jon1].

Für die **Festigkeit nach 28 Tagen** kann die Nacherhärtungsreserve für schnell erhärtende Zemente mit 5–10 %, für die Zementklassen 32,5 R/42,5 N mit 10–20 % und für langsam reagierende Zemente mit 15–30 % angenommen werden; Voraussetzung ist, dass durch die Umgebungsbedingungen (z.B. Nachbehandlung) eine Hydratation sichergestellt ist.

Temperaturbeeinflusste Festigkeitsentwicklung im Bauteil

Der Einfluss der Temperatur auf die Festigkeitsentwicklung wird durch die wirksame Erhärtungszeit t_{eff} nach Gleichung (5.10) berücksichtigt. Der Zeitablauf wird dazu mit der sogenannten Reifefunktion modifiziert (Kapitel 4.2.2). Ein Beispiel für die Anwendung der Reife-Methode ist in Bild 5.8 angegeben. Die Differenz zwischen Labor und Bauteil entsteht nur durch die Zementeigenschaften, unabhängig von der daraus hergestellten Betonqualität. In Bild 5.9 ist die Entwicklung eines Betons aus einem langsam erhärtenden Zement unter der Einwirkung der Bauteiltemperatur im Vergleich zu der Entwicklung unter Laborbedingungen dargestellt. Die höchste Temperatur im Bauteil herrscht etwa zur größten zeitlichen Festigkeitsentwicklung und ist deshalb besonders intensiv. Auch sehr langsam hydratisierende Zemente werden dadurch deutlich beschleunigt. Weitere Beispiele für die Auswirkung des Temperatureinflusses auf die Festigkeitsentwicklung sind in [Röh3] und [Röh6] angegeben. Die bei Rissbildung im jungen Beton vorhandene Zugfestigkeit, die die Eingangsgröße zur Bemessung der Mindestbewehrung bildet, ist ohne Berücksichtigung der Erhärtungsbedingungen im Bauteil relativ wertlos.

5.2.5 Wirkung der Temperatur auf die Zugfestigkeit

Von der Normtemperatur 20 °C abweichende Temperaturen während der Erhärtung haben Einfluss auf die zu erwartende Endfestigkeit und auch die zeitabhängigen Festigkeitswerte. Nach dem MC 90 können die Wirkungen veränderter Temperaturen auf die

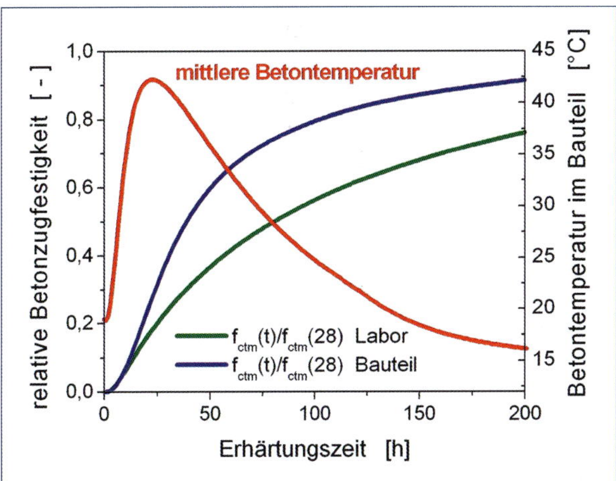

Bild 5.9: Entwicklung der relativen Zugfestigkeit im Labor bei 20 °C im geschalten Bauteil (Beton C30/37, CEM III/A N-LH/NA)

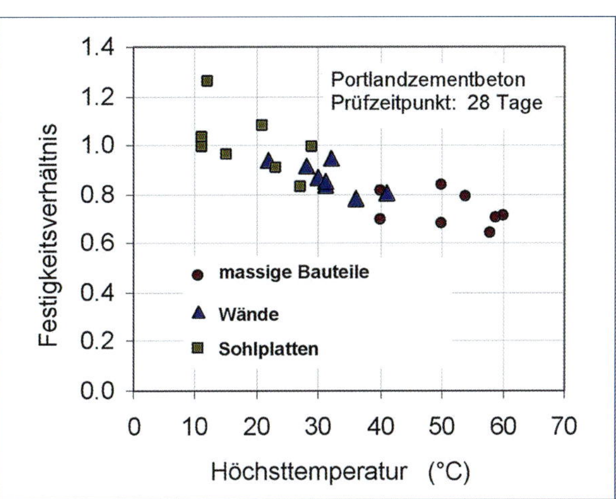

Bild 5.10: Auswirkung der Höchsttemperatur im Bauteil auf das Festigkeitsverhältnis der Prüfkörper nach 28 Tagen Erhärtungszeit (Bohrkern/Würfel); Beton mit Portlandzement (nach [BCS1])

axiale Zugfestigkeit nach Gleichung (5.11) berücksichtigt werden:

$$k_T = f_{ctm}(T)/f_{ctm} = (1{,}06 - 0{,}003) \cdot T \qquad (5.11)$$

Wenn beispielsweise die Betontemperatur im Bauteil auf 40 °C ansteigt, würde nach Gleichung (5.11) die Festigkeit eines Betons von 35 N/mm² auf etwa 94 % vermindert werden.

Andere Versuchsergebnisse deuten auf einen größeren Temperatureinfluss hin (z.B. [Jon2]). Die Auswirkungen der Erhärtungstemperatur auf die Druckfestigkeit sind beispielhaft in Bild 5.10 dargestellt. Für das vorgenannte Beispiel würde sich daraus eine Abminderung der Zugfestigkeit auf 90 % ergeben.

Gegenwärtig wird der Temperatureinfluss nicht einbezogen. Wie die Auswertung der Versuche von [Emb1] und [Hin1] zeigt, wäre jedoch eine Berücksichtigung der temperaturbedingten Festigkeitsminderung bei Einsatz von Portlandzement unumgänglich. Nach verschiedenen Hinweisen kann bei Verwendung von Flugasche (ab einem Gehalt von 25 %) und LH-Zementen darauf verzichtet werden.

5.2.6 Wirksame Zugfestigkeit und Mindestbewehrung

Grundlage des Nachweises der Mindestbewehrung und der Einhaltung der Rissbreiten ist der zum Zeitpunkt der Rissbildung vorhandene Mittelwert der wirksamen Betonzugfestigkeit $f_{ct,eff}$. Je größer diese Zugfestigkeit und die daraus resultierende Zugkraft im Betonquerschnitt sind, desto umfänglicher muss die zur Aufnahme der Kräfte zur Verfügung stehende Bewehrungsstahlfläche sein (Kapitel 10.4.2 und 10.4.3). Unzutreffende Einschätzungen der Betonzugfestigkeit zum Risszeitpunkt wirken sich zwangsläufig auf die sich einstellende Rissbreite aus. Insofern sollte auf die Reduzierung der frühen Festigkeit im Zeitraum bis zu 28 Tagen durch den Faktor $\alpha = 1$ verzichtet und die schnellere Entwicklung der Zugfestigkeit berücksichtigt, d.h. $\alpha = 2/3$ angenommen werden; siehe Gleichung (5.9).

Der Risszeitpunkt ist besonders schwierig zu beurteilen, da nicht nur die Entwicklung der Eigenschaften des Betons bekannt sein muss, sondern auch die Zwangdehnungen in Abhängigkeit von der konstruktiv bestimmten Behinderung, den Umgebungsbedingungen und der Betonzusammensetzung mit deren Auswirkungen auf die Hydratationswärme und das autogene Schwinden. Bei frühem Zwang wird von einem kritischen Zeitpunkt innerhalb der ersten drei bis fünf Tage ausgegangen, der bei Bauteilen im Hochbau geringerer Dicke in vielen Fällen als zutreffend angesehen werden kann. Unter Laborbedingungen beträgt die Zugfestigkeit eines Betons aus CEM I 32,5 R nach drei Tagen bereits 60 % des 28 Tage-Wertes, nach fünf Tagen über 70 %. Im Bauteil liegt die Zugfestigkeit aufgrund der Einwirkung der Temperatur noch darüber. Die Handhabung von Mindestwerten bei frühem Zwang ist international unterschiedlich. In [Bam1] wird für frühen Zwang von der Zugfestigkeit nach dreitägiger Erhärtung ausgegangen und anhand einer probabilistischen Analyse mit Berücksichtigung von Abminderungsfaktoren, Streuungen im frühen Alter und Überschreitungen im Bauteil ein Wert abgeleitet, der $f_{ct,eff} = 0{,}6\ f_{ctm}(28)$ entspricht. Bei spätem Zwang gilt $f_{ct,eff} = f_{ctm}(28)$.

Bei der Verwendung von LP-Beton zur Sicherstellung der Expositionsklasse XD3 ist eine Herabsetzung der nachzuweisenden Festigkeitsklasse zulässig. Beispielsweise ist für einen Beton der Festigkeitsklasse C35/45 ausreichend, die Druckfestigkeit für einen C30/37 (LP) einzuhalten. Daraus könnte die Schlussfolgerung gezogen werden, dass durch den Einsatz eines LP-Betons die Mindestbewehrung vermindert werden könnte. In [Mei4] wird diese Vorgehensweise als Trugschluss angesehen mit der Argumentation, dass der Beton tatsächlich noch der höheren Festigkeitsklasse entspricht. Das Zementsteingefüge hat zwar noch die übereinstimmende Struktur, der Beton wird durch die Luftporen jedoch in der Festigkeit vermindert. Inwieweit eine Reduzierung der Mindestbewehrung bei LP-Beton vorgenommen wurde, ist nicht bekannt.

Die Festlegung der Eingangsgröße $f_{ct,eff}(t)$ für die Ermittlung der Mindestbewehrung bedeutet auch eine Abwägung. Auf der einen Seite führt eine hohe Zugfestigkeit zu einem großen Bewehrungsbedarf, der Probleme beim Einbau und Verdichten des Frischbetons mit sich bringen und die Kosten für die Konstruktion ungünstig beeinflussen kann. Andererseits ergibt der Ansatz einer niedrigeren Risszugkraft ein erhöhtes Risiko, dass rechnerisch breitere Risse auftreten, als nach der Vorgabe zulässig. Die Entscheidung wird erleichtert, wenn die Tatsache berücksichtigt wird, dass es sich bei allen Parametern um Rechenwerte handelt, die lediglich dazu dienen, eine ausreichende Mindestbewehrung bei Zwangbeanspruchungen festzulegen. Die Streuungen in den Festigkeitseigenschaften, den Beanspruchungen und den Berechnungsmodellen lassen eine genaue Ermittlung gar nicht zu. Wie an anderer Stelle erwähnt, können die Rechenwerte der Rissbreite am Bauteil nicht übereinstimmend erwartet werden.

Wenn die tatsächliche und zeitabhängige Entwicklung der Zugfestigkeit von Bedeutung ist, wird in DIN EN 1992-1-1 und im Model Code 2010 empfohlen, dass zusätzliche Prüfungen unter Berücksichtigung der Umgebungsbedingungen und der Bauteilgröße durchgeführt werden.

5.2.7 Festigkeitseigenschaften in Abhängigkeit vom Hydratationsgrad

Seit Langem ist bekannt, dass zwischen der freigesetzten Hydratationswärme und den Festigkeitseigenschaften des Zementsteins und Betons ein Zusammenhang besteht (z.B. Bild 4.3). Zur Beschreibung existieren heute leistungsfähige Modelle, die theoretisch begründet sind und Anwendungsreife besitzen (vgl. [Bre4], [Lau1], [Ros1], [Ros6]). Auf dieser Grundlage wird eine durchgehende rechentechnische Ermittlung der Entwicklung der Temperaturen und der betontechnischen Eigenschaften im Bauteil sowie der Zwangspannungen und der Rissgefahr ermöglicht.

Nach [Lau1] und [Ros9] kann die Abhängigkeit zwischen Hydratationsgrad und den Festigkeitskenngrößen X_{ci} mit einem allgemeingültigen Werkstoffansatz vereinfachend, aber hinreichend genau, beschrieben werden. Dabei drückt sich die jeweilige

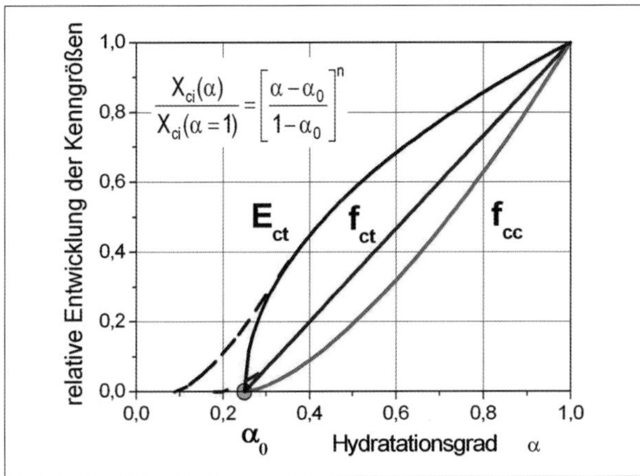

Bild 5.11: Relative Entwicklung der Festigkeitskenngrößen f_{cc}, f_{ct} und E_{ct} in Abhängigkeit vom Hydratationsgrad nach Gleichung (5.12)

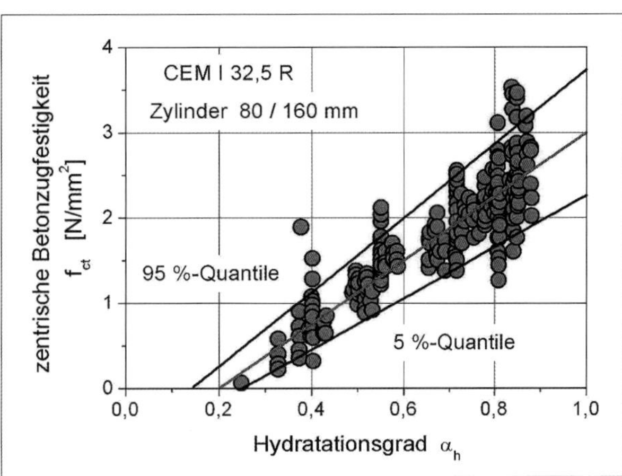

Bild 5.12: Beziehung zwischen dem Hydratationsgrad und der zentrischen Zugfestigkeit; Ermittlung an Zylindern 80/160 mm nach [Gut1]

Abhängigkeit nur im Exponenten n aus, während HG_0 der Hydratationsgrad ist, an dem die (messbare) Entwicklung der Eigenschaften X_{ci} beginnt:

$$\frac{X_{ci}(HG)}{X_{ci}(HG=1)} = \left[\frac{HG - HG_0}{1 - HG_0}\right]^n \qquad (5.12)$$

Die Relationen der Festigkeitskenngrößen untereinander ähneln dem Verlauf in Bild 5.1.

Durch den Grenzwert HG_0 soll der Tatsache Rechnung getragen werden, dass sich alle Festigkeitsgrößen erst dann entwickeln, wenn eine Mindestmenge an hydratisiertem Gefüge gebildet worden ist, das den Anmachwasserraum überspannt und das Zuschlaggerüst verbindet. Der Beginn der messbaren Festigkeitsentwicklung hängt vom Wasserzementwert sowie vom C_3S-Gehalt des Klinkers, der Aufmahlung des Zements und der Temperatur ab. Als Anhalt kann in Gleichung (5.12) $HG_0 = 0{,}35$ und $w/z = 0{,}40 \cdot w/z$ gesetzt werden.

Die Vereinfachungen und der Widerspruch zur Realität am Anfang und am Ende der Festigkeitsentwicklung sind für den praktischen Gebrauch im Allgemeinen ohne große Bedeutung. Wenn es auf die anfängliche Festigkeit ankommt, muss eine genauere Erfassung der Beziehungen vorgenommen werden, wie z.B. in Bild 5.11 angegeben.

Die Formulierung der hydratationsgradabhängigen Eigenschaften ist an eine experimentell abgesicherte Korrelation gebunden. Trotz einer Vielzahl erfolgreicher Anwendungsbeispiele sind die noch vorhandenen Schwierigkeiten und Unsicherheiten nicht zu verkennen.

5.3 Einschätzung des Zustands der Festigkeitsbildung im erhärtenden Bauteil

Der Arbeitsablauf im Betonbau wie die Festlegung der Ausschalzeitpunkte, das Aufbringen von Bauzeitenbelastungen oder die notwendige Dauer der Nachbehandlung wird in vielen Fällen durch die Entwicklung der Eigenschaften des Betons in der Frühphase der Erhärtung bestimmt. Die Kenntnis des Festigkeitszustands kann aber auch wichtig sein, um die Gefahr der Rissbildung infolge der Herausbildung von Zwangspannungen im jungen Alter beurteilen zu können.

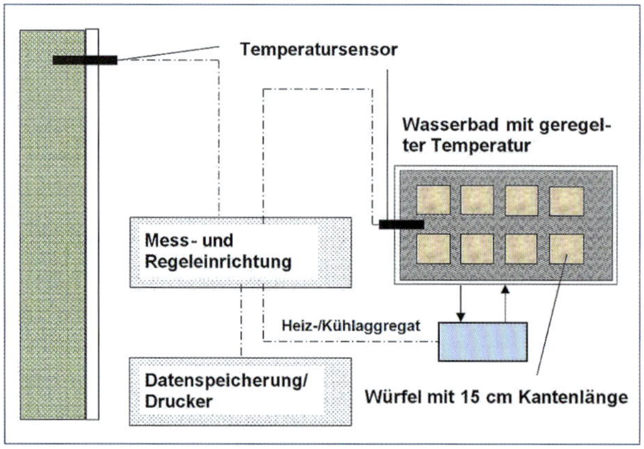

Bild 5.13: Schematische Darstellung einer Anlage zur temperaturgesteuerten Erhärtung von Prüfkörpern (TEP-Anlage)

Bild 5.14: Einsatz der Klimatruhe auf der Baustelle; Ansteuerung durch die Bauteiltemperatur [Eng]

Zur Beurteilung der Festigkeit des erhärtenden Betons können verschiedene Methoden eingesetzt werden, die aber alle Vor- und Nachteile besitzen. Die Oberflächenprüfung mit dem Schmidthammer ist bei geringen Festigkeiten ungenau, kann bei geschalten Flächen nicht angewandt werden und erfasst nicht die Festigkeitsentwicklung im Kern des Bauteils. Die Lagerung von Würfelprüfkörpern neben oder auf dem Bauteil entspricht nicht den Erhärtungsbedingungen im Bauteil und ergibt mit zunehmender Bauteildicke immer stärker abweichende Festigkeitswerte; die zu einem bestimmten Zeitpunkt vorliegenden Festigkeiten werden beträchtlich unterschätzt. Die Steuerung der Lagerungs- und damit Erhärtungstemperatur von Probewürfeln in einer sogenannten Thermo- oder Klimatruhe entsprechend der im Bauteil gemessenen Temperaturdaten sichert identische Erhärtungsbedingungen (Bild 5.13 und Bild 5.14) und verlangt keine Vorkenntnis der Festigkeitsentwicklung des verwendeten Betons, ist aber auf relativ wenige Prüfkörper beschränkt.

Da ein Zeitpunkt zur Feststellung der Festigkeit in der Regel nicht vorbestimmt werden kann, ist eine kontinuierliche Verfolgung der Kenngröße oder zumindest eine zeitlich gestaffelte Prüfung wünschenswert. Bei der sogenannten Reife-Methode oder Methode des äquivalenten Alters wird eine rechnerische Verknüpfung der laufend gemessenen Bauteiltemperatur mit der unter Normbedingungen ermittelten Festigkeitsentwicklung vorgenommen und ermöglicht eine Prognose der zu einem bestimmten Zeitpunkt vorhandenen Erhärtungsdruckfestigkeit (Kapitel 4.2). Eine Voraussetzung für die bautechnische Anwendung ist ein eindeutiger Zusammenhang zwischen der Erhärtungstemperatur und der zeitlichen Entwicklung der Eigenschaften. Eine weitere Bedingung ist der zeitliche Verlauf der Festigkeitsentwicklung des jeweiligen Betons unter Normbedingungen, der bekannt ist

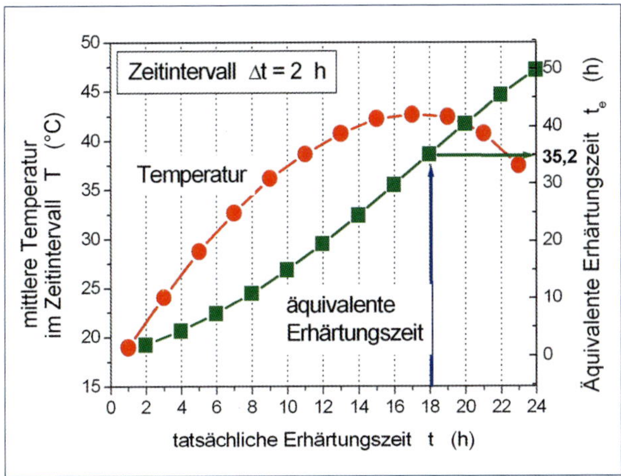

Bild 5.15: Temperaturverlauf und Berechnung der äquivalenten Erhärtungszeit nach Gleichung (4.23) mit $E_A / R = 4\,030$ K.

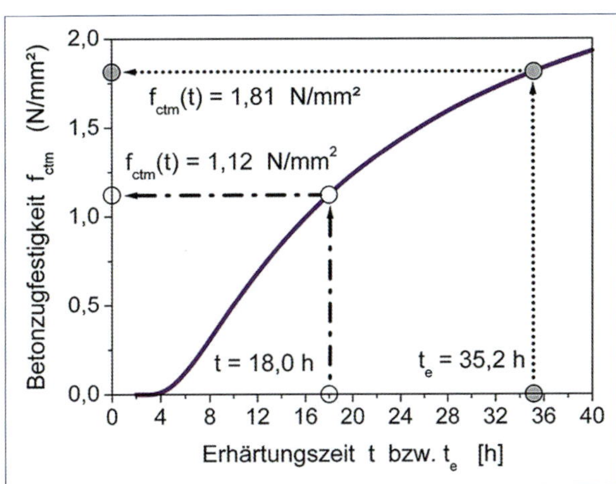

Bild 5.16: Ableitung der aktuell vorhandenen Zugfestigkeit nach einer Erhärtungszeit von t = 18 h aus der Referenzkurve der Festigkeitsentwicklung

oder durch Vorermittlungen festgestellt werden muss. Wenn die Festigkeitsentwicklung einer bestimmten Betonzusammensetzung bekannt ist, kann über die temperaturkorrigierte Erhärtungszeit der erreichte Zustand der Festigkeitsentwicklung abgeschätzt werden.

Durch vergleichende Untersuchungen ist nachgewiesen, dass die Festigkeitswerte an Probekörpern in der Thermotruhe mit den prognostizierten Werten nach der Reife-Methode übereinstimmen. Die Reife-Methode hat sich bei einer Vielzahl von Baustellen bewährt.

Die äquivalente Erhärtungszeit kann bei einfachen Bauaufgaben tabellarisch von Hand abgeschätzt oder bei mehreren Messstellen und elektronischer Erfassung der Temperatur mithilfe von Computern berechnet werden. Ein Beispiel für die schrittweise Berechnung ist in Bild 5.15 und Bild 5.16 dargestellt.

Zur laufenden Verfolgung der Erhärtung des Betons im Bauteil und zur Simulation der Auswirkungen verschiedener Erhärtungsbedingungen werden Computer, auch sogenannte Reife-Computer oder Maturity-Meter, eingesetzt, die mit den Reife-Funktionen programmiert sind. Die Temperatur des Bauteils wird über einbetonierte Thermoelemente oder wiederverwendbare Temperaturfühler festgestellt (Bild 5.17) und rechnerintern verarbeitet (Bild 5.18). Die Berechnungsergebnisse sind ablesbar oder werden per Funk übermittelt; bei Erreichen eines bestimmten Temperatur- und Festigkeitswerts kann auch ein Signal ausgelöst werden.

Der Vorteil ist augenscheinlich, wenn die Differenzen, die bei der Erhärtungsprüfung unterschiedlich gelagerter Prüfkörper auftreten und die Zeitdauer bis zum Vorliegen der Ergebnisse bedacht werden. Eine Korrektur der Messwerte ist erforderlich, um den Einfluss der Temperaturhöhe auf die Festigkeit zu berücksichtigen.

Die mit Reife-Messgeräten erzielbare Genauigkeit wird mit einer Streuung von 5 % bis zu maximal 10 % angegeben.

Ein Anwendungsbeispiel ist in Bild 5.19 dargestellt. Durch die kontinuierliche Beobachtung der Festigkeitsentwicklung, im Bild nur für eine Messstelle dargestellt, konnten die Nachbehandlungsdauer und der Ausschaltermin problemlos eingehalten werden.

Bild 5.17: Einbau der Messfühler in die Schalung und Befestigung an der Bewehrung (Bildquelle: [Eng])

Bild 5.18: Betonrechner BR 2000 [IEB]

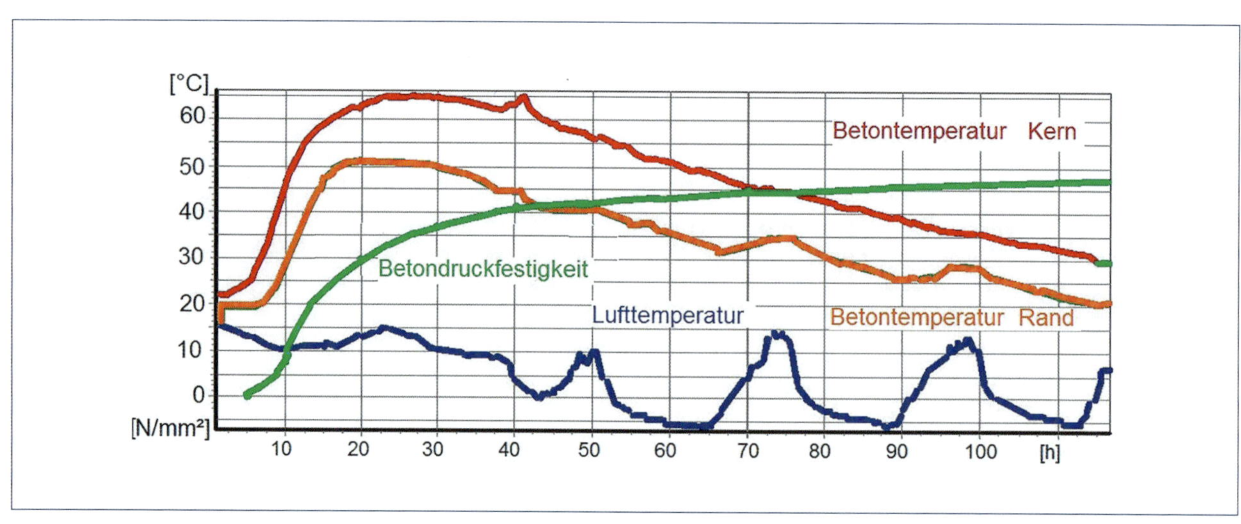

Bild 5.19: Beispiel für die Verfolgung der Temperatur- und Festigkeitsentwicklung (nach Angaben von [Eng1])

5.4 Spannungs-Dehnungs-Beziehungen und Elastizitätsmodul

Werden in einen Zugprüfkörper Spannungen oder Dehnungen eingetragen, finden Verformungen statt, die bis zum Zugbruch gesteigert werden können. Wird ein verformungsgesteuerter Versuch durchgeführt, ist ein Nachbruchverhalten festzustellen, das durch eine weitere, aber ständig abnehmende Lastübertragung gekennzeichnet ist.

Zwischen einer elastischen Verformung $\varepsilon_{ct,el}$ und der Spannung σ_{ct} besteht ein linearer Zusammenhang, der als Elastizitätsmodul definiert ist:

$$\varepsilon_{ct,el} = \frac{\sigma_{ct}}{E_{ct}} \tag{5.13}$$

Aufgrund der Rissbildungen, die bei Zugbelastung im Betongefüge auftreten, werden zusätzliche Dehnungen hervorgerufen, sodass sich ein gekrümmter Verlauf der Spannungs-Dehnungs-Linie einstellt. Der E-Modul weicht immer stärker von den normativen Werten ab, der als Sekantenmodul bei einer Druckbeanspruchung von $\sigma_{cc} = 0{,}4\,f_{cc}$ ($\sim\ \sigma_{ct} = 0{,}5\,f_{ct}$) bestimmt wird (Bild 5.20). Die Größe dieser Abweichungen ist von den Eigenschaften und Anteilen der Betonkomponenten sowie vom Erhärtungszustand abhängig. Höhere Festigkeiten ergeben einen stärker linearisierten Verlauf. Bei einer vollständigen Entlastung vor dem Bruchzustand ist eine bleibende Dehnung vorhanden, die sich aus den Rissbildungen in der Mikrostruktur ergibt.

5.4.1 Spannungs-Dehnungs-Beziehungen

Durch eine stetige Belastung von Prüfkörpern und Messung der Verformungen ergeben sich charakteristische Spannungs-Dehnungs-Linien, die sich bei Zug- und Druckbeanspruchungen sowie bei last- und verformungsgesteuertem Versuchsablauf unterscheiden.

Nach dem Belastungsbeginn ist zunächst ein nahezu linearer Anstieg vorhanden (Bild 5.20). In der Verbundzone zwischen Zementstein und Gesteinskörnung vorhandene Mikrorisse und Inhomogenitäten in der Betonstruktur wirken sich noch nicht merklich aus. Ab etwa 30 % der Druckfestigkeit vergrößern sich diese Risse und dehnen sich allmählich in die Zementsteinmatrix aus; ab etwa 75 % des maximalen Festigkeitswerts vereinigen sich die Matrixrisse und sind zunehmend makroskopisch sichtbar. Nach Überschreiten des Druckspannungsmaximums findet eine weitere starke Rissbildung statt und eine Instabilität des Gefüges tritt ein.

Bei Zugbeanspruchung ist die Spannungs-Dehnungs-Linie weniger gekrümmt als bei Druckbelastung (Bild 5.20) und verläuft nur in der Frühphase der Erhärtung ähnlich. Bereits nach etwa 24 Stunden Erhärtungszeit liegt ein nahezu linearer Verlauf bis zu hohen Dehnungswerten vor. Die Ursache ist in einem abweichenden Mechanismus der Rissbildung und der Ausbreitung der Risse im Betonquerschnitt zu sehen. Obwohl die Angaben aus den Versuchen streuen, ist eindeutig, dass die Mikrorissbildung erst bei höherer Spannung zunimmt. Eine lineare Dehnungszunahme bis zu etwa 70 – 80 % der Zugfestigkeit ist nachgewiesen. Nach MC 90 ist mit einer deutlichen Inelastizität erst ab einem Spannungsverhältnis von 0,9 f_{ct} zu rechnen (Bild 5.20). Ab dann breiten sich senkrecht zur Spannungsrichtung aber sehr schnell Matrixrisse aus, die ausgedehnte Rissbildungen im Querschnitt hervorrufen. Aus der Lasteintragung am Scheitelpunkt ergibt sich die Zugfestigkeit f_{ct} des jeweiligen Betons. Die dabei festgestellte Formänderung wird als die Bruchdehnung ε_{ctu} bezeichnet. Im Bruchzustand verhält sich der Beton als ein spröder Werkstoff; ein nennenswertes Kriechen des Zementsteins tritt nicht im Kurzzeitversuch, sondern erst bei längerer Belastung auf.

Allgemein wird angenommen, dass sich die E-Moduln bei Zug- und Druckbelastung im Bereich der

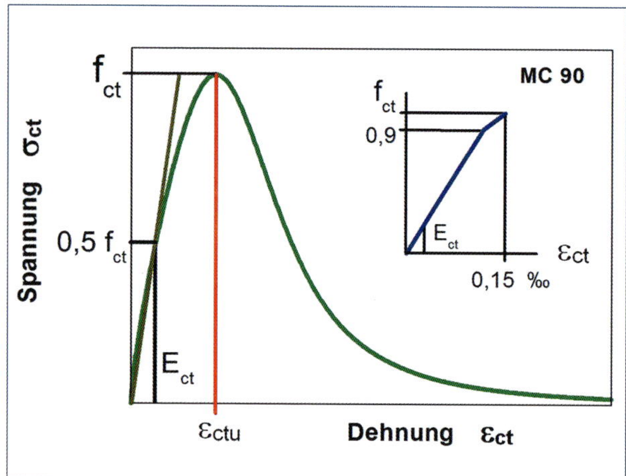

Bild 5.20: Vollständige Spannungs-Dehnungs-Linie bei Zugbelastung im verformungsgesteuerten Versuch (Sekantenmodul nach DIN 1045-1, Spannungs-Dehnungs-Beziehung nach MC 90)

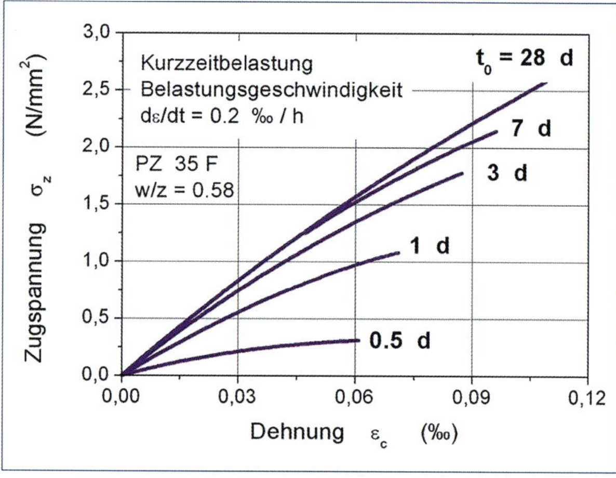

Bild 5.21: Spannungs-Dehnungs-Linien aus zentrischen Zugversuchen mit unterschiedlichem Betonalter bei Belastungsbeginn (nach [Lau1])

Gebrauchsspannungen praktisch kaum unterscheiden. Daraus folgt, dass der experimentell unter Druckbelastung normgemäß ermittelte E-Modul auch als Zugelastizitätsmodul angesehen werden kann. Dieser Sachverhalt ist zwar wiederholt bestätigt, aber auch als nicht zutreffend beurteilt worden. Beispielsweise sollte nach [Hen1] der Zugelastizitätsmodul E_{ct} zu etwa 15 % größer angenommen werden. In Hinblick auf die nicht unerheblichen Streuungen des E-Moduls erscheint aber die vorgenannte Vereinfachung sinnvoll.

Kurz bevor im Zugversuch die Höchstlast erreicht wird, konzentriert sich die Mikrorissbildung im schwächsten Bereich des Bauteils. Infolge starker Zunahme der Mikrorissbildung findet in einer relativ schmalen Zone eine Gefügeaufweitung statt (Rissprozesszone). Diese progressive Dehnungszunahme führt schließlich zum Riss, dessen Aufweitung zum Dehnungsrückgang außerhalb der Rissbildungszone führt. Aufgrund der Verzahnung der Gesteinskörner durch den Zementstein sowie der Behinderung der Dehnungen und der Risserweiterung durch die Gesteinsmatrix kann im verformungsgesteuerten Versuch ein abfallender Ast der Spannungs-Dehnungs-Linie beobachtet werden. Insofern kann zwischen einer Spannungs-Dehnungs-Beziehung außerhalb des Risses und einer Spannungs-Rissöffnungs-Beziehung für den reißenden Querschnitt unterschieden werden. Für beide ist zur rechnerischen Erfassung im MC 90 bzw. MC 2010 ein Vorschlag enthalten.

Die Zugbruchdehnung im Kurzzeitversuch liegt im Mittel bei etwa 0,10 ‰ und nimmt mit steigender Festigkeit zu. Wenn ein frühzeitiges Austrocknen und Schwinden verhindert wird, sind größere Bruchdehnungen festzustellen.

Die Form der Arbeitslinie des Betons ist von der Festigkeit und der Verformungsgeschwindigkeit bei der Versuchsdurchführung abhängig. Je geringer die Betonfestigkeit bzw. je frühzeitiger eine Belastung eingetragen wird, desto stärker ist die Arbeitslinie gekrümmt (Bild 5.21). Mit steigender Verformungsgeschwindigkeit steigt die Bruchfestigkeit an, die absteigende Arbeitslinie fällt dagegen steiler ab. Bei jungem Beton wird dieser Sachverhalt durch die Erhärtungsvorgänge während der Versuchsdurchführung überdeckt. Für Zwangbeanspruchung sind sich langsam aufbauende Verformungsvorgänge charakteristisch. Die Ergebnisse von [Man1] zeigen, dass bei sehr geringer Dehnungsgeschwindigkeit im Zugversuch die Festigkeit abnimmt und die Bruchdehnung sich vergrößert. Eine Ursache ist bei jungem Beton wahrscheinlich auch in dem während des Langzeitversuchs zunehmenden Hydratationsgrad und in Kriechvorgängen zu suchen.

Für eine abkühlende Wand von 30 cm Dicke beträgt die Verformungsgeschwindigkeit etwa 0,0030 ‰/h, bei Bauteilen von 100 cm Dicke lediglich etwa 0,0015 ‰/h. Die mechanischen Kenngrößen des jungen Betons im sehr frühen Alter werden während der Beanspruchung durch die noch intensiv stattfindenden Verfestigungsvorgänge stark verändert.

Die Auswertungen [Tas1] zeigen, dass eine Verbindung zwischen den Kenngrößen E-Modul, Zugfestigkeit und Zugbruchdehnung hergestellt werden kann. Dadurch können die Streuungen, die ansonsten umfänglich auftreten, wahrscheinlich begrenzt werden (Kapitel 5.5).

5.4.2 Elastizitätsmodul

Der Elastizitätsmodul von Beton hat einen direkten Einfluss auf die sich entwickelnden Zwangspannungen. Insofern wäre eine Betonzusammensetzung, die einen niedrigen E-Modul bei hoher Zugfestigkeit ergibt, wünschenswert, aber praktisch nicht realisierbar. Von Bedeutung ist der E-Modul auch bei der Ermittlung des Behinderungsgrads (Kapitel 9.2) und der Ermittlung der Mindestbewehrung zur Begrenzung der rechnerischen Rissbreite (Kapitel 10).

Einfluss der Zusammensetzung

Der statische E-Modul des Betons wird durch das Verformungsverhalten des Zementsteins und der Gesteinskörnung sowie deren Volumenanteile im Beton bestimmt. Die funktionale Verknüpfung ist wiederholt mit verschiedenen Modellvorstellungen untersucht worden, eine Übersicht ist in [Man1] zu finden.

Die Beziehungen zwischen den E-Moduln der Komponenten Zementstein und Gesteinskörnung sowie des Wasserzementwerts und dem E-Modul des Betons sind in Bild 5.22 dargestellt, das auf [Man1] und [Man5] zurückgeht.

Danach ergibt sich der Mittelwert des E-Moduls für wassergelagerten Beton nach 28 Tagen Erhärtung zu

$$E_{cm,28} = a \cdot b \cdot 12500 \quad [\mathrm{N/mm^2}] \qquad (5.14)$$

Bei lufttrockenem Beton muss mit einem kleineren E-Modul gerechnet werden.

Aufgrund des gravierenden Einflusses des Zementsteins besteht ein direkter Zusammenhang zwischen dem E-Modul und der Kapillarporosität und damit dem Wasserzementwert und dem Hydratationsgrad. Alle Faktoren, die die Festigkeit der Zementsteinmatrix (und damit des Betons) steigern, haben den gleichen Einfluss auf den E-Modul. Insofern nimmt der E-Modul zu mit der Herabsetzung des Wasserzementwerts, der Verwendung von Zementen höherer Festigkeitsklasse sowie der Dauer und Intensität der Nachbehandlung. Bei Einführung künstlicher Luftporen wird der E-Modul herabgesetzt. Ebenso wird er bei höherer Temperatur während der Erhärtung des Betons herabgesetzt, wie beispielsweise unter der Einwirkung der Hydratationswärme im Bauteil. Beeinflusst wird der E-Modul des Betons auch durch den Feuchtezustand des Zementsteins. Trockener Zementstein besitzt im Vergleich zum wassergesättigten Zustand um etwa 10 bis 15 % niedrigere Werte.

Der E-Modul des wassergesättigten Zementsteins liegt bei vollständiger Hydratation zwischen 6 kN/mm² ($w/z = 0{,}80$) und 29 kN/mm² ($w/z = 0{,}40$); für $w/z = 0{,}50$ kann 20 kN/mm² angenommen werden. Bei Verwendung eines schnell erhärtenden Zements und $w/z = 0{,}50$ liegt nach 28-tägiger Erhärtung etwa $E_{ZS} = 14$ kN/mm² vor (Angaben aus [Hin1]).

Bei zunehmendem E-Modul des Zementsteins nähert sich der E-Modul des Betons dem der Gesteinskörnung an. Die unterschiedlichen Eigenschaften der Gesteine schwanken in weiten Grenzen und wirken sich damit deutlich aus (von etwa 10 kN/mm² bei Gneis und 120 kN/mm² bei Basalt; Mittelwerte betragen bei Sandstein 30 kN/mm², bei Granit 50 bis 90 kN/mm² und bei Kalkstein 50 bis 80 kN/mm²). Nach [Bra2] ergibt sich allein bei quarzithaltigen Gesteinskörnungen ein Unterschied von 20 %. Die DIN 1045 (1988)

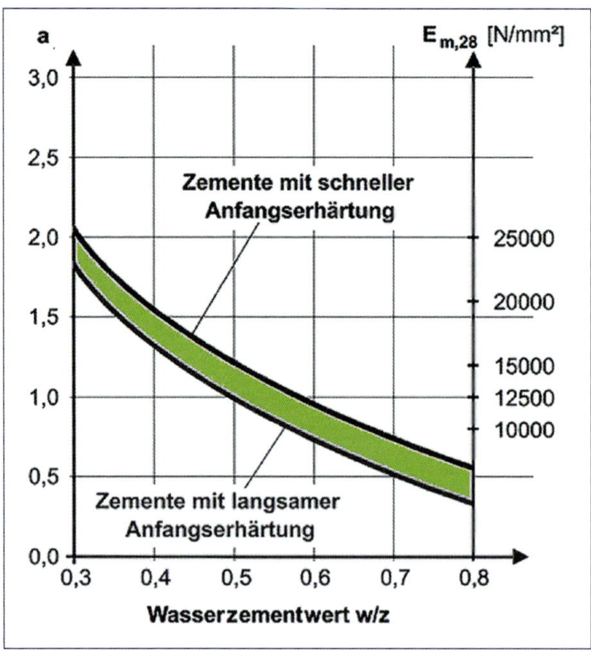

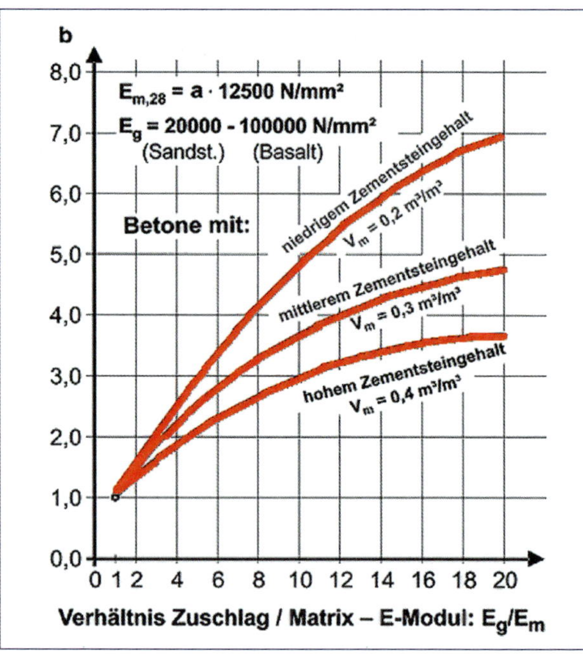

Bild 5.22: Elastizitätsmodul des Betons E_{cm} in Abhängigkeit vom Verhältnis der E-Moduln des Zementsteins E_m und der Gesteinskörnung E_g sowie dem Wasserzementwert [Man5]

hatte in Abhängigkeit von den Einflussparametern eine Streubreite von ± 40 % als möglich angegeben.

Bei gleichem Volumenanteil wirkt sich der E-Modul des Größtkorns stärker aus als der des Fein- und Mittelkorns. In DIN EN 1992-1-1 wurden die Kennwerte für Betone mit quarzitischen Gesteinskörnungen aufgenommen. Zur Berücksichtigung des Einflusses anderer Gesteinskörnungen wurde ein Anpassungsfaktor α_E eingeführt:

$$E_{cm,mod} = \alpha_E \cdot E_{cm} \quad (5.15)$$

Dadurch wird der Einfluss der Eigenschaften einiger ausgewählter Gesteinskörnungen bei den normativen Kennwerten berücksichtigt. Bei Kalkstein oder Sandstein sollten die Werte um 10 bzw. 30 % herabgesetzt (nach [Bam1] Kalkstein –15 %, Sandstein –45 %), bei Basalt um 20 % erhöht werden. Weitere Angaben sind in [Röh2] zu finden. Aufgrund der Bedeutung des E-Moduls für die Ermittlung der Zwangspannungen ist eine Anpassung entsprechend der verwendeten Gesteinskörnungen unumgänglich.

Ableitung des E-Moduls

In allen Regelwerken ist der E-Modul in Abhängigkeit von der mittleren Betondruckfestigkeit oder der Festigkeitsklasse des Betons angegeben. Wenn kein genauerer Nachweis erforderlich ist, darf der E-Modul wie folgt bestimmt werden:

$$E_{c0m} = 9500 \cdot (f_{cm})^{1/3} \quad [\text{N/mm}^2] \quad (5.16)$$

$$E_{cm} = (0{,}8 + 0{,}2 \cdot f_{cm}/88) \cdot E_{c0m} \quad [\text{N/mm}^2] \quad (5.17)$$

$f_{cm} = f_{ck} + 8 \quad [\text{n/mm}^2]$

In DIN EN 1992-1-1 ist als maßgebender Richtwert für jede Betonfestigkeitsklasse der Sekantenmodul E_{cm} angegeben, der eine Verbindung zwischen dem Koordinatenursprung und dem Festigkeitswert bei 0,4 f_{cm} herstellt und der wie folgt ermittelt wird:

$$E_{cm} = 22 \cdot (f_{cm}/10)^{0,3} \quad [\mathrm{N/mm^2}] \tag{5.18}$$

Für die Beurteilung risskritischer Situationen ist nachteilig, dass die Arbeitslinie des Betons in der Nähe der Höchstlast keine eindeutige Berechnung zwischen Dehnungen und Spannungen über den E-Modul gestattet. Insofern ist ein Sekantenmodul $E_{ct,1}$ zu definieren, der die lineare Beziehung zwischen der Bruchdehnung und der Zugbruchfestigkeit (Zugfestigkeit) des Betons herstellt (Bild 5.23). Diese Werte E_{c1} sind zwangsläufig geringer als E_{cm}, wie sich im Vergleich aus Bild 5.20 ergibt. In Auswertung verschiedener Versuchsergebnisse wurde in Bild 5.24 die Beziehung zwischen dem E-Modul $E_{ct,1}$ und der normgemäßen Zugfestigkeit f_{ctm} hergestellt. Die dabei auftretende Zugbruchdehnung ergibt sich aus der Division f_{ctm}/E_{ctu}. Der Verlauf kann beschrieben werden mit der Funktion

$$E_{cm} = 40 \cdot 10^3 \cdot \left[1 - \exp\left(-\frac{f_{ctm}}{2,7}\right)\right] \tag{5.19}$$

Zeitabhängiger E-Modul

Der E-Modul entwickelt sich während der Erhärtungszeit schneller als die Zug- und Druckfestigkeit des Betons (Bild 5.1) und offenbar weitgehend unabhängig von den Eigenschaften der Gesteinskörnungen [Web1]. Charakteristisch ist der schnelle Anstieg in der Anfangsphase der Erhärtung. Bereits zu Beginn des Abkühlungsvorgangs infolge abfließender Hydratationswärme sind die wirksamen Steifigkeiten des jungen und erhärteten Betons nahezu identisch. In dieser Tatsache liegen die hauptsächlichen Ursachen der sich entwickelnden Zwangspannungen. In [DAS3] wird dazu angegeben:

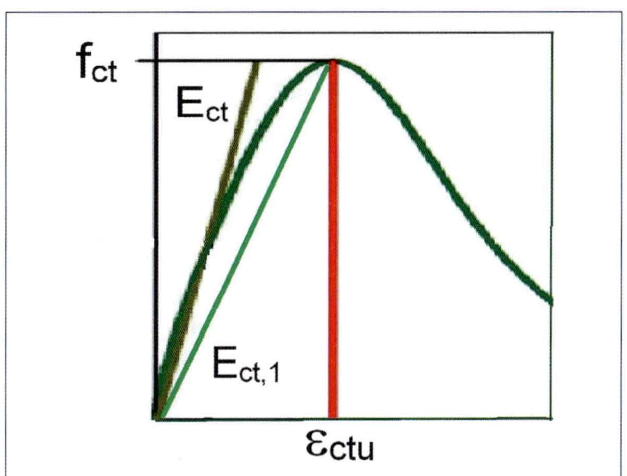

Bild 5.23: Spannungs-Dehnungs-Linie des Betons und Sekantenmodul bei Zugversagen des Betons

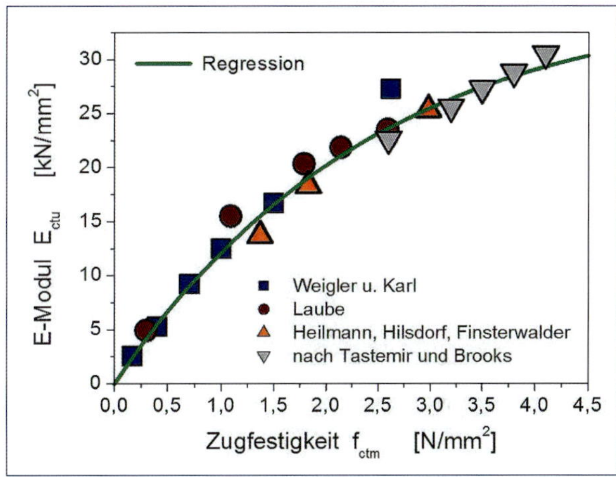

Bild 5.24: Sekantenmodul im Risszustand $E_{ct,1}$ in Abhängigkeit von der Zugfestigkeit f_{ctm}

$E_c(1d) \geq 0,65\ E_c(28d)$
$E_c(2d) \geq 0,80\ E_c(28d)$
$E_c(7d) \geq 0,90\ E_c(28d)$

Nach den in der Literatur dokumentierten Untersuchungsergebnissen kann vereinfachend davon ausgegangen werden, dass zwischen dem E-Modul und den Festigkeitskenngrößen eine Beziehung besteht, die unabhängig vom Erhärtungszeitpunkt Gültigkeit besitzt. Daraus resultiert, dass zunächst der E-Modul nach 28 Tagen Erhärtung bestimmt und der zeitliche Verlauf dann beispielsweise aus der Druckfestigkeitsentwicklung unter Ansatz der nachfolgenden Gleichung abgeleitet werden kann. Ausgehend von diesen nachgewiesenen Beziehungen sind in der Literatur und den Regelwerken entsprechende Gleichungen zur Erfassung der zeitlichen Entwicklung enthalten. In [Hin1] ist nachgewiesen, dass eine befriedigende Übereinstimmung selbst bei sehr geringen Werten für die Druckfestigkeit in der frühen Erhärtung erreicht werden kann.

Die Zeitabhängigkeit des E-Moduls darf nach [DN1] wie folgt ermittelt werden:

$$E_{cm}(t) = E_{cm} \cdot [f_{cm}(t) / f_{cm}]^{1/3} \tag{5.20}$$

$E_{cm}(t)$ und $f_{cm}(t)$ sind die Werte für das Alter von t Tagen bzw. E_{cm} und f_{cm} für das Alter von 28 Tagen.

Im Model Code 2010 ist vorgegeben (E_{ci} entspricht dabei E_{cm}):

$$E_{ci}(t) = E_{ci} \cdot [\beta_{cc}(t)]^{0,5} \tag{5.21}$$

Der Koeffizient $ß_{cc}(t)$ ist dabei wieder der Beschreibung der Druck- und Zugfestigkeitsentwicklung entlehnt, siehe Gleichung (5.10).

Auswirkungen einer Verformungsbehinderung

Die Behinderung der Verformungen während der Erhärtung hat offenbar Einfluss auf die Entwicklung des E-Moduls. Beispielsweise wurde bei vollständiger Behinderung in der Temperatur-Spannungsprüfmaschine nach fünf Tagen ein um etwa 40 % größerer E-Modul festgestellt als bei spannungsfreier Erhärtung [Pla1]. Vermutet wird eine Gefügeverdichtung aufgrund der anfänglichen Druckspannungen und plastischen Verformungen. Die Wirkung geht mit zunehmendem Alter zurück. Im Bauteil sind die Auswirkungen wahrscheinlich klein und vernachlässigbar, da die anfänglichen Druckspannungen infolge von Zwang relativ gering sind [Pla1].

Experimentelle Bestimmung

Die Messwerte werden durch die Lagerungsbedingungen, wie Feuchtigkeit und Temperatur, sowie die Belastungsgeschwindigkeit beeinflusst; insofern sind die Prüfbedingungen zu beachten. Die Vorgehensweise ist in der Literatur ausführlich dokumentiert, z.B. in [Grü1]. In der Auswertung eines Ringversuchs ergaben sich beträchtliche Streuungen zwischen den einzelnen Prüfanstalten, aber innerhalb des jeweiligen Labors [Bra2] bis zu ± 15 %. Zutreffende Werte können nur durch eine exakte Versuchstechnik erwartet werden.

Mit der Einführung der DIN EN 12390-13 als Ersatz für DIN 1048-5 wurde der Verlauf des Belastungsregimes verändert. Wie [Bra2] kommentiert, täuscht dadurch bedingt der Baustoff einen höheren E-Modul vor.

5.5 Zugbruchdehnung des Betons

Die Zugbruchdehnung repräsentiert das Dehnvermögen des Betons bei Höchstlast im Kurzzeitversuch und ist in der Spannungs-Dehnungs-Linie der Zugfestigkeit des Betons zugeordnet. Für erhärtete Betone wird als Orientierung eine Bruchdehnung im Bereich von ε_{ctu} = 0,08 bis 0,15 mm/m (teilweise bis 0,20 mm/m) angegeben.

Einflüsse auf die Zugbruchdehnung

Die Zugbruchdehnung wird hauptsächlich durch die Faktoren beeinflusst, die auch für die Zugfestigkeit und den E-Modul maßgebend sind, darüber hinaus bestehen aber einige Besonderheiten. Die Dehnfähigkeit hängt wesentlich ab von der Art der Gesteinskörnung und damit von deren E-Modul sowie von der Form und Größe der Bestandteile der Fraktion, die die Festigkeit der Übergangszone zum Zementstein bestimmen. Wenn beispielsweise gebrochenes Gestein anstelle von rundem, quarzitischen Kies verwendet wird, können die Dehnwerte um bis zu 60 % angehoben werden. Mit steigendem Anteil an Gesteinskörnungen wird die Bruchdehnung behindert und damit verringert, desgleichen bei höherem Wasserzementwert. Hüttensand und Flugasche wirken sich nur bei größeren Mengen (ab 30 % bzw. ab 50 %) und dann auch nur relativ geringfügig vermindernd aus; Luftporen sind ohne Auswirkungen. Von beträchtlichem Einfluss ist die Belastungsgeschwindigkeit, deren Steigerung mit einem Rückgang des Dehnungsvermögens aber mit einer Zunahme der Zugfestigkeit verbunden ist. Nach dem Hinweis in [Gut2] sind die Streuungen der Versuchsergebnisse bei der Ermittlung der Zugbruchdehnung größer als bei der Prüfung der Zugfestigkeit.

Entwicklung der Zugbruchdehnung

Die Zugbruchdehnung nimmt mit Beginn der Erstarrung und Verfestigung zunächst kontinuierlich und relativ schnell ab und erreicht ein Minimum (40 bis 70 µm/m), das zeitlich mit dem Wendepunkt in der Entwicklungskurve der Zugfestigkeit übereinstimmt (Erhärtung von 8 bis 12 Stunden), vgl. Bild 5.25. Kennzeichnend ist dabei ein ungünstiges Verhältnis zwischen dem sich rasch und überproportional entwickelnden E-Modul und der noch niedrigen Zugfestigkeit, was auch als »Sprödigkeit« bezeichnet wird. In dieser Erhärtungsperiode führen bereits sehr geringe Dehnungen zu Rissen im Bauteil. Danach steigt die Zugbruchdehnung mit der weiteren Erhärtung kontinuierlich an und erreicht Werte um 100 bis etwa 140 µm/m. Ursache ist die Zunahme der Festigkeit der Zementsteinschichten zwischen den Gesteinskörnungen. Wenn einige aus Versuchen stammende Angaben zusammengefasst werden, ergibt sich die bandartige Entwicklung der Bruchdehnung in Abhängigkeit von der Erhärtungszeit nach Bild 5.25.

Die rissfrei aufnehmbare Dehnung kann größer sein, wenn die erzwungenen Verformungen sehr langsam entstehen [Grü1]. Dabei sind sicher die weiter voranschreitende Hydratation und Verfestigung sowie die Relaxation von Bedeutung. Die Zugbruchdehnung

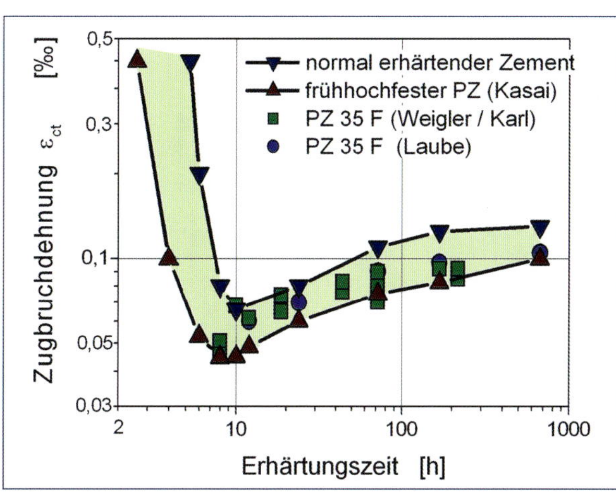

Bild 5.25: Entwicklung der Betonzugbruchdehnung in Abhängigkeit von der Erhärtungszeit

kann außerdem ansteigen, wenn eine Vorbelastung vorlag [Wie1].

Angaben zur Zugbruchdehnung

Weder in der früheren DIN 1045-1 noch in der DIN EN 1992-1-1 sind Angaben zur Zugbruchdehnung enthalten. Da dieser Grenzwert auch als ein Versagenskriterium angesehen wird, müssen die interessierenden Daten aus Untersuchungen abgeleitet werden, bei denen die Zugbruchdehnung in Abhängigkeit von der Zugfestigkeit und in Verbindung mit dem E-Modul festgestellt wurde. Nach [Lau1] und [Har1] besteht eine lineare Korrelation zwischen Bruchdehnung und Zugfestigkeit, die aber von der Zusammensetzung und dem Größtkorndurchmesser abhängt und demzufolge individuell gefasst werden müsste. Für eine allgemeingültige Formulierung sind die nicht unerheblichen Streuungen zu beachten (Bild 5.26). Im gleichen Sinne besteht auch eine Abhängigkeit der Zugbruchdehnung von der Druckfestigkeit (Bild 5.28) und den Eigenschaften der verwendeten Gesteinskörnungen.

Die umfangreichen Auswertungen [Tas1] und die Versuche [Bro1] ergaben eine Korrelation zwischen dem Verhältnis f_{ctm} / E_{cm} und der experimentell ermittelten Bruchdehnung (Bild 5.29). Deutlich ist, wie mit zunehmender Betonfestigkeit (NB – Normalbeton, HfB – Hochfester Beton) sowie mit Verringerung des

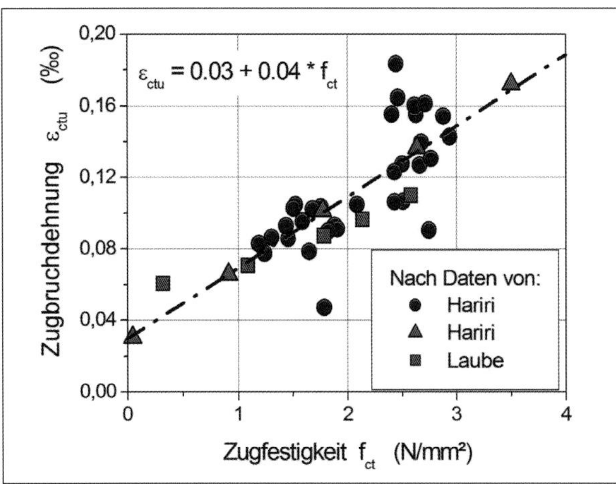

Bild 5.26: Zugbruchdehnung in Abhängigkeit von der Zugfestigkeit nach Untersuchungen von [Lau1] und [Har1]

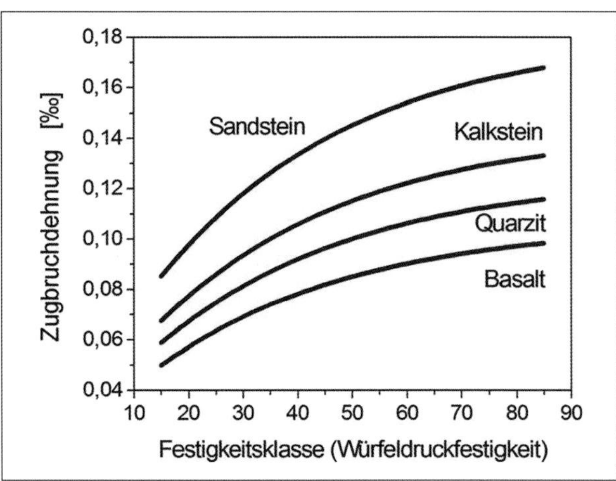

Bild 5.27: Zugbruchdehnung für die Festigkeitsklassen in Abhängigkeit vom E-Modul des Betons mit unterschiedlichen Gesteinskörnungen nach Gleichung (5.22) und unter Verwendung der Festigkeitskenngrößen aus DIN EN 1992-1-1

E-Moduls der Gesteinskörnungen (HfLB – Hochfester Leichtbeton) die Verformungsfähigkeit des Betons bis zum Bruchzustand ansteigt. Die Beziehung wurde durch weitere Untersuchungsergebnisse, die [Sch22] zusammengetragen hat, bestätigt.

Die Ausgleichsgerade in Bild 5.29 ergibt sich angenähert zu:

$$\varepsilon_{ctu} \approx \frac{f_{ctm}}{E_{ctm}} \cdot 10^3 \ [‰] \tag{5.22}$$

Wenn die Festigkeitswerte der Norm [DN1] zugrunde gelegt werden, ergeben sich die Zugbruchdehnungen, wie in Tabelle 5.1 angegeben. Diese gelten für einen E-Modul mit quarzitischen Gesteinskörnungen. Die Verwendung der Anpassungsfaktoren α_E (Kapitel 5.4.2) ergibt dann die Zugbruchdehnungen in Abhängigkeit von der Festigkeitsklasse entsprechend Bild 5.27.

Ein weiterer Ansatz zur Beschreibung der Zugbruchdehnung resultiert aus der experimentell gefundenen Beziehung zwischen der Zugfestigkeit und dem E-Modul entsprechend Gleichung (5.22). Mit dieser Formulierung der Zugbruchdehnung wird die Gefahr der Schalenrissbildung bei Eigenspannungen abgeschätzt.

In der Literatur wird zur Abschätzung der Rissgefahr ein Mittelwert für die Zugbruchdehnung von

$$\varepsilon_{ctu} \approx 100 \cdot 10^{-6} = 0{,}10\,‰ \tag{5.23}$$

vorgeschlagen, der zum Zeitpunkt der kritischen Zwangspannungen vorhanden sein soll. Dieser Ansatz wird zwar durch die Untersuchungen [Hin1] gestützt, trifft aber nur für den Belastungsfall »Abfließende Hydratationswärme« bei kleineren Bauteilabmessungen zu. Die zur allgemeineren Beurteilung der Risssituation erforderliche Zeitabhängigkeit der Bruchdehnung kann z.B. über die der Kenngrößen f_{ctm} und E_{cm} nach [Tas1] und deren zeitliche Entwicklung nach den Regelwerken erfasst werden (siehe dazu Kapitel 5.4).

Einfluss einer Dauerlast

Alle vorgenannten Angaben beziehen sich auf eine Kurzzeitbelastung des Betons. Wird die Zwangbeanspruchung längere Zeit aufrechterhalten oder steigt diese über einen längeren Zeitraum langsam an, sind zum Teil erheblich höhere Werte für das Verformungsvermögen festzustellen. In Bezug auf das Rissverhalten werden dabei gegensätzliche Effekte wirksam, indem das Kriechen

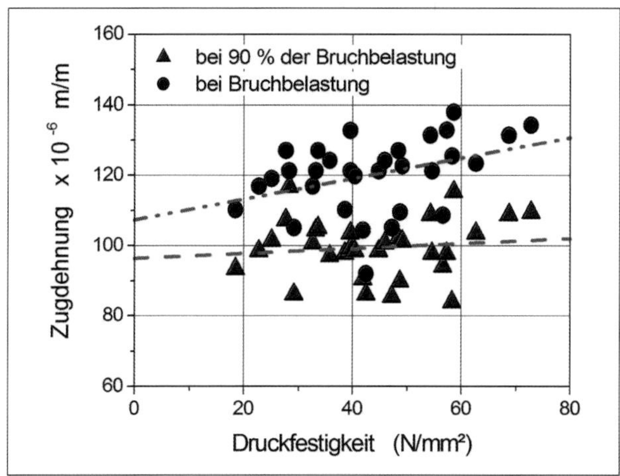

Bild 5.28: Zugbruchdehnung in Abhängigkeit von der Betondruckfestigkeit (Daten aus [Lu1])

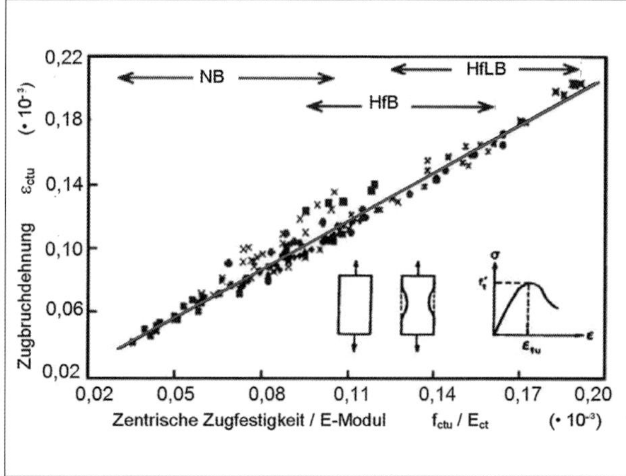

Bild 5.29: Beziehung zwischen der Zugbruchdehnung und dem Verhältnis Zugfestigkeit/E-Modul nach [Tas1]

während der Erhärtung eine vergrößerte Bruchdehnung herbeiführt, die Dauerlast jedoch eine Verminderung der Zugfestigkeit verursacht. Im Ergebnis der Bilanzierung dieser Effekte wird in [Bam1] vorgeschlagen, die zulässige Zugbruchdehnung um etwa 25 % anzuheben. Weitere, ergänzende Angaben sind in [Röh1] enthalten.

5.6 Querdehnung

Die Verformung rechtwinklig zu den Spannungen und Dehnungen in Kraftrichtung, die als Querdehnung bezeichnet wird, ist von den Eigenschaften des Zementsteins (Zusammensetzung, Erhärtungszustand, Feuchte) und des Zuschlags sowie deren Anteilen im Beton abhängig. Während die Werte für Zementstein ($w/z = 0{,}60$ bis $0{,}30$) zwischen 0,24 und 0,28 liegen, werden Querdehnzahlen für Gesteine mit $\nu = 0{,}10$ bis $0{,}30$ angegeben. Eine Möglichkeit zur Berechnung der Querdehnungszahl ist bei [Abi1] zu finden. Für Beton unterschiedlicher Zusammensetzung liegt die Querdehnzahl zwischen $\nu_c = 0{,}10$ bis $0{,}35$.

Nach den Regelwerken kann bei elastischen Berechnungen $\nu_c = 0{,}20$ angenommen werden, wenn die Querdehnung berücksichtigt werden muss. Bei Berücksichtigung der Rissbildung und zur Vereinfachung darf nach [DN1] im Allgemeinen $\nu_c = 0$ gesetzt werden.

5.7 Relaxation als zwangabbauender Vorgang

Wird in ein verformungsbehindertes Bauteil zum Zeitpunkt t_0 eine Dehnung $\varepsilon_{ci}(t_0)$ eingetragen und die dadurch hervorgerufene Spannung $\sigma_c(t_0)$ über einen Zeitraum $(t-t_0)$ hinweg aufrechterhalten, finden **Kriechvorgänge** statt, und in einem zeitlichen Verlauf tritt eine Verminderung der Spannung ein. Für diesen

Vorgang steht der Begriff **Relaxation**, deren Intensität hauptsächlich von den Festigkeitseigenschaften bei Belastungsbeginn und der Dauer der Belastung abhängig ist. Die Relaxation steigt an bei einer Beanspruchung zu frühen Zeitpunkten mit geringer Zugfestigkeit und niedrigem E-Modul, mit Zunahme des w/z-Wertes und des Zementleimgehaltes sowie bei einer erhöhten Betontemperatur. Weiterhin spielt die Differenz zwischen der Beton- und Luftfeuchte während der Erhärtung eine Rolle.

Für die Berechnung der Zwangspannungen im erhärtenden Beton ist die Berücksichtigung der im frühen Alter besonders intensiven Relaxation unumgänglich. Dem stehen jedoch die Schwierigkeiten einer mathematischen Beschreibung des komplexen Relaxationsverhaltens entgegen. Aber auch der weitgehend erhärtete Beton zeigt einen Spannungsabbau aufgrund der langandauernden Relaxation, z.B. bei den durch das Trocknungsschwinden hervorgerufenen Beanspruchungen.

Für Spannungsberechnungen werden im Allgemeinen nur Angaben zur Zugrelaxation benötigt. Die erforderlichen zeitabhängigen Kennwerte stehen dafür aber nur sehr eingeschränkt zur Verfügung. Im Vergleich zur Erfassung des Kriechens sind Relaxationsuntersuchungen nur in geringerem Umfang und erst in neuerer Zeit durchgeführt worden, vergleiche beispielsweise [Lau1] und [Gut1]. Aufgrund des Zusammenhangs zwischen den viskoelastischen Kenngrößen werden Ergebnisse von Kriechversuchen herangezogen, um das Verhalten des Betons bei Beanspruchung und den Spannungsabbau durch Relaxation beschreiben zu können. Ein wechselseitiger Bezug wurde auch in [Lau1] nachgewiesen. Strittig ist die Auffassung, dass der Relaxationsvorgang schneller abläuft als das Kriechen.

5.7.1 Relaxationskoeffizienten aus Kriechbeiwerten

Aufgrund des Relaxationsvermögens des Betons nimmt die Spannung bei konstanter Dehnung mit fortschreitender Zeit ab. Der Spannungsabfall ist umso größer, je kriechfähiger der Beton ist und je länger die Relaxation dauert. Inwieweit die Relaxation bei Zugbeanspruchung schneller verläuft als bei Druck, ist offen, wird aber als sehr wahrscheinlich angenommen.

Die Relaxationsfunktion $\psi(t,t_0)$ stellt den Zusammenhang zwischen der Restspannung zum Zeitpunkt t und der Ausgangsspannung $\sigma_c(t_0)$ zum Zeitpunkt t_0 her und kann vereinfacht angegeben werden zu:

$$\sigma_c(t) = \sigma_c(t_0) \cdot \psi(t,t_0) \tag{5.24}$$

Die Werte für t und t_0 sind immer die effektive bzw. wirksame Zeit (vgl. Kapitel 4.2.1).

Bei Verwendung von Kriechbeiwerten $\varphi(t,t_0)$ kann das Relaxationsverhalten abgeschätzt werden durch die Beziehungen

$$\psi(t,t_0) = \exp[-\varphi(t,t_0)] \tag{5.25}$$

und

$$\psi(t,t_0) = 1 - \frac{\varphi(t,t_0)}{1 + \rho(t,t_0) \cdot \varphi(t,t_0)} \tag{5.26}$$

Die beiden Funktionen werden als nicht gleichwertig angesehen (siehe dazu [Gut1]).

Die Kriechzahl $\varphi(t,t_0)$ gibt an, welche Kriechdehnung ε_{cc} im Verhältnis zur elastischen Dehnung $\varepsilon_{ci} = \sigma_0/E_{c0}$ zwischen den Zeitpunkten t und t_0, bezogen auf die elastische Verformung nach 28 Tagen $\varepsilon_{ci}(28)$, entstanden ist:

$$\varphi(t,t_0) = \frac{\varepsilon_{cc}(t,t_0)}{\varepsilon_{ci}(28)} \tag{5.27}$$

$\rho(t,t_0)$ stellt in Gleichung (5.26) den Relaxationskennwert (auch als Alterungsbeiwert bezeichnet) dar, in dem die Integration der Spannungsgeschichte und die mit zunehmender Erhärtung verminderte Kriechfähigkeit zusammengefasst sind [Tro2]. Die Kriechzahl

$\varphi(t,t_0)$, die nur auf die Eigenschaften bei Belastungsbeginn abgestellt ist, soll damit an das tatsächliche Betonverhalten während des Relaxationsvorgangs angepasst werden. Der Relaxationskennwert liegt zwischen 0,5 und 1,0. Die niedrigeren Werte sind der beginnenden Festigkeitsentwicklung zugeordnet. Wie gleichzeitige Kriech- und Relaxationsversuche an Altbetonen gezeigt haben, kann der Einfluss hinreichend durch den Mittelwert $\rho = 0{,}8$ erfasst werden. Neben festigkeitsbezogenen Daten (Bild 5.30) wird aber auch vorgeschlagen, vereinfachend für $\rho(t,t_0) = 1$ anzunehmen. Dadurch würde die Relaxationsfähigkeit unterschätzt und die Restspannung vergrößert, d.h. auf der sicheren Seite liegend beurteilt. In diesem Fall würde Gleichung (5.26) übergehen in:

$$\psi(t,t_0) = \frac{1}{1 + \varphi(t,t_0)} \tag{5.28}$$

Die Ermittlung von Kriechzahlen $\varphi(t,t_0)$ ist in der Norm DIN EN 1992-1-1 geregelt, die der Relaxationsbeiwerte nicht. Die Kriechzahlen gelten bei Druckbeanspruchung, eine Aussage zum Verhalten bei Zugbelastung ist nicht vorhanden. In der Norm wird die Ermittlung von Endkriechzahlen angegeben, im Anhang B wird die Berücksichtigung der zeitabhängigen Entwicklung erläutert. Ab einem Belastungsverhältnis 0,45 σ_c /$f_{ck}(t_0)$ ist das nichtlineare Kriechen maßgebend.

Die normgemäße Vorhersage der Kriechverformung bei konstanter Belastung berücksichtigt die Einflüsse aus der Luftfeuchte der Umgebung in Verbindung mit der wirksamen Bauteildicke sowie die Einflüsse aus der mittleren Betondruckfestigkeit bei Belastungsbeginn unter Einbeziehung der Festigkeitsentwicklung. Die Formeln gelten für den gesamten Erhärtungszeitraum des Betons ab einer effektiven Zeit von 0,5 Tagen. Bei jungem Beton ist eine Berücksichtigung der Feuchte nicht erforderlich. Auf die Wiedergabe der Ermittlung der Kriechzahlen wird hier verzichtet und auf die Norm verwiesen. Liegen Kriechzahlen aus der Berechnung oder aus experimentellen Untersuchungen vor, kann der Relaxationskoeffizient nach den Gleichungen (5.25) und (5.28) abgeschätzt werden.

5.7.2 Relaxationsverhalten des erhärtenden Betons

Zur Beschreibung des Relaxationsverhaltens des erhärtenden Betons kann den normgemäßen Ansätzen für die Erfassung der Kriechverformung nicht gefolgt werden, da sich der zeitabhängige Verlauf unterscheidet. Bei der Formulierung einer Relaxationsfunktion wirkt sich ungünstig aus, dass systematische experimentelle Untersuchungen nur in sehr begrenztem Umfang durchgeführt worden sind. Vor allem für das frühe Alter des Betons fehlen ausreichende experimentelle Daten über Betone mit unterschiedlichen Zusammensetzungen, Erhärtungs- und Belastungsbedingungen. Ergebnisse sind für Zementstein in [Wit2] und für Beton beispielsweise in [Tro2], [Lau1] und [Gut1] sowie in letzter Zeit durch [Atr1] dokumentiert. In der Versuchsdurchführung bestehen während der frühen Erhärtung beträchtliche Schwierigkeiten, da sich die Eigenschaften drastisch ändern, Temperatureinwirkungen vorhanden sind, Schwindvorgänge stattfinden und eine Mikrorissbildung auftreten kann.

In Übereinstimmung mit den Kriechvorgängen kann auch die Relaxation festigkeitsbezogen betrachtet werden. Diese Schlussfolgerung resultiert bereits aus den Untersuchungen von [Byf1]. Vorteilhaft dabei ist, dass über die Kenngröße der Betondruckfestigkeit zahlreiche betontechnologische Parameter einbezogen werden können. Relaxationsbeiwerte für jungen Beton können aber auch mit dem Hydratationsgrad als Kenngröße der Erhärtung und Strukturbildung verknüpft werden ([Lau1], [Gut1]).

Der Zusammenhang zwischen Strukturbildung im erhärtenden Beton und der Kriechverformung bzw. der daraus abgeleiteten Relaxation hat zu mathematischen Formulierungen geführt, die überwiegend auf dem Produktansatz aufbauen.

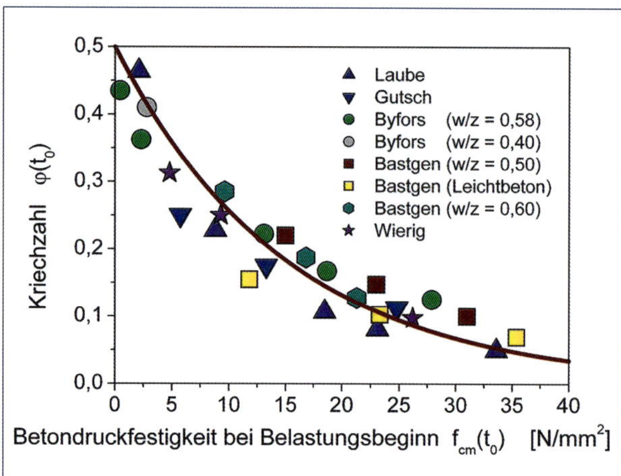

Bild 5.30: Kriechzahl $\varphi(t_0)$ in Abhängigkeit von der Betonwürfeldruckfestigkeit bei Belastungsbeginn t_0 (nach Daten aus verschiedenen Untersuchungen)

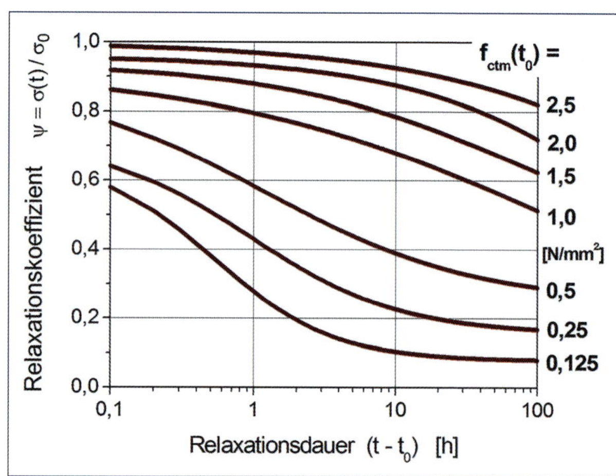

Bild 5.31: Relaxationskoeffizient $\psi = \sigma(t)/\sigma_0$ in Abhängigkeit von der Relaxationsdauer und für verschiedene Zugfestigkeiten bei Belastungsbeginn $f_{ctm}(t_0)$

$$\varphi(t,t_0) = \varphi(t_0) \cdot (t - t_0)^p \qquad (5.29)$$

Wenn die Kriechbeiwerte aus verschiedenen Untersuchungen für den jungen Beton $\varphi(t_0)$ in Abhängigkeit von der Festigkeit bei Belastungsbeginn $f_{cm}(t_0)$ aufgetragen werden, ergibt sich die Abhängigkeit in Bild 5.30.

Die Regression führt zu dem Ausdruck

$$\varphi(t_0) = 0{,}5 \cdot \exp\left[-\frac{f_{cm}(t_0)}{15}\right] \qquad (5.30)$$

$p = 0{,}30$

Dabei ist $(t-t_0)$ in [h] und $f_{cm}(t_0)$ in [N/mm²] einzusetzen.

Bereits [Byf1] hat in Auswertung umfangreicher experimenteller Untersuchungen eine Abhängigkeit der Kriechzahl von der zeitabhängigen relativen Betonfestigkeit mit dem Ansatz $f_{cm}(t)/f_{cm}(28)$ angegeben. Jedoch resultieren daraus identische Kriechzahlen bei unterschiedlichen Betonfestigkeiten, aber mit übereinstimmendem Festigkeitsverhältnis.

Dieser Vorgehensweise wird in [BAW1] gefolgt. Mit $\rho(t_{eff}) = 1{,}0$ ergibt sich nach Umformung der Ausdruck für $\varphi(t_{eff})$, der sich offenbar an den Vorschlag von [Byf1] anlehnt, zu:

$$\varphi(t_{eff}) = \frac{0{,}265}{\left(\frac{f_{cm}(t_{eff})}{f_{cm}(28)}\right)^{1/3} \cdot \left(\frac{\frac{f_{cm}(t_{eff})}{f_{cm}(28)} + 0{,}17}{1{,}17}\right)^{2/3}} \qquad (5.31)$$

Unter t_{eff} wird die wirksame Erhärtungszeit verstanden, die sich unter Berücksichtigung der temperaturbeeinflussten Erhärtung ergibt (Kapitel 4.2).

Wenn die vorhandenen Angaben zur zeit- und festigkeitsabhängigen Kriechverformung und Relaxation ausgewertet werden, ergeben sich die Zusammenhänge wie in Bild 5.31 dargestellt. Während wiederum die Relaxation mit zunehmender Festigkeit rückläufig ist, zeigt sich in Ergänzung zu Bild 5.30, dass der Einfluss der Relaxationsdauer mit steigender Zugfestigkeit ebenfalls zurückgeht. Wenn die genauere Einbeziehung der Relaxation in die Berechnung zu aufwendig erscheint, können aus dem Diagramm auch Werte für eine überschlägige Berücksichtigung entnommen werden. Beispielsweise wäre für einen Beton, der bei

Belastungsbeginn eine Zugfestigkeit von $f_{ctm} = 1{,}0$ N/mm² aufweist, für die Relaxation innerhalb der ersten 24 Stunden eine Abminderung der Spannungen auf 75 % anzunehmen.

Ein weiterer Ansatz besteht darin, die Kriechzahl in Abhängigkeit vom Hydratationsgrad zu formulieren. Dazu wurde die Beziehung zwischen dem Hydratationsgrad bei Belastungsbeginn und der Kriech- bzw. Relaxationszahl umfangreich durch [Lau1] und [Gut1] untersucht. Daraus ist der Vorschlag entstanden:

$$\varphi(t,t_0) = P1 \cdot \left(\frac{t_i - t_0}{t_k}\right)^{P2} \tag{5.32}$$

Der Parameter P1 beschreibt dabei den Einfluss des Erstbelastungsalters, P2 den Zeitverlauf des Kriechens. Aus den Versuchen wurden die Werte für P1 und P2 abgeleitet ($t_k = 1$ h). Für einen CEM I 32,5 R wird beispielsweise angegeben:

$$P1 = 0{,}34 - 0{,}37 \cdot HG \tag{5.33}$$

$$P2 = 0{,}55 - 0{,}48 \cdot HG \tag{5.34}$$

HG ist der Hydratationsgrad bei Belastungsbeginn. Der Gültigkeitsbereich wird mit einem Hydratationsgrad von $0{,}17 \leq HG \leq 0{,}9$ angegeben. Weitere Angaben für P1 und P2 in Abhängigkeit der Betonzusammensetzung sind in [Gut1] zu finden.

Die Anwendung ist mit einem Beispiel in Bild 5.32 dargestellt. Der Relaxationsbeiwert ergibt sich dabei nach Gleichung (5.25). Die Verläufe für die unterschiedlichen Belastungszeitpunkte wurden mit den Werten verglichen, die sich unter Verwendung der festigkeitsbezogenen Daten nach Bild 5.30 und Gleichung (5.29) ergeben.

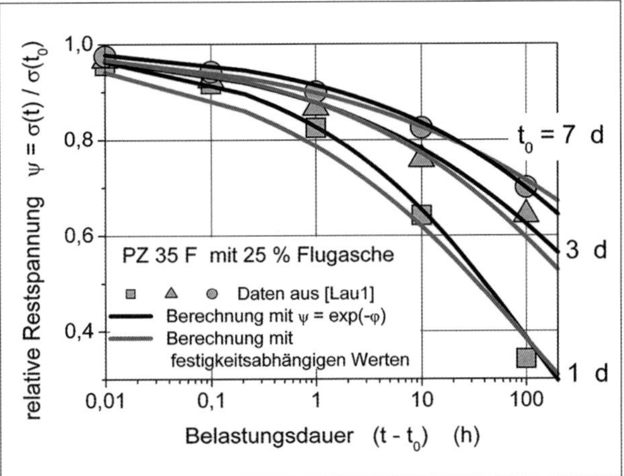

Bild 5.32: Zugrelaxation eines C 25/35 nach Versuchsergebnissen [Lau1] und mit zeitlichem Verlauf nach Gleichung (5.25) im Vergleich mit festigkeitsbezogenen Daten aus Bild 5.30

Ab einem Belastungsverhältnis $\sigma_0 / f_{cm} \geq 0{,}45$ verläuft das Kriechen nicht mehr linear, für Berechnungen ist das nichtlineare Verhalten zu berücksichtigen. Aus verschiedenen Untersuchungen kann die Schlussfolgerung gezogen werden, dass dadurch die Kriechbeiwerte nur geringfügig beeinflusst werden.

Kriechen und Relaxation sind von der Feuchte im Bauteil abhängig. Für den jungen Beton kann vereinfachend angenommen werden, dass bei den Bauteilen in Schalung und einer ausreichenden Nachbehandlung die Veränderungen im Feuchtehaushalt noch relativ gering sind und die Auswirkungen vernachlässigt werden können.

Angaben zur Abschätzung der Wirkung von Relaxation im jungen Alter sind selten. [Som1] teilt für den Bauzustand von Behältern zwischen 36 und 168 Stunden mit:

$\psi = \sim 0{,}65$ für CEM I-Zemente
$\psi = \sim 0{,}55$ für CEM III-Zemente

Beispiel

Bei einem Beton C30/37, der nach $t_0 = 2$ d belastet wird, ist die Spannungsrelaxation nach einer Belastungsdauer von $(t–t_0) = 3$ d zu ermitteln. Für das zeitabhängige Zugkriechen soll Gleichung (5.29) verwendet werden.
Die Betonwürfeldruckfestigkeit zum Zeitpunkt t_0 wird zu 20 % von $f_{cm,28}$ abgeschätzt, d. h. $f_{cm}(t_0) \approx 9{,}0$ N/mm².
Nach Gleichung (5.30) oder aus Bild 5.30 ergibt sich $\varphi(t_0) = 0{,}27$.
Damit wird nach Gleichung (5.29) mit $p = 0{,}30$:

$$\varphi(t,t_0) = 0{,}27 \cdot (72)^{030} = 0{,}99$$

$$\frac{\sigma(t)}{\sigma_0} = \frac{1}{1 + 0{,}99} = 0{,}50$$

Die Spannung ist danach innerhalb von 3 Tagen auf etwa 50 % abgefallen.
Wird von der Zugfestigkeit ausgegangen, die entsprechend der vorgenannten Druckfestigkeit $f_{ctm}(t_0) = 1{,}05$ N/mm² beträgt, folgt die Relaxationszahl nach Bild 5.31 zu etwa $\psi = 0{,}53$, einem Wert in vergleichbarer Höhe.

5.7.3 Einfluss der Relaxation auf die Zwangspannungen im jungen Beton

Das viskoelastische Verhalten des Betons ändert sich mit dem Hydratationsgrad und der Festigkeitsentwicklung sowie bei beginnender Austrocknung mit dem Feuchtegehalt. Während die Feuchte zu Beginn der Festigkeitsentwicklung und im Zuge der Nachbehandlung einen vernachlässigbaren Einfluss besitzt, kann die Auswirkung bei der Verfolgung der Zwangspannungen im späten Alter erheblich sein.

Da die Relaxation während der Erhärtung nicht konstant ist, tritt nicht nur eine vorteilhafte Verringerung der Zwangspannungen ein, sondern auch eine sehr ungünstige Entwicklung in der Spannungsgeschichte. Je intensiver zu Beginn der Strukturbildung die Relaxation wirkt und sich die Druckspannungen vermindern, die aufgrund des Temperaturanstiegs durch Hydratationswärme entstehen, desto früher beginnen die Zugspannungen und erreichen größere Werte. Da infolge des Temperaturanstiegs im Bauteil die Festigkeitsentwicklung zum Teil sehr stark beschleunigt wird, ist zu erwarten, dass nach dem Temperaturmaximum der Einfluss der Relaxation im jungen Beton deutlich verringert ist und nur noch bei dickeren Bauteilen und längerer Belastung wirksam wird. Die Zugspannungen infolge des nach dem Temperaturmaximum stattfindenden Temperaturausgleichs werden dann vergleichsweise nur noch relativ geringfügig herabgesetzt. Wenn bei der Ermittlung der Zwangspannungen die Viskoelastizität des erhärtenden Betons nicht berücksichtigt wird, kann das Ergebnis nur als sehr unsicher angesehen werden.

Der Zusammenhang ist in Bild 5.33 dargestellt. Der Druckspannungsaufbau unterscheidet sich deutlich, wenn die Viskoelastizität wirkt. Wenn eine elastische Beziehung zwischen dem zeitabhängigen E-Modul E(t) und der Temperaturdehnung zugrunde gelegt wird, entstehen vergleichsweise große Druckspannungen, die durch die Relaxation merklich vermindert werden. Würde ab dem Temperaturmaximum auf die Berücksichtigung der Viskoelastizität verzichtet werden, würde diese Spannungsdifferenz fortgeschrieben und die entstehende Zugspannung überschätzt. Die aber weiter wirkende Relaxation vermindert auch die Zugspannung, wenn auch in einem verringertem Umfang. An den Verläufen wird deutlich, wie der Beginn der Entstehung der Zugspannungen zeitlich vorgezogen und zu geringeren Zugfestigkeiten verschoben wird.

Für die Abschätzung von Relaxationsbeiwerten kann überschlägig davon ausgegangen werden, dass bis zum Temperaturmaximum Mittelwerte für die Temperaturerhöhung, den E-Modul E(t) und die Festigkeitswerte ansetzbar sind. Daraus ergibt sich ein pauschaler Druckspannungsabbau infolge Relaxation;

der genaue Verlauf bis zum Maximum ist für die Ermittlung der Zwangzugspannungen und der Abschätzung einer Rissgefahr nicht relevant.

Eine Berechnung der relaxierten Spannung ist zweifellos kompliziert und nur rechentechnisch einigermaßen rationell durchführbar. Für die Abschätzung der Rissgefahr im jungen Beton können Abminderungsbeiwerte verwendet werden, die sich aus den vorgenannten Bildern ergeben. Dabei muss beachtet werden, dass nicht die überschlägig ermittelte Spannung mit einem Relaxationsbeiwert abgemindert wird, sondern die schrittweise Spannungsdifferenz, die hinzugefügt wird. Beispielsweise ergibt sich nach dem Maximum in Bild 5.33 der nächste Schritt mit der Temperaturdifferenz ΔT:

$$\sigma_{c,i} = \sigma_{c,max} - \Delta_T \cdot \alpha_T \cdot E_{cm}(t_i) \cdot \psi(t_i) \qquad (5.35)$$

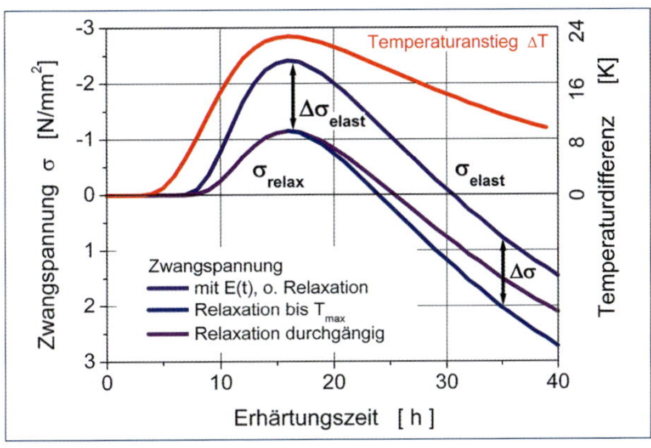

Bild 5.33: Temperaturanstieg und Entwicklung der Zwangspannungen im jungen Beton ohne und mit Wirkung der Relaxation nach zwei Ansätzen:
1 – konstanter Abminderungsfaktor
2 – Abminderung in Relation zum Hydratationsgrad

5.7.4 Relaxation bei veränderlicher Spannung während der Erhärtung

Bei den vorgenannten mathematischen Beziehungen zur Beschreibung der zeitabhängigen Relaxationsvorgänge wird davon ausgegangen, dass ein Beton bestimmter Festigkeit durch eine einmalig aufgezwungene Spannung bzw. Verformung beansprucht wird. Durch Schwindvorgänge und Temperaturänderungen entsteht jedoch eine zeitlich veränderliche Spannungssituation, deren realistische Beurteilung im jungen Alter von besonderem Interesse sein kann. Dazu sind Berechnungsmodelle gefunden worden, mit denen schrittweise der Spannungsabbau durch Relaxation ermittelt und dabei der Einfluss des Erhärtungsfortschritts des jungen Betons berücksichtigt werden kann.

Dabei wird allgemein von der Annahme ausgegangen, dass bei Aufbringen einer Dehnung bzw. Spannung nur die zum Zeitpunkt der Lasteintragung vorhandene Mikrostruktur beansprucht wird und Verformungen aufweist. Die während der viskoelastischen Verformung neu entstehenden Hydrate wachsen spannungslos in den Anmachwasserraum hinein und werden von den inneren Gefügeveränderungen, die bei Relaxation den Spannungsabbau bewirken, zunächst nicht erfasst. Bei Laststeigerung erhält der neue Strukturanteil dann ebenfalls eine Beanspruchung, die aus dem Spannungszuwachs resultiert. Von dieser Annahme wird bei der Superposition stetig veränderlicher inkrementeller Spannungsanteile ausgegangen.

Die im Laufe der Zeit entstehenden Gefügeelemente unterscheiden sich zu einem bestimmten Betrachtungszeitpunkt jeweils in der Dauer der kriechbedingten Beanspruchung und in der noch vorhandenen Relaxationsfähigkeit. Insofern können bei der Berechnung des zeitabhängigen Spannungsabbaus durch Relaxation nicht die nach Zeitschritten auftretenden Belastungs- bzw. Spannungsdifferenzen an einen Relaxationsvorgang gekoppelt und ständig summiert werden, sondern jedes Spannungsinkrement muss einem gesonderten Kriech- und Relaxationsverlauf unterworfen werden. Der gesamte Spannungsverlauf wird dazu in Spannungsstufen unterteilt, die getrennt relaxieren (Bild 5.34).

Bei schrittweiser Lösung der Integralgleichung mit Zeit- und Spannungsinkrementen zur Berechnung der relaxierten Spannung ergibt sich unter der Voraussetzung einer Linearität zwischen Spannung und

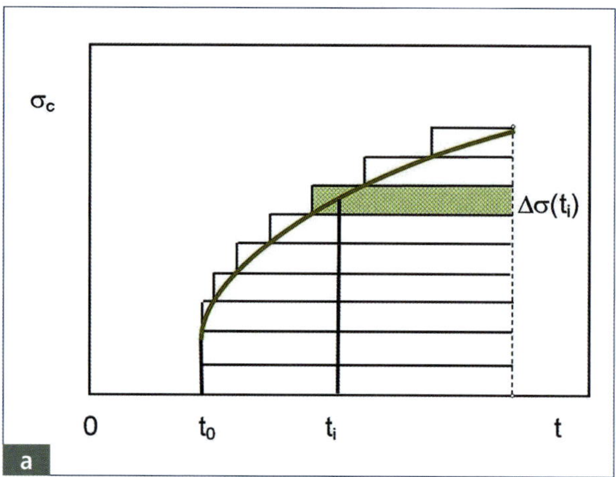

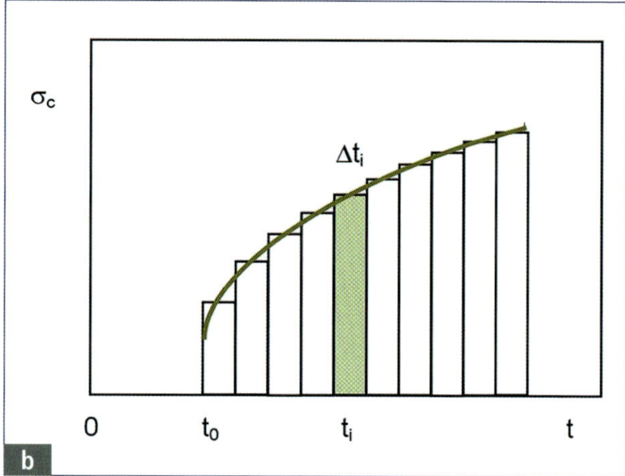

Bild 5.34: Schematische Darstellung der Superposition inkrementeller Kriech- bzw. Relaxationsanteile (aus [Röh1])
a) vertikale Unterteilung des Spannungsverlaufs durch Spannungsstufen mit separater zeitabhängiger Verformung (links)
b) horizontale Unterteilung des Spannungsverlaufs durch zeitdiskrete Spannungsimpulse mit konstanter Verformung (rechts)

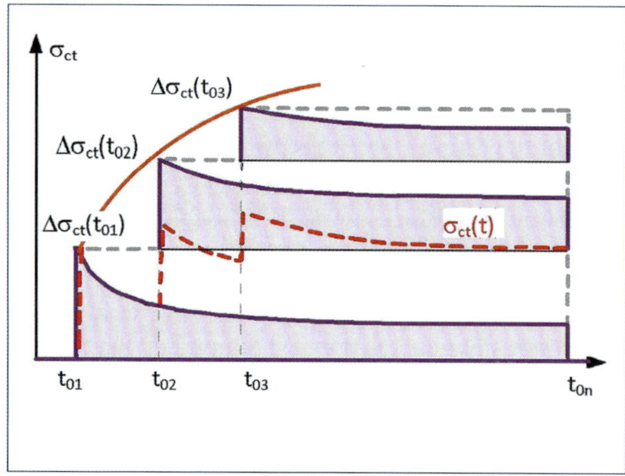

Bild 5.35: Relaxierte Spannung $\sigma_{ct}(t)$ aus den jeweiligen, getrennt relaxierenden Spannungsstufen $\Delta\sigma_{ct}(t_i)$

Dehnung die Restspannung σ(t) aus der Summation aller bis zu dem Zeitpunkt t relaxierten Teilspannungen $\sigma(t_i)$ zu:

$$\sigma(t) = \sum_{i=1}^{n} \Delta\sigma(t_i) \cdot \psi(t_i,t) \tag{5.36}$$

Die Relaxationsdauer beträgt jeweils $(t-t_i)$ und zwar als wirksame Erhärtungszeit unter Berücksichtigung der Temperatur im Bauteil (Bild 5.34a). Der Speicherbedarf ist bei dieser Vorgehensweise beträchtlich und kann zu Vereinfachungen zwingen. Diese Vorgehensweise ist in [Röh1] näher erläutert.

Die Entwicklung der relaxierten Spannung ist in Bild 5.35 dargestellt.

Einfacher gestaltet sich die Berechnung, wenn die Spannungsgeschichte in eine dichte Folge von sogenannten Spannungsimpulsen aufgelöst wird (Bild 5.34b). Dabei wird auf die Verfolgung der Relaxation für jedes Spannungsinkrement verzichtet und eine vom Erhärtungszustand abhängige Dämpfung der Spannungshöhe eingeführt. Ein Beispiel ist die Vorgehensweise nach [BAW1], bei der die durch Relaxation verminderten Teilspannungen mithilfe eines effektiven E-Moduls ermittelt werden. In diesem Fall resultieren die Teilspannungen aus Temperaturdehnungen $\varepsilon_T = \Delta T(t_i) \cdot \alpha_T$.

$$\sigma(t) = \sum_{i=1}^{n} \Delta\sigma(t_i) = \sum_{i=1}^{n} \Delta T(t_i) \cdot \alpha_T \cdot E_{eff}(t_i) \tag{5.37}$$

Eine vergleichbare hilfreiche Approximation wird auch in [DAS5] zur praktischen Berechnung der Kriechdehnung angegeben. Übereinstimmend wird der effektive E-Modul zum Zeitpunkt t_i berechnet zu

$$E_{eff}(t_i) = \frac{E_c(t_i)}{1 + \rho(t_i) \cdot \varphi(t_i)} \tag{5.38}$$

Für die Werte t_i ist immer die Zeitdauer unter Berücksichtigung der Temperaturwirkung, d.h. $t_{i,eff}$ einzusetzen.

Die Kriechzahlen werden nach den vorgenannten Formeln bestimmt. Nach [BAW1] beispielsweise ist Gleichung (5.31) zu verwenden.

5.7.5 Relaxation des erhärteten Betons

Auch bei spätem Zwang findet ein Spannungsabbau durch Relaxation statt, wenn auch in wesentlich geringerem Umfang als bei jungem Beton. Auch bei erhärtetem Beton ist charakteristisch, dass nach dem Belastungsbeginn t_0 der Spannungsabbau einsetzt und sich asymptotisch auslaufend fortsetzt. Da sich der Vorgang langsamer als bei jungem Beton vollzieht, ist eine schrittweise zeitliche Erfassung unnötig. Relaxationsbeiwerte können, wenn nicht vorhanden, aus den normativen Kriechzahlen $\varphi(t, t_0)$ abgeleitet werden. Im Gegensatz zum jungen Beton muss die Luftfeuchte und der Bauteilumfang berücksichtigt werden, über den die Austrocknung stattfindet. Die wirksame Bauteildicke h_0 hat jedoch einen relativ geringen Einfluss. Ohne Bedeutung ist die Festigkeitsentwicklung des Betons nach einer Erhärtungszeit von 28 Tagen.

Nach DIN EN 1992-1-1, Anhang B, darf die Kriechzahl $\varphi(t, t_0)$ ermittelt werden mit

$$\varphi(t,t_0) = \varphi_{RH} \cdot \beta(f_{cm}) \cdot \beta(t_0) \cdot \beta_c(t,t_0) \tag{5.39}$$

Dabei wird durch die Beiwerte berücksichtigt:

- φ_{RH}: Einfluss der relativen Luftfeuchte auf die Grundzahl des Kriechens
- ß(f_{cm}): Auswirkungen der Betondruckfestigkeit
- ß(t_0): Auswirkungen des Betonalters bei Belastungsbeginn
- ß(t, t_0): Beschreibung der zeitlichen Entwicklung des Kriechens nach Belastungsbeginn

Die Grundgleichungen zur Ermittlung der Beiwerte sind in der Norm angegeben. Die etwas vereinfachten Auswertungen der Gleichungen für einen erhärteten Beton sind in Bild 5.36 und in Bild 5.37 angegeben.

Für ein Betonbauteil mit $h_0 = 300$ mm (Wand mit einer Dicke von $h = 300$ mm) und einer Festigkeit $f_{cm} = 40$ N/mm² ergibt sich bei einem Belastungsbeginn nach 90 Tagen Erhärtung und einer relativen Luftfeuchte RH = 70 % der Kriechbeiwert $\varphi(t, t_0)$ nach einer Belastungsdauer von 72 Tagen zu

$$\varphi(t,t_0) = 4{,}0 \cdot 0{,}3 \cdot 0{,}65 = 0{,}78$$

Die Relaxation würde einen Abbau der Zwangspannungen hervorrufen mit dem Faktor

$$\psi(t,t_0) = 1/(1 + \varphi(t,t_0) = 1/(1 + 0{,}78) = 0{,}56$$

Wenn zum Vergleich die Gleichung (5.32) herangezogen wird, ist zu bedenken, dass die Anwendung auf massigere Bauteile beschränkt ist, bei denen die Austrocknung vernachlässigbar gering ist. Ein Widerspruch besteht darin, dass der Gültigkeitsbereich bis zum Hydratationsgrad HG ≤ 0,9 ausgedehnt ist. Werden die von [Ros1] mitgeteilten Angaben verwendet, folgt für einen Hydratationsgrad HG = 0,85

$$P1 = 0{,}32 - 0{,}29 \cdot HG$$

$$P2 = 0{,}26 + 0{,}15 \cdot HG$$

$P1 = 0{,}32 - 0{,}29 \cdot 0{,}85 = 0{,}074$ und
$P2 = 0{,}26 + 0{,}15 \cdot 0{,}85 = 0{,}39$

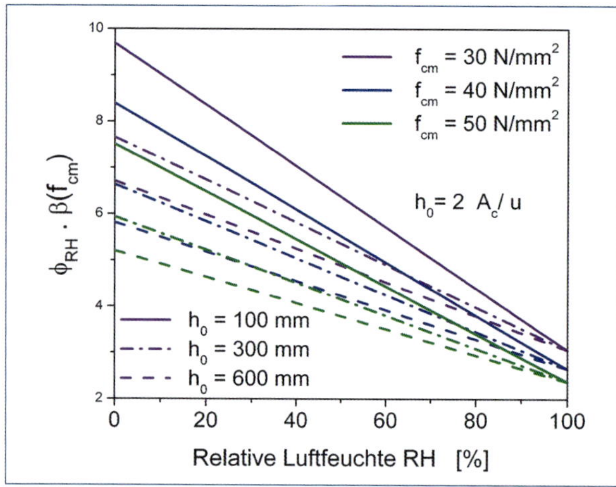

Bild 5.36: Verlauf der Beiwerte $\varphi_{RH} \cdot ß(f_{cm})$ in Abhängigkeit von der wirksamen Bauteildicke h_0 und der Betondruckfestigkeit f_{cm} bei Belastungsbeginn (u = der Austrocknung unterworfene Umfang des Bauteils)

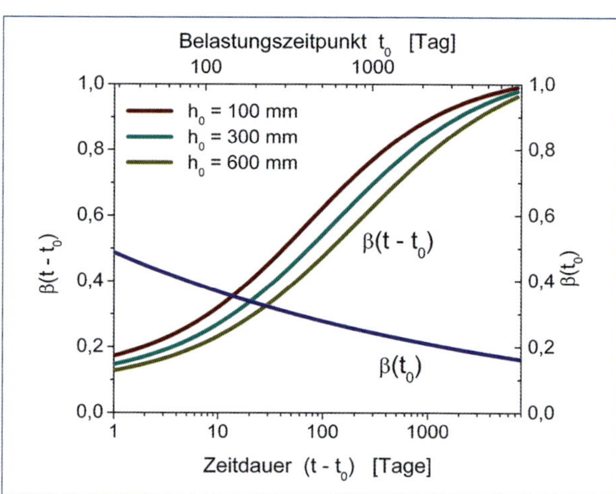

Bild 5.37: Verlauf des Beiwerts $ß(t_0)$ für den Belastungszeitpunkt $ß(t, t_0)$ nach 28 Tagen Erhärtung und des Beiwerts $ß(t, t_0)$ zur Beschreibung des zeitlichen Verlaufs des Kriechens

Der Kriechbeiwert ergibt sich nach Gleichung (5.32) zu

$$\varphi(t,t_0) = 0{,}074 \cdot (72)^{0{,}39} = 0{,}39$$

$$\psi(t,t_0) = 1/(1 + \varphi(t,t_0) = 1/(1 + 0{,}39) = 0{,}72$$

Bei Annahme einer relativen Luftfeuchte von 90 % erhält man für die normgemäße Ermittlung $\psi(t,t_0) = 0{,}63$ und eine unter Berücksichtigung der streuenden Bedingungen gute Übereinstimmung. Daraus könnte die Schlussfolgerung gezogen werden, dass die Ermittlung nach [Ros1] vorgenommen wird und eine Korrektur anhand von Bild 5.36 erfolgt.

Zur Abschätzung des Relaxationsverhaltens sind verhältnismäßig wenige Angaben dokumentiert. In [Som1] sind Werte unter verschiedenen Bedingungen genannt (Tabelle 5.4). Über langfristige Vorgänge sind aus der Literatur Angaben bekannt, mit denen eine Abschätzung des Rückgangs der Zwangspannungen nach verschiedenen Einwirkungen möglich ist.

Tabelle 5.4: Anhaltswerte für Relaxationsbeiwerte (nach [Som1])

Einwirkung	Relaxations-beiwert ψ
kurzzeitige Zwangeinwirkung (z. B. tägliche Abkühlung)	~ 0,80
Langsame Temperaturwechsel (z. B. Änderung der Temperatur Sommer/Winter)	~ 0,50
Sehr langsam ansteigender Zwang (z. B. Schwinden). Spannungsendwert nach mehreren Jahren	~ 0,35

6 Verformungsbehinderung und Rissbildung in Bauteilen

Wenn sich ein Bauteil frei und ungehindert verformen kann, treten keine Spannungen auf. In der Regel sind jedoch abhängig von der Art des Bauwerks die Konstruktionsglieder miteinander verbunden, sodass angrenzende Bauwerksteile die in einem Bauwerksteil durch Temperatur oder Schwinden hervorgerufenen Verformungen behindern. Dabei sind die jeweils vorhandenen Abmessungen und Steifigkeiten von Bedeutung. Auch die Festlegungen für den Bauablauf und die Reihenfolge, in der die Konstruktionsglieder ausgeführt wurden, haben Auswirkungen auf die Verformungsbehinderungen und damit auf die Risiken einer Rissbildung. Die Auswirkungen einer äußeren Behinderung durch vorher hergestellte und erhärtete Bauteile zeigen sich in Trenn- bzw. Spaltrissen; bei abschnittsweise hergestellten Baukörpern öffnen sich die Arbeitsfugen. Bei größeren Bauteildicken mit unterschiedlichen Dehnungen im Querschnitt und gegenseitiger, innerer Behinderung treten Oberflächen- bzw. Schalenrisse auf.

Die erzwungene Verformung des Bauteils wird durch die Rissbildung abgebaut. Der wirksame Dehnungsbetrag wird durch eine gewisse Anzahl von Rissen kompensiert, deren Breite durch den Bewehrungsanteil und die Verbundeigenschaften bestimmt wird (nähere Ausführungen im Kapitel 10). Daraus resultiert auch der Entwurfsgrundsatz, dass bei der statischen Berechnung der Schnittgrößen auf die Berücksichtigung der üblich auftretenden Zwänge und Zwangkräfte verzichtet werden kann.

Bild 6.1 veranschaulicht die Auswirkungen der Abkühlung eines statisch unbestimmten Rahmens. Während sich die Rahmenstiele ungehindert verkürzen können, ist der Rahmenriegel durch die Stützen in der Verformung behindert, aber nur in dem Maß, wie die Biegesteifigkeit der Stützen dies zulässt. In Abhängigkeit von der Größe des Behinderungsgrads entsteht eine Zugkraft. Die Rahmenstiele werden durch den sich verkürzenden Riegel nach innen gezogen, dadurch wird ein Biegemoment hervorgerufen. Schließlich entsteht infolge der Verdrehung der Rahmenknoten ein Biegemoment im Riegel. Das Beispiel zeigt, wie die Behinderungen der Bauteile in einer Konstruktion sich wechselseitig beeinflussen. Gleichzeitig wird deutlich, wie schwierig eine zutreffende Erfassung des Behinderugsgrads ist. Eine Vereinfachung, auch durch eine Trennung der Konstruktion und getrennte Beurteilung der Situation in den Bauteilen, ist deshalb oft unumgänglich.

Der Behinderungsgrad hat einen großen Einfluss auf die Größe der entstehenden Zwangverformungen und -spannungen. Mit einer Zunahme des Behinderungsgrads steigt proportional auch die Zwangkraft an. Deshalb ist eine konstruktive Maßnahme zur

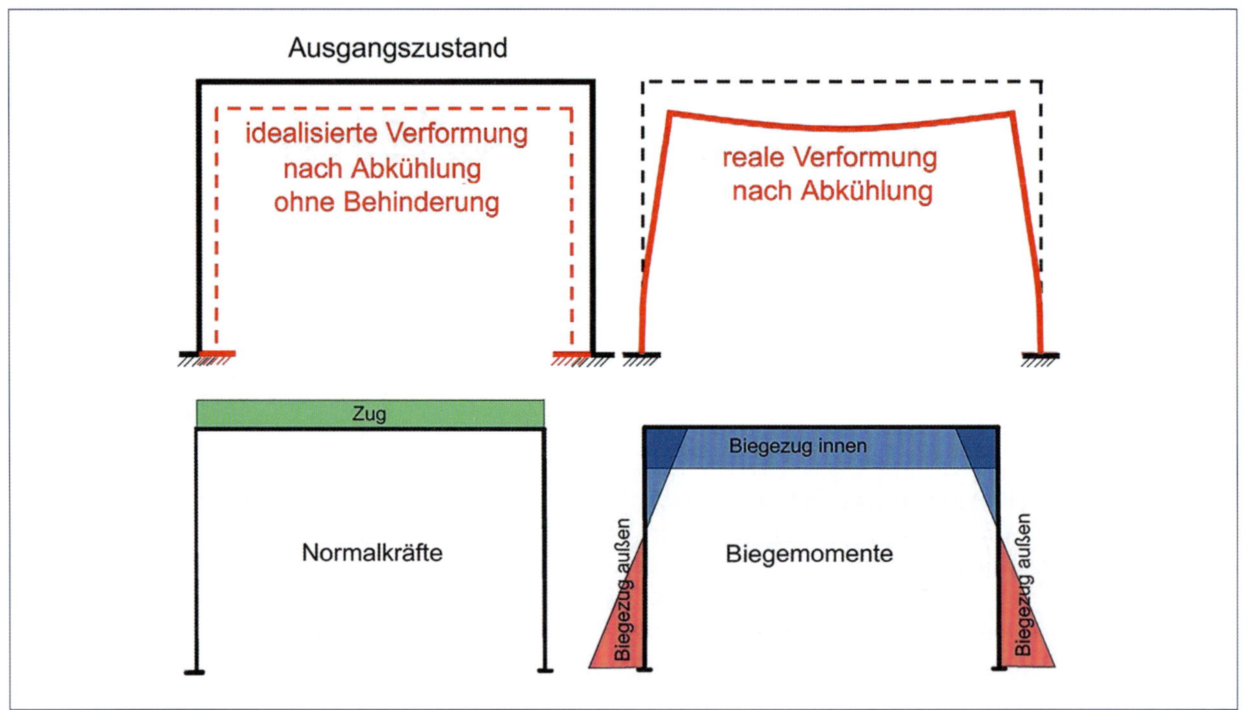

Bild 6.1: Unbehinderte und behinderte Verformung eines dreifach statisch unbestimmten Rahmens nach einer Abkühlung und den aus der Behinderung resultierenden Schnittgrößen

Verminderung der Zwangkräfte darauf gerichtet, die Behinderung der sich verformenden Bauteile zu reduzieren. Ein Beispiel dafür ist die gleitfähige Auflage von Bodenplatten. Die im Zustand I, d.h. im ungerissenen Bauteil, vorhandene Zwangschnittgröße ist maßgebend für die Bemessung der Mindestbewehrung zur Rissbreitenbegrenzung, wenn ein solches Bemessungskonzept angewendet wird. Durch die Rissbildung werden die Behinderung und die Zwangschnittgröße reduziert.

Die Behinderungsgrade streuen in Abhängigkeit von der Konstruktion erheblich. Während beispielsweise Zwischendecken von Tiefgaragen sehr erheblich verformungsbehindert sind, werden die Decken von offenen Parkdecks in Stahlverbundbauweise vergleichsweise wenig gezwängt. Die Annahme eines Behinderungsgrads von 100 % ist aber auf Ausnahmen beschränkt und nicht realistisch. Selbst bei großen Unterschieden in den Steifigkeiten der gekoppelten Bauteile treten freie Verformungen auf, die die Zwängung abmindern. Eine vollständige Verformungsbehinderung ist auf Ausnahmen beschränkt und sollte deshalb nicht pauschal die Grundlage für die Abschätzung von Zwangkräften bilden.

Der Bestimmung eines zutreffenden Behinderungsgrads stehen jedoch nicht unerhebliche Schwierigkeiten entgegen. Dies ist zum einen die Festlegung der für die gegenseitige Behinderung der gekoppelten Bauteile maßgebenden Querschnittsflächen, sowie bei jungem Beton zusätzlich die zeitabhängige Entwicklung des E-Moduls in Abhängigkeit von der Betonzusammensetzung und der Bauteiltemperatur. Selbst die Verbindung relativ einfacher Bauteile, wie beispielsweise einer Wand auf einer Bodenplatte zeigt, wie unsicher die Festlegung der behindernden bzw. der behinderten Querschnittsfläche ist. Die Regelwerke weisen deshalb als Hilfe zur Abschätzung bei unterschiedlichen Bauteilkonstellationen Behinderungsgrade aus, die mit einer gewissen Wahrscheinlichkeit zutreffen [DIN EN 1992-3]. Problematisch bleibt die Abschätzung vor allem im sehr frühen Alter, da mit der Erhärtung die Festigkeit des behinderten Bauteils laufend ansteigt und der Behinderungsgrad parallel laufend vermindert wird.

Bei wiederholt oder längerfristig auszuführenden Bauteilen kann es nützlich sein, die ersten Betonagen zu beobachten und den Behinderungsgrad durch Vergleich der gemessenen und berechneten temperaturbedingten Dehnungen festzustellen. Dies kann dazu beitragen, den Ablauf der Betonarbeiten günstiger zu gestalten und die Rissbildung zu verringern. Beispielsweise könnten die einzuhaltende kritische Temperaturdifferenz oder die Bauteillänge bei Wänden vergrößert werden.

6.1 Arten der Verformungsbehinderung

Der Veränderung der Bauteillänge durch lastunabhängige Verformungen kann durch angrenzende Bauteile Widerstand entgegengesetzt werden. Bei einem Verformungsprofil im Bauteil behindern sich die Querschnittsfasern selbst. Beide Verformungen können sich auch überlagern.

Durch die Konstruktion bedingter **äußerer Zwang** kann hervorgerufen werden durch:

- äußere Behinderung an den Bauteilenden wie z.B. bei balkenförmigen Bauteilen oder im Mittelbereich von ausgedehnten Geschoss- und Tiefgaragendecken (mittiger Zwang); vgl. Bild 6.2 a;
- äußere Behinderung am Bauteilrand von in getrennten Arbeitsgängen miteinander verbundenen Bauteilen wie z.B. bei Wänden auf Bodenplatten oder Decken-Wand-Konstruktionen (außermittiger/exzentrischer Zwang); vgl. Bild 6.2b,
- äußere Behinderung am Bauteilrand als flächige Behinderung aufgelagerter Bodenplatten vergleichbar mit Bild 6.2b (außermittiger (exzentrischer) Zwang und Biegemoment).

Der zentrische Zwang tritt selbständig bei stabförmigen Bauteilen, z.B. bei Prüfkörpern im Labor, bei Skelettbauten oder einachsig gespannten Bauteilen auf. Die vielfältigen Konstruktionen, Bauteilformen und -abmessungen haben darüber hinaus sehr unterschiedliche Behinderungen zur Folge. In der Praxis können diese aber vereinfachend auf die vorgenannten Grundformen zurückgeführt werden. Oft genügt es, einen repräsentativen Bauteilabschnitt zu untersuchen und den Stab-, Scheiben- oder Sohlenzwang zugrunde zu legen. Wenn beispielsweise der zentrische Zwang überwiegt und die hauptsächliche Beanspruchung darstellt, kann auf weitere Zwangeinwirkungen,

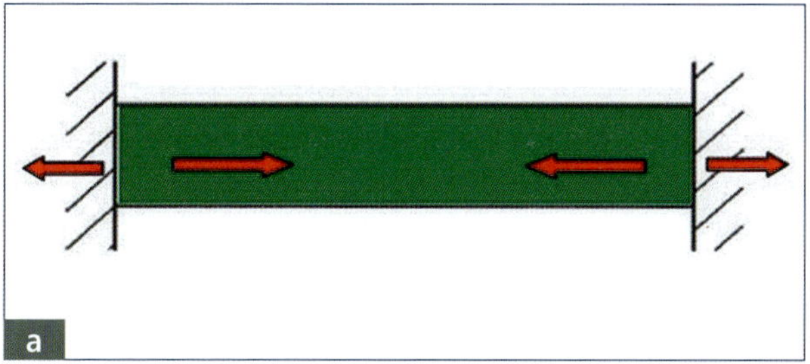

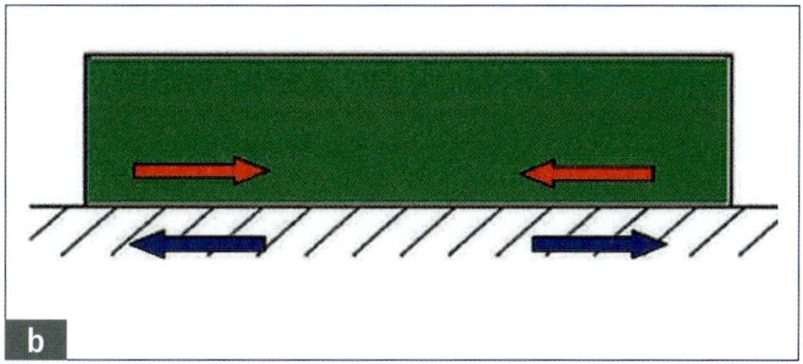

Bild 6.2: Äußere Bauteilbehinderungen als Ursache von Zwangspannungen
a) Mittiger Zwang (Behinderung am Bauteilende): zentrische Verformungen und Zwangkräfte Eigenspannungen entsprechend Bauteildicke
b) Außermittiger Zwang (Behinderung am Bauteilrand): zentrische Zwangkräfte und Biegemomente, Eigenspannungen entsprechend Bauteildicke

die überlagernd vorhanden sind, verzichtet werden. Eine Deckenplatte, die zwischen Treppenhäusern eingespannt ist, wird vor allem durch zentrischen Zwang entsprechend der Behinderung nach Bild 6.2a beansprucht. Bei Wandbauteilen, die mit einer Sohlplatte verbunden sind, treten vorzugsweise die Behinderungen nach Bild 6.2b auf. Bei abschnittsweise hergestellten Wänden liegt zunächst eine äußere und außermittige Behinderung vor; die dann ergänzten Wandabschnitte erhalten noch eine zusätzliche zentrische Beanspruchung. Deckenplatten, die durch Wände behindert sind, haben im Randbereich eine Beanspruchung gemäß Bild 6.2b, in der Mitte gemäß Bild 6.2a.

Das Berechnungsmodell zur Ermittlung der Mindestbewehrung nach DIN EN 1992-1-1 geht von einem zentrischen Zwang aus. Der Ansatz nach DIN EN 1992-3 berücksichtigt den außermittigen Zwang.

Weiterhin entstehen in den scheibenförmigen Konstruktionsteilen Spannungskonzentrationen durch Öffnungen, Querschnittsveränderungen und Einsprünge in den Bauteilen, die spezifische Beanspruchungen in den Bauteilabschnitten darstellen.

In den Bauteilen kann sich ein **innerer Zwang** entwickeln, der zu **Eigenspannungen** führt oder die zentrischen Zwangspannungen beeinflusst. Eigenspannungen stehen im Querschnitt im Gleichgewicht und initiieren keine nach außen wirkenden Kräfte. Ursachen sind:

- eine innere Behinderung im Bauteilquerschnitt bei Bauteilen größerer Abmessungen (z.B. wasserbauliche Konstruktionen), beim Schwinden des Betons und Behinderung durch die Bewehrung oder bei Bauteilen mit betontechnisch unterschiedlichen Eigenschaften,
- in flächigen Bauteilen innere Behinderungen aufgrund der Temperaturverteilung und den daraus resultierenden unterschiedlichen Dehnungen, die zur Verminderung der zentrischen Zwangspannungen führen.

Nachfolgend werden die hauptsächlichen Bauwerksteile mit typischen zwangspannungsverursachenden Behinderungen und die dadurch bedingten Rissbildungen dargestellt.

6.2 Definition des Behinderungsgrads

Der Behinderungsgrad charakterisiert die Verformungsfähigkeit des Bauteils unter Zwangeinwirkung. Dabei bedeutet ein geringer Behinderungsgrad, dass noch eine erhebliche ungehinderte Dehnung möglich ist.

6.2.1 Dehnbehinderung

Der Behinderungsgrad ergibt sich aus dem Anteil der freien und damit experimentell feststellbaren Dehnung $\Delta\varepsilon_{frei}$ bzw. $\Delta\varepsilon_{meas}$ im Verhältnis zu der im Bauteil eingetragenen Gesamtdehnung ε_0. Der Betrag der behinderten Dehnung $\Delta\varepsilon_{beh}$ ist spannungswirksam und wird deshalb auch mit $\Delta\varepsilon_{Zw}$ bezeichnet. Die Dehnungsanteile sind im Zusammenhang in Bild 6.3 dargestellt.

$$R = 1 - \frac{\Delta\varepsilon_{frei}}{\varepsilon_0} = \frac{\Delta\varepsilon_{beh}}{\varepsilon_0} \tag{6.1}$$

Wenn die eingetragene Verformung vollständig behindert ist, d.h. $R = 1$, wird von einer Beanspruchung mit vollem Zwang gesprochen. Bei einem Behinderungsgrad $R < 1$ liegt ein teilweiser Zwang vor.

Bei temperaturbedingten Dehnungen kann auf den Behinderungsgrad R geschlossen werden, indem die Messwerte eines Wegaufnehmers $\Delta\varepsilon_{meas}$ und die Temperaturdifferenz ΔT in Beziehung gesetzt werden nach

$$R = 1 - \frac{\Delta\varepsilon_{meas}}{\alpha_T \cdot \Delta T} \tag{6.2}$$

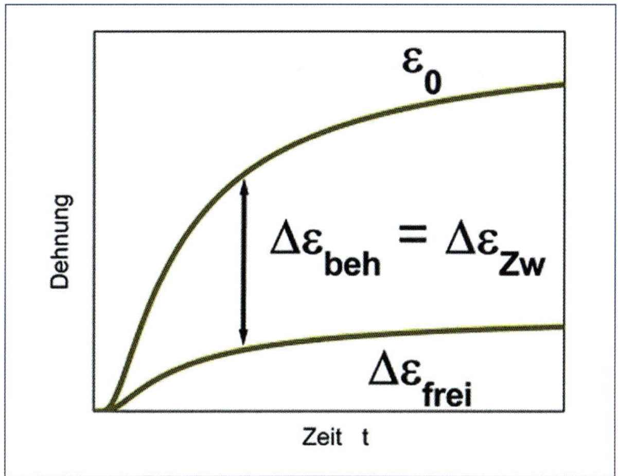

Bild 6.3: Zeitabhängige Dehnungsanteile bei Zwang

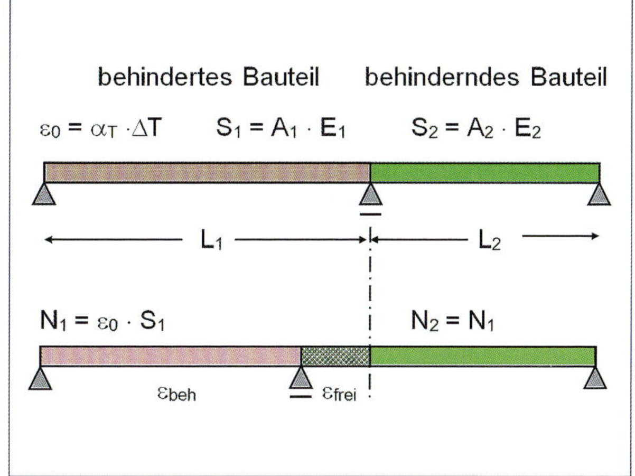

Bild 6.4: Modell zweier gekoppelter Bauteile zur Ermittlung des Behinderungsgrads R; Bauteil 2 behindert das Bauteil 1, das sich infolge von Abkühlung oder Schwinden verkürzt

Der Behinderungsgrad in der Konstruktion wird rechnerisch abgeleitet aus dem Verhältnis der Steifigkeiten $S = A \cdot E$ des behinderten und des behindernden Bauteils sowie deren Längen L. Wenn sich das Bauteil 1 verkürzt, wird das bewegliche Auflager so weit verschoben, wie die Steifigkeit des behindernden Bauteils 2 dies zulässt. Im System gelten folgende Bedingungen: Die Verkürzung im Bauteil 1 entspricht der Verlängerung des Bauteils 2. Die beiden Kräfte N_1 und N_2 sind identisch. Damit ergibt sich:

$$\Delta L_1 = \varepsilon_{frei} \cdot L_1 = -\Delta L_2 \tag{6.3}$$

$$\Delta L_1 = (\varepsilon_0 - \varepsilon_{beh}) \cdot L_1 = -\Delta L_2 = \varepsilon_{beh} \cdot \frac{S_1}{S_2} \cdot L_2 \tag{6.4}$$

$$\varepsilon_0 - \varepsilon_{beh} = \varepsilon_{beh} \cdot \frac{S_1}{S_2} \cdot \frac{L_2}{L_1} \tag{6.5}$$

Der Behinderungsgrad R folgt daraus entsprechend Gleichung (6.1) zu

$$R = \frac{S_2 \cdot L_1}{S_1 \cdot L_2 + S_2 \cdot L_1} \tag{6.6}$$

Wenn die Bauteillängen übereinstimmen, wie beispielsweise bei einer Wand auf einem Fundament, reduziert sich die Gleichung auf

$$R = \frac{A_2 \cdot E_2}{A_1 \cdot E_1 + A_2 \cdot E_2} = \frac{1}{1 + \frac{A_1 \cdot E_1}{A_2 \cdot E_2}} \tag{6.7}$$

Gleichung (6.7) ist gültig unter der Voraussetzung, dass ungeachtet der am Querschnittsrand exzentrisch wirkenden Dehnungsbehinderung die Verkrümmung der gekoppelten Bauteile vollständig verhindert ($E_2 \cdot I_2 = \infty$) sowie eine schubfeste Verzahnung und konstante Zwangeinwirkung über die Bauteillänge vorhanden ist. Für das behinderte Bauteil ergeben sich daraus die ungünstigsten Beanspruchungsbedingungen.

Bei langen Wänden beträgt die Dehnungsbehinderung in der Bauteilmitte dann 100 %.

Die Zwangnormalkraft ergibt sich damit bei Ansatz von Mittelwerten zu

$$N_{Zw} = \varepsilon_0 \cdot E_{cm} \cdot A_{ct} \cdot R \quad (\leq f_{ctm} \cdot A_{ct}) \tag{6.8}$$

Da sich während der Erhärtung die Steifigkeiten des behinderten Bauteils ändern, ist auch der Behinderungsgrad nicht konstant. Wenn z.B. zwischen zwei mit Abstand betonierten Bodenplatten eine dritte zum Lückenschluss eingefügt wird, ist diese letzte Bodenplatte behindert und zwar mit dem Behinderungsgrad $R = 1$, da $S_1 = 0$. Im Zuge der Erhärtung steigt die Steifigkeit S_1 an und erreicht den gleichen Wert wie die angrenzenden Bauteile. Der Behinderungsgrad beträgt dann bei $A_1 = A_2$ und $E_1 = E_2$ den Wert $R = 0{,}50$.

Unter Einbeziehung des Behinderungsgrads in die Berechnung der Zwangspannungen sind deshalb bei jungem Beton kleine Zeitinkremente zu wählen.

Im Regelfall wird den Berechnungen der Behinderungsgrad vor der Erstrissbildung zugrunde gelegt. Tatsächlich ändert sich aber bei einer Rissbildung die Steifigkeit und damit zwangsläufig der Behinderungsgrad für das gezwängte Bauteil. Mit der Verringerung des E-Moduls und damit der Steifigkeit steigt die Behinderung an. Bei weiterer Verformung wird bei der dann vorhandenen größeren Behinderung die risskritische Situation schneller erreicht. Dieser Vorgang wiederholt sich bei jeder Einzelrissbildung in Verbindung mit einer Zunahme.

6.2.2 Krümmungsbehinderung

Ein Biegezwang des Bauteils ist vorhanden, wenn die Krümmung infolge einer linear über den Querschnitt verteilten Dehnung behindert ist. Bei einem zweiteiligen Bauteilverbundsystem beträgt die Krümmungsbehinderung K mit den Biegesteifigkeiten $E \cdot I$ analog zu Gleichung (6.7)

$$K = \frac{I_2 \cdot E_2}{I_1 \cdot E_1 + I_2 \cdot E_2} \tag{6.9}$$

I_1, I_2: Trägheitsmoment

Bei einer biegestarren Unterlage ($E_2 \cdot I_{2'} = \infty$) wirken auch vertikale Reaktionskräfte, die die Verkrümmung behindern und am Bauteilrand ein Aufreißen der Verbundfuge verursachen können. In Verbindung mit dem in Längsrichtung wirkenden Zwang aus der Dehnbehinderung (Kapitel 6.2.1) entstehen zentrische Zwangspannungen mit einer Verteilung über die Wandhöhe. Bei einem biegeweichen Auflager ($0 \leq E_2 \cdot I_{2'} \leq \infty$) treten ausschließlich horizontale Spannungen im Bereich der Verzahnung auf. Aufgrund der unbehinderten Krümmung der Wandscheibe entstehen linear veränderliche Spannungen über die Wandhöhe, die im Bereich der Wandkrone das Vorzeichen wechseln. Bereits bei kurzen Wänden bildet sich eine bezogene Zwangspannungsverteilung entsprechend einem Behinderungsgrad von 1,0 am Wandfuß und mit –0,5 am Wandkopf heraus.

Die Krümmung beträgt

$$\kappa = \frac{\varepsilon_0}{h/2} \tag{6.10}$$

Das Biegemoment ergibt sich zu

$$M = \varepsilon_0 \cdot E_{cm} \cdot A_{ct} \cdot h \cdot K/6 \quad (\leq f_{ctm} \cdot W_{ct}) \tag{6.11}$$

ε_0: Dehnung am Bauteilrand
W_{ct}: Widerstandsmoment

6.3 Bauteiltypische Verformungsbehinderungen und Risiko von Rissbildungen

Einzelne Bauwerksteile haben in Abhängigkeit von der Art der Baukonstruktion, der Verbindung der Konstruktionsglieder miteinander, der Form, den Abmessungen und dem Bauablauf unterschiedlich große Verformungsbehinderungen und Risiken der Rissbildung. Eine Behinderung ist immer dann vorhanden, wenn zwischen den gekoppelten Bauteilen Verformungsdifferenzen bestehen. Das ist sehr oft dadurch bedingt, dass die Bauteile zu verschiedenen Zeitpunkten hergestellt werden und infolge des voneinander abweichenden Erhärtungszustands unterschiedliche Eigenschaften aufweisen. Auf eine Reihe von Bauwerken oder Bauwerksteilen mit einer hohen Wahrscheinlichkeit der Rissbildung wird in den folgenden Kapiteln eingegangen.

Aufgrund der Beziehung zwischen dem Behinderungsgrad und der dadurch hervorgerufenen Zwangspannungen ist die Rissbildung selbstverständlich dann besonders ausgeprägt, wenn eine große Verformungsbehinderung vorhanden ist. Das trifft auf eingespannte Deckenscheiben zu, die mit den darunter liegenden Wänden dehn- und biegesteif verbunden sind und zeitlich später eingefügt werden (Kapitel 6.4). Wandscheiben sind mit den Bodenplatten schubfest verbunden und werden von diesen festgehalten (Kapitel 6.5). Vergleichsweise behindern sich auch Sohlplatten, die mit dem Untergrund gekoppelt sind (Kapitel 6.6). Diese Beanspruchungssituation kann auf alle Bauwerke übertragen werden, die aus diesen Bauteilen bestehen und die zeitlich nacheinander ausgeführt werden. Dazu gehören Behälter (Kapitel 6.5.6, 7.1, 7.2, 7.6.3), Tunnelbauwerke und dergleichen.

Bei Öffnungen in Decken und Wänden stellen sich in geschwächten Bauteilabschnitten Trennrisse ein. Die Kerbwirkung kann ferner von den Öffnungen ausgehende Risse verursachen (Kapitel 6.7 und Kapitel 7.6.6).

Die äußere Behinderung erhärtender Bauteile an Arbeitsfugen zu angrenzenden und erhärteten Bauteilabschnitten ist eine häufige Ursache von Trennrissbildungen mit besonders nachteiligen Auswirkungen auf die Gebrauchstauglichkeit und Dauerhaftigkeit. Betroffen sind vor allem flächige Bauwerksteile, die in einzelnen Abschnitten nacheinander hergestellt werden (Kapitel 6.8). Daraus ergeben sich besondere Anforderungen bei der Planung und Ausführung von fugenlosen oder fugenreduzierten Bauwerken (Kapitel 7.4).

Sind in profilierten Querschnitten unterschiedliche Dicken vorhanden oder werden Bauteile unterschiedlicher Dicke miteinander verbunden, treten durch Schwind- und Temperaturverformungen verursachte Rissbildungen auf. Auch bei gemeinsamer Ausführung dieser Querschnitte sind Rissbildungen aufgrund rissbegünstigender Zwangspannungen infolge von Schwindvorgängen nicht zu vermeiden. Ein Beispiel ist der Hohlkastenquerschnitt von Brückenkonstruktionen.

Bei massigen Bauteilen entstehen Verformungsdifferenzen innerhalb des Bauteilquerschnitts. Die hygrischen und thermischen Verformungen behindern sich selbst und führen zu Eigenspannungen, die eine Rissbildung im oberflächennahen Bereich hervorrufen können (Kapitel 7.3). Bei Bauteilen mit größerer Dicke können sich Eigen- und Zwangspannungen überlagern, wie dies bei Fundamentplatten der Fall ist.

Bei einer Reihe von Konstruktionen treten Behinderungen in spezifischer Form auf, wie beispielsweise bei Konstruktionen aus Elementwänden und -decken (Kapitel 7.5) oder bei Aufbetonen (Kapitel 6.6.8).

Eine besondere Rissanfälligkeit ist gegeben, wenn mehrere Ursachen zusammentreffen. Die vorgenannten Auswirkungen der Verformungsbehinderungen bilden einen Teil der Maßnahmen zur Verminderung der Zwangspannungen (Kapitel 8.1.3).

6.4 Behinderungen und Zwangspannungen in Deckenkonstruktionen

Raumabschließende Deckenkonstruktionen sind aufgrund der relativ geringen Bauteildicken hauptsächlich durch das Schwinden und äußere Temperatureinwirkungen beansprucht und unterliegen damit vor allem dem späten Zwang. Beispiele sind die Dachdecken von Geschossbauwerken, Parkhäuser und Parkdecks. Bei dickeren Konstruktionsteilen, wie beispielsweise bei den Decken von Behältern und Siloanlagen, treten auch Beanspruchungen durch die abfließende Hydratationswärme und damit früher Zwang auf.

Geschossdecken und damit vergleichbare Bauteile werden durch Treppenhäuser, aussteifende Wände und die Stützen behindert und unterliegen dem **zentrischen Zwang**. Die Anordnung der Festpunkte und Aussteifungen im Gebäude sowie die Geometrie der Deckenplatten beeinflusst die Zwangkräfte sehr wesentlich.

Die Lage der behindernden Konstruktionsteile in Bild 6.5 führt zu einer Zwängung der Decken ohne Möglichkeit der ungehinderten Ausdehnung. Da die Nachgiebigkeit der aussteifenden Bauteile nur gering ist, kann eine Verminderung der Zwangkraft nur in relativ geringem Umfang stattfinden. Den hauptsächlichen Einfluss hat dann lediglich die Relaxation, die im späten Alter nur über längere Zeiträume noch von Bedeutung ist. Die Dehnungsbeträge aus dem Schwinden können dann sukzessive so groß werden, dass selbst nach Jahren Trennrisse auftreten, oft in Verbindung mit meteorologischen Temperaturwechseln. Bei einer Spannrichtung der Deckenplatte senkrecht zur Richtung der Zwangkraft steht die Tragbewehrung zur Rissbreitenbegrenzung nicht zur Verfügung. Die Anordnung der Aussteifungen nach Bild 6.5 ist in Hinblick auf die Beherrschung der Zwangkräfte in den Konstruktionen als ungünstig anzusehen.

Selbst bei mittigen oder nur an einer Bauwerksseite befindlichen Aussteifungen sind Behinderungen vorhanden, die sich aus der Steifigkeit der Stützen ergeben (Bild 6.6). Die Zwangkräfte nehmen vom Bauwerksrand in Richtung des Festpunktes zu und können dort einen kritischen Wert erreichen, wenn die Deckenkonstruktion eine größere Länge aufweist.

Sind in ausgedehnten Konstruktionen Arbeitsfugen vorhanden, werden dort die ersten Risse auftreten, da die Zugfestigkeit zwischen dem erhärteten und neuen Beton in der Regel geringer ist als im Bauteil.

Ein Beispiel für den maßgebenden zentrischen Zwang in Überlagerung mit einer seitlichen Behinderung ist das Spindelbauwerk eines mehrgeschossigen Parkhauses, das im Ergebnis mehrjähriger Schwindvorgänge und winterlicher Temperatureinwirkung eine Vielzahl breiterer Trennrisse aufweist (Bild 6.7). Die Dehnungsfugen befinden sich jeweils am Übergang in das Parkgeschoss; daneben sind die Geschossdecken mit der Fahrbahnplatte verbunden. Die innere Begrenzung der Fahrbahn wird durch einen stark bewehrten Balken gebildet, der eine seitliche Behinderung darstellt. Die Bewehrung ist entsprechend der Spannrichtung der Fahrbahndecke, d.h. quer zur Fahrtrichtung angeordnet. Die Zwangbeanspruchung wurde unterschätzt und daher nur etwa 20 % der notwendigen Bewehrung zur Aufnahme der Risskräfte angeordnet. Damit ist die Lage der Trennrisse vorgegeben und Rissbreiten bis zu 0,6 mm sind begründet.

Bei der Zwischendecke einer zweigeschossigen Tiefgarage, die durch Wandscheiben und zwei Kernbauteile zentrisch gezwängt ist, traten innerhalb der ersten beiden Jahre nach Herstellung sukzessiv Trennrisse auf (Bild 6.8). Ursache dafür war die Beanspruchung aus der Überlagerung der Dehnungen aus dem Trocknungsschwinden und den jährlichen Temperaturschwankungen. Da die obere Deckenplatte erdüberdeckt war und die Bodenplatte mit Grundwasser in Berührung stand, trat das Trocknungsschwinden nur in der Zwischendecke auf. Nach Fertigstellung im Spätsommer war das Bauwerk durch eine intensive Lüftung den tiefen Temperaturen im Winter ausgesetzt. Die Orientierung der Rissbildung wird maßgeblich durch die Fugen der Elementdecke vorgegeben,

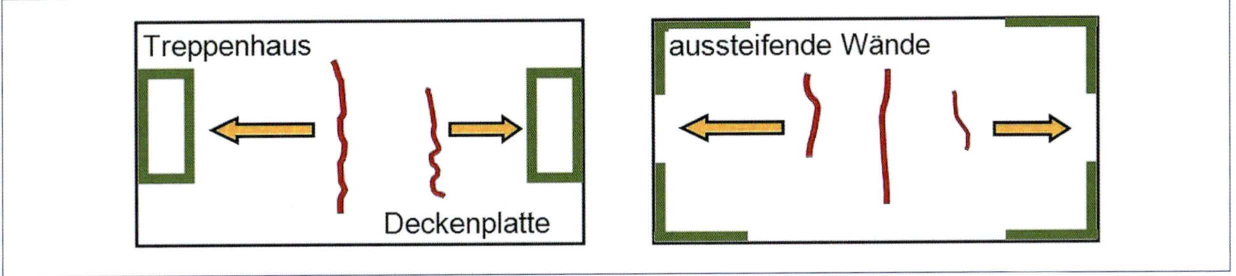

Bild 6.5: Behinderung von Geschossdecken durch Treppenhäuser und aussteifende Wandscheiben

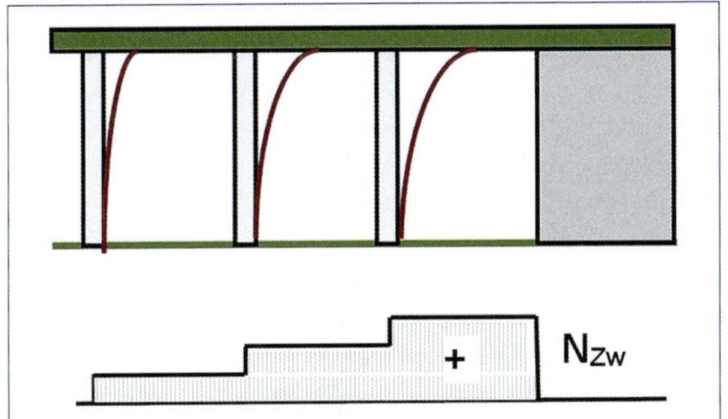

Bild 6.6: Schnitt durch ein Dachgeschoss mit der Behinderung der sich verkürzenden Deckenscheibe durch die Stützen

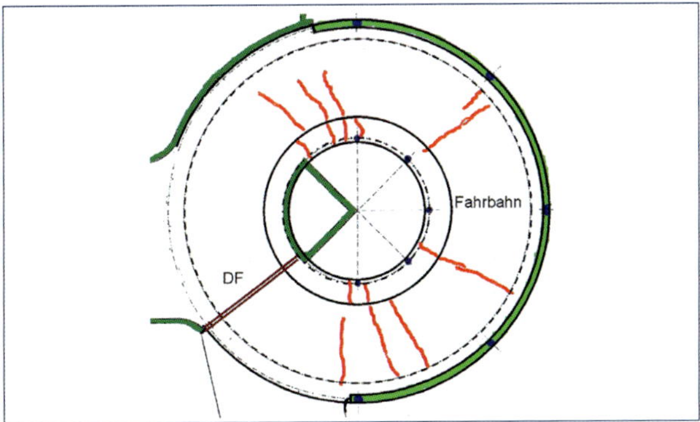

Bild 6.7: Rissbildungen in der Fahrbahn einer Parkhausspindel, parallel zur Spannrichtung der Fahrbahn zwischen den Randbalken

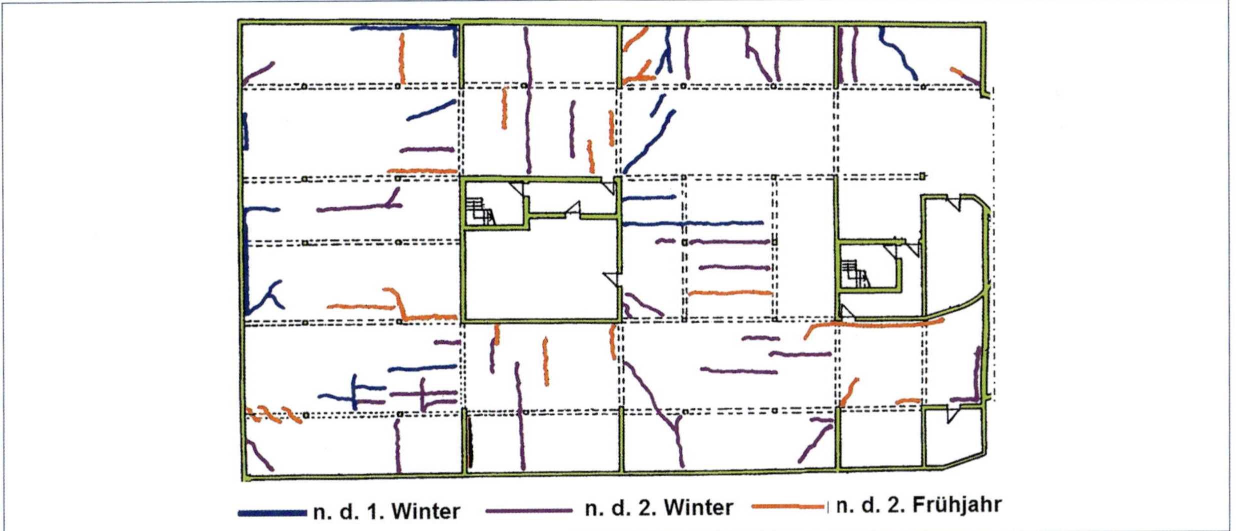

Bild 6.8: Auswirkungen der Dehnungen infolge von Trocknungsschwinden und jahreszeitlichen Temperaturänderungen in einer Parkhaus-zwischendecke

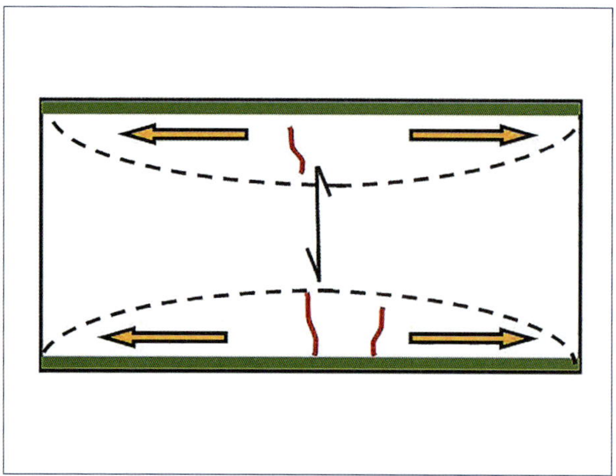

Bild 6.9: Zwangverformung und Rissbildung bei am Rand behinderten Deckenplatten; rechtwinklig zur Spannrichtung der Decke und der Lage der Bewehrung tritt eine Verkürzung auf

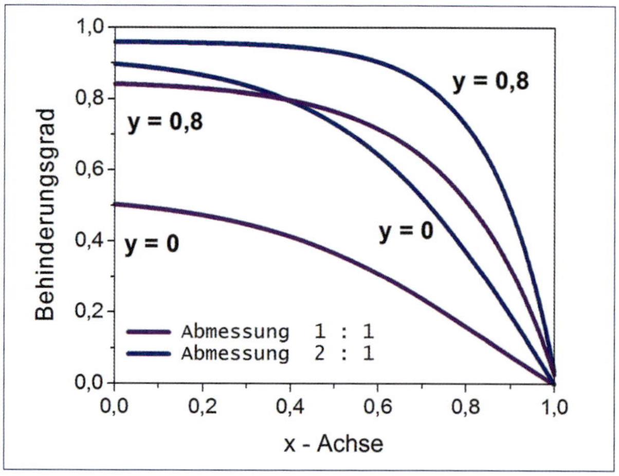

Bild 6.10: Allseitig eingespannte Deckenscheiben mit zwei unterschiedlichen Seitenverhältnissen
x, y = 0 geben den Deckenmittelpunkt an
y = 0 und y = 0,8 sind die Abstände parallel zur x-Achse in Richtung des eingespannten Deckenrandes (Angaben nach [Bin1])

weniger durch die Richtung der Zwangkräfte infolge von Einspannungen durch die Wände und Kerne.

Großflächige Decken, die mit anderen Baukörpern oder Wandscheiben verbunden sind, werden außerdem durch **außermittigen Zwang** beansprucht (Bild 6.9). Dieser Lastfall ähnelt der Behinderung von Wänden, die auf Bodenplatten betoniert werden. Im Randbereich entstehen horizontale Dehnungen, die mit Rissbildungen verbunden sein können und die die Anordnung einer zusätzlichen Bewehrung verlangen. Wird eine andere Spannrichtung der Decke gewählt, entsteht durch die Überlagerung von zentrischem und außermittigem Zwang eine zusätzliche Verformung in Richtung der Wände, für die die Haupttragbewehrung dann nicht zur Verfügung steht. Bei allseitig gezwängten, langgestreckten Deckenkonstruktionen nehmen die Behinderungen in Längsrichtung zu. Ein Beispiel ist in Bild 6.10 dargestellt. Die rechtwinklig wirkenden Behinderungen in y-Richtung ergeben sich als Differenz zum Wert 1. Die Spannungen folgen aus der Multiplikation $E_{ct} \cdot \varepsilon_0$; dabei resultiert ε_0 aus dem Schwinden oder der Temperatur.

Besondere Zwangspannungzustände treten in den Eckbereichen auf. Insbesondere sind hohe Schubspannungen vorhanden [Bin1], die dazu führen können, dass dieser Deckenteil durch schräge Rissbildung abgetrennt wird (Bild 6.11). In diesem Fall handelt es um Bauteile mit einer Dicke von 500 mm, die als vollständig unnachgiebig einzuschätzen sind.

Verformungsdifferenzen entstehen auch bei Decken von teilweise eingeerdeten Bauwerken. Dazu gehören Keller, deren Decken dem Trocknungsschwinden unterliegen und deren einspannende Wände feuchtebedingt nur vergleichsweise geringfügig austrocknen können. Wenn während der Bauausführung bei niedrigen Temperaturen die Konstruktion dem Wind ausgesetzt ist, findet nicht nur eine beschleunigte Austrocknung statt, sondern eine zusätzliche Dehnung infolge der zurückgehenden Temperaturen. Die Festigkeitsentwicklung ist darüber hinaus verlangsamt, sodass die Rissbildung begünstigt wird.

Wenn das Schwindmaß nach drei Jahren Austrocknung etwa $\varepsilon_{cs} = 350\ 10^{-6}$, d.h. 0,35 ‰ beträgt (Kapitel 4.3.3) und die Verkürzung der Wand aufgrund der Feuchte im Bauteil vernachlässigt wird, muss bei einem Behinderungsgrad der Decke mit R = 0,75 und einem Ansatz für die Relaxation y = 0,80 mit einer spannungskritischen Dehnung von $0{,}35 \cdot 0{,}75 \cdot 0{,}80 = 0{,}21$ ‰

gerechnet werden, die über der Bruchdehnung des Betons (ε_{cu} = 0,10–0,15 ‰) liegt. Die aufgetretenen Schadensfälle an Tiefgaragen und ähnlichen Konstruktionen sind also durchaus erklärbar. Eine solche Abschätzung ist nur vertretbar, weil sich in dem langen Zeitraum des Trocknungsschwindens die mechanischen Eigenschaften des Betons nur noch verhältnismäßig geringfügig ändern. Bei jungem Beton ist dagegen eine schrittweise Ermittlung mit zeitabhängigen Eingabewerten unumgänglich.

Bei der Ausführung von **Betonverbundkonstruktionen** schwinden das Fertigteilelement und der Aufbeton; die Elementfugen stellen Querschnittsschwächungen dar, die die Rissbildung im Ortbeton begünstigen. Eine unzutreffende Annahme bei der Beurteilung von Schäden ist, dass bei Fertigteilen kein Schwinden mehr stattfindet. Tatsächlich ist nur ein Teil des Geamtschwindmaßes zeitlich vorgezogen (siehe Kapitel 7.5).

Bild 6.11: Abriss in einer durch umlaufende Wände allseitig eingespannten Decke

6.5 Wandkonstruktionen

Wände sind entlang der gesamten Arbeitsfuge infolge von Rauigkeit und durchgehender Bewehrung schubfest mit den Streifenfundamenten oder Bodenplatten verbunden. Die bei Abkühlung infolge abfließender Hydratationswärme oder Schwinden entstehenden Zugkräfte in der Wand führen zu Druckkräften im Fundament oder der angeschlossenen Bodenplatte. Es liegt eine Behinderung am Bauteilrand nach Bild 6.2 b vor. Wand und Fundament stellen einen Verbundquerschnitt dar, bei dem beide Bauteile verformungsbehindert sind und dessen Verformung durch die Steifigkeitsverhältnisse bestimmt sind. Wäre das Fundament unnachgiebig, läge in der Wand unmittelbar über der Aufstandsfuge eine vollständige Behinderung vor. Tatsächlich findet aber eine gewisse Stauchung des Fundaments statt, aus der eine Verminderung des Behinderungsgrads für die Wand resultiert. Mit zunehmender Verformbarkeit über die Wandhöhe wird die spannungswirksame Behinderung zum oberen Rand hin verringert, sodass sich ein begrenzter rissgefährdeter Bereich entwickelt (Bild 6.12), dessen Ausdehnung durch die eingetragene Verformung, den Behinderungsgrad am Wandfuß und die Wandgeometrie bestimmt wird. Der Abstand der Trennrisse ergibt sich hauptsächlich durch die Abmessungen der Wand und nur unwesentlich aus der Anordnung der Bewehrung und dem Bewehrungsanteil.

Da festgestellt wurde, dass der Behinderungsgrad über die Wandhöhe (innere Behinderung) durch den Behinderungsgrad am Wandfuß (äußere Behinderung) direkt proportional beeinflusst ist, wird die Ermittlung der beiden Faktoren getrennt vorgenommen und dann multiplikativ verknüpft.

Eine weitere Entlastung der Wandscheibe tritt ein, wenn das behindernde Bauteil eine geringere Steifigkeit besitzt und ein Biegemoment wirksam wird. Als Folge treten kritische Zugspannungen nur im unteren Wandbereich auf, im oberen dagegen sind Druckspannungen vorhanden. Auf diese Verminderung der spannungswirksamen Verformungen wird im Regelfall verzichtet und das Auflager als biegesteif angesehen.

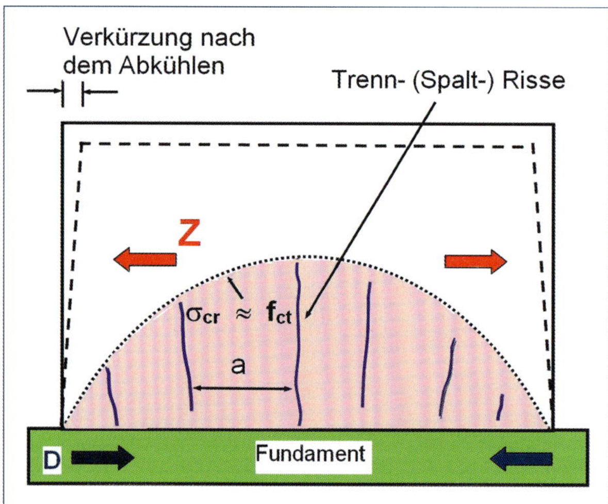

Bild 6.12: Horizontale Verformungen und Spannungen in einer Stahlbetonwand (schematisch); die Ausbreitung der Zugspannungen und Trennrisse findet entsprechend dem Verhältnis der Abmessungen Höhe/Länge statt

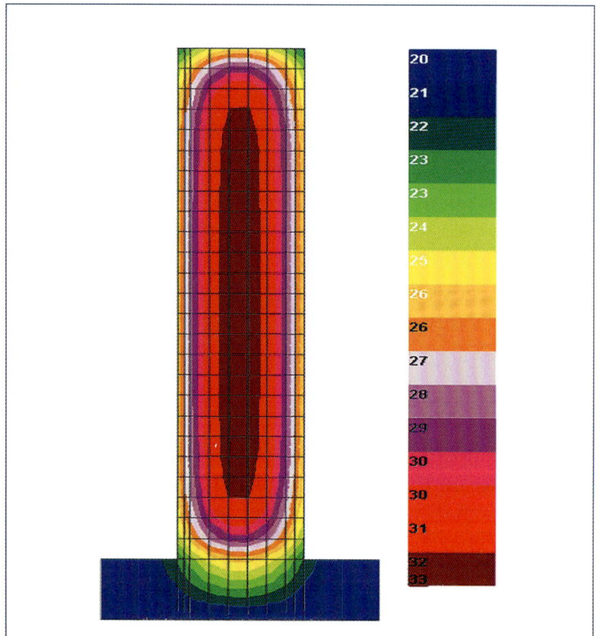

Bild 6.13: Temperaturentwicklung im Ortbetonkern einer Syspro-Doppelwand und im Randbereich des behindernden Bauteils 14 Stunden nach der Betonage [Ker1]

Eine weitere Entlastung tritt am Wandfuß bei abfließender Hydratationswärme auf, da die Übergangszone zum Fundament erwärmt und die Temperaturdifferenz zwischen den beiden Bauteilen verringert wird (Bild 6.13). Die Spannungsspitze wird durch eine Ausrundung ersetzt.

Wandkonstruktionen sind in der Regel einer durch den Rand behinderten Verformung unterworfen, die aus dem Temperaturfeld im Bauteil infolge der freigesetzten Hydratationswärme oder dem anschließenden Trocknungsschwinden resultiert. Der mit der Hydratation einsetzende autogene Schwindvorgang ist im Zuge des Temperaturausgleichsvorgangs im jungen Beton zu berücksichtigen. Unter der Einwirkung der Behinderung am Bauteilrand entsteht ein typisches Rissbild. Die im frühen Alter entstehenden Trennrisse können durch Zwangspannungen im Gebrauchszustand erweitert werden.

Erhärtete Wandbauteile können durch witterungsbedingte Temperatureinwirkungen auf Biegung beansprucht werden. Die einseitige Temperaturerhöhung am äußeren Rand führt zu einer Temperaturdifferenz im Wandquerschnitt und ruft das Biegemoment hervor. Entsprechend der Jahreszeit können die Zugspannungen am inneren oder äußeren Bauteilrand auftreten. Bei Behälterbauwerken kann die Temperaturdifferenz auch durch das Füllgut hervorgerufen werden.

6.5.1 Äußere und innere Behinderung der Wandscheibe

Die Beanspruchung einer Wandscheibe ergibt sich aus der äußeren Behinderung in Wandlängsrichtung R_L durch die Verbindung mit dem Fundament, die bei freistehenden Wänden aufgrund der Verformbarkeit des Bauteils über die Wandhöhe vermindert wird (innerer Behinderungsgrad R_H), vgl. Bild 6.14. Die örtliche Bauteilbehinderung über die Wandhöhe H ergibt sich aus den beiden Faktoren R_L und R_H durch Multiplikation, d.h.

$$R = R_L \cdot R_H \tag{6.12}$$

Äußere Behinderung R_L

Die äußere Behinderung R_L der Wandscheibe durch das Fundament in Längsrichtung ist vom Steifigkeitsverhältnis der beiden verbundenen Bauteile abhängig. Charakteristisch für den frühen Zwang ist, dass sich der Behinderungsgrad mit fortschreitender Erhärtung, d.h. mit zunehmendem E-Modul, kontinuierlich vermindert (vgl. dazu Bild 3.6).

Der Zusammenhang ergibt sich entsprechend Kapitel 6.2 zeitabhängig zu:

$$R_L(t) = \frac{1}{1 + \frac{E_W(t) \cdot A_W}{E_F \cdot A_F}} \tag{6.13}$$

$A_F \cdot E_F$, $A_W \cdot E_W(t)$:	Dehnsteifigkeiten des Fundaments oder der Bodenplatte sowie der Wand
$E_W(t)$, E_F:	E-Modul der Wand (zeitabhängig) bzw. des Fundaments
A_W, A_F:	Querschnittsfläche der Wand bzw. des Fundaments

Der Verlauf für verschiedene Relationen E_W / E_F und A_W / A_F ist in Bild 6.15 angegeben.

Gleichung (6.13) gilt eigentlich für längere Wände (L/H > 5). Bei kürzeren Wänden hat die Scheibenwirkung Einfluss. Nach den FEM-Untersuchungen von [Sta1] ergeben sich Behinderungsgrade R_L wie in Bild 6.16 dargestellt. Festgestellt wurde dabei auch, dass am Wandende der Behinderungsgrad $R_L > 1$ betragen kann, bei sehr geringer Steifigkeit der Wand sogar bis zu etwa $R_L \sim 2$. Dieser Spannungszustand ist wahrscheinlich eine weitere Ursache des Aufreißens der Arbeitsfuge zwischen Wand und Fundament in diesem Bereich [Nil1].

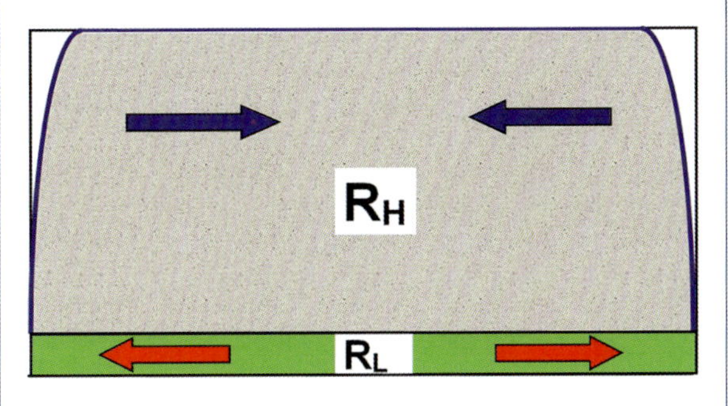

Bild 6.14: Schematische Darstellung der Behinderungen der freistehenden Wandscheibe durch das Fundament in Längsrichtung (R_L) und über die Wandhöhe (R_H); die Kontraktion der Wandscheibe und die aus der Behinderung resultierenden Zwangzugkräfte initiieren eine Druckkraft im Auflager

Mit Bild 6.15 vergleichbare Vorschläge liegen auch von anderen Autoren vor [ACI7], [Emb1]; die Abweichungen sind verhältnismäßig gering und erscheinen unter Beachtung der ansonsten vorhandenen Unsicherheiten vernachlässigbar.

Bei der Betonage von Wänden auf Bodenplatten ist die maßgebende Querschnittsfläche des behindernden Bauteils nur mit vereinfachenden Annahmen zu bestimmen; gesicherte Versuchsergebnisse liegen nicht vor. Die Ansätze auf der Grundlage der statisch mitwirkenden Plattenbreite nach [Röh1] ergeben wahrscheinlich geringere, die nach [Bam1] zu große Behinderungsgrade. Nach [Bam1, Appendix 5] sollte anstelle der Flächen A_W und A_F die Bauteildicken h_W und h_F gesetzt werden. Für die Wand am Sohlplattenrand wäre dann h_W / h_F und für eine vom Rand entfernte Wandstellung $h_W / 2\,h_F$ zu setzen. Bei dicken Bodenplatten oder steifen Fundamentstreifen sollte von einer Behinderung von $R_L = 0{,}9$ ausgegangen werden.

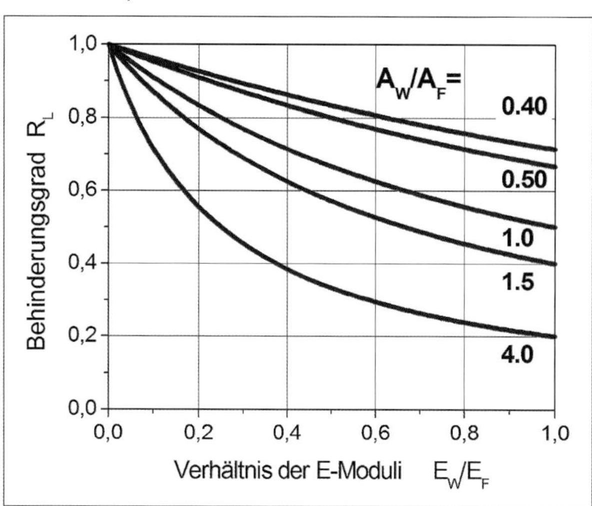

Bild 6.15: Behinderungsgrad durch das Fundament in Wandlängsrichtung bei Längsverkürzung

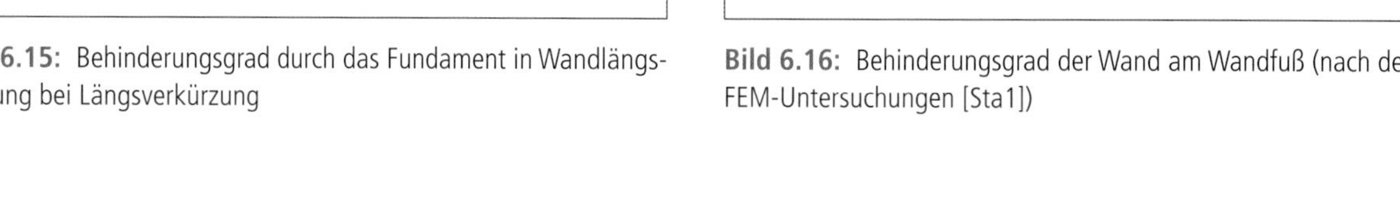

Bild 6.16: Behinderungsgrad der Wand am Wandfuß (nach den FEM-Untersuchungen [Sta1])

Die maßgebende Querschnittsfläche A_F ergibt sich bei Streifenfundamenten aus den vorhandenen Abmessungen, bei Bodenplatten aus einer mitwirkenden Plattenbreite b_F. Nach [Röh1] und [Bam1] kann folgender Ansatz verwendet werden:

$b_F = L_w / 2 + h_w < H_w + h_w$
bei mittiger Stellung der Wand:
$A_W / A_F = h_W / 2\, h_F$ [Bam1]

$b_F = L_w / 4 + h_w < 0{,}5\, H_w + h_w$
bei Randstellung der Wand:
$A_W / A_F = h_W / h_F$ [Bam1]

bei Verbindung Platte – Platte:
$A_W / A_F = h_W / h_F$ [Bam1]

In [Ros1] wird angegeben: $b_F = 2/3\, L_W + h_W$

Die Abweichungen sind groß und die Ableitung des Behinderungsgrads muss als unzuverlässige Abschätzung angesehen werden. Weitere Untersuchungen sind als sehr notwendig zu beurteilen.

Beispiel

Eine Wand mit h = 0,40 m und H = 3,0 m (A_W = 1,2 m²) wird auf einem Streifenfundament mit den Abmessungen d = 1,10 m und h = 1,0 m (A_F = 1,1 m²) betoniert. Nach t = 2,5 Tagen beträgt das Verhältnis $E_W / E_F = 0{,}85$ und der Behinderungsgrad $R_L = 0{,}52$, wie aus Bild 6.15 ersichtlich. Der Spannungsabbau würde damit etwa 50 % betragen. Der Behinderungsgrad im Bereich maximaler Dehnung (Bild 6.16) würde sich in gleicher Weise verringern.

Innere Behinderung R_H

Für den inneren Behinderungsgrad R_H der Verformungen in den Wandscheiben ohne Seiteneinspannung an den Rändern ist charakteristisch, dass die Hauptzugspannungen am linken Auflagerrand beginnen und zur Bauteilmitte hin einen parabelförmigen Verlauf aufweisen. Dabei nehmen die Zugspannungen ständig zu und erreichen in der Mitte der Wand den Maximalwert, wie vereinfacht in Bild 6.18 angegeben. Die Verformungsbehinderung über die Wandhöhe ist von der Geometrie der Wandscheibe, d.h. vom Verhältnis der Länge L zur Höhe H abhängig; der Querschnitt und die Bewehrung der Wand haben nur einen marginalen

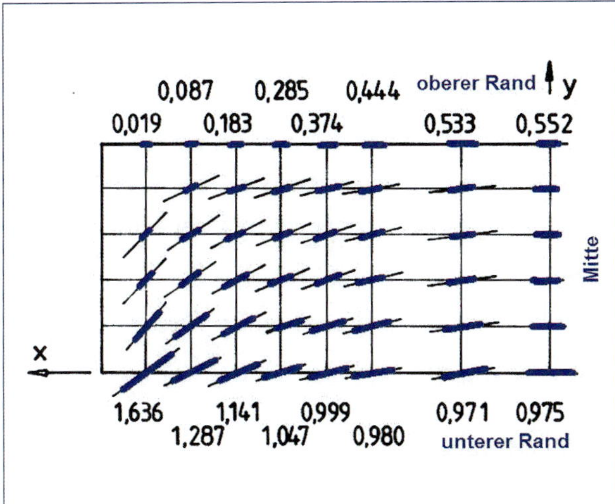

Bild 6.17: Proportionen zwischen den Hauptzugspannungen an den Rändern einer Wandscheibe mit L / H = 4 bei vollständiger Krümmungsbehinderung nach [Sch9]; die Spannungen ergeben sich mit dem Multiplikator $E \cdot \alpha_T \cdot \Delta T$

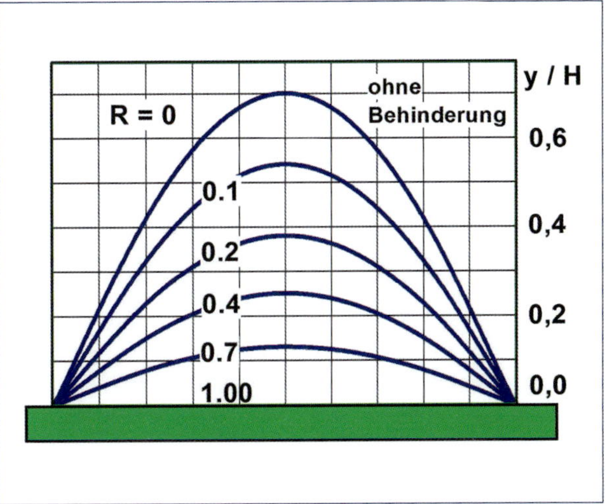

Bild 6.18: Vereinfachte Darstellung der Verformungsbehinderung R_H einer freistehenden Wandscheibe über die Wandhöhe H bei einem geometrischen Seitenverhältnis L / H = 1,4

Einfluss. Wenn das Verhältnis L/H anwächst, steigt nicht nur der Behinderungsgrad in der Wandmitte an, sondern er dehnt sich auch zu den freien Rändern hin aus (Bild 6.19). Schließlich ist in der gesamten Wandscheibe ein rissgefährdeter Bereich vorhanden. Wird dort die Zugfestigkeit überschritten, bildet sich eine Trennfuge aus, die die Wand in Scheibenstücke teilt. Durch planmäßig angelegte Dehnungsfugen könnte deshalb eine kritische Zwangspannung verhindert werden (Bild 6.20). Neben der Unterteilung der Wand in Scheibenstücke können bei entsprechend hoher Beanspruchung weitere Trennrisse zwischenliegend und nur über einen Teil der Wandhöhe laufend hervorgerufen werden. Dadurch entsteht insgesamt ein Rissbild mit Trennrissen in verhältnismäßig geringem Abstand, ohne dass die Rissbreite deutlich vermindert wird. Die Bildung der einzelnen Scheibenstreifen mit der sich verändernden Behinderung erklärt vereinfacht das sich einstellende Rissbild (Bild 6.12).

Findet eine Rissbildung statt, ist der Behinderungsgrad in Abhängigkeit von der Geometrie der noch rissfreien Teile der Wandscheibe herabgesetzt. Bei weiterer Zunahme der Dehnung kann trotz des verminderten Behinderungsgrads wieder eine kritische

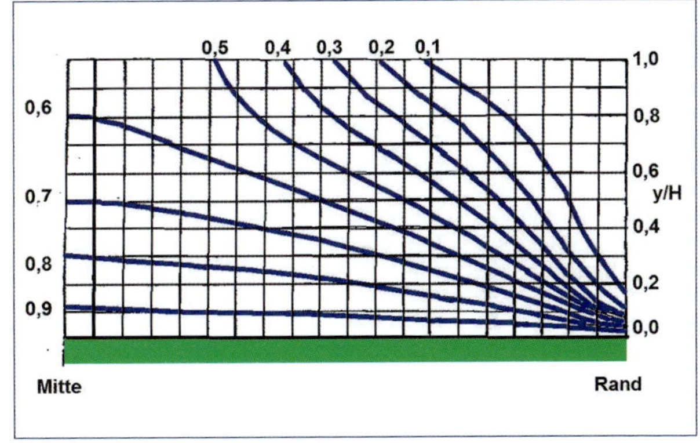

Bild 6.19: Innere Behinderung der Verformung in der Wandscheibe bei einem Verhältnis L / H = 4,0 nach einer zweidimensionalen FE-Berechnung von [Khe3]

Spannung hervorgerufen werden, die eine erneute Rissbildung bewirkt.

Wenn beispielsweise in einer Wand mit L / H = 10 ein mittiger Trennriss zu einer Teilung in zwei Scheibenstücke mit einer Geometrie L / H = 5 führt, findet ein weiterer Riss statt, wenn die Dehnung von ε_{cr} = 0,1 ‰ auf 0,1 / 0,7 = 0,14 ‰ anwächst.

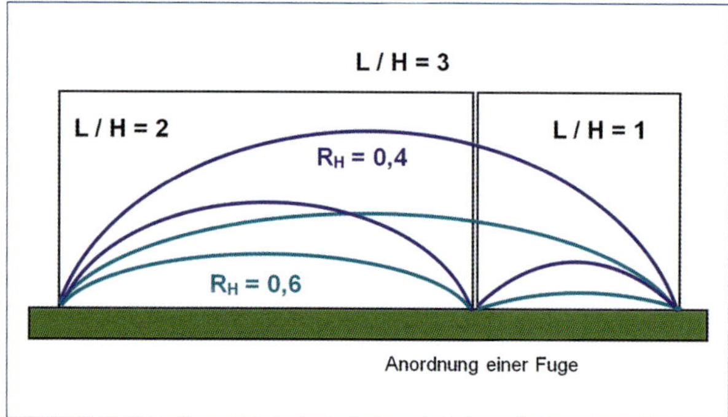

Bild 6.20: Verringerung der Verformungsbehinderung über die Wandhöhe durch Anordnung einer Arbeitsfuge und Unterteilung einer Wand L / H = 3 in zwei Scheibenstücke; angegeben ist der Verlauf der Behinderungsgrade R_H = 0,4 und 0,6

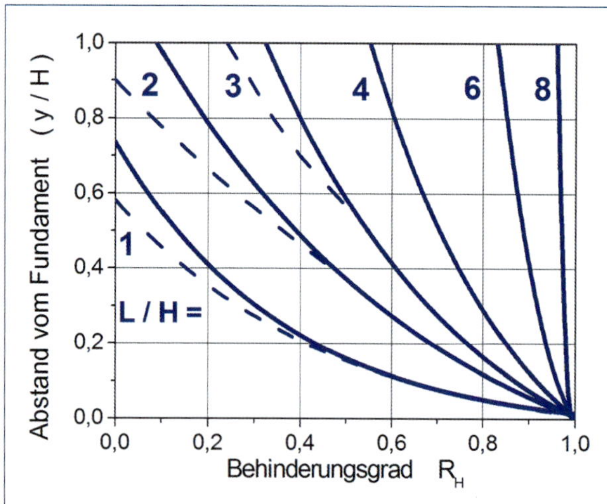

Bild 6.21: Verformungsbehinderung R_H in der Mitte einer ungerissenen Wandscheibe (x = L / 2) über die Wandhöhe y / H in Abhängigkeit vom Seitenverhältnis L / H bei vollständiger Behinderung am Wandfuß (durchgezogene Linien nach [Sch9], gestrichelte Linien nach [Emb1])

Die Behinderung über die Wandhöhe wurde vielfach untersucht. Bei den Berechnungen von [Sch9] wurde zwischen zwei Grenzfällen unterschieden, nämlich zwischen einer vollständigen Behinderung (biegesteife Auflagerung) und einer biegeweichen Auflagerung der Wandscheibe. Die für die Wandscheibe ungünstigere Beanspruchung durch ein unnachgiebiges Fundament ($E \cdot A_F = \infty$; $E \cdot I_F = \infty$) ist in Bild 6.21 mit den durchgezogenen Kurven dargestellt. Weitere Untersuchungen ergeben für den übereinstimmenden Belastungsfall davon abweichende Verläufe, die sich aber hauptsächlich bei kurzen Wänden (L / H < 4) und im oberen Wandbereich auswirken, wie die gestrichelten Linien in Bild 6.21 zeigen. Übereinstimmend kann davon ausgegangen werden, dass bei unnachgiebigem Auflager ab einem Verhältnis L / H > 8 die Behinderung über die gesamte Wandhöhe vollständig wirksam ist. Die maximale Zwangspannung ist damit gleichmäßig in der gesamten Wand vorhanden. Bei einem Seitenverhältnis L / H = 4 beträgt der Behinderungsgrad am Wandkopf dagegen nur etwa 60 %. Bei kurzen Wandscheiben treten im oberen Wandbereich Druckspannungen auf, die einer Weiterführung der Kurven in Bild 6.21 entsprechen würden.

Eine Verminderung der Zwangbeanspruchung in der Wandscheibe findet statt, wenn die Steifigkeit der erhärtenden Wand eine Verformung des behindernden Bauteils, z.B. eines Fundaments, erzwingt ($E_F \cdot I_F < \infty$). Die Ermittlung des Behinderungsgrads und der Zwangspannungen von [Sch9] für biegeweiche Fundamente ergibt eine etwa dreiecksförmige Verteilung bis auf 0,6 H; bis zum oberen Rand werden dann Druckspannungen wirksam. Bei längeren Wänden ab L > 2 H muss nicht der Spannungszustand in einer Wandscheibe betrachtet werden, sondern lediglich die Biegebeanspruchung infolge des angreifenden Zwangmoments.

Die Festhaltungen der Bauteile liegen in der Praxis zwischen beiden Grenzfällen. Die aufgehende Wand über einem Kellergeschoss kann als weitgehend krümmungsbehindert angesehen werden; die Auflagerung auf einem Fundament in einem Baugrund mit geringerer Bodensteifigkeit wird dagegen zu einer Entlastung der Verformungsbeanspruchung in der Wand führen.

Ein Rückgang der Scheibenverformungen findet unabhängig von der Krümmungsbehinderung statt, wenn der äußere Behinderungsgrad R_L nach Gleichung (6.13) als Bestandteil von Gleichung (6.12) herabgesetzt ist.

Allseitig gezwängte Wände unterliegen besonders hohen Beanspruchungen, die sich mit denen in

Deckenscheiben vergleichen lassen. Ein Beispiel ist in Bild 6.10 dargestellt. Während bei einem Seitenverhältnis von 1:1 der Behinderungsgrad im Mittelpunkt in Richtung der beiden Achsen R = 0,5 beträgt, nimmt bei einer Verlängerung der Wand der Behinderungsgrad zu und nähert sich dem Wert R = 1,0. Im gleichen Verhältnis entwickeln sich die behinderten Dehnungen und Spannungen.

Die Verteilung der Dehnung über die Wandhöhe, wie in Bild 6.21 dargestellt, ist nur für den Zustand I gültig, d.h. vor der Rissbildung. Für den Zustand II gibt es keine ausreichenden Untersuchungen und keine praktisch verwertbaren Hinweise. Das Bauteilverhalten nach der Rissbildung ist als schwierig beschreibbar einzuschätzen.

6.5.2 Zwangkräfte und Rissbild

Unter der Wirkung der Zwangzugspannungen bilden sich bei Überschreiten der Zugfestigkeit des Betons unmittelbar oberhalb des Auflagers Anrisse aus, die eine sehr geringe Rissbreite (w < 0,1 mm) aufweisen und als unbedenklich anzusehen sind. Der Verbund der Wand mit dem Auflager erzwingt in diesem Bereich eine Rissbreitenbegrenzung. Diese Rissbildung reicht höchstens bis zu etwa 0,10 H.

Wenn es sich um thermisch bedingte Vorgänge im jungen Beton handelt, können während der anfänglichen Ausdehnung der Wand im behindernden Fundament Oberflächenrisse entstehen, die unter der anschließenden Wirkung der Zwangspannungen wieder geschlossen werden.

Erste vertikale Trennrisse stellen sich ein, wenn die horizontale Zwangverformung in der Wandscheibe die Zugbruchdehnung des Betons erreicht, bzw. wenn die Zwangzugspannung die Betonzugfestigkeit überschreitet. Wenn von einem homogenen Betongefüge ausgegangen wird, finden die Rissbildungen in der Mitte der Wand statt und reichen bei einer größeren Wandlänge über die gesamte Wandhöhe. Dies ist ab einem Seitenverhältnis L / H > 8 der Fall (vgl. dazu Bild 6.21). Durch den Trennriss wird die Wand in zwei Teilstücke mit einem kleineren Seitenverhältnis und verringerter Behinderung unterteilt. Eine weitere Rissbildung findet statt, wenn die Dehnungen zunehmen und trotz verringertem Behinderungsgrad wieder die Zugbruchdehnung des Betons erreichen. Entsprechend der Dehnungsverteilung in der Wand entwickeln sich Sekundärrisse mit immer geringerer Länge, die vom Fundament nur sehr begrenzt über die Wandhöhe reichen. Bei gedrungenen Wänden entstehen insgesamt lediglich Anrisse. Der Vorgang entspricht der Darstellung in Bild 6.20.

Das für Wände typische Rissbild entsteht, wenn sich das Bauteil an der Sohle praktisch nicht und im oberen Bereich in bestimmten Grenzen verkürzen kann und zwar in Abhängigkeit von der Geometrie der Wandscheibe (Länge L / Höhe H), der Steifigkeit des Auflagers und dem Verbund zwischen den beiden Bauteilen. Charakteristisch ist, dass die Risslänge von der Mitte der Wand zum Rand abnimmt und die Trennrisse nach auswärts geneigt sind (Bild 6.24a). Bei längeren Wänden und/oder seitlicher Behinderung zeigen die Risse eine stärker parallele Ausrichtung. Nach den Beobachtungen und theoretischen Untersuchungen entwickelt sich schrittweise ein Rissbild, das schematisch in Bild 6.22 dargestellt ist. Ausgangspunkt sind die von der Wandgeometrie abhängigen Primärrisse, zwischen denen weitere Risse hervorgerufen werden. Die vertikalen Trennrisse sind in längeren Konstruktionen nahezu regelmäßig angeordnet, entsprechend der verhinderten Verkürzung und der dadurch verursachten Überschreitung der Zugfestigkeit.

Bei bewehrten Wänden ist das Rissbild identisch. Das Rissbild aus Erstrissen entsteht weitgehend unabhängig vom Umfang der Bewehrung und ist ausschließlich durch die Wandgeometrie und die Behinderung bestimmt. Mit einer hinreichenden Bewehrung wird lediglich die Rissbreite beschränkt; weitere Sekundärrisse können trotzdem initiiert werden. Der Umfang und die Größe der Rissbildung werden dann durch den Anteil und die Verteilung der Bewehrung bestimmt.

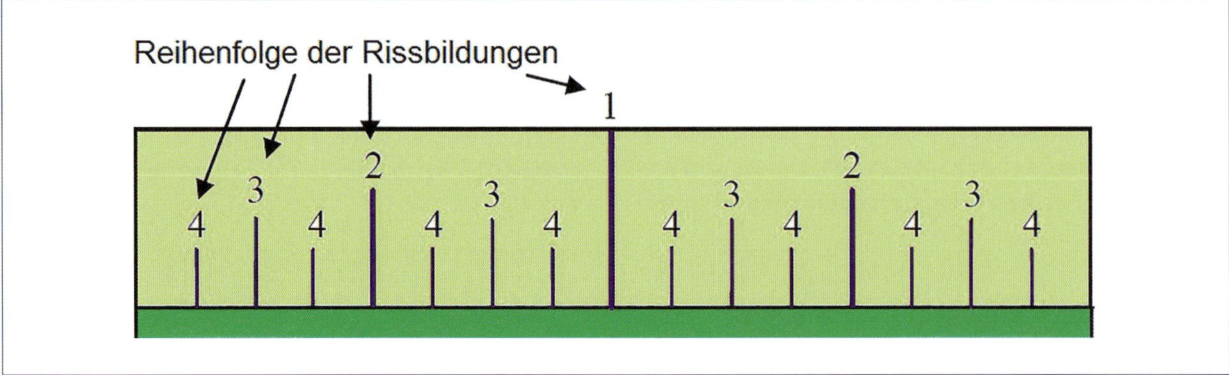

Bild 6.22: Schematische Darstellung der Reihenfolge der Rissbildung in einer Wand mit zeitlich zunehmender Dehnung (nach [ACI7])

Bild 6.23: Wasserführende Risse in einer ausgedehnten Wand, der Rissabstand ist relativ gleichmäßig und stellt die Scheibenteilung entsprechend dem Spannungsverlauf dar (Bildquelle: T. Richter)

Alle Risse sind über die Wanddicke durchgängig und können das Leckageverhalten bestimmen (Bild 6.23).

Bei einem steifen Fundament (Bild 6.24a) ist nicht nur eine horizontale Kraft, die Zwangkraft, erforderlich, um die Kompatibilität in der Fuge zwischen Alt- und Neubeton herzustellen, sondern noch eine weitere, vertikal gerichtete Kraft, die die Verwölbung der Wand verhindert. Im Ergebnis entstehen im mittleren Wandbereich Vertikalrisse sowie auswärts gerichtete, schräge Risse am Wandende, wie in Bild 6.12 angegeben. An den Wandenden können sich weiterhin auch horizontale Trennrisse zwischen Wand und Fundament bilden (Bild 6.24a). Bei vollständiger Krümmungsbehinderung (Fundamente mit größeren Abmessungen und dicke Sohlplatten) und niedrigen Wänden verlaufen die Trennrisse von der Wandkrone über etwa 2/3 der Wandhöhe, bei ungünstigen Bedingungen über die gesamte Wandhöhe.

In der Praxis tritt das Rissbild modifiziert auf, da im Allgemeinen eine geringere Steifigkeit des behindernden Bauteils gegeben ist. Bei einem nachgiebigeren Auflager (z.B. relativ dünne Sohlplatten) kann sich die Wand verwölben, und es werden sowohl die vertikalen als auch die horizontalen Spannungen vermindert. Die entstehenden Risse sind kürzer und weniger breit. Die Ausbildung von horizontalen Rissen im Endbereich der Aufstandsfuge der Wand ist weniger wahrscheinlich (Bild 6.24b). Am oberen Rand findet keine Rissbildung oder eine mit geringer Rissbreite statt.

Bei Wänden mit geringer Krümmungsbehinderung haben die Vertikalrisse einen geringeren Abstand und würden ohne Bewehrung eine geringere Rissbreite aufweisen. Hinzu kommt eine rissverteilende Wirkung des biegeweichen Auflagers, und zwar umso intensiver, je stärker eine Krümmung stattfinden kann.

Weitere Modifkationen treten durch zu geringe Festigkeit in der Arbeitsfuge und Spannungskonzentrationen auf, wie beispielsweise durch Aussparungen, Einbauten oder andere Querschnittsveränderungen.

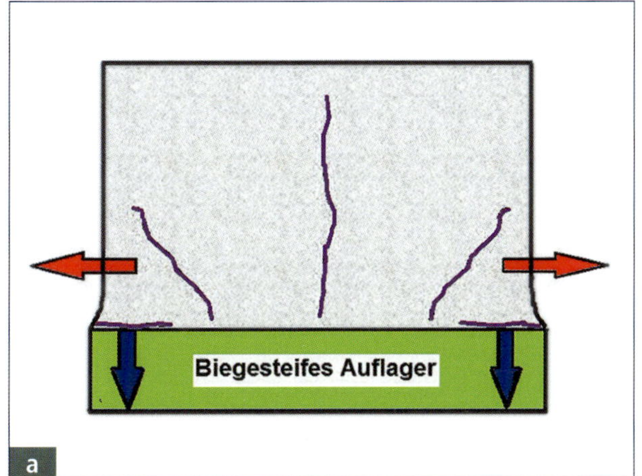

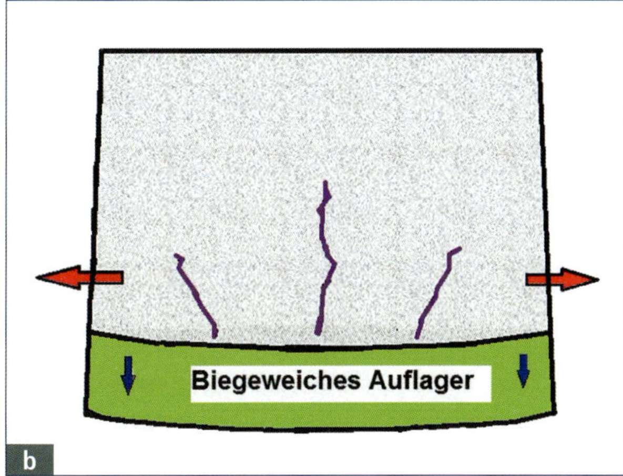

Bild 6.24: Rissentwicklung in einer Wand mit steifer (a) und nachgiebiger Sohlplatte (b); in Anlehnung an [Bam1]

Da bei massigen Bauteilen der Temperaturausgleichsvorgang sehr langsam verläuft, können diese Risse auch erst nach Monaten oder Jahren auftreten. Im Gegensatz zu den Schalenrissen schließen sich die Trennrisse nicht; sie öffnen sich sogar mit fortschreitendem Temperaturausgleich weiter. Eine Überlagerung der Zwangspannungen mit Lastspannungen aus den später einsetzenden zusätzlichen Beanspruchungen ist zu beachten.

6.5.3 Bereich maximaler Rissbreite und Anordnung der rissbreitenbegrenzenden Bewehrung über die Wandhöhe

Die zentrische Zwangkraft n_{Zw} [kN/m] verändert sich über die Wandhöhe (Bild 6.21), über die Wandlänge (Bild 6.18) und entsprechend dem äußeren Behinderungsgrad R_L in Abhängigkeit vom Wandverhältnis L / H (Bild 6.15). Die Zwangkraft N_{Zw} beträgt bei einer Wanddicke h [m], wenn die Zeitabhängigkeit der Kenngrößen nicht beachtet wird:

$$N_{Zw} = \varepsilon_{Zw,0} \cdot R_H \cdot E_{cm} \cdot h \quad [kN/m] \tag{6.14}$$

$\varepsilon_{Zw,0}$: maximale Zwangdehnung in der Wandscheibe, d.h. am Wandfuß

R_H: Behinderungsgrad über die Wandhöhe

$$\varepsilon_{Zw,0} = \alpha_T \cdot \Delta T \cdot R_L \tag{6.15}$$

Wenn das Schwinden berücksichtigt werden soll, ist eine entsprechende Erweiterung der Gleichung (6.15) vorzunehmen.

Anhand des Behinderungsgrads R_H kann abgeschätzt werden, inwieweit und in welchen Bereichen der Wandscheibe sich risskritische Zwangspannungen ausbilden. Je kleiner das Verhältnis L / H, desto unwahrscheinlicher ist, dass die Risse vom Wandfuß bis zur Wandkrone durchlaufen. Insofern kann über die Wandhöhe eine gestaffelte Bewehrung festgelegt werden. Dazu ist im konkreten Fall zu prüfen, welche Wandbereiche getrennt zu bewehren sind. Prinzipiell können drei Bereiche abgegrenzt werden, die sich durch das Dehnungsverhalten infolge von Zwang unterscheiden.

Unmittelbar am Wandfuß sind die Wand und das Fundament schubfest miteinander verbunden. Die dort vorhandene maximale Zwangkraft verursacht die Bildung von dicht liegenden, gleichmäßig verteilten Rissen geringerer Breite. Es erscheint deshalb ausreichend, eine verringerte Mindestbewehrung einzulegen (Gleichung (6.18). Die Wandhöhe wird nach [Kön1] angegeben mit

$$h_l = \tan 60° \cdot \frac{w_k}{\alpha_T \cdot \Delta T_N} = 0{,}60 \cdot \frac{w_k}{\alpha_T \cdot \Delta T_N} \quad (6.16)$$

Zur Abschätzung der wirksamen Temperaturdifferenz ΔT_N können die Werte in der Tabelle 4.3 oder Bild 4.13 herangezogen werden. In [Kön1] sind aus Literaturangaben folgende Werte genannt:

$\Delta T_N = 10–15$ K
für Bauteile mit $h \leq 30$ cm
$\Delta T_N = 15–25$ K
für mäßig dicke Bauteile mit $30 \leq h \leq 60$ cm
$\Delta T_N = 20–40$ K
für massige Bauteile mit $h \geq 60$ cm

Die unteren Grenzen gelten für Zemente mit geringerer und langsamer Wärmeentwicklung, die oberen für Zemente mit schneller und größerer Wärmeentwicklung.

In dem darüber liegenden Wandbereich muss eine Rissbreitenbegrenzung durch Bewehrung vorgenommen werden. Zwischen der vollständigen Behinderung am Wandfuß mit der Rissbreitenbegrenzung durch den Verbund und der verminderten Dehnungsbehinderung am Wandkopf bildet sich ein Bereich maximaler spannungswirksamer Dehnungen bzw. maximaler Rissbreite aus. Aus den Beobachtungen von [Ans1], [Khe1] und [Khe2] sollen sich die Maximalwerte in einer Wandhöhe von etwa 0,1 L bzw. y/H = 0,1 L / H befinden.

In Vereinfachung des tatsächlichen Verlaufs der Hauptzugspannungen bzw. des Behinderungsgrads über die Wandlänge (z. B. Bild 6.18) bis zur vorgenannten Wandhöhe kann dieser Bereich durch ein Dreieck oder Trapez beschrieben werden (Zone 1 der Rissbildung in Bild 6.25). Findet eine zusätzliche Zwangbeanspruchung durch bereits betonierte Wände statt, erweitert sich der rissgefährdete Bereich wie in Bild 6.25 (Zone 2) angegeben.

In dem darüber befindlichen Bereich bis zur Wandoberkante ist eine verringerte Mindestbewehrung ausreichend.

Zur Ermittlung der Mindestbewehrung für die Begrenzung der Rissbreite können die Normen DIN EN 1992-1-1 und DIN EN 1992-3 herangezogen werden. Wird nach der ersten Norm und damit zentrischem Zwang bemessen, wird ein Wandstreifen im Bereich maximaler Rissbreite, wie vorstehend angegeben, mit der Risskraft $F_R = A_{ct,eff} \cdot f_{ctm}$ zugrunde gelegt.

Die Mindestbewehrung für zentrischen Zwang beträgt wie in Kapitel 10.6 angegeben:

$$A_s = \frac{f_{c,eff} \cdot k \cdot A_{ct}}{\sigma_s} \quad (6.17)$$

Wenn anhand des Behinderungsgrads über die Wandhöhe festgestellt wird, dass im obersten Wandbereich die Zwangdehnung nicht ausreicht, eine Risskraft aufzubauen, kann eine reduzierte Bewehrung eingelegt werden (siehe Kapitel 10.8). Diese wird auch in den Bereich mit der Höhe h_l eingelegt, Gleichung (6.16) und wird nach [Kön5] bestimmt zu:

$$A_s = \frac{0{,}4 \cdot f_{c,eff} \cdot k \cdot A_{ct}}{\sigma_s} \quad (6.18)$$

Die Annahme einer zentrischen Zwangkraft gilt eingeschränkt, da die Behinderung am Wandfuß sich auch über die Wandhöhe rissbreitenbegrenzend auswirkt. Bei der Rissbildung wird ein Teil der Risskraft in das behindernde Fundament eingeleitet. Die DIN EN 1992-3 legt zur Bemessung der Mindestbewehrung die spannungswirksame Dehnung zugrunde. Dieser Ansatz kann als verformungskompatibel angesehen werden (siehe dazu Kapitel 6.5.4).

Anmerkung
Entscheidend für kritische Spannungszustände in freistehenden wandartigen Bauteilen sind die maximalen Bauteilmitteltemperaturen, die daraus resultierende wirksame Temperaturdifferenz zwischen den beiden gekoppelten Bauteilen und der Behinde-

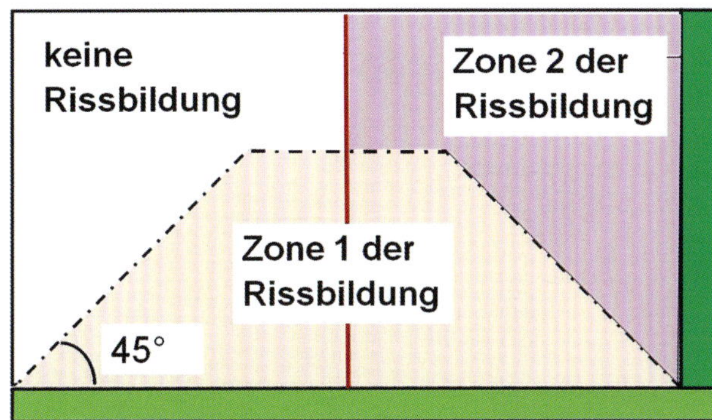

Bild 6.25: Wandflächen, in denen temperaturinduzierte Risse auftreten können (linker Bildbereich: Zwang am Bauteilrand, rechter Bildbereich: Zwang am Bauteilrand und -ende); die Begrenzung folgt vereinfacht der risskritischen Verformungsbehinderung

Bild 6.26: Rissbildungen infolge von Überlagerung der Zwangbeanspruchung durch Behinderung an der Sohle und Decke sowie dem vorher ausgeführten Betonierabschnitt

rungsgrad für das erhärtende Bauteil. Zur Ermittlung der Bewehrung zur Rissbreitenbeschränkung wird es oft als hinreichend angesehen, für die gesamte Wand die volle Behinderung anzunehmen. Das ist unnötig und zu bewehrungsintensiv, da die Behinderung über die Wandhöhe zweifelsfrei vermindert wird. Auch der Endbereich der Wand kann sich weitgehend frei verformen. Vereinfacht kann die Risswahrscheinlichkeit nach Bild 6.25 (linker Bildbereich) angenommen werden. Auch die oben genannten vertikalen Kräfte an den Enden sind nur über eine relativ kurze Länge signifikant und bedürfen nicht einer zusätzlichen Absicherung, wenn eine vertikale Bewehrung zwischen Wand und Fundament angeordnet worden ist.

Oftmals sind Wände nicht nur durch Bodenplatten und Fundamente gezwängt, sondern auch durch aufliegende Decken. Die durch das Schwinden hervorgerufenen Zwangspannungen sind dann über die gesamte Wandhöhe wirksam und durch eine Mindestbewehrung abzudecken.

6.5.4 Berücksichtigung des äußeren Bauteilzwangs in den Regelwerken

Im gesamten Vorschriftenwerk wird die besondere Beanspruchung von Wandbauteilen lediglich in der DIN EN 1992-3 für Behälterbauwerke berücksichtigt. In Bild 6.27 sind aus den dort genannten vier Beanspruchungsfällen die in der Bauausführung am häufigsten auftretenden ausgewählt worden.

Die Zwangbeiwerte dürfen unter Berücksichtigung der Steifigkeiten des betrachteten Bauteils und der an ihm angeschlossenen Bauteile berechnet werden. Alternativ dürfen diese Beiwerte aus Tabelle 6.1 entnommen werden. Wenn die Wand auf ein starres Fundament betoniert wird, kann offensichtlich keine wesentliche Krümmung auftreten und der Beiwert für den Momentenzwang beträgt $R_m = 1{,}0$.

Mit den bisherigen Darlegungen stimmt überein, dass ein mittlerer Bereich mit größerer Wahrscheinlichkeit für Rissbildung besteht und bei zunehmendem Verhältnis L/H die Zwangdehnung den oberen Rand der Wand erreicht. Ansonsten kann mit den normgemäßen Angaben weder der Zwang in erhärtenden Wandbauteilen, noch die Breite der Zone 2 (siehe Abb. 6.25) abgeschätzt werden. Die Zwangbeiwerte am Fundament treffen zu, wenn die Wand bereits weitgehend erhärtet ist. Es kann nur vermutet werden, dass im Zwangbeiwert bereits die Relaxation berücksichtigt worden ist, einen Hinweis gibt es dazu jedoch nicht.

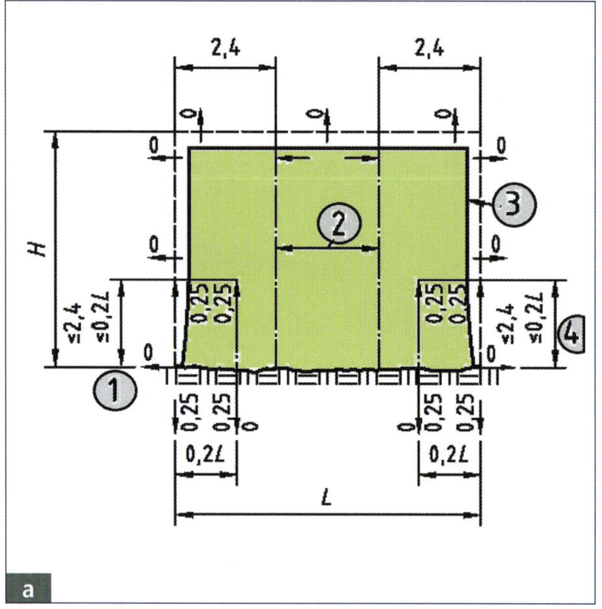

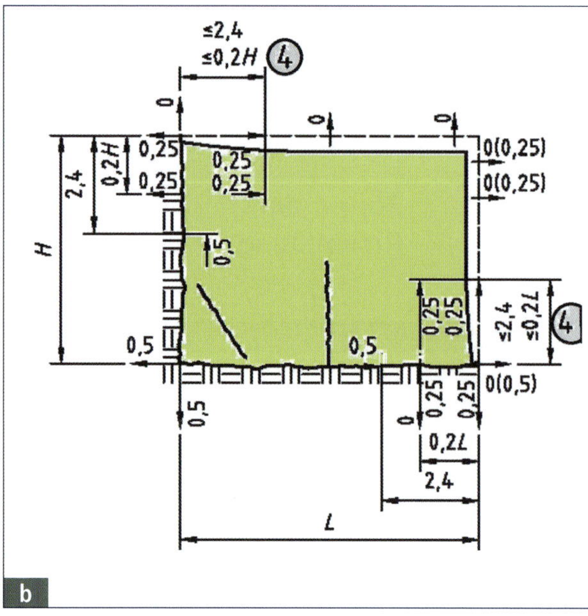

Bild 6.27: Berücksichtigung der Verformungsbehinderung bei Wandscheiben nach DIN EN 1992-3 (links: Wand auf einem Fundament, freistehend, rechts: nacheinander folgend betonierte Wände (mit Arbeitsfugen)
1 – vertikale Zwangbeiwerte, 2 – horizontale Zwangbeiwerte (Tabelle), 3 – Dehnfuge, 4 – der größere Wert ist maßgebend

Tabelle 6.1: Zwangbeiwerte für typische Fälle (DIN EN 1992-3: 2011-01; Anhang L)

Verhältnis L / H	Zwangbeiwert am Fundament	Zwangbeiwert oben
1	0,5	0
2	0,5	0
3	0,5	0,05
4	0,5	0,3
> 8	0,5	0,5

Der Nachweis der Einhaltung der rechnerischen Rissbreite ergibt sich nach DIN EN 1992-3 für den allgemein gültigen Ansatz

$$w_k = S_{r,max} \cdot (\varepsilon_{sm} - \varepsilon_{cm}) \quad (6.19)$$

für die Bauteile bei kontinuierlicher äußerer Behinderung mit der Dehnung im Rissbereich

$$(\varepsilon_{sm} - \varepsilon_{cm}) = R_{ax} \cdot \varepsilon_0 \quad (6.20)$$

R_{ax}: Behinderungsgrad in der Höhe der maximalen Rissbreite, d. h. $R_L \cdot R_H$

ε_0: freie Dehnung vor der Rissbildung

Bei einer Wand mit L = 8,0 m, H = 5,0 m und h = 0,50 m auf einem Fundament mit $A_F = 2{,}5\ m^2$ sowie dem

Verhältnis der E-Moduli $E_W / E_F = 0{,}85$ ergibt sich der Behinderungsgrad $R_L = 0{,}54$ und in einer Höhe $h_1 / H = 0{,}16$ m zu $R_H = 0{,}72$. Daraus folgt $R = 0{,}54 \cdot 0{,}72 = 0{,}39$.

Wenn beispielsweise die Differenz zwischen Maximal- und Ausgleichstemperatur $\Delta T = 31$ K und das autogene Schwinden $\varepsilon_{cas} = 12 \cdot 10^{-6}$ beträgt, ergibt sich

$$(\varepsilon_{sm} - \varepsilon_{cm}) = 0{,}39 \cdot \left(31 \cdot 10^{-5} + 1{,}2 \cdot 10^{-5}\right) = 0{,}13 \cdot 10^{-3}$$

Die Bruchdehnung des jungen Betons wird damit überschritten, eine rissbreitenbegrenzende Bewehrung ist erforderlich. Ein weiterführendes Beispiel ist in Kapitel 10.7.7 enthalten.

6.5.5 Biegebeanspruchung von Wänden

Witterungsbedingte Temperaturen können bereits während der Bauzeit oder nach Inbetriebnahme auf Wandbauwerke einwirken. Bei direkter Sonneneinstrahlung kann die äußere Bauteilseite bis auf einen Betrag von etwa 60 °C aufgeheizt werden. Bei Behältern kann das Füllgut die inneren Wände ebenfalls erheblich erwärmen. Die Zwangspannung in der Wand ergibt sich mit der Temperaturdifferenz ΔT zwischen der Außen- und Innenwandseite zu

$$\sigma_{Zw} = \alpha_T \cdot \Delta T \cdot \psi \cdot E_{ctm} / 2 \tag{6.21}$$

α_T, ψ, E_{ctm} sind die Temperaturdehnzahl, der Relaxationskoeffizient und der E-Modul des Betons.

Wenn beispielsweise für eine Wand mit der Dicke $h = 0{,}35$ m aus einem Beton C30/37 ($E_{ctm} = 3190$ N/mm², $f_{ctm} = 2{,}9$ N/mm²) eine Temperaturdifferenz von $\Delta T = 30$ K festgestellt wurde, folgt daraus

$$\sigma_{Zw} = 10^{-5} \cdot 30 \cdot 0{,}65 \cdot 31900 / 2 = 3{,}11\,\text{N/mm}^2$$

Die Relaxation wurde mit dem Faktor 0,65 berücksichtigt. Das Ergebnis zeigt, dass zumindest mit einer Rissbildung gerechnet werden muss. Da der Zugspannungskeil aber am Rand ausgerundet ist und sich in das Bauteilinnere hinein vermindert, findet wahrscheinlich eine Rissbildung nicht statt.

6.5.6 Behälterbauwerke

Zu den Behälterbauwerken, die zur Speicherung von Flüssigkeiten, hauptsächlich Wasser, dienen und demzufolge eine Undurchlässigkeit aufweisen müssen, gehören beispielsweise Kanäle, Regenüberlaufbecken und Kläranlagen, nicht aber Tunnel und vergleichbare Anlagen. Die Festlegungen in DIN EN 1992-3 und DIN EN 1992-3/NA gelten nicht für Bauwerke, die durch Wasserdruck von außen belastet sind und als wasserundurchlässige (WU-)Konstruktionen bezeichnet werden (siehe Kapitel 7.1). Die normativen Regeln können aber auf Behälter übertragen werden, in denen andere Flüssigkeiten als Wasser gespeichert werden. Dazu ist jedoch weitere spezielle Fachliteratur hinzuziehen.

In Behälterbauwerke werden Verformungen durch Schwinden und Temperatur eingetragen. Aufgrund der räumlichen Konstruktion entstehen spezifische Beanspruchungen. Besondere Bedeutung haben dabei Temperaturen durch das Füllgut von innen oder durch Sonneneinstrahlung auf die Außenflächen.

Rechteckige Behälter bestehen aus Wänden, die mindestens dreiseitig gezwängt sind, bei aufliegenden Stahlbetondecken vierseitig. Die Beanspruchungen der Wände sind dann mit denen von allseitig behinderten Decken vergleichbar (Kapitel 6.4). Zusätzlich werden durch die Temperaturunterschiede zwischen den Innen- und Außenflächen der Bauwerksteile Biegemomente hervorgerufen.

Bild 6.28: Rissbildungen in der Decke eines Behälterbauwerks mit Aussinterungen

Bild 6.30: Trennrissbildungen im Fußbereich eines Behälters im Gebrauchszustand

Bild 6.29: Wasserbehälter für Niederschlags- und Quellwasser im Gebirge

Bei ausgedehnten Behälterbauwerken ist eine Nachgiebigkeit der Wände vorhanden, sodass nach [Som1] für die Deckenscheiben mit einem Behinderungsgrad R = 0,7–0,8 gerechnet werden kann. Bei Behältern mit kleineren Abmessungen oder dickeren Wänden sind die Verformungen stärker behindert, sodass von einer vollständigen Behinderung auszugehen ist. Insofern entwickelt sich eine Beanspruchung, die etwa dem zentrischen Zwang entspricht. Bei Nichtbeachtung dieser hohen Zwangbeanspruchung sind Rissbildungen die Folge, die aufgrund der großen Temperaturschwankungen und der daraus resultierenden Rissuferbewegungen korrosive Vorgänge in den Decken initiieren. Ein Beispiel ist in Bild 6.28 dargestellt: Die Rissbildungen beginnen in den Ecken und breiten sich in die Mitte der Decke aus.

Die Zwangspannungen sind über die gesamte Höhe wirksam. Die Angaben nach DIN EN 1992-3 in Kapitel 6.5.4 sind damit nicht zutreffend.

Zylindrische Behälterbauwerke werden durch Ringzugkräfte und Biegemomente beansprucht. Bei einer Temperaturänderung oder infolge des Schwindens würde ohne eine Behinderung eine Veränderung des Durchmessers stattfinden. Durch die Zwängung am Wandfuß werden Kräfte in der Achse der Wand und rechtwinklig dazu hervorgerufen. Bild 6.29 und Bild 6.30 zeigen Auswirkungen der beiden Bean-

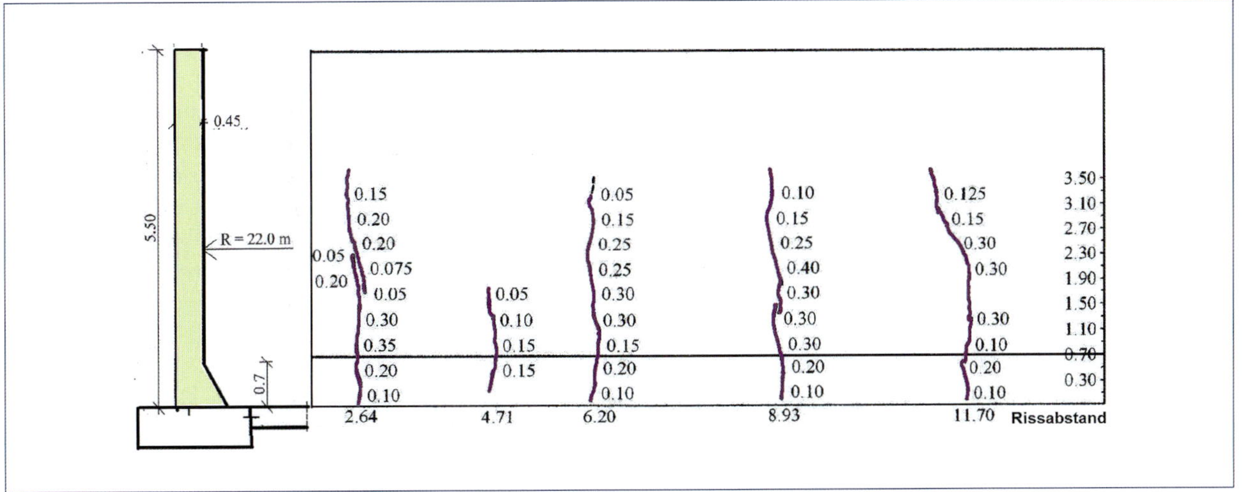

Bild 6.31: Behältersegment mit einer Wandlänge von etwa 14 m, das in der zweiten Schrittfolge ausgeführt wurde

spruchungszustände. Im erstgenannten Fall war ein ständig wechselnder und beträchtlicher Temperaturunterschied zwischen der gekühlten Innenwand und der sonnenbeschienenen Außenseite vorhanden. Das zweite Beispiel zeigt die Auswirkungen der Verbindung mit der Bodenplatte in einem Abschnitt der Behälterwand mit größerer Dicke. Die Trennrisse sind wasserdurchlässig und nicht selbstdichtend.

Die zentrischen Beanspruchungen sind mit denen bei ebenen Wänden vergleichbar, sowohl bei der Herstelllung als auch im Gebrauchszustand. Bei Behältern mit größeren Durchmessern muss eine Unterteilung in Segmente vorgenommen und eine Betonierreihenfolge festgelegt werden. Die dabei auftretenden Probleme werden anhand eines Beispiels aus [Ser1] erläutert. Die Behälterwand war in zehn Abschnitte von je 14,0 m unterteilt und nacheinander, jeweils ein Feld überspringend, ausgeführt worden. Die Risse konzentrierten sich in der Feldmitte. Die in der zweiten Folge betonierten Wände in den Lücken waren dreiseitig behindert, die Risse verteilten sich jetzt gleichmäßig und waren zahlreicher (Bild 6.31). Wie bei Behinderungen am Wandfuß zu erwarten, waren dort die Rissbreiten relativ gering. In der höchstbeanspruchten Zone stieg die Rissbreite an, um sich danach wieder rückläufig zu entwickeln, um auf etwa 70 % der Wandhöhe zu enden. Alle Risse hatten die Behälterwand durchtrennt. Nach dem Schließen einer Betonierlücke war der gesamte Umfang der Zylinderwand den Temperaturänderungen unterworfen. Neue Risse haben sich später nicht gebildet; die vorhandenen Trennrisse infolge frühen Zwangs sind jedoch durch weitere Dehnungen bei spätem Zwang durch Schwinden und Temperaturwechsel breiter geworden.

In zylindrischen Baukörpern liegt die vollständige Behinderung am Wandfuß über den gesamten Umfang vor. Die Behinderung über die Wandhöhe ist mit der bei sehr langen Wandkonstruktionen vergleichbar (siehe dazu Bild 6.21). Entsprechend dem Verhältnis von Behälterdurchmesser und -wandhöhe stellt sich der Behinderungsgrad über die Wandhöhe ein, wie aus der Rissbildung in Bild 6.31 ersichtlich. Bei großen Wandhöhen ist an der Wandkrone eine freie Verformung möglich. Bei der Dehnung aus dem Trockenschwinden wird die gesamte Wandhöhe erfasst.

Regelungen zur Rissbildung und zur Gewährleistung der Gebrauchstauglichkeit

Flüssigkeitsbehälter werden entsprechend DIN EN 1992-3 nach dem notwendigen Sicherheitsniveau gegen Flüssigkeitsaustritt klassifiziert (Tabelle 6.2). Die Anforderungen sind dabei lediglich qualitativ beschrieben und demzufolge durch individuelle Beurteilungen beeinflusst. Es ist deshalb in verschiedenen Ländern versucht worden, die Dichtigskeitsforderung mit einem zulässigen Wasserdurchtritt Q [kg/m²] zu verknüpfen. Normgemäß kann als ein Anforderungskriterium ebenfalls eine Höchstleckmenge vereinbart werden. Mit ansteigender Undichtigkeitsklasse ist die Zulässigkeit einer Trennrissbildung zunehmend restriktiv. Die vorgenannte Norm weist darauf hin, dass durch jeden Beton geringe Mengen von Flüssigkeit und Gas diffundieren können. In DIN EN 1992-3/NA, NCl zu 2.3.2.3, wird deshalb ausdrücklich auf die Regelungen zum wasserundurchlässigen Beton verwiesen.

In der Undurchlässigkeitsklasse 0 sind Trennrisse zulässig mit einer Breite, die den Angaben in DIN EN 1992-1-1, Abschnitt 7.3.1, entspricht (siehe dazu Kapitel 10.1).

Für die Undurchlässigkeitsklasse 1 ist eine Begrenzung der Trennrissbreite w_{k1} erforderlich, die im Nationalen Anhang festgelegt werden kann. Grundsätzlich ist diese Trennrissbreite w_{k1} vom Verhältnis zwischen dem Wasserdruck über die Höhe h_D zur Wanddicke h abhängig. Die empfohlenen Werte (für $h_D/h \leq 5$ ist $w_{k1} = 0{,}20$, für $h_D/h \geq 35$ ist $w_{k1} = 0{,}05$) sind in die Norm DIN EN 1992-3/NA nicht übernommen worden; stattdessen gilt Tabelle 6.3. Eine Begrenzung der Rissbreite wie in der Undurchlässigkeitsklasse 0 ist ausreichend, wenn der Bauteilquerschnitt nicht vollständig durchgerissen und eine ausreichende Druckzonenhöhe vorhanden ist. Diese soll $x_{min} \geq 30$ mm und $x_{min} \geq 1{,}5$ Durchmesser des Größtkorns der Gesteinskörnung betragen.

Eine Selbstheilung darf angenommen werden, wenn die Risse wasserdurchflossen sind und die Bauteile während der Nutzung keiner wesentlichen Änderung der Belastung oder der Temperatur unterliegen. Fehlen dazu Angaben, darf eine Selbstheilung angenommen werden, wenn der zu erwartende Bereich der Dehnungen unter Gebrauchslast unterhalb von $0{,}15 \cdot 10^{-3}$ liegt. Die Ursachen und die Zuverlässigkeit der Selbstheilung sind in Kapitel 7.1.3 und in Kapitel 14 erläutert.

Tabelle 6.3: Rechenwerte der Trennrissbreite w_{k1} für die Undurchlässigkeitsklasse 1 (Die Rechenwerte gelten, wenn der Wasserdurchtritt durch Selbstheilung der Risse begrenzt werden soll.)

	Druckgefälle h_D / h	Zulässige Rissbreite w_{k1} (Rechenwert)
1	≤ 10	0,20 mm
2	> 10 bis ≤ 15	0,15 mm
3	> 15 bis ≤ 25	0,10 mm

- h_D = Druckhöhe des Wassers [m], h = Bauteildicke [m]
- Für angreifende Wässer mit > 40 mg/l CO_2 (kalklösende Kohlensäure) und pH < 4,5 darf die Selbstheilung der Risse nicht in Ansatz gebracht werden.
- Die Werte gelten nur für Risse mit sehr geringer zeitabhängiger Änderung der Rissbreiten ($\Delta w \leq 0{,}1$ w).

Tabelle 6.2: Klassifizierung der Undurchlässigkeit

Undurchlässigkeitsklasse	Anforderungen an den Flüssigkeitsdurchtritt
0	Ein gewisser Flüssigkeitsdurchtritt ist akzeptabel oder vernachlässigbar.
1	Der Flüssigkeitsdurchtritt ist auf eine geringe Menge zu begrenzen. Feuchtstellen oder Verfärbungen auf der Bauteiloberfläche sind akzeptabel.
2	Der Flüssigkeitsdurchtritt soll minimal sein. Das Aussehen wird nicht durch Feuchtstellen oder Verfärbungen beeinträchtigt.
3	Kein Flüssigkeitsdurchtritt zulässig

Wenn die Rissbildung infolge von Zwang aus Temperaturänderung oder Schwinden beschränkt werden soll, kann dies durch Verminderung der Betonzugspannungen und Einhaltung der Bedingung $\sigma_{ct} \leq f_{ctk,0,05}$ erreicht werden. Bei der Ermittlung der Spannungen kann der Behinderungsgrad nach den normativen Angaben in DIN EN 1992-3 (siehe Kapitel 6.5.4) oder nach der Scheibentheorie (Kapitel 6.5.1) berücksichtigt werden. Die Relaxation kann, wie in Kapitel 5.7 dargestellt, einbezogen werden.

In der Undurchlässigkeitsklasse 2 sind Trennrisse in der Regel zu vermeiden oder andere Maßnahmen (z.B. Auskleidungen) zu ergreifen, die in der Klasse 3 im Allgemeinen zur Sicherstellung der Wasserundurchlässigkeit erforderlich sind. Zur Vermeidung der Trennrisse muss in der Regel der Bemessungswert der Druckzonenhöhe x_{min} unter der quasi ständigen Einwirkungskombination eingehalten werden.

Nachweis der Einhaltung der rechnerischen Rissbreite und der Dichtigkeit

Die Ermittlung der rechnerischen Rissbreite w_{k1} erfolgt nach DIN EN 1992-1-1 (siehe Kapitel 10.7.3 und Kapitel 10.7.4) in Verbindung mit der mittleren Dehnung nach DIN EN 1992-3 (siehe Kapitel 10.7.7). Entsprechend der Zwangbeanspruchung über die Wandhöhe wird die Bewehrung gestaffelt oder einheitlich entsprechend der maximalen Dehnung ermittelt und eingelegt. Die kritische Wandhöhe kann dabei nach Kapitel 6.5.3 abgeschätzt werden.

Nach Fertigstellung der Behälterbauwerke werden diese durch Befüllung auf Dichtigkeit geprüft. Werden wasserführende Risse festgestellt, kann zunächst abgewartet werden, ob eine Selbstheilung stattfindet. Zunächst wird der anfängliche Durchfluss sehr schnell vermindert; der an sich asymptotische Verlauf strebt einem Endwert zu, der die Aufrechterhaltung einer gewissen Leckage nach sich ziehen kann. Sind kleine Rissbreiten vorhanden und sind die anderen Voraussetzungen für eine Selbstheilung gegeben, ist die Dichtheit in Abhängigkeit von der Jahreszeit und der Rissbreite in etwa vier bis sechs Wochen erreicht. Ist die Selbstheilung ausgeblieben oder kann der Prozess der Selbstdichtung aufgrund des Bauablaufs nicht abgewartet werden, sind die Risse durch Injektion von Polyurethan-Harz zu verschließen. Diese Maßnahme ist auch erforderlich, wenn die Selbstheilung zwar genutzt, aber nicht erwartet werden kann (Undurchlässigkeitsklasse 0).

6.6 Boden- und Sohlplatten

Flächige Betonbauteile haben unterschiedliche Funktionen zu erfüllen, beispielsweise als Flachgründung, Bodenplatten, Industriefußböden oder Betonstraßendecken. Sie unterscheiden sich deshalb in den Abmessungen (Grundfläche, Dicke), in der Festigkeitsklasse, den Anforderungen an die Dichtigkeit und die Rissbreitenbegrenzung sowie in der Art und dem Umfang der Bewehrung (unbewehrt oder bewehrt; Stabstahl, Matten, Faserbewehrung). Besondere Beanspruchungen liegen bei Flughafenrollfeldern, Dichtebenen (Weiße Wannen, Deponien, Tanklager) und hoch belasteten Fundamentplatten vor. Da Fugen immer einen Schwachpunkt der Konstruktion darstellen sowie kosten- und wartungsintensiv sein können, besteht eine Zielstellung für die Planung darin, sie zu vermeiden oder zu reduzieren. Dadurch können ausgedehnte und durchgehende Betonflächen entstehen, die bereits in der Frühphase der Erhärtung Probleme bereiten. Die Beschränkung der rechnerischen Rissbreite durch die Bewehrung ist deshalb eine übliche Aufgabe der Planung, um die Gebrauchstauglichkeit sicherzustellen. Zur Vermeidung von Rissbildungen oder um rissfreie Bauwerksteile zu garantieren, wird eine Vorspannung eingetragen, die den Beanspruchungen aus Last und Zwang entgegenwirkt. Eine andere Maßnahme zielt darauf, die Behinderung an der Plattenunterseite (Bild 6.2) drastisch zu vermindern oder sogar weitestgehend aufzuheben.

Die wirtschaftliche Bemessung der Bodenplatten für den Grenzzustand der Gebrauchstauglichkeit ist an die Untersuchung gebunden, ob die Zwangschnittgröße eine Rissbildung bewirken kann. Falls im Lastfall Zwang die Rissschnittgröße nicht erreicht wird, darf eine verringerte Bewehrung eingelegt werden. Einen wesentlichen Einfluss auf die Zwangschnittgröße hat die Behinderung der Sohlplatte an der Auflagerfläche, die durch die nachfolgend erläuterten Modellvorstellungen dargestellt werden kann.

6.6.1 Einflüsse auf die Zwangbeanspruchung

Die Zwangbeanspruchungen resultieren aus den temperaturbedingten Verformungen infolge der freigesetzten Hydratationswärme, den Temperatureinwirkungen (Kapitel 4.1 und 4.1.6) aus Witterungseinflüssen sowie den Schwindvorgängen während der gesamten Erhärtungszeit (Kapitel 4.3). Für Bodenplatten, die der Witterung ausgesetzt sind, können die Temperaturanteile im Gebrauchszustand (später Zwang) aus Bild 7.2 entnommen werden, die auch für die Bemessung von Betonbauten beim Umgang mit wassergefährdenden Stoffen verwendet werden dürfen. Die Beanspruchung ergibt sich mit den einzelnen Spannungsanteilen nach Bild 9.14 bzw. nach Bild 7.4. Die Zwangbeanspruchungen werden durch die Relaxation vermindert (Kapitel 5.7). Für den späten Zwang werden häufig pauschale Abminderungen vorgenommen, wie für Bauwerke nach [DAS6] mit 15 % beim Tagesgang und 30 % beim Jahresgang der Temperatur.

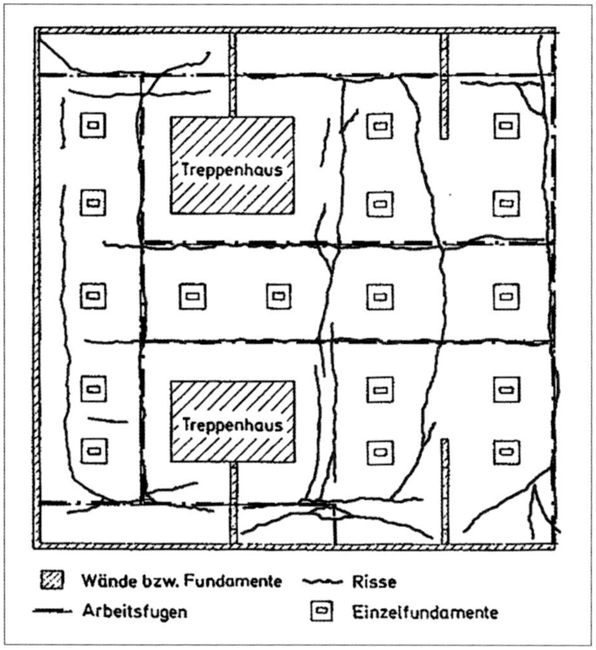

Beispiele für die Auswirkungen bei extrem behinderten Bodenplatten sind in Bild 6.32 und Bild 6.33 dargestellt. Im ersten Beispiel handelt es sich um die Bodenplatte einer Tiefgarage mit einer Dicke von 30 cm, die durch die Einzelfundamente, die Wände und die beiden Treppenhauskerne gezwängt ist und breite Risse bis 0,7 mm aufweist. Die Beanspruchungen resultieren aus dem Schwinden und der Temperatur (später Zwang). Die Risse traten vor allem an den Arbeitsfugen auf, die üblich eine geringere Zugfestigkeit aufweisen. Die Bewehrung war nicht in der Lage, kleinere Rissbreiten zu erzwingen, sodass eine Selbstheilung ohne Chancen ist. Im zweiten Fall handelt es sich um eine Bodenplatte mit tiefer liegenden Einzelfundamenten, die durch eine Kombination von früher und später thermischer Dehnung sowie das Trocknungsschwinden beansprucht wird.

Die Verformungen der Bodenplatten werden auch bei flächiger Auflagerung durch den Untergrund behindert (Bild 6.34). Der Grad der Dehnungsbehinderung ist abhängig von der Ausdehnung der Plattenfläche, der vertikalen Belastung (Eigenmasse, bauzeitbedingte Verkehrslasten) und der Art, wie die Lagerung der Sohlplatte beschaffen ist. (Reibungswerte zwischen Sohlplatte und Untergrund, Verzahnung). Bei dickeren Fundamentplatten sind Temperatur- und Feuchteverteilungen über die Querschnittshöhe vorhanden, die aufgrund der Eigenmasse einen Biegezwang hervorrufen und infolge der Verformungsdifferenzen zu Eigenspannungen führen. Bei dicken Sohlen kann die Verformung eine negative Krümmung und

Bild 6.32: Rissbildungen in der Bodenplatte einer Tiefgarage (h = 0,30 m), behindert durch Einzelfundamente, Wände und Treppenhauskerne [Kön6]

Bild 6.33: Tiefgaragenboden mit wasserführenden Rissbildungen infolge von Zwängungen durch Stützen, Fundamente und Wände

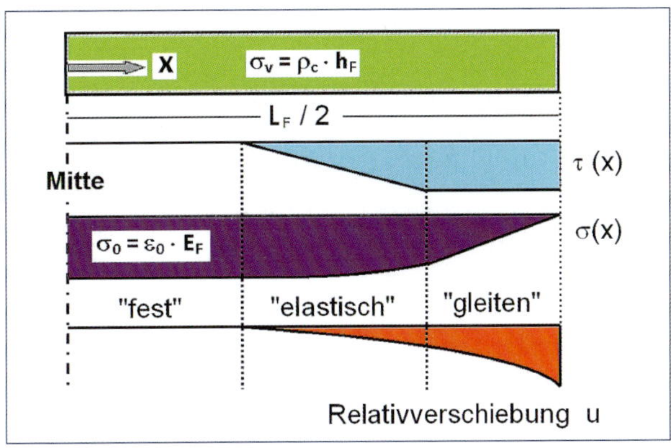

Bild 6.34: Interaktionsarten der Bodenplatte mit dem Untergrund

ein Abheben der Plattenenden vom Untergrund bewirken, wenn die Eigenmasse überwunden wird [Eie1], [Nie2].

Im Allgemeinen besteht die Auffassung, dass sich die Sohlplatte lediglich allseitig und gleichmäßig ausdehnt und kontraktiert und dadurch in der Plattenmitte ein Verformungsruhepunkt entsteht. Die risskritischen Bereiche befinden sich dabei in der Nähe dieses Verformungsnullpunkts. Tatsächlich liegen aber unterschiedliche Bedingungen für eine Bewegung der Sohlplatte vor, die auf Interaktionen zurückzuführen sind. Diese Interaktionen beruhen auf Steifigkeitsunterschieden, die bei Dehnungen wirksam werden. Dabei können folgende Wechselwirkungen auftreten:

1. Elastische und verschiebliche Kopplung von Sohle und Baugrund (Verzahnung):
   Sohlplatte, Unterbeton und Boden stellen ein zusammenwirkendes Verbundsystem aus drei Schichten dar. Diese Kopplung tritt vor allem bei dickeren Platten auf. Die Nachgiebigkeit des Untergrundes vermindert die Behinderung und verringert dadurch die axialen Zwangspannungen (Bild 6.34, Bereich »elastisch«).
2. Gleiten der Sohlplatte auf dem Untergrund mit größeren Relativverschiebungen (Gleitreibung): Die Sohle hat sich infolge größerer Verschiebungen vom Untergrund gelöst und ist lediglich reibungsbehindert. Die Reibungsbeiwerte bestimmen die Behinderung und die Höhe der zentrischen Zwangkraft. Dieser Fall tritt vor allem bei Platten geringerer Dicke auf (Bild 6.34, Bereich »gleiten«).
3. Bereich in Plattenmitte mit vollständiger Dehnungsbehinderung (elastische und unverschiebliche Kopplung; Bild 6.34, Bereich »fest«). Aufgrund geringerer Verschiebungen ist ein teilweises Gleiten ausgeschlossen [Ros1], [Sch16].

Nach [Sch16] tritt der Fall (3) ohne jegliche Relativverschiebung in sehr ausgedehnten Platten auf und kann als Grenzfall, d.h. Maximalwert der elastischen Kopplung angesehen werden.

In Abhängigkeit von den Abmessungen der Sohlplatte und den bodenmechanischen Kenngrößen können die Arten der Kopplung einzeln oder in Kombination auftreten. In Bild 6.34 sind die verschiedenen Lagerungsarten mit den Besonderheiten der Verschieblichkeit und der Spannungen angegeben.

Bei punktartigen Festhaltungen (Aufzugsunterfahrten, tiefer geführte Stützenfundamente u. dgl.) gelten diese genannten Sachverhalte nicht, da eine Spannungssituation vorliegt, die mit einer bei vollständigem Zwang vergleichbar ist. Im Regelfall ist eine weitgehende Behinderung der Plattenbewegung vorhanden. Eine Beweglichkeit kann dann nur über zusammendrückbare Einlagen am Rand der Fundamente und anderer behindernder Bauteile erreicht werden (Kapitel 8.1.3, Bild 8.15). Wenn dadurch die Behinderung aufgehoben worden ist, kann wieder die vorgenannte Interaktion mit dem Baugrund angenommen werden.

Die Belastung σ_v während der Bauzeit ergibt sich aus der Eigenmasse ρ_c [~ 25 kN/m³], ggf. gelagerten Baumaterialien und der Dicke der Bodenplatte h_F [m].

$$\sigma_V = \rho_C \cdot h_F \tag{6.22}$$

Die maximale Spannung σ_0 folgt ohne Behinderung R aus der eingetragenen Dehnung ε_0 und dem zeitabhängigen E-Modul E_F des Betons der Bodenplatte zu

$$\sigma_0 = \varepsilon_0 \cdot E_F = \alpha_T \cdot \Delta T \cdot E_F \tag{6.23}$$

In vorstehender Gleichung wurde nur eine temperaturbedingte Beanspruchung einbezogen; in ε_0 sind aber andere Einflüsse additiv aufzunehmen.

Die Zwangkräfte entwickeln sich in Abhängigkeit von der Bauteildicke und der Art der Wechselwirkung mit dem Untergrund. Die Behinderungen (1) und (2) stellen dabei Grenzfälle dar, die nach Bild 6.34 in Kombination auftreten können. Oft werden lediglich die aus den beiden Arten der Behinderung entstehenden Zwangkräfte betrachtet. Die kleinere Zwangkraft ist dann für die Bemessung der Bodenplatte maßgebend. Für eine genauere Ermittlung der Zwangkraft, vor allem bei größeren Abmessungen, ist die über die Länge verschiedenartige Behinderung zu berücksichtigen.

Wie nachstehend erläutert hat die Bauteildicke einen sehr wesentlichen Einfluss. Mit zunehmender Bauteildicke steigt zwar die Zwangkraft an, gleichzeitig nimmt aber auch die Verformung des Bodens zu und führt zu einer Verminderung dieser Zwangkraft.

Die maßgebende Zwangkraft bildet die Grundlage zur Abschätzung der Rissgefahr und zur Ermittlung der rissbreitenbeschränkenden Bewehrung.

6.6.2 Horizontale Zwangkräfte in den Bodenplatten bei Reibungsbehinderung

Die Behinderung der Verformung der Bodenplatte durch das Auflager wird über den Reibungskoeffizienten μ_F erfasst. Wenn die Scherfestigkeit τ, die sich aus dem Reibungsbeiwert μ_F und der vertikalen Lastspannung σ_v zu $\tau = \mu_F\, \sigma_v$ ergibt, überwunden wird, beginnt die Bewegung der Sohlplatte, die die behindernden Reaktionskräfte auslöst. Diese Bewegung wird verursacht durch die abfließende Hydratationswärme und die Verkürzung während der Abkühlung oder das Schwinden (Bild 6.35).

Nach [Kön4] und [Som1] ist vereinfacht davon auszugehen, dass die Reibung dabei in der gesamten Kontaktfläche mobilisiert wird. Daraus resultierend wird bei Bodenplatten in der Regel die zentrische Zwangspannung infolge der Verformungsbehinderung durch den Unterbeton oder den Boden bestimmt nach der Überlegung, dass die Reibungskräfte in der Bodenfuge die maximale Rückhaltekraft darstellen. Diese ergibt sich aus dem Reibungsbeiwert und der vertikalen Druckkraft σ_v. Wenn keine andere Vertikallast vorhanden ist, entspricht die vertikale Beanspruchung der Eigenmasse des Betons.

Wenn die Sohlplatte ansonsten ungehindert kontraktieren kann, folgt bei einer Lage des Bewegungsnullpunkts der Bodenplatte in der Mitte, d.h. bei $L_F / 2$ die Zwangkraft F_{Zw} für eine Breite $b_F = 1$ m zu

$$\begin{aligned} F_{Zw} &= \sigma_V \cdot \mu_F \cdot L_F / 2 \\ &= \rho_C \cdot \mu_F \cdot h_F \cdot L_F / 2 \quad [\text{N/m}] \end{aligned} \tag{6.24}$$

ρ_c, μ_F, L_F sind die Rohdichte des Betons, der Reibungsbeiwert und die Länge der Bodenplatte.

Die Zwangspannung σ_{Zw} folgt zu

$$\begin{aligned} \sigma_{Zw} &= \frac{\rho_C \cdot h_F \cdot \mu_F \cdot L_F / 2}{h_F \cdot b_F\,(= 1\,\text{m})} \\ &= \rho_C \cdot \mu_F \cdot L_F / 2 \quad [\text{N/mm}^2] \end{aligned} \tag{6.25}$$

Sind einseitig Haltepunkte, z.B. Aufzugsunterfahrten, vorhanden, entspricht die »gleitende« (reibungswirksame) Plattenlänge der gesamten Plattenabmessung, d.h. anstatt $L_F / 2$ ist L_F zu setzen.

Bei der Bemessung nach Gleichung (6.24) bzw. (6.25) wird nur die Reibung zwischen der Bodenplatte und dem Untergrund, aber nicht die Nachgiebigkeit des Bodens in horizontaler Richtung berücksichtigt. Die Abschätzung der Zwangkraft wird dadurch bei dickeren Bauteilen überbewertet, da die Verformung des Bodens zum Abbau des Zwangs führt.

Der Behinderungsgrad R_μ beträgt mit Gleichung (6.23) für die unbehinderte Dehnung

$$R_\mu = \frac{\rho_C \cdot \mu_F \cdot L_F}{2 \cdot \varepsilon_0 \cdot E_F} = \frac{\rho_C \cdot \mu_F \cdot L_\mu}{\varepsilon_0 \cdot E_F} \leq 1 \qquad (6.26)$$

L_μ: Länge der Behinderungsstrecke bei Reibung = $L_F / 2$

Der Behinderungsgrad wird benötigt, um eine Kombination mit der elastischen Festhaltung durch den Untergrund über die Länge der Bodenplatte vornehmen zu können.

Bei der Abschätzung der rückhaltenden Kräfte sind die Auflagerbedingungen maßgebend. Die Reibungsbeiwerte μ_F (Erstverschiebung) ergeben sich aus der Kraft zum Abscheren in der Bodenfuge. Die größten Werte treten bei direkter Auflagerung und Verzahnung mit dem Untergrund auf, wie beispielsweise bei wasserbaulichen Anlagen auf felsigem Boden. Eine beträchtliche Behinderung entsteht auch durch eine raue Oberfläche des Unterbetons, ungeeignete Folien als Zwischenlage oder Falten in der Folie infolge unsachgemäßer Verlegung. Bindiger Boden kann ebenfalls zu ungünstiger Verformungsbehinderung führen. Einige Angaben sind in Tabelle 6.4 zusammengestellt.

Die Reibungsbeiwerte μ_F sind von der Flächengröße, der Körnung und Kohäsion des Auflagerbettes, dem Verschiebungsbetrag und der Vertikalbelastung abhängig. Insofern sind große Streuungen der Kennwerte vorhanden. Bei nichtbindigen Böden spielt die Vertikalbelastung eine Rolle. Bei geringer Eigenmasse (dünne Bodenplatten) sind die Widerstandskräfte aus der Verzahnung der Unterlage überproportional groß.

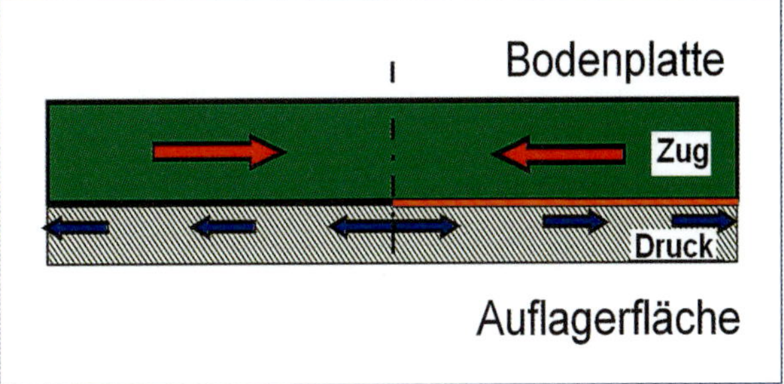

Bild 6.35: Bodenplatte mit Reibungsbehinderung, im rechten Bildteil mit reibungsvermindernder Folie als Zwischenlage

Mit zunehmender Bauteildicke sind die Reibungsbeiwerte rückläufig.

Aus Versuchen ergibt sich, dass mit beginnender Verschiebung der Reibungsbeiwert ansteigt, ein Maximum erreicht und bei weiterer Verschiebung asymptotisch einem Grenzwert zustrebt [Pet1]. Das Verhalten ist damit zu erklären, dass beim Betonieren zwangsläufig ein relativ intensiver Verbund mit dem Boden oder bei grobem Material, wie grober Kies oder Splitt, entsteht. Insofern stellt die direkte Lagerung der Sohlplatte auf einem Kiesbett und/oder Unterbeton lediglich eine bauliche Minimalforderung dar, die entsprechende Zwangkräfte nach sich zieht.

Besonders ungünstige Verhältnisse liegen vor, wenn Vertiefungen oder Querschnittsänderungen der Sohlplatten vorhanden sind und die Bewegungen weitestgehend verhindert werden. Ein Beispiel für die Auswirkungen ist in Bild 6.33 dargestellt.

Bedingt durch den rauen Baustellenbetrieb sind die Reibungswerte oft höher als bei Versuchen festgestellt und in der Literatur angegeben (vgl. dazu die Tabellenwerte für Unterbeton). Wird der Frischbeton durch eine Folie vom Untergrund getrennt, werden nicht nur die Reibungswerte vermindert, sondern auch die Einflüsse von Bodenart, Belastungshöhe und Verschiebung. Eine deutliche Verbesserung wird durch Gleitfolien aus PE oder PEHD erreicht, mindestens in zwei Lagen, zusätzlich wahlweise mit Vlies in der Zwischenlage und in der oberen und der unteren Lage. Die Reibungswerte können durch beschichtete oder geschmierte Folien weiter abgesenkt werden. Von Bedeutung ist auch hier die Ebenflächigkeit der Auflage.

Gleitschichten aus bituminösen Schweißbahnen zeigen nur begrenzt ein viskoelastisches Verhalten. Bei steigendem Vertikaldruck nimmt auch die Schubspannung an der Sohle zu. Einen Einfluss haben die Gleitschichtdicke, die Relativverschiebung, die Bewegungsgeschwindigkeit und die Temperatur. Die Nichtbeachtung der Umgebungstemperatur kann zu einem Misserfolg führen, weil sich die Reibung mit abnehmender Temperatur exponentiell erhöht. Bitumen mit einem niedrigen Erweichungspunkt ist zu bevorzugen. Für dünne Bodenplatten im Freien sollte auf den Einsatz überhaupt verzichtet werden. Mit Dickbitumen ist eine nahezu zwangfreie Auflagerung möglich, wenn die Temperaturabhängigkeit beachtet wird (Tabelle 6.4).

In letzter Zeit sind Bodenplatten mit Gleitlagerung ausgeführt worden, bei denen die Interaktion zum Unter- bzw. Baugrund während der Herstellung beliebig lange entkoppelt werden kann. Dafür wird nach dem Betonieren ein Luftpolster zwischen zwei untergelegten Folien mit einer Vlies-Zwischenlage erzeugt, die Eigenmasse kompensiert und die Reibung nahezu vollständig aufgehoben [Sch8], [Sch23]. Nach dem Abfließen der Hydratationswärme wird die Luftgleitlagerung beendet. Der benötigte Luftdruck beträgt lediglich 0,024 bar je 1 cm Plattendicke.

Durch geeignete Gleitschichten kann der Dehnzwang vermindert werden, der Biegezwang dagegen aber nicht [Cur2], [Som1].

Tabelle 6.4: Reibungswerte sowie Werte für den Steife- und Bettungsmodul (Mittelwerte) nach verschiedenen Quellen, aus [Röh1]. UB = Unterbeton

Untergrund/Gleitschicht	Reibungsbeiwert μ_F (Erstverschiebung)	Steifemodul E_E [MN/m²]	Bettungsmodul K_E [MN/m³]
Mineralgemisch (Kies)	1,30–2,10	100–200	100–300
Sandbett	0,70–1,10	20–150 (locker → dicht)	5–100
bindiger Boden	0,50–0,80	1–20 (weich → fest)	15–90
Mergel	0,50–1,20	30–100	15–120
Schotter		150–300	
Fels, kompakt		> 1 000	
UB (flügelgeglättet) + PE-Folie	0,60–1,00		
UB (rau + Folie)	1,30–2,00		
UB + Bitumenschweißbahn	0,20–0,60		
Gleitfolie mit Schmiermittel	0,25–0,35		
UB + Dickbitumen[1)]	0,03–0,20		
Viskose Gleitschichten[2)]	~ 0		

[1)] Wirksamkeit nur bei ausreichender Schichtdicke und Temperaturen > 10 °C

[2)] Verzicht auf eine Berücksichtigung der Verformungsbehinderung bei Temperaturen > 0 °C [DAS6]

Beispiel

In einer Bodenplatte aus C25/30 (CEM III 32,5 N) mit einer Dicke von $h_F = 0{,}60$ m und einer Bauteillänge von $L = 40$ m entsteht bei einem Reibungsbeiwert $\mu_F = 1{,}30$ (rauer Unterbeton und zwei Lagen PE-Folie) eine Zugspannung von

$$\sigma_{cr} = 24 \cdot 1{,}30 \cdot 40{,}0 / 2 = 624{,}0 \text{ kN/m}^2$$
$$= 0{,}624 \text{ MN/m}^2 = 0{,}624 \text{ N/mm}^2$$

Die Rohdichte des Betons wurde mit $\rho_c = 24$ kN/m²berücksichtigt.

Die Verkürzung setzt ein, wenn das Temperaturmaximum überschritten ist. Der Zeitpunkt wird bei der vorgenannten Plattendicke mit $t_{max} = 30$ h (= 1,25 d) abgeschätzt. Die axiale Zugfestigkeit des Betons beträgt (Kapitel 5.2)

$$\beta_{cc}(t) = \exp\left(s \cdot \left[1 - \left(\frac{28}{t/t_1}\right)^{0,5}\right]\right)$$
$$= \exp\left(0{,}38 \cdot \left[1 - \left(\frac{28}{1{,}25}\right)^{0,5}\right]\right) = 0{,}25$$

$$\beta_{ct}(t) = [\beta_{cc}(t)]^{2/3} = [0{,}24]^{2/3} = 0{,}394$$

$$f_{ctm}(t) = \beta_{ct}(t) \cdot f_{ctm}(28) = 0{,}393 \cdot 2{,}6 = 1{,}03 \text{ N/mm}^2$$

Die Zugfestigkeit reicht aus, um die Zwangbeanspruchungen rissfrei aufzunehmen.

6.6.3 Bodenplatten bei elastischer Festhaltung durch den Untergrund

Die Abschätzung der Zwangkraft nach Gleichung (6.24) führt lediglich bei dünnen Bodenplatten zu Ergebnissen mit ausreichender Genauigkeit. Bei dickeren Bodenplatten wird die Zwangkraft durch die Nachgiebigkeit des Untergrundes deutlich vermindert. Nach [Ros1], [Sch16], [Sim1] und [Som1] kann von einer elastischen Kopplung der Sohle mit dem Erdreich und der Annahme einer »mitwirkenden Erdkörpertiefe« ausgegangen werden. Der Unterbeton wird nach [Som1] unter der Voraussetzung einbezogen, dass keine Erwärmung durch die erhärtende Sohlplatte erfolgt. Mit vereinfachenden Annahmen (elastisches Materialverhalten, lineare Spannungsabnahme über die vorgegebene mitwirkende Bodentiefe und nach [Ros6] ($E_E \leq 200$ MN/m²) ergibt sich dann in vertretbarer Näherung die Behinderung der Sohlplattenverkürzung eines »Dreischichtenmodells« zu

$$R_{elast} = \frac{1}{1 + \dfrac{E_F \cdot A_F}{E_{UB} \cdot A_{UB} + h_E \cdot E_E \cdot b_E}} \qquad (6.27)$$

Die Indizes F, UB und E stehen für die Fundamentplatte, den Unterbeton sowie den Untergrund. E_E ist der Steifemodul des Untergrundes bzw. Erdbodens, A bezeichnet die Querschnittsflächen. b_E ist die Breite des Plattenstreifens (= 1 m). Einige Werte für E_E sind in Tabelle 6.4 zusammengestellt, weitere sind in [Röh1] enthalten. Im Mittel betragen die Werte für E_E bei lockerem Sand 50 MN/m², bei dichtem Sand und Kies 150 MN/m², bei Schotter 250 MN/m² und bei halbfestem Lehm10 MN/m².

Die **mitwirkende Tiefe des Erdkörpers** ist nach Auswertung anderer Literatur in [Sim1] und [Ros1] mit $h_E = 0{,}33\ L_P$ angenommen worden. [Som1] gibt an, dass nach Finite-Element-Vergleichsrechnungen an Scheibenmodellen (vgl. [Paa1]) mit $h_E = 0{,}25\ L_F$ für praktische Berechnungen hinreichend genaue Ergebnisse erhalten werden, die auf der sicheren Seite liegen. Bei der Kombination des Behinderungsgrads mit dem bei Gleitreibung wird dieser Ansatz verwendet.

Eine Auswertung der Gleichung (6.27) ist in Abhängigkeit von variablen Bodensteifigkeiten in Bild 6.36 vorgenommen worden. Bei Sohlplatten üblicher

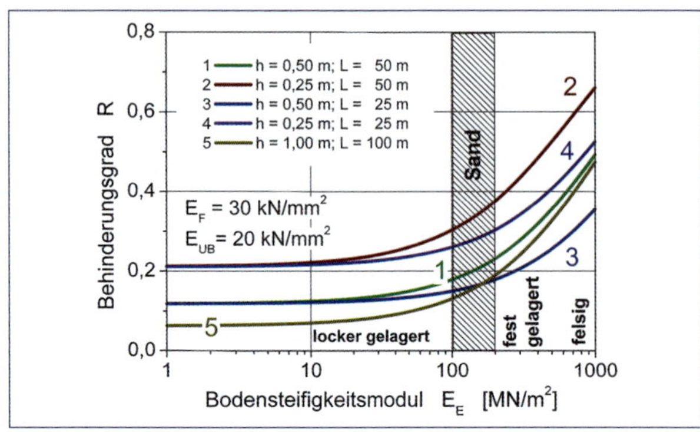

Bild 6.36: Behinderungsgrad von Sohlplatten in Abhängigkeit von der Bodensteifigkeit und den Abmessungen

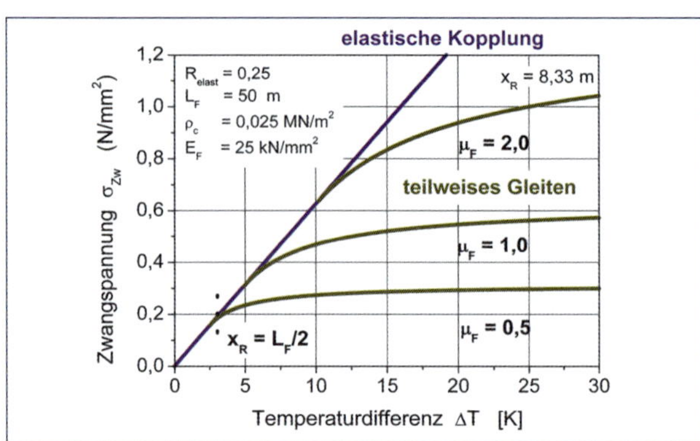

Bild 6.37: Zwangspannungen bei elastischer Kopplung der Bodenplatte mit dem Untergrund und Gleitreibung in Abhängigkeit von der temperaturverursachten Verformung

Abmessungen ergeben sich Abminderungen des Behinderungsgrads um mindestens 50 %.

Abgrenzung der Sohlplattenbereiche bei zentrischer Zwangkraft

Die Zwangspannung ergibt sich aus der unbehinderten Dehnung (Gleichung 6.23) zu

$$\sigma_{Zw} = \varepsilon_0 \cdot E_F \cdot R \cdot \psi \tag{6.28}$$

ψ: Relaxation (z.B. $\psi = 0{,}7$ nach [DAS6])
E_F: zeitabhängiger E-Modul

Nach [Som1] ist davon auszugehen, dass in Abhängigkeit von der Zwangkraft ab dem Bodenplattenbereich im Abstand x_R die elastische Kopplung aufgehoben wird und Reibungsgleitung einsetzt. Auch bei zunehmender Beanspruchung wird ein Verformungsruhepunkt aufrechterhalten.

Mit Gleichung (6.27) folgt dann

$$X_R = \frac{\sigma_v \cdot \mu_F \cdot L_F^2}{8 \cdot R_{elast} \cdot h_F \cdot \sigma_{Zw}} = \frac{\mu_F \cdot \rho_c \cdot L_F^2}{8 \cdot R_{elast} \cdot \varepsilon_0 \cdot E_F \cdot \psi} \tag{6.29}$$

Wenn $x_R\ /\ 2 = 0{,}5\ L_F$ tritt keine Entkopplung ein und die Bodenplatte wird durch die elastische Kopplung behindert. Bei $x_R\ /\ 2 < 0{,}5\ L_F$ findet eine teilweise Entkopplung statt.

Tritt Gleiten und elastische Kopplung in Kombination auf ($x_R < L_\mu$), kann die resultierende maximale Spannung im Verformungsruhepunkt bestimmt werden zu:

$$\sigma_{Zw} = \mu_F \cdot \rho_c \cdot \left(L_\mu - \frac{x_R}{2}\right) \tag{6.30}$$

Im elastisch behinderten Bereich beträgt die Zwangspannung

$$\sigma_{Zw} = \varepsilon_0 \cdot E_F \cdot R_{elast} \cdot \psi \tag{6.31}$$

Eine Auswertung der Zwangsituation bei einer Sohlplatte mit zunehmender Beanspruchung aus der Temperaturdifferenz infolge von Abkühlung ist in Bild 6.37 vorgenommen worden. Deutlich wird, dass bereits bei relativ geringen Temperaturdifferenzen das Gleiten einsetzt, aber selbst bei hohen Beanspruchungen die Werte des idealen Reibungsgleitens nicht erreicht werden. Für die Bemessung ist der kleinere Wert nach der Gleichung (6.30) und der Gleichung (6.31) maßgebend. In vielen Fällen reicht es aus, die Gleitreibung über die gesamte Fläche der Bodenplatte zugrunde zu legen.

Berechnungsbeispiel

Bodenplatte mit den Abmessungen L / B = 60 / 45 m, $h_F = 0,60$ m
Beton B 30/37 mit $f_{ctm} = 2,9$ MN/m² und $E_{cm} = 28\,300$ MN/m²; $\rho_c = 0,025$ MN/m³
Lagerung auf Sand-Kies-Gemisch mit $E_E = 100$ MN/m²; $\mu_F = 0,80$
Zugfestigkeit zum Zeitpunkt der Rissbildung mit $k_{zt} = 0,75$
$f_{ctm,eff} = 0,75 \cdot 2,9 = 2,18$ MN/m²
Damit $E_{ct} = 0,95 \cdot 28300 = 26890$ MN/m²
Zwangdehnung infolge Abkühlung um $\Delta T = 20$ K
Eine Relaxation wird nicht angesetzt, d. h. $\psi = 1,0$

Reibungsbehinderung der Bodenplatte:

Gleichung 6.25

$$\sigma_{Zw,\mu} = 0,025 \cdot 0,80 \cdot 60/2 = 0,60 \text{ MN/m}^2$$

Elastische Festhaltung der Bodenplatte
$t_E = 0,25 \cdot 60 = 15$ m

Gleichung 6.27

$$R_{elast} = \frac{1}{1 + \dfrac{26890 \cdot 0,60}{0,25 \cdot 60 \cdot 100}} = 0,085$$

Gleichung 6.28

$$\sigma_{Zw,el} = 26\,890 \cdot 20 \cdot 10^{-5} \cdot 0,085 = 0,46 \text{ MN/m}^2$$

Mit $\sigma_{Zw,\,el} \leq \sigma_{Zw,\,\mu}$ ist die elastische Festhaltung der Bodenplatte maßgebend.
Bei Überlagerung der Dehnungsbehinderung ergibt sich

Gleichung 6.29

$$X_R = \frac{0,80 \cdot 0,025 \cdot 60^2}{8 \cdot 0,085 \cdot 20 \cdot 10^{-5} \cdot 26\,890} = 19,7 \text{ m}$$

Gleichung 6.30

$$\sigma_{Zw} = 0,025 \cdot 0,80 \cdot (30 - 9,85) = 0,40 \text{ MN/m}^2$$

und damit ein etwas günstigerer Wert.

6.6.4 Zwangbeanspruchungen an Arbeitsfugen

Bei der Ausführung von ausgedehnten Bodenplatten in mehreren Arbeitsabschnitten treten an den Arbeitsfugen Zwangbeanspruchungen in Fugenlängsrichtung auf, die mit den Zwangbeanspruchungen in Wandscheiben auf Fundamentstreifen vergleichbar sind. Insofern können die Berechnungsansätze und die Modellvorstellungen zur Einleitung der Zwangkräfte von den Wandscheiben auf die Bodenplatten übertragen werden (Kapitel 6.5). Die Vorgehensweise soll an einem nachstehenden Beispiel erläutert werden. Dabei werden die Relaxation und die Zeitabhängigkeit der mechanischen Kenngrößen nicht berücksichtigt.

Beispiel

Eine Bodenplatte (h = 0,80 m) mit den Abmessungen 60 m auf 80 m soll in zwei Betonierabschnitten (I und II) mit je H = 40 m Breite hergestellt werden. Das Seitenverhältnis beträgt damit L / H = 1,5. Zum Risszeitpunkt im Abschnitt II werden aus einer Vorermittlung die maßgebenden Werte wie folgt erhalten: $E^{I}_{cm} = 24\,500$ N/mm² (95 % E_{28}); $E^{II}_{cm} = 20\,630$ N/mm² (80 % E_{28}); $f_{ct,eff} = 0,55 \cdot f_{ctm} = 1,60$ N/mm². Die Temperaturdifferenz bis zum betrachteten Zeitpunkt beträgt $\Delta T_N = 25$ K

Die Behinderung R_L des Bodenplattenstreifens II an der Betonierfuge ergibt sich in Längsrichtung nach Gleichung (6.13)

Gleichung 6.13

$$R_L = \frac{1}{1 + \dfrac{E^{II}_{cm}}{E^{I}_{cm}}} = \frac{1}{1 + \dfrac{20\,630}{24\,500}} = 0,54$$

Die Zwangspannung σ_{Zw} wird dadurch vermindert auf

$$\sigma_{Zw,total} = \alpha_T \cdot \Delta T \cdot E^{II}_{cm} \cdot R_L$$

$$= 25 \cdot 10^{-5} \cdot 20\,630 \cdot 0{,}54 = 2{,}7 \quad N/mm^2$$

Wie bei Wänden bzw. Bodenplattenscheiben muss die Zwangkraft nur für einen Bereich unmittelbar an der Betonierfuge berücksichtigt werden. Mit dem Faktor k = 0,65 zur Berücksichtigung der Wirkung der Eigenspannungen (Kapitel 10.4.4) ergibt sich

$$\frac{\varepsilon_{Zw}}{\varepsilon_{Zw,total}} = \frac{f_{ct,eff} \cdot k}{\sigma_{Zw,total}} = \frac{1{,}6 \cdot 0{,}65}{2{,}7} = 0{,}39$$

Für ein Seitenverhältnis L/H = 1,5 ergibt sich eine Verteilung des Behinderungsgrads über die Wandhöhe, d.h. über die Bodenplattenbreite, wie in Bild 6.21 angegeben. Der risskritische Bereich erstreckt sich von der Betonierfuge bis zu etwa y/H = 0,30. In einem Streifen von H = 0,39 · 40 = 15 m ist die Behinderung der zwangbedingten Verformung ausreichend, um einen Zwang aufzubauen, der zur Rissbildung führt.

Unmittelbar an der Betonierfuge wird die Rissbreite und -verteilung über den intensiven Verbund gesteuert.

Die Streifenbreite h_1 ergibt sich bei einer vorgegeben rechnerischen Rissbreite von 0,25 mm nach Gleichung (6.16) zu

$$h_1 = 0{,}60 \cdot \frac{w_k}{\alpha_T \cdot \Delta T_N} = \frac{0{,}6 \cdot 0{,}25}{25 \cdot 10^{-5}} = 600 \text{ mm}$$

Dieser Abschnitt mit h_1 = 0,60 m ist sehr klein und wird deshalb nicht gesondert betrachtet. Auf eine mögliche Reduzierung der Mindestbewehrung wird verzichtet.

6.6.5 Biegebehinderte Sohlplatten

Eine ungleichmäßige Temperaturverteilung im Bauteilquerschnitt ruft ein Biegemoment und eine entsprechende Spannungsverteilung hervor (Bild 6.38). Bei Bodenplatten geringerer Dicke kann diese Temperaturverteilung unter der Einwirkung der Lufttemperatur und der Sonneneinstrahlung entstehen und eine Aufschüsselung oder Aufwölbung nach sich ziehen. Der Vorgang wird durch kurze Bauteillängen begünstigt. Bei dickeren Bauteilen behindert die Eigenmasse die Plattenbiegung und führt über die Momentenbeanspruchung zu Zugspannungen.

Mit dem Temperaturgradienten ΔT beträgt das Zwangbiegemoment, wenn die Zeitabhängigkeit der stofflichen Kenngrößen nicht berücksichtigt wird:

$$M_{Zw} = E_F \cdot L_F \cdot \alpha_T \cdot \frac{\Delta T}{h_F} \text{ [MN/m]} \tag{6.32}$$

Die Zwangspannung an den Außenflächen folgt daraus zu

$$\sigma_{Zw} = 0{,}5 \cdot E_F \cdot \alpha_T \text{ [MN/m}^2\text{]} \tag{6.33}$$

Die Zwangspannung nach Gleichung (6.32) ist von der Dicke der Bodenplatte unabhängig. Bereits bei relativ geringen Temperaturdifferenzen können beträchtliche Spannungen auftreten, die aber durch die Nachgiebigkeit des Untergrunds vermindert werden. Die Abschätzung eines Behinderungsgrads auf der Basis des mitwirkenden Bodenkörpers, wie bei zentrischen Zwangkräften angenommen, wäre nicht gerechtfertigt, da die vertikale Verformungsfähigkeit des Bodens entscheidend ist. Zutreffend erscheint dagegen das Modell der Bettung der Sohlplatte mit einer federnden Unterstützung des Bauteils durch den Baugrund. Die Ermittlung der Zwangspannungen nach dem Bettungsmodulverfahren ist aufwendig und nur mit einem entsprechenden Computerprogramm lösbar; Erläuterungen sind in [Gra1] und [Kah1] zu finden. Eine formelmäßige Ableitung des Behinderungsgrads nach dem Bettungsverfahren wurde in [Nil2] und [Nil3] vorgenommen, eine Auswertung ist in Bild 6.39 angegeben. Maßgebender Parameter ist die elastische Länge $L_{F,el}$, die sich aus der Steifigkeit des Plattenstreifens $E_F \cdot I_F$ (bezogen auf die Breite b = 1 m) ergibt:

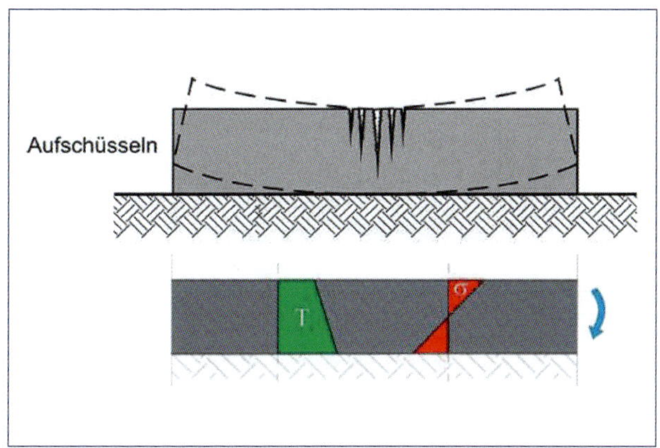

Bild 6.38: Aufwölbung der Bodenplatte durch abkühlungsbedingte Temperaturverteilung im Bauteilquerschnitt und auftretendes Biegemoment

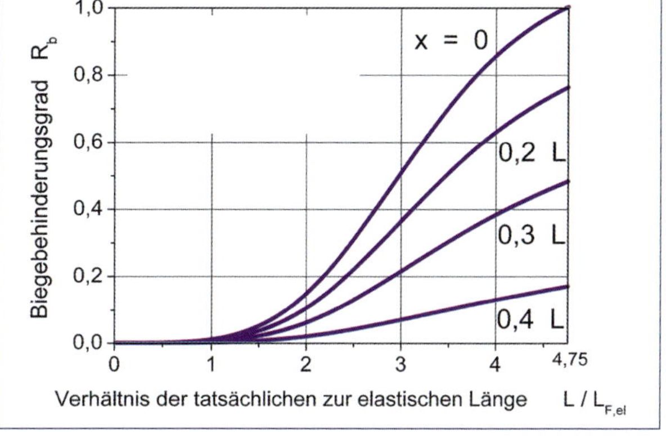

Bild 6.39: Behinderungsgrad bei Biegung R_b unter Berücksichtigung der Nachgiebigkeit des Untergrundes der Bodenplatte nach [Nil2]

$$L_{F,el} = \sqrt[4]{\frac{2 \cdot E_F \cdot I_F \cdot \zeta}{K_E}} \tag{6.34}$$

ξ: Verhältnis von Länge zu Breite der Bodenplatte
K_E: Bettungsmodul bei b = 1 m [N/m²]

Der Bettungsmodul K_E ist vom Seitenverhältnis der Bodenplatte B / L und von der Dicke der zusammendrückbaren Bodenschicht abhängig. Aus den Angaben [Nil3] kann abgeleitet werden:

$$\zeta = 1 - 0{,}035 \cdot B/L \tag{6.35}$$

Die Darstellung der Gleichung (6.34) zeigt, dass der Behinderungsgrad in Richtung der Plattenränder schnell abnimmt und eine vollständige Biegebehinderung in der Plattenmitte (x = 0) erst bei einem Verhältnis $L / L_{F,el} = 4{,}75$ eintritt.

Wie Auswertungen zeigen, bleibt der Biegebehinderungsgrad über einen längeren Zeitraum der Erhärtung hoch. Erst mit einer deutlichen Zunahme des E-Moduls ist der Behinderungsgrad R_b rückläufig und läuft asymptotisch einem Endwert zu [Röh1]. Unter Beachtung der Streuung der Eingabewerte sollte, wenn keine Möglichkeit oder Notwendigkeit zu einer genaueren Berechnung vorhanden ist, eine vollständige Behinderung $R_b = 1$ angenommen werden.

6.6.6 Zeitlicher Verlauf der Schnittgrößen in den Bodenplatten

Die Entwicklung der Zwangschnittkräfte in den Sohlplatten unterscheidet sich im Prinzip nicht von der anderer Bauteile, die durch die abfließende Hydratationswärme oder das Schwinden beansprucht werden. Aufgrund der Auflage und der Interaktion mit dem Baugrund werden aber zusätzlich Biegemomente hervorgerufen, die das Spannungsbild sehr wesentlich verändern.

Die Entstehung der zentrischen Zwangspannungen kann mit dem Schema in Bild 3.3 erklärt werden. Zunächst werden Druckkräfte aufgebaut, die nach Überschreiten des Temperaturmaximums rückläufig sind und schließlich aufgehoben werden (Bild 6.40). Folgend werden Zugkräfte aufgebaut, die einen ersten Riss in der Plattenmitte und – wenn die Dehnungen ausreichend groß sind – weitere Risse in Richtung

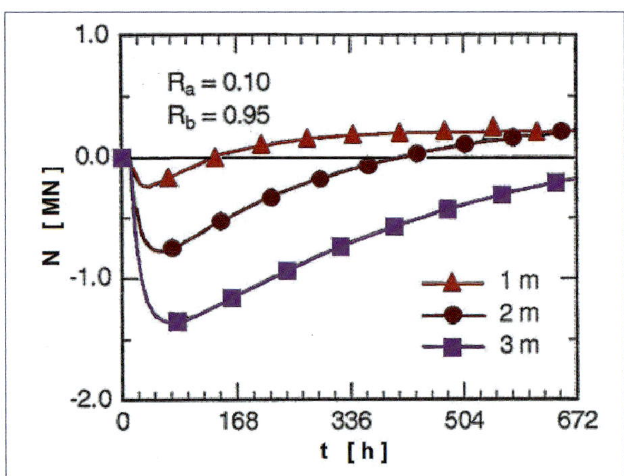

Bild 6.40: Einfluss der Sohlendicke auf den Verlauf der Normalkraft N [Ros7]
(CEM 32,5 R mit z = 270 kg/m³ + 80 kg/m³ FA)

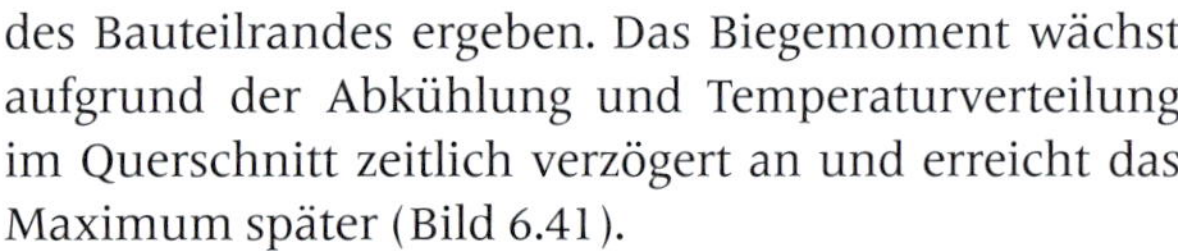

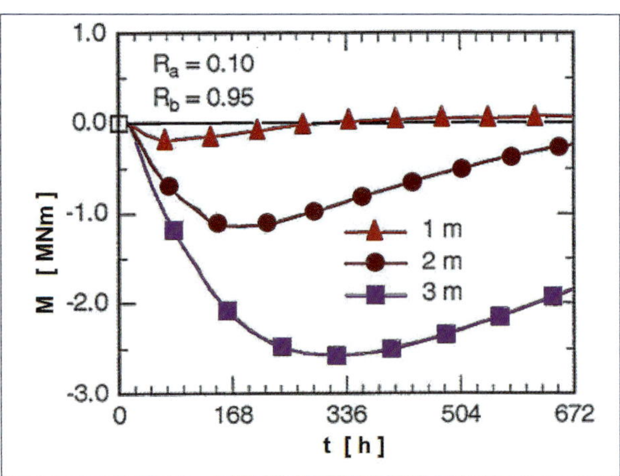

Bild 6.41: Einfluss der Sohlendicke auf den Verlauf des Biegemoments m [Ros7]
(CEM 32,5 R mit z = 270 kg/m³ + 80 kg/m³ FA)

des Bauteilrandes ergeben. Das Biegemoment wächst aufgrund der Abkühlung und Temperaturverteilung im Querschnitt zeitlich verzögert an und erreicht das Maximum später (Bild 6.41).

Die mit zunehmender Bauteildicke verzögerte Abkühlung über die Oberfläche führt sowohl zu größeren zentrischen Zwangspannungen als auch zu entsprechend großen Biegemomenten. In Abhängigkeit von der Bauteildicke ändert sich aber der Einfluss der beiden Beanspruchungen auf das Spannungsbild. Das Biegemoment gewinnt immer mehr an Bedeutung, ist nur wenig von der äußeren Behinderung beeinflusst und dominiert schließlich das Rissbild. Bei dickeren Sohlplatten treten dann vor allem Biegerisse an der Oberseite auf. Um Trennrisse hervorzurufen, müssten die horizontalen Zwangspannungen eine solche Größe annehmen, dass im gesamten Querschnitt Zugspannungen auftreten. Die dafür notwendigen Behinderungen sind bei den üblichen Lagerungsbedingungen für Bodenplatten nicht gegeben. Davon ausgenommen sind die wasserbaulichen Baukörper, die auf Fels und mit wirkungsvoller Verzahnung errichtet werden.

Aus der Temperaturdifferenz im Bauteil resultieren weiterhin Eigenspannungen, die zwar keine Zwangkräfte ergeben, aber eine Oberflächenrissbildung nach sich ziehen können (Kapitel 6.9)

6.6.7 Rissbildungen in den Bodenplatten

Die Rissbildungen in Bodenplatten sind weniger wahrscheinlich als bei Wänden. Die Gefahr der Rissbildung steigt mit der eingetragenen Dehnung durch Temperatur oder Schwinden und dem Reibungsbeiwert in Verbindung mit der reibungswirksamen Plattenlänge. Die Gefahr der Rissbildung wird mit zunehmender Plattendicke vermindert. Wie beobachtet wurde, bildet sich in der Regel ein Verformungsnullpunkt aus, wenn die Bewegungsmöglichkeit nicht grundsätzlich durch Fundamente oder andere behindernde Konstruktionsteile verhindert wird. In Abhängigkeit von den vorgenannten Faktoren sind dann Einzelrisse im Abstand um diesen Verformungsnullpunkt gruppiert (Bild 6.42). Ist eine lineare Dehnungs- und Spannungsverteilung über den Bauteilquerschnitt vorhanden, treten zusätzlich Biegemomente und obenseitige Rissbildungen auf, die von der Bauteildicke und der Bettung abhängen. Die Risse sind weiter zum Rand der

Sohlplatte orientiert. Die Krümmungsbehinderung wird schneller aufgebaut als eine Dehnungsbehinderung infolge von Reibung [Som1].

Die Rissbilder in Abhängigkeit vom Bewehrungsgrad unterscheiden sich nur in der Rissbreite, nicht aber hinsichtlich des Risszeitpunkts, der Lage und Anzahl der Risse. Selbst unbewehrte Bodenplatten ergeben übereinstimmende Rissbilder.

Bei niedrigen Luft- und Betontemperaturen können durchaus rissfreie Konstruktionsteile entstehen, mit Zunahme der Temperatur nimmt die Rissgefahr jedoch stetig zu. Zuverlässig rissfrei können Bodenplatten nur mit einer Vorspannung hergestellt werden. Selbst die Luftgleittechnik ist keine Garantie für eine Rissvermeidung [Sch8], da bei höheren Temperaturen die Rissbildung bevorzugt infolge von autogenem Schwinden stattfindet.

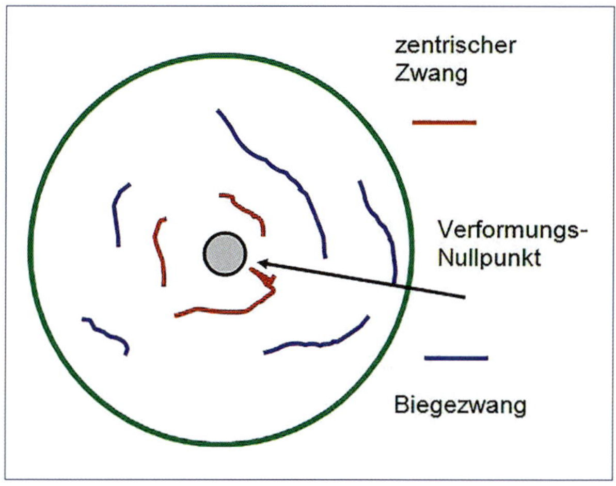

Bild 6.42: Rissbildungen in runden Sohlplatten für Behälterbauwerke infolge einer zentrischen Zwangkraft und Biegezwangs

6.6.8 Zwangspannungen bei Aufbetonen

Zur Steigerung der Tragfähigkeit oder Sanierung von Bestandsbauteilen wird eine neue Betonschicht aufgebracht, die bei ausreichendem Haftverbund ein zusammenwirkendes neues Bauteil ergeben. Die Schwindverformungen im Neubeton werden durch den Altbeton behindert und führen zu Zwangspannungen entlang der Betonierfuge. Die Folge sind häufig starke Rissbildungen im Aufbeton oder ein Verbundversagen zwischen den beiden Querschnittsteilen. Die Mechanismen, die die Rissbildung herbeiführen, sind offensichtlich noch nicht vollständig bekannt, eine Situation, mit der die große Anzahl der Schäden erklärt wird [Beu1]. Die Anforderungen an die Verbundfuge können dagegen als unstrittig angesehen werden und beinhalten die Sauberkeit und Rauigkeit der Oberfläche des Altbetons sowie die notwendige Vorbehandlung vor dem Betonieren. Da das Schwinden des Neubetons die Zwangspannungen beeinflusst, ist die Zusammensetzung des Neubetons unter diesem Gesichtspunkt festzulegen.

Die durch den bestehenden Bauteilquerschnitt behinderten Dehnungen resultieren prinzipiell aus dem Schwinden und dem Abfließen der Hydratationswärme, sind aber in den Anteilen abhängig von der Dicke des Aufbetons und der des Altbetons. Die entstehenden Zwangspannungen führen zu einer zentrischen Zwangkraft und zu einem Biegemoment.

Da die hygrischen und thermischen Vorgänge im Neubeton unterschiedliche Verformungen im Querschnitt nach sich ziehen, sind weiterhin auch Eigenspannungen vorhanden. Diese Eigenspannungen ergeben sich aus der behinderten Aufwölbung des Aufbetons. Eine Möglichkeit zur Berechnung der Eigenspannungen ist in [Sie2] dargestellt und an einem Beispiel erläutert. Die Schnittkräfte im dreifach statisch unbestimmten System werden nach dem Kraftgrößenverfahren bestimmt.

Aus Versuchsergebnissen geht hervor, dass bei kraftschlüssigem Verbund die zunehmenden behinderten Verformungen auch zu ständig steigender Zwangbeanspruchung und schließlich zu eng beieinanderliegenden Rissen im Aufbeton führen. Andererseits können die Zwangbeanspruchungen den Verbund aufheben, sodass ein Gleiten des Aufbetons einsetzt.

6.7 Wände und Decken mit Öffnungen und Einsprüngen

An Ecken und Querschnittsveränderungen werden die Spannungstrajektorien umgelenkt und Zugspannungen initiiert, die zu von den Ecken ausgehenden Rissen führen. Durch Zulagen an Bewehrungsstählen, die die erwarteten Risse kreuzen, kann die Rissbildung beherrscht werden (Bild 6.43)

Die Zwangkräfte in den Konstruktionsteilen führen zu höheren Spannungen in den durch Öffnungen verringerten Querschnitten (Bild 6.44). Eine vergleichbare Rissgefahr weisen gegliederte Querschnitte auf.

Die Bemessung der Mindestbewehrung erfolgt zwar prinzipiell für den schwächsten Querschnittsbereich, doch ist eine Überprüfung erforderlich, ob die gesamten Zwangdehnungen aufgenommen werden können.

Die Deckenscheibe in Bild 6.44 ist aufgrund der Wandscheiben an den Enden als festgehalten anzusehen. Durch eine Beanspruchung, z.B. das Schwinden, entsteht eine über die gesamte Bauteillänge konstant behinderte Dehnung. Die Risse sind im Bereich der Öffnung zu erwarten, sodass die Mindestbewehrung auf den dort vorhandenen Restquerschnitt der Deckenbreite zu beziehen ist. Die Dehnungen und Zwangspannungen steigen im gestörten Deckenabschnitt entsprechend der Verringerung der Deckenquerschnittsfläche an. Zusätzlich ist durch eine Bewehrung die Konzentration der Kräfte unmittelbar neben der Öffnung aufzufangen (Bild 6.45).

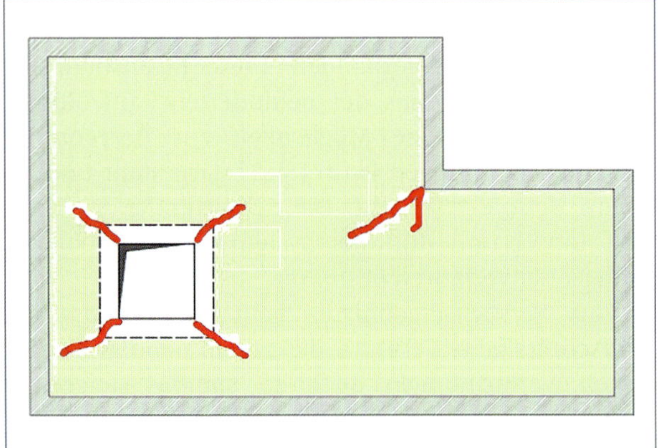

Bild 6.43: Rissbildungen an den Ecken von Öffnungen und Bauteileinsprüngen

Wenn in einem Deckenabschnitt mit Öffnung die Zwangverformungen bei einem abgeschlossenen Rissbild aufgenommen werden können, wird im ungeschwächten Teil keine Rissbildung auftreten. Wenn dies nicht der Fall ist, reicht die Mindestbewehrung im gestörten Deckenbereich nicht aus und der ungeschwächte Deckenbereich muss zur Rissbildung gebracht werden. Dazu ist die Decke neben der Öffnung entsprechend stärker zu bewehren und die restliche Fläche mit einer Mindestbewehrung zu versehen. Neben der rechnerisch ermittelten Bewehrungsfläche ist den erwarteten Randspannungen mit Kerbwirkung durch Zulagen zu begegnen. Bei größeren Öffnungen ist der Nachweis der Kräfteübertragung anhand eines statischen Ersatzsystems vorzunehmen.

Auch kleinere Einbauteile oder Öffnungen können Anlass zur Rissbildung sein.

Auch beim Beispiel in Bild 6.48 ist der geschwächte Querschnittsteil nicht in der Lage, die gesamte Zwangdehnung aufzunehmen. Deshalb ist eine verstärkte Bewehrung im Steg erforderlich und eine Mindestbewehrung im ungeschwächten Deckenteil anzuordnen.

Die Rissgefahr tritt bei allen Querschnitts- und Bauteilsprüngen auf. Bei fugenlosen Konstruktionen ist darauf besonders zu achten (Kapitel 7.4). Bei dickeren Bauteilen, die allseitig eingespannt sind, wirken sich thermische und hygrische Dehnungen aus, wie das Beispiel einer Wand in einer wasserwirtschaftlichen Anlage zeigt (Bild 6.49)

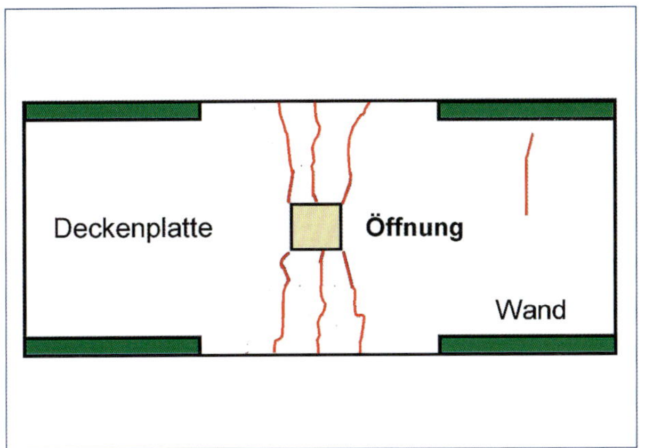

Bild 6.44: Deckenscheibe mit Öffnung

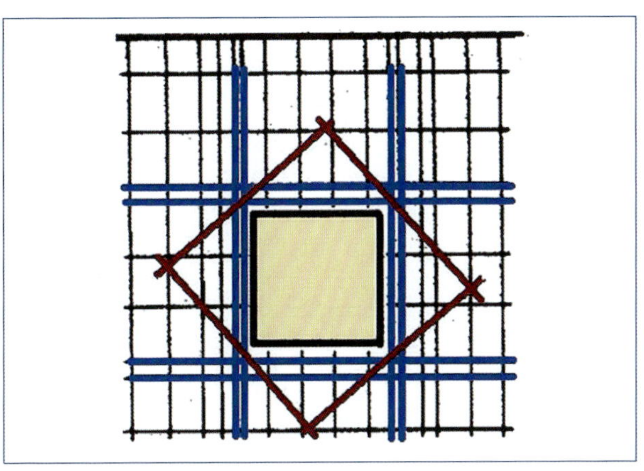

Bild 6.45: Bewehrung zur Aufnahme der zusätzlichen Beanspruchungen durch die Deckenöffnung

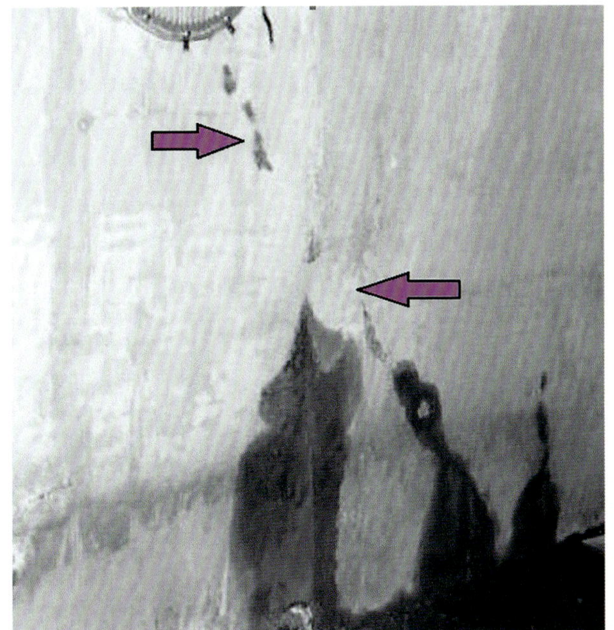

Bild 6.46: Rissbildung in der zwangbeanspruchten Wand zwischen dem eingebauten Rohr und dem Wandfuß (Aufnahme von [Sch31])

Bild 6.47: Deckendurchgang einer Rohrleitung mit umschließender Bewehrung [Sch31]

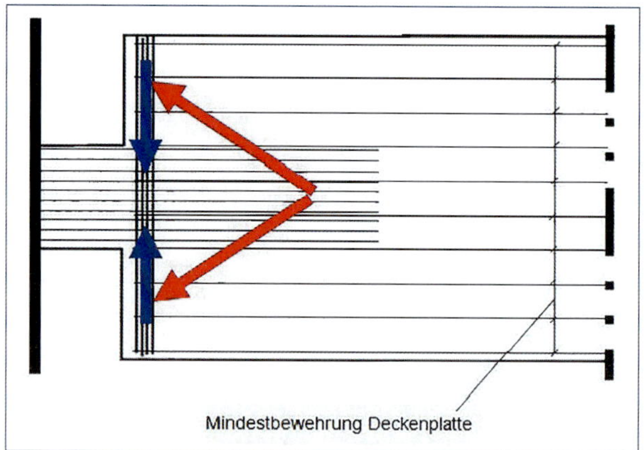

Bild 6.48: Decke im Grundriss mit Querschnittssprung [Sch26]

Bild 6.49: Rissbildungen in einer durch Druckwasser beanspruchten Wand mit Türöffnung in einer wasserwirtschaftlichen Anlage

6.8 Verbindung von Bauteilen aus Alt- und Neubeton an Arbeitsfugen

Das Anbetonieren an bestehende Bauteile führt zu Rissbildungen, die mit denen in Wänden auf Bodenplatten vergleichbar sind (siehe dazu Schema in Bild 6.50b). Die Auswirkungen sind besonders dann gravierend, wenn sich die Festigkeitseigenschaften zwischen Alt- und Neubeton deutlich unterschieden; die Behinderung des anbetonierten Bauteilabschnitts ist dann entsprechend groß. Der Vorgang ist mit der Behinderung einer Wand auf einer Bodenplatte vergleichbar (Kapitel 6.5.1). Beispiele sind abschnittsweise flächige Bauteile (Bild 6.50) oder der in Bild 6.51 dargestellte Brückenträger. Eine weitere Auswirkung ist, dass sich Arbeitsfugen öffnen.

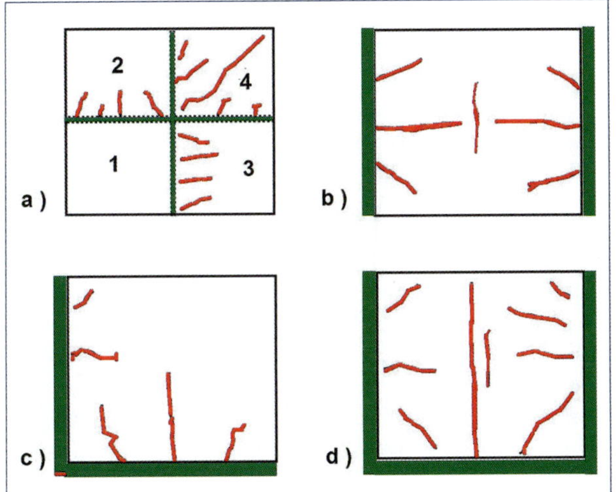

Bild 6.50: Rissbildungen bei abschnittsweise hergestellten Betonplatten und bei unterschiedlicher äußerer Behinderung a) nach [Bre2] b) bis d) [Abe1] und EC2

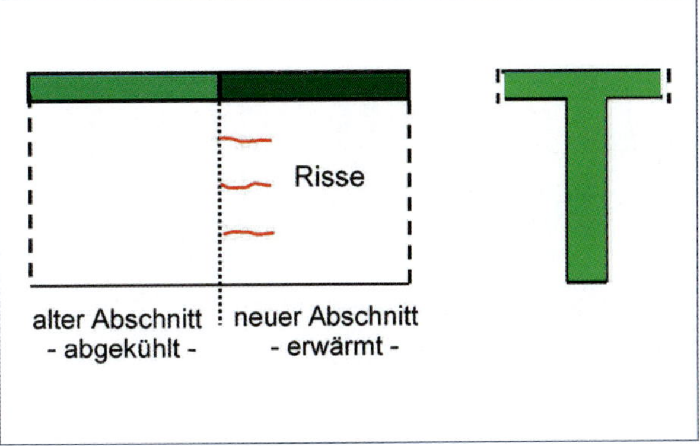

Bild 6.51: Risse im Steg einer abschnittsweise hergestellten Brücke im Bereich der Arbeitsfuge (nach [Leo2])

6.9 Zwangspannungen aus innerer Behinderung im Bauteil (Eigenspannungen)

Wenn ein Dehnungsprofil im Querschnitt vorhanden ist und sich verändert, behindern sich die Querschnittszonen gegenseitig. Diese innere Behinderung führt damit zwangsläufig zu Spannungen, wenn sich ein Teil des betonierten Querschnitts gegenüber einem anderen ausdehnt oder zusammenzieht. Für Eigenspannungen ist charakteristisch, dass

- die Summe der Zug- und Druckspannungen im Querschnitt übereinstimmt und damit den Wert Null ergibt;
- keine nach außen gerichtete Schnittkräfte, wie axiale Zwangkräfte oder Zwangmomente, entstehen;
- diese unabhängig von den Lagerungsbedingungen des Bauteils und den äußeren Bedingungen sind.

Bei größeren Querschnittsabmessungen führt die Wärme- und Feuchteabgabe über die Bauteiloberfläche zu einem Gefälle zwischen Rand und Kern und einer unterschiedlichen Ausdehnung. In der Anfangsphase der Hydratation dehnt sich beispielsweise durch die Wärmeentwicklung der Kern stärker aus und wird durch den vergleichsweise kälteren Rand zurückgehalten (Bild 6.52). Bei einem Temperatur- oder Schwindprofil im Bauteil findet entsprechend dem Grundsatz vom Ebenbleiben der Querschnitte eine gegenseitige Behinderung der unterschiedlich gedehnten Fasern statt; die Folge sind Eigenspannungen. Wie in Bild 6.52 und in Bild 6.53 angegeben, stellt sich eine mittlere Dehnung im Querschnitt ein, sodass in Übereinstimmung mit dem Dehnungsprofil Zug- und Druckspannungen entstehen. Die Vorgänge sind prinzipiell vergleichbar, finden aber zu verschiedenen Zeitpunkten der Erhärtung statt. Durch die Hydratationswärme hervorgerufene Eigenspannungen steigen an bis kurz vor Erreichen des Temperaturmaximums, größere Temperaturdifferenzen treten beim Ausschalen auf. Diese plötzliche Veränderung des Wärme-

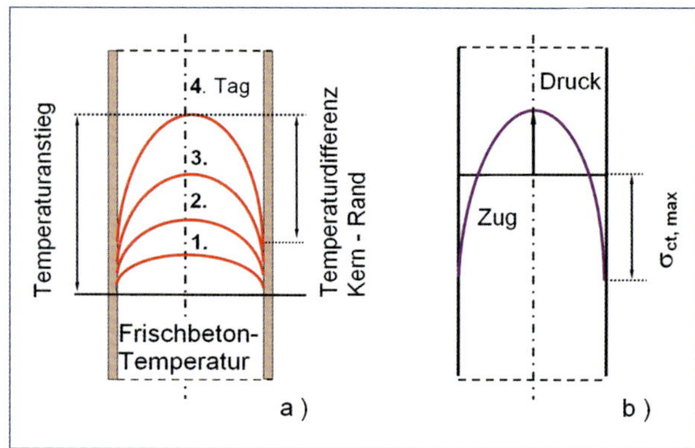

Bild 6.52: Ursache der Entstehung von Schalenrissen bei dickeren Bauteilen in Schalung
a) Temperaturverteilung in den ersten vier Tagen
b) Eigenspannungen im Querschnitt bei der größten Temperaturdifferenz

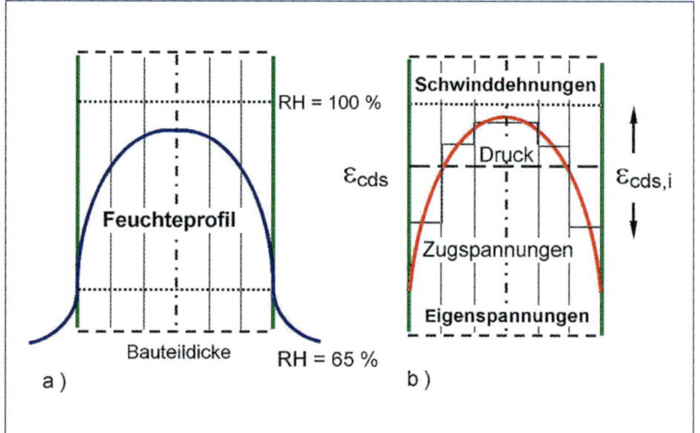

Bild 6.53: Entwicklung des Feuchteprofils, der Schwinddehnungen und der Eigenspannungen in einem austrocknenden Wandbauteil (schematisch)

übergangs und der Abkühlung der Randzone tritt auch im Gebrauchszustand auf, wenn eine sommerlich erwärmte Bauteiloberfläche durch einen Schlagregen abgekühlt wird. Schwindspannungen dagegen steigen während des Austrocknungsprozesses an, solange die Dehnungen noch zunehmen und nicht durch Relaxation des Betons vermindert werden.

Da es sich ausschließlich um eine innere Behinderung handelt, verursachen die Eigenspannungen keine Trennrissbildung, sondern Einrisse. Diese Einrisse können jedoch die Bewehrung erreichen und sind deshalb wie die Trennrissbreiten durch eine Mindestbewehrung zu begrenzen (Kapitel 10.1 und Kapitel 10.8). Thermisch bedingte Eigenspannungsrisse im jungen Alter schließen sich bei Abkühlung und sind mit dem bloßen Auge oft nicht wahrnehmbar. Solche Risse mit einer Breite von etwa 0,05 bis 0,10 mm sind ohne Bedeutung für die Gebrauchstauglichkeit und Dauerhaftigkeit. Die Rissbildung bedeutet aber eine Schwächung des Bauteilquerschnitts und wird bei der Ermittlung der Mindestbewehrung berücksichtigt (Kapitel 10.4.4). Bei der Einwirkung von zentrischen Zwangspannungen können die Einrisse der Beginn der das Bauteil durchreißenden Trennrisse sein. Durch abfließende Hydratationswärme hervorgerufene Eigenspannungsrisse können bei unzureichender Bewehrung auch eine größere Breite aufweisen, die unter ungünstigen Bedingungen nach dem Temperaturausgleich aufrechterhalten bleibt und durch Injektion verschlossen werden muss. Ein Beispiel für die Ausbildung von Randrissen in einer kreisförmigen Fundamentplatte zeigt Bild 6.54. Die regelmäßig angeordneten Radialrisse, die durch die Temperaturdifferenzen im Querschnitt infolge freigesetzter Hydratationswärme und der frühen Erhärtung entstanden sind, werden durch Umfangsrisse überlagert, die durch die Aufwölbung der Fundamentplatte und das eigenmassebedingte Biegemoment hervorgerufen worden sind. Eine Kontrolle der Rissbildung könnte durch betontechnologische Maßnahmen, die Nachbehandlung mit einem temporären Wärmeschutz und eine ausreichende Mindestbewehrung erreicht werden.

Eigenspannungsprofil im Bauteilquerschnitt

Eigenspannungen sind an die Herausbildung eines nichtlinearen Dehnungsprofils im Querschnitt gebunden. Die Größe der sich entwickelnden Eigenspannungen ist direkt von den Dehnungsdifferenzen im Querschnitt abhängig. Bei Temperaturbeanspruchung ergeben sich die Eigenspannungen zwangsläufig aus den Temperaturdifferenzen, die die Dehnungen hervorrufen. Das sich jeweils einstellende Dehnungsprofil

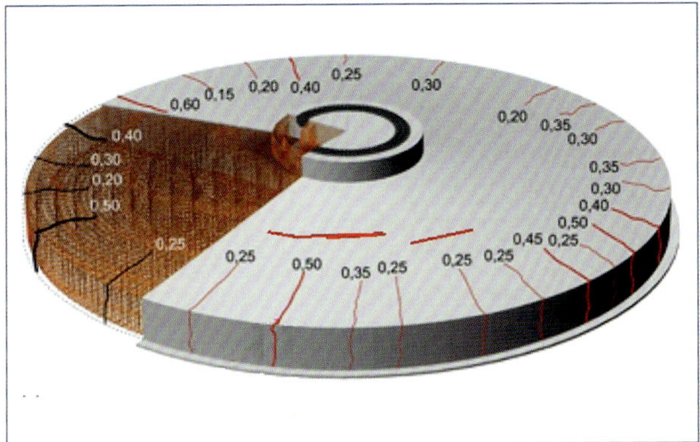

Bild 6.54: Radial- und Umfangsrisse an einem Fundament für Windenergieanlagen [Akk1]; die Umfangsrisse sind nur beispielhaft eingetragen
Bauteildicke am Rand h = 1,65 m, am Schaft h = 2,75 m, Durchmesser D = 24,30 m

entscheidet über die Art, Größe und Überlagerung der Spannungen (Bild 6.55). Die einzelnen Anteile der zentrischen Spannungen σ_N, der Spannungen infolge Biegemoment σ_M und die Eigenspannungen σ_E werden, wie in Bild 6.55, als typische Verteilungen dargestellt, schrittweise abgeleitet. Aus dem Dehnungs- bzw. Spannungsprofil (Bildteil links, schwarz umrandet in 1) wird der Eigenspannungsbestandteil durch die Gerade 2 abgetrennt, die gleichzeitig die Biegespannung ergibt. Die vertikale Linie 3 im Schnittpunkt mit der Bauteilachse begrenzt die zentrische Zwangspannung.

Im Allgemeinen wird von einer parabelförmigen Verteilung der Eigenspannungen über die Bauteilhöhe ausgegangen. In Abhängigkeit von der Bauteildicke und der Geschwindigkeit, mit der sich das Profil ausbildet, können davon abweichende Verteilungen auftreten. Ein Beispiel ist die beschleunigte Austrocknung und das daraus resultierende Schwinden nach Bild 6.56. Durch den intensiven Trocknungsvorgang entstehen ein steiles Dehnungsprofil und entsprechende Eigenspannungen.

Entwicklung und Verlauf der Eigenspannungen

Zur Erklärung kann als Beispiel die Entstehung und der Verlauf von Eigenspannungen durch Hydratationswärme (Bild 6.52) herangezogen werden. Bis zum Temperaturmaximum entwickeln sich am Rand des Bauteils aufgrund der niedrigeren Temperatur und der

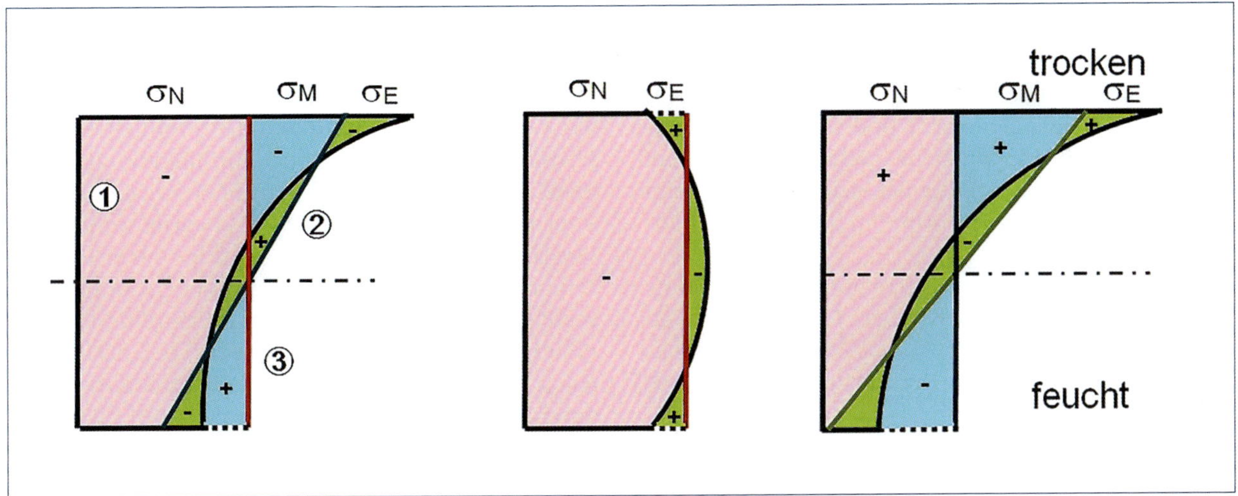

Bild 6.55: Eigenspannungen σ_E bei einseitiger Erwärmung durch Sonneneinstrahlung (links), bei Temperaturerhöhung durch Hydratationswärme bis zum Temperaturmaximum (Mitte) und infolge von Trocknungsschwinden des Betons. σ_N, σ_M = Dehnungsanteile infolge von Normalkraft bzw. Biegemoment

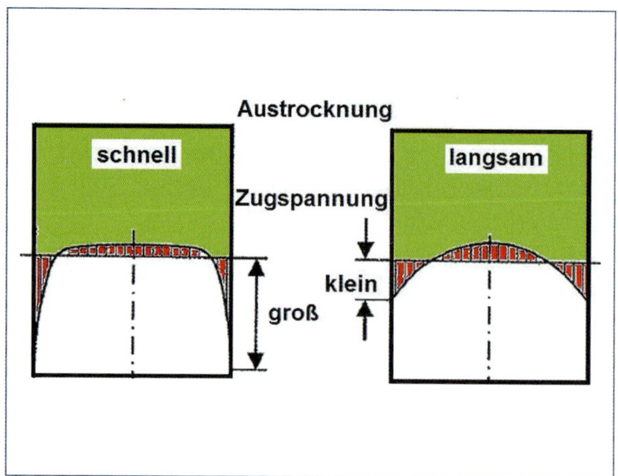

Bild 6.56: Zwangspannungen infolge unterschiedlicher Geschwindigkeit beim Austrocknen (nach [Spr1])

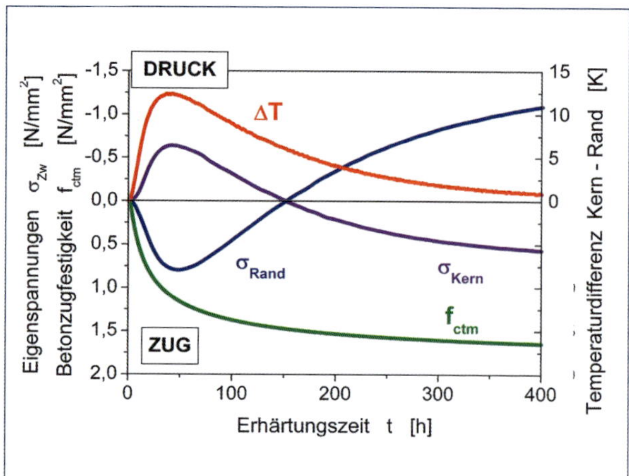

Bild 6.57: Verlauf der Zunahme der mittleren Bauteiltemperatur, der Zugfestigkeit sowie der Eigenspannungen im Kern und am Rand des Bauteils in Abhängigkeit von der Erhärtungszeit

geringeren Dehnung rückhaltende Kräfte und Zugspannungen (Bild 6.57). Für die Rissbildung sind die Zeitspanne bis zum Temperaturmaximum und die Festigkeitsentwicklung am Bauteilrand entscheidend. Die Größe der Eigenspannungen folgt der Temperaturdifferenz zwischen Kern und Rand und führt zunächst zu Rissen größerer Breite, aber geringerer Tiefe (Bild 6.58). Das autogene Schwinden verstärkt diese Tendenz und kann zur Ausbildung von Oberflächenrissen beitragen. Dieser Einfluss nimmt mit Verringerung des Wasserzementwerts und steigender Betonfestigkeit zu. Das autogene Schwinden ist bei vorgegebener oder gewählter Betonzusammensetzung durch keine Maßnahmen während der Baudurchführung beeinflussbar.

Nach Überschreiten des Temperaturmaximums entstehen beim anschließenden Temperatur- und Dehnungsrückgang an den Bauteilaußenseiten Druckspannungen und die Breite der Schalenrisse nimmt ab (Bild 6.57, Bild 6.58).

Ob sich tatsächlich Risse entwickeln können, hängt von der Temperaturverteilung im Querschnitt und vom Temperaturverlauf ab. Maßgebende Faktoren sind die Betonzusammensetzung und die Nachbehandlung, die Festigkeitsentwicklung und das Relaxationsverhalten, die Bauteildicke und die Umgebungsbedingungen (Schalung, Lufttemperatur). Insofern ist die pauschale Annahme einer Reduzierung der Zwangkraft infolge von Eigenspannungsrissbildung nicht gerechtfertigt.

Die Maximalwerte der Eigenspannungen und der Zeitpunkt ihres Auftretens sind von der Bauteildicke und dem Dehnungsverlauf abhängig. In Bild 6.59 werden die Auswirkungen der abfließenden Hydratationswärme für zwei unterschiedliche Bauteildicken verglichen. Das Bauteil mit h = 0,50 m erreicht sehr rasch das Temperaturmaximum und dann zeitlich übereinstimmend die größte Temperaturdifferenz zwischen Rand und Kern. Die Temperaturdifferenz ist relativ gering, sodass keine Rissbildungen erwartet werden. Bei Vergrößerung der Bauteildicke auf h = 2,0 m sind die Temperaturmaxima zwischen Kern und Rand zeitlich verschoben und die größte Temperaturdifferenz tritt später auf. Das Beispiel zeigt, dass sich bei dicken Bauteilen während des Temperaturausgleichsvorgangs durchaus noch vorhandene Zugeigenspannungen mit bereits sich entwickelnden zentrischen Zwangspannungen überlagern können.

Charakteristik der Eigenspannungsrissbildungen

Da optisch nicht erkennbar, wird oft genannt, dass sich die entstandenen Risse schließen. Tatsächlich bleibt,

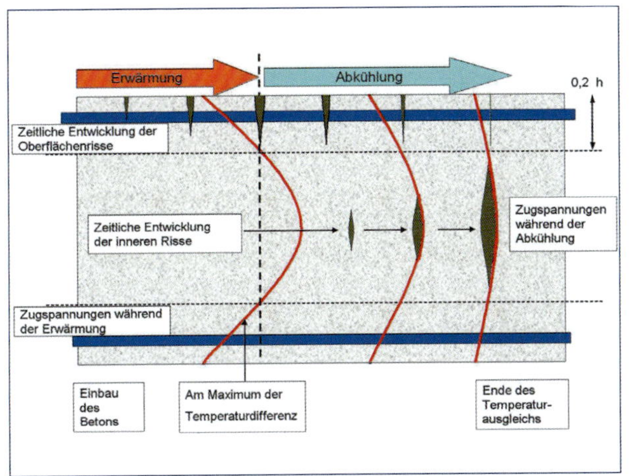

Bild 6.58: Rissbildungen am Rand und im Kern eines massigen Bauteils infolge der zeitlichen Entwicklung des Temperaturverlaufs und der Temperaturdifferenz zwischen Kern und Rand (in Anlehnung an [Bam1]).

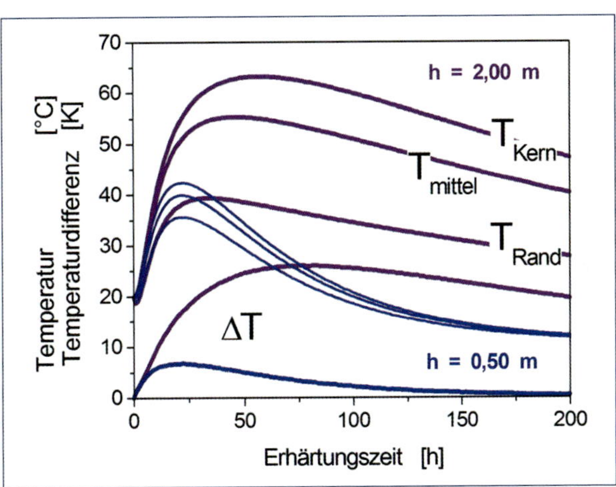

Bild 6.59: Verlauf der signifikanten Bauteiltemperaturen und der Temperaturdifferenz für zwei Bauteile mit h = 0,50 m und 2,0 m (Beton C30/30 aus CEM I 32,5 R).

wenn eine Rissbildung stattgefunden hat, eine Schwächung des Querschnitts bestehen, die bei Ermittlung der risskritischen Zwangkraft mindernd in Ansatz gebracht werden darf (Reduzierung der mittleren Zugfestigkeit um 20 bis 50 %), siehe dazu Kapitel 10.4.4. Nach [Hen1] ergibt sich aus Beobachtungen, dass Risse erst ab Bauteildicken von 0,50 m auftreten. Beispielsweise ergibt sich aus den Berechnungen von [Tue3] für die Erwärmung und Abkühlung unter üblichen Bedingungen, dass bis zu Bauteildicken von 80 cm nicht mit Rissbildungen gerechnet werden muss und diese erst bei einer Dicke von 150 cm wahrscheinlich sind (Bild 6.60). Insofern erscheint eine Abschätzung der zu erwartenden Eigenspannungen für die gewählte Betonzusammensetzung und unter den Ausführungsbedingungen ratsam, um eine nicht zutreffende Abminderung der Zwangkraft zu vermeiden.

Gleichzeitig sind die Anrisse aber auch Ausgangspunkt für die zwangspannungsbedingten Trennrisse. Die bei der Abkühlung entstehenden Zugspannungen im Kern können zu inneren Rissen führen (Bild 6.58).

Eine Beeinflussung dieser inneren Behinderung ist technisch nicht möglich. Verformungsprofile und Spannungen im Querschnitt bilden sich mit zunehmender Bauteildicke immer stärker aus; damit über-

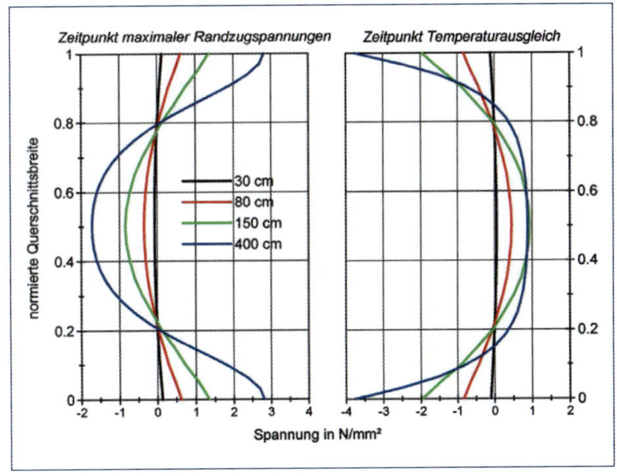

Bild 6.60: Verlauf der Eigenspannungen über die Bauteilhöhe zu den charakteristischen Zeitpunkten, und zwar der maximalen Betonspannungen und des Temperaturausgleichs

einstimmend steigt die Rissgefahr an. Zur Abschätzung der Eigenspannungen wird in [BAW1] ein Behinderungsgrad $R_i = 0,5$ vorgeschlagen.

Im Allgemeinen sind Eigenspannungen nur bei dicken Bauteilen, z.B. im Wasserbau, von Bedeutung. In Klimagebieten mit größeren täglichen Temperaturveränderungen oder bei schnell und öfter wechselnden Temperaturbeanspruchungen während der Nutzung kann durchaus eine risskritische Situation auch bei Bauteilen mit geringen Querschnitten entstehen. Ungünstige Temperaturgradienten können auch auftreten, wenn noch erwärmte Bauteile unter winterlichen Bedingungen ausgeschalt werden. Diese Risse können über die Bewehrungslage hinaus tiefer in das Bauteil eindringen, aber das Bauteil nicht durchtrennen.

Zielstellung für die Bauausführung ist beispielsweise die Temperaturdifferenzen im Querschnitt während des Temperaturanstiegs zu vermindern. Die Bauteile bleiben in der Schalung, zusätzlich können bei dickeren Bauteilen Dämmungen angebracht werden. Werden Dämmungen angewandt, muss bedacht werden, dass in der Regel eine Zunahme der zentrischen Zwangspannungen die Folge ist. Empfohlen wird deshalb, den zusätzlichen Schutz nur bis zum Erreichen des Temperaturmaximums beizubehalten. Nach dem Ausschalen sind im Zuge der Nachbehandlung die Oberflächen zu schützen und die Temperaturdifferenzen auf einen Wert von etwa $\Delta T = 20$ K zu begrenzen.

Zu vergleichbaren Dehnungen und Spannungen führt die Austrocknung der Bauteile durch das Trocknungsschwinden des Zementsteins. Die Gesteinskörnungen behindern diese Verformungen, sodass die Werte für Mörtel und Beton und entsprechend der unterschiedlichen Zusammensetzung streuen. Nach [Spr1] können die Abweichungen der Schwindwerte bis zu 30 % betragen.

Eine Besonderheit bei den Schwindvorgängen besteht darin, dass der schwindende Beton durch die Bewehrung behindert wird. Dieser Widerstand der Bewehrung kann als Behinderungsgrad verstanden werden und, wie in Kapitel 6.10 erläutert abgeschätzt werden.

Abschätzung der Einrisstiefe bei Eigenspannungen

Der nichtlineare Verlauf der Eigenspannungen über den Bauteilquerschnitt kann angenähert durch eine Parabel beschrieben werden. Daraus ergibt sich das Verhältnis der Spannungen am Rand zu der Spannung im Kern von 2:1. Ist eine mittlere Bauteiltemperatur bekannt, kann über die Biot-Zahl die Temperaturdifferenz abgeschätzt werden (Kapitel 4.1.4). Auf diesem Weg kann eine Aussage über diese signifikanten Spannungswerte getroffen werden. Die Nulllinie läge danach bei 0,25 h der Bauteildicke. Aus den Untersuchungen von [Hen1] ergibt sich ein nahezu konstanter Wert von 0,22 h. Der von der Oberfläche in das Innere vordringende Riss kann sich nur bis zu dieser Nulllinie ausbreiten.

Die Zugspannungskeile dringen von der Bauteiloberfläche in das Innere vor. Die Einrisstiefe ergibt sich aus dem Vergleich des Mittelwerts eines Abschnitts des Zugspannungskeils mit der Zugfestigkeit.

$$\sigma_m = \frac{1}{h_E} \cdot \int_{y=0}^{y=h_E} \sigma_x \cdot dy \geq f_{ctm}$$

Zur Ermittlung der Spannungen ist der wirksame E-Modul zu verwenden, der unter Einbeziehung der Relaxation gebildet wird, vgl. Gleichung 5.38). Andernfalls ist die Abminderung getrennt zu berücksichtigen. Die Beanspruchung kann auch vereinfacht über Spannungsstreifen ermittelt und mit der Zugfestigkeit verglichen werden. Wird die Zugfestigkeit (mittlere Zugfestigkeit f_{ctm} oder unterer Quantilwert $f_{ct;0,05}$) überschritten, ist die Rissbildung vollzogen (Bild 6.61).

Nach dem ersten Einreißen sind die Zugspannungskeile zunächst nicht mehr in der Lage, die Rissspitzen in Richtung der Nulllinie voranzutreiben. Bei dicken Bauteilen und zunehmender Spannung kann wieder die Zugfestigkeit erreicht und der Riss ausgedehnt werden. Inwieweit auch die Nulllinie in das Innere verschoben werden kann [Hen1], erscheint unsicher.

Die Einrisse verändern die Temperaturverteilung nicht. Entlang der Ränder des Risses verschwinden die Eigenspannungen und es tritt eine lokale Entspannung ein. Es bildet sich eine neue Spannungsverteilung mit einer reduzierten Zugzone heraus (Bild 6.62). Maßgebend ist jetzt die Temperaturdifferenz zwischen der Rissspitze und der Bauteilmitte. Mit der Rissbildung geht auch die vorteilhafte Druckvorspannung durch die Eigenspannung verloren.

Überlagerung von Eigen- und Zwangspannungen

Eigen- und Zwangspannungen können nacheinander oder gleichzeitig auftreten. Im jungen Beton

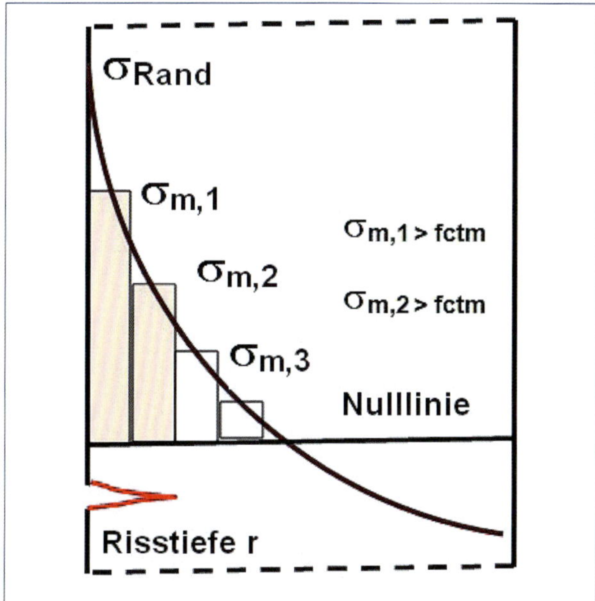

Bild 6.61: Bestimmung der Einrisstiefe durch Bildung von Spannungsstreifen und Vergleich mit der Zugfestigkeit

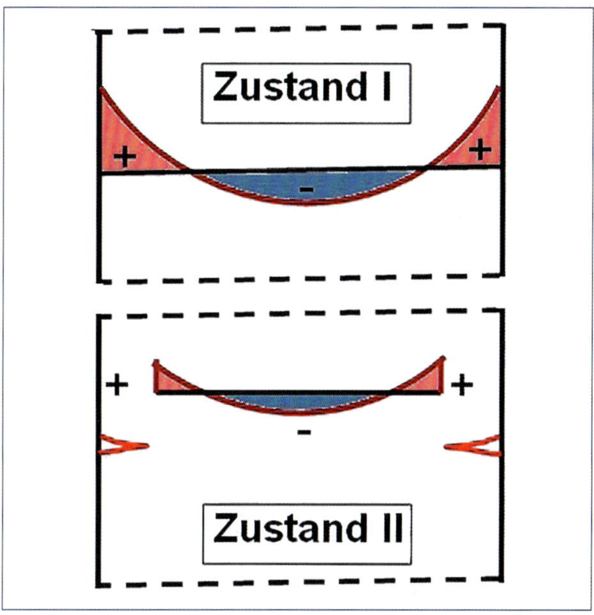

Bild 6.62: Spannungssituation bei beidseitiger Abkühlung einer Wand und nach Rissbildung

treten infolge der abfließenden Hydratationswärme nennenswerte Zwangspannungen erst auf, wenn die Eigenspannungen bereits abklingen oder das Vorzeichen geändert haben. Da die Randzugspannungen mit einer gleichzeitig im Kern wirkenden Druckspannung verbunden sind, kann durch diese Spannungssituation die Bildung von Trennrissen nicht begünstigt werden. Durchtrennende Risse treten erst auf, wenn die Zugspannungen auch im Bauteilinnern die Zugfestigkeit erreichen. Allerdings sind die Randrisse die Initialstellen für Trennrisse, die außerdem die Steifigkeit herabsetzen und den Behinderungsgrad erhöhen. Grundsätzlich gilt, dass die Gefahr von Oberflächenrissen mit der Bauteildicke und den damit verbundenen Temperaturdifferenzen zwischen Rand und Kern ansteigt. Inwieweit Rissbildungen auftreten, ist nicht nur von der Bauteilgeometrie, sondern auch von den Umgebungsbedingungen, der Nachbehandlung und den Maßnahmen zur Verringerung des Wärmeübergangs durch Dämmung und der Festigkeitsentwicklung des Betons abhängig. Insofern ist die Beurteilung einer Rissgefahr durch Eigenspannungen lediglich anhand der Bauteildicke nicht möglich und muss auch nur bei massigen Bauteilen vorgenommen werden. Eine Überlagerung mit zentrischen Zwangspannungen ist nicht erforderlich, da deren Maximalwert durch die Eigenspannungen nicht vergrößert wird.

Bei dickeren Bauteilen treten besonders ungünstige Beanspruchungen auf, wenn während der Erhärtung und dem Anwachsen der zentrischen Zwangspannungen plötzliche Temperaturänderungen stattfinden, z.B. durch eine starke Abkühlung in der Nacht bei einem Wetterumschlag. Damit vergleichbare Folgen hat eine schnelle Austrocknung im jungen Beton.

Finden im Gebrauchszustand Temperatureinwirkungen statt, können Eigen- und Zwangspannungen gleichzeitig auftreten und sind in der Überlagerung zu berücksichtigen.

Beispiel zur Ermittlung der Eigenspannungen

Wenn für ein Bauteil mit h = 50 cm die Spannungssituation zum Zeitpunkt t = 24 h untersucht wird, ergibt sich bei einer Temperaturdifferenz $T_m - T_L = 30$ K und der Biot-Zahl Bi = 0,5 (vgl. Kapitel 4.1.4) eine spannungswirksame Temperaturdifferenz am Rand von $\Delta T_R = 7$ K. Mit $\alpha_T = 14 \cdot 10^{-6}$/K (vgl. Kapitel 4.1.6), einem Beton C 30/37 mit $E_{ct}(t) = 0{,}55 \cdot 28\,300 = 15\,600$ N/mm² und $\psi = 0{,}4$ folgt daraus eine Eigenspannung von 0,61 N/mm². Die Zugfestigkeit beträgt zu diesem Zeitpunkt $f_{ctm} = 0{,}3 \cdot 2{,}9 = 0{,}87$ N/mm². Eine Rissgefahr infolge von Eigenspannungen wäre damit auszuschließen.

6.10 Spannungsituation im Bauteil infolge innerer Behinderung der Schwinddehnung

Der Schwindvorgang führt bei äußerer Behinderung zu Zwangspannungen und bewirkt in Stahlbetonbauteilen durch eine innere Behinderung auch eine Eigenspannungssituation. Die vorzugsweise in Längsrichtung eingebetteten Bewehrungsstähle setzen dem Schwindprozess des Betons einen Widerstand entgegen und behindern diesen. In Bild 6.63 ist das Problem in einer Skizze erläutert. Dabei sind im mittleren Bildteil der Beton des Zugstabes und die Bewehrung getrennt dargestellt.

Da nur der Beton schwindet, wird die Schwindverkürzung über den Verbund mit dem Stahlstab behindert. Verbund bedeutet, dass über die gesamte Stablänge kein Schlupf zwischen dem Bewehrungsstahl und dem umgebenden Beton entsteht. Zur Einhaltung der Verträglichkeitsbedingungen muss deshalb der Stahlstab gedrückt und der Beton gezogen werden (unterer Bildteil in Bild 6.63). Dazu sind zwei gleich große, aber gegenläufig wirkende Kräfte notwendig. Die Zugkraft im Beton bzw. gleichgroße Druckkraft im Stahl können aus den Steifigkeitsverhältnissen im Bauteil abgeleitet werden.

Die nachfolgend ermittelten Spannungen im Beton stellen bei einem nicht behinderten Bauteil die Eigenspannungen dar, bei einem gezwängten Bauteil werden die aus der äußeren Behinderung resultierenden Zwangspannungen um diesen Betrag vermindert.

Die im Beton bis zum betrachteten Zeitpunkt eingetragene Schwinddehnung ε_{cd} wird durch Bewehrung auf die wirksame Schwinddehnung $\varepsilon_{cd,eff}$ vermindert. Insofern gilt mit der Stauchung der Bewehrungstähle ε_s:

$$\varepsilon_{cd} = \varepsilon_{cd,eff} + \varepsilon_s \tag{6.36}$$

Diese beiden Dehnungen und die dadurch hervorgerufene Längenänderungen werden durch die statisch unbestimmte Normalkraft X_1 hervorgerufen, die die Kompatibilität erzwingt. Durch das gegenläufige Zusammenwirken von Stahl und Beton wird das an einem Bauteil außen wahrnehmbare Schwindmaß gegenüber dem unbehinderten Zustand etwas verringert. Vorzeichen sind in den Formeln nicht berücksichtigt.

$$\varepsilon_{c,eff} = \frac{X_C}{A_c \cdot E_c}$$

$$\varepsilon_s = \frac{X_c}{A_s \cdot E_s}$$

$$\varepsilon_{cd} = X_c \cdot \left(\frac{1}{A_c \cdot E_c} + \frac{1}{A_s \cdot E_s}\right) = X_c \cdot \left(\frac{A_c \cdot E_c + A_s \cdot E_s}{A_c \cdot E_c \cdot A_s \cdot E_s}\right)$$

$$X_c = \varepsilon_{cd} \cdot \frac{A_c \cdot E_c \cdot \rho \cdot \alpha_e}{1 + \rho \cdot \alpha_e} \tag{6.37}$$

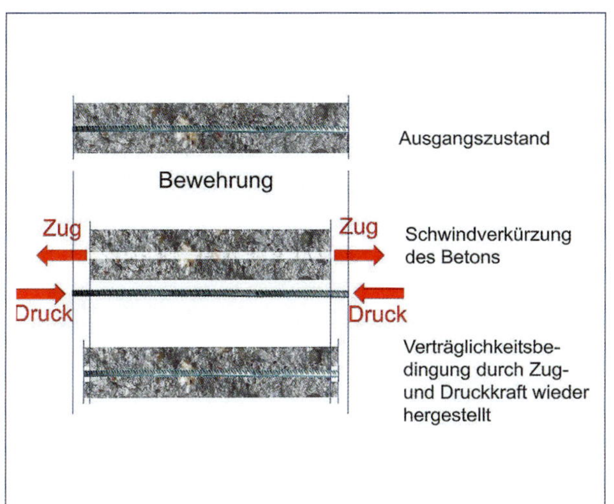

Bild 6.63: Schwinden am Stahlbetonstab, behindert durch die nicht schwindende Bewehrung (schematisch)

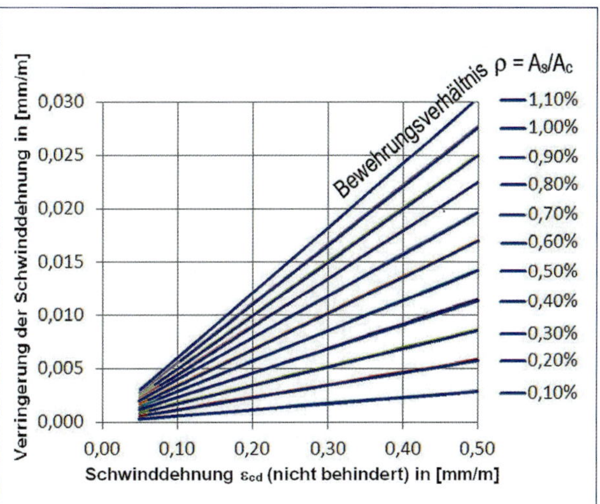

Bild 6.64: Verringerung des Schwindmaßes infolge innerer Behinderung durch die Längsbewehrung

Damit kann die wirksame Dehnungsdifferenz $\varepsilon_{cd,eff}$ angegeben werden, die infolge der inneren Behinderung der Schwinddehnung noch vorhanden ist:

$$\varepsilon_{c,eff} = \frac{X_c}{A_c \cdot E_c} = \varepsilon_{cd} \cdot \frac{\rho \cdot \alpha_e}{1 + \rho \cdot \alpha_e} \tag{6.38}$$

A_c, A_s: Querschnittsflächen des Betonbauteils und der Stabbewehrung mit dem Verhältnis $\rho = A_s / A_c$

α_e: E_s / E_c

Die vorgenannten Gleichungen sind in Bild 6.64 grafisch dargestellt.

Die Behinderung des Schwindens durch die Bewehrung hat die Nebenwirkung, dass im Beton Zugspannungen entstehen, die mit den Druckspannungen im Bewehrungsstahl im Gleichgewicht stehen. Diese ergeben sich zu:

$$\sigma_c = \varepsilon_{cd} \cdot \frac{\rho \cdot \alpha_e}{1 + \rho \cdot \alpha_e} \cdot E_c \tag{6.39}$$

Diese Zugspannungen vermindern die Risslast, die Grundlage der Bemessung der rissbreitenbegrenzenden Mindestbewehrung ist. Wie aus Bild 6.64 ersichtlich, sind die Abminderungen relativ gering. Bei einem Bewehrungsverhältnis $\rho = 1\,\%$ beträgt dieser dann etwa 5,4 %. Bei größeren Bewehrungsverhältnissen steigt der Abminderungswert an und beträgt beispielsweise bei $\rho = 3\,\%$ dann $\varepsilon_{cd,eff} / \varepsilon_{cd} = 15\,\%$.

Die Druckspannungen im Bewehrungsstahl ergeben sich zu

$$\sigma_s = \varepsilon_{cd} \cdot \frac{1}{1 + \rho \cdot \alpha_e} \cdot E_s \tag{6.40}$$

Wie Bild 6.65 zeigt, werden die Stahlspannungen nur relativ geringfügig beeinflusst.

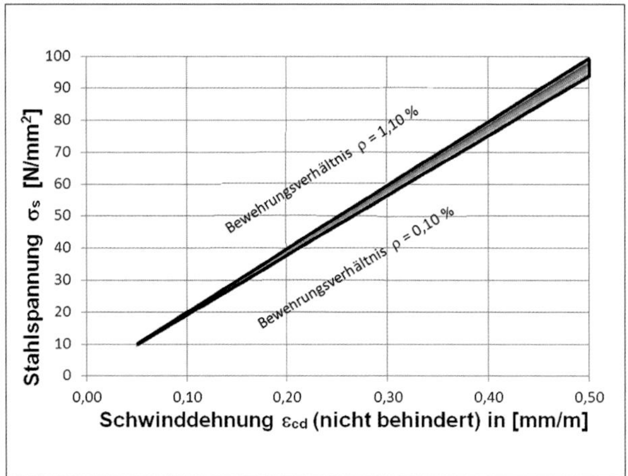

Bild 6.65: Stahlspannungen in der Längsbewehrung durch die innere Behinderung der Schwindverkürzung

6.11 Rissbreitenveränderungen infolge Temperatur und Schwinden

Ein entstandenes Rissbild ist nicht endgültig und wird durch weitere Verformungen verändert. Dabei ist entscheidend, ob die zu verschiedenen Zeitpunkten auftretenden Verformungen und Spannungen in der Beanspruchungsrichtung übereinstimmen oder nicht, d.h. inwieweit eine Überlagerung der Einwirkungen stattfindet. Risskritische Beanspruchungen können in den Bauwerksteilen auch örtlich wechselnd auftreten und sind demzufolge getrennt zu betrachten.

Bei einer Überlagerung der Beanspruchungen durch Verformungen aus spätem Zwang findet zunächst eine Aufweitung der vorhandenen Einzelrisse aus frühem Zwang statt, bis das Dehnungsvermögen des Betons wieder überschritten wird und ein weiterer Riss entsteht. Wenn das Rissbild abgeschlossen ist, findet keine weitere Rissbildung, sondern nur eine zunehmende Öffnung der bestehenden Risse statt. Diese Vorgänge können durch eine kontinuierliche Zunahme der Verformung infolge des Trocknungsschwindens als auch durch eine zeitlich begrenzte Temperatureinwirkung hervorgerufen werden. Wechselnde Temperaturen können in beiden Risszuständen zu konformen Rissbreitenänderungen führen, die sich bei der Schließung der Risse durch Injektion oder bei Aufbringen einer Beschichtung nachteilig auswirken. Wenn Risse aufgetreten sind und verschlossen bzw. beschichtet werden sollen, ist zuerst die Frage zu beantworten, ob und in welchem Umfang noch eine Verbreiterung der Risse oder Rissuferbewegungen zu erwarten sind. Bei einer weiteren Rissöffnung würden das Füllmaterial oder die Beschichtung gedehnt werden und könnten von den Flanken abreißen oder sie würden überdehnt und geschädigt werden.

Bei WU-Bauwerken, bei denen eine Selbstdichtung der Trennrisse angenommen wird, ist eine Rissbewegung besonders unerwünscht. Die WU-Richtlinie begrenzt deshalb die Gültigkeit der Tabellenwerte für »zulässige rechnerische Rissbreiten« bei Ansatz einer Selbstdichtung auf eine Rissbreitenänderung mit 10 %.

Die in Tabelle 6.5 angegebenen Rissbreitenänderungen für die bei Weißen Wannen üblichen Trennrissbreiten sind kleiner als die Dehnung der Rissprozesszone, die Werte bis zu 0,1 mm oder auch noch größer annehmen kann (Kapitel 11 und 14). Die zulässigen Grenzen für Rissbreitenänderungen sind darüber hinaus so klein, dass man sie mit den üblichen Messmitteln (Vergleichsmaßstab, Messlupe) nicht zuverlässig messen kann. Deshalb kommen Langzeitmessungen mit Gipsmarken oder Rissmonitoren dafür nicht infrage. Insofern ist die Aufnahme einer solchen Festlegung in das Regelwerk, die nicht kontrollierbar ist, als fragwürdig anzusehen.

Kurzzeitige Rissbreitenveränderungen

Bei der Beobachtung von Bewegungen der Rissufer über einen kürzeren Zeitraum, z.B. einen Tag oder einen Monat, sind die Schwinddehnungen unerheblich und nur die temperaturbedingten Änderungen relevant. Die Tagesmitteltemperaturen korrespondieren mit den mittleren Bauteiltemperaturen, sind aber nicht deckungsgleich. Mit zunehmender Bauteildicke wird der Bauteilkern immer weniger und zeitlich später erwärmt. Die Bauteilmitteltemperatur, die aus der Rand- und Kerntemperatur gebildet wird, folgt dem Temperaturgang nur noch verzögert und eingeschränkt. Wenn temperaturbedingte Rissuferbewegungen festgestellt werden sollen, ist die Bauteilmitteltemperatur messtechnisch zu erfassen. Bei üblichen Bauteilen des Hochbaus genügt die Feststellung der Kerntemperatur, bei dickeren Bauteilen ist die Kern- und Randtemperatur bzw. die Temperatur im Viertelspunkt des Querschnitts festzustellen. Ein Beispiel dazu ist in Bild 6.66 dargestellt. Im Ergebnis zeigt sich, dass die Rissbreite im Bereich von w = 0,40 ± 0,05 mm schwankt und damit die Werte in den Regelwerken überschreitet, die mit Δw = 0,1 w begrenzt sind.

Aus den aktuell ermittelten Rissbreitenänderungen kann auf das Verhalten bei extremen Wettersituationen geschlossen werden, da die Messwerte den Behinderungsgrad und den thermischen Ausdehnungskoeffizienten beinhalten. Bei dieser Abschätzung kann auch die Verformung des ungerissenen Bauwerksteils unberücksichtigt bleiben, da sich die thermischen Dehnungen hauptsächlich in den dehnweichen Rissbereichen auswirken. Insofern können die festgestellten Temperatur- und Rissbreitenänderungen auf die jährlichen größeren Temperaturschwankungen übertragen werden. In [DAS8] werden als Grenzwerte Oberflächentemperaturen von 60 °C und 70 °C genannt. Die Orientierung des Bauteils, die Oberflächenbeschaffenheit und die Bauteildicke sind dabei zu beachten. Für frei bewitterte Parkdecks in Deutschland sind bespielsweise Temperaturschwankungen von 90 K über das Jahr hinweg anzusetzen; bei geschlossenen Parkhäusern sind 60 K zu berücksichtigen.

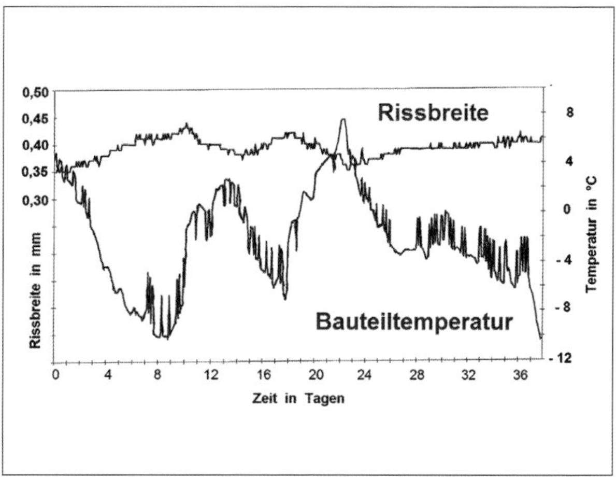

Bild 6.66: Rissbreitenänderung in einer Fahrbahnplatte während eines Tages im Winterhalbjahr (h = 250 mm); Messung mit potentiometrischen Wegtastern und Temperaturmessung im Bauteilkern

Langzeitige Rissbreitenbewegungen

Im Gebrauchszustand sind Rissuferbewegungen oder neue Trennrissbildungen auf Schwind- und Tempe-

Tabelle 6.5: Zulässige Rissbreitenänderungen von Trennrissen, bei denen eine Selbstdichtung erwartet wird (nach WU-Richtlinie [DAS2], [DAS3])

rechnerische Rissbreite w	0,10 mm	0,15 mm	0,20 mm
Rissbreitenänderung Δw ≤ 0,1 w	≤ 0,01 mm	≤ 0,015 mm	≤ 0,02 mm

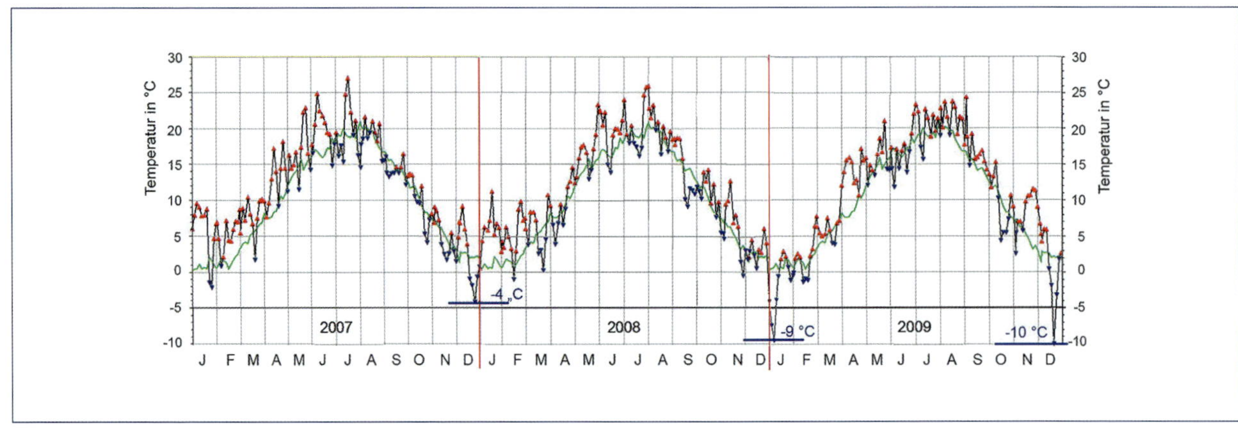

Bild 6.67: Verlauf der mittleren Tagestemperaturen von 2007 bis 2009 in Leipzig (Quelle: Universität Leipzig, Meteorologisches Institut)

raturverformungen zurückzuführen. Beide Beanspruchungen treten zeitabhängig unterschiedlich auf. Während sich die Temperaturverformungen von Jahr zu Jahr nahezu identisch wiederholen, sind die Schwindverformungen ständig zunehmend und streben asymptotisch einem Endwert zu.

Ein Beispiel für die jährlichen Temperaturschwankungen ist in Bild 6.67 dargestellt. Solche Angaben helfen, die längerfristigen Beanspruchungen infolge der meteorologischen Einwirkungen auf die Konstruktion beurteilen zu können. Wenn aus meteorologischen Angaben auf Rissbewegungen geschlossen werden soll, ist die Globalstrahlung der Sonne zu berücksichtigen und die Sonnenlufttemperatur zugrunde zu legen (Kapitel 4.1.5).

Die durch das Schwinden und die Temperatur bedingten Dehnungen werden erst dann spannungswirksam, wenn das Tragwerk fertiggestellt ist und das statische System wie planungsseitig beabsichtigt in Funktion ist. Die mittlere Bauteiltemperatur zu diesem Zeitpunkt ist die Bezugstemperatur (Aufstelltemperatur), auf die sich alle weiteren Temperaturmessungen beziehen. Wenn diese Aufstelltemperatur +15 °C betrug und das Minimum der Bauteiltemperatur in einem folgenden Winter −20 °C beträgt, ist die für die Dehnung wirksame Temperaturdifferenz $\Delta T = +15$ (−20 °C) = 35 K, die infolge der Abkühlung eine Verkürzung des Bauteils bewirkt. Bei der Schwindverkürzung gibt es einen solchen Bezugswert nicht; der Beginn liegt beim Zeitpunkt $t = 0$.

Die Temperatur und das Schwinden kann über die Zeit hinweg in Kombination verfolgt werden. Dazu wird der Temperaturverlauf geglättet und mit dem Ablauf des Schwindens kombiniert (Bild 6.68).

Temperaturbedingte Dehnungen haben einen wellenförmigen Verlauf (Bild 6.68), wenn sich auch die Minima und Maxima von Jahr zu Jahr etwas unterscheiden (Bild 6.67). Es gibt Jahre mit heißen Sommern und sehr kalten Wintern; insofern weichen die langjährigen Mittel immer etwas voneinander ab. Die Schwindkurve verläuft dagegen stetig und strebt einem Endwert zu, der je nach den Bauteilabmessungen, der Betonzusammensetzung und den Umweltbedingungen unterschiedlich groß ist (Kapitel 4.3.3). Die Superposition der beiden Dehnungsanteile aus behinderter Temperatur- und Schwindverkürzung zeigt Bild 6.69. Nach der Skizze wird in den ersten Wintern jeweils der bisher erreichte Dehnungsgrößtwert in jedem Winter überboten und eine Rissbildung erzwungen (Bild 6.70). Im siebten Winter wird erstmals die bisher größte Dehnung nicht mehr übertroffen und es kann kein neuer Riss entstehen. Insofern werden sich zukünftig bei Änderungen der Dehnungen nur noch die Rissufer bewegen, vergleichbar mit einer Ziehharmonika. Dieses Verhalten entspricht dem Verlauf in Bild 6.66. Die Rissbreiten verändern sich dann alle in der gleichen Weise und proportional zur Dehnung. Vorausgesetzt wird dabei, dass die Rissschnittgröße im Stadium der Einzelrissbildung konstant bleibt. Wenn beispielsweise das Verhältnis zwischen den Dehnungsanteilen aus Temperaturänderung und Schwinden 1:3 beträgt, ist dieses auch bei den Rissbreitenbewegungen vorhanden. Bei einem Trennriss von 0,4 mm Breite resultieren danach 0,3 mm aus der Schwindverkürzung.

Während der stetigen Zunahme der Schwinddehnung ändert sich diese Relation laufend. Mit Alterung der Konstruktion findet dann keine Zunahme der Schwinddehnung mehr statt (Bild 6.69) und es werden nur die Temperaturänderungen wirksam und zwar bei allen Rissen auch unterschiedlicher Breite in übereinstimmender Proportion.

Wenn es nicht auf die absolute Größe, sondern nur auf die Relationen ankommt, kann bei der Abschätzung der Rissbreitenänderungen auf die Berücksichtigung des Behinderungsgrads und die Wirkung der Relaxation verzichtet werden.

Die Vorgehensweise soll anhand eines Beispiels erläutert werden. Bei einer Parkhauszwischendecke mit h = 300 mm Dicke sind nach 5 Jahren etwa 61 % des Endschwindmaßes erreicht (Bild 6.71). Die temperaturbedingten Verformungen können mit einer Wärmedehnzahl von $\alpha_T = 0{,}01$ mm/(m·K) abgeschätzt werden. Die Temperaturänderung ist dabei immer auf die Aufstelltemperatur zu beziehen. Gibt es zum Beispiel nach fünf Jahren keine Angaben mehr zur Bauteiltemperatur in der Rohbauphase, wird empfohlen, mit einer Aufstelltemperatur von +10 °C (Jahresmittel) zu rechnen. Die mittlere Tagestemperatur außerhalb der Tiefgarage beträgt zum aktuellen Zeitpunkt 20 °C. Da die Zwischendecke von beiden Seiten gut belüftet ist, wird sich dieser Wert als Bauteiltemperatur für die Zwischendecke im Parkhaus einstellen.

Für die Berechnung der Längenänderung der Decke ist demzufolge mit einer Temperatur von 20 °C − 10 °C = 10 K und einer Wärmedehnung zu 10 K · 0,01 mm/(m·K) = + 0,1 mm/m zu rechnen. Da die Zwischendecke zum aktuellen Zeitpunkt wärmer als zum Aufstellzeitpunkt ist, handelt es sich um eine Dehnung (Bauteilverlängerung). Dieser Wert ist in die Darstellung in Bild 6.69 eingetragen. Die Veränderung der

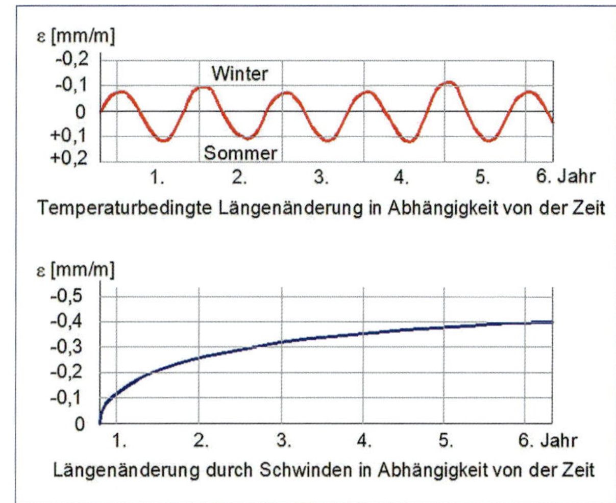

Bild 6.68: Verlauf der Bauteildehnung aus der Temperatur und dem Schwinden; das negative Vorzeichen zeigt eine Verkürzung, das positive eine Verlängerung an

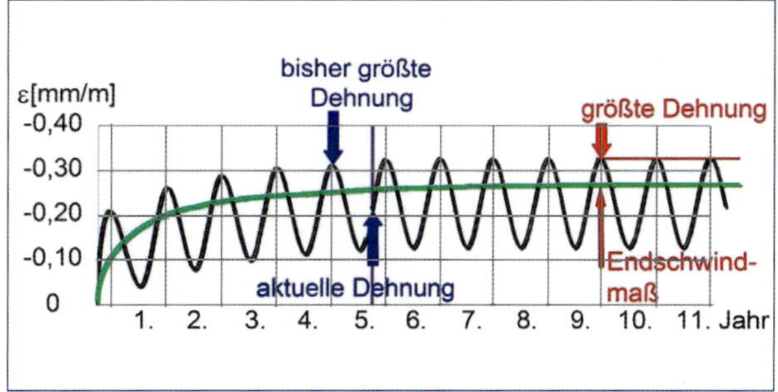

Bild 6.69: Resultierende Dehnung infolge von Schwinden und Änderung der Bauteiltemperatur

Rissbreite über einen längeren Zeitraum, die der Temperaturveränderung folgt, ist ebenfalls in das Bild 6.72 übernommen worden. Die Abhängigkeit der Dehnung von der Temperatur ist deutlich zu erkennen.

Beim Füllen von Rissen ist zu sichern, dass die Dehnfähigkeit der Rissfüllstoffe ausreicht, um bei Rissuferbewegungen nicht beschädigt zu werden. Dazu ist das Rissbild mit dem Verlauf und den vorhandenen Rissbreiten aufzunehmen. Zu beurteilen ist dann ferner, ob die Rissursachen noch weiter wirken oder die Rissbewegungen zum Stillstand gekommen sind, wie beispielsweise beim Trocknungsschwinden. Wenn da-

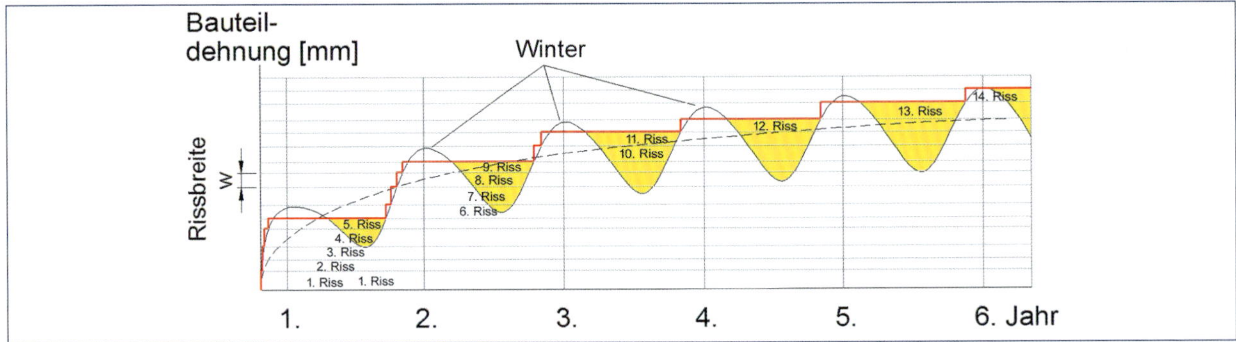

Bild 6.70: Kontinuierliche Rissbildung aufgrund der Bauteildehnung infolge von Schwinden und Temperaturrückgang im Winter

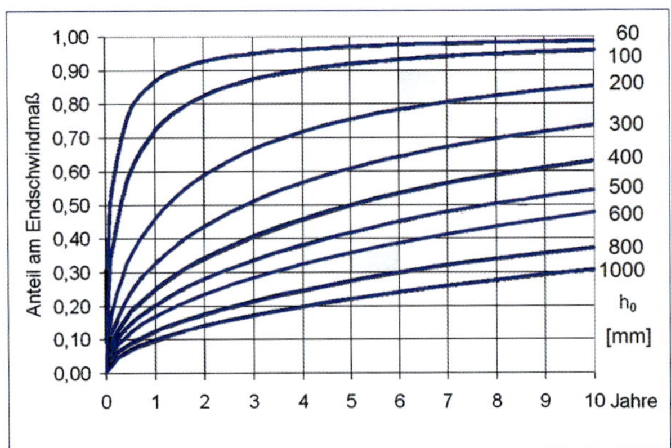

Bild 6.71: Verlauf der Trocknungsschwinddehnung in Abhängigkeit von der Bauteildicke (vereinfacht), [Mei2]

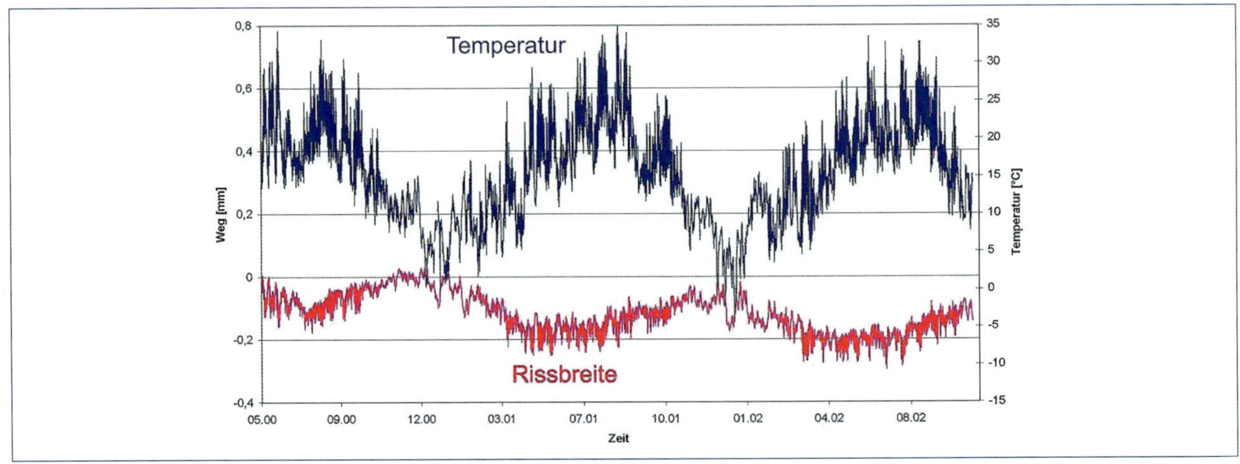

Bild 6.72: Verfolgung der Rissbreitenänderungen in Abhängigkeit von der Lufttemperatur mit elektronischen Wegaufnehmern

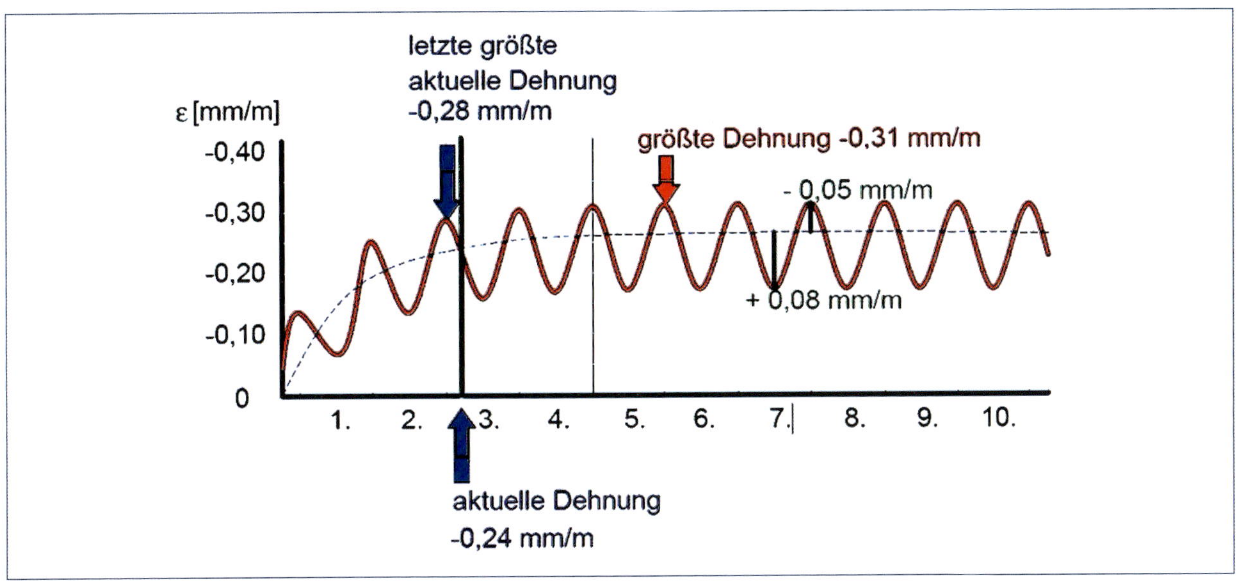

Bild 6.73: Prognose der zu erwartenden Rissbreitenänderungen (Beispiel)

von auszugehen ist, dass die Dehnungen weiter zunehmen, sind die bisherigen Bauteilverformungen bis zur Rissaufnahme sowie die noch zu erwartenden Dehnbeträge abzuschätzen. Die zu erwartenden Rissbreitenänderungen unter den Bedingungen im Winter sind rechnerisch zu ermitteln; dabei ist vom Endschwindmaß auszugehen (vgl. Bild 6.69 und Bild 6.71). Die Prognose zeigt die zu erwartenden maximalen Rissbreitenveränderungen (Bild 6.73). Aus dem Verhältnis von der aktuellen zur erwarteten größten Dehnung 0,24 / 0,31 = 0,71 folgt, dass sich die vorhandene Rissbreite auf den 1,3-fachen Wert erweitern wird. Ein Riss mit einem aktuellen Messwert von 0,32 mm würde sich auf etwa 0,42 mm erweitern. Ein durch Injektion verpresster Riss könnte lediglich 10 % der Dehnlänge aufnehmen; Überschreitungen sind die Ursache von Flankenabbrüchen.

Bild 6.74: Flankenabriss einer Vergussfuge durch Überdehnung (Draufsicht)

7 Zwangspannungen und Rissbildungen bei Bauwerken mit erhöhten Anforderungen

Für eine Reihe von Bauwerken übernimmt der Beton die tragende und gleichzeitig die abdichtende Funktion. Daraus ergeben sich besondere Anforderungen an den Baustoff und die Nachweise zur Sicherstellung der Gebrauchstauglichkeit. In der Regel ist der Beton dicht, aber eben nur zwischen den Rissen und Fugen. Eine wesentliche Voraussetzung ist die Dichtigkeit der Bauteile für

- Betonbauwerke im Grundwasser (wasserundurchlässige (WU-) Konstruktionen),
- Betonbauwerke beim Umgang mit wassergefährdenden Stoffen (flüssigkeitsdichte (FD)Konstruktionen) und
- tausalzbelastete Konstruktionen zum Korrosionsschutz der Bewehrung (Parkdecks und Tiefgaragen).

Darüber hinaus ist die Dichtigkeit für Wasser- und Abwasserbehälter, Güllebehälter in der Landwirtschaft, Kanäle und Rohrleitungen sowie wasserbauliche Anlagen von großer Bedeutung. Daraus resultieren nicht nur spezielle Anforderungen an die Zusammensetzung und Verarbeitung des Betons sowie die Bauteilfugen, sondern es wird auch eine strikte Nachweisführung verlangt, um ungünstige Auswirkungen der Rissbildungen auf die Nutzung der Konstruktionen zu vermeiden. Eine weitere Forderung beinhaltet in regelmäßigen Zeitabständen durchzuführende Kontrollen und Begutachtungen des Zustandes der Stahlbetonkonstruktion, um neue Rissbildungen, eine Zunahme der Wasserläufigkeit der Risse und die Korrosion der Bewehrung (Kapitel 13) rechtzeitig feststellen zu können. Wenn in Trennrissen häufig oder dauerhaft Wasser ansteht, kann durch die Auslaugung des Betons an den Rissflanken eine Korrosion der Bewehrung ohne Karbonatisierung und ohne Chlorideinwirkung ausgelöst werden [Rau2].

Besondere Maßnahmen sind bei Decken in Parkbauten, Tiefgaragenböden und an den Fußpunkten aufgehender Wände aufgrund der dort üblichen Chloridbeaufschlagung erforderlich (Abschnitt 13.5.4). Nach DIN EN 1992-1-1 sind direkt befahrende Bauteile von Parkbauten der Expositionsklasse XD3 zugeordnet. Damit im Zusammenhang steht eine Begrenzung der Rissbreite und die Dicke der Betondeckung. Zusätzliche Maßnahmen sind das Aufbringen von Oberflächenschutzsystemen und Beschichtungen, mit denen die Expositionsklasse abgesenkt wird. Nicht eindeutig wird die Situation beurteilt, wenn zwischenzeitlich Chloride in die Risse eindringen können und danach erst Schutzmaßnahmen durchgeführt werden. Detaillierte Regelungen sind in [DBV6] und [DBV7] angegeben.

7.1 Wasserundurchlässige Konstruktionen

Konstruktionen, die durch außen anstehendes Wasser belastet werden und neben der Standsicherheit eine entsprechende Dichtheit aufweisen müssen, sind im Normenwerk nicht gesondert geregelt. Die für Behälterbauwerke geltenden Verordnungen DIN EN 1992-3 und DIN EN 1992-3/NA sind für WU-Konstruktionen (WU bedeutet wasserundurchlässig) nur sinngemäß anwendbar und nicht verbindlich (vgl. Kapitel 6.5.6). An deren Stelle tritt das Regelwerk [DAS2] und [DAS3], das für teilweise oder vollständig im Erdreich befindliche Betonbauwerke (sogenannte Weiße Wannen) sowie Decken und Dächer des allgemeinen Hochbaus, die direkt durch anstehendes Wasser beansprucht werden, anzuwenden ist. Der Geltungsbereich ist darüber hinaus erweitert, da die Regelungen sinngemäß, ggf. mit ergänzenden Anforderungen, auch für Becken und Behälter sowie andere unterirdische Ingenieurbauwerke und WU-Dächer [DBV 8], [DBV9] vereinbart werden können.

Die besonderen Technischen Regeln für WU-Konstruktionen bestehen erst seit 1996 [DBV2]. Auch ohne diese Richtlinien wurden derartige Bauwerke in Deutschland seit Jahrzehnten nach Empfehlungen ausgeführt, die aus Erfahrungen und Forschungsarbeiten abgeleitet wurden. Seit den 1980er-Jahren ist eine umfangreiche Fachliteratur zur Thematik entstanden.

Seit dieser Zeit sind die Anforderungen an die WU-Konstruktionen in technischer Hinsicht und unter juristischem Blickwinkel erheblich gewachsen. Die Sicherstellung einer hochwertigen Raumnutzung [DBV12] ist aus der Sicht der Auftraggeber für eine Baumaßnahme nicht unüblich, selbst wenn tiefliegende Kellergeschosse geplant werden und drückendes Grundwasser ansteht. Bei der vorgesehenen hochwertigen Nutzung werden selbst sehr begrenzte Wasserdurchtritte und Dunkelfärbungen nicht akzeptiert bzw. sind nicht zulässig. Die Eigenschaften der erdberührten und wasserbelasteten Konstruktionsteile müssen heute denen des oberirdischen Hochbaus entsprechen.

Die Formulierung schärferer Anforderungen an die Beschaffenheit der Konstruktion kontrastiert aber immer stärker mit der durch die Randbedingungen eingeschränkten Erfüllbarkeit der Zielstellungen. Die Schwierigkeiten bei der Vorhersage der risskritischen Bereiche in der Konstruktion und der nachträglichen Abdichtung sowie der auftretenden Zwangspannungen und zeitlichen Einordnung der risskritischen Situation können zu unerwartet auftretenden Rissen und zu größeren Rissbreiten führen. Weiterhin muss die Selbstheilung der Risse als eine Erwartung mit größerer Unsicherheit eingeschätzt werden (Kapitel 14). Bei der Übergabe des Bauwerks ist eine Prüfung auf Dichtheit nur in Ausnahmefällen möglich. Im Regelfall steht noch kein Grundwasser an und eine Flutung der Baugrube ist nur sehr selten durchführbar. Nach Inbetriebnahme des Bauwerks kann die Unzugänglichkeit der Rissbreiche irreparable Schäden nach sich ziehen.

Insofern muss die Planung der WU-Konstruktion mit größerer Sorgfalt und demzufolge auch mit größerem Aufwand durchgeführt werden. Allein ein Nachweis der Rissbreitenbeschränkung durch Bewehrung ist unzureichend. Da das Risiko der planungsseitig nicht erfassbaren und unerwarteten Rissbildung mit größerer Rissbreite selbst bei umfänglicher Planung und qualitätsgerechter Bauausführung nicht auszuschließen ist, müssen nachträglich durchführbare Abdichtungsmaßnahmen ebenfalls konzipiert werden. Die auftretenden Risse stellen unter juristischen Aspekten keinen Mangel dar, wenn ein Abdichten durchgeführt und dadurch die wasserundurchlässige Eigenschaft des Bauwerks sichergestellt werden kann.

Zur Erfüllung der durch den Auftraggeber formulierten Anforderungen sind bei der Planung von WU-Konstruktionen wichtige Schritte einzuhalten:

- Feststellung der Beanspruchung durch das anstehende Wasser und Ableitung der Beanspruchungsklasse,
- Definition der Nutzungsbedingungen und Festlegung der Nutzungsklasse sowie Schlussfolgerungen für die Dichtigkeit,
- Festlegung eines geeigneten Entwurfsgrundsatzes (EGS).

Für die Sicherstellung der Wasserundurchlässigkeit der Konstruktion hat die Trennrissbildung eine herausragende Bedeutung. Dazu werden in der

WU-Richtlinie [DAS2] und [DAS3] folgende Entwurfsgrundsätze (EGS) angegeben:

a) Vermeidung von Trennrissen durch konstruktive, betontechnische und ausführungstechnische Maßnahmen,
b) Festlegung von Trennrissbreiten, die den Wasserdurchtritt durch Selbstheilung begrenzen,
c) Festlegung von Trennrissbreiten, die in Kombination mit in der Planung vorgesehenen Dichtmaßnahmen die Anforderungen an das Bauwerk sicherstellen.

Die Festlegung des jeweiligen Entwurfsgrundsatzes hat konstruktiv, ausführungstechnisch und damit wirtschaftlich weitreichende Folgen. Die Entscheidung schließt zwangsläufig die sorgfältige Prüfung ein, ob die mit dem Entwurfsgrundsatz verbundenen Bedingungen überhaupt erfüllt werden können. Die Risiken und Konsequenzen sind dem Auftraggeber zu erläutern und müssen zu einer abgestimmten Konzeption für das Bauwerk führen. Von Bedeutung ist dabei beispielsweise auch, wann der Nutzungsbeginn erfolgt und welche Möglichkeiten zur späteren Besichtigung und ggf. Rissverpressung eingeräumt werden können. Grundsätzlich gilt, dass bei der Anwendung der vorgenannten Entwurfsgrundsätze unerwartet Trennrisse auftreten oder planungsseitig vorgesehene rechnerische Trennrissbreiten überschritten werden können. Insofern sind planmäßig Dichtmaßnahmen vorzusehen, um die vereinbarten Anforderungen der Nutzungsklasse zu erreichen.

Die Entwurfsgrundsätze wurden auch für die Planung von WU-Dächern ([DBV8], [DBV9]) und modifiziert für die von Parkhäusern und Tiefgaragen [DBV7] übernommen.

Neben den vorgenannten Planungsschritten bestehen weiterhin Anforderungen an den Baustoff Beton hinsichtlich Mindestzementgehalt, Wasserzementwert und Mindestdruckfestigkeit sowie an die Betonkonstruktion durch Vorgabe von Mindestbauteildicken in Abhängigkeit von der Beanspruchungsklasse. Außerdem sind Durchdringungen, Einbauteile, Arbeitsfugen und dergleichen zu planen.

7.1.1 Beanspruchungs- und Nutzungsklassen

Beanspruchungsklassen

In der WU-Richtlinie werden zwei Beanspruchungsklassen bei der Wasserbeaufschlagung unterschieden (Tabelle 7.1):

- Beanspruchungsklasse 1: drückendes und nichtdrückendes Wasser, zeitweise aufstauendes Sickerwasser,
- Beanspruchungsklasse 2: nicht stauendes Sickerwasser, Bodenfeuchte.

Die Beanspruchungsklassen erfordern eine Beurteilung der geohydrologischen Bedingungen, d.h. der Baugrundeigenschaften und des Bemessungswasserstandes. Dabei sind auch im Jahresverlauf auftretende Schwankungen und langfristige Veränderungen des Grundwasserstands festzustellen. Das Beenden von Grundwasserabsenkungen führt zu einem, teilweise sehr langsamen Wiederanstieg des Grundwassers. Dadurch bedingt können kritische Belastungen durch

Tabelle 7.1: Beanspruchungsklassen nach der WU-Richtlinie [DAS2]

Beanspruchungsklasse 1	Beanspruchungsklasse 2
Kontakt des Bauteils mit anstehendem Wasser: ■ Grundwasser, Hochwasser, Schichtenwasser ■ zeitweise aufstauendes Sickerwasser ■ nichtdrückendes Wasser, ausschließlich auf horizontale und geneigte Flächen	Kontakt des Bauteils mit Feuchte oder herabsickerndem Wasser: ■ feuchtes Erdreich ■ nichtstauendes Sickerwasser, nur bei stark durchlässigem Boden oder dauerhaft rückstaufreier Dränage nach DIN 4095

das Grundwasser erst während der Nutzung auftreten und dann eine Undichtigkeit der Konstruktion zeigen.

Nutzungsklassen

In der WU-Richtlinie sind Nutzungsklassen (Tabelle 7.2) angegeben, die die Art der Nutzung charakterisieren und dabei auf die Anwesenheit von Wasser bzw. Feuchte an der raumseitigen Oberfläche der WU-Konstruktion abstellen:

- Nutzungsklasse A: Tauwasserbildung möglich, Wasserdurchtritt in flüssiger Form nicht zulässig,
- Nutzungsklasse B: Feuchtstellen zulässig, jedoch kein Wasserdurchtritt.

Die Nutzungsklasse kann mit der Undurchlässigkeitsklasse nach DIN EN 1992-3 (Tabelle 6.2) verglichen werden, verlangt aber hinsichtlich des Planungsumfangs mehr als nur die Begrenzung des Wasserdurchtritts. Die Nutzungsklasse resultiert aus den Anforderungen des Auftraggebers und den Zielstellungen für die Nutzung des Bauwerks und zieht bei hochwertiger Nutzung bauphysikalische und raumklimatische Maßnahmen nach sich. Es ist Aufgabe des planenden Architekten, die vorgesehene Nutzung so genau wie möglich zu definieren und die Vor- und Nachteile sowie die Risiken der Anwendung des jeweiligen Entwurfsgrundsatzes abzuwägen. Im Ergebnis ist dann der Auftraggeber zu informieren, die weitere Vorgehensweise abzustimmen und das Planungskonzept zu vereinbaren.

Es kommt leider häufig vor, dass in Unkenntnis der WU-Richtlinie keine solche Festlegung getroffen wurde und nach Fertigstellung des Bauwerks eine Nutzungsklasse A eingefordert wird, obwohl ohne Absprache eine Nutzungklasse B geplant und ausgeführt wurde. Das kann zum Beispiel zur Folge haben, dass in Kellerräumen mit Fußbodenheizung und Steuerungsleitungen im Fußbodenaufbau in geringen Mengen Wasser von außen eindringen und Schaden anrichten kann. Solche Kellerräume nachträglich abzudichten ist aufwendig und teuer.

Becken, Behälter, Untergeschosse und Tiefgaragen waren in den ersten Anwendungsjahren Hauptgebiet der WU-Bauwerke. Die Ansprüche an die Nutzung waren relativ anspruchslos und entsprachen überwiegend der Nutzungsklasse B (»begrenzter Wasser-

Tabelle 7.2: Nutzungsklassen nach der WU-Richtlinie [DAS2]

Nutzungsklasse A	Nutzungsklasse B
Kein Durchtritt von flüssigem Wasser ■ Keine Feuchtstellen durch Wasserdurchtritt[1),2),3)] ■ Keine – auch nicht temporär – wasserführenden Risse und Fugen	**Begrenzter Wasserdurchtritt zulässig** ■ feuchte Flecken zulässig ■ temporär bis zur Selbstheilung wasserführende Risse[4)], Risse mit längerfristig feuchten Rissufern, jedoch keine Wasseransammlungen auf der wasserabgewandten Bauteiloberfläche[1)]
Anwendungsbeispiele ■ Standard für Wohnungsbau ■ Lagerräume mit hochwertiger Nutzung	Anwendungsbeispiele ■ Einzelgaragen, Tiefgaragen ■ Installations- und Versorgungsschächte und -kanäle ■ Lagerräume mit geringen Anforderungen

1) Bei Wassertropfen auf der Bauteiloberfläche muss geprüft werden, ob es sich um Oberflächentauwasser handelt (siehe unten).

2) Unterhalb einer innenseitig vorgesehenen Dampfsperre kann sich infolge der Dampfdruckverhältnisse eine hohe Ausgleichsfeuchte des Betons ausbilden, welche die Betonoberfläche dunkel erscheinen lässt, wenn die Dampfsperre entfernt wird. Der Grund hierfür ist die verhinderte Abführung der Baufeuchte und hängt nicht mit der gewählten Art der Abdichtung des Bauwerks zusammen

3) Mit dem »Löschblatttest« kann zuverlässig festgestellt werden, ob es sich bei dunklen Flecken um Feuchtstellen handelt: Ein lose auf die Betonoberfläche aufgelegtes Löschblatt oder saugfähiges Zeitungspapier darf sich nicht infolge von Feuchtigkeitsaufnahme dunkel verfärben.

4) Der Abschluss der Selbstheilung muss zeitlich mit den Nutzungsanforderungen des Bauwerks vereinbar sein.

durchtritt zulässig«). In jüngerer Zeit nahmen die Anforderungen ständig zu und erforderten in immer größerem Umfang die Nutzungsklasse A (»kein Durchtritt von flüssigem Wasser«). Daraus resultierten strengere Regeln, die ihren vorläufigen Abschluss in der WU-Richtlinie und im DBV-Merkblatt »Hochwertige Nutzung von Untergeschossen – Bauphysik und Raumklima« [DBV12] gefunden haben. In diesem DBV-Merkblatt wird eine weitere Differenzierung unter Berücksichtigung einer hochwertigen Nutzung der Räumlichkeiten vorgenommen (Tabelle 7.3).

WU-Bauwerke erscheinen zwar oft wie gewöhnliche Massivbauwerke ohne Dichtungsfunktion, sind aber viel anspruchsvoller hinsichtlich Planung, Betontechnik und Baustellenprozessen.

Bei Bedarf kann auch von der strikten Einordnung des Bauvorhabens in die Nutzungsklassen abgewichen werden. Die Motivation dazu kann aus wirtschaftlichen Überlegungen resultieren. Beispielsweise könnte bei der Nutzungsklasse A ein geringfügiger Wasserdurchtritt zugelassen werden, wenn das eintretende Wasser sicher aufgefangen und abgeleitet werden kann und die Gebrauchstauglichkeit dadurch nicht infrage gestellt wird. Eine solche Abweichung bedarf selbstverständlich besonders genauer Vorgaben für die Planung und die Festlegungen im Bauvertrag.

7.1.2 Entwurfsgrundsatz a) Vermeidung von Trennrissen

Durch die zuverlässige Vermeidung von Trennrissen kann eine besonders hochwertige Nutzung von Bauwerken im Grundwasser oder beispielsweise ein dauerhafter Schutz von befahrenen Parkdecks oder Tiefgaragen ohne rissüberbrückende Beschichtung sichergestellt werden. Diese sehr anspruchsvolle

Tabelle 7.3: Differenzierung der Nutzungsklasse A in Abhängigkeit von raumklimatischen Anforderungen

Unterklasse	Raumnutzung	Raumklima (i. d. R.)	Beispiele (informativ)	Maßnahmen[2] (informativ)
A***	anspruchsvoll	warm, sehr geringe Luftfeuchte, geringe Schwankungsbreite der Klimawerte	Archive, Bibliotheken, Technikräume mit feuchteempfindlichen Geräten (Labor, EDV usw.), Lager für stark feuchte- oder temperaturempfindliche Güter	Wärmedämmung nach EnEV[3], Heizung, Zwangslüftung, Klimaanlage (Luftentfeuchtung)
A**	normal	warm, geringe Luftfeuchte, mäßige Schwankungsbreite der Klimawerte	Räume für dauerhaften Aufenthalt von Menschen wie Versammlungs-, Büro-, Wohn-, Aufenthalts- oder Umkleideräume, Verkaufsstätten, Lager für feuchteempfindliche Güter, Technikzentralen	Wärmedämmung nach EnEV[3], Heizung, Zwangslüftung, ggf. Klimaanlage
A*	einfach	warm bis kühl, natürliche Luftfeuchte, große Schwankungsbreite der Klimawerte	Räume für zeitweiligen Aufenthalt von wenigen Menschen, ausgebaute Kellerräume wie Hobbyräume, Werkstätten, Waschküchen in Einfamilienhäusern, Wäschetrockenräume, Abstellräume	Wärmedämmung nach EnEV[3], ggf. ohne Heizung, natürliche Lüftung (Fenster, Lichtschächte, ggf. nutzerunabhängig)
A⁰ [1]	untergeordnet	keine Anforderungen	einfache Technikräume (z. B. Hausanschlussräume)	–

[1] entspricht der WU-Richtlinie 5.3 (2), u. U. ist eine Einordnung in Nutzungsklasse B möglich

[2] Baukonstruktive Anforderungen an die Zugänglichkeit der umschließenden Bauteile sind immer zu beachten

[3] EnEV: Energieeinsparverordnung

Variante verlangt jedoch nicht nur hohen planerischen und bautechnischen Aufwand, sondern ist auch mit einem großen Risiko verbunden, da maßgebende Einflussfaktoren auf den frühen Zwang nicht sicher erfasst werden können (Zeitpunkt der Rissbildung). Auch können langzeitig wirkende Schwindvorgänge zu Zwangkräften führen, die eine späte Rissbildung hervorrufen. Bei Bodenplatten bildet sich ein Feuchteprofil aus, das ohne Behinderung zu einer Aufwölbung führen würde. Die Behinderung infolge von Eigenlast und aufstehenden Wände initiiert ein Biegemoment, das eine Druckkraft im wasserseitigen Bauteilbereich ergibt. Dadurch wird die Wasserundurchlässigkeit der Bodenplatte begünstigt.

Ein weiterer Vorgang, der sich ebenfalls günstig auf die Dichtigkeit der Konstruktion auswirkt, kann auf das Quellen der Gelstruktur zurückgeführt werden, wenn die Porosität mit einem Wasserzementwert von $w/z \leq 0{,}60$ begrenzt wird. Das Gefüge wird verspannt und verringert die Entstehung von Schwindrissen, wenn die Wasserberührung der Außenflächen aufrechterhalten bleibt. Durch die Untersuchungen von [Sch24] ist auch nachgewiesen, dass kapillare Feuchtewanderungen auf den äußeren Rand begrenzt sind und nicht das Bauteil durchdringen. Insofern ist eine hochwertige Nutzung möglich. Die Autoren weisen darauf hin, dass eine äußere Abdichtung dagegen das Austrocknen und Schwinden nach sich ziehen und vertikale Schwindrisse hervorrufen würde.

Die Vermeidung von Trennrissen ist von der erfolgreichen Anwendung konstruktiver, betontechnischer und ausführungstechnologischer Maßnahmen zur Reduzierung der Zwangbeanspruchungen abhängig (siehe dazu Kapitel 8). Dazu zählen beispielsweise die Verminderung der Temperaturbeanspruchung und der Bauteilbehinderung. Während der Bauausführung ist ein Verschatten und Feuchthalten der Bauteile wichtig, um den Temperaturverlauf und das Schwinden im oberflächennahmen Bereich günstig zu beeinflussen.

Bei dicken Bauteilen ist die Möglichkeit einer Einwirkung auf den Wärmehaushalt begrenzt. Eine vorteilhafte Entwicklung stellt die zweischichtige Bauweise dar, bei der der untere, dickere Bereich der Bodenplatte mit Beton aus CEM-III-Zementen und einer oberen Abdeckung mit Beton aus CEM-I-Zement hergestellt wird (Kapitel 7.4).

Beim Nachweis der Trennrisssicherheit ist der Vergleich zwischen den Zwangspannungen und der Betonzugfestigkeit unter Berücksichtigung der Streuungen der Werte zu führen (Kapitel 9.4).

Grundsätzlich gilt, dass die Anwendbarkeit des Entwurfsgrundsatzes a) von der Art der Baukonstruktion abhängt und darüber nur durch eine sorgfältige Prüfung in der Planung entschieden werden kann. Bei ungeeigneten Konstruktionen mit größerer Ausdehnung, starker Gliederung und sehr unterschiedlichen Bauteilabmessungen sind selbst durch eine zwangbeherrschende Bauausführung einzelne Trennrisse nicht auszuschließen. Das Planungs- und Nutzungskonzept muss diese Möglichkeit berücksichtigen. In anderen Ländern ist deshalb bei hohen Anforderungen an die Dichtheit eine Beschichtung und/oder eine Vorspannung vorgeschrieben.

7.1.3 Entwurfsgrundsatz b) Regelkonforme Begrenzung der Trennrissbreiten

Die übliche Praxis der Planung gibt diesem Entwurfsgrundsatz den Vorzug. Die Voraussetzungen für dessen Anwendung werden nicht immer bedacht, dem Auftraggeber werden die damit verbundenen Risiken oft nicht mitgeteilt.

Die zulässigen Rechenwerte der Trennrissbreiten sind auf vorhandene Druckgefälle bezogen und gehen von einer Begrenzung des Wasserdurchtritts infolge von Selbstheilung aus. Ein Kommentar zur Bezugsgröße »Druckgefälle« ist in Kapitel 14 zu finden; zum Mechanismus und zur Zuverlässigkeit der Selbstheilung siehe ebenfalls Kapitel 14. Die Selbstheilung ist ein physikalisches und chemisches Phänomen, bei dem ein wasserführender Riss allmählich abgedichtet wird. Eine wesentliche Wirkung wird der Bildung von Kalziumkarbonat im Riss zugeschrieben. Bei kalklösender Kohlensäure oder sonstigen betonaggressiven Bestandteilen im Grundwasser ist deshalb der chemische Mechanismus infrage gestellt, bei reinem Quellwasser ohne mineralische Bestandteile der mechanisch begründete Vorgang. Die Ursachen für eine nicht erreichte Selbstheilung sind auch in der Bewegung der Rissufer zu sehen, da zu dem frühen Zeitpunkt weder die temperaturbedingten noch die durch das Schwinden hervorgerufenen Verformungen abgeschlossen sind. Nach [Flo2] zeigen die Erfahrungen, dass die geplante Selbstheilung zuverlässig nur unter besonders günstigen Bedingungen eintritt. Die Auswirkungen auf die Gebrauchstauglichkeit sind gravierend, vor allem wenn eine hochwertige Nutzung vorgesehen ist. Der Entwurfsgrundsatz ist, auch unter wirtschaftlichem Gesichtspunkt, nur dann zu empfehlen, wenn der Bauherr akzeptiert, dass Risse durchaus über einen längeren Zeitraum hinweg wasserführend oder stark nässend sein können, bis eine Selbstheilung einsetzt.

Die Grenzen für die zulässigen rechnerischen Rissbreiten w_k und die maximalen Druckhöhen werden gegenwärtig noch in Abhängigkeit vom Druckgefälle h_w / h_b gezogen (Tabelle 7.4); die Vorgehensweise ist auch im Behälterbau anzutreffen (vgl. Tabelle 6.3). Neuere Untersuchungen zeigen, dass diese Abhängigkeiten nicht gesichert sind (siehe Kapitel 14.4).

Die Festlegung von Bauteildicken erfolgt auch unter dem Gesichtspunkt der Beschränkung des hydraulischen Druckgefälles $i = h_w / h$ zur Einhaltung zulässiger Trennrissbreiten mit der Möglichkeit der Selbstheilung. Nach [Fas1] sollte bei Bodenplatten auf $i = 5 \dots 10$ mit $h \geq 40$ cm begrenzt werden. Bei Außenwänden treten Trennrisse in der Regel parallel zur Haupttragrichtung und mit einem Abstand über der Bodenplatte auf (Kapitel 6.5). Wände können in Betonierabschnitte unterteilt und dadurch mit spannungsreduzierenden Abmessungen ausgeführt werden. Damit ist es nach [Fas1] gerechtfertigt, das Druckgefälle auf $i = 10 \dots 15$ mit $h \geq 30$ cm festzulegen. Bei Bauwerken mit kleineren Abmessungen können andere Kriterien gelten.

Charakteristik des Entwurfsgrundsatzes b) ist, dass Trennrisse auftreten können, die sich mit einer gewissen Wahrscheinlichkeit durch Selbstheilung schließen. Die Selbstheilung ist an den Wasserdurchlauf gebunden, der bei der Übergabe des Bauwerks nicht immer schon stattgefunden hat. Infolge des langsamen Wiederanstiegs des Grundwassers nach Abschaltung der Grundwasserabsenkung wird die Feststellung der Wasserundurchlässigkeit in den Nutzungszeitraum verschoben. Eine weitere Unsicherheit entsteht, da eine unvollständige Selbstdichtung nicht ausgeschlossen werden kann. Insofern muss das Planungskonzept entsprechende Maßnahmen zur Erreichung der Zielstellung für die betreffende Nutzungsklasse enthalten. Ein wesentliches Kriterium ist die Zugänglichkeit der abzudichtenden Bauteiloberflächen.

Der Entwurfsgrundsatz b) ist nur für die Nutzungsklasse B anwendbar und nicht für WU-Dächer zugelassen.

7.1.4 Entwurfsgrundsatz c) Zulässigkeit der Trennrisse und nachträgliche Dichtmaßnahmen

Wenn Risse nicht zu vermeiden und nicht zuverlässig zu begrenzen sind oder der Bewehrungsumfang minimiert werden soll, ist ein Konzept, nach dem breitere Risse zugelassen und anschließend verpresst werden, wirtschaftlicher und bringt schlussendlich das gleiche Ergebnis für die Nutzung der Konstruktion. Die Entscheidung für diesen Entwurfsgrundsatz kann zum Beispiel aus der Absicht folgen, den Aufwand für die Fugenausbildung und -abdichtung zu vermindern oder den Bewehrungsumfang zu reduzieren, kann aber auch aus den Bedingungen des Bauablaufs resultieren. Wird die Reduzierung des Bewehrungsgehalts angestrebt, muss die regelkonforme Festsetzung der Trennrissbreiten mit der Erwartung der Selbstheilung aufgegeben werden; eine Begrenzung ist jedoch ebenfalls vorzunehmen. Zum einen ergeben sich die rechnerischen Rissbreiten aus den Mindestanforderungen nach DIN EN 1992-1-1 (Kapitel 10.1). Weiterhin resultiert die Rissbreite aus den Regeln für die Abdichtung durch Injektion; in der Regel werden die Grenzen unter Beachtung einer hinreichenden Sicherheit bei 0,25 bis 0,30 mm liegen. Nach [Fas1] sollte die Zielrissbreite etwa 0,05 mm über den Werten der Richtlinie [DAS2] mit [DAS3] liegen.

Wenn die Risse vor dem Beginn der Nutzung auftreten, sind diese als unkritisch zu beurteilen, da rechtzeitig entsprechende Maßnahmen ergriffen werden können. Wenn das Grundwasser aber später ansteigt und der Belastungsfall durch drückendes Wasser erst dann eintritt, ist eine Prüfung auf Dichtigkeit nicht möglich. Eine weitere ungünstige Situation ist gegeben, wenn eine Rissbildung oder Rissaufweitung durch den späten Zwang stattfindet. Um einen festgestellten Wasserzutritt zu verschließen, müsste die Zugänglichkeit der Konstruktion auch während der Nutzung vorhanden ein. Grundsätzlich kann davon ausgegangen werden, dass die Dichtigkeit selbst bei der Beanspruchungsklasse 1 sichergestellt werden kann.

Eine weitere Möglichkeit der Abdichtung von rissbeeinflussten Konstruktionsteilen ergibt sich mit der Anwendung von außenliegenden Frischbetonverbundfolien. Diese mehrschichtigen Kunststoffbahnen gehen über eine Verbundschicht (Klebeschicht) oder ein Vlies mit einem Dichtstoff einen nicht hinterläufigen Verbund mit dem erhärtenden Beton ein. Die Folien besitzen eine erhebliche Dehn- und damit Rissüberbrückungsfähigkeit. Die Verlegung zur Abdichtung von Flächen, zur Eckausbildung und zur Eindichtung von Durchdringungen erfolgt in Bahnen, die untereinander verklebt werden können. Der Einsatz der Frischbetonfolien stellt hohe Anforderungen an die Sorgfalt bei der Ausführung der Betonarbeiten. Nur eine einwandfrei eingebrachte Folie kann die beabsichtigte Abdichtung gewährleisten. Grundsätzlich gilt, dass die Frischbetonverbundfolien die WU-Konstruktion (Primärabdichtung) nicht ersetzen, sondern nur sinnvoll ergänzen (Sekundärabdichtung).

7.1.5 Technische Nutzung der Selbstheilung bei Entwurfsgrundsatz b)

Die Dichtigkeitsforderung hat abweichend von üblichen Stahlbetonbauwerken bei WU-Bauwerken einige Besonderheiten zur Folge. Dazu gehören die Einschränkung der Rissanzahl auf ein Minimum und die Begrenzung der Rissbreiten, insbesondere für Trennrisse. Die Rissbreiten zu begrenzen ist notwendig, weil nur Risse mit kleinen Rissbreiten die Eigenschaft besitzen, sich selbst abzudichten (Nähere Ausführungen zur Selbstheilung siehe Kapitel 14).

Das Selbstdichtungskriterium der WU-Richtlinie ist mit einer großen Streuung behaftet und derzeit nicht so zuverlässig, dass mit Sicherheit eine dichte Konstruktion zu erreichen wäre. Nach allen Erfahrungen bleibt immer ein Risiko, dass Wasser durch die Bauteile gelangt und an der Luftseite in verschiedenen Erscheinungsformen von der Dunkelfärbung bis zur Pfützenbildung auftreten kann.

Risse sind im Stahlbetonbau praktisch nicht vermeidbar. Solange es sich um Biegerisse handelt, ist ein Dichtigkeitsproblem weitgehend auszuschließen, wenn eine hinreichend breite Betondruckzone vorhanden ist. Dagegen stellen Trennrisse wasserführende Leckstellen dar, weil dadurch eine direkte Verbindung der beiden einander gegenüber liegenden Bauteiloberflächen hergestellt wird. Nur durch die besondere Eigenschaft von Trennrissen, sich bei Wasserdurchfluss selbst abdichten zu können (Selbstheilung bzw. Selbstdichtung), ist unter bestimmten Voraussetzungen der Bau dichter Bauwerke ohne weitere Nacharbeit möglich.

Für die Wirksamkeit der Selbstdichtung gibt es enge Grenzen:

- sehr schmale Risse bis höchstens 0,20 mm Rissbreite (besser: nur bis 0,15 mm), deren Anzahl auf das unvermeidliche Maß reduziert sein muss,
- eine begrenzte Wasserdruckhöhe von höchstens 10 m (im Experiment nachgewiesen),
- natürlich gebrochene Rissflächen mit möglichst großer Rauigkeit; Arbeitsfugen gehören nicht dazu und sind gesondert abzudichten,
- Wasser als durch den Riss fließendes Medium, das den Beton nicht angreift,
- möglichst keine oder nur geringe, zeitlich begrenzte Bewegungen der Rissufer.

Die Anzahl von Trennrissen zu minimieren oder sie gar zu vermeiden bedeutet, Zwangbeanspruchungen zu minimieren oder zu vermeiden. Schwerpunkte sind dabei die Herabsetzung von Temperatur- und Schwindverformungen sowie die Verringerung der konstruktiven Behinderung. Beispiele für geeignete Maßnahmen bei WU-Konstruktionen sind:

- die Anordnung von Gleitfolien unter ausgedehnten Bodenplatten, damit sie sich mit wenig Behinderung verschieben können,
- die Wahl statisch bestimmter Tragsysteme, die sich unbehindert verformen können,
- die Anordnung von Fugen sowie von Hydratationsgassen,
- die Vermeidung von übergangslosen Querschnittsänderungen im Wirkungsbereich von Zwangverformungen, um sprunghafte Spannungsänderungen zu vermeiden.

Auf die Möglichkeiten zur Verringerung von Zwangbeanspruchungen ist ausführlich in Kapitel 8 eingegangen worden.

7.1.6 Nachweise und Maßnahmen zur Gewährleistung der Wasserundurchlässigkeit

Die notwendigen Nachweise und ergänzenden Maßnahmen richten sich nach der Beanspruchungs- und Nutzungsklasse sowie dem angewendeten Entwurfsgrundsatz.

Beanspruchungsklasse 1

Nutzungsklasse A

Bei Biegerissen infolge von Lasten und Zwang werden Anforderungen an eine hinreichende Druckzonenhöhe gestellt. Diese Druckzonenhöhe x muss die Bedingung erfüllen:

$x \geq 30$ mm und $x \geq 1{,}5$ Durchmesser des Größtkorns der Gesteinskörnung

Alternativ kann der Nachweis durch eine Begrenzung der Breite der Biegerisse auf die Werte der Tabelle 7.4 erbracht werden.

Bei der Planung nach dem Entwurfsgrundsatz a) darf zu keinem Zeitpunkt die Zwangschnittgröße zu Trennrissen im Beton führen. Im Regelfall werden im deterministisch geführten Nachweis die zum Risszeitpunkt vorhandene Zugfestigkeit und die Zugspannung gegenübergestellt, wie in Kapitel 9.4.1 erläutert. Die Streuungen der beiden Kenngrößen werden verschiedentlich über Sicherheitskoeffizienten berücksichtigt. Eine Vorgabe in den Regelwerken gibt es dazu nicht. Zum probablistischen Nachweis der Rissicheheit siehe Kapitel 9.4.2)

Tabelle 7.4: Rechenwerte der Trennrissbreiten bei Nutzungsklasse B und Anwendung des Entwurfsgrundsatzes b) sowie der Begrenzung des Wasserdurchtritts infolge von Selbstheilung der Risse (nach [DAS2] vom Juni 2017)

	Druckgefälle h_w/h_b [a)]	Maximale Druckhöhe h_w [a)]	Zulässige Rissbreite w_k [b) c)]
1	≤ 10	3,0 m	0,20 mm
2	> 10 bis ≤ 15	6,0 m	0,15 mm
3	> 15 bis ≤ 25	15,0 m	0,10 mm

a) h_w = Druckhöhe des Wassers [m] h_b = Bauteildicke [m]

b) Für angreifende Wässer mit > 40 mg/l CO_2 (kalklösende Kohlensäure) oder pH < 5,5 darf die Selbstheilung der Risse nicht in Ansatz gebracht werden.

c) Bei Beanspruchungsklasse 2 gilt der Rechenwert der Trennrissbreiten w_k = 0,20 mm unter quasi ständiger Einwirkungskombination, wenn nicht gemäß EGS c die Risse planmäßig abgedichtet werden.

In [Loh1] wird die Eigenspannung mit einem Sicherheitsfaktor $\gamma_{c,t} = 1,1$ vergrößert und mit der effektiven Zugfestigkeit $f_{ct,eff}$ verglichen, um Schalenrissbildung zu vermeiden. Für die Zwangbeanspruchung in Betonbodenplatten wird dieser Sicherheitsbeiwert im Grenzzustand der Gebrauchstauglichkeit bei Abfließen der Hydratationswärme mit 1,0 angesetzt.

Einen neuen Vorschlag zur Abschätzung des Rissrisikos ist von [Ebe1] als ein Planungswerkzeug entwickelt worden. Die Beurteilung des Rissrisikos wird mithilfe von Risiko-Kennzahlen für bestimmte Risiko-Merkmale und den zugehörigen Gewichtungsfaktoren vorgenommen, die nach Randbedingungen (Rohbau, Betoneigenschaften, Oberflächenbeschaffenheit usw.) gegliedert sind. Mit der gewichteten Risiko-Kennzahl wird schließlich die Bewertung der Bauteile einer Weißen Wanne vorgenommen. Über Erfahrungen bei der Handhabung dieser aufwendigen Methodik und den willkürlichen Bewertungen liegen derzeit keine Informationen vor.

Der Entwurfsgrundsatz b) sollte nicht angewendet werden. Der Entwurfsgrundsatz c) ist zugelassen, wenn die projektgemäßen Trennrissbreiten in Verbindung mit vor dem Ausbau durchgeführten Dichtungsmaßnahmen zuverlässig geschlossen werden können und dann die Anforderungen an die Wasserundurchlässigkeit vollständig erfüllt sind.

Nutzungsklasse B

Zur Anwendung kommen die Entwurfsgrundsätze b) und c).

Bei Entwurfsgrundsatz b) gelten die rechnerischen Trennrissbreiten nach Tabelle 7.4. Die Ermittlung der Bewehrung zur Einhaltung der Rissbreite erfolgt nach DIN EN 1992-1-1, Abschnitt 7.3.3, wie in Kapitel 10.6 und Kapitel 10.6.2 bzw. Kapitel 10.6.3 erläutert.

Im Ergebnis des Entwurfsgrundsatzes b) müssen die noch wasserführenden Risse abgedichtet werden, die die Anforderungen der Nutzungsklasse B nicht erfüllen. Gleiches trifft bei Anwendung des Entwurfsgrundsatzes c) zu.

Beanspruchungsklasse 2

Der Entwurfsgrundsatz a) ist unnötig.

Für den Entwurfsgrundsatz b) gelten für die Nutzungsklassen A und B einheitliche rechnerische Trennrissbreiten:

$w_k \leq 0{,}20$ mm (Tabelle 7.4, Nachsatz [c)]) bei Ortbetonwänden
$w_k \leq 0{,}30$ mm bei Bodenplatten

Die Bewehrung wird wie bei der Beanspruchungsklasse 1, Nutzungsklasse B, Entwurfsgrundsatz b) ermittelt.

Bei breiteren Trennrissen nach Entwurfsgrundsatz b) und c) und eindringender Feuchte ist eine Abdichtung vorzusehen.

Schlussfolgerungen

WU-Konstruktionen sind anforderungsgerecht ausführbar, wenn planungsseitig die Risiken bedacht und Maßnahmen zur nachträglichen Abdichtung von nicht erwarteten Rissen vorgesehen werden. Die nur ungenau zu kalkulierenden Zwangspannungen und Rissbreiten sind Umstände, die der Planer hinreichend zu berücksichtigen hat. Für den Erfolg der Baumaßnahme ist es nicht ausreichend, den rechnerischen Nachweis der Rissbreite zu führen, die Elemente zur Fugenabdichtung anzugeben und einen wasserundurchlässigen Beton festzulegen. Die Planung der WU-Konstruktion geht darüber hinaus und ist demzufolge auch mit entsprechenden Kosten verbunden. Der Auftraggeber muss die Situation kennen und Entscheidungen treffen können. Grundsätzlich bedacht werden muss auch, dass Wasserundurchlässigkeit nicht unbedingt Wasserdichtigkeit entspricht.

7.2 Flüssigkeitsdichte Bauwerke

Anlagen zum Lagern, Abfüllen, Herstellen, Behandeln und Verwenden von wassergefährdenden Stoffen müssen gemäß § 19g WHG (Wasserhaushaltsgesetz) so gebaut und betrieben werden, dass eine Verunreinigung der Gewässer nicht eintreten kann. Die Betonbauten müssen bei den zu erwartenden Einwirkungen für die festgelegte Dauer dicht sein [DAS6]. Die Bauwerke sind dann dicht, wenn die aufgefangene Flüssigkeit innerhalb der Entsorgungszeit die entgegengesetzte Seite des Bauteils nicht erreicht. Die Richtlinie [DAS6] regelt, welche baulichen Voraussetzungen erfüllt sein müssen, damit Betonbauten ohne Oberflächenbeschichtung dem Besorgnisgrundsatz nach § 62 WHG genügen. Der Nachweis der Dichtheit kann nach [DAS6] vereinfacht oder genauer vorgenommen werden.

7.2.1 Grundlagen der Planung und Bemessung

Für Auffangbehälter und Ableitflächen gelten Beanspruchungstufen, die sich nach der Beaufschlagungsdauer durch die aufgefangenen Flüssigkeiten richten. Beispielsweise beträgt die maximale Beaufschlagungsdauer bei der Beanspruchungsstufe mittel nach Arbeitsblatt DWA-A 786 lediglich 72 h, bei der Beanspruchungsstufe hoch aber 2200 h. Um zu verhindern, dass die Flüssigkeit das Bauteil während dieser Beaufschlagungsdauer durchdringt, ist eine Betonzusammensetzung auszuwählen, die einen ausreichenden Eindringwiderstand besitzt, sind Rissbildungen auf der flüssigkeitsbelasteten Bauteilseite zu vermeiden und ist die Rissbreite von Trennrissen zu begrenzen.

Für den Nachweis der Dichtheit im ungerissenen Beton ist der charakteristische Wert der Eindringtiefe e_{tk} nach einer bestimmten Dauer der einmaligen Beaufschlagung maßgebend. Werte für e_{tk} können entsprechend [DAS6], Teil 2, abgeleitet (FD-Beton) oder experimentell durch Eindringprüfung bestimmt werden (FDE-Beton). Flüssigkeitsdichte Betone müssen die Eindringtiefe von wassergefährdenden Stoffen wirksam begrenzen und DIN EN 206-1 sowie DIN 1045-2 entsprechen. Die Zusammensetzung muss nach [DAS6], Teil 2 folgende Kriterien einhalten: w/z-Wert $\leq$ 0,50, Festigkeitsklasse $\geq$ C30/37, Zementleimgehalt $\leq$ 290 l/m³, Konsistenz F3, Größtkorn 16 mm $\leq D_{max} \leq$ 32 mm.

Bei einem Betonbauteil mit Einrissen an der nicht flüssigkeitsbelasteten Bauteilseite ist nachzuweisen, dass der Restquerschnitt größer als die Eindringtiefe ist. Sind durchgehende Trennrisse vorhanden, ist die charakteristische Eindringtiefe ew_{tk} maßgebend, die experimentell in Abhängigkeit von der Beaufschlagungszeit zu ermitteln ist. An Probekörpern, die im Zugversuch bis zur Rissbildung beansprucht wurden, werden bestimmte Rissbreiten eingestellt (z.B. 0,10 und 0,25 mm), der Rissbereich mit der wassergefährdenden Flüssigkeit beaufschlagt und die Eindringtiefe gemessen. Für den Beton nicht angreifende organische Lösungen kann die Selbstabdichtung nicht angesetzt werden. Für wässrige Lösungen, insbesondere wenn ein großer Anteil sehr feiner Feststoffe enthalten ist, kann eine Selbstdichtung angenommen werden. Von einer Undurchlässigkeit kann dann ausgegangen werden, wenn die Bauteildicke mindestens 500 mm beträgt und die Rissbreite mit $w_{cal} \leq$ 0,20 mm bemessen wurde.

7.2.2 Vereinfachter Nachweis der Dichtheit

Für den vereinfachten Nachweis genügt, die Bewehrung nach Tabelle 7.5 einzulegen und dabei die Randbedingungen wie folgt zu beachten:

- Der Beton soll der Druckfestigkeitsklasse C30/37 nach DIN EN 206-1 entsprechen.
  - Die Länge und Breite der Platten darf maximal 50 m betragen. Zudem darf keine Verzahnung mit dem Untergrund stattfinden. Die Verkehrslast darf maximal 10 kN/m² betragen und es muss eine Gleitschicht auf ebenem Untergrund und mit zwei Lagen PE-Folie (ohne Falten) angebracht werden.
  - Im Regelwerk sind weiterhin Rechenwerte von Sicherheitsbeiwerten (Tabelle 7.6) enthalten. Bei Einsatz viskoser Gleitschichten darf auf den Ansatz einer Verformungsbehinderung ver-

zichtet werden, wenn die Temperatur dieser Gleitschicht > 0 °C gewährleistet ist. Die Kennwerte für den E-Modul und das Schwinden sind der DIN 1992-1-1 zu entnehmen. Einflüsse aus der Relaxation dürfen berücksichtigt werden. Wenn nicht näher nachgewiesen, dürfen die Beanspruchungen infolge von Temperatur beim Tagesgang um 15 % und beim Jahresgang um 30 % vermindert werden.

- Wände, die mit Bodenplatten monolithisch verbunden sind, müssen vertikale Fugen im Abstand von maximal 3,0 m erhalten. Darauf kann bei Wänden bis zu einer Höhe von 1,2 m verzichtet werden, wenn diese mit der Bodenplatte in einem Zug betoniert werden und eine Bewehrung nach Tabelle 7.5 enthalten.

Dadurch ist sichergestellt, dass die Druckzonendicke $x \geq \gamma_e \cdot e_{tk}$ (Bild 7.1 a) eingehalten wird. Dabei ist der jeweils größte Bewehrungsgehalt nach Tabelle 7.5 zu wählen.

7.2.3 Genauere Nachweise der Dichtigkeit

Der Nachweis kann auf verschiedene Weise erbracht werden:

a) Nachweis ungerissener Querschnitte
Die Eindringtiefe e_{tk} erreicht mit hinreichender Sicherheit nicht die Querschnittsdicke (Bild 7.1 a). Die aus Lasten und Zwang resultierenden Biegespannungen müssen geringer sein als die zulässigen Werte nach [DAS6]. Wenn Einrisse aus temperaturbedingten Eigenspannungen in der Betonrandzone (≤ 0,1 h) zur Überschreitung der zulässigen Biegezugspannungen führen, ist der Nachweis b) mit verminderter Querschnittsdicke zu führen.

b) Nachweis einer Mindestdruckzonendicke bei Biegebeanspruchung

Tabelle 7.5: Bewehrungsgehalt je Lage und Richtung in [cm²/m], wenn ein genauer Nachweis nach [DAS6] nicht geführt wird (vgl. Kapitel 5.1.3, Kapitel 5.1.4 und Kapitel 5.1.5).

	Eindringtiefe e_{72m}	Plattendicke								
		h = 200 mm	h = 250 mm	h = 300 mm	h = 350 mm	h = 400 mm	h = 450 mm	h = 500 mm	h = 550 mm	h = 600 mm
	1	2	3	4	5	6	7	8	9	10
1	40 mm	–	–	22,0	18,8	16,9	15,7	14,9	14,4	14,1
2	30 mm	–	15,8	14,7	12,2	11,6	11,2	11,0	11,1	11,1
3	20 mm	11,4	8,8	8,3	8,1	8,1	8,3	8,4	8,7	9,0
4	10 mm	5,1	5,2	5,5	5,8	6,2	6,7	7,0	7,4	7,9
5	Mindestbewertung	7,7	9,6	11,5	13,4	15,3	17,2	19,1	21,0	22,9

nicht ausführbar
Abminderung bei Einsatz von Stahlfaserbeton

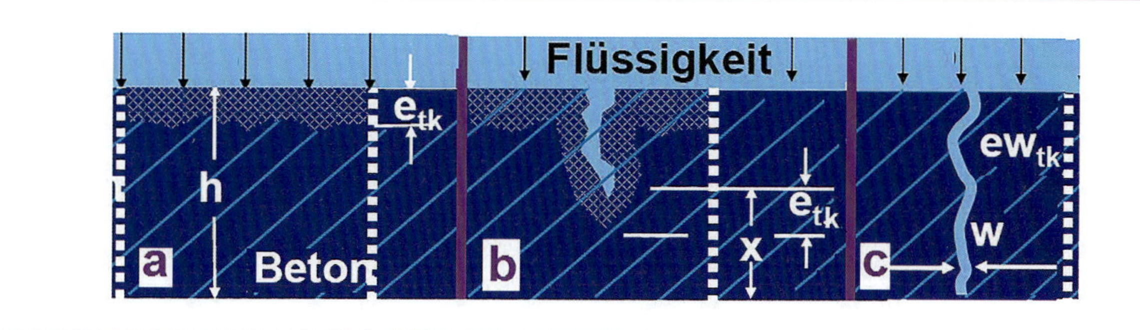

Bild 7.1: Dichtheitsnachweise
a) für den Zustand I
b) für den Zustand II, Druckzone unten
c) bei Trennrissbildung (nach [Dar1])

Wenn die zulässige Biegezugspannung überschritten wird, kann die Dichtheit durch Vergleich einer rechnerischen Mindestdruckzonendicke mit der Eindringtiefe e_{tk} ab der Rissspitze nachgewiesen werden (Bild 7.1 b). Der Bewehrungsbedarf ist vor allem bei dünnen Platten erheblich.

c) Nachweis einer unschädlichen Trennrissbreite
Innerhalb des Beaufschlagungszeitraums muss der Durchtritt einer Flüssigkeit durch einen Trennriss zuverlässig verhindert werden (ew_{tk} in Bild 7.1 c). Es hat sich gezeigt, dass selbst eine Trennrissbreite von nur 0,1 mm nicht ausreicht, die Bedingung zu erfüllen [Ste4]. Insofern wird der Nachweis lediglich als theoretisch eingestuft und bleibt auf Medien mit hoher Viskosität beschränkt, weil diese Rissbreiten nicht zuverlässig messbar sind und nicht verpresst werden können.

Für die Nachweise werden Sicherheitsbeiwerte bei der Eindringtiefe, dem Betontragverhalten und der Rissbreite angesetzt (Tabelle 7.6). Für die Eindringtiefe im gerissenen Beton gilt ein charakteristischer Wert e_{tk}, der aus Versuchen gewonnen wird. Der Nachweis auf Dichtheit ist nicht nur für die Zeitpunkte Anfang und Ende der Beaufschlagung zu führen, sondern auch für vorangegangene Zeitpunkte, die Auswirkungen auf den Zustand der Konstruktion während der Nutzung haben. Dabei sind die Beanspruchungen aus sämtlichen Einwirkungen, also auch der Zwangbean-

Tabelle 7.6: Sicherheitsbeiwerte nach [DAS6], Ergänzung aus [Dar1]

		normales Überwachungsintervall		**halbes Überwachungsintervall**	
	1	2	3	4	5
1	Eindringtiefe	γ_e	1,50	γ_e	1,25
2	Betontragverhalten	γ_c	1,25	γ_c	1,05
3	Rissbreite (0,2 mm)	γ_r	1,50	γ_r	1,25
4	Rissbreite (< 0,2 mm)	γ_r	2,00	γ_r	1,70

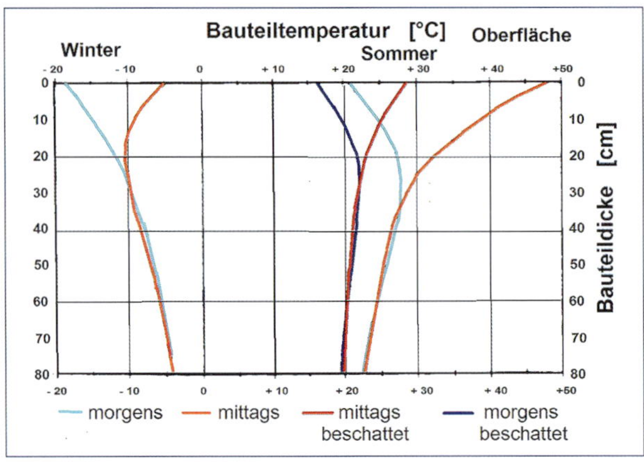

Bild 7.2: Temperaturverläufe in Bodenplatten in Abhängigkeit von der Bauteildicke und der Jahreszeit (nach [DAS6]

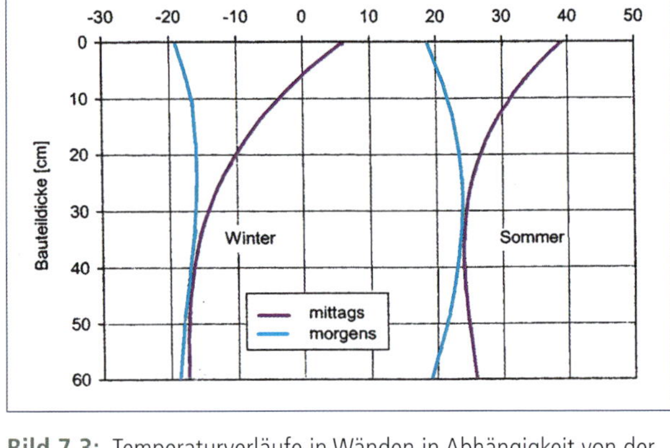

Bild 7.3: Temperaturverläufe in Wänden in Abhängigkeit von der Bauteildicke [DAS6]

spruchungen, zu berücksichtigen und dabei, soweit erforderlich, zu überlagern. Zur Ermittlung der zwangbedingten Verformungen sind im Regelwerk nähere Angaben zu den Temperatureinwirkungen aus Witterungseinflüssen als Temperaturverläufe in Bodenplatten (Bild 7.2) und Wänden (Bild 7.3) abhängig von der Bauteildicke enthalten.

Aus den Kurvenzügen ergibt sich der lineare Anteil, der zur Ermittlung des Biegemoments und der daraus resultierenden Spannungen benötigt wird. Für eine Wand mit einer Dicke von 30 cm im Sommer folgt daraus ein Gradient mit etwa 0,65 K/cm. Erfahrungen zeigen, dass beispielsweise für Bodenplatten eine Gradient von 0,8–1,0 K/cm Plattendicke anzusetzen ist. Siehe dazu das Beispiel für die Auswertung in Bild 7.4.

Diese pauschalen Daten sind durch Berechnungen zur konkreten Situation von Bauwerksteilen zu überprüfen bzw. zu ergänzen. Zum Beispiel zeigt Bild 7.5,

Tabelle 7.7: Rechenwerte von Reibungsbeiwerten [DAS6]

	Untergrund	Gleitschicht	erste Verschiebung		Wiederholte Verschiebung	
			min.	max.	min.	max.
	1	2	3	4	5	6
1	Mineralgemisch (Kies)	keine	1,4	2,1	1,3	1,5
2	Sandbett	keine	0,9	1,1	0,6	0,8
3	Unterbeton	2 Lagen PE-Folie	0,6	1,0	0,3	0,75
4	Unterbeton	PTFE-beschichtete Folie	0,2	0,5	0,2	0,3
5	Unterbeton	Bitumen B45-B80	0	0	0	0

■ nur bei Temperaturen > 0 °C

wie sich die Lufttemperaturen und die Sonneneinstrahlung (Kapitel 4.1.5) auf die Temperaturverteilung in den Bauteilen eines Behälters auswirken. Die Behälterdecke weist einen nahezu linearen Temperaturgradienten mit erheblichen Werten auf. Die Behältersohle ist ebenfalls erheblichen Temperaturdifferenzen ausgesetzt, im Sommer durch den Untergrund gemindert, im Winter hat dieser kaum Einfluss.

Im Regelwerk sind weiterhin Rechenwerte von Reibungsbeiwerten (Tabelle 7.7) enthalten. Diese Werte können nur als Anhaltspunkte verstanden werden, da Reibungsbeiwerte selbstverständlich streuen und nicht mit der angegebenen Genauigkeit zutreffen können. Bei Einsatz viskoser Gleitschichten darf auf den Ansatz einer Verformungsbehinderung verzichtet werden, wenn die Temperatur dieser Gleitschicht > 0 °C gewährleistet ist. Die Kennwerte für den E-Modul und das Schwinden sind der DIN 1992-1-1 zu entnehmen. Einflüsse aus der Relaxation dürfen berücksichtigt werden. Wenn nicht näher nachgewiesen, dürfen die Beanspruchungen aufgrund der Temperatur beim Tagesgang um 15 % und beim Jahresgang um 30 % vermindert werden.

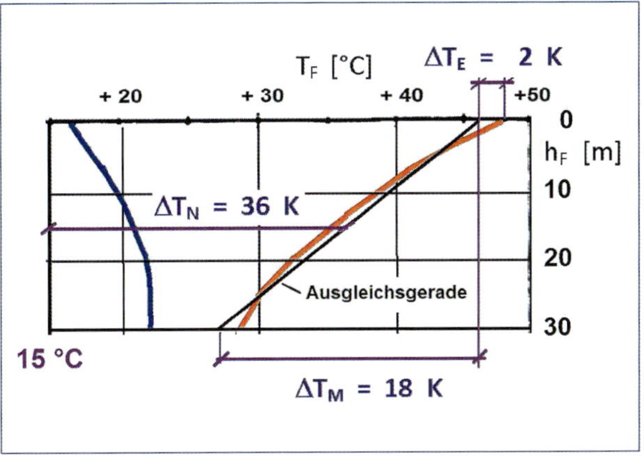

Bild 7.4: Auswertung der Temperaturverteilung für eine Bodenplatte mit der Dicke h_F = 0,30 m bei sommerlichen Temperaturen Bezugstemperatur T_0 = 15 °C (früher Morgen im Schatten) Konstante, lineare und nichtlineare Temperatur im Bauteil

Ermittlung der Zwangspannung und Nachweis des ungerissenen Betons (Zustand I)

Zur Sicherstellung der Dichtheit in ungerissenen Bereichen gilt bei genauerem Nachweis nach Kapitel 7.2.2 (vgl. Kapitel 7.1.2) entsprechend (Bild 7.1 a):

$$h \geq \gamma_e \cdot e_{tk} \tag{7.1}$$

h: Bauteildicke
e_{tk}: charakteristischer Wert der Eindringtiefe
γ_e: Sicherheitsbeiwert

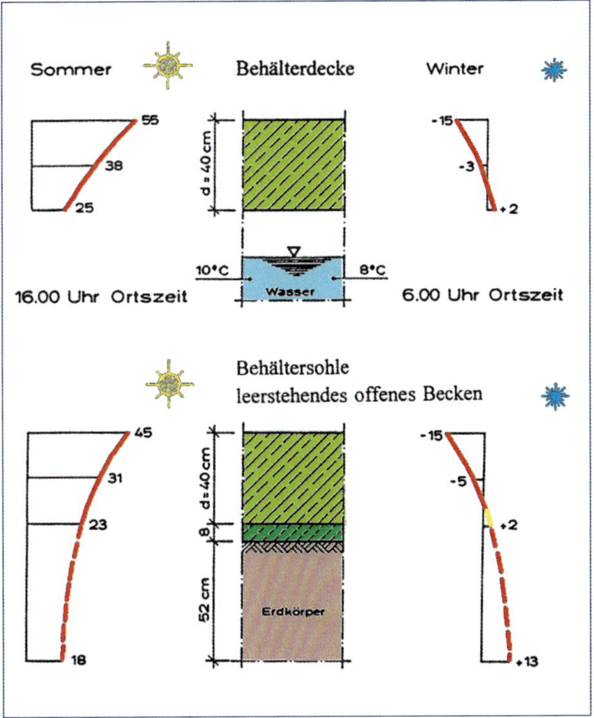

Bild 7.5: Bauteiltemperaturen unter meteorologischer Einwirkung, Ergebnis von Beispielrechnungen für Behälter, angegeben sind die Verteilungen in der Behälterdecke und der -wand [Som1]

Für die Nachweise werden Sicherheitsbeiwerte bei der Eindringtiefe, dem Betontragverhalten und der Rissbreite angesetzt (Tabelle 7.6). Für die Eindringtiefe im gerissenen Beton gilt ein charakteristischer Wert e_{tk}, der aus Versuchen gewonnen wird. Der Nachweis auf Dichtheit ist nicht nur für die Zeitpunkte Anfang und Ende der Beaufschlagung zu führen, sondern auch für vorangegangene Zeitpunkte, die Auswirkungen auf den Zustand der Konstruktion während der Nutzung haben. Dabei sind die Beanspruchungen aus sämtlichen Einwirkungen, also auch der Zwangbeanspruchungen, zu berücksichtigen und dabei, soweit erforderlich, zu überlagern. Zur Ermittlung der zwangbedingten Verformungen sind im Regelwerk nähere Angaben zu den Temperatureinwirkungen aus Witterungseinflüssen als Temperaturverläufe in Bodenplatten (Bild 7.2) und Wänden (Bild 7.3) in Abhängigkeit von der Bauteildicke enthalten.

Die Bedingung ist anzuwenden, wenn bei überwiegend zentrischer Beanspruchung

$$\text{vorh}\,\sigma_{cN} = f_{ctk;0,05}/\gamma_c \tag{7.2}$$

und bei überwiegender Biegebeanspruchung

$$\text{vorh}\,\sigma_{cM} = f_{ctk;0,05}/\gamma_c \tag{7.3}$$

erfüllt ist.

Bei gleichzeitiger Wirkung ist einzuhalten:

$$\frac{\text{vorh}\sigma_{cN}}{f_{ctk;0,05}/\gamma_c} + \frac{\text{vorh}\sigma_{cM}}{f_{cbk;0,05}/\gamma_c} \le 1{,}0 \tag{7.4}$$

σ_{cN}, σ_{cM}: maßgebende Betonzugspannung bzw. Randspannung infolge von Normalkraft bzw. Biegemoment im Zustand I

$f_{cbk;0,05}$: charakteristischer Wert der Biegezugfestigkeit $= \left(1+0,13\cdot\sqrt{(1/h)}\right)\cdot f_{ctk;0,05}$

h: Bauteildicke [m]

Rissbildung und Sicherung der Dichtigkeit durch die Mindestdruckzonendicke

Wenn eine Rissbildung stattfindet, ist die Mindestdruckzonendicke x sicherzustellen und, wenn keine wechselnden Momente auftreten, dazu der genauere Nachweis (b) nach Kapitel 7.2.2 zu führen (Bild 7.1 b):

$$x \ge \gamma_e \cdot e_{tk} \quad \ge 2\cdot D \quad \ge 30\text{ mm} \tag{7.5}$$

D: Größtkorndurchmesser

Der Beiwert γ_e ist Tabelle 7.6 zu entnehmen.

Begrenzung der rechnerischen Rissbreite

Ein Rissbreitennachweis als Nachweis der Dichtheit ist zulässig, wenn die Rissbreite begrenzt wird und dabei die wirksamen Beanspruchungen unter Gebrauchslasten abhängig von der Bauteildicke berücksichtigt werden. Alternativ kann der Nachweis wie folgt geführt werden (Bild 7.1 c):

$$w_{cal} \le w_{crit}/\gamma_r \quad \text{oder} \quad h \ge \gamma_e \cdot ew_{tk} \tag{7.6}$$

w_{cal}: größte rechnerische Rissbreite unter Gebrauchsbeanspruchung

$w_{cit}(h,t)$: kritische Rissbreite, bei der in Abhängigkeit vom Medium die Bauteildicke h durchdrungen wird

ew_k: charakteristische Eindringtiefe für eine einmalige Beaufschlagung über eine Zeit t

Beim Rissbreitennachweis dürfen für Bauteile, die nur mit Betonstahl bewehrt sind, auch dann nicht geringere Werte als $w_{cal} = 0{,}10$ mm angesetzt werden, wenn sich rechnerisch kleinere Werte ergeben. Für Stahlfaserbetone der Leistungsklasse 2,0 dürfen auch Rissbreiten $w_{cal} < 0{,}10$ mm angesetzt werden.

Mindestbewehrung

Für die Ermittlung der Mindestbewehrung gilt DIN EN 1992-1-1. Falls die Schnittgrößen (Last und Zwang) die Rissschnittgrößen nachweislich nicht erreichen, kann die Bewehrung für die nachgewiesene Schnittgröße ermittelt werden.

$$A_s^f = \left(k_c \cdot k \cdot f_{ct,eff} - f_{ctR,S}^f\right)\cdot\frac{A_{ct}}{\sigma_s} \tag{7.7}$$

$f_{ctR,S}$: Rechenwert der zentrischen Nachrisszugfestigkeit bei Verwendung von Stahlfaserbetongemäß Richtlinie [DAS8]

Die übrigen Beiwerte entsprechen Kapitel 10.4.

Beispiel 1

Für eine Stahlbetonwand sollen die auftretenden Spannungen mit h = 250 mm überprüft und der ungerissene Zustand nachgewiesen werden.

Beton C30/37 $f_{ctm} = 2{,}9\ \text{N/mm}^2$

$f_{ctk;0,05} = 0{,}7 \cdot 2{,}9 = 2{,}03\ \text{N/mm}^2$ $E_{cm} = 28\,300\ \text{N/mm}^2$

Das Temperaturprofil wird am Morgen als ungünstig eingeschätzt. Die Temperaturen im Querschnitt betragen morgens (Bild 7.3): $T_{außen} = -19{,}2\ °C$, $T_{Kern} = -12{,}7\ °C$

Die Temperaturdifferenz Kern – Rand $\Delta T = 6{,}5$ K ergibt mit der Abkühlung der Oberfläche Eigenspannungen mit.

$$\sigma_E = \frac{2}{3} \cdot 6{,}5 \cdot 10^{-5} \cdot 28300 \cdot 0{,}85$$
$$= 1{,}04\ \text{N/mm}^2 \leq f_{cbk;0,05} / \gamma_c$$
$$= 2{,}56 / 1{,}25 = 2{,}05\ \text{N/mm}^2$$

Wenn davon ausgegangen werden muss, dass das Schwinden bereits einen Spannungszustand erzeugt hat, ist mit $\varepsilon_{cd} = 0{,}30$ ‰ keine Sicherheit gegen Rissbildung vorhanden, selbst wenn der Behinderungsgrad R = 0,5 und die Relaxation mit $\psi = 0{,}7$ angesetzt werden.

Beispiel 2

Die Dichtheit einer Stahlbetonsohle mit h = 300 mm ist nachzuweisen. Maßgebend ist der Belastungsfall aus Temperatur und Schwinden. Der Temperaturverlauf nach Bild 7.2 ergibt für den Sommermorgen die Temperaturen $T_{Oberfläche} = 21{,}5\ °C$, $T_{Unterseite} = 28{,}1\ °C$. Für den Beton C30/37 beträgt die Biegezugfestigkeit

$$f_{cbk;0,05} = \left(1 + 0{,}13\sqrt{(1/0{,}30)}\right) \cdot f_{ctk;0,05}$$
$$= 1{,}24 \cdot 2{,}03 = 2{,}51\ \text{N/mm}^2$$

Die Dehnung der Randzone folgt daraus zu

$$\varepsilon_{c,T} = \frac{1}{2} \cdot \Delta T \cdot \alpha_T = \frac{1}{2} \cdot 6{,}6 \cdot 10^{-5} = 0{,}033\ \text{mm/m}$$

Das Trocknungsschwinden wird in einer dreieckförmigen Verteilung angenommen, da sich aufgrund der Austrocknungsbedingungen ein Feuchteprofil einstellt.

Die Dehnung im Querschnitt folgt damit zu

$$\varepsilon_{cd} = \frac{1}{2} \cdot \varepsilon_{cd,0} = \frac{1}{2} \cdot 30{,}0 \cdot 10^{-5} = 0{,}15\ \text{mm/m}$$

Die Gesamtdehnung beträgt damit

$$\varepsilon_{c,ges} = \varepsilon_{cT} + \varepsilon_{cd} = 0{,}033 + 0{,}15 = 0{,}18\ \text{mm/m}$$

Die zentrische Zwangkraft muss nicht berücksichtigt werden, da eine gleitfähige Auflagerung der Bodenplatte realisiert worden ist. Die Biegespannungen ergeben sich mit den Relaxationsbeiwerten zu

$$\text{vorh}\ \sigma_{cN} = [0{,}033 \cdot 0{,}85 + 0{,}15 \cdot 0{,}70] \cdot 28300 \cdot 10^{-3}$$
$$= 3{,}77\ \text{N/mm}^2 > f_{cbk;0,05} = 2{,}51 / 1{,}25$$
$$= 2{,}01\ \text{N/mm}^2$$

Der Nachweis konnte nicht erbracht werden.

Schlussfolgerungen
Bei einschichtigen Bodenplatten, die der Witterung ausgesetzt sind, ist der Nachweis nach [DAS6] nur bei geringen Dicken zu erbringen. Nach [Ste4] wird bereits bei h = 190 mm die zulässige Biegezugfestigkeit erreicht, wenn die Plattenlänge L > 33 h ist. Um den Einfluss der Dicke auf die Temperaturgradienten zu umgehen, haben sich eine zwei- und mehrschichtige Bauweise entwickelt. Der unmittelbar beaufschlagte obere Plattenbereich wird möglichst dünn ausgeführt und die Biegespannungen nach Zustand I nachgewiesen. Die untere und dickere Platte nimmt die Beanspruchungen aus den Verkehrslasten auf. Einige weitere Hinweise zu dieser Konstruktionsart sind in [Ste4] zu finden.

7.2.4 Dichtheit befahrener und korrosionsgefährdeter Bauwerksteile

Bei befahrenen Zwischendecken in Parkhäusern und Tiefagaragen mit Chloridbeaufschlagung haben die Rissbildungen wiederholt zu Schäden und zu einem großen Sanierungsaufwand geführt. Diese Bauteile sind infolge der Bewehrungskorrosion in die Kategorie mit den größten Beanspruchungen einzustufen. Für die Korrosion durch Chloridbeaufschlagung der Parkdecks ist das durch die Fahrzeuge eingeschleppte Taumittel ausreichend. Risse in den Geschossdecken, die bis zur oberen Bewehrungslage reichen, sind als besonders kritisch zu beurteilen, da lokal eine schnelle Depassivierung der Bewehrung eintritt und dann die Voraussetzung für die Korrosion gegeben ist. Die Bodenplatten der Parkhäuser sind zwar prinzipiell den gleichen Beanspruchungen ausgesetzt, jedoch treten die Temperaturwechsel in geringerem Maße auf und führen zu geringeren Rissbreitenänderungen im Bauteil. Nach [Flo1] sind aber an der Oberfläche umgebungsbedingte Rissbreitenänderungen festzustellen, die bei wasserundurchlässigen Bodenplatten bezüglich besonderer Oberflächenschutzmaßnahmen besonders zu beurteilen sind.

Im Ergebnis der Schadensentwicklung sind die Festlegungen für die Planung verschärft worden und beinhalten jetzt nach [DBV6], dass vorrangig ein Abdichtungs- und Oberflächenschutzsystem aufzubringen ist, wenn nicht durch konstruktive Maßnahmen (Vorspannung, statisch bestimmte Konstruktionssysteme) die Oberflächen- und Trennrissbildung ausgeschlossen werden kann. Insofern sind Maßnahmen zur Rissvermeidung durchaus als wirtschaftlich vorteilhaft einzuschätzen. Bestehen Zweifel, ist ein Oberflächenschutzsystem die unvermeidbare Variante. Diese Abdichtung ist aber ständigem Verschleiß unterworfen und bedarf der regelmäßigen Wartung.

Weiterhin sind die Einordnung in die Expositionsklassen, die Betonzusammensetzung und die Betondeckung zu beachten.

Vergleichbar mit den Festlegungen in der WU-Richtlinie [DBV6], (Kapitel 7.1), werden ebenso drei Entwurfsgrundsätze unterschieden:

a) Vermeidung von Rissen in der befahrenen, chloridbeanspruchten Bauteilfläche durch konstruktive, betontechnische und ausführungstechnische Maßnahmen,
b) Festlegung von Rissbreiten in der befahrenen Bauteilfläche, die die statische und dynamische Rissüberbrückungsfähigkeit eines flächigen Oberflächenschutzsystems nach dessen Aufbringen nicht überschreiten,
c) Festlegung von rechnerischen Rissbreiten in der befahrenen Bauteilfläche möglichst in definierten Bereichen, die mit im Entwurf vorgesehenen lokalen Maßnahmen nach ihrem Auftreten dauerhaft geschlossen bzw. abgedichtet werden.

Der **Entwurfsgrundsatz a)** kann in der Praxis nur mit erheblichem Aufwand in der Planung und Bauausführung umgesetzt werden. Begünstigend wirkt die Tatsache, dass eine rissfreie Bauweise das Betonbauteil dauerhaft schützt und Verschleißerscheinungen nicht auftreten. Aus dieser Überlegung heraus sind verschiedene konstruktive Lösungen gefunden worden. Beispielsweise entstand das Konzept einer schwimmend gelagerten Stahlbetonzwischendecke als stützenfreie Konstruktion in Einfeldbauweise [Keß1]: Neben der zwangfreien Lagerung wird die Rissbildung durch eine Längsvorspannung verhindert.

Der **Entwurfsgrundsatz b)** ist bei Geschossdecken sinnvoll, wenn abdichtende Fahrbahnbeläge und rissüberbrückende Oberflächenschutzsysteme eingesetzt werden, da diese nur geringe Rissweitenänderungen schadensfrei aufnehmen können. Im Normalfall wird die Rissbreite nach Entwurfsgrundsatz b) mit 0,20 bis 0,25 mm begrenzt und dabei voller Zwang und Temperaturbelastung unterstellt.

Wird eine Bodenplatte als druckwasserbelastete Weiße Wanne geplant, ist der Entwurfsgrundsatz b) nach Kapitel 7.1 mit der Festlegung von Rissbreiten, die eine Selbstheilung ermöglichen und die Rissüberbrückungsfähigkeit eines Oberflächenschutzsystems nicht überschreiten, nicht geeignet. Wenn nicht sichergestellt ist, dass die Risse nicht wasserführend sind und bleiben, ist der Einbau eines rissüberbrückenden Oberflächenschutzsystems nicht möglich, weshalb in [DBV6] für weiße Bodenplatten auch planmäßig ein starres Oberflächenschutzsystem OS 8 mit Einzelrissbehandlung empfohlen wird.

Entwurfsgrundsatz c) hat sich in der Praxis bewährt und ist oft als einziger wirtschaftlich umsetzbar. Dabei werden einzelne Risse mit größerer Rissbreite akzeptiert und nachträglich abgedichtet [Flo1]. Wenn es sich dabei um WU-Bodenplatten handelt, müssen die Risse zunächst durch Injektion geschlossen und anschließend wegen der nutzungsbedingt zu erwartenden Rissweitenänderungen mit rissüberbrückenden Bandagen von oben abgedichtet werden. Diese Maßnahmen sind auch im Nachhinein während der Nutzung möglich, wenn noch vereinzelt Risse aus spätem Zwang entstehen.

7.3 Massenbetonbauwerke und massige Bauteile

Massige Konstruktionen besitzen ein großes Volumen und weisen gleichzeitig eine größere Bauteildicke auf. Daraus resultieren Besonderheiten, die bei der Planung und Bauausführung beachtet werden müssen: Die Hydratation des Zements führt zu einer beträchtlichen Erwärmung der Bauteile mit längerem Temperaturausgleich. Die Zwangbeanspruchungen werden nach weitgehender Festigkeitsentwicklung wirksam und sind mit einer entsprechenden Rissschnittkraft verbunden. Die Verformungen können bei Trenn- und Schalenrissen größere Rissbreiten hervorrufen. Beispiele für massige Baukörper sind Brückenwiderlager, Konstruktionen des Kraftwerksbaus und Wasserbauwerke. Wasserbauliche Anlagen, wie Wehre, Schleusen, Trogbauwerke und Sperrtore, sind nicht nur den Beanspruchungen nach den Expositionsklassen ausgesetzt, sondern müssen auch Anforderungen an die Dichtigkeit erfüllen.

Bauwerke mit größerem Volumen werden in einzelnen Schichten, nacheinander und aufeinander betoniert. Die einzelnen Betonierabschnitte unterliegen einer äußeren Behinderung und weisen eine Beanspruchungssituation auf, die infolge der flächigen Ausdehnung und der Bauteilhöhe den Verhältnissen in Bodenplatten und Wänden ähnelt (siehe dazu Kapitel 6.5 und Kapitel 6.6). Infolge der Behinderung, die bei Gründung von Wasserbauwerken auf Fels sehr intensiv ist, entstehen Zwangspannungen, die den Baukörper insgesamt oder die unteren Betonierabschnitte besonders beanspruchen. Die massigen Bauteile weisen außerdem eine Besonderheit auf, die aus den räumlichen Abmessungen, vor allem der Bauteildicke und der Bauteilform, resultiert und die die Herausbildung von erheblichen Eigenspannungen nach sich zieht (siehe dazu Kapitel 6.9).

Für die Spannungssituation von Bedeutung sind weiterhin die Betonzusammensetzung, die Umgebungsbedingungen während der Baudurchführung und die Betonierfolge. Bereits die Bauausführung unter sommerlichen Bedingungen steigert die Rissgefahr erheblich [Hos2]. Aufgrund der zahlreichen Einflussfaktoren ist die Beherrschung der Rissbildung eine ausgesprochen anspruchsvolle Aufgabe.

Eine Einstufung als massiges Bauteil ergibt sich nach [ACI7] dann, wenn besondere Maßnahmen ergriffen werden müssen, um die Rissbildungen aus den Beanspruchungen infolge der freigesetzten Hydratationswärme sowie des autogenen und des Trocknungsschwindens zu minimieren. Nach den Richtlinien [JSCE2] sind diese Maßnahmen bereits erforderlich,

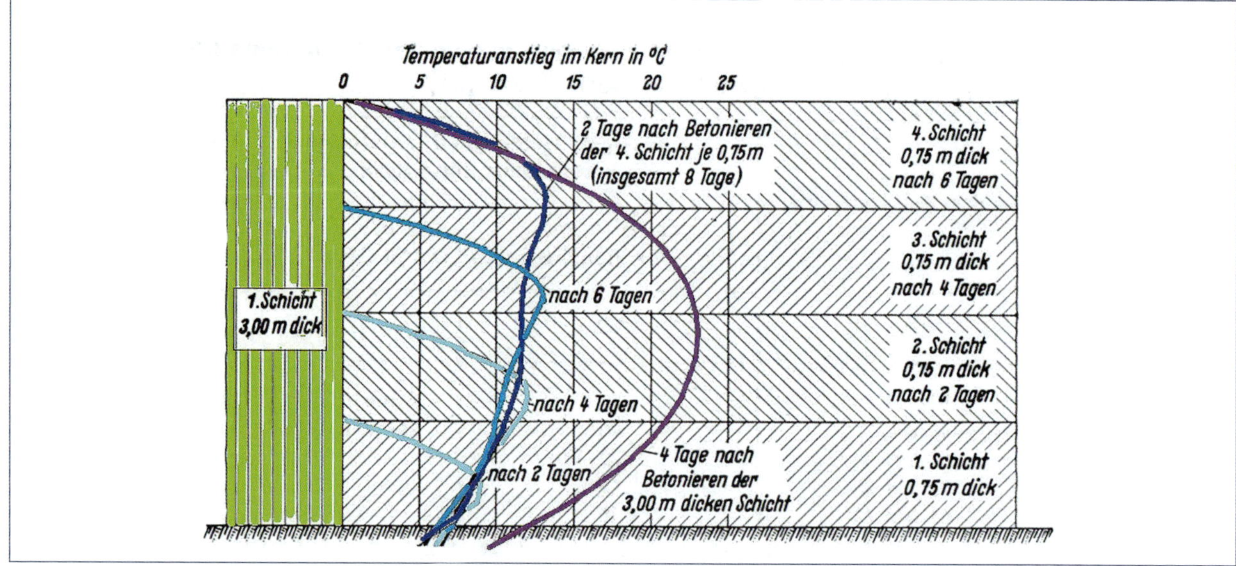

Bild 7.6: Temperaturverlauf beim Betonieren in Schichten oder in der gesamten Dicke (aus [Wis2])

wenn ausgedehnte Fundamentplatten ab einer Dicke h ≥ 80 ... 100 cm vorliegen oder Wände, die durch Fundamente behindert sind, mit einer Dicke h ≥ 50 cm vorhanden sind. Im deutschen Regelwerk wird im Allgemeinen die Bezeichnung massiges Bauteil verwendet, wenn die kleinste Abmessung mehr als 80 cm beträgt.

Für die Abschätzung der Höhe und der Auswirkungen der Zwang- und Eigenspannungen bildet die Wärmeentwicklung infolge der Hydratation des Zementes die wesentliche Grundlage:

- Die freigesetzte Hydratationswärme wird in großem Umfang als Temperaturerhöhung im Bauteil wirksam. Der Temperaturverlauf entspricht nahezu den adiabatischen Bedingungen (Kapitel 4.1.2). Die spannungswirksame Temperaturdifferenz zwischen dem Maximum und der Ausgleichstemperatur ist beträchtlich und führt zu entsprechenden Zwangkräften und Zwangmomenten.
- Der Erwärmungs- und Abkühlungsvorgang erstreckt sich über einen längeren Zeitraum, sodass die temperaturbeeinflusste Festigkeitsentwicklung nahezu abgeschlossen ist und der E-Modul zu großen Zwangkräften führt, die aufgrund der kaum noch wirksamen Relaxation nur in geringem Umfang vermindert werden. Als Relaxationsfaktor kann summarisch im Mittel $\psi = 0{,}7–0{,}8$ angenommen werden.
- Die Bauteildicke führt zu erheblichen Temperaturdifferenzen im Querschnitt (Kapitel 4.1.4), die Oberflächenrisse zur Folge haben können. Die Risse schließen sich nach dem Temperaturausgleich nicht vollständig, da das Trocknungsschwinden einsetzt und dadurch weitere Dehnungen eingetragen werden.
- Die vertikale Aufeinanderfolge der Betonage der einzelnen Blöcke führt zu einer Veränderung der Temperaturverhältnisse, da die Abkühlung infolge der weiteren Erwärmung beeinflusst wird. Dadurch wird die Abschätzung der auftretenden Temperaturdifferenzen erschwert. Die maximale Temperatur wird aber vermindert.
- Die Errichtung des Baukörpers in einzelnen Schichten und Betonierabschnitten ist mit einer Vielzahl von horizontalen und vertikalen Arbeitsfugen verbunden, die sich unter der Wirkung der Zwangspannungen öffnen können.

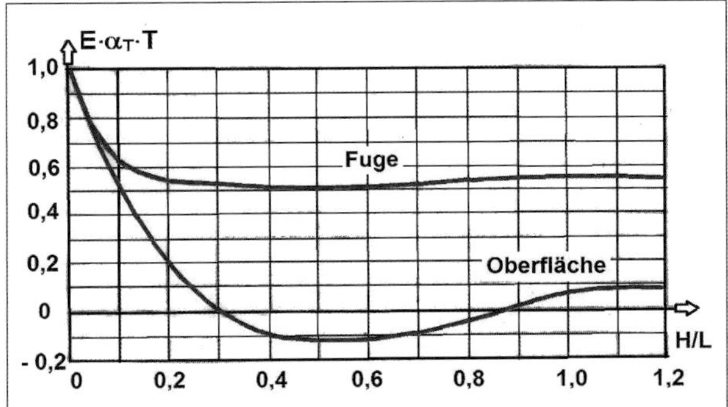

Bild 7.7: Zwangspannungen in der Arbeitsfuge zwischen neuem und bereits betoniertem Abschnitt des massigen Bauteils in Abhängigkeit vom geometrischen Seitenverhältnis H/L

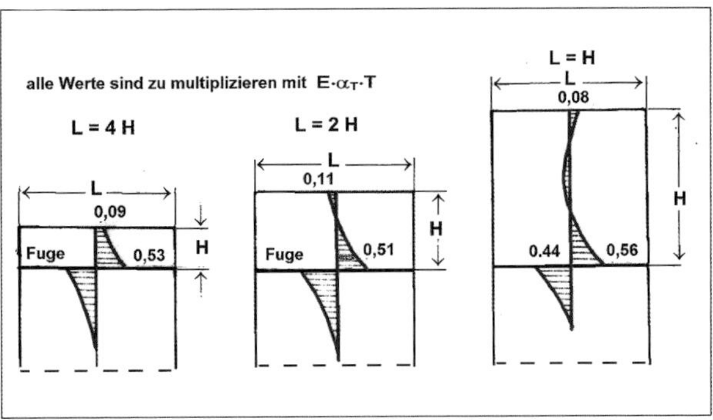

Bild 7.8: Spannungsverteilung in einem massigen Bauteil in Abhängigkeit vom Seitenverhältnis H/L für drei Beispiele [Sch21]

In den einzelnen Bauteilabschnitten entwickeln sich Temperaturverteilungen über die Höhe der einzelnen Lagen, außerdem Zwangspannungen in den Arbeitsfugen sowie im Übergangsbereich zwischen dem Fundament und dem Betonbauteil. Die sich herausbildenden Zwangspannungen werden von der Temperatur, den Abmessungen der einzelnen Schichten und dem Verbund in der Lagerfuge (Fels, Beton, Verdübelung durch Bewehrung) bestimmt. Zur Beurteilung der Spannungsentwicklung in einem massigen Betonabschnitt kann Bild 7.7 herangezogen werden, das auf theoretischen Untersuchungen basiert. Die sich entwickelnden Spannungen sind beispielhaft für drei geometrische Verhältnisse in Bild 7.8 dargestellt. Unter dem Betonbauteil befindet sich der elastische Halbraum, dessen Tiefe nicht definiert ist. Nach Bild 7.7 kann von einem Behinderungsgrad etwa $R_L = 0{,}50$ ausgegangen werden. Der vertikale Bereich der Zugspannungen im neu betonierten Bauteilabschnitt beträgt etwa 0,3 ... 0,4 L und erstreckt sich bei niedrigem H über die gesamte Höhe.

Nach [ACI7] kann der Behinderungsgrad nach Gleichung (6.13) ermittelt werden; für Massenbetonbauteile auf Fels sollte $A_{BT}/A_F = 0{,}25$ eingesetzt werden. Wenn für den E-Modul des Felsgesteins 4 bis 6 N/mm² angenommen wird, folgt der Behinderungsgrad zu etwa $R_L = 0{,}45$. Ein Hinweis auf eine Annahme bei Blockfundamenten besteht nicht.

Bei praxisüblichen Abmessungen der Massenbetonbauteile wird das Auflager der gerade betonierten Schicht intensiv erwärmt, da das Temperaturmaximum sehr verzögert erreicht wird und die Wärmeabgabe an die umgebende Luft nur sehr langsam erfolgt. Die ausgeprägte Temperaturübergangszone zwischen den beiden Betonabschnitten reduziert die horizontalen Zwangkräfte. Aus Bild 7.9 ist zu entnehmen, dass mit Ausdehnung des Übergangsbereiches die Behinderung beträchtlich vermindert wird. Der Verlauf resultiert aus Literaturauswertungen von [Ruu1] und [Sch21].

Wenn beispielsweise $h = 1{,}50$ m und $L = 10$ m betragen, wird die Zwangspannung mit dem Faktor $k_h = 0{,}28$ reduziert. Mit den Festigkeitswerten $E_{ct} = 25$ kN/mm² und $f_{ctk;0,05} = 2{,}0$ N/mm² und der Temperaturdehnzahl $\alpha_T = 10^{-5}$ ergäbe sich eine akzeptable Temperaturdifferenz von

$$\Delta T = \frac{2{,}0}{25000 \cdot 10^{-5} \cdot 0{,}28} = 29\,[\mathrm{K}]$$

Mit einem Relaxationsfaktor $\psi = 0{,}8$ würde sich die zulässige Temperaturdifferenz erhöhen auf

$$\Delta T = \frac{29}{0{,}8} = 36\,[\mathrm{K}]$$

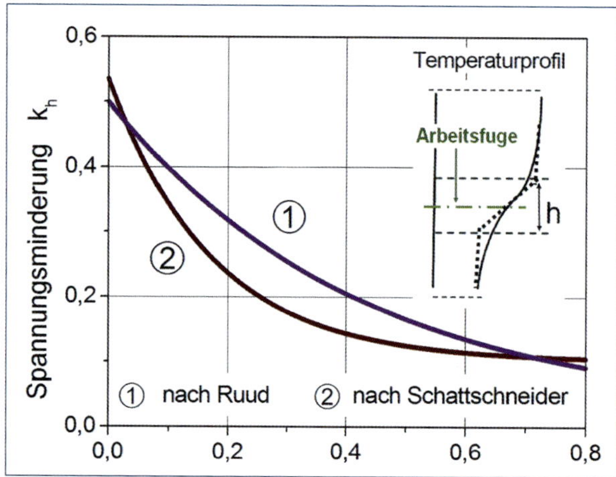

Bild 7.9: Spannungsminderung durch die Übergangszone im Temperaturprofil zwischen massigen Bauteilen (vgl. [Ruu1], [Sch21])

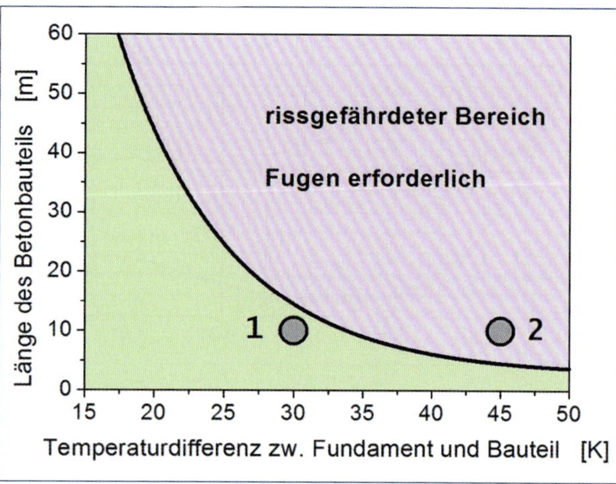

Bild 7.10: Abschätzung der Rissgefahr im Massenbetonbau in Abhängigkeit von der Bauteillänge und dem Temperaturunterschied zwischen Alt- und Neubeton [Wis2], Rissbreite ≤ 1 mm (Fall 1 und 2, siehe Text)

und würde in etwa auch dem Wert entsprechen, der sich aus dem Bild 7.10 ergibt.

Die Spaltrissgefahr in einem betonierten Block wächst auch mit seiner Länge. Die amerikanische Behörde USBR hat in Abhängigkeit von der Blocklänge die zulässige mittlere Temperaturdifferenz zwischen dem Maximum und nach der Abkühlung festgelegt, die nicht überschritten werden darf. Die Erfahrungswerte sind in [ACI8] aufgenommen und von [Wis2] zusammengefasst worden (Bild 7.10). Das Diagramm gibt die fugenlos ausführbare Länge eines Betonbauteils in Abhängigkeit von der Temperaturdifferenz an.

Die in das Bild 7.10 eingetragenen Beispiele zeigen, wie schnell eine Rissgefährdung eintreten kann. Bei einer Bauteillänge L = 10 m und Bauteiltemperatur T_F = 10 °C dürfte im Fall 1 (Frischbetontemperatur = 15 °C, Temperaturerhöhung = 25 K; Temperaturmaximum = 40 °C; Temperaturdifferenz = 30 K) keine Rissgefährdung auftreten; im Fall 2 (Frischbetontemperatur = 25 °C, Temperaturerhöhung = 30 K; Temperaturmaximum = 55 °C; Temperaturdifferenz = 45 K) ist diese zu erwarten. Daraus folgt die in der Praxis bekannte Tatsache, dass relativ geringfügige Unterschiede in den betontechnologischen Ausführungsbedingungen bei dem einen Bauvorhaben Risse hervorgerufen haben, bei anderen wiederum nicht.

Die Maßnahmen zur Verminderung der Rissgefahr sind auf die Steuerung der Temperaturverhältnisse im Bauteil gerichtet und betreffen die Zusammensetzung des Betons und die Beeinflussung der Abkühlung (Kapitel 8.1). Bei extremen Querschnittsdicken, wie bei Staumauern, wird die Zusammensetzung des Baukörpers (Zementart und -sorte, Zementmenge) unterteilt und für den Vorsatz- und Kernbeton unterschiedlich festgelegt. Die Zementmenge ist zu reduzieren; dazu ist die Veränderung des Nachweistermins für die erreichte Festigkeit auf 91 Tage zu nutzen. Für das Auflager der einzelnen Schichten gelten die Regeln wie bei Bodenplatten, d.h. die Auflagerfläche sollte eben, ohne Versprünge und Absätze sein. Die E-Moduln der einzelnen Betonschichten sollten möglichst übereinstimmen, um die Spannungsdifferenzen zu begrenzen. Die Ausführungstermine für die Sohlplatten und der darauf aufbauenden Betonschichten sollten deshalb ohne zeitliche Verzögerung aufeinanderfolgen. Durch eine intensive Nachbehandlung sind die Schwindvorgänge zu verzögern. Das Ausschalen bei ungünstiger Witterung (Wind,

Regen, abfallende Lufttemperatur) ist zu vermeiden. Kriterien für die Rissbildung sind Temperaturdifferenzen zwischen dem Temperaturmaximum und der Ausgleichstemperatur sowie innerhalb des Bauteilquerschnitts. Bei Wasserbauwerken werden deshalb maximale Bauteiltemperaturen vorgegeben, die nicht überschritten werden dürfen [ZTV1]. Zum Beispiel muss für eine Schleusensohle mit der Exposition XC1/XC2 die Bauteiltemperatur $T \leq 53\,°C$ eingehalten werden [ZTV1]. Wenn ein solcher Maximalwert zugrunde gelegt wird, resultiert bei experimentell nachgewiesener quasiadiabatischer Temperaturerhöhung infolge der Hydratation des Zements daraus dann die noch zulässige Frischbetontemperatur oder umgekehrt. Im Allgemeinen darf die Frischbetontemperatur bei der Übergabe nicht mehr als 25 °C betragen. Dieser Grenzwert ist auch international üblich. Bei dem vorgenannten Beispiel dürfte die aus der Hydratation resultierende Temperaturerhöhung nur noch 28 K betragen. Daraus resultiert der Zwang zur Optimierung: Verwendung von Zement mit niedriger Hydratationswärme, Ausführung in der kühleren Jahreszeit, Kühlung des Frischbetons. Nähere Erläuterungen und Hinweise sind beispielsweise in [Wes2] angegeben. Die Grenzwerte streuen international; z.B. beträgt nach dem kanadischen Regelwerk die maximale Bauteiltemperatur während der Hydratation sogar 70 °C. Ein Schwerpunkt ist deshalb die Optimierung der Zusammensetzung des Betons (Kapitel 8.2).

Ein weiteres Temperaturkriterium kann auch in der Vorgabe einer maximalen Temperaturdifferenz zwischen dem Kern und dem Rand der Bauteile bestehen. Verschiedene Angaben dazu sind in der Tabelle 9.1 zusammengestellt. Im Talsperrenbau kann auch die Temperaturdifferenz zwischen dem Fels der Gründung und dem Betonbauteil als wichtiger Grenzwert einzuhalten sein (Bild 9.26).

Bei der Unterteilung des Bauwerks in Betonierabschnitte treten vertikale oder horizontale Anschlussfugen auf, bei größerem Volumen auch beide. Bei einer Trennung in Blöcke mit vertikalen Fugen wird im Pilgerschritt betoniert und jeweils die einsetzende Abkühlung genutzt. Der Nachteil besteht in einer besonders großen Zwangbeanspruchung bei den zwischenbetonierten Blöcken, vergleichbar mit der Situation bei abschnittsweise hergestellten Bodenplatten (Bild 7.13, Bild 8.21). Bei horizontalen Schichten kann die Arbeitsfuge durch Betonieren »frisch auf frisch« verhindert werden. Können die einzelnen Lagen zwischenzeitlich erhärten, muss ein guter Verbund in den Arbeitsfugen sichergestellt werden, da sonst Schwachstellen in der Konstruktion vorhanden sind. Neben dem Aufrauen der Fugenoberfläche werden Bewehrungen zur Verbindung der Betonierabschnitte eingebaut. Zur Beanspruchung an den Arbeitsfugen siehe auch Kapitel 6.6.4 und Kapitel 6.8.

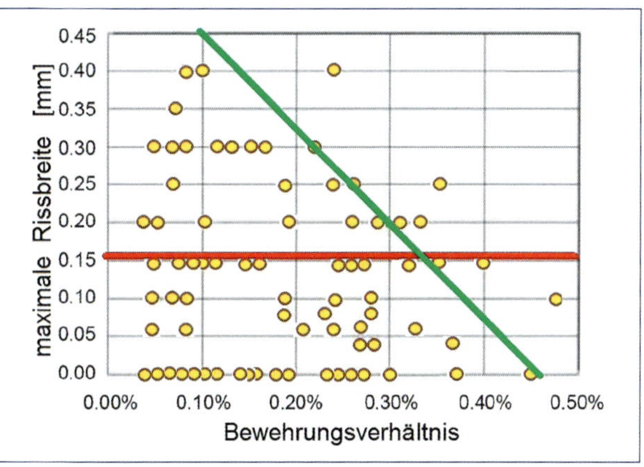

Bild 7.11: Beobachteter Zusammenhang zwischen der in massigen Wänden (Stützmauern, Widerlager) eingebauten Bewehrungsmenge und der maximalen Rissbreite (nach [Hos2]); weitere Erläuterung im Text

Eine wirksame Begrenzung der Rissbreite ist nur durch eine ausreichende Bewehrung möglich. Für dicke Bauteile ist eine Bewehrung vor allem im Randbereich des Bauteils vorzusehen, darüber hinaus ist der gesamte unter Zugspannungen stehende Querschnitt zu bewehren. Nähere Ausführungen dazu sind in Kapitel 10.4 und Kapitel 10.7 zu finden. Aus Beobachtungen an Massivbauwerken, die in Bild 7.11 zusammengefasst sind, wurde in [Hos2] die Empfehlung abgeleitet, dass das Bewehrungsverhältnis $\rho \geq 0{,}30\,\%$ betragen soll. Als kritisch wurde dabei eine Trennrissbreite von $w = 0{,}15$ mm angesehen. Angaben zur Anordnung der Bewehrung usw. wurden nicht mitgeteilt. Diese Trennrissbreite wird auch für wasserbauliche Anlagen in Deutschland angesetzt [Ehr1].

7.4 Fugenlose und fugenreduzierte Baukonstruktionen

Die Vorteile von fugenlosen Bauwerken sind immer wieder Anlass zur Planung mit dieser Zielstellung. Die Vermeidung von Fugen vereinfacht die Konstruktion, erspart komplizierte Details und senkt den Wartungsaufwand; störende Fugenübergangslösungen können entfallen. Die Beispiele fugenloser und fugenreduzierter Bauwerke widerlegen überzeugend die Notwendigkeit von Dehnungsfugen zur Beherrschung der Zwängungen und der Zwangkräfte (vgl. dazu [Pfe1] und [Fas2]).

Auf die zu beachtenden Zusammenhänge wurde bereits vor Jahrzehnten hingewiesen ([Fal3], [Fal4]). Die Bauweise ist auch nicht neu; bei der Darstellung fugenloser Baukonstruktionen wird manchmal die mehrstöckige Bogenbrücke Pont du Gard (Südfrankreich) erwähnt, die etwa 270 m Länge aufweist und vor etwa 2000 Jahren errichtet wurde. Die fugenlose Bauweise hat auch in andere Bereiche des Bauens Einzug gehalten, wie bei der sogenannten Festen Fahrbahn, einer über mehrere Kilometer ausgedehnten Stahlbetonplatte für die Eisenbahngleise. Im Wasserbau wird sogar von einer Renaissance der monolithischen Bauweise und einem Paradigmenwechsel in der Konzeption von Wasserbauten gesprochen [Böd3]. Auch im Hafenbau werden vermehrt fugenlose Konstruktionen eingesetzt; anstelle der Blöcke mit relativ geringen Abmessungen sind heute beispielsweise fugenlose Kranbahnbalken die Standardlösung [Pfe2].

Der Anlass zur Planung fugenloser Konstruktionen ist unterschiedlich. Die maßgeblichen Beweggründe hängen ab von der Art und Nutzung der Bauwerke sowie den Beanspruchungen, die bei einem solchen fugenlosen Konstruktionssystem besser aufgenommen werden können. Nicht unwesentlich haben aber die Schäden an den Fugenkonstruktionen und der Instandsetzungsaufwand sowie die Wartung und Instandhaltung der Fugen beigetragen. Es war naheliegend, die Untergeschosse großer Bauvorhaben als Weiße Wanne auch mit größeren Abmessungen auszuführen; dafür gibt es zahlreiche überzeugende Beispiele (vgl. dazu [Pfe1], [Mor1] und [Fas1]). Als nachteilig sind der Aufwand bei der Berechnung des statischen Systems und für die zusätzliche Bewehrung sowie der Mehraufwand für die Bauvorbereitung und -durchführung anzusehen. Ein nachhaltiger wirtschaftlicher Nutzen ist nachgewiesen. Die Überlegungen gelten nur für Stahlbetonkonstruktionen; bei unbewehrten Bauteilen bleiben Fugen und einzuhaltende Fugenabstände unumgänglich.

Durch den Wegfall der Fugen entstehen Bauteile mit größeren Abmessungen oder ausgedehnte, zusammenhängende Bauwerksteile, die zu größeren Zwangkräften und auch zur Änderung von deren Richtung führen. Die zur Anwendung einer fugenlosen Bauweise erforderlichen Maßnahmen umfassen deshalb die üblichen Regeln zur Verminderung der Zwangkräfte wie die Reduzierung der Hydratationswärme und der Schwinddehnungen, aber darüber hinaus auch eine auf ausgedehnte Baukörper orientierte Vorgehensweise (konstruktive und betontechnologische Maßnahmen in Kapitel 8). Die Zwangkräfte können zwar dadurch vermindert, aber im Regelfall nicht aufgehoben werden. Die verbleibenden Beanspruchungen müssen deshalb sorgfältig abgeschätzt und konstruktive Maßnahmen vorgesehen werden, wie zum Beispiel die Anordnung der rissbreitenbegrenzenden Bewehrung. Unter wirtschaftlichem Gesichtspunkt können dabei größere Rissbreiten gewählt werden, die zwar einen höheren Aufwand für die Verpressung der Risse erfordern, sich aber durch Reduzierung der Bewehrung kostensparend auswirken.

Bei Bodenplatten kann ohne Einschränkung auf Dehnfugen oder sogenannte Schwindlücken vollständig verzichtet werden. Ein wesentliches Argument ist die begünstigende Wirkung des Feuchteeinflusses durch die Lagerung auf dem Untergrund, ein Beispiel dafür zeigt Bild 7.12.

Die Verminderung der Hydratationswärme und der Höchsttemperatur im Bauteil wird über den Einsatz von CEM III-Zementen und die Zugabe von Flugasche erreicht; zusätzlich wird eine Verringerung des Zementleimanteils angestrebt. Darüber hinaus können dickere Sohlplatten zweischichtig ausgeführt werden, indem die untere stärkere Schicht mit langsamerer

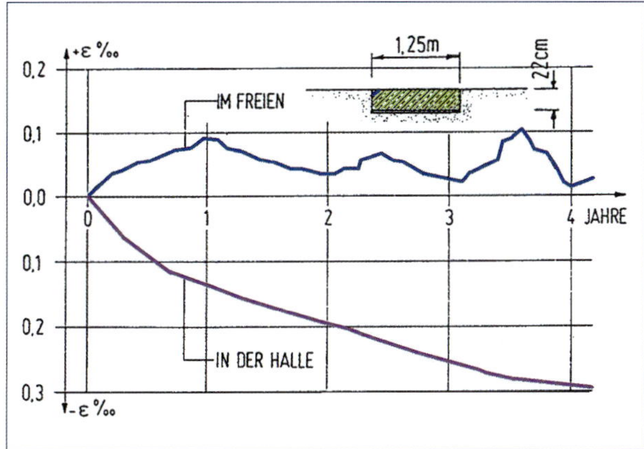

Bild 7.12: Quellen und Schwinden einer Betonplatte (aus [Fal3], nach [Wei3])

Erhärtung und geringerer Wärmeentwicklung durch einen Beton aus CEM I-Zement mit einer Dicke von 10 bis 20 cm abgedeckt wird. Dieser obere Bereich dichtet gegen Feuchteverluste ab und bestimmt die Nachbehandlung [Fas1]. Weiterhin wird durch das im Boden anstehende und auf WU-Konstruktionen einwirkende Wasser das Schwinden vermindert. Das Feuchteprofil ergibt ein Zwangmoment, das eine Druckspannung auf der dem Wasser zugewandten Bauteilseite aufbaut.

Durch die konstruktiven Maßnahmen entstehen ausgedehnte Bodenplatten, die nicht mehr in einem Zug betoniert werden können. Die Aufteilung in Betonierfelder zwingt zu einer Entscheidung über die Reihenfolge mit dem Ziel, die Zwängungsspannungen so gering wie möglich zu halten. Die Erfahrungen zeigen, dass eine Lösung nur mit Kompromissen möglich ist. Das Beispiel weist im oberen Teil einen großen, mittigen Bereich erhöhter Trennrissbildung auf, die Randzonen sind dagegen vergleichsweise nur geringfügig behindert. Die oft empfohlene schachbrettartige Betonierfolge führt ebenso zu größeren Spannungen, da in der zweiten Betonierfolge für alle eingebauten Felder eine dreiseitige Behinderung vorhanden ist. Die Ausführung im unteren Bildteil vermindert das Rissrisiko erheblich, führt zu einer größeren Anzahl von weniger gezwängten Feldern mit geringerer Trennrissbildung und weist nur noch einen Abschnitt mit erhöhtem Trennrissrisiko auf. Die Alternative im unteren Bildteil

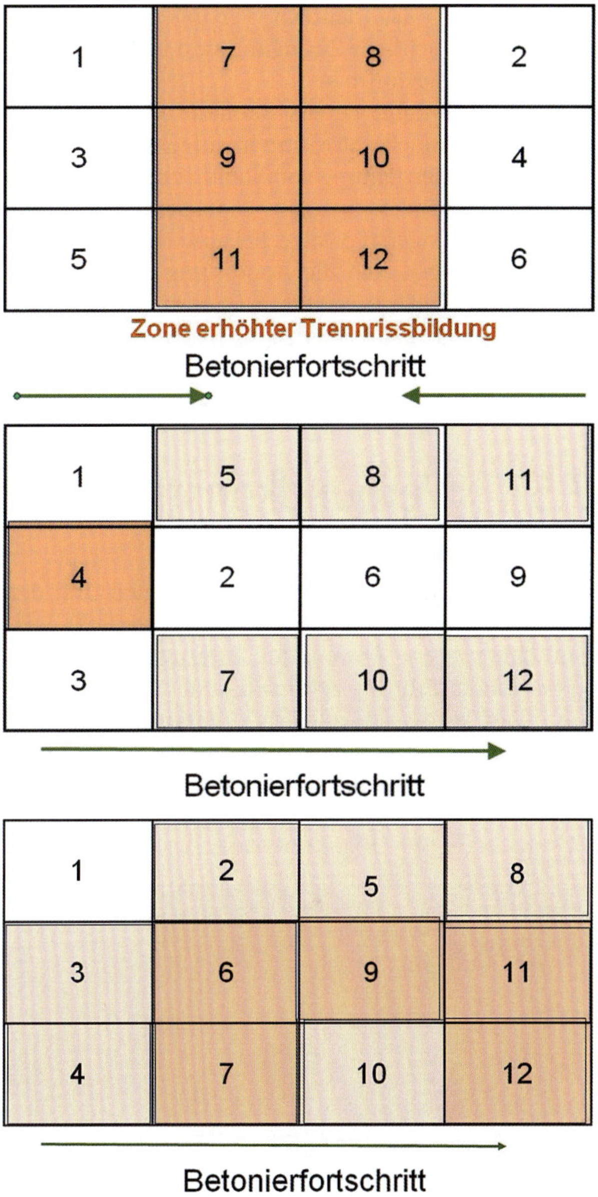

1	7	8	2
3	9	10	4
5	11	12	6

Zone erhöhter Trennrissbildung

Betonierfortschritt

1	5	8	11
4	2	6	9
3	7	10	12

Betonierfortschritt

1	2	5	8
3	6	9	11
4	7	10	12

Betonierfortschritt

Bild 7.13: Vermeidung von Zonen erhöhter Trennrissgefahr durch die Betonierreihenfolge [Fas1]
oben: Maximale Zwangspannungen in der Mitte der Bodenplatte
Mitte: Vermindertes Rissrisiko durch schachbrettartige Betonierfolge
unten: Alternative Reihenfolge der Abschnitte bei der Ausführung der Bodenplatte

vereinheitlicht das deutlich verringerte Rissrisiko. Ohne jegliche seitliche Zwängung sind keine größeren Bodenplatten ausführbar.

Wenn am Rand bereits Behinderungen vorhanden sind, beispielsweise durch aufgehende Wände, und die Betonierrichtung vom Rand zur Mitte gewählt wird, sind besonders intensive Beanspruchungen und Trennrissbildungen die Folge. Bei allseitig behinderten Bodenplatten hat sich die Anordnung von Hydratationsgassen bewährt (vgl. Bild 8.19 und Bild 8.20).

Die in regelmäßigen Abständen auftretenden Arbeitsfugen sind deutliche Störungen im Betongefüge und können rissverursachend sein. Eine Verbesserung des Verbundes wird durch eine raue Schubverzahnung sowie Bewehrung und die Dichtigkeit über Fugenbänder sowie Injektionsschläuche erreicht. Nach der WU-Richtlinie [DAS2] sind Dichtmittel einzulegen; Arbeitsfugen ohne Fugenabdichtungen gelten danach als Trennrisse.

Die Entscheidungen über die Ausbildung ausgedehnter Bodenplatten haben keine Auswirkungen auf die Festlegung von Dehnfugen in der Hochbaukonstruktion. Diese Dehnfugen ergeben sich aus anderen konstruktiven Überlegungen, haben einen geringeren Abstand und werden durch das Gebäude bis zur Sohlplatte geführt.

7.5 Verbundkonstruktionen: Elementdecken und -wände

Bauteile, die aus einem Stahlbetonfertigteil und den Querschnitt ergänzendem Ortbeton hergestellt werden, haben breite Anwendung aufgrund der Vorteile in der Bauausführung gefunden, indem die Schalung minimiert wird oder vollständig entfallen kann und kürzere Bauzeiten erzielt werden. Darüber hinaus werden aber auch die Zwangbeanspruchungen vermindert. Jedoch sind die spezifischen Beanspruchungssituationen zu berücksichtigen, vor allem wenn es sich um Konstruktionen handelt, bei denen die Gebrauchstauglichkeit und Trennrisssicherheit eine Rolle spielt.

Bild 7.14: Fertigteil-Wandelemente mit Gitterträgern (Quelle: FDB)

Zu diesen Verbundkonstruktionen gehören Elementwände und -decken, die als Bausysteme bauaufsichtlich geregelt sind und auch für wasserundurchlässige Bauwerke Verwendung finden (Bild 7.14). Weiterhin werden Verbundbauteile mit größeren Querschnittsdicken für Brücken und andere Bauwerke eingesetzt, bei denen die Einsparung von Schalung und Rüstung besonders vorteilhaft ist.

Die besonderen Beanspruchungen dieser Verbundbauteile resultieren aus der Konzentration der Schwinddehnungen in Längsrichtung der Bauteile im Stoßbereich der Fertigteile (bspw. bei Elementwänden) und der Dehnungsverteilung im Querschnitt (bspw. bei horizontalen Bauteilen mit Aufbeton).

Voraussetzung für die gemeinsame Tragfähigkeit ist zunächst die Sicherung des Verbundes zwischen Fertigteil- und Ortbeton durch die Rauigkeit der Oberfläche und eine Verbundbewehrung. Für das Verhalten des Verbundbauteils ist dann die Aufnahme der Dehnungen bzw. Zwangbeanspruchungen entscheidend. Zu beachten ist, dass das Schwinden der Fertigteilelemente durch die Vorfertigung nur teilweise vorgezogen worden ist und sich nach dem Einbau in der Verbundkonstruktion fortsetzt.

Bei der Herstellung der Halbfertigteile für Wände und Decken treten Trennrisse infolge abfließender Hydratationswärme nicht auf, da die zum Anriss führenden Zwangkräfte kleiner sind als die Betonzugfestigkeit. Bei dickeren Fertigteilen sind Anrisse möglich, wenn die Vorgaben für die Frischbetontemperatur und die Warmbehandlung nicht eingehalten werden.

Für den Füll- und Aufbeton der Verbundkonstruktionen ist ein Beton zu verwenden, mit dem, den üblichen Regeln folgend, die Temperatur- und Schwindspannungen gering gehalten werden.

Grundsätzlich ist temperaturbedingt die Entstehung von Eigen- und Zwangspannungen im Querschnitt und aufgrund der Verformungsbehinderung zwischen Wand und Fundament möglich. In Abhängigkeit von den Abmessungen und der Ausbildung des Konstruktionsteils sind jedoch die Verformungen nur eingeschränkt wirksam. Wenn beispielsweise eine Kerndicke von 30 cm in den Elementwänden nicht überschritten wird, ist eine Temperaturentwicklung nicht risskritisch. Selbst bei ungünstigeren Abkühlungsbedingungen treten im Querschnitt nur geringe Temperaturdifferenzen auf (Bild 7.15). Die Zwangspannungen infolge der Behinderung durch das Fundament erreichen nicht die sich entwickelnde Zugfestigkeit des Kernbetons (Bild 7.16). Der kontinuierliche Verbund zwischen Fertigteil- und Ortbeton verhindert die Entstehung von Dehnungen und die Bildung von Rissen.

Bei Wand- und Deckenelementen ist vor allem die Schwinddehnung von Bedeutung. Sowohl der Kern- als auch der Fertigteilbeton schwinden, wenn auch unterschiedlich stark. Die Herstellung der Fertigteile nimmt zwar einen Teil des Schwindens vorweg, danach tritt jedoch eine weitere Schwindverkürzung ein. Das dann noch zu erwartende spannungswirksame Schwindmaß hängt vom Zeitpunkt der Montage und damit von der Verbindung der Elemente ab. Durch den eingebrachten Ortbeton wird der Schwindverlauf verändert. Der Ortbeton kann nur verlangsamt austrocknen, das Fertigteil nimmt Feuchte auf. Dadurch verlangsamt sich das Schwinden im Bauteil.

Die Schwinddehnung führt im Gegensatz zu einer Ortbetonkonstruktion zu Beanspruchungen im Fugenbereich. Bedingt durch die Querschnittsverminderung

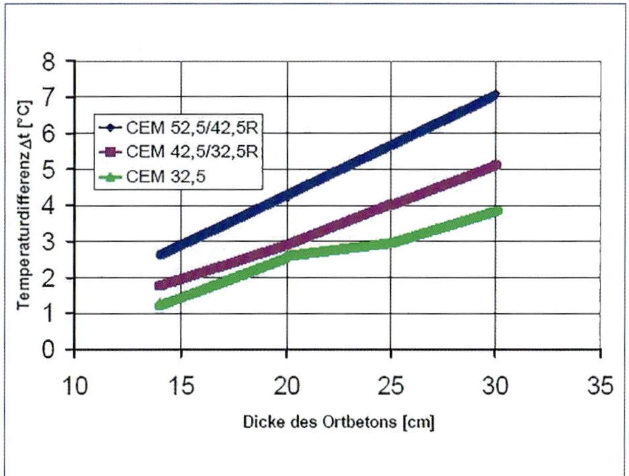

Bild 7.15: Maximale Temperaturdifferenzen zwischen Fertigteilen und Ortbeton in Elementwänden; ungünstigster Lastfall: Winter, Frischbetontemperatur 10 °C, Zementgehalt 360 kg/m³ [Ker1]

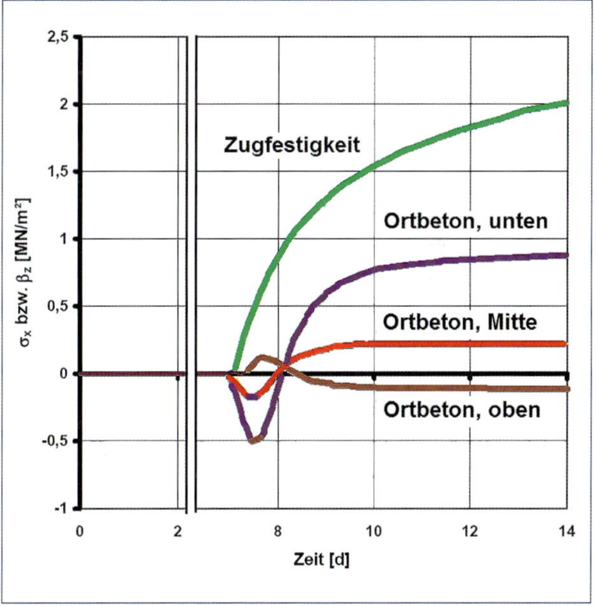

Bild 7.16: Entwicklung der Betonzugfestigkeit und der Zwangspannungen im Ortbeton einer Doppelwand infolge abfließender Hydratationswärme unter Berücksichtigung von Kriechen und Schwinden [Ker1]

Bild 7.17: Fuge zwischen zwei Wandelementen mit Rissbildung

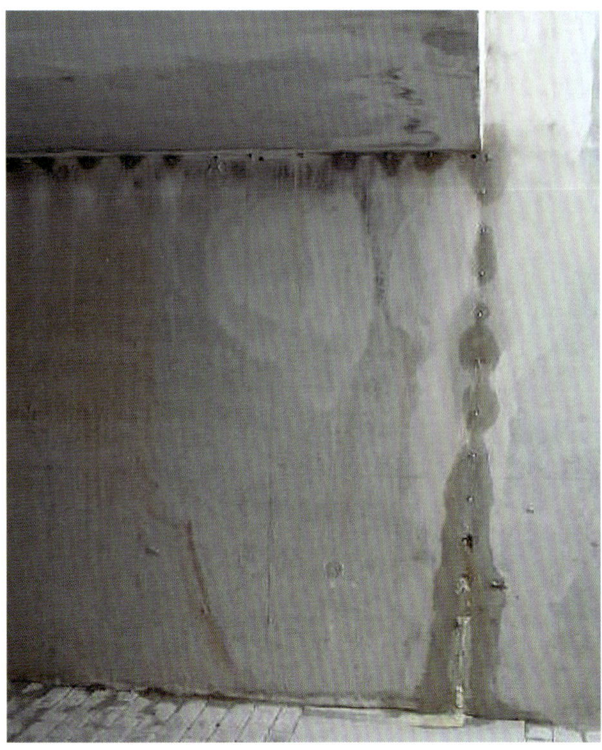

Bild 7.18: Undichte Elementwände infolge von Trennrissbildung [Sch31]

im Elementstoß findet dort die Trennrissbildung statt und auch eine geringfügige Rissverbreiterung, weil weitere Einzelrisse entlang des Bauteils ausgeschlossen sind. Bei wasserundurchlässigen Konstruktionen ist deshalb der Stoßbereich der Fertigteile durch Bewehrung und Abdichtungsmaßnahmen besonders zu sichern.

Während der Bauzeit können sich die Schwindvorgänge mit jahreszeitlich bedingten Temperaturänderungen überlagern. Vor allem bei Bauwerken, deren Innenräume im Winter ungeschützt der Kaltluft ausgesetzt sind, können größere Dehnungen auftreten. Die gesamte Bauteildehnung kann dann dazu führen, dass die zur Rissbreitenbegrenzung eingelegte Bewehrung im Bauteilfugenbereich nicht ausreichend ist und sich größere Rissbreiten einstellen. Wenn dieser Sachverhalt nicht berücksichtigt wird, liegt eine fehlerhafte Planung vor.

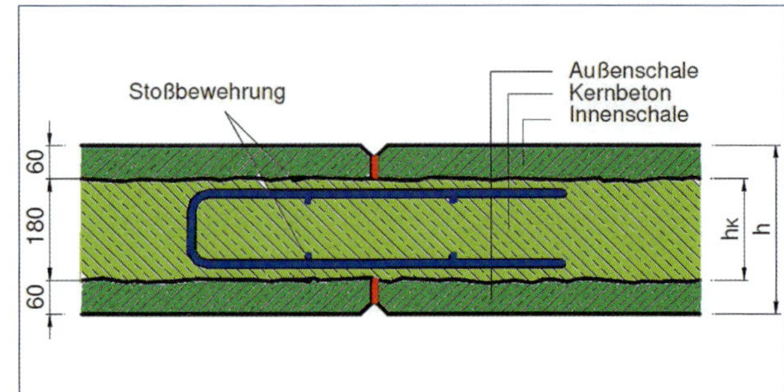

Bild 7.19: Bewehrung zur Sicherung des Stoßbereichs zwischen den Fertigteilen von Elementwänden

7.6 Beispiele für Rissbildungen infolge besonderer Zwangsituationen

7.6.1 Zwischendecke in einer Tiefgarage mit dreieckförmigem Grundriss

In einer ausgedehnten Tiefgarage sind in der Zwischendecke breitere Trennrisse aufgetreten, sodass Wasser hindurchdringen konnte und sich auf dem darunterliegenden Parkdeck die Tropfenbildung abzeichnete (Bild 7.20).

Konstruktionsbeschreibung

Die Decke mit einer Dicke h = 0,30 m aus Beton C30/37 war in beiden Richtungen an der Ober- und Unterseite mit ⌀10 mm im Abstand von 150 mm bewehrt (5,24 cm^2/m). Die Rissbreite sollte auf eine rechnerische Rissbreite $w_k = 0,15$ mm begrenzt werden. Die Überprüfung ergab, dass die Konstruktion erheblich unterbemessen war und so die Rissbreiten am Bauwerk von 0,40 mm erklärt werden konnten.

Die Zwangbeanspruchung der Decke ergab sich aus Temperatur- und Schwindverformungen im späten Alter. Die Verformungen und Rissbreiten sollen rechnerisch nachvollzogen werden.

Beanspruchungen durch die Risskräfte und Rissbildungen

Die Beanspruchungsrichtungen ergeben drei Rissgruppen, die in Bild 7.21 eingetragen sind. Bei der maßgeblichen Rissgruppe 1 verläuft die Zugkraftwirkungslinie von links unten nach rechts oben.

Diese Rissbildungen sind durch schwind- und temperaturbedingte Bauteilverkürzungen entstanden. Die beiden der Einfahrt gegenüber liegenden Ecken sind durch die Formgebung im Grundriss besonders steif gegen horizontale Zugkräfte (Bild 7.21). Der kürzeste Abstand zwischen der Ecke rechts oben und der sehr steifen Wand links beträgt rund 60 m. Selbst einer relativ geringen Zwangdehnung von 0,3 mm/m ergibt sich eine behinderte Verformung von $0,3 \cdot 60 = 18$ mm. Auch wenn davon ein Teil durch die elastische Dehnung der Decke kompensiert wird, verbleiben noch mindestens 10 mm Dehnung, die nur durch Risse ausgeglichen werden können. Die Bildung der Risse beginnt in der Ecke, weil dort der geringste Widerstand vorhanden ist; der Querschnitt ist rechtwinklig zur Kraftrichtung am kleinsten. Die Rissrichtung verläuft parallel zur gegenüberliegenden sehr steifen Wand. Mit wachsendem Abstand der Risse von der Ecke wird der gezogene Querschnitt immer größer, und die Zug-

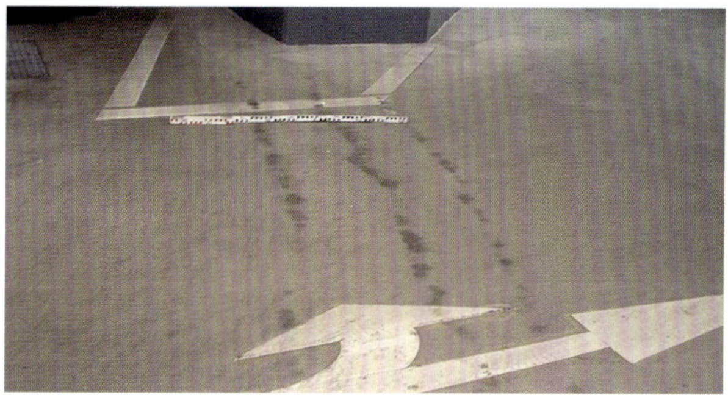

Bild 7.20: Tropfspuren von hindurchlaufendem Wasser auf der unteren Fahrbahn

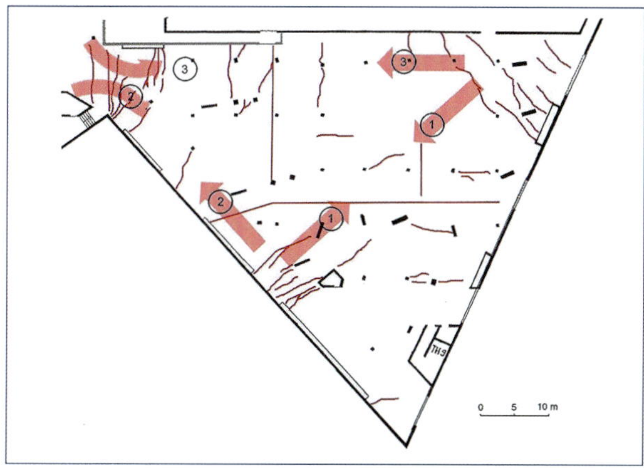

Bild 7.21: Die drei Rissgruppen in der Parkhaus-Zwischendecke

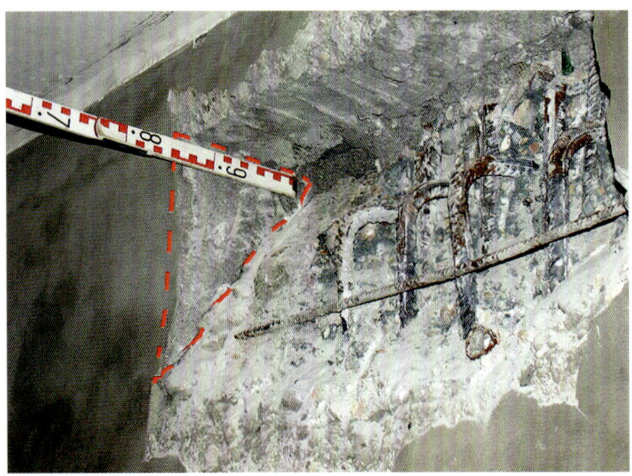

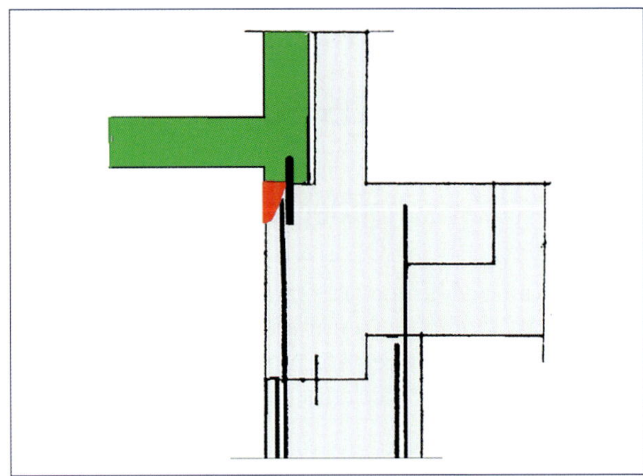

Bild 7.22: Durch die Zwangzugkraft aus der Wandoberseite herausgebrochener Betonkeil, links im Foto, rechts in der Strichzeichnung

bruchkraft muss ebenfalls bei gleicher Dehnung wachsen. Das ist so lange möglich, wie auf der Gegenseite, also an der sehr steifen Wand links, die Verankerung intakt bleibt. Im vorliegenden Fall war schon sehr bald die Grenzbelastung auf der gegenüberliegenden Seite erreicht, und die Decke hat sich durch eine unplanmäßige Rissbildung zwischen Decke und Wand etwas Bewegung verschafft (Bild 7.22).

Die Zwangdehnung hat diesen Abriss hervorgerufen, da an dieser Stelle das behindernde Bauteil den geringsten Widerstand entgegensetzen konnte. Wenn eine größere Tragfähigkeit vorhanden gewesen wäre, hätten sich noch weitere Risse in der gegenüberliegenden dreieckförmigen Ecke gebildet.

Nach der Sanierung stellte sich das Schadens-Bild erneut ein. Die Untersuchung ergab, dass die Ursache in der gegenüberliegenden spitzen Ecke und deren Verformungswiderstand zu suchen ist.

Der Schadensfall zeigt eindrucksvoll, welche Kräfte bei einer behinderten Verkürzung eines Bauteils wirksam werden können.

Berechnung der Schwind- und Temperaturverformungen

Die **Schwindverkürzungen** werden nach DIN EN 1992-1-1 und DIN EN 1992-1-1/NA berechnet; die dazu erforderlichen Gleichungen sind in Kapitel 4.3.3 angegeben.

Aufgrund der guten Durchlüftung der Garage wird eine relative Luftfeuchte von 60 % angenommen. Da die Lufttemperatur jahreszeitlich schwankt, wird vom Maximum des vergangenen Jahres (2 529 Tage nach Herstellung) und von der aktuellen Temperatur (3 015 Tage nach Herstellung) ausgegangen. Die mittleren Tagestemperaturen werden aus den lokalen Datensätzen des Deutschen Wetterdienstes abgeleitet (Beispiele in Kapitel 6.11).

Zur Ermittlung der Schwindmaße wird von folgenden Eingangsgrößen ausgegangen:

- Grundwert für die unbehinderte Trocknungsschwinddehnung $\varepsilon_{cd,0}$ für Beton mit Zement CEM KlasseN und relative Luftfeuchte RH = 60 %
- $\varepsilon_{cd,0} = 0{,}43$ mm/m
- $h_0 = 2 \cdot 300$ mm $\cdot$ 1 000 mm / (1 000 mm + 1 000 mm) = 300 mm Daraus folgt $k_h = 0{,}75$

Die Berechnung der Schwindmaße ist in Tabelle 7.8 vorgenommen worden.

Die aktuelle mittlere **Temperaturdehnung** bezieht sich auf die mittlere Bauteiltemperatur bei der Rohbaufertigstellung des Bauteils (kraftschlüssige Verbindung der Bauteile zum statisch unbestimmten Tragwerk). Wenn dieser Zeitpunkt nicht bekannt ist, wird empfohlen mit einer mittleren Bauteiltemperatur von $T_a = 10\,°C$ zu rechnen.

Das trifft auch hier zu. Somit wird mit dieser mittleren Aufstelltemperatur gerechnet.

Die Aufnahme des Rissbildes ist im Monat Mai bei einer mittleren Tagestemperatur von $T_{akt} = +18\,°C$ durchgeführt worden. Die Zwischendecke in der Tiefgarage ist sowohl an der Ober- als auch an der Unterfläche luftumströmt. Sie hat deshalb nur ein geringes Temperaturgefälle. Da die Bauteiltemperatur gegenüber der Lufttemperatur etwas zurückliegt, wird eine mittlere Bauteiltemperatur zum Zeitpunkt der Rissaufnahme von 14 °C geschätzt. Das ist gegenüber der angenommenen Aufstelltemperatur von 10 °C eine Differenz von +4 K. Die Risse sind zu diesem Zeitpunkt nur zum Teil geöffnet. Erst bei Erreichen der bisher tiefsten Bauteiltemperatur öffnen sich die Risse bis zu ihrer maximalen Breite, wenn neue Risse entstehen.

Während des vergangenen Zeitraums betrug die tiefste Lufttemperatur (Tagesmittel) im Monat Januar −14 °C. Da die Tiefgarage eine sehr lange Zufahrtsrampe besitzt, ist der Zustrom der kalten Luft spürbar gedämpft. Außerdem ist durch die erdberührten Wände innerhalb der Tiefgarage ein gewisses Wärmepotenzial ständig vorhanden, das die Innentemperatur stabilisiert. Für die mittlere Deckentemperatur wird eine Temperatur von 1 °C angenommen. In Tabelle 7.9 ist die Berechnung für beide Zustände angegeben.

Tabelle 7.8: Berechnung der Schwindmaße und der gesamten Schwinddehnung

Rechenschritt	2 529 Tage (größte Dehnung)	3 015 Tage (aktuelle Dehnung)
$\beta_{ds}(t,t_s) = \frac{(t-t_s)}{(t-t_s)+0{,}04\sqrt{h_0^3}}$	$\beta_{ds}(t,t_s) = \frac{2529}{2529+0{,}04\cdot\sqrt{300^3}}$ $\beta_{ds}(t,t_s) = 0{,}92$	$\beta_{ds}(t,t_s) = \frac{3015}{3015+0{,}04\cdot\sqrt{300^3}}$ $\beta_{ds}(t,t_s) = 0{,}996 \approx 1{,}0$
$\varepsilon_{cd}(t) = \beta_{ds}(t,t_s)\cdot k_h\cdot \varepsilon_{cd,0}$	$\varepsilon_{cd}(t) = 0{,}92\cdot 0{,}75\cdot 0{,}43$ $\varepsilon_{cd}(t) = 0{,}30$ mm/m	$\varepsilon_{cd}(t) = 1{,}0\cdot 0{,}75\cdot 0{,}43$ $\varepsilon_{cd}(t) = 0{,}32$ mm/m
Die autogene Schwinddehnung folgt zu		
$\varepsilon_{ca}(\infty) = 2{,}5\cdot(f_{ck}-10)\cdot 10^{-6}$	$\varepsilon_{ca}(\infty) = 2{,}5\cdot(30-10)\cdot 10^{-6}$ $\varepsilon_{ca}(\infty) = 5\cdot 10^{-5} = 0{,}05$ mm/m	$\varepsilon_{ca}(\infty) = 2{,}5\cdot(30-10)\cdot 10^{-6}$ $\varepsilon_{ca}(\infty) = 5\cdot 10^{-5} = 0{,}05$ mm/m
$\varepsilon_{ca}(t) = \beta_{as}(t)\cdot\varepsilon_{ca}(\infty)$	$\beta_{as}(t) = 1-e^{-0{,}2\cdot\sqrt{2529}}$ $\beta_{as}(t) = 1$	$\beta_{as}(t) = 1-e^{-0{,}2\cdot\sqrt{3015}}$ $\beta_{as}(t) = 1$
Die Gesamtschwinddehnung (unbehindert) beträgt		
$\varepsilon_{cs} = \varepsilon_{cd} + \varepsilon_{ca}$	$\varepsilon_{cs} = 0{,}30 + 0{,}05$ $\varepsilon_{cs} = 0{,}35$ mm/m	$\varepsilon_{cs} = 0{,}32 + 0{,}05$ $\varepsilon_{cs} = 0{,}37$ mm/m

Tabelle 7.9: Berechnung der unbehinderten Temperaturdehnung

Rechenschritt	0 °C (größte Dehnung)	18 °C (aktuelle Dehnung)
Maßgebende Temperaturdifferenz	$\Delta T = 1-10 = -9$ K	$T = 14 - 10 = 4$ K
Unbehinderte Dehnung	$\varepsilon_T = -9\cdot 10^{-5}$ $\varepsilon_T = -0{,}09$ mm/m	$\varepsilon_T = 4\cdot 10^{-5}$ $\varepsilon_T = 0{,}04$ mm/m

Tabelle 7.10: Superposition der Dehnungen

Alter des Bauwerks	2 529 Tage (größte Dehnung)	3 015 Tage (aktuelle Dehnung)
Schwinddehnung	−0,35 mm/m	−0,37 mm/m
Temperaturdehnung	−0,09 mm/m	0,04 mm/m
Wirksame Dehnung	−0,44 mm/m	−0,33 mm/m

Tabelle 7.11: Aktuelle und prognostizierte Rissbreiten

Aktuelle Rissbreite [mm]	0,1	0,15	0,20	0,3	0,4
Größte Rissbreite [mm]	0,13	0,20	0,27	0,40	0,53

Berechnung der zu erwartenden Rissbreitenöffnung
Zum Zeitpunkt der Rissaufnahme mit Rissbreitenmessung im Monat Mai sind die Risse zu (−0,33)/(−0,44) = 0,75 = 75 % geöffnet. Im Monat Januar waren die Risse bei der bisher tiefsten Bauteiltemperatur vollständig geöffnet (Tabelle 7.10).

Die gemessenen Rissbreiten in Bild 7.21 haben Werte von 0,1 bis 0,4 mm. Die zu erwartenden Größtwerte im nächsten strengen Winter sind in Tabelle 7.11 angegeben. Man erhält die größten Rissbreiten durch Multiplikation der aktuellen Werte mit dem Faktor 1/0,75 = 1,333.

7.6.2 Parkdeck mit Elementdecken und mit großen Bauteilabmessungen

Bei Elementdecken können die Stoßbereiche der lokale Ansatz für die Rissbildung sein (siehe dazu Kapitel 7.5). Bei größeren Abmessungen und damit relativ großen Verformungen entstehen bei Verformungsbehinderung entsprechend große Kräfte. Anhand eines Parkdecks mit zwei Ebenen soll die Entstehung von Rissen in einer etwa 30 m × 40 m großen Deckenplatte erläutert werden (Bild 7.23).

Die tragende Konstruktion besteht aus über drei Felder gespannten Stahlrahmen im Abstand von 2,40 m, auf denen eine Elementdecke liegt (Bild 7.23 und Bild 7.24). Bei der kurzen Spannweite besteht diese Elementdecke aus Fertigteilplatten mit 2,40 m Spannweite und 3,00 m Länge, die durch Ortbeton komplettiert worden sind. Von der 120 mm starken Decke ist die untere Fertigteilschicht 65 mm und die obere Ortbetonschicht 55 mm dick (Bild 7.25).

Die Auflagerung der Deckenplatte ist in Längs- und Querrichtung unterschiedlich. In Spannrichtung der Decke ist die Behinderung gegenüber horizontalen Verformungen relativ gering, weil die Rahmen quer zu ihrer Ebene relativ nachgiebig sind. In Rahmenlängsrichtung jedoch sind die Elementplatten kontinuierlich mit dem Rahmenriegel verbunden und damit unverschieblich. Dadurch entstehen bei schwind- und temperaturbedingten Verkürzungen der Platte erhebliche Zugkräfte, die Trennrisse in den Montagefugen verursachen. Bereits im ersten Jahr der Nutzung sind alle Montagefugen gerissen, sodass durch die gesamte Deckenplatte Trennrisse im Abstand von 3,00 m (Plattenbreite) vorhanden sind.

Die Zwangverformungen in der Deckenebene durch Schwinden und Abkühlung sind relativ groß. Die beidseitig belüftete, dünne Stahlbetonplatte hat günstige Schwindbedingungen und ein relativ hohes Endschwindmaß. Die Schwindverkürzung wird in Richtung der Rahmenriegel in hohem Maße behindert und verursachte die in Bild 7.26 skizzierte Rissbildung.

Die obere Deckenplatte ist nicht überdacht und daher der Sonneneinwirkung ungeschützt ausgesetzt. Die Oberflächentemperaturen können unter sommerlichen Bedingungen bis zu 60 °C betragen. Die Temperaturdifferenz zwischen Sommer und Winter verursacht ständig Beanspruchungen der Deckenplatte, die zusätzlich zu der Schwindbehinderung wirken.

Bild 7.23: Obere Ebene des Parkdecks in einem Wohngebiet

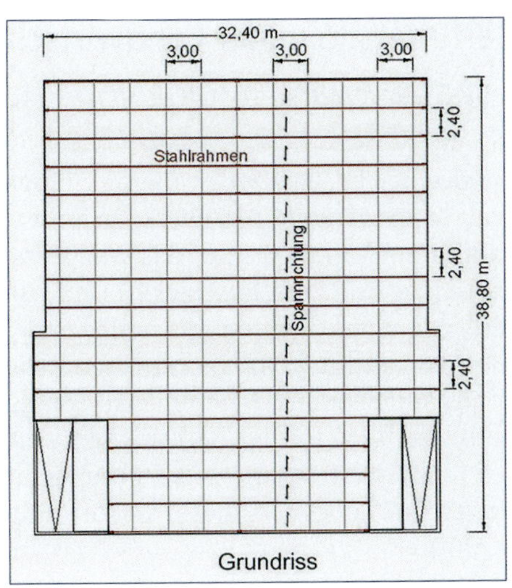

Bild 7.24: Untere Ebene des Parkdecks mit den tragenden Stahlrahmen im Abstand von 2,40 m

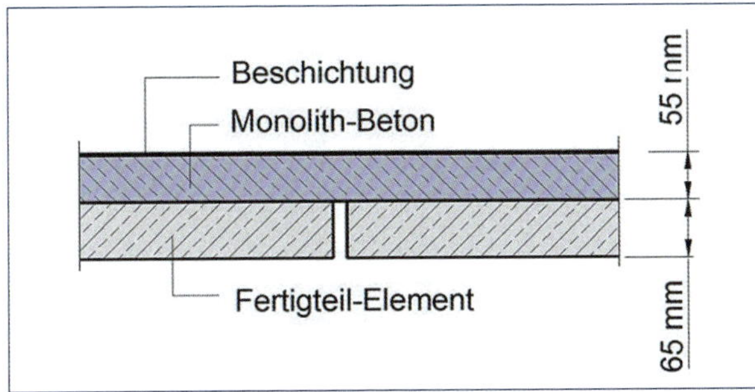

Bild 7.25: Schnitt durch die Elementdecke der oberen Ebene

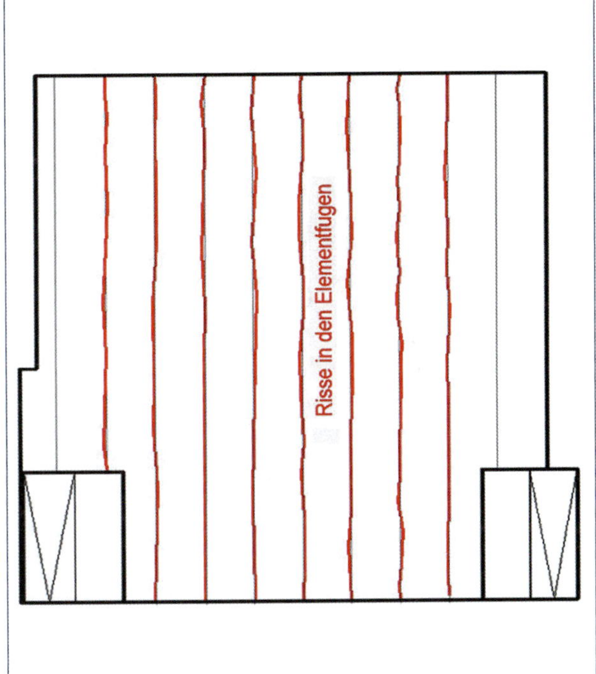

Bild 7.26: Risse in den Elementfugen mit Ausnahme der beiden Randfugen

7.6.3 Gärfuttersilo in der Landwirtschaft – später Zwang infolge von Prozesswärme

Gärfuttersilos sind einfache Bauwerke, die aus einer Bodenplatte und Längswänden bestehen, zwischen denen die befahrbaren Kammern für das Silagegut liegen. Die Giebelseiten sind zum Beschicken und zur Entnahme offen. Die Silos werden bis zum Spätsommer mit dem Silagegut gefüllt und abgedeckt (Bild 7.27). Im anschließenden längeren Gärprozess entsteht Wärme bis zu 35 °C. In der herbstlichen und frühwinterlichen Jahreszeit können so erhebliche Temperaturunterschiede entstehen, die zu Verformungen am Bauwerk führen.

Bild 7.27: Gärfuttersilo mit zwei Kammern

Bild 7.28: Mittlere Wand des Gärfuttersilos mit einem Vertikalriss, der von oben bis etwa auf die Höhe des unteren Pfeils verläuft

Der Silagesickersaft baut einen geringen Flüssigkeitsdruck von wenigen Dezimetern auf. Er ist sauer (pH-Wert bis 3,5) und greift den Beton an, der deshalb durch eine Beschichtung geschützt werden muss. Das Bauwerk ist durch quer angeordnete Bewegungsfugen im Abstand von 6,50 m in sieben Abschnitte unterteilt. Die 300 mm dicken und 2,90 m hohen Wände sind mit der ebenfalls 300 mm dicken Bodenplatte biegesteif verbunden. Die vom Silagegut berührten Betoninnenflächen sind mit einer speziellen, rissüberbrückenden Beschichtung vor dem chemischen Angriff des Silagesickersafts geschützt.

In den Wänden des Silos sind, von der Oberseite ausgehend, vertikale Risse entstanden (weiße Pfeile), die auch durch die Beschichtung hindurch verlaufen. In die oben offenen Trennrisse dringt Niederschlagswasser ein. Der Beton ist im Bereich der Risse ungeschützt dem Säureangriff ausgesetzt. Allerdings steigt der Silagesickersaft kaum höher als 300 mm – ein Bereich, in den die von oben ausgehenden Risse nur selten hinabreichen.

Die Vertikalrisse im oberen Wandbereich sind in den Grundriss in Bild 7.29 eingetragen. Es ist auffällig, dass in der Mittelwand die Anzahl der Risse etwa doppelt so groß ist wie an der zugänglichen Außenwand. Die Ursache ist vermutlich auf den Wärmeeintrag durch das Silagegut zurückzuführen. Die Wärmewirkung ist an der Mittelwand bei Befüllung beider Silos größer als an den Außenwänden. Dadurch erwärmt sich dieser Bereich und dehnt sich aus. Bodenplatte und Wand dagegen erwärmen sich gemeinsam. Die Wand will sich als Scheibe krümmen, die Bodenplatte würde sich ohne die Behinderung durch die Wand konvex nach oben aufwölben. Da beide Bauteile monolithisch miteinander verbunden sind, wird eine solche Verformung erzwungen, sodass als Folge die vertikalen Risse im oberen Wandbereich entstehen. In Bild 7.30 ist das schematisch dargestellt. Man erkennt auch, dass an der Unterseite der Bodenplatte Biegerisse entstehen können, die für die Nutzung allerdings ohne Bedeutung sind.

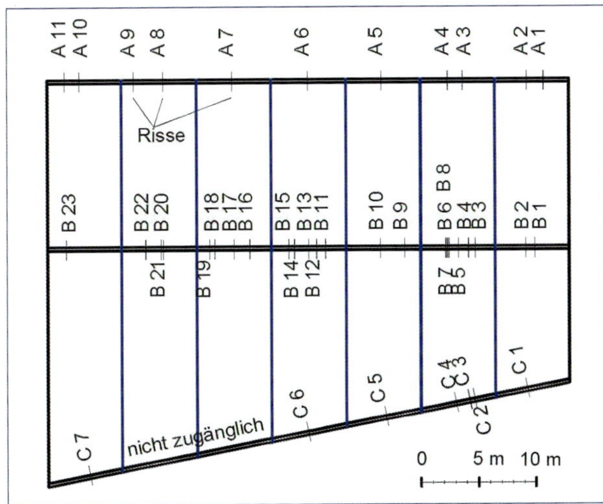

Bild 7.29: Grundriss des Silos mit eingetragenen Wandrissen; der Abstand der Bewegungsfugen (blau) beträgt 6,50 m

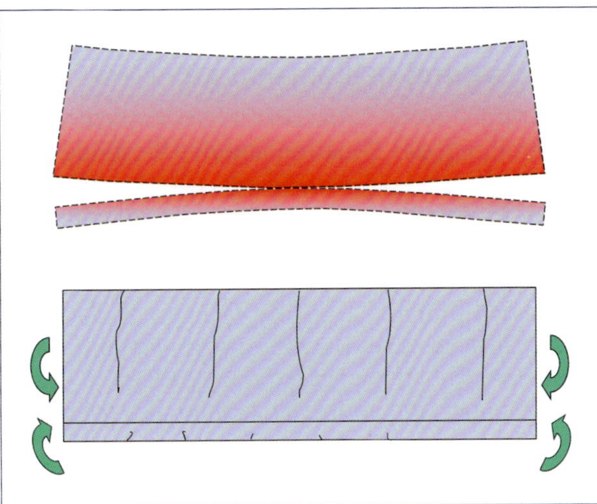

Bild 7.30: Verformungsbild ohne gegenseitige Behinderung (oben) und im realen Zustand mit Rissen (unten)

Beim Betonieren der Wände muss es zwar auch zu unterschiedlichen Wärmedehnungen zwischen Wand und Bodenplatte gekommen sein. Die aus abfließender Hydratationswärme entstehende Zwangbeanspruchung kann dabei aber nicht kritisch gewesen sein. Das Verhältnis von Wandlänge zu Wandhöhe beträgt für ein Segment zwischen zwei Bewegungsfugen

$$L / H = 6{,}50 \text{ m} / 2{,}90 \text{ m} = 2{,}24$$

Daraus ist vereinfachend eine annähernd dreieckförmige Zugspannungsverteilung abzuleiten mit dem Maximalwert an der Unterseite und einem Auslaufen an der Wandoberseite auf den Wert Null. Deshalb ist das Aufreißen der Wand von oben her nicht durch die behinderte Verkürzung beim Abfließen der Hydratationswärme zu erklären. Viel wahrscheinlicher ist die Wärmebeanspruchung aus dem Gärprozess. Sie fällt in die Herbstmonate, wodurch auch nennenswerte Temperaturunterschiede im Vergleich mit der Lufttemperatur zu erwarten sind.

Die horizontale Wandbewehrung ist im vorliegenden Fall ohne Rissbreitenbegrenzung gewählt worden. Das Aufreißen der Beschichtung über den Rissen zeigt an, dass das Rissüberbrückungsvermögen der Beschichtung (nach Herstellerangaben 0,2 mm) nicht ausreicht, um die auftretenden Rissbreiten zu überbrücken. Deshalb ist auch künftig damit zu rechnen, dass es immer wieder zu Rissen in der Beschichtung kommen wird.

Da die Rissursache – die Wärmedehnung von Wänden und Bodenplatte infolge des Gärprozesses – immer wiederkehrt, kommt nur eine für die Beanspruchungen geeignete rissüberbrückende Beschichtung in Frage. Durch den robusten Betrieb beim Be- und Entladen der Silos entstehen Beschädigungen an der Beschichtung, die eine laufende Instandhaltung erfordern. Im Rahmen solcher Instandhaltungsarbeiten können die Innenflächen der Wände in bestimmten Intervallen an den Schadstellen teilweise oder ganz neu beschichtet werden.

7.6.4 Horizontale Biegerisse in einem kreiszylindrischen Behälter mit heißem Füllgut

Beschreibung der Situation und des Rissbildes

Bild 7.31 zeigt einen Stahlbetonbehälter einer Kläranlage, in dem zeitweilig heißer Faulschlamm zwischengelagert wird. Er ist dabei meist nur teilweise gefüllt. In der Außenwand sind horizontale Risse entstanden, durch die kleine Mengen Feuchtigkeit hindurchtreten. Die Nutzung wird dadurch nicht beeinträchtigt. Die Dauerbeständigkeit könnte jedoch gegebenenfalls durch die Inhaltsstoffe des Schlamms gefährdet sein.

Rissursachen

Die Rissursachen sind in den Temperaturdifferenzen zwischen der Füllung und dem ungefüllten Teil des Behälters zu suchen. Wird der Behälter bis zu einem gewissen Niveau gefüllt, erwärmt sich der untere, gefüllte Teil und dehnt sich aus. Der obere, nicht gefüllte Teil behält die Umgebungstemperatur und behindert die Ausdehnung des unteren, heißeren Bauteils.

In Bild 7.32 ist die Situation skizzenhaft dargestellt. Im leeren zylindrischen Behälter entstehen nur Beanspruchungen aus der Eigenlast. Bei einer Teilfüllung mit heißem Füllgut (links) wird die zylindrische Wand im unteren Bereich erwärmt, behält aber im oberen Bereich ihre Ausgangstemperatur bei. Wird in Höhe des heißen Füllguts ein gedachter Horizontalschnitt geführt, können sich der obere und der untere Behälterteil unbehindert verformen. Der untere Teil dehnt sich infolge der Wärme aus, wodurch sich der Durchmesser vergrößert. Tatsächlich wird diese gedachte Vergrößerung durch den oberen, kleineren Behälterteil behindert. Dabei wird dieser obere Teil in der Kontaktlinie ebenfalls gedehnt.

An der gedachten Schnittlinie entstehen Querkräfte und Biegemomente, durch die die Verträglichkeitsbedingungen bezüglich Radius und Tangentenneigung in der Vertikalen wiederhergestellt werden. Dadurch wird die Behälterwand mit Krümmung und Gegenkrümmung verformt. Es entstehen horizontale Biegerisse sowohl an der Außenseite (unten) als auch an der Innenseite (oben). Die Feuchtigkeitsspuren, die man in Bild 7.31 sieht, entstehen dadurch, dass die Biegedruckzone in der Behälterwand zu klein ist. Nach der WU-Richtlinie sind Mindestdruckzonenhöhen in Abhängigkeit vom Größtkorndurchmesser der verwendeten Betonmischung einzuhalten. Das ist bei dem kleinen Behälter mit relativ geringer Wanddicke wahrscheinlich nicht eingehalten worden. Im vorliegenden Fall werden folgende Mindestdruckhöhen vorgeschrieben:

- für Betone mit 16 mm Größtkorn $x \geq 30$ mm
- für Betone mit 32 mm Größtkorn $x \geq 48$ mm ≈ 50 mm.

Im Kapitel 7.2 ist angegeben, wie dieser Nachweis geführt werden kann.

Vermeidung oder Minimierung der Rissbildung

Im vorliegenden Fall ist weniger die Rissbildung von Bedeutung, sondern die offenbar nicht eingehaltene Mindestdruckzonenhöhe. Dadurch können geringe Mengen des verschmutzten Wassers durch die Wand hindurch nach außen dringen und gegebenenfalls schädliche Bestandteile mit der Bewehrung in Kontakt bringen. Wenn es dadurch Korrosionsschäden geben sollte, werden diese erst nach Jahren bemerkbar, sie können dann aber gegebenenfalls auch ein Standsicherheitsproblem verursachen. Die Gefährdung kann nur dadurch ausgeschlossen werden, dass die Mindestdruckzonenhöhe konsequent eingehalten wird. Dazu sind gegebenenfalls eine etwas größere Wanddicke und eine größere Bewehrung erforderlich.

Bild 7.31: Stahlbetonbehälter für heißes Füllgut, im Regelfall nur teilweise gefüllt

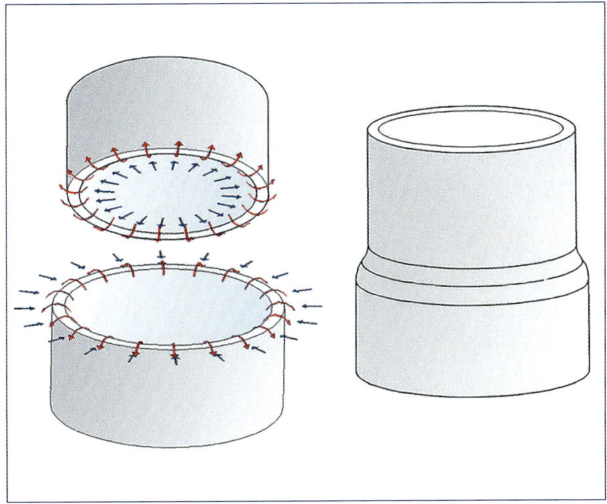

Bild 7.32: Biegemomente und Querkräfte in der Behälterschale durch die Temperaturunterschiede in der Wand. Die temperaturbedingte Ausdehnung des unteren Behälterabschnitts ist schematisch angegeben.

7.6.5 Vertikale Trennrisse in der Wandkrone eines offenen, kreiszylindrischen Wasserbehälters

Beschreibung der Situation und des Rissbildes

Ein kreiszylindrischer, offener Wasserbehälter aus Stahlbeton wurde in einem Wasseraufbereitungswerk so genutzt, dass das Rohwasser eine relativ kurze Verweilzeit in diesem Behälter hatte. Ein Einfrieren im Winter war deshalb ausgeschlossen.

Der Behälter bekam an der Wandkrone kurze vertikale Risse, durch die Wasser nach außen floss (Bild 7.33). Innen befindet sich etwas unterhalb der Wandkrone eine umlaufende Rinne. Die Kalkfahnen an der Außenfläche stammen von Niederschlagswasser, das auf der Oberseite der Wand in die Risse gelangt und seitlich ausgeflossen ist. Dabei hatte es die Kalkfahnen hinterlassen. Dort, wo die Kalkfahnen oben beginnen, ist die Rissbreite nahezu Null. Die Risslänge ist demzufolge sehr kurz.

Mit einer Ringvorspannung mit Einzelspanngliedern sollten die Risse bereits früher einmal überbrückt und so abgedichtet werden. Das gewünschte Ergebnis wurde aber nicht erreicht, denn die Risse in der Wandkrone bildeten sich danach auch in der Betondeckungsschicht für die Spannglieder wieder aus.

Rissursachen

Die Rissursache ist in Temperaturunterschieden zwischen der Innenseite der Wand und der Außenseite im Winter zu suchen. Bei Frost ist die Innenseite wärmer als die Außenseite. Dadurch wird sie im Vergleich zur Außenseite länger und will sich verkrümmen, sodass eine konkave Außenseite entsteht. Diese Wölbung kann aber nicht eintreten, da die ringförmige Schalenform dies verhindert. Da in der Querrichtung die Bedingungen identisch sind, besteht eine vollständige Krümmungsbehinderung in beiden Hauptrichtungen. In der Zylinderschale herrscht deshalb in beiden Hauptrichtungen Biegezwang (Bild 7.34).

Lediglich an der Wandkrone gibt es in vertikaler Richtung keine Verformungsbehinderung. Deshalb stülpt sich die Schale an der Wandkrone nach außen und der Durchmesser des Behälters wird etwas ver-

Bild 7.33: Oben offener Wasserbehälter aus Stahlbeton, nachträglich vorgespannt

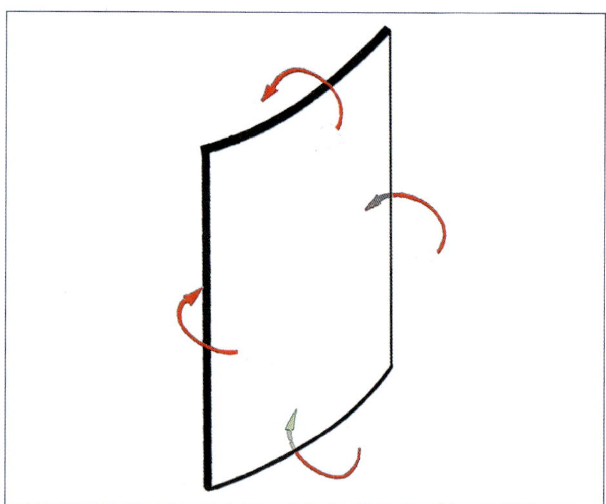

Bild 7.34: Behinderte Krümmungen in beiden Hauptrichtungen der Zylinderschale verursachen Biegemomente

größert. Durch die Vergrößerung entstehen an der Wandkrone auf einer geringen Höhe zentrische Zugbeanspruchungen, die die kurzen vertikalen Risse verursachen. In Bild 7.33 enden die Vertikalrisse bereits dort, wo die Kalkschleier oben beginnen.

Vermeidung oder Minimierung der Rissbildung
Derartige Risse sind in offenen kreiszylindrischen Behältern kaum zu vermeiden. Eine Möglichkeit wäre die Anordnung eines kreisringförmigen Randgliedes oder einer Stahlbetonabdeckung.

7.6.6 Deckenrisse unterhalb von rohrförmigen Querschnittsschwächungen für die Belüftung

Beschreibung der Situation und des Rissbildes
In einer neugebauten Schule ist die Belüftung der Klassenräume im Deckenbeton verlegt worden. Die Rohre liegen rechtwinklig zu den Außenwänden im gegenseitigen Abstand von 1,90 m (Regelfall). Die Austrittsöffnungen sind an der Fensterseite sichtbar (Bild 7.35). Sie haben einen Abstand von 1,00 m von der Außenwand. Die Rohre mit einem Durchmesser von 125 mm wurden mittig in der 350 mm dicken Decke verlegt (Bild 7.36). Sie bedeuten eine Querschnittsschwächung von 36 %. Durch die Rohre wird temperierte Luft geleitet, die sowohl wärmer als auch kälter als die Umgebungstemperatur sein kann. Im geschwächten Teil der Decke unterhalb der Rohre haben sich Längsrisse gebildet, die direkt auf die Lüftungsöffnungen zulaufen und dort enden. In Bild 7.37 ist eine solche Öffnung mit Riss abgebildet. Die Risse haben Rissbreiten von 0,1 bis 0,4 mm.

Bild 7.38 zeigt den Verlauf der Risse an der Deckenunterseite im Erdgeschoss. Fast alle Risse stehen im Zusammenhang mit den in die Decke einbetonierten Lüftungsleitungen (Bild 7.37). Das Gebäude war zu dem Zeitpunkt der Rissaufnahme circa acht Monate alt.

Rissursachen
Da die Risse schon während der Bauzeit aufgetreten sind, kommen als Rissursachen nur behinderte Deckenverkürzungen infrage, und zwar

Bild 7.35: Austrittsöffnungen der Lüftungsrohre in Fensternähe

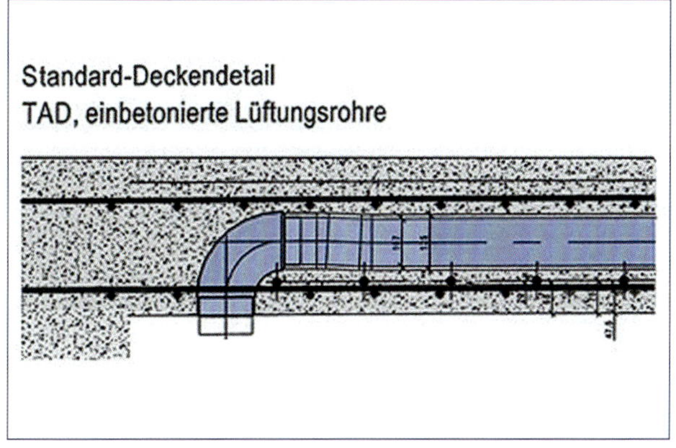

Bild 7.36: Längsschnitt durch die Decke mit Belüftungsleitung

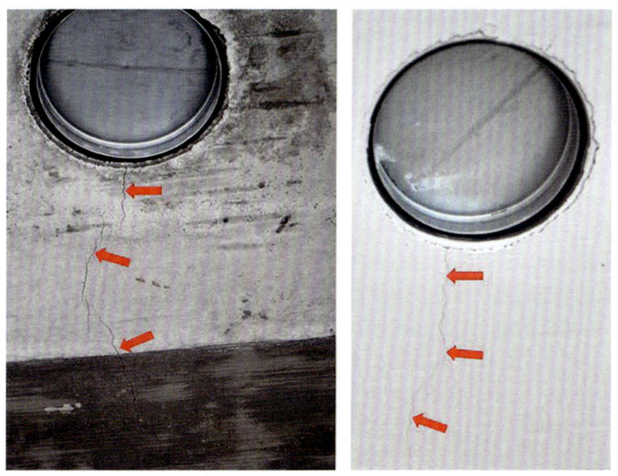

Bild 7.37: Lüftungsöffnung mit Riss, fotografiert in Richtung der Deckenunterseite

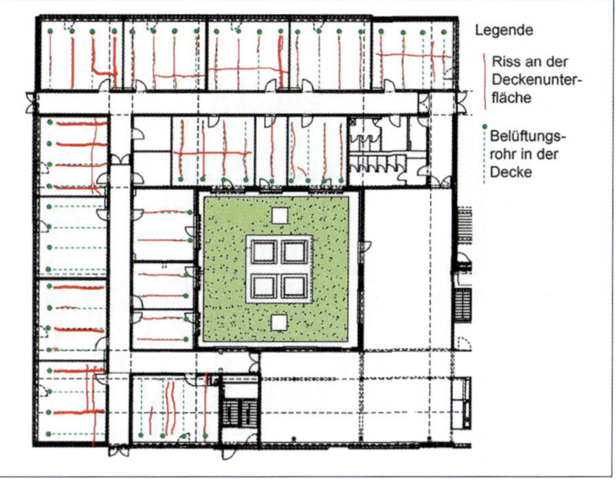

Bild 7.38: Teilgrundriss mit Rissbild der Deckenunterseite (rot), Deckenrohren (grün gestrichelt) und Austrittsöffnungen (grün)

- durch Abkühlung beim Abfließen der Hydratationswärme,
- durch Trocknungsschwinden.

Das maßstäbliche Bild 7.39 zeigt einen Schnitt durch die Decke rechtwinklig zur Hauptspannrichtung. Die Lüftungsrohre im Abstand von 1,90 m sind starke Querschnittsschwächungen bei axialen Zugbeanspruchungen. Die Decke ist biegesteif mit den Stahlbetonwänden verbunden, sodass bei Verkürzungen eine Behinderung entsteht. Sind die Risse, die als Trennrisse durch die gesamte Deckenhöhe verlaufen, einmal entstanden, vollzieht sich der Schwindvorgang in jedem Abschnitt zwischen den Lüftungsöffnungen separat, sodass sich die Risse allmählich etwas öffnen.

Vermeidung oder Minimierung der Rissbildung

Derartige Risse lassen sich nur vermeiden, wenn die Lüftungsleitungen nicht formschlüssig in die Decke einbetoniert werden. Für die Instandsetzung ist zu empfehlen, dass so lange gewartet wird, bis das Schwinden zum Stillstand kommt und die Schwind-

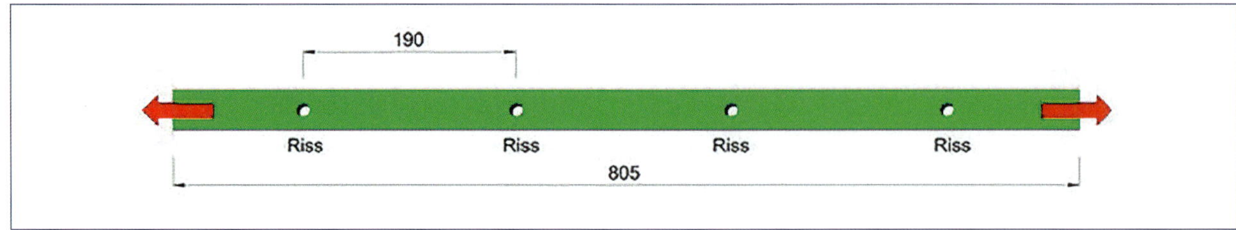

Bild 7.39: Schnitt durch die Decke in der Nebenspannrichtung

verformungen nicht weiter anwachsen. Die Rissbildung ist dann abgeschlossen.

Bei der Instandsetzung ist dann zu beachten, dass in den Lüftungsleitungen häufig vom Schulgebäude abweichende Temperaturen vorhanden sind. Daraus folgt, dass sich die vorhandenen Risse in der Decke bei Längenänderungen immer geringfügig bewegen werden. Deshalb ist eine Tapete zu wählen, die für geringfügige Rissbewegungen geeignet ist. Ein Überkleben mit textilen Streifen kann ebenfalls sinnvoll sein.

7.6.7 Biegerisse in den Stegen von TT-Platten, die als Wand und Stütze benutzt werden

Beschreibung der Situation und des Rissbildes

Eine zweischiffige Getreidelagerhalle mit insgesamt 40 m Breite besteht aus einer sehr leichten Tragkonstruktion mit folgenden Elementen:

- einem längs in der Mitte angeordneten begehbaren Kanal, der gleichzeitig als Auflagerung für die aussteifenden Stahlstützen in der Mittelachse dient,
- Stahlbetonaußenwänden aus stehenden TT-Platten, bei denen die Rippen außen angeordnet sind; der untere Teil der Rippen läuft trapezförmig bis zur Gründung an,
- einer leichten Dachkonstruktion aus Holz-Leimbindern und Trapezblechen.

Bild 7.40: Getreidelagerhalle von außen

Zur Queraussteifung dienen die in der Längs-Mittelachse angeordneten, unten eingespannten Stahlstützen. In Bild 7.40 ist die Längsseite der Halle zu sehen. Innen sind umsetzbare, leichte Trennwände angeordnet, durch die eine getrennte Lagerung verschiedener Getreidearten möglich ist. Die Konstruktion ist relativ leicht und lässt kaum Zwangbeanspruchungen erwarten (Bild 7.41).

Trotzdem sind in den Rippen Biegerisse entstanden, für die zunächst keine Erklärung zu finden war. Die Risse traten im Übergangsbereich zur Verstärkung auf eine Länge von rund einem Meter auf. Darüber und darunter war der Beton nicht gerissen (Bild 7.42).

Auffällig war, dass die Rissbildungen in den Rippen vor allem in den sonnenbeschienenen Bereichen vorhanden waren. Ein Längswandbereich an der Nordostseite war durch einen Anbau von der Sonne nicht zu erreichen (in Bild 7.40 im Hintergrund sichtbar), immer verschattet und rissfrei. Insofern musste ein Zusammenhang zwischen der Rissbildung und mit der Erwärmung der Außenwände vermutet werden.

Die Temperaturdifferenz zwischen der Lufttemperatur außen und innen wurde zudem künstlich vergrößert, indem kühle Luft in das Getreide eingeblasen wurde (+10 °C). Eine Anschlussstelle für die Einblastechnik ist in Bild 7.42 zwischen den beiden hinteren Rippen zu sehen. Insofern waren Temperaturbedingungen vorhanden, die als kritisch anzusehen waren. Auf der sonnenbeschienenen Fläche konnten entsprechend der Wetterlage Oberflächentemperaturen von 40 oder 50 °C gemessen werden, während auf der Innenseite das Füllgut eine Temperatur von +10 °C besaß.

Rissursachen

In Bild 7.43 ist durch farbige Markierung die erwärmte äußere Oberfläche einer Wandplatte schematisch dargestellt. Bedingt durch die Geometrie des Wandplattenquerschnitts gibt es keine gleichmäßige Erwärmung und damit ein kompliziertes Beanspruchungsbild. Die nur 150 mm dicke Platte wird sich relativ schnell erwärmen und ein lineares Temperaturgefälle ausbilden. Die Rippen, in Bild 7.43 getrennt von der Platte gezeichnet, werden an den Außenflächen erwärmt, was zu einem schwer abschätzbaren, nicht linearen Temperaturverteilungsbild führt. Es kann sich dort kein lineares Temperaturgefälle ausbilden, was die rechnerische Abschätzung der Beanspruchungen und Verformungen mit elementaren Mitteln unmöglich macht.

Bild 7.42: Biegerisse an vier Rippen der TT-Wandplatte

Durch die im Vergleich zur Platte relativ große Rippenhöhe können die Rippen sich nicht so stark verformen wie die theoretisch getrennt gedachte Platte.

Vermeidung oder Minimierung der Rissbildung

Da die Bildung der Risse auf die Form der TT-Platten zurückzuführen ist, kann nur eine andere Formgebung Abhilfe schaffen. Insbesondere sind die wechselnden Steifigkeiten innerhalb der Außenwand die Ursache der Zwangbeanspruchungen bei Erwärmung. Sie müssten bei einer veränderten Konstruktion vermieden werden.

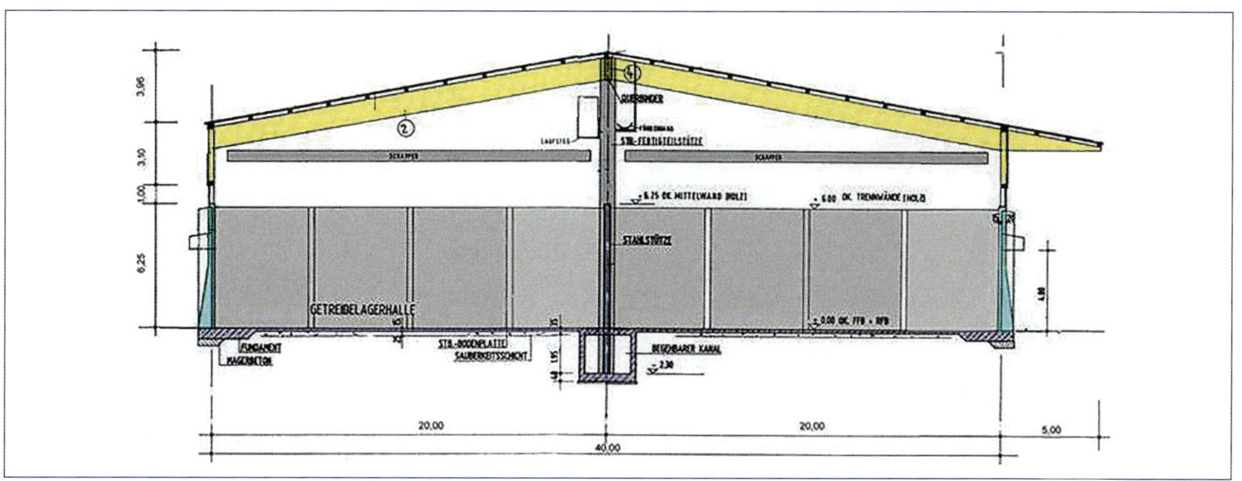

Bild 7.41: Hallenquerschnitt mit den wichtigsten Maßen

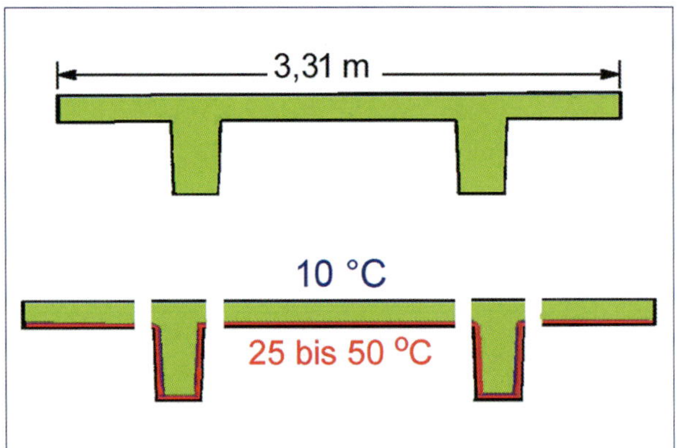

Bild 7.43: Querschnitt einer Wandplatte (oben) und Wärmeverteilung an der Außenwand bei Sonneneinstrahlung (unten)

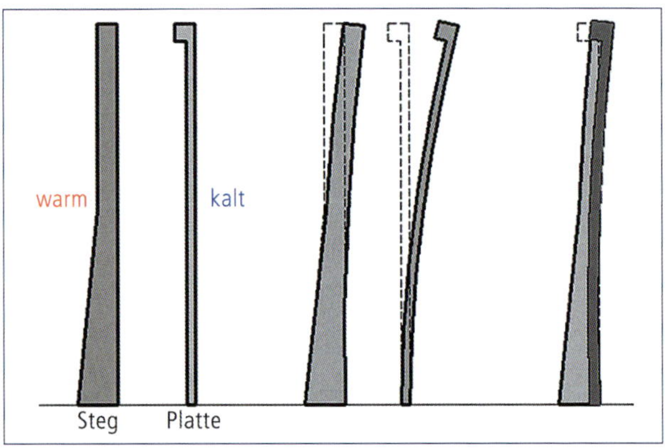

Bild 7.44: Verformungsdifferenzen durch innere statische Unbestimmtheit der TT-Platte bei Erwärmung der Außenseite

7.6.8 Trennrisse in den Kappen einer Straßenbrücke als Wasserspeicher und Verursacher von Undichtigkeiten

Beschreibung der Situation und des Rissbildes

Die Straßenbrücke über einen Flusslauf wurde 1929 gebaut. Sie verläuft etwa in Nord-Süd-Richtung. Der Überbau besteht aus zwei Stahlbetonbögen, die statisch als unabhängig wirkende Zweigelenkbögen ausgebildet sind (Bild 7.45). Ein massiver Mittelpfeiler in Flussmitte und zwei Widerlager an den Ufern bilden die Auflagerung der Bögen. Im Rahmen der Instandsetzung wurden die Bögen beräumt und lagenweise mit Magerbeton wieder aufgefüllt. Auf der so gebildeten Fläche liegt eine bis zu 28 cm dicke Stahlbetonplatte mit Abdichtung und Asphaltbelag (Bild 7.46). An den seitlichen Rändern sind in Anlehnung an die vom Verkehrsministerium herausgegebenen Musterzeichnungen ausgebildete Kappen angeordnet.

Bild 7.45: Zweifeldrige Stahlbeton-Bogenbrücke aus dem Jahr 1929 nach der Instandsetzung

Einige Zeit nach der Instandsetzung zeigten sich an verschiedenen Stellen des Bauwerks Sinterspuren, die auf Undichtigkeiten des Überbaus hindeuteten (Bild 7.47). Sinterspuren entstehen dann, wenn geringe Wassermengen aus einem Bauwerk austreten und so langsam herabfließen, dass sie verdunsten, bevor das Wasser unten ankommt.

Rissursachen

Für die nun erneut notwendige Instandsetzung musste die vermutliche Leckstelle in der neuen Dichtung gefunden und nochmals abgedichtet werden.

Als Ursache für die neue Undichtigkeit stellten sich Trennrisse in den Kappen heraus (Zwangrisse), die in Verbindung mit einer fehlerhaften Dichtungsverwahrung an den Bogenstirnwänden den Durchtritt geringer Wassermengen durch den Überbau ermöglichten.

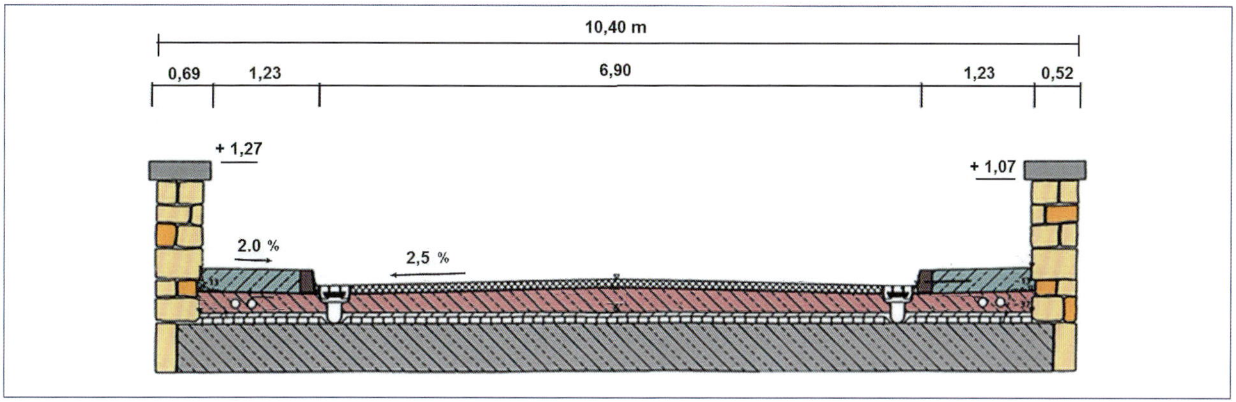

Bild 7.46: Querschnitt der Brücke im Bogenscheitel nach der Instandsetzung

Bild 7.47: Sinterspuren an der flussabwärtigen Seite des Mittelpfeilers und an einem Widerlager nach der Instandsetzung

Die Kappen wurden wahrscheinlich in Anlehnung an die Richtzeichnungen des Bundesverkehrsministeriums mit der dort vorgegebenen Kappenbewehrung versehen:

Längs:
außen Ø10 mm, a = 6,5 cm
innen Ø10 mm, a = 11,5 cm

Quer: Ø10 mm, a = 20,0 cm

Die Risse in den Kappen sind durch Behinderung ihrer Schwindverkürzungen aufgrund der darunterliegenden Dichtungsschicht, des Kontakts zur rauen Naturstein-Stirnwand und der Verbindung mit den Bordsteinen entstanden (Bild 7.48). Für die Kontaktfläche zwischen Naturstein und Kappenbeton war noch eine Behandlung mit einer Haftbrücke vorgesehen worden, die die Behinderung der Schwindverkürzung unbeabsichtigt unterstützt hat.

Die Dichtungsverwahrung wurde durch eine schräge Kernbohrung durch die Kappe am Verwahrungspunkt untersucht. Es zeigte sich, dass die Dichtung auf der Fahrbahnplatte in einen Schlitz in der Brüstungsmauer auslief und dort auf den letzten

Bild 7.48: Sehr feine Querrisse in den Kappen bei einem Rissabstand von ca. 0,5 m; markiert sind die erkennbaren Risse im Vordergrund

Bild 7.49: Mauerschlitz für Fahrbahn und Kappe

Zentimetern noch um 50 mm nach oben geführt worden war. Es genügte also jetzt ein Stau auf der Dichtungsebene von mehr als 50 mm, damit das Wasser über die hochgeführte Kante an die Außenseite gelangen konnte.

Die horizontale Aussparung im Natursteinmauerwerk ist in Bild 7.49 zwar als regelmäßig geformter Schlitz erkennbar, die Unebenheiten sind jedoch groß genug, damit der Beton dort bei seiner Schwindverkürzung behindert wird.

Die Trennrisse in der Kappe sind oben offen, sodass Niederschlagswasser in sie eindringen kann. Auch wenn die Risse nur einen relativ geringen Querschnitt besitzen, können Wassermengen aufgenommen werden, die dann bis zu 15 cm über die Oberkante der Dichtungsverwahrung hinausgehen. Dieser geringe Druckunterschied reicht bereits aus, damit das in den Rissen gespeicherte Wasser über den Rand der Dichtung nach außen gelangen kann.

Die vor Ort beobachteten Rissbreiten von 0,1 bis 0,2 mm (mittlerer Wert 0,15 mm) haben bei einer Konstruktionsdicke von 20 Zentimetern und pro Meter Risslänge ein Volumen von

$$0{,}15\ \text{mm} \cdot 200\ \text{mm} \cdot 1000\ \text{mm} = 30\,000\ \text{mm}^3\ \text{bzw.}\ 30\ \text{cm}^3$$

mit dem pro laufenden Meter Kappenlänge gerechnet werden muss. Die geringe Wassermenge tritt langsam durch die Risse aus, verdunstet an der Oberfläche und hinterlässt einen Kalkschleier. Eine Selbstdichtung hat nur örtlich und sehr begrenzt stattgefunden.

Vermeidung oder Minimierung der Rissbildung

Als Ursache der Undichtigkeit hat sich die Bildung von vertikalen Trennrissen in den Kappen herausgestellt, durch die ein Wasseranstau über die Dichtungsverwahrung hinweg möglich war. Um einen solchen Schaden zu vermeiden, muss die Dichtung höher gezogen werden als bis zur Oberfläche der Kappe. Alternativ kann die Kappe abdichtend und rissüberbrückend beschichtet werden.

8 Maßnahmen zur Verminderung von Zwangspannungen

Die Einflussnahme auf die Hauptfaktoren, die gemäß Kapitel 9.2 die Entstehung der Zwangbeanspruchung verursachen, ist relativ begrenzt.

Die Wärmedehnzahl kann nur in seltenen Fällen über eine Auswahl günstiger Gesteinsarten zielgerichtet verändert und dadurch die Höhe der Zwangspannungen vermindert werden.

Wenig aussichtsreich ist eine generelle Steigerung der Bruchdehnung und Zugfestigkeit durch Zementleimoptimierung in Verbindung mit geeigneten Gesteinskörnungen. Zu bedenken ist dabei auch, dass eine höhere Zugfestigkeit eine Erhöhung der rissbreitenbeschränkenden Bewehrung nach sich ziehen würde.

Die Auswirkungen der meteorologischen Bedingungen können nur dadurch beeinflusst werden, dass beispielsweise die Baumaßnahme in einem günstigen Ausführungszeitraum mit niedrigeren Lufttemperaturen durchgeführt oder ein Sonnenschutz vor direkter Sonneneinstrahlung angeordnet wird. Aber bereits diese Veränderung im Bauablauf kann zu günstigen Ergebnissen führen. Besteht die Gefahr von Eigenspannungen und Oberflächenrissen infolge von Temperaturdifferenzen im Bauteilquerschnitt oder Schwinden durch Austrocknung kann dem mit einer wirksamen Nachbehandlung begegnet werden.

Die Relaxation kann nur indirekt und nicht kalkulierbar über einen langsameren Spannungsanstieg vorteilhaft genutzt werden.

Die Art und Gestaltung der Konstruktion ist weitgehend durch die Funktion bestimmt und kann nicht beliebig variiert werden, um die Dehnungsbehinderung der Bauteile aufzuheben. Die Tragwerksplanung kann durch die Anordnung von Fugen, die Entscheidung über die Lage der behindernden Treppenhauskerne, die günstige Ausbildung der Fundamente und andere Maßnahmen die Größe der Zwangspannungen beeinflussen. Durch eine eingelegte Mindestbewehrung können die Auswirkungen der Rissbildungen beschränkt werden. Wichtig dabei ist, die Betonierbarkeit der Bauteile sicherzustellen.

Aus diesen Einschränkungen ist nicht die Schlussfolgerung zu ziehen, dass keine Möglichkeiten bestehen, zielgerichtet die Zwangspannungen zu reduzieren und damit die Rissgefahr herabzusetzen. Es bleiben noch hinreichend Möglichkeiten, die entsprechend der jeweiligen Bauaufgabe zu einer geeigneten und zweckorientierten Vorgehensweise zusammengefasst werden können.

Die einzelnen Maßnahmen sind darauf ausgerichtet, die Einwirkungen, die Zwangkräfte hervorrufen, in der absoluten Größe und in ihrem zeitlichen Auftreten zu beeinflussen und beinhalten zusammengefasst:

- die Steuerung der Temperaturverteilung und des Temperaturverlaufs im Bauteil,
- den Schutz vor frühzeitiger Austrocknung und Beinflussung des Austrocknungsverhaltens,
- die Verbesserung der Verformungsfähigkeit und Beweglichkeit des Bauteils,
- den Schutz vor großen Temperaturwechseln während der Nutzung der Bauwerke.

Die einzelnen Maßnahmen sind zum Teil mit erheblichem Aufwand verbunden. Insofern ist eine Abwägung zwischen den Kosten und dem Nutzen notwendig. Bei geringen Beanspruchungen und geringen Nutzungsanforderungen sind auch nur wirtschaftlich vertretbare Maßnahmen auszuwählen. Bei Weißen Wannen dagegen, die infolge von Wasserdurchtritt in der Nutzung sehr wesentlich beeinträchtigt werden, ist auch ein größerer Aufwand gerechtfertigt. Auch in diesem Fall gilt, dass selbst bei großer Sorgfalt, eine Rissbildung nicht mit Sicherheit unterbunden werden kann. Im Einzelfall hängen Kosten und Nutzen von den konkreten Bedingungen (Bauwerkskonstruktion, Nutzungsart, jahreszeitliche Bedingungen, Bauablauftermine usw.) ab.

Voraussetzung für Erfolg ist eine betontechnologische Planung, die bereits frühzeitig mit der Tragwerksplanung abgestimmt wird.

Eine besondere Bedeutung besitzt dabei die Optimierung der Zusammensetzung des Betons mit der Zielstellung, die vorgegebenen Festigkeitswerte und andere Eigenschaften bei möglichst geringer Wärmefreisetzung zu erreichen. Neuere Überlegungen schließen dabei eine Verringerung der verformungsinduzierten Spannung mit ein. Als eine Entscheidungsgrundlage können dabei Messungen im Reißrahmen bzw. der Temperaturspannungs-Prüfmaschine (Kapitel 9.1) dienen. Während der Baudurchführung ist eine Kontrolle durch Temperaturmessung zweckmäßig und mithilfe von Kraft- und Wegaufnehmern möglich. Da mit einzelnen Maßnahmen mehrere Ziele verfolgt werden, werden diese auch in den jeweiligen Abschnitten erwähnt.

8.1 Steuerung der Temperaturverhältnisse im Bauteil

Die Maßnahmen zielen ab auf die

- Verminderung der maximalen Bauteiltemperatur,
- Verlangsamung der Abkühlung ab der Maximaltemperatur,
- Verringerung der Temperaturdifferenzen im Bauteil und zu angrenzenden Bauteilen,
- Optimierung des Bauablaufs.

Besonders wirksam ist die Beeinflussung der Temperaturverhältnisse im Bauteil, wenn verschiedene Maßnahmen abgestimmt zur Anwendung kommen.

Bild 8.1 zeigt die Effekte der vorgenannten Maßnahmenkomplexe anhand des Temperaturverlaufs in einem Bauteil.

Verminderung der maximalen Bauteiltemperatur

Im Folgenden werden geeignete Maßnahmen aufgezeigt, durch die die maximale Bauteiltemperatur vermindert werden kann.

- Zusammensetzung des Betons unter Verwendung einer Zementart und -sorte mit geringer Wärmeentwicklung und/oder langsamer Wärmefreisetzung:
  Die Auswahl eines Zements nach diesen Kriterien ist zwar prinzipiell richtig, reicht aber für eine thermische Optimierung der Betonzusammensetzung nicht aus, da vorgegebene Festigkeitswerte mit einbezogen werden müssen. Wenn eine bestimmte Frühfestigkeit erreicht werden soll, kann oft kein Zement mit geringer Wärmefreisetzung verwendet werden. Dagegen kann der Vorteil von Zementen mit langsamerer Wärme- und Festigkeitsentwicklung genutzt werden, wenn spätere Prüftermine, z. B. nach 56 oder 91 Tagen, vereinbart werden können.
  Bei der Wärmeentwicklung des Zements sind vor allem die ersten 48 bis 72 Stunden wichtig. Bei der

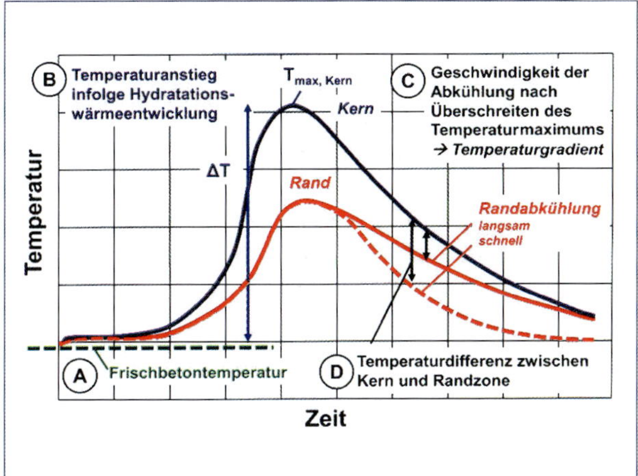

Bild 8.1: Einflussgrößen auf die Temperaturentwicklung in einem dickeren Bauteil. Die Maßnahmen A und B sind immer zweckmäßig, bei C und D ist der Einzelfall zu untersuchen (siehe dazu im Text). Die Darstellung wurde [Fre3] entnommen.

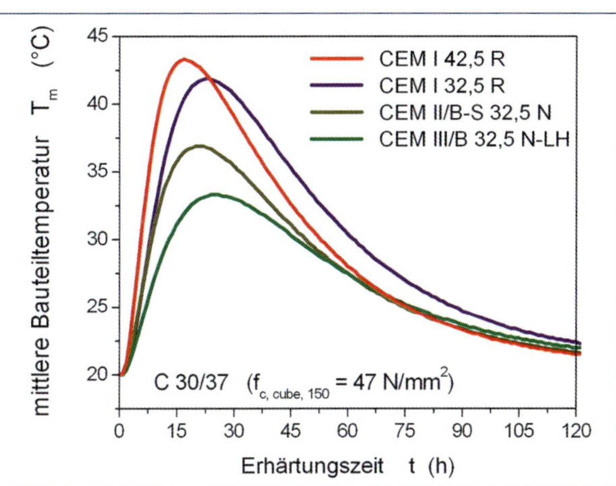

Bild 8.2: Temperaturentwicklung in Beton C 30/37 bei Verwendung verschiedener Zementsorten (z = 370 kg/m³, bei CEM I 42,5 R beträgt z = 310 kg/m³)

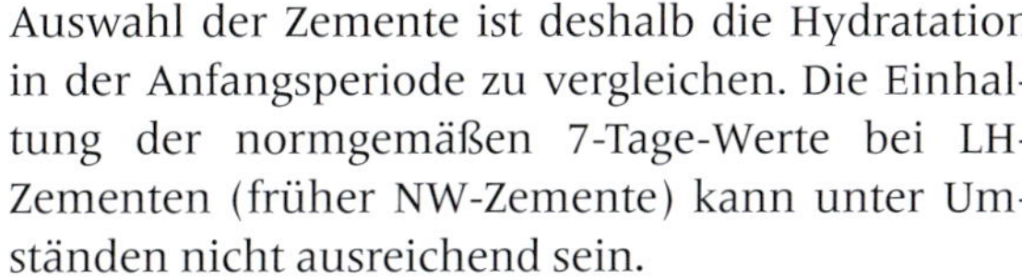

Auswahl der Zemente ist deshalb die Hydratation in der Anfangsperiode zu vergleichen. Die Einhaltung der normgemäßen 7-Tage-Werte bei LH-Zementen (früher NW-Zemente) kann unter Umständen nicht ausreichend sein.

Bild 8.2 zeigt, wie durch den Einsatz von CEM-II- und CEM-III-Zementen die Maximaltemperaturen deutlich abgesenkt werden. Ein CEM-I-Zement höherer Festigkeitsklasse (Z 42,5 R) ist trotz Verringerung der Zementmenge dagegen eher nachteilig.

- Niedrige Frischbetontemperatur bei Anlieferung und nach Einbau in die Schalung

  Eine Absenkung der Frischbetontemperatur stellt eine einfache und wirksame Maßnahme dar, indem bei sommerlichen Temperaturen die Gesteinskörnungen vor der Betonherstellung abgedeckt und über eine Berieselung mit Grundwasser gekühlt werden. Eine deutliche Reduzierung der Frischbetontemperatur wird durch die Zugabe von Scherbeneis (Auswirkung auf den Wasserzementwert zu beachten) oder flüssigem Stickstoff (rückstandsfrei) erreicht (Bild 8.3). Die Frischbetontemperaturen sind in Abhängigkeit vom Transport und Einbau festzulegen. Mit einem Vorhaltemaß ist sicherzustellen, dass die maximal zulässige Frischbetontemperatur nicht überschritten wird. Die vorteilhaften Auswirkungen sind in der Verringerung der zwangspannungswirksamen Temperasturdifferenz zu sehen.

  Die Kühlung des Frischbetons ist auf die wärmere Jahreszeit beschränkt, da bei Außentemperaturen < 5 °C und LH-Zementen die Frischbetontemperatur > 10 °C betragen muss.

  Grundsätzlich gilt: Je höher die Frischbetontemperatur ist, desto weniger sind die Eigenschaften der einzelnen Zementarten mit dem jeweils spezifischen Hydratationsverhalten spürbar. Auch bei hüttensandhaltigen Zementen findet bei höheren Temperaturen eine größere Wärmefreisetzung statt. Die Verringerung der Wärmeentwicklung über den Austausch von Zementklinker durch Flugasche bleibt jedoch aufrechterhalten.

- Außenkühlung des erhärtenden Betons

  Eine Verringerung der Gesamtwärme im Bauteil wird durch Berieselung der Stahlschalungen von Wänden erreicht; eine beschleunigte Abkühlung von Sohlplatten bis zum Beginn der Festigkeitsentwicklung ist ebenfalls vorteilhaft. Ein Beispiel intensiver Kühlung stellt die Flutung von Bodenplatten dar. Dadurch kann jedoch ein ungünstiges

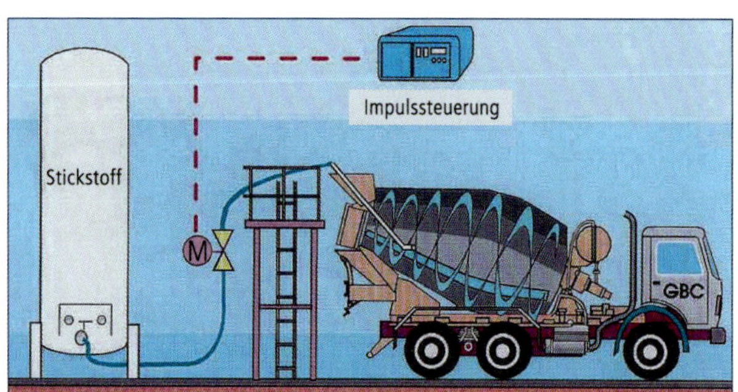

Bild 8.3: Lanzenkühlung des Frischbetons mit flüssigem Stickstoff (Linde)

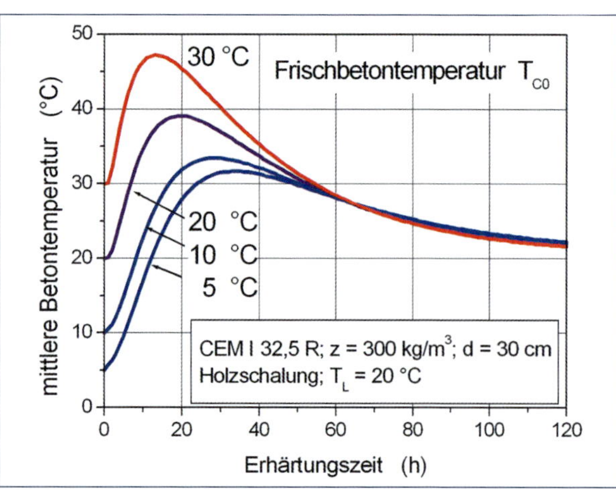

Bild 8.4: Mittlere Bauteiltemperatur in Abhängigkeit von der Einbautemperatur des Frischbetons (Beton C30/37 aus Zement CEM I 32,5 R)

Temperaturprofil im Querschnitt erzeugt werden, sodass mit beginnender Festigkeitsentwicklung ein Ausgleich durch Dämmung eingeleitet werden muss. Die dadurch begünstigten Eigenspannungen sind zu beachten.

Der Einfluss der Oberflächenabkühlung nimmt vom Rand her schnell ab, sodass die Auswirkungen auf die zentrischen Zwangspannungen bei sehr dicken Platten gering sind. Der Zweck ist damit hauptsächlich in der Vermeidung einer Aufheizung im Sommer zu sehen. Dem Einfluss hoher Lufttemperaturen kann durch Wasseraufsprühen begegnet werden. Die Temperaturentwicklung im Randbereich dicker Bauteile wird dadurch deutlich vermindert, die sich einstellenden Eigenspannungen müssen kontrolliert und die Risssicherheit anhand der zeitabhängigen Zugfestigkeit eingeschätzt werden.

- Innenkühlung des Bauteils nach dem Betonieren
  Über ein eingebautes Rohrleitungssystem mit zirkulierendem Wasser wird ein beträchtlicher Teil der entstehenden Wärme entzogen. Bei Unterschreiten einer Grenztemperatur können Zugspannungen in die Wand »hineingekühlt« werden. Der Abschaltzeitpunkt ist demzufolge nicht anhand der Kühlwassertemperatur, sondern einer Spannungsberechnung zu bestimmen. Die Vorteile ergeben sich beispielsweise aus Bild 8.5. Es handelt sich um eine Randleitwand, die nachträglich an eine Brückenplatte anbetoniert wurde. Die Kühlleitungen befanden sich im Kern des wandartigen Bauteils.
- Abschnittsweise Herstellung massiger und großflächiger Baukörper
  Durch Unterteilung in Betonierabschnitte kann die in kompakten Baukörpern gleichzeitig freigesetzte Gesamtwärmemenge verringert, die Abkühlung erleichtert und eine nahezu adiabatische Temperaturentwicklung verhindert werden.
  Bodenplatten mit großen Abmessungen werden aus baupraktischen Gründen durch Arbeitsfugen unterteilt. Wenn eine geeignete Arbeitsfolge eingehalten wird, ist bereits dadurch eine Verminderung der Zwangspannungen möglich.

Verlangsamung der Abkühlung ab der Maximaltemperatur

Diese Vorgehensweise kann zur Reduzierung der zentrischen Zwangspannungen beitragen, da der E-Modul nur noch geringfügig ansteigt, die Relaxation sich aber bei längerer Belastungsdauer günstig auswirkt. Dem wird durch längere Standzeit in der Schalung

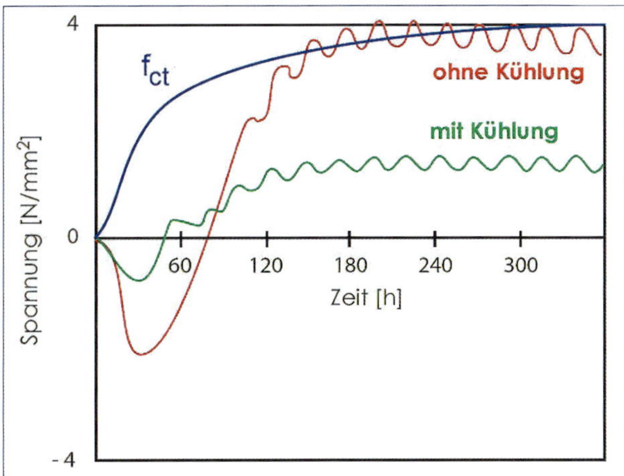

Bild 8.5: Einfluss der Innenkühlung auf die Spannungsentwicklung in einem wandartigen Bauteil (nach [Mar9])

Bild 8.6: Isoliermatte zur Steuerung der Abkühlungsgeschwindigkeit einer dicken Bodenplatte (DESY Hamburg)

oder Anbringen von Dämmungen nach dem Ausschalen entsprochen.

Verringerung der Temperaturdifferenzen im Bauteil und zu angrenzenden Bauteilen

Die Temperaturdifferenzen können durch folgende Maßnahmen vermindert werden:

- Anbringen von Dämmungen an Schalungen und auf Bauteiloberflächen
  Zur Verminderung der Abkühlungsgeschwindigkeit und der Ausprägung eines ungünstigen Temperaturprofils im Querschnitt werden Dämmungen der Oberflächen vorgenommen oder die Betonarbeiten in Einhausungen durchgeführt (Bild 8.6). Dickere Sohlen werden mindestens mit Wärmeschutzfolie abgedeckt, die Dauer (etwa fünf bis sieben Tage) ist anhand des prognostizierten Temperaturverlaufs festzulegen. Vergleichbare Wanddicken verbleiben in der Holzschalung und erhalten nach dem Ausschalen ebenfalls eine Wärmeschutzfolie. Seitenflächen dicker Fundamentplatten sind durch Dämmung ebenfalls zu schützen. Zu beachten ist dabei, dass jede Reduzierung der Temperaturdifferenz durch Dämmung gleichzeitig die mittlere Bauteiltemperatur erhöht und die zentrischen Zwangspannungen vergrößert.
- Erwärmung von behindernden Arbeitsfugen und Bauteilanschlüssen
  Temperaturdifferenzen zwischen Alt- und Neubeton können durch Heizrohrsysteme im bereits erhärteten Bauteilende und umlaufendes warmes Wasser oder Warmluftgebläse vermindert werden. Beim Schließen von Öffnungen im Altbeton und vergleichbaren sensiblen Betonbauteilen wird der vorhandene und behindernde Bauteilrand angewärmt.
- Kombination von Kühlung und Dämmung bzw. Erwärmung
  Eine Optimierung bei der Verminderung der Eigen- und Zwangspannungen wird durch die Kombination von Dämmungen und Kühlrohren erreicht, um ein Temperaturprofil zu vermeiden und die Maximaltemperatur abzusenken. Beispielsweise wurde bei einer Beckenkonstruktion ein schmaler Streifen der Sohle im Bereich des Wandfußes durch Heizrohre vorerwärmt. Der Wandfuß erhält durch das spätere Abkühlen des Auflagers eine Vorspannung. Eine parallellaufende Kühlung des Wandfußes durch eingebaute Rohre bietet sich ebenfalls an.

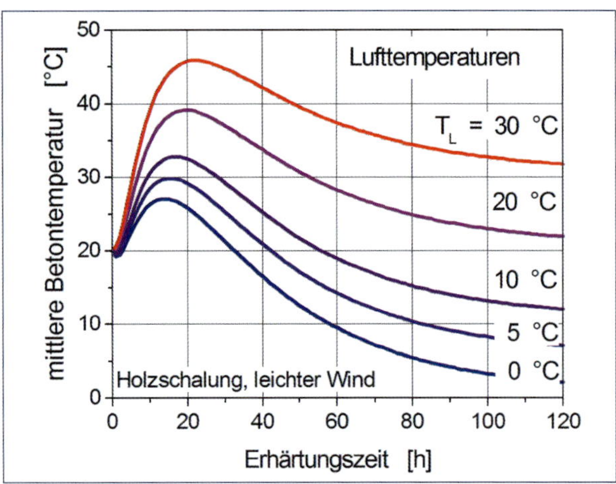

Bild 8.7: Einfluss der Lufttemperaturen auf die Entwicklung der mittleren Bauteiltemperatur (h = 30 cm, Beton C 30/37 mit 300 kg/m³ CEM I 32,5 R)

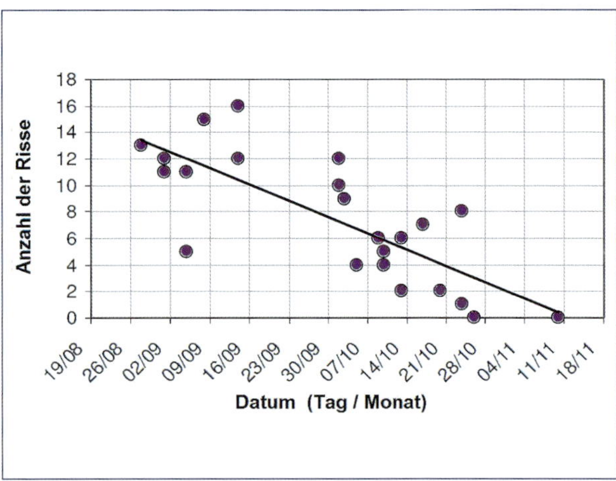

Bild 8.8: Beobachtung der jahreszeitlichen Rissentwicklung in Wänden (h = 500 mm, H = 2650 mm) [Bam4]

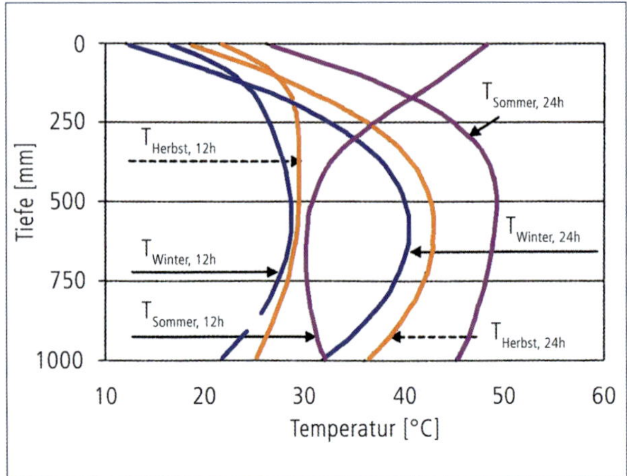

Bild 8.9: Temperaturgradienten in einer Bodenplatte mit einer Dicke von 1,0 m in einem Betonalter von 12 und 24 Stunden zu unterschiedlichen Jahreszeiten mit Betonierbeginn um 6.00 Uhr [Ruc1]

Optimierung des Bauablaufs

Der Bauablauf kann sehr wesentlich dazu beitragen, die Auswirkungen der Bauteiltemperatur zu vermindern. Dies geschieht durch:

- Unmittelbare Aufeinanderfolge der Betonierabschnitte

  Zur Vermeidung von größeren Temperaturdifferenzen zwischen aneinander angrenzen Bauteilen oder Betonierabschnitten ist die unmittelbare zeitliche Folge eine wirksame Maßnahme. Dadurch können zum Beispiel die Spannungen in Wänden auf Bodenplatten oder in Bodenplatten, die abschnittsweise betoniert wurden, verringert werden. Genauso ist die gleichzeitige Ausführung von aneinander angrenzenden Bauteilen, wie ein Randstreifen einer Bodenplatte in Verbindung mit der aufgehenden Wand, zweckmäßig.
- Durchführung der Betonarbeiten im Frühjahr oder Herbst des Jahres und in den Morgenstunden des Tages

  Diese Vorgehensweise wurde seit Beginn der Betonbauweise empfohlen und bleibt vorteilhaft. Den vorteilhaften Einfluss einer niedrigeren Lufttemperatur auf den Temperaturverlauf im Bauteil zeigt das Bild 8.7. Die Verminderung der Maximaltemperatur im Beton entspricht den Maximaltemperaturen bei Einsatz von langsam erhärtendem Zement oder bei Senkung des Zementgehalts. Verstärkt würde dieser Temperaturrückgang durch eine reduzierte Frischbetontemperatur (Bild 8.4). Die Auswirkungen zeigen sich in Bild 8.8 anhand des Rückgangs der Rissanzahl in Abhängigkeit vom Ausführungszeitraum.

Es handelt sich dabei um Wände auf einer Bodenplatte mit einheitlichen Abmessungen und einheitlicher Betonzusammensetzung.

Bei dicken Bauteilen kann dadurch die Temperaturentwicklung wirkungsvoll begrenzt werden; das Beispiel einer Bodenplatte in Bild 8.9 zeigt die deutlich abweichenden Temperaturgradienten in Abhängigkeit von der Jahreszeit [Ruc1].

8.2 Optimierung der Betonzusammensetzung

Die Zielstellung besteht in der Minimierung der Wärmefreisetzung. Die Auswahl der Betonzusammensetzung ist deshalb auf folgende Maßnahmen konzentriert:

Anforderungen an die Eigenschaften des Betons bei Minimierung der Wärmefreisetzung

Die Optimierungsmöglichkeiten liegen darin, abhängig von den meteorologischen Bedingungen, der Bauteilgeometrie, der Schalungsart usw. eine Betonzusammensetzung festzulegen, die gerade die verlangte Festigkeitsentwicklung sicherstellt und nicht überschreitet. In diesem Zusammenhang zeigen sich die Abnahmetermine als außerordentlich wichtig, um die Wärmeentwicklung zu steuern. Eine Herabsetzung des Zementgehalts ist in Ausnahmefällen möglich und an eine Zulassung im Einzelfall gebunden.

Grundlagen bilden die Kenntnis der Wärmeentwicklung der Zemente unter den Temperaturbedingungen im Bauteil, die Veränderung der Wärmefreisetzung durch Zusatzmittel, die erforderliche Zementmenge zur Erfüllung der sonstigen Anforderungen und die quantitative Begrenzung, den Zement durch Flugasche zu ersetzen.

Die Gegenüberstellung von Druckfestigkeit des Betons und freigesetzter Hydratationswärme stellt ein objektives Kriterium dar, um die Eignung einer bestimmten Betonzusammensetzung für eine Konstruktion unter Zwangbeanspruchung vergleichen zu können. Unter Umständen müssen sogar andere Eigenschaften des Betons in die Optimierung einbezogen werden, z.B. die Frostsicherheit.

In Bild 8.10 wird die Möglichkeit der Absenkung der Bauteiltemperatur bei einem Massenbeton C20/25 durch den Einsatz von Zement CEM III/A und die Verringerung der Zementmenge im Vergleich zur Temperaturentwicklung bei Verwendung eines Zements CEM I 32,5 R dargestellt. Die Zusammensetzung des Betons wurde auf der Grundlage einer Vereinbarung der Abnahmeprüfung nach 56 Tagen ermittelt. Wenn die Ausgleichstemperatur 20 °C beträgt, ist durch die veränderte Zusammensetzung die zwangspannungswirksame Temperaturdifferenz von 38 K über 23 K bis auf 18 K verringert worden.

Der Einsatz von Flugasche ist eine außerordentlich effektive Vorgehensweise, um das Wärmepotenzial zu vermindern. In Bild 8.11 sind für einen Beton C 30/37 verschiedene Zusammensetzungen gegenübergestellt worden. Bei den Rezepturen 1 bis 3 wurden die normative Anrechenbarkeit und Wirksamkeit der Flugasche zugrunde gelegt. Die für die beiden Bauteildicken vorgegebenen Temperaturdifferenzen ΔT konnten bei entsprechender Steigerung des Flugaschegehalts eingehalten bzw. unterschritten werden. Bedingt durch die normative Begrenzung der Flugaschemenge im Beton bestehen noch Reserven, die Wärmeentwicklung zu reduzieren. Wenn die langsame Hydratation keine Rolle spielt, kann die mit der Erhärtung ständig zunehmende Wirksamkeit der Flugasche für die Festigkeitsbildung genutzt werden. Bei massigen Bauteilen und einer Erhärtung von mehr als 90 Tagen erreicht der Faktor k einen Wert bis zu 1,0 [Koc1]. Bedenken hinsichtlich einer Unterschreitung des Alkalitätsdepots bei flugaschereichen Mischungen bestehen nicht [Men2].

Zu beachten ist die Abnahme der Reaktionsfähigkeit der Flugasche und damit des Hydratationsgrads bei höherer Konzentration von Flugasche im Anmachwasserraum. Die Reaktionsfähigkeit der Flugasche und der Hydratationsgrad vermindern sich durch die

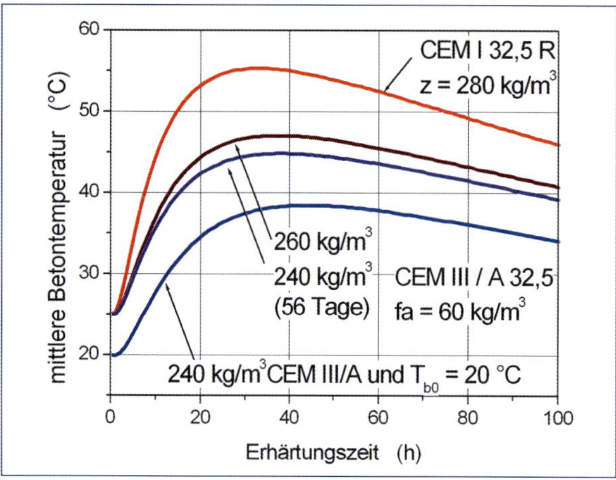

Bild 8.10: Verlauf der mittleren Betontemperatur in einer Wand mit h = 1,2 m und Holzschalung in Abhängigkeit von der Betonzusammensetzung (Massenbeton 20/25), Einbau- und Lufttemperatur 25 °C, unterste Kurve 20 °C

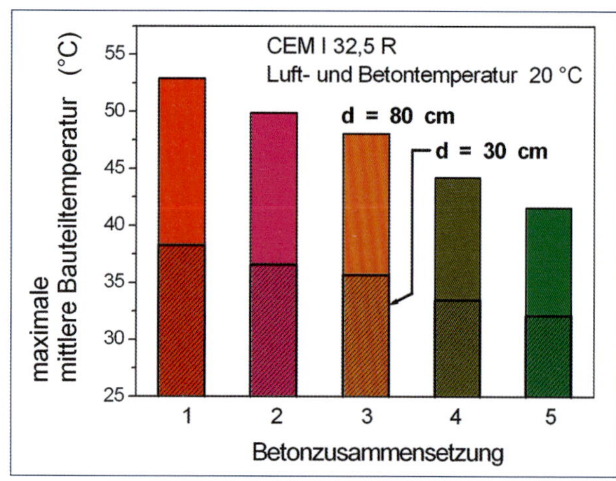

Bild 8.11: Temperatur in Bauteilen mit 30 cm und 80 cm Dicke in Holzschalung bei Verwendung unterschiedlicher Betonzusammensetzungen
1 – 350 kg/m 3 CEM I 32,5 R
2 – 325 kg + 60 kg FA
3 – 310 kg + 100 kg FA
4 – 290 kg + 100 kg FA
5 – 270 kg + 145 kg FA

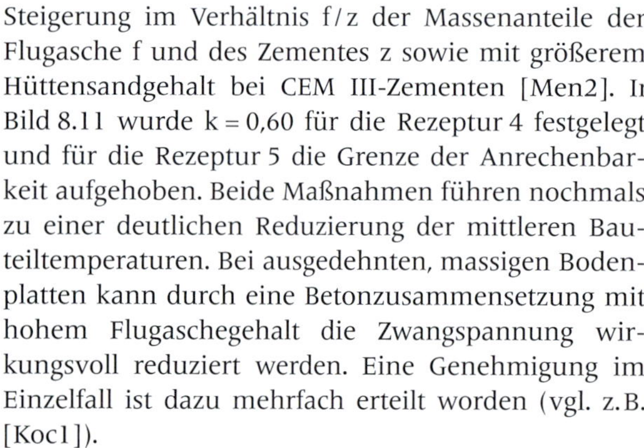

Steigerung im Verhältnis f/z der Massenanteile der Flugasche f und des Zementes z sowie mit größerem Hüttensandgehalt bei CEM III-Zementen [Men2]. In Bild 8.11 wurde k = 0,60 für die Rezeptur 4 festgelegt und für die Rezeptur 5 die Grenze der Anrechenbarkeit aufgehoben. Beide Maßnahmen führen nochmals zu einer deutlichen Reduzierung der mittleren Bauteiltemperaturen. Bei ausgedehnten, massigen Bodenplatten kann durch eine Betonzusammensetzung mit hohem Flugaschegehalt die Zwangspannung wirkungsvoll reduziert werden. Eine Genehmigung im Einzelfall ist dazu mehrfach erteilt worden (vgl. z.B. [Koc1]).

Zonierte Bauweise bei Massenbetonbauwerken

Bei wasserbaulichen Anlagen, wie Talsperren, wird der Querschnitt der Staumauer in funktionelle Zonen aufgeteilt und dafür differente Betonzusammensetzungen festgelegt; ein mehrschaliger Aufbau ist empfehlenswert. Üblich ist die Unterteilung in Kern- und Vorsatzbeton, die sich im Korngerüst und der Zementleimmenge unterscheiden. Die höhere Wärmefreisetzung im Vorsatzbeton wird durch die geringere Dicke in Grenzen gehalten. Eine aus zwei Schichten bestehende Bodenplatte wurde von [Hoc1] entwickelt. Durch den unteren, stärkeren Teilquerschnitt aus Beton mit CEM-III-Zement und einem Aufbeton mit CEM-I-Zement kann die Temperatur im Bauteil deutlich abgesenkt werden.

Abstimmung der Frühfestigkeiten auf die meteorologischen Bedingungen

Bei einer Bauausführung, die an Frühfestigkeiten gebunden ist (Tunnelbau, Kletterschalungen), kann die zu schnelle Festigkeitsentwicklung infolge höherer Frischbeton- und Umgebungstemperaturen durch die Auswahl langsam bzw. normal erhärtender Zemente sowie durch die Reduzierung des Zementgehalts und den Ersatz durch Flugasche vermieden werden (Sommerbeton).

Vermeidung einer Überschreitung der Abnahmefestigkeit

Überfestigkeiten beeinflussen die Rissentwicklung ungünstig, da die Mindestbewehrung für dieses Festigkeitsniveau nicht bemessen wurde und der höhere E-Modul die Zugspannungen vergrößert. Eine Möglichkeit stellt eine Porosierung des Zementsteingefüges dar, die durch den Einsatz von Luftporenbildnern erreicht werden kann. In Österreich soll damit weiterhin die Dehnfähigkeit des Betons verbessert werden. Zusätzlich kann, wenn notwendig, die Frostsicherheit randnaher Bauteilbereiche besser gewährleistet werden.

Kombination der Maßnahmen

Eine einzige Maßnahme ist in der Regel nicht ausreichend, um eine wesentliche Reduzierung der Wärmeentwicklung herbeizuführen. Insofern werden zur Temperatursteuerung verschiedene Maßnahmen kombiniert. In Bild 8.12 ist beispielsweise die Zementart verändert, der Zementgehalt vermindert und die Frischbetontemperatur gesenkt worden. Die Höchsttemperatur konnte dadurch von etwa 41 auf 27 °C und die Temperaturdifferenz bis zur Abkühlung von 21 auf 7,5 K reduziert werden.

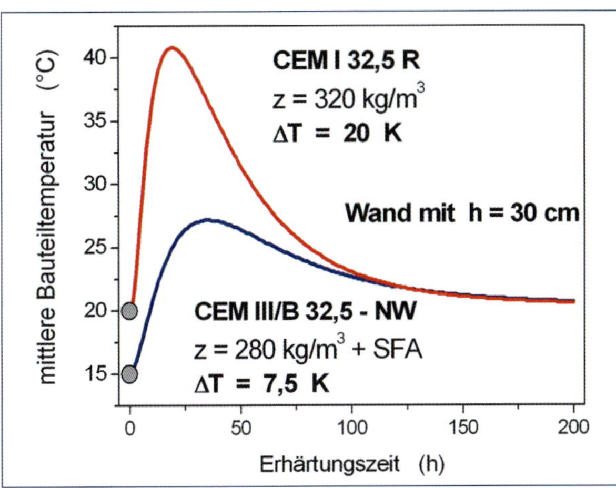

Bild 8.12: Einfluss der Veränderung des Zementeinsatzes in Verbindung mit der Senkung der Frischbetontemperatur auf die sich einstellende mittlere Bauteiltemperatur

8.3 Konstruktive und betontechnologische Maßnahmen zur Verminderung der Behinderung der erhärtenden Betonbauteile

Ein abgestimmtes Vorgehen von Tragwerksplanung und Betontechnologie kann sehr wirkungsvoll zur Verminderung der Spannungen beitragen. Dazu zählen:

- Gleitfähige Auflagerung von Fundamentplatten und Sohlen

  Durch Folien, Glasvlies und Bitumenschweißbahnen kann die Reibung bis auf weniger als die Hälfte vermindert werden. Zur Verbesserung der Wirksamkeit der Gleitschicht ist eine dickere Unterbetonschicht zu wählen, um eine gleichmäßige, mit Flügelglättern abgezogene Oberfläche zu erhalten. Bei dünnen Folien reichen bereits kleinere Unebenheiten aus, um die Gleitfolie wirkungslos werden zu lassen. In diesem Sinne sind auch Falten der Folie zu vermeiden, da dort der Riss initiiert wird. Beispiele für wirkungslose Folien sind anhand der Bohrproben in Bild 8.13 dargestellt.

  Die Gleitfähigkeit der Sohlplatten ist durchgängig sicherzustellen, indem eine nachteilige Gliederung der Unterkante der Sohle, bis auf funktionsbedingte Höhenversprünge, vermieden wird (z.B. Bild 8.14). Vertiefungen, wie Rinnen und Gruben, sollen im Bewegungsruhepunkt des Bauwerks angeordnet werden oder eine Bewegungsmöglichkeit durch verformbare Einlagen besitzen (Bild 8.15).
- Aufteilung von Bodenplatten nach den zwangverursachenden Festhaltungen durch tiefergehende Bauteile

Bild 8.13: Bohrkerne zur Feststellung der Lage der PE-Folie in der Bodenplatte; die Falten verhindern die Gleitfähigkeit auf dem Unterbeton

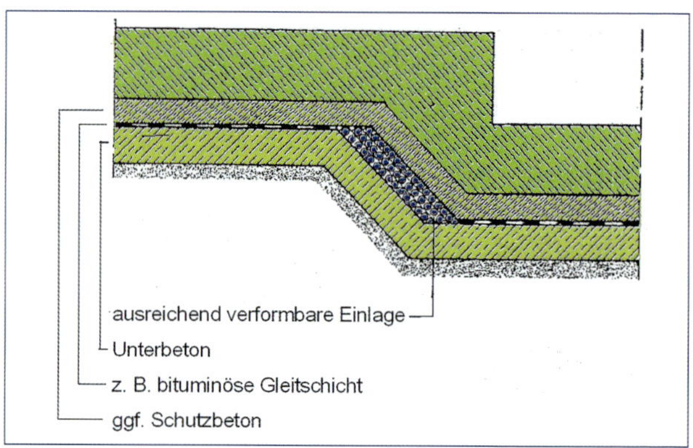

Bild 8.15: Verminderung von Beanspruchungen aus Zwang durch Einbau einer ausreichend verformbaren Einlage und einer Gleitschicht

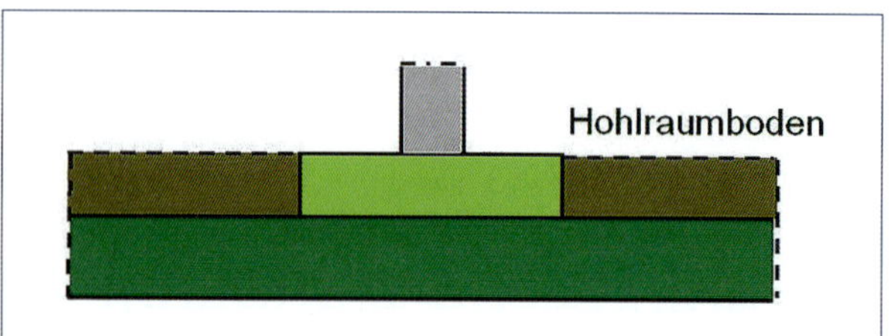

Bild 8.14: Aufgeständerte Fundamente auf durchgehender Bodenplatte

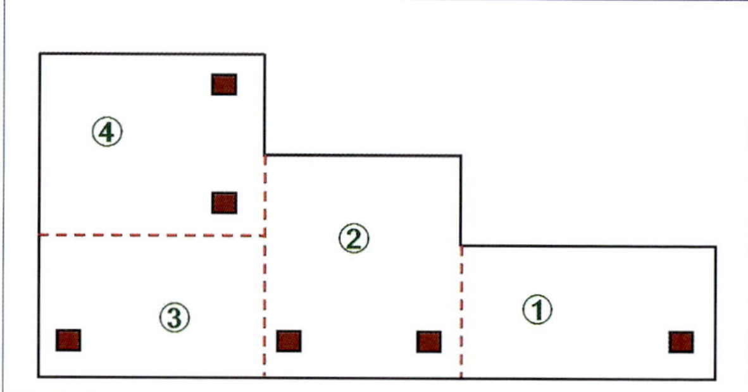

Bild 8.16: Aufteilung einer Bodenplatte nach den vorhandenen, zwangverursachenden Festhaltungen durch tiefergehende Bauteile

Stützenfundamente, Aufzugsunterfahrten und ähnliche Bauwerksteile können eine vollständige Behinderung der Bodenplatten hervorrufen. Wenn eine Veränderung nicht möglich ist, kann nur eine Unterteilung der Bodenplatte in Betonierabschnitte vorgenommen werden (Bild 8.16).

- Verringerung der Wandabmessungen durch Fugen
  Die Zwangbeanspruchungen können durch die Unterteilung langer Wände oder großer Sohlplattenflächen wirksam verringert werden, sodass durchgehende Trennrisse vermieden werden können. Mit Verringerung des Seitenverhältnisses L / H ist der innere Behinderungsgrad und damit die Spannung in der Wandmitte rückläufig. Während bei einem Verhältnis L / H > 8 über die gesamte Höhe nahezu die gleiche Spannung wie am vollständig eingespannten Fußpunkt vorliegt, beträgt der Wert an der Wandoberseite bei der Unterteilung durch lediglich eine Fuge nur noch etwa 50 % (Bild 8.17). Die Zusammenhänge sind in Kapitel 6.5.1 näher erläutert (vgl. dazu Bild 6.20, Bild 6.21 und Bild 6.22). Bei Abmessungen L / H ≤ 1 kann davon ausgegangen werden, dass die Rissschnittgröße nicht mehr erreicht wird. Die Verkürzung der Wandlängen ist durch den Nachteil, den Fugen zwangsläufig mit sich bringen, eingeschränkt. Bei wasserundurchlässigen und flüssigkeitsdichten Bauwerken muss oftmals auf eine Anordnung von Fugen verzichtet werden.

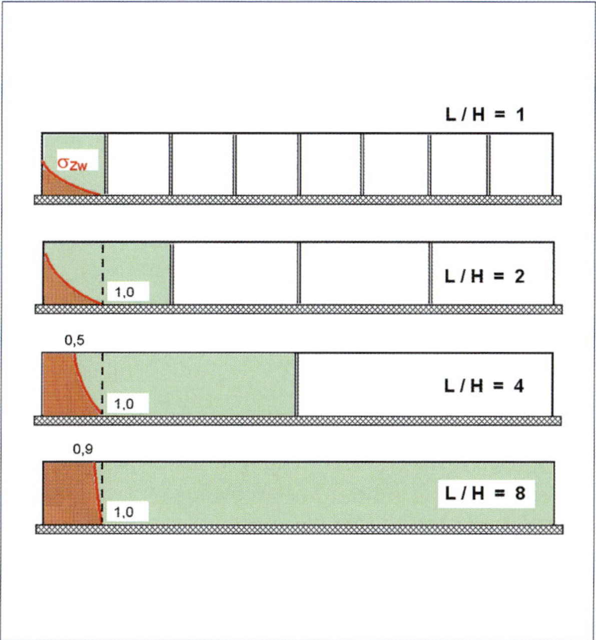

Bild 8.17: Verlauf der Zwangspannungen über die Wandhöhe in der Wandmitte abhängig vom Seitenverhältnis L / H der durch Fugen unterteilten Wand (relative Spannungswerte gerundet)

Bild 8.19: Anordnung von Hydratationsgassen bei der Ausführung der Bodenplatte im Leipziger Hauptbahnhof [Fas1]

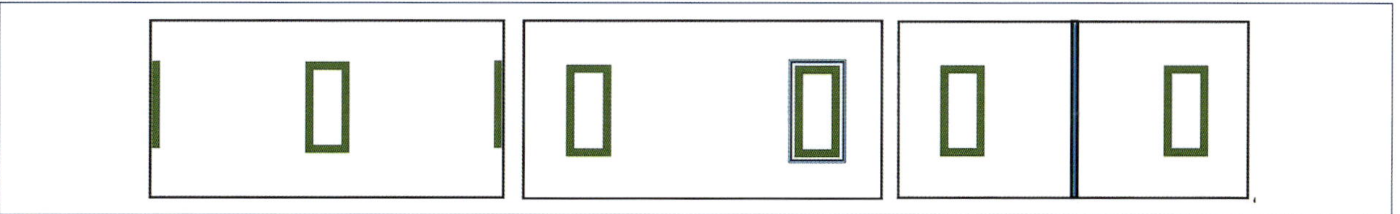

Bild 8.18: Verminderung der Zwangkräfte durch günstige Anordnung der Festpunkte im Gebäudegrundriss (links) sowie Anordnung von Fugen um einen Treppenhauskern (Mitte) und eine Bauteilfuge (rechts)

- Verringerung oder Vermeidung der Behinderung von Geschossdecken
  Decken in mehrgeschossigen Konstruktionen werden durch Treppenhäuser und aussteifende Wände gezwängt (Kapitel 6.4). Durch die Veränderung der Anzahl und der Lage dieser Festpunkte ist eine Verminderung und durch die Anordnung von trennenden Fugen eine Vermeidung der Behinderung erreichbar.
- Vermeidung unterschiedlicher Steifigkeiten durch übereinstimmende Dicken der Sohle, Wände und Decken in fugenlosen Konstruktionen.
- Erhärtung ohne oder mit reduzierter Verformungsbehinderung zwischen den Bauteilen
  Zur Vermeidung einer Verformungsbehinderung werden zwischen steifen Bauteilen sogenannte »Hydratationsgassen« vorsehen, die nach Abklingen der Hydratationswärme, d.h. nach frühestens

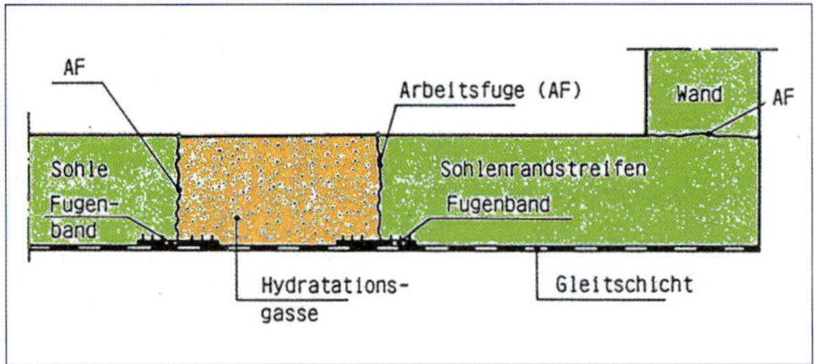

Bild 8.20: Hydratationsgasse im Anschlussbereich Sohle/Wand (nach [Iva1])

einer Woche, geschlossen werden (Beispiele in Bild 8.19 und Bild 8.20). In Anbetracht der Wärmeableitung beim Schließen der Gassen wird eine Breite von etwa der ein- bis zweifachen Bauteildicke als günstig angesehen. Der Vorteil wird mit einer Unsicherheit bei der Abdichtung der Arbeitsfuge erkauft.
Als vorteilhaft hat sich auch erwiesen, die Wand und einen Teil der Sohlplatte gemeinsam zu betonieren.

- Gemeinsame Betonage von Bauteilen mit Querschnittssprüngen oder zumindest von denjenigen Bauteilabschnitten mit den zu erwartenden größten Zwangspannungen, z.B. der Eckverbindung von Wandfüßen mit einem Bodenplattenstreifen. Neben diesem Streifen kann eine Schwind- oder Betoniergasse angeordnet werden (Bild 8.20).
- Abschnittsweise Betonage ausgedehnter Bauteile mit einer spannungsvermindernden Reihenfolge
Größere Bodenplatten und lange Wände werden in Betonierabschnitte unterteilt und eine Reihenfolge festgelegt, die die Zwängungen bei der Erhärtung berücksichtigt. Eine erhöhte Gefahr der Trennrissbildung besteht immer dann, wenn zwischen bereits hergestellten Bauteilabschnitten eine Lückenschließung erfolgt und diese Teile unter vollem Zwang erhärten. Die Veränderung der Betonierfolge kann eine Verminderung dieser Behinderung ergeben. Eine freie Verformung ist selbstverständlich nicht zu erreichen. Ein Beispiel für eine Veränderung der Betonierrichtung zeigt Bild 8.21.
Häufig wird die Meinung vertreten, dass lange Wände günstig im sogenannten Pilgerschrittverfahren ausgeführt werden könnten, bei dem zunächst die ungeraden und anschließend, gleichsam als Lückenschließung, die geraden Wandabschnitte betoniert werden. In der ersten Betonierfolge findet tatsächlich eine Erhärtung ohne seitliche Behinderung statt, für die Wandabschnitte danach liegt eine dreiseitige Behinderung vor, sodass eine große Behinderung über die gesamte Wandhöhe vorhanden ist.

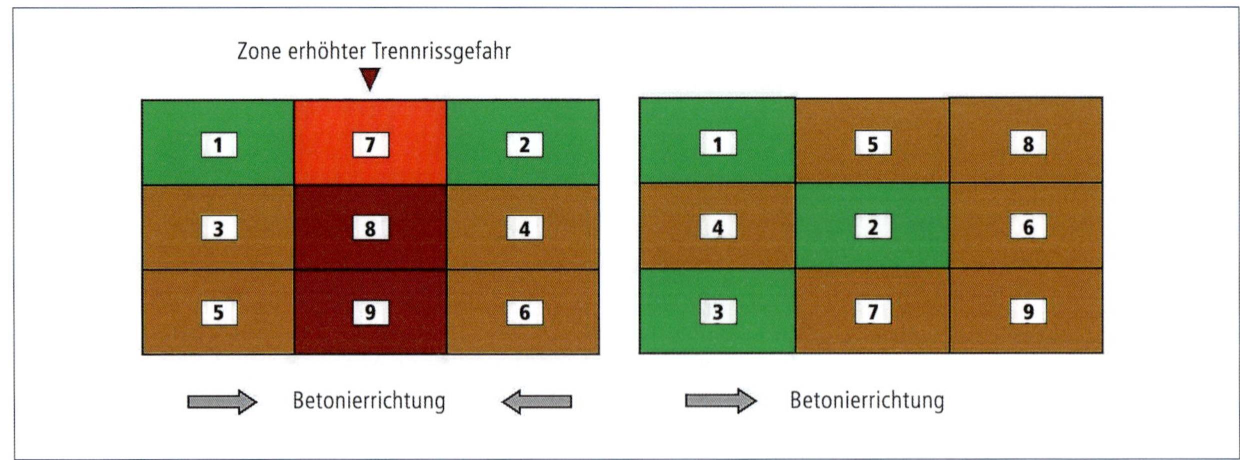

Bild 8.21: Veränderung der Betonierreihenfolge zur Verminderung der Behinderung von erhärtenden Bodenplattenfeldern

9 Ermittlung von Zwangspannungen und Beurteilung der Rissgefahr

Die Entwicklung von Modellen zur Berechnung von Zwangspannungen hängt nicht nur davon ab, dass einzelne Untersuchungsergebnisse zur Beschreibung der Wärmeentwicklung und zum Schwinden sowie der zeit- und belastungsabhängigen Stoffkenngrößen vorhanden sind. Auch die Auswirkungen der Überlagerung der einzelnen Faktoren in erhärtenden Betonbauteilen sollten beobachtet werden. Seit Jahrzehnten werden deshalb Versuchseinrichtungen entwickelt und ständig verbessert, um die Temperaturverhältnisse und Verformungsbehinderungen an erhärtenden Betonprüfkörpern simulieren und den Verlauf der zentrischen Zwangspannungen verfolgen zu können. Auch sind Möglichkeiten gefunden worden, die Zwangspannungen in erhärtenden Bauteilen in situ und an größeren Versuchskörpern im Labor zu verfolgen.

Die rechnerische Ermittlung der Zwangspannungen wird heute mit Computerprogrammen und auf der Grundlage von finiten Elementen durchgeführt, die auch eine dreidimensionale Verfolgung der Spannungen gestatten. Die Klärung von Zusammenhängen bei der Herausbildung und dem Verlauf der Zwangspannungen, z.B. der Relaxation und der Auswirkung des zeit- und erhärtungsabhängigen E-Moduls, haben nicht die Unsicherheiten der Berechnungsergebnisse beseitigen können, die durch die Streuungen der Eingabewerte entstehen. Deshalb wird auch eine Beurteilung der Risswahrscheinlichkeit unter Berücksichtigung der Streuungen vorgenommen.

9.1 Experimentelle Bestimmung der Zwangverformungen und Zwangspannungen

Neben der Ermittlung der Zwangspannungen an Prüfkörpern im Labor werden auch experimentelle Untersuchungen an realen Bauteilen auf der Baustelle durchgeführt.

9.1.1 Messung der Zwangspannungen im Labor

9.1.1.1 Prüfeinrichtungen

Einen Überblick zu Versuchseinrichtungen für die Spannungsmessung im Labor liefert der Bericht von [Man6]. Danach ist zwischen dem Ringtest, dem Reißrahmen mit festem und beweglichem Querhaupt und den Temperatur-Spannungsprüfmaschinen zu unterscheiden. Die gerätespezifischen Ergebnisse können nur in der Tendenz miteinander verglichen werden.

In der als Reißrahmen bezeichneten Prüfeinrichtung erhärten horizontal liegende Probekörper in einer wärmegedämmten Schalung und sind bei Abkühlung der Zwangbeanspruchung unterworfen. Der Reißrahmen besteht aus zwei massiven Stahllängsholmen, die fest mit zwei gegenüberliegenden Querhäuptern verschraubt sind. Die Konstruktion gewährleistet, dass die Verformungsbehinderung beliebig variiert und damit eine realitätsnahe Untersuchung durchgeführt werden kann. Reißrahmen, die in der heutigen Ausstattung als Temperatur-Spannungs-Prüfmaschinen (TSP bzw. TSPM) bezeichnet werden, sind in allen Forschungseinrichtungen installiert, die sich mit Fragen zur Entwicklung und Berechnung der Zwangspannungen befassen; eine Anlage ist in Bild 9.1 dargestellt.

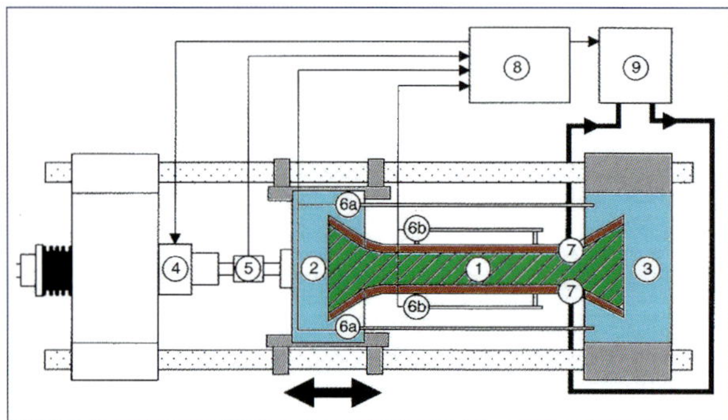

Bild 9.1: Temperatur-Spannungsprüfmaschine [Hin1]
1 – Probekörper, 2/3 – verstellbares bzw. starres Querhaupt;
4 – Motor, 5 – Kraftmessdose, 6 – Messeinrichtungen,
7 – temperierbare Schalung, 8 – PC,
9 – Kryostat zur Regelung der Temperatur der Schalung

Für die Reißrahmenversuche an der TU München wurde beispielsweise eine Prozedur festgelegt, die nach der teiladiabatischen Erwärmung und Abkühlung bis auf Umgebungstemperatur ein planmäßiges Absenken der Temperatur bis zur Rissbildung 96 Stunden nach der Herstellung beinhaltet. Die Erwärmung des jungen Betons in der Schalung entspricht den teiladiabatischen Verhältnissen in einem etwa 50 cm dicken Bauteil. Untersuchungsergebnisse über den Einfluss von Betonzusammensetzung, Betontemperatur, Zusatzmitteln u.a. sind beispielsweise in [Bre3] zu finden.

Wie bei allen experimentellen Untersuchungen sind die Ergebnisse an die Prüfbedingungen gebunden. Die Spannungsverhältnisse im Prüfkörper ändern sich sehr wesentlich, wenn die Abkühlung zu einem früheren Zeitpunkt erfolgt [Kra4]. Bedeutsam sind auch der Behinderungsgrad und dessen Veränderung während der Erhärtung. Insofern ist die Reißneigung ein unsicheres Kriterium für die Eignung einer Betonzusammensetzung.

Die bisher im Gebrauch befindlichen Reißrahmen und Temperatur-Spannungsprüfmaschinen besaßen den Nachteil, dass durch die vorgegebenen Temperaturgänge und die gerätetechnisch bedingten Zwängungsverhältnisse Ergebnisse erhalten wurden, die nur Sonderfälle praktischer Erhärtungsbedingungen darstellten. Zudem waren sie nicht vergleichbar, wenn mit unterschiedlichen Geräten gemessen wurde. Temperatur-Spannungsprüfmaschinen haben heute einen Stand erreicht, bei denen die bisherigen Nachteile weitgehend vermieden werden können.

Diese Prüfeinrichtung stellt eine liegende Universal-Prüfmaschine dar, die kontinuierlich zwischen dem Druck- und Zugbereich wechseln kann. Die Regelung des Temperaturgangs und der Verformung erfolgt über eine Datenerfassungs- und Rechenanlage. Über die in der Schalung liegenden Kühl- bzw. Heizschlangen sind beliebige Abkühlungsverhältnisse simulierbar, auch zuverlässig adiabatische Bedingungen. Realisierbar sind drei Regelungsarten: unbehinderte Verformung, voller Zwang und teilweise Behinderung

(Reißrahmen). Ausführliche Darstellung und Ergebnisse sind in [Hin1] zu finden. Die Eichung und der Einsatz bei Versuchen mit dem Reißrahmen- und der Temperatur-Spannungsprüfeinrichtung sind in [Pla1] dargestellt. Die Einbeziehung in die Praxis der Tragwerksberechnung ist beispielhaft in [Bra1] angegeben. Ein umfangreicher Vergleich zwischen gemessenen und berechneten Zwangspannungen im jungen Beton ist in [Est1] zu finden. Ziel der Untersuchungen war, die Vorhersage der Rissgefahr zu verbessern und Maßnahmen zu deren Verminderung begründet festlegen zu können.

Die Messung der Zwangspannungen besitzt den großen Vorteil, dass die Ergebnisse von Berechnungen überprüfbar sind. Zudem sind eine Beurteilung der Wirkung von spannungsvermindernden Maßnahmen (z.B. Beseitigung von Abdeckungen) und unter Umständen die Steuerung von Zwangbeanspruchungen (z.B. durch Berieseln mit Wasser) möglich geworden. Der praktische Einsatz ist beispielsweise in [Web3] erläutert. Einschränkungen der Anwendung bestehen, wenn Feuchtebewegungen stattfinden und Schwindvorgänge eingeleitet werden [Pla1]. Bei jungem Beton und/oder dickeren Bauteilen ist dieser Aspekt nicht relevant.

9.1.1.2 Ergebnisse der Untersuchungen an Prüfkörpern im Labor

Grundsätzlich werden immer die typischen Verläufe der Zwangbeanspruchung erhalten (Bild 3.3). Sie sind nur im Zeitablauf und in der Größe der Zwangspannung voneinander abweichend. Die Auswertung der Versuche ergibt die Möglichkeit, die Bedeutung der einzelnen Einflussgrößen auf die Entwicklung der Zwangspannungen zu beurteilen. Weiterhin können Berechnungen überprüft und vereinfachende Ansätze gefunden werden.

Der zeitabhängige und anfänglich niedrige E-Modul verhindert den Aufbau größerer Druckspannungen; die Relaxation baut die sich entwickelnden Druckspannungen weiter auf etwa 30 bis 50 % ab. Bei einsetzender Abkühlung wird die relativ geringe Druckspannung dann sehr schnell aufgehoben.

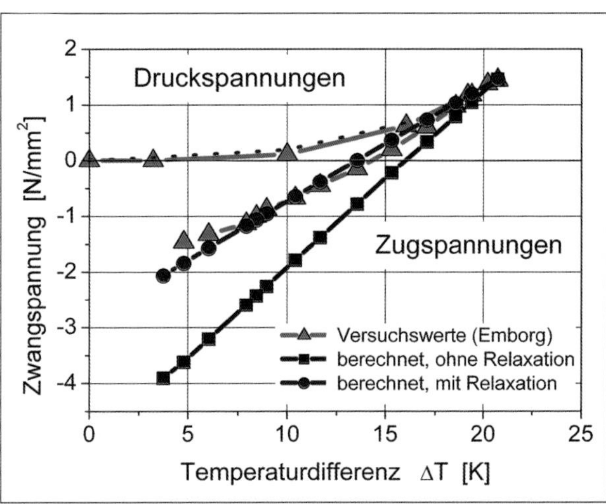

Bild 9.2: Entwicklung der Zwangspannungen im Prüfkörper in der Temperatur-Spannungsprüfmaschine in Abhängigkeit von der Temperaturdifferenz bei Erwärmung und Abkühlung (nach Daten von [Emb1])

Bild 9.2 zeigt, dass ein beträchtlicher Temperaturanstieg notwendig ist, um eine nennenswerte Druckspannung aufzubauen. Hingegen reicht ein geringer Temperaturrückgang aus, um einen spannungslosen Zustand herbeizuführen. Je höher die mittlere Temperatur im Prüfkörper bzw. Bauteil ansteigt, desto größer ist die sich einstellende Zwangspannung. Die Druckvorspannung hat dabei nur einen unwesentlichen Einfluss. Die Wirkung der Relaxation ist in Bild 9.2 deutlich erkennbar.

Ein eindeutiger Zusammenhang zwischen Betonzusammensetzung, Frischbetontemperatur oder maximaler Temperaturhöhe und der Höhe der Druckspannung wurde an Prüfkörpern nicht festgestellt ([Emb1], [Hin1]). Von Auswirkung ist demgegenüber das unterschiedliche Schwind- und Quellverhalten der Zemente. Es besteht damit keine Aussicht, durch eine bestimmte Zusammensetzung des Betons die Druckspannungen zu verstärken und damit der Zugspannungsentwicklung entgegenzuwirken.

Anders erscheint die Situation bei größeren Bauteildicken zu sein. Die längere Erwärmung führt bei ansteigendem E-Modul und Rückgang der Relaxation zu größeren Druckspannungen [Pla1]. Die höheren

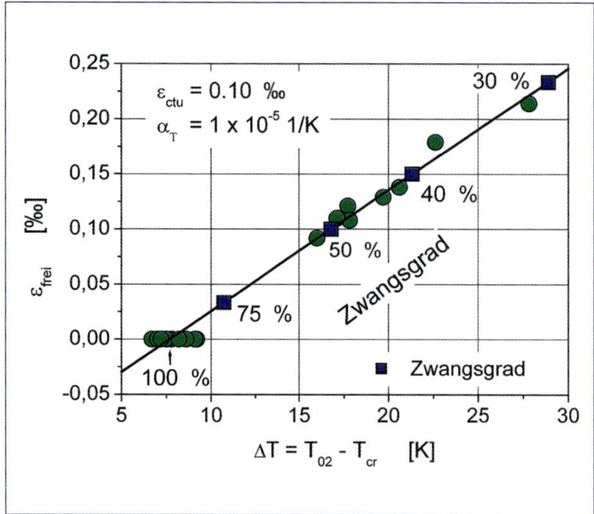

Bild 9.3: Freie Dehnung in Abhängigkeit von der Temperaturdifferenz zwischen der 2. Nullspannnungstemperatur (T_{02}) und der Risstemperatur T_{cr} und dem Zwangsgrad (Messungen in der Temperatur-Spannungsprüfmaschine, Daten von [Hin1])

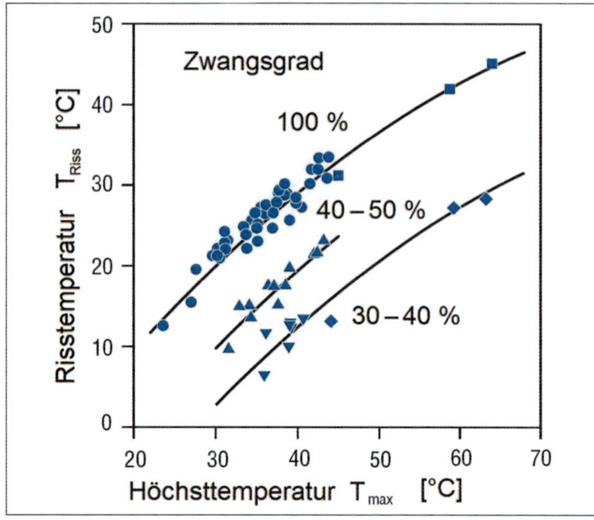

Bild 9.4: Zusammenhang zwischen der Höchst- und Risstemperatur in Prüfkörpern verschiedener Zusammensetzung bei 100 % Zwang und in der Betriebsart »Reißrahmen« in der Spannungsprüfmaschine [Hin1]

Bauteiltemperaturen sind aber mit entsprechenden Dehnungsbeträgen verbunden, sodass sich aus der geringfügigen Differenz bei den Druckspannungen kein Vorteil ergibt.

Eine drastische Veränderung sowohl der Druck- als auch der Zugspannungen resultiert vor allem aus der Verformungsbehinderung. Dies zeigt sich an allen Prüfkörperabmessungen einheitlich. Je geringer der Behinderungsgrad ist, umso größer ist die Temperaturdifferenz, die ohne Rissbildung aufgenommen werden kann (Bild 9.3). Eine wichtige konstruktive Maßnahme zur Reduzierung von Zwangspannungen ist demnach die Verminderung der Behinderung des Bauteils. Aus dem geht auch hervor, dass eine verhältnismäßig geringe Temperaturdifferenz ausreicht, um den Zugbruch herbeizuführen. Ein solcher Wert wäre betontechnologisch nicht einzuhalten, wenn im Bauteil mit vollem Zwang gerechnet werden müsste. Dieser Sachverhalt wird durch Bild 9.4 unterstrichen. Für Betone übereinstimmender Eigenschaften besteht demnach ein relativ enger Zusammenhang zwischen der Maximal- und der Risstemperatur [Hin1], der die Erfahrungen bestätigt, dass das Rissrisiko mit der erreichten Höchsttemperatur im Bauteil ansteigt [Thi1].

Vergleichbare Ergebnisse haben auch [Bre3] und [Sch13] erhalten. Die Differenz ($T_{max} - T_{Riss}$) ist in einem breiten Temperaturbereich praktisch konstant. Daraus folgt, dass keine Aussicht darauf besteht, durch die Suche nach einer Betonzusammensetzung mit möglichst niedriger Risstemperatur eine größere Sicherheit gegen Rissbildung zu erreichen. Die Vorgabe in Bauverträgen, eine niedrige Risstemperatur nachzuweisen, ist nicht begründet.

Für die rechnerische Erfassung der Entwicklung von Zwangspannungen ist die Verfolgung des Spannungsverlaufs interessant. In Bild 9.5 (Bildteil a) wird das Ergebnis eines Versuchs in der Temperatur-Spannungsprüfmaschine (nach Angaben in [Hin1]) mit der elastischen Spannungsberechnung unter Berücksichtigung der zeitabhängigen mechanischen Kenngrößen verglichen. Deutlich ist wieder der typische Verlauf während der Erhärtungszeit, der hier in die markanten Bereiche unterteilt wird. Die relaxierte Spannung entsteht scheinbar durch eine vertikale Verschiebung der

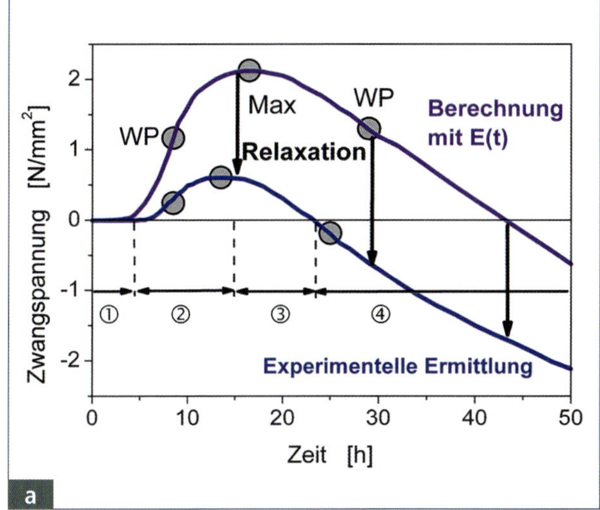

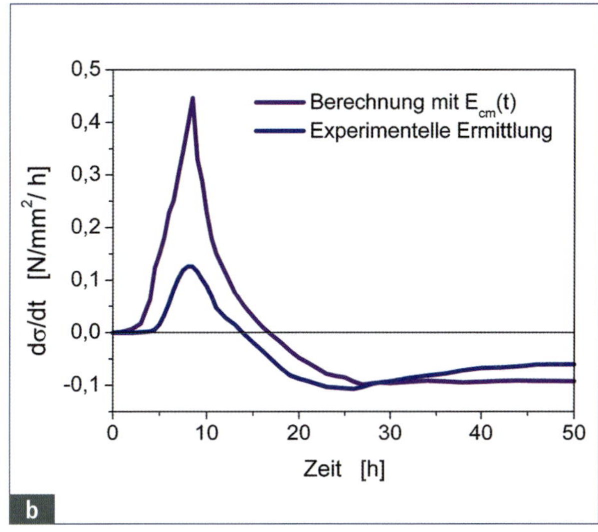

Bild 9.5: Experimentell ermittelter und mit zeitabhängigen mechanischen Kennwerten berechneter Zwangspannungsverlauf (Beton A3-2 nach [Hin1] mit z = 330 kg/m³ PZ 35 F, w/z = 0,50 und $f_{cm,\,cube,\,dry}$ = 59 N/mm²)
Bildteil a) zeigt den Verlauf, die Lage der Wendepunkte (WP) und der Maxima sowie die einzelnen Relaxationsbereiche (siehe Text).
Bildteil b) gibt die Spannungsänderungen bei experimentell ermitteltem und berechnetem Verlauf an. Die verschobene Kurve des elastischen Verhaltens beim erhärtenden Beton ist besonders markiert.

elastischen Spannung mit zeitabhängigen Festigkeitswerten in den Bereichen 3 und 4.

Wenn jedoch die Spannungsänderung dσ/dt betrachtet wird, kann die Wirkung besser beurteilt werden (Bildteil b). Im Bildteil a) sind die Maxima und die Wendepunkte (WP), im unteren Bildteil die zugehörigen Nullstellen und Maxima angegeben. Wie aus dem Bild 9.5 b) hervorgeht, stimmen die Wendepunkte in der zeitlichen Lage nahezu vollständig überein, die Relaxation ist intensiv und ruft eine entsprechende Stauchung hervor. Das Maximum tritt bei der relaxierten Druckspannung zeitlich früher auf, weil der ständig verringerte Zuwachs aus dem Temperaturanstieg den Spannungsabbau durch die intensive Relaxation nicht mehr kompensieren kann (Bereich 2). Die Nullstellen der Kurven der Spannungsänderungen weisen dementsprechend eine zeitliche Verschiebung um den Betrag Δt auf (Übergang zwischen Bereich 2 und 3). Die Entlastung im Bereich 3 vollzieht sich ohne Wirkung der Relaxation, verstärkend könnte sogar eine Rückverformung stattfinden. Nach dem Wendepunkt (Maximum der Kurve im Bildteil b) zeigt sich wieder eine Wirkung der Relaxation. Sie ist aber weitaus geringfügiger und hat nur bei relativ langer Beanspruchung Einfluss. Die um Δt verschobene Kurve der elastischen Spannungen zeigt die Abweichungen gegenüber dem Verlauf bei Relaxation auf.

Für eine überschlägige Berechnung der Zwangspannungen können aus den Versuchen an Laborprüfkörpern folgende Schlussfolgerungen gezogen werden:

- Ansatz eines gemittelten E-Moduls und Berücksichtigung der Relaxation beim Aufbau der Druckspannungen bis zum Temperaturmaximum,
- Ableitung der zum Abbau der relaxierten Druckspannungen erforderlichen Temperaturdifferenz unter Einbeziehung des E-Moduls in Abhängigkeit von der wirksamen Erhärtungszeit,
- Aufbau der Zugspannungen unter dem Einfluss der Relaxation bei einem längeren Temperaturausgleichsvorgang und Abschätzen der Rissgefahr mit elastischen Kenngrößen des Betons.

9.1.2 Messung der Verformungen und Zwangspannungen während der Baudurchführung

Eine Einschätzung der Zwangspannungssituation war lange Zeit ausschließlich über die messtechnische Erfassung der Verformungen möglich. Mithilfe von Spannungs-Dehnungsbeziehungen konnte dann aus den gemessenen Verformungen auf die (wahrscheinlich) vorhandenen Spannungen im Bauteil geschlossen werden. Darin liegt auch die Problematik dieser Vorgehensweise bei erhärtendem Beton. Für die Ermittlung der Spannungen müssen sowohl das zeitabhängige Materialverhalten, besonders die Entwicklung des E-Moduls, als auch das Relaxationsverhalten des Betons hinreichend bekannt sein. In den letzten Jahren ist es gelungen, die Spannungen im Betonbauteil direkt zu messen.

Die **Verformungssituation im Bauteil** kann, auch bei langzeitiger Beobachtung, mit folgenden Instrumenten messtechnisch erfasst werden:

- Schwingsaiten-Dehnungsmessgeber (System Glötzl/Maihak),
- Betondehnungsaufnehmer.

Bei beiden Messmethoden wird ein Metallrohr als Träger für die Aufnehmer verwendet, der an den Enden mit Rundflanschen zur Verankerung versehen ist.

Bei den **Schwingsaiten-Dehnungsmessgebern** besteht der Aufnehmer aus einer schwingenden Saite, bei der eine Spannungsveränderung eine Frequenzveränderung herbeiführt. Zur Verfügung stehen einbaufertige, kalibrierte und wasserdichte Messwertaufnehmer, die eine hohe Langzeitstabilität und Unempfindlichkeit gegen Feuchtigkeitseinwirkung aufweisen. Die Aufnehmer werden direkt in den Beton ohne weitere Schutzmaßnahmen eingebaut. Einbaulängen von 250 mm eignen sich vor allem für Beton mit grober Gesteinskörnung. Eine Fernübertragung der Messwerte ist möglich. Durch die an den Beton angepasste Eigenfestigkeit des Dehnungsmessgebers ist die Erfassung der Verformungen auch im jungen Beton möglich geworden.

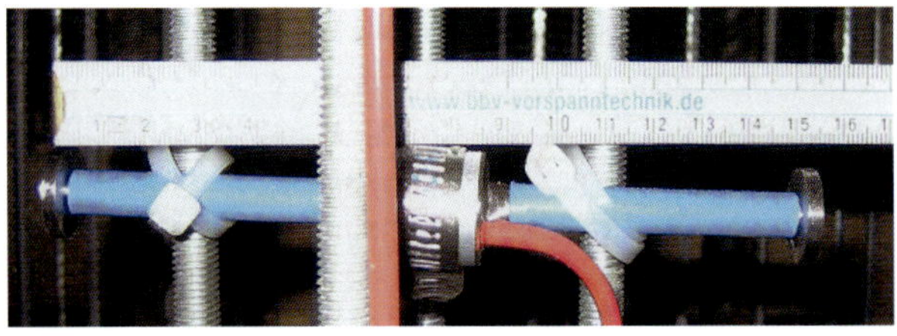

Bild 9.6: Schwingsaiten-Dehnungsmessgeber (aus [Sch20])

Betondehnungsaufnehmer registrieren die Dehnung an einem einbetonierten Stahlstab oder -rohr mit aufgeklebten Dehnungsmessstreifen (DMS) nach dem Prinzip der elektrischen Widerstandsänderung. Die Messstellen stehen einbaufertig in verschiedenen Varianten und Größen zur Verfügung. Bei einer Ausführung werden beispielsweise zwei Stahlstäbe parallel in den Beton eingebettet. Bei einer Relativverschiebung werden dem mit dem DMS bestücktem Zentralrohr Verformungen aufgezwungen, die messtechnisch erfasst werden.

Temperaturänderungen im Prüfling und am Messgeber rufen jedoch ebenfalls Dehnungen hervor. Um bei der Berechnung der Spannungen aus Dehnungen Fehler zu vermeiden, sind deshalb parallel laufende Temperaturmessungen durchzuführen oder Schaltungen anzuwenden, die die thermischen Dehnungen kompensieren.

In verformungsbehinderten Bauteilen (äußerer Zwang) oder Querschnittsfasern (innerer Zwang) registrieren die temperaturkompensierten Dehnungsaufnehmer dann die behinderten Wärmedehnungen des Stahls. Die Messwerte lassen direkte Rückschlüsse auf den Beginn der Festigkeitsentwicklung im Beton und die Größe der Dehnungsbehinderung im Bauteil zu. Ein Beispiel für eine solche Auswertung ist in [Ans1] dokumentiert. In den Behälterwänden waren an mehreren Messpunkten Schwingsaiten-Messgeber orthogonal zueinander oder als Rosette mit drei Elementen eingebaut worden. Aus den parallel durchgeführten Temperaturmessungen wurde die freie Dehnung ermittelt, die in Relation zur gemessenen Dehnung im Beton die jeweilige lokale Dehnungsbehinderung ergab.

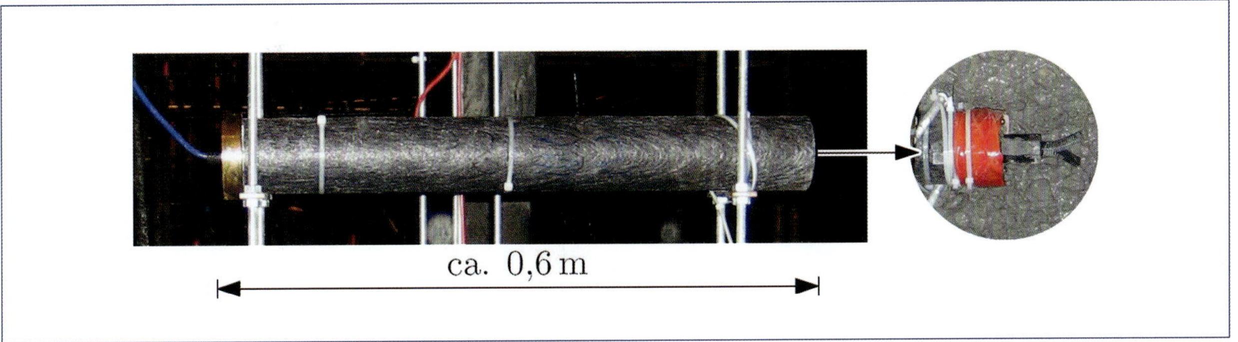

Bild 9.7: Stressmeter zur Erfassung der Zwangspannungen im Bauteil (aus [Sch19])

Ergänzt werden die Möglichkeiten zur Erfassung der lokalen Verformungen durch die faseroptische Sensorik, die auch für ausgedehnte Bauwerke als sogenannte **verteilte Dehnungsmessung** eingesetzt werden kann. Das Messprinzip beruht auf den physikalischen Phänomenen, die bei der Leitung von Licht durch Glasfasern auftreten. Mit den verschiedenen Methoden können relative und absolute Verschiebungen mit großer Genauigkeit und über einen längeren Zeitraum hinweg erfasst werden. Bei Sensoren mit Interferenzmessung werden zwei Glasfasern zum Messobjekt geführt. Die Messfaser ist gespannt befestigt und folgt den Verformungen; die lose Referenzfaser dient der Kompensation des Temperatureinflusses. Der in das Faserkabel eingekoppelte Lichtimpuls aus einer LED durchläuft die beiden Fasern und wird zurückgespiegelt. Aus den Laufzeitunterschieden und Interferenzen wird die Verformung gefiltert. Eine ausführliche Darstellung ist in [Ina1] zu finden, weitere Varianten und deren Anwendung sind beispielsweise in [Mos1] dargestellt.

Die verteilte faseroptische Dehnungsmessung bietet die Möglichkeit, mit speziellen Dehnungsmesskabeln und Laserimpulsen Verformungen kontinuierlich und nahezu gleichzeitig an einer Vielzahl von Messpunkten entlang des Faserstrangs in einem kurzen Abstand zu erfassen. In Massenbetonbauwerken werden Kabellängen von mehreren hundert Metern installiert. Die Messung erfolgt von zentraler Stelle aus und gestattet eine Zuordnung der Messwerte zu den Messorten [Mos1]. Die Messmethode kann auch angewandt werden, um die Rissentwicklung zu verfolgen [Hoe1]. Nach den vorhandenen Ergebnissen ist anzunehmen, dass mit der faseroptischen Sensorik bereits in der frühen Erhärtungsphase des Betons die Risszeitpunkte beobachtet, die Lage ermittelt und die Summe der Rissweiten geschätzt werden können. Damit scheint die Voraussetzung gegeben, die Berechnungsverfahren zur Vermeidung der Rissbildung kontrollieren und weiter verbessern zu können.

Erfassung der Spannungsituation im Bauteil

Mithilfe der Dehnungsaufnehmer können zwar die stark zeitabhängigen Dehnungsfelder im Beton qualitativ gut erfasst werden, problematisch aber bleibt die Umrechnung der Dehnungsmesswerte in Spannungen. Deshalb wurden weitere Entwicklungsarbeiten durchgeführt, um die Zwangspannungen im Bauteil ohne den Umweg über die Dehnung direkt messen zu können. Mit dem jetzt verfügbaren sogenannten Stressmeter, das die Verbesserung einer japanischen Entwicklung darstellt, können die sich im Bauteil entwickelnden Zwangspannungen im jungen Beton erfasst und kontinuierlich verfolgt werden [Spr3]. Mit dem indirekten Messprinzip werden die Spannungen über die elastischen Dehnungen einer Kraftmessdose aus Edelstahl ermittelt. Der daran anschließende Hohlzylinder besitzt eine beidseitige Gleitschicht und wird mit Frischbeton gefüllt. Beim Übergang zur Ankerplatte des Stressmeters befindet sich ein Thermoelement, sodass Spannungs- und Temperaturmessung parallel stattfinden können (Bild 9.7, Bild 9.8). Durch

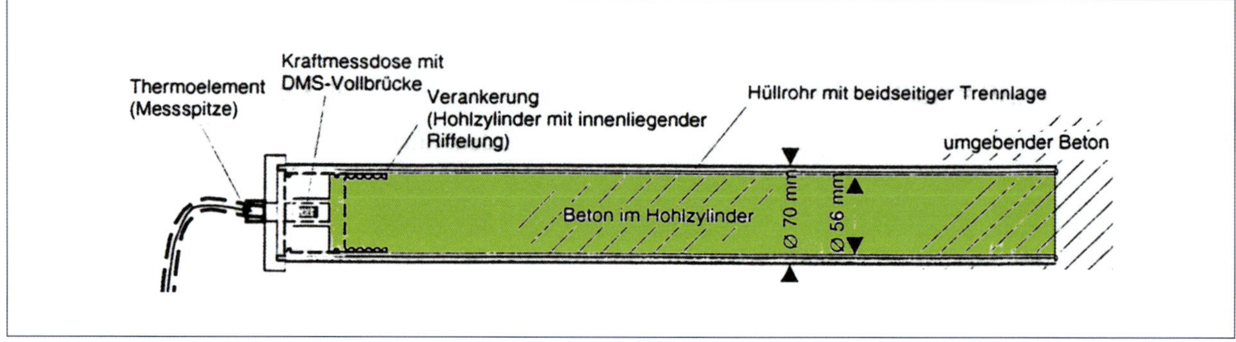

Bild 9.8: Aufbau des Stressmeters [Pla1]

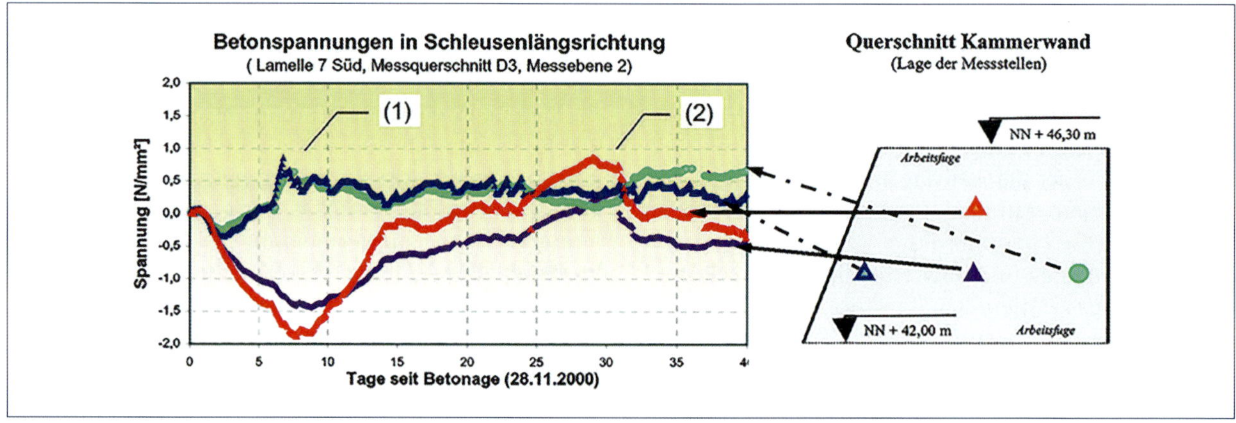

Bild 9.9: Verlauf der gemessenen Zwanglängsspannungen in der Schleusenkammersohle der Talsperre Hohenwarte [BAW3]

die Anordnung des Hüllrohrs und der Kraftmessdose entsprechen die Steifigkeiten des Stressmeters denen des Betons.

Ein vergleichbares Messverfahren, das von der Materialprüfanstalt an der TU Braunschweig weiterentwickelt wurde [BAW3], ist an der Talsperre Hohenwarthe (Thüringen) in der Kammersohle der Schleuse zum Einsatz gekommen. Im Bild 9.9 ist ein typischer Verlauf der Längsspannungen in einem Wandquerschnitt innerhalb der ersten 40 Tage dargestellt. Die Ergebnisse bestätigen die theoretischen und im Labor erzielten Ergebnisse. Zunächst erfolgt fünf bis zehn Tage nach der Betonage eine begrenzte Rissbildung an der Bauteilaußenfläche (1) infolge von Eigenspannungen. Die spätere Änderung der Spannungsfelder führt dann zu axialen Zwangzugspannungen im Bauteilinneren, die nach ca. 30 Tagen auch dort zu Rissen führen können (2).

Insgesamt erlauben die vorliegenden Messergebnisse eine zutreffende Darstellung der Zwangbelastung der Kammerquerschnitte.

Eigenspannungen könnten prinzipiell gemessen werden, indem örtlich das Gleichgewicht durch Schnitte oder Bohrungen gestört wird und die damit hervorgerufenen Verformungen gemessen werden. Die Anwendung ist selbstverständlich auf die zugänglichen Außenflächen der Bauteile beschränkt. Über tastende Versuche berichtet [Fle1].

Zunächst werden auf der Oberfläche des Bauteils Messstifte auf beiden Seiten des herzustellenden Messschlitzes befestigt und deren Abstände mit elektrischen Wegaufnehmern oder Setzdehnungsgebern (Ablesegenauigkeit ±1 µm) erfasst. Nach dieser Nullmessung wird ein Messschlitz hergestellt und die aufgetretene Veränderung zwischen den Messstiften ermittelt.

Bei der Kompensationsmessung wird in den Schlitz (in der Regel 400 mm breit und 5 mm hoch) eine Belastungseinrichtung passgenau eingebaut und die Entlastungsverformung mittels einer hydraulischen Pumpe mit Feinmessmanometer rückgängig gemacht. Dieser Kompensationsdruck entspricht in der Regel den ursprünglich vorhandenen Spannungen.

9.2 Berechnung der Zwangspannungen in Betonbauteilen

Die rechnerische Ermittlung kritischer Spannungszustände ist sehr aufwendig. Es wird deshalb versucht, mit Vereinfachungen und Überschlagsformeln eine Abschätzung der Zwangspannungen vornehmen zu können. Die Vereinfachung besteht z. B. darin, dass das wirkliche viskoelastische Verhalten des Betons (Kapitel 5.7) nur angenähert oder nicht berücksichtigt wird. Der Überschlag schließt dann aus, dass der Spannungsverlauf verfolgt und kritische Zwischenzustände zuverlässig erkannt werden. Die Abschätzungen zielen deshalb darauf, Maximalwerte der Spannungen festzustellen und daraus eine Risserwartung bzw. Risssicherheit abzuleiten. Dabei sind hauptsächlich die zentrischen Zwangspannungen und die Trennrisse von Interesse, weniger die Eigenspannungen, die beispielsweise nur während der Erwärmung des Bauteils bis zum Temperaturmaximum auftreten können.

Während beim Schwinden ein kontinuierliches Anwachsen der Dehnungen auftritt und verfolgt werden muss, sind beim Temperaturverlauf infolge der Hydratationswärme als markante Zeitpunkte das Erreichen der Maximaltemperatur (Bild 3.2 und Bild 3.3), die zweite Nullspannungstemperatur und der Temperaturausgleichsvorgang im jungen Beton zu untersuchen. Entsprechende Angaben zu den maßgebenden Temperaturdifferenzen werden aus vorauslaufenden Temperaturberechnungen oder aus Temperaturmessungen erhalten. Da die zweite Nullspannungstemperatur durch Messung nicht festgestellt werden kann, muss eine Abschätzung helfen; vgl. dazu Gleichung (4.10) und Bild 4.12. Bei spätem Zwang im erhärteten Betonbauteil werden maximale Temperaturdifferenzen innerhalb eines Zeitraums zwischen einzelnen Bauteilen (z.B. zwischen Wand und Decke im Behälterbau) oder innerhalb des Bauteils (z.B. zwischen Kern und Rand) zugrunde gelegt.

Innere Vorgänge sind, wenn sich das Bauteil ungehindert bewegen kann, mit sogenannten freien Verformungen ε_{c0} verbunden. Dazu zählen die Freisetzung von Hydratationswärme (Kapitel 4.1), autogenes und Trocknungsschwinden (Kapitel 4.3) sowie äußere Einwirkungen, wie Lufttemperatur und Sonneneinstrahlung (Kapitel 4.1.5). Es treten keine axialen Spannungen auf. Diese werden jedoch hervorgerufen, wenn das Bauteil in der Konstruktion Zwängungen ausgesetzt ist. Es ist nachgewiesen, dass ein proportionaler Zusammenhang zwischen dem Behinderungsgrad R und der spannungswirksamen Dehnung ε_{cr} besteht; je größer der Behinderungsgrad R ist, desto weniger kann sich das Bauteil frei verformen, sodass die behinderte Dehnung ε_{cr} zu einer Zwangspannung σ_{cr} im Bauteil führt (Kapitel 9.1). Der rechnerisch ermittelte Behinderungsgrad ist streng genommen nur zutreffend, solange der Beton bzw. das Bauteil ungerissen ist. Eine Verminderung der Spannungen wird durch die Relaxation ψ bewirkt, und zwar in Abhängigkeit von der Festigkeit bei Beanspruchungsbeginn und der Beanspruchungsdauer (Kapitel 5.7). In Bauteilen mit größerer Dicke treten Verformungsdifferenzen im Querschnitt auf, beispielsweise durch eine Temperaturverteilung oder den Feuchtegradienten. Dadurch entstehen eine innere Behinderung und Eigenspannungen, die sich vollständig unabhängig von den äußeren Bedingungen entwickeln.

Die einzelnen Ursachen der Verformungen wirken in Abhängigkeit von der Betonzusammensetzung, den Umgebungsbedingungen oder dem Betonalter gleichzeitig oder zeitlich nacheinander. In der Anfangsphase der Erhärtung ist die Wärmeentwicklung von Bedeutung und nicht das Trocknungsschwinden; bei einem Wasserzementwert > 0,60 spielt dabei das autogene Schwinden keine wesentliche Rolle. Die einzelnen Verformungsanteile werden zur Berechnung der Zwangspannungen im jeweiligen Zeitbereich überlagert. Diese Superposition ist kompliziert und bei Vereinfachungen zwangsläufig mit größeren Ungenauigkeiten verbunden, da nicht nur die zeitliche Entwicklung der verschiedenen Verformungen, sondern auch die Abhängigkeit von den hygrischen und thermischen Bedingungen berücksichtigt werden müssten. Auch die unterschiedlichen Verhältnisse im Bauteilquerschnitt, vor allem bei größeren Dimensionen

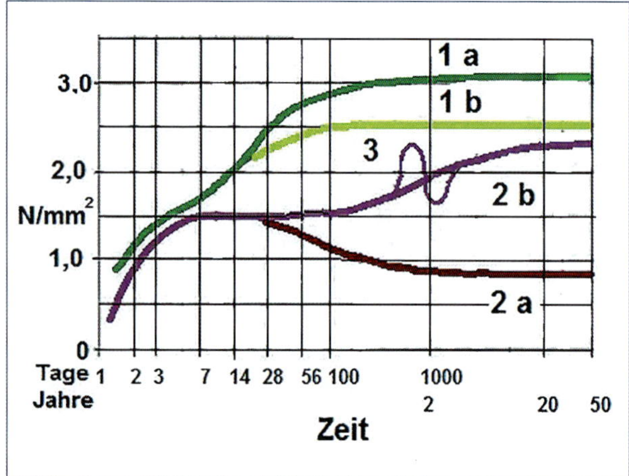

Bild 9.10: Verlauf der Betonzugfestigkeit und der Spannungen Betonzugfestigkeit bei kurzzeitiger (1a) und langandauernder Beanspruchung (1b), Zwangspannungen infolge früher Wärmeentwicklung und Relaxation (2a) sowie bei Überlagerung mit dem Trocknungsschwinden (2b) und mit saisonalen Temperaturwirkungen (3); eine Rissbildung ist nicht zu erwarten (in Anlehnung an [CC1])

wie beispielsweise im Wasserbau, und die Festigkeitsentwicklung im frühen Erhärtungszeitraum haben einen erheblichen Einfluss. Bei langandauernder Beanspruchung, wie bespielsweise durch das Schwinden verursacht, treten Festigkeitsminderungen auf. Die Relaxation, die großen Einfluss hat, ist besonders schwierig kalkulierbar. In Bild 9.10 ist ein Beispiel für die langfristige Entwicklung der Zwangspannungen und der Zugfestigkeit dargestellt. Die Verminderung der Zugfestigkeit bei einer Dauerbeanspruchung wird auch normgemäß bei der rechnerischen Ermittlung der Rissbreite berücksichtigt. Im späten Alter können während der Nutzung infolge saisonaler Temperaturwirkungen Zwangspannungsspitzen auftreten, die dann zur Rissbildung führen.

Die Auswirkungen der spannungsmindernden Einflüsse aus einem geringeren Behinderungsgrad und der Relaxation sind von der Spannungsgeschichte abhängig und können nur in diesem Zusammenhang beurteilt werden. Ein geringer Behinderungsgrad führt bei frühem Zwang bis zum Temperaturmaximum zu größeren Druckspannungen und danach zu geringeren Zugspannungen. Eine intensive Relaxation in der Frühphase mit geringem E-Modul ergibt niedrige Druckspannungen, aber während des Temperaturausgleichs und mit dem Rückgang der Relaxation größere Spannungen im Zugbereich (Bild 3.5).

Die Dehnungsanteile im gezwängten stabförmigen Bauteil vor der Rissbildung betragen

$$\varepsilon_0 = \varepsilon_{\text{elastisch}} + \varepsilon_{\text{unbehindert}} + \varepsilon_{\text{relax}} \quad (9.1)$$

Nach der Rissbildung ist die sich einstellende Rissbreite Bestandteil der gesamten Verformungen

$$\varepsilon_0 = \varepsilon_{\text{elastisch}} + \varepsilon_{\text{unbehindert}} + \varepsilon_{\text{relax}} + \varepsilon_{\text{Riss}} \quad (9.2)$$

Wenn keine Behinderung des Bauteils vorhanden ist, würde die gesamte Dehnung ε_0 als eine freie Verformung des Bauteils feststellbar und nicht spannungswirksam. $\varepsilon_{\text{elastisch}}$ stellt den Dehnungsanteil dar, der infolge der Behinderung durch die Konstruk-

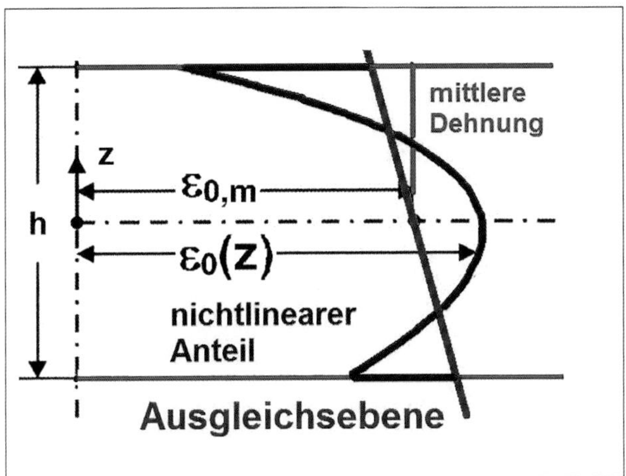

Bild 9.11: Nichtlineare freie Dehnung im Bauteilquerschnitt

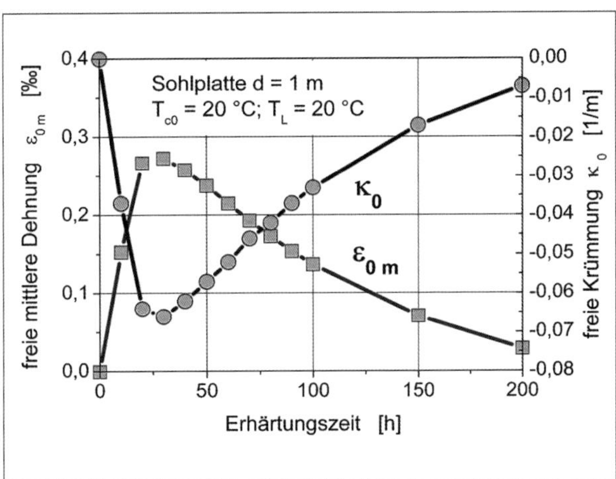

Bild 9.12: Entwicklung der freien Dehnung und Krümmung in Abhängigkeit von der Erhärtungszeit bei einer Sohlplatte von 1 m Dicke

tion erzwungen wird und zur Zwangspannung führt; $\varepsilon_{unbehindert}$ dagegen stellt den Betrag dar, der aufgrund der Nachgiebigkeit der Konstruktion als noch freie Verformung messbar ist und sich als eine Verkürzung bzw. Bewegung des Bauteils zeigt. ε_{relax} ist die viskoplastische (und bleibende) Formänderung, die als maßliche Verlängerung des Bauteils (Kriechen) oder als Verminderung der elastischen Verformung formuliert werden kann, die zum Spannungsabbau führt (Relaxation). Die Rissbildung mit der sich einstellenden Rissbreite und der Dehnung der Rissprozesszone ergibt den Dehnungsanteil ε_{Riss} und eine Entlastung der Spannungssituation.

Vor der Rissbildung können die einzelnen Dehnungsanteile aus der gesamten Dehnung $\varepsilon_0(t)$ durch Multiplikation mit dem Behinderungsgrad R(t) und dem Relaxationsbeiwert $\psi(t,t_0)$ abgeleitet werden. Für die Beanspruchung im Zustand I vor Erreichen der Zugfestigkeit gilt damit für die Dehnung ε_{ct} zum Zeitpunkt t:

$$\varepsilon_{ct}(t) = \varepsilon_0(t) \cdot R(t) \cdot \psi(t,t_0) \tag{9.3}$$

Die Grundlage jeder weiteren Betrachtung ist die Dehnung, die unbehindert auftreten würde. Bei geringen Bauteildicken können die Dehnungen als gleichmäßig verteilt im Querschnitt angenommen werden. In Bauteilen mit größeren Abmessungen sind die Dehnungen $\varepsilon_0(t)$ infolge von Temperatur und Trocknungsschwinden über den Querschnitt nichtlinear verteilt (Bild 9.11). Durch die Aufteilung in den ebenen und nichtlinearen Anteil ergeben sich die Komponenten der freien Dehnung. Die Neigung der Ausgleichsebene gibt an, dass unbehindert eine Aufwölbung stattfinden würde, wie bei Bodenplatten zu beobachten. Durch die Eigenmasse wird diese Verwölbung behindert und ein Zwangmoment ausgelöst. Der nichtlineare Dehnungsanteil ruft die Eigenspannungen im Querschnitt hervor. Ein Beispiel für die zeitdiskrete Berechnung der unbehinderten temperaturverursachten Dehnungen und Krümmungen ist in Bild 9.12 dargestellt. Wenn die mechanischen Kennwerte unveränderlich wären und die Relaxation nicht wirken würde, käme keine Spannung zustande. Die Kenntnis der Verformungen erlaubt demzufolge noch keine Einschätzung von Rissrisiken in Konstruktionen.

Bei der Berechnung der Zwangspannungen wird im Allgemeinen von einem linear-elastischen Werkstoffgesetz ausgegangen. Tatsächlich trifft dies nur in einem unteren Bereich der Spannungs-Dehnungs-Linie zu (Bild 9.13). Mit Annäherung an die Zugfestig-

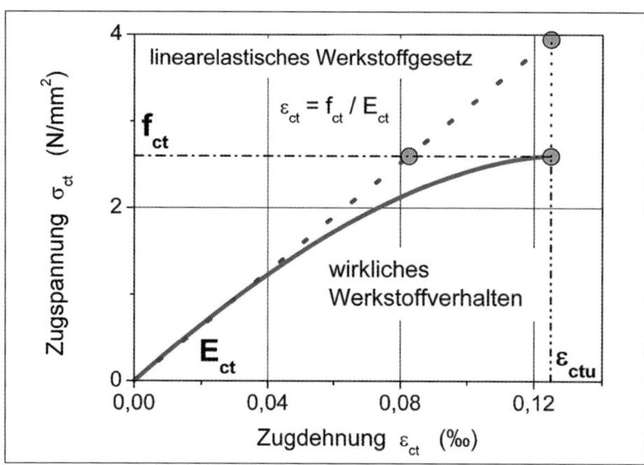

Bild 9.13: Idealisiertes und tatsächliches Spannungs-Dehnungs-Verhalten eines Betons im jungen Alter

keit nehmen die Rissbildungen im Gefüge zu, das linear-elastische Verhalten wird gestört und die Spannungs-Dehnungs-Linie nimmt eine gekrümmte Form an. Der Elastitzitätsmodul wird deshalb bei 50 % der Zugfestigkeit bestimmt, aber zur Beschreibung der Beziehung zwischen Dehnung und Spannung bis zum Festigkeitsmaximum angewendet. Abhängig vom Erhärtungszustand des Betons und von der erreichten Festigkeit treten dadurch Abweichungen auf, die sich in einer Überschätzung der Zwangbeanspruchungen äußern und die sich auf die Einschätzung der Rissgefahr nachteilig auswirken können. Die Differenzen sind bei Zugbeanspruchungen im jungen Beton größer als bei Druck. Genauere Berechnungen, die mit Computerprogrammen durchgeführt werden müssen, verwenden nichtlineare Stoffgesetze, die die progressiv verlaufende Abhängigkeit des Verformungszuwachses bei steigender Spannung berücksichtigen. Vereinfacht kann das Verhalten bei Erreichen der Zugfestigkeit durch einen modifizierten E-Modul charakterisiert werden, der die Sekante zwischen dem Koordinatenursprung und der Zugfestigkeit darstellt.

Die Zwangspannungen ergeben sich in Erweiterung der Gleichung (9.3) zu

$$\sigma_{ct}(t) = \varepsilon_0(t) \cdot R(t) \cdot \psi(t,t_0) \cdot E_{cm}(t) \tag{9.4}$$

Ist im Querschnitt ein Verformungsprofil vorhanden (Bild 9.11), entsteht daraus zwangsläufig auch eine Spannungsverteilung, die aus einem linearen und nichtlinearen Anteil besteht sowie eine Komponente besitzt, die eine Biegung hervorruft (Bild 9.14). Die nichtlinearen Verformungen sind im Querschnitt selbst gegenseitig behindert und ergeben die Eigenspannungen; die linearen, also gleichmäßig verteilten Verformungen führen bei äußerer Behinderung zu den zentrischen Zwangspannungen.

Die bei einem Temperaturverlauf infolge von Hydratation auftretende Maximaltemperatur trennt zeitlich die kritischen Beanspruchungszustände und die dafür eingesetzten Berechnungsmethoden (Bild 9.15). Nach Überschreiten der Maximaltemperatur verringert sich das Temperaturprofil und es ändert sich die Richtung der Verformungen. Die Eigenspannungen sind dann kontinuierlich rückläufig, sodass sich die Rissgefahr am Bauteilrand ständig vermindert. Die vorhandenen zentrischen Verformungen und Zwangspannungen werden zunächst ebenfalls abgebaut, durchlaufen eine sogenannte (zweite) Nullspannungstemperatur T_{N2} und werden mit fortschreitendem Temperaturrückgang als zentrische Zugspannungen wirksam. Ständig zunehmend steigt die Rissgefahr an. Für eine Berechnung der Zwangspannungen wird die mittlere Längsverformung des Bauteils zugrunde gelegt, die aus der mittleren Bauteiltemperatur resultiert. Um die risskritischen Dehnungen bei zentrischem Zwang ermitteln zu können, muss neben der stofflichen Kenngröße α_T die Temperaturdifferenz ab der zweiten Nullspannungstemperatur, ΔT_{N2}, bekannt sein (vgl. Bild 3.3).

Da das autogene Schwinden an den Hydratationsprozess gebunden ist und hauptsächlich in der Frühphase der Erhärtung auftritt, sind nur zentrische Verformungen und Spannungen zu erwarten. Ein Profil kann sich nur bei dicken Querschnitten und temperaturbedingter unterschiedlicher Erhärtung ausbilden.

Beim Trocknungsschwinden ist bei einer schnellen Feuchteabgabe an die umgebende Luft mit einem sehr ausgeprägten Verformungsprofil zu rechnen, das zu erheblichen Eigenspannungen führen kann. Die daraus resultierenden Folgen werden durch eine intensive Nachbehandlung vermieden.

Bei jeder Abschätzung von Zwangspannungen in den Bauteilen ist die Kenntnis der Witterungsbedingungen und der Bauausführung unumgänglich. Nur die Annahme von normgemäßen Eingabewerten für jahreszeitliche Bauteiltemperaturen und betonfestigkeitsabhängige Schwindmaße kann zu beträchtlichen Fehleinschätzungen führen.

Die Relaxation hat, vor allem bei jungem Beton, großen Einfluss auf das Ergebnis. Auf die Probleme bei der Erfassung des Relaxationsverhaltens wurde ausführlich in Kapitel 5.7 eingegangen. Aufgrund der schwierigen Handhabung der zeitdauerabhängigen und durch Hydratationsgrad bestimmten viskoelastischen Eigenschaften wird die Relaxation oft nicht oder nur mit einem Mittelwert berücksichtigt. Damit wird die Zwangspannung unzutreffend ermittelt, im Regelfall überschätzt. Ein bestätigendes Beispiel ist in Bild 9.16 dargestellt.

Da nicht nur Dehnungsprofile im Bauteilquerschnitt entstehen, sondern sich auch die mechanischen Kenngrößen während der Erhärtungszeit entwickeln und Festigkeitsverteilungen im Bauteil vorhanden sind, muss die Berechnung der entstehenden Spannungen mit einer Zeit- und Ortsdiskretisierung durchgeführt werden. Dazu wird die Erhärtungszeit in Zeitschritte Δt und der Bauteilquerschnitt in Lamellen der Breite Δz unterteilt. Zweckmäßig ist, nicht erst modifizierte Dehnungen mithilfe der zeitabhängigen E-Moduln zu ermitteln, sondern sofort differenzielle Spannungen in den einzelnen Bauteilstreifen zu berechnen. Die Zwangkräfte entstehen dann über zeitkonkrete Integrale der Spannungen im Querschnitt.

1. Ortsdiskretisierung
   Ausgeprägte Temperatur- und Schwindprofile in dickeren Querschnitten zwingen zur Unterteilung in einzelne Lamellen und deren Behandlung als stabförmige Bauteile entsprechend Gleichung (9.4). Bei unterschiedlicher Temperatur in den Lamellen folgen daraus voneinander abweichende Werte für die Kenngröße E-Modul. Daraus ergeben sich die einzelnen Spannungsanteile. Bei der Berechnung der Zwangspannungen müssen vereinfachend für die Behinderung und die Relaxation Mittelwerte angenommen werden.

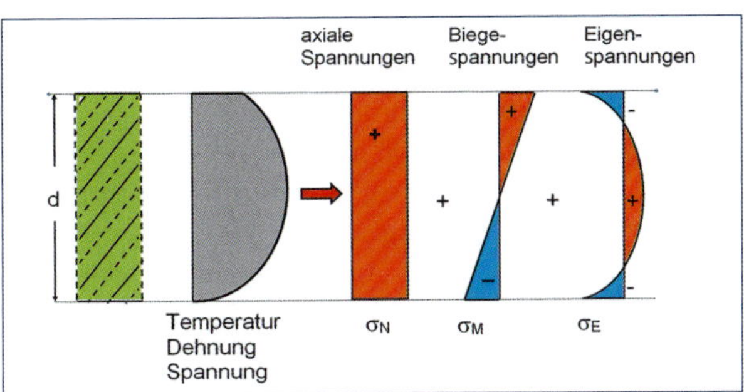

Bild 9.14: Spannungsanteile im Bauteilquerschnitt, dargestellt am Beispiel der Temperaturdehnung bei Abkühlung nach dem Temperaturmaximum

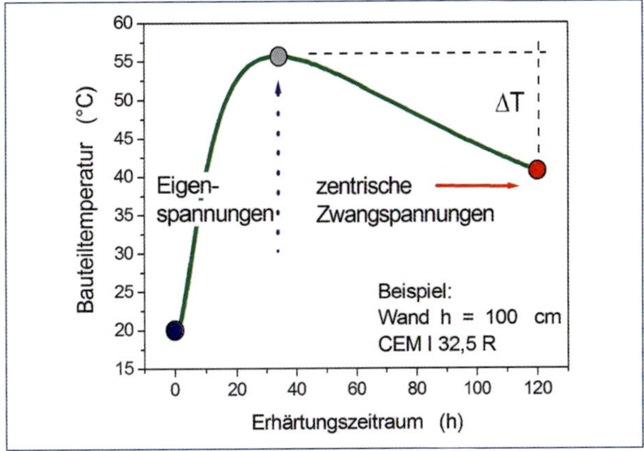

Bild 9.15: Risskritische Verformungsbereiche während des Temperaturverlaufs im Bauteil

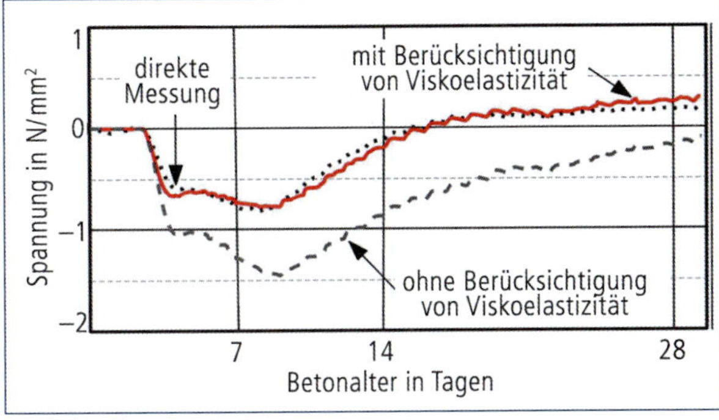

Bild 9.16: Ergebnis einer kraftbasierten Spannungsmessung mit sowie eine Berechnung ohne Berücksichtigung der Viskoelastizität [Nie3] (Messung mit Schwingsaiten-Aufnehmern im Kernbereich einer 3,8 m dicken Betonplatte)

2. Zeitdiskretisierung
   Da die Werte der maßgebenden Größen in Gleichung (9.4) vom Zeitpunkt oder von der Zeitdauer der Zwangbelastung abhängen, ist eine geschlossene Lösung dieser Beziehung zur Berechnung der Zwangspannungen an einem bestimmten Zeitpunkt t nicht möglich. Aufgrund der Tatsache, dass die Spannung nicht von der aktuellen Dehnung, sondern von der Belastungsgeschichte bestimmt wird, ist eine zeitschrittweise Berechnung unumgänglich. Es gelten dafür die Vorbedingungen:
   - Die Zeit t schreitet sprunghaft um den inkrementellen Betrag Δt voran und ist genügend klein zu halten, um den sich vollziehenden Änderungen kontinuierlich folgen zu können. In der Anfangsphase der Hydratation wäre eine der schnellen Wärmefreisetzung kongruente Schrittweite zu wählen. Berechnungsergebnisse werden nur an den diskretisierten Zeitpunkten erhalten.
   - Innerhalb eines Zeitintervalls sind die Eigenschaften des Betons und sämtliche Eingabewerte (Lufttemperatur usw.) konstant. Für die zeitabhängige Variable wird die jeweilige Größe des Wertes, wenn möglich, in der Mitte des Zeitintervalls bestimmt, ansonsten zu Beginn (oder am Ende) des Zeitschritts.
   - Die Spannung zum Zeitpunkt t ergibt sich aus der Summation sämtlicher vorhergehender Teilspannungen. Die Viskoelastizität bedarf einer gesonderten Betrachtung, wenn nicht Mittelwerte verwendet werden.

Bei einer konstanten Schrittweite Δt ergeben sich die Zwangspannungen entsprechend Gleichung (9.4) zu

$$\sigma_{cr}(t_i) = \sum_{i=1}^{n} \Delta\varepsilon_0(t_i) \cdot R(t_i) \cdot \psi(t_i, t_{0,i}) \cdot E_{cm}(t_i) \qquad (9.5)$$

$\Delta\varepsilon_0(t_i)$ ist der inkrementelle Zuwachs der Verformung, z.B. der Temperaturdifferenz $\Delta T(\Delta t_i) \cdot \alpha_T$ im Zeitschritt $\Delta t = t_i - t_{i-1}$. $E_{cm}(t_i)$ und $R(t_i)$ sind dann die Eigenschaften zum Zeitpunkt t_i.

Zu beachten ist, dass die Relaxation sich in jedem Zeitstreifen nicht nur in der Kenngröße $\psi(t_{0,i})$, sondern auch in der Belastungsdauer $(t_i - t_{0,i})$ unterscheidet.

Für die Einbeziehung des Werkstoffverhaltens in die Berechnungsmodelle gelten folgende Annahmen:

- Die während der Erhärtung entstehenden neuen Hydrate beteiligen sich an der Lastübertragung nicht, solange die Verformung unverändert aufrechterhalten bleibt. Insofern wird durch die Zunahme der Verfestigung keine Steigerung der Spannung hervorgerufen (Hypoelastizität).
  Wird im Zustand I eine weitere Dehnung erzwungen, führt der infolge der Verfestigung vergrößerte E-Modul zu einem entsprechenden Spannungszuwachs. In Bild 9.17 sind beispielhaft drei Dehnungsstufen angegeben, die jeweils in Verbindung mit dem zutreffenden Ausschnitt aus der Spannungs-Dehnungs-Linie zu den zunehmenden Zugspannungen führen. Damit wird der Forderung Rechnung getragen, dass die in das Bauteil eingetragene elastische Verformung während der Erhärtung unverändert aufrechterhalten bleibt.
  Bei der praktischen Handhabung werden aus den in Zeitschritten entstehenden Dehnungen mithilfe des aktuellen E-Moduls die jeweiligen Spannungsinkremente berechnet (Bild 9.18).
- Für das viskoelastische Verhalten des erhärtenden Betons gilt ebenfalls, dass die neuen Hydrate spannungslos in das Zementsteingefüge hineinwachsen und durch den Spannungsabbau infolge von Relaxation nicht erfasst werden. Bei einer Erhöhung der Spannung um den inkrementellen Betrag Δσ werden die neuen Hydratationsprodukte unter Spannung gesetzt und zur Relaxation angeregt. Die Viskoelastizität hat die Besonderheit, dass eine zweifache Abhängigkeit von der Zeit bzw. dem Erhärtungszustand besteht. Einerseits ist mit fortschreitender Hydratation die Anfangsverformung geringer und der weitere Verformungsverlauf flacher; andererseits nimmt der Verformungszuwachs aus einer früheren Belastung immer mehr ab. Dem Verhalten wird Rechnung getragen, in dem jeder Spannungszuwachs getrennt der Relaxation unterworfen wird (Bild 9.19). Dabei sind aber programmtechnischen Probleme nicht zu übersehen, da bis zu jedem Betrachtungszeitpunkt die gesamte Relaxationsgeschichte jedes Spannungsinkrements gespeichert und anschließend ständig weitergeführt

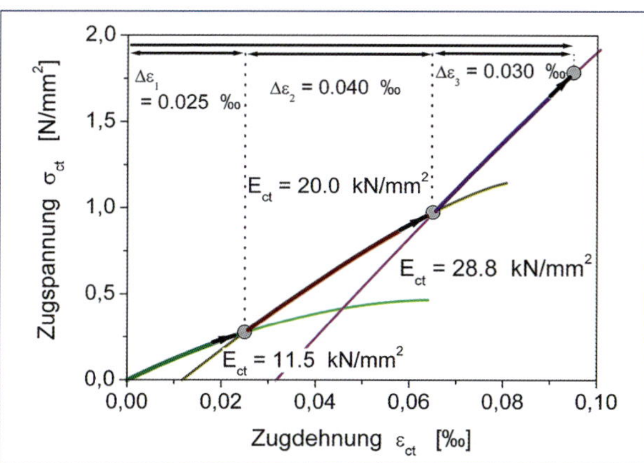

Bild 9.17: Aufbau der Zugspannungen im Bauteil bei schrittweiser Zunahme der Dehnung und bei sich veränderndem E-Modul

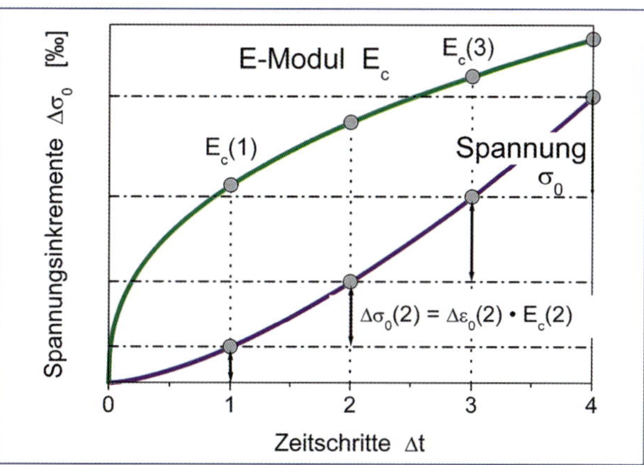

Bild 9.18: Spannungsinkremente aus der zeitschrittabhängigen Dehnung und dem E-Modul

werden muss. Auf eine Möglichkeit der Vereinfachung ist beispielsweise [Mar8] eingegangen.

Das jeweilige Spannungsinkrement kann am Beginn oder am Ende des Zeitschritts in Ansatz gebracht werden. Da die Zeitschritte rechnerintern sehr klein vorgegeben werden, ist der Fehler vernachlässigbar.

Die bei Temperaturverläufen infolge von Hydratationswärme wechselnden Spannungen verlangen eine differenzierte Berücksichtigung des Relaxationsverhaltens. In der Erwärmungsphase werden die Druckspannungen durch die Relaxation um 50 bis 80 % vermindert. Die Abkühlung ruft zunächst eine Entlastung der Druckspannungen hervor, ist durch eine verzögert elastische Rückverformung begleitet und weist keine nennenswerte Relaxation auf. Der dann einsetzenden Zugbeanspruchung steht ein wesentlich geringeres Relaxationsvermögen gegenüber.

Eine deutliche Verringerung des Rechenaufwandes tritt ein, wenn die sich in Zeitschritten aufbauende Spannung jeweils der Relaxation unterworfen wird [Pla1] und das Ergebnis fortgeschrieben wird.

- Zeitabhängige Vorgänge haben den Nachteil, dass Veränderungen in der Reaktionskinetik der Erhärtung, die durch die Temperatur und ggf. andere Faktoren hervorgerufen werden, die tatsächlich ablaufende Zeit gleichsam verzerren, d.h. die gleichen

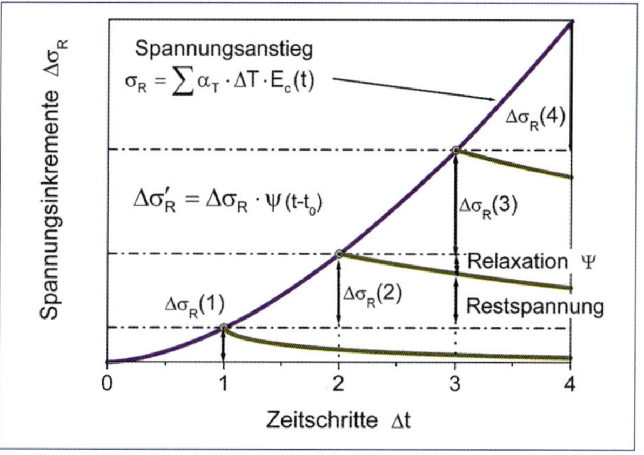

Bild 9.19: Inkrementelle Berücksichtigung des viskoelastischen Verhaltens des Betons im jungen Alter zur Spannungsberechnung

Festigkeitswerte werden beispielsweise nach unterschiedlicher Zeitdauer erreicht. Üblich ist eine Korrektur mit Zeit-Temperatur-Beziehungen, die auf den Zeitschritt anzuwenden ist (Kapitel 4.2).

Die Kopplung des Werkstoffverhaltens mit dem instationären Temperaturfeld erfolgt über die äquivalente (wirksame) Erhärtungszeit oder die freigesetzte Hydratationswärme bzw. den Hydratationsgrad.

- Es werden isohygrische Zustände unterstellt und eine Auswirkung von Feuchtewanderungen und

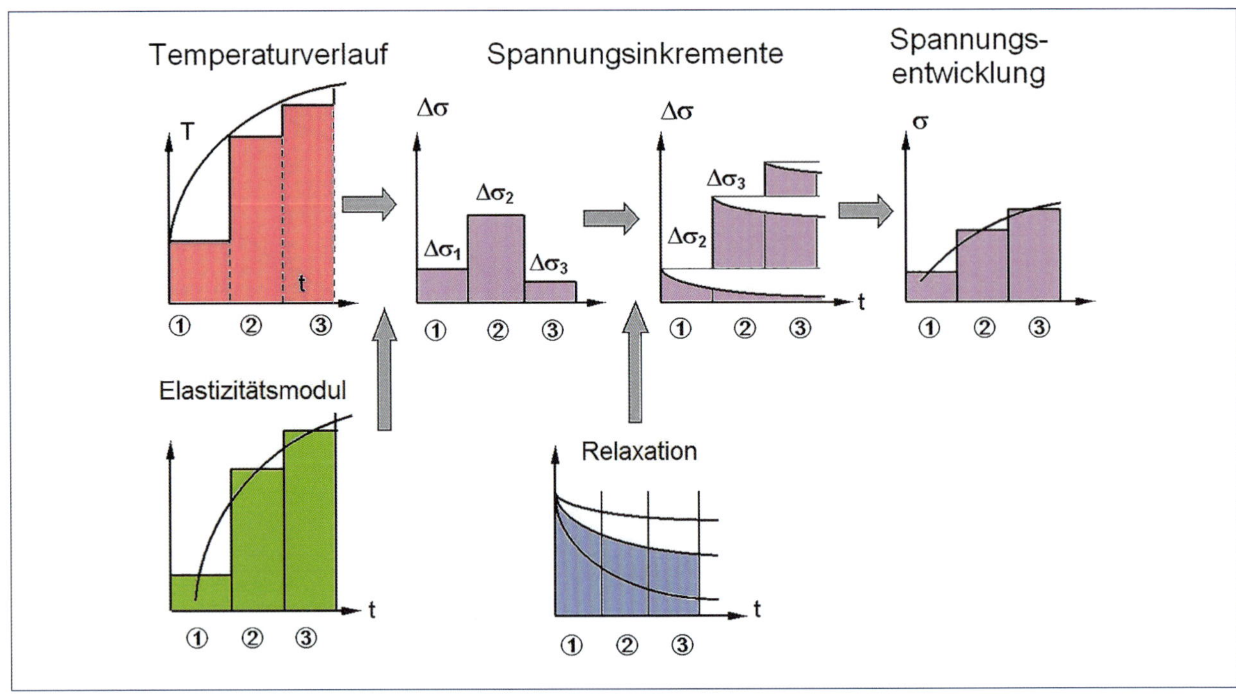

Bild 9.20: Schrittweise Berechnung der Zwangspannungen mit Zeitdiskretisierung und Berücksichtigung des zeitabhängigen Festigkeitsverhaltens (nach [Iwa1])

Feuchtefeldern auf die Entwicklung der Eigenschaften im Zeitraum bis zu 28 Tagen nicht berücksichtigt. Bei Bauteilen mit geringerer Dicke wirkt die Austrocknung zwar frühzeitig auf den Hydratationsprozess ein, der Temperaturausgleichsvorgang ist aber auch eher abgeschlossen und die Gefahr der Rissbildung besteht zu einem früheren Zeitpunkt. Bei dicken Bauteilen sind sämtliche Vorgänge in einen späteren Zeitraum verlagert.

- Zutreffende Ergebnisse der Spannungsberechnungen sind an wirklichkeitsnahe Eingabewerte gebunden. Im Regelfall werden im Zuge der Planung die benötigten Werte für die einzelnen Kenngrößen aus der Norm DIN EN 1992-1-1 entnommen. Das trifft für die Druck- und Zugfestigkeit und den E-Modul sowie deren zeitabhängige Entwicklung zu. Diese Werte unterliegen jedoch der Streuung, werden durch Überfestigkeiten beeinflusst und sind aus Beziehungen zwischen den Festigkeitskenngrößen abgeleitet. Eine Unschärfe der Ergebnisse ist deshalb nicht überraschend. Bei Bauwerken, bei denen eine Risskontrolle wichtig ist, sollten deshalb frühzeitig Untersuchungen zum Festigkeitsverhalten der für die Bauausführung vorgesehenen Betonzusammensetzung durchgeführt werden. Dafür besonders geeignet sind Temperatur-Spannungsprüfmaschinen (TSPM), mit denen die Entwicklung der Kenngrößen verfolgt werden kann (Kapitel 9.1). Für die Verformungen infolge von Temperatur und Schwinden müssen ohne Kenntnisse der Verhältnisse bei der Bauausführung Annahmen getroffen werden. Gleiches gilt für die Relaxation, die nur mit größeren Unsicherheiten abgeschätzt werden kann.

Die einzelnen Rechenschritte werden entsprechend dem Schema in Bild 9.20 zusammengeführt. Danach erfolgt die Trennung in die Spannungsanteile, wie in Bild 9.14 angegeben. Dazu dient die Ausgleichslinie bzw. -fläche, deren Koordinatenursprung im Schnittpunkt der Symmetrieachsen des Bauteils mit der mittleren Dehnung ε_{0m} liegt. Diese Methode ist in der japanischen Norm [JSCE1] verankert, in der Literatur dokumentiert (z.B. [Tan1]) und auch beispielsweise von [Ros7] und [Pau2] angewandt worden. Zur Berechnung der einzelnen Anteile siehe beispielsweise [Röh1].

Sind die Unterschiede beim E-Modul gering, ergeben sich bei der ortsdiskreten Ermittlung Vereinfachungen. Das ist immer dann der Fall, wenn die Temperaturunterschiede gering und/oder die Erhärtungszeit fortgeschritten ist. Mittlere Werte führen dann zu befriedigenden Ergebnissen.

9.3 Besonderheiten bei der Ermittlung der Schwindspannungen

Neben der thermischen Dehnung ist das autogene Schwinden die hauptsächliche Ursache der inneren Spannungen und der Rissbildung im jungen Beton. Die Ermittlung dieser Schwindspannungen ist mit der Problematik verbunden, dass die Verminderung durch das Relaxationsverhalten des Betons, die gerade in der Frühphase der Erhärtung sehr groß ist, nur ungenau beschrieben werden kann. Selbst die Messung und die Übertragbarkeit auf die Situation im Bauteil sind mit Schwierigkeiten verbunden. Übliche Untersuchungen werden mit konstanten Beanspruchungen zu bestimmten Erhärtungszeitpunkten durchgeführt; im Bauteil wechseln die Spannungen und der Behinderungsgrad durch die Konstruktion kontinuierlich. Außerdem sind die Eigenschaften des Betons vor allem im jungen Alter großen Streuungen unterworfen. Weiterhin ist das viskoelastische Verhalten des Betons unter Druckspannungen, mit denen hauptsächlich experimentiert wird, von dem unter Zugbeanspruchungen abweichend. Die Abweichung zwischen Berechnung und Realität ist besonders groß in der Frühphase bis zu etwa einem Tag und bei längerer Beanspruchung, wie beispielsweise bei der Abkühlung von dickeren Sohlplatten sowie unter der Einwirkung höherer Temperaturen.

Die Schwindspannungen werden aufgrund der langsamen Entwicklung bis zu 65 % abgebaut [Röh1]. Die Richtlinien für Weiße Wannen ([DAS2] und [Öst1]) berücksichtigen diesen Umstand, indem lediglich mit einem Endschwindmaß von $\varepsilon_{cs\infty} = 15 \cdot 10^{-5}$ gerechnet wird. Dieser Wert berücksichtigt bereits die günstige Wirkung der Relaxation des Betons.

Im Gegensatz zur thermisch bedingten Verformung ist das Schwinden auf den Beton beschränkt. Die Bewehrung bildet damit einen Widerstand gegen den sich verkürzenden Beton und ruft innere Zwangspannungen hervor. Das innere Kräftespiel wird maßgeblich durch den Bewehrungsgrad bestimmt.

Schwindbehinderung durch die Bewehrung

Bei Stahlbeton wird die Schwindverkürzung durch die Stahleinlagen behindert. Dabei entstehen in der Stahlbewehrung Druck- und im Beton Zugspannungen. Je nach Anteil der Stahlbewehrung ist die Behinderung der Betonverkürzung unterschiedlich groß. Die Druckkraft im Stahl muss aus Gleichgewichtsgründen gleich der Zugkraft im Beton sein. Damit ist dann die Verträglichkeitsbedingung erfüllt.

Für die mathematische Beschreibung des Problems wird eine Zwangdehnung ε_{Zw} als Verkürzung angesetzt. Sie geht nach den Steifigkeitsanteilen im Querschnitt sowohl in den Beton als auch in den Bewehrungsstahl über (siehe dazu auch Kapitel 6.2). Die Summe der beiden Anteile (ohne Vorzeichen) ist gleich der eingetragenen Zwangdehnung e_{Zw}.

Für den symmetrisch bewehrten Stahlbetonstab gelten folgende Gleichungen:

$$\varepsilon_S = \frac{F_S}{A_S \cdot E_S} \qquad \varepsilon_C = \frac{F_C}{A_C \cdot E_C}$$

$$F_S = \varepsilon_S \cdot A_S \cdot E_S \qquad F_C = \varepsilon_C \cdot A_C \cdot E_C$$

F_C = Zugkraft im Beton

F_S = Druckkraft im Stahl

$$\varepsilon_S \cdot A_S \cdot E_S = \varepsilon_C \cdot A_C \cdot E_C$$

A = Fläche E = E-Modul

$$\varepsilon_S = \varepsilon_{Zw} - \varepsilon_C$$

$$(\varepsilon_{Zw} - \varepsilon_C) \cdot A_S \cdot E_S = \varepsilon_C \cdot A_C \cdot E_C$$

$$\varepsilon_{Zw} - \varepsilon_C = \varepsilon_C \cdot \frac{A_C \cdot E_C}{A_S \cdot E_S} \qquad \rho = \frac{A_S}{A_C} \qquad \alpha_e = \frac{E_S}{E_C}$$

$$\varepsilon_{Zw} - \varepsilon_C = \varepsilon_C \cdot \frac{A_C}{A_S} \cdot \frac{E_C}{E_S} = \varepsilon_C \cdot \frac{1}{\rho \cdot \alpha_e}$$

Damit können die Stahl- und Betondehnungen in Abhängigkeit von der eingetragenen Zwangdehnung, dem Bewehrungsverhältnis und dem Verhältnis der Elastizitätsmoduln angegeben werden:

$$\varepsilon_{Zw} = \varepsilon_C + \varepsilon_C \cdot \frac{1}{\rho \cdot \alpha_e}$$

$$\varepsilon_{Zw} = \varepsilon_C \cdot \left(1 + \frac{1}{\rho \cdot \alpha_e}\right) = \varepsilon_C \cdot \frac{1 + \rho \cdot \alpha_e}{\rho \cdot \alpha_e}$$

$$\varepsilon_C = \varepsilon_{Zw} \cdot \frac{\rho \cdot \alpha_e}{1 + \rho \cdot \alpha_e}$$

$$\varepsilon_S = \varepsilon_{Zw} - \varepsilon_C$$

$$\varepsilon_S = \varepsilon_{Zw} - \varepsilon_{Zw} \cdot \frac{\rho \cdot \alpha_e}{1 + \rho \cdot \alpha_e}$$

$$\varepsilon_S = \varepsilon_{Zw} \cdot \frac{1}{1 + \rho \cdot \alpha_e}$$

Für eine grafische Auswertung in Form eines Diagramms wird das Verhältnis der Elastizitätsmoduln zur Vereinfachung mit $\alpha_e = 200\,000 / 30\,000 = 6{,}67$ angenommen.

Aus dem Diagramm ist ablesbar, welche Betondehnung infolge von Behinderung des Schwindens durch die Bewehrung abgebaut wird. Praktisch ist der Ablesewert aus dem Diagramm vom jeweiligen Schwindmaß abzuziehen, weil es sich um eine Betondehnung handelt, die dem Schwindmaß entgegenwirkt.

Praktisches Beispiel

Für einen Bewehrungsgehalt von $\rho = 1{,}5\,\%$ und eine eingetragene Zwangdehnung von 0,4 mm/m erhält man nach dem Diagramm eine Betondehnung allein aufgrund der Behinderung der Schwindverkürzung durch den Bewehrungsstahl von 0,037 mm/m. In der weiteren Berechnung ist daher mit dem abgeminderten Endschwindmaß von 0,4 – 0,037 = 0,363 mm/m zu rechnen.

Bei der Bestimmung der Risslast ist eine Abminderung der Betonzugfestigkeit analog zur Dehnung vorzunehmen. Für das genannte Beispiel ($\varepsilon_{Zw} = 0{,}4$ mm/m, $\rho = 1{,}5\,\%$) entsteht eine Zugspannung im Beton von 1,1 N/mm². Um diesen Betrag ist bei diesem Beispiel zur Bestimmung der Risslast die Betonzugfestigkeit abzumindern. Dieser Abminderungsbetrag kann aus Bild 9.23 entnommen werden. Die Zugspannungen im Beton, die um die Beträge nach Bild 9.23 abzumindern sind, werden längerfristig durch Zugkriechen abgebaut. Deshalb wird vorgeschlagen, die Schwindmaße ohne Abminderung zu verwenden, wie das im Spannbetonbau üblich ist. Nur in Sonderfällen, in denen die Schwindbeanspruchungen eine große Rolle spielen, ist eine genauere Berechnung zu empfehlen.

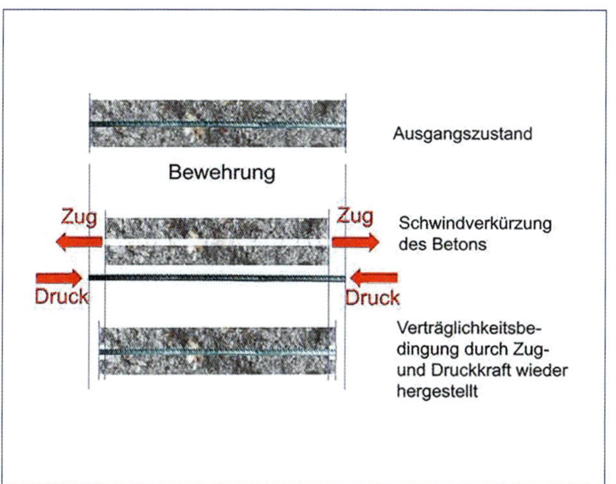

Bild 9.21: Schwinden eines bewehrten Stahlbetonstabbauteils; der schwindende Beton ist durch den Bewehrungsstahl behindert

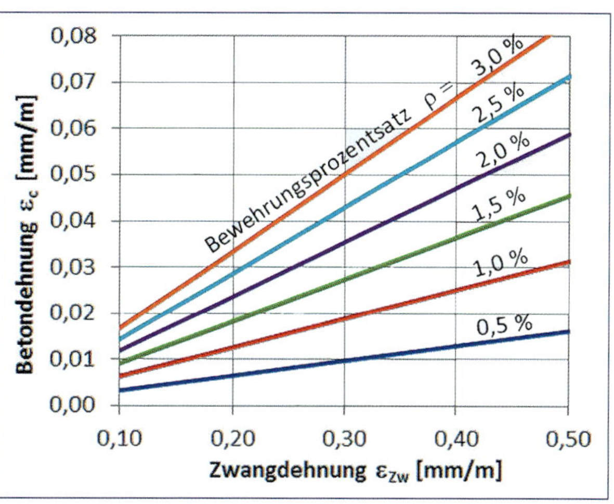

Bild 9.22: Betondehnung infolge von Behinderung der Schwinddehnung durch die Bewehrung

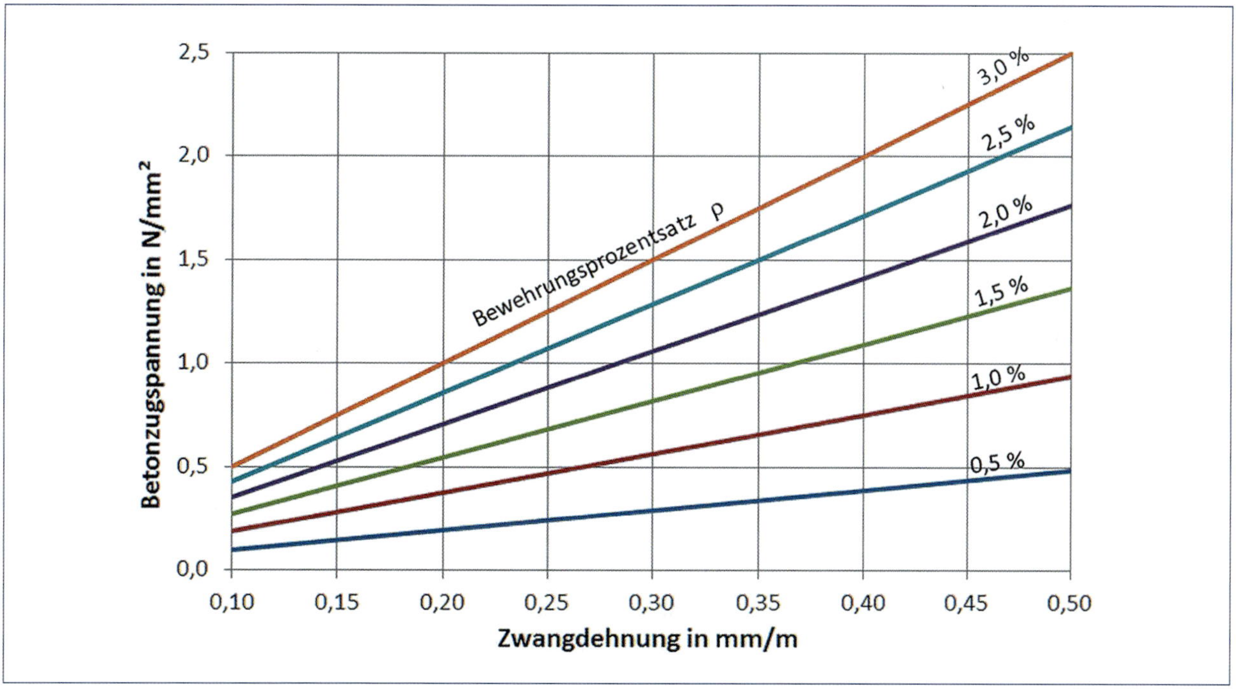

Bild 9.23: Betonzugspannungen infolge von Behinderung der Schwinddehnung durch die Bewehrung

9.4 Abschätzung einer risskritischen Situation, Risskriterien und Risssicherheit

Risse in Betonbauteilen können bekanntlich die Dauerhaftigkeit und Gebrauchstauglichkeit infrage stellen. Bei wasserundurchlässigen Bauwerken und vergleichbaren Konstruktionen besteht deshalb ein Entwurfsziel darin, Rissbildungen zu vermeiden oder zumindest die Wahrscheinlichkeit einer Rissbildung zu vermindern ([DAS2], [DAS3]). Wenn rissfreie Bauteile angestrebt werden, ist eine Überprüfung erforderlich, ob die Maßnahmen der Tragwerksplanung und Bauausführung dazu ausreichen. In verschiedenen Ländern ist bei wichtigen Bauvorhaben diese Nachweisführung eine Voraussetzung für die Auftragserteilung und den Baubeginn. Die Zielstellung, rissfreie Bauwerksteile herzustellen, ist anspruchsvoll und mit größeren Aufwendungen verbunden.

Das Kriterium, dass eine Rissbildung nicht stattfindet, ist erfüllt, wenn die mittlere Zwangbeanspruchung σ_{ctm} als Einwirkung E die wirksame Betonzugfestigkeit f_{ctm} als Bauteilwiderstand R mit einer hinreichenden Sicherheit nicht überschreitet, siehe Gleichung (9.6). Auf die Annahmen zu dieser Sicherheit wird nachfolgend noch eingegangen. Anstelle des spannungsbezogenen Risskriteriums kann auch die erzwungene Dehnung ε_{ctm} mit der Bruchdehnung ε_{ctu} verglichen werden, siehe Gleichung (9.7)

$$R - E = f_{ctm} - \sigma_{ctm} > 0 \tag{9.6}$$

$$\varepsilon_{ctu} - \varepsilon_{cr} > 0 \tag{9.7}$$

Eine weitere Möglichkeit besteht darin, Temperaturdifferenzen im Bauteilquerschnitt, zwischen Bauteilen oder im Temperaturausgleichsvorgang im jungen Beton zu begrenzen und deren Einhaltung zu kontrollieren.

Die Gegenüberstellung von Einwirkung und Widerstand kann dabei deterministisch oder, wenn berücksichtigt wird, dass die Eingabewerte einer Streuung unterliegen, probabilistisch erfolgen. Die Schwierigkeiten bei der Ermittlung der Zwangspannungen und Eigenschaften des jungen Betons haben auch zu einfacher handhabbaren Kriterien geführt, wie die Einhaltung von vorgegebenen Temperaturdifferenzen bei Temperaturverteilungen und Temperaturausgleichsvorgängen.

Es ist gegenwärtig nicht möglich, aus einem Risskriterium die zweckmäßige Zusammensetzung des Betons zu ermitteln, zulässige Bauteilabmessungen zu berechnen, maximale Frischbetontemperaturen abzuleiten usw. Es besteht nur die Möglichkeit, die Ausgangsbedingungen zu variieren und Simulationsrechnungen durchzuführen, um eine optimale betontechnologische Strategie festlegen zu können.

9.4.1 Deterministische Nachweisführung

Bei der deterministischen Betrachtung kann die kritische Situation, bei der eine Rissbildung festzustellen ist bzw. verhindert wird, durch Vergleich der Kenngrößen für die Einwirkung und den Bauteilwiderstand eingeschätzt werden. Dazu sind, wenn entsprechende Angaben vorliegen, alle Kenngrößen, die die Entwicklung der Zwangspannungen beschreiben, prinzipiell geeignet. Beispielsweise könnte auch ein Behinderungsgrad, der für eine bestimmte Konstruktion zur Rissbildung führt, begrenzend vorgegeben werden. Dazu müssten jedoch hinreichende Ergebnisse von Versuchen oder Erfahrungen aus der Baudurchführung vorliegen.

9.4.1.1 Spannungs- und dehnungsbezogene Risskriterien

Dem Spannungskriterium wird im Allgemeinen der Vorzug gegeben, obwohl, im Gegensatz zur Temperaturdifferenz oder der Bruchdehnung, die Zwangspannungen von einer größeren Anzahl von Einflussfaktoren abhängen. Grundlage sind die Zusammenhänge, die die Modellgrundlagen zur Berechnung der Zwangspannungen bilden (Kapitel 9.2). Als Beurteilungskriterium der Rissgefahr wird oft ein zulässiger Verhältniswert von Zwangspannung zu wirksamer Bauwerkszugfestigkeit angesehen, der als Sicherheitsbeiwert definiert werden kann. Diese Beiwerte sind empirisch festgelegt worden oder resultieren aus probabilistischen Konzepten unter Berücksichtigung der Streuungen der Eingabewerte (Kapitel 9.4.2). Analog zu Gleichung (9.6) kann das Spannungskriterium wie folgt definiert werden:

$$\sigma_{ctm} = \varepsilon_{ctm} \cdot E \cdot \psi \cdot R < f_{ctm} \quad (9.8)$$

Für den kritischen Fall abfließender Hydratationswärme oder anderer Einwirkungen mit Temperaturänderungen im Bauteil ergibt sich das Spannungskriterium

$$\sigma_{ctm} = \alpha_T \cdot \Delta T \cdot E_{ctm} \cdot \psi \cdot R < f_{ctm} \quad (9.9)$$

Wird bei den Dehnungen die autogene Schwindverformung einbezogen, erweitert sich der Ausdruck auf

$$\sigma_{ctm} = (\alpha_T \cdot \Delta T + \varepsilon_{cas}) \cdot E_{cm} \cdot \psi \cdot R < f_{ctm} \quad (9.10)$$

Das spätere Trocknungsschwinden ist sinngemäß einzubeziehen oder bei spätem Zwang getrennt zu betrachten; Relaxation und Behinderungsgrad sind entsprechend der unterschiedlichen Wirkungszeit des autogenen Schwindens und des Trocknungsschwindens differenziert zu berücksichtigen. Der mittlere Relaxationskoeffizient liegt für baupraktische Fälle zwischen $\psi = 0{,}5$ und 0,70, mit einem Mittelwert bei $\psi = 0{,}6$, wie Untersuchungen und Auswertungen mit Häufigkeitsverteilungen ergeben haben (vgl. [Bam1] und [Vit1]).

Bei Ansatz der Zugfestigkeit f_{ctmr} ist zu berücksichtigen, dass die Festigkeit im Bauteil geringer ist, als die Labor- oder Normwerte (Kapitel 5.2). Weiterhin wird bei der Berechnung der Zugspannungen in der Regel von einer linearelastischen Beziehung zwischen Spannung und Dehnung ausgegangen (Kapitel 9.2). Dadurch wird die Zwangspannung etwas überschätzt, da das tatsächliche Werkstoffverhalten in der Nähe der maximalen Zugfestigkeit gekrümmt verläuft. Die Auffassung, dass der Unterschied bei Zugbeanspruchung relativ gering und deshalb vernachlässigbar sei, trifft nicht zu. Aus diesem Grund wird zunehmend zur Nachweisführung auch ein Dehnungskriterium als geeignet angesehen, da die Abhängigkeit von der Zusammensetzung und der Erhärtungszeit geringer ist als bei der Zugfestigkeit ([DBV10], [Emb2], [Har4]). Umfangreiche Untersuchungen wurden dazu auch von [Lu1] durchgeführt. Die Bruchdehnung folgt danach linear dem Verhältnis von Zugfestigkeit zu E-Modul f_{ctm} / E_{cm} (Bild 5.26).

Beim Risskriterium wird die spannungswirksame Dehnung ε_{cr} der ertragbaren Dehnung des Betons ε_{ctu} gegenübergestellt, wie prinzipiell in Gleichung (9.7) angegeben:

$$\varepsilon_{ctm} = \varepsilon_0 \cdot R \cdot \psi < \varepsilon_{ctu} \quad (9.11)$$

Zum Vergleich wird folgendes Beispiel gewählt und dabei keine Abminderung der Festigkeitsgrößen vorgenommen: C30/37 mit $f_{ctm} = 2{,}9$ N/mm², $E_{cm} = 28\,300$ N/mm², $\varepsilon_{cr} = 0{,}12$ ‰, $\varepsilon_{ctu} = 0{,}14$ ‰ (Bild 5.26)
$R = 1, \psi = 1$

$$\sigma_{ctm} = 28\,300 \cdot 0{,}12 \cdot 10^{-3} = 3{,}36 > 2{,}9 \text{ N/mm}^2$$

$$\varepsilon_{ct} = 0{,}12 < \varepsilon_{ctu} = 0{,}14 \text{ mm/m}$$

Zur Erhöhung der Sicherheit der Beurteilung sollten beide Kriterien herangezogen werden.

In Anlehnung an DIN EN 1992-1-1 und [Sch18] kann eine Rissbildung dann ausgeschlossen werden, wenn an jeder Stelle im Querschnitt die risskritische Zwangspannung σ_{cr} kleiner als 80 % des 5 %-Fraktilwerts der vorhandenen Zugfestigkeit ist. Dieser Kennwert $f_{ct,cr}$ beträgt damit

$$f_{ct,cr} = 0{,}8 \cdot 0{,}7 \cdot f_{ctm} = 0{,}56 \cdot f_{ctm} \tag{9.12}$$

Wenn weitere Festigkeitsminderungen erwartet werden, ist die Gleichung (9.12) entsprechend zu korrigieren. Bei der Zugbruchdehnung ist ein Sicherheitsbeiwert entsprechend Gleichung (9.12) festzulegen.

Bei besonderen Anforderungen an die Bauwerke sind auch spezifische Nachweise zu führen. Zur Sicherstellung der Dichtheit bei Betonbauten für wassergefährdende Stoffe [DAS6] ist die Einhaltung der Eindringtiefe im ungerissenen Bauteil oder die Rissbreitenbegrenzung nachzuweisen. Dabei darf die Betonzugspannung infolge der Normalkraft oder die Betonrandspannung infolge des Biegemoments bzw. deren Überlagerung unter Berücksichtigung von Last und Zwang im Zustand I die charakteristische zentrische Zugfestigkeit $f_{ctk;\,0,05}$ bzw. die charakteristische Biegezugfestigkeit $f_{cbk,0,05}$, vermindert durch einen Sicherheitsbeiwert γ_c (normales Überwachungsintervall $\gamma_c = 1{,}25$) nicht überschreiten. Diese Maßgabe entspricht ebenfalls Gleichung (9.12)

9.4.1.2 Kritische Temperaturdifferenzen

Bei Temperaturänderungen im Bauteil wird sehr oft anstelle einer aufwendigen Spannungsberechnung ein Temperaturkriterium verwendet, das zur Vermeidung einer Rissbildung einzuhalten ist:

$$\Delta T_{vorh} < \Delta T_{zul} \tag{9.13}$$

ΔT stellt die Temperaturdifferenz im Querschnitt oder zwischen der zweiten Nullspannungs- und der Ausgleichstemperatur dar (siehe Bild 3.3). Die rechnerisch durchgeführte Temperaturprognose ist dann das Kernstück im System der Nachweisführung der Risssicherheit. Bei dieser relativ einfachen Vorgehensweise werden die Temperaturen im Bauteil berechnet und mit zulässigen Temperaturgrenzwerten, z.B. Temperaturdifferenz zwischen Kern und Rand, verglichen. Die Vorgehensweise ist in Bild 9.24 angegeben.

Die Vorgabe von Temperaturgrenzwerten (Tabelle 9.1) ist auch deshalb weit verbreitet, weil Temperaturmessungen vor Ort leicht durchzuführen sind und demzufolge eine Kontrolle der Vorgaben problemlos vorgenommen und dokumentiert werden kann. Da diese Nullspannungstemperatur am Bauteil nicht kontrolliert werden kann, wird zur Abschätzung der maßgebenden Temperaturdifferenz in der Regel die maximale Bauteiltemperatur verwendet.

Diese Grenzwerte beruhen in der Regel auf langjährigen baupraktischen Erfahrungen, resultieren aus Untersuchungen mit Probekörpern im Reißrahmen oder werden aus theoretischen Überlegungen abgeleitet. In der Praxis wurde immer wieder festgestellt, dass eine konstruktiv bedingte Verformungsbehinderung bei bestimmten Bauteilen dann zu Rissen führt, wenn kritische Temperaturdifferenzen überschritten werden. Durch Vergleich dieser aus Feststellungen abgeleiteten maximal zulässigen Temperaturdifferenzen mit den im jeweiligen Bauteil auftretenden Werten konnte der Rissgefahr sehr wirksam begegnet werden. Die Methodik hat jedoch Grenzen, die sich aus der Vielzahl der die Zwangspannung und die Rissbildung bestimmenden Faktoren und deren Streuungen erklären. Es gibt demzufolge eine Vielzahl von Beispielen, bei denen die Vorgabe einer nicht zu überschreitenden Temperaturdifferenz bzw. -höhe zum Erfolg führte, aber auch andere, bei denen mit dieser Vorgabe nicht rissfreie Bauteile erzielt wurden. Die Vorgabe der zulässigen Temperaturdifferenz allein garantiert eine Risssicherheit nur mit einer gewissen Wahrscheinlichkeit, wie beispielsweise Bild 9.25 zeigt. Eine Verbesserung wird erreicht, wenn vorlaufende Spannungsberechnungen durchgeführt und für die bauteilspezifische Spannungssituation dann Grenzwerte abgeleitet werden (Bild 9.26). Mithilfe dieses Arbeitsmittels für die Bauausführung einer größeren wasserbaulichen Anlage kann die zu erwartende Temperaturdifferenz oder die einzuhaltende Frischbetontemperatur abgeleitet werden.

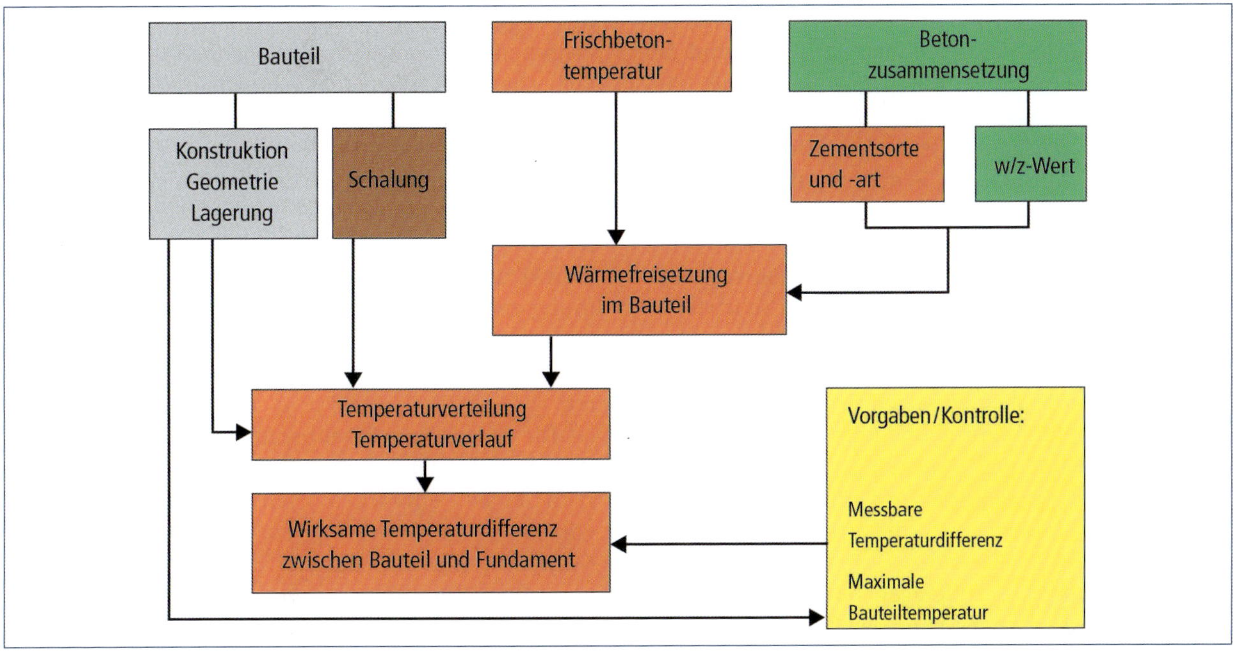

Bild 9.24: Vorgabe und Kontrolle von Temperaturgrenzwerten zur Verminderung der Rissgefahr durch abfließende Hydratationswärme

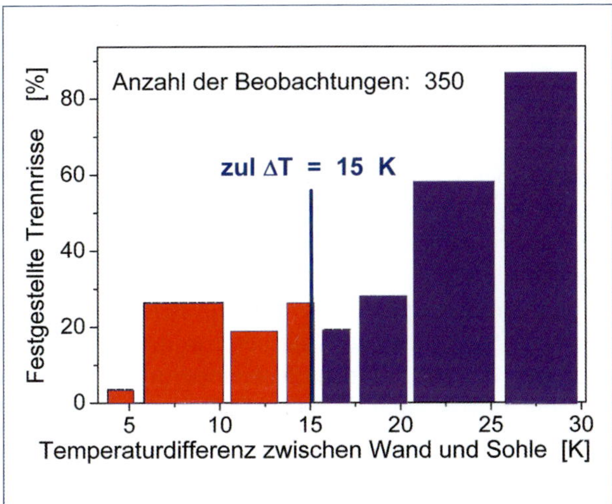

Bild 9.25: Auswertung der Rissbildungen in den Wänden der Tunnelkonstruktion der Øresund-Brücke (prozentualer Anteil in der jeweiligen Gruppe mit den angegebenen Temperaturdifferenzen); Vorgabe: $\Delta T \leq 15$ K

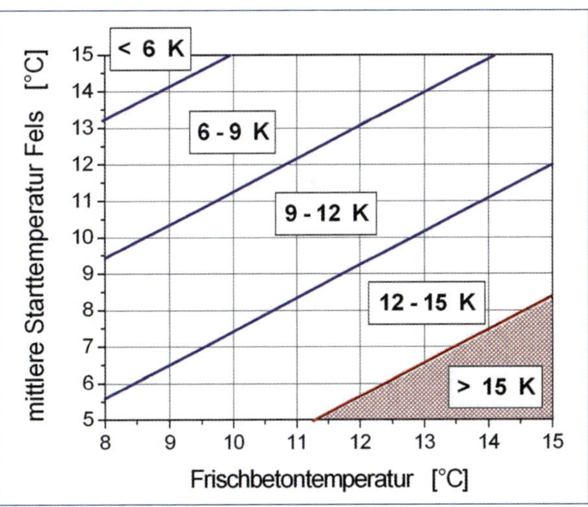

Bild 9.26: Baustellendiagramm zur Einhaltung des Temperaturkriteriums »Maximale Differenz zwischen den mittleren Temperaturen von Fels und Sohlblockanschluss« unter Frühjahrs- und Herbstbedingungen (aus [Nie1]); Randbedingungen: Hydratationswärme 270 J/g nach sieben Tagen (rot unterlegter Bereich: nicht vertragskonform)

Die Festlegung von Vorgabewerten erfolgt unter Berücksichtigung der Art der Baukonstruktion und der Anforderungen an den Beton (Wand/Sohlplatte, Bauteilabmessungen, Behinderung durch angrenzende Bauteile, Betonzusammensetzung nach der Expositionsklasse usw.) sowie der Bedeutung der Risssicherheit der Konstruktion für die Gebrauchstauglichkeit (wasserundurchlässige Konstruktionen, Sichtbeton und dergleichen). Häufig liegen die Vorgabewerte von ΔT im Bereich zwischen 15 und 25 K. Bei sehr steifen Konstruktionen wird 10 bis 15 K vorgegeben. Wenn abschätzend von der Bruchdehnung ε_{ctu} des jungen Betons von einem Wert zwischen 0,06 und 0,08 ‰ sowie von einer Behinderung und Relaxation $R \cdot \psi = 0{,}4$ ausgegangen wird, ergäbe sich für ΔT_{zul} ein Wert 15 bis 20 K. Je größer die Behinderung oder je geringer die Relaxation, desto geringer ist die ertragbare Temperaturdifferenz.

Die Ableitung von zulässigen Temperaturdifferenzen erfolgt auch auf der Grundlage der durch den erhärtenden Beton ertragbaren Bruchdehnung ε_{ctu}:

$$\Delta T_{zul} < \frac{\varepsilon_{ctu}}{\alpha_T \cdot \psi \cdot R} \ [K] \tag{9.14}$$

Wenn beispielsweise die Eingangswerte $\alpha_T = 1{,}2 \cdot 10^{-5}$, $\psi = 0{,}7$, $R = 0{,}6$ und $\varepsilon_{ctu} = 0{,}08$ ‰ betragen, folgt daraus $\Delta T_{zul} = 16$ K. Bei einem Behinderungsgrad $R = 1{,}0$, wie bei beiderseits gezwängten Bauteilen gegeben, reduziert sich die zulässige Temperaturdifferenz auf etwa $\Delta T_{zul} = 10$ K, deren Einhaltung problematisch ist.

Die betontechnologische Vorbereitung ist dann darauf gerichtet, durch Temperatursteuerung die vorgegebenen Grenzwerte zu unterschreiten bzw. deren Einhaltung nachzuweisen (Betonzusammensetzung und Wärmeentwicklung, Intensität der Wärmeabgabe an der Oberfläche, Prognose des Temperatur- und Festigkeitsverlaufs im Bauteil usw.).

Die Qualität von Vorgabe und Nachweis ist selbstverständlich davon abhängig, ob für die Eingangsgrößen zuverlässige Angaben zur Verfügung stehen und gegebenenfalls dazu rechtzeitig labortechnische Untersuchungen veranlasst wurden.

Bei **Eigenspannungen** ist die Temperaturdifferenz zwischen Kern und Rand maßgebend (Bild 9.27). Zur Sicherheit gegen Schalenrisse sollen die Temperaturunterschiede im Querschnitt ΔT_{BT} nicht größer als 20 K sein ([DAS7], [Man2]). Bei dickeren Bauteilen wird eine Begrenzung auf 15 K empfohlen [Wis2], ebenso bei Weißen Wannen [Hub1]. Diese Temperaturdifferenzen bestimmen dann auch den Ausschalzeitpunkt [Wis3], unter Umständen ist danach eine Wärmedämmung anzubringen. Andere Vorschläge gehen von der aktuellen Biegezugfestigkeit oder vergleichbaren Kenngrößen aus. Vorgaben sind in Tabelle 9.1 enthalten.

Die **zentrischen Zwangspannungen** werden durch zwei verschiedene Temperaturdifferenzen bestimmt. Zum einen entwickelt sich eine zugspannungswirksame Temperaturdifferenz zwischen der zweiten Nullspannungstemperatur T_{02} und der Bauteiltemperatur $T_{(t)}$ während des Temperaturausgleichsvorgangs (Bild 9.27). Da die Temperatur T_{02} nicht gemessen werden kann, tritt an deren Stelle in der Regel die Höchsttemperatur T_{max}. Zum anderen besteht eine Temperaturdifferenz zwischen dem erhärtenden und dem bereits vorhandenem Bauteil (Fundament, angrenzende Sohlplatte) oder dem Baugrund. Die Temperaturdifferenzen beziehen sich dabei immer auf mittlere Temperaturen im Querschnitt (Bild 9.27). Durch die Wärmefreisetzung in der Wand wird auch die Fundamenttemperatur angehoben. Bei der Abkühlung entsteht daraus ebenfalls eine Temperaturdifferenz und eine Dehnung, die in gleicher Richtung wie in der Wand und damit entlastend wirkt.

Eine Beurteilung der Eignung des Betons und Vorgaben für zu erwartende Temperaturdifferenzen sind auch aus der sogenannten Risstemperatur abgeleitet worden. Durch einen Regelversuch im Reißrahmen wird festgestellt, nach welchem Temperaturabfall von der Maximal- bis zur Risstemperatur der Bruch im axial beanspruchten Zugkörper eintritt (vgl. [Spr1], [Spr2]). Die Untersuchungen von [Hin1] und [Sch13] zeigen bei 100 % Behinderung der Probekörper im Reißrahmen lediglich eine Differenz zwischen Maximal- und Risstemperatur von 10 K. Daraus könnte die zulässige Temperaturdifferenz abgeleitet werden mit:

$$\text{zul } \Delta T \leq \frac{10}{R \cdot \psi} \tag{9.15}$$

Wenn beispielsweise für den Behinderungsgrad R = 0,75 und ein Mittelwert für die Relaxation ψ = 0,80 eingesetzt wird, ergibt sich für diesen nicht seltenen Fall eine zulässige Temperaturdifferenz von

$$\text{zul } \Delta T \leq \frac{10}{0{,}75 \cdot 0{,}80} = 16{,}7 \text{ K}$$

Wenn von einer Zugbruchdehnung des Betons ε_{ctu} = 0,1 ‰ und einer Wärmedehnzahl $\alpha_T = 1 \cdot 10^{-5}$ ausgegangen wird, folgt daraus wieder eine zulässige Temperaturdifferenz zul ΔT = 10 K. Diese ist auch für Massenbetonarbeiten oft vorgegeben worden [Man3].

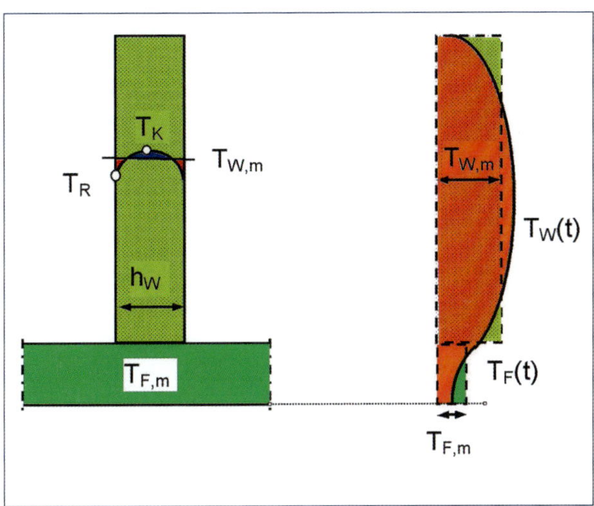

Bild 9.27: Maßgebende Temperaturen und Temperaturdifferenzen zur Ermittlung der Eigen- und Zwangspannungen in Wänden

Tabelle 9.1: Vorgaben für die Temperaturdifferenz zwischen Kern und Rand zur Vermeidung von Schalenrissen

Bauwerk	max ΔT [K]	Quelle
Strahlenschutzbunker d = 2,30 m (Kern/Schale)	10	[Kal1]
Strahlenschutzeinrichtung (d = 2,5 m)	10	[Wan1]
Sparschleuse Magdeburg-Rothensee, Winkelstütz- und Kammerwände (d = 1,2 m)	15	[Nie2]
Mischwasserbehälter (d bis 4,0 m)	15	[Fel1]
Tunnel- und Trogbauwerke (Sohle, Wand, Decke, Pfeiler)	15	[Wal2]
Øresund-Tunnel: bei Wasserbelastung andere Bauteile (zusätzlich noch TCI, Gleichung 9.24)	15 20	[Lyk1]
dicke Bauteile (mehrere Meter)	15	[Han1]
Talsperre Leibis-Lichte: in den ersten 14 Tagen	18	[Wag1]
dicke Bauteile (d < 1,0 m)	20	[Han1]
Differenz zwischen Kern und Luft, dicke Bauteile	20	[Man4]
Bauteile d < 1,0 m	15–20	[Ros9]
Brückenüberbau Rudolphstein (d = 1,60 m)	25	[Cur2]
Analyse von Vorgaben in Vorschriften	15–20	[Roe1]

Verschiedentlich wird auch $\Delta T = 12\,K$ als zulässiger Grenzwert angesehen [Wis2].

Bei diesen Festlegungen wurde von einer vollständigen Verformungsbehinderung ausgegangen und der Spannungsabbau durch Relaxation nicht berücksichtigt. Zur Vermeidung von Spaltrissen wird dagegen von [Ber2] vorgeschlagen:

$$0{,}5 \cdot \Delta T \cdot \alpha_T \cdot R \leq \varepsilon_{ctu} \tag{9.16}$$

ΔT ist die Differenz der Temperatur-Mittelwerte des behindernden und des behinderten Bauteils. Der Faktor 0,5 wurde empirisch gewonnen und berücksichtigt die Relaxation.

Wenn die zulässigen Temperaturdifferenzen aus experimentellen Untersuchungen oder aus Erfahrungen bei vergleichbaren Bauwerken abgeleitet wurden, sind die Relaxation und der Grad der Verformungsbehinderung indirekt berücksichtigt.

Die Vorgabe von zulässigen Temperaturdifferenzen ist kein sicheres Mittel, um Risse zu vermeiden. [Die1] berichtet über Tunnelwände, bei denen Risse aufgetreten sind, obwohl die Grenzwerte eingehalten wurden. In anderen Fällen waren weniger Risse festzustellen, als nach der Überschreitung der Grenzwerte zu erwarten gewesen wären [Ham1]. Dieser Umstand wird aber immer anzutreffen sein, da vereinfachende Vorgaben die vielfältigen Randbedingungen, die schließlich die Zugfestigkeit und die Zugspannungen bedingen, nicht berücksichtigt werden können. Eine kritische Einschätzung wird dazu auch in [Man2] gegeben.

9.4.2 Probabilistisches Nachweiskonzept

Die Streuungen der Eingabewerte zur Berechnung der Zwangbeanspruchungen haben zu einer probabilistischen Rissbeurteilung geführt. Der Verlauf der Mittelwerte der Spannungen und der Festigkeitsentwicklung in Bild 9.28 würde bei deterministischer Beurteilung der jeweiligen Mittelwerte zu der Schlussfolgerung führen, dass Risssicherheit vorhanden ist. Tatsächlich streuen die Zugfestigkeit und die Zwangspannung um einen Mittelwert, sodass sich die Verteilungen der beiden Kenngrößen überschneiden. Ab einer Erhärtungszeit von etwa 70 Stunden ist die Risssicherheit nur noch mit einer gewissen Wahrscheinlichkeit vorhanden. Je mehr sich die Kurven überschneiden, desto stärker wächst das Rissrisiko an. Die Risswahrscheinlichkeit ist dabei in der Regel zeitabhängig, da nach einer anfänglichen Zunahme durch Veränderung der Steifigkeitsverhältnisse und damit des Behinderungsgrads sowie durch Relaxation die Beanspruchung wieder verringert wird. Insofern stellt sich ein Maximum ein, das für die Sicherheitsbetrachtung maßgebend ist.

Der Nachweis der Trennrisssicherheit kann in das Sicherheitskonzept für Tragwerke eingeordnet werden, die maßgebende Norm nach DIN EN 1990:2010 unterscheidet sich nicht vom vorlaufenden Regelwerk DIN 1055-100. Grundlage ist die Verteilung der Einwirkungen, d.h. der Zwangspannungen, und des Bauteilwiderstands, repräsentiert durch die Zugfestigkeit, wie in Bild 9.29 angegeben. Die Teilsicherheitsbeiwerte dürfen beim Nachweis der Gebrauchstauglichkeit einheitlich zu $\gamma = 1$ gesetzt werden. Dadurch nähern sich die Verteilungsdichten an und überschneiden sich mit einer gewissen Wahrscheinlichkeit. Wenn die üblichen Fraktile, d.h. das 5 %-Quantil für die Zugfestigkeit f_{ctk} und das 95 %-Quantil für die Zwangbeanspruchung σ_{ctk} zugrunde gelegt werden, ergibt sich in Abhängigkeit von den Variationskoeffizienten v_f und v_σ

$$\begin{aligned} f_{ctk,0,05} &= f_{ctm} - 1{,}65 \cdot v_f \cdot f_{ctm} \\ \sigma_{ct,k} &= \sigma_{ctm} + 1{,}65 \cdot v_\sigma \cdot \sigma_{ctm} \end{aligned} \tag{9.17}$$

und aus der Bedingung $f_{ctk} = \sigma_{ctk}$ als Grenzwert für die Trennrisssicherheit folgt

$$C_{cr} = \frac{f_{ctm}}{\sigma_{ctm}} = \frac{1 + 1{,}65 \cdot v_f}{1 - 1{,}65 \cdot v_\sigma} \tag{9.18}$$

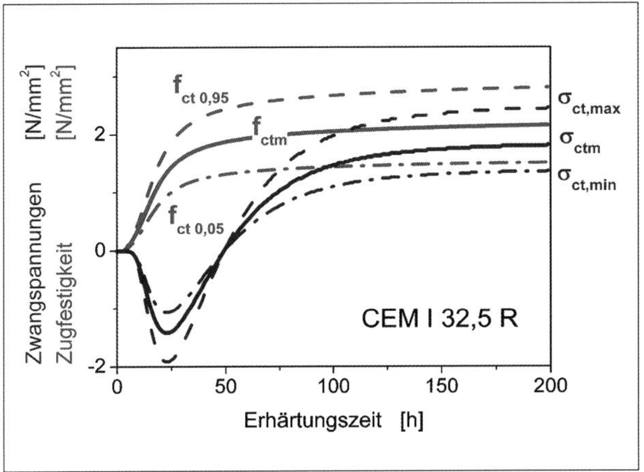

Bild 9.28: Entwicklung der Spannungen und der Zugfestigkeit mit den zugehörigen Quantilwerten

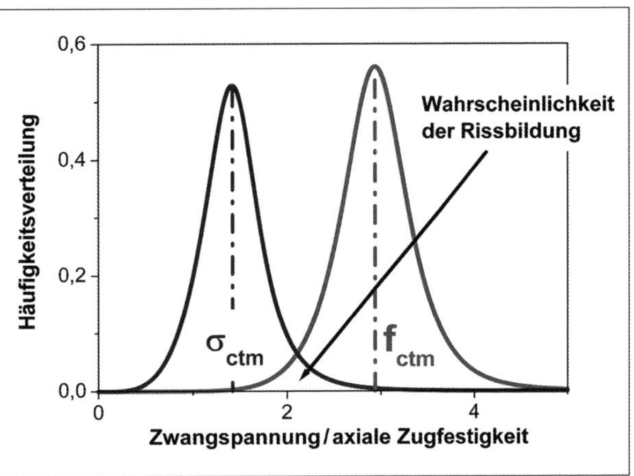

Bild 9.29: Häufigkeitsverteilung und Mittelwerte der Zugfestigkeit und der Zwangspannung sowie Wahrscheinlichkeit einer Rissbildung

Bei einer Herabsetzung dieses Werts ist mit zunehmender Trennrissgefahr zu rechnen, bei einer Vergrößerung steigt die Sicherheit an.

Wird beispielsweise ein Beton C30/37 verwendet, beträgt der Mittelwert $f_{ctm} = 2{,}9$ N/mm² und der Fraktilwert $f_{ct,0,05} = 2{,}0$ N/mm². Daraus folgt der Variationskoeffizient $v_f = (2{,}9 - 2{,}0) / (1{,}65 \cdot 2{,}9) = 0{,}19$. Wenn für die Zwangspannungen $v_\sigma = 0{,}25$ angenommen wird, ergibt sich für den notwendigen Abstand zwischen Festigkeit und Spannung als Multiplikator der Sicherheitsfaktor zu $C_{cr} = 2{,}06$. Dieses Sicherheitsniveau ist hoch und wird im Allgemeinen nicht für erforderlich angesehen.

Nach verschiedenen Angaben liegt der Variationskoeffizient für den E-Modul und die zentrische Zugfestigkeit während der Erhärtung im Bereich $v_f = 0{,}10$–$0{,}20$, der der Zwangspannungen bei $v_\sigma = 0{,}15$–$0{,}30$.

Die Wahrscheinlichkeit der Trennrissbildung p_{cr} mit beliebigem Sicherheitsfaktor C_{cr} ergibt sich unter Ansatz der Gauß'schen Normalverteilung. Der Zuverlässigkeitsindex beträgt (Ableitung in [Röh1]:

$$ß = \frac{C_{cr} - 1}{\sqrt{(C_{cr} \cdot v_f)^2 + v_\sigma^2}} \tag{9.19}$$

Die Wahrscheinlichkeit der Rissbildung folgt aus den Gauß'schen Tafelwerten, die durch eine Funktion ersetzt werden können zu

$$p_{cr} = \Phi(-ß) = \frac{1}{1 + \exp\left(\frac{ß}{0{,}604}\right)} \tag{9.20}$$

Mit den Werten des obengenannten Beispiels ergibt sich

$$ß = \frac{2{,}06 - 1}{\sqrt{(2{,}06 \cdot 0{,}19)^2 + 0{,}25^2}} = 2{,}28 \tag{9.21}$$

$$p_{cr} = \frac{1}{1 + \exp\left(\frac{2{,}28}{0{,}604}\right)} = 0{,}0224 \tag{9.22}$$

Die Risswahrscheinlichkeit beträgt lediglich etwa 2,2 %, eine Absicherung auf einem sehr hohen Niveau. Wird ein Quantilwert der Absicherung gegen Rissbildung von 95 % als ausreichend angesehen und damit eine Wahrscheinlichkeit der Rissbildung von

5 % akzeptiert, würde sich der Sicherheitsbeiwert auf $C_{cr} = 1{,}72$ reduzieren, denn aus

$$p_{cr} = \frac{1}{1 + \exp\left(\frac{ß}{0{,}604}\right)} = 0{,}05 \tag{9.23}$$

ergibt sich ß = 1,78 und anhand der Formelumstellung erhält man damit $C_{cr} = 1{,}73$. Bei logarithmischer Normalverteilung ergäbe sich $C_{cr} = 1{,}71$, d. h. ein praktisch übereinstimmendes Ergebnis.

Die Abhängigkeit der Risswahrscheinlichkeit von der Streuung der Zugfestigkeit und der Zwangspannung ist nicht so groß, wie angenommen werden könnte. Überprüfungen mit deutlich unterschiedlichen Variationskoeffizienten v_f zwischen 0,20 und 0,40 haben gezeigt, dass die Wahrscheinlichkeit der Trennrissbildung sich in relativ engen Grenzen verändert. Wenn beispielsweise ein 5 %-Quantilwert der Risswahrscheinlichkeit nicht überschritten werden darf, bewegt sich der Rissindex für zu erwartende übliche Streuungen C_{cr} im Bereich von 1,6 bis 1,8. Streut die Zwangspannung sehr stark, muss der Verhältniswert zwangsläufig ebenfalls angehoben werden, um das Sicherheitsniveau einzuhalten. Wie Bild 9.32 zeigt,

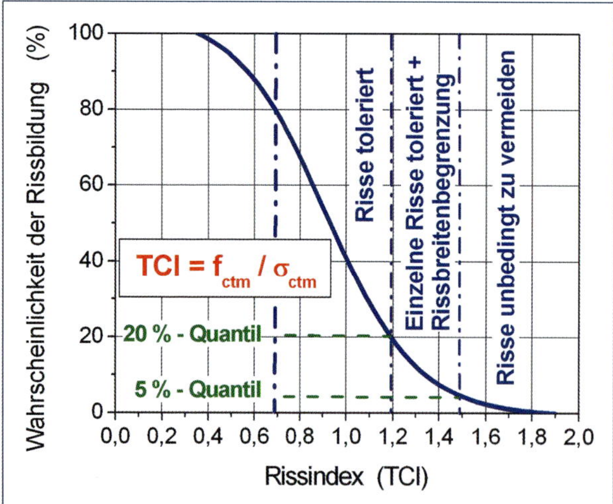

Bild 9.30: Thermal Cracking Index (TCI) und Wahrscheinlichkeit der Rissbildung nach der japanischen Norm [JSCE1]

nimmt mit wachsender Beanspruchung, hier bezogen auf die Zugdehnung, die Risswahrscheinlichkeit entsprechend der funktionalen Abhängigkeit ständig zu.

Das Verhältnis von Zugfestigkeit zu Zwangspannung wurde als maßgebender Faktor eines probabilistischen Konzepts zuerst in die japanischen Vorschriften [JSCE1] aufgenommen und dabei als Thermal Cracking Index (TCI) bezeichnet. Mit dem Index TCI wird die Risswahrscheinlichkeit summarisch erfasst [Ono1] und zur Beurteilung ein Kurvenverlauf vorgegeben (Bild 9.30).

$$TCI = f_{ctm} / \sigma_{ctm} \tag{9.24}$$

Die mathematische Funktion beschreibt die durch Beobachtung nachgewiesene Häufigkeit von Rissbildungen in Bauteilen, wie beispielsweise in Bild 9.31 für die Beanspruchung von massigen Bauteilen durch abfließende Hydratationswärme angegeben. Der Auswertung liegen die Beobachtungen und Spannungsberechnungen an 728 Bauteilen in 65 Konstruktionen zugrunde.

In Abhängigkeit von der Bedeutung der Trennrisssicherheit für die Funktion des Bauwerks ist ein notwendiges Sicherheitsniveau vorgegeben. Beträgt der Wert TCI > 1,0, ist mit einer Risssicherheit zu rechnen, wenn auch nur mit einer gewissen Wahrscheinlichkeit. Wenn eine Rissbildung unbedingt vermieden werden soll, muss der Rissindex TCI > 1,5 betragen. Dieser Rissindex entspricht etwa dem 5 %-Fraktil, das nach internationalen Richtlinien für die Erzielung rissfreier Konstruktionen bei thermischer Beanspruchung vorgegeben wird. Selbst bei Vorgabe eines hohen TCI-Werts kann nicht jeder Riss verhindert werden; die Trennrissgefahr wird jedoch deutlich herabgesetzt. Sind Rissbildungen tolerierbar, wird der Rissindex verringert. Eine Vermeidung oder Begrenzung der Rissbildung bedeutet, dass der vorgesehene Rissindex während des gesamten Zeitraums der Erhärtung und Nutzung des Bauwerks nicht überschritten wird.

Die Anwendung des TCI war zunächst für Massenbetonbauteile (Wände mit einer Dicke h > 0,50 m) vorgeschrieben, ist aber eine allgemein geeignete Methodik, die sich auch international durchgesetzt hat.

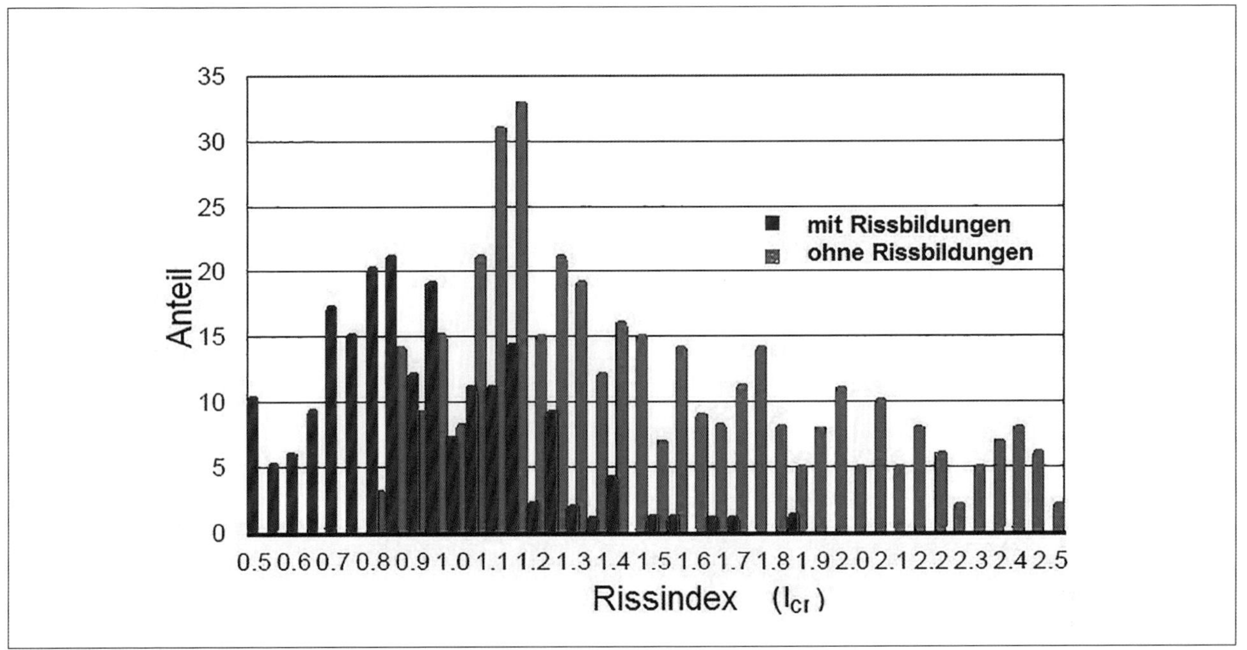

Bild 9.31: Häufigkeit der Rissbildungen in Abhängigkeit vom Rissindex I_{cr} (I_{cr} = Spaltzugfestigkeit / Zugspannungen); nach [Sat2]

Tabelle 9.2: Spannungskriterien zur Beurteilung der Trennrissbildung

Bezeichnung	Definition	Grenzwerte		Quelle
		wenige	keine	
		Trennrisse toleriert		
Thermischer Rissindex	$TCI = \frac{f_{ct}}{\sigma_{cr}}$	1,20	1,50	[JSCE1]
Rissempfindlichkeit	$\omega_{cr} = \frac{\sigma_{cr}}{f_{cts}}$	0,80	0,65	[HET1]
Rissindex	$C_{cr} = \frac{f_{cte}}{\sigma_{cr}}$	1,15	1,35	[Ros3]
Rissindex	$I_{cr} = \frac{f_{cts}}{\sigma_{cr}}$	1,35	1,80	[Sat2]

f_{cts}: Spaltzugfestigkeit ($f_{ct} = 0,9\ f_{cts}$)
f_{ct}: zentrische Zugfestigkeit
f_{cte}: wirksame zentrische Zugfestigkeit

Eine vergleichbare Vorgehensweise liegt nach [HET1] beim Index der Rissempfindlichkeit und beim Rissindex nach [Ros3] vor. Die Definition und empfohlenen Richtwerte sind in Tabelle 9.2 und für wasserundurchlässige Konstruktionen in Tabelle 9.3 enthalten.

Die Handhabung und die Grenzwerte sind unterschiedlich (gebräuchliche Beispiele in Tabelle 9.2). Beim Nachweis der Dichtheit von Anlagen mit wassergefährdenden Stoffen bei Annahme rissfreier Bauteile ist $C_{cr} = 1{,}25$ vorgeschrieben [DAS6]. In [Loh1] wird bei Eigenspannungen in Weißen Wannen $\gamma_{cr} = 1{,}1$ vorgeschlagen, der nach vorstehenden Vergleichen als zu gering anzusehen ist.

In [Kim1] ist eine Auswertung der Rissbildung an unterschiedlichen Bauteilen und der Bewertung nach der Richtlinie [JSCE1] vorgenommen worden (Bild 9.33). Der Vergleich mit den Werten in Tabelle 9.2 zeigt, dass tatsächlich bei einem Rissindex TCI = 1,25 nur wenige und bei TCI = 1,5 keine Risse aufgetreten sind. Die Ursachen für die bei deutlich höherer Festigkeitsreserve aufgetretenen Risse sind nicht erklärt und gegebenenfalls nicht erfassten Beanspruchungen zuzuordnen.

Flankierend zu den probabilistischen Spannungsberechnungen kann die Vorgabe von Grenztemperaturen wirkungsvoll sein, wie das Bild 9.34 zeigt. Die Analyse der Risse bei der Herstellung der Øresund-Tunnelkonstruktion ergab, dass in Verbindung mit einer vorlaufenden Berechnung der Trennrissgefahr die Vorgabe $\Delta T_{zul} = 15$ K die Rissgefahr besser eingrenzt als der ebenfalls vorgeschriebene Rissindex = 0,70 (hier 1/TCI) allein. Durch die Bauvorgaben mit einem Rissindex (TCI = 0,70) und der zulässigen Temperaturdifferenz ($\Delta T = 15$ K) konnten Rissbildungen weitgehend vermieden werden [Lyk1].

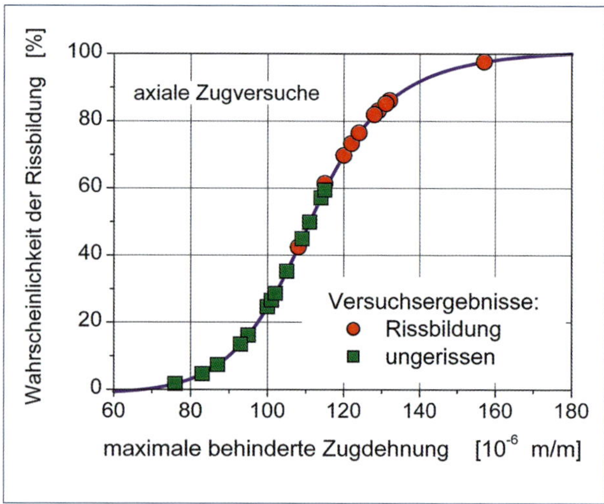

Bild 9.32: Ergebnisse zentrischer Zugdehnversuche und Wahrscheinlichkeit der Rissbildung auf der Grundlage des TCI (Versuchsdaten von [Lu1])

Als ein weiterer Parameter der Prognose der Trennrisssicherheit wird die Bruchdehnung herangezogen. Nach [Lu1] ist die behinderte Zugbruchdehnung besser geeignet als die zentrische Zugfestigkeit, weil der Mittelwert von etwa 0,10 ... 0,11 ‰ mit weniger Streuungen behaftet ist und weniger von der Zusammensetzung abhängt. Auch der Erhärtungszustand ist, vom sehr jungen Alter abgesehen, von geringerem Einfluss. Ein Beispiel zeigt Bild 9.32; ab dem 40%-Fraktil mit 0,107 ‰ beginnt die ständig zunehmende Rissbildung entsprechend der Wahrscheinlichkeitsverteilung.

In die Gleichung (9.18) wurde der Rissindex als konstant vorausgesetzt. Diese Annahme trifft für einen längeren Erhärtungszeitraum und bei dickeren Bauteilen durchaus zu, weil der risskritische Zeitpunkt

Tabelle 9.3: Anforderungen an die Wasserundurchlässigkeit und Dauerhaftigkeit nach [JSCE2] (aus [Kra3])

Anforderungen an die Trennrisssicherheit	Zuverlässigkeitsklasse z. B. WU	Grenzwerte	
		lim p_{cr}	lim C_{cr}
hoch; Trennrisse nicht erlaubt	I	0,05	1,75
mittel; wenige Trennrisse zulässig	II	0,25	1,45
niedrig; Trennrisse generell zulässig	III	0,85	1,00

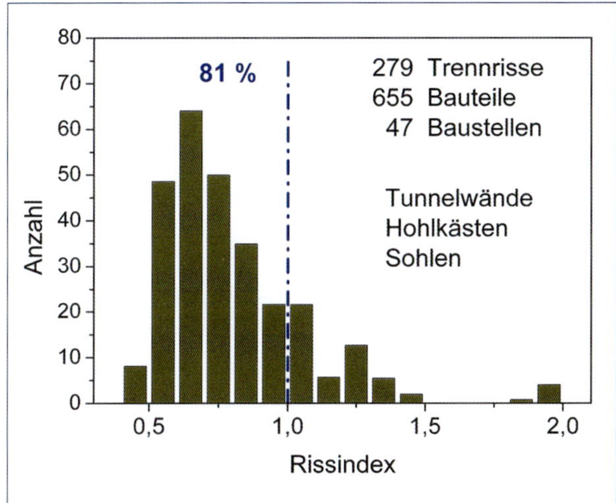

Bild 9.33: Emprische Risshäufigkeiten nach [Kim1]; die Beurteilung erfolgte nach dem Rissindex TCI (Tabelle 9.1) nach [JSCE1]

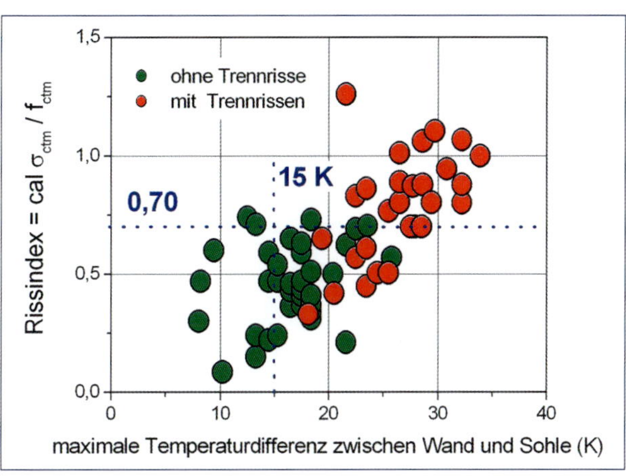

Bild 9.34: Maximale Temperaturdifferenz zwischen Wand und Sohle an der Tunnelkonstruktion der Øresundbrücke und rechnerisch ermittelter Rissindex sowie die Vorgaben zur Gewährleistung der Risssicherheit (Daten aus [Lyk1])

mit weitgehend erhärtetem Beton in Korrespondenz steht. Bei Wänden und Sohlplatten ist dies in der Regel nicht der Fall. Insofern muss der Rissindex als variabel und von der Erhärtung abhängig berücksichtigt werden. Die Entwicklungsfunktionen für die Parameter Zugfestigkeit und Spannung bestimmen den zeitlich veränderlichen Rissindex, aus dem die ebenfalls nicht konstante Risswahrscheinlichkeit p_{cr} folgt. Ein Beispiel für die Veränderlichkeit der Parameter und der Einschätzung der Risswahrscheinlichkeit ist in Bild 9.35 dargestellt.

Bei diesem Beispiel überschreitet die mittlere Zwangspannung sehr bald den 5 %-Fraktilwert der Zugfestigkeit. Bei deterministischer Betrachtung der Spannungssituation würde von einer sicher zu erwartenden Trennrissbildung ausgegangen. Die probabilistische Prüfung des risskritischen Zustands ergibt jedoch, dass die Risswahrscheinlichkeit zum ungünstigsten Zeitpunkt etwa 40 % beträgt und deshalb mit einzelnen Rissen gerechnet werden muss, aber dass auch rissfreie Bereiche vorhanden sein werden. Ein Ergebnis ist weiterhin, dass die Rissbildungen ein solches Maß erreichen werden, dass eine wasserundurchlässige Konstruktion auch bei geringeren Anforderungen nicht abnahmefähig ist (siehe Tabelle 9.3).

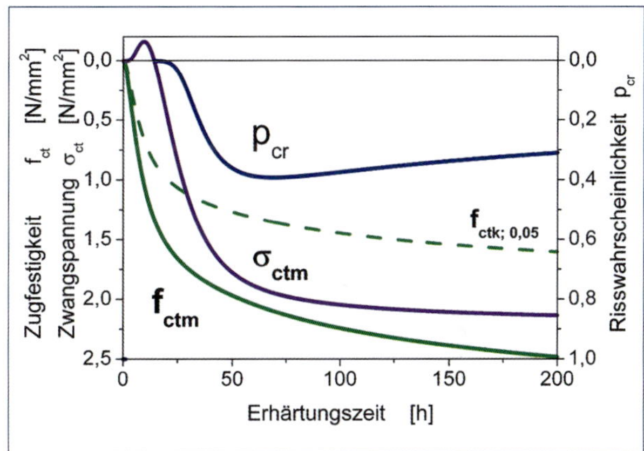

Bild 9.35: Entwicklung der zentrischen Zugfestigkeit (f_{ctm} und $f_{ctk;\,0,05}$) sowie der mittleren Zwangspannungen σ_{ctm} und der Risswahrscheinlichkeit p_{cr} während der Erhärtung in einer Wand mit h = 0,30 m und Beton C25/30

Internationale Erfahrungen haben gezeigt, dass die probabilistische Einschätzung der Risssituation eine wichtige Hilfe sein kann, ohne dadurch vollständige Sicherheit erhalten zu können. Selbst bei einem größeren Rissindex sind noch Risse aufgetreten, wenn auch in vermindertem Umfang.

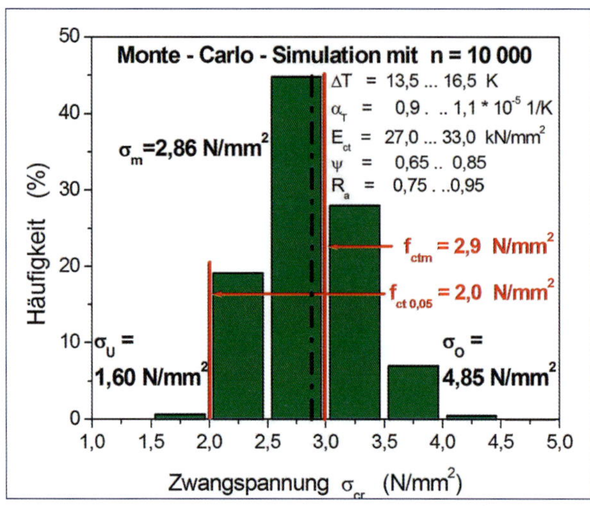

Bild 9.36: Ergebnis der Simulation mit dem Erwartungs- (Mittel-) Wert sowie dem oberen und unteren Grenzwert der Spannungen; Einteilung in acht Klassen zu je 0,5 N/mm² Breite

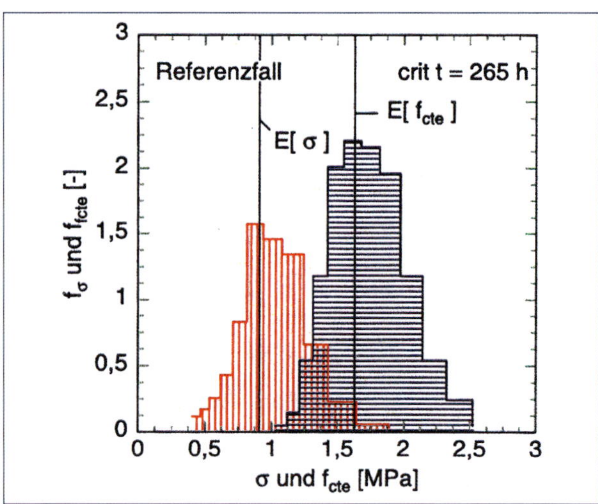

Bild 9.37: Dichtefunktion der mittleren Werte der Zugfestigkeit und der Zwangspannung aufgrund der Streuungen der Eingangsgrößen sowie des Überschreitungsbereichs für den Erstrisszeitpunkt t = 265 h (aus [Kra2], [Kra3])

9.4.3 Monte-Carlo-Simulation

Die probabilistischen Konzepte verwenden streuende Größen, die pauschal die Einwirkungs- und Widerstandsseite charakterisieren. Während die Streuungen der einzelnen betontechnischen Kenngrößen anhand der statistischen Auswertung der Ergebnisse der Betonherstellung oder durch Laborprüfungen zufriedenstellend erfasst werden können, sind die Eingabegrößen, die die Zwangspannungen beeinflussen, weitaus unsicherer. Durch stochastische Simulation kann die Auswirkung zufälliger Abweichungen bei großen Stichproben untersucht und Schlussfolgerungen hinsichtlich der Risssicherheit gezogen werden.

Benötigt werden kumulative Verteilungssfunktionen Y = F(X) für die Eingabegrößen X und deren mathematische Umformung X = F(Y) sowie computergenerierte Zufallszahlen Y = RND(1), siehe dazu [Röh1]. Im Zuge der Simulationsrechnung werden mit generierten Zufallszahlen Y nacheinander die Werte X für alle Kenngrößen ermittelt und damit die Zwangspannung berechnet. Im Ergebnis werden ein Erwartungswert und dessen Streuung erhalten. Ein Beispiel der Anwendung ist in Bild 9.36 dargestellt. Die Spanne der daraus resultierenden Zwangspannungen ist erheblich, obwohl die einzelnen Werte nur in den angegebenen Grenzen, d.h. etwa ± 10 % variieren.

In Bild 9.37 ist das Ergebnis der Monte-Carlo-Simulation mit der getrennten Zielsetzung für die Ermittlung der Spannungen, der effektiven Zugfestigkeit und der Rissbildung aus der Überdeckung der beiden vorgenannten Kenngrößen dargestellt. Es zeigt sich, dass bereits ab einer Spannung von etwa 1,0 N/mm² eine Rissgefahr besteht, weil geringere Zugfestigkeiten als der Mittelwert von etwa 1,65 N/mm² auftreten. Der Abstand zwischen den Erwartungswerten E(σ) und E(f_{te}) stellt die Verbindung zum Rissindex (Kapitel 9.4.2) her und der Überdeckungsbereich bildet die Wahrscheinlichkeit der Rissbildung ab. Die Wahrscheinlichkeit der Rissbildung beträgt 28 % [Kra3].

Durch wiederholte Anwendung zu unterschiedlichen Erhärtungszeitpunkten ist auch eine Einschätzung der Auswirkungen im Verlauf der streuenden Zwangspannungen möglich.

10 Begrenzung der Rissbreiten durch Bewehrung

Bei Stahlbetontragwerken können Rissbildungen infolge direkter Last oder durch aufgebrachte bzw. behinderte Verformungen (Zwang) hervorgerufen werden. Risse können auch andere Ursachen haben, wie plastisches Schwinden (Kapitel 2) oder Volumenvergrößerungen durch chemische Reaktionen u. dgl. Diese Risse unterliegen nicht den Regelungen in DIN EN 1992-1-1.

Normgemäß ist eine Bewehrung anzuordnen, die die Risskräfte aufnimmt und dabei eine rechnerische Rissbreite wirksam auf ein Maß begrenzt, das in Abhängigkeit von den Beanspruchungen und den Umweltbedingungen festgelegt ist. Dazu ist in den oberflächennahen Bereichen der Stahlbetonbauteile eine Mindestbewehrung einzulegen. Als rissverteilende Bewehrung ist stets Betonrippenstahl zu verwenden.

Bei verformungsbehinderten Bauteilen ist für die Dimensionierung der Bewehrung sehr häufig der Nachweis der Einhaltung der rechnerischen Rissbreite maßgebend und nicht die Bemessung für die Schnittgrößen im Grenzzustand der Tragfähigkeit. Die Sicherstellung einer vorgegebenen rechnerischen Rissbreite nimmt damit eine Schlüsselstellung innerhalb der Nachweise der Gebrauchstauglichkeit von Tragwerken ein. Die Rissbreite ist dabei lediglich als eine Rechengröße anzusehen, die als Messwert am Bauteil auftreten aber nicht erwartet werden kann.

Die Formulierung der Forderung in der Norm beinhaltet auch die Tatsache, dass die Entstehung von Rissen nicht auszuschließen ist. Es ist eine aus der Erfahrung resultierende Einschätzung, dass selbst bei großer Sorgfalt in der Planung und Bauausführung Risse nicht vermieden werden können [DBV1]. Risse sind ein Phänomen der Stahlbetonbauweise, nicht zu vermeiden, aber zu begrenzen. Im üblichen Bereich der Stahlspannungen beträgt die Dehnung der Bewehrung 1,0 bis 1,5 ‰ und ist damit etwa 10- bis 15-fach größer als die Betonzugbruchdehnung. Diese sehr unterschiedliche Verformungsfähigkeit verursacht eine Rissbildung, die auch dann nicht zu verhindern ist, wenn eine sehr großzügig dimensionierte Bewehrung eingelegt wird. Risse sind damit eine typische, die Bauweise kennzeichnende Erscheinung [DBV1]. Internationale Erfahrungen und wissenschaftliche Untersuchungen, die beispielsweise in [Sch6] zusammenfassend dargestellt wurden, zeigen, dass Risse die Dauerhaftigkeit und Gebrauchstauglichkeit nicht nachteilig beeinflussen, wenn diese auf eine unschädliche Breite begrenzt und ausreichend verteilt werden. Risse unbedingt vermeiden zu wollen ist demzufolge nicht nötig.

Auf eine Mindestbewehrung darf nur verzichtet werden, wenn nachweislich keine Zwangspannungen auftreten oder Risse unbedenklich sind (z.B. Innenbauteile im Hochbau). Wenn die Zwangschnittgröße die Rissschnittgröße nicht erreicht, darf die Bewehrung danach und nach den statischen Erfordernissen bemessen werden. In beiden Fällen sind die Unsicherheiten einer solchen Nachweisführung zu bedenken. Massige Bauteile, Bauteile sehr unterschiedlicher Dicke unter Einwirkung der Schwindvorgänge oder Wände auf bereits vorbetonierten Sohlen usw. haben immer eine gewisse Wahrscheinlichkeit, dass Rissbildungen auftreten und verlangen deshalb absichernde Maßnahmen.

Die Vorgabe der einzuhaltenden rechnerischen Rissbreite hat großen Einfluss auf den Bewehrungsbedarf und damit die Kosten. Insofern sollten bei der Festlegung des Grenzwerts für die rechnerische Rissbreite nicht nur der geplante Gebrauch und die Anforderungen an das Tragwerk berücksichtigt werden, sondern auch die Möglichkeiten zur Verminderung der Zwangspannungen durch konstruktive oder betontechnologische Maßnahmen. Dadurch kann die Beherrschung der Rissbildung unterstützt werden.

Die Betontechnologie hat sehr wesentlichen Einfluss auf die Verformung eines Bauteils, die Tragwerksplanung bestimmt über Art und Umfang der Behinderung die Auswirkungen dieser Verformungen. Das Ergebnis zeigt sich in der Summe der Rissbreiten über die zwangbeanspruchte Bauteillänge. Wenn beispielsweise ein Bauteil von 5 m Länge nach einem Temperaturabfall von 20 K reißt und für die Temperaturdehnzahl der Wert $1 \cdot 10^{-5}$ angenommen wird, beträgt die Summe der Rissuferverschiebungen $\sum w_{vorh} = 20 \cdot 10^{-5} \cdot 5\,000 = 1{,}0$ mm, vollständige Behinderung vorausgesetzt. Wäre keine Bewehrung vorhanden, würde sehr wahrscheinlich eine Riss mit dieser Breite auftreten.

In der Tragwerksplanung wird oft die Rissbreitenbegrenzung bei dickeren Bauteilen nur für den frühen Zwang infolge der abfließenden Hydratationswärme vorgenommen, die weitere Entwicklung der Spannungssituation (später Zwang) ist aber ebenfalls zu berücksichtigen. Beispielsweise kann bei Außenbauteilen im Winter nach der Herstellung eine Zwangbeanspruchung auftreten, die bei höherer Zugfestigkeit zu einer Risskraft führt, für die die rissbreitenbeschränkende Bewehrung dann nicht ausreicht.

10.1 Normative rechnerische Rissbreiten

Bei äußerem Lasteintrag und Einhaltung der Festlegungen des Sicherheitskonzepts sind die Rissbildungen rechnerisch beherrschbar und spielen keine besondere Rolle. Verformungseinwirkungen und Zwangbeanspruchungen dagegen sind nicht nur schwerer erfassbar, sondern können auch breitere Risse hervorrufen und die Nutzung der Bauwerke beeinträchtigen. Es gibt unterschiedliche Gründe, die Rissbreiten auf einen möglichst geringen Betrag zu begrenzen. Dabei sind zu nennen:

- Vermeidung des Eindringens von korrosionsverursachenden oder -fördernden Stoffen zur Bewehrung (Gewährleistung der Dauerhaftigkeit),
- Verhinderung oder Begrenzung des Ein- oder Ausfließens von Flüssigkeit, vor allem des Wassers aus Behältern (Sicherstellung der Gebrauchstauglichkeit),
- Vermeidung eines optisch unbefriedigenden Erscheinungsbildes,
- Rissüberbrückungsfähigkeit von Beschichtungen.

Nach DIN EN 1992-1-1 ist dazu die Einhaltung einer rechnerischen Rissbreite w_k nachzuweisen, die in der Regel unter Berücksichtigung des geplanten Gebrauchs, der Exposition und der Art des Tragwerks sowie der Kosten der Rissbreitenbegrenzung festzulegen ist. Der Rechenwert w_k stellt das 95 %-Quantil der Rissbreitenverteilung dar.

Die technische und wirtschaftliche Nutzungsdauer (ND) von Betonbauwerken ist in DIN EN 1990 mit einer Klasseneinteilung angegeben. Danach wird für Gebäude und andere gewöhnliche Tragwerke eine ND von 50 Jahren, für Brücken und andere Ingenieurbauwerke eine ND von 100 Jahren angegeben, für untergeordnete Bauwerke ist die Lebensdauer herabgesetzt.

Eine Verbindung zwischen der rechnerischen Rissbreite und der technischen und wirtschaftlichen Nutzungsdauer (ND) der Betonbauwerke besteht normgemäß nicht.

Bei Stahlbetonbauten betragen die empfohlenen Werte nach DIN EN 1992-1-1 für den Grenzwert w_{max} der rechnerischen Rissbreite w_k in Abhängigkeit von der Expositionsklasse nach der vorgenannten Norm:

X0, XC1	0,4 mm
XC2 – XC4, XD1 – XD3, XS1 – XS3	0,3 mm

Nach den vorhandenen Erkenntnissen findet bei diesen Rissbreiten keine Korrosion der Bewehrung statt. Voraussetzung ist eine ausreichend dicke und dichte Betondeckung, die an eine regelkonforme Zusammensetzung und einen fachgerechten Einbau des Betons gebunden ist. Sind diese Bedingungen nicht erfüllt, kann die Korrosion ausgelöst werden. Diese ist aber nicht auf den unmittelbaren Rissbereich beschränkt, sondern findet am Bewehrungstahl entlang der Verbundstörung mit der Sekundärrissbildung statt (Bild 10.17).

Bei den Expositionsklassen X0 und XC1 hat die Rissbreite keinen Einfluss auf die Dauerhaftigkeit. Der Grenzwert wird nur zur allgemeinen Wahrung eines akzeptablen Erscheinungsbildes festgelegt. Sind keine entsprechenden Anforderungen an das Erscheinungs-Bild vorhanden, darf dieser Grenzwert auch erhöht werden.

Fehlen spezifische Anforderungen, z.B. an die Wasserundurchlässigkeit der Bauwerksteile, darf davon ausgegangen werden, dass die Begrenzung der zulässigen Rissbreiten für Stahlbetonbauteile im Hochbau unter der quasi-ständigen Einwirkungskombination auf die Werte von w_{max} hinsichtlich des Erscheinungsbildes und der Dauerhaftigkeit ausreicht. Die Rissbreite muss nicht begrenzt werden, wenn der ordnungsgemäße Gebrauch des Tragwerks nicht beeinträchtigt wird.

Gesonderte Anforderungen und Regelungen sind in anderen Vorschriften enthalten. Beispielsweise werden in DIN EN 1992-3 für wasserundurchlässige Bauwerke, wie Silos und Behälterbauwerke, die Rechenwerte der Rissbreite in Abhängigkeit von der Undurchlässigkeitsklasse angegeben. Bei der Klasse 0 ist ein Wasseraustritt akzeptabel, sodass die Rissbreite entsprechend DIN EN 1992-1-1 festgelegt werden darf (z.B. $w_k = 0{,}3$ mm). Für die Undurchlässigkeitsklasse 1, bei der der Flüssigkeitsdurchtritt auf eine geringe Menge zu begrenzen ist, Feuchtstellen und Verfärbungen aber akzeptabel sind, richtet sich die zulässige Rissbreite nach dem Wasserdruck. Die Rechenwerte liegen nach DIN EN 1992-3/NA zwischen $w_k = 0{,}1$ mm und $w_k = 0{,}2$ mm. In DIN EN 1992-3 ist dabei für die Undurchlässigkeitsklasse 1 und einem, auf die Wanddicke bezogenen Wasserdruck $h/h_D > 35$ sogar $w_{k1} = 0{,}05$ mm angegeben.

Für Hallen- und Freiflächen betragen die Werte in Abhängigkeit von der Belastung 0,2 bzw. 0,3 mm. Im Verkehrswasserbau ist der Rissverlauf in Bezug auf die Lage der Hauptbewehrung von Bedeutung; größere rechnerische Rissbreiten sind entsprechend der Schadensklasse zulässig.

Der rechnerische Nachweis der Rissbreiten gewährleistet nicht, dass das angestrebte Ziel mit Sicherheit erreicht wird. Beispielsweise können bei einer Belastung durch Wasserdruck auch bei Anordnung einer Mindestbewehrung, die entsprechend der Vorgabe der rechnerischen Rissbreite ermittelt wurde, Feuchtstellen auftreten. Andererseits sind Bauteile mit rechnerischen Rissbreiten bis zu 0,5 mm dauerhaft, da bis zu dieser Grenze kein signifikanter Zusammenhang zwischen dem Absolutwert der Rissbreite und dem Grad der Bewehrungskorrosion besteht, wenn keine Chloride einwirken. Bei horizontalen Flächen mit Chloridbelastung und mit Einstufung in die Expositionsklasse XD3 reicht dagegen eine strikte Begrenzung der Rissbreite für die Dauerhaftigkeit nicht aus; normgemäß ist eine Beschichtung unumgänglich. Eine Verminderung der Anforderungen ergibt sich, wenn ein erweitertes Instandhaltungskonzept vereinbart wird [DBV6], [DBV7]. Bedeutsam ist die aus Versuchen erhaltene Feststellung, dass keine Abhängigkeit zwischen der Rissbreite und der im Riss vorhandenen Chloridkonzentration besteht. Selbst in Rissen von 0,1 mm können aufgrund der stärker ausgeprägten kapillaren Saugwirkung ähnlich hohe Chloridgehalte vorliegen, wie in deutlich breiteren Rissen. Ein kritischer Chloridgehalt (etwa 0,5 M.-%/Zement) wird dabei als korrosionsauslösend angesehen.

Die rechnerischen Rissbreiten sind ein Hilfsmittel, um eine Mindestbewehrung zu bestimmen, die das Auftreten breiter Einzelrisse am Bauwerk verhindert. Die Vorgabe kleinerer Rissbreiten bedeutet dabei nur, dass breitere Einzelrisse mit größerer Sicherheit vermieden werden. In [DAS1] wird darauf hingewiesen, dass es sich dabei nicht um Grenzwerte handelt, die am Bauwerk durch Messung nachzuweisen wären. Ergänzend muss angemerkt werden, dass die Mindestbewehrung ihre Funktion vor allem in Verbindung mit begleitenden Maßnahmen zur Verminderung der Zwangspannungen befriedigend erfüllen kann.

Die Lage der rechnerischen Rissbreite innerhalb der Wirkungszone der Bewehrung ist nicht eindeutig definiert, wird aber allgemein als sichtbare Trennrissbreite an der Bauteiloberfläche angesehen. Die zulässigen rechnerischen Rissbreiten wurden dabei abgeleitet für eine Betondeckung von 30 mm und sind gültig für einen Bewehrungsstahldurchmesser nicht größer als 25 mm [Leo5]. Die Auffassungen über die Form des Rissquerschnitts ist nicht einheitlich, ergibt sich aber aus der zwangsläufig übereinstimmenden Betondehnung über die Höhe der Betondeckung. In unmittelbarer Nähe des Bewehrungsstahles ist die Rissbreite klein, da die Verbundrisse und der Schlupf zwischen Bewehrungsstahl und Beton über die Bewehrungsstahllänge zur gesamten Dehnung beitragen (Bild 10.17). Mit zunehmendem Abstand von der Bewehrungsstahloberfläche wird dieser Einfluss geringer, sodass sich aufgrund der eingetragenen Zwangdehnung die Öffnung des Rissquerschnittes vergrößert. Die Sekundärrisse haben schließlich keine Auswirkungen mehr, sodass sich bei zentrischer Zugbeanspruchung in der Nähe der Bauteiloberfläche ein paralleles Rissufer einstellt (Bild 10.17). Bei Biegung wird sich dagegen in Abhängigkeit von der Dicke der Betondeckung eine weitere Vergrößerung und eine etwa keilförmige Gestalt des Risses ergeben. Daraus resultiert auch der Vorschlag, die Rissbreiten an der Bauteiloberfläche in Abhängigkeit von der Betondeckung proportional zu verändern, z.B. in [Leo5]. Diese Empfehlungen gelten nur für diesen Beanspruchungsfall. Diese Tendenz ergibt sich auch aus Versuchen, wie von [Bor2] ausgeführt. Weiterhin lässt sich aber ableiten, dass sich bei größerer Betondeckung weniger Risse bis zur Oberfläche ausdehnen und die noch sichtbaren Risse eine größere Breite aufweisen müssen. Nähere Ausführungen zur Definition und Bedeutung der rechnerischen Rissbreiten sind in Kapitel 12 erläutert.

10.2 Vorgänge bei der Rissbildung im Stahlbetonbauteil

Die Vorstellungen über die Rissbildung, die der DIN 1045 zugrunde lagen und in [Sch3] kommentiert worden sind, entsprachen dem Kenntnisstand der 1970er-Jahre. Nach den zwischenzeitlich durchgeführten Forschungsarbeiten sind der Rissbildungsprozess und die darauf wirkenden Einflussfaktoren differenzierter erfassbar geworden. Die Ergebnisse haben zur Veränderung in der DIN 1045-1 geführt und sind in den EC 2 aufgenommen worden. Zusammenfassende Darstellungen sind u.a. in [Kön1], [Tue2] und [Ber3] zu finden.

Im rissfreien Zustand I liegen im gesamten Bauteil die Betonzugspannungen unterhalb der Betonzugfestigkeit. Die Beanspruchung wird von einem Verbundbauteil aufgenommen, die Dehnungen des Stahles ε_{s1} und des Betons ε_c stimmen aufgrund des starren Verbundes überein, es treten keine Dehnungsunterschiede zwischen dem Bewehrungsstahl und dem Beton auf. Bei Zunahme der Beanspruchung und Überschreitung des lokal vorhandenen unteren Grenzwertes der Betonzugfestigkeit (normgemäß definiert mit $f_{ctk;0,05} = 0,7\, f_{ctm}$) entsteht ein Erstriss, an dessen Stelle der Bewehrungsstahl die gesamte Zugbeanspruchung übernimmt ($\varepsilon_{s1} + \varepsilon_{s2}$), vgl. Bild 10.1. Die in den Bewehrungsstahl eingeleitete Zugkraft wird durch den Verbund über eine Einleitungslänge l_e hinweg wieder auf den Verbundquerschnitt übertragen. Am Ende dieser Verbundeinleitungslänge sind die Zugspannungen wieder gleichmäßig über den gesamten Querschnitt verteilt. Mit Zunahme der Beanspruchung entstehen weitere Risse. Dieser Vorgang wiederholter Rissbildung ist beendet, wenn die Zugspannungen nicht mehr die

Betonzugfestigkeit erreichen bzw. übersteigen können; es liegt dann ein abgeschlossenes Rissbild vor.

Zwischen den Rissen beteiligt sich der Beton am Lastabtrag, ein Vorgang, der »tension stiffening« genannt wird. Dadurch ist die mittlere Stahldehnung geringer als bei einem reinen Stahlquerschnitt. Durch die Rissbildung tritt eine Entlastung mit Verminderung der Zwangkraft, aber auch eine Reduzierung der Steifigkeit ein. Die Rissbildung nach Bild 10.1 wirkt sich in Abhängigkeit von der Art der Belastung, also Last und Zwang, unterschiedlich auf die Arbeitslinie des zugbeanspruchten Bauteils aus.

In Bild 10.2 ist der Verlauf bei einem Zugstab mit von außen einwirkender Belastung dargestellt. Nach Erreichen der Betonzugfestigkeit tritt der erste Riss auf, der bei Aufrechterhalten der Kraft F und konstanter Spannung im Riss zu einem Dehnungssprung im Zugstab und dem typischen treppenförmigen Verlauf führt. Mit Zunahme der Beanspruchung und der Anzahl der Risse wird der Abstand zwischen den Rissen laufend vermindert. Schließlich ist der Abstand zwischen den Rissen dann so gering, dass kein ungestörter Abschnitt entlang des Bewehrungsstahls mehr vorhanden ist und überall zwischen Stahl und Beton Dehnungsunterschiede bestehen (siehe dazu Bild 10.25), das Rissbild ist abgeschlossen. Die weitere Steigerung der Belastung verursacht nur eine Aufweitung der vorhandenen Risse. Die fortschreitende Rissbildung ist mit einer kontinuierlichen Abnahme der Steifigkeit des Bauteils verbunden.

Die Rissbildung entlastet den Beton und erhöht die Stahlspannung. Durch den Verbund werden die Dehnungsunterschiede zwischen dem Bewehrungsstahl und dem umgebenden Beton verringert. Der Beton trägt dadurch auch nach der Rissbildung zur Steifigkeit des Bauteils bei (tension stiffening). Wird der Zugstab wieder entlastet, bleibt eine Verformung zurück. Die Ursache ist, dass sich die Risse nicht vollständig schließen und der Stahl außerhalb der Rissbereiche weiterhin unter Zugbeanspruchung steht [Kön1].

Eine andere Situation liegt bei einem zwangbeanspruchten Bauteil vor (Bild 10.3), das an den Endquerschnitten behindert ist. Bei einem Temperaturrückgang des gleichmäßig erwärmten Bauteils, in dem der Beton und der Bewehrungsstahl eine übereinstim-

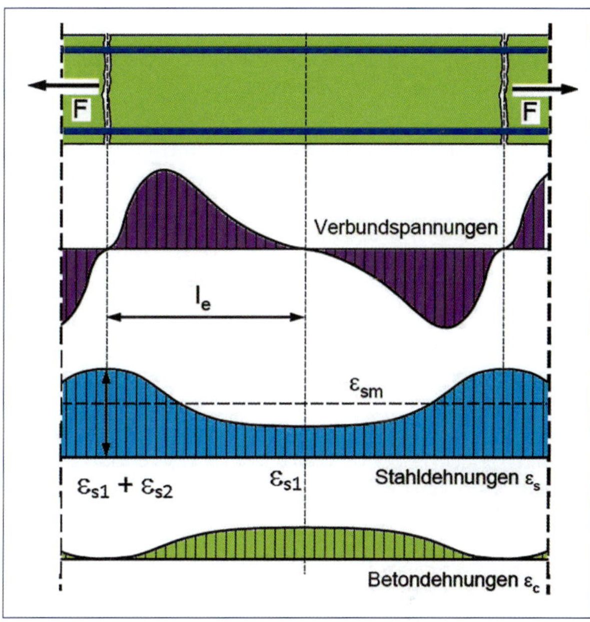

Bild 10.1: Verteilung der Stahl- und Betondehnungen sowie der Verbundspannungen zwischen zwei Trennrissen in einem auf zentrischen Zug beanspruchten Bauteil

mende Temperatur besitzen, tritt eine Verkürzung und dadurch eine spannungswirksame Dehnung auf. Die Rissbildung findet wiederum statt, ist aber jetzt mit einer gegenläufigen Dehnung und damit einer Entlastung des Zugstabes verbunden. Jeder Riss ist von einem Spannungsabfall begleitet, sodass sich im Verlauf die sägezahnartige Form ausbildet. Wenn die Dehnung wieder hinreichend zugenommen hat und durch die damit hervorgerufenen Zugspannungen die lokale Zugfestigkeit im Bauteil überwunden worden ist, kann sich der nächste Riss entwickeln.

Der Rückgang der Stahlspannungen nach der Rissbildung wird durch den Bewehrungsgrad beeinflusst. Bei einer nur geringen Bewehrungsfläche ist die Verminderung der Spannungen im Rissbereich besonders groß, bei einer starken Bewehrung umgekehrt. Mit dem Absinken der Stahlspannungen verkleinert sich temporär auch die Rissbreite.

Im Betonbau reicht im Allgemeinen ein einzelner Riss nicht aus, um die üblichen Zwangbeanspruchungen auszugleichen. Insofern werden durch die weiter

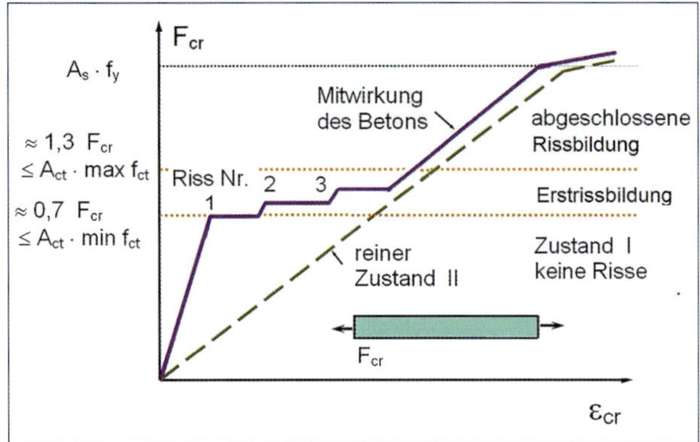

Bild 10.2: Schnittgröße und Rissbildung bei lastinduzierten Dehnungen im Stahlbetonzugstab

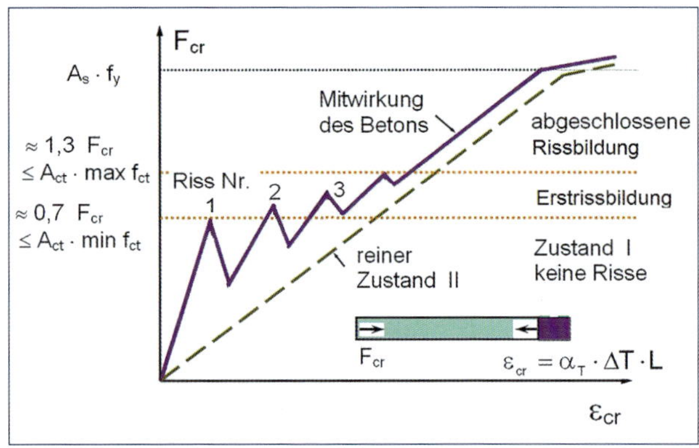

Bild 10.3: Schnittgröße und Rissbildung bei zwanginduzierten Dehnungen im Stahlbetonzugstab

zunehmende Belastung neue und voneinander unabhängige Einzelrisse hervorgerufen. Der Bereich zwischen den Rissen verbleibt jedoch zunächst noch im Zustand I. Mit jedem Riss wird die Steifigkeit weiter verringert, sodass erneute Zwangdehnungen, wie auch bei äußeren Lasten, unter immer flacherem Anstieg zu Spannungen führen. Sukzessive werden die Bereiche höherer Zugfestigkeit von der Rissbildung betroffen. Aufgrund der im Bauteil streuenden Betonzugfestigkeiten und der mit der Stahldehnung zunehmenden Verbundspannungen ergibt sich ein gekrümmter Verlauf der Belastung-Verformungsbeziehung, der idealisiert durch eine horizontale Gerade bei $F_{cr} = A_{ct} \cdot f_{ctm}$ ersetzt wird.

Da sich Zwangdehnungen über einen relativ langen Zeitraum von mehreren Stunden oder sogar Tagen aufbauen, tritt bei jedem neuen Riss ein deutliches Nachbruchverhalten auf, das sich in der Neigung der Entlastungsgeraden zeigt und die besondere Form der Zacken ergibt. Der Vorgang könnte sich auch hier wiederholen, bis sich das abgeschlossene Rissbild einstellt. Dieser Zustand ist erst nach der beträchtlichen Dehnung von etwa 0,6 bis 0,8 ‰ zu erwarten; dabei kann die obere Grenze der Betonzugfestigkeit $f_{ctk;0,95} = 1,3\ f_{ctm}$ erreicht werden. Dieser Grenzwert würde einer Temperaturdifferenz von 60 bis 80 K entsprechen, die nur unter besonderen Bedingungen auftreten dürfte. Daraus folgt, dass im Gegensatz zur Norm nicht von einem abgeschlossenen Rissbild ausgegangen werden sollte. Bei abgeschlossenem Rissbild ist jede weitere Dehnung mit einer Erhöhung der Stahlspannung im Riss und mit einer Vergrößerung der Rissbreite verbunden. Durch die fortlaufende Rissbildung wird die Zwangeinwirkung vermindert bzw. abgebaut.

Besitzt ein Bauteil mit über die Länge gleichmäßig wirkender Zwangverformung eine Aussparung, wird zunächst im geschwächten Bereich die Zugfestigkeit erreicht und die Rissbildung eingeleitet. Wenn die Mindestbewehrung ausreichend dimensioniert ist, muss eine weiter zunehmende Dehnung zur Rissbildung im ungeschwächten Bauteilbereich führen (Bild 10.4). Der angegebene Verlauf der Risskraft ist vergleichbar mit demjenigen bei anfänglicher Rissbildung im jungen Beton und anschließender Zwangbeanspruchung im späten Alter.

Wenn Schwindvorgänge im behinderten Bauteil wirken, sind die Verkürzungen auf den Betonquerschnitt beschränkt. Die Bewehrung stellt eine zusätzliche innere Behinderung dar, die zu Zugspannungen im Beton und zu Druckkräften im Stahlquerschnitt führt (Bild 10.5, Kapitel 6.10). Die fortwährende Rissbildung ergibt eine Entlastung des Bauteils. Dieser Vorgang ist durch Versuche nachgewiesen.

Der zwangverursachte Verlauf der Rissbildung kann unter Berücksichtigung der jeweiligen Verformungsbehinderung auf die Stahlbetonbauteile des Hochbaus übertragen werden. Bei dem am Bauteilende behinderten Zugstab (Kapitel 6.1) führt die Riss-

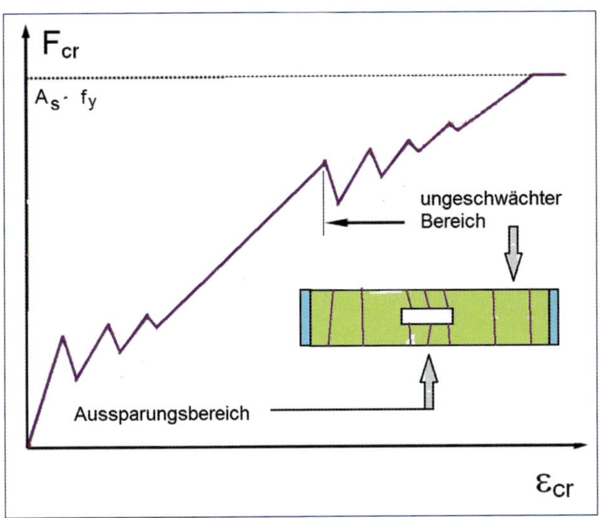

Bild 10.4: Schnittgröße und Rissbildung bei verformungsbehinderten Deckenstreifen mit Aussparung

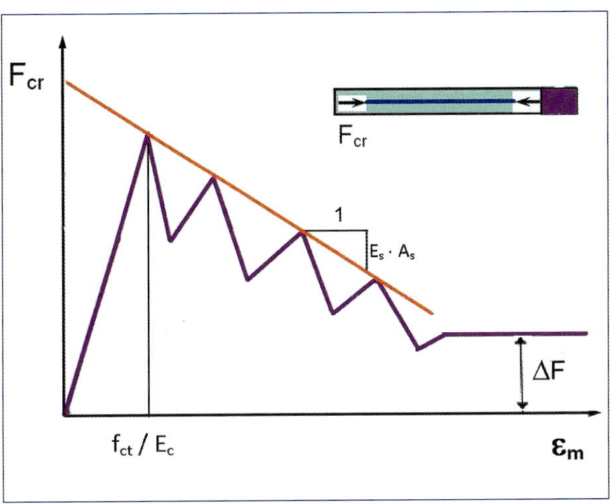

Bild 10.5: Äußere Rissschnittgröße in Abhängigkeit von der Dehnung im Betonbauteil infolge von Schwinden des Betons und Behinderung durch die Bewehrung (nach [Cam2])

bildung zu einer Verminderung der Zwangkraft, die über die gesamte Bauteillänge hinweg wirksam wird. Die einzelnen Risse entstehen unbeeinflusst voneinander und sind nur von der örtlich im Bauteil vorhandenen Risskraft bzw. der Zugfestigkeit abhängig. Der Mechanismus nach Bild 10.1 ist eine Grundlage der DIN EN 1992-1-1.

Bei einer Behinderung des Bauteils am Rand, wie beispielsweise bei einer Wand auf einem Fundament (Kapitel 6.1), findet die Bildung der Risse mit der Anzahl und Breite sowie dem Abstand voneinander entsprechend dem Spannungszustand in der Wandscheibe statt. Die Risse entstehen nicht unabhängig voneinander und verändern den Spannungszustand in der Wand, die aufgezwungene Verformung aber bleibt aufrechterhalten. Die Ermittlung der Mindestbewehrung ist jedoch davon unberührt und erfolgt nach DIN EN 1992-1-1, indem angenommen wird, dass die Rissbildung in einem als streifenförmig gedachten Wandausschnitt stattfindet. Der Nachweis der Einhaltung der rechnerischen Rissbreite und damit der Gebrauchstauglichkeit für eine Wandkonstruktion ist normativ gesondert geregelt und erfolgt auf der Basis des Verformungszustands entsprechend der in DIN EN 1992-3 festgelegten Vorgehensweise.

Der Bewehrungsstahl, der mit dem umgebenden Beton im Verbund steht, weist eine Wirkungszone auf, die vom Verbundverhalten, vor allem von der Oberflächenbeschaffenheit der Bewehrung und der Stahlspannung abhängt. Besonders intensiv ist der Verbund bei Bewehrungsstählen mit Rippen, auf die sich der beanspruchte Beton abstützt. Deshalb ist vorgeschrieben, zur Begrenzung der Rissbreite nur Rippenstähle einzusetzen.

Ein rissebeschränkender Effekt der Bewehrung ist nur in dieser Wirkungszone vorhanden. Versuche und theoretische Untersuchungen zeigen, dass sich die Wirkungszone auf einen Bauteilbereich bis auf etwa $5 \cdot (c + \phi_s / 2)$ ausdehnt (Bild 10.6). In größerer Entfernung von der Bewehrung vereinigen sich feinere Risse der Sekundärrissbildung zu breiteren Sammelrissen. Dieser Mechanismus ist für Bauteile größerer Dicke von Bedeutung und begründet die normative Festlegung, zur Rissbreitenbeschränkung den Bewehrungsgrad auf die Wirkungszone der Bewehrung ($A_{c,eff}$) zu beziehen.

Für Bauteile geringerer Dicke ist der Zustand der Trennrissbildung charakteristisch. Die Bewehrung liegt so nahe beieinander, dass sich die Wirkungszonen berühren oder überdecken, der gesamte Beton-

Bild 10.6: Rissbreite in Abhängigkeit vom Bewehrungsstahlabstand und im Wirkungsbereich der Bewehrung (nach DIN EN 1992-1-1, Bild 7.2)

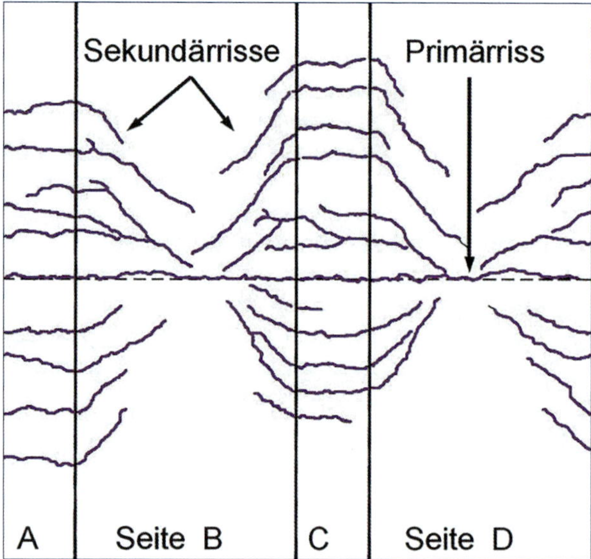

Bild 10.7: Rissbildung in einem Versuchskörper mit einer Dicke von 1,20 m [Hel1]

querschnitt ist am Rissbildungsprozess beteiligt (Bild 10.12a). Die Überleitung der Kräfte von der Betonstahloberfläche in den umgebenden Beton vollzieht sich etwa im Verhältnis 1 zu 2, d.h. unter einem Winkel von etwa 25° bis 30°. Am Schnittpunkt der Strahlen dieser Neigung aus den beiden gegenüber liegenden Bewehrungslagen kann der nächste Trennriss entstehen. Im Ergebnis entstehen durchgehende Trennrisse in relativ unregelmäßiger Entfernung voneinander.

Der Umfang der Rissbildung kann vereinfacht wie folgt veranschaulicht werden: Wenn die freie Verformung aus dem Schwinden oder dem Temperaturausgleichsvorgang beispielsweise $\varepsilon_0 = 0{,}4\,‰$ beträgt und vollständige Behinderung angenommen wird, ergibt sich die spannungswirksame Verkürzung eines Bauteils L = 10,0 m zu

$$\Delta L = 0{,}4 \cdot 10^{-3} \cdot 10\,000\ \text{mm} = 4{,}0\ \text{mm}$$

Diese Verkürzung wird durch eine Anzahl n von Rissen mit der Rissbreite w_m, zwischen denen noch eine herabgesetzte Zwangdehnung ε_1 vorhanden ist, kompensiert. Würde die Zwangdehnung lediglich durch Risse mit einer Breite w_m= 0,2 mm aufgenommen, wäre dazu eine Anzahl von

n = 4,0 / 0,2 = 20 Risse in einem theoretischen Abstand von s = 10,0 / 21 ≈ 0,48 m

erforderlich. Unter Einbeziehung der im Stahlbetonbauteil vorhandenen Betondehnung zwischen den Rissen würde sich bei der Abschätzung die Anzahl der auftretenden Risse auf etwa 80 % verringern.

Bei dickeren Bauteilen liegen die Bewehrungslagen vergleichsweise weit auseinander (10.12b). Zunächst entstehen bei Erreichen der Zugfestigkeit ebenfalls durchgehende Trennrisse, sogenannte Primärrisse ([Ber3], [Fis1]). Am Ende der Einleitungslänge ist jedoch noch keine gleichmäßige Spannungsverteilung über den gesamten Bauteilquerschnitt vorhanden (10.12b). Wird bei weiterer Krafteinleitung vom Bewehrungsstahl in den Beton die Risskraft in der Randzone überschritten, werden dort weitere Risse hervorgerufen. Am Rissbildungsprozess ist nur noch ein als wirksame Betonzugzone bezeichneter Abschnitt des Querschnittes beteiligt. Im Ergebnis stellt sich ein Rissbild ein, das aus Gruppen von Rissen in eher regelmäßigen und größeren Abständen und zugeordneten Sekundärrissen besteht. Dies wird ebenfalls als Zustand der abgeschlossenen Rissbildung bezeichnet.

Die Modellvorstellungen werden durch experimentelle Untersuchungen gestützt [Hel1]. In Bild 10.7 ist das Rissverhalten deutlich zu erkennen. Die Trennrisse (Primärrisse) entwickeln sich im Allgemeinen rechtwinklig zum Bauteilrand, wenn auch die Hauptzugspannungen parallel dazu verlaufen. Danach baut sich die Zugkraft im Randbereich auf und ruft die Sekundärrisse hervor, die schräg vom Rand in Richtung Bauteilmitte verlaufen. Bei mäßig dicken Bauteilen können diese Risse die Bauteilmitte erreichen.

Nach dem durchgehenden Trennriss konzentriert sich die Zugkraft in dem steiferen Randbereich innerhalb der Wirkungszone der Bewehrung. Die dadurch hervorgerufenen Sekundärrisse führen dort zu einer Dehnung und zum Abbau der Spannungen. Die weiterhin vorhandenen Zugkräfte im Bauteil verteilen sich nun, wie die Hauptspannungstrajektorien in Bild 10.8 zeigen, über den gesamten Querschnitt und erreichen wieder einen kritischen Spannungszustand, der den nächsten durchgehenden Trennriss hervorruft. Da die Trajektorien geneigt sind, weisen auch die Sekundärrisse eine solche Neigung auf (Bild 10.8).

Das Dehnungsverhalten des Bauteils über den Querschnitt in Höhe und Breite ist innerhalb der Bauteillänge zwischen den Trennrissen identisch; die Dehnungsbeträge aus der Rissbildung und infolge der verbliebenen Restspannung müssen übereinstimmen. Bei dicken Bauteilen resultiert daraus, dass die Trennrissbreite im Kern größer ist als am Rand.

Bei dicken Bauteilen müssen nur die Randzonen, die Wirkungszonen der Bewehrung, für die Begrenzung der Rissbreiten bewehrt werden. Es muss jedoch immer so viel Bewehrung vorhanden sein, dass sich bei einer Zwangbeanspruchung neben den Sekundärrissen in den Randzonen eine ausreichende Anzahl von Trennrissen als Primärrisse bilden kann, die die geometrische Verträglichkeit sicherstellen [Mau2]. Die Trennrisse besitzen im Bauteilinnern eine größere Rissbreite, die als unschädlich angesehen wird. Inwieweit die Aussage auf wasserundurchlässige Bauwerke übertragen werden kann, erscheint unsicher. Die Trennrisse werden an der Bauteiloberfläche durch die Sekundärrissbildung auf mehrere Risse mit begrenzter Rissbreite verteilt. Die Summe der Rissbreiten von Primär- und Sekundärrissen muss dabei der Verkürzung entsprechen, die durch die eingetragene Verformung entsteht. Die Versuchsergebnisse von [Hel1] zeigen, dass der Abbau der Zwangkraft durch Rissbildung bei dicken Bauteilen erheblich sein kann. In [Böd1] wird vorgeschlagen, die Mindestbewehrung ab einer Bauteildicke von 1,0 m konstant zu halten. Im Weiteren wird ausgeführt, dass unter Beachtung der Verformungskompatibilität der Vorschlag ab einer Dicke von 2,0 m gültig ist.

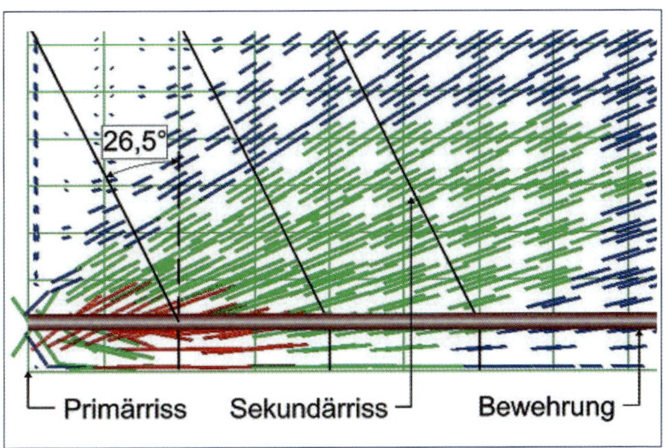

Bild 10.8: Trajektorien der Hauptspannungen [Mau2], [Böd2]

10.3 Konzept der Rissbreitenbegrenzung

Zwangverformungen im Stahlbetontragwerk sind durch Bewehrung nur sehr unwesentlich zu beeinflussen. Durch eine Bewehrung kann die Rissbildung in den Stahlbetonbauteilen auch nicht verhindert, sondern lediglich gesteuert werden. Die nach dem Regelwerk in der Zugzone erforderliche Mindestbewehrung soll die Rissbreite begrenzen und bewirkt eine Vergrößerung der Anzahl und damit eine Verteilung der Risse. Die Bemessung der Mindestbewehrung ist normativ für den Übergang vom Zustand I, d.h. ohne Rissbildung, in den Zustand II nach der Rissbildung geregelt. Dabei ist die Zwangbeanspruchung maßgebend, die unabhängig von der Art der Verformung und dem Zeitpunkt des Einwirkens die größte Zwangkraft hervorruft. Bei biegebeanspruchten Stahlbetondecken im üblichen Hochbau ohne wesentliche Zugnormalkraft sind keine speziellen Maßnahmen zur Rissbreitenbegrenzung erforderlich, wenn die Gesamthöhe nicht mehr als 200 mm beträgt und nur eine Beanspruchung in der Expositionsklasse XC1 vorhanden ist. Im Regelfall trifft dieser Fall nicht zu, und es muss mit größeren Zwangkräften gerechnet werden.

Bei der Begrenzung der Rissbreite kann nach unterschiedlichen Konzepten vorgegangen werden. Die Ermittlung der erforderlichen Bewehrung kann auf der Grundlage der Rissschnittgröße bzw. einer zutreffend abgeschätzten Zwangschnittgröße oder mit verformungskompatiblen Modellen vorgenommen werden. Die beiden Modellvorstellungen unterscheiden sich in der Formulierung der Beziehungen zwischen der zwangbedingten Verformung des Bauteils und der Rissbildung mit den sich einstellenden Rissbreiten.

In der Planungspraxis wird nahezu ausschließlich das der DIN EN 1992-1-1 sowie der DIN EN 1992-1-1/NA zugrunde liegende risskraftbasierte Konzept angewendet. Die Vorgehensweise gilt auch für die DIN EN 1992-2 sowie DIN EN 1992-2/NA und ist im Prinzip teilweise auf die DIN EN 1992-3 sowie die DIN EN 1992-3/NA übertragen worden. Das normgemäße Konzept der DIN EN 1992-1-1 legt Schnittgrößen zugrunde, die vor der Rissbildung im Bauteil vorhanden sind und beim Übergang vom Zustand I in den Zustand II vom Bewehrungsstahl aufgenommen werden müssen. Die Ermittlung dieser Mindestbewehrung bzw. der Nachweis der Einhaltung der rechnerischen Rissbreite darf demzufolge aus dem Gleichgewicht der Betonzugkraft unmittelbar vor der Rissbildung und der Zugkraft in der Bewehrung in der Zugzone des Bauteilquerschnitts bestimmt werden. Der Rissbildungsvorgang findet dann so lange statt, bis die auch zeitlich anwachsenden Zwangspannungen nicht mehr in der Lage sind, die Zugfestigkeit zu erreichen (Bild 10.3). Der Rissbildungsprozess wird nicht verfolgt, die Berechnung beschränkt sich auf die Betrachtung von dessen Anfang und Ende, d.h. auf den Einzelriss und das abgeschlossene Rissbild. Bei der Berechnung der Rissbreite nach Abschnitt 7.3.4 der Norm ist dabei von einem abgeschlossenen Rissbild auszugehen. Tatsächlich wird das abgeschlossene Rissbild nicht zuverlässig erreicht, und es ist deshalb nicht gerechtfertigt, dies normativ zu unterstellen. Im Bauteil gibt es Bereiche mit Einzelrissbildung und abgeschlossenem Rissbild. Der Nachweis ist deshalb für den ungünstigen Fall zu führen, dass unter der Einwirkung der Zwangkräfte im maßgebenden Querschnitt des Bauteils die Rissschnittgröße erreicht wird und eine Erstrissbildung stattfindet. In der Norm wird zwischen der Beanspruchung aus Last oder Zwang nicht unterschieden.

Die eingetragenen Verformungen spielen keine Rolle, sodass die Auswirkungen betontechnologischer Maßnahmen auf das Rissgeschehen nicht beurteilt werden können. Das Modell wird zurückgeführt auf ein stabförmiges Bauteil, das an den Enden eingespannt und vollständig behindert ist (Bild 6.2 a). Eine weitere Annahme geht davon aus, dass die Steifigkeit des Bauteils durch die Bildung von Einzelrissen nicht beeinflusst und die Rissbildung (Rissabstand, Rissbreite) allein durch die Bewehrung und das Verbundverhalten bestimmt wird. Die Vorbedingung, dass das Bauteil gleichsam unendlich lang ausgedehnt ist und eine Rissbildung keine Entlastung durch Abbau der Zwangkraft nach sich zieht, liegt auf der sicheren Seite und zeigt die Reserven in der Berechnung.

Eine Übertragung des Modells auf reale Bauteile berücksichtigt die Einflüsse aus der Behinderung am Rand (Bild 6.2 b). Bei Wandbauwerken wird dadurch ebenfalls die Rissbreite begrenzt. Bei dickeren Bauteilen wurde eine Anpassung vorgenommen, in dem der Wirkungsbereich der Bewehrung und der Einfluss der Eigenspannungen berücksichtigt werden.

Im risskraftbasierten Konzept ist die Bauteilfestigkeit zwangsläufig eine entscheidende Größe. Bei erhärtendem Beton, vor allem im jungen Alter, ist sehr wesentlich, wann eine risskritische Situation entsteht und welche Bauteilfestigkeit vorhanden ist. Diesen Zeitpunkt wirklichkeitsgetreu zu bestimmen, entscheidet über den Erfolg der Rissbreitenbegrenzung und die Kosten für die Herstellung der Stahlbetonbauteile. Da die Festigkeitsentwicklung von einer Vielzahl von Faktoren abhängt, ist die Schwierigkeit bei der Festlegung dieser Rechengröße plausibel. Besonders zu bedenken ist, dass in der Planungsphase keine Angaben zur Betonzusammensetzung und den Witterungsbedingungen während der Bauausführung vorliegen.

Das Konzept zur Bemessung der Mindestbewehrung zur Beschränkung der Rissbreite ist unabhängig vom Zeitpunkt der Beanspruchung (früher oder später Zwang) und von der Art der Beanspruchung (Temperaturänderungen, Schwinden) anzuwenden; maßgebend ist lediglich die zum betrachteten Zeitpunkt vorhandene Bauteilfestigkeit, deren Überschreitung durch die Zwangspannung unterstellt wird.

Ein anderer Weg wurde eingeschlagen, indem die zwangbedingten Verformungen und das tatsächliche Bauteilverhalten berücksichtigt werden. Für Wandbauwerke, wie beispielsweise Behälter, wurde diese Möglichkeit in die DIN EN 1992-3 bzw. DIN EN 1992-3/NA aufgenommen. Ergänzend zum bestehenden Normenwerk wird gegenwärtig vorgeschlagen, ein verformungskompatibles Modell zu verwenden [Böd1], [Sch18]. Die Unterschiede werden hauptsächlich bei dickeren Bauteilen wirksam und ergeben bei Berücksichtigung des Verformungsverhaltens einen geringeren Stahlbedarf.

Das verformungsorientierte Konzept in der DIN 1992-3 und in jüngeren Veröffentlichungen geht von der aufzunehmenden Verformung aus, die mit der Summe der Primär- und Sekundärrissbreiten identisch ist. Dabei ist nicht das Rissgeschehen im Einzelnen von Bedeutung, sondern die gesamte Verformung bis zum Abschluss des Ausgleichsvorgangs beim jungen Beton oder bis zur Begrenzung des Schwindmaßes durch die Relaxation. Das Konzept ermöglicht, die betontechnologischen Maßnahmen zur Verminderung von Zwangspannungen über die eingetragenen Verformungen abzuschätzen. Die Problematik der Kenntnis der Zugfestigkeit des Betons bleibt aufrechterhalten.

Bei Lastbeanspruchung und Zwang sind die Rissbreiten vor allem von der vorhandenen Spannung in der Bewehrung und deren Anordnung im Querschnitt abhängig. Deshalb sind die Stabdurchmesser oder die Stababstände der gewählten Bewehrung in Abhängigkeit von der Spannung zu begrenzen. Dabei ist der Nachweis zur Einhaltung der Stabdurchmesser zu führen, der zur Einhaltung der Stababstände ist als unsicherer einzuschätzen (siehe [DAS5]). Das Gesamtkonzept der Bemessung und Festlegung der Bewehrung zur Rissbreitenbeschränkung nach der Norm DIN EN 1992-1-1 umfasst folgende Möglichkeiten der Nachweise:

- Ermittlung einer Mindestbewehrung, die sicherstellt, dass die beim Reißen des Betons auftretenden Kräfte von der Bewehrung aufgenommen werden können, ohne dass eine vorgegebene rechnerischen Rissbreite überschritten wird,
- Begrenzung der rechnerischen Rissbreiten ohne direkte Berechnung durch eine vereinfachte Vorgehensweise mit Begrenzung der Stabdurchmesser und der Stababstände (Abschnitt 7.3.3 der Norm),
- Einhaltung der vorgegebenen rechnerischen Rissbreite, die durch Berechnung mit dem normativen Formelwerk nachgewiesen wird (Abschnitt 7.3.4 der Norm).

Die Begrenzung der Rissbreiten kann nach der aktuellen Fassung der Normen DIN EN 1992-1-1 und DIN EN 1992-1-1/NA vorgenommen werden, indem die auftretenden Rissbreiten berechnet und mit vorgegebenen Grenzwerten verglichen werden. Ebenso können konstruktive Regeln eingehalten werden, welche die Einhaltung der Grenzwerte sicherstellen. Nach den Konstruktionsregeln wird danach die Rissbreite ausreichend begrenzt, wenn Grenzdurchmesser und zulässige Stahlspannungen eingehalten werden (vereinfachter Nachweis). Alternativ zum Grenzdurchmesser kann bei überwiegender Lastbeanspruchung auch der maximale Stababstand zugrunde gelegt werden.

Die rechnerisch ermittelte Bewehrungsstahlfläche ist in der Zugzone des Bauteilquerschnitts einzulegen, aber bevorzugt am Querschnittsrand anzuordnen. Ein Anteil der Bewehrung ist dann so über den Zugbereich zu verteilen, dass die Bildung breiter Sammelrisse vermieden wird.

Die Erwartungen bei der Anwendung der normgemäßen Vorgehensweise sind, dass die später am Bauteil festgestellten Rissbreiten nicht größer sind als die vorher berechneten bzw. dass die Einhaltung der Konstruktionsregeln die Überschreitung der Grenzrissbreite ausschließt. Nach [DAS1] ist jedoch davon auszugehen, dass die vereinfachten Modellgrundlagen eine genaue Vorhersage verhindern und Überschreitungen von 0,1 bis 0,2 mm auftreten können. Aufgrund der Streuungen der Eingabewerte bestand vor Jahrzehnten bereits Einigkeit darüber, dass die Ermittlung der Rissbreiten nur die Bedeutung einer Abschätzung haben kann (z.B. [Men1]). Mit dem rechnerischen Nachweisverfahren der DIN EN 1992-1-1 ist es aber, wie bisher, nicht möglich, Rissbreiten »exakt« zu ermitteln. Den Berechnungsformeln wird oft eine Genauigkeit unterstellt, die nicht zutrifft und gar nicht zutreffen kann. Nach [Eck5] sind Überschreitungen als Regelfall anzusehen. Auf die Ursachen und den Umfang der Überschreitungen wird im Kapitel 10.10 eingegangen.

Die vorauslaufende Schlussfolgerung ist, dass die Rechenwerte der Rissbreite w_k lediglich als Anhaltswerte zu verstehen sind, die infolge streuender Einflussfaktoren nur mit einer gewissen Wahrscheinlichkeit eingehalten und am Bauteil durchaus überschritten werden können. Ein weiterer Grund ist darin zu sehen, dass die komplizierten Zusammenhänge der Rissbildung vereinfacht und auf wenige und überschaubare Einflussfaktoren reduziert werden mussten. Bei Einhaltung der sonstigen Normenregeln werden aber geringfügige Überschreitungen der Rissbreite als unbedenklich angesehen [Fin2]. Es besteht auch die Auffassung, dass eine Differenz zwischen Rechenwert und Ist-Wert demzufolge keine Wertminderung bedeutet und keinen Mangel begründet. Tatsächlich ist aber ein Vergleich zwischen dem Rechenwert und der am Bauteil feststellbaren Rissbreite nicht berechtigt und deshalb zu verwerfen. Ein direkter Vergleich von Rechenwert und Messwert ist nur dann möglich, wenn die Rissbreiten als Wegmessung festgestellt werden. Das ist außerhalb des Labors nur schwer zu realisieren und deshalb nicht üblich. Damit ist ein Vergleich von Rechen- und optisch gemessenen Messwerten nicht aussagefähig bzw. fehlerbehaftet. Auf die Definition der rechnerischen Rissbreite im Nachweisverfahren wurde in Kapitel 10.1 hingewiesen, auf die tatsächlich auftretenden Rissbreiten und deren Erfassung am Bauwerk wird in Kapitel 12 eingegangen.

Für Bauteile, bei denen eine Zwangbeanspruchung ausgeschlossen werden kann, ist die Ermittlung der Schnittgröße für den Nachweis der Einhaltung der rechnerischen Rissbreite relativ einfach. Mit der maßgebenden Lastkombination können die Schnittgrößen im Gebrauchszustand berechnet und damit die erforderlichen Bewehrungsstahlflächen abgeleitet werden.

Bei der Einwirkung von Zwangbeanspruchungen ist die Erfassung von maßgebenden Schnittgrößen weitaus komplizierter. Die Behinderung der Verformungen von Bauteilen und die daraus resultierenden Zwangbeanspruchungen sind von der Nachgiebigkeit der angrenzenden Konstruktionsglieder und in vielen Fällen von der des Gesamtsystems abhängig. Die Verformungen selbst sind oft nur ungenügend bekannt. Insofern bildet die Rissschnittgröße im Bauteil zwar eine Grundlage für die Ermittlung der Bewehrung zur Rissbreitenbeschränkung, die auf der sicheren Seite liegt, aber häufig mit unwirtschaftlichem Umfang der ermittelten Bewehrung. Insofern ist es erforderlich, die Zwangbeanspruchung so realitätsnah wie möglich zu erfassen. Die Unterschiede zwischen den beiden Vorgehensweisen zeigen sich besonders deutlich bei den Standardaufgaben des Stahlbetonbaus, den Bodenplatten und den Wänden auf Unterbauten.

10.4 Maßgebende Faktoren der Nachweise zur Rissbreitenbegrenzung

Die wesentlichen variablen Eingangsgrößen, die Bestandteile der mathematischen Beziehungen zur Nachweisführung bilden, sind neben den geometrischen Daten die Betonzugfestigkeit zum Risszeitpunkt, die Spannungsverteilung in der Betonzugzone, der Wirkungsbereich der rissverteilenden Bewehrung und die Dauer der Zwangbeanspruchung. Das Verbundverhalten und die Streuung der Eingabewerte sind in den angegebenen Formeln berücksichtigt. Der Elastizitätsmodul des Bewehrungsstahles ist nach DIN 1045-1 und DIN EN 1992-1-1 mit $E_s = 200$ kN/mm² in den Rissformeln enthalten.

Die Anwendung einzelner Faktoren ist nicht widerspruchsfrei. Das betrifft vor allem die Zugfestigkeit vor der Rissbildung, die außerdem mit der Unsicherheit der Abschätzung der zeitlichen Entwicklung verbunden ist (Kapitel 10.4.3). Im Allgemeinen wird der Normwert der Zugfestigkeit verwendet, der aus der Betondruckfestigkeit abgeleitet ist und nicht die Bedingungen im Bauteil berücksichtigt. Die Beeinträchtigung der Zugfestigkeit durch rissbildende Eigenspannungen wird systematisch nur von der Geometrie abhängig berücksichtigt (Kapitel 10.4.4). Die einzelnen Eingangsgrößen werden nachfolgend näher erläutert:

10.4.1 Zulässige Stahlspannungen

Die Stahlspannung σ_s als Absolutwert der maximal zulässigen Spannung in der Betonstahlbewehrung unmittelbar nach der Rissbildung darf bei reiner Zwangbeanspruchung die Streckgrenze (einheitlicher Werkstoffkennwert für alle Lieferformen f_{yk} = 500 N/mm²) erreichen (vgl. [DN1, 7.3.2]). Zur Einhaltung der Rissbreitengrenzwerte kann allerdings ein geringerer Wert entsprechend dem Grenzdurchmesser der Stäbe (Tabelle 10.2) oder dem Höchstwert der Stababstände (Tabelle 10.3) erforderlich werden. Mit Ansatz der zulässigen Stahlspannung (Tabelle 10.1) ergibt sich die Möglichkeit der vereinfachten Ermittlung der Mindestbewehrung $A_{s,min}$ (Kapitel 10.6).

Das Formelwerk zur Rissbreitenbegrenzung geht von einer elastischen Verformung des Bewehrungsstahls aus. Kritisch ist die Situation unmittelbar nach der Bildung des Erstrisses infolge zentrischer Zwangspannung. Wenn bei der Rissbildung die Streckgrenze erreicht oder überschritten wird, konzentriert sich die Verformung in diesem lokalen Bereich der Bewehrung. Die weitere Rissbildung würde unterbleiben und die Rissbreite des Erstrisses ständig vergrößert werden. Insofern ist die Bedingung

$$A_{s,min} \cdot f_{yk} > A_{ct} \cdot f_{ctm} \tag{10.1}$$

einzuhalten und so viel Bewehrung einzubauen, dass die Erstrisskraft zuverlässig unterhalb der Fließgrenze aufgenommen werden kann. Die Überlegung gilt selbstverständlich nur dann, wenn keine Abminderungen der zulässigen Stahlspannung σ_s in Abhängigkeit vom Bewehrungsstahldurchmesser oder vom Bewehrungsabstand vorgenommen werden. Die Verminderung der zulässigen Stahlspannungen ist eine wesentliche Möglichkeit zur Begrenzung der Rissbreiten. Danach wird

$$A_{s,min} \cdot \sigma_s \geq A_{ct} \cdot f_{ctm} \tag{10.2}$$

Die normative Möglichkeit, die Mindestbewehrung zu vermindern, besteht dann, wenn die Zwangschnittgröße die Rissschnittgröße nachgewiesen zuverlässig nicht erreicht. Mit der Zwangschnittgröße $F_{ct,Zwang}$ folgt dann

$$A_{s,min} \cdot \sigma_s \geq F_{ct,Zwang} \tag{10.3}$$

Die Vorgehensweise zur Ermittlung der Mindestbewehrung ist in Kapitel 10.6 erläutert.

10.4.2 Betonzugfestigkeit nach normgemäßer Erhärtung

Basis der Ermittlung der Mindestbewehrung ist die mittlere Zugfestigkeit des Betons, die zum Zeitpunkt der Rissbildung vorhanden ist und die Rissschnittgröße ergibt. Diese zeitabhängige Zugfestigkeit müsste demzufolge der im Bauteil entsprechen und sämtliche Einflüsse aus dem Einbau des Frischbetons, der Einwirkung der Umgebungstemperatur, der Nachbehandlung usw. widerspiegeln. Solche Ergebnisse von Materialprüfungen liegen zum Zeitpunkt der Planung nicht vor und können nur abgeschätzt werden (Kapitel 5.2.3). Auch Angaben zur Zugfestigkeit des verwendeten Betons aus der Laborprüfung liegen in der Praxis nur in Ausnahmefällen vor. Deshalb wird auf die Angaben in den Regelwerken zurückgegriffen, bei denen die Beziehung zwischen Druck- und Zugfestigkeit verwendet worden ist (Kapitel 5.2.2). Normgemäß ist die Bezugsbasis die Nenndruckfestigkeit des Betons f_{ck} (5 %-Fraktilwert) nach 28 Tagen.

Die Streuungen der zentrischen Zugfestigkeit werden in der Norm mit ± 30 % berücksichtigt. Die Grenzwerte liegen damit bei $f_{ct;0,05} = 0,7\ f_{ctm}$ und $f_{ct;0,95} = 1,3\ f_{ctm}$. Es ist zu vermuten, dass ein Teil der Streuungen der Rissbreiten am Bauteil darauf zurückzuführen ist.

Für die Ermittlung der Risslast wäre eigentlich der untere Grenzwert der Zugfestigkeit maßgebend, da im Bauteil die Rissbildung lokal zuerst dadurch ausgelöst wird. In [Kön1] ist die Auswertung von Versuchen angegeben, die zeigt, dass die Erstrissspannung bis zum oberen Quantilwert verteilt auftreten kann. Die normgemäßen Streuungen müssen nicht in allen Bauteilen vorhanden sein, sondern repräsentieren das Verhalten in der Gesamtheit aller Bauteile. Insofern wird die Verwendung eines Mittelwerts als vertretbar angesehen. Bedingung ist, dass die zeitliche Entwicklung der mittleren Zugfestigkeit realitätsnah zugrunde gelegt wird.

10.4.3 Wirksame Zugfestigkeit zum Risszeitpunkt ($f_{ct,eff}$)

Bei der Ermittlung der Mindestbewehrung wird von der mittleren Betonzugfestigkeit unmittelbar vor der Rissbildung ausgegangen. Daraus folgt, dass eine Abschätzung sowohl des Zeitpunkts der Rissbildung als auch der Festigkeitsentwicklung im Bauteil bis zu diesem Zeitpunkt vorgenommen werden muss. Diese Aufgabe ist zweifelsfrei als schwierig einzustufen und ist mit größeren Unsicherheiten verbunden, da weder während der Planung der Bauaufgabe noch bei der Baudurchführung die Entwicklung der Zwangspannungen und der Zugfestigkeit im Bauteil unter den jeweiligen Umgebungsbedingungen hinreichend genau beurteilt werden können. Der maßgebende risskritische Zeitpunkt wird sehr wesentlich durch die Bauteiltemperatur und die dadurch beeinflusste Festigkeitsentwicklung (Kapitel 5.2.5) sowie durch die Relaxation und den Behinderungsgrad der Konstruktion bestimmt. Während die Festigkeitsentwicklung des Zements bekannt ist (Kapitel 5.2.2) und die Berechnung der Bauteiltemperatur befriedigende Ergebnisse bringt, sind die beiden letztgenannten Parameter nur angenähert zu erfassen. Eine unzutreffende Annahme der Betonzugfestigkeit kann zu einer größeren rechnerischen Rissbreite oder höheren Kosten für die Bewehrung und Schwierigkeiten beim Betoneinbau führen. In der Regel ist der Tragwerksplaner auf Schätzungen der maßgebenden Betonzugfestigkeit angewiesen. Dies erscheint nach [Fin4] aufgrund der Aussagegenauigkeit des Rissbreitenmodells und der streuenden Eingangsgrößen aber nicht problematisch. Deshalb wird die Auffassung vertreten, dass ein hoher Aufwand bei der Festlegung der rechnerischen Betonzugfestigkeit nicht gerechtfertigt ist. Diese Position erscheint in Hinblick auf die Auswirkungen zumindest bedenklich.

Als Hilfestellung für die Bemessung der rissbreitenbegrenzenden Bewehrung war in die deutschen Normen DIN 1045 und DIN 1045-1 eine Festlegung aufgenommen worden, die die Annahme der Zugfestigkeit beim Rissbeginn regeln sollte. Diese Festlegung hatte über Jahrzehnte Bestand und ist modifiziert auch in die DIN EN 1992-1-1/NA übernommen worden. Danach ist nach dem frühen und späten Zwang unterschieden worden. Beim frühen Zwang findet die Rissbildung in vielen Fällen im Zeitraum von 3 bis 5 Tagen statt. Beim späten Zwang wir eine Normzugfestigkeit nach einer Erhärtung von 28 Tagen angesetzt, wenn der Zeitpunkt der Rissbildung nicht mit Sicherheit innerhalb der ersten 28 Tage festgelegt werden kann. Die Einschätzung über den Risszeitpunkt und den Festigkeitsverlauf wurde zusammengefasst in dem Koeffizienten $k_{z,t}$ und damit die wirksame Zugfestigkeit bei frühen Zwang abgeleitet:

$$f_{ct,eff} = k_{zt} \cdot f_{ctm} \qquad (10.4)$$

Für den frühen Zwang durfte, sofern kein genauerer Nachweis erfolgt, $k_{zt} = 0,5$ gesetzt werden. Nach DIN 1045-1 war dabei von der tatsächlich im Bauteil vorhandenen Festigkeitsklasse auszugehen; Überfestigkeiten waren zu berücksichtigen. Diese Festlegung hat ihren Niederschlag auch in anderen Regelwerken gefunden und bildete eine allgemein angewandte Grundlage in der Planung der Stahlbetonkonstruktionen.

Die pauschale Handhabung der wirksamen Zugfestigkeit mit $k_{zt} = 0{,}5$ erweckte zunehmend Zweifel, vor allem bei Herstellung dickerer Bauteile. Die vereinfachende Annahme wurde als zu niedrig angesehen, da der hydratationsbedingte Temperaturanstieg zu einer deutlichen Beschleunigung der Festigkeitsentwicklung führte. Größere Rissbreiten waren zwangsläufig die Folge.

Nach [Eie1] sollte deshalb bei betontechnisch ungünstigen Bedingungen mit einem Faktor $k_{zt} = 0{,}7$ gerechnet werden, der auch in [BAW1] genannt wird. In [DAS3] wird darauf hingewiesen, dass die in der Praxis verbreitete Gewohnheit, von der normgemäßen Vereinfachung auszugehen und 50 % der Zugfestigkeit des erhärteten Betons anzusetzen, zumindest bei größeren Bauteildicken überwiegend unzutreffend ist und das Ergebnis damit »grob falsch« sein kann. Deshalb ist festgelegt, dass für alle Nachweise, die für Zustände mit einem wahren Betonalter von mehr als 7 Tagen zu erbringen sind, von der vollen Zugfestigkeit des Betons auszugehen ist.

Die tatsächliche Situation ist leicht nachzuvollziehen. Unter dem inneren Temperatureinfluss (infolge Freisetzung der Hydratationswärme) und äußerer Temperaturwirkung (durch die umgebende Luft und ggf. direkte Sonneneinstrahlung) findet bekanntlich eine Beschleunigung der Festigkeitsentwicklung statt. Die Festigkeitswerte werden auf frühere Zeitpunkte vorgezogen und das Festigkeitsverhältnis angehoben. Bild 10.9 zeigt die durch Messung festgestellte und rechnerisch ermittelte Betontemperatur in einer 60 cm dicken Wand in Schalung mit einem Temperaturmaximum nach etwa 1,5 Tagen Erhärtung und einem anschließenden Temperaturausgleichvorgang über etwa sieben Tage. Die Punkte (1) und (2) geben die relative Betonzugfestigkeit nach fünf Tagen Erhärtung und beim wahrscheinlichen Risszeitpunkt (Temperaturdifferenz 15 K) an. Dieser Beton mit dem relativ langsam erhärtenden Zement überschreitet die normative Festlegung erheblich.

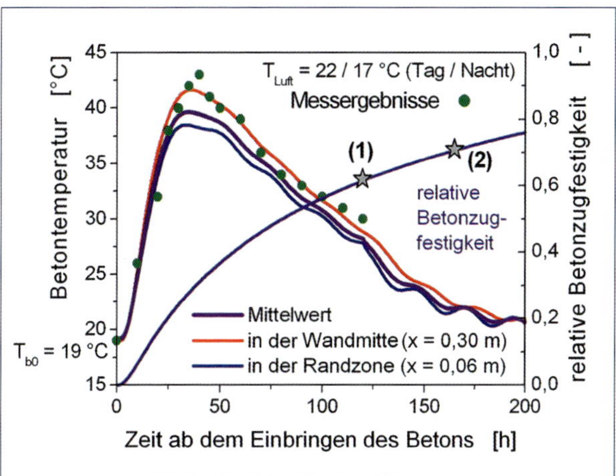

Bild 10.9: Temperatur im erhärtenden Betonbauteil (CEM III/A 32,5; Messung und Berechnung) und relative Zugfestigkeit; (1) Situation bei t = 5 d, (2) bei Rissbeginn

Werden Temperatur- und Festigkeitsentwicklung berechnet, zeigt sich deutlich, wie wenig zutreffend die normgemäßen Feststellungen zum Risszeitpunkt sind. In Bild 10.10 sind zwei Bauteile mit unterschiedlicher Dicke verglichen, die aus Betonen mit verschiedenen Zementen bestehen. Innerhalb des Zeitraumes von drei bis fünf Tagen entwickelt sich während des Temperaturausgleichsvorgangs eine Temperaturdifferenz von etwa 15 K, die bei weitgehender Behinderung tatsächlich eine kritische Risssituation herbeiführen kann. Aufgrund der relativ hohen Bauteiltemperatur beträgt die wirksame Erhärtungszeit etwa das 2- bis 2,5-fache mit einer entsprechenden Steigerung der relativen Zugfestigkeit. Ist die Behinderung des Bauteils gering, wird die Rissschnittkraft später und bei höherer Festigkeit erreicht. Für die Bauteildicken in Bild 10.10 wären die Werte $k_{zt} = 0{,}70$ bzw. 0,85 zutreffend, die beträchtlich über den bisherigen normgemäßen Regelungen liegen.

Das europäische Normenwerk EN 1992-1-1 trifft zur wirksamen Zugfestigkeit lediglich die Aussage, dass es sich um den Mittelwert der Zugfestigkeit handelt, der beim Auftreten der Risse zu erwarten ist. Dabei kann diese Kenngröße der Normenwert f_{ctm} sein oder eine niedrigere Zugfestigkeit, wenn die Rissbildung vor Ablauf von 28 Tagen erwartet wird. Selbst-

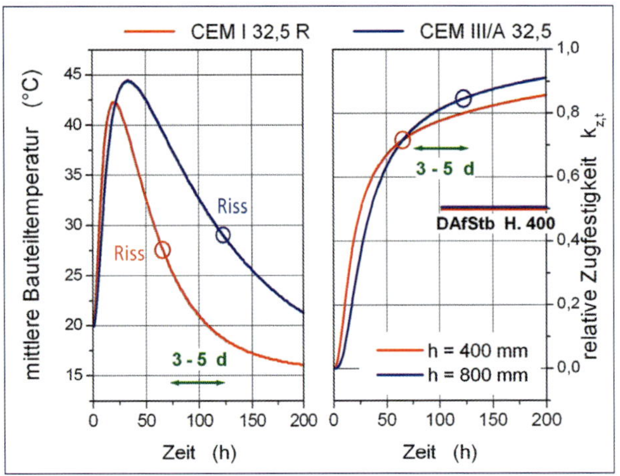

Bild 10.10: Zugfestigkeit zum Risszeitpunkt für zwei unterschiedliche Bauteildicken und Betone

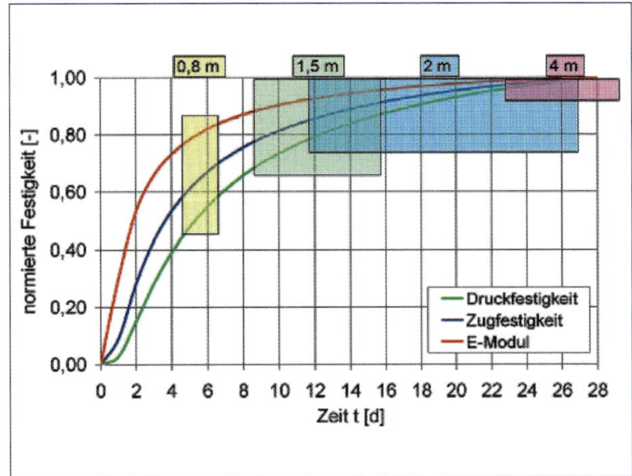

Bild 10.11: Festigkeiten zum Risszeitpunkt in Abhängigkeit von der Querschnittsdicke für Bauteile des Wasserbaues [Böd2]; die farbigen Felder geben die Streuungen des effektiven Betonalters und damit der Festigkeiten im Querschnitt an

verständlich kann diese niedrigere Zugfestigkeit auch unter winterlichen Bedingungen nach 28 Tagen Erhärtung auftreten, oder bei spätem Zwang mit höheren Zugfestigkeiten als f_{ctm}.

Die Annahme im Nationalen Anhang zu DIN EN 1992-1-1 unterschied sich damit von Anfang an deutlich. Um die Festlegung zur frühen Zugfestigkeit aufrechtzuerhalten, wurden Vorschläge diskutiert, die die Verwendung langsam erhärtender Zemente und die Nachweisführung nach 91 Tagen Erhärtung zum Inhalt hatten [Röh3]. Mit der Änderung DIN EN 1992-1-1/NA/A1:2015-12 wurden betontechnologische Überlegungen überflüssig und der Widerspruch zur Norm beseitigt. Danach ist jetzt übereinstimmend $f_{ct,eff}$ der Mittelwert der wirksamen Zugfestigkeit f_{ctm}, der beim Auftreten der Risse zu erwarten ist. Dabei sollte für $f_{ct,eff}$ mindestens eine Zugfestigkeit $f_{ctm} \geq 3$ N/mm² angenommen werden. Wenn der Abschluss der Rissbildung mit Sicherheit innerhalb der ersten 28 Tage festgelegt werden kann, darf eine geringere Festigkeit mit $f_{ctm}(t)$ angesetzt werden. Falls ein niedrigerer Wert angesetzt wird, ist dieser durch Hinweis in der Baubeschreibung, der Ausschreibung und auf den Ausführungsunterlagen dem Bauausführenden rechtzeitig mitzuteilen, damit er dies bei der Festlegung des Betons berücksichtigen kann. Die Unsicherheit bei der Abschätzung des Risszeitpunkts konnte dabei aber selbstverständlich nicht beseitigt werden.

In Abhängigkeit von der Querschnittsdicke entsteht eine Bandbreite des effektiven Betonalters und der Betoneigenschaften im Bauteil. In der Frühphase der Erhärtung sind die Streuungen beträchtlich, da die Festigkeitsentwicklung sehr beschleunigt abläuft und eine nicht zutreffende Annahme der risskritischen Erhärtungszeit bei Bauteilen mit geringerer Dicke verhältnismäßig große Auswirkungen hat. Bei dickeren Bauteilen dauert der Temperaturausgleichsvorgang länger, die Rissbildung findet später statt und die Zugfestigkeit des weitgehend erhärteten Betons streut demgemäß weniger. Für die Anforderungen im Wasserbau mit Betonen aus LH-Zementen hat [Böd2] die Situation ausgewertet und gezeigt, dass zum Risszeitpunkt mit hohen Zugfestigkeiten gerechnet werden muss (Bild 10.11). Insofern ist bei diesen Bauteilen eine Verminderung der effektiven Zugfestigkeit bei der Ermittlung der Mindestbewehrung nicht gerechtfertigt.

Wenig bedacht wurde bislang in der Planungspraxis auch, dass oft der späte Zwang maßgebend ist und die abfließende Hydratationswärme nicht ausschließlich bzw. nicht immer zu einer risskritischen

Spannungssituation führt. Bei spätem Zwang ist mit den dann vorhandenen höheren Zugfestigkeiten zu rechnen. Dabei sind die bei der Einordnung in Expositionsklassen maßgebenden Betonfestigkeiten, in der Betonpraxis auftretende Überfestigkeiten und die zementtypische Nacherhärtung von Bedeutung. Weitere Angaben zur Festigkeitsentwicklung sind in Kapitel 5.2.5 vorhanden.

Wenn keine Informationen über die Zugfestigkeit und deren zeitabhängige Entwicklung des verwendeten Betons vorliegen, dürfen die normativen Angaben verwendet werden, die Laborwerten an speziell angefertigten und gelagerten Prüfkörpern entsprechen (Tabelle 5.1). In der Regel entsprechen die Einbau- und Erhärtungsbedingungen auf der Baustelle nicht denen im Labor. Die realistischen Festigkeitswerte sind neben den Festigkeitsunterschieden zwischen Laborprüfkörpern und dem Bauteil (Verdichtung, Betonierrichtung) weiterhin durch den Einfluss der Belastungsdauer (siehe Kapitel 5.2.3) sowie die Rissbildungen aufgrund von Eigenspannungen (Kapitel 5.2.3 und 10.4.4) bestimmt. Die Bauteilabmessungen sind ebenfalls von Bedeutung, werden aber nicht berücksichtigt. Bekannt ist auch, dass die Zugfestigkeit größerer Bauteilquerschnitte im Vergleich zum Prüfkörper geringer ist, wie beispielsweise in [Ala1] nachgewiesen. Es erscheint problematisch, die verschiedenen Einwirkungen über Faktoren regeln zu wollen.

In [Bam1] wird für den frühen Zwang der Weg beschritten, die tatsächlich höheren relativen Zugfestigkeiten zum wahrscheinlichen Risszeitpunkt (etwa $k_{zt} = 0{,}80$) mit den Festigkeitsminderungen zu verbinden, die durch den Unterschied zwischen Labor- und Bauteilfestigkeit und durch längere Zwangbeanspruchung begründet sind (etwa 0,75; siehe dazu Kapitel 10.4.6) Daraus resultiert ein zeitabhängiger Anteil zum Risszeitpunkt von $k_{zt} = 0{,}60$ einer verminderten Normzugfestigkeit. Dies erscheint eine begründete Vorgehensweise, die die bekannten Einwirkungen auf die Zugfestigkeit mit einbezieht.

10.4.4 Eigenspannungen und Vorschädigung der Betonzugzone (Faktor k)

Im Regelwerk wird von einer Herabsetzung der Risskraft ausgegangen, die auf eine Vorschädigung der Betonzugzone zurückzuführen ist und durch einen Faktor k berücksichtigt wird. Als Ursachen werden die Inhomogenität des eingebauten Betons, Mikrorissbildungen infolge von Eigenspannungen, der Einfluss höherer Bauteiltemperaturen und die Erhärtung unter Zwang genannt. Inwieweit sich diese Einwirkungen überlagern und welche Korrektur der Betonzugfestigkeit dann gerechtfertigt wäre, ist nicht bekannt und normativ nicht geregelt. Die Annahme, dass durch die Wirkung von Eigenspannungen eine Verminderung der Zwangbeanspruchung eintritt, erscheint nicht zutreffend. Ansätze zu einzelnen Einwirkungen sind in der Literatur zu finden und nachfolgend angegeben.

In DIN EN 1992-1-1 wird der Faktor k zur Berücksichtigung von nichtlinear verteilten Eigenspannungen, die zur Verminderung der Rissschnittgröße bzw. zum Abbau von Zwang führen, in Abhängigkeit von der Bauteildicke angegeben mit:

$k = 1{,}00$ für Stege mit $h \leq 300$ mm und Gurte mit Breiten unter 300 mm
(bisher nach DIN 1045-1: $k = 0{,}80$)

$k = 0{,}65$ für Stege mit $h \geq 800$ mm oder Gurte mit Breiten über 800 mm
(h = kleinerer Wert von Höhe oder Breite)
(bisher nach DIN 1045-1: $k = 0{,}50$)

Normgemäß dürfen Zwischenwerte durch lineare Interpolation ermittelt werden; eine andere Vorgehensweise ist dadurch nicht ausgeschlossen worden. In [Ste2] ist dazu der Vorschlag enthalten, den Beiwert durch algebraische Funktionen in einem ausgeglichenen Verlauf zu beschreiben. Nach der normgemäßen Veränderung der Eckwerte müsste eine Anpassung vorgenommen werden.

Von Bedeutung ist, ob die Verformungen innerhalb des Bauteils entstehen oder von außen eingetragen werden. In DIN EN 1992-1-1/NA, NCl zu 7.3.2(2) sind darauf abgestellte Werte, die die vorgenannten modifizieren, wie folgt angegeben:

a) Zwangspannungen infolge von im Bauteil selbst hervorgerufenen Zwang (z.B. Eigenspannungen infolge von Abfließen der Hydratationswärme) k darf mit 0,8 multipliziert werden. Für h ist der kleinere Wert von Höhe oder Breite des Querschnitts oder Teilquerschnitts zu setzen. Im Ergebnis werden damit wieder die früher in der DIN 1045-1 festgelegten Werte erhalten.
b) Zugspannungen infolge von außerhalb des Bauteiles hervorgerufenen Zwangs (z.B. Stützensenkung). Auch dann, wenn der Querschnitt frei von nichtlinear verteilten Eigenspannungen und weiteren risskraftreduzierenden Einflüssen ist: k = 1,0.

Aus Versuchen resultierte bereits sehr frühzeitig ein Ansatz zur Berücksichtigung der Auswirkungen von direktem Zwang auf Bauteildicken von etwa 20 cm; der Beiwert wurde mit k = 0,80 genannt [Fal1], [Hol1]. Für größere Bauteildicken lagen keine Erfahrungen vor, aus theoretischen Überlegungen wurde der Vorschlag abgeleitet, den Wert für Bauteildicken ab 0,80 m mit 0,65 zu wählen.

Während normgemäß eine deutliche Verminderung der Rissschnittgröße infolge der sich in dickeren Querschnitten ausbildenden Eigenspannungen unterstellt wird, ist diese pauschale Annahme sehr fragwürdig. [Puc1] hat nachgewiesen, dass die Mikrorissbildung nur einen vernachlässigbar geringen Einfluss auf die Rissbreite hat. Auch die Versuchsergebnisse anderer Verfasser unterstützen die Reduzierung der Bauteilzugfestigkeit nicht [Ber3], [Hel1]. [Ber3] stellte fest, dass die bezogene Risslast bis zu h = 80 cm unabhängig von der Bauteildicke ist; bei dicken Bauteilen kommt es jedoch nach Bildung des Primärrisses infolge sich einstellender Sekundärrisse zu einem deutlichen Abfall der Risslast. [Hel1] untersuchte Bauteildicken bis 200 cm, ein Einfluss der Eigenspannungen auf die Risslast bei späterer Beanspruchung konnte nicht nachgewiesen werden.

Eigenspannungen werden durch ein Temperaturprofil im Querschnitt hervorgerufen, das sich im jungen Alter des Betons durch die Hydratationswärme und später durch äußere Temperatureinwirkungen herausbildet. Auch das Trocknungsschwinden kann ein Eigenspannungsprofil nach sich ziehen. Eine durch die Bewehrung behinderte Schwindverkürzung hat eine Zugbeanspruchung des Betons zur Folge (Kapitel 6.10). Diese Vorspannungen treten vor allem in Bauteilen mit hohen Bewehrungsgehalten auf. In der Überlagerung mit thermisch bedingten Eigenspannungen kann eine Rissbildung hervorgerufen werden, die die Rissschnittgröße deutlich weiter absenkt als oben angegeben.

Inwieweit risskritische Spannungszustände infolge von Temperaturdifferenzen entstehen, hängt nicht nur von der Bauteildicke, sondern auch vom Temperaturprofil (Betonzusammensetzung, Schalung, meteorologische Bedingungen) und den Betoneigenschaften (E-Modul, Relaxation) ab. Es ist bekannt, dass eine intensive Nachbehandlung und der Schutz vor beschleunigter Abkühlung die Eigenspannungen und die Rissgefahr vermindern können. Nachteilig kann sich auswirken, wenn frühzeitig ausgeschalt wird und große Temperaturunterschiede auftreten, z.B. unter winterlichen Bedingungen oder infolge eines Schlagregens im Sommer. Wenn das Temperaturmaximum sehr frühzeitig auftritt und/oder eine intensive Relaxation stattfindet, kann lediglich eine unterkritische Dehnung bzw. Zugspannung entstehen.

Bei frühem Zwang ist noch zu berücksichtigen, dass nur bis zum Temperaturmaximum eine Zugspannung am Bauteilrand auftritt, die bei dickeren Bauteilen im frühzeitig ausgeschalten Zustand Rissbildungen hervorrufen könnte. Nach dem Temperaturmaximum wird durch Spannungsumkehr ein Druck im Randbereich wirksam (Kapitel 6.9). Die nicht zutreffende Annahme über eine konstante Nullspannungstemperatur über den Querschnitt [Spr3] hat, wie [Tue3] ausführt, wahrscheinlich zu der Auffassung beigetragen, dass während der Betonerhärtung im Randbereich immer positive Eigenspannungen auftreten und dadurch die Risslast vermindert wird. Nach den Untersuchungen von [Tue3] ist mit Eigenspannungsrissen erst ab einer Bauteildicke von etwa 150 cm zu rechnen, sodass der Korrekturwert erst dann anzusetzen wäre. Eine Schlussfolgerung daraus ist, dass der Einfluss der Eigenspannungen auf die Risslast von unter Zwangbeanspruchungen stehenden Bauteilquerschnitten überschätzt wird. Die in NCl zu 7.3.2(2) der Norm DIN EN 1992-1-1/NA angegebene Multiplikation des Faktors k mit dem Wert 0,8 führt zu einer weiteren Reduzierung des Querschnittes, die durch die Spannungsverteilung nicht begründet werden kann. Der Zugspannungskeil kann lediglich etwa 20 % des Querschnittes je Bauteilseite betragen.

Grundsätzlich gilt, dass ohne Abstimmung mit der Baudurchführung und ohne Kenntnis der Abkühlungsbedingungen eine Festsetzung der Minderung der Zugfestigkeit durch Mikrorissbildung infolge von Eigenspannungen nicht vertretbar ist.

In [Kön1] wird vorgeschlagen, die normgemäßen Festlegungen aufzugeben und lediglich einen Faktor in Höhe von 0,8 einzuführen, der den Einfluss der Eigenspannungen als Vorschädigung und infolge von Schwinden berücksichtigt. Bei einem Bewehrungsgrad von $A_s / A_c \geq 2\,\%$ sollte der Faktor zu 0,7 gewählt werden [Ber3].

Für wasserundurchlässige Bauwerke [DAS2] galt abweichend von der Regelung in DIN 1045-1, dass stets $k = 1{,}0$ anzunehmen ist. Dieser pauschale Ansatz wurde mit dem Hinweis auf zu hohe Bewehrungsgehalte zurückgenommen [DAS3]. Die jetzt mit der DIN 1045-1 übereinstimmende Abminderung bedingt aber, dass die zum Zeitpunkt des maßgebenden Zwangs vorhandene effektive Zugfestigkeit dem tatsächlichen Erhärtungsgrad entsprechend richtig berücksichtigt wird. Es wird ausdrücklich darauf hingewiesen, dass unter ungünstigen Bedingungen (dünne Bodenplatten mit $h \leq 300$ mm, großflächige Bodenplatten mit $L > 20$ m, vollständige Behinderung und dergleichen) auf die Abminderung des k-Wertes verzichtet werden sollte. Der Ansatz der festigkeitsmindernden Eigenspannungen ist in der EN 1992-1-1 ausdrücklich nur im Abschnitt 7.3.2 genannt. In NCl zu Abschnitt 7.3.4(2) des NA ist die Anwendung auch auf die Ermittlung der rechnerischen Rissbreite angegeben.

10.4.5 Wirkungsbereich der Bewehrung ($A_{c,eff}$)

Bewehrungsstähle bilden mit dem umhüllenden Beton einen Verbundkörper mit begrenztem Wirkungsbereich, der durch die Verbundcharakteristik und durch den Abstand bis zum Bauteilrand bestimmt ist. Infolge der konzentrierten Krafteintragung in einem Teil des Querschnitts tritt eine Störung im Dehnungsverhalten auf. Die Konsequenz ist, dass die Zugfestigkeit des Betons im Wirkungsbereich eher erreicht wird und ein Riss entsteht, als in dem gleichmäßig beanspruchten Querschnitt im Rissabstand bei übereinstimmender Dehnung von Stahl und Beton.

Bei Bauteilen geringer Dicke überdecken sich die Wirkungsbereiche, bei dickeren Querschnitten bilden sich aufgrund der auseinander liegenden Bewehrung dann getrennte Zonen aus, deren Abstand mit den Abmessungen anwächst. Dieser bei dicken Bauteilen veränderte Rissmechanismus führt zu durchgehenden Trennrissen und zwischenliegenden, auf die Wirkungsbereiche der Bewehrung beschränkte Sekundärrisse (Bild 10.12).

Die Kraft zur Erzeugung der Sekundärrisse ist kleiner als die zur Auslösung des nächsten durchgehenden Trennrisses. Diese Sekundärrisskraft ergibt sich aus der effektiven Fläche der Wirkungszone, die sich

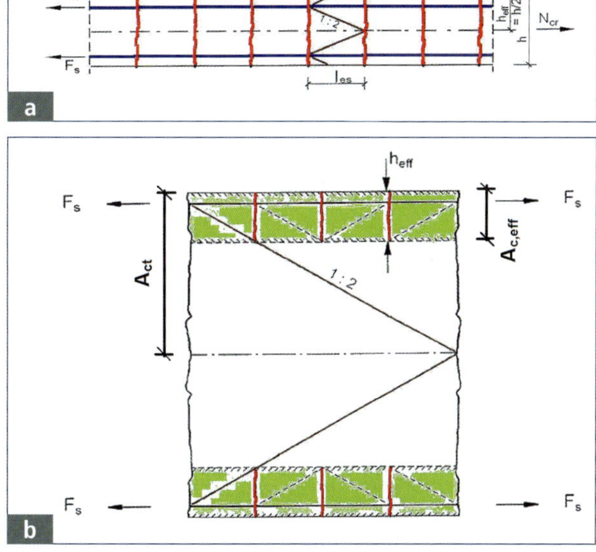

Bild 10.12:
a) Mechanismus der Trennrissbildung bei Bauteilen geringer Dicke [Mau1], schematisch
b) Mechanismus der Rissbildung bei dicken Bauteilen zwischen zwei Trennrissen [Mau1], schematisch

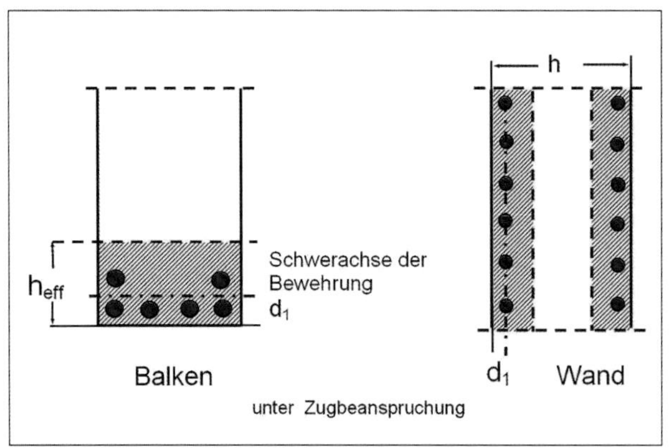

Bild 10.13: Schematische Darstellung des Wirkungsbereiches der Bewehrung (Beispiele nach DIN EN 1992-1-1, Abschnitt 7.3.2), $d_1 = h - d$

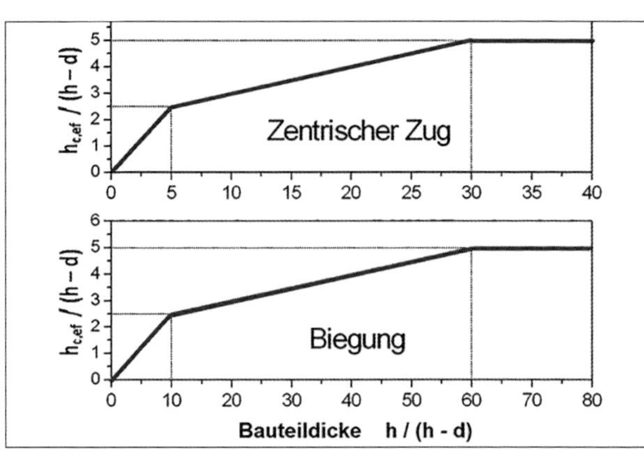

Bild 10.14: Ermittlung des Wirkungsbereichs der Bewehrung und effektive Dicke $h_{c,ef}$ nach [Kön1] und (NA, 7.1 d)

um den Bewehrungsstahl bildet [Got1], [Tep2]. In den Normen wird die eigentlich kreisförmige Fläche vereinfacht als Dicke h_{eff} der Randzone und der daraus resultierenden effektiven Zugzone im Querschnitt angenommen (Bild 10.13).

$$A_{c,eff} = b \cdot h_{c,ef} \tag{10.5}$$

b: Bauteilbreite

Dabei ist nach DIN EN 1992-1-1

$$h_{c,ef} = \min \begin{Bmatrix} 2{,}5 \cdot (h-d) \\ h/2 \\ (h-x)/3 \end{Bmatrix}$$

x: Abstand bis zur Nulllinie bei biegebeanspruchten Trägern

d, h: statische Höhe bzw. Bauteildicke

Wenn die Bewehrung nicht innerhalb des Grenzbereiches $(h-x)/3$ liegt, sollte dieser auf $(h-x)/2$ mit x im Zustand I vergrößert werden [DIN EN 1992-1-1/NA, NCl zu 7.3.2 (3)]. Die Bedingung $h_{ef} < h/2$ trennt die Bauteile in solche mit geringerer Dicke (maßgebende Querschnittsfläche A_{ct}) oder mit größerer Dicke (maßgebend $A_{c,eff}$). In der effektiven Zugzonenhöhe $h_{c,ef}$ soll auch die Mitwirkung des Betons zwischen den Rissen mit erfasst sein.

Der Abstand der Bewehrungsmittellage vom Bauteilrand beträgt dabei z. B. für einlagige Bewehrung

$$d_1 = (h - d) = c + \phi / 2$$

c: Betondeckung; dazu bestehen keine definitiven Angaben in DIN EN 1992-1-1, Abschnitt 7; es gibt auch keine einheitliche Handhabung in der EU. Abzuleiten wäre aus den Abschnitten 4 und 8: $c \equiv c_{nom} = c_{min} +$ Vorhaltemaß Δc

Nach [Kön1] ist der Ansatz $h_{c,ef} = 2{,}5\ d_1$ nur bei Bauteilen mit zentrischem Zwang und einer konzentrierten Bewehrungsanordnung bis $h/(h-d) \leq 5$ hinreichend genau und damit berechtigt. Mit zunehmender Bauteildicke wird die effektive Dicke $h_{c,ef}$ vergrößert (Bild 10.14) und kann bis auf $h_{c,ef} = 5{,}0\ d_1$ anwachsen. Die Zusammenhänge sind durch Versuche nachgewiesen [Ber3], [Hel1]. Insofern besteht eine Unterschied zwischen der DIN EN 1992-1-1 und dem Nationalen Anhang [NCl zu 7.3.2(3)]. Die Bewehrungsstahlfläche wird dadurch im Regelfall größer als nach der europäischen Norm.

Nach DIN EN 1992-1-1, 7.3.4(3), ist zu beachten, dass die Ermittlung des Rissabstandes $s_{r,max}$ nach den Gleichungen (10.35) bzw. (10.37) mit dem Wirkungsbereich der Bewehrung $A_{c,eff}$ durchgeführt werden darf, wenn der Stababstand z der im Verbund liegenden Bewehrung den Wert

$$z = 5 \cdot (c + \phi / 2)$$

nicht übersteigt. Die dann geltende Regel (siehe Kapitel 10.7.3) sollte nicht angewendet werden, sondern die Wirkungszonen der einzelnen Bewehrungsstähle im Zugbereich mit der vorgenannten Einflussbreite summiert und als $A_{c,eff}$ eingesetzt werden. Nach der finnischen Norm RakMK B4 (2008) ist beispielsweise die Breite der Wirkungszone um den Bewehrungsstahl mit $b_{ef} = 15\ \phi_s$ anzusetzen.

10.4.6 Wirkung der Dauer der Zwangbeanspruchung (Faktor k_t)

Eine langandauernde oder wiederholte Belastung hat Einfluss auf die Festigkeitsgrößen des Betons und damit auch auf das Verbundverhalten. Im Verbundsystem zwischen Bewehrung und Beton finden Kriechvorgänge statt, wenn Verbundspannungen vorhanden sind. Als Folge nimmt die Rissbreite in den Stahlbetonbauteilen zu. Eine Korrektur der Zugfestigkeit selbst, über die Wirkung auf den Verbund hinaus, wird nicht vorgenommen.

Aus Versuchen wurde abgeleitet, dass durch das Verbundkriechen die Verbundsteifigkeit auf etwa 70 % verringert wird und über eine dadurch vergrößerte Einleitungslänge zur Übertragung der Zugkraft in den Bewehrungsstahl die Rissbreite zunimmt. Im Berechnungsmodell wird dem durch eine Veränderung des Vorfaktors Rechnung getragen. In DIN 1045-1 ist die Wirkung der Dauerlast in die Rissformeln sowie die Tabellen eingearbeitet und normgemäß die Regel (siehe dazu Tabelle 10.4). Diese Vorgehensweise wird gestützt durch Versuchsergebnisse, nach denen die Mitwirkung des Betons bereits innerhalb von 15 Tagen bis auf einen dann konstanten Wert drastisch abfällt [CS1]. In [Fri1] wird abgeleitet, dass bei der Berücksichtigung der Verbundeigenschaften im Gegensatz zur Normung ein kleinerer Wert als $k_t = 0{,}5$ nicht möglich ist.

Nach [Cur1] und [Kön1] kann davon ausgegangen werden, dass die Zwangbeanspruchung im jungen Alter nur kurzzeitig wirkt und ein Abbau durch Rissbildung und Betonkriechen bzw. Relaxation stattfindet. Eine Modifizierung ist deshalb aus wirtschaftlichen Gründen empfehlenswert und nach DIN 1045-1 auch nicht ausgeschlossen, Hinweise werden beispielsweise in [Cur1] gegeben. Wenn das Schwinden unerheblich ist und auf die Berücksichtigung der Dauerbeanspruchung verzichtet wird, würden sich die zulässigen Stahlspannungen in der Tabelle 10.1 erhöhen bzw. die erforderliche Bewehrung um den Faktor 1,2 verringern. Es ist aber gleichzeitig darauf hinzuweisen, dass dem Verbundkriechen ähnliche innere Umlagerungen infolge von Rissbildungen stattfinden können, die dann zu größeren Rissbreiten führen würden.

In [Kön1] wird ebenfalls empfohlen, für den Nachweis der Rissbreite eine Kurzzeitbelastung anzusetzen. Als Begründung wird dazu angegeben, dass die Zwangverformungen durch die Bildung einiger Risse ausgeglichen werden und die Zwangkraft nicht als dauernd wirkend angesehen werden muss. Im Merkblatt [BAW1] wird übereinstimmend darauf und auf eine dadurch mögliche Stahleinsparung hingewiesen. Inwieweit dies bei den sehr dicken Bauteilen des Wasserbaus gerechtfertigt ist, wäre näher zu untersuchen.

Auf die Unsicherheiten beim Ansatz der Dauerstandswirkung hat [Mei4] aufmerksam gemacht und auf die Erläuterung in [Fin2] verwiesen. Danach darf bei kurzzeitiger Lasteinwirkung der Faktor k_t nach DIN EN 1992-1-1 auf 0,60 vergrößert werden. Da der Zwangabbau infolge von Kriechen deutlich langsamer als der Abfall der Verbundfestigkeit infolge des Verbundkriechens erfolgt, sollte dies nur in begründeten Ausnahmefällen ausgenutzt werden. Nach [Mei4] zählt der frühe Zwang infolge abfließender Hydratationswärme nicht zur kurzzeitigen Einwirkung und sollte nicht mit dem Faktor $k_t = 0{,}60$ berechnet werden. Nach den Überlegungen von [Fri1] genügt ein Wert von $k_t = 0{,}60$ aber durchaus. Nach NCI zu Abschnitt 7.3.4(3) gemäß DIN EN 1992-1-1/NA ist in der Regel das Verbundkriechen zu berücksichtigen und $k_t = 0{,}4$ zu setzen.

10.4.7 Einfluss der Spannungsverteilung im Bauteilquerchnitt vor der Rissbildung (Faktor k_c)

Bei der Ermittlung der Mindestbewehrung nach DIN EN 1992-1-1, Abschnitt 7.3.2, wird der Einfluss der Spannungsverteilung vor der Erstrissbildung sowie die Änderung des inneren Hebelarms durch den Faktor k_c berücksichtigt:

bei reinem Zug $k_c = 1{,}0$

bei Biegung oder Biegung mit Normalkraft

- Rechteckquerschnitte und Stege von Hohlkasten- und T-Querschnitten

$$k_c = 0{,}4 \cdot \left[1 - \frac{\sigma_c}{k_1 \cdot (h/h^*) \cdot f_{ct,eff}}\right] \leq 1$$

$h^* = h$ für $h < 1{,}0$ m

$h^* = 1{,}0$ m für $h \geq 1{,}0$ m

- Gurte von Hohlkästen oder T-Querschnitten

$$k_c = 0{,}4 \cdot \frac{F_{cr}}{A_{ct} \cdot f_{ct,eff}} \geq 0{,}50$$

σ_c: mittlere Betonspannung, die auf den untersuchten Teil des Querschnitts einwirkt

k_1: Beiwert zur Berücksichtigung der Auswirkungen der Normalkräfte auf die Spannungsverteilung

$k_1 = 1{,}5$ Normalkraft im Grenzzustand der Gebrauchstauglichkeit ist eine Druckkraft

$k_1 = 2\,h^* / (3\,h)$ bei einer Zugkraft

F_{cr}: Absolutwert der Zugkraft im Gurt unmittelbar vor der Rissbildung infolge des mit $f_{ct,eff}$ berechneten Rissmomentes

Bei der Berechnung der Rissbreite nach DIN EN 1992-1-1, Abschnitt 7.3.4 wird die im Querschnitt vorhandene Dehnungsverteilung einbezogen durch den Faktor k_2:

für reinen Zug $k_2 = 1{,}0$

für Biegung $k_2 = 0{,}5$

Bei diesen Werten wird davon ausgegangen, dass die Einleitungslänge zur Übertragung der gleichmäßig im Querschnitt verteilten Betonspannungen auf den Bewehrungsstahl größer ist als die zur Aufnahme der bei Biegung auftretenden Risslast. Bei außermittigem Zug oder für lokale Bereiche dürfen Zwischenwerte von k_2 verwendet werden. Zwischenliegende Werte werden erhalten mit der größeren bzw. kleineren Zugdehnung an den Bauteilrändern ε_1 und ε_2 nach

$$k_2 = \frac{\varepsilon_1 + \varepsilon_2}{2 \cdot \varepsilon_1}$$

Nicht berücksichtigt wird, dass bei Biegung die Rissbreiten mit der Entfernung von der Betonstahloberfläche entsprechend dem Dehnungsgradienten zunehmen. Durch keinen weiteren Hinweis oder Faktor wird dieser Einfluss der Betondeckung auf die rechnerische Rissbreite deutlich. Mit zunehmender Betondeckung wird die Diskrepanz zwischen dem Berechnungsmodell und dem Rissbild am Bauteil größer. Nach [Leo5] war die Basis der Kalibrierung von Berechnungs- und Versuchsergebnissen eine Betondeckung c = 30 mm. Nähere Ausführungen zur Rissbreite in Abhängigkeit von der Betondeckung sind beispielsweise in [Bor2] und [Hus1] zu finden.

10.4.8 Überlagerung von Last- und Zwangbeanspruchung

Wenn die Rissbreiten für Beanspruchungen berechnet werden, bei denen die Zugspannungen aus einer Kombination von Zwang und Lastbeanspruchung herrühren, dürfen die Gleichungen des Abschnitts 7.3.4 der Norm 1992-1-1 ebenfalls verwendet werden. Jedoch sollte die Dehnung infolge von Lastbeanspruchung, die auf der Grundlage eines gerissenen Querschnitts berechnet wurde, um den Wert infolge Zwang erhöht werden (NCl zu 7.3.4 (1)).

Bei üblichen Hochbauten und vergleichbaren Bauteilen wird im Allgemeinen als ausreichend angesehen, die Mindestbewehrung für den Zwang aus der Herstellung des Bauwerkes (Abfließen der Hydratationswärme, Schwinden u.Ä.) und die statisch erforderliche Bewehrung aus äußeren Lasten getrennt zu ermitteln und die jeweils größere Bewehrungsfläche einzulegen.

Für Bauteile, bei denen die Lastbeanspruchung die Rissschnittgröße nicht erreicht, ist zu untersuchen, ob eine Kombination von Last und Zwang zur Rissbildung führen kann. Wenn dies der Fall ist, muss die Bewehrung zur Abdeckung der Rissschnittgröße eingelegt werden [Kön1].

Bei gleichzeitigem Auftreten von Zwang und Last ist eine Überlagerung beider Belastungsfälle erst dann erforderlich, wenn die Zwangdehnung größer als $\varepsilon_{Zw} = 0{,}8\,‰$ ist. Andere Empfehlungen beinhalten, dass bei mäßigen Anforderungen an die Rissbreite ($w_k = 0{,}4$ mm) die Regelung des getrennten Nachweises bis zu einer Zugdehnung von $\varepsilon_{Zw} = 0{,}5\,‰$ sinnvoll ist. Es handelt sich um wirksame Zwangdehnungen, die bei Einwirkung der Relaxation auftreten. Die Zwangdehnungen liegen in der Regel unter diesem Grenzwert, sodass eine Überlagerung von Zwang und Last in der Regel nicht erforderlich ist. Bei hohen Anforderungen an die Rissbreitenbegrenzung ($w_k = 0{,}1$ mm) sollte die Regelung nicht angewendet werden.

[Feh1] weist jedoch darauf hin, dass diese Vorgehensweise häufig unwirtschaftlich ist und darüber hinaus auf der unsicheren Seite liegen kann. Wie Vergleichsrechnungen zeigen, ist es bei weitgespannten Bauteilen, die an den Enden verformungsbehindert sowie durch Biegemomente und Normalkräfte beansprucht sind, wirtschaftlich günstiger, für die Bemessung eine Überlagerung von Last und Zwang zugrunde zu legen. Nach [Feh1] ist dabei zur Ermittlung der mittleren Dehnungsdifferenz der mittlere Rissabstand $s_{r,m}$ einzusetzen, von der mittleren Bauteildehnung auszugehen und mit realistischen Steifigkeiten zu rechnen.

10.4.9 Zwangbeanspruchung rechtwinklig zur Haupttragrichtung

In Abhängigkeit von der statischen Konzeption der Lastabtragung können Zwangbeanspruchungen nicht nur parallel, sondern auch rechtwinklig zur Haupttragrichtung auftreten. Bei flächigen Bauteilen bilden sich Zwangspannungen an den rechtwinklig zueinander stehenden Rändern aus, wie Bild 6.25 zeigt werden diese Beanspruchungen nur ungenügend berücksichtigt, können parallel zur Haupttragrichtung breite Risse auftreten.

Bei Deckenkonstruktionen kann der Zwang durch die darunter liegenden Wände entstehen, bei kastenförmigen Brückenträgern durch das unterschiedliche Schwinden von dicken Stegen und dünnen Bodenplatten. Durch die Unterschätzung der Zwangbeanspruchungen sind oft breite Trennrisse aufgetreten [Kön19].

10.5 Verbund zwischen Bewehrungsstahl und Beton

Der kontinuierlich wirkende Verbund zwischen den Bewehrungsstählen und dem Beton ist bekanntlich die Grundlage der Stahlbetonbauweise. Durch diese Besonderheit werden nicht nur die für die Nutzung der Tragwerke gewünschten Eigenschaften der Konstruktionen wie die Tragfähigkeit, die Verformung der Bauteile oder die Umverteilung der Kräfte in statisch unbestimmten Konstruktionen sichergestellt, sondern auch die Begrenzung der Rissbreiten bei den unvermeidlichen lokalen Rissbildungen gewährleistet.

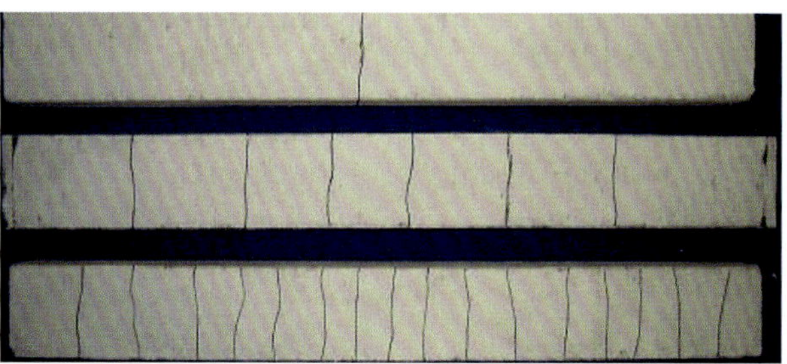

Bild 10.15: Rissbildung in einem Stahlbetonbauteil bei Zugbeanspruchung bei unterschiedlicher Bewehrung [Heg2]
oben: 1 ∅ 20 mm (glatter Bewehrungsstahl)
Mitte: 4 ∅ 20 mm (glatter Bewehrungsstahl)
unten: 4 ∅ 20 mm (gerippter Bewehrungsstahl)

Grundsätzlich gilt, dass sich ein gutes Verbundverhalten immer vorteilhaft auf die Rissentwicklung auswirkt. Das Verbundverhalten hat einen großen Einfluss auf die Breite und den Abstand der in der Zugzone der Bauteile auftretenden Risse. Je besser der Verbund, desto geringer sind bei gleicher Stahldehnung die Rissbreite und der Rissabstand. Aus diesem Grund sind für die Rissbreitenbegrenzung Rippenstähle vorgeschrieben, die die Einleitungslänge l_{es} zur Rückübertragung der Risslast vom Bewehrungsstahl auf den Betonquerschnitt sehr wesentlich verringern. Der Verbund ist eine sehr komplexe Problematik im Hinblick auf die räumliche Ausbildung im Wirkungsbereich der Bewehrung und die modellhafte Beschreibung des Verhaltens sowie aufgrund einer Vielzahl von Einflussfaktoren. Insofern wurde eine Einbeziehung des Verbundes in die Rissbreitenberechnung nur durch vereinfachende Annahmen und eine drastische Reduzierung der Eingangsgrößen möglich. Die sogenannten Verbundspannungen treten in Wirklichkeit nicht auf und stellen nur ein Hilfsmittel zur Beschreibung des komplizierten Tragverhaltens dar. Es ist eine Tatsache, dass die Kenntnisse über den Verbund noch Lücken aufweisen und zum Teil widersprüchlich sind. Eine praktisch einfache, aber zutreffende Beschreibung ist derzeit noch nicht möglich.

10.5.1 Verbundcharakteristik

Die Verbundfestigkeit zwischen Bewehrungsstahl und umhüllenden Beton ist immer vorhanden, wird aber bei gemeinsamer Dehnung im zugbelasteten Bauteil nicht beansprucht. Bei lokalem Überschreiten des Verformungsvermögens des Betons und einsetzender Trennrissbildung wird das Gleichgewicht im Verbundsystem gestört. Die Bewehrung ist nun die einzige Verbindung im Bauteil und übernimmt die gesamte Zugkraft. Durch den sich einstellenden Dehnungsunterschied werden aber gleichzeitig die Verbundkräfte aktiviert, sodass über eine Einleitungslänge eine Rückübertragung der Zugkraft auf den Beton erfolgt.

Die Verbundtragwirkung setzt sich aus verschiedenen Mechanismen zusammen, die mit zunehmender Dehnung wirksam werden. Anhand von Ausziehversuchen kann das Verbundverhalten, wie in Bild 10.16 dargestellt, nachvollzogen werden.

Der anfängliche **Haftverbund** beruht auf physikalisch-chemischen Bindungskräften (Adhäsions- und Kapillarkräfte) und hängt sehr wesentlich von der Beschaffenheit der Stahloberfläche ab, nämlich von der Rauigkeit und Sauberkeit. Die Einflussfaktoren auf den Haftverbund können aus den Eigenschaften der Übergangszone zwischen Stahloberfläche und angrenzen-

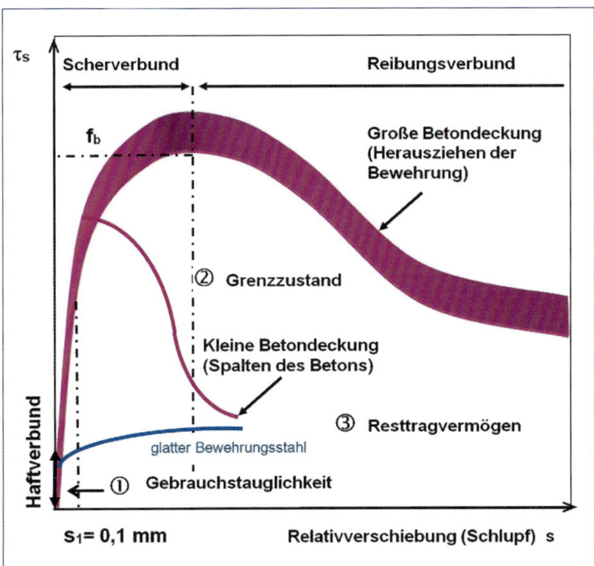

Bild 10.16: Verbundverhalten des gezogenen Bewehrungsstabes in Abhängigkeit von der Relativverschiebung zwischen Stahloberfläche und umgebenden Beton

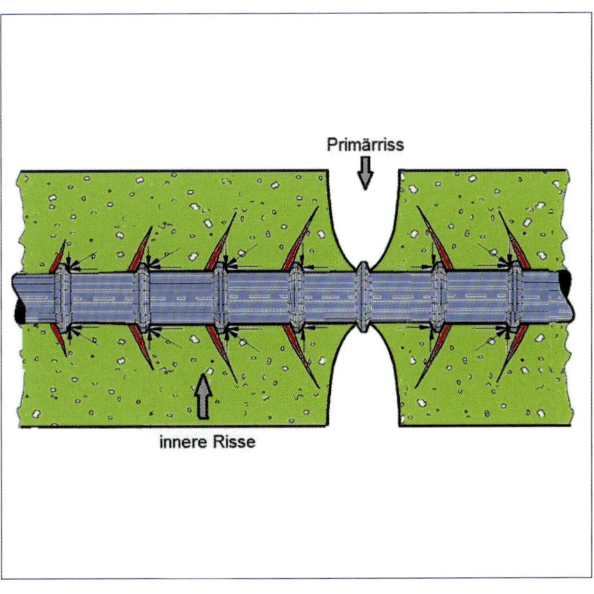

Bild 10.17: Trennriss und innere Verbundrisse bei axialer Zugbeanspruchung des Bauteils (ohne Angabe der Verbundstörung im Rissbereich, siehe dazu Bild 10.25). Die Modellvorstellungen für die inneren Rissbildungen lehnen sich an [Got1] an.

dem Zementstein abgeleitet werden, hauptsächlich aus der Porosität infolge des erhöhten w/z-Wertes und/oder geringerem Hydratationsgrad sowie aus den Anlagerungen von geringer belastbarem $Ca(OH)_2$. Der Haftverbund wird schon bei geringen Relativverschiebungen aufgehoben und ist für die Übertragung der Kräfte vom Bewehrungsstahl auf den Beton unbedeutend.

Mit zunehmender Relativverschiebung wird bei glatter Bewehrungsoberfläche der **Reibungsverbund** (Bild 10.16) wirksam. Die Verbundkraft ist von der Rauigkeit der Stahloberfläche abhängig, sodass eine angerostete oder vernarbte Oberfläche zu einer beträchtlichen Verzahnung und damit zu einem gewissen, wenn auch unsicherem Verbund führen kann. Dieser Mechanismus ist auch für die Verbundfestigkeit bei profilierten Bewehrungsstählen nach Überschreiten der Höchstlast beim Scherverbund maßgebend. Unterstützt werden kann die Wirkung durch eine Querpressung, die aus Quell- und Schwindvorgängen oder äußeren Lasten resultieren kann. Rechnerisch könnte der Reibungsverbund nur dann einigermaßen zuverlässig berücksichtigt werden, wenn es gelingt, eine dafür erforderliche Querpressung planmäßig aufzubringen. Querzug vermindert den Verbundwiderstand. Mit zunehmender Zerstörung des Verbundes nimmt die Wirksamkeit des Reibungsverbundes ab.

Bei Rippenstählen wird nach Überwindung des Haftverbundes hauptsächlich der **Scherverbund** (Bild 10.16) und, zu einem vergleichsweise geringeren Anteil, zusätzlich der Reibungsverbund wirksam. Die Verbundwirkung bei profilierten Stählen entsteht durch die mechanische Verzahnung der schrägliegenden Rippen des profilierten Bewehrungsstabes mit den zwischenliegenden Betonkonsolen (Formverbund). Bei einer Relativverschiebung bilden sich gegen die Stabachse geneigte Druckstreben aus, die sich gegen die Rippen des Bewehrungsstabs abstützen. Die Verbundkräfte breiten sich dabei von jeder einzelnen Rippe in Form eines trichterförmigen Druckkegels in den umgebenden Beton aus. Dadurch werden auch damit im Gleichgewicht stehende ringförmige Zugkräfte hervorgerufen, deren Größe durch die Neigung der Verbundkräfte und der Behinderung der Querdehnung infolge der Umschnürungswirkung des Betons bestimmt ist. Bereits bei relativ geringen Stabverschiebungen werden sekundäre Mikrorisse entlang des Bewehrungsstabs hervorgerufen, die bei hinreichender Betondeckung zunächst an der Oberfläche nicht sichtbar werden. Diese Verbundrisse treten bereits bei einer relativ niedrigen Verbundspannung von 2 bis 3 N/mm² auf. Je ausgeprägter die Rippenstruktur ist, desto größer werden die Kräfte in den Betondruckstreben und folglich die Ringzugspannungen. Bei diesem Mechanismus stellen sich an den Rippen Druckspannungen bis zum 5-fachen der Würfeldruckfestigkeit des Betons ein. Bei Überschreiten der Zugfestigkeit bilden sich betondurchdringende Längsrisse parallel zum Bewehrungsstahl aus. Bei oberflächennahen Bewehrungen hat der Zugring nur eine geringe Dicke, sodass hohe Zugspannungen entstehen. die ein Verbundversagen (Spaltzugversagen) nach sich ziehen. Diese Längsrissbildung kann dann noch vor dem Verbundbruch eintreten. Die Längsrissbildung ist in Hinblick auf die Korrosion als besonders gefährlich zu beurteilen.

Aus experimentellen Untersuchungen ist bekannt, dass sich der Längsriss nicht schlagartig einstellt und auch der Zeitpunkt nicht genau festlegen lässt [Let1]. Der Längsriss beginnt am belasteten Stabende, breitet sich vom Bewehrungsstahl zur Betonoberfläche aus und verläuft zunächst parallel zur Stabrichtung. Mit Laststeigerung tritt schlagartig das Spaltzugversagen in Form von Abplatzen der Betondeckung auf, das einen vollständigen Verlust der Verbundtragfähigkeit zur Folge hat. Diese Situation unterscheidet sich vom Auszugsverhalten der Bewehrungen und ist durch konstruktive Vorgaben zu verhindern.

Insofern ist eine Mindestbetondeckung erforderlich, um vor allem bei dickeren Bewehrungsstählen eine Aktivierung des Verbundes ohne gleichzeitige Längsrissbildung zu erreichen. Bei Einhaltung dieser Mindestbetondeckung werden die Zugspannungen dann vom Beton aufgenommen. Bei kleinerer Betondeckung $c \sim \phi$ bilden sich Längsrisse bereits im Gebrauchszustand aus, bei $c > 2\ \phi$ entstehen Längsrisse erst bei Dehnung des Stahles bis an die Fließgrenze. Eine Querbewehrung in Form von geschlossenen Bügeln oder Schlaufen kann ebenfalls zur Vermeidung des Spaltrissversagens beitragen, da durch diese mit einer Umschnürung vergleichbaren Bewehrung die Ringzugkräfte aufgenommen werden. Im gleichen Sinne würde ein Querdruck aus einer Last oder Auflagerreaktion wirken.

Bei ausreichender Betondeckung und Betonfestigkeit kann ein Scherwiderstand bis zum Erreichen der Höchstlast aufgebaut werden. Die entstandenen Mikrorisse entlang des Bewehrungsstahles vergrößern den Schlupf, verhindern aber nicht die Zunahme der Verbundtragfähigkeit. Bei Zunahme der Stahlspannungen und ansteigender Relativverschiebung werden die Druckstreben von den Rippen abgeschert. Die lokal beginnende Zerstörung setzt Kräfte frei, die auf die benachbarten Konsolen übertragen werden. Durch deren Überlastung setzt sich die Verbundauflösung über die Verbundlänge fort. Der Formverbund wird schließlich vollständig aufgehoben, danach setzt ein Gleiten des Bewehrungsstabs mit sehr hohem Reibungswiderstand ein. Die Verbundwirkung wird mit zunehmender Relativverschiebung laufend vermindert.

Das Verbundversagen ist als Herausziehen der Bewehrung bekannt und kann an Verankerungen bzw. Bewehrungsanschlüssen von Konstruktionsteilen auftreten. Der Mechanismus beeinflusst direkt die Rissbreite in Abhängigkeit von der Stahlspannung.

Der Scherverbund ist die wirksamste und zuverlässigste Art der Verbundkraftübertragung, der auch die Nutzung hoher Stahlfestigkeiten erlaubt. Wichtigste Parameter sind die sogenannte bezogene Rippenfläche des Stahls sowie die Scherfestigkeit und der Verformungswiderstand des Betons der Konsolen.

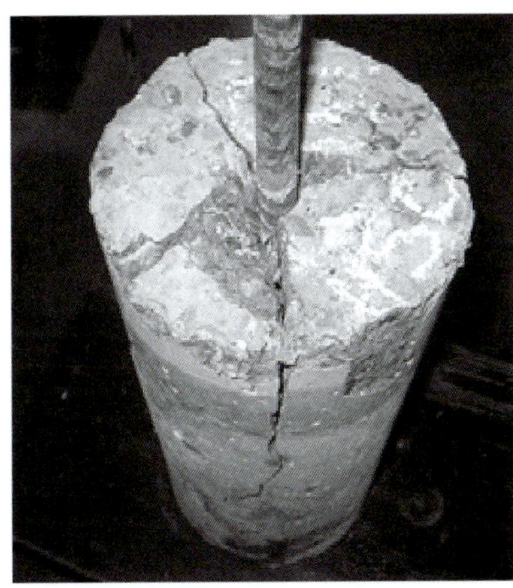

Bild 10.18: Spaltzugversagen an einem Prüfkörper D = 150 mm, H = 300 mm aus Normalbeton (f_{cm} = 25 N/mm², Φ_s = 16 mm) [Ahm1]

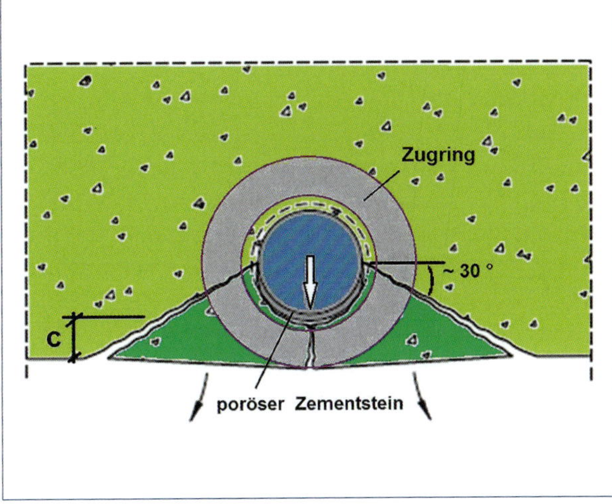

Bild 10.19: Zerstörungsmechanismus bei Längsrissbildung infolge zu geringer Betondeckung (nach [Sch7])

10.5.2 Einflussfaktoren auf die Verbundfestigkeit

Die Abhängigkeiten der Verbundfestigkeit sind sehr komplex und durch den Umfang sowie die wechselseitigen Beziehungen der maßgebenden Faktoren charakterisiert. Jede Darstellung in Eingrenzung auf einzelne Faktoren muss demzufolge problematisch sein. Als Beispiel dafür kann die Beziehung zwischen der Verbundfestigkeit und der Einbettungslänge, der Betonfestigkeit und Stahlspannung genannt werden. Folgende Sachverhalte ergeben sich anhand der Literatur:

Betonfestigkeit und örtliche Betonstruktur im Bereich der Rippung des Bewehrungsstahls

Die Auswirkungen der Betonfestigkeit auf das Verbundverhalten werden bis heute nicht einheitlich beurteilt. Im Allgemeinen wird aber von allen Autoren ein mehr oder weniger starker Anstieg der Verbundfestigkeit mit zunehmender Betondruckfestigkeit infolge höherer Belastungsfähigkeit der Betonkeile an den Bewehrungsstahlrippen festgestellt. Der funktionale Zusammenhang zu der mit der Betondruckfestigkeit zunehmenden Zugfestigkeit, die eine häufig gewählte Bezugsbasis zur Abschätzung der Verbundfestigkeit darstellt, ist dabei nicht eindeutig. Im jungen Alter des Betons ist die Abhängigkeit besonders unsicher, da sich Zug- und Druckfestigkeit unterschiedlich schnell entwickeln. Auch bei hochfesten Betonen ist anhand von Ausziehversuchen nachgewiesen, dass die maximalen Verbundspannungen mit der Druckfestigkeit steigen. Das Verbundverhalten wird heute allgemein in Abhängigkeit von der Zugfestigkeit formuliert.

Betonzusammensetzung – Betontechnologie

Zweifelsfrei besteht eine Verbindung zwischen der Zusammensetzung des Betons und der Verbundfestigkeit. Dabei sind wichtige Faktoren die Heterogenität des Betons, die sich vor allem bei kurzen Verbundlängen stärker auswirkt, sowie die Streuung der Zugfestigkeit und des E-Moduls. Vorteilhaft ist die Zugabe von Silikastaub, die Einstellung einer steiferen Konsistenz, ein intensives Verdichten und ein Nachverdichten zum geeigneten Zeitpunkt. Aus Versuchen mit unterschiedlichem w/z-Wert und verschiedener Konsistenz ergaben sich Unterschiede von bis zu 100 % [Mar1].

Selbstverdichtende Betone weisen im Vergleich zur Zusammensetzung normaler Betone mindestens die übereinstimmenden Verbundfestigkeiten auf, vielfach wurden zum Teil erheblich höhere Werte ermittelt. Insgesamt gesehen streuen die Versuchsdaten sehr, sodass noch keine eindeutige Aussage über die Unterschiede zwischen normalem, durch Vibration verdichteten Beton und selbstverdichteten Beton möglich ist. Bei größeren Stabdurchmessern scheint keine Differenz zu bestehen; bei Verringerung der Stabdicke steigt vergleichsweise die Verbundfestigkeit bei SVB an (vgl. dazu auch [Des1]).

Bei hochfesten Betonen hat die Zusammensetzung eine beträchtliche Auswirkung. Die Zugabe von Silikastaub bewirkt eine sekundäre puzzolanische Reaktion in einer bereits vergleichsweise dichteren Betonmatrix und führt zu einem steiferen Verbundverhalten. Ursachen sind wahrscheinlich eine Steigerung des Haftverbundes und gleichzeitig eine bessere Verdübelung der Stahlrippen im Beton.

Lage der Bewehrungsstähle beim Betonieren

Bei horizontalen Bewehrungsstäben ist die Lage im Bauteilquerschnitt beim Betonieren von erheblicher Bedeutung. Eine Verminderung der Tragwirkung tritt durch Absetzen des Betons und Ausbildung von wasserreichen Zonen unterhalb der Bewehrungsstähle auf. Im Bauteil oben liegende Stäbe besitzen eine verringerte Verbundfestigkeit, dabei ist dieser Rückgang um so größer, je höher die Frischbetonsäule unter der Bewehrung ist. Mit zunehmender Betondeckung ist dieser Einfluss rückläufig. Als eine Ursache werden auch die etwas verbesserten mechanischen Eigenschaften mit zunehmender Bauteilhöhe gesehen. Die Unterschiede sind bei niedrigen Festigkeitsklassen gering, mit steigender Betondruckfestigkeit immer deutlicher feststellbar.

Senkrecht stehende Stäbe sind vom Absetzen des Frischbetons nicht beeinflusst und haben immer einen besseren Verbund im Beton.

Oberflächengeometrie der Bewehrung – Wirksame Rippenfläche

Die Oberflächengeometrie umfasst die Anordnung, Ausbildung und Abmessungen der Rippen, im Wesentlichen demnach die Höhe und den Abstand der Rippen. Als maßgebende Kenngröße kann die bezogene Rippenfläche f_R gelten [Reh3]. [Reh1] und [Eli3] stellten fest, dass sich mit der Vergrößerung der bezogenen Rippenfläche (z.B. durch Verkleinerung des Rippenabstands) der Schlupf verringert und die übertragbare Verbundspannung vergrößert. Mit der Zunahme der Rippenfläche f_R verringert sich deshalb die erforderliche Verankerungslänge. Diese Abhängigkeit von der wirksamen Rippenfläche ist aber nicht unwidersprochen, war und bleibt aber Grundlage der Regelungen zur Profilierung der Bewehrungsstähle. Als optimal gelten Werte $f_R = 0{,}05$ bis 0,10, nach [Noa2] zwischen $f_R = 0{,}06$ bis 0,13. In der BRD galten bisher die Begrenzungen für die bezogene Rippenfläche $0{,}040 \leq f_R \leq 0{,}065$ (ehem. Zulassung) und liegen gegenwärtig im Bereich von $0{,}039 \leq f_R \leq 0{,}056$. Weiterhin vermindert eine kleinere Rippenhöhe die Bildung von Längsrissen.

Oberflächenbeschaffenheit der Bewehrung

Eine Rauigkeit der Oberfläche erhöht die Verbundfestigkeit. In diesem Sinne ist ein angerosteter Stahl günstiger als einer aus nichtrostendem Material. Warmgewalzte und kaltverformte Stähle haben ein unterschiedliches Verbundverhalten. Unterschiedliche Verbundeigenschaften weisen auch epoxidharzbeschichtete und nichtrostende Bewehrungsstähle auf; bei diesen Stählen ist die Verbundwirkung geringer (~ 20 %).

Durchmesser der Bewehrungsstähle

Die Aussagen der Literatur über den Einfluss des Stabdurchmessers sind widersprüchlich. [Reh1] und [Mar5] konnten beispielsweise keinen wesentlichen Einfluss feststellen, [Eli3] konstatierte ein Ansteigen der Verbundspannungen mit kleiner werdendem Stabdurchmesser, diese Ergebnisse werden durch neuere Untersuchungen mit selbsttverdichtendem Beton bestätigt. [Mai1] vermutet als Ursache die Änderung der Oberflächengeometrie mit dem Stabdurchmesser und auch ein günstigeres Verhältnis von Stabumfang zum Querschnitt. Weitere Angaben sind dazu in [Let1] zu finden. Bei geringerer Betondeckung und Spaltrissversagen zeigt sich ein deutlicherer Einfluss des

Bewehrungsstahldurchmessers, die auf die Betondruckfestigkeit bezogene Verbundfestigkeit nimmt mit steigendem Durchmesser ab. Offensichtlich besteht auch ein Einfluss der Art und der Ausbildung der Rippen des Bewehrungsstahles [Ich1].

Im Allgemeinen wird gegenwärtig davon ausgegangen, dass der Durchmesser der Bewehrungsstähle nur einen geringen Einfluss auf die Verbundfestigkeit hat. Der Durchmesser ist immer in Verbindung mit der Betondeckung zu sehen. Höhere Stabzugkräfte würden größere Ringzugkräfte bewirken, die zur Vermeidung der Längsrissbildung nur durch dickere Betondeckungen aufgenommen werden könnten.

Spannungszustand im umgebenden Beton und Behinderung der Verformung

Senkrecht zum Bewehrungsstahl gerichtete Spannungen beeinflussen deutlich das Verbundverhalten. Zugspannungen, die aus äußerer Belastung entstehen können, z.B. aus der Wirkung von Dübeln oder Zwang infolge von Schwinden und Temperatur, vermindern den Widerstand gegen entstehende Verbundrisse. Entgegengesetzt wirken sich Druckspannungen (aktive Behinderung) und eine dickere Betondeckung aus (passive Behinderung).

Quer- bzw. Bügelbewehrung

Das Tragverhalten der Betonzugringe, die bei den Verbundkräften um den Bewehrungsstahl entstehen, wird durch eine dort wirksame Bewehrung deutlich verbessert. Wenn die Gefahr des Sprengrissversagens besteht, ist eine zusätzliche, umschnürende Bewehrung zwingend anzuordnen. Bei Längsrissbildung ist eine Wirkung nur dann vorhanden, wenn der Längsriss den Bügel erreicht hat und durch diesen die Rissbreitenentwicklung begrenzt wird. Beim Herausziehen der Bewehrung ist kein Einfluss feststellbar (vgl. [Eli3]), so lange kein Längsrissversagen eintritt.

Belastungsabhängigkeit – Stahlspannung

Verschiedene Untersuchungen mit langen Einbettungslängen zeigen, dass eine eindeutige Abhängigkeit zwischen der Stahldehnung und der Verbundspannung sowie deren Beziehung zur Relativverschiebung besteht. Obwohl die Verbundspannung offenbar lastabhängig ist, darf zur Ermittlung der Rissbreiten normgemäß vereinfacht mit einer mittleren Verbundspannung gerechnet werden.

Belastungsart und -dauer

Prinzipiell setzt jede wechselnde oder zyklische, schwellende und dynamische Belastung die Verbundfestigkeit herab (siehe z.B. [Bal1], [Cia1]. Unter diesen Einwirkungen wird der Schlupf vergrößert, da der Beton im Bereich der Rippen bei geringeren Verbundspannungen zerstört wird. Es entstehen sich ähnelnde Verbundspannungs-Schlupf-Kurven, aber mit abgesenktem Maximum der Verbundfestigkeit. Die Folge sind vergrößerte Rissbreiten.

Bei langzeitiger Beanspruchung tritt ein Verbundkriechen auf, das eine Verringerung der Verbundfestigkeit von etwa 70 % nach sich zieht. Dieser Zustand ist normgemäß nicht zeitlich definiert. Es wird aber empfohlen, immer von einer Minderung der Verbundfestigkeit auszugehen, da die Verminderung der Zwangspannungen infolge von Kriechen langsamer verläuft als der Rückgang der kriechbedingten Verbundspannung. Nach den geltenden Vorschriften wird dies durch einen pauschal anzusetzenden Korrekturfaktor k_t berücksichtigt, mit dem die Zugfestigkeit und damit die durch den Verbund zu übertragende Risskraft reduziert wird. Im Regelfall ist dafür $k_t = 0{,}4$ anzusetzen.

Bei dieser Vorgehensweise ist der Rissabstand unbeeinflusst. Tatsächlich ist jedoch die mittlere Verbundspannung τ_{sm} zu korrigieren, die dann zu einer vergrößerten Einleitungslänge l_{es} führt. Der sich ergebende Schlupf ist in beiden Fällen gleich ($0{,}6 \cdot 0{,}7 = 0{,}42 \approx 0{,}4$), die bei Bauteilversuchen zu beobachtende Distanz zwischen den Rissbildungen ist aber natürlich unterschiedlich.

Umgebungsbedingungen – Temperatur

Höhere Temperaturen führen prinzipiell zu einer geringeren Verbundfestigkeit. Bei höheren Temperaturen erhärtender Beton weist eine ausgeprägtere Mikrorissbildung und damit geringere Zementsteinfestigkeit aus, die niedrigere Verbundwerte nach sich zieht. Bei hohen Temperaturen beanspruchter, erhärteter Beton zeigt ebenfalls einen Rückgang der Verbundfestigkeit.

Diese nachteiligen Veränderungen sind mit den anderen mechanischen Kenngrößen des Betons konform. Der Einfluss kann damit über die Beziehung zwischen Zug- oder Druckfestigkeit und der Verbundfestigkeit abgeschätzt werden.

10.5.3 Experimentelle Bestimmung der Verbundspannungen

Sehr frühzeitig wurden einfache Versuchskörper zur Ermittlung der Abhängigkeit zwischen Verbundspannung und Relativverschiebung von Bewehrungsstäben entwickelt, die prinzipiell auch heute noch, wenn auch in Varianten, Verwendung finden. Diese Verbund-Versuchskörper können in zwei Gruppen aufgeteilt werden solche für Ausziehversuche mit kurzen und langen Einbettungslängen ohne Berücksichtigung der Bauteilgeometrie (zur Ermittlung der Verankerungslänge und der Verbundfestigkeit bzw. des Einflusses der Stahldehnungen entlang größerer Einbindelängen), sowie eine Gruppe mit Simulation der Bauteilgeometrie (zur Untersuchung der Situation bei der Endverankerung und bei Übergreifungsstößen). Außerdem gibt es Weiterentwicklungen in Form von prismatischen Balken-Biegekörpern mit definierten Einbettungslängen [CEB6], konsolartigen Ausziehkörpern und Ring-Versuchskörpern mit Stahlummantelung zur Untersuchung der Bildung von Spaltrissen und Bestimmung der Spaltkräfte. Neuere Versuche verwenden prismatische Versuchskörper, deren Bewehrungsstähle an beiden Enden durch Zugkräfte beansprucht werden. Das Verbundverhalten entspricht den Verhältnissen in realen Bauteilen besser. Eine weitergehende Übersicht ist in [CEB3] vorhanden. Über einen die unterschiedlichen Auffassungen berücksichtigenden Versuchskörper gibt es noch keine normativen Festlegungen.

Das Fehlen einheitlicher Versuchsanordnungen erschwert einen Vergleich zwischen den experimentellen Angaben. Differenzen treten beispielsweise durch unterschiedliche Einbettungslängen auf, allgemeingültige quantitative Aussagen sind zwangsläufig unsicher.

Zur Ermittlung der übertragbaren Verbundkräfte dienen hauptsächlich Ausziehversuche an unterschiedlich langen Prüfkörpern mit rundem oder quadratischen Querschnitt mit wirksamen Einbettungslängen des Bewehrungsstahls von 5 ϕ_s und 10 ϕ_s, bei denen der Bewehrungsstahl gemäß Bild 10.20 einseitig durch Zugkräfte belastet wird und am Stabende die Verschiebung gemessen wird. Mit dieser Versuchsanordnung wird nicht die Verteilung der Spannungen über die Einbettungslänge, sondern der Mittelwert der Verbundfestigkeit in Abhängigkeit von der Belastungshöhe erfasst. Daraus ergibt sich das Versuchsergebnis und ein einfacher Ansatz für den Rechenwert, der auch den Vorschriften zugrunde liegt, entsprechend

$$\tau_V = \frac{F_s}{l_b \cdot u_s} \ [N/mm^2] \qquad (10.6)$$

l_b: Einbettungslänge
F_s: Stahlzugkraft
u_s: Umfang des Bewehrungsstahls

Mit dieser Beziehung wird im Ausziehversuch schrittweise die mittlere Verbundspannung und die zugehörige Relativverschiebung (Schlupf) festgestellt und damit einen Verlauf wie in Bild 10.3 erhalten. Der Schlupf ist im Bauteil die Summation der Dehnungsunterschiede über die Einleitungslänge, an deren Ende wieder der Zustand I vorliegt. Der Vorgehensweise liegt die Überlegung zugrunde, dass die Ausziehkörper die Verhältnisse an einem infinitesimalen Verbundelement aus Stahl und Beton widerspiegeln könnte und eine Übertragung auf die Verhältnisse im Bauteil möglich wäre. Die Prüfkörperabhängigkeit der Ergebnisse verhindert jedoch ein darauf aufbauendes allgemeines Verbundgesetz.

Im Ergebnis des Ausziehversuchs erhält man Beziehungen zwischen dem Schlupf und der gemessenen mittleren Verbundspannung. Das Gesamtverhalten ist charakterisiert durch eine anfängliche steile Zunahme der Verbundfestigkeit bei relativ geringem Schlupf, die anschließende Verlangsamung des Zuwachses bis das Maximum erreicht ist und den folgenden stetigen Rückgang bis zum vollständigen Versagen des Verbundes mit zunehmendem Schlupf (Bild 10.3). Der nichtlineare Anstieg der Verbundspannung-Schlupf-Beziehung bis zum Maximum ist bedingt durch den kontinuierlichen Verlust an Steifigkeit. Dies ist eine Folge der zunehmenden Zerstörung des Betongefüges an der Rippenfläche und des Wachstums der Sekundärrisse sowie der Veränderung der räumlichen Spannungssituation. Messungen des Schlupfes am belasteten und unbelastetem Stabende zeigen selbst bei kurzen Einbindelängen wie z.B. 5 ϕ_s, einen unterschiedlichen Verlauf. Der Anstieg am belasteten Stabende verläuft flacher, sodass dort eher ein Schlupf auftritt als am unbelasteten Stabende.

Für jeden interessierenden Schlupf kann die dabei vorhandene Verbundspannung entnommen werden. Daraus resultiert aber auch, dass für jeden zu erwartenden Schlupf, d.h. für jede auftretende Rissbreite, eine voneinander abweichende Verbundfestigkeit zu berücksichtigen wäre.

Die Auszugsversuche, unabhängig von der Ausbildung der Prüfkörper repräsentieren nicht die Spannungs- und Verformungsverhältnisse im Bauteil. Vor allem die Beanspruchung des Prüfkörpers im Frontbereich entspricht nicht der Beanspruchung am Trennriss im Bauteil. Folgende Differenzen erscheinen gravierend:

- Im Prüfkörper steht der Beton an der Belastungsseite unter einer Druckspannung, in der Realität ebenso wie der Bewehrungsstahl unter einer Zugbeanspruchung.
- Während im Prüfkörper der Bewehrungsstab einseitig mit einer Zugkraft belastet ist, wirkt diese im Bauteil beidseitig. Es ist nicht bewiesen, dass diese einseitige Belastung einem Ausschnitt der beidseitigen Beanspruchung im Modell der Rissbildung entspricht.
- Dem Spannungszustand im Beton wird zu wenig Aufmerksamkeit geschenkt; die Laborverhältnisse sind nicht ohne Weiteres auf reale Bauteile übertragbar. Die dazu notwendigen Beziehungen sind nicht bekannt.
- Bei den geringen Verbundlängen sind die materialbedingten Inhomogenitäten und Streuungen der Eigenschaften stärker bemerkbar. Dabei spielt die Größe der Gesteinskörner eine wesentliche Rolle.

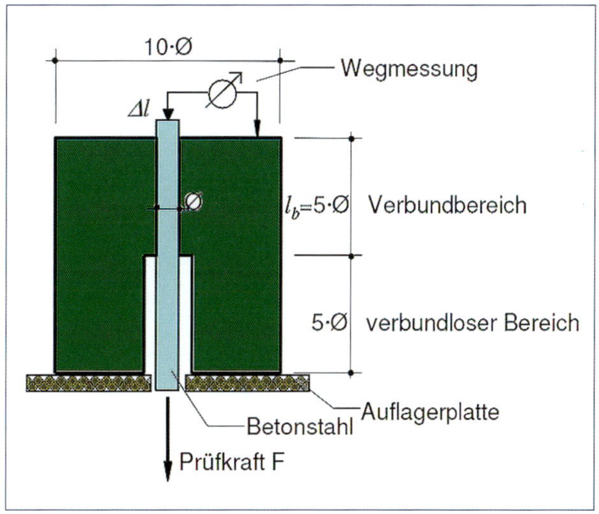

Bild 10.20: Ausziehversuch zur Ermittlung der mittleren Verbundspannung in Abhängigkeit von der Prüfkraft und dem Bewehrungsstahldurchmesser, d.h. von der Stahlspannung (nach RILEM/CEB/FIP RC 6 [CEB6])

Die normkonforme Annahme einer gleichmäßigen Verteilung der Verbundspannungen entlang des Bewehrungsstahls ist mit Vergrößerung der Einleitungslänge immer weniger zutreffend. Der unterschiedliche Schlupf hat auch lokale Beziehungen zur Verbundspannung zur Folge. Der Mittelwert aus dem Integral der Verbundspannungsverteilung ist mit zunehmender Einleitungslänge rückläufig. Diese Tendenz ist unabhängig von der Festigkeitsklasse des Betons. Auch bei hochfestem Beton nimmt der Schlupf zu, wenn die Einbettungslänge in Prüfkörpern von 5 ϕ_s auf 10 ϕ_s vergrößert wird [Ahm1]. Ursache ist die Reduzierung der mittleren Verbundfestigkeit und die Verlängerung der Krafteinleitungsstrecke vom Stahl in den Beton. Bei langen Verbundbereichen ($l_v \approx 20 - 30\ \phi_s$) ist eine ungleichförmige Verteilung der Verbundspannungen innerhalb des Verbundbereichs vorhanden.

[Reh1] bezeichnete die Gleichung (10.6) als »Grundgesetz des Verbundes« und zeigte, dass dieses als fiktives Stoffgesetz betrachtet und zur Lösung von Verbundproblemen herangezogen werden kann. Bei der Anwendung wird vorausgesetzt, dass die Verbundspannung über die Einleitungslänge konstant

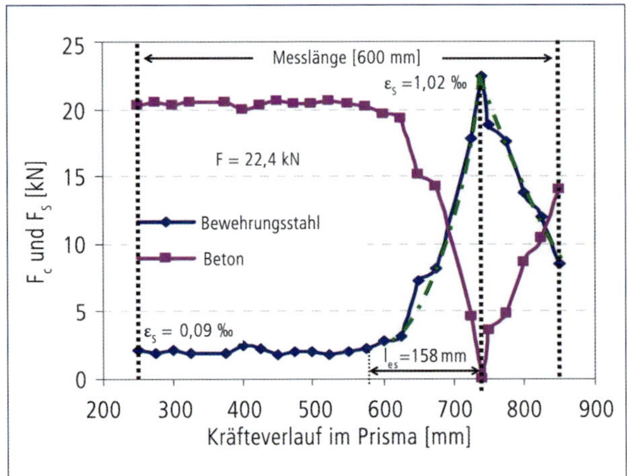

Bild 10.21: Kräfte im Bewehrungsstahl und Beton während eines Zugversuchs nach der Bildung des Erstrisses und unmittelbar vor dem zweiten Riss (Daten aus [Wu1]); (A_c = 10 000 mm², Φ_s = 12 mm, A_s = 113 mm², E_c = 22 400 N/mm², f_{ct} = 2,04 N/mm²)

und demzufolge die Stahlspannung ab dem Riss linear abnimmt. In verschiedenen Berechnungen wird, den Sachverhalt vereinfachend, davon Gebrauch gemacht. Für die Übertragung von Kräften, z.B. bei einer Verankerung, scheint der Mittelwert durchaus hinreichend zu sein. Für die Ermittlung der Rissbreiten werden die Dehnungen über die Einleitungslänge benötigt. Die Vorgaben in DIN EN 1992-1-1 legen explizit keine Verteilung der Verbundspannungen über die Eintragungslänge zugrunde. Indirekt wird eine Anpassung über den Verlauf der Dehnungsdifferenzen über die Eintragungslänge vorgenommen.

Tatsächlich liegt keine über die Einleitungslänge konstante Verbundspannung vor. Unmittelbar am Riss treten die Maximalwerte der Verbundspannung auf, die einen entsprechenden Abbau der Stahldehnungen nach sich ziehen. Der weitere Verlauf ist degressiv, sodass die Übertragung der Kräfte aus dem Bewehrungsstahl in den Beton asymptotisch ausläuft. Die Suche nach Verbundspannungs-Schlupf-Beziehungen, die die Bedingungen des Bauteils repräsentieren, führte zur Entwicklung beidseitig belasteter Prüfkörper. Dabei wurden auch die Prüfkörperlängen vergrößert und die entlang der Verbundlänge veränderlichen Stahldehnungen kontinuierlich gemessen (vgl. z.B. [Kan3], [Wu1], [Wu2]).

Ein Beispiel einer solchen Auswertung ist in Bild 10.21 dargestellt. Bei den Prismen von 1 100 mm Länge betrug der Messbereich am Bewehrungsstahl 600 mm und war mit Dehnungsmessstreifen bestückt. Der Eintrag einer äußeren Last, die ständig gesteigert wurde, entspricht zwar nicht der Beanspruchungssituation im Bauteil bei Zwang, aber aus den Versuchsergebnissen folgen einige wichtige Schlussfolgerungen.

Aus Bild 10.21 ist zu ersehen, dass der Verbund unmittelbar am Riss wirksam wird und sofort ein drastischer Abfall der Stahlspannungen stattfindet. Der asymptotische Ausgleich erschwert die Festlegung der Einleitungslänge. Bemerkenswert ist der ungleiche Dehnungsverlauf an den beiden Rissufern, ähnliche differente Verhältnisse gehen auch aus anderen Messungen hervor. Es ist also demnach nicht davon auszugehen, dass immer die doppelte Einleitungslänge die maximale Rissbreite ergibt. Andere Versuchsergebnisse stimmen damit überein (z.B. [Kan3]), andere zeigen unmittelbar neben dem Riss keine Verbundwirkung und erst danach einen Anlauf zu den Maximalwerten im Rissbereich.

Mit Laststeigerung und Zunahme der Stahlspannung vergrößert sich die Rissbreite. Besonders deutlich nimmt die Rissbreite zu, wenn keine Rissbildung mehr stattfinden kann. Wenn nach der Rissbildung bei frühem Zwang später äußere Lasten einwirken oder Dehnungen infolge des Trocknungsschwindens eingetragen werden, kann eine solche Zunahme der Rissbreite eintreten. Das Verhältnis von maximaler zu mittlerer Rissbreite beträgt etwa 1,8.

Deutlich wird vor allem, dass die normative Vorgehensweise, die Einleitungslänge mit einer konstanten Verbundfestigkeit zu berechnen und die Stahldehnungen unter Ansatz einer Parabel zu bestimmen, nur eine Näherung darstellen kann. Der Völligkeitsgrad der Parabel ergab sich aus den Daten [Wu1] zu 0,65 anstatt 0,60.

10.5.4 Kennwerte der Verbundfestigkeit

Als Rechenwert der Verbundfestigkeit ist eine Verbundspannung definiert, bei der in einem genormten Ausziehversuch eine Verschiebung des freien Stabendes von 0,1 mm gegenüber der Stirnfläche des Betons gemessenen wird. Die tatsächliche Verbundfestigkeit im Ausziehkörper ist aufgrund des Scherverbundes sehr viel höher, und zwar bis zum doppelten Rechenwert mit Relativverschiebungen bis zu 1 mm.

Einbezogen wird die Verbundfestigkeit über die Gleichung (10.6), nach der davon ausgegangen wird, dass die im Betonquerschnitt vorhandene Zugkraft F_{ct} infolge eines Trennrisses in den Bewehrungsstahl eingetragen und diese Zugkraft F_s durch den Verbund wieder in den Beton eingeleitet wird, d.h. $F_s = F_{ct}$. Die dafür erforderliche Einleitungslänge l_{es}, die den Schlupf zwischen der Stahl- und Betondehnung darstellt, ergibt sich aus der mittleren Betonzugfestigkeit f_{ctm} und dem Mittelwert der Verbundfestigkeit τ_{sm} zu

$$l_{es} = \frac{F_s}{\tau_{sm} \cdot u_s} = \frac{A_{ct} \cdot f_{ctm}}{\tau_{sm} \cdot u_s} = \frac{\pi \cdot \phi_s^2 \cdot A_{ct} \cdot f_{ctm}}{4 \cdot \pi \cdot \tau_{sm} \cdot \phi_s \cdot A_s} = \frac{\phi_s \cdot f_{ctm} \cdot A_{ct}}{4 \cdot \tau_{sm} \cdot A_s} \quad (10.7)$$

u_s: Umfang des Bewehrungsstahls

Angenommen wird, eine gleichmäßig verteilte Verbundfestigkeit über die Einleitungslänge und den Umfang des Stahls sowie eine konstante Verbundfestigkeit bei unterschiedlichem Schlupf. Diese Vorgehensweise ist im Prinzip bei allen Rissmodellen identisch. Die Verbundspannung wird in Abhängigkeit von der mittleren Zugfestigkeit des Betons angenommen zu:

$$\tau_{sm} = 1{,}8 \cdot f_{ctm} \quad (10.8)$$

Dabei wird ein »guter« Verbund vorausgesetzt. Aufgrund der beträchtlichen Streuungen ist ein Sicherheitskoeffizient anzusetzen.

Nach DIN 1045-1, Gl. 139 war für gute Verbundbedingungen von Rippenstählen die zulässige Verbundspannung als Bemessungswert der Verbundspannung f_{bd} aus dem Quantilwert der Betonzugfestigkeit $f_{ctk;0,05}$ zu ermitteln nach:

$$f_{bd} = 2{,}25 \cdot \frac{f_{ctk;0,05}}{\gamma_c} \quad (10.9)$$

Mit dem Teilsicherheitsbeiwert $\gamma_c = 1{,}5$ ergeben sich daraus die Bemessungswerte nach DIN 1045-1.

Bei mäßigen Verbundbedingungen war durch den Faktor 0,7 abzumindern.

In den Gleichungen (10.7) und (10.8) ist die zum Risszeitpunkt vorhandene Zugfestigkeit einzusetzen. Durch Einbeziehung der Formulierung (10.8) in Gleichung (10.7) wird die Zugfestigkeit herausgekürzt, sodass die aktuelle Festigkeitsentwicklung keine Rolle spielt.

Die Festsetzung von Rechenwerten für die Verbundfestigkeit erscheint bisweilen sehr pragmatisch und willkürlich und hat schließlich teilweise beträchtliche Unterschiede zur Folge. Kritisch zu betrachten ist auch die Tatsache, dass durch diese Verbundwerte eine Veränderung in der Verbundqualität nicht erfasst werden kann. Viele Faktoren, die den Verbund und die Rissbildung beeinflussen, werden dann durch die Rissmodelle nur unzureichend berücksichtigt. Jede Abweichung von diesen Modellannahmen führt zwangsläufig zu einer Veränderung der Einleitungslänge und damit proportional der Rissbreite. Insofern ist die Treffsicherheit der Rissbreitenvorhersage sehr wesentlich an die Festlegungen zu den Eingabewerten gebunden.

10.6 Mindestbewehrung für die Begrenzung der Rissbreite ohne direkte Berechnung

Zur Aufnahme der Zwang- und Eigenspannungen im Bauteilquerschnitt ist nach DIN EN 1992-1-1, Abschnitt 7.3.2, eine Mindestbewehrung anzuordnen, mit der auch den Anforderungen an die Rissbreitenbegrenzung entsprochen wird. Eine Überschreitung der Rissbreiten ist unwahrscheinlich, wenn bei der Festlegung der Mindestbewehrung die Grenzdurchmesser der Bewehrungsstähle und die Stahlspannungen eingehalten werden. Die Stahlspannungen sind dabei in der Regel auf Grundlage gerissener Querschnitte unter der maßgebenden Einwirkungskombination zu ermitteln. Bei Rissen infolge überwiegend direkter Einwirkung sind als Bedingungen die Grenzdurchmesser und die Höchstwerte der Stahlabstände einzuhalten.

Bei biegebeanspruchten Stahlbetondecken im üblichen Hochbau ohne wesentliche Zugnormalkraft sind bei einer Gesamthöhe von nicht mehr als 20 mm und Einhaltung der Bedingungen gemäß DIN EN 1992-1-1, Abschnitt 9.3, keine speziellen Maßnahmen zur Begrenzung der Rissbreite erforderlich.

Bei Ermittlung der Mindestbewehrung ist von der Risskraft im zugbeanspruchten Betonquerschnitt (DIN EN 1992-1-1, 7.3.2) und der zulässigen Stahlspannung in Abhängigkeit von der einzuhaltenden rechnerischen Rissbreite und dem Bewehrungsstahldurchmesser (DIN EN 1992-1-1, 7.3.3) auszugehen. Diese Bedingungen sind aus DIN EN 1992-1-1, 7.3.4, abgeleitet und ermöglichen die Begrenzung der Rissbreite ohne den Nachweis deren Einhaltung.

10.6.1 Mindestbewehrung für die Begrenzung der Rissbreite (DIN EN 1992-1-1, Abschnitt 7.3.2)

Die Mindestbewehrung darf aus der Betonzugkraft unmittelbar vor der Rissbildung, die aufgrund der Rissbildung als Zugkraft in der Bewehrung wirksam wird, und unter Berücksichtigung der zulässigen Stahlspannung σ_s ermittelt werden. Wenn durch eine genauere Berechnung kein geringerer Bewehrungsbedarf nachgewiesen werden kann oder soll, erfolgt die Ermittlung der Bewehrungsfläche nach Gleichung (10.10)

$$A_{s,min} = \frac{k \cdot k_c \cdot f_{ct,eff} \cdot A_{ct}}{\sigma_s} \tag{10.10}$$

Dabei bedeuten

$A_{s,min}$: Mindestquerschnittsfläche der Betonstahlbewehrung in der Zugzone des Bauteils

A_{ct}: Fläche der Betonzugzone, die einer Bewehrungsebene zugeordnet ist; die Zugzone ist derjenige Teil des Querschnitts oder Teilquerschnitts, der unter der zur Erstrissbildung am Gesamtquerschnitt führenden Einwirkungskombination im ungerissenen Zustand (Zustand I) rechnerisch unter Zugspannungen steht

σ_s: der Absolutwert der maximal zulässigen Spannung in der Betonstahlbewehrung unmittelbar nach Rissbildung. Dieser darf als die Streckgrenze der Bewehrung f_{yk} angenommen werden. Zur Einhaltung der Rissbreitengrenzwerte kann allerdings ein geringerer Wert entsprechend dem Grenzdurchmesser der Stäbe oder dem Höchstwert der Stababstände erforderlich werden (siehe Kapitel 10.4.1 und 10.6.2)

$f_{ct,eff}$: Mittelwert der wirksamen Zugfestigkeit des Betons, die beim Auftreten der Risse zu erwarten ist; $f_{ct,eff} = f_{ctm}$ oder niedriger mit $f_{ctm}(t)$, falls die Rissbildung vor Ablauf von 28 Tagen mit hinreichender Sicherheit erwartet werden kann (Kapitel 10.4.3)

k: der Beiwert zur Berücksichtigung von nichtlinear verteilten Eigenspannungen, die zum Abbau von Zwang führen (Kapitel 10.4.4)

k_c: Beiwert zur Berücksichtigung des Einflusses der Spannungsverteilung innerhalb des Querschnittes (Kapitel 10.4.7); bei zentrischem Zug beträgt $k_c = 1{,}0$

Zu prüfen ist dabei, ob die Voraussetzungen für eine Festigkeitsminderung infolge von Eigenspannungen (Faktor k) gegeben sind. Wenn betontechnologisch Vorkehrungen getroffen worden sind, beispielsweise die Temperaturdifferenzen zwischen Kern und Rand gering zu halten, sollte der Faktor nicht angewandt werden. Besonders zu bedenken ist die Abminderung nach NCl zu 7.3.2 (2), siehe dazu Kapitel 10.4.4.

Die Mindestbewehrung ist zwar überwiegend dem Bauteilrand zuzuordnen, der unter Zugspannungen steht, aber mit einem angemessenen Anteil über die gesamte Zugzone zu verteilen, um breite Sammelrisse zu verhindern.

Der Querschnitt der Mindestbewehrung darf vermindert werden, wenn die Zwangschnittgröße die Rissschnittgröße nicht erreicht. In diesen Fällen darf die Mindestbewehrung durch eine Bemessung des Querschnitts für die nachgewiesene Zwangschnittgröße, aber unter Berücksichtigung der Anforderungen an die Rissbreitenbegrenzung, ermittelt werden.

Auch an Stellen, für die rechnerisch keine Bewehrung erforderlich wäre, können Zugkräfte entstehen, die durch eine geeignete konstruktive Bewehrung abgedeckt werden müssen (NCl zu 7.3.1 (8)).

Bei dickeren Bauteilen darf die Mindestbewehrung unter zentrischem Zwang bestimmt werden nach [Mau2] zu

$$A_s = \frac{f_{ct,eff} \cdot A_{c,eff}}{\sigma_s} \qquad (10.11)$$

$A_{c,eff}$: effektive Randzone des Bauteiles (Kapitel 10.4.5)

Eine Abminderung der nichtlinear verteilten Eigenspannungen in der Randzone erfolgt nicht, da unterstellt wird, dass diese ausgehend von der Primärrissbildung abgebaut werden. Bei normgemäßer Anwendung des Faktors k (siehe dazu Kapitel 10.4.4) kann bei dünneren Bauteilen Gleichung (10.11) zu einem größeren Bewehrungsbedarf als Gleichung (10.10) führen. Es darf der kleinere Bewehrungsumfang eingelegt werden.

Wenn sich zur Aufnahme einer Zwangverformung mehrere Trennrisse ausbilden müssen, ist zu gewährleisten, dass die Bewehrung im Primärriss nicht fließt. Daher muss nach DIN EN 1992-1-1/NA 7.5.1 eingehalten werden:

$$A_{s,min} = \frac{f_{ct,eff} \cdot A_{c,eff}}{\sigma_s} \geq \frac{k \cdot f_{ct,eff} \cdot A_{ct}}{f_{yk}} \qquad (10.12)$$

Die Fläche der Betonzugzone je Bauteilseite beträgt $A_{ct} = 0{,}5 \cdot h \cdot b$.

Für den rechten Term in Gleichung (10.12) liegen keine Erkenntnisse aus Versuchen an Bauteilen unter Baustellenbedingungen vor; es wurde deshalb auf Praxiserfahrungen zurückgegriffen [Mau2]. Die Bewehrung wird bei der Entstehung des Trennrisses nur kurzzeitig bis zur Fließgrenze beansprucht. Da sich infolge der konzentrierten Randzugkraft praktisch gleichzeitig Sekundärrisse bilden, kommt es zeitgleich zu einem Rückgang der ursprünglichen Stahldehnung im Trennriss. Für Gleichung (10.12) ist der Beiwert k beibehalten worden mit der Begründung, dass damit nicht nur die Wirkungen der Eigenspannungen berücksichtigt werden, sondern alle Einflüsse, die die Reduzierung der Kraft für die Trennrissbildung herbeiführen. Dazu zählen z.B. Anrisse und Spannungskonzentrationen an den Rissenden sowie Dauerstandseffekte auf die Betonzugfestigkeit [Mau2]. Nach [Mau1] sollte die Sicherheit gegen Stahlfließen vergrößert werden; es wird deshalb vorgeschlagen:

$$A_{s,min} = \frac{f_{ct,eff} \cdot A_{c,eff}}{\sigma_s} \geq \frac{k \cdot f_{ct,eff} \cdot A_{ct}}{0{,}9 \cdot f_{yk}} \qquad (10.13)$$

Für $f_{ct,eff}$ ist dabei die zum betrachteten Zeitpunkt vorhandene mittlere Zugfestigkeit einzusetzen.

Nach DIN EN 1992-1-1/NA, NCl zu Abschnitt 7.3.2 (NA 6), darf die Mindestbewehrung mit dem Faktor 0,85 verringert werden, wenn langsam erhärtende Betone ($r \leq 0{,}3$), in der Regel bei massigen Bauteilen, eingesetzt werden. Der Kennwert für die Festigkeitsentwicklung des Betons $r = fcm(2) / fcm(28)$ entspricht DIN EN 206-1. Die Rahmenbedingungen der Anwendungsvoraussetzungen für die Bewehrungsverringerung sind dann in den Ausführungsunterlagen festzulegen. Diese Vorgehensweise entspricht einer zeitlichen Verschiebung der Festigkeitsentwicklung bei Beibehaltung des Risszeitpunktes. Vergleichbare Empfehlungen sollen in das DBV-Merkblatt »Rissbildungen« aufgenommen werden. In [Fin4] wird vorgeschlagen, die Festigkeitswerte für schnell erhärtende Zemente um 0,15 f_{ctm} zu vergrößern; die Bewehrungsfläche würde damit um diesen Wert zunehmen.

Inwieweit eine solche Regelung in die Ermittlung der Mindestbewehrung in Abhängigkeit von der rechnerischen Rissbreite (DIN EN 1992-1-1, Abschnitt 7.3.4) angewendet werden könnte, ist nicht geregelt. Damit vergleichbar schlägt [Mau1] vor, für einen Beton aus langsam erhärtendem Zement und bei einer thermischen Nachbehandlung eine Abminderung der Bewehrungsmenge von jeweils 10 % vorzunehmen. Unter thermischer Nachbehandlung wird das längere Belassen in der Schalung oder anderer Maßnahmen zur Reduzierung der Temperaturdifferenzen verstanden. Die Vorgehensweise erscheint widersprüchlich, da dadurch gerade die festigkeitsmindernden Einrisse vermieden werden und größere Zwangzugkräfte entstehen.

10.6.2 Begrenzung der Rissbreite ohne direkte Berechnung (vereinfachter Nachweis nach DIN EN 1992-1-1, Abschnitt 7.3.3)

Die allgemeinen Formeln zur Berechnung der Rissbreite nach DIN EN 1992-1-1, Abschnitt 7.3.4 sind durch vereinfachende Annahmen zu einem Nachweiskonzept geführt worden, das die Rissbreiten auf ein zulässiges Maß begrenzt, wenn Konstruktionsregeln für die Auswahl und Anordnung der Bewehrung eingehalten werden. In Abhängigkeit von der Stahlspannung ergeben sich Grenzdurchmesser, die bei Rissbildung infolge überwiegend indirekter Einwirkungen (Zwang) maßgebend sind. Die Höchstwerte der Stahlabstände ergeben sich nach Tabelle 10.3. Bei Einhaltung der Tabellenwerte ist eine Überschreitung der Rissbreiten unwahrscheinlich, wenn die Stahlspannung unmittelbar nach der Rissbildung bzw. anhand gerissener Querschnitte unter der maßgebenden Einwirkungskombination zugrunde gelegt wird. Zu beachten ist, dass für die Grenzdurchmesser Tabelle 7.2 DE der DIN EN 1992-1-1/NA und für die Höchstwerte der Stababstände Tabelle 7.3N der DIN EN 1992-1-1 anzuwenden ist. Für die Stahlspannung σ_s ist der Wert unmittelbar nach der Rissbildung einzusetzen.

Grundlage der Tabellen ist eine effektive Zugfestigkeit $f_{c,eff} = 2{,}9$ N/mm². Wenn die vorhandene effektive Zugfestigkeit zum Risszeitpunkt davon abweicht, ist der Grenzdurchmesser nach Gleichung (10.14) zu modifizieren [DIN EN 1992-1-1/NA, Ziffer 7.5.2].

$$\phi = \phi_s^* \cdot 2{,}9/f_{ct,eff} \quad (10.14)$$

Die zulässige Stahlspannung σ_s im Zustand II ist vom Bewehrungsstahldurchmesser und der rechnerischen Rissbreite abhängig und kann aus der Tabelle 10.1 entnommen werden. Eingearbeitet ist der Einfluss einer Dauerbelastung auf das Rissverhalten. Wird auf den Dauerstandseffekt vollständig verzichtet, kann die zulässige Stahlspannung um den Faktor 1,2 bzw. der Grenzdurchmesser ϕ_s um den Faktor 1,5 vergrößert werden. Die zulässige Stahlspannung in Tabelle 10.1 folgt der Beziehung

$$\sigma_s = \sqrt{\frac{6 \cdot w_k \cdot E_s \cdot f_{ct,eff}}{\phi_s}} = \sqrt{\frac{3{,}48 \cdot 10^6 \cdot w_k}{\phi_s^*}} \quad [N/mm^2] \qquad (10.15)$$

Aus den vorstehenden Gleichungen lassen sich Diagramme oder Tabellen ableiten. In Bild 10.22 sind die Grenzdurchmesser nach DIN EN 1992-1-1 und nach DIN EN 1992-1/NA enthalten und gegenübergestellt. Es zeigt sich, dass die Einzelwerte und Kurvenzüge identische Angaben liefern.

Werden Betonstahlmatten mit einem Querschnitt $A_s \geq 6$ cm²/m in zwei Ebenen gestoßen, ist im Stoßbereich der Nachweis der Rissbreitenbegrenzung mit einer um 25 % erhöhten Stahlspannung zu führen (NCl zu 7.3.1, NA. 10).

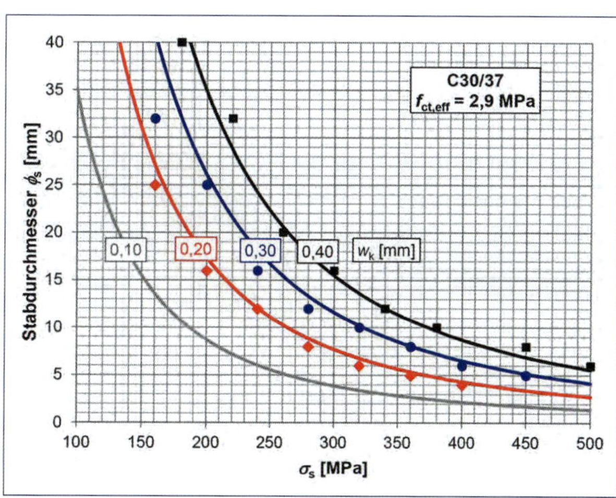

Bild 10.22: Grenzdurchmesser für einen Beton C30/37 nach Gleichung (10.15), Kurven, und nach DIN EN 1992-1-1, Tabelle 7.2N, Einzelwerte [Fin4]

Tabelle 10.1: Stahlspannungen σ_s [N/mm²] in Abhängigkeit vom Stabdurchmesser Φ_s^* und der rechnerischen Rissbreite w_k

Stabdurchmesser Φ_s^* [mm]	Rechnerische Rissbreite w_k [mm]						
	0,10	0,15	0,20	0,25	0,30	0,35	0,40
5	264	323	373	417	457		
6	241	295	341	381	417	451	
8	209	255	295	330	361	390	417
10	187	228	264	295	323	349	373
12	170	209	241	269	295	319	341
14	158	193	223	249	273	295	315
16	147	181	209	233	255	276	295
20	132	162	187	209	228	247	264
25	118	144	167	187	204	221	236
28	111	137	158	176	193	209	223
32	104	128	147	165	181	195	209
36	98	120	139	155	170	184	197

Tabelle 10.2: Grenzdurchmesser Φ_s* bei Betonstählen zur Rissbreitenbegrenzung nach DIN EN 1992-1-1/NA, Tabelle 7.2 N (vereinfachter Nachweis); Erweiterung für $w_k = 0{,}15$ mm und $w_k = 0{,}10$ mm nach [Hel1], Ergänzungen DBV-Tagung 2003 aus [Loh1]; Eingangsgrößen für die Tabellenwerte sind $f_{ct,eff} = 2{,}9$ N/mm² und $E_s = 200$ kN/mm². Liegt die effektive Zugfestigkeit unter diesem Wert, ist eine proportionale Korrektur vorzunehmen.

Stahlspannung σ_s [N/mm²] [2)]	Grenzdurchmesser der Stäbe Φ_s* in [mm][1)] in Abhängigkeit vom Rechenwert der Rissbreite w_k				
	0,40 mm	0,30 mm	0,20 mm	0,15 mm	0,10 mm
160	54	41	27	21	14
200	35	26	17	14	9
240	24	18	12	9	6
280	18	13	9	7	5
320	14	10	7	5	4
360	11	8	5	4	3
400	9	7	4	3	2
450	7	6	3	3	2

Bei unterschiedlichen Durchmessern im Querschnitt darf der Mittelwert $\Phi_m = \Sigma\Phi_i^2/\Sigma\Phi_i$ angesetzt werden
Bei Stabbündeln ist anstelle des Einzelstabdurchmessers der Vergleichsdurchmesser $\Phi_n = \Phi \cdot \sqrt{n}$ zu setzen
Bei Betonstahlmatten mit Doppelstäben darf der Durchmesser des Einzelstabes angesetzt werden
Anmerkungen:
1) Die Werte der Tabelle basieren auf folgenden Annahmen: c = 25 mm; $f_{ct,eff} = 2{,}9$ N/mm²;
2) Unter der maßgebenden Einwirkungskombination

Tabelle 10.3: Höchstwerte der Stababstände von Betonstählen zur Begrenzung der Rissbreiten nach DIN EN 1992-1-1, Tabelle 7.3N

Stahlspannung σ_s [N/mm²	Höchstwert des Stababstandes in [mm] in Abhängigkeit vom Rechenwert der Rissbreite w_k		
	$w_k = 0{,}40$ mm	$w_k = 0{,}30$ mm	$w_k = 0{,}20$ mm
160	300	300	200
200	300	250	150
240	250	200	100
280	200	150	50
320	150	100	–
360	100	50	–

Anmerkungen wie bei Tabelle 10.2

Beispiel

Wenn der Durchmesser mit $\phi_s = 16$ mm gewählt wurde und $f_{ct,eff} = 1{,}6$ N/mm² beträgt, ergibt sich für eine vorgegebene rechnerische Rissbreite $w_k = 0{,}25$ mm die einzuhaltende Stahlspannung

$$\sigma_s = \sqrt{\frac{6 \cdot 0{,}25 \cdot 200000 \cdot 1{,}6}{16}} = 173{,}2 \text{ N/mm}^2$$

Über die Korrektur des Bewehrungsstahldurchmessers

$$\phi = 16 \cdot 2{,}9 / 1{,}6 = 29 \text{ mm}$$

würde sich die Stahlspannung σ_s aus der linearen Interpolation zwischen den Werten 176 und 165 N/mm² ergeben.

10.6.3 Ermittlung rissbreitenbegrenzender Bewehrung

Zur Ermittlung der Bewehrung bei vorgegebener Rissbreite bietet sich an, die Gleichungen im Kapitel 10.6.1 und 10.6.2 zusammenzuführen. Mit der Risschnittkraft F_{cr} aus der unter Zugbeanspruchung stehenden Betonquerschnittsfläche und der Stahlspannung σ_s ergibt sich die erforderliche Bewehrung zu $A_s = F_{cr} / \sigma_s$. Bei Erstrissbildung liegt zumindest an einer Stelle des Querschnitts eine Zwangspannung in Höhe der effektiven Betonfestigkeit vor. Wenn eine Zwangbeanspruchung zugrunde gelegt wird, beträgt die Erstrisskraft F_{cr} bei »vollem Zwang«

$$F_{cr} = k_c \cdot k \cdot A_{ct} \cdot f_{ct,eff} \tag{10.16}$$

$$A_s = \sqrt{\frac{F_{cr}^2 \cdot \phi_s}{6 \cdot f_{ct,eff} \cdot E_s \cdot w_k}} \tag{10.17}$$

Nach Umformung ergibt sich

$$A_s = 9{,}13 \cdot \sqrt{\frac{(k \cdot k_c \cdot A_{ct})^2 \cdot f_{ct,eff} \cdot \phi_s}{w_k}} \quad [\text{cm}^2] \tag{10.18}$$

Einheiten: Maße in [m], Festigkeiten in [MN/m² = N/mm²]

$f_{ct,eff}$: wirksame Betonzugfestigkeit zum Risszeitpunkt (Kommentar in Kapitel 10.4.3 »Zugfestigkeit zum Risszeitpunkt« beachten)

A_{ct}: Betonzugzone im Bauteil; im ungerissenen Zustand unter Zugspannung stehender Querschnitt, der einer Bewehrungsebene zugeordnet ist. Bei Kurzzeitbelastung ist der Wert 9,13 durch 7,45 zu ersetzen.

Wenn beispielsweise die Eingangswerte $A_{ct} = 300 \cdot 1\,000$ mm = 0,3 m² (Bauteilhälfte), $f_{ct} = 1{,}6$ N/mm² (früher Zwang), $\phi_s = 16$ mm betragen und die rechnerische Rissbreite $w_k = 0{,}25$ mm eingehalten werden soll, ergibt sich k = 0,79 (Kapitel 10.4.4) und die erforderliche Bewehrungstahlfläche beträgt:

$$A_s = 9{,}13 \cdot \sqrt{\frac{(0{,}79 \cdot 0{,}3)^2 \cdot 1{,}6 \cdot 0{,}016}{0{,}00025}} = 21{,}9 \text{ cm}^2/\text{m}$$

gew. ϕ_s 16, Abstand s = 100 mm. $A_{s,vorh} = 20{,}1$ cm²/m

Falls die Bemessung nicht entsprechend dem tatsächlichen Risszeitpunkt erfolgt ist und die Zugfestigkeit nicht zutreffend eingeschätzt wurde, ist eine Überschreitung der Rissbreite zwangsläufig. Wäre in dem vorgenannten Beispiel der späte Zwang mit $f_{ctm} = 2{,}75$ N/mm² maßgebend, würde eine Vergrößerung der Bewehrung auf

$$A_{s,spät} = A_{s,früh} \cdot \sqrt{\frac{f_{ctm,spät}}{f_{ctm,früh}}}$$

$$= 21{,}9 \cdot \sqrt{2{,}75/1{,}6} = 28{,}71 \quad \text{cm}^2/\text{m}$$

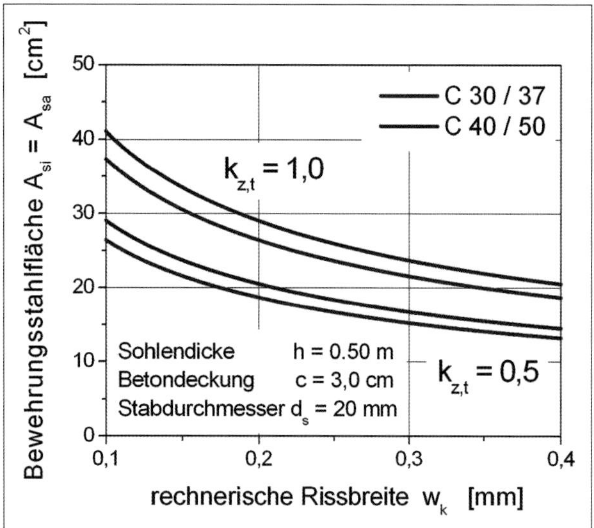

Bild 10.23: Bewehrungsfläche in Abhängigkeit von der rechnerischen Rissbreite für eine Sohlplatte mit einer Dicke von 50 cm (Risszustand Einzelriss)

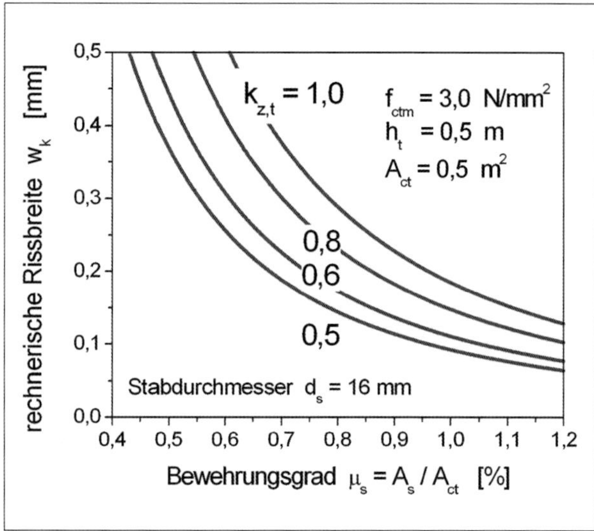

Bild 10.24: Zusammenhang zwischen Bewehrungsgrad und rechnerischer Rissbreite (Risszustand Einzelriss)

erforderlich oder es würde eine Erweiterung der Rissbreite gegenüber der Vorgabe w_k auftreten, wenn die Bewehrungsfläche unverändert beibehalten worden ist.

$$w_{k,\text{spät}} = w_{k,\text{früh}} \cdot (f_{ctm,\text{spät}}/f_{ctm,\text{früh}})$$

$$= 0{,}25 \cdot 2{,}75/1{,}6 = 0{,}43 \text{ mm}$$

Anmerkungen zur Ermittlung des Bewehrungsstahlbedarfes

Das Berechnungsmodell stellt die rechnerische Rissbreite und den Bewehrungsstahlbedarf in eine funktionale Abhängigkeit, die einen hyperbelähnlichen Verlauf ergibt. Wie anhand von Bild 10.23 deutlich wird, steigt der Bewehrungsquerschnitt bei kleineren Rissbreiten als $w_k = 0{,}20$ mm unabhängig von der Bauteildicke stark an. Insofern ist die Festlegung der rechnerischen Rissbreite immer im Spannungsfeld zwischen Sicherheit und Wirtschaftlichkeit zu sehen. Bei $w_k = 0{,}15$ mm erscheint die technisch sinnvolle Grenze erreicht. Eine Weiterführung ist auch aufgrund des Formelaufbaus nicht sinnvoll und ab $w_k = 0{,}10$ mm nicht vertretbar, da die Rissbreite im Nenner steht. Während bei der Änderung der normativen Vorgabe von $w_k = 0{,}3$ mm auf $w_k = 0{,}2$ mm die erforderliche Bewehrung um etwa 20 % zunimmt, wird diese bis auf $w_k = 0{,}1$ mm um etwa 75 % vergrößert. Bei $w_k \leq 0{,}1$ mm gibt es außerdem noch keinen voll ausgebildeten Riss (siehe dazu Kapitel 11 und 12). Damit ist eine Voraussetzung für die Gültigkeit und Anwendbarkeit der Berechnungsgleichungen nicht gegeben. Bemühungen, die rechnerischen Rissbreiten bis auf 0,05 mm auszudehnen, entbehren damit jeder Grundlage.

Dagegen ist die Beziehung zwischen Rissbreite und Bewehrungseinsatz ab $w_k = 0{,}40$ mm nur noch unscharf bestimmt. Selbst bei einer deutlichen Vergrößerung der rechnerischen Rissbreite ändert sich die notwendige Bewehrungstahlfläche nur relativ geringfügig. Die Gültigkeit der Berechnungsgleichungen liegt also in einem verhältnismäßig engen Bereich.

Wie Bild 10.24 zeigt, ist bei frühem Zwang die erforderliche Bewehrungsstahlfläche sehr wesentlich durch den Risszeitpunkt, d.h. durch den Faktor $k_{z,t}$ bestimmt. In diesem Beispiel hat die Entscheidung über den normgemäßen Ansatz des Risszeitpunkts oder die Annahme weitgehender Erhärtung eine größere Auswirkung als die Verringerung der rechnerischen Rissbreite um 0,1 mm, wie sie bei wasserundurchlässigen Bauwerken oft eine Rolle spielt.

Die Überfestigkeiten, in Bild 10.23 eine Festigkeitsklasse, haben dagegen vergleichsweise einen geringen Einfluss.

Bei einer eng liegenden Bewehrung, die bei der Festlegung geringer rechnerischer Rissbreiten auftreten kann, sind Mängel beim Einbau und bei der Verdichtung des Frischbetons nicht auszuschließen. Insofern kann die Heraufsetzung von w_k= 0,2 mm auf w_k = 0,3 mm zur Verbesserung der Dauerhaftigkeit dicht bewehrter Bauteile beitragen.

10.7 Nachweis der Einhaltung der rechnerischen Rissbreite

Die Modellgrundlagen der Norm EN 1992-1-1 gehen von der theoretischen Beschreibung der Rissbildung in einem prismatischen Zugstab unbegrenzter Länge aus, der den Ausschnitt einer Stahlbetonkonstruktion darstellt und an den Bauteilenden eingespannt ist. Durch axiale Beanspruchung entstehen Spannungen, die nach Überschreiten der Betonzugfestigkeit Risse verursachen. Dabei wird nicht zwischen rissbildenden Last- und Zwangspannungen unterschieden, obwohl das Spannungs-Dehnungsverhalten voneinander abweicht. Die sich zunächst zufällig und bei weiterer Dehnung in gegenseitiger Abhängigkeit bildenden Risse mit unregelmäßigen Abständen werden in zwei Kategorien vereinheitlicht, die als Risszustand charakterisiert sind.

Maßgebend für die Ermittlung der rechnerischen Rissbreiten ist in EN 1992-1-1 die Rissschnittkraft. Eine Betrachtung, die von der erzwungenen Verformung und der daraus resultierenden Rissanzahl und -breite ausgeht, hat keinen Eingang in die Vorschriften gefunden und ist bislang besonderen Empfehlungen vorbehalten. Die nach der Rissbildung veränderte Steifigkeit der Stahlbetonbauteile wird ebenfalls nicht einbezogen. Die Auswirkungen auf das Tragverhalten sind kompliziert und nur durch spezielle Rechnerprogramme abschätzbar.

Die Anpassung an die realen Bauteilquerschnitte mit breiteren Abmessungen wird über eine die Bewehrung umgebende Wirkungszone vorgenommen. Weitere bauteilspezifische Besonderheiten spielen keine Rolle. Die Dehnungen bei einer seitlichen Behinderung, wie diese bei Wänden vorhanden ist, könnten entsprechend EN 1992-3 berücksichtigt werden.

Die für den prismatischen Stab maßgebenden Zusammenhänge werden mit einer vereinfachten Korrektur auf die biegebeanspruchten Bauteile übertragen. Diese Vorgehensweise ist problembehaftet (Kapitel 10.4.7).

10.7.1 Maßgebender Risszustand

Bei der Rissbildung ist grundsätzlich zwischen verschiedenen Zuständen bzw. Mechanismen in Abhängigkeit von den eingetragenen Verformungen und der Bauteildicke zu unterscheiden:

- Die Risszugkraft verursacht einen Erstriss, der das Bauteil durchtrennt. Bei dünnen Bauteilen findet diese zunächst einsetzende Einzelrissbildung solange statt, bis durch die einwirkende Beanspruchung keine Spannungen im Beton mehr hervorgerufen werden können, die die Festigkeit an einer beliebigen Stelle im Betonbauteil überschreitet. Diese Situation tritt ein, wenn die Eintragungslängen nicht mehr vorhanden sind, um die dazu erforderlichen Kräfte zu übertragen (abgeschlos-

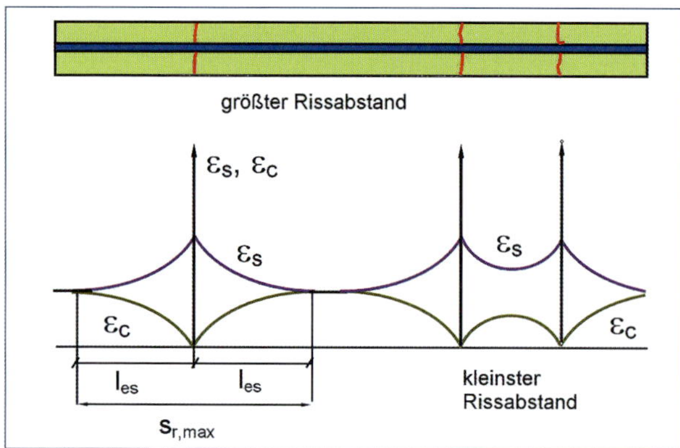

Bild 10.25: Rissabstand und Einleitungslänge bei einem Einzelriss und Übergang zur abgeschlossenen Rissbildung

sene Rissbildung) oder durch die fortschreitende Rissbildung die Zwangbeanspruchung reduziert und schließlich kleiner als die zur Erzeugung weiterer Risse erforderliche Risszugkraft F_{cr} wird. Die Eintragungslänge l_{es} kann somit über die Verträglichkeitsbedingung gleicher Beton- und Stahldehnungen am Ende der Eintragungslänge bestimmt werden. Im Zustand der Einzelrissbildung führt jede weitere Zwangdehnung zu weiterer Rissbildung.

- Im anschließenden Zustand der abgeschlossenen Rissbildung ist die einwirkende Zugkraft F_s immer größer als die Risszugkraft F_{cr}. Aufgrund der erforderlichen Eintragungslänge der Verbundkräfte kann der Rissabstand nicht beliebig verringert werden. Auf der gesamten Länge zwischen zwei Rissen sind jetzt Dehnungsunterschiede zwischen Beton und Stahl vorhanden. Jede Zunahme der Beanspruchung äußert sich in einer wachsenden Rissbreite.
- Bei dicken Bauteilen durchtrennt der Erstriss ebenfalls den gesamten Betonquerschnitt (Primärriss). Ebenso wie bei dünnen Bauteilen überträgt der Bewehrungsstahl durch den Verbund die bei der Rissbildung übernommene Kraft wieder auf den Beton, jetzt aber lediglich innerhalb der Wirkungsfläche der Bewehrung, die als effektive Betonfläche $A_{c,eff}$ bezeichnet wird (Kapitel 10.4.5). Mit zunehmender Beanspruchung wird innerhalb der Wirkungsfläche der Bewehrung die Zugfestigkeit erreicht und eine Rissbildung verursacht, die vom Rand in das Bauteil hineinreicht (Sekundärrissbildung). Ab dem Trennriss finden dann entlang der Einleitungslänge aufeinander folgende Einrisse statt; zu Beginn mit größerer Breite und anschließend ständig verringert. Mit jedem Einriss wird sukzessive die im Stahl wirkende Kraft abgebaut und die im Betonquerschnitt vergrößert. Am Ende der Einleitungslänge liegt im Querschnitt wieder der Zustand I vor. Die Einleitung der Kräfte aus dem Bewehrungsstahl in den Beton vollzieht sich näherungsweise unter einer Neigung 1:2. Danach ist wieder eine Schnittgröße erreicht, die einen weiteren Trennriss hervorruft (Bild 10.12). Aus der Neigung leitet sich auch eine Abgrenzung zwischen dünnen und dicken Bauteilen ab. Daraus folgt auch, dass die Trennrisse in einem Abstand entstehen, der etwa der Bauteildicke entspricht.

Die Randbedingungen für den Einzelriss und das abgeschlossene Rissbild sind unterschiedlich. Deshalb sind beide Risszustände zu beschreiben und im Zuge der Ermittlung der rissbreitenbegrenzenden Bewehrung zu untersuchen [Kön1]. Die Vorgabe der Norm, das abgeschlossene Rissbild zugrunde zu legen, ist demzufolge eine nicht berechtigte Einschränkung.

Als maßgebend für die Rissbreitenberechnung gilt das Belastungsniveau nach der Erstrissbildung. Bei dünnen Bauteilen ist das die Risskraft vor der Erstrissbildung F_s, bei dickeren Bauteilen wird das Lastniveau infolge von Zwang durch die Primär- und Sekundärrissbildung bis auf F_{cr} abgesenkt. Um den im Bauteil vorhandenen Risszustand zu bestimmen, werden die Kräfte F_s und F_{cr} verglichen. Die geringere Kraft von beiden ist für die Bildung des nächsten Risses maßgebend. Durch den ersten Riss im Bauteil werden die Eigenspannungen reduziert, sodass bei der Ermittlung von F_{cr} der Abminderungsfaktor k nicht anzusetzen ist.

Die Abgrenzung zwischen den Risszuständen ergibt sich aus den Bedingungen (Bild 10.26):

$$F_R = \min \begin{Bmatrix} F_S = k \cdot k_C \cdot A_{ct} \cdot f_{ct,eff} \\ F_{cr} = A_{c,eff} \cdot f_{ct,eff} \end{Bmatrix} \qquad (10.19)$$

Nach dem Berechnungsmodell, das der DIN 1045-1 zugrunde lag, treten nur Einzelrisse auf, wenn die in den Bewehrungsstahl eingeleitete Zugkraft F_s beim Übergang in den Zustand II kleiner ist als die Rissschnittkraft in der Wirkungszone der Bewehrung F_{cr} (Sekundär-Risskraft). Da das abgeschlossene Rissbild mit einem verringerten Rissabstand und demzufolge einer geringeren Rissbreite verbunden ist, stellt die Bemessung nach dem Einzelriss (Erstriss) den ungünstigsten Fall dar, der normgemäß berücksichtigt werden sollte. Zu bedenken ist dabei, dass selbst bei höheren Betonzugfestigkeiten eine Einzelrissbildung nur bis zum 1,3- (bzw. 1,5)-fachen einer mittleren Rissschnittkraft F_s zu erwarten ist (vgl. Bild 10.2). Oberhalb wird dann zwangsläufig ein abgeschlossenes Rissbild auftreten. Davon wird auch in [DAS5] ausgegangen. Die Zunahme der Rissbildungen kann auch dadurch einsetzen, dass infolge von Dauerbeanspruchungen die aufnehmbare Rissschnittgröße abgesenkt wird (Kapitel 10.4.6).

Liegt ein abgeschlossenes Rissbild vor, müssen weitere Dehnungen zur Aufweitung der Risse führen. Insofern wäre nicht die Zwangkraft zum Zeitpunkt der Rissbildung im Beton, sondern der Zwangspannungszustand am Ende des verformungserzeugenden Prozesses von maßgebender Bedeutung. Die Zwangkraft aus abfließender Hydratationswärme ist beispielsweise von der ab dem zweiten Nullspannungszeitpunkt bis zur Beendigung des Temperaturausgleichs sich einstellenden Temperaturdifferenz abhängig (Bild 3.3). Daraus resultiert der insgesamt vorhandene Verformungsbedarf im Bauteil, der sich in der Summe der Rissbreiten widerspiegelt, die bis zum Abschluss des Rissbildungsvorgangs im Beton entstanden und anschließend erweitert worden sind. Vergleichbares trifft

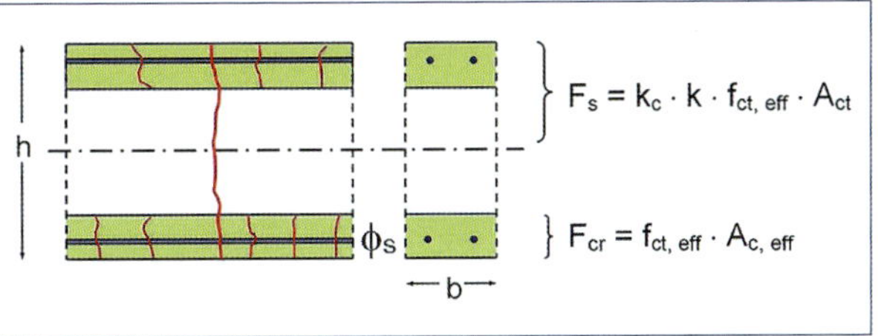

Bild 10.26: Vom Bewehrungsstahl aufzunehmende Betonzugkraft F_s und Risszugkraft F_{cr}

auf das Erreichen des Endschwindmaßes zu. Tatsächlich werden aber die in der Regel auftretenden Höchstwerte (0,5 ‰ Dehnung bei Temperaturbeanspruchung oder Schwinden und vollständiger Dehnungsbehinderung) durch das Berechnungsmodell zur Ermittlung der rissbegrenzenden Bewehrung erfasst; oft wird ein vollständig abgeschlossenes Rissbild gar nicht erreicht. Insofern ist nur bei extremen erzwungenen Dehnungen die Verfolgung der sich einstellenden Rissbreiten erforderlich.

Dünne Bauteile weisen einen anderen Mechanismus der Rissbildung auf als solche mit größerer Dicke. Dicke Bauteile müssen deshalb nur in den Randbereichen eine Bewehrung erhalten, die eine ausreichende Rissbreitenbegrenzung gewährleistet. Es muss jedoch eine weitere Bewehrung angeordnet werden, um die sich neben den Sekundärrissen bildenden Trennrisse abzusichern. Bei diesen Primärrissen kann der Bewehrungsstahl bis zur Streckgrenze ausgenutzt werden; die größeren Rissbreiten, die im Bauteilinnern auftreten, sind unschädlich. Die Dehnungen, die die breiteren Trennrisse hervorrufen, werden an der Bauteiloberfläche auf mehrere Sekundärrisse geringerer Breite verteilt.

10.7.2 Rissbildung, Verbund und rechnerische Rissbreite

Bis zur Rissbildung haben der Bewehrungsstahl und der Beton übereinstimmende Dehnungen (Zustand I). Die Verschiebungen zwischen den beiden Konstruktionsbestandteilen sind in diesem Stadium vernachlässigbar klein und es treten keine Verbundspannungen auf (ideal starrer Verbund). Sobald jedoch die Dehnungen voneinander abweichen und eine Spannungsdifferenz entstanden ist, wird der Verbund aktiviert (Zustand II). Ab dem Riss findet über die Verbundfuge eine Rückübertragung der Kraft aus dem Bewehrungsstahl auf den Beton statt. Entlang der Einleitungslänge l_{es} findet eine zunehmende Mitwirkung

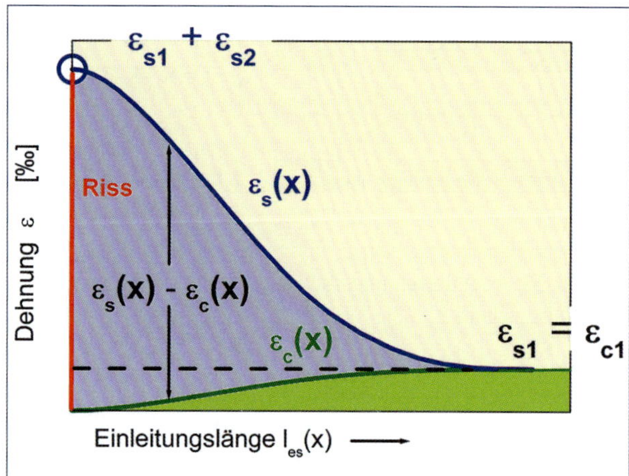

Bild 10.27: Dehnungen des Stahls und des Betons sowie die Dehnungsdifferenzen in der Einleitungslänge l_{es}, ε_{s1}, ε_{c1} = Dehnungen im Zustand I, ε_{s2} = zusätzliche Stahldehnung im Zustand II

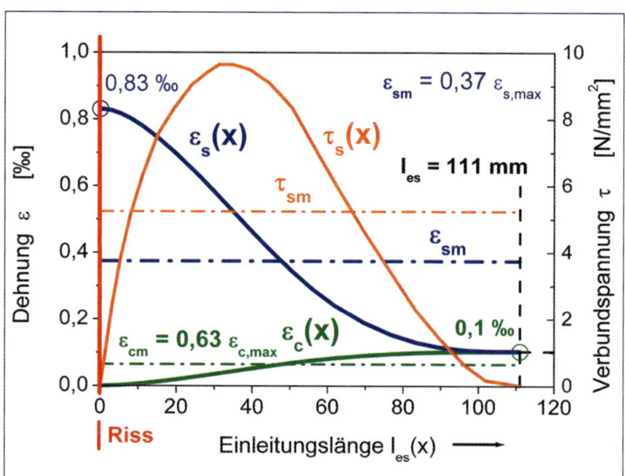

Bild 10.28: Dehnungen im Bewehrungsstahl und im umgebenden Beton sowie Verbundspannungen entlang der Einleitungslänge und als Mittelwerte

des Betons statt (tension stiffening), die zur kontinuierlichen Verminderung der Stahldehnung führt. Am Ende der Einleitungslänge stimmen die Dehnungen von Betonstahl und Beton wieder überein (Zustand I). Entstehen weitere Risse und liegen diese zu eng beieinander, sind ausreichende Einleitungslängen nicht mehr vorhanden und die Dehnungsdifferenzen bleiben aufrechterhalten.

Ab dem Riss ist der Verbund auf eine bestimmte Länge des Bewehrungsstahls gestört, es treten Relativverschiebungen zwischen Bewehrungsstahl $\varepsilon_s(x)$ und Beton $\varepsilon_c(x)$ auf, die im Rissbereich ein Maximum aufweisen (Bild 10.27). Die Summe der unterschiedlichen Dehnungen des Stahls entlang der Einleitungslänge l_{es} stellt den sogenannten Schlupf s(x) dar, der über die Beziehung zur Verbundspannung τ(x) das jeweils lokale Verbundverhalten charakterisiert. Der Schlupf, der sich entlang der beiden Rissflanken entwickelt, ergibt summiert einen Betrag, der als Rissweite messbar ist.

Liegen nur einzelne, weit auseinander liegende Risse vor, ist die Einleitungslänge l_{es} nicht erkennbar. Bei einer ausgeprägten Rissbildung ist die Einleitungslänge als Rissabstand sichtbar.

Die Vorhersage von Rissbreiten erfolgt über die Aufsummierung von Dehnungsdifferenzen zwischen dem Bewehrungsstahl und dem umgebenden Beton über den Einflussbereich beidseitig des Rissufers.

Wird der gesamte Schlupf über die Verbundlänge l_{es} zu beiden Seiten des Risses erfasst, ergibt sich die Rissbreite:

$$w = \int_{x=-l_{es}}^{x=+l_{es}} [\varepsilon_s(x) - \varepsilon_c(x)] \cdot dx \qquad (10.20)$$

Die Verläufe von $\varepsilon_s(x)$ und $\varepsilon_c(x)$, die zwangsläufig miteinander in funktionaler Korrespondenz sind, hängen von der Verbundcharakteristik τ(x), d.h. von der Verteilung der Verbundspannungen über die Verbundlänge ab. Durch Integration der Dehnungsverteilungen kann der insgesamt auftretende Schlupf ermittelt werden. Voraussetzung ist, dass diese Verteilungen in den realen Bauteilen und in Abhängigkeit von Beanspruchung sowie den Betoneigenschaften bekannt sind.

Die Dehnungen entlang der Einleitungslänge sind unter Ansatz einer Verteilungsfunktion für die Verbundspannungen schematisch in Bild 10.27 und in Form eines Beispiels in Bild 10.28 dargestellt. Die nichtlinearen Verläufe der Stahl- und Betondehnungen sowie der normgemäß verwendete Völligkeitsgrad zur Summation der lokalen Dehnungen sind deutlich erkennbar.

Bei der Vielzahl der Einflussfaktoren auf die Verbundfestigkeit ist verständlich, dass verlässliche und für Normen geeignete Angaben zur Verteilung der Verbundspannungen $\tau(x)$ nicht zur Verfügung stehen. Bei der Entwicklung von Berechnungsgrundlagen wurde deshalb von Mittelwerten für die Dehnungen, ε_{sm} und ε_{cm}, und einer Entkopplung dieser mittleren Dehnungen von der Verbundlänge ausgegangen. Gleichung (10.20) wird in den normativen Festlegungen vereinfacht dadurch gelöst, dass für die Summation der Dehnungen entlang der Einleitungslänge Mittelwerte eingesetzt werden. Daraus ergibt sich (zwangsläufig) eine mittlere Rissbreite w_m zu:

$$\begin{aligned} w_m &= 2 \cdot l_{es} \cdot (\varepsilon_{sm} - \varepsilon_{cm}) \\ &= s_{rm} \cdot (\varepsilon_{sm} - \varepsilon_{cm}) \end{aligned} \quad (10.21)$$

Das Problem der Rissweitenberechnung wird nach dieser Gleichung zurückgeführt auf die Ermittlung der Einleitungslänge l_{es} bzw. des dadurch definierten Rissabstands s_r und einen Mittelwert der Dehnungsdifferenz (ε_{sm} − ε_{cm}) entlang der Einleitungslänge. Bei Erstrissbildung beträgt der Rissabstand die doppelte Lasteintragungslänge, bei abgeschlossener Rissbildung ist s_{rm} der rechnerische Abstand zwischen den Sekundärrissen. Die 95 %-Quantilwerte der rechnerischen Rissbreite ergeben sich durch Multiplikation mit einem Streubeiwert (Kapitel 10.7.3).

10.7.3 Ermittlung der rechnerischen Rissbreite nach DIN EN 1992-1-1 und DIN EN 1992-1-1/NA

In der Literatur existieren zahlreiche Berechnungsmodelle zur Ermittlung der Rissbreite und des Rissabstands. In [Bor1] werden beispielsweise 33 unterschiedliche Formeln zur Erfassung der wahrscheinlichen Rissbreite und 23 Ausdrücke zur Abschätzung des Rissabstands genannt. Dadurch werden die Schwierigkeiten und Unsicherheiten bei der Modellierung der Rissbildung deutlich.

Neben vollständig empirisch entstandenen Formeln sind auch solche entwickelt worden, die auf theoretischen Grundlagen aufbauen. Bei allen Berechnungsgleichungen wird davon ausgegangen, dass eine Kalibrierung mit Versuchsdaten vorgenommen werden muss. Diese Notwendigkeit ergibt sich aus der Vereinfachung der komplizierten Zusammenhänge der Rissbildung und der rechnerischen Ermittlung, sodass Streuungen beim Vergleich der Ergebnisse unvermeidlich sind. Weiterhin wird davon ausgegangen, dass die berechneten Dehnungen in unmittelbarer Umgebung des Bewehrungsstahls auftreten, die Rissbildung aber nur an der Bauteiloberfläche in Erscheinung tritt. Aus Versuchen wurde die Schlussfolgerung gezogen, dass von einer Aufweitung der Risse ab der Oberfläche der Bewehrung in Richtung des Bauteilrands auszugehen ist. Eine Aussage in der Norm gibt es dazu nicht.

Die Entstehung eines Trennrisses im Bauteil ist von mehreren Phänomenen begleitet. Nach der Rissbilldung erfolgt die Übertragung der Zwangkraft aus dem Bewehrungsstahl in den ungestörten Beton über eine Einleitungslänge. Dabei treten Risse innerhalb der Betondeckung auf, wie in Bild 10.17 dargestellt. Die Summe der Rissbreiten entlang der Einleitungslänge, die dazwischen liegenden Dehnungen des Betons und die Rissbreite an der Bewehrungsstahloberfläche ergeben einen Dehnungsbetrag, der zum Risszeitpunkt im Rissbereich aufgetreten, über die Dicke der Betondeckung identisch ist und dem Rissspalt an der Bauteiloberfläche entspricht. Da sich die Sekundärrissbreiten in Richtung des Bauteilrands verringern und schließlich enden, verändert sich zwangsläufig auch deren Anteil an der Dehnung, sodass sich die messbare Rissbreite über die Betondeckung hinweg vergrößert.

Gegenstand der Ermittlung nach der Norm ist eine fiktive Rissbreite, die aus den Verformungen und Rissbreiten auf Bewehrungsstahlebene entlang der Einleitungslänge gebildet wird. Bei der Ermittlung dieser Transferlänge l_{es} wurden offenbar die Elemente von zwei sich widersprechenden theoretischen Ansätzen verknüpft. Zum Einen wird von der Dehnungsdifferenz im Verbund Stahl/Beton entlang der Überleitungsstrecke der Kraft in den ungestörten Beton ausgegangen, die einen Schlupf nach sich zieht und aus der die Rissbreite resultiert. Dabei wird vom Ebenbleiben der Querschnitte ausgegangen (Navier'sches Prinzip). Im Gegensatz dazu wird unterstellt, dass keine Dehnungsunterschiede entlang des Bewehrungsstahls auftreten und deshalb der Querschnitt nicht ebenflächig bleiben kann. Nach einer gewissen Transferlänge $\Delta l_{es} = k \cdot c$, die damit lediglich von der Betondeckung abhängt, ist die Dehnungskompatibilität wiederhergestellt. Andere Ansätze gehen von einer Verbundstörung oder Rissen innerhalb der Betondeckung aus. Die Bestandteile der Formel und deren Deutung sind bis heute Gegenstand der Diskussion.

Weiterhin vollzieht sich im Rissbereich ein Übergang vom weitgehend ungestörten Beton zum Rissspalt über eine Zone, die zunächst noch in der Lage ist, Spannungen zu übertragen, diese Eigenschaft sich aber zunehmend verringert und schließlich am Rissrand verliert. Diese Rissprozesszone ist nicht Gegenstand der Norm und einer Berechnung nicht zugänglich. Der Sachverhalt ist für die Kalibrierung von Messergebnisen jedoch von Bedeutung (Kapitel 11 und 12).

Schließlich führt die Konzentration der Zwangkräfte im Bereich der Bewehrung zu einer verstärkten örtlichen Dehnung. Daraus resultiert, dass bei einer größeren Bauteildicke der Querschnittskern neben dem Riss keine Betonspannungen wirken, aber größere Dehnungen vorhanden sind, die dort zu einer Aufweitung der Trennrissbreite führen (siehe Bild 10.6).

Zur Definition und zur Ermittlung der Rechenwerte der Rissbreite in [DAS5] gibt es Diskussionsbedarf (Kapitel 11 und 12). Bislang ist noch keine Methodik gefunden worden, die allgemein anerkannt ist und mit der eine Prognose der zu erwartenden rechnerischen Rissbreiten mit befriedigender Genauigkeit vorgenommen werden kann. Daraus resultiert auch die Feststellung, dass bei einer Anwendung dieser mathematischen Beziehungen auf andere Datensätze größere Streuungen auftraten. Insofern bleiben die ermittelten rechnerischen Rissbreiten lediglich Orientierungswerte, die aber bei der Festlegung der Mindestbewehrung eine wichtige Hilfe leisten können. Bei der Beurteilung der Auswirkungen dieser Situation ist nach den Kriterien der Dauerhaftigkeit und der Gebrauchstauglichkeit (Kapitel 13) zu unterscheiden. Im Hinblick auf die Dauerhaftigkeit sind die üblichen Streuungen der Rissbreiten um einen Mittelwert unbedenklich. Bei der Einschätzung der Auswirkungen auf die Gebrauchstauglichkeit wird deutlich, dass die Grenzwerte zuverlässig eingehalten werden müssen. Die Differenzen zwischen der rechnerischen Ermittlung und der sich am Bauteil einstellenden Rissbreiten sind in diesem Fall ein sehr wichtiger Fakt.

Die Problematik ergibt sich aus der Anzahl der beeinflussenden Parameter und deren Verknüpfung, wie der Stabdurchmesser ϕ_s und Stababstand s, die Betondeckung c, der Bewehrungsanteil A_s / A_c sowie die Bauteilabmessungen und der tatsächlichen Betonzugfestigkeit im Bauteil. Eine wesentliche Rolle spielen weiterhin das Verbundgesetz, Dauerbeanspruchungen, die Anordnung der Bewehrung und weitere Einwirkungen, die nur sehr vereinfacht berücksichtigt werden können. Von Bedeutung ist selbstverständlich auch die Art der Beanspruchung, d.h. zentrischer Zug, Biegung und die Überlagerung von beiden. Zu beachten ist auch das unterschiedliche Verhalten von Laborprüfkörpern und realen Bauteilen sowie die Situation bei mehrlagiger Bewehrung und gegliederten Querschnitten.

Beton- und Stahldehnungen nach der Rissbildung

Die mittleren Beton- und Stahldehnungen ($\varepsilon_{sm} - \varepsilon_{cm}$) werden unter Berücksichtigung der Mitwirkung des Betons zwischen den Rissen auf Zug ermittelt. Dabei wird nicht zwischen Einzelrissbildung und abgeschlossenem Rissbild unterschieden. Die Berücksichtigung der Einzelrissbildung erfolgt über einschränkende Bedingungen.

Vereinfachende Berechnungen vernachlässigen oft den Anteil der mittleren Betondehnungen ε_{cm}. Der Verlauf der Dehnungen über die Einleitungslänge wird über einen Völligkeitswert k_t gemittelt (siehe dazu auch Bild 10.27). Dadurch wird indirekt eine Anpassung an die Verteilung der Verbundspannungen über die Einleitungslänge vorgenommen. Aus Versuchen und unter Annahme einer annähernden Parabel der Kurvenzüge ergibt sich für die mittleren Dehnungen im Rissbereich:

$$\varepsilon_{sm} = \varepsilon_s - k_t \cdot \frac{F_{ct}}{A_s \cdot E_s} \tag{10.22}$$

$$\varepsilon_{cm} = k_t \cdot \frac{F_{ct}}{A_{ct} \cdot E_{cm}} \tag{10.23}$$

ε_s bezeichnet die Stahldehnung im Riss nach Übernahme der Zugkraft aus dem Betonquerschnitt
k_t ist der Beiwert für die Belastungsdauer ($k_t = 0{,}4$ für Kurzzeitbelastung; $k_t = 0{,}6$ für Dauerbelastung)

Aus der Summenbildung folgt:

$$\begin{aligned}(\varepsilon_{sm} - \varepsilon_{cm}) &= \frac{\sigma_s}{E_s} - k_t \cdot \frac{F_{ct}}{A_s \cdot E_s} \cdot \left(1 + \frac{A_s \cdot E_s}{A_c \cdot E_{cm}}\right) \\ &= \frac{\sigma_s}{E_s} - k_t \cdot \frac{f_{ct,eff}}{E_s \cdot \rho_{eff}} \cdot (1 + \alpha_e \cdot \rho_{eff}) \geq k_t \cdot \frac{\sigma_s}{E_s}\end{aligned} \tag{10.24}$$

Dabei bedeuten die Koeffizienten
$\alpha_e = E_s / E_{cm}$ $\rho_{eff} = A_s / A_c$

Der rechte Term in der Gleichung charakterisiert den Einzelriss, der linke die abgeschlossene Rissbildung. Der größere Wert ist maßgebend. Eine vereinfachende Näherung ergibt sich mit

$$(1 + \alpha_E \cdot \rho_{eff}) \approx 1{,}0 \tag{10.25}$$

Bei einer langfristigen Beanspruchung wird die Verbundfestigkeit vermindert. Dieser Vorgang, der als Verbundkriechen bezeichnet wird, vergrößert die Relativverschiebung und damit die Einleitungslänge, d.h. den Schlupf. Das Verbundkriechen ist die Ursache für die zeitabhängige Vergrößerung der Rissbreite in Stahlbetonbauwerken, ohne dass eine weitere äußere Belastung aufgebracht wird [Fra1]. Eine Definition der Dauer der Belastung, die den Rechenwert verursacht, besteht nicht.

Bei wiederholter und langandauernder Beanspruchung ist der Völligkeitsbeiwert auf 70 % abzumindern und gerundet dann mit $k_t = 0{,}40$ in Gleichung (10.24) einzusetzen (Kapitel 10.5.2).

Normgemäß wird von einer Dauerbeanspruchung ausgegangen und der Einfluss auf das Verbundkriechen berücksichtigt, siehe DIN EN 1992-1-1 (NCl zu 7.3.4 (2)). Damit ist $k_t = 0{,}4$ einzusetzen:

$$(\varepsilon_{sm} - \varepsilon_{cm}) = 0{,}6 \cdot \frac{\sigma_s}{E_s} \tag{10.26}$$

Oft wird auch ein linearer Rückgang der Stahlspannungen angenommen, der einer konstanten Verbundspannung entsprechen würde:

$$(\varepsilon_{sm} - \varepsilon_{cm}) \approx 0{,}5 \cdot \frac{\sigma_s}{E_s} \tag{10.27}$$

Die Formeln der gebräuchlichen Modelle zur Rissbreitenbegrenzung implizieren, dass die zu erwartende Rissbreite mit der Stahlspannung im Riss ansteigt. Eine falsche Einschätzung der Stahlspannungen bedeutet damit zwangsläufig eine nicht zutreffende Abschätzung der Rissbreite.

Anhand eines experimentell erhaltenen Verlaufes sollen die Ergebnisse mit der Berechnung verglichen werden. Im Beispiel in Bild 10.28 sind die Verteilung der Verbundspannungen sowie der daraus ermittelten Dehnungen $\varepsilon_s(x)$ und $\varepsilon_c(x)$ und die abgeleiteten Mittelwerte dargestellt. Mit den vorstehenden Gleichungen ergeben sich beim Ansatz normativer Kennwerte für einen Zugstab $F_c = 100 \cdot 100$ mm ($A_c = 10\,000$ mm²), $\phi_s = 16$ mm ($A_s = 200$ mm²), $f_{ctm} = 2{,}9$ N/mm², $E_{cm} = 28\,300$ N/mm², $E_s = 200000$ N/mm² folgende Daten:

unmittelbar vor dem Riss
$\varepsilon_c = \varepsilon_s = f_{ctm} / E_{cm} = 2{,}9 / 29\,300 = 0{,}102$ ‰
$\sigma_c = f_{ctm} = 2{,}9$ N/mm²
$\sigma_{s1} = 0{,}102 \cdot 200\,000 \cdot 10^{-3} = 20{,}5$ N/mm²

unmittelbar nach dem Riss
$F_{ct} = 2{,}9 \cdot 10\,000 = 29\,000$ N/mm²
$\sigma_s = 29\,000 / 200 = 145$ N/mm²
$\varepsilon_s = 145 / 200\,000 = 0{,}73$ ‰

Gesamtdehnung des Stahles im Riss
$\varepsilon_{sr} = 0{,}73 + 0{,}10 = 0{,}83$ ‰

Bild 10.28 zeigt, bestimmt aus den Kurvenzügen, die Mittelwerte in vergleichbarer Größe: die Stahldehnungen ergeben sich zu $\varepsilon_{sm} = 0{,}83 \cdot (1-0{,}63) = 0{,}37\ \varepsilon_s$ (anstelle von 0,4 ε_s) und der Multiplikator der Betondehnungen zu $k_t = 0{,}63$ (anstelle von 0,6). Beide stehen in Korrespondenz, da die Stahl- und Betondehnungen entgegengesetzt, aber in direkter Abhängigkeit voneinander verlaufen.

Die Rissbreite w ist etwa proportional zum Rissabstand s_{rm} (Bild 10.30). Im Nachweisverfahren wird der Rechenwert der Rissbreite w_k der maximalen Rissbreite w_{max} gleichgesetzt, weil für die Gebrauchstauglichkeit ein Riss von maximaler Breite bedeutsamer ist, als die mittlere Breite aus mehreren Rissen. Der daraus resultierende Wert $s_{r,max}$ ist ein »Maximum« innerhalb des Modells; in Hinblick auf die streuenden Eigenschaften der Betonzugfestigkeit liegt nach [Eck1] jedoch ein Mittelwert vor.

Einleitungslänge und Rissabstand

Für die Beschreibung der Situation im Zustand II wird als 2. Term die Einleitungslänge l_{es} bzw. der Rissabstand s_r benötigt. Die Ermittlung des Rissabstands ist unsicher, es können deshalb nur Grenzwerte angegeben werden. Diese resultieren aus der Überlegung, dass sich zwischen zwei Rissen nur dann ein weiterer Riss ausbilden kann, wenn der Rissabstand groß genug ist, um über die Verbundspannungen eine genügend große Risskraft einzuleiten. Der neue Riss halbiert dann den Rissabstand auf eine einfache Eintragungslänge. Damit ergibt sich der Bereich zwischen den Grenzwerten

$$l_{es} \leq s_{r,max} \leq 2 \cdot l_{es} \tag{10.28}$$

Den ungünstigsten Wert stellt die doppelte Eintragungslänge dar. Die Festlegung von $s_{r,max} = 2 \cdot l_{es}$ ist dann gerechtfertigt, wenn eine Erstrissbildung stattfindet und die Einleitungslänge einen Maximalwert annehmen kann. Für ein entwickeltes Rissbild wird ein Mittelwert von 1,3 bis 1,5 l_{es} angegeben, nach dem Model Code 90 beträgt $s_{rm} = 1{,}33\ l_{es}$. In DIN EN 1992-1-1 wird auch für das abgeschlossene Rissbild von der Beziehung $s_{r,max} = 2\ l_{es}$ ausgegangen.

Bei der Ermittlung des Rissabstands spielt auch eine Rolle, dass für die Verteilung der Verbundspannungen Mittelwerte angenommen werden und die Verbundfestigkeiten ebenfalls Mittelwerte darstellen. Die Einleitungslänge ist demzufolge eine Rechengröße, die nicht nur durch den Risszustand, sondern auch durch die betontechnischen Einflüsse beträchtlichen Streuungen unterworfen ist.

Nach DIN EN 1992-1-1, (7.3.4 (1)) darf für $s_{r,max}$ der maximale Rissabstand bei einem abgeschlossenen Rissbild in Ansatz gebracht werden. Tatsächlich gibt es innerhalb des Bauteils über die Bewehrungslänge hinweg Bereiche, bei denen der Übergang von der Einzelrissbildung zum abgeschlossenen Rissbild nicht oder nur teilweise vollzogen ist. Wenn lokal eine höhere Betonzugfestigkeit vorhanden ist, wird keine Rissspannung erreicht. Daraus folgt, dass sich für benachbarte Risse größere Einleitungslängen ergeben, die zu deren Verbreiterung führen.

Wenn vereinfachend angenommen wird, dass die Verbundspannung über die Einleitungslänge konstant ist und die Zugfestigkeit des Betons erreicht, ergibt sich

$$l_{es} = \frac{\sigma_s \cdot A_s}{\tau_{sm} \cdot u_s} \tag{10.29}$$

σ_s:	Stahlspannung im Riss
τ_{sm}:	Verbundspannung
u_s:	Umfang des Bewehrungsstahls

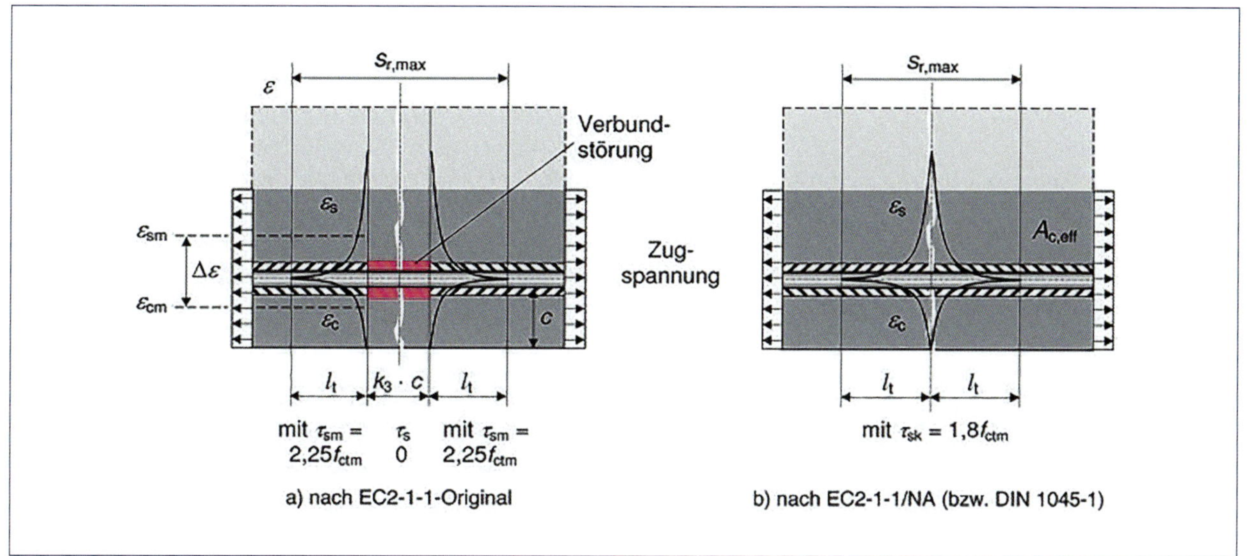

Bild 10.29: Annahmen für die Dehnungen im Bewehrungsstahl und Betonquerschnitt im und ab dem Rissquerschnitt nach EN 1992-1-1 und DIN EN 1992-1-1

Mit der Risslast $F_{ct} = \sigma_s A_s = A_c \cdot f_{ct,eff}$, die aus dem Betonquerschnitt in den Bewehrungsstahl übertragen wird

$$A_s \cdot \sigma_s = n \cdot \pi \cdot \phi \cdot \tau_{sm} \cdot s_{rm}$$

und Erweiterung um

$$A_s = n \cdot \pi \cdot \phi^2/4$$

ergibt sich für den Einzelriss

$$s_{rm} = 0{,}25 \cdot k \cdot \frac{\sigma_s \cdot \phi}{f_{ct,eff}} \tag{10.30}$$

und mit

$$\rho = \frac{A_s}{A_c} = \frac{n \cdot \pi \cdot \phi^2}{4 \cdot A_c}$$

folgt für das abgeschlossene Rissbild

$$s_{rm} = \frac{A_{c,eff} \cdot f_{ct,eff} \cdot n \cdot \pi \cdot \phi_s^2/4}{n \cdot \pi \cdot \phi_s \cdot \tau_{sm}} = 0{,}25 \cdot k \cdot \frac{\phi_s}{\rho_{eff}} \tag{10.31}$$

Der Faktor k charakterisiert das Verbundverhalten der Bewehrung und ist von der Betonzugfestigkeit abhängig.

Im normgemäßen Berechnungsansatz wird eine verbundfreie Zone entsprechend Bild 10.29 hinzugefügt. Bei einem geringen Abstand der im Verbund liegenden Bewehrungsstäbe untereinander in der Zugzone mit $z \leq 5\,(c + \phi/2)$ darf der maximale Rissabstand bei abgeschlossenem Rissbild dann ermittelt werden zu

$$s_{rm} = 2{,}0 \cdot c + 0{,}25 \cdot k_1 \cdot k_2 \cdot \frac{\phi_s}{\rho_{eff}} \quad (10.32)$$

k_1 berücksichtigt die Verbundeigenschaften der Bewehrung. $k_1 = 0{,}80$ für gerippte Betonstähle, $k_1 = 1{,}6$ für Stähle mit glatter Oberfläche.

$k_1 = f_{ctm} / \tau_{sm}$ $\quad \tau_{sm} = 1{,}25 \cdot f_{ctm}$ (Rippenstahl)

Die charakteristischen Werte der Verbundfestigkeit τ_{bk} ergeben sich mit einem Streuungsfaktor in Höhe von 1,8 zu

$\tau_{bk} = 2{,}25 \cdot f_{ctm}$ (DIN EN 1992-1-1) gegenüber
$\tau_{bk} = 1{,}8 \cdot f_{ctm}$ (DIN EN 1992-1-1/NA u. DIN 1045-1)

k_2 hängt von der Spannungsverteilung im Querschnitt ab:

$k_2 = 0{,}5$ für Querschnitte mit Biegung, $k_2 = 1{,}0$ für einaxialen Zug (siehe auch Kapitel 10.4.7)
ρ_{eff} ist das effektive Bewehrungsverhältnis mit $A_s / A_{c,eff}$

In der Gleichung (10.32) sind nur der Bewehrungsstahldurchmesser ϕ_s und die Betondeckung c bekannt. Alle anderen Faktoren sind theoretisch und empirisch begründete Annahmen, die in den nationalen Anhängen zur DIN EN 1992-1-1 unterschiedlich geregelt werden.

Die Bestandteile der Gleichung (10.32), eine verbundfreie Zone mit der Breite 2,0 c und eine durch den Verbund charakterisierte Länge in Abhängigkeit vom Verhältnis ϕ_s / ρ_{eff}, sind langjährig kontrovers diskutiert worden.

Mit Annahme einer Verbundstörung unmittelbar neben den Rissufern in Abhängigkeit von der Betondeckung (Term 1 in der Gleichung), die auf [Bee4] zurückgeht, konnte bei der Auswertung von Versuchen eine bessere Übereinstimmung erzielt werden. Auch aus anderen Betrachtungen resultiert ein »Nachhinken der Spannung« und damit ein additiver Formelbestandteil [Gro2]. Eine weitere Auffassung verbindet diesen Gleichungsteil mit der Rissbildung in der Betondeckung [Kae1]. Nach [Tan2] wird durch diesen Ansatz die Diskrepanz zum Postulat vom Ebenbleiben der Querschnitte (Navier) kompensiert. Aus den Untersuchungen von [Cal2] ergibt sich, dass der Ansatz durchaus berechtigt ist und beibehalten werden sollte. Nach [Kön1] ist dieser pauschale Ansatz jedoch eine grobe Vereinfachung, die lediglich für eine Rissbreite von 0,3 bis 0,4 mm gerechtfertigt sein könnte. Für kleinere Rissbreiten führt die Annahme zu einem erhöhten Bewehrungsstahlbedarf gegenüber den bisherigen Ermittlungen nach DIN 1045-1. In DIN EN 1992-1-1/NA ist die Gleichung (10.32) um diesen Term reduziert aufgenommen worden.

Der Einfluss des Parameters ϕ_s / ρ_{eff} (Term 2 in der Gleichung) wurde ebenfalls in Zweifel gezogen oder abgelehnt [Bee1], [Cal3]. Verschiedene Untersuchungen (z.B. [Cal2] zeigen jedoch, dass damit der Rissabstand s_{rm} befriedigend formuliert werden kann. Zur Diskussion führen aber weiterhin die Koeffizienten, beispielsweise werden in [JRC1] angegeben:

$$s_{rm} = 2{,}0 \cdot c + 0{,}277 \cdot \frac{\phi_s}{\rho_{eff}} \quad \text{bzw.} \quad 2{,}0 \cdot c + 0{,}10 \cdot \frac{\phi_s}{\rho_{eff}}$$

Diese Differenzen im Formelwerk sind für die Einschätzung der Zuverlässigkeit der Berechnungsergebnisse nicht unerheblich. Neuere Untersuchungen zeigen, dass der Zusammenhang komplizierter ist und auch der 2. Summand eine Abhängigkeit von der Betondeckung besitzt, wahrscheinlich über die Berücksichtigung in $A_{c,eff}$ hinausgehend.

Das Maß der Betondeckung c ist nicht definiert. Überwiegend wird c_{nom} eingesetzt, in anderen nationalen Dokumenten ist c_{min} festgelegt. Strittig ist auch, ob ein größeres Maß der Betondeckung, das aus Gründen der Dauerhaftigkeit festgelegt wird, berücksichtigt werden muss.

Die Rissbreitenbegrenzung zielt darauf, dass der Rechenwert w_k in nur geringem Umfang und im Betrag nur unwesentlich überschritten wird. Nach DIN EN 1992-1-1 soll die Überschreitung lediglich das 5 %-Quantil der Rissbreitenverteilung betragen. Experimentell wurde festgestellt, dass der charakteristische Kennwert w_k das 1,3 bis 1,7-fache des Mittelwerts beträgt, für [DN1] wurde ein Beiwert $ß_s = 1{,}7$

festgelegt. Die Diskrepanz zum Sicherheitsbeiwert für die Verbundfestigkeit wird nicht beachtet. Damit ergibt sich

$$s_{r,max} = 1{,}7 \cdot s_{rm} = 1{,}7 \cdot \left(2{,}0 \cdot c + 0{,}25 \cdot k_1 \cdot k_2 \cdot \frac{\phi_s}{\rho_{eff}}\right) \quad (10.33)$$

Der Sicherheitsbeiwert bei der Verbundfestigkeit wird vereinheitlicht und im Faktor k_4 berücksichtigt. Daraus folgt:

$$s_{r,max} = 3{,}4 \cdot c + 0{,}425 \cdot k_1 \cdot k_2 \cdot \frac{\phi_s}{\rho_{eff}} = k_3 \cdot c + k_4 \cdot k_1 \cdot k_2 \cdot \frac{\phi_s}{\rho_{eff}} \quad (10.34)$$

Der maximale Rissabstand ist der maßgebende Modellparameter, der aus dem Vergleich der beiden Risszustände abgeleitet wird. Die nach DIN EN 1992-1-1 empfohlenen Werte betragen:

$k_1 = 0{,}8$ (gute Verbundeigenschaften); $k_2 = 1{,}0$ (für reinen Zug); $k_3 = 3{,}4$; $k_4 = 0{,}425$

$$s_{r,max} = 3{,}4 \cdot c + 0{,}425 \cdot k_1 \cdot k_2 \cdot \frac{\phi_s}{\rho_{eff}} \leq 3{,}4 \cdot c + 0{,}425 \cdot k_1 \cdot k_2 \cdot \frac{\sigma_s \cdot \phi}{f_{ct,eff}} \quad (10.35)$$

Bei Biegung ist normgemäß der Wert $k_2 = 0{,}5$ einzusetzen (siehe dazu auch Kapitel 10.4.7).

Der rechte Term in Gleichung (10.35) ist der obere Grenzwert (Einzelriss), der nicht überschritten werden kann. Der kleinere Zahlenwert in der Gleichung (10.35) charakterisiert demnach den maßgebenden Risszustand. Zur Ermittlung der effektiven Betonfläche $A_{c,eff}$ sind Angaben in Kapitel 10.4.5 enthalten.

Normgemäß darf die charakteristische Rissbreite w_k mit dem maximalen Rissabstand bei abgeschlossenem Rissbild $s_{r,max}$ berechnet werden (DIN EN 1992-1-1/NA, Abschnitt 7.3.4).

Der Terminus »Rissabstand« ist irreführend, da die Einleitungslänge, Gleichung (10.29), maßgebend ist und nicht der Abstand zwischen den Rissen, die weit auseinanderliegen können. Aufgrund dieses Missverständnisses gibt es deshalb Vorschläge mit Korrekturkoeffizienten, um den Sachverhalt zutreffender zu erfassen, z. B. [Kae1]. Eingeführt wird ein Verteilungsbeiwert zur Berücksichtigung der Mitwirkung des Betons auf Zug zwischen den Rissen nach DIN EN 1992-1-1, Gleichung 7.19.

Bei einem Abstand der Bewehrungsstähle $z > 5\,(c + \phi/2)$ oder wenn in der Zugzone keine im Verbund liegende Bewehrung vorhanden ist, darf der maximale Rissabstand angenommen werden mit

$$s_{r,max} = 1{,}3 \cdot (h - x) \quad (10.36)$$

Damit wird unterstellt, dass die Rissbreite nicht mehr durch Bewehrung beeinflusst wird. Es ist empfehlenswert, nicht der Norm zu folgen, sondern die Wirkungszone der Bewehrung $A_{c,eff}$ aus den Einzelanteilen für jeden Stab mit dieser Breite z zu ermitteln (siehe dazu Kapitel 10.4.5)

Beurteilung der Möglichkeiten zur Steuerung der Rissbreiten

Nach dem Formelwerk der DIN EN 1992-1-1 bestehen lediglich einige wenige Möglichkeiten zur Beeinflussung der rechnerischen Rissbreiten, die auch nur sehr eingeschränkt genutzt werden können. Im Einzelnen handelt es sich um folgende Formelbestandteile:

- Verringerung des Bewehrungsstahldurchmessers ϕ_s
  Bei gleicher Bewehrungsstahlfläche und Stahlspannng kann mit einer Verringerung des Stabdurchmessers die Einleitungslänge verkürzt, die rissbedingte Dehnung herabgesetzt und die Rissbreite verkleinert werden. Der Rissabstand wird ebenfalls verringert und die Anzahl der Risse vergrößert. Die Wahrscheinlichkeit, dass auch einige breitere Risse hervorgerufen werden, nimmt zu. Die Maßnahme ist jedoch mit nachteiligen Konsequenzen verbunden, wenn die Dauerhaftigkeit

besonders zu beachten ist. Findet eine Korrosion statt, tritt schneller bzw. in größerem Umfang ein Verlust an Stabquerschnitt ein. Soll die Lebensdauer der Konstruktion über die normgemäßen Richtwerte hinaus verlängert werden oder liegen ungünstige Umgebungsbedingungen vor, ist dieser Sachverhalt besonders zu bedenken.

- Reduzierung der Betondeckung c_{nom}
Der Einfluss der Betondeckung ist beträchtlich. Bei einer geringen Stahlspannung beträgt der Anteil aus diesem Formelteil der Gleichung (10.35) etwa 40 % des Rissabstandes bzw. der rechnerischen Rissbreite, bei einer großen Stahlspannung noch etwa 20 %. Eine Verkleinerung der Betondeckung ist nur theoretisch denkbar, da Mindestwerte vorgeschrieben sind und die Betondeckung sehr maßgeblich die Korrosion und damit die Dauerhaftigkeit bestimmt.
- Herabsetzung der Stahlspannungen σ_s
Von allen möglichen Maßnahmen kann nur diese als vertretbar beurteilt werden. Nachteilig ist die zwangsläufige Zunahme der Bewehrungsstahlfläche und damit der Kosten. Wenn die Rissbreiten über die Bewehrungsfläche verringert werden sollen, sind überproportionale Aufwendungen erforderlich. Deutlich wird dieser Sachverhalt anhand der Gleichungen(10.17) bzw. (10.18) zur Ermittlung der Mindestbewehrung A_s. Die Auswirkungen sind vor allem bei kleinen rechnerischen Rissbreiten beträchtlich. Neben den Kosten sind die Folgen für die Betonierbarkeit der Bauteile zu bedenken. Eine Vergrößerung des Betonquerschnittes wäre dann infolge des Faktors $\rho_{s,eff}$ kontraproduktiv. Die drastische Verringerung der Rissbreiten ist hauptsächlich bei wasserundurchlässigen Bauwerken von Bedeutung.

10.7.4 Nationale Interpretation: DIN EN 1992-1-1/NA

Die Neufassung der Rissbreitenbegrenzung nach DIN 1045-1 ist in die DIN EN 1992-1-1/NA übernommen worden. Diese nationalen Festlegungen entsprechen zwar weitgehend der DIN EN 1992-1-1, aber nicht vollständig. Die unterschiedlichen Auffassungen, die im Nationalen Anhang zum Ausdruck kommen, betreffen die Verbundeigenschaften (Faktor k_2), die Länge der Verbundstörung (Faktor k_3) und die Wirkungszone der Bewehrung ($A_{c,ef}$) und wirken sich auf die Berechnung des Rissabstandes $s_{r,max}$ nach Gleichung (10.35) aus.

Weiterhin wird bei der Ermittlung der rechnerischen Rissbreite (Abschnitt 7.3.4 der Norm) der Einfluss der Eigenspannungen im Querschnitt mit dem Faktor k entsprechend NCl zu Abschnitt 7.3.2(2) berücksichtigt. Weitere Angaben sind in Kapitel 10.4.4 zusammengefasst.

In der Regel ist das Verbundkriechen zu berücksichtigen und der Faktor $k_t = 0{,}4$ zu setzen. In der Praxis der Tragwerksplanung gibt es dazu unterschiedliche Auffassungen, da der frühe Zwang bei dünnen Bauteilen als kurzzeitige Beanspruchung betrachtet werden kann (Kapitel 10.4.6).

Bei Verwendung langsam erhärtender Zemente ($r \leq 0{,}3$) darf die Mindestbewehrung nach DIN EN 1992-1-1, Abschnitt 7.3.2, mit dem Faktor 0,85 verringert werden (NA6 in NCl zu Abschnitt 7.3.2 der Norm). Die Anwendung ist an die Festlegung von Rahmenbedingungen gebunden, die in den Ausführungsunterlagen anzugeben sind. Erläuterungen sind in Kapitel 10.6 zu finden.

Die Koeffizienten zur Beschreibung des Verbundes und der Verbundstörung in DIN EN 1992-1-1, die nationale Anpassungen ermöglichen, wurden entsprechend NDP zu (7.3.4 (3)) wie folgt verändert:

$$k_1; k_2 = 1 \qquad k_3 = 0 \qquad k_4 = 1/3{,}6$$

Damit wird die Berechnung des Rissabstands nach DIN EN 1992-1-1 außer Kraft gesetzt. Mit $k_2 = 1$ entwickelt sich der Rissabstand unabhängig vom Spannungszustand. Die Verbundeigenschaften werden mit $k_1 = 1{,}0$ günstiger beurteilt als in der DIN EN 1992-1-1. In der ÖNORM B 1992-1-1 wird dagegen nur $k_1 = 0{,}56$ angenommen. Anzuwenden ist nach den nationalen Annahmen demzufolge:

$$s_{r,max} = \frac{\phi_s}{3{,}6 \cdot \rho_{eff}} \leq \frac{\sigma_s \cdot \phi}{3{,}6 \cdot f_{ct,eff}} \quad (10.37)$$

Bei Betonstahlmatten darf der Rissabstand auf zwei Maschenweiten begrenzt werden [DIN EN 1992-1-1/NA, NDP zu 7.3.4(3)].

Die Unterschiede in der Berücksichtigung der Beiwerte k_1, k_3 und k_4 in den Vorschriften DIN EN 1992-1-1 und DIN EN 1992-1-1/NA wirken sich anhand eines Beispiels wie folgt aus:
Mit der Betondeckung $c = 35$ mm, $\phi_s = 16$ mm und $\rho_{eff} = 0{,}015$ (bei $h_{c,ef} \geq h/2$) ergeben sich die maximalen Rissabstände mit

$s_{r,max} = \phi_s \ / \ 3{,}6 \cdot \rho_{eff} = 296$ mm (DIN EN 1992-1-1/NA)
und
$s_{r,max} = (119 + 0{,}425 \cdot 0{,}8 \cdot \phi_s \ / \ \rho_{eff} = 482$ mm (DIN EN 1992-1-1)
Die Differenz beträgt etwa 40 %.

Wenn beispielsweise für die mittlere Dehnung ($\varepsilon_{sm} - \varepsilon_{cm}$) = 0,85 ‰ angesetzt wird, betragen die zu erwartenden maximalen Rissbreiten $w_k = 0{,}25$ mm [DIN EN/NA] bzw. 0,41 mm (DIN EN). Die Unterschiede können nicht als unerheblich bezeichnet werden.

Die Wirkungszone der Bewehrung $A_{c,eff}$ ist bei kleineren Bauteildicken $h_{ef} \geq h/2$ mit der Zugzone A_{ct} identisch. Wird diese Grenze überschritten, treten Differenzen entsprechend Kapitel 10.4.5 und wie in Bild 10.14 dargestellt auf. Die notwendige Bewehrung zur Begrenzung der Rissbreite steigt nach dem Nationalen Anhang gegenüber dem Wert nach DIN EN 1992-1-1 an, wenn $h/d_1 > 5$, d. h. $h_{c,ef} > 2{,}5\ d_1$ ist. Bei Beibehaltung der Bewehrungsfläche würde sich die rechnerische Rissbreite vergrößern und sich der nach DIN EN 1992-1-1 nähern. Die Unterschiede zwischen den Ergebnissen, nach den beiden Normen ermittelt, sind besonders gravierend bei dünnen Bauteilen und/oder größerer Betondeckung und verringern sich mit zunehmender Bauteildicke.

Aufgrund unterschiedlicher Werte für die Faktoren in den nationalen Anhängen der einzelnen Länder sind Streuungen der Ergebnisse zwangsläufig. Die Rechenwerte der Rissbreite sind dabei nach DIN EN 1992-1-1/NA besonders günstig und ergeben das Minimum

Beispiel für die Ermittlung des Rechenwertes der Rissbreite nach DIN EN 1992-1-1/NA

Wenn die Eingangsgrößen $h = 400$ mm, $k = 0{,}79$, $\phi = 12$ mm, $A_s = 20{,}5$ cm²/m, $c_{nom} = 4{,}0$ cm und $f_{ct,eff} = 3{,}0$ N/mm² betragen, ergibt sich:
$d_1 = 40 + 6 = 46$ mm $\quad h_{eff}/d_1 = 2{,}83 \quad h_{eff} = 2{,}83 \cdot 46 = 130$ mm
$A_{c,eff} = 130 \cdot 1\,000 = 130\,000$ mm²
$\rho_{eff} = 2\,050 / 130\,000 = 0{,}0158$
$\sigma_s = 0{,}5 \cdot 400 \cdot 1\,000 \cdot 3{,}0 \cdot 0{,}79 / 2\,050 = 231$ N/mm²

Der maximale Rissabstand (Gleichung (10.37)) beträgt:

$$s_{r,max} = \text{Min} \begin{cases} \dfrac{\sigma_s \cdot \phi}{3{,}6 \cdot f_{ct,eff}} = \dfrac{231 \cdot 12}{3{,}6 \cdot 3{,}0} = 257 \text{ mm} \\ \dfrac{d_s}{3{,}6 \cdot \rho_{eff}} = \dfrac{12}{3{,}6 \cdot 0{,}0158} = 211 \text{ mm} \end{cases}$$

Da der kleinere Wert entscheidend ist, liegt ein abgeschlossenes Rissbild mit entsprechender Verkleinerung des Rissabstandes vor.

Mit den vorgenannten Zahlenwerten ergibt sich für die Dehnungsdifferenz nach den Gleichungen (10.24) und (10.26):

$$(\varepsilon_{sm} - \varepsilon_{cm}) = \text{Max} \begin{cases} 0{,}6 \cdot \dfrac{\sigma_s}{E_s} = 0{,}6 \cdot \dfrac{231}{200 \cdot 10^3} = 0{,}00069 \\ \dfrac{\sigma_s}{E_s} - 0{,}4 \cdot \dfrac{f_{ct,eff}}{E_s \cdot \rho_{eff}} \\ = \dfrac{231}{200 \cdot 10^3} - 0{,}4 \cdot \dfrac{3{,}0}{200 \cdot 10^3 \cdot 0{,}0158} \\ = 0{,}00078 \end{cases}$$

Der größere Wert ist maßgebend (abgeschlossenes Rissbild).

Die Rissbreite folgt damit zu
$w_k = 211 \cdot 0{,}00078 = 0{,}16$ mm
Nach DIN EN 1992-1-1 ergibt sich dagegen:
$w_k = 365 \cdot 0{,}00078 = 0{,}29$ mm

bei den möglichen Kombinationen. Besonders wirkt sich dabei der Verzicht auf eine Berücksichtigung der Verbundstörung (Koeffizient k_3) aus. Bei dicken Bauteilen verringert sich die Differenz, bleibt aber grundsätzlich bestehen.

Nach EN 1992-1-1 dürfen nicht nur die Koeffizienten in den Formeln landesspezifisch festgelegt werden, sondern auch die rechnerischen Rissbreiten für die Expositionsklassen zur Gewährleistung der Dauerhaftigkeit. In DIN EN 1992-1-1 sind die empfohlenen Werte übernommen worden und entsprechen damit den international gebräuchlichen Festlegungen. Die Diskrepanz zwischen diesen Sollwerten und den variierenden Istwerten wirkt sich auf die Beurteilung der Dauerhaftigkeit wahrscheinlich nicht aus, weil bis zu Rissbreiten von 0,4 mm bzw. 0,5 mm keine Beziehung zur Korrosion festgestellt worden ist (siehe dazu Kapitel 13). Weitaus gravierender sind die Auswirkungen auf die Vorhersage der Wasserundurchlässigkeit einer Konstruktion. Die Einhaltung der auch hier weitgehend übereinstimmenden Vorgaben ist bei den möglichen Streuungen der Ergebnisse sehr unsicher.

10.7.5 Zusammenstellung der Berechnungsgleichungen nach DIN EN 1992-1-1 und DIN EN 1992-1-1/NA

Zur Ermittlung der rechnerischen Rissbreite werden die in den Normen enthaltenen Gleichungen tabellarisch zusammengefasst, gegenübergestellt und für das Stadium des Einzelrisses ergänzt. Für eine eindeutige Abgrenzung der Lastfälle »kurzzeitige Beanspruchung« und »Dauerbeanspruchung« gibt es keine normativen

Tabelle 10.4: Formeln zur Ermittlung der rechnerischen Rissbreite w_k nach DIN EN 1992-1-1 und DIN EN 1992-1-1/NA

	$w_k = s_{r,max} \cdot (\varepsilon_{sm} - \varepsilon_{cm})$	$s_{r,max}$ **(Min maßgebend)**	$(\varepsilon_{sm} - \varepsilon_{cm})$ **(Max maßgebend)**
DIN EN 1992-1-1	**Einzelriss** ■ Kurzzeitbeanspruchung ($k_t = 0,4$) ■ Dauerbelastung ($k_t = 0,6$)	$3,4 \cdot c + 0,425 \cdot k_1 \cdot k_2 \cdot \frac{\sigma_s \cdot \phi}{f_{ct,eff}}$	$0,4 \cdot \frac{\sigma_s}{E_s}$ $0,6 \cdot \frac{\sigma_s}{E_s}$
DIN EN 1992-1-1	**Abgeschlossene Rissbildung** ■ Kurzzeitbeanspruchung ■ Dauerbelastung	$3,4 \cdot c + 0,425 \cdot k_1 \cdot k_2 \cdot \frac{\phi_s}{\rho_{eff}}$	$\frac{\sigma_s}{E_s} - 0,6 \cdot \frac{f_{ct,eff}}{E_s \cdot \rho_{eff}} \cdot (1 + \alpha_e \cdot \rho_{eff})$ $\frac{\sigma_s}{E_s} - 0,4 \cdot \frac{f_{ct,eff}}{E_s \cdot \rho_{eff}} \cdot (1 + \alpha_e \cdot \rho_{eff})$
DIN EN 1992-1-1 / NA	**Einzelriss**	$\frac{\sigma_s \cdot \phi_s}{3,6 \cdot f_{ct,eff}}$	wie DIN EN 1992-1-1
DIN EN 1992-1-1 / NA	**Abgeschlossene Rissbildung**	$\frac{\phi_s}{3,6 \cdot \rho_{eff}}$	wie DIN EN 1992-1-1
$\alpha_E = \frac{E_s}{E_{cm}}$	$\sigma_s = k \cdot k_c \cdot f_{ct,eff} \cdot A_{ct}/A_s$	$\rho_{eff} = A_s/A_{c,eff}$	vereinfachend wird oft $(1 + \alpha_e \cdot \rho_{eff}) \approx 1$ gesetzt

Hinweise. In der Fachliteratur wird empfohlen, im Regelfall eine Dauerbeanspruchung zugrunde zu legen. Die Tabelle 10.1 und Tabelle 10.2 sind beispielsweise für diesen Belastungsfall ermittelt. Auch für den Lastfall »Abfließende Hydratationswärme« gibt es keine einheitlichen Auffassungen. Wenn bei dünnen Bauteilen der Temperaturausgleich sehr schnell erfolgt und tägliche Temperaturänderungen im späten Alter auftreten, erscheint eine Dauerbelastung jedoch nicht gerechtfertigt.

Zur Verdeutlichung der Auswirkungen der unterschiedlichen Auffassungen bei der Ermittlung der Einleitungslänge und damit des Rissabstands wurde in Bild 10.30 der Zusammenhang zwischen Bewehrungsstahlfläche und rechnerischer Rissbreite für das vorgenannte Zahlenbeispiel ausgewertet. Bei einer vorgegebenen rechnerischen Rissbreite von $w_k = 0{,}20$ mm betragen die Bewehrungsstahlflächen zwischen 18 und 25 cm²/m.

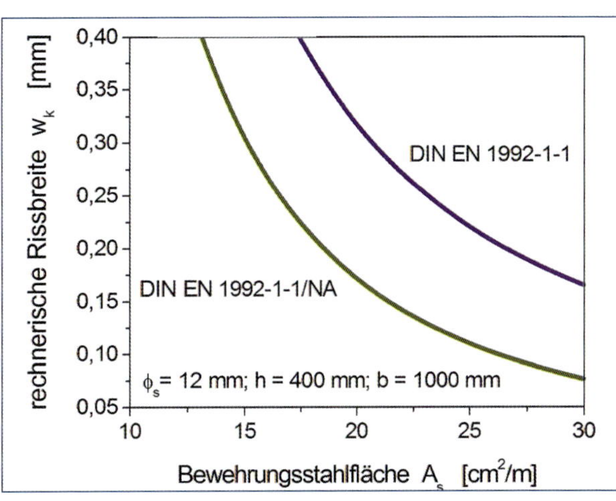

Bild 10.30: Zusammenhang zwischen Bewehrungsstahlfläche A_s und rechnerischer Rissbreite w_k für ein flächiges Stahlbetonbauteil mit abgeschlossenem Rissbild (Daten siehe Berechnungsbeispiel im Kapitel 10.7.4)

Vorermittlung der Bewehrungsfläche

Die Bewehrungsfläche A_s ergibt sich auf der Grundlage der Gleichungen der DIN EN 1992-1-1/NA für eine Dauerbeanspruchung und die beiden Risszustände wie nachfolgend angegeben.

Einzelriss

Die Rissschnittgröße beträgt $F_{cr} = A_{ct} \cdot f_{ct,eff}$

$$A_s = \sqrt{\frac{F_{cr}^2 \cdot \phi_s}{6 \cdot f_{ct,eff} \cdot E_s \cdot w_k}} \quad (10.38)$$

Bei Kurzzeitbelastung ist im Nenner der Faktor 6 durch 9 zu ersetzen.

Abgeschlossenes Rissbild

Die Beanspruchung beträgt $F_{Ed} = \sigma_{sr2} \cdot A_s \geq F_{cr} = A_{ct} \cdot f_{ct,eff}$

$$A_s = \sqrt{\frac{(F_{Ed} - 0{,}4 \cdot F_{cr}) \cdot F_{cr} \cdot \phi_s}{3{,}6 \cdot f_{ct,eff} \cdot E_s \cdot w_k}} \quad (10.39)$$

Bei Kurzzeitbelastung ist im Zähler der Faktor 0,4 durch 0,6 zu ersetzen. Der Bewehrungsgrad ρ_s wurde zu Null gesetzt, der dadurch bedingte Fehler vergrößert die Bewehrung um etwa 3 %. Wenn der Wirkungsbereich der Bewehrung (Kapitel 10.4.5) maßgebend ist, wird A_{ct} durch $A_{ct,eff}$ ersetzt.

Auf den begrenzten Geltungsbereich der Gleichungen wurde in Kapitel 10.6.3 eingegangen.

10.7.6 Weitere Vorschläge zur Ermittlung des Rissabstands und der Rissbreite

Nachfolgend wird nur auf einige Berechnungsmöglichkeiten aus der Vielzahl der in der Literatur angegebenen Vorschläge eingegangen, die sich im Ansatz unterscheiden bzw. die geltenden normativen Grundlagen erweitern.

Berechnung des Rissabstands

In [Noa2] wird aufbauend auf Forschungsergebnissen eine andere Vorgehensweise als in EN 1992-1-1 gewählt. Ein wesentlicher Unterschied ist, dass keine als konstant angenommene Verbundspannung verwendet wird, sondern eine experimentell ermittelte

Verbundspannungs-Schlupf-Beziehung. Durch Integration kann die Verbundspannung τ_{bk} berechnet werden. Mit den Parametern für ein »mittleres Verbundgesetz« ergibt sich für den Rissabstand im Erstrisszustand die Beziehung

$$s_{r,max} = 3{,}1 \cdot \left(\frac{\sigma_{cr}^{0,88} \cdot \phi_s}{f_{cm}^{2/3}} \right)^{0,89} \tag{10.40}$$

Über einen sogenannten Rissentwicklungsfaktor $0{,}5 \leq CE \leq 1{,}0$ wird der mittlere Rissabstand im abgeschlossenen Rissbild berechnet. Für den mittleren Rissabstand ist $CE = 0{,}75$ anzusetzen. Der Streubeiwert wurde unabhängig vom Risszustand zu $\gamma w = 1{,}5$ ermittelt. Sobald die Betonspannung die Zugfestigkeit überschreitet und ein Riss entsteht, kann die Stahlspannung bei Rissbeginn und axialem Zug mit

$$\sigma_{cr} = 0{,}5 \cdot f_{ctm} \cdot A_{ct}/A_s = \frac{0{,}5 \cdot f_{ctm}}{\rho_{ct}} \tag{10.41}$$

angegeben werden. Hierbei wird allerdings nicht von der gesamten Betonzugzone A_{ct} unabhängig von der statischen Nutzhöhe ausgegangen. Bei reiner Biegung beträgt der Vorfaktor statt 0,5 dann 0,2. Bei einem Beton C30/35 und den obengenannten Eingabewerten ergäbe sich $s_{r,max} = 161$ mm.

Mit EN 1992-1-1 im Formelaufbau identisch ist der Vorschlag von [Mar4], aber mit dem Unterschied, dass der additive Bestandteil $k_3 \cdot c$ durch einen konstanten Wert ersetzt wird, nämlich 50 mm. Aus Versuchen wurde ein Sicherheitsbeiwert in Höhe von 1,4 für zentrischen Zug und von 1,7 für Biegung abgeleitet. Der Verbundfaktor wird mit $k_1 = f_{ctm} / \tau_{bk} = 0{,}5$ angegeben. Daraus folgt für zentrischen Zug

$$s_{r,max} = 1{,}4 \cdot \left(50 + 0{,}25 \cdot 0{,}5 \cdot \frac{\phi_s}{\rho_{eff}} \right) = 70 + 0{,}125 \cdot \frac{\phi_s}{\rho_{eff}} \tag{10.42}$$

das vorgenannte Zahlenbeispiel ergibt hier $s_{r,max} = 165$ mm und $w_k = 0{,}13$ mm

Aktuell wird in [Bam1] empfohlen, den Faktor zur Beschreibung des Verbundverhaltens der Bewehrung in EN 1992-1-1 nur mit $k_1 = 1{,}14$ anzusetzen. Den Unsicherheiten bei frühem Zwang könnte dadurch so lange besser entsprochen werden, bis genügend Erfahrungen vorliegen und damit größere Sicherheit vorhanden ist.

Ermittlung der Rissbreite

In ACIR-01 [ACI2] wird eine sehr vereinfachte Vorgehensweise vorgeschlagen, bei der das zu erwartende Maximum der Rissbreite w in Zuggliedern unter Zwangbeanspruchung den Ausdruck besitzt:

$$w = 5{,}7 \cdot \sigma_s \cdot \sqrt[3]{d_1 \cdot A_1} \cdot 10^{-6} \quad [\text{mm}] \tag{10.43}$$

$d_1 = c + \phi/2$ [mm]; A_1 = Betonzugfläche, geteilt durch die Anzahl der Bewehrungsstäbe [mm²]

Auf einem Verbund-Schlupf-Modell aufbauend hat [Eng2] eine Beziehung für die zwanginduzierte Rissbildung abgeleitet, die von der Abhängigkeit der Rissweite von der Stahlspannung ausgeht. Danach beträgt die Risbreite

$$w(\sigma_s) = 0{,}42 \cdot \left[\frac{\phi_s \cdot \sigma_s^2}{0{,}22 \cdot f_{cm} \cdot E_s \cdot (1 + \alpha_e \cdot \rho_{eff})} \right]^{0,826} + \frac{\sigma_s}{E_s} \cdot 4 \cdot \phi_s \tag{10.44}$$

f_{cm}: mittlere Betondruckfestigkeit

Das zweite Glied in der Gleichung berücksichtigt die verbundfreie Zone und die Rissbildung in der Betondeckung. Eine Auswertung für den Beton C30/37 ist in Bild 10.31 dargestellt.

In [Emp3] wird das Berechnungsmodell in DIN EN 1992-1-1/NA erweitert, in dem der charakteristische Rissabstand und die charakteristische Dehnung über ein konsistente, verbundorientierte Methodik bestimmt werden. Zur Ermittlung der Faktoren dienen Bestimmungsgleichungen, die über umfangreiche Parameterstudien ermittelt wurden. Im Ergebnis wird eine Verbesserung der rissmechanischen und verbundspezifischen Zusammenhänge konstatiert. Als wesentlich wird hervorgehoben, dass die Möglichkeit besteht, eine Verbindung zwischen den rechnerischen Rissbreiten in der Nähe des Bewehrungsstahls und der sichtbaren Rissbreite an der Bauteiloberfläche herzustellen. Wenn die Faktoren in den Bestimmungsgleichungen unter den üblichen Bedingungen (guter Verbund, Langzeitbeanspruchung) ermittelt werden, können die Risszustände für Betone C12/15 bis C50/60 vereinfacht wie folgt erfasst werden:

Erstrisszustand

$$w_k = \frac{\phi_s \cdot f_{ct,eff}}{6{,}4 \cdot \rho_{s,eff}^2 \cdot E_s} + \Delta w \qquad (10.45)$$

Abgeschlossenes Rissbild

$$w_k = \frac{\phi_s}{4 \cdot \rho_{s,eff} \cdot E_s} \cdot \left(\sigma_{s2} - 0{,}7 \cdot \frac{f_{ct,eff}}{\rho_{s,eff}}\right) + \Delta w \qquad (10.46)$$

Die Rissaufweitung vom Bewehrungsstahl zur Betonoberfläche wird durch den konstanten Additionsterm Δw berücksichtigt. Im Ergebnis werden bessere Übereinstimmungen zwischen Berechnungs- und Versuchsergebnissen erhalten, wie Bild 10.32 zeigt. Zusammengefasst sind 116 Einzelwerte aus verschiedenen Quellen, aus denen das 95 %-Quantil bestimmt worden ist. Von den Verfassern wird zur Erhöhung der Sicherheit ein Wert $\Delta w = 0{,}10$ mm empfohlen.

In Übereinstimmung mit [DAS5] wird vorgeschlagen, ein abgeschlossenes Rissbild ab einem Verhältnis $\sigma_{s2} / \sigma_{sr} \geq 1{,}3$ anzunehmen. Bis zur 1,3-fachen Risslast wäre danach für die Berechnung der Rissbreite der Erstrisszustand maßgebend (siehe dazu auch Kapitel 10.7.1).

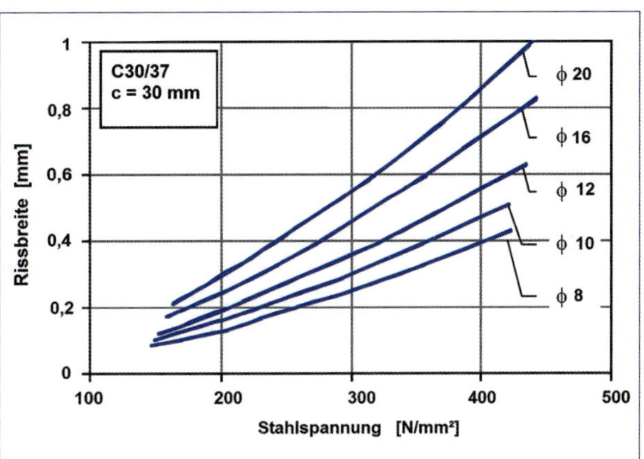

Bild 10.31: Die rechnerische Rissbreite in Abhängigkeit von der Stahlspannung und dem Bewehrungsstahldurchmesser [Löf1]

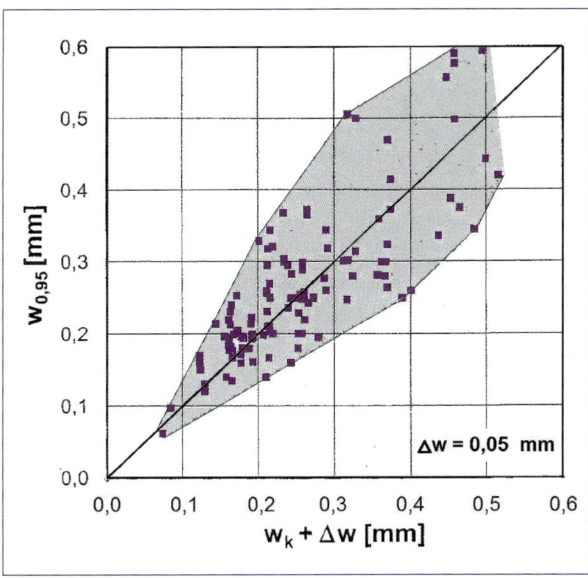

Bild 10.32: Vergleich der rechnerischen Rissbreite nach dem erweiterten Modell unter Berücksichtigung der Rissaufweitung Δw mit Versuchsergebnissen (95 %-Quantil an der Bauteiloberfläche) nach [Emp3]

10.7.7 Ermittlung der Bewehrung und der Rissbreite für Wandbauteile, Anwendung von DIN EN 1992-3 und DIN EN 1992-3/NA

Wandartige Konstruktionen haben dafür typische Behinderungen an den Bauteilrändern und einen daraus resultierenden Verformungs- und Zwangspannungszustand, der sich von den Beanspruchungen der Bauteile, die in DIN EN 1992-1-1 geregelt sind, deutlich unterscheidet. In vielen Fällen haben diese Wandbauwerke auch besondere Anforderungen an die Gebrauchstauglichkeit zu erfüllen. Zur Berücksichtigung von Besonderheiten bei der Planung von Tragwerken u.a. zur Speicherung von Flüssigkeiten, wie Behälter und vergleichbare Bauwerke (Kapitel 6.5.6) dienen die Normen DIN EN 1992-3 bzw. DIN EN 1992-3/NA. Für wasserundurchlässige Konstruktionen (Kapitel 7.1) sind dagegen die Regelwerke [DAS2], [DAS3], [DBV2] zu beachten, deren Anwendung auch für Behälter empfohlen wird. Die Unterschiede in der Beanspruchungsrichtung durch das Wasser, d.h. eindringendes oder austretendes Wasser, haben keinen Einfluss auf die Festlegungen zu den rechnerischen Rissbreiten. Die Klassifizierung der Anforderungen an die Dichtigkeit, die einzuhaltenden Rissbreiten und die Schlussfolgerungen für die Planung sind weitgehend identisch und in den vorstehend angegebenen Kapiteln erläutert.

Die genannten Normen betreffen Wandbauwerke, für die eine besondere äußere und innere Behinderung der eingetragenen Dehnungen charakteristisch ist (Kapitel 6.5.1) und die eine spezifische Rissbildung aufweisen (Kapitel 6.5.2). Die Beanspruchungen infolge von Zwang unterscheiden sich damit sehr wesentlich von denen, die den Regelungen in DIN EN 1992-1-1 zugrunde liegen. Diese Differenzen bestehen auch in den Berechnungsmodellen zum Nachweis der Einhaltung der rechnerischen Rissbreite.

Besonderheit der Rissbildung in Wandbauwerken

Die Modellgrundlage der Vorschriften DIN EN 1992-1-1 und DIN EN 1992-1-1/NA bildet ein stabförmiger Querschnitt unbegrenzter Länge mit einer Behinderung an den Bauteilenden (Kapitel 6.1), die einen zentrischen Zwang hervorruft. In Abhängigkeit von der eingetragenen Dehnung entsteht eine Anzahl von Rissen entsprechend der örtlichen Festigkeit entlang des Bauteils sowie einer durch das Bewehrungsverhältnis ρ bestimmten und (theoretisch) übereinstimmenden Rissbreite vollständig unabhängig voneinander und mit Ansteigen der Zwangbeanspruchung zeitlich nacheinander. Nach dieser vereinfachenden Modellvorstellung tritt durch die Rissbildung keine nennenswerte Veränderung der Zwangschnittgröße ein und die rechnerische Rissbreite entspricht den Dehnungsdifferenzen zwischen Stahl und Beton im Rissbereich (Kapitel 10.3).

Die Norm DIN EN 1992-3 unterscheidet dagegen entsprechend der realen Baukonstruktion weiterhin die Behinderung am Bauteilrand, die bei Wänden auf vorher hergestellten Fundamenten auftritt. Die eingetragenen Verformungen durch das Schwinden und/oder infolge von Temperaturänderungen führen zu veränderlichen Zwangbeanspruchungen in Längsrichtung des Wandbauteiles und über die Wandhöhe (Kapitel 6.5.4). Die Lage der Risse ist jetzt nahezu unabhängig von der Anordnung und dem Umfang der Bewehrung oder der örtlichen Betonfestigkeit, sondern von der Geometrie der Wandscheibe und der Ausbildung der Spannungstrajektorien. Die Steifigkeitsverhältnisse von Wand und Fundament entscheiden über den Rissbildungsprozess und darüber, ob ein Durchriss über die gesamte Wandhöhe oder lediglich ein Anriss im unteren Wandbereich entsteht. Die Anrisse weisen dabei eine relativ geringe Rissbreite auf und sind für die Bestimmung der Mindestbewehrung nicht relevant.

Die sich bei Überschreitung der Betonzugdehnung einstellenden Risse über die Wandhöhe werden in der Breite durch die erzwungene Dehnung und die Bewehrung bestimmt und entstehen nicht unabhängig voneinander. Der sich daraus resultierende Berechnungsmodus erscheint auch auf die Planung der wasserundurchlässigen wandartigen Konstruktionen übertragbar, die in dieser spezifischen Weise behindert sind.

Beide Arten der Behinderung können auch in Kombination auftreten, z. B. in Wandscheiben, die in die verbliebenen Öffnungen der vorher in Kapiteln ausgeführten und bereits weitgehend erhärteten Wandkonstruktion betoniert werden. Dieser Fall wird in der DIN EN 1992-3 durch die Behinderung an den Bauteilenden nicht zutreffend beschrieben, die Berechnung bei einer dreiseitigen Behinderung ist nicht vorgesehen. Für die verschiedenen Zwangsituationen sind Behinderungsgrade angegeben, die bei der Abschätzung der Zwangdehnung verwendet werden können; Beispiele sind im Kapitel 6.5.4 enthalten. Die dort genannten Werte beinhalten auch den Einfluss des Kriechens bzw. der Relaxation. Für die alternierende Ausführung der Wandabschnitte mit starren Widerlagern an den Bauteilenden ist der Zwangbeiwert mit R = 0,5 angegeben, der zu einer unzutreffenden Berechnung der Dehnungen führen kann. Bei der Anwendung der Norm ist zu beachten, dass das Berechnungsmodell nicht alle auftretenden Fragen berücksichtigt. die die Risskraft, die Dehnungsdifferenz und den Rissabstand betreffen. In diesem Zusammenhang wird verschiedentlich darauf hingewiesen, dass die zur Modellbildung gehörenden Untersuchungen in weitaus geringerem Umfang vorliegen als für die Basis der Berechnungen nach DIN EN 1992-1-1. Die Vorgehensweise bei wasserundurchlässigen Bauwerken richtet sich gegenwärtig nach der Norm DIN EN 1992-1-1 bzw. DIN EN 1992-1-1/NA und dem Regelwerk [DBV1]. Nach [Iva2] ist eine der Hauptursachen für die überbemessene Mindestbewehrung in Wänden die ungenügende Berücksichtigung der Rissbildung in gezwängten Scheibenkonstruktionen und die Übernahme der nicht zutreffenden Berechnungsmodelle.

Nachfolgend wird nur die Beanspruchung durch Zwang betrachtet, da eine Überlagerung mit einer äußeren Last nur in Sonderfällen berücksichtigt werden muss (Kapitel 10.4.8).

Charakteristik der Rissbildung und Mindestbewehrung

Aus theoretischen Untersuchungen und Beobachtungen an ausgeführten Wandbauwerken ergeben sich in der Literatur widersprüchliche Schlussfolgerungen. Zum einen wird die Auffassung vertreten, dass die Vertikalrissbildungen die Steifigkeit einer langen Wand sukzessive vermindert und deshalb die Zugspannung im Bewehrungsstahl herabgesetzt wird und die Werte für die Rissbreite geringer sind, als bei einer Behinderung an den Bauteilenden. Die entgegengesetzte Meinung geht davon aus, dass die Rissbreite von der Betondehnung und der Behinderung bei Zwang abhängt. Insofern kann die Rissbreite diejenige bei einem Zwang an den Bauteilenden auch übersteigen. Eine größere Behinderung oder eine größere eingetragene Dehnung führt damit zwangsläufig zu einem breiteren Riss. Die Berechnung in DIN EN 1992-3 basiert auf dieser Annahme.

Die erste Trennrissbildung findet etwa in der Mitte der Wandlänge L statt und durchtrennt die Wand über die gesamte Höhe H, wenn die eingetragenen Dehnungen die Dehnungsfähigkeit des Betons übersteigen. Es entstehen zwei Wandbauteile mit einem verkleinerten Verhältnis L / H und einem entsprechend veränderten Spannungsverlauf innerhalb der Scheibe (Kapitel 6.5.2). Die Rissbreite ergibt sich, wenn die Bewehrung zunächst nicht beachtet wird, aus den Dehnungsbeträgen der beiden Wandhälften. Nehmen die Zwangbeanspruchungen weiter zu, wiederholt sich der Vorgang in den beiden Wandhälften. Es entstehen Einzelrisse, die entlang des Wandbauteils auftreten und einen bestimmten, auch zufälligen Abstand voneinander entfernt sind. Im Ergebnis entsteht ein typisches Rissbild, das die Zwangdehnungen nicht abbaut, aber wirkungslos werden lässt.

Die Steifigkeit der Kopplung von Wand und Fundament bestimmt den Grad der Behinderung und damit die Reichweite der Beeinflussung der Verformung über die Wandhöhe. Nach den auftretenden Beanspruchungen richtet sich bei hohen Wänden auch die Staffelung der horizontalen Bewehrung. Unmittelbar am Wandauflager ist zwar der Größtwert der Behinderung vorhanden, gleichzeitig wird aber auch durch das Fundament eine größere Anzahl von feineren Rissen verursacht. Diese Wirkung ist vergleichbar mit einer sehr umfangreichen Bewehrung zur Steuerung der Rissbreite. Die Bewehrungsfläche kann demzufolge gering gehalten werden. Darüber bildet sich eine Zone maximaler Beanspruchung, die der Bemessung zugrunde zu legen ist und zu einer entsprechenden umfänglichen Bewehrung führt. Die Lage dieses Dehnungs- und Spannungsmaximum wird oft mit 1/10 L genannt (Kapitel 6.5.3). Mit der in Richtung der Wandoberkante zurückgehenden Behinderung und Zunahme der freien Verformung kann auch der Bewehrungsanteil vermindert werden. Bei Wänden geringer Länge ist im oberen Bereich keine Zwängung mehr vorhanden.

Die Festhaltung am Rand des Wandbauteils und die sich einstellende Zwangkraft sind von der Beschaffenheit des Untergrundes abhängig. Den Grenzfall einer starren, völlig unnachgiebigen Auflagerung (Kapitel 6.5.1) gibt es praktisch eigentlich nicht, sodass in Wandmitte neben der Zwangnormalkraft auch Biegemomente auftreten, die zu einer Entlastung im oberen Bereich der Wand führen. Eine zutreffende Ermittlung ist nahezu ausgeschlossen, sodass der ungünstige Grenzfall in der Regel die Basis der Berechnungen bildet.

Ein Riss kann sich in bewehrten Wänden nicht so weit öffnen, wie die Dehnungen dies im Risszustand verursachen würden. Die Bewehrung verringert durch die rückhaltenden Kräfte die im Riss wirksamen Dehnungsbeträge. Dieser Mechanismus ist Bestandteil von Modellbildungen ([Iva2], [Paa2]). Ein Ergebnis von Untersuchungen ist auch, dass der Abstand zwischen den Trennrissen die Trennrissbreite bestimmt und zwischenliegende Anrisse kleinerer Höhe keinen verändernden Einfluss darauf haben.

Begrenzung der Rissbildung ohne direkte Berechnung und Ermittlung der Mindestbewehrung

Die Norm DIN EN 1992-3 beinhaltet zur Begrenzung der Rissbreite ohne Berechnung ebenfalls Anwendungsregeln, die die Grenzdurchmesser und Stababstände betreffen. Diagramme sollen die Ermittlung einer geeigneten Bewehrungsanordnung ermöglichen. Die in der Norm angegebenen Diagramme sind in DIN EN 1992-3/NA außer Kraft gesetzt. Dafür wird der Grenzdurchmesser bestimmt entsprechend DIN EN 1992-1-1/NA mit der Beziehung

$$\phi_s^* = w_k \cdot \frac{3{,}48 \cdot 10^6}{\sigma_s^2} \tag{10.47}$$

Die Hinweise zur Modifikation der Grenzdurchmesser (siehe dort, Gleichung 7.7DE. Gleichung (10.47)) dienen auch zur Bestimmung der zulässigen Stahlspannung, wenn die rechnerische Rissbreite und der Stabdurchmesser vorgegeben sind. Um die in der Praxis festgestellte Fehleranfälligkeit bei der Modifikation zu vermeiden [DBV13], wird die Ermittlung der zulässigen Stahlspannung wie folgt vorgeschlagen:

$$\sigma_s = \sqrt{\frac{6 \cdot w_k \cdot f_{ct,eff} \cdot E_s}{\phi_s}} \leq f_{yk} \tag{10.48}$$

Die Mindestbewehrung darf analog zu DIN EN 1992-1-1 (siehe Kapitel 10.6) bestimmt werden mit

$$A_{s,min} = \frac{k_c \cdot k \cdot f_{ct,eff} \cdot A_{ct}}{\sigma_s}$$

Der Absolutwert der zulässigen maximalen Spannung σ_s in der Bewehrung unmittelbar nach der Rissbildung darf mir der Streckgrenze f_{yk} angenommen werden. Die Rissbreitenbegrenzung kann eine niedrigere Stahlspannung erfordern. Weitere Angaben zu den Rechengrößen siehe Kapitel 10.6.

Nachweis der rechnerischen Rissbreite bei Behinderung am Rand und an den Enden der Wandscheibe

Die rechnerische Rissbreite kann in Übereinstimmung mit DIN EN 1992-1-1 ermittelt werden nach der Gleichung

$$w_k = s_{r,max} \cdot (\varepsilon_{sm} - \varepsilon_{cm})$$

Die zu berücksichtigende Dehnungslänge ist ein wesentlicher Parameter, der aber schwierig bestimmt oder festgelegt werden kann. Oft wird dafür in der Literatur ein Wert zwischen 1,0 H (Wandhöhe) und 1,5 H angegeben (z.B. [Iva2]). Da es in der DIN EN 1992-3 keinen Hinweis zur Dehnungslänge bzw. zum Rissabstand gibt, wird im Allg. aus DIN EN 1992-1-1 die Formel zur Ermittlung der Einleitungslänge

$s_{r,max}$ verwendet. Eine ähnliche Vorgehensweise ist bei [Bam1], [Paa2], [Zyc1] u.a. zu finden. Für den Einzelriss mit und ohne abgeschlossenem Rissbild gilt damit der Ausdruck nach Kapitel 10.7.3, Gleichung (10.35)

$$\begin{aligned} s_{r,max} &= 3{,}4 \cdot c + 0{,}425 \cdot k_1 \cdot k_2 \cdot \frac{\phi}{\rho_{eff}} \\ &= 3{,}4 \cdot c + 0{,}34 \cdot \frac{\phi}{\rho_{eff}} \\ &\leq 3{,}4 \cdot c + 0{,}34 \cdot \frac{\sigma_s \cdot \phi}{f_{ct,eff}} \end{aligned}$$

k_1: 0,8 (gute Verbundeigenschaften)
k_2: 1,0 (zentrischer Zug)

Der Auslegung in DIN EN 1992-1-1/NA folgend ergibt sich der Ausdruck entsprechend Kapitel 10.7.5 zu

$$s_{r,max} = \frac{\phi_s}{3{,}6 \cdot \rho_{eff}} \leq \frac{\sigma_s \cdot \phi_s}{3{,}6 \cdot f_{ct,eff}}$$

Bei **Zwang an einem Bauteilrand** einer langen Wand ergibt sich die Dehnungsdifferenz zu

$$\varepsilon_{cr} = (\varepsilon_{sm} - \varepsilon_{cm}) = R_{ax} \cdot \varepsilon_{free} \tag{10.49}$$

R_{ax}: axialer Behinderungsgrad (in Wandlängsrichtung)
ε_{free}: Dehnung des vollständig unbehinderten Bauteiles.

Betrachtet wird dabei offensichtlich nur der Bereich maximaler Beanspruchung im unteren Wandabschnitt. Für darüber liegende Zonen müsste noch die Verminderung des Behinderungsgrades über die Wandhöhe berücksichtigt werden (Kapitel 6.5.3).

Die rissverursachende Dehnung ε_{cr} kann aus den Anteilen für das autogene und das Trocknungsschwinden ε_{cas} bzw. ε_{cds} sowie die thermische Dehnung $\alpha_T\ \Delta T$ ermittelt werden. Für eine langzeitige Zwangbeanspruchung mit den frühen Anteilen (1) und später einwirkende Temperatur (2) beträgt die Dehnung beispielsweise

$$\begin{aligned} \varepsilon_{cr} = (\varepsilon_{cT1} + \varepsilon_{cas}) \cdot R_{ax,1} \\ + (\varepsilon_{ct2} + \varepsilon_{cds}) \cdot R_{ax,2} \end{aligned} \tag{10.50}$$

$\varepsilon_{cT1}, \varepsilon_{cT2}$: Thermisch bedingte Dehnungen $(\alpha_T \cdot \Delta T)$
$\varepsilon_{cas}, \varepsilon_{cds}$: Autogenes bzw. Trocknungsschwinden

In [Bam1] und [Bam4] wird angegeben:

$$\begin{aligned} \varepsilon_{cr} = K \cdot [(\alpha_T \cdot \Delta T_1 + \varepsilon_{cas}) \cdot R_{ax,1} \\ + (\alpha_T \cdot \Delta T_2) \cdot R_{ax,2}] - 0{,}5 \cdot \varepsilon_{ctu} \end{aligned} \tag{10.51}$$

K: Faktor zur summarischen Berücksichtigung der Behinderung, des Kriechens und dem Anteil des autogenen Schwindens
ε_{ctu}: Bruchdehnung des Betons

Bei der Ermittlung der zwangspannungswirksamen Dehnung ist der Bauablauf zu berücksichtigen. Beispielsweise wird durch das Aufbetonieren der Deckenkonstruktion eine weitere Auswirkung des Schwindens der Wände unterbunden.

Die weitere Berechnung schließt die vorlaufende Prüfung ein, dass die eingetragene Dehnung größer ist als die Bruchdehnung zum betrachteten Zeitpunkt, d.h. $\varepsilon_{cr} > \varepsilon_{ctu}$ und mit einer Rissbildung gerechnet werden muss. Kann die Rissbildung ausgeschlossen werden, ist eine verringerte Mindestbewehrung zulässig.

Die Rissbreite folgt mit dem Rissabstand $s_{r,max}$ nach DIN 1992-1-1/NA zu:

$$w_k = \frac{\varepsilon_{cr} \cdot R_{ax} \cdot \phi_s}{3{,}6 \cdot \rho_{eff}} \tag{10.52}$$

Für die **Endbehinderung** gilt nach DIN EN 1992-3:

$$\begin{aligned} (\varepsilon_{sm} - \varepsilon_{cm}) = \frac{0{,}5 \cdot \alpha_e \cdot k_c \cdot k \cdot f_{ct,eff}}{E_s} \\ \cdot \left(1 + \frac{1}{\alpha_e \cdot \rho_{eff}}\right) \end{aligned} \tag{10.53}$$

$\rho_{eff} = A_s / A_{c,eff}$ $\alpha_a = E_s / E_c$

Damit wird der Ausdruck mit $k_c = 1$ (zentrischer Zwang) und $s_{r,max}$ nach DIN EN 1992-1-1/NA sowie abgeschlossenem Rissbild:

$$w_k = \frac{\phi_s \cdot \alpha_e \cdot k \cdot f_{ct,eff}}{7{,}2 \cdot \rho_{eff} \cdot E_s} \cdot \left(1 + \frac{1}{\alpha_e \cdot \rho_{eff}}\right) \tag{10.54}$$

Diskussion der Vorgehensweise anhand eines Beispiels

Wand mit H = 4,50 m, h = 0,40 m, Fundament mit B = 2,25 m, b = 1,0 m, c = 35 mm. Bewehrung $\phi_s = 12$ mm, $d_1 = 35 + 12/2 = 41$ mm; $h_{eff} = 3{,}0 \cdot 41 = 123$ mm

Vermutete Rissbildung nach 5 Tagen; $\Delta T = 40$ K,

$\varepsilon_{cT} = 40 \cdot 10 \cdot 10^{-6}$; $\varepsilon_{cas} = 25 \cdot 10^{-6}$.

$f_{ct,eff} = 0{,}6 \cdot 2{,}9 = 1{,}75$ N/mm²;

$E_{ct}(t) = 0{,}85 \cdot 29\,500 = 25\,075$ N/mm²; $\alpha_e = E_s / E_{cm} = 5{,}7$

$A_{ct} = 200\,000$ mm² (1 m Wandhöhe) $A_{c,eff} = 123\,000$ mm².

Relaxation $\psi = 0{,}85$

Vorgabe: $w_k = 0{,}20$ mm

a) Randeinspannung der Wand

Behinderungsgrad am Wandfuß nach Gleichung 6.13)

$R = 1 / [1 + (4{,}5 \cdot 0{,}40 / 2{,}25 \cdot 1{,}0) \cdot 0{,}85] = 0{,}60$

Für die mittige Beanspruchungszone ist dieser Wert in DIN EN 1992-3 angegeben mit R = 0,50 (Bild 6.21, Kapitel 6.5.1), darin ist die Relaxation enthalten.

$\varepsilon_{cr} = [\varepsilon_{cT} + \varepsilon_{cas}] \cdot R \cdot \psi = 425 \cdot 10^{-6} \cdot 0{,}60 \cdot 0{,}85 = 217 \cdot 10^{-6} > \varepsilon_{ctu} = 90 \cdot 10^{-6}$ (Rissbildung zu erwarten)

Der Relaxationsbeiwert beträgt dabei $\psi = 0{,}85$ (Kapitel 5.7).

Mindestbewehrung $A_{s,min} = 200\,000 \cdot 1{,}75 / 500 = 700$ mm² je Seite ($k = k_c = 1{,}0$ gesetzt).

Bewehrung gewählt: $\phi_s = 12$ im Abstand s = 130 mm.

$A_s = 870$ mm²/m, je Seite

$\sigma_s = A_{ct} \cdot f_{ct,eff} / A_s = (400 / 2) \cdot 1000 \cdot 1{,}75 / 870 = 402$ N/mm²

$\rho_s = 870 / 200\,000 = 0{,}00435$; $\rho_{eff} = 870 / 123\,000 = 0{,}0071$

$$s_{r,max} = 3{,}4 \cdot 35 + 0{,}34 \cdot \frac{12}{0{,}0071}$$

$$= 694 \leq 3{,}4 \cdot 35 + 0{,}34 \cdot \frac{402 \cdot 12}{1{,}75} = 1\,056 \text{ mm}$$

(Basis: DIN EN 1992-1-1)

$w_{max} = 694 \cdot 217 \cdot 10^{-6} = 0{,}15$ mm

$$s_{r,max} = \frac{12}{3{,}6 \cdot 0{,}0071} = 470 \leq \frac{402 \cdot 12}{3{,}6 \cdot 1{,}75} = 766 \text{ mm}$$

(Einleitungslänge nach DIN EN 1992-1-1/NA)

$w_{max} = 470 \cdot 217 \cdot 10^{-6} = 0{,}10$ mm

Die bereits mehrfach erwähnte Differenz in der rechnerischen Rissbreite anhand der Ermittlung nach DIN EN 1992-1-1 und DIN EN 1992-1-1/NA zeigt sich auch an diesem Beispiel.

b) Einspannung an den vertikalen Wandendflächen

Nach Gleichung (10.53) mit Beibehaltung der Bewehrungsfläche:

$$(\varepsilon_{sm} - \varepsilon_{cm}) = \frac{0{,}5 \cdot 5{,}7 \cdot 0{,}8 \cdot 1{,}75}{200\,000} \cdot \left(1 + \frac{1}{5{,}7 \cdot 0{,}0071}\right) = 0{,}00051$$

$w_{max} = 694 \cdot 0{,}00051 = 0{,}36$ mm

Mit Änderung der Bewehrung zu $\phi_s = 12$ mm, Abstand s = 100 mm, wird die Bewehrungsfläche vergrößert auf $A_{s,vorh.} = 1\,130$ mm²

$\rho_{eff} = 1\,130 / 123\,000 = 0{,}0092$ $\alpha_e = 5{,}7$

$\sigma_{s,vorh} = 200\,000 / 1\,130 = 177$ N/mm²

$$s_{r,max} = 119 + 0{,}34\ 12 / 0{,}0092 = 119 + 443 = 562 \text{ mm}$$

$$(\varepsilon_{sm} - \varepsilon_{cm}) = \frac{0{,}5 \cdot 5{,}7 \cdot 0{,}8 \cdot 1{,}75}{200\,000} \cdot \left(1 + \frac{1}{5{,}7 \cdot 0{,}0092}\right) = 0{,}0004$$

$w_{max} = 562 \cdot 0{,}0004 = 0{,}23$ mm

Wenn das Modell nach DIN EN 1992-1-1/NA angewandt wird, ergibt sich folgendes Bild:

Anhand der Gleichungen in Kapitel 10.7.5 folgt

$$s_{r,max} = \frac{\phi_s}{3{,}6 \cdot \rho_{eff}} = 12 / 3{,}6 \cdot 0{,}092 = 362 \text{ mm}$$

$$(\varepsilon_{sm} - \varepsilon_{cm}) = \frac{\sigma_s}{E_s} - \frac{0{,}4 \cdot f_{ct,eff}}{E_s \cdot \rho_{eff}}$$

$$= (177 - 0{,}4 \cdot 1{,}75/0{,}0092)/200000 = 0{,}0005$$

$w_{max} = 362 \cdot 0{,}0005 = 0{,}18$ mm

Wie bereits in Kapitel 10.7.5 dargelegt, werden bei der Nachweisführung nach DIN EN 1992-1-1/NA geringere zu erwartende Rissbreiten als nach DIN EN 1992-1-1 ermittelt. Dies trifft selbstverständlich auch auf die Wände von Behälterbauwerken zu. Darüber hinaus ergeben sich erhebliche Differenzen zwischen den Rissbreiten infolge horizontaler Zwangbeanspruchung bei Rand- und Endbehinderung. Bei einer kombinierten End- und Randbehinderung (alternierende Betonage der Wandabschnitte), die mit der Situation nach DIN EN 1992-1-1 kaum verglichen werden kann, ist eine wesentlich größere Bewehrungsfläche einzubauen, um die Vorgabewerte der rechnerischen Rissbreite einhalten zu können.

Die Berechnungsergebnisse weichen von den Beobachtungen an Wänden mit Rissbildungen deutlich ab. Die beobachteten Risse sind länger und breiter und können sich im Verlauf der Zeit noch aufweiten. Die unbefriedigende Übereinstimmung der Berechnungsergebnisse, die über die üblichen Streuungen hinausgehen, wird in der Annahme des Rissabstandes $s_{r,max}$ gesehen [Zyc1]. In der Regel werden die zu erwartenden Rissbreiten unterschätzt. Aus den Untersuchungen von [Khe1] und [Khe2] geht hervor, dass der Rissabstand und der Behinderungsgrad über die Wandgeometrie miteinander verknüpft sind. Mit einer Zunahme der Behinderung wird der sich einstellende Rissabstand verkleinert, die Anzahl der Risse vergrößert und die Rissbreite reduziert. Unabhängig von der Art der Randbehinderung werden offenbar die rechnerischen Rissbreiten nach DIN EN 1992-3 nicht zutreffend eingeschätzt.

Weitere Modelle zur Ermittlung der Rissbreite bei randbehinderten Wänden

Obwohl Wandkonstruktionen ein breites Anwendungsgebiet besitzen, sind nur wenig darauf orientierte Berechnungsvorschläge zur Berechnung der Mindestbewehrung und der Rissbreite zu finden, z.B. [Hen1], [Iva2], [Ros10], [Zyc1]. Charakteristisch ist dabei, dass bei diesen Modellen zur Ermittlung der Dehnungen im Rissbereich in der Regel ein modifizierter Ansatz für den Rissabstand nach DIN EN 1992-1-1 verwendet wird.

In [Bam4] wird eine Trennung der Rissbreite in zwei Anteile vorgeschlagen, die getrennt ermittelt und zusammengefügt werden. Dabei werden zur Abschätzung der Dehnungen die Gleichungen der Norm DIN EN 1992-3 für die beiden Behinderungsfälle verwendet und durch Einführung der Bauteillänge modifiziert. Die Rissbreiten ergeben sich wieder unter Verwendung des Rissabstands.

[Iva2] geht ebenfalls von zwei Rissbreitenanteilen aus. Die unbehinderte Dehnung ε_0 wird durch eine Federwirkung der rückhaltenden Bewehrung verringert. Über einen Beiwert k_0 wird die Abhängigkeit der größten Dehnung vom Rissabstand bzw. vom Abstand zwischen den Arbeitsfugen berücksichtigt.

Mit der doppelten Krafteinleitungslänge

$$2 \cdot l_e = a_m = 50 + 0{,}2 \cdot \phi_s/\mu_{Zw} \tag{10.55}$$

ergibt sich die Federkonstante der Bewehrungsstähle zu

$$c_s = \frac{E_s \cdot \phi_s^2 \cdot \pi}{0{,}4 \cdot a_m} \tag{10.56}$$

Der wirksame Bewehrungsgrad μ_{Zw} ergibt sich dabei aus

$$\mu_{Zw} = \frac{A_s'}{2{,}5 \cdot c \cdot s} \tag{10.57}$$

A_s': Fläche eines Bewehrungsstabes in der Wirkungsfläche der Bewehrung

s: Distanz zwischen zwei Bewehrungsstäben

Die Stabkraft folgt zu

$$F_s = \frac{\varepsilon_0 \cdot k_0 \cdot H}{\frac{1}{c_s} + \frac{k_0 \cdot H}{E_{cm} \cdot h \cdot s}} \tag{10.58}$$

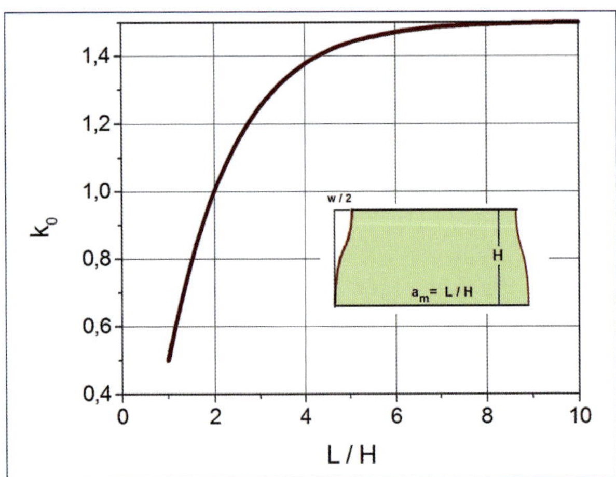

Bild 10.33: Beiwert k_0 zur Ermittlung der maximalen Dehnungen $k_0 \cdot \varepsilon_0$ in Abhängigkeit vom Verhältnis der Wandhöhe H zum Rissabstand bzw. zur Wandlänge L für unbewehrte Wände (nach [Iva1]).

Die Rissbreite kann nun ermittelt werden zu

$$w_{vorh} = 2 \cdot F_S / c_S \quad (10.59)$$

die Stahlspannung zu

$$\sigma_S = F_S / 2 \cdot A_S' \quad (10.60)$$

den Daten aus dem vorgenannten Beispiel und $k_0 = 1{,}0$ (L / H = 2):

$\mu_{Zw} = 133 / (2{,}5 \cdot 35 \cdot 130) = 0{,}012$
$a_{m =} 50 + 0{,}2 \cdot 12/0{,}012 = 50 + 205 = 255$ mm
$c_{s =} 200\,000 \cdot 12^2 \cdot 3{,}14 / 0{,}4 \cdot 255 = 886\,588$ MN/m
$F_{s =} 217 \cdot 10^{-6}\, 4\,500 / (1{,}13 \cdot 10^{-6} + 4{,}4 \cdot 10^{-6}) = 176\,582$ N
$w_{vorh =} 176\,582 / 886\,588 = 0{,}20$ mm

Das Ergebnis bildet einen oberen Grenzwert ab. Wie bereits erwähnt, sind die praktischen Krümmungsbehinderungen durch das Fundament geringer, sodass die Mindestbewehrung und rechnerische Rissbreite auf der sicheren Seite liegt und noch Reserven vorhanden sind. Die Dehnung ε_0 sollte unter Berücksichtigung des Relaxationsvermögens des jungen Betons in die Berechnung eingeführt werden. Der Rissabstand a_m bedingt die Verformungen der Wandscheibe und bestimmt erheblich die erforderliche Bewehrungsfläche. Nach verschiedenen Literaturangaben beträgt der mittlere Abstand etwa $a_m = 1{,}25$ H, der durch die Bewehrung vermindert wird. In [Iva1] wird deshalb vorgeschlagen, die Berechnungen mit $a_m = 1{,}0$ H durchzuführen. Sämtliche Werte für die rechnerische Rissbreite sind selbstverständlich mit dem Vorbehalt zu betrachten, der auch die Ermittlung nach DIN EN 1992-1-1 gilt und aus der eingeschränkten Eintreffenswahrscheinlichkeit resultiert.

10.7.8 Rissbreitenbegrenzende Bewehrung bei Eigenspannungen

Eigenspannungen können vor allem in dickeren Bauteilen Rissbildungen im Randbereich hervorrufen (Kapitel 6.9), die auch die Rissschnittkraft herabsetzen (Kapitel 10.4.4). Auswirkungen auf die Rissbreite infolge von äußerem Zwang und den Umfang der Mindestbewehrung zur Beschränkung der Rissbreite resultieren daraus nicht. Wenn diese Mindestbewehrung den Zugspannungskeil der Eigenspannungen abdeckt, ist keine gesonderte Bewehrung erforderlich. Andererseits kann die an der Oberfläche einzubauende Bewehrung zur Absicherung gegen Eigenspannungsrisse die rissbreitenbegrenzende Mindestbewehrung nicht ersetzen. Wenn eine Korrosion der Bewehrung ausgeschlossen ist, kann die Randbewehrung verringert oder darauf verzichtet werden.

Die ungleichförmige Erwärmung des Bauteils führt zu einem Dehnungs- und Spannungsprofil im Querschnitt. Bei Überschreiten der Festigkeit am Rand, treten Risse auf, die sich von der Oberfläche in das Bauteilinnere ausdehnen. Die Risstiefe ist von der Zusammensetzung des Betons (Größe der Gesteinskörnung), Störungen im Gefüge und der Grenze der Überschreitung der Zugfestigkeit abhängig. Ungünstig ist anzunehmen, dass sich die Risse soweit ausdehnen, wie der Zugspannungskeil reicht. Im Zuge der Abkühlung vollzieht sich die Spannungsumkehr. Im Rand treten Druckspannungen und im Kern Zugspannungen auf. Die sich während der Abkühlung im Innern des Bauteiles bildenden Risse können sich bei anschließender Zwangbeanspruchung, z.B. infolge von Schwinden, ausweiten und als Trennrisse in Erscheinung treten.

Die Zugspannungen in den beiden Randbereichen reichen, bei Annahme einer parabelförmigen Spannungsverteilung im Querschnitt (Bild 10.34), bis zu einer Tiefe von $h_{eff} = 1/6\ h \approx 0{,}2\ h$ bis höchstens $1/4\ h \approx 0{,}25\ h$. Aufgrund des linearen Spannungsbildes in der Randzone beträgt der Faktor $k_c = 0{,}50$. Die Reduktion des Querschnitts infolge von Mikrorissbildung entfällt, d.h. $k = 1$. Mit einer (kurzzeitigen) Auslastung des Bewehrungsstahles bis zur Fließgrenze ($f_{yk} = 500\ N/mm^2$) ergibt sich je Seite

$$A_{s,surf} = \frac{k_c \cdot f_{ct,eff} \cdot 0{,}25 \cdot h \cdot b}{f_{yk}} = 0{,}125 \cdot \frac{f_{ct,eff} \cdot h \cdot b}{f_{yk}} \qquad (10.61)$$

Andere Vorschläge gehen von einer nichtlinearen Spannungsverteilung im Randbereich aus und nehmen einen Völligkeitsgrad $\alpha = 0{,}80$ an (Bild 10.34). Daraus folgt für dünne Bauteile ($h \leq 350$ mm):

$$A_{s,surf} = \frac{0{,}8 \cdot f_{ct,eff} \cdot 0{,}25 \cdot h \cdot b}{f_{yk}} = 0{,}20 \cdot \frac{f_{ct,eff} \cdot h \cdot b}{f_{yk}} \qquad (10.62)$$

Für dicke Bauteile ($h > 350$ mm) wird die Wirkungszone der Bewehrung in Ansatz gebracht:

$$A_{s,surf} = \frac{0{,}8 \cdot f_{ct,eff} \cdot 0{,}25 \cdot (h-d) \cdot b}{f_{yk}} = 0{,}20 \cdot \frac{f_{ct,eff} \cdot (h-d) \cdot b}{f_{yk}} \qquad (10.63)$$

(Bei vorgespannten Bauteilen besitzt der Vorfaktor nach DIN EN 1992-1-1/NA, J.4 den Wert 0,16)

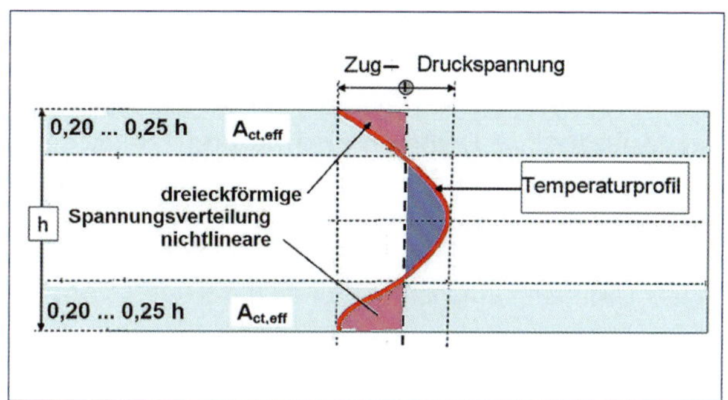

Bild 10.34: Temperaturprofil und Spannungsverteilung in der Randzone bei der Erwärmung des Bauteils

Da eine Vorhersage der Temperatur- und Spannungsentwicklung bekanntlich unsicher ist, wird in DIN EN 1992-1-1 das Versagen der Randfaser unterstellt und gemäß NCl zu Anhang J.1(1) eine Oberflächenbewehrung $A_{s,surf}$ festgelegt mit

$$A_{s,surf} \geq 0{,}02 \cdot A_{ct,ext} \qquad (10.64)$$

$A_{ct,ext}$: Querschnittsfläche des Bauteilbereichs unter Zug außerhalb der Bügel

Bei einer dicken Stahlbetonplatte würde die Bewehrung $A_{s,surf} = 0{,}02 \cdot 1000 = 20\ cm^2/m$ betragen. Bei der Oberflächenbewehrung sollte $\phi_s \leq 10$ mm verwendet werden. Die Bewehrungsmenge wird dabei unabhängig von der Festigkeitsklasse und der Bauteildicke mit $A_{s,surf} = 3{,}35\ cm^2/m$ begrenzt.

Während der Abkühlung kehrt sich die Spannung um, im Kern treten jetzt Zugspannungen auf. Die Bewehrung ergibt sich, wenn keine rissbreitenbegrenzende Bewehrung vorgesehen werden muss, jetzt zu

$$A_s = \frac{f_{ct,eff} \cdot 0{,}65 \cdot h}{f_{yk}} \qquad (10.65)$$

Für die effektive Zugfestigkeit sollte die normgemäße mittlere Zugfestigkeit f_{ctm} eingesetzt werden, da das Maximum der Rissbildung nach dem Temperaturausgleichsvorgang vorhanden ist.

10.7.9 Rissbreitenbegrenzung bei Elementwänden und -decken

Die vorgefertigten Fertigteilelemente werden nach der Montage mit Ortbeton ergänzt und bilden dann bei entsprechender Bemessung und einem wirksamen Verbund zwischen Alt- und Neubeton ein statisch gleichwertiges Stahlbetonbauteil. Ein wesentlicher Unterschied besteht aber in der Rissbildung bei Zwangbeanspruchungen in Längsrichtung des Bauwerksteils.

Die Elementstöße der Fertigteile stellen Kerben dar und erzwingen an diesen Stellen die Rissbildung im Bauteil (Bild 7.17) Die Aufnahme der Risskraft ist durch die Verringerung des Querschnitts deutlich herabgesetzt und kann bei Bauteildicken von 200 mm bis auf 50 % absinken. Wenn bei zentrischer Zugbeanspruchung die Betonzugfestigkeit im Stoßbereich überschritten wird, bilden sich im Bereich der Kerben im Ortbeton Einzelrisse. Aufgrund der beträchtlichen Unterschiede in der Risskraft zwischen dem geschwächten und ungeschwächten Querschnitt ist es unwahrscheinlich, dass sich danach zwischen den Elementfugen im Bauteil weitere Einzelrisse bilden. Nach dem Erstriss ist damit bereits das abgeschlossene Rissbild erreicht. Eine weitere Zunahme der Zwangdehnung führt zwangsläufig zur Verbreiterung der Erstrisse.

Eine Maßnahme zur Gewährleistung der Dichtigkeit gegen eindringendes Grundwasser ist die Anordnung einer Sperre in der Mitte des Ortbetonkerns. Eine andere Möglichkeit ist eine entsprechend dimensionierte Bewehrung, um den Vorgang der Rissbildung zu kontrollieren und die Einhaltung der vorgegebenen Rissbreite sicherzustellen (Bild 7.19). In der Praxis wird oft beobachtet, dass diese Bewehrung zur Aufnahme der Risskraft im Stoßbereich ausreicht, aber nicht bei größerer Zwangdehnung.

Bei Elementdecken ist durch die Querschnittsverringerung im Bereich der Bauteilstöße das Rissbild vorgegeben. Bis auf Ausnahmen aufgrund einer Veränderung der Behinderung durch angrenzende Wände und Einbauten folgen die Risse den Kerben. Verursacht wurden die Trennrisse in der Zwischendecke einer Tiefgarage durch das Schwinden und durch Temperaturänderungen während der Bauzeit und im Winter der Folgejahre. Im Gegensatz zur Zwischendecke waren die Bodenplatte und die obere Deckenplatte nur geringfügig durch das Schwinden und die Temperatur beeinflusst.

Die Abschätzung der rechnerischen Rissbreite und der erforderlichen Bewehrung bei Elementkonstruktionen ist in [Mei5] ausführlich erläutert. Die Längenänderung ΔL eines Wand- oder Deckenelements der Länge L unter einer Zwangeinwirkung ε_{Zw} innerhalb des Bauteiles besteht aus den Anteilen ΔL_c und ΔL_s. Wenn vereinfacht eine dreieckförmige Spannungs- und Dehnungsverteilung zugrunde gelegt wird, ergibt sich mit der Einleitungslänge l_{es}

$$\varepsilon_{Zw} \cdot L = \varepsilon_c \cdot (L - 2 \cdot l_{es} / 2) + \varepsilon_{sm} \cdot 2 \cdot l_{es} \tag{10.66}$$

ε_c: Dehnungsanteil des gesamten Betonquerschnittes aus Fertigteil- und Ortbeton

Nach Umformung ergibt sich:

$$\varepsilon_{sm} = \frac{1}{2 \cdot l_{es} / L} \cdot \left[\varepsilon_{Zw} - \varepsilon_c \cdot (1 - l_{es} / L)\right] \tag{10.67}$$

Aus der Gleichgewichtsbedingung Stahlzugkraft im Riss = Betonzugkraft im ungerissenen Betonquerschnitt folgt

$$\varepsilon_c = 2 \cdot \varepsilon_{sm} \cdot \rho \cdot \alpha_e \tag{10.68}$$

$\rho = A_s / A_c =$ Bewehrungsfläche im Ortbetonquerschnitt bezogen auf den gesamten Bauteilquerschnitt
$\alpha_e = E_s / E_c =$ Verhältnis der Elastizitätsmoduln von Stahl und Beton

Mit Gleichung (10.37), rechter Term für den Einzelriss, und $l_{es} = s_{rm} / 2$ sowie $\sigma_s = 2 \cdot \varepsilon_{sm} \cdot E_s$ ergibt sich

$$l_{es} = \frac{\sigma_s \cdot \phi}{3{,}6 \cdot f_{ctm}} = \frac{\varepsilon_{sm} \cdot E_s \cdot \phi}{3{,}6 \cdot f_{ctm}} \tag{10.69}$$

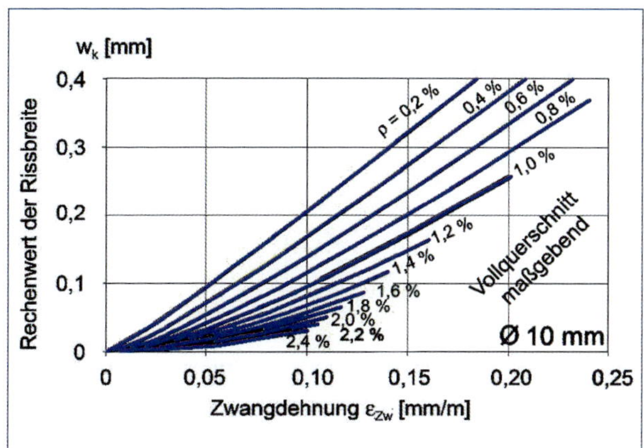

Bild 10.35: Rechenwerte der Rissbreite in den Elementfugen L = 2,50 m, ϕ = 10 mm. E_{cm} = 32 000 N/mm², f_{ctm} = 3,0 N/mm²

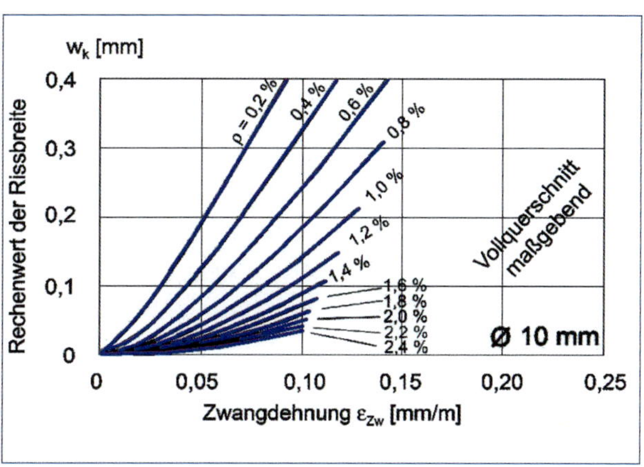

Bild 10.36: Rechenwerte der Rissbreite in den Elementfugen L = 6,00 m, ρ = 10 mm. Betonklasse C30/37, weitere Angaben wie in Bild 10.35.

Gleichung (10.67) wird in (10.69) eingesetzt. Mit den Hilfsgrößen

$\omega_1 = \rho \cdot \alpha_e \cdot L$ und $\omega_2 = 1 - \rho \cdot \alpha_e$

ergibt sich:

$$l_{es} = \frac{\omega_1}{2 \cdot \omega_2} + \sqrt{\left(\frac{\omega_1}{2 \cdot \omega_2}\right)^2 + \frac{\varepsilon_{Zw} \cdot E_s \cdot L \cdot \phi}{7{,}2 \cdot f_{ctm} \cdot \omega_2}} \tag{10.70}$$

Mit ε_{sm} nach Gleichung (10.67) folgt dann die rechnerische Rissbreite zu

$$w_k = 2 \cdot l_{es} \cdot \varepsilon_{sm} \tag{10.71}$$

Als Planungshilfe sind von [Mei5] Diagramme aufgestellt worden, zwei davon wurden als Bild 10.35 und Bild 10.36 übernommen. Wenn beispielsweise eine Elementwand (L = 6 000 mm, h = 300 mm) bei einer Zwangdehnung ε_{Zw} = 0,15 ‰ durch eine Zulagebewehrung (ϕ = 10 mm) so abgesichert werden soll, dass die rechnerische Rissbreite w_k = 0,30 mm eingehalten wird, muss der Bewehrungsanteil mindestens ρ = 0,8 % betragen. Daraus ergibt sich eine Bewehrungsfläche von

A_s = 0,8 % · 30 cm · 100 cm = 24,0 cm²/m

10.7.10 Rissbreiten bei Überlagerung von frühem und spätem Zwang

Bei der risskraftbasierten Bemessung der Mindestbewehrung zur Sicherstellung einer vorgegebenen rechnerischen Rissbreite ist die zutreffende Abschätzung der zum Risszeitpunkt vorhandenen Zugfestigkeit maßgebend. Der Tragwerksplaner muss dazu die Zwangspannungen während der Erhärtung und im Nutzungszustand verfolgen, um die risskritische Situation feststellen zu können. Wenn die Beanspruchungsrichtungen der verschiedenen Zwangeinwirkungen und die betroffenen Bauteilbereiche identisch sind, können auch Überlagerungen, z.B. des Schwindens mit meteorologisch bedingten Temperaturänderungen, zu verschiedenen Zeitpunkten stattfinden und dann die Rissbildung verursachen. Da während der Erhärtung die Verformungen zunehmen können und die Zugfestigkeit ansteigt, ergeben sich zwangsläufig ständig veränderliche risskritische Situationen. Die Differenzierung der Beanspruchungen nach frühem oder späten Zwang charakterisiert diese im zeitlichen Ablauf, hat aber für die Nachweisführung keine Bedeutung, da die Rissschnittkraft entscheidend ist. Bei dicken Bauteilen kann beispielsweise die abfließende Hydratationswärme nach Erreichen der Normfestigkeit den Riss herbeiführen. Bei dünneren Bauteilen kann sehr frühzeitig das Schwinden die Rissbildung verursachen. Wenn die frühe Wärmeentwicklung aufgrund eines geringeren Behinderungsgrads nicht zum Riss führt, kann dieser durch ein anschließend beginnendes Schwinden ausgelöst werden.

In der Tragwerksplanung nicht berücksichtigte oder nicht erkennbare spätere Zwangverformungen können die vorhandenen Risse aufweiten und weitere Risse mit dann größerer Rissbreite nach sich ziehen. Die Auffassung, dass die frühen Zwangspannungen durch Relaxation abgebaut werden und die vorhandene Bewehrung auch für die Aufnahme der später wirksamen Zwangkräfte ausreicht, hat sich als nicht gerechtfertigt herausgestellt (Kapitel 3). Zu bedenken ist außerdem, dass die späten Zwangkräfte bei dann höheren Zugfestigkeiten die Rissbildung herbeiführen.

Die bei früher Beanspruchung entstehende Rissbreite wird durch den Rissvorgang und den Rückgang der Stahlspannung im Rissbereich etwas verringert. Bei einer anschließenden weiteren Beanspruchung bei unveränderter Zugfestigkeit wird diese Rissbreite wieder erreicht und es werden zusätzliche Risse hervorgerufen. Wenn in der Zwischenzeit eine Entwicklung der Zugfestigkeit stattgefunden hat, werden bei einer Zwangverformung zunächst die ursprünglichen Risse aufgeweitet und daran anschließend weitere Risse mit einer Rissbreite hervorgerufen, die sich aus der vorhandenen Bewehrung und der Zugfestigkeit ergibt. Bei späterer Rissbildung können dann Rissbreiten entstehen, die beträchtlich über den vorgegebenen rechnerischen Rissbreiten liegen.

Nach den Kapiteln 10.7.4 und 10.7.5 ergeben sich die Stahlspannung und die rechnerische Rissbreite beim Einzelriss und unter Dauerbeanspruchung zu

$$\sigma_s = \sqrt{\frac{1{,}2 \cdot 10^6 \cdot f_{ctm} \cdot w_k}{\phi_s}} \qquad w_k = \frac{\sigma_s^2 \cdot \phi_s}{1{,}2 \cdot 10^6 \cdot f_{ctm}}$$

Wenn die Rissbildungen zeitlich nacheinander und bei einer unterschiedlichen Zugfestigkeit stattfinden, ergibt sich das Verhältnis der Rissbreite w_0 infolge früher Zwangbeanspruchung zu der an einem späteren Zeitpunkt, w_1, zu

$$\frac{w_1}{w_0} = \left(\frac{\sigma_{s,1}}{\sigma_{s,0}}\right)^2 \cdot \left(\frac{f_{ctm,1}}{f_{ctm,0}}\right) \qquad (10.72)$$

$\sigma_{s,0}$ bzw. $\sigma_{s,1}$: Stahlspannung im Erstriss bzw. im späteren Alter

$f_{ctm,0}$ bzw. $f_{ctm,1}$: Zugfestigkeit zum Zeitpunkt des Erstrisses bzw. im späten Alter

Wenn beispielsweise die Querschnittsfläche für eine Bewehrungslage $A_c = 150\,000$ mm², der Bewehrungsstahldurchmesser $\phi_s = 12$ mm und $f_{ctm,eff} = 0{,}5\, f_{ctm} = 1{,}5$ N/mm² betragen, ist für eine Rissbreite $w_k = w_0 = 0{,}3$ mm die Stahlspannung $\sigma_{s,0}$ einzuhalten mit

$$\sigma_{s,0} = \sqrt{\frac{1{,}2 \cdot 10^6 \cdot 1{,}5 \cdot 0{,}3}{12}} = 212\ \text{N/mm}^2$$

Die Bewehrungsfläche beträgt $A_s = 150\,000 \cdot 1{,}5 / 212 = 1\,060$ mm², gew. ϕ_s 12 – 100 mm = 1 130 mm²
(Eine Abminderung aufgrund von Eigenspannungen wird nicht vorgenommen.)

Der nicht berücksichtigte späte Zwang erzwingt die Rissbildung bei $f_{ctm,1} = 3{,}0$ N/mm². Daraus resultiert eine Stahlspannung im Riss zu

$$\sigma_{s,0} = \frac{150000 \cdot 3{,}0}{1130} = 398\ \text{N/mm}^2$$

und die Erweiterung der Rissbreite auf

$$w_1 = \frac{398^2 \cdot 12}{1{,}2 \cdot 10^6 \cdot 3{,}0} = 0{,}53\ \text{N/mm}^2$$

Aus Gleichung (10.72) folgt im Ergebnis übereinstimmend

$w_1 / w_0 = (398 / 212)^2 \cdot (1{,}5 / 3{,}0) = 1{,}76$-fache Vergrößerung der vorgegebenen Rissbreite $w_k = 0{,}30$ mm

Wie Beobachtungen in der Praxis bestätigen, treten nach einem längeren Zeitraum an Konstruktionen, die ohne Rissbildungen oder mit sehr geringer Rissbreite abgenommen und übergeben worden sind, späte Risse mit größerer und zunehmender Rissbreite auf. Überprüfungen ergaben, dass die auftretenden Zwangspannungen nicht realistisch beurteilt wurden oder eine zu geringe effektive Zugfestigkeit angenommen worden ist.

Das zwischenzeitlich stattfindende Kriechen kann zwar zur Verminderung der Breite der frühen Risse führen, die der später hinzukommenden Risse wird dadurch jedoch nicht beeinflusst. Neben einer kontinuierlichen Zunahme der Rissbreite durch das Schwinden werden bei wechselnden Temperaturen im Nutzungszustand auch wiederholte Rissbreitenänderungen ausgelöst. Beispiele dafür sind in Kapitel 6.11 erläutert.

10.7.11 Kombination von Stabstahl- und Stahlfaserbewehrung

Stahlfaserbeton wird eine Reihe von Vorzügen zugeschrieben, die die zunehmende Anwendung erklären. Diese Vorteile ergeben sich aber nicht generell, sondern im Einzelnen immer nur im Hinblick auf ein bestimmtes Einsatzgebiet und bei spezifischen Beanspruchungen. Hervorzuheben ist ein duktiles (dehnfähiges) Verhalten des Faserbetons, das sich bei entsprechend vielen, gut verteilten und geeigneten Stahlfasern ergibt und das Nachrissverhalten positiv beeinflusst (Bild 10.37). Nach Erreichen der Höchstlast bleibt ein Tragvermögen erhalten, das vom Fasertyp, -verbund und -gehalt abhängt. Die Ursache ist, dass die einzelnen Fasern, die in der Zementsteinmatrix verankert sind, in der Zugzone entstehende Risse überbrücken. Die im Rissquerschnitt in der Betonzugzone übertragbaren Spannungen dürfen als Nachrisszugfestigkeit bei der Bemessung der Bauteile berücksichtigt werden. Voraussetzung ist, dass die Rechenwerte der Nachrisszugfestigkeit unter den Bedingungen ermittelt werden, die für den Grenzzustand der Gebrauchstauglichkeit oder Tragfähigkeit gelten.

Mit den üblichen Fasergehalten, die sich aus wirtschaftlichen Überlegungen und den Bedingungen beim Einbau des Frischbetons ergeben, stellt sich ein sogenanntes unterkritisches Materialverhalten ein, das dadurch gekennzeichnet ist, dass nur ein bestimmter Anteil der Rissschnittgröße durch die Fasern aufgenommen werden kann. Aufgrund der relativ geringen Faserzugabemenge (30 – 60 kg/m³) ist die Wirksamkeit zwangsläufig eingeschränkt. Nur ein Teil der Fasern besitzt eine Orientierung, die der Beanspruchungsrichtung entspricht. Es ist beispielsweise davon auszugehen, dass die üblichen Faserbeimengungen nicht zu einer nennenswerten Steigerung der Zugfestigkeit führen. Wäre nur eine Faserbewehrung vorhanden, würde mit dem Erstriss zwangsläufig ein Bauteilversagen eintreten. Denkbar wäre ein Ersatz der traditionellen Bewehrung nur dann, wenn die durch den Stahl aufzunehmenden Zugspannungen sehr gering sind. Die oft genannte drastische Verringerung oder der Verzicht auf die Stabstahl- und Mattenstahlbewehrung kommt bei der Rissbreitenbegrenzung und Sicherstellung der Gebrauchstauglichkeit deshalb nicht in Betracht.

Die Verwendung von Faserbeton ist nur in Verbindung mit traditioneller Bewehrung denkbar und sinnvoll. Faserzugaben unterstützen die Wirksamkeit der traditionellen Bewehrungen deutlich. Die Aufnahme der Risskräfte durch Kombination der beiden Bewehrungsarten mit den unterschiedlichen Mechanismen der Spannungsaufnahme ergibt eine geringere Rissbreite bzw. erhöht die Sicherheit, eine angestrebte Rissbreite einzuhalten. Untersuchungen zeigen, dass durch die Fasern die Rissgeometrie sehr wesentlich beeinflusst wird. Durch Umlenkkräfte werden Verästelungen, Versätze und Sekundärrisse hervorgerufen. Außerdem kann eine bessere Rissverteilung erreicht werden. Diese Veränderungen im Rissbild treten nicht nur im Bereich der Bewehrungsstäbe, sondern über die gesamte Rissfläche im Faserbeton auf. Bei konstruktivem Einsatz von Stahlfasern in Verbindung mit

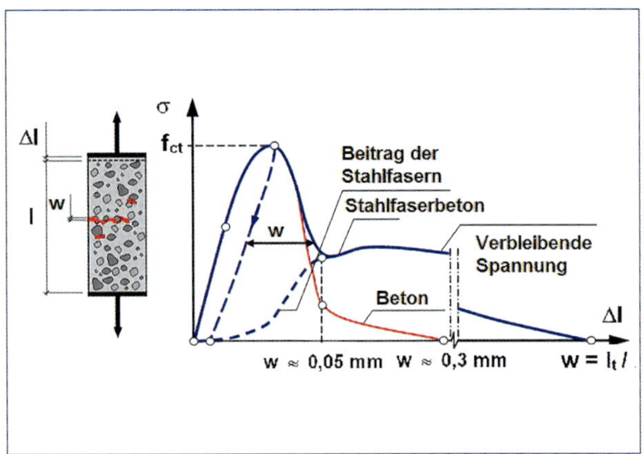

Bild 10.37: Prozess der Rissbildung durch eingetragene Verformungen bei Beton und faserbewehrtem Stahlbeton

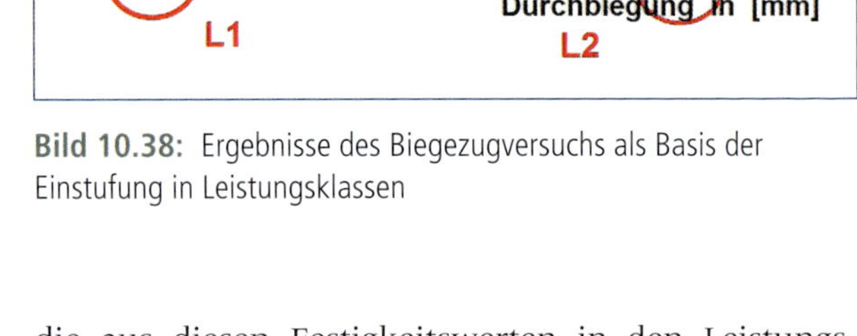

Bild 10.38: Ergebnisse des Biegezugversuchs als Basis der Einstufung in Leistungsklassen

der traditionellen Stahlbewehrung ist damit eine bessere Dichtigkeit der Bauteile zu erreichen. Der Eindringwiderstand gegenüber Flüssigkeiten wird verbessert. Gelegentlich wird auch auf die Verringerung der Schwindmaße hingewiesen. Eine Besonderheit stellt der Einsatz von Kunststofffasern (speziell Polypropylen) zur Reduzierung der Frührissbildungen dar (Kapitel 2.5). Da zu diesem Zeitpunkt die Stabbewehrung noch nicht wirksam ist, können Rissbildungen eingeschränkt bzw. verhindert werden. Mit Fasern allein ist aber ohne flankierende Nachbehandlung kein Erfolg zu erwarten.

Die umfangreichen Grundlagen zur Bestimmung der Bemessungskenngrößen, zum Sicherheitskonzept sowie zur Bemessung und Bauausführung sind in den Regelwerken [DBV5] und [DAS9] festgehalten.

Die besondere nutzbare Eigenschaft des Stahlfaserbetons, nach der Rissbildung noch eine Festigkeit zu besitzen, wird in der Leistungsklasse definiert. Aus dem Biegezugversuch und der Feststellung der Belastungen bei zwei charakteristischen Verformungen (0,5 bzw. 3,5 mm) ergibt sich die Einordnung in die Leistungsklassen L1 und L2 mit den dann durch Umrechnung ermittelten Festigkeitswerten (Bild 10.38). Eine maßgebende Eingangsgröße für die Nachweise der Gebrauchstauglichkeit sind die Rechenwerte der zentrischen Nachrisszugfestigkeit des Stahlfaserbetons $f_{ctR,s}$ die aus diesen Festigkeitswerten in den Leistungsklassen durch Multiplikation mit Beiwerten erhalten wird (siehe [DBV5]).

Die Ermittlung der Mindestbewehrung zur Begrenzung der Rissbreite ist sehr vereinfacht durchführbar mit dem Ansatz, dass die zum betrachteten Zeitpunkt vorhandene effektive Zugfestigkeit des Betons $f_{ct,eff}$ um den charakteristischen Wert der äquivalenten Zugfestigkeit des Stahlfaserbetons $f_{ctR,s}$ reduziert werden darf. In Erweiterung der Gleichungen im Kapitel 10.6 folgt daraus

$$A_s^f = f_{ct,eff} \cdot k \cdot k_c \cdot (1 - \alpha_f) \cdot \frac{A_{ct}}{\sigma_s} \qquad \text{mit} \quad \alpha_f = \frac{f_{ctRf,s}^f}{f_{ctm}} \tag{10.73}$$

$f_{ctR,s}$: Rechenwert der zentrischen Nachrisszugfestigkeit des Stahlfaserbetons im Grenzzustand der Gebrauchstauglichkeit

Zur Bestimmung der Mindestbewehrung bei dickeren Bauteilen sind entsprechende Hinweise in der Richtlinie [DAS9] enthalten. Der Rechenwert der Rissbreite ergibt sich nach dem modifizierten Ansatz zu

$$w_k = s_{r,max} \cdot \left(\varepsilon_{sm}^f - \varepsilon_{cm}\right) \tag{10.74}$$

ε^f_{sm}: mittlere Dehnung des Betonstahls unter der maßgebenden Einwirkungskombination und unter Berücksichtigung der Faserwirkung

ε_{cm}: mittlere Dehnung des Betons zwischen den Rissen

Die Berechnung der Rissbreite ist ebenfalls mit dem Ansatz vorzunehmen, dass die Zugfestigkeit des Betons im Verhältnis zur Faserbetonzugfestigkeit α_f vermindert berücksichtigt werden darf. Wie im Modell der Dehnungsituation beim Erstriss (Bild 10.39) angegeben, werden durch Faserwirkung die Dehnungen und die Übertragungslänge im Rissbereich verringert. Die verschiedenen Vorschläge, die anhand von Versuchsergebnissen formuliert wurden, folgen im Prinzip dieser Vorgehensweise. Daraus resultiert, dass mit höherer Nachrissfestigkeit des Faserbetons weniger herkömmliche Bewehrung benötigt wird. In welchem Umfang einer solchen Möglichkeit gefolgt wird, liegt im Ermessen der Tragwerksplanung.

Der Nachweis der Beschränkung der Rissbreite wird in Ergänzung der Gleichungen gemäß Tabelle 10.4 geführt.

$$\left(\varepsilon_{sm}^f - \varepsilon_{cm}\right) = \frac{(1-\alpha_f)\cdot\left(\sigma_s - 0{,}4\cdot\frac{f_{ct,eff}}{\rho_{eff}}\right)}{E_s} \geq 0{,}6\cdot(1-\alpha_f)\cdot\frac{\sigma_s}{E_s} \tag{10.75}$$

(größerer Wert maßgebend)

ε^f_{sm}: mittlere Dehnung des Betonstahls im Stahlfaserbeton unter der maßgebenden Einwirkungskombination unter Berücksichtigung der Mitwirkung des Stahlfaserbetons auf Zug zwischen den Rissen

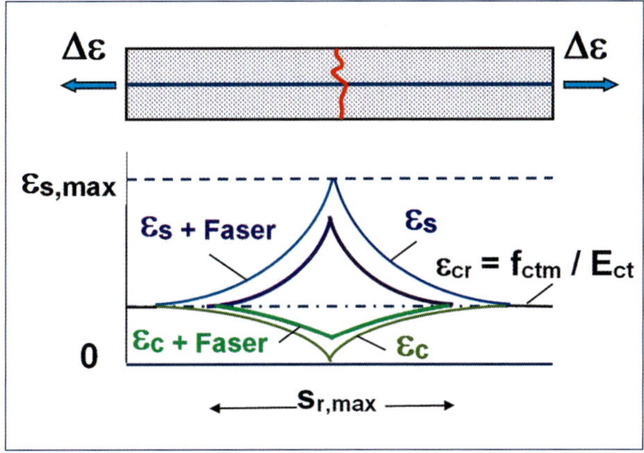

Bild 10.39: Stahl- und Betondehnung bei Rissbildung in einem Bauteil mit Stabbewehrung und mit kombinierter Bewehrung in Verbindung mit Faserbeton

$$s_{r,max} = (1-\alpha_f)\cdot\frac{\phi_s}{3{,}6\cdot\rho_{eff}} \leq (1-\alpha_f)\cdot\frac{\sigma_s\cdot\phi_s}{3{,}6\cdot f_{ct,eff}} \tag{10.76}$$

(kleinerer Wert maßgebend)

Die Fläche herkömmlicher Bewehrung könnte in Abhängigkeit vom Faserbeiwert α_f reduziert werden. Bei hohen Bewehrungsgehalten ist dies von wirtschaftlichem Interesse, wenn an Stelle der Stabstahlbewehrung konstruktiv ein Einsatz von Matten möglich wäre.

Bei einem Vergleich mit und ohne Stahlfasern ergibt sich folgendes Bild:

a) ohne Stahlfasern ($\alpha_f = 0$)

$f_{ctm} = 3{,}1$ N/mm² k = 0,80 (entspr. Bauteilhöhe)
$A_c = 6\,000$ mm² gew. $A_s = 60$ mm²
$\phi_s = 12$ mm $\rho = 0{,}01$ $\sigma_s = 248$ N/mm²

$(\varepsilon_{sm} - \varepsilon_{cm}) = 0{,}00062 < 0{,}000744$ (maßgebend)
$s_{r,max} = 333$ mm > 267 mm (maßgebend)

$w = 0{,}00074 \cdot 267 = 0{,}198 \approx 0{,}20$ mm

b) mit Stahlfaser (Rili [DAS9]
$f_{cto,s} = 0{,}67$ N/mm² (Leistungsklasse L2)
Orientierungsfaktor $k_F{}^f = 1{,}0$
Geometriefaktor $k_G{}^f = 1{,}7$
$f_{ctR,s} = 0{,}67 \cdot 1{,}0 \cdot 1{,}7 = 1{,}14$ N/mm²
$\alpha_f = 1{,}14 / 3{,}1 = 0{,}37$
gew. $A_s = 40$ mm² $\rho = 0{,}0067$
$\sigma_s = 372$ N/mm²

$(\varepsilon^f{}_{sm} - \varepsilon_{cm}) = 0{,}00059 < 0{,}000703$ (maßgebend)
$s_{r,max} = 313$ mm > 252 mm (maßgebend)
$w = 0{,}0007 \cdot 252 = 0{,}176 \approx 0{,}18$ mm

Bei Anwendung der Richtlinie [DAS9] kann die rechnerische Rissbreite mit einem geringeren Anteil an Einzelstabbewehrung nachgewiesen werden. In welchem Umfang die Mindestbewehrung verringert werden darf, ist in den Regelwerken nicht festgelegt. Bei berlagerung von Zwang- und Lastbeanspruchung ist eine Unterschreitung der für die Tragfähigkeit notwendigen Bewehrung nicht vertretbar. Bei einer Festlegung der Mindestbewehrung zur Beschränkung der Rissbreite bei Zwang kann jedoch eine Reduzierung vorgenommen werden. Angaben dazu sind nicht bekannt, gelegentlich wird eine Abminderung bis auf 50 % genannt. Die Grenze ist sicher auch unter dem Gesichtspunkt der Funktion des Bauwerks (z.B. flüssigkeitsdicht), der Umgebungsbedingungen (Korrosion) sowie der Beanspruchung und Bedeutung der Bauteile im Tragsystem zu ziehen. Auch bei scheinbar untergeordneten Bauteilen kann an Öffnungen, Vorsprüngen und anderen Problemzonen mit Spannungskonzentrationen auf eine konstruktive Bewehrung aus Stabstahl nicht verzichtet werden.

10.8 Bewehrung bei Nichterreichen der Rissschnittgröße

Wenn die Zwangspannungen nicht zum Riss führen und keine Überlagerung mit Lastspannungen vorliegt, ist die Mindestbewehrung für die vorhandene Zwangbeanspruchung zu bestimmen. Dieser Fall liegt beispielsweise bei Bodenplatten oder bei Stützwänden vor, die durch den Erddruck auf Biegung und in Längsrichtung durch Zwang beansprucht werden.

Um eine sichere Beurteilung der Trennrissgefahr zu erreichen, sind spannungsmindernde Einwirkungen zu vernachlässigen und die Streuung der Betonzugfestigkeit zu berücksichtigen. Deshalb sollte angenommen werden, dass:

- eine günstige Wirkung der Eigenspannungen entfällt ($k = 1{,}0$),
- die Zwangspannung den 5 %-Quantilwert die Betonzugfestigkeit nicht überschreitet.

Beispiel

Eine durch Dehnungsfugen abgetrennte Bodenplatte aus C 30/37 hat eine Länge $L = 45$ m, die Dicke beträgt $h = 0{,}6$ m. Die rechnerische Rissbreite ist mit $w_k = 0{,}20$ mm festgelegt worden. Zur Verminderung der Reibungskräfte werden auf den Unterbeton (Sauberkeitsschicht) zwei Folien von je 0,3 mm Dicke aufgelegt. Zur Rissbeschränkung ist Betonstahl BSt500 S vorgesehen, als Durchmesser wurde $d_s = 10$ mm gewählt.

Die Betonzugfestigkeit beträgt
$f_{ctm} = 0{,}30\ (30)^{2/3} = 2{,}9$ N/mm²
$f_{ct;0,05} = 0{,}7 \cdot 2{,}9 = 2{,}03$ N/mm²

Die maximale Stahlzugkraft beträgt, bezogen auf die gesamte Bewehrung und 1 m Plattenbreite
$F_s = 0{,}60 \cdot 2{,}03 = 1{,}22$ MN/m

Die Zwangbeanspruchung der Bodenplatte kann nicht größer sein als die Reibungskraft zwischen dem Beton und der Folie. Mit dem Reibungsbeiwert $\mu = 0{,}65$ (Folie, sauber) ergeben sich in Längsrichtung:
Sohlnormalspannung $\sigma_v = 25 \cdot 0{,}60 = 15{,}0$ kN/m²
Scherspannung $\tau = \sigma_v \cdot \mu = 15{,}0 \cdot 0{,}65 = 9{,}75$ kN/m²

Betonzugkraft

$F_{ct} = \tau \cdot L / (2 \cdot h) = 9{,}75 \cdot 45 / (2 \cdot 0{,}6) = 365{,}6$ kN/m
$= 0{,}37$ MN/m $< 1{,}22$ MN/m

Entsprechend DIN EN 1992-1-1/NA, (NCI zu 7.3.2(2)) ist die Mindestbewehrung unter Berücksichtigung der Anforderungen an die Rissbreitenbegrenzung zu ermitteln:

Gewählt Ø 10 $\sigma_s = 260$ N/mm²

Für die obere und untere Lage ergibt sich

$$A_{s,min} = \frac{f_{ct,eff} \cdot A_{ct}}{\sigma_s} = \frac{0{,}37 \cdot 0{,}30}{260} \cdot 10^{-4} = 4{,}3 \text{ cm}^2/\text{m}$$

10.9 Mindestbewehrung auf der Basis der Verformungskompatibilität

Grundlage der aktuellen normgemäßen Ermittlung der rissbegrenzenden Bewehrung und des Nachweises der Einhaltung der rechnerischen Rissbreiten sind die Rissschnittgrößen im Bauteilquerschnitt zum Risszeitpunkt. Nach der vorhandenen Erkenntnis bleibt aufgrund der ständig stattfindenden Rissbildungen die Rissschnittgröße maßgebend und wird nicht angehoben, solange die Dehnung unterhalb eines Werts von etwa 0,8 ‰ bleibt. Bei diesen Annahmen würde sich die Rissschnittgröße entsprechend der Zunahme der Bauteildicke proportional ebenfalls verändern. Dies widerspricht den vorhandenen Erfahrungen. Auf die Problematik bei dicken Bauteilen, den Pragmatismus bei der Einführung von reduzierenden Faktoren und die Widersprüche bei den Berechnungsansätzen wird in [Böd1], [Böd2], [Sch18] und [Sch19] ausführlich eingegangen. Vorgeschlagen wird dagegen, die Zwangbeanspruchung konsequent als Kompatibilitätsproblem zu betrachten. Das Prinzip dieses Konzepts ist, in einem behinderten System die Rissbildung als Teil der Verformung zu betrachten. Bei einer Primär- und Sekundärrissbildung in dicken Bauteilen muss die Summe der Rissbreiten im Querschnitt innerhalb einer Bauteillänge der eingetragenen Verformung entsprechen. Durch beide Risskategorien wird die Verformungskompatibilität hergestellt.

Der wichtigste Eingangsparameter ist die behinderte Verformung. Die Verformung ist dabei zweifellos sicherer zu ermitteln als die effektive Zugfestigkeit zum Risszeitpunkt im risskraftbasierten Berechnungsansatz nach DIN EN 1992-1-1. Es ist jedoch nicht zu übersehen, dass die Ermittlung des Behinderungsgrades ebenfalls eine Ungenauigkeit der Ergebnisse begründet. In [Böd1] wird dazu vorgeschlagen, auf der sicheren Seite liegend, bei vorwiegend zentrischer Zwangbeanspruchung von vollem Zwang auszugehen. Dies entspricht einer sehr großzügigen Handhabung und muss als bedenklich angesehen werden, da bei typischen Bauteilen wie Bodenplatten und Wänden die Behinderung nicht den Wert von 50 % erreicht. Auch der Verzicht auf die viskoelastischen Eigenschaften des jungen Betons führt zu weiteren Unsicherheiten. Die Frage der zutreffenden Zugfestigkeit zum Risszeitpunkt wird etwas entschärft, bleibt aber trotzdem problematisch.

Der Vorteil der vorgenannten Betrachtungsweise ist vor allem bei dickeren Bauteilen zu sehen. Mit den in [Böd1] und [Böd2] enthaltenen Annahmen und Ableitungen ergibt sich die Rissbreite (eigentlich die Rissuferverschiebung) des Primärrisses w^p und die des ersten Sekundärrisses w^1 zu

$$w^p = \left(\frac{\sigma_s}{E_s} - 0{,}39 \cdot \frac{f_{ctm}}{\rho_{eff} \cdot E_s} \right) \cdot 0{,}18 \cdot \frac{\phi}{\rho_{eff}} \tag{10.77}$$

$$w^1 = \left(\frac{\sigma_s}{E_s} - 0{,}63 \cdot \frac{f_{ctm}}{\rho_{eff} \cdot E_s} \right) \cdot \frac{\phi}{7{,}2 \cdot \rho_{eff}} \tag{10.78}$$

Wenn von der auf der sicheren Seite liegenden Annahme ausgegangen wird, dass im zuletzt entstandenen Sekundärriss die Spannung gerade so groß ist, dass ein nächster Sekundärriss nicht mehr entstehen kann, beträgt die Spannung im Sekundärriss

$$\frac{\sigma_s}{E_s} = (1 + 0{,}3 \cdot n) \cdot \frac{f_{ctm}}{\rho_{eff} \cdot E_s} \qquad (10.79)$$

n: Anzahl der Sekundärisse

Dabei wird angenommen, dass die Sekundärrisse jeweils paarweise und zwar jeweils links und rechts neben dem Primärriss auftreten. Die Gesamtverformungskapazität ist annähernd beschrieben mit

$$\sum w = w^p \cdot (1 + 0{,}9 \cdot n) \qquad (10.80)$$

Anmerkung

Eine Rissprozesszone wird nicht berücksichtigt (siehe Kapitel 11.4). Bei Vernachlässigung der Auswirkungen der Rissprozesszone auf die Rissbreite ergibt sich bei beispielsweise fünf Rissen bereits eine Differenz von 0,25 mm. Diese Differenz könnte ein sechster Riss sein, der aber nach den Voraussetzungen für die Berechnung nicht entstehen kann.

Die Anzahl der Sekundärrisse bis zum Erreichen der Verformungskompatibilität beträgt:

$$n \geq \left(\frac{w_{beh}}{w^p} - 1 \right) \cdot 1{,}1 \qquad (10.81)$$

Die zulässige Spannung der Bewehrung im Primärriss zur Einhaltung der vorgegebenen Rissbreite kann angegeben werden mit

$$\sigma_{s,zul} = \frac{w^p \cdot \rho_{eff} \cdot E_s}{0{,}18 \cdot \phi} + \frac{0{,}39 \cdot f_{ctm}}{\rho_{eff}} \qquad (10.82)$$

Mit dem Ansatz der effektiven Zugzone $A_{c,eff}$ nach DIN EN 1992-1-1 ergibt sich die erforderliche Bewehrung zur Sicherstellung der Rissbreite des Primärrisses:

$$A_{c,ef} = 2{,}5 \cdot b \cdot (h - d) = 2{,}5 \cdot b \cdot d_1$$

$$A_{s,erf} = \sqrt{\frac{\phi \cdot b^2 \cdot d_1^2 \cdot f_{ctm} \cdot (0{,}69 + 0{,}34 \cdot n)}{w^p \cdot E_s}} \qquad (10.83)$$

Die Anzahl der sich bildenden Risse ist für die Ermittlung einer ausreichenden Bewehrung ausschlaggebend. Aufgrund der Vereinfachungen, die zur Gleichung (10.83) geführt haben, ist die Anwendung nicht auf beliebige Bauteildicken möglich [BAW1]. Die Gültigkeit beschränkt sich auf Bauteile mit h > 80 cm.

Bei dünnen Bauteilen sind zusätzliche Primärrisse und keine weiteren Sekundärrise erforderlich. In allen Gleichungen ist n = 0 zu setzen und für $A_{c,eff}$ die hälftige Querschnittsfläche des Bauteiles A_{ct} zu verwenden. Die notwendige Bewehrung wird nach Umformung der Gleichung (10.83) erhalten zu

$$A_{s,erf} = \sqrt{\frac{\phi \cdot A_{ct} \cdot f_{ctm}}{9 \cdot w^p \cdot E_s}} \qquad (10.84)$$

Für f_{ctm} ist die Zugfestigkeit zum Zeitpunkt des Temperaturausgleichs einzusetzen (Bild 10.40).

Für die Verformungskompatibilität bei dicken Bauteilen hat die Wärmeentwicklung und Temperaturdehnung eine große Bedeutung. Es wird empfohlen, die Temperaturentwicklung unter adiabatischen Bedingungen, z.B. an einem Probeblock nach ZTV-W LB 215, festzustellen. Mit dem Temperaturausgleich bis auf die Umgebungstemperatur folgt ΔT_N und daraus die aufzunehmende Verformung w_{beh} innerhalb des Abstandes l_{cr} zwischen den Primärrissen zu

$$w_{beh} = \varepsilon_{beh} \cdot l_{cr} = k^0 \cdot \Delta T_{ad} \cdot \alpha_T \cdot l_{cr} \qquad (10.85)$$

Nach [Böd1] kann für den Rissabstand in Abhängigkeit von der Wandhöhe H gesetzt werden:

$$l_{cr} = 1{,}2 \cdot H \qquad (10.86)$$

Der Faktor k^0 kennzeichnet den Anteil der freigesetzten Wärmemenge, die für die Entwicklung der Zwangspannungen zur Verfügung steht. Aus Vergleichsberechnungen wurde abgeleitet, dass die wirksame adiabatische Temperaturerhöhung in Abhängigkeit von der Bauteildicke angenommen werden kann und zwar in Höhe von

$$k^0 = 0{,}7 - \frac{0{,}2}{h^{0,3}} \leq 0{,}55 \tag{10.87}$$

Ab einer Dicke von h = 2,0 m steigt der Anteil nicht mehr an und die notwendige Bewehrung nimmt zu.

Die Anzahl der Risse n ergibt sich bei einer Temperaturdehnung entsprechend Gleichung (10.81) zu

$$n \geq 1{,}1 \cdot \left[\frac{\alpha_T \cdot \Delta_T \cdot l_{cr}}{w^p} - 1\right] \tag{10.88}$$

Entsprechend dieser Formulierung erscheint es gegeben, den Term der temperaturbedingten Dehnung durch die Schwindverformung zu ersetzen bzw. zu ergänzen.

Die Vorteile des Berechnungsverfahrens, das in [BAW1], [Böd1] und [Böd2] ausführlich dargestellt ist, ist auch darin zu sehen, dass der Einfluss verschiedener betontechnologischer und thermischer Kenngrößen auf den erforderlichen Bewehrungsgehalt zur Rissbreitenbegrenzung berechnet und verglichen werden kann. Auf die ebenfalls vorhandenen Unsicherheiten aufgrund der Streuungen der Eingabewerte wurde bereits hingewiesen.

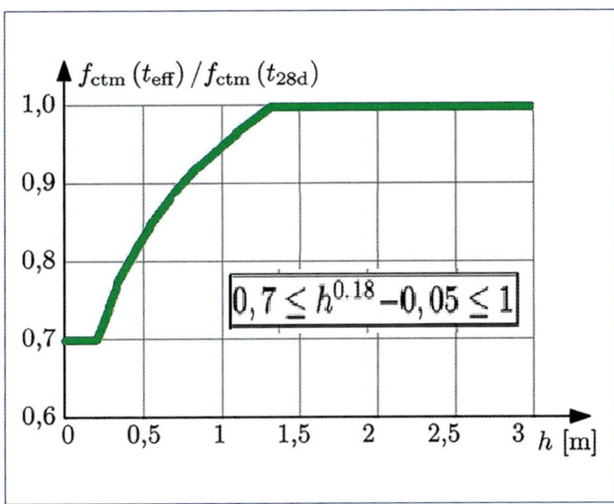

Bild 10.40: Betonzugfestigkeit zum Zeitpunkt des Temperaturausgleichs [Böd1]

In [Hai1] wurden die Auswirkungen von veränderten Werten für verschiedene Kenngrößen auf die Mindestbewehrung untersucht (Bild 10.41). Basis des Ver-

Beispiel

Für eine Wand (H = 3,0 m) mit einer Dicke von h = 0,80 m und einer Betondeckung c = 4,0 cm soll die erforderliche Bewehrung für die Rissbreitenbeschränkung ermittelt werden. Gewählt wird Stabstahl ϕ = 20 mm. Angesetzt wird eine Temperaturdifferenz $\Delta T_N = 27$ K. Betonklasse C30/37 und $w_k = 0{,}20$ mm.

$2{,}5 \cdot d_1 = 2{,}5 \cdot (4{,}0 + 2{,}0/2) = 12{,}5$ cm < 0,80 / 2, d. h. es handelt sich um ein dickes Bauteil

$A_{c,eff} = 0{,}125$ m²/m $\qquad \rho_{eff} = 0{,}024$

$f_{ctm} = 0{,}91 \cdot 2{,}9 = 2{,}6$ N/mm² (Bild 10.40)

nach Gleichung (10.86): $l_{cr} = 1{,}2 \cdot 3{,}0 = 3{,}6$ m

nach Gleichung (10.87): $k^0 = 0{,}7 - \frac{0{,}2}{0{,}8^{0,3}} = 0{,}49$

nach Gleichung (10.85): $w_{beh} = 0{,}49 \cdot 27 \cdot 10^{-5} \cdot 3\,600 = 0{,}48$ mm

nach Gleichung (10.81): $n = \left(\frac{0{,}48}{0{,}2} - 1\right) \cdot 1{,}1 = 1{,}54$

nach Gleichung (10.83): aufgerundet auf n = 2

$$A_{s,erf} = \sqrt{\frac{20 \cdot 100^2 \cdot 5{,}0^2 \cdot 2{,}6 \cdot (0{,}69 + 0{,}34 \cdot 1{,}54)}{0{,}20 \cdot 200\,000}} = 19{,}9 \text{ cm}^2/\text{m}$$

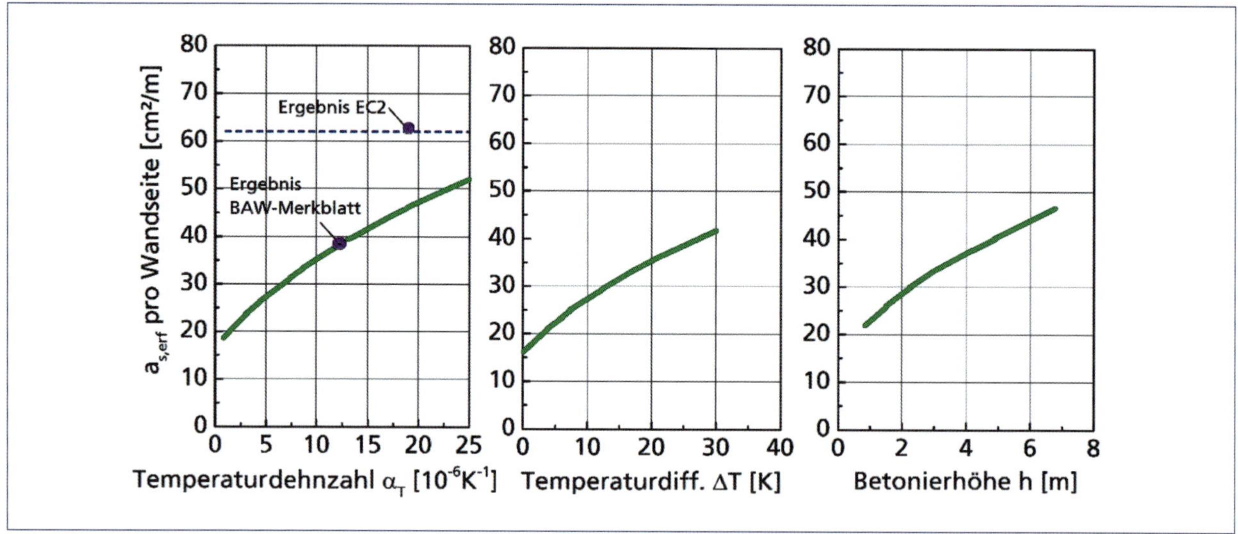

Bild 10.41: Erforderliche Bewehrungsmenge nach Gleichung (10.83) in Abhängigkeit von der Temperaturdehnzahl (links), der Temperaturdifferenz (Mitte) und der Bauteilhöhe der Wandscheibe (rechts) nach [Hai1]; Beton C25/30, ϕ = 25 mm, f_{ctm} = 2,6 N/mm², w^p = 0,25 mm

gleichs ist eine Temperaturdifferenz ΔT = 19 K und eine Wandhöhe von 3,5 m. Eine Veränderung der Eingangswerte hat beträchtliche Auswirkungen. Insofern ist die Verringerung der Temperaturdehnzahl eine plausible Überlegung (Kapitel 4.1.6). Der Vorteil der Verminderung der Temperaturdifferenz durch betontechnologische Maßnahmen ist ebenfalls sehr deutlich (Kapitel 8.1). Auf die Grenzen der Berechnung wurde in [Hai1] aufmerksam gemacht: Für eine Temperaturdifferenz ΔT = 0 K wird noch eine Bewehrung erforderlich (Bild 10.41 Mitte).

Verformungsorientierte Bemessung nach DIN EN 1992-3

Für randbehinderte Bauteile, die in der Norm als Wände den Behältern zugerechnet werden, wird davon ausgegangen, dass zwangbedingte Rissbildungen entstehen können, ohne dass dadurch der Verformungszustand im gesamten Bauteil verändert wird. Die aufgrund der Verformung initiierte Rissbildung führt dazu, dass die Zwangschnittkräfte in den Bewehrungsstahl eingeleitet werden. Die eingetragene Verformung entspricht der Beton- und Stahldehnung innerhalb des Rissabstands.

$$(\varepsilon_{sm} - \varepsilon_{cm}) = R_{ax} \cdot \varepsilon_0 \tag{10.89}$$

R_{ax}: zentrische Zwangspannung in Längsrichtung der Wand

ε_0: unbehinderte Dehnung

Die rissbildende Dehnung ε_{cr} beträgt

$$\varepsilon_{cr} = \varepsilon_0 - 0{,}5 \cdot \varepsilon_{ctu} \tag{10.90}$$

ε_{ctu}: Bruchdehnung des Betons

Der Rissabstand ergibt sich für beide Risszustände zu

$$s_{r,max} = \frac{\phi_s}{3{,}6 \cdot \rho_{eff}} \leq \frac{\sigma_s \cdot \phi}{3{,}6 \cdot f_{ct,eff}} \tag{10.91}$$

Der rechte Term ist der obere Grenzwert (Einzelriss), der nicht überschritten werden kann. Der kleinere Zahlenwert charakterisiert den maßgebenden Risszustand.

Beispiel

Eine Wand ($L = 10,\ 0$ m; $H = 4{,}0$ m, $h = 0{,}5$ m; $f_{ctm} = 2{,}75$ N/mm²) auf einem Fundament ($A_F = 3{,}5$ m²) kühlt von $T_{max} = 56$ °C auf die Umgebungstemperatur $T_U = 18$ °C ab. Die E-Moduln werden als übereinstimmend angenommen. Die Bruchdehnung beträgt $\varepsilon_{ctu} = 0{,}10$ ‰.
Der Behinderungsgrad in Längsrichtung beträgt

$$R_L = \frac{1}{1+\frac{4{,}0 \cdot 0{,}5}{3{,}5}} = 0{,}64$$

Der innere Behinderungsgrad ergibt sich aus Bild 6.21 für $L/H = 2$ in $h_1 = 0{,}1\ L = 0{,}25\ H$ zu $R_H = 0{,}67$.

Damit ergibt sich der Behinderungsgrad im Wandbereich mit der größten Rissbreite zu

$$R = 0{,}64 \cdot 0{,}67 = 043$$

Die temperaturbedingte Dehnung beträgt

$$\varepsilon_0 = (56 - 18) \cdot 1 \cdot 10^{-5} = 0{,}38 \cdot 10^{-3}$$

und die spannungswirksame Dehnung

$$\varepsilon_{cr} = 0{,}43 \cdot (0{,}38 - 0{,}5 \cdot 0{,}10) \cdot 10^{-3}$$
$$= 0{,}14 \cdot 10^{-3} > 0{,}10 \cdot 10^{-3}$$

$$A_{s,min} = A_{ct} \cdot \frac{f_{ct,eff}}{f_{ky}} = \frac{1{,}0 \cdot 0{,}5 \cdot 2{,}75}{2 \cdot 500}$$
$$\cdot 10^6 = 1375 \text{ mm}^2 \text{ je Meter}$$

gewählt 12 ⌀ 12 mit $A_s = 1\,357$ mm² je Bauteilseite

$$\rho_{eff} = 1375/1000 \cdot 250 = 0{,}0055$$

$$s_{r,max} = \frac{\phi_s}{3{,}6 \cdot \rho_{eff}} = \frac{12}{3{,}6 \cdot 0{,}0055} = 606 \text{ mm}$$

$$w_k = 606 \cdot 0{,}14 \cdot 10^{-3} = 0{,}085 \text{ mm}$$

10.10 Zuverlässigkeit der Berechnung der Rissbreiten

Bei Tragwerksplanern und Bauausführenden besteht oft die Auffassung, dass die rechnerisch ermittelten Rissbreiten am Bauwerk auch sichtbar auftreten und messtechnisch erfasst werden können. Verschiedene Untersuchungen haben aber wiederholt Differenzen nachgewiesen, sodass eine Vorhersage der zu erwartenden Rissbreiten als unsicher zu beurteilen ist. Das ist zunächst überraschend, da die sehr plausiblen und einfach zuhandhabenden Berechnungsgrundlagen theoretisch begründet und gleichzeitig praxisgerecht erscheinen. Abweichungen wurden dabei sowohl bei experimentellen Untersuchungen als auch in der Baupraxis festgestellt und haben verschiedene Ursachen. Zu nennen sind die Modellungenauigkeiten und -vereinfachungen, nicht zutreffende Annahmen in der Tragwerksplanung über die Betonzugfestigkeit bei der Rissbildung und eine mangelhafte Baudurchführung ohne Nachbehandlung und Schutz des erhärtenden Betons. Weiterhin können Überfestigkeiten der verwendeten Betone und schnell erhärtende Zemente zu nicht erwarteten größeren Rissbreiten beitragen. Insofern spielt die Abstimmung zwischen Tragwerksplanung und Bauausführung eine wesentliche Rolle. Schließlich treten nach dem als risskritisch erfassten Zeitraum weitere Dehnungen durch das Schwinden und Temperaturwechsel während der Nutzung auf, die im Berechnungsmodell nicht berücksichtigt werden (Kapitel 6.9). Dadurch können sich die Rissbreiten am Bauteil vergrößern, wenn keine weiteren Risse hervorgerufen werden oder nicht mehr möglich sind.

Auf weitere Ursachen wird in Kapitel 10.11 eingegangen.

Trotz intensiver Forschungsarbeiten zur Verbesserung der Vorhersagegenauigkeit mit dem Berechnungsmodell besteht noch kein Anlass zu der Erwartung, dass sich die Situation entscheidend ändert. Hinzuzufügen ist, dass die unterschiedlichen Auffassungen in den europäischen Ländern zum Berechnungsmodell und zu einzelnen Parametern, die sich im jeweiligen Nationalen Anhang zur EN 1992-1-1 zeigen, zu deutlichen Differenzen in den Ergebnissen der Ermittlung der rechnerischen Rissbreite führen.

Die am Bauwerk auftretenden Rissbreiten sind stark streuend und oftmals größer, als nach den Vorgaben für die Berechnung zu erwarten. Daraus entsteht auch wiederholt die Diskussion, ob die Dauerhaftigkeit und Gebrauchstauglichkeit noch sichergestellt ist, welche Maßnahmen ergriffen werden müssen und welcher der am Bau beteiligten Partner in die Verantwortung genommen werden sollte. Dabei wird vergessen, dass es sich um rechnerische Rissbreiten handelt, die tatsächlich am Bauwerk größer sein können [DAS1]. Eine zuverlässige Beherrschung der Rissbildung ist nur durch abgestimmtes und gemeinsames Vorgehen der Bauvorbereitung und -durchführung zu erreichen, in dem anstelle der Vergrößerung der Mindestbewehrung die rissverursachenden Zwangverformungen vermindert werden.

Eine Analyse der Berechnungsgrundlagen wurde beispielsweise von [Kön1] vorgenommen. Darin wird auf eine nicht konsequente Betrachtung der verschiedenen Risszustände in Hinblick auf die Berechnungen bei Zwangbeanspruchungen hingewiesen sowie auf die Schwächen der Modellierung durch Vereinfachungen und die nicht realistische Abnahme der Mitwirkung des Betons bei Dauerlast. Auch das Verhältnis zwischen Zugfestigkeit und mittlerer Verbundspannung ist eine empirische Annahme, der die Ergebnisse vieler Versuche zum Verbundverhalten zwischen Stahl und Beton entgegenstehen.

Wie [Eck1] dargestellt hat, kann das Rechenmodell nach DIN 1045-1 bzw. DIN EN 1992-1-1 die tatsächlich vorhandenen Rissbreiten nur mit einer gewissen Wahrscheinlichkeit abbilden, und zwar bei abnehmender Rissbreite ebenfalls zurückgehend. Diese Einschätzung wird allgemein anerkannt, dennoch wird gegenwärtig kein Lösungsweg zu einer Steigerung der Genauigkeit gesehen. Inwieweit dazu überhaupt die Notwendigkeit besteht, wird im Kapitel 11 erörtert. Durch einen Vorhaltefaktor von 1,2 zum Rechenwert der Rissbreite könnte die Wahrscheinlichkeit der Einhaltung verbessert werden [Eck5]; für kleinere Rissbreiten ist diese Vorgehensweise nicht zielführend, da sich unwirtschaftlich große Mindestbewehrungen und Schwierigkeiten bei der Betonage der Bauteile ergeben.

Vergleiche zwischen berechneten und experimentell ermittelten Rissbreiten sind wiederholt durchgeführt worden. Mit unterschiedlichen Datensätzen und Berechnungsmodellen ergaben sich unterschiedliche, aber immer beträchtliche Streuungen. Bild 10.42 ist dafür ein Beispiel, bei dem charakteristische Rissbreiten, also Grenzwerte verglichen worden sind. In [Kön1] sind an den Modellen nach MC90 und EC2 Verbesserungen vorgenommen worden, die sich vorteilhaft auswirken. Trotzdem bleibt eine nicht zu übersehende Unsicherheit aufrechterhalten. Der Vergleich in Bild 10.43 wurde anhand von mittleren Rissbreiten durchgeführt, die nach Norm berechnet und an der Bauteiloberfläche gemessen worden sind. Die ausgewerteten Datensätze sind dazu auf Mittelwerte zurückgerechnet worden. Weiterhin wurden nur Daten aus Versuchen mit übereinstimmender Betondeckung verwendet, sodass deren Einfluss eliminiert ist.

Eine der Ursachen der Abweichungen zwischen Berechnung und Experiment sind außerdem die Streuungen der Eingabewerte zur Beschreibung der mechanischen Eigenschaften des Betons. Die rechnerische Rissbreite wird beeinflusst durch den E-Modul des Betons und des Betonstahls, der Betonzugfestigkeit und der Verbundspannung. Die Verbundspannung ist dabei impliziert in die Ermittlung des Rissabstandes und als Verhältnis zur Betonzugfestigkeit formuliert. Die Streuungen der Betoneigenschaften reichen aber nicht aus, die Abweichungen zwischen berechneten und gemessenen Rissbreiten zu erklären (vgl. [Jus1]). Wie in [Eck6] dargelegt, verursacht vor allem die stark streuende Verbundspannung größere Abweichungen zwischen den Rissbreiten. Beispielhaft ist in Bild 10.44 die Verteilung der rechnerisch ermittelten Rissbreiten

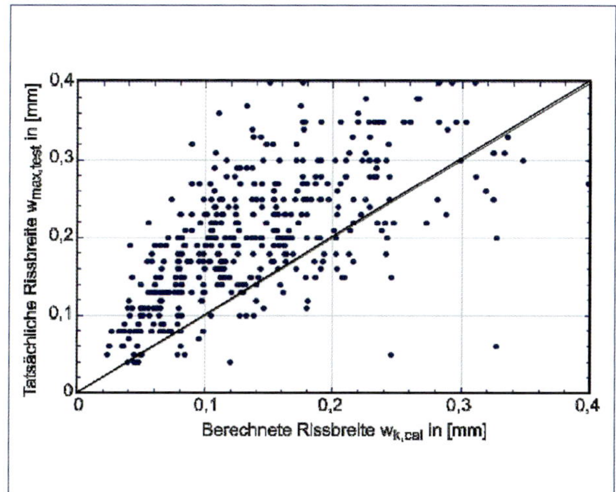

Bild 10.42: Vergleich von [Eck6] der nach DIN EN 1992-1-1/NA berechneten Rissbreiten mit den Testdaten [Cal1]

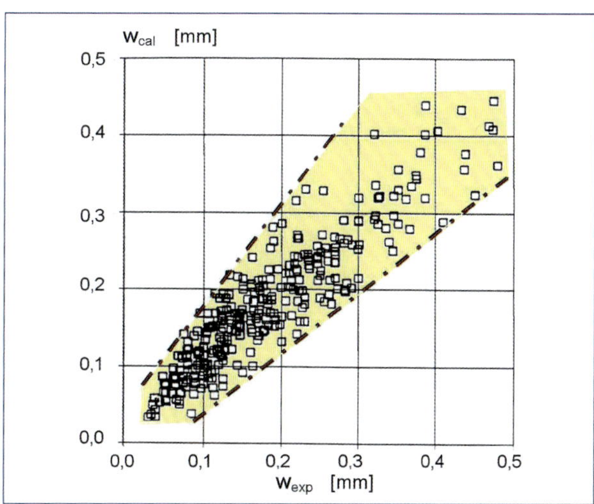

Bild 10.43: Vergleich zwischen der mittleren experimentell festgestellten und nach dem Modell in DIN 1045-1 bzw. DIN EN 1992-1-1/NA rechnerisch ermittelten Rissbreite (Versuchsdaten aus der Literatur, geprüft und zusammengestellt von [Kön1]

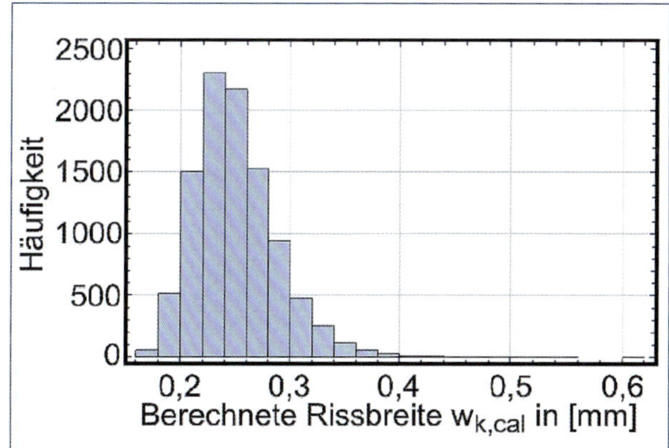

Bild 10.44: Verteilung der berechneten charakteristischen Rissbreiten bei streuender Verbundfestigkeit mit dem Datensatz [Cal1]

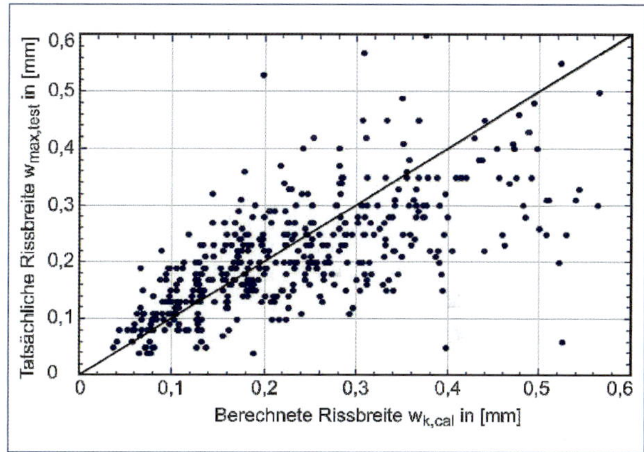

Bild 10.45: Vergleich der mit streuenden Materialparametern nach DIN EN 1992-1-1/NA berechneten Rissbreiten zu den Rissdaten [Cal1]

mit einer streuenden Verbundfestigkeit dargestellt. Der 95 %-Fraktilwert der charakteristischen Rissbreite mit etwa $w_{k,cal} = 0{,}32$ mm lag deutlich über dem normgemäßen Berechnungswert von $w_k = 0{,}24$ mm und entsprach auch der maximalen Rissbreite der Versuchsdaten w_{max}.

Bei einer Berücksichtigung der streuenden Materialparameter und der damit berechneten Rissbreiten in Bild 10.45 zeigt sich im Vergleich zu Bild 10.42 eine Verschiebung des Ergebnisclusters nach rechts zu größeren Werten, der Sachverhalt einer breiten Streuung bleibt uneingeschränkt bestehen.

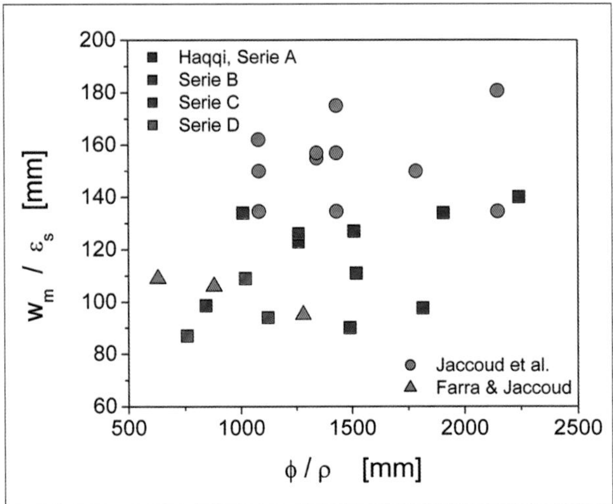

Bild 10.46: Verhältnis der Mittelwerte der Rissbreite und der Stahldehnung in Abhängigkeit von der Relation ϕ/ρ aus den Untersuchungen von [Bee1] mit Datensätzen verschiedener Autoren

Wie in [Eck6] und [Jus1] weiter ausgeführt, scheint das Hauptproblem der Ansatz des Rissabstands zu sein. Bereits kleine Veränderungen in der Annahme des Rissabstands erfassen die auftretenden Streuungen bei den Rissbreiten weitaus besser als alle andere Materialparameter zusammen [Jus1]. Der im normativen Berechnungsmodell postulierte Zusammenhang zwischen Rissabstand und Rissbreite wird durch Versuchsdaten nicht bestätigt.

Die Verbundspannung ist nicht so eindeutig fixiert, wie die Norm annehmen lässt. Wie in [Lin3] gezeigt, können auch andere Verteilungen und Funktionen zugrunde gelegt werden.

Kritische Einschätzungen bestehen auch hinsichtlich der Formulierung der Einleitungslänge und des Rissabstands in Abhängigkeit vom Verhältnis (ϕ/ρ). [Bee1] hat dazu ausführliche Vergleiche anhand der Datensätze verschiedener Autoren vorgenommen. Dabei wurde entsprechend Gleichung (10.21) die Beziehung

$$(w/\varepsilon) = k \cdot (\phi/\rho) \tag{10.92}$$

zugrunde gelegt. Es wurde bei der Auswahl der Daten darauf geachtet, dass die Messungen der Rissbreite am Bauteilrand mit gleichen Methoden erfolgten. Bei den ausgewerteten Versuchen zeigte sich eindeutig eine Proportionalität zwischen der Stahlspannung und der Rissbreite, aber keine entsprechend Gleichung (10.92), Bild 10.46. Daraufhin durchgeführte Untersuchungen bestätigten dieses Ergebnis, andere dagegen nicht [Cal3]. [Bee1] fand eine Abhängigkeit der Rissbreite von der Betondeckung, die Bestandteil der DIN EN 1992-1-1 geworden ist (Gleichung (10.34, Kapitel 10.7.3). Die Auffassung, dass durch diese Erweiterung der Gleichung um die Betondeckung die Zunahme der Rissbreite von der Bewehrungsstahl- bis zur Bauteiloberfläche berücksichtigt wird, ist sicherlich so nicht zutreffend. Darauf wird nachfolgend noch eingegangen. Neuere Untersuchungen [Cal2] bestätigen den Einfluss sowohl der Betondeckung als auch des Formelglieds (ϕ/ρ) (siehe dazu auch die Ausführungen in Kapitel 10.7.3.)

Eine weitere Ursache für Differenzen ist der Einfluss der Querbewehrung und Bügel, die rissauslösend wirken können. Nach [Cal2] sind die Auswirkungen hauptsächlich bei der rechnerischen Ermittlung des mittleren Rissabstandes feststellbar. In Bezug auf den maximalen Rissabstand $s_{r,max}$ ist die Beeinflussung der Ergebnisse geringer. Nach DIN EN 1992-1-1/NA, NDP zu 7.3.4(3) darf der Rissabstand bei Betonstahlmatten auf maximal zwei Maschenweiten begrenzt werden.

Die Divergenz in der Ermittlung der rechnerischen Rissbreiten wird auch daraus abgeleitet, dass sich die Rissbreite innerhalb der Betondeckung verändert und bis zur Bauteiloberfläche linear vergrößert. Daraus resultiert auch der Vorschlag, die Rissbreiten am Bauteilrand in Abhängigkeit von der Dicke der Betondeckung zu beurteilen. Diese Veränderungen sind auch bei zentrischen Zugbeanspruchungen nachgewiesen (z.B. [Bor2]), aber durch die Summation von Dehnungen und Mikrorissen zu erklären. In der Nähe der Bewehrung ist die eigentliche Rissbreite sehr gering, dafür sind entlang der Einleitungslänge Mikrorisse vorhanden (Bild 10.17, Bild 11.12), die gemeinsam den Dehnungsbetrag ergeben. Ein Rissbreitenprofil innerhalb der Betondeckung entsteht deshalb in dem Bereich, in dem eine Mikrorissbildung stattfindet (Kapitel 11.3).

Sich entwickelnde Sekundärrisse erreichen bei einer dickeren Betondeckung nicht den Bauteilrand, sodass die Rissbreite vergleichbar beeinflusst wird. Die Breite der Trennrisse am Bauteilrand wird durch die wirksame Dehnung bestimmt, die im Rissbereich vorhanden ist.

Die Rissbreite streut nicht nur von Riss zu Riss, sondern variiert auch im Verlauf eines Risses. Diese Feststellungen haben dazu geführt, den Rechenwert w_k als mittleren Maximalwert der Rissbreite zu definieren. Wenn sich der Riss in einem Bereich übereinstimmender Dehnung befindet, kann jedoch die Rissbreite innerhalb der Risslänge nicht ständig wechseln; die Ursache ist eher in einer mangelhaften Erkennbarkeit der Rissflanken, Rissverästelungen und dergleichen zu suchen. Nur wenn sich die Dehnung entlang des Risses tatsächlich ändert, wie beispielsweise durch eine wechselnde Behinderung, kann dies auch bei der Rissbreite unterstellt werden. Insofern wäre der messbare Maximalwert der Rissbreite als maßgebend anzusehen.

Trotz teilweise beträchtlicher Differenzen zwischen rechnerischen und realen Rissbreiten ist gegenwärtig die Methodik nach DIN EN 1992-1-1, Abschnitt 7.3.4 eine allgemein anerkannte Vorgehensweise zur Bemessung der rissbreitenbegrenzenden Bewehrung. Für die Vertragsgestaltung der Bauleistungen ist zu bedenken, dass eine genaue Vorausberechnung der sich einstellenden Rissbreiten nicht möglich ist und Überschreitungen auftreten können. Insofern sind Festlegungen über nicht zu überschreitende maximale Rissbreiten ungerechtfertigt und nicht haltbar. Wie bereits erwähnt, ist nach bisheriger Auffassung eine strikte Einhaltung der Grenzwerte auch nicht nötig (Kapitel 10.7.4 und 11).

Denkbar wäre jedoch auch, auf die Ermittlung der rechnerischen Rissbreiten zu verzichten und eine ausreichende Mindestbewehrung aus der Rissschnittgröße abzuleiten, wie beispielsweise in der DIN EN 1992-1-1, Abschnitt 7.3.2 angegeben. Treten zu große Rissbreiten auf, bleibt das Mittel der Rissverpressung. Zur Erhöhung der Sicherheit, kritische Rissbreiten nicht zu überschreiten, wären dann die zur Berechnung angesetzten Stahlspannungen zu verringern.

10.11 Weitere Ursachen größerer Rissbreiten am Bauwerk

Einen sehr wesentlichen Einfluss auf die Rissentwicklung haben auch die Annahmen der Tragwerksplanung und die Sorgfalt in der Baudurchführung. Aus der Tragwerksplanung können folgende Ursachen resultieren:

- ein unzutreffender Ansatz des Risszeitpunkts bzw. der zum Risszeitpunkt vorhandenen Betonzugfestigkeit sowie der Festigkeitsminderung durch Mikrorissbildung infolge von Eigenspannungen,
- eine unzureichende Beachtung von Querschnittssprüngen, Öffnungen, einspringenden Ecken und anderen ungünstigen Gegebenheiten der Bauteilgestaltung, die besondere Sorgfalt bei der Anordnung der Bewehrung verlangen,
- die Nichtbeachtung der konstruktiven Regeln zur Auswahl der Bewehrung (zu große Stabstahldurchmesser und/oder Stababstände),
- eine ungünstige Anordnung der Bewehrung im Bauteilquerschnitt, Häufung des Bewehrungsquerschnitts mit Schwierigkeiten beim Einbau und Verdichten des Frischbetons,
- Längsrisse als Folge zu hoher Verbundspannungen durch zu geringe Betondeckung oder ungünstiger Verbundbedingungen durch fehlerhaften Frischbetoneinbau.

Die Bauausführung ist an den Ursachen beteiligt durch:

- mit der Tragwerksplanung nicht übereinstimmende betontechnologische Festlegungen zur Betonzusammensetzung, die die Wärmeentwicklung, das Schwinden sowie die Festigkeitsentwicklung und die Festigkeitsklasse beeinflussen,
- zusätzliche Zwangbeanspruchungen aus ungünstiger Baudurchführung (frühzeitiges Ausschalen und plötzliche Abkühlung im Winter oder durch Regen, unzureichende Nachbehandlung und frühes Schwinden),

- eine ungünstige Gestaltung von Schalung und Rüstung, die zu Verformungen führt; zu frühes Ausschalen, ohne dass der erhärtende Beton die Mindestfestgkeit erreicht hat,
- Erschütterungen während der anfänglichen Erhärtung des Betons, z. B. durch in der Nähe arbeitende Baumaschinen, den öffentlichen Verkehr und dergleichen.

11 Entstehung und Eigenschaften der Risse in Stahlbetonbauteilen

11.1 Rissbildungsprozess im Zementstein

Bereits im unbelasteten Beton gibt es Mikrorisse, da das Gefüge hinsichtlich der Dehnungsfähigkeit inhomogen ist. Die Erhärtung und Strukturbildung ist mit Dehnungen aus dem chemischen Schwinden und der Hydratationstemperatur verbunden, die hauptsächlich durch die Gesteinskörnungen behindert werden. Dadurch entstehen lokal Eigenspannungen, die bei Überschreiten der Zugfestigkeit zu Mikrorissen im Zementstein führen (Bild 11.1).

Das Verformungsverhalten bzw. die Festigkeit der Zementsteinmatrix ist sehr unterschiedlich und von der Art und Form der Hydrate, der Porosität, der Übergangszone zur Gesteinskörnung und anderen Faktoren abhängig. Die Mikrorisse stören die Homogenität des Gefüges und sind der Ansatz für weitere Rissbildungen, wenn die Beanspruchungen zunehmen. Grundsätzlich gilt, dass die Rissbildungen auf Mikroebene zwar nicht zu vermeiden, aber zu beeinflussen sind. Da die Mikrorisse während der Erhärtung vom Betrachter nicht wahrnehmbar sind, wird die sich daraus entwickelnde Rissbildung oft unterschätzt. Durch sehr frühen Schutz des erhärtenden Betons und die Nachbehandlung kann die Rissanfälligkeit beeinflusst werden.

Die Rissbildung beginnt mit sehr feinen, kurzen Mikrorissen im Betongefüge, die zum Teil bereits vor einer Beanspruchung mit Rissbreiten von 0,01 bis 0,02 mm und Risslängen von wenigen Millimetern vorhanden sind. Sie entstehen durch Dehnungsunterschiede zwischen Matrix und Gesteinskorn infolge von Temperatur- und Schwindverformungen und sind ungerichtet und zufällig verteilt. Sie treten bevorzugt in den Grenzflächen zwischen Gesteinskorn und Matrix auf. Bei Einwirkung einer Zugbeanspruchung sind sie die Keime der Rissbildung (Bild 11.1).

In Bild 11.3 sind zwei zusammengehörende Rissflächen abgebildet, die in einem Spaltzugversuch entstanden sind. An einigen Beispielen, die mit roten Zahlen versehen sind, ist zu erkennen, dass der Riss bevorzugt in der Kontaktzone zwischen Zementmatrix und Gesteinskorn entsteht. Die beiden mit A und B gekennzeichneten Stellen zeigen, dass auch das einzelne Korn versagen kann und der Riss in seinem Verlauf dadurch nicht immer beeinflusst wird (Bild 11.4).

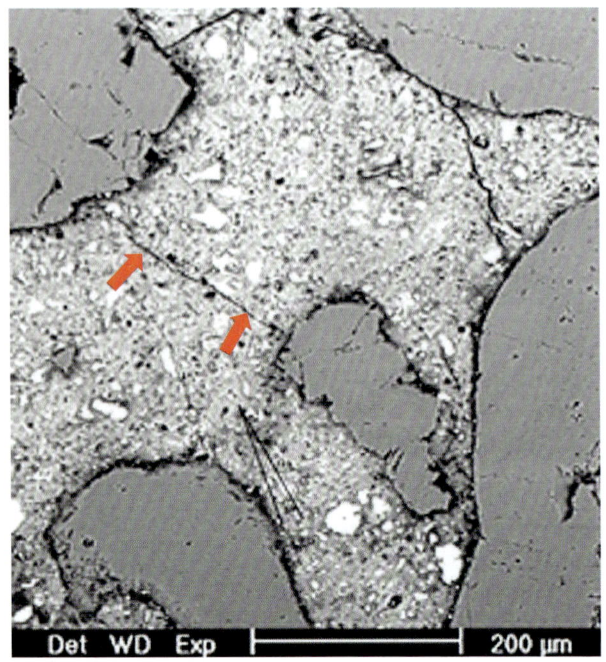

Bild 11.1: Mikrorissbildung infolge von Selbstaustrocknung [Bre5], Beton mit w/z = 0,45

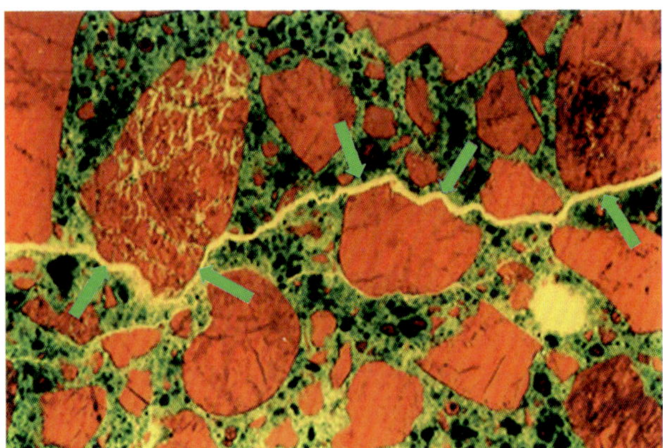

Bild 11.2: Rissbildung in der Zementsteinstruktur bei einer Dehnung von 1,5 ‰ (im Original Vergrößerung 60-fach, Fluoreszenzmikroskopie mit gleichzeitiger Durchlichtbeleuchtung); aus [Len1]

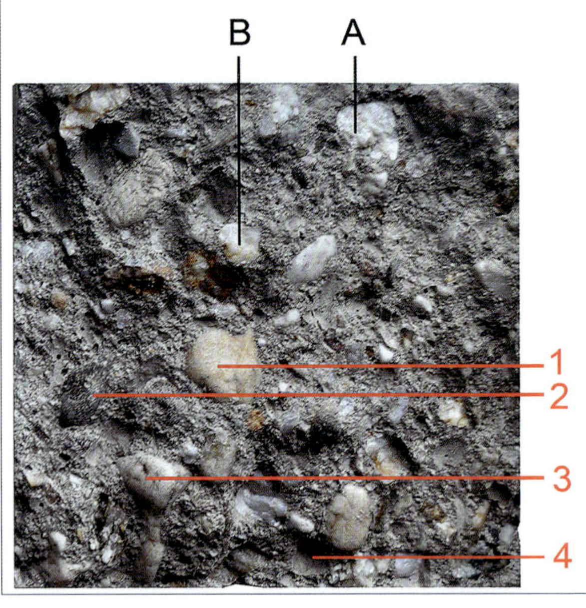

Bild 11.3: Geöffnete Flächen eines Risses (wie ein Buch aufgeklappt) nach einer Spaltzugprüfung, Seitenlänge 200 mm, Größtkorn 32 mm

Ob die Kontaktzone zwischen Matrix und Kornoberfläche oder das Gesteinskorn versagt, hängt vor allem von den Festigkeiten der beiden Komponenten Gesteinskorn bzw. Matrix ab. Bei hoher Betondruckfestigkeit ist das Steinversagen häufiger zu beobachten, bei niedrigerer oder normaler Druckfestigkeit versagt meist die Kontaktzone.

Einflüsse auf die Mikrorissbildung

Maßgebend für die Mikrorissbildung ist eine Reihe betontechnologischer und äußerer Faktoren. Die Mikrorisse nehmen mit dem Durchmesser der Gesteinskörnungen sowie bei Verwendung scharfkantigen Korns, höherer Betontemperatur, Verkürzung der Nachbehandlungsdauer und beschleunigter Austrocknung zu. Aus den umfänglichen Versuchen von [Kus1] ergibt sich weiterhin, dass die Mikrorisse vermindert sind, wenn die Verdichtungszeit verlängert und dadurch intensiviert wird. Die Verdichtungsporen verlieren als Rissansatz mit dem Erhärtungsalter an Bedeutung.

Volumenänderungen und Zugdehnungen in der Zementsteinmatrix sind risskritisch bei niedrigen Wasserzementwerten ($w/z < 0{,}40$) und damit besonders bei hochfesten Betonen. Mikrorisse entstehen dann bereits innerhalb des ersten Tages und sind auf das autogene Schwinden zurückzuführen.

Eindeutig scheint zu sein, dass mit Zunahme des w/z-Wertes bei allen Festigkeitsklassen des Betons die Risshäufigkeit systematisch zurückgeht [Att1].

Da von einem Zusammenhang zwischen Mikrorissbildung und Trennrissgefahr ausgegangen werden muss, sind die Maßnahmen zur Beherrschung der Rissbildung auch unter diesem Gesichtspunkt festzulegen.

Bild 11.4: Fast eben durchtrenntes Gesteinskorn (links unten) an einem Betonbruchstück

11.2 Vorgänge beim Zugbruch im unbewehrten Beton

Am Beispiel eines Zugversuchs an einem Betonzylinder sollen die real ablaufenden Erscheinungen geschildert werden. In dem hier beschriebenen Zugversuch wird kein Spannungs-Dehnungs-Diagramm, sondern eine Kraft-Rissbreiten-Beziehung gemessen (Bild 11.6). Das wird häufig so gemacht, weil die Messvorrichtung vor Versuchsbeginn funktionstüchtig montiert sein muss. Zu diesem Zeitpunkt ist der Ort noch nicht bekannt, an dem der Riss entstehen wird. Durch eine Kerbe im Versuchskörper kann dieser Ort vorgegeben werden. Die Kerbe ist eine Unstetigkeitsstelle und gestattet deshalb nicht, eine Spannungs-Dehnungs-Linie aufzuzeichnen. Die Spannungs-Dehnungs-Linie und die Kraft-Riss-Öffnungs-Linie sind ähnliche Kurven, die sich nur durch die Maßzahlen unterscheiden. Bild 11.6 zeigt das Messergebnis für eine solche Kurve.

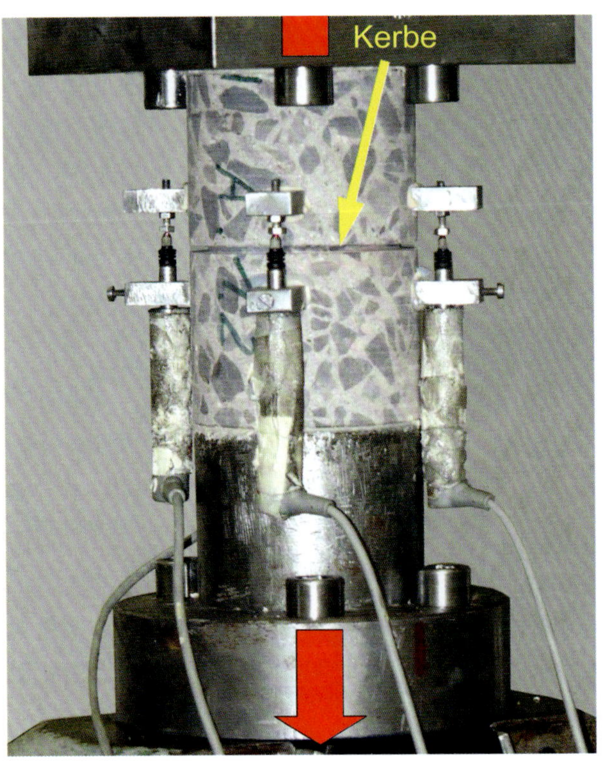

Bild 11.5: Versuchsanordnung für einen zentrischen Zugversuch am gekerbten, unbewehrten Betonzylinder mit einem Durchmesser von 100 mm (Bohrkern)

In Bild 11.5 ist der Versuchskörper für einen weggeregelten, zentrischen Zugversuch unmittelbar vor Beginn des Versuchs abgebildet. Es ist ein Bohrkern mit 100 mm Durchmesser, der in der Mitte gekerbt und mit vier induktiven Wegaufnehmern, über den Umfang verteilt, bestückt ist. Die Wegaufnehmer messen über die Kerbe hinweg den Verschiebungsweg (Rissuferverschiebung), weil durch die Kerbe die Lage des Risses vorgegeben ist. Beim weggeregelten Zugversuch wird die Prüfmaschine mit konstanter Vortriebsgeschwindigkeit gefahren, unabhängig davon, wie sich die dafür notwendige Zugkraft einstellt. Das entspricht den häufig vorkommenden Zwangbeanspruchungen, deren Auslöser ebenfalls Längenänderungen sind, bei denen durch Behinderung Zwangkräfte entstehen.

Zentrische Zugversuche für Beton sind sehr aufwendig und erfordern große Sorgfalt beim Versuchsaufbau. Sie erfordern auch ein gewisses Maß an Erfahrung sowohl bei der Präparation der Prüfkörper als auch bei der Durchführung der Prüfung. Deshalb werden sie in der Praxis wenig durchgeführt und sind hauptsächlich der Wissenschaft vorbehalten. Es gibt auch keine Prüfnorm für derartige Versuche. Für die Rissbreitenberechnung wird die Zugfestigkeit üblicherweise aus der Betondruckfestigkeit empirisch berechnet – eine bewusst in Kauf genommene Ungenauigkeit, um den hohen Prüfaufwand für die Zugfestigkeit zu vermeiden. In dem hier beschriebenen Zugversuch wird eine Kraft-Weg-Beziehung gemessen (Bild 11.6).

Die gemessene Kraft-Weg-Kurve (Bild 11.6) verläuft im Anfangsbereich linear, krümmt sich leicht im aufsteigenden Ast und unmittelbar vor Erreichen der Zugfestigkeit dann sehr stark. Danach fällt sie stetig ab, bis sie bei einem Weg über 0,1 mm den Wert Null erreicht.

Bild 11.7 zeigt das in einer anschaulichen Skizze. Bereits im unbelasteten Zustand sind Mikrorisse im Betongefüge vorhanden, die durch unterschiedliches Dehnungsverhalten der Betonbestandteile entstanden sind. Sie sind zufällig gerichtet und nicht auf einer äußere Belastung zurückzuführen.

Bei der Wirkung einer Zwangzugkraft entstehen weitere Mikrorisse, die nun aber rechtwinklig zur Kraftrichtung gerichtet sind. Sie werden durch die leichte Krümmung des aufsteigenden Astes der Kurve in Bild 11.6 abgebildet. Bei Vergrößerung der Dehnung entstehen weitere Mikrorisse, die sich allmählich an einer Schwachstelle des Bauteils konzentrieren. Dort entsteht dann auch bei weiterer Dehnung der Riss durch weitere Mikrorisse und deren Vereinigung mit den bereits entstandenen Rissen. Die Bildung eines Risses ist vollendet, wenn sich die beiden Rissufer völlig getrennt haben. Das ist etwa bei einer Rissöffnung von 0,1 bis 0,2 mm der Fall. Rissbreiten unter 0,1 mm gibt es nur an der Bauteiloberfläche im Stadium der Rissbildung. Fertige Risse mit völliger Trennung der Rissufer haben meist größere Rissbreiten als 0,1 mm.

Würde der Versuchskörper beim Erreichen der Zugfestigkeit entlastet (grüne, gestrichelte Linie in Bild 11.6), bliebe eine geringe irreversible Längenänderung zurück. Es wäre in diesem Zustand auch nach einer bleibenden Dehnung noch kein Riss zu sehen,

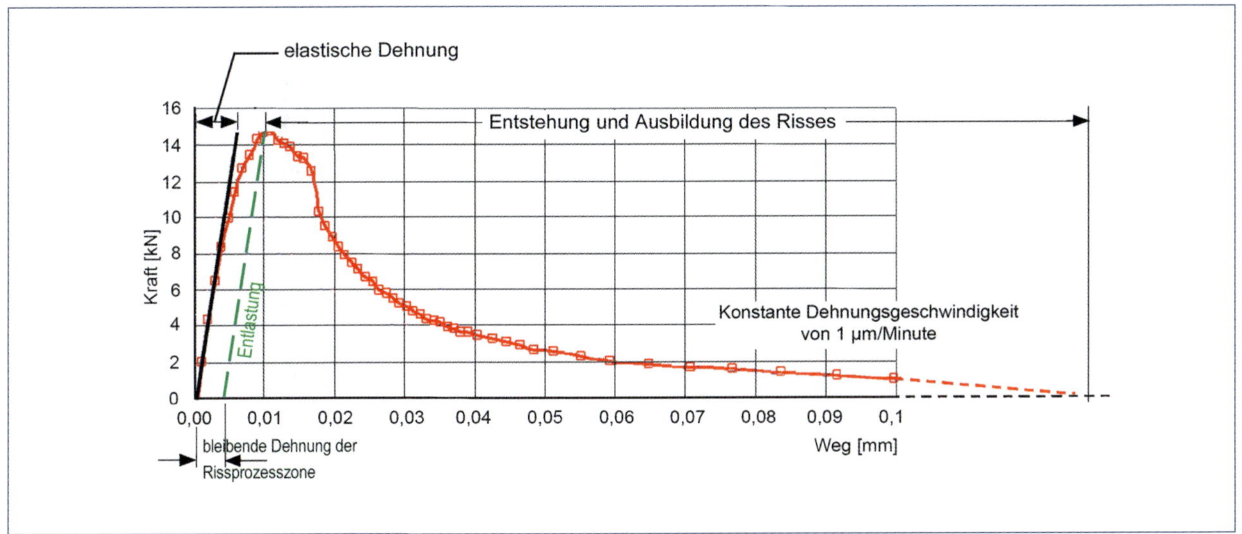

Bild 11.6: Messergebnisse eines zentrischen Zugversuchs an einer unbewehrten Betonprobe

weil seine Bildung und Öffnung erst nach Überschreiten der Zugfestigkeit beginnt. Die induktiven Wegaufnehmer zeigen aber bereits einen Weg vor der Rissbildung an.

Unmittelbar vor Erreichen der Betonzugfestigkeit entstehen plastische Verformungen, erkennbar an der Krümmung des aufsteigenden Astes der Kurve. Diese irreversiblen Verformungen entstehen nur in einem schmalen Bereich an der Stelle, an der sich sehr bald der Riss bildet (Bild 11.7). Es ist die Rissprozesszone.

Wenn die Zugfestigkeit erreicht ist, öffnet sich bei weiterer Dehnung allmählich der Riss, man spricht vom abfallenden Ast der Kurve. Erst in dieser sogenannten Nachbruchzone entsteht der Riss. Er ist erst dann voll ausgebildet, wenn es keine Verbindungen mehr zwischen den beiden Rissuferflächen gibt (Bild 11.8). Das ist nach bisherigem Kenntnisstand erst bei einer Rissbreite von mindestens 0,1 mm der Fall.

In Bild 11.8 ist das Ergebnis einer Computersimulation dieser Vorgänge dargestellt. In der Rissprozesszone, einer Zone aufgelockerten Betons im Bereich des sich bildenden Risses, bilden sich kleine, kurze Risse rechtwinklig zur Kraftrichtung, die sich bei wachsender Dehnung zum durchgehenden Riss vereinigen. Neben dem Rissspalt (schwarz) verbleiben kleine, kurze Risse in der Rissprozesszone. In ihr ist das Betongefüge etwas aufgelockert. Der Anteil bleibender Dehnungen in der Rissprozesszone ist von Riss zu Riss unterschiedlich. Denkbar ist auch, dass sich zunächst mehrere Rissprozesszonen ausbilden und der Riss in der schwächsten Zone entsteht.

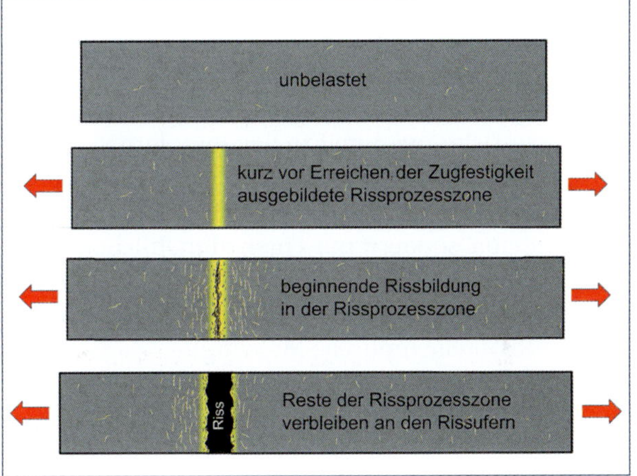

Bild 11.7: Die Entstehung des ersten Risses bei zentrischem Zug (schematisch)

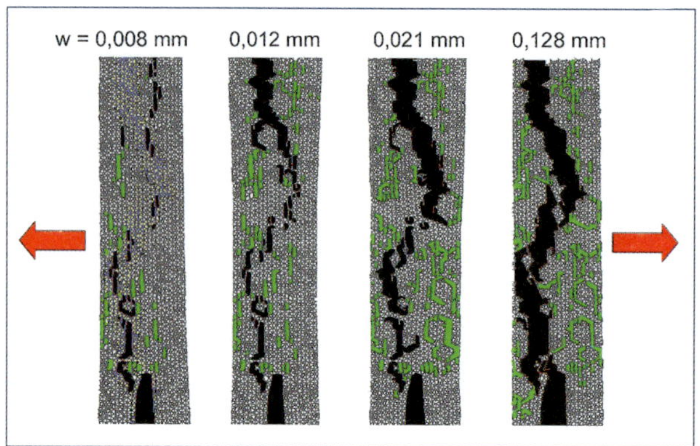

Bild 11.8: Computersimulation der Entstehung eines Trennrisses (Zwang), Dehnung in Pfeilrichtung [Sch2]

Bild 11.9: Riss mit extrem großer Rissbreite und scheinbar nahezu parallelen Rissufern

Das Bild 11.8 veranschaulicht, dass der Riss bei einer Zwangdehnung ganz allmählich entsteht. Unmittelbar an den Rissufern lockert sich das Betongefüge etwas auf, es entstehen Mikrorisse (grün) und plastische Verformungen. Die Summe dieser plastischen und der elastischen Verformungen in Dehnungsrichtung zuzüglich der Rissbreite ergibt die Längenänderung des Stahlbetonbauteils. Im Bild ist erkennbar, dass ein irreversibler Dehnungsanteil an den Rissufern verbleibt. Entstünde er nicht, wäre der Rissspalt etwas größer. Die Rissprozesszone hat keine klare Grenze zum gesunden Beton, sondern nur einen allmählichen Übergang. Messbar ist sie deshalb nur indirekt als Differenz zwischen der Rissuferverschiebung (Wegmessung) und der Rissbreite (optische Messung).

In der Berechnung der Rissbreite nach DIN EN 1992-1-1 kann die irreversible Dehnung der Rissprozesszone nicht erfasst werden. Deshalb sind die berechneten »Rissbreiten«, also die Rissuferverschiebungen, etwas größer als die mit der Lupe messbaren Rissbreiten. Die Differenz kann bis 0,1 mm betragen, in Ausnahmefällen ist sie auch größer.

In der beispielhaften Simulation nach Bild 11.8 sind die Rissufer erst bei einer Rissuferverschiebung von 0,128 mm völlig getrennt. Die Reste der Rissprozesszone verbleiben als unregelmäßig geformter Saum an den Rissufern und sind so die Ursache für die wechselnde Rissbreite eines Risses über seine Länge. Wird der Riss weiter geöffnet, ändert sich an den plastischen Verformungen nichts mehr. Die Rissprozesszone mit den Mikrorissen links und rechts der Rissufer (grün gezeichnet) hat einen bleibenden und unveränderlichen Verformungsanteil an der Rissbreite. Ihre Breite hängt beim voll ausgebildeten Riss (Rissuferverschiebung > 0,1 mm) nicht mehr von der Verschiebung der Rissufer ab. Je kleiner die Rissbreite ist, umso größer ist der prozentuale Anteil der Reste der Rissprozesszone an der Verformung des Zuggliedes. Umgekehrt spielt sie bei größeren Rissbreiten kaum eine Rolle. Das ist in Bild 11.9 erkennbar. Auch dieser Trennriss in einer Baustraßenplatte hat eine Rissprozesszone an den Rändern. Sie ist aber im Verhältnis zur Rissbreite so klein, dass sie nicht mehr erkennbar ist. Man kann davon ausgehen, dass sie auch bei dieser Rissbreite noch durch Messung nachweisbar ist. Dieser Riss hat im Unterschied zu Rissen mit viel kleinerer Rissbreite fast ideal parallel verlaufende Rissränder.

Bei Rissbreiten im Normbereich bis 0,4 mm sind derartig parallele Rissuferverläufe nicht zu finden und auch nicht zu erwarten, weil die bleibende Verformung der Rissprozesszone im Vergleich zur Rissbreite relativ groß ist. Im Beispiel der Tabelle 11.1 beträgt der irreversible Dehnungsanteil 0,07 bzw. 0,08 mm. Allgemein muss mit einem Durchschnittswert von 0,03 bis 0,10 mm gerechnet werden.

Diese kleinen bleibenden Verformungen der Rissufer haben nicht vernachlässigbare Auswirkungen auf verschiedene andere Bereiche des gerissenen Betons.

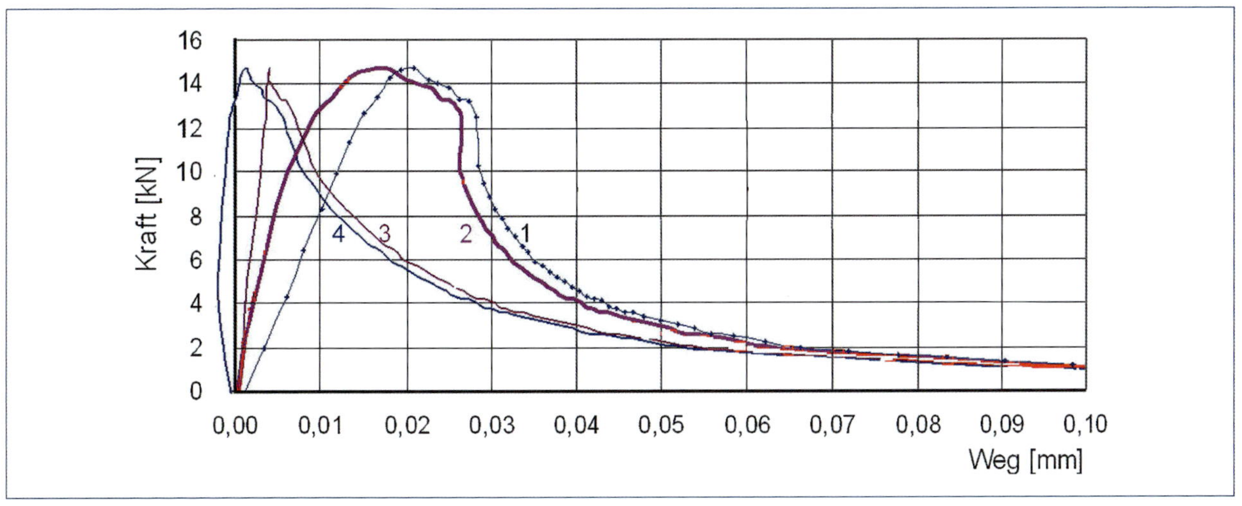

Bild 11.10: Kurven 1 bis 4 für die vier Wegaufnehmer

Die signifikanteste Auswirkung ist die Tatsache, dass es am gleichen Riss je nach Messverfahren unterschiedliche Messwerte der Rissbreite gibt. Es gibt Messverfahren, bei denen die Rissprozesszone an den Rändern in der Messung berücksichtigt wird und Messverfahren, bei denen sie unberücksichtigt bleibt. Bei den ersteren Messverfahren wird am gleichen Riss ein kleinerer Wert der Rissbreite gemessen als bei den letzteren. Einzelheiten dazu sind in Kapitel 12 zu finden.

Der Beitrag der Rissprozesszone an der Rissbreite (Verringerung gegenüber der Rissuferverschiebung) ist sehr gering, etwa 0,03 bis 0,1 mm, gelegentlich auch etwas mehr. Das ist zwar ein sehr kleiner Betrag, aber im Vergleich zu einer ebenfalls sehr kleinen Rissbreite (bis 0,4 mm) ist es schon ein deutlicher Unterschied.

Die allgemein bekannte Kurvenform in Bild 11.6 beschreibt nur den Mittelwert aus vier Einzelmesswerten, die in den Viertelspunkten über den Kreisumfang gemessen wurden. Wenig bekannt ist, dass die vier Wegaufnehmer auch vier sehr unterschiedliche Kurvenverläufe haben (Bild 11.10), was bei dem sorgfältig aufgebauten Zugversuch nicht zu erwarten ist. Mit der Kenntnis des unterschiedlichen Kurvenverlaufs für die vier Wegaufnehmer wird die Interpretation des Versuchs etwas komplizierter. Folgende Besonderheiten sind erwähnenswert:

- Die vier Wegaufnehmer haben beim Erreichen der Zugfestigkeit unterschiedliche Längenänderungen angezeigt. Das bedeutet, dass sich der Querschnitt verkantet und verwölbt hat, obwohl eine zentrische Zugkraft eingetragen wurde. Diese Verkantung und Verwölbung betrifft den aufsteigenden Ast insgesamt und etwa die Hälfte des absteigenden Astes. Der Wegaufnehmer 4 zeigt von Beginn an negative Werte für den Weg. Das bedeutet, dass er eine Stauchung anzeigt, also Druck erhält. Die Druckbeanspruchung ist ein unerwartetes Ergebnis. Die Kurven zeigen, dass unser zentrischer Zugversuch gar nicht so genau zentrisch ist, sondern in der Phase der Rissentstehung deutlich exzentrisch belastet wird. Das liegt vor allem an der Heterogenität der Betonstruktur. Vergleichsweise steife Gesteinskörner sind im Betongefüge von der weniger steifen Zementmatrix umhüllt und ziehen einen überdurchschnittlichen Anteil der Zugkraft auf sich, um die Verträglichkeitsbedingungen für die Dehnung zu erfüllen. Liegen die Gesteinskörner nicht in der Wirkungslinie der Zugkraft, entstehen zwangsläufig Außermittigkeiten.
- Die Phase der Rissbildung beginnt beim Wegaufnehmer 4 schon bei einem Weg von 0,002 mm mit Erreichen der Zugfestigkeit; der Wegaufnehmer 1

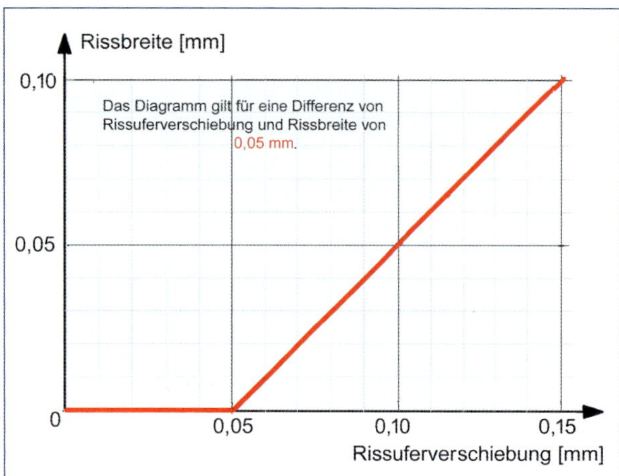

Bild 11.11: Vergleich von Rissuferverschiebung und Rissbreite für einen Differenzwert von 0,05 mm

erreicht diesen Punkt erst bei der zehnfachen Längenänderung von 0,02 mm. Bei den beiden anderen Wegaufnehmern ist das ebenfalls unterschiedlich. Die Betondehnung innerhalb der Rissprozesszone ist in der gezogenen Fläche ungleich verteilt. Der zu erwartende Trennriss mit parallelen Rissflächen ähnelt in der Entstehungsphase mehr einem Biegeriss mit gegeneinander geneigten Rissflächen. Die einseitige Rissbildung kann im Versuch auch mit bloßem Auge wahrgenommen werden.

- Selbst bei der Hälfte der Rissbreite des voll ausgebildeten Risses, bei 0,05 bis 0,06 mm ist die Rissfläche noch spürbar verkantet. Erst kurz vor der völligen Trennung der Rissufer treffen sich die vier Kurven und verlaufen gemeinsam bis zum Ende der Messung.

Diese unerwarteten Erscheinungen sind keine Ausnahmen. Sie können bei zentrischen Zugversuchen häufig beobachtet werden. Das liegt nicht an Ungenauigkeiten beim Versuchsaufbau, sondern am Beton mit seiner unregelmäßigen, groben und heterogenen Struktur. Sowohl bei der Betrachtung des Mittelwerts als auch des Verlaufs der vier Einzelwerte spielte die Rissprozesszone als bleibende Dehnung an den Rissrändern eine Rolle. Sie hat unmittelbare Auswirkungen auf das Maß der Rissbreite.

Der Bruch trat wie beabsichtigt in der in den Versuchskörper vorher eingeschnittenen Kerbe auf. Die Rissöffnung bei Zwang ist ein sehr langsamer Vorgang, der sehr lang dauern kann. Der abgebildete Zugversuch (Bild 11.5) dauerte für eine Verlängerung des Prüfkörpers um 0,1 mm 100 Minuten. Das ist eine Vortriebsgeschwindigkeit von 1 µm pro Minute.

Angesichts langsam ablaufender natürlicher Zwangverformungen durch Temperaturänderung und Schwinden ist das noch relativ schnell. Die genannten Bauteilverformungen können in vergleichbarer Größe Monate oder gar Jahre dauern. Bei der sehr langsamen Rissbildungsphase hat der Beton genügend Zeit, vor dem endgültigen Zerreißen jeder Faser das Gefüge an den Rissflächen etwas aufzulockern und so eine »ausgefranste« Struktur an den Rissufern zu bilden (vgl. Bild 11.8). Sie ist die Ursache dafür, dass die Rissufer nach der Trennung nicht parallel verlaufen und nicht mehr ineinander passen. Am äußeren Rand gibt es plastische Verformungen, die sich in allen Risszuständen während der Nutzungsdauer des Bauwerks nicht mehr verändern. In Bild 11.7 ist das veranschaulicht.

In Bild 11.7 ist auch veranschaulicht, dass der Weg der Rissufer größer ist als der eigentliche Rissspalt. Die über den Riss hinweg gemessene Längenänderung beginnt vor dem Beginn der Rissbildung mit dem Dehnungsanteil der Rissprozesszone. Erst, wenn sich der Riss als Spalt gebildet hat, also bei einer Rissbreite von mindestens 0,1 mm, kann die Rissbreite auch optisch gemessen werden. Das bedeutet, dass die optisch gemessene Rissbreite kleiner als die mit einer Wegmessung bestimmte Rissuferverschiebung ist. Es gibt also zwei Messwerte der Rissbreite für den gleichen Riss. Das ist eine verblüffende Erkenntnis, die zumindest für wissenschaftliche Untersuchungen, aber auch für das Regelwerk Konsequenzen haben muss.

Wir müssen lernen, mit der Tatsache umzugehen, dass unsere Rissbreitenberechnung nur eine Annäherung an die Realität ist. Sie kann lediglich annähernd zutreffende Vergleichswerte liefern. Ebenso sind die für bestimmte Rechenwerte der Rissbreite berechneten Mindestbewehrungen nicht als besonders exakt anzusehen. Sie genügen aber praktischen Anforderungen durchaus.

Die optisch zu messende Rissbreite und die als Weg zu messende Rissuferverschiebung unterscheiden sich durch die plastischen Dehnungen in der Rissprozesszone. In Bild 11.11 sind die optisch messbare Rissbreite als Ordinate und die Rissuferverschiebung des gleichen Risses als Abszisse aufgetragen. Sie entsprechen in der Realität einerseits der Rissbreite und andererseits der Rissuferverschiebung. Wären beide Werte an einem Riss gleich, verliefe die Linie unter 45° geneigt vom Ursprung aus nach rechts oben. Real ist es aber so, dass erst eine gewisse bleibende Verformung entsteht, ohne dass dazu eine Rissbreite existiert, weil das Betongefüge bis dahin nur aufgelockert, aber noch nicht aufgerissen ist. Erst ab einem gewissen Punkt der Dehnung, nämlich nach Erreichen der Betonzugfestigkeit, gibt es auch eine geringe Rissbreite, die zwar bereits sichtbar ist, aber den Querschnitt noch nicht durchtrennt. In Bild 11.11 ist der Vergleich von Rissuferverschiebung und Rissbreite am gleichen Riss dargestellt. Bei der Entlastung geht die Kurve nicht wieder auf den Ausgangspunkt zurück, sondern auf den Punkt, an dem die elastische Verformung begonnen hat. Der bis dahin entstandene plastische Anteil der Rissprozesszone verformt sich nicht wieder zurück.

Diese ungewohnte Erkenntnis ist für wissenschaftliche Untersuchungen, aber auch für das Regelwerk von Bedeutung. Bisher ist sie jedoch weder in der Wissenschaft noch im Regelwerk berücksichtigt worden.

11.3 Vorgänge beim Zugbruch im bewehrten Beton

Die Vorgänge bei der Rissentstehung im bewehrten Beton ähneln denen für den unbewehrten Beton (Kapitel 11.1). Der Unterschied besteht in der den Riss kreuzenden Bewehrung, die in einem gewissen Rahmen Verformungen der Rissufer verursacht.

An der Bewehrung verengt sich ein Riss in der Art wie in Bild 11.12. Diese Beobachtung wurde mehrfach gemacht und erklärt sich aus dem Entstehen von kreisförmigen Verbundrissen, die beim Schlupf zwischen Beton und Bewehrung entstehen. In Bild 11.14 ist die Situation am Bewehrungsstab in Rissnähe dargestellt. Die Erscheinung ist keine Risseinschnürung, sondern eine Ausstülpung der Risswandung in den Rissspalt hinein.

Die Verbundrisse sind Risse mit kreisrunden Rissflächen und keilförmiger Rissform. Ihre Form ähnelt im Idealfall der Oberfläche eines flachen Kegelstumpfs. Die größte Rissbreite liegt an der Stahlober-

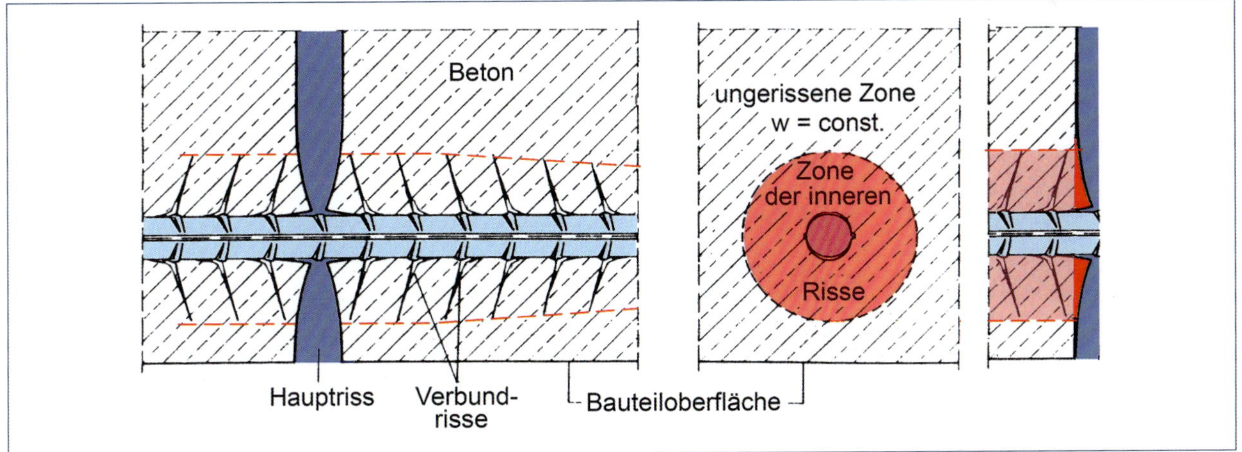

Bild 11.12: Verformung der Risswandungen durch innere Verbundrisse um den Bewehrungsstahl [Rip1]

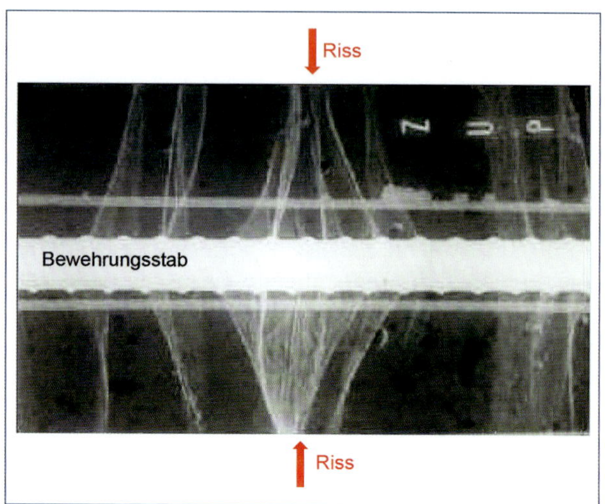

Bild 11.13: Röntgenbild eines bewehrten Betonbauteils mit Verbundrissen [Fan3]

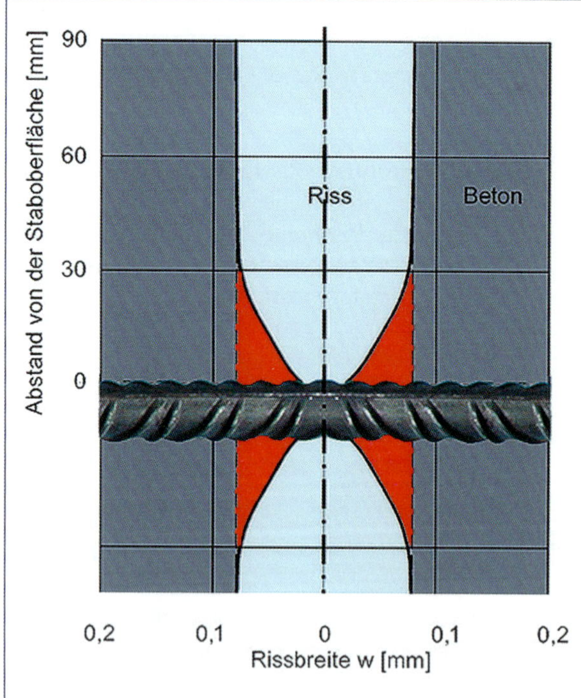

Bild 11.14: Querschnitt durch einen vermessenen Riss mit 90 mm Betondeckung [Rip1]

fläche. Von dort aus laufen die Risse auf den Wert Null aus (Bild 11.13). Tatsächlich sind es sehr feine Risse unter 0,1 mm, bei denen die Rissufer noch nicht vollständig getrennt sind und die deshalb aus mehreren Teilen bestehen. Auch in dieser Form erfüllen sie ihre Aufgabe, eine gewisse Längenänderung im Beton zu ermöglichen. Diese Längenänderung summiert sich bis zum Riss zu einer nennenswerten Größe auf, die als Risseinschnürung wahrnehmbar und messbar ist (Bild 11.12 und Bild 11.14).

Die Summe der inneren Rissbreiten addiert sich an der Rissfläche und bewirkt aus Verträglichkeitsgründen eine kegelstumpfförmige Ausstülpung in den Rissspalt hinein (Bild 11.14).

In Bild 11.14 ist eine solche Einschnürung maßstäblich mit einer Überhöhung in Richtung der Rissbreite dargestellt [Rip1]. Sie ist das Ergebnis einer Messung am realen Riss. Der Riss hat an der Bauteiloberfläche eine Rissbreite von 0,16 mm, die sich an der Bewehrung auf einen Wert von 0,04 mm verringert. Die Betondeckung von 90 mm ist sehr groß. Dadurch ist erkennbar, dass die Ausstülpung nur um die Bewehrung herum existiert. Die Einschnürung des Risses entsteht durch die Verbundrisse in der Einleitungszone (vgl. Bild 11.12). Außerhalb des kreisrunden Bereichs der Verbundrisse um die Bewehrung herum bleiben die Rissufer unverformt und verlaufen bei einem Trennriss mit den natürlichen Unebenheiten rechtwinklig zur Bauteiloberfläche und zur Zugkraftrichtung.

In Bild 11.15 ist ein Riss in einer 38 mm dicken Betondeckungsschicht dargestellt, der seinen Ursprung an der Rippe eines Bewehrungsstahls hat. Es ist ein solcher Riss, der um den gesamten Bewehrungsstahl herumläuft und sich im vorliegenden Fall einem von der Oberfläche ausgehenden Riss mit 0,26 mm Breite in Oberflächennähe nähert. Die Rissbreite unmittelbar am Bewehrungsstahl beträgt 0,019 mm bis 0,036 mm.

In der Literatur gibt es Bilder, in denen Querschnitte durch Risse mit gekrümmten Rissuferflächen dargestellt sind (z.B. Bild 11.16 aus [Cur1], so als hätten sich die Rissflächen verbogen. Das ist bei den Abmessungen der Betondeckung nicht denkbar. Die Betondeckung von z.B. 40 mm müsste sich in einem Balken so wie in Bild 11.16 verkrümmen. Das ist bei

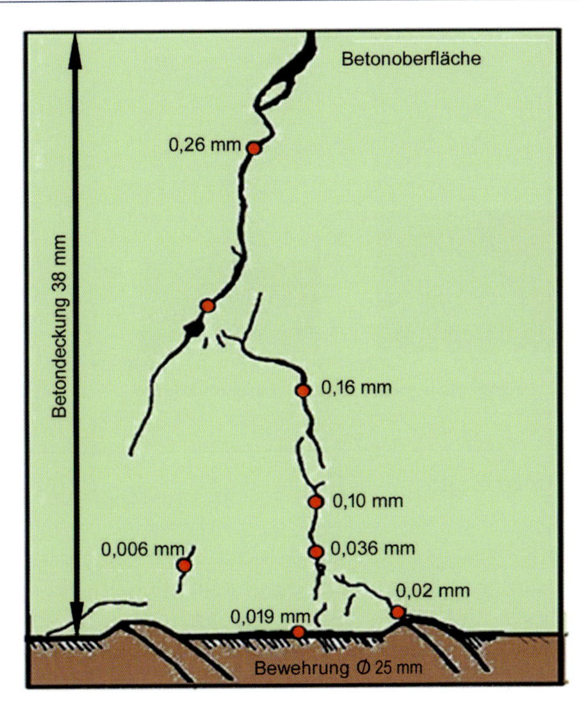

Bild 11.15: Rissverlauf zwischen Oberfläche des Bauteils und Bewehrungsoberfläche für einen Riss mit etwa 0,26 mm Rissbreite an der Oberfläche [Bee2]

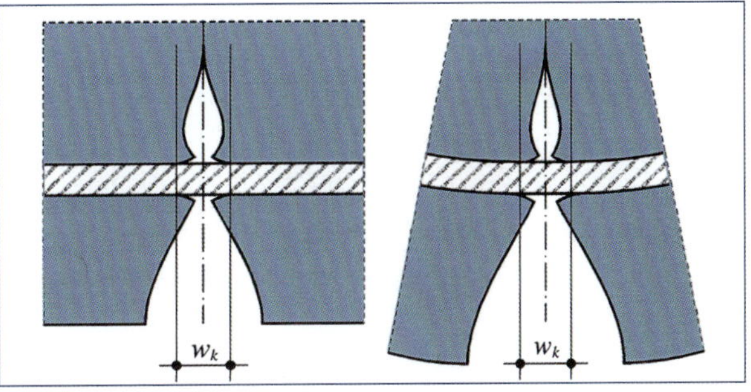

Bild 11.16: Definition des Rechenwertes der Rissbreite nach [Cur1]

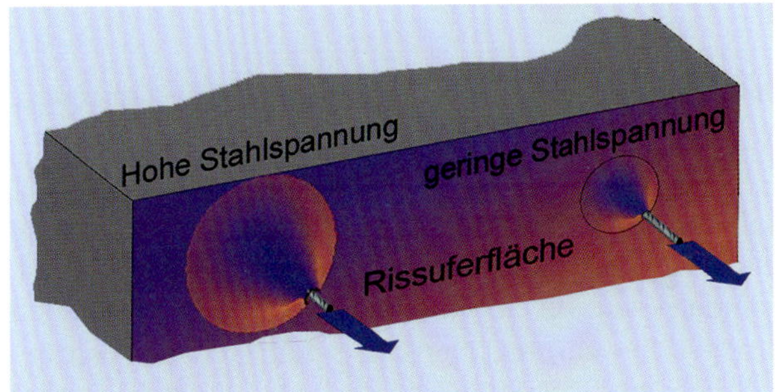

Bild 11.17: Ausbruchkegel in der Rissuferfläche um die Bewehrung herum durch Verbundrisse bei zentrischem Zug (schematisch) bei hoher (links) und geringer (rechts) Stahlspannung

den kurzen Hebeln und den kompakten Abmessungen nicht möglich.

In Bild 11.17 sind zwei Ausstülpungen in einer Rissfläche im Schema gezeigt. Sie haben unterschiedliche Durchmesser, womit angedeutet werden soll, dass der Basisdurchmesser der kegelförmigen Gebilde von der Größe der Stahlzugspannung in der Bewehrung abhängt. Da die Bewehrung immer in der Nähe des Bauteilrands liegt, kann die Ausstülpung die gesamte Betondeckung bis zur Bauteiloberfläche beeinflussen. Solche Erscheinungen wurden schon mehrfach gemessen.

Die Ausstülpungen um einen Bewehrungsstab herum in den Riss hinein haben mit der Rissbildung direkt nichts zu tun. Indirekt hängen sie aber über die Stahlspannung im Bewehrungsstab mit der Rissursache zusammen. Das Rissbreitenberechnungsverfahren nach DIN EN 1992-1-1 kann diese Verformung der Rissuferflächen nicht abbilden. Deshalb sind die in der Einführungsliteratur zur DIN 1045-1 angegebenen Skizzen (Bild 11.16) korrekturbedürftig. In den Bildern 11.17 bis 11.19 sind die wahren Verhältnisse wirklichkeitsnäher dargestellt. Durch die rote Einfärbung der Ausstülpungen ist ihre Herkunft aus der Stabumgebung zu erkennen.

Für die Rissbreitenberechnung nach Norm hat diese Erkenntnis keine Bedeutung, weil die genormte Rissformel nur Längsdehnungen von Beton und Stahl berücksichtigen kann. Verformungen im Beton, die durch kreisförmige Risse um die Bewehrung herum entstehen, sind mit dem Berechnungsverfahren der Norm nicht abbildbar. Das bedeutet auch, dass die in der Literatur vielfach zu findenden Korrekturvorschläge für die Rissbreitenberechnung zur Berücksichtigung der Ausstülpungen immer nur Wunsch sind.

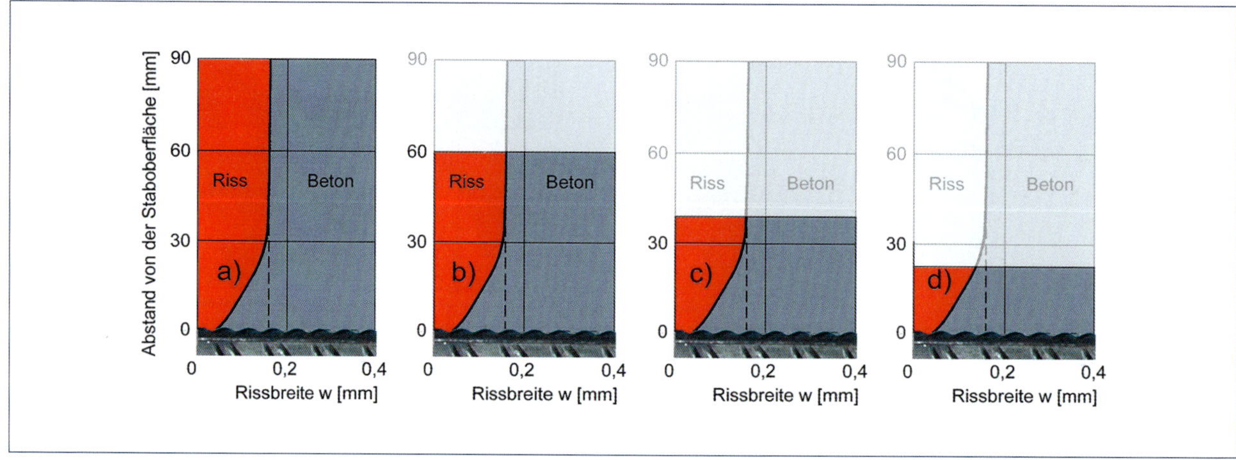

Bild 11.18: Risseinschnürung nach Ripphausen [Rip1] bei verschiedenen Betondeckungen

Die Realität ist so, dass der Rechenwert der Rissbreite nicht auf irgendeine Höhenlage im Riss bezogen ist, sondern sowohl an der Bauteiloberfläche als auch an der Bewehrungsoberfläche den gleichen rechnerischen Wert hat. So drückt es die Berechnungsformel aus. Tatsächlich ist das natürlich anders, aber mathematisch mit den Rissformeln nicht modellierbar.

In Bild 11.17 ist auch dargestellt, dass die Kegeldurchmesser von der Stahlspannung und damit von der Größe des Schlupfes abhängen müssen. Bei kleinen Stahlspannungen in der Bewehrung werden die Ausstülpungen kleiner oder noch gar nicht ausgebildet sein. Bei größeren Stahlspannungen werden auch die Ausstülpungen größer. In [Edv1] findet sich dazu ein Hinweis. Da sich die Stahlspannungen während der Nutzung ändern, werden sich auch die Ausstülpungen des Betons in den Riss hinein vergrößern und verkleinern. Es ist anzunehmen, dass die Tiefe der Ausstülpungen ähnlich wie die Rissbreite selbst veränderlich ist.

Aus dem Bild 11.14 wurden durch Verringerung der Betondeckung neue Bilder erzeugt, bei denen sich gekrümmte Rissuferflächen einstellen. Sie sind in jedem der Fälle allein mit den Ausstülpungen infolge der Verbundrisse erklärbar.

Auch bei Biegerissen sind die Ausstülpungen zu beobachten. In Bild 11.19 sind vermessene Querschnitte von Biegerissen dargestellt [Sch29], die ein anderes Bild zeigen als die gezeichneten und idealisierten Rissquerschnitte in Bild 11.16. Die Risswandungen haben bis auf die Ausstülpungen um die Bewehrung herum einen ebenen Verlauf, was zweifelsfrei an den vielen Messpunkten zu sehen ist. Die Ausstülpungen sind im Bild rot gezeichnet, um zu zeigen, dass sie mit hoher Wahrscheinlichkeit die Ursache für die bereichsweisen Krümmungen der Rissflächen sind.

Zum Ausmessen der Rissquerschnitte wurden in den zitierten Fällen die Risse mit Epoxidharz ausgegossen, anschließend angeschnitten und optisch vermessen. Die Fixierung der Rissform mit Epoxidharz hat sich bewährt.

Die Risseinschnürungen durch die Ausstülpungen sind nur unmittelbar an der Bewehrung nachweisbar. Der restliche Rissbereich verläuft ungestört, wie in Bild 11.20 zu sehen ist. Das ist bei der Selbstheilung von Trennrissen von Bedeutung. Nicht die Rissbreite am Stahl ist maßgebend, sondern die im Bereich zwischen den Bewehrungsstäben. Sie bietet der Flüssigkeit einen geringeren Strömungswiderstand und einen größeren Durchflussquerschnitt.

In den Durchflussversuchen zur Bestimmung des Selbstdichtungskriteriums wurden die am Versuchskörper optisch eingestellten Rissbreiten direkt auf die Rechenwerte der Rissbreite übertragen. Wenn

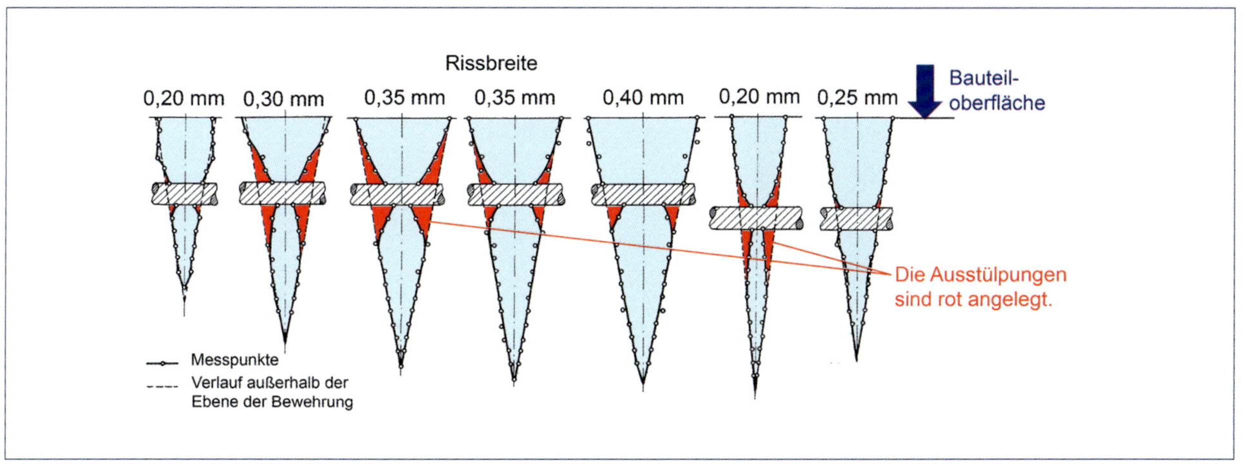

Bild 11.19: Biegerisse mit ebenen Rissflächen, in die Ausstülpungen hineinragen (rot), die von den Verbundrissen verursacht worden sind

die Definition des Rechenwerts der Rissbreite nach [DAS5] (Bild 11.16) richtig wäre, müsste die berechnete Rissbreite an der Kreuzung zwischen Bewehrungsstab und Riss kleiner als die Rissbreite zwischen den Kreuzungspunkten sein. Das deutet darauf hin, dass die Definition des Rechenwerts der Rissbreite nach Bild 11.16 nicht korrekt ist. In Bild 12.3 ist eine korrekte Definition des Rechenwerts der Rissbreite dargestellt, die aus der Berechnungsformel der DIN EN 1992-1-1 hergeleitet worden ist.

Alle Zeichnungen, die hier zur Illustration der Rissgeometrie gezeigt wurden, sind nicht maßstabsgetreu und verzerrt. Zur Veranschaulichung, um welche geringen Beträge es sich bei Rissbreiten und anderen Abmessungen der Risse handelt, ist Bild 11.21 als maßstäblich gezeichnetes Bild eingefügt worden. Es soll auch vermitteln, dass die Rissgeometrie in der Tiefe ebenso unregelmäßig ist wie an der Oberfläche. Die hier gezeichneten Rissformen sind real möglich.

Die Einschnürung des Risses um die Bewehrung herum ist nur möglich, wenn es zwischen Bewehrung und angrenzendem Beton einen Schlupf gibt. Im Bereich unmittelbar an den beiden Rissufern ist der Verbund auf eine kurze Strecke nicht mehr gegeben. Die Länge dieser Strecke hängt von der Stahlspannung, dem Bewehrungsgrad und den physikalisch-mechanischen Eigenschaften des Betons und des Stahls ab. In der Rissbreitenberechnung nach DIN EN 1992-1-1 einschließlich nationalem Anhang bleibt dieser Anteil der Eintragungslänge ohne Verbund in den Rechenansätzen unberücksichtigt.

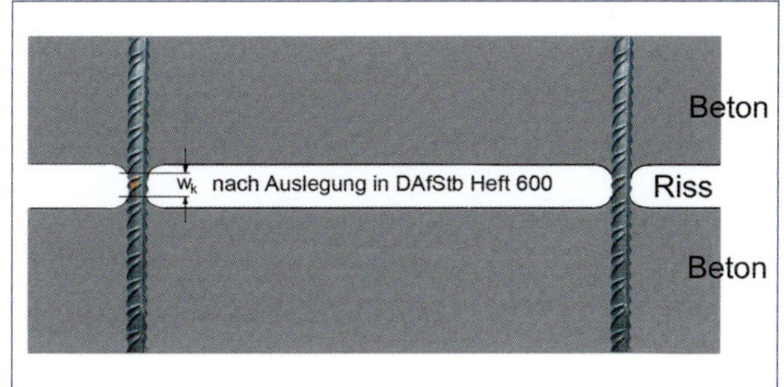

Bild 11.20: Draufsicht auf einen Riss mit Einschnürungen an der Bewehrung (schematisch)

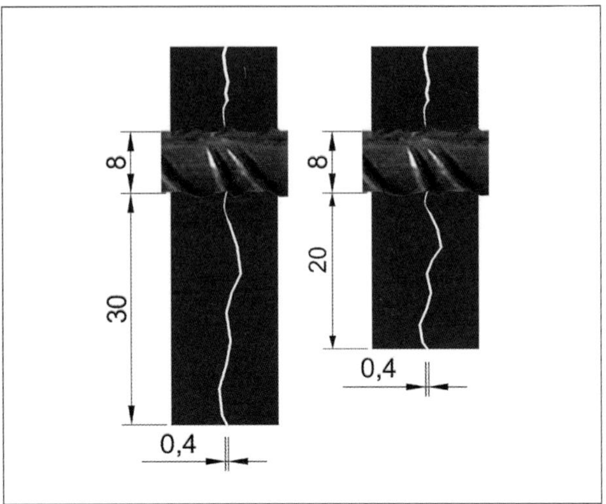

Bild 11.21: Maßstabsgetreu gezeichnete Trennrisse von 0,4 mm Rissbreite und einer Betondeckung von 30 bzw. 20 mm mit Einschnürung auf die halbe Rissbreite an der Bewehrungsoberfläche

11.4 Rissbreite, Rissuferverschiebung und Rechenwert der Rissbreite

Bild 11.22 zeigt die Abbildung eines realen Risses nach einem Foto. Würde man für diesen Riss die Rissbreite durch verschiedene Personen messen lassen, gäbe es mit Sicherheit unterschiedliche Messergebnisse. Bei bereits vorhandenen Rissen, wie das in der Baupraxis fast immer der Fall ist, kämen nur optische Messgeräte (Rissmesslupe, Vergleichsmaßstab), infrage. Die subjektiv bedingten Abweichungen zwischen den Messwerten der einzelnen Personen können bis zu 0,1 mm betragen.

Die Ursache für den subjektiven Einfluss liegt in der Schwankung der Rissbreite über die Risslänge hinweg. Das ist darauf zurückzuführen, dass die Rissränder keine scharfe Trennlinie darstellen, sondern durch plastische Verformungen eine unscharfe Grenze und einen Übergang zwischen dem gesunden Beton und dem Rissspalt bilden (vgl. Analogie nach Bild 11.7). Die plastischen Verformungen entstehen kurz vor Erreichen der Betonzugfestigkeit und können als irreversible Dehnungen der Rissprozesszone auch gemessen werden.

Am Beispiel von drei realen Rissen mit Längen von 3,0 bis 3,5 m, deren Rissbreiten im Abstand von 100 mm mit einer Rissmesslupe gemessen wurden, soll gezeigt werden, wie groß die Rissbreitenschwankungen über die Risslänge hinweg sein können (Bild 11.23). Es handelt sich um eine zylindrische Behälterwand mit einem Durchmesser von 64,00 m und einer Höhe von 7,00 m. Die Wand wurde senkrecht durch Stabspannglieder im Abstand von 1,0 m vorgespannt. Zum Zeitpunkt der Rissbreitenmessung war der Behälter halb gefüllt. Die Risse entstanden genau über den in 1,0 m Abstand verlegten vertikalen Spanngliedern, nachdem schon einen Tag nach der Betonage ausgeschalt worden ist. Im Prozess der Dichtigkeitsprüfung wurden

Bild 11.22: Foto eines realen Risses in einer Bodenplatte

die Risse bemerkt, weil sie wasserführend waren. Die Leckwassermenge war so gering, dass sie auf der sonnenbeschienenen Seite sofort verdunstete. Erst wenn die Risse wieder im Schatten lagen, war ein ständiger Wasseraustritt zu beobachten. Die Rissursache war wahrscheinlich eine Kombination von Zwang infolge abfließender Hydratationswärme und von Last durch den halb gefüllten Behälter. Vermessen wurden drei Risse, die im gegenseitigen Abstand von 1,0 m willkürlich ausgewählt worden sind.

Bild 11.24 zeigt die Messergebnisse an drei Rissen vergrößert. Die Risse 1 und 2 haben Messwerte von 0,02 bis 0,18 mm, Riss 3 von 0,01 bis 0,20 mm. Zwischen den drei Rissen gibt es keine eindeutigen Ähnlichkeiten, obwohl die Beanspruchungen, die zur Rissbildung geführt haben, nahezu identisch gewesen sein müssen.

Das Beispiel zeigt, in welch hohem Maße die optisch wahrnehmbare Rissgeometrie von den bleibenden Verformungen in der Rissprozesszone geprägt wird. Anders ist das bei der Rissuferverschiebung. Das ist der Weg, um den sich die beiden durch den Riss getrennten Teile des Bauteils voneinander entfernen. Eine solche Entfernung ist eine Translation, d.h., dass der Weg bei einer Parallelverschiebung (Trennriss) über die gesamte Risslänge konstant ist und keine Schwankungen der Rissuferverschiebung über die Risslänge möglich sind. Die drei Risse in Bild 11.24 zeigen, dass aus dem Erscheinungsbild eines Risses nur auf die Rissbreite (Spaltbreite), nicht aber auf die Rissuferverschiebung geschlossen werden kann.

Die Rissprozesszone entsteht auch beim Zerreißen anderer Materialien. In Bild 11.25 ist die Rissprozesszone an einem blauen Stück Papier abgebildet. Beim Zerreißen des Papiers entsteht wie beim Beton eine Rissprozesszone, die wie das Innere des Papiers weiß ist und sich deshalb gut von der blauen Oberfläche unterscheidet. In den drei Fotos ist die Situation in drei verschiedenen Vergrößerungen dargestellt. Im rechten Teilbild ist gut zu erkennen, dass es eigentlich zwei »Rissbreiten« gibt:

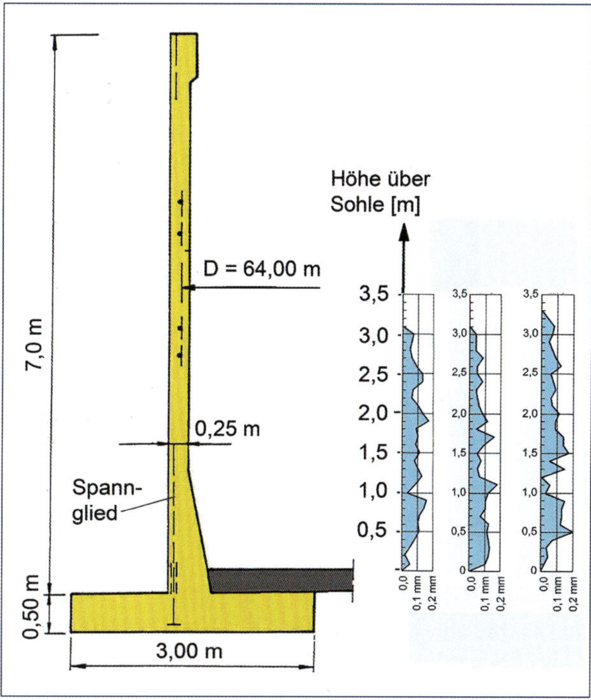

Bild 11.23: Querschnitt durch eine zylindrische Behälterwand mit drei vermessenen Rissen

- den eigentlichen Rissspalt (w_1) und
- die Verschiebung der beiden Papierteile bei der Rissentstehung (Rissuferverschiebung w_2). Sie ist größer als der Rissspalt.

Deutlich erkennbar ist die **faserige** Struktur der Rissprozesszone, die beim Beton ähnlich, aber viel kleiner aussehen muss. Ähnlichkeiten sind bei der FEM-Simulation in Bild 11.8 zu erkennen. Auch dieses Bild zeigt eine ausgeprägte, faserige Struktur. Das ist eine besondere Eigenschaft natürlich gebrochener Risse, die bei Arbeitsfugen trotz sorgfältiger Vorberei-

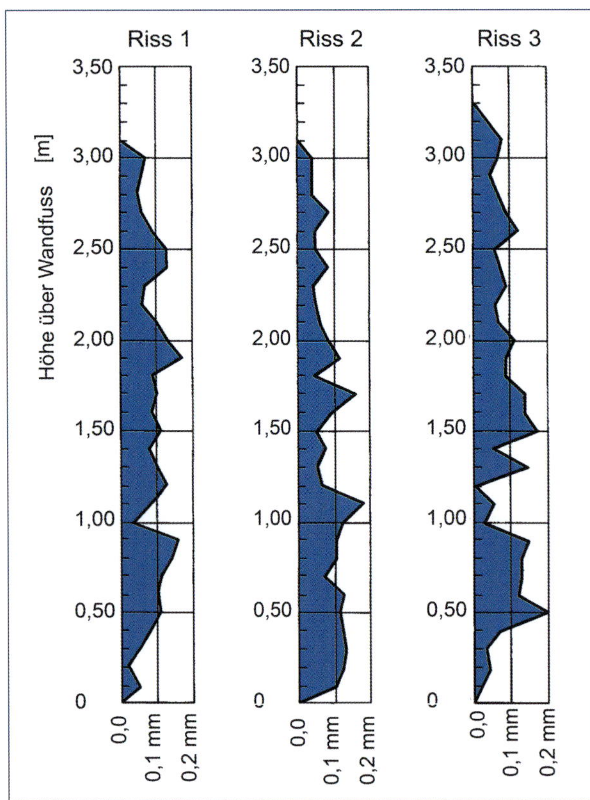

Bild 11.24: Rissbreitenverlauf über die Risslänge an drei Rissen eines Wasserbehälters

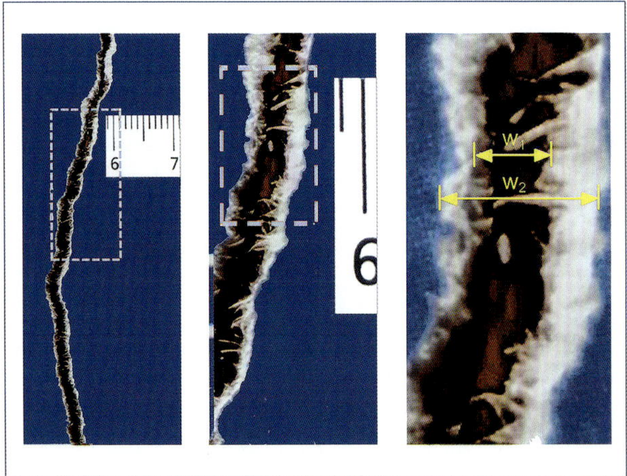

Bild 11.25: Analogie der Rissprozesszone an einem zerrissenen Papierstück

tung der Fugenflächen nicht erreichbar ist. Darauf sind auch die etwas größeren Wasserdurchlässigkeitswerte bei Arbeitsfugen gegenüber natürlich gebrochenen Rissen zurückzuführen.

Im Zusammenhang mit der Rissbreite werden bei Beton drei unterschiedliche Begriffe benutzt, die auch am gleichen Riss unterschiedliche Bedeutung besitzen und sich als Messwerte auch zahlenmäßig voneinander unterscheiden:

- **Die Rissbreite**
  Meist wird die an der Bauteiloberfläche größte sichtbare Rissbreite (Spaltbreite) als **Rissbreite eines Risses** definiert. Sie ist mit optischen Messgeräten wie zum Beispiel dem Vergleichsmaßstab oder der Rissmesslupe messbar. Ob die Rissbreite rechtwinklig zum Rissverlauf oder parallel zur Zugkraftrichtung gemessen wird, hängt von der beabsichtigten Verwendung der Rissbreite ab. In der Fachwelt gibt es dazu keine einheitliche Auffassung. Der größere Messwert ergibt sich bei einer Messung in Kraftrichtung.
- **Die Rissuferverschiebung**
  Das ist das Maß, um das sich die beiden durch den Riss getrennten Teile gegeneinander verschieben. Gemessen wird in zwei Ablesungen: einmal vor der Verschiebung und einmal danach. Die Differenz ist der gesuchte Wert der Rissuferverschiebung. Die Rissuferverschiebung ist immer in Richtung der Zugkraft zu messen, weil sie unmittelbarer Bestandteil der Stabdehnung ist. Das ist auch der größtmögliche Messwert am jeweiligen Riss, weil eine Abweichung von der Zugkraftrichtung immer kleinere Werte ergibt.
- **Der Rechenwert der Rissbreite**
  Er ist ein fiktiver Wert, der real nicht existiert und nicht messbar ist. Definiert ist er durch das Berechnungsmodell für die Rissbreite der DIN EN 1992-1-1 als Längendifferenz zwischen dem elastisch gedehnten Bewehrungsstahl und dem gedehnten Beton in der unmittelbaren Rissumgebung (Einleitungslänge).

Zwischen der Rissbreite und der Rissuferverschiebung wird im praktischen Gebrauch kein Unterschied gemacht. Obwohl sich beide Werte am gleichen Riss um bis zu 0,1 mm unterscheiden, werden sie beide als

»Rissbreite« bezeichnet. Das ist heute noch üblich und hat in der Vergangenheit zu Fehlern und Interpretationsschwierigkeiten geführt, die allgemein nicht bekannt sind.

Die Existenz der beiden Messwerte Rissuferverschiebung bzw. Rissbreite am gleichen Riss kann nur durch Parallelmessungen nachgewiesen werden. Solche Parallelmessungen sind in den 1980er- und 1990er-Jahren im Zusammenhang mit Versuchen zur Selbstheilung/Selbstdichtung von Trennrissen durchgeführt worden ([Rip1], [Tro1], [Mei1]). Die Beobachtungen zur Rissbeschaffenheit waren dabei Nebenerkenntnisse, deren Bedeutung z.B. in [Rip1] gar nicht voll erkannt wurde. Dort wurden als Ursache der Differenzen Messungenauigkeiten vermutet. Deshalb hat sich der Autor für die ausschließliche Verwendung des Setzdehnungsmessers zur Wegmessung entschieden, dessen Messgenauigkeit höher einzuschätzen war als die der Lupe. Damit wurden seinerzeit von Ripphausen die Rissbreitenwerte gegenüber der Realität im Durchflussquerschnitt zu groß angesetzt [Rip1]. Rissbreitenmessungen mit dem Setzdehnungsmesser nach Ripphausen sind ebenso in die WU-Richtlinie eingegangen wie Lupenmessungen nach Edvardsen. So ist in der WU-Richtlinie durch die Differenz zwischen Rissbreite und Rissuferverschiebung eine unbeabsichtigte, unnötige Differenz enthalten.

11.5 Differenz zwischen Rissuferverschiebung und Rissbreiten-Messergebnissen

Auf die Verwechslungsmöglichkeit bei der Rissbreitenmessung ist bereits in den 1990er-Jahren hingewiesen worden ([Rip1], [Tro1], [Mei1]). Diese Hinweise blieben aber bis heute unbeachtet. Die Differenz zwischen beiden Werten wird in Hundertstel Millimeter gemessen. Das ist die Größenordnung des Durchmessers eines menschlichen Haares, also ein winziger Betrag. Im Vergleich zu Rissbreiten bis 0,4 mm, wie sie in der Norm zugelassen sind, kann die Abweichung dennoch eine zweistellige Prozentzahl sein. Das ist für technische Sachverhalte eine sehr große Differenz, die beim Umgang mit Rissbreiten nicht einfach vernachlässigt werden kann.

Der Unterschied zwischen Rissuferverschiebung und Rissbreite wurde als Nebenprodukt im Rahmen der **Selbstdichtungsforschung** in den 1980er-Jahren festgestellt. Da der Rissbreite eine besondere Bedeutung bei der Selbstdichtung von Trennrissen eingeräumt wurde, wollte man durch einen hohen Messaufwand diesen Wert möglichst genau erfassen. Deshalb wurden die künstlich erzeugten Trennrisse in den Versuchskörpern sowohl bei den Versuchen in Aachen [Rip1] als auch in den Leipziger Versuchen [Mei7] parallel mit Rissmesslupe bzw. Setzdehnungsmesser gemessen. Bild 11.26 zeigt den Leipziger Versuchskörper mit den Messeinrichtungen. Er hat den Standard-Prüfwürfel mit einer Kantenlänge von 150 mm zur Grundlage. Der vertikale Riss wurde mithilfe einer einbetonierten Spreizeinrichtung erzeugt (an der Oberfläche blau gezeichnet). Um Zufälligkeiten bei der Wahl der Messpunkte auszuschließen, wurden vor der Risserzeugung im Abstand von 10 mm sechs Bleistiftstriche über den Riss gelegt, an deren Schnittpunkt mit dem Riss die jeweilige Messung mit der Rissmesslupe erfolgte. Das ergab sechs Messwerte an der Oberseite des Versuchskörpers und sechs Werte an der Unterseite, die zu einer mittleren Rissbreite oben bzw. unten umgerechnet wurden.

Für die Wegmessung mit dem Setzdehnungsmesser (Messbasis 100 mm) wurden die beiden gegenüberliegenden Seitenflächen mit je vier Messmarken präpariert. Das ergab insgesamt vier Messwerte mit dem Setzdehnungsmesser: zwei an der Wasser- und zwei an der Luftseite.

Während der Risserzeugung mithilfe der Spreizeinrichtung wurde versucht, eine mit der Rissmesslupe gemessene Rissbreite von 0,15 mm einzustellen.

In Bild 11.27 sind die Messergebnisse für einen Versuch dargestellt: Die optisch gemessenen Riss-

Bild 11.26: Versuchskörper für Durchflussversuche (Selbstdichtung von Trennrissen) [Mei7]

breiten betragen an Ober- und Unterseite 0,12 bis 0,15 mm (schwarze Zahlenwerte). Die Wegmessung mit dem Setzdehnungsmesser (Messbasis 100 mm) ergab Rissuferverschiebungen von 0,195 bis 0,215 mm (rote Zahlenwerte).

Die Differenz zwischen beiden Werten, die für alle sechs Rissmessstellen bestimmt wurde, beträgt 0,04 bis 0,09 mm (blaue Zahlen).

Das Messergebnis nach Bild 11.27 ist eines aus fast 100 Versuchen, bei denen die Messergebnisse ähnlich waren. In jedem Fall ergab die Wegmessung (Rissuferverschiebung) am gleichen Riss die größeren Messwerte. Das ist eine systematische Erscheinung, die statistisch gesichert ist. In Tabelle 11.1 ist das Messergebnis für das geschilderte Beispiel zusammengefasst. Die Differenz zwischen Rissbreite und Rissuferverschiebung wurde hier mit 0,07 bis 0,08 mm gemessen.

Ähnliche Messungen mit ähnlichen Ergebnissen wurden in Aachen ebenfalls für Selbstdichtungsversuche durchgeführt [Rip1]. Der Versuchskörper war ein 2,50 m langer und 0,60 m hoher Balken mit verschiedenen Breiten (0,10 bis 0,30 m). Bild 11.28 zeigt die Ansicht des Prüfbalkens, in dem unter völlig gleichen

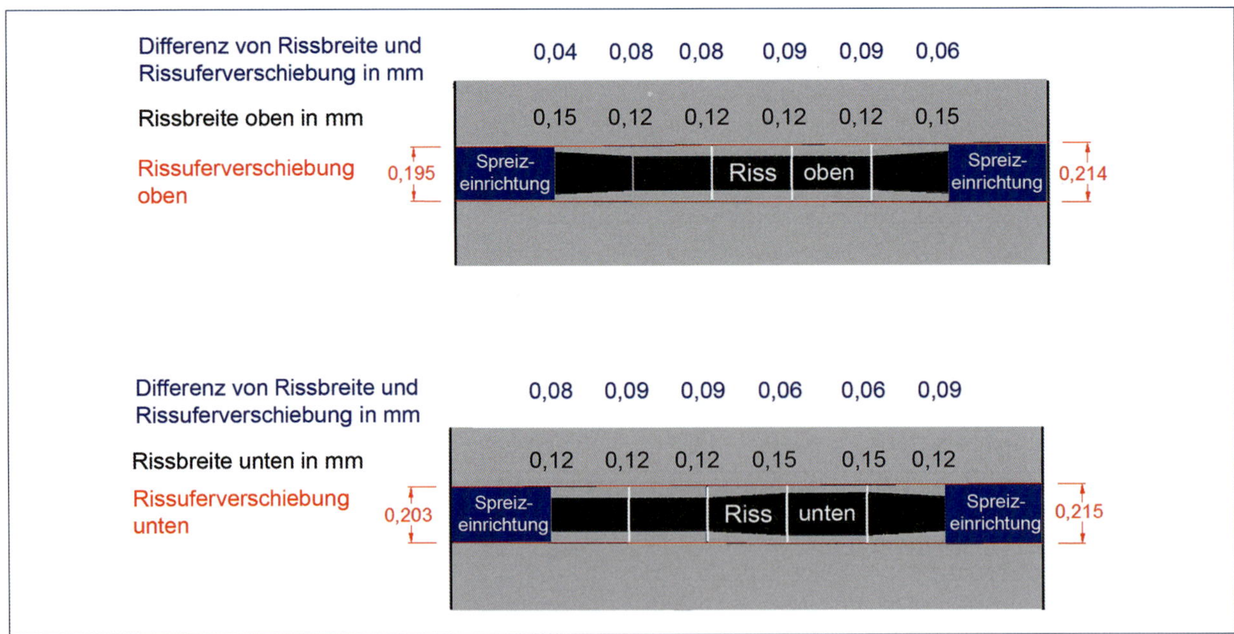

Bild 11.27: Messergebnisse für einen Riss am Versuchskörper nach Bild 11.26

Tabelle 11.1: Vergleich der Messwerte für Rissbreite und Rissuferverschiebung an einem Riss [Mei7]

	Rissbreite	Rissuferverschiebung	Differenz
oben	0,13 mm	0,20 mm	0,07 mm
unten	0,13 mm	0,21 mm	0,08 mm

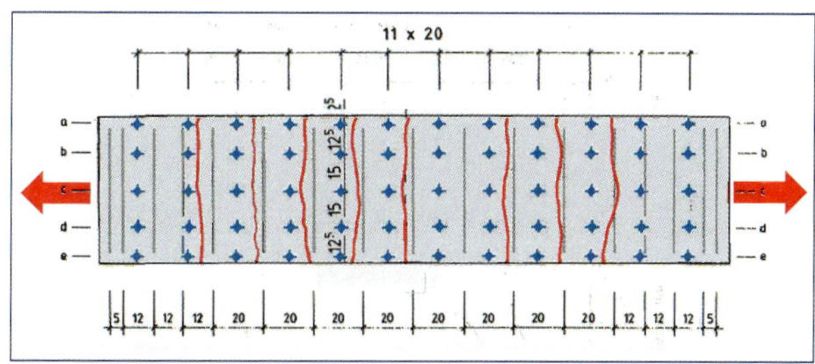

Bild 11.28: Versuchskörper von Ripphausen (seitliche Ansicht)

Bedingungen acht Trennrisse in einer liegenden Zugprüfmaschine erzeugt worden sind. In Bild 11.28 sind die Messstellen für den Setzdehnungsmesser durch blaue Kreuze gekennzeichnet. Die Messbasis betrug einheitlich 200 mm. Die Entstehungsorte der Trennrisse wurden durch eingelegte Bügel als Schwachstellen vorgegeben, damit die Risse mit Sicherheit zwischen den vorher eingerichteten Messstellen entstehen.

Das Bild 11.29 zeigt die Last-Rissbreitendiagramme für jeden der acht Risse an diesem Versuchskörper von Ripphausen, die unter Laborbedingungen vermessen wurden. Als Messgeräte kamen sowohl Setzdehnungsmesser als auch eine Messlupe zum Einsatz. Bei der Messung war nicht bekannt, dass für den gleichen Riss zwei unterschiedliche Messwerte entstehen. Man war der Meinung, dass zwei Messwerte für den gleichen Riss, mit unterschiedlichen Instrumenten gemessen, ein genaueres Ergebnis ermöglichen als eine einfache Rissbreitenmessung.

Die Parallelmessungen an acht Rissen eines Versuchskörpers zeigen vier wichtige Gesetzmäßigkeiten bei der Rissbildung:

- Jeder Riss ist ein Unikat. Es gibt keine Wiederholung von Rissform, Rissverlauf und Rissbreite, obwohl die Bedingungen für die Rissbildung in allen acht Fällen gleich waren.
- Die reale Rissbreite ist unter völlig gleichen Bedingungen von Riss zu Riss nie gleich, sondern schwankt gegenüber benachbarten Rissen in einem unerwartet großen Bereich. Eine technische Nutzung der physikalischen Größe »Rissbreite« ist deshalb nur als Bestandteil einer statistischen Masse sinnvoll.
- Die Übereinstimmung zwischen gemessenen und rechnerischen Rissbreiten ist unbefriedigend und darf nicht überschätzt werden. Selbst für unterschiedliche Laststufen verändern sich die gegenseitigen Abweichungen innerhalb eines Versuchs.
- Die Ablesegenauigkeit der Messgeräte ist bei der optischen Messung geringer als bei der Messung mit dem Setzdehnungsmesser. Damit wird eine zusätzliche Ursache für die Streuung der Messwerte sichtbar. Bei der Hälfte der Ergebnisse (vier von acht) sind einzelne Werte gemessen worden, die nur mit Ungenauigkeiten beim Messvorgang erklärbar sind, sogenannte Ausreißer.

Bild 11.29 zeigt die Last-Rissbreiten-Diagramme für alle acht Risse. Für die Rissbreiten sind die Messungen mit Messlupe und Setzdehnungsmesser jeweils in einem Diagramm gegenübergestellt. Es ist erkennbar, dass beide Linien in etwa parallel verlaufen. Abweichungen gibt es für einzelne Werte, was auf Ungenauigkeiten der optischen Messung zurückzuführen ist. Der parallele Verlauf der Kurven zeigt auch, dass die Dehnung der Rissprozesszone ein konstanter Wert ist, der sich nach der Rissöffnung nicht mehr verändert. Im Diagramm für Riss 3 ist eine berechnete Kurve eingetragen. Die zum Vergleich berechneten Rissbreiten beruhen auf einem anderen Berechnungsverfahren als dem der DIN EN 1992-1-1, das in den 1980er-Jahren benutzt wurde.

Die Rissbreitendifferenz zwischen Setzdehnungsmesser- und Lupenmessung beträgt

- bei Riss 3 0,05 mm bis 0,11 mm (Rissnummer im Diagramm oben links),
- bei Riss 6 0,05 mm,
- bei Riss 7 0,04 mm.

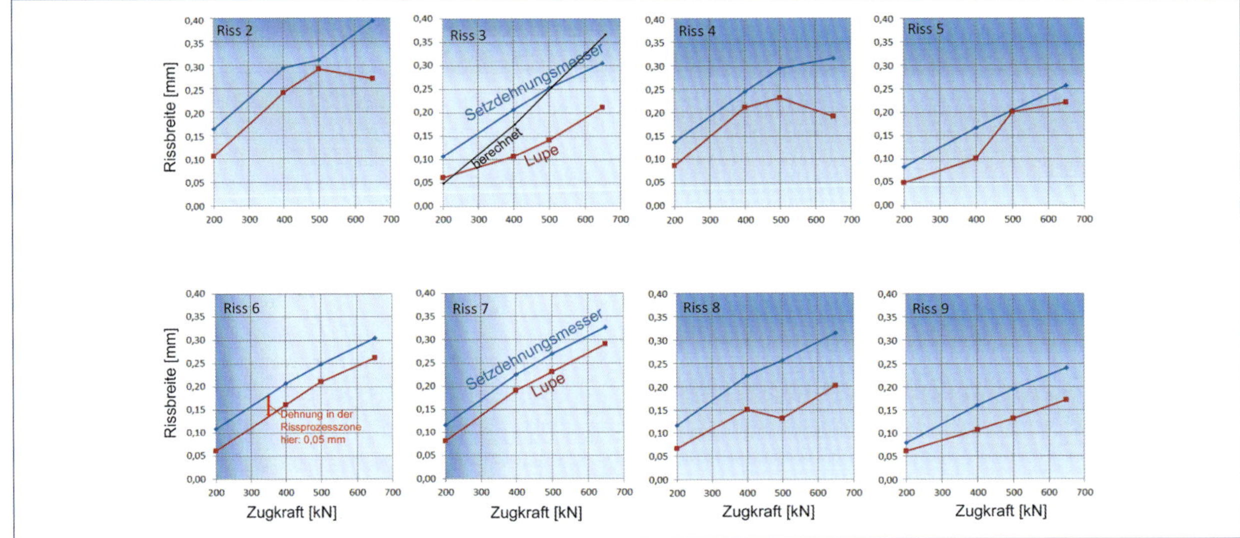

Bild 11.29: Ergebnisse einer Vergleichsmessung der Rissbreite mit Setzdehnungsmesser bzw. Messlupe [Rip1]; bei Riss 3 ist die Kurve für den Rechenwert der Rissbreite eingetragen

Die Differenz ist die bleibende Verformung der Rissprozesszone. Gegenüber der Rissuferverschiebung (ermittelt mit Wegmessung) ist die Rissbreite um diesen Betrag kleiner.

In beiden Beispielen von Parallelmessungen waren Selbstheilungsversuche Anlass für die zweifachen Rissbreitenmessungen mit unterschiedlichen Messinstrumenten. Bei den eigenen Durchflussversuchen nach [Mei7] wurden insgesamt 192 Risse an 96 Versuchskörpern (Ober- und Unterseite) vermessen. An jedem der 192 Risse waren die Lupenmessergebnisse der Rissbreite kleiner als die bei der Messung mit Setzdehnungsmesser.

Gemessen werden Rissbreiten unter praktischen Bedingungen überwiegend mit optischen Messgeräten, also als Rissbreite. Die Berechnung der »Rissbreite« ergibt im Unterschied dazu die etwas größere Rissuferverschiebung ohne die Reste der Rissprozesszone. Das sollte immer beachtet und voneinander getrennt werden.

Bei Biegerissen (Bild 11.19) ist der Oberflächenwert durch die keilförmig ausgebildeten Rissuferflächen etwas größer als der Rechenwert der Rissbreite. Die Differenz ist sehr klein und kann für die üblichen Rissbreiten bis 0,4 mm bei Bauteilhöhen von 500 mm an vernachlässigt werden. Die folgende Abschätzung zeigt das.

Biegerisse sind an der Bewehrung, wo sich die berechneten Rissbreiten befinden, kleiner als an der Oberfläche. Nach den Messergebnissen an den Rissprofilen in [Sch29] verlaufen die Rissufer bis auf die Einschnürungen um die Bewehrung herum infolge der Verbundrisse schräg nach außen (Bild 11.30) und sind an der Oberfläche größer als an der Bewehrung. In Bild 11.30 sind die geometrischen Bedingungen im Schema dargestellt.

Für die rechnerische Abschätzung der Differenz wird mit einer Druckzonenhöhe x von 20 % der Nutzhöhe d gerechnet. Aus Bild 11.30 ist ablesbar:

$$\Delta_w = w \cdot \frac{h'}{h - x} \tag{11.1}$$

Diese Gleichung ist im Diagramm Bild 11.31 zahlenmäßig ausgewertet worden. Dabei wurden folgende Größen aus Bild 11.30 als feste Größen gewählt:

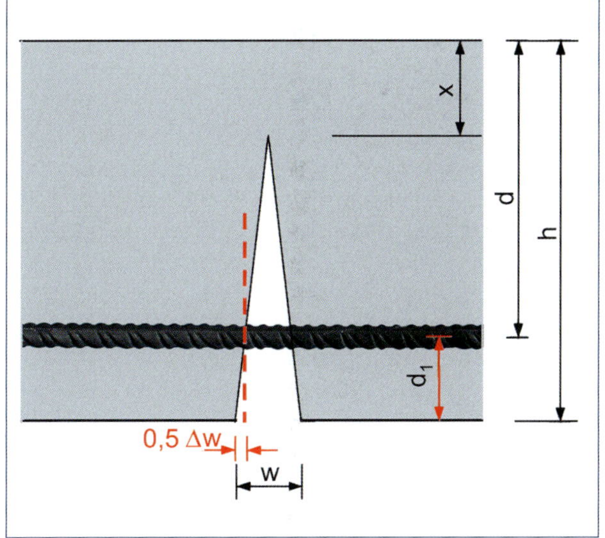

Bild 11.30: Rissbreitendifferenz zwischen Oberfläche und Bewehrung am Biegeriss

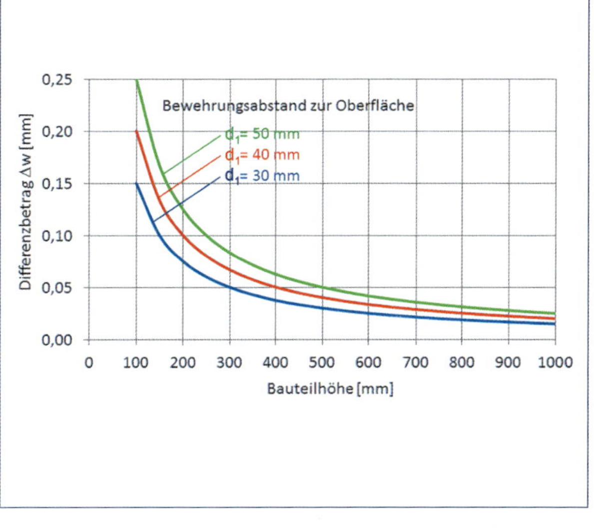

Bild 11.31: Rissbreitendifferenz Δw zwischen der Oberfläche des Bauteils und der Bewehrung (Bild 11.30)

h' = 30 mm, 40 mm und 50 mm
w = 0,4 mm (größter zulässiger Rechenwert der Rissbreite)
x/h = 0,2

An Biegebauteilen mit weniger als 300 bis 500 mm Dicke werden die Biegerissbreiten an der Bauteiloberfläche zu groß ermittelt. Bei einer Bauteildicke von 150 bis 250 mm ist der Oberflächenwert um etwa 0,1 mm größer als die rechnerische Rissbreite an der Bewehrung, bei einer Bauteildicke von 300 bis 500 mm nur noch um 0,05 mm. Bei größeren Bauteildicken liegt die Differenz zwischen Oberflächenwert und dem Wert an der Bewehrung **im Bereich der Messgenauigkeit** oder ist kleiner, sodass sie vernachlässigt werden kann. In diesem Fall können auch bei Biegung die Oberflächenwerte gleich der Rissbreite in Höhe der Bewehrung gesetzt werden, wenn die Ausstülpungen infolge von Verbundrissen nicht berücksichtigt werden.

11.6 Auswirkungen einer Vermischung der Begriffe Rissbreite und Rissuferverschiebung

Es ist bis heute sowohl in der Wissenschaft als auch in der Praxis üblich, keinen Unterschied zwischen der Rissbreite und der Rissuferverschiebung zu machen. Zwischen Messwerten, die mit der Messlupe gewonnen wurden (Rissbreite), und solchen, die mit Setzdehnungsmesser oder induktiven Wegaufnehmern gemessen wurden (Wegmessung, Rissuferverschiebung), wird in der täglichen Praxis kein Unterschied gemacht. Beide werden als Rissbreite gemessen. So werden ähnliche, aber unterschiedliche Werte so behandelt, als wenn sie gleich groß wären. Wenn es zwei verschiedene Messwerte für die gleiche Größe gibt und im Gebrauch kein Unterschied zwischen diesen beiden Werten gemacht wird, ist das wie der Umgang mit zwei verschiedenen Währungen bei denen nur die Zahl auf dem Schein beachtet wird, nicht der Wert der Währung im Vergleich zur anderen Währung.

Die gegenwärtige Praxis beim Umgang mit Rissbreiten sieht genauso aus. Da nichts reglementiert ist und es keine Prüfnorm für die Rissbreitenmessung gibt, werden sowohl Rissuferverschiebungen als auch Rissbreiten einander gleichgesetzt und beide mit dem Begriff Rissbreite bezeichnet. Das wird sicher nicht absichtlich so gehandhabt, sondern aus der Unkenntnis heraus, dass es zwei Messwerte der Rissbreite gibt. Die Differenz zwischen beiden Messwerten beträgt für den gleichen Riss 0,03 mm bis 0,10 mm, manchmal auch noch etwas darüber.

Obwohl die Existenz von Rissbreite und Rissuferverschiebung am gleichen Riss schon seit Anfang der 1990er-Jahre bekannt ist, hatte das bis heute keine Konsequenzen in der wissenschaftlichen und praktischen Arbeit mit Rissen. Die Differenz zwischen beiden Werten von bis zu 0,1 mm ist bei den im Gebrauchszustand üblichen Rissbreiten relativ groß.

Bei der durchgängigen Verwendung nur einer Messmethode hat das keine Auswirkungen. Erst beim Vergleich mit z.B. empirisch ermittelten Grenzwerten (Rissüberbrückungsvermögen von Beschichtungen, Selbstheilung von Trennrissen in WU-Bauwerken) kann es zu Verwechslungen kommen, bei denen Abweichungen im zweistelligen Prozentbereich das Ergebnis verfälschen.

Tabelle 11.2 gibt eine Übersicht, für welche Aussage welche »Rissbreite« maßgebend ist. Danach ist die Rissuferverschiebung lediglich zur Prüfung der Rissüberbrückungsfähigkeit von Beschichtungen notwendig. Die anderen genannten Sachverhalte sind mit der optisch zu messenden Rissbreite zu untersuchen. Das steht in keinem Verhältnis zur Realität in den Materialprüfanstalten und anderen Prüfeinrichtungen. Dort werden wegen ihrer vermuteten höheren Genauigkeit gern induktive Wegaufnehmer (Wegmessung) eingesetzt, weil sich damit auch der Messvorgang bis hin zur Auswertung automatisieren lässt.

Da bisher nicht erfasst wurde, welche Risse wie vermessen worden sind, ist keine umfassende und verallgemeinernde Aussage zum gemischten Gebrauch der beiden Rissbreitenwerte möglich. Einige Beispiele sollen hier genannt werden.

Anzumerken ist, dass der Rechenwert der Rissbreite die irreversiblen Verformungen der Rissprozesszone nicht berücksichtigen kann und daher eine Rissuferverschiebung ist. Das ist wichtig, weil in der praktischen Arbeit die Einhaltung bestimmter Rissbreiten immer über eine Berechnung erfolgt. Diese Berechnung hat als Ergebnis eine Rissuferverschiebung.

Zum Beispiel sind die nach der WU-Richtlinie zulässigen Rissbreiten, bei denen mit einer Selbstheilung gerechnet werden kann, empirisch in Versuchen ermittelt worden. Ein Vergleich, ob diese Rissbreiten eingehalten werden, ist nur durch Bestimmung einer rechnerischen

Tabelle 11.2: Kriterien für die Wahl von Rissbreite oder Rissuferverschiebung zur Messung

Beurteilungskriterium	Maßgebender Messwert		Zugehörige technische Regel
	Rissbreite	Rissuferverschiebung	
Korrosionsgefahr der Bewehrung	•		DIN EN 1992-1-1
Erscheinungsbild	•		
Dichtigkeit von WU-Bauteilen	•		WU-Richtlinie
Rissüberbrückungsfähigkeit von Beschichtungen		•	DIN EN 1504-2, DIN EN 1062

Rissbreite möglich. Beide Werte – der experimentell benutzte und der berechnete Wert – können nicht miteinander verglichen werden, weil der experimentelle Wert die eigentliche Rissbreite ist und der Rechenwert die Rissuferverschiebung. Die Differenz zwischen beiden Werten kann bis zu 0,1 mm betragen.

Bei der Gegenüberstellung von berechneten Werten (Rissuferverschiebungen) und realen Werten ist das zu berücksichtigen. Die Rechenergebnisse fallen immer etwas größer aus als die am Bauwerk gemessenen Rissbreiten.

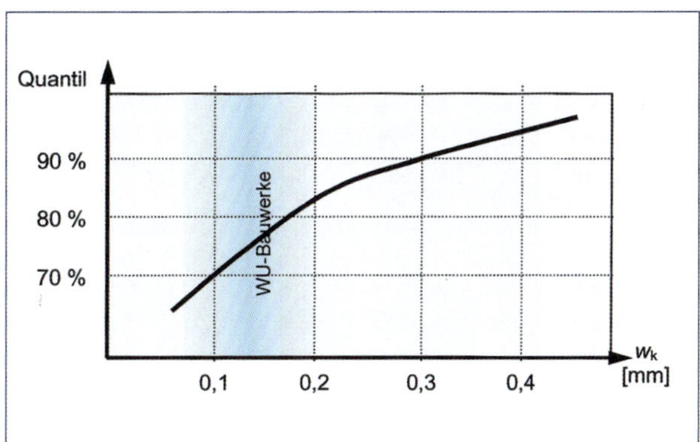

Bild 11.32: Quantilwerte der Rissbreitenberechnung [DAS1], Maßstab für die Vorhersagewahrscheinlichkeit

Beispiel 1: Die unbefriedigende Vorhersagewahrscheinlichkeit bei der Berechnung kleiner Rissbreiten

In [DAS1] wird mit dem Diagramm Bild 11.32 gezeigt, dass mit geringer werdenden Rechenwerten der Rissbreite die Vorhersagewahrscheinlichkeit kleiner wird. Bei einem Rechenwert der Rissbreite von 0,10 mm beträgt sie nur noch 70 %. Damit können 30 % der Risse größer als der Rechenwert sein – eine unbefriedigende Situation. Eine mögliche, teilweise Erklärung dafür liegt in der Existenz der zwei »Rissbreiten-Messwerte«, die je nach Messmethode erzielt werden. Den Zusammenhang zwischen Rissbreite und Vorhersagewahrscheinlichkeit nach Bild 11.32 kann man nur experimentell anhand von Rissbreitenmesswerten bestimmen. Vermutlich sind für diese Kurve sowohl Rissbreiten als auch Rissuferverschiebungen benutzt worden. Durch die Vermischung der Begriffe Rissbreite und Rissuferverschiebung entsteht eine Ungenauigkeit, die sich auch in der Vorhersagewahrscheinlichkeit ausdrückt.

Parallelmessungen und Vergleiche sind nur unter Laborbedingungen möglich. Dort wird gern die Rissuferverschiebung überwiegend mit induktiven Wegaufnehmern als »Rissbreite« gemessen. Lupe und Vergleichsmaßstab sind aber ebenfalls in Benutzung. Mit der Lupenmessung ist erst etwas ablesbar, wenn bei der Wegmessung schon eine Strecke von 0,03 bis 0,10 mm zurückgelegt worden ist. Diese Differenz, die bei jedem einzelnen Riss etwas anders sein kann, bleibt dann in allen Laststufen erhalten.

Bild 11.33 und Bild 11.34 zeigen anhand einer stark schematisierten Darstellung, dass mit abnehmender Rissbreite im Bereich von 0,1 bis 0,3 mm die Vorhersagewahrscheinlichkeit für die Rissbreite abnehmen muss, wenn kein Unterschied zwischen Rissuferverschiebung und Rissbreite gemacht wird. Während bei einer Rissbreite von 0,3 mm das Verhältnis der beiden Werte 0,84 beträgt, sinkt es bei einer Rissbreite von 0,1 mm auf 0,50 mm ab (Bild 11.34).

Die Rissuferverschiebung w_u ist gleich der Rissbreite w zuzüglich der plastischen Dehnung der Rissprozesszone. Diese ist konstant und wird hier für eine Beispielrechnung mit $w_u - w = 0{,}05$ mm bzw. $w = w_u - 0{,}05$ mm angesetzt.

Das Verhältnis der Rissbreite w zur Rissuferverschiebung w_u beträgt damit:

$w/w_u = 1 - 0{,}05/w_u$ oder
$w = w_u - 0{,}05$ mm

In Bild 11.34 ist die Formel als Funktion dargestellt. Der Verhältniswert der Rissbreite zur Rissuferverschiebung ist in Abhängigkeit von der Rissbreite angegeben. Mit wachsender Rissbreite nähert sich das Verhältnis einem Wert von 100 %. Bei der Rissbreite von w = 0,4 mm beträgt es 88 % und bei w = 0,1 mm nur noch 50 %.

Werden Rissbreiten- und Rissuferverschiebungswerte zu gleichen Teilen vermischt, ergibt sich für den Bezugswert w = 0,4 mm ein Durchschnitt von 94 % und bei w = 0,1 mm von 75 %. Das ist deutlich weniger als für die größere Rissbreite und könnte mit zur Erklärung

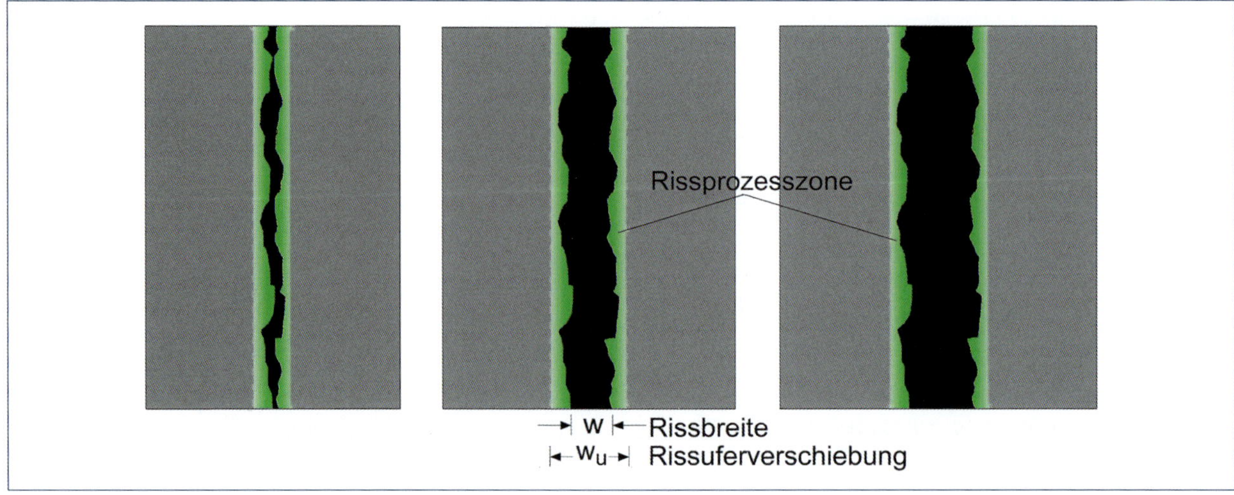

Bild 11.33: Schematische Darstellung eines unterschiedlich breiten Risses mit konstant breiter Rissprozesszone

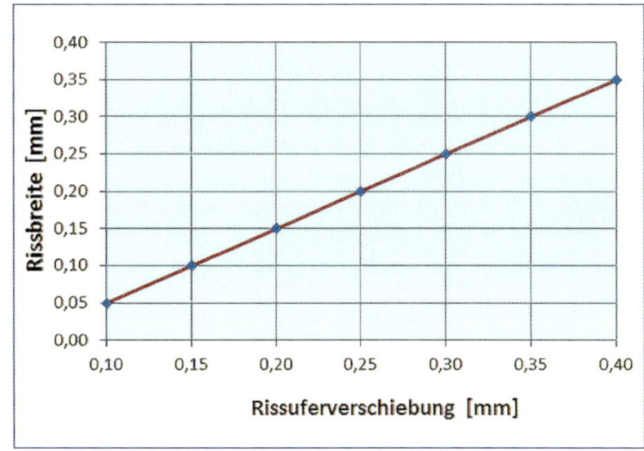

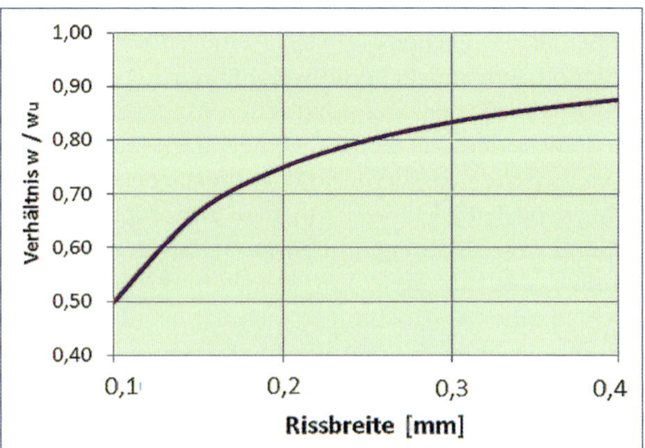

Bild 11.34: Mit abnehmender Rissbreite unterscheiden sich Rissuferverschiebung und Rissbreite immer mehr (Annahme: $w = w_u - 0{,}05$ mm)

beitragen, warum die Vorhersagewahrscheinlichkeit bei kleinen Rissbreiten schlechter als bei großen ist.

Es wäre also angeraten, künftig bei Rissbreitenmessungen zwischen Werten, die mittels Wegmessung gewonnen wurden und solchen mit optischer Messung zu unterscheiden und die Ergebnisse auch in der Auswertung getrennt zu behandeln. Dann werden sich die Relationen hin zu einer kleineren Streuung verschieben. Das Vermischen der beiden »Rissbreiten« bedeutet Ungenauigkeit und Vergrößerung der Streubreite.

Beispiel 2: Fehlinterpretation einer Messung in den Erläuterungen zur WU-Richtlinie (Ausgabe 2003)

In den Erläuterungen zur WU-Richtlinie wird anhand von zwei Diagrammen (Bild 11.35 aus [Rip1]) erläutert, dass der Wasserdurchtritt durch Trennrisse erst

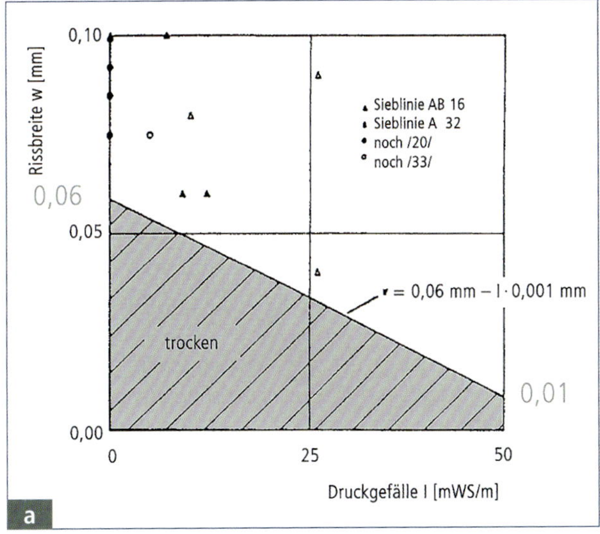

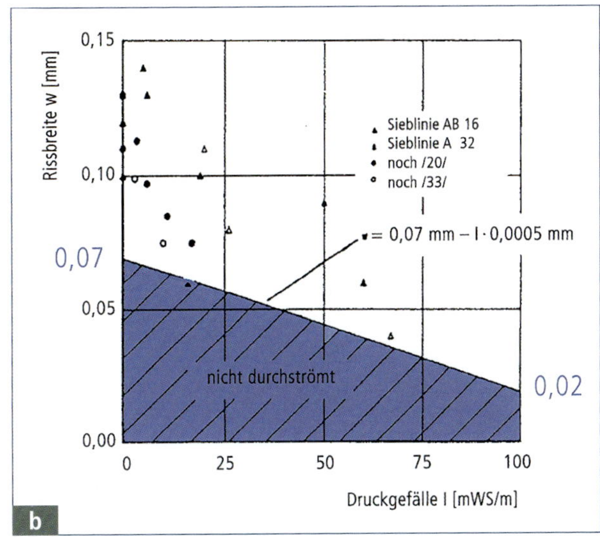

Bild 11.35: Wasserdurchtritt durch Trennrisse zum Zeitpunkt t = 0 nach [DAS2]

bei einer Rissbreite von 0,01 bis 0,07 mm beginnt. Dazu ist zu ergänzen, dass Ripphausen alle Rissbreitenmessungen mit dem Setzdehnungsmesser vorgenommen hat. Seine Messwerte sind Rissuferverschiebungen. Deshalb gilt zur Erklärung das Bild 11.11.

Durchflussversuche sind nur mit dem Durchflussquerschnitt auszuwerten, der von der Risslänge und der Rissbreite bestimmt wird, nicht von der Rissuferverschiebung. Die Verwendung der Rissuferverschiebung bedeutet, dass zu große Rissbreitenwerte verwendet worden sind.

Bei einer optischen Messung entfiele der Anteil der plastischen Verformung gegenüber dem Messwert der Rissuferverschiebung. Der gleiche Durchfluss würde in diesem Fall erst festgestellt, wenn sich der Spalt öffnet, also nach der Bauteildehnung von 0,01 bis 0,07 mm. Vor dieser Dehnung existiert noch kein Riss, an dem die Rissbreite gemessen werden könnte.

So kommt es in Unkenntnis der unterschiedlichen »Rissbreiten« zu einer Fehlinterpretation eines korrekten Messergebnisses. Tatsächlich beginnt das Wasser erst dann den Riss zu passieren, wenn die eigentliche Rissbildungsphase nahezu beendet ist. Davor liegt die Phase der Bildung der Rissprozesszone, in der plastische Verformungen an der späteren Rissstelle entstehen.

Beispiel 3: Vermischung von Rissbreite und Rissuferverschiebung bei der Kalibrierung von Berechnungsverfahren für Rechenwerte der Rissbreite

Veröffentlichungen über Berechnungsverfahren für Rissbreiten enden meist mit dem Vergleich von Rechenergebnissen mit Messwerten, um die Aussagequalität des dargestellten Verfahrens zu veranschaulichen.

Bild 11.36 zeigt ein solches Bild. Darin sind wahrscheinlich sowohl optische Messwerte als auch Werte aus Wegmessungen enthalten. Unbekannt ist, welche Werte zu welcher Kategorie gehören. Sicher ist, dass die Streubreite kleiner wäre, wenn es zwei Diagramme gäbe, eines für Rissbreiten und eines für Rissuferverschiebungen.

Das Bild zeigt, dass die Verteilung der Werte nicht symmetrisch ist. Unter der roten Diagonalen liegen mehr Werte als darüber. Das kann ein Anzeichen dafür sein, dass die berechneten Rissbreitenwerte größer als die gemessenen sind – ein Hinweis auf überwiegende

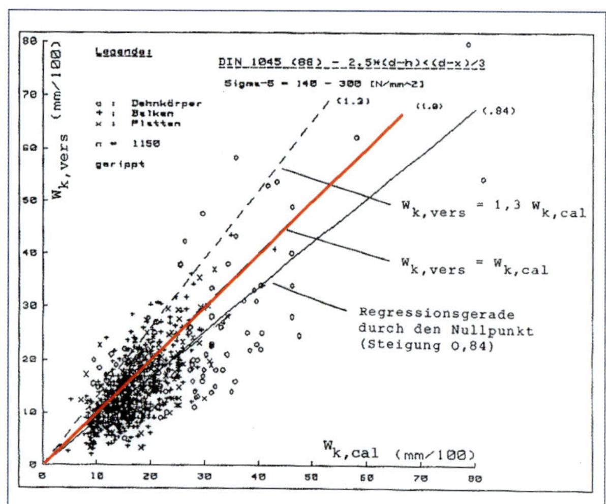

Bild 11.36: Vergleich berechneter und gemessener Rissbreiten [Sch3]

Lupenmessung. Bei einer Sortierung nach Rissbreiten und Rissuferverschiebungen sind kleinere Streubreiten für die Übereinstimmung zwischen Berechnung und Messung zu erwarten.

Beispiel 4: Übertragung der in den Selbstdichtungsversuchen für die WU-Richtlinie benutzten Rissbreiten auf die Rechenwerte der Rissbreite

Bei den Selbstdichtungsversuchen, deren Ergebnisse Eingang in die WU-Richtlinie gefunden haben, wurden optisch gemessene Rissbreiten eingestellt. Der Mittelwert aus sechs in gleichem Abstand gemessenen Einzelwerten ging als »Rissbreite« in die Versuchsauswertung ein. Bei der Formulierung des Selbstdichtungskriteriums wurde dieser Mittelwert dem Rechenwert der Rissbreite nach DIN EN 1992-1-1 gleichgesetzt [Edv1]. Der Rechenwert der Rissbreite wird ohne den Dehnungsanteil der Rissprozesszone ermittelt. Das bedeutet, dass er um bis zu 0,1 mm größer sein kann als der optisch gemessene Mittelwert im Versuch. Dazu kommt die verminderte Vorhersagewahrscheinlichkeit kleinerer berechneter Rissbreiten, wie sie in Bild 11.32 dargestellt ist.

Durch beide Einflussfaktoren ist das Selbstheilungsverhalten realer Risse mit einem zu großen Optimismus in die WU-Richtlinie übertragen worden. Erläuterungen dazu sind in Kapitel 14 dieses Buches zu finden.

12 Rissbreitenmessung bei Stahlbetonbauteilen

12.1 Die Mehrdeutigkeit der Rissbreitenmessung

Obwohl Rissbreitenmessungen im praktischen Stahlbetonbau sehr häufig vorkommen, sind die Ergebnisse nur bedingt verwertbar. Das liegt einerseits an einer fehlenden, eindeutigen Definition des Begriffs »Rissbreite« und andererseits an der Verfahrensabhängigkeit des Messergebnisses. Im Unterschied zu allen anderen wichtigen technischen Parametern im Stahlbetonbau gibt es für die Messung von Rissbreiten keine Prüfnorm. Das hat dazu geführt, dass sich mehrere Messmethoden herausgebildet haben, die gleichberechtigt nebeneinander praktiziert werden. Jede Messmethode ergibt einen anderen Rissbreitenwert. Folgende Werte sind je nach subjektiver Entscheidung des Messenden am gleichen Riss messbar:

- Die **Rissuferverschiebung**: Sie wird als Differenz von zwei Ablesungen bestimmt. Einmal wird vor und einmal nach der Längenänderung abgelesen. Sie ist ein Weg und größer als die Rissbreite. Sie wird als Weg gemessen (Setzdehnungsmesser, induktiver Wegaufnehmer). Die Rissuferverschiebung ist Teil der Bauteildehnung und kann rechnerisch mit ihr verknüpft werden. Ist ein Riss bereits entstanden, kann die Rissuferverschiebung nicht mehr gemessen werden, weil die sogenannte Nullmessung nachträglich nicht möglich ist.
- Die **Rissbreite:** Als sichtbarer Größtwert der Rissbreite an der Oberfläche ist sie optisch messbar. Sie ist die sichtbare Spaltbreite an der Bauteiloberfläche (Größtwert) und etwas kleiner als die Rissuferverschiebung. Der Unterschied kann bis zu 0,1 mm betragen, das entspricht bei einer Rissbreite von zum Beispiel 0,3 mm einer Differenz von etwa 20 bis 30 %. Die Rissbreite kann nicht mit der Bauteildehnung mathematisch verknüpft werden, weil dazu die irreversiblen Dehnungen der Rissprozesszone zu addieren wären, für die es keine Rechenvorschrift gibt und die auch nicht separat gemessen werden können.
- Der **Mittelwert der Rissbreite**: Er wird aus mehreren in vorher bestimmten Abständen gemessenen Rissbreiten an einem Riss berechnet. Er ist kleiner als die Rissbreite. Die Messung mehrerer Rissbreitenwerte an einem Riss bedeutet nichts weiter, als dass

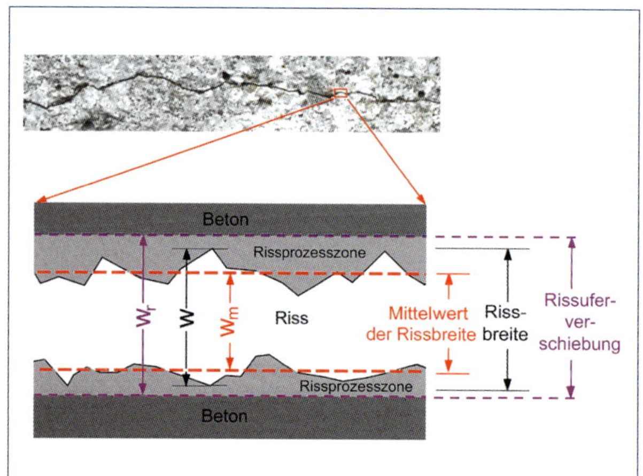

Bild 12.1: Die drei messbaren Rissbreiten an einem Riss (schematisch)

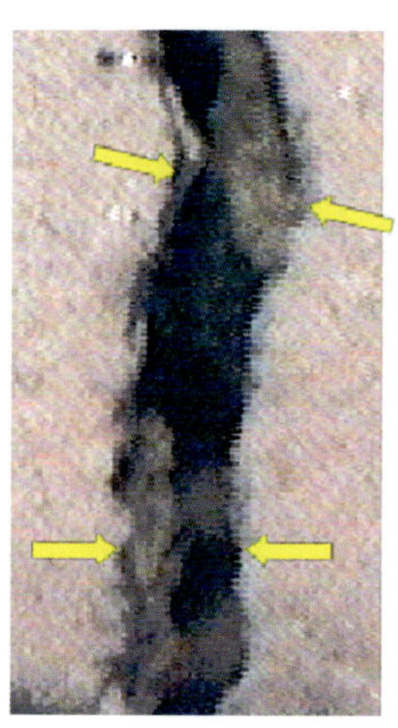

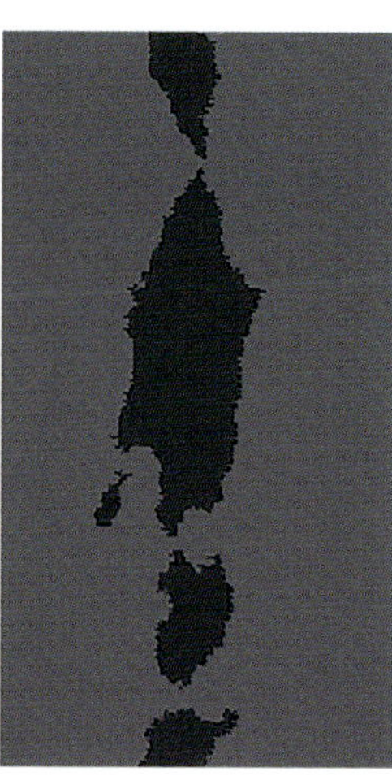

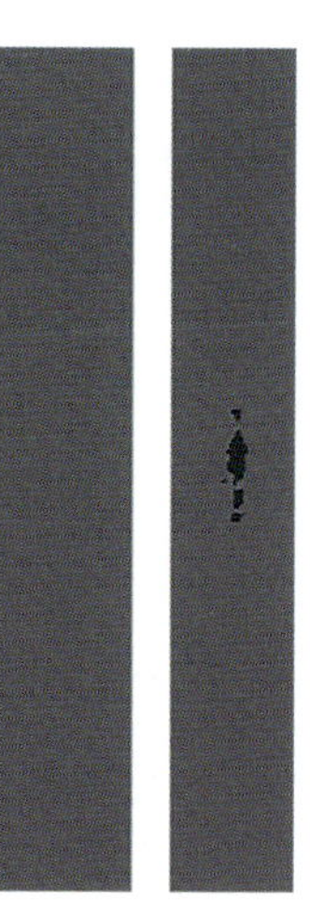

Bild 12.2: Stark vergrößertes Foto eines Risses bei guter und bei weniger guter Beleuchtung

die Zufälligkeiten der plastischen Verformungen der Rissränder (Rissprozesszone) gemittelt werden.

Über die Auswertung von Rissbreitenmessungen gibt es in der Fachwelt keine einheitliche Meinung. Wenn genügend Messwerte existieren, wird manchmal eine statistische Auswertung in Anlehnung an die theoretische Herleitung des Berechnungsverfahrens gemacht. Das ist aber nur in seltenen Fällen möglich. In Kapitel 12.6 sind Einzelheiten darüber zu finden.

In Bild 12.1 sind die drei möglichen, unterschiedlichen Messwerte im Schema dargestellt. Der Messende muss sich bewusst sein, dass er mit seiner Messung immer nur einen von drei möglichen Messwerten bestimmt. Keiner der drei Messwerte ist der »richtige Wert«. Alle drei sind gleichermaßen und gleichberechtigt verwendbar. Die drei Werte sind nicht zahlengleich, was allgemein nicht bekannt ist und deshalb auch nicht berücksichtigt wird. Allein daraus ist ein Teil der Streuung bei der Rissbreitenmessung zu erklären.

Rissbreiten können nur an der Bauteiloberfläche gemessen werden. Im Rissinneren sind auch andere Rissbreitenwerte denkbar.

Der Riss hat über seine Länge unterschiedliche Rissbreiten. Deshalb ist es zweckmäßig, sich auf eine eindeutige, reproduzierbare Messstelle festzulegen. Das ist der größte an der Oberfläche sichtbare Rissbreitenwert. Das entspricht einem Vorschlag von Leonhardt [Leo1]. Er enthält folgende Elemente:

- Für jeden Riss gibt es nur eine **Rissbreite**. Das ist dadurch begründet, dass ein Riss aus einer gegenläufigen Bewegung von zwei Rissufern entsteht. Obwohl sich der Riss als unregelmäßiges Gebilde darstellt, kann es wegen der einheitlichen Bewegung als Längenänderung eines Bauteils nur **eine** Rissbreite geben.
- Die am Riss sichtbaren Unregelmäßigkeiten der Ränder, die eine scheinbare Schwankung der Rissbreiten entlang des Risses verursachen, sind plastische Verformungen der Rissprozesszone, die die Rissränder gegenüber einer glatten Trennung verändern.
  Der Deutsche Beton- und Bautechnikverein geht mit dem Mittelwert mehrerer Risse in einer Bauwerksfläche einen eigenen, davon abweichenden Weg, vgl. dazu Kapitel 12.7.2.
- Die Summe aller **Rissuferverschiebungen** (nicht Rissbreiten) eines Bauteils und der Betondehnung ist gleich der Bauteildehnung, z.B. als behinderte Längenänderung bei Zwang. Das setzt eine Rissuferverschiebung für **einen** Riss voraus, die der Wegmessung entspricht. Die Summe aller Rissbreiten ist hingegen kleiner und für diese Berech-

nung nicht geeignet. Die Differenz besteht in der Summe der irreversiblen Dehnungsbeiträge der Rissprozesszone.

Die Aufnahme eines 0,2 mm breiten Risses (Bild 12.2 links) ist bei guter Ausleuchtung und einer überdurchschnittlichen Vergrößerung entstanden. Der Rissverlauf ist gut zu erkennen (linkes Foto). Das helle Licht gestattet sogar einen Blick ins Innere des Risses, bei dem die Unebenheiten der Rissufer erkennbar sind. Das zweite Teilbild ist durch übersteigerten Kontrast des gleichen Fotos entstanden und soll die Erscheinung des Risses bei schlechten Lichtverhältnissen veranschaulichen. Das dritte Bild zeigt das zweite Bild in einer Verkleinerung bei schlechter Ausleuchtung, wie Risse häufig gesehen werden. Zu sehen ist das gewohnte unregelmäßige Bild eines Risses, wie es bei unterdurchschnittlicher Helligkeit erscheint. Details aus dem linken Originalbild gehen bei der geringen Größe und dem geringen Kontrast unter. Die wahrnehmbare Rissbreite schwankt bei dieser geringen Vergrößerung wesentlich mehr als im linken Teilbild, in dem bei entsprechender Vergrößerung einige Rissdetails mehr zu erkennen sind.

Die Messung ist bei guter Beleuchtung vorzunehmen. Bei Bedarf ist eine leistungsfähige zusätzliche Lichtquelle zu verwenden. Bild 12.2 verdeutlicht diese Notwendigkeit.

Den unterschiedlich gewonnenen Messwerten stehen keine Sollwerte für messbare Rissbreiten gegenüber, wenn sie nicht ausdrücklich zwischen Bauherr und Bauunternehmer vereinbart worden sind, wovon jedoch abzuraten ist. Solche Vereinbarungen gibt es gar nicht so selten, obwohl dafür sachlich keine Grundlage existiert. Lässt sich ein Unternehmer auf eine derartige Vereinbarung ein, muss er damit rechnen, dass diese Vereinbarung nicht einhaltbar ist. In Kapitel 12.9 ist darüber mehr nachzulesen.

12.2 Der Rechenwert der Rissbreite und die Messwerte

Rechenwerte der Rissbreite gibt es einerseits als Grenzwerte in der Norm und andererseits als Ergebnis einer Rissbreitenberechnung nach der genormten Berechnungsvorschrift. Rechenwerte existieren nur als ideelle Werte, die allein durch die Berechnungsvorschrift definiert sind. Am Bauwerk gibt es keine Stelle, an der der Rechenwert der Rissbreite nachgemessen werden könnte.

Da die Berechnungsvorschrift für den Rechenwert der Rissbreite keine irreversiblen Verformungen der Rissufer berücksichtigen kann, ist er eine Rissuferverschiebung. Messwerte an bereits bestehenden Rissen sind immer optisch messbare Rissbreiten. Ein Vergleich von Rechenwerten der Rissbreite, also Rissuferverschiebungen mit Rissbreiten ist deshalb nicht korrekt.

Es ist weit verbreitet, die Messwerte direkt mit den in der Norm angegebenen Grenzwerten zu vergleichen. Das ist aber so in der Normung nicht gewollt. In der Einführungsliteratur [DAS1] wird davon ausdrücklich abgeraten.

Das Problem derartiger Vergleiche besteht darin, dass Mittelwerte von streuenden Größen miteinander verglichen werden. Die Rechenwerte der Rissbreite haben streuende Ausgangsgrößen, die wiederum eine Streuung beim Berechnungsergebnis verursachen; die Messwerte unterliegen der im Stahlbetonbau üblichen Streuung. Dazu kommen die unterschiedlichen Messverfahren mit den unterschiedlichen Messergebnissen am gleichen Riss.

Die zahlenmäßigen Differenzen zwischen den einzelnen Messwerten können mehrere Zehntel Millimeter betragen. Ein Zehntel Millimeter entspricht dem zweifachen Durchmesser eines menschlichen Haares, ist also eine sehr kleine Größe. Setzt man sie aber in Vergleich zu einem nach der WU-Richtlinie zulässigen Rechenwert der Rissbreite von beispielsweise 0,15 mm, wenn nach WU-Richtlinie »Selbstheilung erwartet werden soll«, dann kann die Differenz 67 % des Grundwertes betragen. Die Folge sind Undichtigkeiten, wo mit einer Selbstheilung von Trennrissen regelgemäß gerechnet wurde.

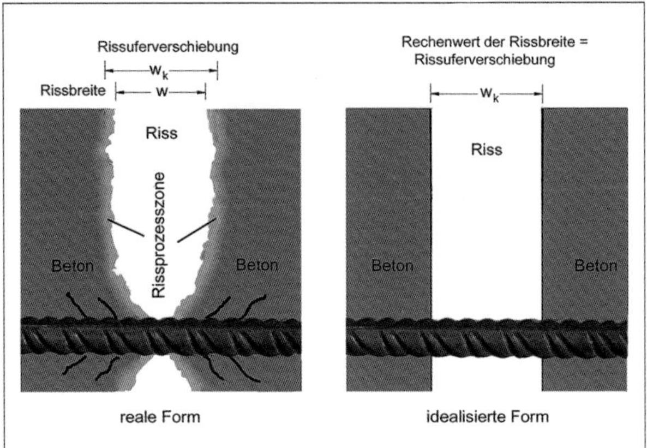

Bild 12.3: Realer Trennrissquerschnitt (links) und idealisierter Querschnitt (rechts) eines Rechenwertes der Rissbreite nach der Norm

Der Rechenwert der Rissbreite ist als Berechnungsvorschrift definiert. Er ist die Differenz zwischen der mittleren elastischen Stahl- und der mittleren elastischen Betondehnung im Einleitungsbereich beiderseits eines Risses. Das ergibt sich aus der Berechnungsformel in der DIN EN 1992-1-1. Mit dieser Definition über eine Berechnungsformel ist der Rechenwert der Rissbreite ein fiktiver Wert, für den es keinen Ort am und im Riss gibt und der deshalb auch nicht messbar ist.

In der Literatur sind eine Reihe von Erklärungen zu finden, die dem Rechenwert der Rissbreite einen bestimmten Ort im oder am Riss zuweisen. Mit der stark vereinfachten Formel in der Norm kann das nicht begründet werden. Es gibt tatsächlich keinen messbaren Rechenwert der Rissbreite. Er ist eine fiktive Größe, die objektiv nicht überprüft werden kann.

Bei der Entwicklung des Berechnungsverfahrens, wie wir es nach EC2 benutzen, musste das Berechnungsergebnis, also die Rissbreite, mithilfe von Messwerten überprüft und gegebenenfalls kalibriert werden. Überprüfung und Kalibrierung sind aber nur mit Messwerten möglich, und Messwerte von Rissbreiten gibt es nur an der Bauteiloberfläche. Das bedeutet, dass der Rechenwert der Rissbreite als Ergebnis des genormten Berechnungsverfahrens anhand eines Oberflächenwerts der Rissbreite kalibriert worden sein muss. Alle anderen in der Literatur zu findenden Definitionen sind mit dem Berechnungsmodell der Norm weniger gut in Übereinstimmung zu bringen.

Er wird so definiert, dass er ein Größtwert im statistischen Sinne ist, also ein Quantilwert. In der vereinfachten und schematisierten Berechnung kann keine bleibende Verformung z.B. durch Risseinschnürung oder durch irreversible Dehnungen in der Rissprozesszone berücksichtigt werden. Deshalb kann mit dem Berechnungsverfahren die Realität nur recht unvollkommen abgebildet werden.

Da die Berechnung für einen fiktiven, statistischen Größtwert gilt, kann das Ergebnis an keinem Riss nachgemessen werden. Es sagt nur aus, dass z.B. 95 % der Messwerte höchstens gleich dem berechneten Wert sein werden. Die restlichen 5 % sind als Teil einer statistischen Masse größer als der Grenzwert. Bei kleinen Rissbreiten liegt die Vorhersagewahrscheinlichkeit statt bei 95 % nur bei 70 % und die tolerierbaren Überschreitungen des Grenzwerts bei bis zu 30 %. Das ist bei WU-Bauwerken, bei denen kleine Trennrissbreiten üblich sind, gefährlich, wenn sich die Risse mit größerer Rissbreite nicht mehr selbst abdichten können.

Bild 12.3 zeigt den Vergleich eines realen Risses mit Einschnürung zur Bewehrung hin und die Reste der Rissprozesszone an den Rissufern mit dem Modell des für das Berechnungsmodell idealisierten Risses, der zur Bestimmung des Rechenwerts der Rissbreite verwendet wird.

An den Rissufern des realen Risses sind die Reste der Rissprozesszone eingezeichnet. Um die Bewehrung herum sind die Ausstülpungen des Betons in den Riss hinein zu sehen, die durch die Bildung der runden Verbundrisse um jeden Bewehrungsstab herum verursacht worden sind.

Der idealisierte Riss unterscheidet sich vom realen Riss dadurch, dass

- er keine Rissprozesszone hat; daher gibt es im Berechnungsmodell keinen Unterschied zwischen Rissbreite und Rissuferverschiebung,
- er keine Risseinschnürung besitzt; dadurch ist der Rechenwert der Rissbreite bei einem Trennriss an jeder Stelle des Risses gleich groß. Das betrifft die Rissbreite direkt an der Bewehrungsoberfläche und auch die an der Bauteiloberfläche.

Konsequenterweise muss dann auch in der Einführungsliteratur zur Norm [DAS5] die dazu passende Illustration verwendet werden. In Bild 12.3 sind die Skizze eines realen Rissquerschnitts und der mit den Berechnungsformeln der Norm definierte Rechenwert der Rissbreite einander gegenübergestellt. Damit entspricht die Rissuferverschiebung an der Oberfläche dem Rechenwert der Rissbreite. Das bedeutet, dass bei der in der Praxis überwiegend verwendeten optischen Messung mit Messlupe oder Vergleichsmaßstab kein Vergleich mit dem Rechenwert der Rissbreite möglich ist, weil es sich um zwei verschiedene Werte handelt. Sie unterscheiden sich durch den irreversiblen Dehnungsanteil der Rissprozesszone. Der optisch gemessene Messwert ist systematisch kleiner als der vergleichbare Rechenwert der Rissbreite.

12.3 Normvorgaben für zulässige Rissbreiten

In mehreren Dokumenten des Regelwerks sind Vorgabewerte für Rechenwerte der Rissbreite enthalten. Das trifft auf Forderungen zum Korrosionsschutz der Bewehrung, zur Dichtigkeit und Selbstdichtung/Selbstheilung und zum Rissüberbrückungsvermögen von Beschichtungen zu.

Die praktische Verfahrensweise sieht nach der Norm vor, einen Rechenwert der Rissbreite als Zielwert auszuwählen oder mit dem Bauherrn zu vereinbaren und die Bewehrung danach zu konstruieren. Mit dieser Mindestbewehrung wird sich ein Rissbild einstellen, bei dem sich die Rissbreiten als Teil einer statistischen Masse in unterschiedlichen Abmessungen ausbilden werden. Das Berechnungsergebnis ist immer nur eine Annäherung an die Realität. Übertriebene Hoffnungen bezüglich der Genauigkeit einer berechneten Rissbreite sind unangebracht und können zu Fehleinschätzungen und Fehlurteilen führen. In [Sch3] wurde deshalb vor übertriebenen Genauigkeitsforderungen gewarnt:

»Für ein Normenkonzept ergibt sich somit folgende Ausgangslage:

- *Wegen der Streuungen von Zug- und Verbundfestigkeit* ***ist eine »genaue« Vorausberechnung von Rissbreiten nicht möglich.***
- *Wegen des geringen Einflusses des Absolutwertes der Rissbreite (im Bereich $w \leq 0{,}4$ mm) auf den Korrosionsschutz der Bewehrung* ***ist eine genaue Vorausberechnung nicht nötig.***

Es hat somit wenig Sinn, in Normen mehr oder weniger komplizierte Rissformeln anzugeben, die eine Vorhersagegenauigkeit vortäuschen, die weder erreichbar, noch, hinsichtlich der Dauerhaftigkeit, erforderlich ist.«

Damit konnte auf Nachweise zur Einhaltung bestimmter Rissbreiten des von der Norm akzeptierten Bereichs verzichtet werden, solange die rechnerischen Rissbreiten 0,4 bis 0,5 mm nicht übersteigen. Die Differenzierung der Vorgabewerte für die Rechenwerte der Rissbreite in der DIN EN 1992-1-1 von 0,3 bzw. 0,4 mm für schlaffe Bewehrung und von 0,2 mm für Spannbetonbauteile wird heute so gedeutet, dass damit die Wahrscheinlichkeit von Rissen mit größeren Rissbreiten verringert werden soll.

Die Vorgaben für zulässige Rechenwerte der Rissbreiten sind in Millimeter mit einer Kommastelle angegeben, ggf. mit einer 5 als zweiter Kommastelle, z.B. 0,15 mm. Sie wurden unabhängig vom Berechnungsverfahren experimentell bestimmt. Die wichtigsten zulässigen Werte sollen in den folgenden Abschnitten kurz genannt werden.

12.3.1 Zulässige Rissbreiten für die Minderung der Korrosionsgefährdung der Bewehrung

Zur Bestimmung zulässiger Rissbreiten gegenüber Korrosionsschäden dienten Auslagerungsversuche für unterschiedliche klimatische Bedingungen und für unterschiedliche Rissbreiten.

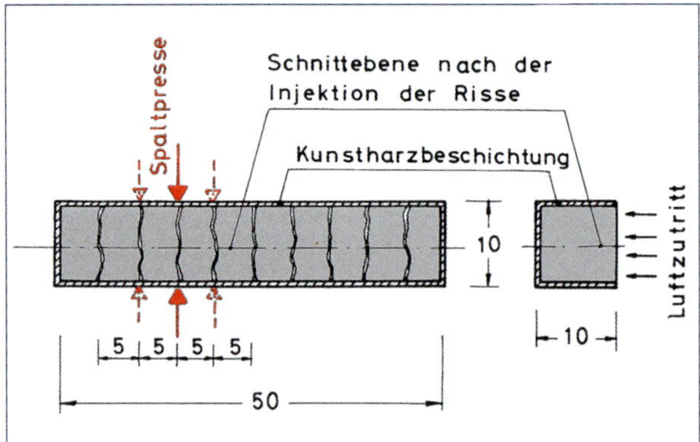

Bild 12.4: Versuchskörper für die karbonatisierungsinduzierte Korrosion [Sch29], Längenmaße in cm

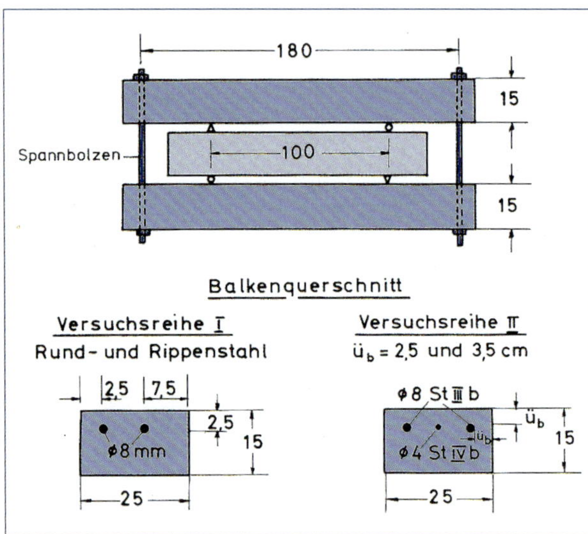

Bild 12.5: Bewehrte Versuchsbalken für eine Biegebeanspruchung

Die Versuchskörper der unbewehrten Reihe zur Untersuchung des Karbonatisierungsfortschritts wurden aus Betonstücken zusammengesetzt, die vorher aus einem 500 mm langen Betonbalken mit 100 mm × 100 mm Querschnitt durch Spaltzugwirkung gewonnen worden sind. Sie wurden so zusammengefügt, dass die gewünschten definierten Rissbreiten entstanden sind. Bis auf eine Längsseite wurden die anderen Flächen mit einem Kunstharz versiegelt. Über die Art der Rissbreitenmessung ist nichts bekannt. Vermutlich wurde eine Lupe benutzt; es handelte sich dann um die Rissbreite an der Oberfläche.

Eine weitere Versuchsreihe mit bewehrten Versuchskörpern nach Bild 12.5 diente direkten Korrosionsuntersuchungen. In einen Versuchsstand wurden zwei bewehrte, 0,25 m breite und 0,15 m hohe Balken mit einer Stützweite von 1,80 m eingespannt. Die Art der Rissbreitenmessung ist nicht angegeben. Die in der Biegezugzone entstandenen Biegerisse konnten nur mit der Lupe an der Oberfläche vermessen werden. Es muss sich daher um Rissbreiten handeln. Sie betrugen 0,15 bis 0,40 mm.

Die Rissbreite wurde zu Beginn und am Ende der Versuche an der Balkenoberfläche über der Bewehrung gemessen. Teilweise wurden die Risse mit Kunstharz injiziert, aufgeschnitten und dann vermessen (vgl. Bild 11.19). Es handelt sich bei diesen Versuchen auch um Rissbreiten.

In der Stahlbetonnorm DIN EN 1992-1-1 und DIN EN 1992-1-1/NA sind Vorgabewerte der Rissbreite enthalten, die hier in Tabelle 12.1 wiedergegeben sind. Sie sind aus den praktischen Erfordernissen abgeleitet und dienen als Zielgrößen einer Berechnung. Mit der Berechnung soll erreicht werden, dass ein großer Teil der Rissbreiten am Bauwerk kleiner oder höchstens gleich dem Zielwert wird. Bei großen Rissbreiten von 0,4 mm dürfen 5 % der Werte überschritten werden. Bei kleinen Rissbreiten von 0,1 mm sind es 30 %.

Tabelle 12.1: Rechenwerte für w_{max} (in mm) nach DIN EN 1992–1-1/NA

Expositionsklasse	Stahlbeton und Vorspannung ohne Verbund	Vorspannung mit nachträglichem Verbund	Vorspannung mit sofortigem Verbund	
	mit Einwirkungskombination			
	quasi-ständig	häufig	häufig	selten
X0, XC1	0,4[a)]	0,2	0,2	–
XC2 – XC4	0,3	0,2[b,c)]	0,2[b)]	
XS1 – XS3			Dekompression	0,2
XD1, XD2, XD3				

[a)] Bei den Expositionsklassen X0 und XC1 hat die Rissbreite keinen Einfluss auf die Dauerhaftigkeit. Dieser Grenzwert wird im Allgemeinen zur Wahrung eines akzeptablen Erscheinungsbildes gesetzt. Fehlen entsprechende Anforderungen an das Erscheinungsbild, darf dieser Grenzwert erhöht werden.

[b)] Zusätzlich ist der Nachweis der Dekompression unter der quasi-ständigen Einwirkungskombination zu führen.

[c)] Wenn der Korrosionsschutz anderweitig sichergestellt wird (Hinweise hierzu in den Zulassungen der Spannverfahren), darf der Dekompressionsnachweis entfallen.

[d)] Beachte 7.3.1 (7)

12.3.2 Zulässige Rissbreiten für eine große Selbstdichtungs-/Selbstheilungswahrscheinlichkeit nach der WU-Richtlinie

Die Versuche zur Bestimmung des Selbstdichtungskriteriums der WU-Richtlinie wurden an 400 mm langen Rissen (Fließweg) an Versuchskörpern mit den Grundrissabmessungen 200 mm × 200 mm durchgeführt (Bild 12.6). Gearbeitet wurde mit einer mittleren Rissbreite, die am Versuchskörper an je sechs Messstellen an der Oberseite (Wasserseite) und an der Unterseite (Luftseite) eingestellt wurden. Der Mittelwert der Rissbreite, wie er für die Selbstheilungsversuche benutzt wurde, ist kleiner als der Rechenwert der Rissbreite. Die Differenz kann bis zu 0,1 mm betragen und ist von Riss zu Riss unterschiedlich.

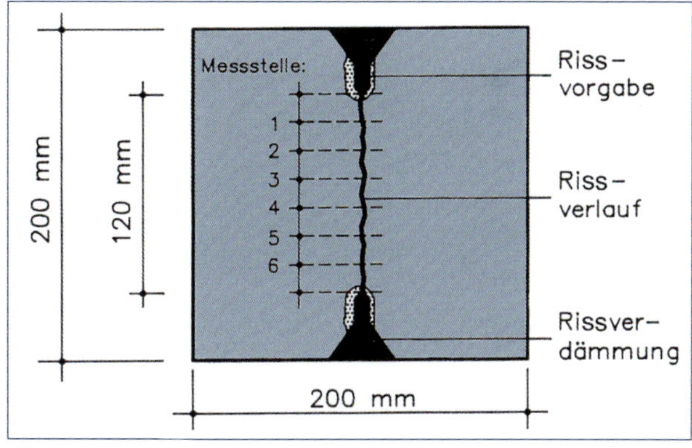

Bild 12.6: Versuchskörper zur Bestimmung des Dichtigkeitskriteriums der WU-Richtlinie, Draufsicht [Edv1]

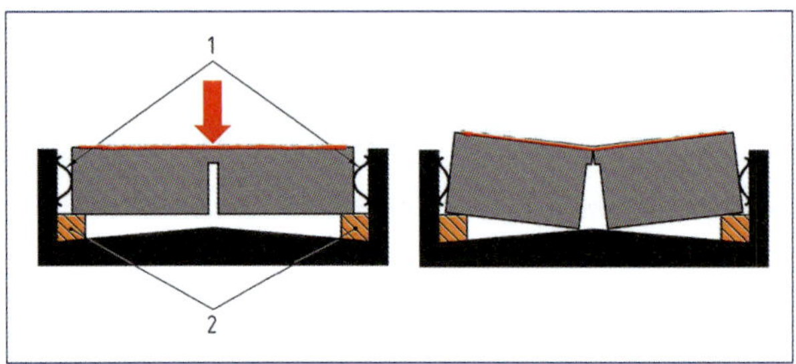

Bild 12.7: Risserzeugung für den statischen Zugversuch nach DIN EN 1062-7 (1 – Federn, 2 – bewegliche Stützungen)

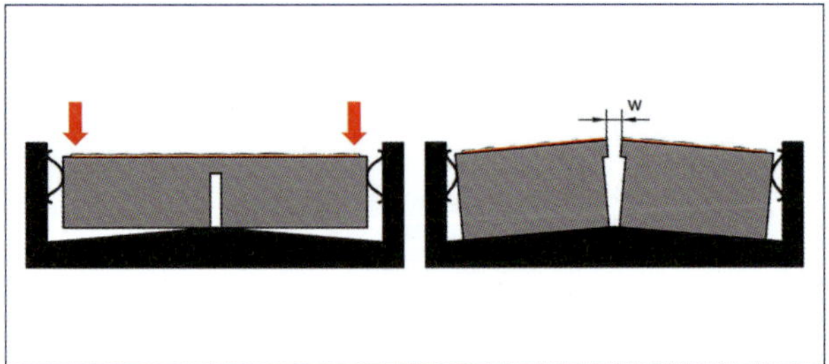

Bild 12.8: Versuchsanordnung für den statischen Zugversuch nach DIN EN 1062-7

12.3.3 Zulässige Rissbreiten für die Prüfung rissüberbrückender Beschichtungen

Bei einer Beschichtung bedeutet Rissüberbrückung, dass die Verschiebung der Rissufer zu überbrücken ist. Maßgebender Rissbreitenwert ist die Rissuferverschiebung, die dem Rechenwert nach DIN EN 1992-1-1 entspricht.

Die Rissüberbrückungsfähigkeit wird experimentell nach DIN EN 1062-7 »Beschichtungsstoffe – Teil 7: Bestimmung der rissüberbrückenden Eigenschaften« nachgewiesen. Diese Norm fordert, dass *»Vorrichtungen zum Messen der Rissbreite, z.B. Dehnungsmessstreifen oder induktive Wegaufnehmer, auf ± 5 µm genau«*, vorhanden sein müssen. Diese Messvorrichtungen müssen es ermöglichen, die Änderung der Rissbreite während der Prüfung zu verfolgen. Das heißt, dass nur Wegmessungen infrage kommen, weil schon aus Gründen der Arbeitssicherheit im Labor optische Ablesungen unter Last zu vermeiden sind, bei denen unmittelbar am belasteten Versuchskörper zu hantieren ist. Nach der Norm sind zwei Verfahren möglich:

- Verfahren A mit kontinuierlicher Aufweitung des Risses auf einen zu wählenden Endwert von 0,1 bis 2,5 mm,
- Verfahren B mit periodischer Änderung der Rissbreite.

Für beide Verfahren sind die Rissbreitenmessungen nach der Norm nur als Wegmessung möglich. Das bedeutet, dass eine Rissuferverschiebung und damit der zutreffende Wert eingestellt werden. In Bild 12.7 und Bild 12.8 ist die Art der Risserzeugung und der Rissaufweitung nach der Norm dargestellt.

In Tabelle 12.2 und Tabelle 12.3 sind die Klassen für das Rissüberbrückungsvermögen mit den Rissbreiten (besser: Rissuferverschiebungen) als wichtigsten Parametern angegeben. In der Norm gibt es weitere Parameter wie z.B. die Prüftemperatur.

Tabelle 12.2: Klassen und Prüfbedingungen der Rissüberbrückungsfähigkeit nach DIN EN 1062-7, Verfahren A

Klasse	Breite des überbrückten Risses µm	Geschwindigkeit mm/min
A 1	> 100	–[a]
A 2	> 250	0,05
A 3	> 500	0,05
A 4	> 1 250	0,5
A 5	> 2 500	0,5

[a] Statischer Zugversuch (siehe Anhang C)

Trotz der am Prüfstand relativ genau einstellbaren »Rissbreite« sind des Öfteren gerissene Beschichtungen zu sehen (Bild 12.9). Das kann verschiedene Ursachen haben:

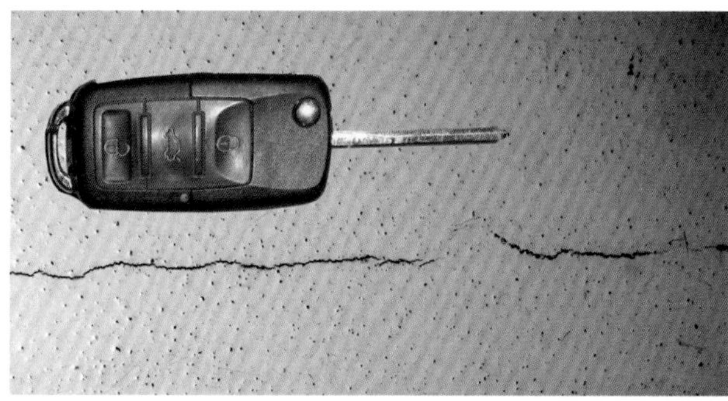

Bild 12.9: Riss in der Beschichtung einer Bodenplatte über einer Arbeitsfuge

- Der Rissbreitenwert ist zu klein berechnet, z.B. durch eine zu optimistische Annahme der effektiven Zugfestigkeit bei der Entstehung des Risses.
- In Arbeitsfugen gibt es praktisch keine Betonzugfestigkeit. Deshalb ist das Rissöffnungsverhalten bei Arbeitsfugen anders als im ungestörten Beton.
- Das Beschichtungsmaterial hat nicht die zugesicherte Rissüberbrückungsfähigkeit und reißt vorzeitig.

Bei großen beschichteten Flächen wie z.B. in Tiefgaragen ist gelegentlich das Durchschlagen von Arbeitsfugen durch die Beschichtung zu sehen wie in Bild 12.9.

Die Ausführungen lassen erkennen, dass ein Nachweis der Einhaltung von Normvorgaben durch Nachmessen der Rissbreiten am Bauwerk nicht sinnvoll ist. Gegenüber einem Rechenwert der Rissbreite verfügen wir über drei mögliche Messwerte der Rissbreite für den gleichen Riss, die je nach Vorliebe des Messenden noch abwandelbar sind. So ist Messwert der Rissbreite nicht gleich Messwert der Rissbreite, obwohl im allgemeinen Sprachgebrauch kein Unterschied zwischen Rissbreite und Rissuferverschiebung gemacht wird. Um Verwechslungen oder gar Missbrauch zu vermeiden, müsste es eine Prüfnorm zur Bestimmung von Rissbreiten geben. Solange es diese nicht gibt, können Rissbreiten nicht objektiv gemessen und den Rechenwerten gegenüber gestellt werden.

Tabelle 12.3: Klassen und Prüfbedingungen der Rissüberbrückungsfähigkeit nach DIN EN 1062-7, Verfahren B

Klasse	Prüfbedingungen (siehe Bilder B.1 und B.2)
B 1	w_o = 0,15 mm, w_u = 0,10 mm } Trapezfunktion n = 100 f = 0,03 Hz w = 0,05 mm
B 2	w_o = 0,15 mm, w_u = 0,10 mm } Trapezfunktion n = 1 000 f = 0,03 Hz w = 0,05 mm
B 3.1	w_o = 0,30 mm, w_u = 0,10 mm } Trapezfunktion n = 1 000 f = 0,03 Hz w = 0,2 mm
B 3.2	wie 3.1 und w_L = ±0,05 Sinusfunktion n = 20 000 f = 1 Hz
B 4.1	w_o = 0,50 mm, w_u = 0,20 mm } Trapezfunktion n = 1 000 f = 0,03 Hz w = 0,30 mm
B 4.2	wie 4.1 und w_L = ±0,05 Sinusfunktion n = 20 000 f = 1 Hz

f Frequenz
n Anzahl der Zyklen
w Änderung der Rissbreite
w_L belastungsabhängige Rissbewegung
w_o größte Rissbreite
w_u kleinste Rissbreite

12.4 Gebräuchliche Messtechnik für Kurzzeit-Rissbreitenmessungen

Alle Rissbreitenmessungen beruhen auf einem von zwei unterschiedlichen Messprinzipien (Bild 12.10, Bild 12.11):

- Die optische Messung der Spaltbreite mit einem optischen Messgerät (Bild 12.10): Mit ihr wird die Spaltbreite direkt in nur einer Ablesung gemessen.
- Die Wegmessung (Bild 12.11): Für die Messung sind zwei Ablesungen erforderlich. Die Differenz von zwei Ablesungen ergibt den Messwert. Die erste Ablesung ist vor der Rissbildung (Nullablesung) und die zweite zu dem gewünschten Zeitpunkt oder nach der gewünschten Längenänderung durchzuführen. Weitere Ablesungen beziehen sich immer auf eine frühere. Für den ersten Messwert muss die Stelle, an der der Riss entstehen wird, vor dem Anbringen der Messmarken bekannt sein. Deshalb beschränkt sich die Wegmessung mit dem Setzdehnungsmesser oder induktiven Wegaufnehmern hauptsächlich auf Messungen im Labor.

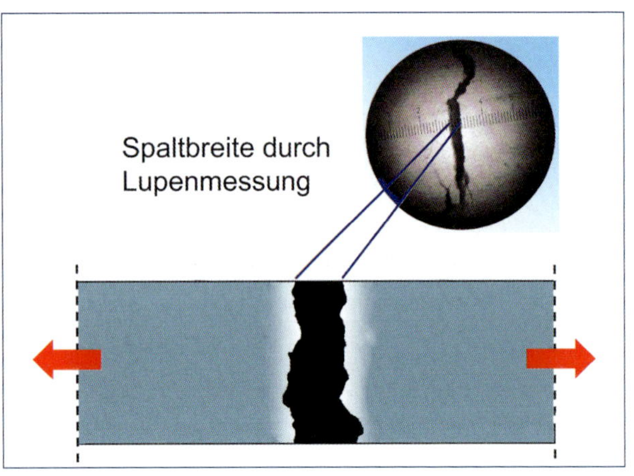

Bild 12.10: Messung der Rissbreite mit der Rissmesslupe

Häufig wird auch eine Mischform praktiziert. Dazu wird auf einen vorhandenen Riss eine Wegmessvorrichtung appliziert, um mögliche Rissbewegungen über einen längeren Zeitraum beobachten zu können. Der vollständig ausgebildete Riss wird zunächst optisch vermessen. Die mit einer Wegmessung ermittelten Veränderungen der Rissbreite werden zum Grundwert mit Vorzeichen addiert. So erhält man eine Rissbreitenänderung, die einer optischen Messung entspricht.

Wegmessungen sind für Baustellenmessungen nicht gut geeignet, weil die Messmarken vor der Rissbildung so angebracht werden müssen, dass der zu erwartende Riss zwischen ihnen liegt. Das ist schwer vorherzusagen. Deswegen werden bevorzugt bereits vorhandene Risse mit dieser Methode vermessen. Die Wegmessung ist besonders für die Langzeitbeobachtung geeignet.

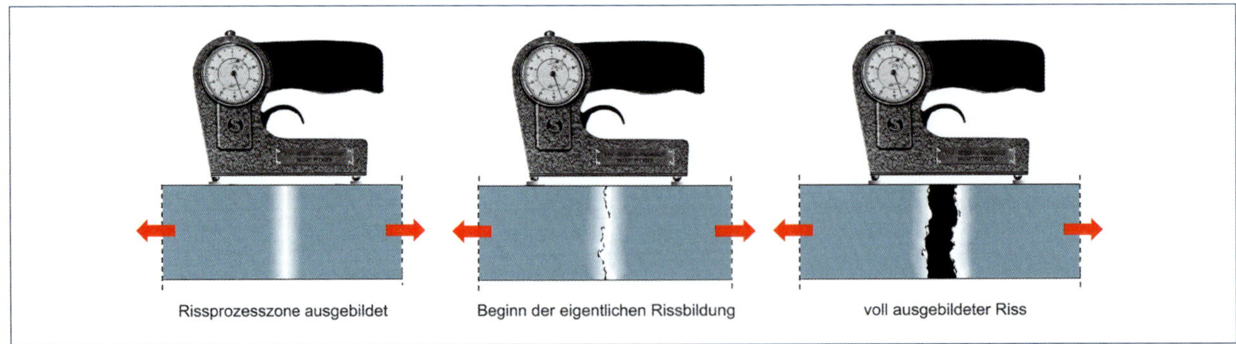

Bild 12.11: Wegmessung in drei Phasen; gemessen wird die Entfernung zwischen den beiden vorher aufgeklebten Messplättchen mit Zentrierkugel

12.4.1 Die gebräuchlichsten optischen Messtechniken

Der Vergleichsmaßstab

Das Messgerät mit der größten Verbreitung ist der Vergleichsmaßstab (Bild 12.12) für anspruchslose Messungen vor Ort. Er passt in eine Brieftasche oder Geldbörse und kann so immer verfügbar sein. Er ist sehr einfach zu bedienen und wenig fehlerempfindlich. Die Vergleichsstriche sind in Strichstärken von 0,05 mm Breite abgestuft, und das ist auch die Messgenauigkeit des Vergleichsmaßstabs.

Sie genügt für alle praktischen Fälle. Wegen ihrer einfachen Handhabbarkeit sind Vergleichsmaßstäbe weit verbreitet und als Werbegeschenk beliebt. Unter Laborbedingungen und für Zwecke der Forschung sind Vergleichsmaßstäbe weniger geeignet, werden aber auch dort benutzt. Dort kommt es häufig auf genauere Messungen an, für die im Labor geeignetere Messtechnik verfügbar ist.

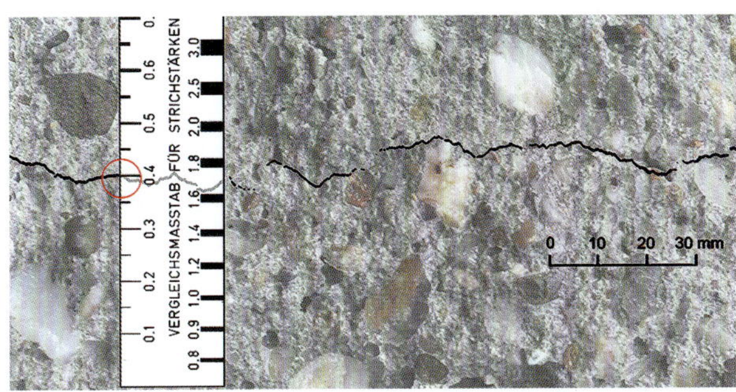

Bild 12.12: Rissbreitenmessung mit dem Vergleichsmaßstab

Die Rissmesslupe

Genauere Werte sind zu bekommen, wenn das Sehvermögen des menschlichen Auges mit einem optischen Hilfsmittel, einer Rissmesslupe oder einem Rissmessmikroskop, unterstützt wird (Bild 12.13). Die Rissmesslupe hat je nach optischer Vergrößerung eine höhere Auflösung als das Auge. Im Sichtfeld ist eine dreh- und verschiebbare Messskala enthalten, mit der eine Ablesegenauigkeit von bis zu 1 / 100 mm erreicht wird. Oft haben Messlupen eine Beleuchtungseinrichtung (auch mit Batteriestromversorgung), die eine genauere Ablesung des Messwerts unterstützt. In Bild 12.13 ist eine Messlupe mit einer Skaleneinteilung von 0,01 mm dargestellt.

Unsicherheiten können bei der Wahl des Messortes entstehen. Je stärker die Vergrößerung der Lupe ist, umso schwieriger ist das Anlegen des Geräts an dem gewünschten Messpunkt, weil das Bildfeld sehr klein ist. Es empfiehlt sich, an der Messstelle vorher einen feinen Bleistiftstrich anzubringen, der mit der Lupe einfach gefunden werden kann. An Bild 12.13 ist auch zu sehen, dass bereits das möglichst genaue Anlegen der Skala an ein Rissufer mit kleinen Toleranzen verbunden sein kann.

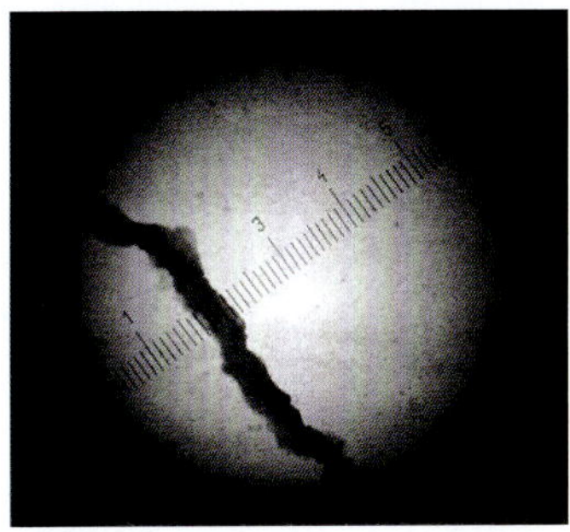

Bild 12.13: Rissmesslupe mit Sichtfeld über einem Riss (links); Foto des Sichtfelds (rechts) aus [Eck5]

Die Rissmesslupe ist etwas komplizierter zu handhaben als der Vergleichsmaßstab. Sie erfordert, dass die optischen Achsen von Lupe und Auge des Prüfenden in einer Geraden liegen. Das kann zu unbequemen Positionen bei Rissen führen, die sich nicht in Augenhöhe befinden (Bild 12.14). Risse in einer Spannbetonschwelle im Gleisbett zu messen, bedeutet, sich bis kurz über die Schwelle zu beugen, damit die optischen Achsen des Auges und des Geräts in eine Linie gebracht werden können.

Die Gefahr subjektiver Anlege- und Ablesefehler ist bei der Lupenmessung größer als bei der Wegmessung. Das zeigt z.B. auch Bild 11.29, in dem Parallelmessungen mit Lupe und Setzdehnungsmesser jeweils am gleichen Riss dargestellt sind. Während die Setzdehnungsmesserkurven überwiegend stetig verlaufen,

Bild 12.14: Rissmesslupe im Einsatz

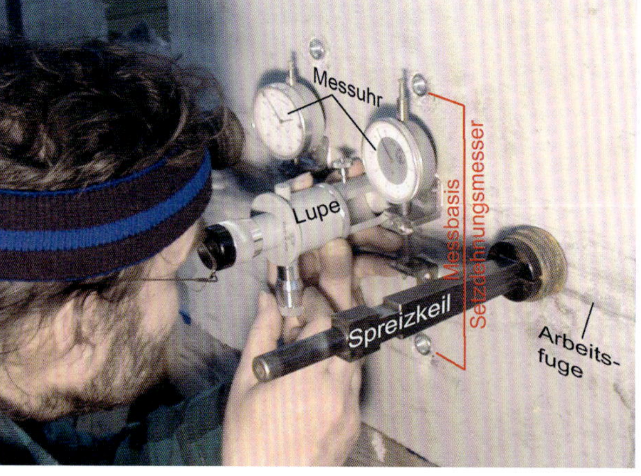

Bild 12.15: Parallelmessung der Rissbreite (Lupe) und der Rissuferverschiebung (zwei Messuhren) an einer Arbeitsfuge unter Laborbedingungen

enthalten einige der Lupenmesswertkurven Unregelmäßigkeiten, die auf subjektive Ungenauigkeiten bei der Handhabung des Messgeräts zurückgeführt werden können.

Eine parallele Messung von Rissbreite (Lupe) und Rissuferverschiebung (Messuhren) ist praktisch nur im Labor möglich. Sie ist für übliche Messaufgaben nicht notwendig. Bild 12.15 zeigt einen Ausnahmefall, mit dem festzustellen war, ob es auch bei Arbeitsfugen eine Messdifferenz zwischen beiden Messarten gibt. Festgestellt wurde, dass es keine Differenz der Messwerte bei optischer Messung bzw. Wegmessung von Arbeitsfugen gibt. Das ist wahrscheinlich darauf zurückzuführen, dass die Zugfestigkeit in der Arbeitsfuge zu gering ist, um eine Rissprozesszone auszubilden. Die Arbeitsfuge öffnet sich bereits bei einer geringen »Risslast« bzw. Zugspannung, weshalb sich keine oder nur eine sehr kleine Rissprozesszone ausbilden kann. Rissbreite und Rissuferverschiebung haben in diesem Fall die gleiche Größe.

Fotografische Verfahren

Eine weitere Gruppe von optischen Messverfahren beruht auf der Fotografie, heutzutage digitaler Fotografie bis hin zur Fotogrammmetrie. Gelegentlich gibt es dazu eigene Entwicklungen oder Weiterentwicklungen in den Labors, die bis zur automatisierten elektronischen Rissbreitenmessung geführt werden können. Dazu nutzt man Kontrast- oder Farbunterschiede zwischen Riss und Bauteiloberfläche aus. Die Pixel einer bestimmten Farbe werden automatisch gezählt und nach vorheriger Kalibrierung in eine Länge umgerechnet. Solche Verfahren mit der zugehörigen Auswertungssoftware gibt es heute in verschiedenen Varianten, die zum Teil für andere Aufgaben z.B. in der Textilindustrie entwickelt worden sind.

Fotografische Verfahren, bei denen zunächst ein ganzes Rissbild aufgenommen wird, haben den Vorteil, dass die eigentliche Messung später am Schreibtisch möglich ist. Mit ihnen können Genauigkeiten von bis zu 0,005 mm erreicht werden. Bei der Rissbreitenmessung kann eine so hohe Genauigkeit nicht genutzt werden, weil das zu messende Objekt eine größere Unschärfe in sich hat. Als zusätzliches Ergebnis wird ein genaues, maßstäbliches Rissbild am Bauteil aufgenommen.

12.4.2 Gebräuchliche Wegmesstechnik

Die Wegmessung erfordert zwei Ablesungen, deren Differenz der gewünschte Messwert ist. In Bild 12.16 ist das Prinzip der Wegmessung dargestellt. Gebraucht werden:

- eine Nullmessung als Ausgangspunkt der Längenänderung,
- eine Messung nach der erfolgten Längenänderung.

Bei der Wegmessung sind Messmarken für die Messung mit dem Setzdehnungsmesser oder das Messgerät selbst im Fall einer Messung mit induktivem Wegaufnehmer (Bild 12.18) auf dem Prüfkörper zu befestigen. Sie sind so anzubringen, dass der erst noch entstehende Riss innerhalb der Messstrecke liegt. Der in Bild 12.17 abgebildete Setzdehnungsmesser hat eine Messgenauigkeit von 1 / 1 000 mm. Der Umgang mit diesem Gerät erfordert einige Übung und Fertigkeit, um reproduzierbare Messergebnisse zu bekommen. Er sollte deshalb für einen Versuch oder eine Versuchsreihe immer von der gleichen Person bedient werden.

Im Bild 12.16 ist eine Stabdehnung in drei Stufen bis zur Rissbildung dargestellt, was z. B. eine Zwischendecke in einer Tiefgarage sein könnte. Im unbelasteten Zustand werden Messmarken auf der Oberfläche so befestigt, dass der zu erwartende Riss zwischen diesen Messmarken liegt. Es wird eine »Nullablesung« gemacht. Nach einer Dehnung bis kurz vor der Risslast wird erneut abgelesen (mittleres Bild). Die Wegstrecke beinhaltet die elastische Dehnung sowie eine Dehnung in der Rissprozesszone an der Stelle, an der der Riss entsteht. Nach Öffnung des Risses (unteres Bild) wird erneut gemessen. Gegenüber dem unbelasteten Zustand misst man die Verschiebung der Rissufer bestehend aus der elastischen Betondehnung und aus der Rissuferverschiebung. Die plastische Verformung der Rissprozesszone ist bei dieser Messung nicht erfassbar.

Bild 12.17 zeigt einen Setzdehnungsmesser. Von den beiden Messfüßen an der Unterseite des Gerätes ist einer schwenkbar so gelagert, dass seine Bewegung auf eine Messuhr übertragen wird. So lässt sich mit der Ablesegenauigkeit der Messuhr die Änderung des Basisabstands messen.

Setzdehnungsmesser haben den Nachteil, dass zur Präparation des Versuchskörpers und zur Messung

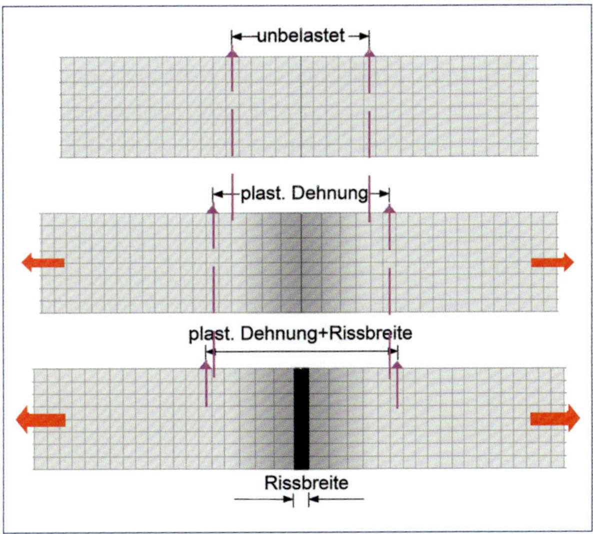

Bild 12.16: Das Prinzip der Wegmessung (schematisch); oben: unbelastet, Mitte: ausgebildete Rissprozesszone noch ohne Riss, unten: nach der Rissbildung

Bild 12.17: Setzdehnungsmesser mit einer Genauigkeit von 0,01 mm (Bildquelle: Richter Deformationsmesstechnik)

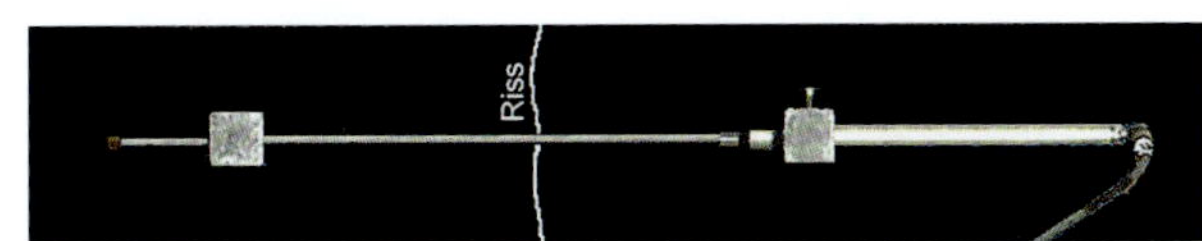

Bild 12.18: Induktiver Wegaufnehmer

viel Handarbeit notwendig ist. Heute gibt es mit elektronischer Mess- und Computertechnik eine produktivere Methode, die auch noch genauere Werte liefert.

Die Wegmesstechnik wird überwiegend bei Messungen im Labor verwendet, weil die Messdatenerfassung und -verarbeitung durch EDV-Einsatz rationell gestaltet werden kann. Heute werden unter professionellen Laborbedingungen überwiegend induktive Wegaufnehmer in Verbindung mit einer elektronischen Messwerterfassung und -auswertung verwendet.

In Bild 12.18 ist ein induktiver Wegaufnehmer für die Wegmessung abgebildet. Mit ihm kann über einen oder mehrere Risse hinweg der Weg bei einer Zugbeanspruchung gemessen werden.

Der Wegaufnehmer besteht aus mehreren Teilen. Zwei Klötzchen werden auf den Prüfkörper links und rechts vom zu erwartenden Riss in Zugkraftrichtung aufgeklebt. Im rechten Klötzchen (Bild 12.18) ist der Wegaufnehmer befestigt. Mit dem Taststift können gegenseitige Verschiebungen der Klötzchen gemessen werden (Rissuferverschiebung). Nachteil der induktiven Wegaufnehmer ist, dass sie **vor** der Rissbildung angebracht werden müssen; also muss die zu erwartende Rissstelle schon beim Vorbereiten des Prüfkörpers bekannt sein. Dazu sieht man häufig planmäßige Querschnittsschwächungen als Sollrissstelle vor, an denen dann ein Riss entsteht. Beispielsweise kommen dafür Bügel im Versuchskörper infrage.

Die Messung und Aufnahme der Messwerte sind bei den elektronischen Wegsensoren in Verbindung mit einem Computer viel komfortabler als die manuelle Aufnahme der Messwerte beim Setzdehnungsmesser. Die computergestützte Messwerterfassung gestattet auch die zeitgleiche Beobachtung von Messwerten schon während des Versuchs. Deshalb ist die Anwendung von Setzdehnungsmessern (Bild 12.17) mit der Verbreitung der elektronischen Messwerterfassung und -verarbeitung zurückgegangen.

12.4.3 Spezialmesstechnik

Spezialmesstechnik gibt es in wissenschaftlichen Experimentiereinrichtungen, wo sie zum Teil in eigener Regie einschließlich der Software auch entwickelt wird. Eine moderne Entwicklung, die für die Langzeitbeobachtung von Rissen an Brücken bestimmt ist, ist in [Nie4] beschrieben worden. Mit einer speziellen Kamera und einem aufwendigen Auswertealgorithmus kann man von einem aufgenommenen Foto die Rissbreiten im Büro messen und für spätere Wiederholungsmessungen archivieren. Die Rissposition wird mittels Tachymeter in einem lokalen, dreidimensionalen Koordinatensystem bestimmt und ist bei einer späteren Messung reproduzierbar. Das Rissbild wird mit der Aufnahme sehr genau erfasst.

Die Schilderung soll als Beispiel für spezialisierte Messverfahren dienen, die erfahrenes Fachpersonal erfordern und nicht von jedermann handhabbar sind. Ähnliche spezialisierte Messmethoden sind auch für Rissbreitenmessungen in den großen Materialprüfanstalten und in Hochschullabors im Einsatz.

12.5 Gebräuchliche Messtechnik für Langzeitmessungen

Für Risse, bei denen nicht genug Informationen zum Bauwerk vorliegen lohnt sich eine längere Beobachtung von Rissbewegungen, um daraus die Rissursachen sowie geeignete Instandsetzungsmaßnahmen abzuleiten. Dazu sind Messgeräte am Bauteil anzubringen, die eine längere Beobachtung gestatten. Bei öffentlich zugänglichen Bauwerken besteht die Gefahr von Vandalismus und Verlust der Geräte. Deshalb sind solche Messgeräte so zu schützen, dass die beabsichtigte Messreihe mit unversehrter Messtechnik durchgeführt werden kann. Langfristige, zeitabhängige Bewegungen entstehen infolge von Temperaturänderungen, Schwinden und Kriechen und durch Setzungsdifferenzen. Bis auf die Temperaturänderungen erreichen diese Längenänderungen nach mehreren Jahren einen Endwert. Wenn nur noch temperaturabhängige Längenänderungen gemessen werden, sind die anderen Verformungen abgeklungen. In Bild 12.23 ist ein Beispiel für die Aufzeichnung von Temperaturverlauf und Rissbreitenänderung dargestellt.

Im Regelfall wird für eine Langzeitbeobachtung über einem vorhandenen Riss ein Messgerät appliziert und die danach eintretende Rissbreitenänderung als Differenz zur (optisch gemessenen) Ausgangsrissbreite addiert.

In diesem Fall wird eine mit der Lupe gemessene Rissbreite später mit einer Wegmessung ergänzt. Das Ergebnis ist einer Lupenmessung gleichwertig, weil die Rissprozesszone beim Wechsel des Messverfahrens bereits ausgebildet war. Bei der weiteren Rissöffnung wird sie sich nicht mehr ändern, sodass die als Weg gemessene Differenz addiert werden darf. Bei der Kombination von Lupenmessung an einem vorhandenen Riss mit einer Wegmessung zur Verfolgung der Rissbreitenänderung wird immer die Rissbreite gemessen. Die Mischung dieser beiden Messprinzipien ist geboten, wenn die Messung wie eine optische Messung ausgewertet wird.

Gipsmarken

Zur längerfristigen Beobachtung von Rissuferbewegungen dienen Gipsmarken (Bild 12.19) und Rissmonitore (Bild 12.20). Eine fachgerecht angebrachte Gipsmarke muss ein Datum tragen und auf beiden Seiten des Risses fest mit dem Untergrund verbunden sein (Kontaktfläche reinigen und aufrauen). Bei jeder Kontrolle der Gipsmarke ist zu prüfen, ob sie noch auf beiden Seiten des Risses fest mit dem Untergrund verbunden ist, z.B. durch leichtes Klopfen auf beiden Seiten des Risses. Wenn sie sich auf einer Seite abgelöst hat, kann sie keine Messwerte mehr liefern.

Rissmonitore

Etwas komfortabler, moderner, aber auch teurer sind Rissmonitore. Ein Rissmonitor besteht aus zwei Teilen, die auf je einer Seite des Risses so befestigt werden, dass sie sich in der Mitte überlappen, aber einander nicht berühren (Bild 12.20). Dort sind auf beiden Teilen Messskalen angebracht, mit denen der Weg

Bild 12.19: Die Gipsmarke wird hier zur Rissbreitenmessung mitbenutzt (Notizen rechts auf der Wand); sie sind immer mit Datum zu versehen.

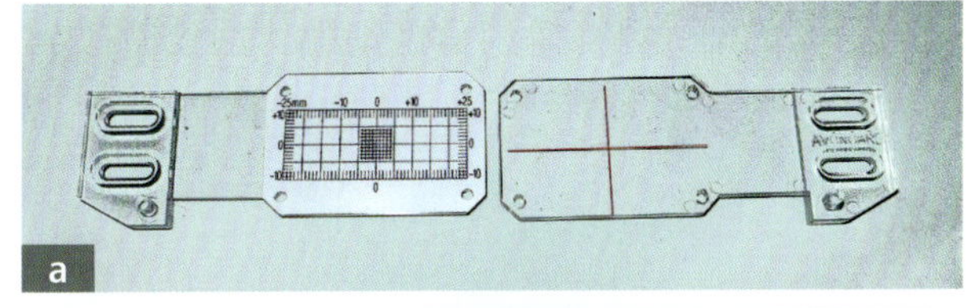

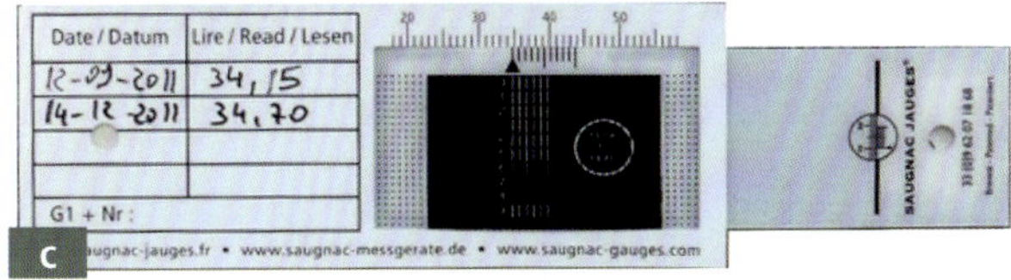

Bild 12.20:
a) Rissmonitor in Einzelteilen
b) Rissmonitor über einem Riss montiert
c) Rissmonitor, andere Ausführung mit Dokumentationsfeld

und die Richtung der Rissufer bei gegenseitiger Verschiebung der beiden Wandteile gemessen werden. Der Rissmonitor zeigt an, ob sich der Riss in einer bestimmten Zeit bewegt hat, wie groß und wohin diese

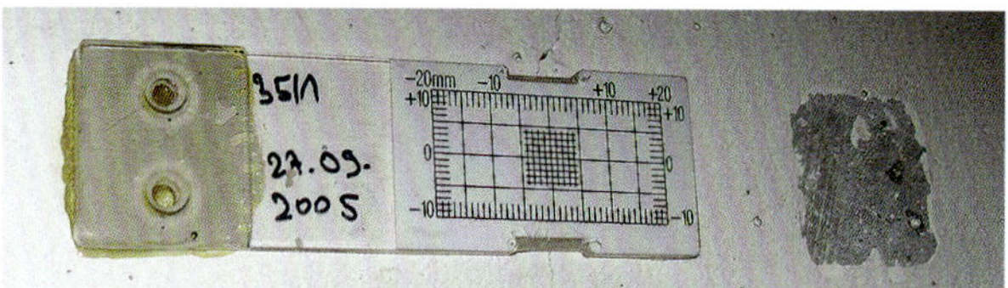

Bild 12.21: Beschädigter Rissmonitor in einer Tiefgarage; es fehlt das Teil rechts vom Riss

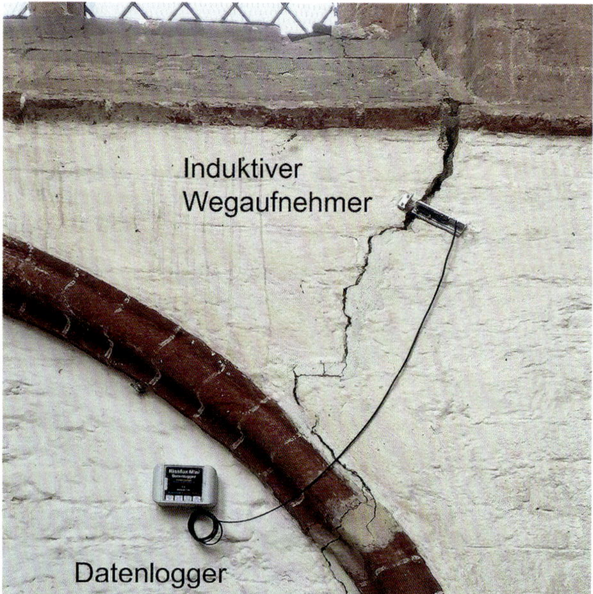

Bild 12.22: Induktiver Wegaufnehmer und Datenlogger zur automatischen Messwerterfassung an einem Riss in einer Kirchenaußenwand

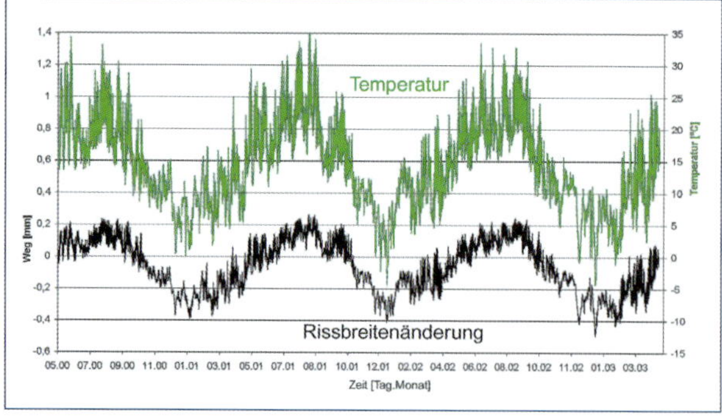

Bild 12.23: Automatische Aufzeichnung von Rissbreitenänderung und Temperaturverlauf

Bewegung gerichtet war. Das hat seine Bedeutung z.B. bei Setzungsrissen, deren Rissbreitenänderung von den Baugrundbedingungen abhängt und die sich meist nur langsam verändern. Wenn eine längere Beobachtungszeit zur Verfügung steht (z.B. ein Jahr oder mehr), dann ist oft das Ende der Baugrundbewegung mit ausreichender Genauigkeit feststellbar.

Die Rissmonitore erfreuen sich bei Sachverständigen und Gutachtern einiger Beliebtheit, obwohl sie nur wenige Informationen liefern. Sie geben Auskunft:

- ob sich der Riss über einen längeren Zeitraum bewegt,
- wie groß die Bewegung im Beobachtungszeitraum ist,
- über die Bewegungsrichtung.

Vor dem Anbringen eines Rissmonitors sollte sich der Beurteilende darüber klar werden, welche Fragestellung mit der Rissbeobachtung beantwortet werden soll, bspw. ob eine Setzung schon abgeklungen ist, um die passende Instandsetzungsmethode auswählen zu können.

Bei Rissmonitoren und bei Gipsmarken ist wie gesagt zu berücksichtigen, dass bei allgemein zugänglichen Messstellen, z.B. in einer Tiefgarage, mit Vandalismus zu rechnen ist. Die Messstellen sind ggf. zu schützen. Bild 12.21 zeigt einen beschädigten Rissmonitor in einer öffentlichen Tiefgarage. Durch solche Ereignisse wird die Messreihe unterbrochen. Ein ärgerlicher Verlust, obwohl es sich nur um einen geringen finanziellen Schaden handelt.

Induktive Wegaufnehmer mit einem Datenlogger

Langzeitmessungen lassen sich heute einfach automatisieren. Die Ergebnisse können sogar per Internet über größere Entfernungen abgefragt werden. Bild 12.22 zeigt eine Lösung mit einem Datenlogger, bei der die Messdaten in einem voreingestellten Rhythmus erfasst und gespeichert werden. Für solche Lösungen gilt, dass die Gefahr von Vandalismus besteht und die Technik entsprechend geschützt werden muss. Im vorliegenden Fall handelt es sich um einen Kirchenraum, der nicht ohne Aufsicht zugänglich und damit für eine solche Langzeitmessung ohne Schutzmaßnahmen geeignet ist.

In Bild 12.23 sind zwei auf diese Weise entstandene Diagramme über die Rissbreitenänderung und über

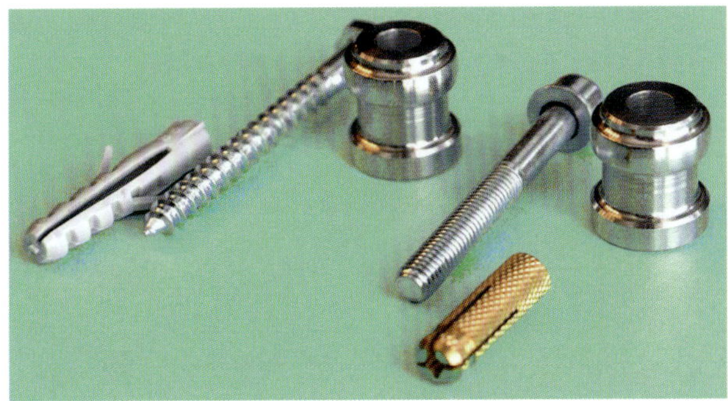

Bild 12.24: Ausrüstung für die Langzeitmessung (nach Blischke: Messpilz, Dübel und Schraube)

die Lufttemperatur dargestellt. Es ist leicht zu erkennen, dass die Rissbewegung mit der Lufttemperatur korrespondiert – eine für Risse in älteren Bauwerken typische Erscheinung. Deshalb wird empfohlen, die Beobachtung von Rissbreitenänderungen immer mit einer Messung der Temperatur zu koppeln.

Langzeitmessung der Rissbreite nach Blischke

Ein weniger bekanntes, robustes Verfahren zur Langzeitmessung wird vom Ingenieurbüro für Bauwerksuntersuchung von Dipl.-Ing. Walter Blischke in Walldorf angeboten. An der Messstelle sind drei Messpilze mit Dübeln über dem Riss auf dem Untergrund zu befestigen. Sie bewegen sich mit dem Untergrund und dienen als Messpunkte (Bild 12.25). Die Messpilze haben einen Durchmesser von 15 mm und eine Höhe von 16 mm. Es gibt auch eine Variante, bei der der Messpilz nach der Messung entfernt und bei jeder Messung wieder genau an der beabsichtigten Stelle eingesetzt werden kann, z.B. für Risse in Verkehrsflächen oder um Beschädigungen der Messpilze zu vermeiden. Mit den drei Messpilzen können zweidimensionale Rissbewegungen gemessen werden.

Ist nur die eindimensionale Rissbewegung zu messen, werden zwei Messpilze rechtwinklig zum Rissverlauf benötigt (Bild 12.25 a). Die Längenänderung der Messstrecke L entspricht der Rissbreitenänderung. Soll auch eine gegenseitige Verschiebung der Rissufer in Rissrichtung gemessen werden, sind drei Messpilze erforderlich (Bild 12.25 b).

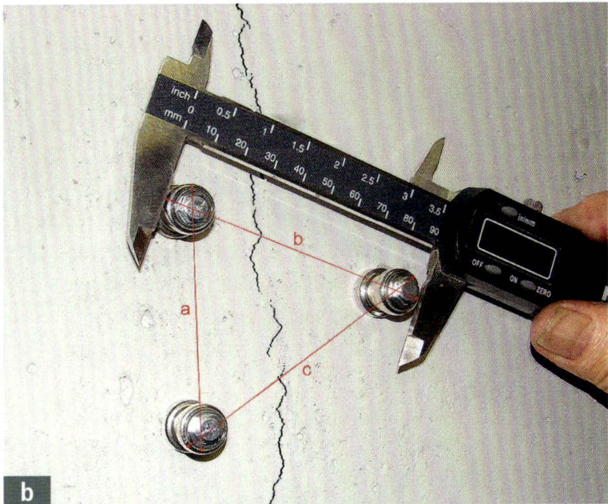

Bild 12.25:
a) Messanordnung aus zwei Messpilzen bei Rissbewegung rechtwinklig zum Rissverlauf
b) Messanordnung bestehend aus drei Messpilzen für Bewegungen in Rissrichtung und rechtwinklig dazu (Bildquelle: Blischke)

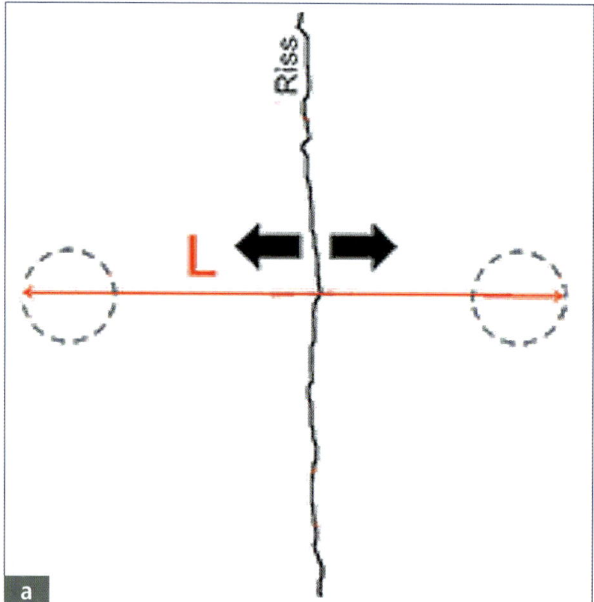

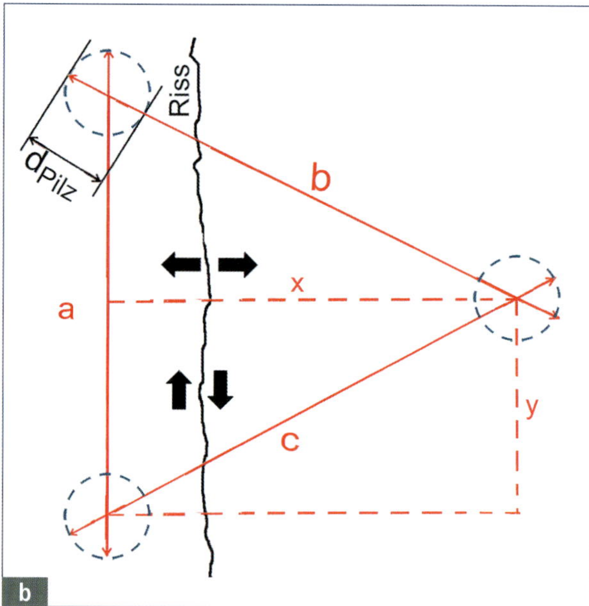

Bild 12.26: Ein Dreieck entsteht, wenn die Messwerte (äußere Abstände der Messpilze) um den einfachen Durchmesser der Messpilze reduziert werden.

Die Messpilze können auf zwei Arten auf der Betonfläche befestigt werden: mit Kunststoffdübeln und Holzschrauben oder mit Messingdübeln und Maschinenschrauben. Die letztere Befestigung kann zwischenzeitlich entfernt und wieder montiert werden. Sie ist deshalb für Verkehrsflächen geeignet oder für Messpunkte, wo Gefahr für die Messeinrichtung besteht.

Über dem Riss wird ein gleichschenkliges Dreieck markiert, in dessen Ecken die Messpilze mittels Dübel befestigt werden (Bild 12.25 b). Die beiden gleichlangen Schenkel (b und c) kreuzen den Rissverlauf. Die dritte Dreiecksseite läuft parallel zum Riss. Die Dübellöcher sind sorgfältig einzumessen, um möglichst wenig Messtoleranzen zu bekommen. Gemessen werden die gegenseitigen Abstände a, b und c mit dem Messschieber jeweils von Außenseite zu Außenseite der Messpilze (Bild 12.25 b). Die Abstände von Mittelpunkt zu Mittelpunkt erhält man, wenn der Durchmesser des Messpilzes von den Längen a, b bzw. c abgezogen wird.

Dadurch ergibt sich ein Dreieck mit den Seitenlängen ($a - d_{Pilz}$), ($b - d_{Pilz}$) und ($c - d_{Pilz}$). Das Lot von der Ecke rechts in Bild 12.26 b auf die Seite a teilt das Dreieck in zwei rechtwinklige Dreiecke, bei denen aus den Längenänderungen der Schenkel Rissuferverschiebungen mit elementaren Mitteln berechnet werden können. Die Genauigkeit wird durch das Messgerät bestimmt. Bei dem abgebildeten Messschieber ist die Ablesung im Abstand von 0,01 mm möglich. Diese Messgenauigkeit ist für den vorliegenden Zweck – Rissbewegungen und ihre Richtung festzustellen – ausreichend.

Auf dem Markt gibt es viele Angebote, auch für spezielle Anforderungen. Größere Labors und Forschungseinrichtungen verfügen über qualifizierte Messtechniker, die für spezielle Messaufgaben zugeschnittene Lösungen selbst entwickeln und erfolgreich einsetzen. Auch gibt es Rissbreitenmesseinrichtungen für spezielle Einsatzgebiete. Ein Beispiel für eine spezielle Aufgabe ist in Bild 12.27 dargestellt. In der Talsperre werden gegenseitige Bewegungen von Teilen der Schwergewichtsmauer und ihre zeitliche Veränderung gemessen.

Bild 12.27: Langzeitmessung der Rissbreitenänderung an einer einspringenden Ecke innerhalb einer Talsperre

12.6 Die Bewertung von gemessenen Rissbreiten

Messen ist kein Selbstzweck, sondern dient dem Vergleichen und Bewerten. Die einfachste Bewertungsmethode ist der Vergleich des Messwerts mit einem Sollwert. Das ist bei der Rissbreitenmessung nicht möglich, weil es Sollwerte nur für die **Berechnung** von Rissbreiten gibt, nicht für die Messung. Das ist zwar unbequem, trägt aber den Realitäten Rechnung. In den Einführungserläuterungen zur DIN EN 1992-1-1 [DAS1] ist ausdrücklich darauf hingewiesen, dass

»... die Regeln zur Begrenzung der Rissbreiten ... nicht die explizite Einhaltung bestimmter, am Bauteil nachmessbarer Grenzwerte von Rissbreiten sicherstellen« sollen. »Vielmehr sollen diese das Auftreten breiter Einzelrisse verhindern.«

Erinnert sei an die Tatsache, dass der Rechenwert der Rissbreite ein fiktiver Wert ist, der am Bauwerk nicht existiert und der deshalb nicht messbar ist. Er ist nicht direkt mit den optisch gemessenen Rissbreiten zu vergleichen, sondern ist etwas größer. Der Messwert selbst ist kein genauer Wert. Üblich sind Messungen nach drei verschiedenen Methoden, mit denen jeweils andere Messwerte gewonnen werden. Anstelle **eines** Messwerts können deshalb drei unterschiedliche Werte ermittelt werden. Jeder dieser Werte hat einen anderen Zahlenwert. Ein objektiver Vergleich zwischen Rechenwert und Messwert ist nicht möglich.

Im Vorschriftenwerk dient die Rissbreitenbegrenzung nicht der Einhaltung bestimmter, vorgegebener Rissbreiten, sondern dazu, breite Einzelrisse zu vermeiden. Das Ziel der Bewehrungskonstruktion ist erfüllt, wenn keine breiten Einzelrisse aufgetreten sind. Die Differenzierung der zulässigen Rechenwerte der Rissbreite für schlaff bewehrte Stahlbetonbauwerke in 0,3 und 0,4 mm ist nur deshalb notwendig, um die Wahrscheinlichkeit des Auftretens breiter Einzelrisse zu variieren. Ein zulässiger Rechenwert der Rissbreite von 0,3 mm soll gegenüber einem Wert von 0,4 mm die Wahrscheinlichkeit des Auftretens breiter Einzelrisse verringern.

Unter diesen Bedingungen hat die Erfassung des Rissbildes und der zugehörigen Rissbreiten vor allem dokumentarischen Wert und dient gegebenenfalls als Beweissicherung für den Zweifelsfall. Die Gegenüberstellung von Messwerten und zulässigen, vorgegebenen Werten führt zu keinem Ergebnis. Die Bewertung einer Rissaufnahme besteht vor allem darin, die über den Zielwert hinausgehenden Rissbreiten zu erfassen und zu bewerten. Bleiben sie im Rahmen von Einzelwerten, dann dürfen sie toleriert werden. Anderenfalls sind Maßnahmen zur Instandsetzung notwendig. Empfehlungen für den Begriff »Einzelwert« gibt es nicht. Es liegt im Ermessen des Beurteilenden, wo er die Grenze setzt. Sie muss auf jeden Fall den Grenzwerten der Norm entsprechen oder darunter liegen.

Mit diesem Wissen ist die Beurteilung von gemessenen Rissbreiten relativ einfach:

- Rissbreiten bis einschließlich 0,4 mm bedeuten bei karbonatisierungsinduzierter Korrosion keine Gefahr für die Standsicherheit. Deshalb genügt die Information, dass die Rissbreite < 0,4 mm ist. Breite Einzelrisse haben Rissbreiten über 0,4 mm. Wie mit ihnen zu verfahren ist, muss im Einzelfall entschieden werden. Gegebenenfalls sind sie mit einem begrenzt dehnungsfähigen Füllstoff zu füllen.
- Bei Einwirkung von Chloriden gilt dasselbe, solange der Chloridgehalt an der Bewehrung einen bestimmten Grenzwert unterschreitet und sich nicht verändert. Können sich keine weiteren Chloride in der Nähe der Bewehrung anlagern, sind keine weiteren Maßnahmen notwendig. Andernfalls sind die Risse so zu behandeln, dass keine Chloride in den Riss und den Beton eindringen können. Das betrifft übrigens in gleichem Maße die ungerissene Betondeckung in den gefährdeten Bereichen. Üblicherweise wird eine abdichtende und rissüberbrückende Beschichtung auf die Oberfläche aufgebracht.
- Bezüglich des Aussehens der Betonflächen spielen subjektive Gesichtspunkte eine große Rolle. Deshalb sind gemeinsam mit dem Bauherrn entsprechende Festlegungen und Maßnahmen zur Behandlung der Risse festzulegen.

In Kapitel 13 sind dazu weitere Erläuterungen zu finden. Eine statistische Auswertung, die nur bei Vorliegen einer größeren Anzahl von Messwerten denkbar wäre, ist nicht zu empfehlen. Die Interpretation des Rechenwerts der Rissbreite als Quantilwert ist nicht auf die Herleitung der Formel für seine Berechnung zurückzuführen, sondern als eine nachträgliche Deutung der Formel zu sehen. Ergebnisse wären die aus der Statistik bekannten Größen wie Mittelwert, Quantilwert und Standardabweichung, die zu den von Rissen ausgehenden Gefährdungen wenig aussagen. Außerdem ist im Bereich bis 0,5 mm, in dem die Bewehrung die Streckgrenze noch nicht erreicht, eine differenzierte Angabe von Rissbreiten im Zusammenhang mit Differenzierungen der Gefährdung gegenstandslos. In Kapitel 13 sind dazu weitere Ausführungen enthalten.

12.7 Praktische Tipps zur Rissbreitenmessung

Rissbreiten verändern sich meist mit der Zeit

Es gibt nur wenige sogenannte ruhende Risse. Da die gerissenen Bauteile im Normalfall den Einflüssen der Lufttemperatur unterliegen, dehnen und verkürzen sie sich ständig. Damit verändern sich auch die Rissbreiten (siehe Bild 12.23). Außerdem wirken in den ersten Jahren Schwindverformungen, die eine Bauteilverkürzung bzw. Rissöffnung verursachen, wodurch sich ebenfalls die Rissbreiten am Bauteil verändern. Das bedeutet, dass jeder gemessene Rissbreitenwert ein Augenblickswert ist, der sich nach zwei Wochen schon verändert haben kann. Die gleiche Erscheinung gibt es beim Grundwasserspiegel. Wenn er gemessen wird, ist er nie oder nur zufällig der höchste oder niedrigste Grundwasserspiegel. Weil Messwerte der Rissbreite zeitabhängig sind, ist bei jeder Messung der Zeitpunkt zu notieren, außerdem gehören die mittlere Bauteiltemperatur bzw. die mittlere Tagestemperatur der Luft dazu. Das erlaubt, die Temperaturdehnung abzuschätzen. Die Bezugstemperatur, von der aus die Temperaturänderung eines Bauteils berechnet wird, ist die Bauteiltemperatur zum Zeitpunkt der Wirksamkeit des statischen Systems, also zu einem Zeitpunkt in der Rohbauphase. Er ist meist nicht bekannt und kann nur aus den Eckdaten des Bauablaufs geschätzt werden. Oftmals wird er pauschal mit einem Wert von 10 °C angenommen.

Verzweigte Risse

Verzweigte Risse (siehe Bild 12.28) treten gelegentlich auf und sollen auch möglichst korrekt gemessen werden. Die Einzelrissbreiten sind gleich der gesamten Rissbreite neben der Verzweigung. Auch ein verzweigter Riss entsteht aus einer Bauteildehnung.

Bei der Auswertung der Messung ist nach Verwendung des Messergebnisses zu unterscheiden:

- Handelt es sich um die Beurteilung des Dichtigkeitsrisikos oder der Selbstheilungswahrscheinlichkeit, sind die Rissbreiten der Verzweigungen einzeln zu betrachten. Bei Korrosionsproblemen wird genauso verfahren.
- Handelt es sich um die Beurteilung der Rissüberbrückungsfähigkeit einer Beschichtung, sind die einzelnen Zweige als einheitlicher Verformungsweg zu addieren und gemeinsam zu betrachten.

Bild 12.28: Verzweigter Riss

Rissbreite rechtwinklig zum Rissverlauf messen?

Es gibt zwei Möglichkeiten, die Rissbreite zu messen:

- **Rechtwinklig zum Rissverlauf** wird gemessen, wenn es um das Eindringen von Wasser oder anderen Flüssigkeiten geht.
- Die Messung **in Richtung der Zugkraft** ergibt bei schrägem Verlauf des Risses zur Zugkraftrichtung einen größeren Wert. Er ist bei der Beurteilung der Rissüberbrückungsfähigkeit von Beschichtungen und bei der Berechnung der Bauteildehnung maßgebend.

Häufiger wird die Rissbreite rechtwinklig zum Rissverlauf gemessen. Welche Unterschiede der Messwerte bei beiden Messrichtungen möglich sind, zeigt Bild 14.14. Der größere Messwert ist der in Zugkraftrichtung.

Bild 12.29: Bohrkern mit einem Durchmesser von 500 mm und einer Höhe von 300 mm (Dicke der Bodenplatte), in dem die Rissbreiten nach der Entlastung mit höchstens 0,1 mm gemessen wurden (Risse nachgezeichnet)

Rissbreitenmessungen an Bohrkernen

Im bewehrten Beton entsteht mit dem Riss eine Stahlzugspannung in der Bewehrung. Die Stahlzugspannung verändert sich mit der Rissbreite und wirkt so lang, wie der Riss geöffnet ist. Bei längerer Wirkung wird die Zugspannung durch Relaxation etwas abgebaut.

Häufig wird ein Riss überbohrt, um die Risstiefe zu bestimmen und die Rissbreite zu messen. Dann entspannt sich der Bewehrungsstahl, und im Bohrkern schließt sich dadurch der Riss ganz oder teilweise. Die dann am Bohrkern gemessene Rissbreite ist kleiner als die Rissbreite im Originalzustand, weil die Originalrissbreite bei höherer Stahlspannung größer war.

Die Rissbreite kann fixiert werden, indem der Riss vor dem Ziehen des Bohrkerns mit Epoxidharz injiziert wird.

Der Bohrkern in Bild 12.29 wurde aus einer 300 mm dicken Stahlbeton-Bodenplatte gezogen. Er war durch eine außerplanmäßige Belastung infolge der Auftriebswirkung bis auf 0,4 mm geöffnet worden. Im Bohrkern konnte nur noch ein Wert von $< 0{,}1$ mm gemessen werden. Das heißt, dass sich der Riss im entlasteten Beton fast völlig wieder geschlossen hatte.

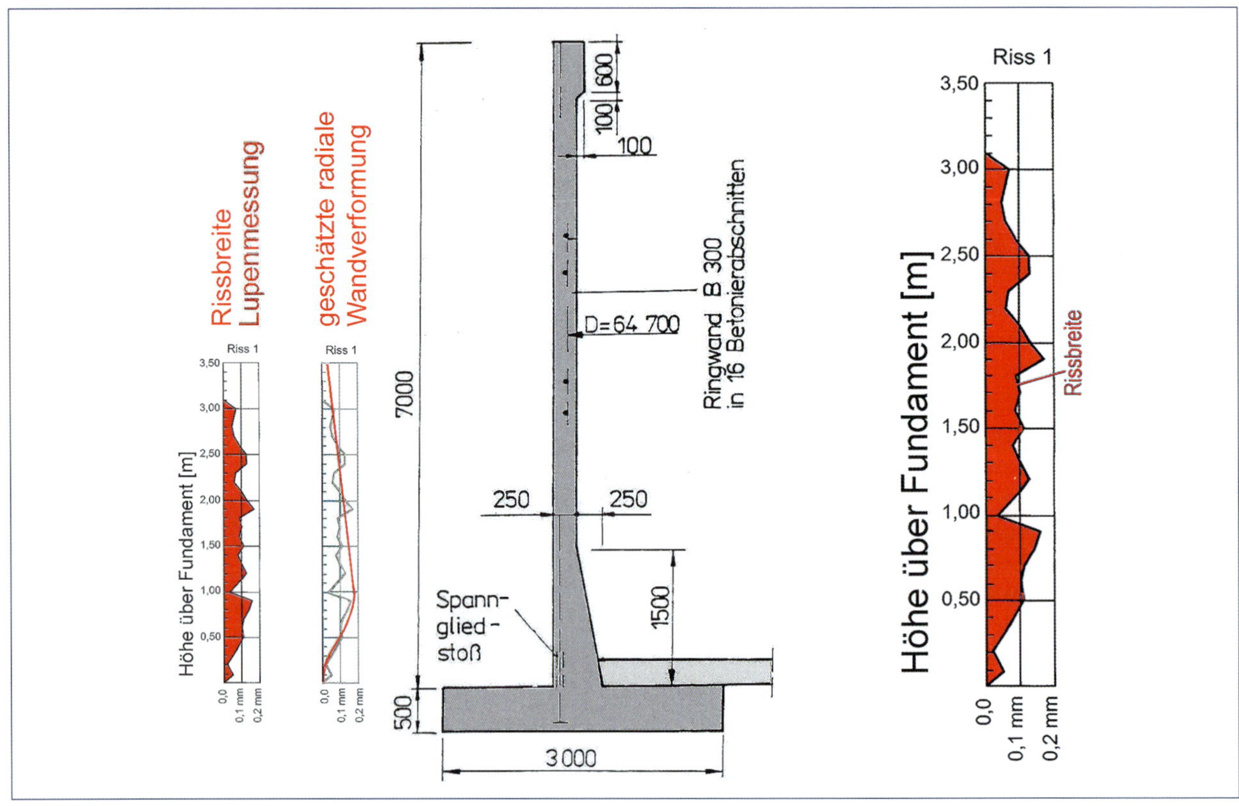

Bild 12.30: Vertikaler Trennriss in einer Behälterwand mit einem Durchmesser von 64,70 m

Diese Beobachtung kann auch so verwertet werden, dass man daraus auf ein elastisches Verhalten der Platte trotz einer unplanmäßigen, hohen Beanspruchung schließen kann. Andernfalls gäbe es eine bleibende Verformung. In der Bewehrung wurde die Elastizitätsgrenze nicht überschritten – eine für die Instandsetzung wichtige Information.

Der Rissverlauf wird durch die eingelegte Bewehrung nicht beeinflusst

Gerichtete Risse verlaufen immer etwa rechtwinklig zur rissverursachenden Zugkraft. Die Bewehrung spielt bis zur Rissbildung im Beton praktisch keine Rolle. Erst nachdem ein Riss entstanden ist, kann er als Riss funktionieren. Das heißt, dass der Bewehrungsstahl dann Zugkräfte erhält, die die planmäßige Funktion des Bauteils gewährleisten.

Risse haben manchmal eine über die Risslänge sehr stark schwankende Rissbreite

Ein Beispiel ist in Bild 12.30 dargestellt. In einer mit Einzelspanngliedern vertikal vorgespannten 0,25 m dicken Wand fielen bei der Probefüllung vertikale Trennrisse auf. Ihr Abstand betrug wie der Abstand der vertikalen Spannglieder 1,00 m. Die Risse wurden vertikal in 100 mm Abstand mit einer Rissmesslupe vermessen, nachdem die Messstellen mit einem Bleistiftstrich markiert worden sind. Zum Zeitpunkt der Messung war der Behälter halb gefüllt. Die Rissursache ist nicht genau bekannt. Man kann von einer gemischten Beanspruchung durch Temperaturwirkung infolge von zu frühem Ausschalen und ringförmig gerichteten Zugkräften aus der Wasserdruckwirkung ausgehen.

Die Rissbreitenmesswerte sind in Bild 12.30 links und rechts außen in unterschiedlicher Größe dargestellt. Die Einzelwerte schwanken zwischen 0 und 0,18 mm. Die beiden Größtwerte liegen in 0,90 m und in 1,80 m Höhe.

Hier wurde der Mittelwert aller Messwerte gebildet, er betrug 0,08 mm. Damit sollte die austretende Wassermenge beurteilt werden. Die sehr großen Schwankungen der Messwerte am gleichen Riss sind nicht plausibel. Die konsequente Verwendung des Größtwerts von 0,18 mm als Rissbreite scheint wegen des geringen, nicht messbaren Wasserdurchflusses ausnahmsweise nicht die richtige Lösung zu sein. In einem solchen Fall ist der gewählte Messwert der Rissbreite zu kommentieren, oder er wird als Bereich von 0 bis 0,18 mm angegeben. Der Auswertende wird in beiden Fällen wissen, dass mit dem Messergebnis vorsichtig umzugehen ist.

Wie genau müssen Rissbreiten gemessen werden?

Die Versuchung, ein möglichst genaues Berechnungs- oder Messergebnis der Rissbreite anzugeben, ist für manchen Ingenieur groß. Auch Hersteller von Rissmesstechnik betrachten die möglichst große Genauigkeit ihrer Produkte als Wettbewerbsvorteil. Die Genauigkeit eines Messergebnisses muss immer im richtigen Verhältnis zu seiner Zuverlässigkeit stehen. Dass sowohl die Berechnungs- als auch die Messgenauigkeit nicht besonders groß sind, haben die vorherigen Abschnitte gezeigt.

Die Ungenauigkeit beim Umgang mit Rechen- und Messwerten der Rissbreite beträgt mindestens 0,1 mm. Wenn die Messgenauigkeit etwa 0,05 mm beträgt, dann ist sie etwas höher als das, was objektiv messbar ist. Genauer muss nicht gemessen werden.

Ungenauigkeiten sind nicht nur durch das Messgerät bestimmt, sondern auch durch den Messvorgang selbst. Ein Beispiel soll mithilfe von Bild 12.31 erläutert werden. Das Bild zeigt das Foto eines Rissausschnitts, betrachtet durch eine Rissmesslupe. Die drehbare Messskala liegt jeweils rechtwinklig zur Rissrichtung. Ein Teilstrich beträgt 0,1 mm. Der Riss weist an der Messstelle eine sprunghafte Rissbreitenänderung auf etwa das Doppelte des angrenzenden Werts auf. Vor einer Messung wäre zunächst zu klären, was die Ursache dieser Unstetigkeit ist, um die richtige Messstelle zu finden. Vermutlich sind die Ursachen in

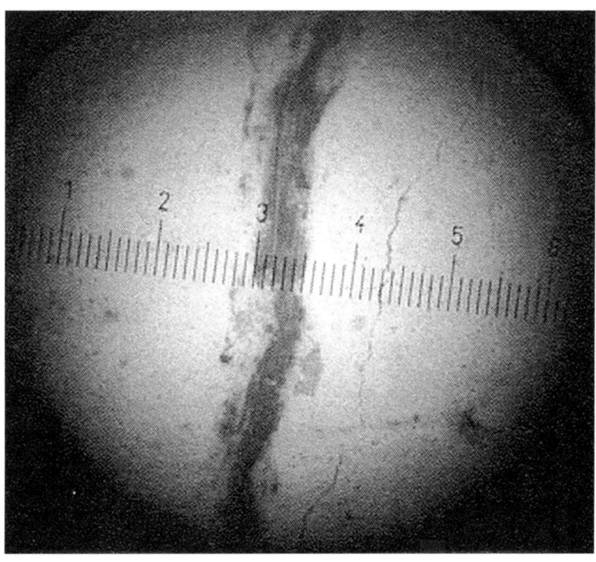

Bild 12.31: Der Blick durch eine Rissmesslupe auf einen Riss [Eck5]

den Unregelmäßigkeiten der plastischen Verformungen der Rissprozesszone zu suchen. Deshalb ist im vorliegenden Fall wahrscheinlich der größere Wert der maßgebende. Die Ablesung für diesen Wert beträgt im Beispiel 0,5 mm.

Das Beispiel zeigt, wie leicht eine Messungenauigkeit selbst bei einem Messgerät mit sehr hoher Auflösung entstehen kann. Es ist auch erkennbar, dass die Interpolation zwischen zwei Teilstrichen (Genauigkeit 0,01 mm) nicht sinnvoll ist. Das Messgerät lässt sich nicht genauer positionieren als die Rissränder das zulassen. Die Grenze für die Zuverlässigkeit der Messung ist dort erreicht, wo zwei Personen nicht mehr den gleichen Rissbreitenwert bestimmen. Damit ist das Messergebnis nicht mehr eindeutig und deshalb in der Aussagequalität gemindert. Die Abweichungen der Ergebnisse wiederholter Messungen werden umso größer, je »genauer« gemessen wird. Es wird dann schwieriger, das gleiche, »genaue« Ergebnis von einer anderen Person bestätigen zu lassen.

Messungen der Rissbreite sind mit Messungen der Rissuferverschiebung nicht austauschbar. Andernfalls kämen Ungenauigkeiten in der Größenordnung bis 0,1 mm oder auch noch größer ins Spiel.

Tabelle 12.4: Genauigkeiten gebräuchlicher Rissbreiten-Messverfahren nach [Lan1]

Messwert	Messgerät bzw. Verfahren	Genauigkeit (Standardabweichung)	Messbereich
Rissbreite	Vergleichsmaßstab	0,04 mm	0,05 bis > 5 mm
	Rissmesslupe	0,002 mm	0,05 bis 15 mm
	Digitale Fotogrammmetrie	0,002 bis 0,005 mm	100 mm × 100 mm bis 1 m × 1 m
Rissufer-verschiebung	Setzdehnungsmesser	0,001 mm	–
	Rissmonitor	0,1 bis 1,0 mm	punktuell
	Wegaufnehmer	0,1 % des Skalenendwerts	0,5 bis 100 mm

Hersteller von Rissbreitenmesstechnik werben mit der erreichbaren Genauigkeit ihrer Geräte, die für praktische Zwecke bis zu 1/1000 mm betragen kann. Mit einem höher auflösenden Gerät kann z.B. eine Rissbreite von 0,234 mm von einer Rissbreite von 0,240 mm unterschieden werden. Der Nutzen dieser Geräte kann infrage gestellt werden.

Tabelle 12.4 enthält eine Übersicht zu gebräuchlichen Verfahren bzw. Geräten der Rissbreitenmessung mit Angaben zur Genauigkeit und zum Messbereich.

Die geringste Genauigkeit hat der Vergleichsmaßstab (Bild 12.12). Angesichts der unscharfen Rissgeometrie reicht er für alle Rissbreitenmessungen am Objekt völlig aus. Für wissenschaftliche Arbeiten wird man auch auf die im Labor üblichen Messverfahren zurückgreifen. Größere Versuchseinrichtungen fertigen bei Bedarf auch eigene technische Lösungen zur Rissbreitenmessung mit Kamera und Elektronik, soweit sachkundiges Personal verfügbar ist.

12.7.1 Beispiel einer Auswertung von Rissbreitenmessungen

Die 300 mm dicke Zwischenebene einer fugenlosen Tiefgarage mit beachtlichen Grundrissabmessungen bis zu ca. 70 m hat nach den ersten Nutzungsjahren vertikale Trennrisse bekommen (Bild 12.32). Das nach unten auf die abgestellten PKW tropfende Wasser wurde vom Bauherrn beanstandet. Die Decke mit Trennrissen sollte deshalb im Rahmen der Gewährleistung nachgebessert werden.

Die Bewehrung der Decke war so bemessen, dass ein Rechenwert der Rissbreite von 0,15 mm überall eingehalten wird. Bild 12.32 zeigt den Grundriss sowie die eingezeichneten Risse. Die gemessenen Rissbreiten haben Werte von 0,1 bis 0,4 mm. Das ist zum Teil weit mehr als in der statischen Berechnung angesetzt (0,15 mm). Es wäre eigentlich zu erwarten gewesen, dass der überwiegende Teil der realen Werte kleiner als der Rechenwert ist. Das Bild zeigt, dass dem nicht so ist.

Gemessen wurde mit dem Vergleichsmaßstab. In der Auswertung sind die gemessenen Rissbreiten von 0,1 bis 0,4 mm nicht irgendwelchen »zulässigen Messwerten« gegenüberzustellen, die es nicht gibt, sondern zu beurteilen, ob der größte gemessene Rissbreitenwert die Dauerhaftigkeit der Decke beeinträchtigt. Bezüglich der karbonatisierungsinduzierten Korrosion gäbe es bei Rissen bis 0,4 mm Rissbreite keine

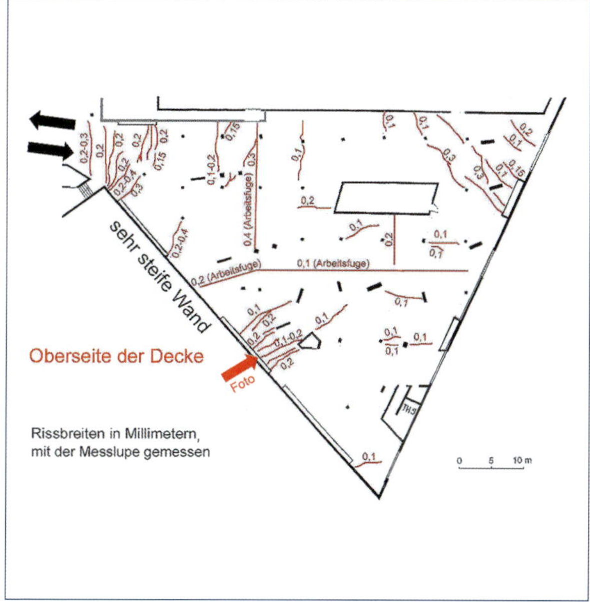

Bild 12.32: Grundriss der Zwischenebene in einer Tiefgarage mit Rissbild und Tropfspuren im Untergeschoss

Bedenken. Die Korrosionsgefährdung von Rissen muss bis zu dieser Grenze nicht differenziert werden.

Im vorliegenden Fall handelt es sich um eine öffentliche Tiefgarage, bei der überdurchschnittlich viel Verkehr zu erwarten ist, mit dem nach Schneefällen chloridhaltiger Schneematsch eingeschleppt wird. So können Chloride in die Decke eindringen und die Bewehrung depassivieren. Das ist kein einmaliges Ereignis, sondern wird sich in jedem Winter wiederholen und allmählich Chloridanreicherungen an der Bewehrung entstehen lassen. Bei einem kritischen Chloridgehalt an der Bewehrung wird ein Korrosionsprozess in Gang gesetzt. Um das zu verhindern, muss die Möglichkeit des weiteren Chlorideintrags unterbunden oder der Zutritt von Wasser und Sauerstoff zur Bewehrungsoberfläche verhindert werden. Als Instandsetzungsmaßnahme wurde deshalb eine rissüberbrückende Beschichtung empfohlen, um den Chlorideintrag zu stoppen. Bauherr und Baubetrieb einigten sich trotz dieser Empfehlung aus Kostengründen auf eine begrenzt dehnfähige Rissinjektion mit PUR-Harz, die in der kühlen Jahreszeit im Spätherbst ausgeführt wurde. In der kühleren Jahreszeit verkürzen sich die Bauteile bei Abkühlung. Dabei öffnen sich die Risse, was für das Füllen günstig ist.

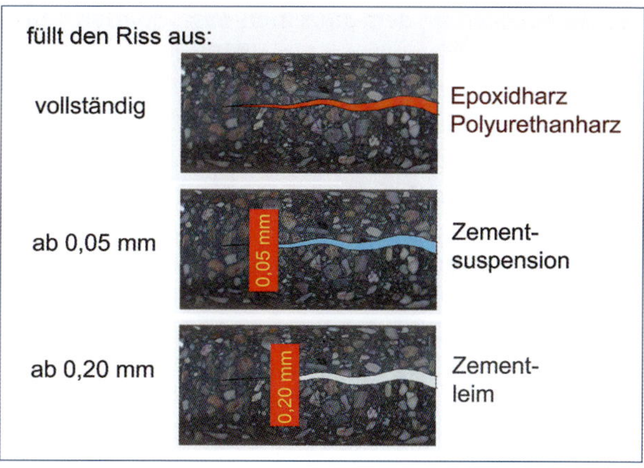

Bild 12.33: Injizierbarkeit von Rissen in Abhängigkeit vom Injektionsmaterial und der Rissbreite

Für die Injizierbarkeit von Rissen gibt es natürliche Grenzen der Rissbreiten. Bild 12.33 gibt Grenzrissbreiten für die Injektion von Epoxid- und Polyurethanharzen sowie von Zementsuspension und -leim an. Das im Beispiel gewählte Polyurethanharz kann einen Riss vollständig ausfüllen.

Im vorliegenden Fall hat sich ein Teil der Risse nach ein bis zwei Jahren erwartungsgemäß wieder geöffnet, sodass erneut Chloride bis an die Bewehrung vordringen können. Wenn das mehrere Jahre möglich ist, können sich die Chloride an der Bewehrung soweit anreichern, dass ein kritischer Wert überschritten wird, bei dem die chloridinduzierte Korrosion einsetzt. Um das zu verhindern, sind die Verkehrsflächen abdichtend zu beschichten. Inzwischen gibt es die Baufirma nicht mehr, sodass eine Gewährleistung nicht eingefordert werden kann. Ob der Bauherr weiß, welche Gefahr langsam in seiner Zwischendecke entsteht, ist zu bezweifeln. Irgendwann wird ein sichtbarer Schaden entstehen, der sich z.B. durch übermäßige Rissbildung an einer hoch beanspruchten Stelle ankündigt. Die dann erforderliche Instandsetzung wird erheblich teurer sein als eine rissüberbrückende Beschichtung in der Gegenwart.

12.7.2 Rissbreitenmessung und -auswertung nach DBV-Merkblatt »Rissbildung«, Anhang A1

Mit dem DBV-Merkblatt Rissbildung [DBV1] des Deutschen Beton- und Bautechnik-Vereins e.V. gibt es ein Arbeitsmittel, mit dem Rissbreiten nicht vom einzelnen Riss, sondern von gerissenen Bauteilflächen erfasst und bewertet werden können. Das Merkblatt betrachtet abweichend von der normgemäßen Betrachtung nicht den einzelnen Riss, sondern eine Fläche, in der sich mehrere Risse befinden. Dafür wird eine gemeinsame Rissbreite unter Anwendung statistischer Methoden ermittelt.

Zweck des Messverfahrens ist es, *» ... zu vergleichbaren und sinnvollen Messungen und Auswertungen von Rissbreiten an vorhandenen Bauteilen zu gelangen.«* [DBV1]. Der Schwerpunkt liegt dabei in der Auswertung von Messungen mithilfe statistischer Methoden. Damit soll eine Möglichkeit geboten werden, um **vertraglich vereinbarte Rissbreiten** (von einer vertraglichen Vereinbarung nicht genormter Größen raten die Autoren des DBV-Merkblatts zwar ab) am fertigen Bauwerk nachweisen oder besser überprüfen zu können.

Nach dem Merkblatt ist die Rissbreite w_{vorh} der rechtwinklig zum Rissverlauf gemessene Abstand der sichtbaren Rissufer (optische Messung). Jeder Riss hat nicht nur **eine**, sondern so viele Rissbreiten, wie Messwerte gwonnen werden sollen. Empfohlen wird, in gleichen Abständen entlang der Bewehrung, z.B. im Abstand von 150 mm, jeweils eine Messung der Rissbreite vorzunehmen. Das ist notwendig, um die erforderliche statistische Masse zu bekommen. Erfasst wird so eine Rissgruppe mit mehreren Rissen in einer Messfläche. Eine Messfläche ist so definiert, dass die Risse in dieser Fläche gemeinsame Merkmale haben.

Damit wird das Prinzip der Norm »ein Riss – eine Rissbreite« verlassen. Ausgewertete Schwankungen der Rissbreite am einzelnen Riss werden statistisch aufbereitet, obwohl sie überwiegend auf plastische Verformungen der Rissflächen während der Rissbildung zurückzuführen sind und wenig mit der rissverursachenden Bauteildehnung und mit der Rissbreitenberechnung zu tun haben. Mit der Empfehlung, mehrere Rissbreiten des einzelnen Risses in die Auswertung zu nehmen, ist bei der statistischen Auswertung keine Rissbreite eines einzelnen Risses angebbar und auch nicht erforderlich. Das widerspricht der Herleitung eines Risses als Folge und Bestandteil einer Längenänderung des gerissenen Bauteils (vgl. Kapitel 12.2). Nach dem DBV-Merkblatt ist der Riss eine Erscheinung mit unregelmäßigen Begrenzungen, die keinen Bezug zur Bauteilverformung besitzt.

In dem im Merkblatt behandelten Beispiel werden vier Risse in einer Wand vermessen und bewertet (vgl. Bild 12.34). Für die vier Risse werden durch Mehrfachmessungen am einzelnen Riss bis zu je zehn Messwerte, insgesamt 32 Messwerte mit dem Vergleichsmaßstab gewonnen. Die Werte schwanken zwischen 0,05 und 0,30 mm. Mit dieser Anzahl von 32 Messwerten ist eine statistische Auswertung möglich.

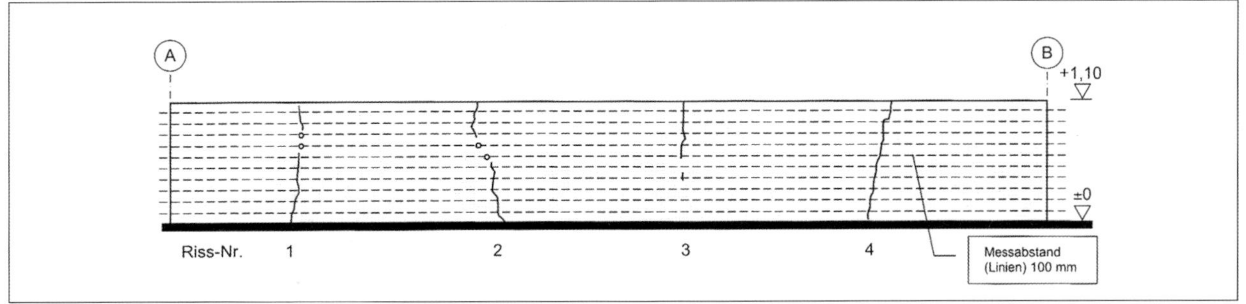

Bild 12.34: Beispielwand für die Rissbreitenmessung nach DBV-Merkblatt »Rissbildung« [DBV1]

Der Messwert der Rissbreite wird mit dieser Methode gegenüber der Empfehlung, die größte Rissbreite eines jeden Risses zu benutzen, etwas zu klein ausgewiesen.

Das Ergebnis der statistischen Auswertung wird nach dem Merkblatt mit einem vorgegebenen oder vereinbarten Zielwert verglichen. Obwohl Soll- und Ist-Werte nur tendenziell Gemeinsamkeiten haben und nicht verglichen werden können, hat das Merkblatt die ausdrückliche Zielstellung, Rechen- und Messwerte miteinander zu vergleichen. In Abschnitt 4.5.5 des Merkblatts heißt es dazu:

»*Zu beachten ist der Unterschied zwischen den Rechenwerten w_k und den manchmal vertraglich geforderten maximalen an der Bauteiloberfläche erkennbaren Rissbreiten w_{vorh}. Die Festlegung absoluter Grenzwerte von streuenden Größen als Vertragsziel ist technisch immer fragwürdig und risikoreich. Zwar kann mit einem Vorhaltefaktor zum Rechenwert der Rissbreite w_k die Wahrscheinlichkeit der Einhaltung maximaler Rissbreiten w_{max} erhöht werden, jedoch ist dies insbesondere für kleine Rissbreiten für z.B. $w_{max} < 0{,}2$ mm nicht zielführend. Wegen des stark zunehmenden Zufallseinflusses ergeben sich rechnerisch unwirtschaftlich hohe Bewehrungsmengen, ohne dass die Überschreitungswahrscheinlichkeit entsprechend reduziert wird.* [DBV1]

Trotz dieser richtigen und wichtigen Warnung wird aber dann im Merkblatt eine Anleitung gegeben, wie Rissbreiten an Bauteilflächen zu messen und mit vertraglich vereinbarten Rissbreiten zu vergleichen sind. Beim heutigen Wissensstand wäre es unredlich, jemanden zu verpflichten, bestimmte reale, messbare Rissbreitenwerte sicher einzuhalten.

Bild 12.34 zeigt das Beispiel aus dem DBV-Merkblatt. In der Messfläche einer 8 m langen und 1,10 m hohen Wand sind vier Risse aufgetreten. Die Rissbreiten wurden für jeden einzelnen Riss im vertikalen Abstand von 100 mm gemessen, also zehn Messstellen pro Riss. An acht Stellen gab es keine Messwerte, sodass 32 Messwerte für vier Risse gemeinsam in die Auswertung eingingen. Damit ergab sich eine ausreichende statistische Masse. Die Größtwerte der Rissbreiten betragen:

- für Riss 1 0,30 mm,
- für Riss 2 0,35 mm,
- für Riss 3 0,15 mm,
- für Riss 4 0,15 mm.

Nachzuweisen war die Einhaltung eines Rechenwerts der Rissbreite von $w_k = 0{,}3$ mm, was mit dieser Methode nur **für die Wand als Ganzes**, nicht für den einzelnen Riss möglich ist. Für Ingenieure, die nicht mit den Feinheiten der mathematischen Statistik vertraut sind, mag es sonderbar erscheinen, wie durch einen »Kunstgriff« aus nur vier Rissen 32 statistisch auswertbare Messwerte der Rissbreite entstehen. Diese Messwerte können zwar eine Aussage zu einer Wand treffen, aber letztlich nur für vier Risse. Am Ende der Anlage A1 des Merkblatts wird auf die Möglichkeit hingewiesen, dass die Messwertanzahl verdoppelt werden kann, wenn die Rückseite der Wand als vergleichbare Messfläche hinzugenommen würde. Das ist bei Trennrissen möglich. Das Beurteilungsergebnis wird mit zunehmender Anzahl von Messwerten sicherer. Ob das durch Verdopplung der Messwerte bei geringerem Messstellenabstand an der Vorderseite technisch noch sinnvoll und vertretbar ist, möge der Leser selbst beurteilen.

Nach dem Sinn der Norm hat jeder Riss nur eine Rissbreite. Die unterschiedlichen Rissbreiten entlang der Risslänge entstehen bei zentrischem Zug durch die Unregelmäßigkeiten der Rissprozesszone, deren Reste den Rand der Rissufer bilden. Das Messen in vorbestimmten, regelmäßigen Abständen bedeutet, diese zufälligen geometrischen Erscheinungen in die Rissbreitenberechnung einzubeziehen. Eine Beziehung der so gemessenen Rissbreite einer Fläche zur Bauteildehnung lässt sich bei der Einzelbetrachtung der Risse zutreffender herstellen.

Bei WU-Bauwerken lassen sich die Leckagen auch mit solch einem Kunstgriff nicht vermeiden. Eingedrungenes Wasser kann jeder Laie erkennen. Der Bauherr wird keine noch so kunstvolle Rechnung akzeptieren und die Abnahme der Leistung zu Recht verweigern, wenn es wasserführende Risse gibt. Bei dem heutigen, immer noch unbefriedigenden Wissensstand über die Rissbildung und angesichts der Streubreite zwischen Rechen- und Messwerten ist die Verfahrensweise nach dem DBV-Merkblatt auf Ausnahmen zu beschränken oder ganz zu vermeiden.

12.8 Die Anfertigung eines Rissbildes

Da Unregelmäßigkeiten und Schäden bei Stahlbetonbauteilen immer von Rissen begleitet werden, kann ein Rissbild Hinweise zu den Schadensursachen geben. Dazu und zur Dokumentation und Beweissicherung werden häufig Rissbilder angefertigt. Im Zusammenhang damit werden die Rissbreiten gemessen und in das Rissbild eingetragen.

Es vermittelt nützliche Informationen über Beanspruchungen eines Bauwerks oder Bauteils und über die Rissursachen. Rissbilder, zu denen auch die Vermessung und Dokumentation der Rissbreiten gehört, werden für verschiedene Zwecke angefertigt:

Bild 12.35: Die Nazca-Linien sind Teile von Bildern, die erst bei ausreichend großem Abstand als Bilder zu erkennen sind (Bildquelle: M. Waschipky)

- zur Beweissicherung,
- zur Bestimmung von Rissursachen und
- im Rahmen von Begutachtungen für spezielle Aufgabenstellungen.

Ein Rissbild muss annähernd maßstäblich gezeichnet werden, ohne die Risse exakt einzumessen und in eine große, maßstäbliche Zeichnung einzutragen. Sie sollen möglichst lagegenau in maßstäbliche Pläne eingezeichnet werden. Das Blattformat soll nicht zu groß sein. Eine DIN A2- oder DIN A0-Zeichnung mit sehr genau maßstäblich eingetragenen Rissen erschwert das Arbeiten und ist nicht zu empfehlen. Mit dem großen Zeichnungsformat gehen die Übersicht über das Ganze und damit wesentliche Zusammenhänge zwischen Rissbild und Bauwerk verloren. Das kann bedeuten, dass das Problem nicht in seinen ganzen Ausmaßen erkannt wird und gegebenenfalls Einzelheiten untergehen.

Als Beispiel für die Vorteile einer Ansicht mit größerer Distanz sollen die Nazca-Linien in Peru genannt werden, die erst entdeckt wurden, als man über das Gebiet fliegen konnte (1924). Sie sind so groß, dass sie vom Boden aus nicht als Bild gesehen werden können. Um ein solches Scharrbild zu erfassen, ist ein größerer Betrachtungsabstand notwendig (Bild 12.35).

Ähnlich ist es mit dem Rissbild. Erst mit einem gewissen Abstand sind die Risse im Zusammenhang mit dem Bauwerk oder Bauteil zu sehen und können

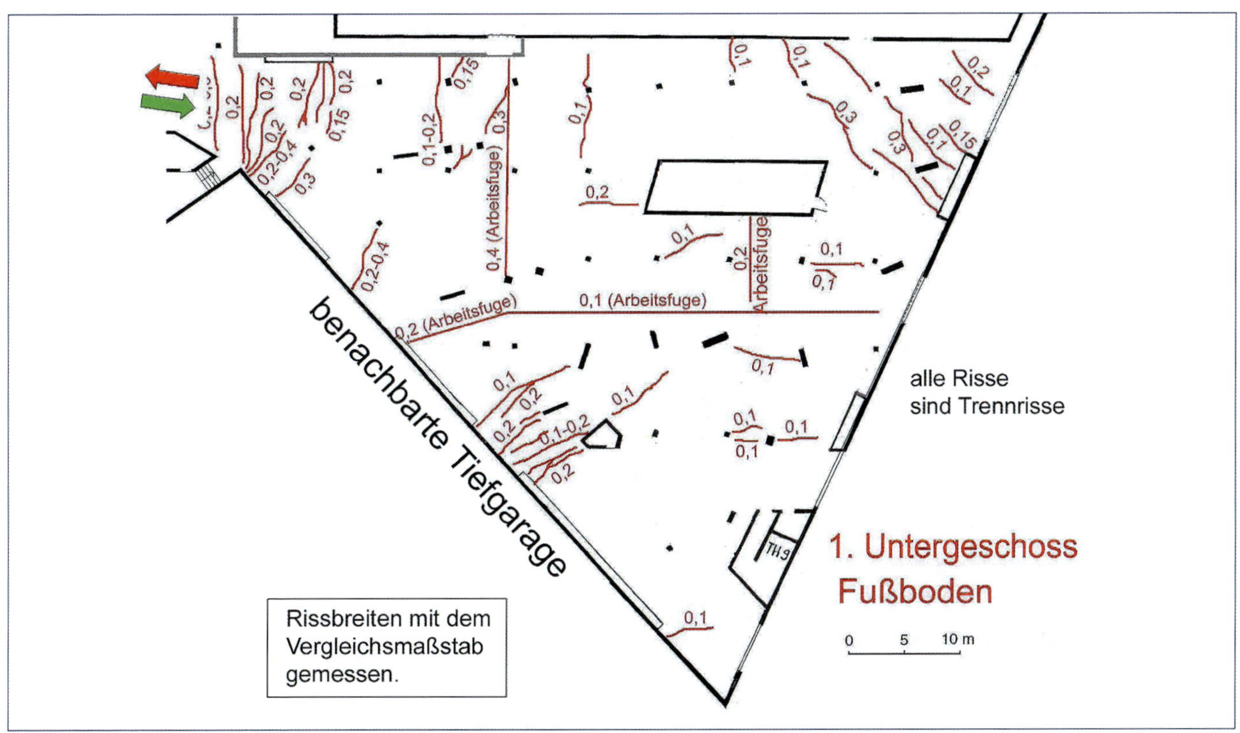

Bild 12.36: Rissbild einer Zwischendecke in einer Tiefgarage

so überhaupt erst interpretiert werden. Eine Betrachtung jedes einzelnen Risses für sich ist meist nutzlos und vermittelt keinen Zusammenhang zwischen den sichtbaren Rissen und den Rissursachen. Deshalb ist zu empfehlen, für ein Rissbild im Zweifelsfall das kleinere Papierformat zu wählen.

In Bild 12.36 ist beispielhaft das Rissbild der Zwischendecke in einer zweigeschossigen Tiefgarage abgebildet. Alle Risse sind Trennrisse. Die Zwischenebene hat eine Dicke von 0,30 m. Durch das kleine Bildformat ist mit einem Blick zu erfassen, dass es drei Rissgruppen gibt, die das Rissbild bestimmen: in den oberen Ecken links und rechts und in der Mitte der schräg im Bild liegenden Seitenwand links. Es handelt sich in allen Fällen um Trennrisse. Deshalb können es nur Zwangrisse sein, weil zentrischer Zug und Trennrisse in diesem Bauwerk nur durch Zwang entstehen können. Diese kleinformatige Darstellung zeigt die Zusammenhänge zwischen den Rissen und dem Bauwerk auf einen Blick, ohne dass es notwendig wäre, die Risse genau maßstäblich zu erfassen. Eine sehr genaue Darstellung nützt schon deshalb nichts, weil die genaue Lage der Risse nicht benötigt wird und auch nicht berechnet werden kann.

Neben jedem Riss wird die Rissbreite eingetragen. Es genügt eine Stelle nach dem Komma bei der Maßeinheit Millimeter. Als Rissbreite sollte der größte Wert an der Oberfläche gewählt werden. Diese Empfehlung ist auch bei Leonhardt [Leo1] zu finden. Wenn die Rissbreite eines Risses sehr unterschiedlich ist, kann eine Von-bis-Angabe helfen.

Auf das Rissbild gehört ein Vermerk, wer es mit welchem Messinstrument erfasst hat. Weitere Daten wie zum Beispiel das Datum, die Bauteiltemperatur zum Zeitpunkt der Rissaufnahme und die Lufttemperatur, Angaben zum Bauablauf und zum Termin der Fertigstellung sind mit zu erfassen, müssen aber nicht auf der Rissdokumentation notiert werden.

12.9 Eine vertragliche Vereinbarung von Rissbreitengrenzwerten im Bauleistungsvertrag hat keine sachliche Grundlage

Die vertragliche Vereinbarung von Grenzwerten der Rissbreite zwischen Bauherr und Bauunternehmer ist heute eine gar nicht so seltene Erscheinung, obwohl die Herausgeber der Stahlbetonnormen ausdrücklich davon abraten. Trotzdem werden in Bauleistungsverträgen immer wieder Rissbreiten von z.B. 0,15 mm für WU-Bauwerke vereinbart. In der Realität kann daraus ein Riss mit einer Rissbreite von 0,4 mm werden. Die Frage ist, wer dann für die Vertragsverletzung verantwortlich und damit am Mangel die Schuld trägt. Für den Juristen ist eine Vertragsverletzung ein Mangel und wird vor Gericht als solcher behandelt.

Der Fehler liegt in diesem Fall allein darin, dass eine Zahl vereinbart wurde, die nicht zuverlässig genug realisierbar ist. Das Risiko, mit solch einer Vereinbarung einen Vertrag zu verletzen, ist sehr groß. Deshalb ist dringend anzuraten, von derartigen Vereinbarungen Abstand zu nehmen. Sie sind auch bei großer Sorgfalt nicht zuverlässig einhaltbar. Der Bauunternehmer würde sich auf ein sehr einseitiges und riskantes Geschäft einlassen.

In Bild 12.37 ist ein Vergleichsmaßstab mit einem »vernünftigen« Ablesebereich für Rissbreiten zu sehen: 0,1 bis 0,5 mm in einer Abstufung von 0,05 mm. Für genauere Messwerte gibt es keine gleichwertige Vergleichsmöglichkeit. Rissbreiten über 0,5 mm sollen die Ausnahme sein und erfordern eine gesonderte Behandlung.

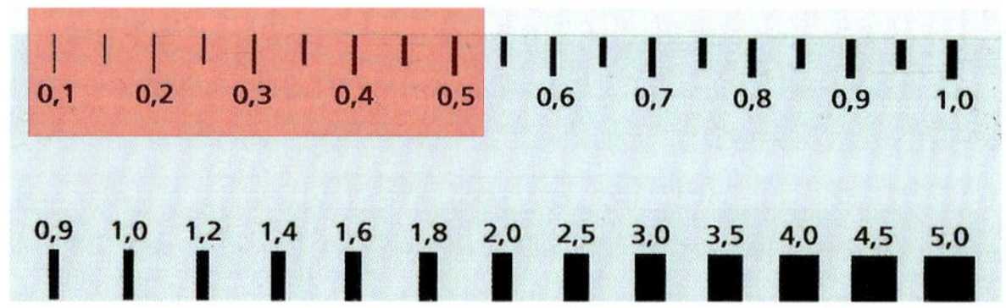

Bild 12.37: Der übliche Messbereich mit vernünftigen Ablesewerten

Es gibt zwei Gründe, warum Rissbreitenwerte für eine vertragliche Vereinbarung ungeeignet sind:

1. Nach dem Regelwerk sind Rissbreiten keine direkt verwertbaren Größen im Stahlbetonbau. Vielmehr werden sie für Vergleiche benötigt, um in einem Bauteil eine mehr oder weniger feine Verteilung der Risse zu erreichen. In [DAS1] ist das ausdrücklich so dargestellt. Ein größerer für die Bemessung gewählter Rechenwert der Rissbreite bedeutet eine geringe Wahrscheinlichkeit von größeren Einzelrissen, ein kleinerer Rechenwert der Rissbreite bedeutet eine noch geringere Wahrscheinlichkeit von größeren Einzelrissen. Der gewählte Rechenwert der Rissbreite bestimmt die Bewehrungskonstruktion. Die Zahl sagt kaum etwas über die reale Rissbreite am Bauwerk aus.
2. Ein objektiver Vergleich zwischen einem Rechenwert und einem gemessenen Wert der Rissbreite ist schon deshalb nicht möglich, weil in der Praxis, wie weiter vorne beschrieben, drei auch zahlenmäßig unterschiedliche Messwerte am gleichen Riss im Gebrauch sind (Bild 12.1).
   Der Rechenwert der Rissbreite ist ein fiktiver Wert, der nur berechenbar, aber nicht messbar ist. Er kann den Dehnungsanteil der Rissprozesszone nicht abbilden und entspricht somit in etwa der Rissuferverschiebung. Diese ist immer nur nach vorheriger Präparation der Messstelle (Anbringen von Messpunkten) und als Differenz von zwei Ablesungen (eine vor und eine nach der Verschiebung) zu bilden.
   Der Rechenwert der Rissbreite darf mangels einer Prüfnorm mit jedem der drei üblichen Messwerte verglichen werden. Dabei gibt es jedes Mal ein anderes Ergebnis. Somit ist ein Vergleich von Rechen- und Messwerten trotz eines korrekten Messergebnisses manipulierbar.

Einen eigenen Weg geht das DBV-Merkblatt »Rissbildung«, in dem eine Anleitung zum Vergleich von Messwerten mit einem Zielwert für eine Bauteilfläche angegeben wird. Das ist eine in der Norm nicht übliche Verfahrensweise und spielt deshalb eine gesonderte Rolle.

12.10 Praxistest: Ein realer Vergleich von Mess- und Rechenwerten der Rissbreite

Es gibt selten die Gelegenheit, Messwerte und Rechenwerte der Rissbreite am Bauwerk repräsentativ vergleichen zu können. In der »größten fugenlosen Weißen Wanne Deutschlands« [Mor1], [Hos1] wurde das gemacht. Die Anzahl der Rissbreitenmesswerte ist so groß, dass die Übereinstimmung von Berechnung und Messung an diesem repräsentativen Beispiel geprüft werden kann. In der Weißen Wanne wurden während der Bauzeit alle Risse erfasst, vermessen und nach wasserführenden und trockenen Rissen dokumentiert. In [Mor1] und [Hos1] sind wesentliche Daten aus dieser Erfassung zu finden, die hier benutzt werden.

Die beschriebene fugenlose Weiße Wanne steht in einer bis zu 14,5 m tiefen Baugrube mit den Grundrissabmessungen 190 m × 160 m. Der Grundwasserstand steht bis zu 11 m über der Sohle an. Die Sohlplatte ist 1,00 bis 1,20 m dick, die Wände haben Dicken von 0,40 bis 0,65 m. Die rissbreitenbegrenzende Bewehrung wurde einheitlich für eine Rissbreite von w_{cal} = 0,15 mm ausgelegt, obwohl nach WU-Richtlinie von 2003 [DAS2] teilweise ein Wert von 0,10 mm erforderlich gewesen wäre. Es wurde deshalb von vornherein mit Undichtigkeiten und der Notwendigkeit abdichtender Injektionsarbeiten gerechnet. Die Bauteildicken für die fugenlose Konstruktion wurden so gewählt, dass ein Druckgefälle von $h_w / h_b = 20$ nicht überschritten wurde (h_w = Druckhöhe des Wassers in m, h_b = Bauteildicke in m). Nach den Erkenntnissen in Kapitel 14 dieses Buches ist die Bauteildicke kein Kriterium für die Selbstdichtung/Selbstheilung. Bei den allgemein üblichen Bauteildicken ist nur der Wasserdruck maßgebend. Mit diesem Wissen hätten die Wände ohne Nachteile auch etwas dünner sein können.

Besondere Aufmerksamkeit wurde auf eine zwängungsarme Konstruktion und die Optimierung der Betontechnologie gelegt (Betonzusammensetzung für eine niedrige und verlangsamte Wärmeentwicklung, gute Nachbehandlung, kleiner w / z-Wert).

Tabelle 12.5 zeigt das Ergebnis der Risserfassung und -bewertung. Die Risse wurden nach Anzahl und Länge erfasst. Sie mussten in vielen Fällen nur zu einem Teil ihrer Länge verpresst werden, detaillierte Zahlen darüber liegen nicht vor.

Von der Summe der Risslängen von 1580 lfd. m waren mit nur 778 m fast genau die Hälfte (49 %) trocken und die andere Hälfte (51 %) wasserführend.

Tabelle 12.5: Erfasste Risse insgesamt und die Anteile wasserführender und trockener Risse

	Anzahl	Prozent	Länge	Prozent
Risse gesamt	961	100 %	1580 lfd. M.	100 %
darunter wasserführend, $w_{vorh} \leq 0{,}15$ mm	198	21 %	354 lfd. M.	22 %
darunter wasserführend, $w_{vorh} > 0{,}15$ mm	170	18 %	448 lfd. M.	28 %
Risse trocken	593	61 %	778 lfd. M.	49 %

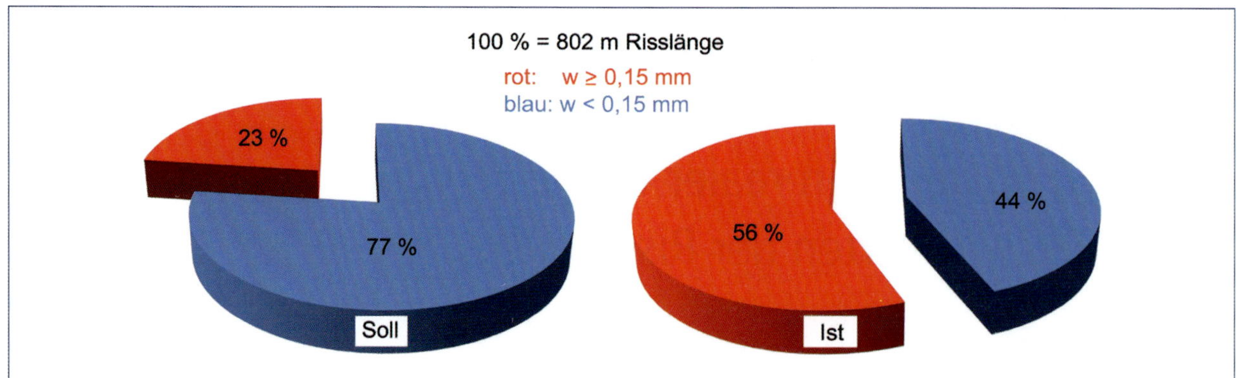

Bild 12.38: Anteile von wasserführenden Rissen mit Rissbreiten von 0,15 mm und mehr (rot) sowie unter 0,15 mm (blau) nach Tabelle 12.5 (links: Sollwerte, rechts: Istzustand)

Das bedeutet, dass fast genau die Hälfte der Summe der Trennrisslängen mit Rissbreiten über und unter 0,15 mm dicht ist – ein erstaunliches Ergebnis. Es passt nicht zu unseren Vorstellungen über die Wasserdurchlässigkeit von Trennrissen. Das bedeutet weiter, dass ein Trennriss mit einer Rissbreite zwischen 0,1 und 0,2 mm nicht auf seiner gesamten Länge wasserführend sein muss, sondern nur in bestimmten Bereichen. In Kapitel 14 wird das ausführlicher behandelt.

Leider gibt es über diese vergleichende Messung im großen Maßstab nur lückenhafte Informationen. Deshalb können für einen Rissbreitenvergleich nur die wasserführenden Risse verwendet werden, bei denen die Rissbreitenanteile unter dem Vorgabewert von 0,15 mm bzw. darüber liegen. In Bild 12.38 sind die beiden Anteile dargestellt. Nach der Tragwerksplanung galt für alle Risse ein Rechenwert von 0,15 mm.

Der Anteil der größeren Rissbreiten ab 0,15 mm überwiegt mit 56 %, also etwas mehr als der Hälfte. Nach [DAS5] liegt die zu erwartende Wahrscheinlichkeit der Überschreitung für den Rechenwert der Rissbreite nur bei 23 % (Bild 11.32), also bei weniger als der Hälfte. Das zeigt an, dass der normgemäßen Rissbreitenberechnung zu große reale Werte gegenüberstehen. Verschärfend kommt hinzu, dass die gemessenen Rissbreiten kleiner sein müssen als die berechnete Rissuferverschiebung.

Mehrfach konnte bei Rissbreitenmessungen festgestellt werden, dass die Rechenwerte der Rissbreite häufiger überschritten werden, als es nach der Auslegung der Norm zu erwarten wäre. Es ist deshalb denkbar, dass die Rissbreitenberechnung noch einmal korrigierend kalibriert werden muss. Dazu liegen bisher aber noch zu wenige Erkenntnisse vor.

13 Der Einfluss von Rissen in den Grenzzuständen der Gebrauchstauglichkeit (GZG) von Stahlbetonbauteilen

13.1 Allgemeines

Die üblichen Grenzzustände der Gebrauchstauglichkeit sind:

- Begrenzung der Spannungen,
- Begrenzung der Rissbreiten,
- Begrenzung der Verformungen.

Von diesen drei Grenzzuständen der Gebrauchstauglichkeit interessiert hier besonders die Begrenzung der Rissbreiten, unterteilt nach:

- Begrenzung der Rissbreiten zur Gewährleistung der Dauerhaftigkeit,
- Begrenzung der Rissbreiten, um ein gutes Erscheinungsbild der Bauteilflächen zu gewährleisten.

Vorangestellt werden diesem Kapitel zwei Fotos eines nicht fertig gestellten Bauwerks (Schleusenkammer in einem Kanal), das 70 bis 80 Jahre lang ungeschützt und ohne Instandsetzung der Witterung ausgesetzt war (Bild 13.1). Es stammt aus einer Zeit, in der als Bewehrung glatter Rundstahl mit Endhaken verwendet wurde (Einstellung der Bauarbeiten 1942). Aufgrund der jahrzehntelangen Einwirkungen unter freiem Himmel sind einige typische Verschleißerscheinungen zu sehen, die ohne jede Nutzung entstanden sind.

Gefahren für die Bewehrung, aber auch für den Beton gehen vom Eindringen von Wasser, Luftsauerstoff und chemischen Substanzen aus, die die Bewehrung und den Beton schädigen können.

In dem Bauwerk sind durch Risse unterschiedliche Schäden entstanden, die die Nutzung beeinträchtigen oder gar verhindern würden. Diese werden im Folgenden aufgezählt.

a) **Risse, die überwiegend durch rostende Bewehrungsstäbe verursacht worden sind**
   Die Rostprodukte haben ein größeres Volumen als die Ausgangsprodukte, was sehr oft zu Absprengungen und Rissen geführt hat.

b) **Bewehrung, die durch Rost geschädigt worden ist**
   Die Schädigung äußert sich in Querschnittsverminderungen.

Bild 13.1: Nie fertiggestelltes Stahlbetonbauwerk nach 75-jähriger Standzeit unter freiem Himmel (links: Seitenansicht der Flügelwand, rechts: Stirnseite eines Brückenwiderlagers)

c) **Eingedrungenes Wasser, das beim Austritt aus sehr feinen Rissen und Arbeitsfugen schleierartige Gebilde hinterlässt**
Es handelt sich um Kalkablagerungen. Die zahlreichen Wasseraustrittsstellen deuten darauf hin, dass im Betongefüge viele Wege für das eingedrungene Wasser existieren, die einen Transport chemischer Substanzen ermöglichen.

Die beiden Fotos zeigen, dass Risse neben einem unzureichend verdichteten Betongefüge die Hauptwege für eindringendes Wasser und damit für Schädigungsmöglichkeiten an Stahlbetonbauwerken bieten. Es ist deshalb notwendig, das von Rissen ausgehende Schädigungspotenzial eines Stahlbetonbauwerks und seine Wirkungsmechanismen möglichst zuverlässig zu kennen, um die Substanz eines Bauwerks während der gesamten Lebensdauer erhalten zu können. Im Unterschied zu dem auf dem Foto dargestellten Bauwerk gibt es bei normaler Nutzung immer auch eine Instandhaltung. Wenn erkennbare Schäden am Beton beizeiten instandgesetzt werden, ist eine jahrzehntelange Nutzung von Stahlbetonbauwerken möglich.

13.2 Dauerhaftigkeit von Stahlbetonbauwerken und die Bedeutung von Rissen

Unter der Dauerhaftigkeit eines Bauwerks ist die Widerstandsfähigkeit gegenüber den Einwirkungen aus der Nutzung und aus den Umwelteinwirkungen während einer vom Bauherrn vorgegebenen oder angestrebten Nutzungsdauer zu verstehen.

Um die Widerstandsfähigkeit in dieser Zeit zu erhalten, ist ein gewisser Instandhaltungsaufwand notwendig. Berühmte Bauwerke aus der Antike und aus dem Mittelalter beweisen, dass durch eine laufende Instandhaltung und gelegentliche Instandsetzung auch Nutzungszeiten von Jahrhunderten oder Jahrtausenden erreicht werden können (Bild 13.2). Dauerhaftigkeit ist nicht nur eine Frage der Konstruktion eines Bauwerks, der verwendeten Baustoffe und der Ausführungsqualität, sondern auch des Aufwands für die laufende Instandhaltung, gegebenenfalls auch von Instandsetzungen.

Faktoren der Dauerhaftigkeit für ein Betonbauwerk sind:

- die Art und Intensität der Einwirkungen (z. B. Lasten, Wärme, Nässe, Strahlung, chemische Einwirkungen),

Bild 13.2: Der Pont du Gard in Südfrankreich, erbaut im 1. Jahrhundert unserer Zeitrechnung; heute noch wird die untere Ebene als Straßenbrücke genutzt

Bild 13.3: Schäden an einer nicht hinterfüllten Stützmauer, die ohne Instandhaltungsmaßnahmen ca. 70 bis 80 Jahre im Freien gestanden hat

- die Zweckmäßigkeit der Konstruktion,
- die Nutzung, Instandhaltung und ggf. Umnutzung,
- die Beständigkeit des Betons unter allen Nutzungsbedingungen (z.B. auch Frost-Tausalz-Wechsel),
- die Erhaltung der Funktionsfähigkeit des Bewehrungsstahls,
- die Erhaltung der geometrischen Abmessungen,
- die Erhaltung bauphysikalischer Eigenschaften (Feuchte-, Schall- und Wärmeschutz).

Der Stahlbeton hat als Baustoff den Nachteil, dass sich in ihm bereits bei verhältnismäßig kleinen Zugbeanspruchungen Risse bilden, die mit normalem Aufwand nicht zu vermeiden sind. Risse sind Gefügestörungen, durch die die Außenluft bis an den Bewehrungsstahl gelangen kann. Sie enthält Sauerstoff und Wasser, die mit dem Eisen des Bewehrungsstahls reagieren und Rost bilden. Dadurch besteht die Gefahr, dass die Bewehrungseinlagen im Laufe der Zeit ihre Funktionsfähigkeit verlieren. In den Anfängen des Stahlbetons war das weniger bekannt oder wurde gar verdrängt. Man war der Meinung, dass die Bewehrung vor Korrosion geschützt ist, wenn sie gut in den Zementstein eingebettet ist. Leider hat sich das nicht bestätigt, was viele Schäden der vergangenen Jahrzehnte verursacht hat.

Zunächst wurde vermutet, dass Risse die Hauptgefahr für Stahlkorrosion bilden. Die ehemaligen Preußischen Staatsbahnen hatten deshalb 1906, in den Anfangsjahren der Stahlbetonentwicklung, für ihre Bauten 1,5- bis 2,5-fache Sicherheit gegen Biegezugrisse gefordert. Erst 1925 wurde diese Forderung zurückgenommen, weil sie praktisch nicht einhaltbar war.

Im Stahlbetonbau wird unter der Dauerhaftigkeit eines Bauwerks oder Bauteils vor allem die Erhaltung der Funktionsfähigkeit der Bewehrung und des Betons verstanden. Im Zusammenhang mit Rissen soll deshalb hier die Dauerhaftigkeit der Bewehrung behandelt werden.

Bild 13.3 zeigt eine alte, nicht vollendete Stützmauer aus Stahlbeton, die ca. 70 bis 80 Jahre ohne jeden Instandhaltungsaufwand im Freien gestanden hat (vgl. Bild 13.1). Die abgebildete Fläche wäre beim fertigen Bauwerk hinterfüllt worden. Sie war also in der genannten Zeit ungeschützt der Witterung ausgesetzt. Typische Schäden an der Fläche sind:

- (blauer Pfeil) Verschleiß der Vergussfugen,
- (roter Pfeil) unplanmäßige Risse,
- (schwarzer Pfeil) eingedrungenes Wasser, das beim Austritt aus den Rissen Kalkschleier hinterlässt,
- (gelber Pfeil) Schädigungen im Betongefüge,
- (weißer Pfeil) angerostete Bewehrung (im Bild nicht dargestellt).

13.3 Für die Bewehrung schädliche Einwirkungen (Expositionsklassen)

Risse, die von der Bauteiloberfläche bis zur Bewehrung und tiefer verlaufen, stellen einen direkten Zugang von außen bis zum Bewehrungsstahl dar. Dadurch ist es möglich, dass Gase und Flüssigkeiten auf direktem Weg bis an die Stahloberfläche gelangen und den Bewehrungsstahl schädigen können. Das sind die Voraussetzungen, unter denen Stahlkorrosion beginnt und den Bewehrungsstab allmählich schwächt. Diesen Zustand zu verhindern oder soweit hinauszuzögern, dass die Schädigung nicht mehr in der Nutzungszeit liegt, ist Aufgabe der Bemessung im Gebrauchstauglichkeitsnachweis. Die schädigenden Einwirkungen sind im Regelwerk klassifiziert. Tabelle 13.1 ist ein Auszug aus der DIN EN 1992-1-1/NA, der sich direkt auf die Bewehrungskorrosion bezieht.

Tabelle 13.1: Expositionsklassen für die Bewehrungskorrosion; Auszug aus der Tabelle 4.1 der DIN EN 1992-1-1/NA

Klasse	Beschreibung der Umgebung	Beispiele für die Zuordnung von Expositionsklassen (informativ)
2 Bewehrungskorrosion, ausgelöst durch Karbonatisierung		
XC1	trocken oder ständig nass	Bauteile in Innenräumen mit üblicher Luftfeuchte (einschließlich Küche, Bad und Waschküche in Wohngebäuden); Beton, der ständig in Wasser getaucht ist
XC2	nass, selten trocken	Teile von Wasserbehältern; Gründungsbauteile
XC3	mäßige Feuchte	Bauteile, zu denen die Außenluft häufig oder ständig Zugang hat, z. B. offene Hallen, Innenräume mit hoher Luftfeuchtigkeit z. B. in gewerblichen Küchen, Bädern, Wäschereien, in Feuchträumen von Hallenbädern und in Viehställen
XC4	wechselnd nass und trocken	Außenbauteile mit direkter Beregnung
3 Bewehrungskorrosion, ausgelöst durch Chloride, ausgenommen Meerwasser		
XD1	mäßige Feuchte	Bauteile im Sprühnebelbereich von Verkehrsflächen; Einzelgaragen
XD2	nass, selten trocken	Solebäder; Bauteile, die chloridhaltigen Industrieabwässern ausgesetzt sind
XD3	wechselnd nass und trocken	Teile von Brücken, die chloridhaltigem Spritzwasser ausgesetzt sind; Fahrbahndecken, Parkdecks
4 Bewehrungskorrosion, ausgelöst durch Chloride aus Meerwasser		
XS1	salzhaltige Luft, kein unmittelbarer Kontakt mit Meerwasser	Außenbauteile in Küstennähe
XS2	unter Wasser	Bauteile im Sprühnebel- oder Spritzwasserbereich von taumittelbehandelten Verkehrsflächen, soweit nicht XF4; Betonbauteile im Sprühnebelbereich von Meerwasser
XS3	Tidebereiche, Spritzwasser- und Sprühnebelbereiche	offene Wasserbehälter; Bauteile in der Wasserwechselzone von Süßwasser

13.4 Die Depassivierung der Bewehrungsstäbe

Lange Zeit in der Entwicklung des Stahlbetons galt es als gesichert, dass Betonstahl nicht rosten kann, wenn er gut in den Beton eingebettet ist. Die Alkalität des Zementsteins mit einem pH-Wert von 12,5 und höher verhindert die Korrosion, weil in dieser alkalischen Umgebung auf der Stahloberfläche eine sehr dünne und dichte Schutzschicht entsteht. Solange diese Schicht unbeschädigt ist, bleibt der passive Schutz der Bewehrung erhalten. Sinkt der pH-Wert im Laufe der Zeit durch Karbonatisierung unter einen Wert von 8 bis 9, dann verliert der Schutzfilm auf der Bewehrung seine schützende Wirkung. Der Bewehrungsstab ist ab diesem Zeitpunkt ungeschützt, der Korrosionsprozess beginnt bei Vorhandensein von Wasser und Sauerstoff (vgl. Pourbaix-Diagramm Bild 13.14).

Die Veränderungen im Beton sind nur dadurch möglich, dass Gase und Flüssigkeiten über Risse und das Porensystem in den Beton gelangen. Risse spielen dabei eine gewisse Rolle, man weiß heute jedoch, dass die Porosität des Betons eine größere Bedeutung für die Korrosionsgefahr der Bewehrung besitzt.

Das Porensystem des Betons besteht aus zahllosen Poren unterschiedlichen Durchmessers (Bild 13.4) vom Nanobereich bis in den Bereich von Millimetern. Risse liegen mit Rissbreiten bis zu mehreren Zehnteln Millimeter am oberen Ende der Skala. Sie ermöglichen im Vergleich zum Porensystem einen einfachen und schnellen Kontakt der Stahloberfläche mit eindringenden Medien. In Bild 13.4 sind die Größenordnungen der unterschiedlichen Poren und Rissbreiten im Vergleich dargestellt. Die üblichen Rissbreiten bilden vergleichsweise große Öffnungen für den Transport von Medien.

Die zu transportierenden, für die Stahlkorrosion erforderlichen Medien sind:

- Luft mit dem für die Karbonatisierung des Betons wirksamen Kohlendioxid und dem für den Korrosionsprozess unerlässlichen Sauerstoff,
- Wasser, das als Elektrolyt für den Korrosionsprozess notwendig und in ausreichender Menge in der Atmosphäre vorhanden ist,

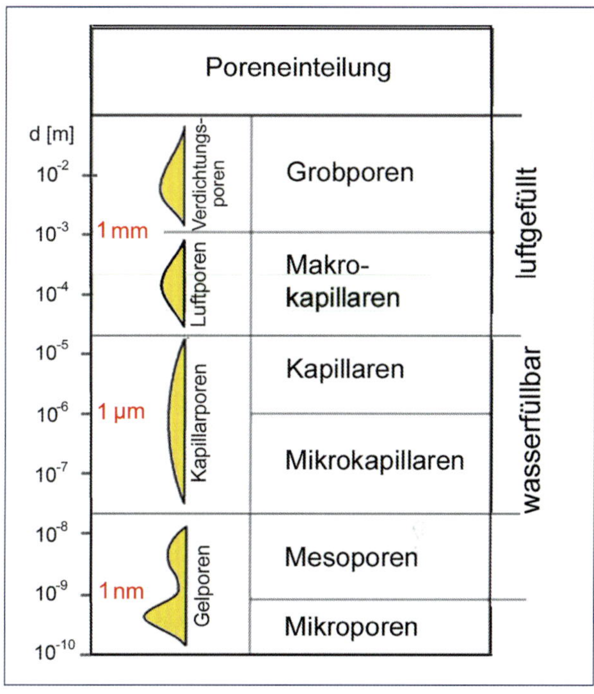

Bild 13.4: Transportwege für Gase und Flüssigkeiten von der Bauteil- bis zur Bewehrungsoberfläche: Poren und Risse

- ggf. Chloridionen, die ebenfalls die Depassivierung des Bewehrungsstahls bewirken und vorwiegend im Porenwasser transportiert werden.

Risse bilden einen punktförmigen (besser: ringförmigen) Kontakt der genannten Medien mit der Stahloberfläche. Die im Riss frei liegende Bewehrungsoberfläche ist relativ klein. Eine größere Kontaktfläche mit der Bewehrung hat das Porensystem des Zementsteins. Das hat Auswirkungen auf die Art, die Geschwindigkeit und den Schädigungsgrad der Bewehrungskorrosion.

Mit welcher Geschwindigkeit Sauerstoff und Chloridionen den Porenraum des Betons passieren, ist in Tabelle 13.2 angegeben. Sie enthält Diffusionszeiten in Abhängigkeit vom Wasserzementwert (stellvertre-

Tabelle 13.2: Diffusion von Sauerstoff in lufttrockenem Beton sowie von Chloridionen in wassergesättigtem Beton [Zem1]

Substanz	Wasserzementwert	Diffusionskoeffizient in 10^{-12} m²/s	Diffusionszeit für einen Weg von 10 mm
Sauerstoff (Gas/Gas)	0,70	≈ 30 000 bis 300 000	≈ 3 Minuten bis 0,5 Stunden
	0,60	≈ 8 000 bis 30 000	≈ 0,5 bis 2 Stunden
	0,50	≈ 1 500 bis 8 000	≈ 2 bis 10 Stunden
Chloridionen (fest/flüssig)	0,60 bis 0,40	≈ 15 bis 0,1	≈ 40 Tage bis 15 Jahre

tend für das Porenvolumen). Für den Sauerstofftransport genügen einige Stunden, um durch eine Betondeckungsschicht zu diffundieren. Chloridionen sind langsamer und benötigen Jahre für den gleichen Weg. Zu beachten ist, dass für beide Stoffe ideale Bedingungen vorausgesetzt werden (lufttrocken für das Kohlendioxid bzw. wassergesättigt für die Chloridionen). Tatsächlich sind die Bedingungen fast immer ungünstiger, sodass sich die Geschwindigkeiten verringern können.

Die Ausführungen zeigen, dass es außer dem Transportweg über die Risse einen mindestens gleichwertigen Weg für Gase und Flüssigkeiten über das Porensystem gibt. Deswegen ist es nicht sinnvoll, die Korrosion und ihre Vorstufen nur für Risse zu behandeln. Das Porensystem des Betons kann für die Korrosionsgefahr eine größere Bedeutung besitzen.

13.4.1 Depassivierung des Bewehrungsstahls durch Karbonatisierung des Betons (ohne Chlorideinwirkung)

Die Karbonatisierung des noch jungen Betons beginnt, wenn der Zementstein austrocknet. Dadurch kann das Kohlendioxid der Atmosphäre in die feinen, nicht oder nur teilweise mit Wasser gefüllten Poren des Betons eindringen. Dort reagiert es mit dem Calciumhydroxid, wodurch das chemisch neutrale Calciumkarbonat entsteht. Der pH-Wert sinkt dadurch im Beton auf Werte unter pH = 9 ab, und der passive Schutz der Bewehrung geht verloren. Sind Sauerstoff und Wasser am Bewehrungsstahl vorhanden, beginnt der Korrosionsprozess.

Sowohl in Rissen als auch im Porensystem können Gase und Flüssigkeiten transportiert werden. Obwohl der Volumenanteil des Gases Kohlendioxid in der Luft nur 0,038 % beträgt, spielt es bei der Karbonatisierung des Betons die Hauptrolle. Es dringt in den Beton ein und reagiert mit dem Calciumhydroxid, wodurch das chemisch neutrale Calciumkarbonat entsteht. Auf diese Weise vollzieht sich von der Oberfläche ins Innere hinein die Neutralisierung des Betons, die übrigens mit einer Erhöhung der Betondruckfestigkeit im Randbereich verbunden ist.

Der Prozess führt dazu, dass sich der pH-Wert im Betongefüge von Werten von pH > 12,5 auf Werte von pH = 8 bis 9 ändert. Dadurch verliert die passivierende Schutzschicht auf der Bewehrung ihre Wirkung (Bild 13.6). Die Bewehrung ist nunmehr korrosionsgefährdet.

Der Übergang von der bereits neutralisierten Zone zum noch alkalischen Beton wird als Karbonatisierungsfront bezeichnet. Sie ist deutlich ausgebildet und kann durch den sog. Phenolphthalein-Test nachge-

Bild 13.5: Rot-violette Färbung des nicht karbonatisierten Betons, durch Ansprühen mit Phenolphtalein sichtbar gemacht

wiesen werden (Bild 13.5). Die Karbonatisierungsfront hat wegen der Inhomogenitäten des Betongefüges keine scharfe Grenze.

Für Instandsetzungsarbeiten ist es notwendig, die Tiefe der karbonatisierten Schicht zu kennen. Sehr einfach und deshalb auch verbreitet ist der Phenolphthalein-Test. Dabei wird die Betonoberfläche mechanisch so tief aufgeschlagen, dass die vermutete Grenze zum nicht karbonatisierten Beton überschritten wird. Der frische Bruch wird mit Phenolphthalein besprüht. Umgehend stellt sich eine intensive Rotfärbung des noch nicht karbonatisierten Betons ein – die Karbonatisierungstiefe ist somit einfach messbar (Bild 13.5). Im Bild ist der karbonatisierte Beton zwischen Rotfärbung und Maßstab zu erkennen. Das Besprühen und Messen der Karbonatisierungstiefe muss zügig hintereinander erfolgen, weil der Beton in der frischen Ausbruchstelle sofort wieder karbonatisiert wird und nach ein oder zwei Stunden möglicherweise nichts mehr zu messen ist.

In Bild 13.6 sind verschiedene Zustände der Karbonatisierung schematisch dargestellt. Im Teilbild a) ist ein noch junger Beton zu sehen, der eine geringe Eindringtiefe der Karbonatisierungsfront hat. Im Teilbild b) ist der Zustand dargestellt, in dem die Karbonatisierungsfront die Bewehrungsoberfläche erreicht und diese stellenweise depassiviert hat. In diesem Zustand sind die Voraussetzungen für den Beginn des Korrosionsprozesses gegeben, wenn Sauerstoff und Wasser an die Stahloberfläche gelangen können. Beides ist in der Luft enthalten. Der natürliche Feuchtigkeitsgehalt des Betons genügt meist, um den Korrosionsprozess zu starten und fortlaufend zu erhalten. Das Bild 13.6 c) zeigt die Karbonatisierungsfront an einem Riss. Sie folgt dem Riss mit abnehmender Breite von außen nach innen und depassiviert den Beton an den Rissufern bis zum Stahl, der dort lokal ungeschützt ist. Die Stahloberfläche wird im Riss schneller erreicht als im ungerissenen Beton. Sie ist im Rissbereich ungeschützt und kann bei Zutritt von Wasser und Sauerstoff schneller korrodieren als die im Beton eingebettete Bewehrung. Das hat bei einer Nutzungsdauer von 80 bis 100 Jahren aber praktisch kaum Auswirkungen.

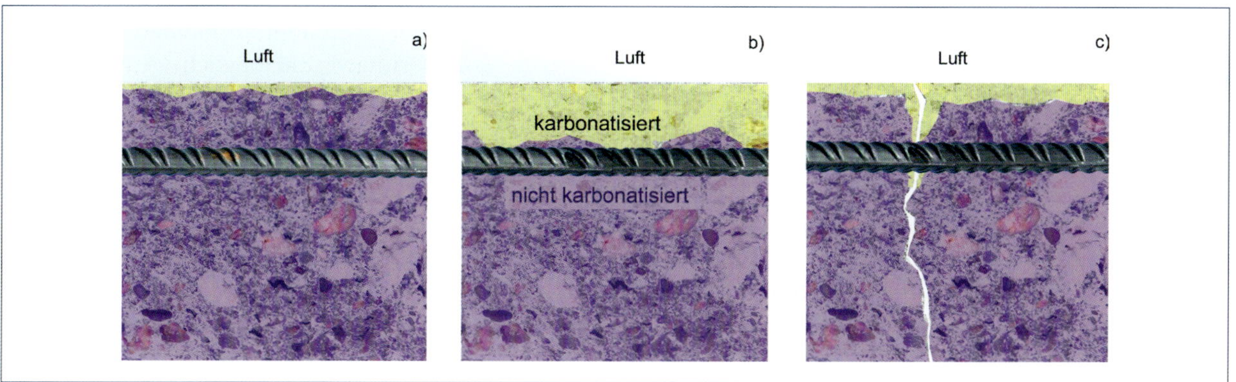

Bild 13.6: Veranschaulichung des Karbonatisierungsfortschritts im ungerissenen und gerissenen Beton ohne und mit Riss

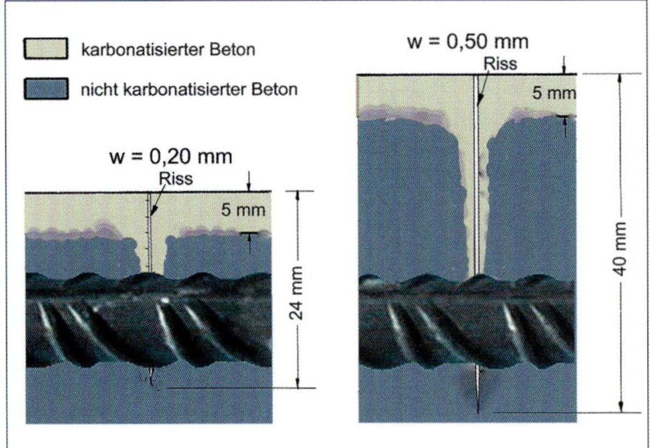

Bild 13.7: Karbonatisierungsfront im Riss [Sch30]

Die chemischen Reaktionen, die unter dem Begriff »Karbonatisierung« zusammengefasst werden, erfordern einen Transport des Kohlendioxids der Luft aus der Atmosphäre durch den Riss bzw. das Porensystem des Betons bis zur Bewehrungsoberfläche. Der leistungsfähigere Transportweg für das Kohlendioxid ist das Porengefüge des Betons in der Betondeckung (Bild 13.6a und Bild 13.6b). Der andere Weg über den Riss direkt bis zur Betonoberfläche benötigt keine Karbonatisierung, weil die Stahloberfläche im Riss ungeschützt ist und Wasser und Sauerstoff direkten Zugang zum Bewehrungsstab haben. Allerdings ist die frei zugängliche Stahlfläche gering. Der Korrosionsprozess verläuft daher in Rissen mit geringerer Geschwindigkeit.

Der Zeitraum bis zur Depassivierung der Bewehrungsoberfläche im Riss ist von der Rissbreite abhängig. Der Korrosionsprozess setzt bei üblichen Abmessungen der Bauteile nach ca. fünf Jahren ein und hängt dann nicht mehr von der Rissbreite, sondern von der Durchlässigkeit der Betondeckung in der unmittelbaren Umgebung des Rissbereichs ab. Bild 13.7 verdeutlicht die Situation im Riss.

Da die Beschaffenheit des Porenraums im Beton über der Bewehrung vor allem von den Baustellenprozessen (Einbau, Verdichtung, Nachbehandlung) abhängt, kann er bei gleichen Ausgangsbedingungen verschieden groß sein. Ein hoher Wasserzementwert, eine schlechte Verdichtung der Randzone (Betondeckung) und eine nachlässige oder gar fehlende Nachbehandlung vergrößern den Porenraum und damit die Geschwindigkeit der Karbonatisierung.

Der Transport der Luft einschließlich des Kohlendioxids im Porengefüge ist nur möglich, wenn die Poren nicht oder nur teilweise bspw. mit Wasser gefüllt sind. In wassergesättigtem Beton gibt es daher keine Karbonatisierung.

Risse ermöglichen dem Kohlendioxid einen direkten, unbehinderten Zugang zur Bewehrung und können die Depassivierung der Bewehrung im Rissbereich beschleunigen. Eine Depassivierung des Stahls in einem üblichen Riss dauert mehrere Jahre. Viel bedeutender als die Korrosion im Riss ist der kathodische Teilprozess im **ungerissenen Bereich zwischen den Rissen.** Deshalb haben Dicke und Dichtigkeit der Betondeckung für die Korrosionsgefahr eine viel größere Bedeutung als die Rissbreite in der Größenordnung gebräuchlicher Risse bis etwa 0,5 mm (Querrisse). Das gilt sowohl für karbonatisierungs- als auch für chloridinduzierte Korrosion.

Die Passivschicht auf der Bewehrungsoberfläche erfüllt ihre schützende Funktion nur so lange, wie sie unbeschädigt oder überhaupt vorhanden ist. Diesbezügliche Veränderungen sind möglich, wenn Gase und Flüssigkeiten aus der Umgebung bis zur Bewehrung gelangen können.

13.4.2 Die Depassivierung der Bewehrung durch die Wirkung von Chloridionen an der Stahloberfläche

Chloridionen, die bis an die Stahloberfläche gelangen, können die Passivschicht auf der Bewehrung lokal beschädigen, wenn sie in einer gewissen Konzentration an der Bewehrung auftreten. Das ist auch möglich, wenn die Bewehrung noch im alkalischen Milieu liegt.

Der Zutritt von Chloriden zum Beton kann verschiedene Ursachen haben. Chloride sind enthalten in:

- Tausalz, das im Winter auf Verkehrsflächen eingesetzt wird,
- Meerwasser und
- Seeluft.

Ebenso können Chloride durch PVC-Brände freigesetzt werden. Beispielsweise bestehen auch Schalter, Steckdosen, Leitungshüllrohre usw. oft aus PVC.

Die Chloridionen benötigen Wasser als Transportmedium im Porensystem und auch im Riss. Bewehrung in ausgetrocknetem Beton kann nicht durch Chloridionen depassiviert werden. Erst nach Überschreiten eines Grenzwerts des Chloridgehalts in der unmittelbaren Umgebung der Bewehrung beginnt die Depassivierung. Dieser Grenzwert ist nicht konstant, sondern hängt von der Betonzusammensetzung (Wasserzementwert), der Verdichtung und Nachbehandlung und vom Chloridbindevermögen ab. Er gilt eigentlich nur für die freien Chloridionen. Die chemisch gebundenen Chloride spielen bei der Depassivierung der Bewehrung keine Rolle. Da beide Arten von Chloriden in der chemischen Analyse schwer zu trennen sind, wird im Allgemeinen der Gesamtchloridgehalt bestimmt. Der freie Anteil besteht aus im Porenwasser gelösten Ionen, hauptsächlich von Natrium-, Calcium- und Magnesiumchlorid. Nur dieser freie Anteil kann den passiven Schutz der Bewehrung aufheben und dadurch den Korrosionsprozess einleiten. Dazu müssen die freien Chloridionen die Bewehrungsoberfläche in einer gewissen Konzentration erreicht haben.

Um trotzdem mit dem einfacher zu bestimmenden Gesamtchloridgehalt arbeiten zu können, wurde in Versuchen ein kritischer Gesamtchloridgehalt ermittelt, der auch in die Instandsetzungsrichtlinie [DAS8] Eingang gefunden hat. Er beträgt 0,5 % Cl^- bezogen auf die Zementmasse in der Umgebung der Bewehrung. Im Einzelfall können andere Werte maßgebend sein. Nach Bild 13.8 beträgt bei diesem Wert die Korrosionswahrscheinlichkeit rund 50 %.

Chloride können relativ schnell im Betongefüge transportiert werden; Bild 13.9 zeigt Versuchsergebnisse nach einer einjährigen Lagerung von Betonproben in dreimolarer NaCl-Lösung. In dieser Zeit sind

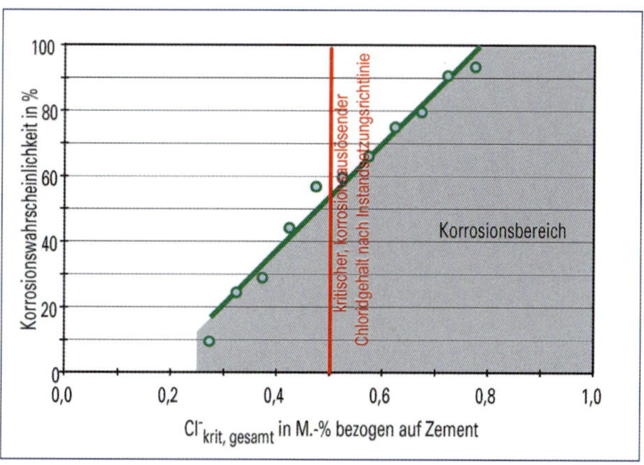

Bild 13.8: Korrosionswahrscheinlichkeit für die Startbedingungen der Lochfraßkorrosion [Zem1]

beachtliche Eindringtiefen von mindestens 50 mm erreicht worden:

- bis 65 mm bei w / z = 0,50 und CEM I,
- über 80 mm bei w / z = 0,56 und CEM I und CEM II/A-S,
- deutlich über 80 mm bei w / z = 0,66 und CEM I.

Größere w / z-Werte bedeuten ein größeres Porenvolumen und einen geringeren Chlorideindringwiderstand. Chloride benötigen für ihren Weg ins Bauteilinnere völlig oder teilweise wassergefüllte Poren, weil sich ihr Transport als Ionendiffusion vollzieht. Kapillar angesaugtes Wasser kann wesentlich mehr Chlorid in den Beton transportieren als die normale Chloriddiffusion.

Wenn bei einem Stahlbetonbauteil der Verdacht besteht, dass Chloride in den Beton eingedrungen sind, ist das zu überprüfen. Dazu ist ein sogenanntes Chloridprofil zu erstellen, das das Konzentrationsgefälle von der Oberfläche nach innen angibt. In Bild 13.9 und Bild 13.10 sind Beispiele dargestellt.

Für ein Chloridprofil müssen Materialproben des Betons aus verschiedenen Tiefen von der Oberfläche aus genommen und analysiert werden. Im vorliegenden Beispiel (Bild 13.10) wurden Bohrmehlproben aus drei Tiefenbereichen entnommen: 0 bis 30 mm, 30 bis 60 mm und 60 bis 90 mm, rechtwinklig von der Oberfläche aus gemessen. Jeder 30 mm tiefe Bereich ergibt einen durchschnittlichen Chloridgehalt. Mit den drei

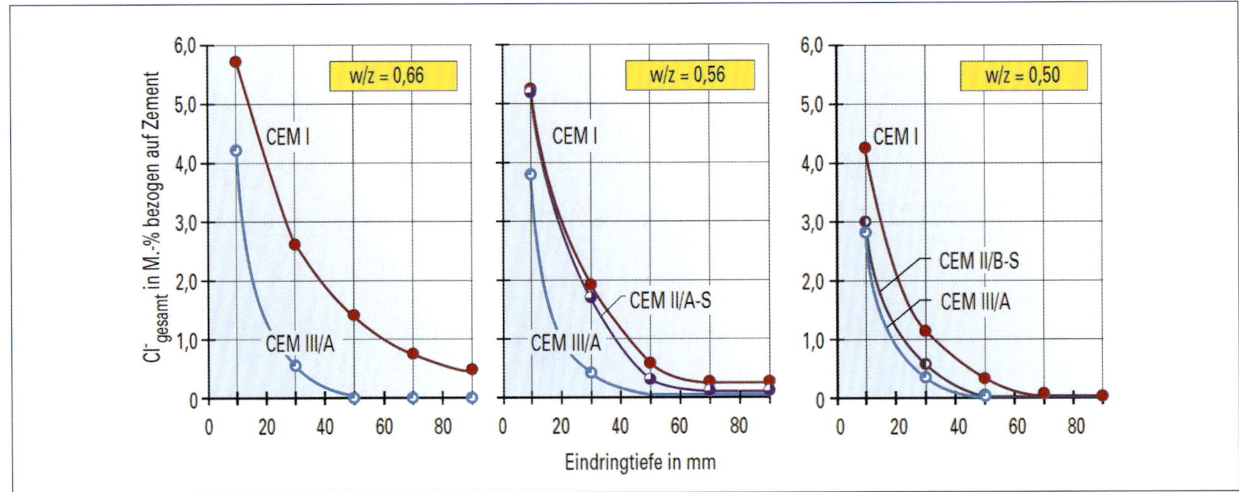

Bild 13.9: Chloridprofile für unterschiedliche w/z-Werte und Zemente nach einjähriger Lagerung in dreimolarer NaCl-Lösung [Zem1]

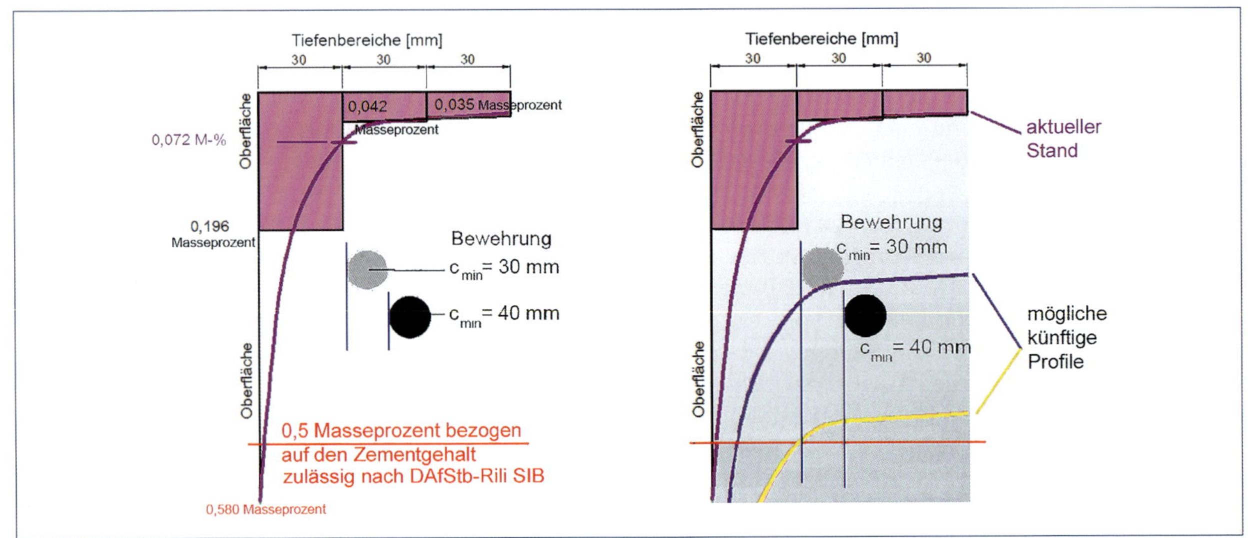

Bild 13.10: Chloridprofil einer belasteten Beckenwand eines Klärbeckens

Durchschnittswerten lässt sich eine Kurve zeichnen, in Bild 13.10 violett gezeichnet (gemessener Verlauf).

Die gewonnene Kurve wird der Lage der Bewehrung maßstäblich gegenüber gestellt. Dabei sollten reale, möglichst gemessene Betondeckungswerte benutzt werden, um auch eine reale Einschätzung möglicher Gefahren zu erhalten. Im Diagramm links in Bild 13.10 ist die gemessene Kurve für den Chloridgehalt in Abhängigkeit von der Tiefe angegeben. Die Lage der Bewehrung mit einer Betondeckung von c_{min} = 30 mm bzw. c_{min} = 40 mm ist maßstäblich in das Diagramm eingetragen.

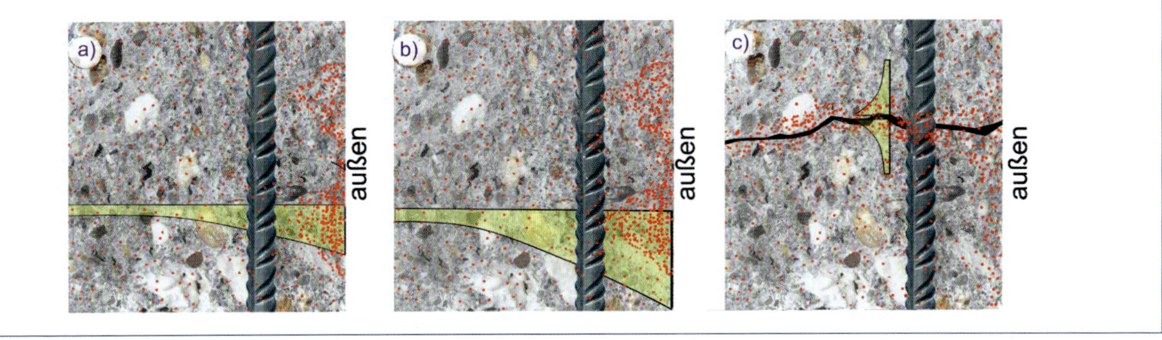

Bild 13.11: Eindringen der Chloridionen (rot) in den Beton von der Bauteiloberfläche aus

Im rechten Teil von Bild 13.10 sind zwei mögliche zukünftige Zustände mit der Form der gleichen Kurve eingezeichnet. Man erkennt, dass ohne eine Veränderung im Betrieb der Kläranlage in einigen Jahren eine gefährliche Chloridkonzentration an der Bewehrung eintreten kann. Die Geschwindigkeit der Chloridanreicherung ist nur schwer abzuschätzen. Es steht dafür eigentlich nur der vergangene Zeitraum zur Verfügung. Eine Extrapolation ist aber nie so genau, dass sie zuverlässig benutzt werden kann. Im vorliegenden Fall entschied sich der Bauherr, die benetzte Beckenfläche mit einem geeigneten Material beschichten zu lassen, um die Chloridionenzufuhr zu stoppen und so den erreichten, noch unkritischen Zustand »einzufrieren«. Damit soll der Betrieb des Beckens noch einige Jahre möglich sein.

In Bild 13.11 ist das Eindringen von Chloridionen in das Porensystem des Betons schematisch dargestellt. Die roten Pünktchen stehen für die Chloridionen, die gelben Diagramme für die Chloridprofile.

Bild 13.11a) zeigt schematisch den Beginn des Eindringens von Chloridionen. Ihre Konzentration ist an der Oberfläche am stärksten, aber nicht als geschlossene Front ausgebildet. Sie nimmt nach innen bis auf den natürlichen Grundwert ab. Das Chloridprofil hat deshalb seinen größten Wert an der Oberfläche des Bauteils. In jedem Beton sind Chloride enthalten, z.B. als natürliche Bestandteile in den Gesteinskörnungen. Deshalb gibt es einen unschädlichen Grundwert des Chloridgehalts für die Gesteinskörnung.

In Bild 13.11 b) haben die Chloridionen den Bewehrungsstahl an zwei Stellen erreicht. An diesen Stellen wird die schützende Schicht an der Stahloberfläche durchbrochen; bei Vorhandensein von Sauerstoff und Wasser und bei Erreichen des Grenzwerts der Chloridkonzentration beginnt der Korrosionsprozess.

In Bild 13.11 c), in dem auch ein Trennriss dargestellt ist, liegt die Bewehrung inmitten der Chloridionen. Auch über den Riss dringen Chloridionen in den Beton ein, allerdings mit etwas schwächerer Konzentration wegen der beengten Verhältnisse in einem Riss bis zu 0,4 oder 0,5 mm Rissbreite.

13.4.3 Auslaugung der alkalischen Bestandteile des Zementsteins bei wasserführenden Rissen

Aus wasserführenden Rissen fließt basisches Wasser aus, das anfangs einen pH-Wert um 12 bis 13 besitzt. Kann sich ein Riss trotz längerer Durchflusszeit nicht selbst abdichten, lässt die Konzentration des ausgespülten Calciumhydroxids allmählich nach. Nach einiger Zeit wird ein Zustand erreicht, bei dem das ausfließende Wasser nur noch einen pH-Wert unterhalb von 9 erreicht, weil die Vorräte an Calciumhydroxid in der unmittelbaren Rissumgebung erschöpft sind. Bei den eigenen Selbstdichtungsversuchen mit Trinkwasser wurde diese Beobachtung benutzt, um den Zeitpunkt abzuschätzen, ab dem keine Selbstheilung mehr möglich ist. Für die Bildung von Calciumkarbonat im Riss, einem unverzichtbaren Faktor der Selbstdichtung/Selbstheilung, ist das im Porenwasser gelöste Calciumhydroxid notwendig. Ist es nicht oder nur in zu geringem Maße verfügbar, gibt es keine Selbstdichtung mehr. Das kann als Kriterium für den Abbruch eines erfolglosen Durchflussversuchs dienen.

Wird ein Riss von der Bewehrung gekreuzt, kann die Auslaugung der Rissflächen zur relativ schnellen Depassivierung der Bewehrung führen. Das im Riss verfügbare Wasser und der Luftsauerstoff können danach den Korrosionsprozess schnell einleiten. Er wirkt punktförmig und kann die Bewehrung nur geringfügig schädigen.

13.5 Der Korrosionsprozess der Bewehrung im Beton

13.5.1 Allgemeines

Ungeschützter Stahl beginnt schon nach kurzer Zeit der Lagerung unter durchschnittlichen atmosphärischen Bedingungen zu rosten. Voraussetzungen dafür sind das Zusammentreffen des Elements Eisen aus der Bewehrung mit Wasser und Sauerstoff aus der Atmosphäre. Die Rostprodukte, die ein größeres Volumen als die Ausgangsprodukte haben, sprengen mit fortschreitender Korrosion die Betondeckung ab. Dadurch liegt der Stahl einseitig frei, und unter dem Einfluss von Wasser und Sauerstoff korrodiert er unter Querschnittsverlusten (Bild 13.12). Bei längerer Wirkung des Prozesses kann es zum teilweisen oder völligen Verlust der Tragfähigkeit eines Bauteils führen.

Bild 13.12: Verrostete Bewehrung an einem Stahlbetonunterzug

Das Schadensbild in Bild 13.12 zeigt auf ca. 200 mm Länge frei liegende, stark angerostete Bewehrungsstäbe, bei denen nicht mehr erkennbar ist, ob ihre Korrosion in einem Riss begonnen hat oder aber im ungerissenen Bereich, sodass der Riss dann eine Folge der Korrosion darstellt. Der Längsriss rechts von der Schadstelle ist eine sekundäre Erscheinung. Wenn solche Roststellen ohne das Vorhandensein von Rissen möglich sind, ist das Korrosionsproblem der Bewehrung etwas umfassender zu sehen. Risse sind immer nur ein Teilaspekt der Korrosionsgefahr. Auch ohne Risse kann die Bewehrung korrodieren.

Bild 13.13 zeigt Zugglieder einer älteren Stahlbeton-Bogenbrücke, die wie die gesamte Brücke in Stahlbeton ausgeführt worden sind. Bild 13.13a zeigt einen vertikaler Riss wahrscheinlich über der Längsbewehrung entstanden. Die relativ dünne Betondeckungsschicht ist durchkarbonatisiert, sodass die Bewehrung zu rosten begonnen hat, was zur Absprengung der Betondeckung geführt hat. Da es sich um ein Verkehrsbauwerk handelt, bei dem im Winter Taumittel an den Beton gelangen können, ist mit dem Eintrag von Chloriden zu rechnen, die eine besondere Korrosionsgefahr darstellen können. Wird der Chlorideintrag nicht unterbunden, ist irgendwann mit einer Gefährdung der Standsicherheit zu rechnen. An den betroffenen Zuggliedern hängt die Fahrbahn mit ihren Eigen- und Verkehrslasten. Ein Versagen der Zug-

Bild 13.13: Risse in den Zuggliedern einer Stahlbeton-Bogenbrücke: abgesprengte Betondeckung (a), Vertikalriss als Folge eines angerosteten Geländerholms (b)

bewehrung in diesen Bauteilen kann zum Absturz der Fahrbahn führen.

Bild 13.13b zeigt einen Vertikalriss, der durch den rostenden Holm des Geländers entstanden ist. Der im Beton eingebettete Teil des Geländer-Rohrs hat begonnen zu rosten. Die Rostprodukte haben ein größeres Volumen als die Ausgangsstoffe, wodurch es zu Zwängungen im Beton gekommen ist. Das Rohr liegt nicht am Bauteilrand wie die Bewehrung im linken Bild. Deshalb muss dieser Riss wegen seiner Länge eine Unterstützung durch rostende Längsbewehrung bekommen haben. Die beiden Fotos zeigen typische Schäden an Stahlbetonbauwerken, die nicht von Rissen ausgehen, sondern selbst Risse verursacht haben, die durch rostende Bewehrung bzw. Stahlteile erzeugt worden sind.

Der Korrosionsprozess verläuft relativ langsam. Es dauert meist Jahre oder Jahrzehnte, bis eine Schädigung bemerkt wird. Beispielsweise ist der Unterzug in Bild 13.12 mehrere Jahrzehnte in einem Wohnhaus genutzt worden und stand nach der Aufgabe des Hauses als Teil einer Ruine weitere Jahrzehnte im Meeresklima. Trotzdem ist der Unterzug noch in der Lage, zumindest seine Eigenlast zu tragen.

In Bild 13.14 sind zwei Pourbaix-Diagramme für Eisen in wässriger Lösung bzw. in chloridhaltigem Wasser abgebildet. Pourbaix-Diagramme stellen die Bereiche der thermodynamischen Stabilität bei Metall-Elektrolyt-Systemen grafisch dar. Sie zeigen die Beziehungen zwischen möglichen Phasen eines Systems als Diagramm. Diese sind durch Linien abgegrenzt, die für die Reaktionen stehen, die die Phasenübergänge

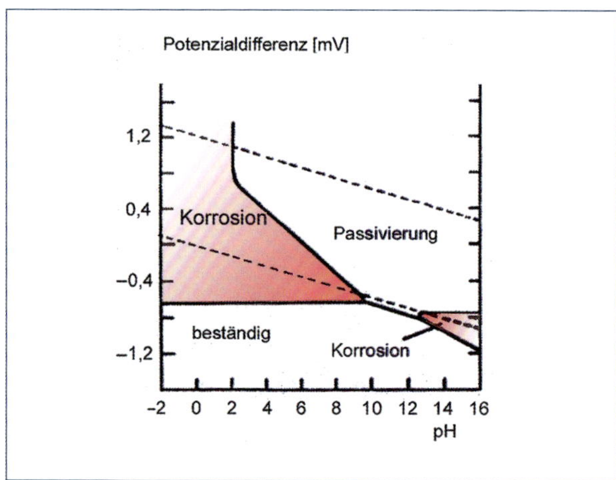

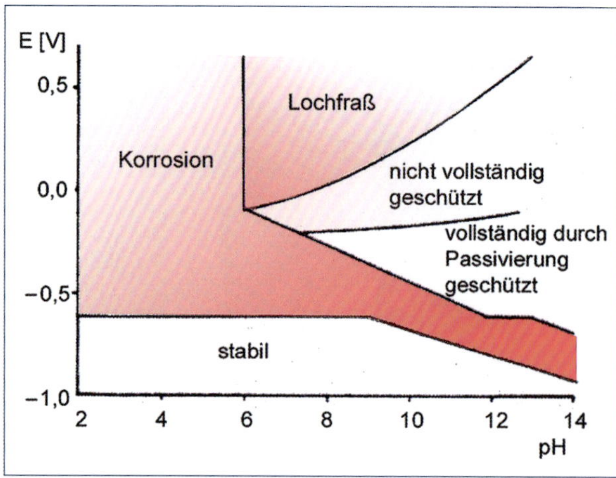

Bild 13.14: Pourbaix-Diagramme für Eisen in wässriger Lösung (links) und in chloridhaltigem Wasser (rechts) [Rei2]

markieren. Mit ihnen lässt sich voraussagen, ob eine Korrosion möglich ist und unter welchen Bedingungen. In dem Diagramm werden die elektrische Größe Potenzialdifferenz und die chemische Größe pH-Wert miteinander verknüpft.

Das Pourbaix-Diagramm für Eisen in wässriger Lösung (links) zeigt ein Gebiet im Bereich mit einem pH-Wert von 9 bis 13, in dem keine Korrosion des Eisens möglich ist. In dieser Zone bildet sich die dünne, schützende Passivschicht als Produkt einer kurzzeitigen Korrosion. Es ist auch der Bereich, in dem der pH-Wert des nicht karbonatisierten Betons liegt und der Stahl geschützt ist. Außerhalb dieses Bereichs besteht nach diesem Diagramm Korrosionsgefahr für den Stahl.

Die Grafik rechts in Bild 13.14 zeigt das Pourbaix-Diagramm für Eisen in chloridhaltigem Wasser. Hier gibt es kein Gebiet mehr, in dem der Bewehrungsstahl vor Korrosion geschützt ist. Stahl ist deshalb auch bei nicht karbonatisiertem Beton gefährdet, wenn chloridhaltiges Wasser bis zur Bewehrung vordringt. Wenn im karbonatisierten Beton zusätzlich chloridhaltige Flüssigkeiten wirken, steigt das Risiko der chloridinduzierten Korrosion. Bei höheren Potenzialdifferenzen tritt die Lochfraßkorrosion mit ihren gefürchteten Korrosionserscheinungen auf (Bild 13.14, rechtes Diagramm).

Der Korrosionsprozess verläuft in zwei unterschiedlichen Phasen mit unterschiedlichen Auswirkungen, wie Bild 13.15 zeigt:

Die Stahleinlagen sind im noch jungen Beton gegen Korrosion geschützt. In der alkalischen Umgebung bildet sich eine sehr dünne Schutzschicht auf der Bewehrungsoberfläche, die den Stahl schützt. Erst wenn diese dünne Schutzschicht beschädigt oder gar nicht mehr vorhanden ist, ist eine Korrosion möglich. Nach Bild 13.15 besteht die Nutzungszeit aus zwei Phasen:

- In der **Einleitungsphase** dringen über Risse oder über das Porensystem Stoffe in den Beton ein, die die Schutzschicht auf der Bewehrungsoberfläche beschädigen und so den Bewehrungsstahl depassivieren. Das ist einerseits das Kohlendioxid der Luft. Es bewirkt die Umsetzung des Calciumhydroxids im Porenwasser zu Calciumcarbonat und damit eine Neutralisierung und Verfestigung des betroffenen Betons. Damit sind im Regelfall alle Voraussetzungen für den Beginn der Stahlkorrosion gegeben. Andererseits können es Chloridionen sein, die über das Porenwasser bis an die Bewehrung gelangen können und dort bei einer bestimmten Konzentration den passiven Schutz der Bewehrung aufheben.
- In der **Schädigungsphase** vollzieht sich die eigentliche Korrosion, die zu Querschnittsverminderun-

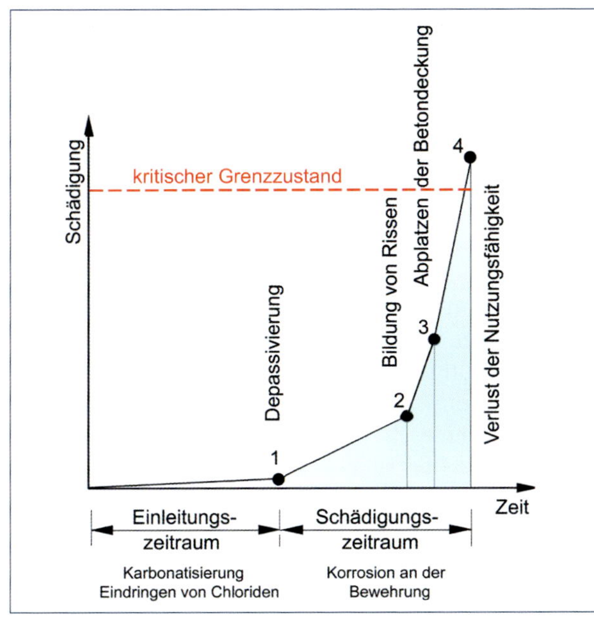

Bild 13.15: Ablauf der Schädigung der Bewehrung [Sch6]

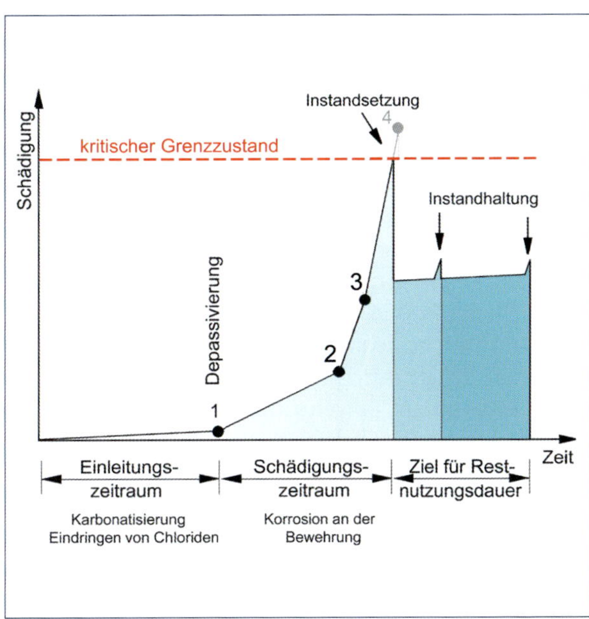

Bild 13.16: Ablauf der Schädigung der Bewehrung mit Instandsetzungs- und Instandhaltungsmaßnahmen

gen der Bewehrung und damit allmählich zur Beeinträchtigung oder sogar zum Verlust der Standsicherheit führen kann. Wird der kritische Grenzzustand durch die Schädigung vor Ablauf der Nutzungsdauer erreicht, kann es zum vorzeitigen Verlust der Nutzungsfähigkeit kommen. Das Bauwerk kann in diesem Fall nur nach einer Instandsetzung weiter genutzt werden.

Soll das geschädigte Bauwerk länger genutzt werden als bis zum absehbaren Verlust der Standsicherheit, ist eine Instandsetzung notwendig. Dabei werden die bereits eingetretenen Schädigungen zum Teil beseitigt, sodass danach für die instandgesetzte Bewehrung erneut eine Einleitungsphase beginnt. Geht diese wieder in die Schädigungsphase über, muss die Schädigung durch Instandhaltungsmaßnahmen erneut eingedämmt und nach Möglichkeit beseitigt werden. So lässt sich die Nutzungsdauer durch ein bestimmtes Maß an Instandsetzungs- und Instandhaltungsmaßnahmen verlängern.

Bewehrungskorrosion ist eine elektrochemische Reaktion des Bewehrungsstahls mit Stoffen aus seiner Umgebung. Außer einer chemischen Reaktion tritt gleichzeitig eine elektrische Spannung auf. Der Stahl rostet und wird dabei zerstört. Damit der Korrosionsprozess beginnen und ablaufen kann, müssen fünf Voraussetzungen gegeben sein, die in Tabelle 13.3 aufgeführt sind.

Die Voraussetzungen sind häufig von Beginn an vorhanden oder stellen sich im Laufe der Nutzung ein. Sie sind das Ergebnis von Veränderungen im Beton, die mit dem Eindringen von gasförmigen oder flüssigen Stoffen verbunden sind. Fehlt eine der in der Tabelle genannten Bedingungen, ist keine Korrosion möglich.

13.5.2 Karbonatisierungsinduzierte Bewehrungskorrosion im ungerissenen Beton

Korrosion ist ein elektrochemischer Prozess. Er besteht aus einer chemischen Reaktion verbunden mit der Entstehung einer elektrischen Spannung. Sind die Voraussetzungen für eine Bewehrungskorrosion nach Tabelle 13.3 gegeben, dann setzt der Prozess ein. Überall dort, wo die Korrosion beginnt, bilden sich kleine galvanische Elemente auf der Stahloberfläche nach dem Schema in Bild 13.17. Der Beton mit seinem natürlichen Feuchtegehalt wirkt als Elektrolyt, der Luftsauerstoff dringt durch die Betondeckung oder auch durch Risse bis zur Bewehrungsoberfläche vor. An der Oberfläche entstehen Anode und Kathode, die durch den Bewehrungsstab elektrisch leitend verbunden sind.

Zwischen Anode und Kathode fließt ein Korrosionsstrom, der vom Potenzialunterschied zwischen Anode und Kathode und den Widerständen im Stromkreis abhängt. Je nach Art und Größenverhältnissen zwischen Anoden- und Kathodenfläche ist zu unterscheiden zwischen:

- gleichmäßiger Korrosion (Bild 13.18), bei der Anode und Kathode etwa gleich große Flächen haben und
- Lochfraßkorrosion (Bild 13.26), typisch für chloridinduzierte Korrosion; kleine Anodenflächen und große Kathodenflächen bewirken hohe anodische Stromdichten und damit hohe, konzentrierte Abtragsraten.

Bild 13.17 zeigt die Situation im ungerissenen Bereich. Im Riss ist es etwas anders, was weiter unten erläutert wird. Der Prozess kann in zwei Teilprozessen getrennt betrachtet werden.

An der sogenannten **Lokalanode** gehen Eisenionen im anodischen Teilprozess (Oxidationsprozess) in Lösung. Die dabei freiwerdenden Elektronen gehen im Bewehrungsstab zur **Lokalkathode**. Im Reduktionsprozess entstehen an der Kathode unter Verbrauch von Sauerstoff Hydroxylionen, die mit den Eisenionen Reaktionsprodukte bilden. Diese schwer löslichen Stoffe können sich unter Verbrauch von Sauerstoff umwandeln. Der so entstandene Rost verbleibt als dünne Rostschicht an der Anode (Bild 13.18).

Die Abtragungsrate an der Anode hängt vom Verhältniswert der Kathoden- zur Anodenfläche ab. Bei gleichmäßigem Abtrag wie in Bild 13.18 sind die Flächen etwa gleich groß und liegen dicht nebeneinander.

Bild 13.18 zeigt einen ausgebauten Bewehrungsstab mit flächigem Rost an der Oberfläche. Er wurde unter einer ungerissenen Betondeckung ausgebaut. Die Betondeckung war auf ihre gesamte Dicke karbonatisiert, so war der passive Schutz der Bewehrung nicht mehr gegeben.

Bei älteren Bauwerken ist die Betondeckung im Vergleich zu heute üblichen Mindestwerten gering. Bild 13.19 ist aus der Stahlbetonnorm DIN 1045 aus den 1950er-Jahren entnommen. In der gleichen Norm ist ein B 225 die höchste Betonfestigkeitsklasse.

Tabelle 13.3: Voraussetzungen für den Korrosionsprozess [Kap1]

	Voraussetzungen für den Korrosionsprozess	Für konventionelle Stahlbetonbauteile
1	elektrische Leitfähigkeit des Metalls muss gegeben sein	stets erfüllt
2	anodische Eisenauflösung muss möglich sein (z. B. nach Depassivierung der Bewehrung)	i. d. R. erfüllt
3	elektrolytische Leitfähigkeit des Betons muss gegeben sein	i. d. R. erfüllt
4	Potenzialdifferenzen müssen vorhanden sein	i. d. R. erfüllt
5	Sauerstoff muss im Beton vorhanden sein	i. d. R. erfüllt

Das entspräche nach heutiger Norm einer Betonfestigkeitsklasse C16/20, die für Bauteile im Freien heute nicht mehr angewendet werden darf. Für einen derartigen Beton ist mit einer überdurchschnittlichen Porosität zu rechnen, wodurch die geringe Betondeckung die Stahleinlagen nur befristet schützen kann. Danach setzt zwangsläufig die Korrosion ein, was in den 1960er-, 1970er- und 1980er-Jahren zu einem hohen Instandsetzungsbedarf an Stahlbetonbauten geführt hat.

Solche Bauwerke sind nach einigen Jahren soweit karbonatisiert, dass die Bewehrung stellenweise oder ganz im karbonatisierten Bereich liegt und damit ungeschützt ist. Kann an solche Bauteile Wasser gelangen, z.B. an Außenwände, beginnt die Bewehrung zu rosten. In wenigen Jahrzehnten können so nennenswerte Querschnittsschwächungen und damit Standsicherheitsprobleme entstehen.

In Bild 13.19 sind die normgemäßen Mindestbetondeckungen für Bauteile des Hochbaus aus dieser Zeit dargestellt. Sie sind etwas kleiner und weniger differenziert als die heute gebräuchlichen Werte. Außerdem war seinerzeit kein Vorhaltemaß in der Norm enthalten, was die heutigen Nennmaße zusätzlich um 10 oder 15 mm erhöht. Die Spätfolgen für die geringen Betondeckungsmaße sind erst nach Jahrzehnten zu sehen. In Bild 13.20 ist der flächige Abfall der Betondeckung an einer Beckenwand abgebildet, die aus den 1930er-Jahren stammt und zum Zeitpunkt der Aufnahme 60 Jahre alt war. Die Bewehrung ist komplett angerostet.

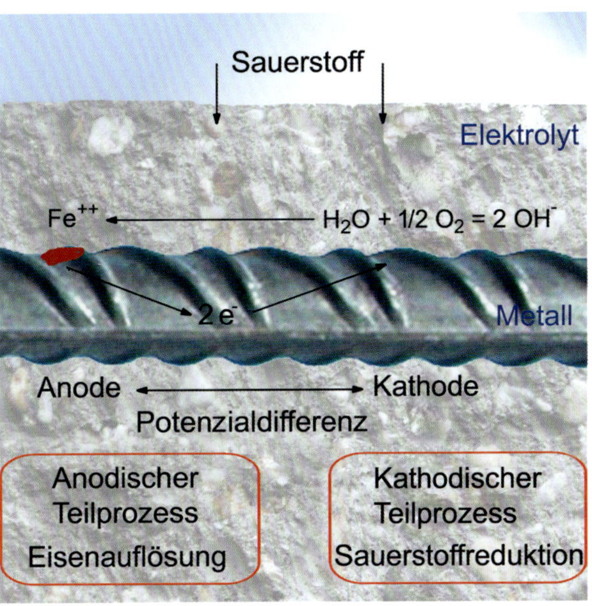

Bild 13.17: Korrosion von Stahl als kurzgeschlossenes galvanisches Element nach [Sch30]

Bild 13.18: Oberflächiger Rost auf einem ausgebauten Bewehrungsstab mit 8 mm Durchmesser

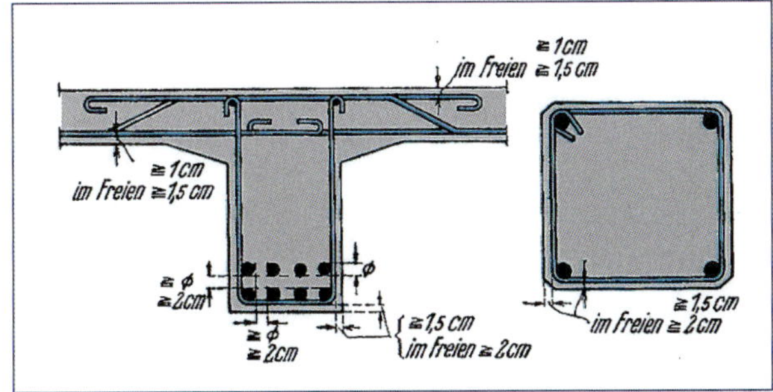

Bild 13.19: Mindestbetondeckungen in den 1930er-, 1940er- und 1950er-Jahren

Bild 13.20: Flächig abgesprengte Betondeckung durch angerostete Bewehrung bei sehr geringer Betondeckung in einem 60 Jahre alten Becken aus den 1930er-Jahren

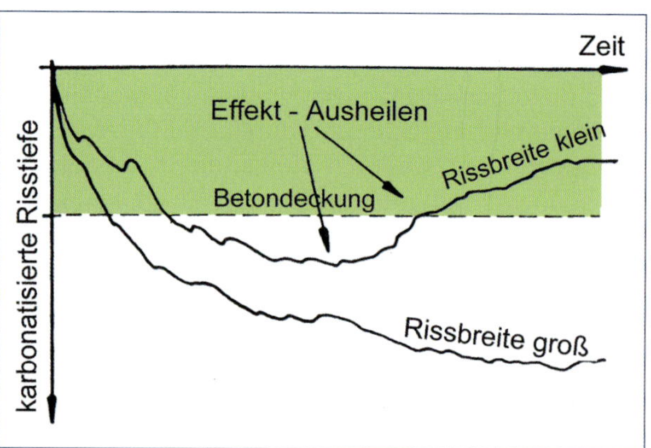

Bild 13.21: Verlauf der karbonatisierten Risstiefen für Bauteile im Freien nach [Sch6]

13.5.3 Karbonatisierungsinduzierte Bewehrungskorrosion im Riss

Risse sind in gedehnten Bauteilen Unstetigkeitsstellen, an denen die Atmosphäre oder bei Behältern die Flüssigkeit direkten Kontakt zur Bewehrungsoberfläche hat. Das ist bei Trennrissen ebenso wie bei Biegerissen. Mit dem Luftsauerstoff und der Luftfeuchtigkeit liegt es nahe, dass diese Stoffe mit dem Element Eisen reagieren. Das Ergebnis sind Rostprodukte und Querschnittsminderungen des Stahls, durch die die Funktionsfähigkeit der Bewehrung beeinträchtigt würde.

In einem Riss kann sich die Depassivierung der Bewehrung sowohl durch Verlust der Alkalität als auch durch die Wirkung von Chloriden schneller vollziehen als durch das Porengefüge des Betons. Die Korrosionsgefahr durch Rissbreitenbegrenzung zu verringern ist deshalb auch nicht besonders wirksam, wenn es sich um übliche Rissbreiten bis 0,5 mm handelt.

An Biegerissen, bei denen an der Risswurzel ein Bereich mit sehr geringer Rissbreite entsteht, wurde auch schon die »Ausheilung« beobachtet (Bild 13.21). So wird in [Sch6] eine Realkalisierung bereits karbonatisierter Rissufer bezeichnet, die durch Kalk- und Schmutzablagerungen im Riss verursacht wird. Dieser Effekt entsteht aber nur bei sehr feinen Rissen und kann nicht planmäßig genutzt werden. Außerdem ist die Risswurzel als Grenze zur Druckzone im Normalfall etwas von der Bewehrung entfernt, die am Rand der Zugzone liegt.

Bei sehr feinen Rissen verläuft die Karbonatisierung der Rissufer mit abnehmender Rissbreite langsamer.

Als vor einigen Jahrzehnten mit der Entwicklung von Berechnungsverfahren für die Rissbreite in Stahlbetonbauteilen begonnen wurde, ging man davon aus, dass es einen direkten ursächlichen Zusammenhang zwischen Rissbreite und Korrosionsgefährdung der Bewehrung gibt. Dieser vermeintliche Zusammenhang fand seinen Niederschlag im Vorschriftenwerk, wo – differenzierter als wir das heute handhaben – zulässige Rissbreiten und Korrosionsgefährdungen für die Bewehrung einander gegenübergestellt worden sind.

Heute wird allgemein anerkannt, dass es für Risse bis 0,5 mm Rissbreite keinen kausalen Zusammenhang zwischen der Rissbreite und der Korrosionsgefahr gibt [DAS1]. In diesem Rissbereich existieren andere, größere Korrosionsgefahren für ein Stahlbetonbauteil. Risse sind nicht zwingend notwendig, um Korrosionsvorgänge zu initiieren. Die nicht fachgerechte Beschaffenheit der Betondeckung birgt ebenso große Korrosionsgefährdungen für die Bewehrung.

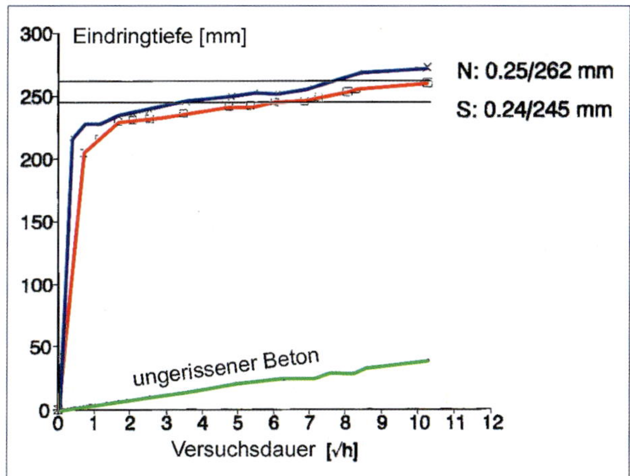

Bild 13.22: Eindringtiefe bei einem Biegeriss, nach [Rei2]

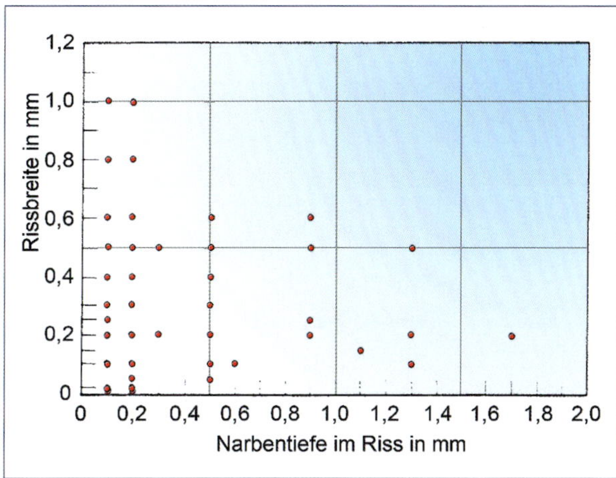

Bild 13.23: Korrelation zwischen Rissbreite und Narbentiefe auf der Bewehrung [Kel1]

Bild 13.22 zeigt Eindringkurven einer Flüssigkeit in Beton in Abhängigkeit von der Zeit. Die untere grüne Kurve gilt für ungerissenen Beton, die beiden anderen für jeweils einen Riss. Die Rissbreiten betragen 0,25 mm bzw. 0,24 mm und die Risstiefen 262 mm bzw. 245 mm. Der Vergleich zwischen den Kurven für die Risse und für den ungerissenen Beton zeigt, dass die Flüssigkeit sehr schnell in die Risse eindringt. Die Eindringzeit liegt unter einer Stunde. Dabei werden die Risswurzeln nicht ganz erreicht. Nach dieser Eindringphase gleichen die beiden Kurven in den Rissen derjenigen für den ungerissenen Beton. Das bedeutet, dass die Flüssigkeit im Riss schnell in die Tiefe bis an die Risswurzel gelangt, die Bewehrung ebenso schnell erreicht und sich dann wie im ungerissenen Beton ausbreitet.

In [Kel1] wird anhand von Versuchsergebnissen (Bild 13.23) gezeigt, dass zwischen Rissbreite und Narbentiefe bei Rostbefall der Bewehrung bis zu einer Rissbreite von 1 mm kein Zusammenhang besteht. Die Messergebnisse zeigen, dass Narbentiefen von z.B. 0,5 mm bei sieben verschiedenen Rissbreiten von 0,05 bis 0,6 mm gemessen worden sind. Danach unterscheiden sich die Verhältnisse im gerissenen und im ungerissenen Bereich kaum noch.

Risse mit üblichen Rissbreiten bis 0,4 mm sind für die Korrosionsgefahr kaum bedeutsamer als unzureichende Eigenschaften der Betondeckung im ungerissenen Bereich. Bild 13.23 zeigt, dass im Bereich bis zu einer Rissbreite von 1,0 mm die Rostnarbentiefe eher zufällig verteilt ist. Eine Beziehung zwischen der Rissbreite und der Rostnarbentiefe existiert in diesem Bereich nicht. Das stimmt mit den Langzeit-Versuchsergebnissen in [Sch29] überein.

Die Korrosion am Riss kann sich in zwei Beanspruchungsfällen vollziehen:

Korrosionsvorgang I: Die Korrosion beschränkt sich auf den Rissbereich

Die Stahloberfläche liegt im Riss frei und ist depassiviert. Es entstehen mehrere kleine Lokalelemente, die sich auf der Oberfläche des Bewehrungsstahls an kleinen Verunreinigungen oder Gefügeunregelmäßigkeiten bilden. Feuchtigkeit und Sauerstoff erreichen durch den Riss die Stahloberfläche. Anode und Kathode liegen dicht beieinander (Bild 13.24). Der Sauerstoff kann auf direktem Weg durch den Riss an den Stahl gelangen. Der Potenzialunterschied (vgl. Bild 13.17) zwischen ihnen ist ebenso wie die Rostschädigung der Bewehrung gering.

An der Oberfläche der Bewehrung entsteht eine dünne, nicht durchgehende Rostschicht (Bild 13.18). Der Rost befindet sich an der Bewehrungsoberfläche und verringert den Bewehrungsquerschnitt fast nicht.

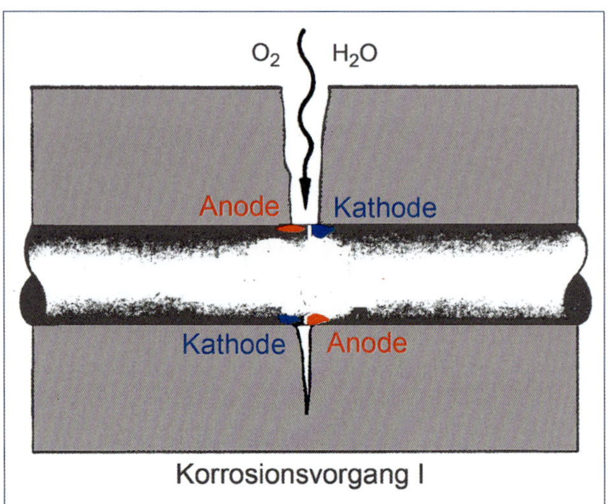

Bild 13.24: Korrosionsvorgang unmittelbar im Riss [Kel1]

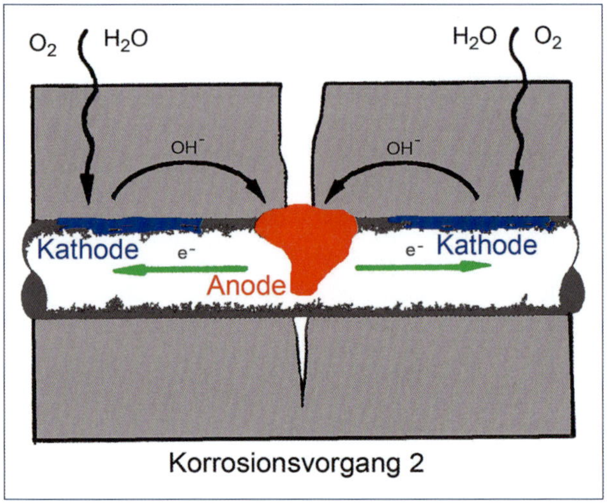

Bild 13.25: Korrosionsvorgang II in der weiteren Umgebung des Risses nach [Kel1]

Ein Tragfähigkeitsverlust ist über Jahre hinweg nicht zu befürchten.

Korrosionsvorgang II: Die Korrosion betrifft einen viel größeren Bereich des Bewehrungsstahls

Die depassivierte Oberfläche des Bewehrungsstahls im Riss wirkt als Anode. Die noch passivierte Oberfläche des Stahls im ungerissenen Bereich wirkt als Kathode. Der notwendige Sauerstoff muss durch die Betondeckung zum Stahl diffundieren; der Beton mit seinem Porenwasser wirkt als Elektrolyt. So entsteht ein Makroelement. Die Kathode hat im Vergleich zur Anode eine viel größere Fläche, was gegenüber dem Korrosionsvorgang I wesentlich größere Schädigungen am Bewehrungsstahl zur Folge hat (Bild 13.25).

Auf diese Weise entsteht Lochfraßkorrosion (Bild 13.26). Die Depassivierung der Bewehrung im Riss durch Chloridionen entsteht durch punktuelle Zerstörung der Passivschicht. Dadurch ist eine sehr kleine Anodenfläche bedingt. Die Kathode bildet sich auf der noch intakten Schutzschicht unter der Betondeckung auf einer größeren Fläche und nicht unmittelbar in der Nähe der Anode. Dadurch entsteht ein relativ großer Potenzialunterschied und ein hoher Korrosionsstrom. Große und tiefe Abtragungsraten sind die Folge. Diese Erscheinung wird als Lochfraßkorrosion bezeichnet (Bild 13.26). In den Bodenplatten älterer Tiefgaragen finden sich relativ häufig derartige Korrosionsschäden.

Bei dem heute üblichen Rippenstahl besteht die Besonderheit, dass die Relativverschiebung von Bewehrungsstahl und Beton in Rissnähe örtliche Gefügeveränderungen verursacht, durch die Luft und damit Kohlendioxid unmittelbar in den Beton in Bewehrungsnähe gelangen kann (Bild 13.27). Die schrägen Rippen verursachen einerseits Druckspannungen im Beton und auf der rückwärtigen Seite der Rippen Ablösungen des Stahls vom Beton. In den dabei entstehenden Spalt können Luft und Kohlendioxid gelangen und die Karbonatisierung in diesen Bereichen auslösen. An den dem Riss abgewandten, aufgelockerten Seiten der Rippen beginnt der Korrosionsprozess und schreitet schneller voran als an den auf Druck beanspruchten Stirnseiten der Rippen [Sch29].

Bild 13.28 zeigt die Ergebnisse von Auslagerungsversuchen an kleinen Balken mit einem Riss unter verschiedenen atmosphärischen Bedingungen (ohne Chlorideinwirkung):

Ein ähnliches Bild ergibt sich auch für Rippenstahl mit 8 mm Durchmesser. Die Schlussfolgerung, dass es

Bild 13.26: Chloridinduzierte Lochfraßkorrosion mit nahezu vollständigem Querschnittsverlust (Bewehrungsdurchmesser 10 mm)

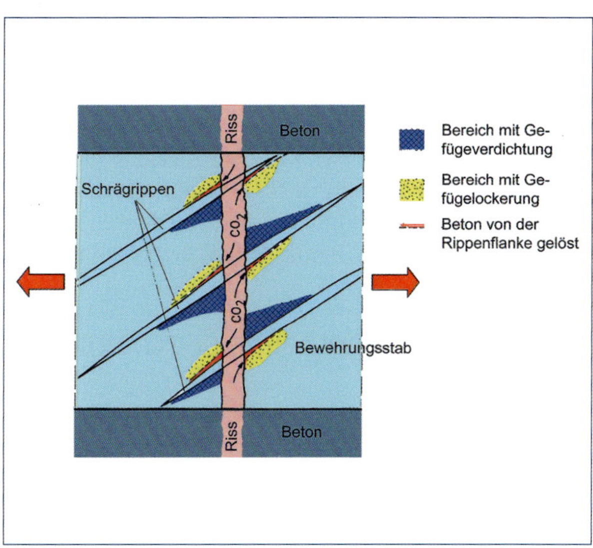

Bild 13.27: Gefügeveränderungen des Betons am Stahl durch den Schlupf [Sch2]

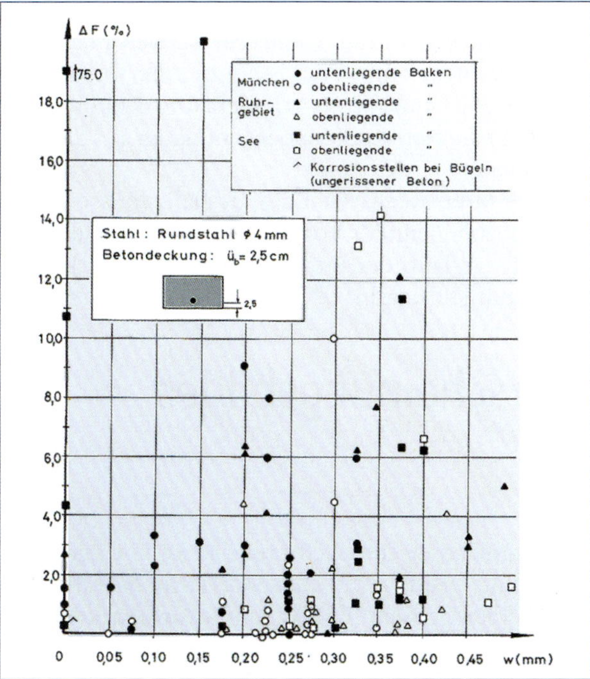

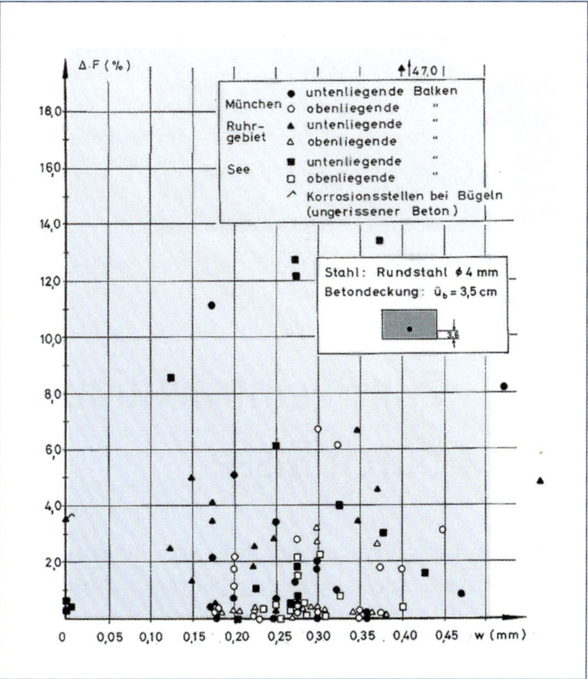

Bild 13.28: Querschnittsminderungen ΔF an der Längsbewehrung in Abhängigkeit von der Rissbreite und der Betondeckung nach zehnjähriger Auslagerung [Sch29]

nahezu keinen Zusammenhang zwischen Rissbreite und Korrosionsabtrag im Bereich bis 0,45 mm Rissbreite gibt, ist sowohl theoretisch als auch experimentell bestätigt worden.

Bei chloridinduzierter Korrosion ist das nicht anders. Die Gefahr besteht dort ebenfalls nicht in einer größeren Rissbreite, sondern in der weiteren Zufuhr von Chloridionen ins Betongefüge. Besteht diese Gefahr, ist immer etwas dagegen zu tun, wenn es nicht bereits zu spät und die Chloridkonzentration an der Bewehrung zu groß geworden ist.

Den ursprünglich vermuteten Zusammenhang zwischen Rissbreite und Korrosionsgefahr der Bewehrung gibt es erst bei größeren Rissbreiten. Bei Werten bis 0,5 mm ändert sich die Korrosionsgefährdung auch bei einer kleineren Rissbreite nicht.

13.5.4 Besonderheiten der chloridinduzierten Korrosion

Eine Besonderheit der chloridinduzierten Korrosion ist die Lochfraßkorrosion. Bei örtlicher Depassivierung durch Chlorideinwirkung vollzieht sich der kathodische Teilprozess auf der noch passivierten, relativ großen Stahloberfläche. Dadurch entstehen höhere Potenzialdifferenzen, die die Voraussetzung für die gefürchtete Lochfraßkorrosion bilden. Im Pourbaix-Diagramm für eine chloridhaltige Lösung (Bild 13.14) ist erkennbar, dass es kein gesichertes Gebiet im Diagramm gibt, in dem der Stahl nicht korrodieren kann. Bei der Lochfraßkorrosion entsteht eine deutliche Narbe im Stahl, die relativ schnell wächst, wenn die Voraussetzungen dafür gegeben sind. In Bild 13.29 sind die Vorgänge schematisch dargestellt. Der niedrige pH-Wert von pH = 5 entsteht dadurch, dass sich aus den Chloriden Salzsäure bildet. Die Konzentration der Chloridionen muss in diesem Bereich hoch sein, um die schnelle Ionen-Auflösung zu unterstützen und den Prozess aufrecht zu erhalten. Die Rostprodukte schirmen die Narbe gegenüber Einflüssen aus der Umgebung ab.

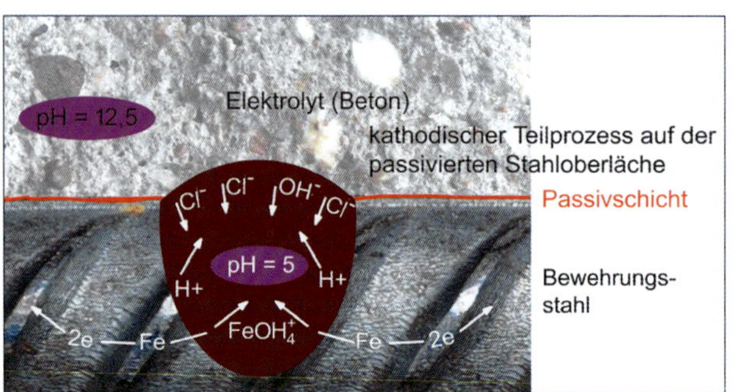

Bild 13.29: Veränderung des Elektrolyten in einer stabilen Narbe [Sch6]

Die Narbe wächst ständig, deshalb müssen auch ständig genügend Cl^--Ionen zugeführt werden. Andernfalls verläuft der Prozess langsamer oder kommt sogar zum Stillstand.

13.6 Zur Beeinträchtigung des Erscheinungsbildes durch Risse

Risse stören das Erscheinungsbild von Betonflächen. Deshalb sind sie nicht besonders beliebt, insbesondere in Innenräumen mit anspruchsvoller Nutzung. Inwieweit sie die Erscheinung der Ansichtsfläche stören, hängt von mehreren Faktoren ab wie Rissbreite, Betrachtungsabstand, Ausleuchtung der gerissenen Fläche, Färbung, Ebenheit und Musterung. In Bild 13.30 oben sind unterschiedlich breite Risse vor dem gleichen Hintergrund abgebildet. Man sieht, dass die Rissbreite einen großen Einfluss auf die Sichtbarkeit eines Risses hat. Die anderen Faktoren sind aber ebenfalls von Bedeutung.

Das Beispiel in Bild 13.30 zeigt, dass je nach Art der Nutzung, den vor Ort existierenden Bedingungen und

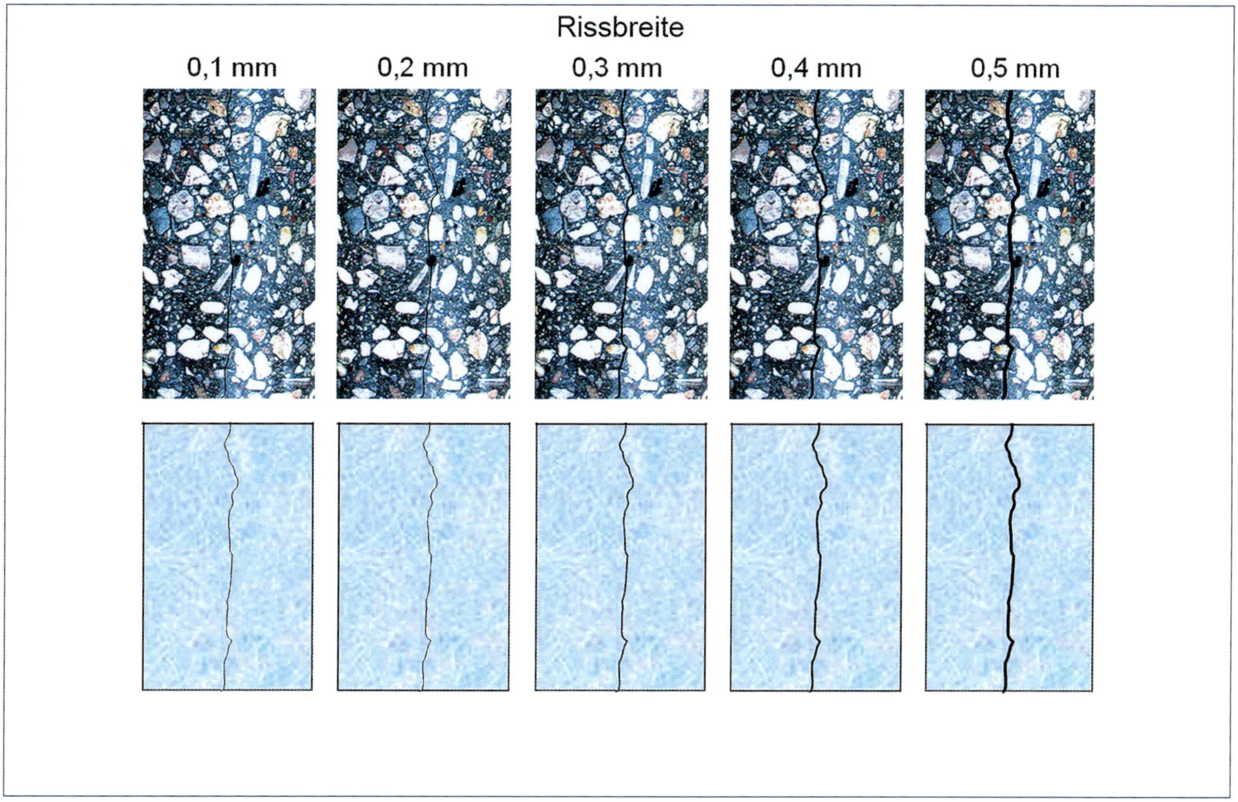

Rissbreite

0,1 mm 0,2 mm 0,3 mm 0,4 mm 0,5 mm

Bild 13.30: Unterschiedlich breite Risse auf zwei unterschiedlichen Hintergründen

den Befindlichkeiten des Betrachtenden kein objektives Kriterium für die Beurteilung von Ansichtsflächen zu finden ist. Wenn ein solcher Wunsch beim Bauherrn besteht, müssen die Kriterien für die Beschaffenheit der Fläche in der Leistungsbeschreibung so detailliert aufgeführt werden, dass danach gebaut, bei der Abnahme aber auch danach kontrolliert werden kann.

In Bild 13.31 ist ein US-amerikanisches Diagramm wiedergegeben, das zwar für Mauerwerk gilt, aber auch für Betonflächen benutzt werden kann. Je nach Art der Nutzung und des Betrachtungsabstands sind Bewertungszahlen von 1 bis 9 abzulesen. Dieses Diagramm kann bei Verhandlungen zwischen Planer und Auftraggeber Anhaltswerte liefern.

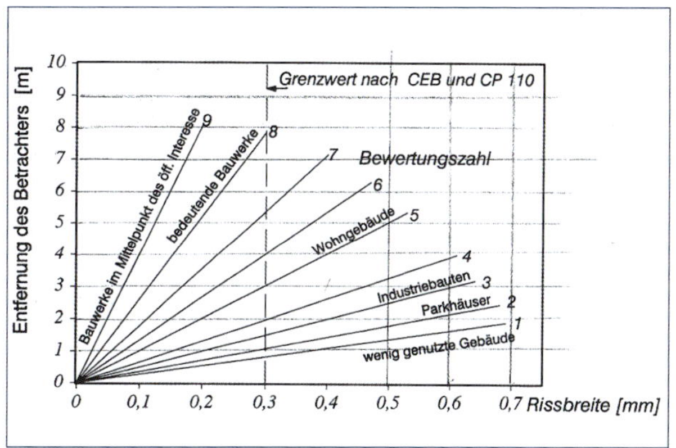

Bild 13.31: Optisch störende Risse [BCS, zitiert nach [Bos1]

14 Risse und die Selbstdichtung/Selbstheilung in wasserundurchlässigen Bauwerken aus Beton

14.1 Allgemeines

Trennrisse sind in wasserundurchlässigen Bauwerken aus Beton potenzielle Leckstellen. Wenn Dichtigkeit gefordert ist, sind sie unerwünscht, und es werden große Anstrengungen darauf verwandt, sie zu vermeiden. Das ist oft nicht möglich, und manchmal auch nicht nötig, wenn geringe Leckwassermengen die Nutzung des Bauwerks nicht beeinträchtigen. In diesem Fall ist die Fähigkeit von Stahlbetonrissen von Bedeutung, sich beim Durchfließen von Wasser allmählich selbst abzudichten. Diese Eigenschaft wird auch als Selbstheilung oder Selbstdichtung bezeichnet.

Die **Selbstheilung** wird als der übergeordnete Begriff benutzt, der die Reduzierung des Durchflusses ohne völlige Abdichtung einschließt [Edv1]. Bei der **Selbstdichtung** dichtet sich der Riss vollständig bis zur Trocknung ab. Die Phänomene der Selbstheilung und Selbstdichtung sind schon seit Jahrzehnten bekannt und wurden gelegentlich empirisch eingesetzt, wenn in Behältern Trennrisse und damit Undichtigkeiten entstanden waren. Durch Zugabe von Kalk oder Zement ins Wasser der Probefüllung für den Dichtigkeitsnachweis glaubte man, den Prozess der Selbstheilung unterstützen zu können. Der Erfolg war wechselhaft und nicht planbar, weil über ihn nur wenig bekannt war.

In den 1980er-Jahren des vorigen Jahrhunderts begannen wissenschaftliche Untersuchungen des Vorgangs. In den Arbeiten von Clear ([Cle1], [Cle2]) aus den frühen 1980er-Jahren wurden der Durchflussprozess und die Ursachen der Selbstheilung vorwiegend experimentell untersucht. Clear benutzte das Gesetz von Hagen/Poiseuille, das den Durchfluss eines Newtonschen Fluids durch einen kapillaren Spalt mit ebenen Wandungen beschreibt, um durch Anpassung der Formeln an seine Messergebnisse wenigstens einen kleinen Teil des Durchflussprozesses für einen realen Riss mathematisch beschreiben zu können. Die mathematischen Formulierungen bezogen sich ausschließlich auf den Durchfluss, in keinem Fall auf die Selbstheilung. Eine technische Nutzung der Selbstheilung war in den Forschungsarbeiten von Clear nicht vorgesehen.

Versuche, den Selbstdichtungsvorgang mathematisch zu beschreiben, sind bisher ohne Erfolg geblieben. Lediglich der Fließvorgang und die Durchflussmenge am Beginn des Durchflusses wurden in nicht besonders guter Näherung halbempirisch erfasst. Die Beschreibung des Fließvorgangs löst das Problem der Selbstdichtung nicht. Nicht der

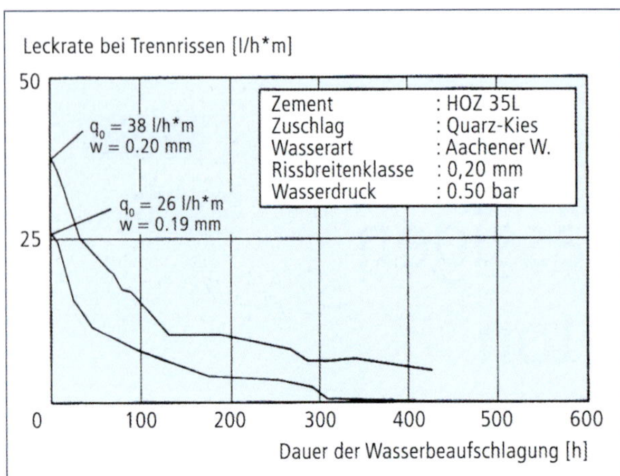

Bild 14.1: Zwei typische Durchflusskurven für die Wassermenge in Abhängigkeit von der Zeit [Edv1]

Bild 14.2: Punktförmiger Wasserdurchtritt durch einen Trennriss in einer Behälterwand

Durchfluss, sondern seine Verhinderung durch Selbstdichtung muss das Ziel der Forschung sein. Die drei Ziele einer quantitativen Beschreibung des Selbstdichtungsvorgangs sind:

1. Vorhersage der Selbstdichtungswahrscheinlichkeit für einen Riss mit bekannter Rissbreite und bekannter Druckdifferenz; damit muss die Selbstdichtung bereits in der Planungsphase möglichst zuverlässig einsetzbar sein,
2. Abschätzung der Dauer des Prozesses der Selbstdichtung,
3. ggf. Abschätzung der Wassermenge, die während des Selbstdichtungsprozesses durch den Riss fließt.

Alle bisherigen Versuche, diese drei Fragen bereits im Planungsprozess durch eine Berechnung beantworten zu können, haben bisher keine brauchbaren Ergebnisse hervorgebracht.

Hauptinhalt der Forschung war die Beobachtung des Wasserdurchflusses, um die Haupteinflüsse für den Selbstdichtungsvorgang zu ermitteln und gegebenenfalls zu quantifizieren. Bild 14.1 zeigt eine typische Durchflusskurve, wie sie in allen Versuchen gemessen und ausgewertet wurde. Die Kurve fängt bei einem relativ hohen Anfangswert an, fällt dann rasch ab, um sich danach asymptotisch der Abszisse zu nähern. Erreicht sie die Abszisse, dann ist die Selbstdichtung gelungen. Erreicht sie sie nicht, bleibt der Riss auf Dauer mit einer kleinen Menge wasserführend. In jedem Fall verringert sich die Durchflussmenge ganz erheblich, unabhängig davon, ob es zur völligen Abdichtung kommt.

Das Bild 14.2 zeigt den Durchfluss einer geringen Wassermenge durch einen horizontalen Trennriss in einer Behälterwand. An den Sinterspuren ist erkennbar, dass das Wasser schon mehrere Tage gelaufen ist und dass es sich um sehr kleine Durchflussmengen gehandelt hat. Davon verdunstet ein großer Teil und hinterlässt seine Inhaltsstoffe, die nicht verdunsten, als Kalkfahnen auf der Oberfläche. Die punktförmigen Wasseraustrittsstellen zeigen an, dass sich im Riss kleine Strömungspfade gebildet haben, durch die das Wasser den Riss passiert. Es handelt sich also nicht um eine laminare Strömung. Bei laminarer Strömung wäre ein gleichmäßiger Wasseraustritt mit einem gleichmäßigen flächigen Kalkschleier zu erwarten.

Bild 14.3: Bunker aus dem 2. Weltkrieg in Norwegen; über 60 Jahre Durchfluss ohne Selbstdichtung

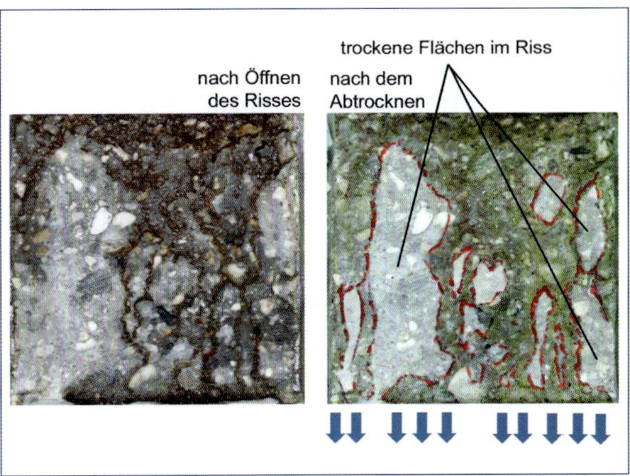

Bild 14.4: Eindringfront von Dünngülle, unmittelbar nach dem Spalten des Risses (links) und nach Abtrocknung der Rissflächen (rechts) nach [Hor1]; Seitenlänge 200 mm in beiden Richtungen

Zu sehen ist etwas anderes, was darauf hindeutet, dass der Durchfluss nicht dem Gesetz von Hagen-Poiseuille für laminare Strömung in einem schmalen Spalt folgt. In der Literatur bleibt das im Allgemeinen unbeachtet. Es hat allerdings auch keine Folgen für die Selbstheilung/Selbstdichtung, weil das Gesetz von Hagen/Poiseuille nur für den Anfangsdurchfluss, nicht aber für die Selbstheilung brauchbar ist.

Häufig wird die Meinung vertreten, dass wasserführende Risse durch Kalkablagerungen an der Bauteiloberfläche abgedichtet werden können. Das ist ein Trugschluss. Die Rissabdichtung ist nur im Rissspalt selbst möglich, nicht an der Oberfläche des Bauteils. Eine Kalkfahne an einem Riss zeigt lediglich einen sehr geringen Wasserdurchfluss an, sodass das Wasser noch beim Herablaufen an der Wand verdunstet und sich die Wasserinhaltsstoffe ablagern. Beispielsweise ist Bild 14.3 in einem eingeerdeten Bunker in Norwegen entstanden, der etwa 60 Jahre alt war. Die weißen Kalkablagerungen sind das Ergebnis jahrelangen Wasserdurchflusses durch die Arbeitsfugen. Zum Zeitpunkt der Aufnahme war die Fläche immer noch nass, obwohl dicke Kalkablagerungen auf der Oberfläche waren ein sicheres Zeichen dafür, dass der Riss nach 60 Jahren noch wasserführend war.

Auffällig ist bei beiden Aufnahmen (Bild 14.2 und Bild 14.3), dass der Spalt nicht gleichmäßig von einem durchgängigen Wasserfilm durchflossen wird, sondern dass das Wasser über die Risslänge mehr oder weniger punktförmig austritt. Einen einheitlichen Wasserfilm über die gesamte Risslänge gibt es in beiden Bildern nicht. Das wird auch an einem geöffneten Riss (Bild 14.4) bestätigt. Obwohl der Riss durchflossen worden ist, sind im Inneren der Rissfläche trockene Bereiche zu erkennen, in denen die Flüssigkeit nie gewesen ist. Die Rissbreite wurde während des Versuchs bei einem Flüssigkeitsdruck von 10 mWS von 0,2 bis 0,3 mm variiert. Die Flüssigkeit ist bis an die Luftseite gelangt, aber in einer sehr unregelmäßigen Form.

14.2 Wie sich die Selbstdichtung vollzieht und wie die Abdichtung aussieht

Selbstheilung und Selbstdichtung beruhen darauf, dass sich der durchflossene Riss allmählich mit Partikeln unterschiedlicher Herkunft zusetzt. Die Partikel können als kleine Betonkrümel bei der Rissbildung entstehen oder im Wasser enthalten sein. Außerdem entsteht durch Reaktion des fließenden Wassers mit dem ungebundenen Calciumhydroxid des Zementsteins Calciumcarbonat, das ebenfalls in Form von kleinen Partikeln im Riss durch die Strömung mitgeführt werden kann. An den Engstellen verhaken sich die Partikel und dichten den Riss nach und nach von den Engstellen ausgehend ab, ohne ihn auszufüllen. Zur Abdichtung entsteht im Riss eine etwa linienförmige, unregelmäßig geformte Barriere. Die Engstellen sind im natürlich gebrochenen Riss naturgemäß vorhanden, wenn Teile der Rissuferflächen nicht rechtwinklig zur Zugkraftrichtung, sondern schräg dazu verlaufen.

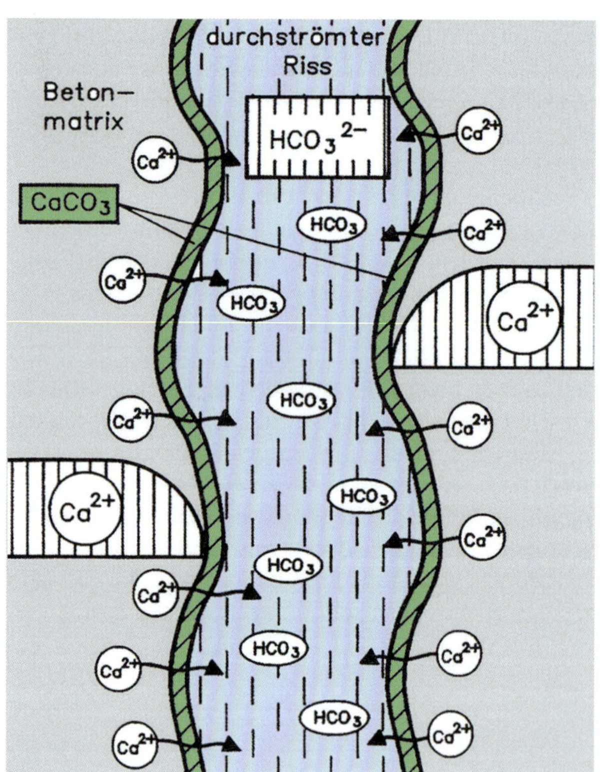

Bild 14.5: Weitgehend parallele Rissufer mit flächig angelagertem $CaCO_3$ in einer Skizze in [Edv1]

In den in der WU-Richtlinie verwendeten Forschungsergebnissen ([Edv1], [Rip1]) gibt es keine genauen Angaben zur Art der Abdichtung eines Trennrisses. Die Voraussetzungen und Ursachen werden zwar ausführlich erörtert, wie die Abdichtung im Ergebnis aussehen sollte, wird jedoch nicht deutlich dargestellt. Bild 14.5 aus [Edv1] zeigt einen Riss mit fast parallelen Risswandungen, obwohl der Autorin die Verengung der Durchflussöffnung durch den geneigten Rissverlauf bekannt war. In der Erläuterung der $CaCO_3$-Bildung wurde das als weniger wesentlich erachtet und nicht mit dargestellt.

Alle Veröffentlichungen gehen davon aus, dass Calciumcarbonat im Riss gebildet wird, das den Riss allein oder gemeinsam mit anderen Partikeln zusetzt. Clear, der den Wasserdurchfluss und die Ursachen der Selbstdichtung untersucht hat ([Cle1], [Cle2]), vermutete dies auch. Er öffnete Risse nach erfolgreicher Selbstdichtung und fand zwar das erwartete Calciumcarbonat, aber in viel geringerer Menge als das Rissvolumen es erwarten ließ. Der Riss war nach der Abdichtung also nicht völlig mit Abdichtungsmaterial gefüllt, aber trotzdem dicht. Es musste noch andere, begünstigende Einflüsse geben, die eine völlige Abdichtung des Rissspalts ermöglichen, ohne ihn völlig auszufüllen.

Nach eigenen erfolgreichen Durchflussversuchen [Mei7] geöffnete Rissflächen bestätigen, dass das Wasser nicht gleichmäßig durch den Rissspalt fließt. Es zeigte sich, dass die Unebenheiten der Rissuferflächen den Wasserdurchfluss ganz erheblich behindern und mit den bei kleinen Rissbreiten entstehenden Engstellen das Anlagern der im Wasser transportierten Partikel sowie des Calciumcarbonats ermöglichen. So setzt sich der Rissspalt nach und nach zu, beginnend bei der engsten Stelle und endend bei der Stelle im Riss mit

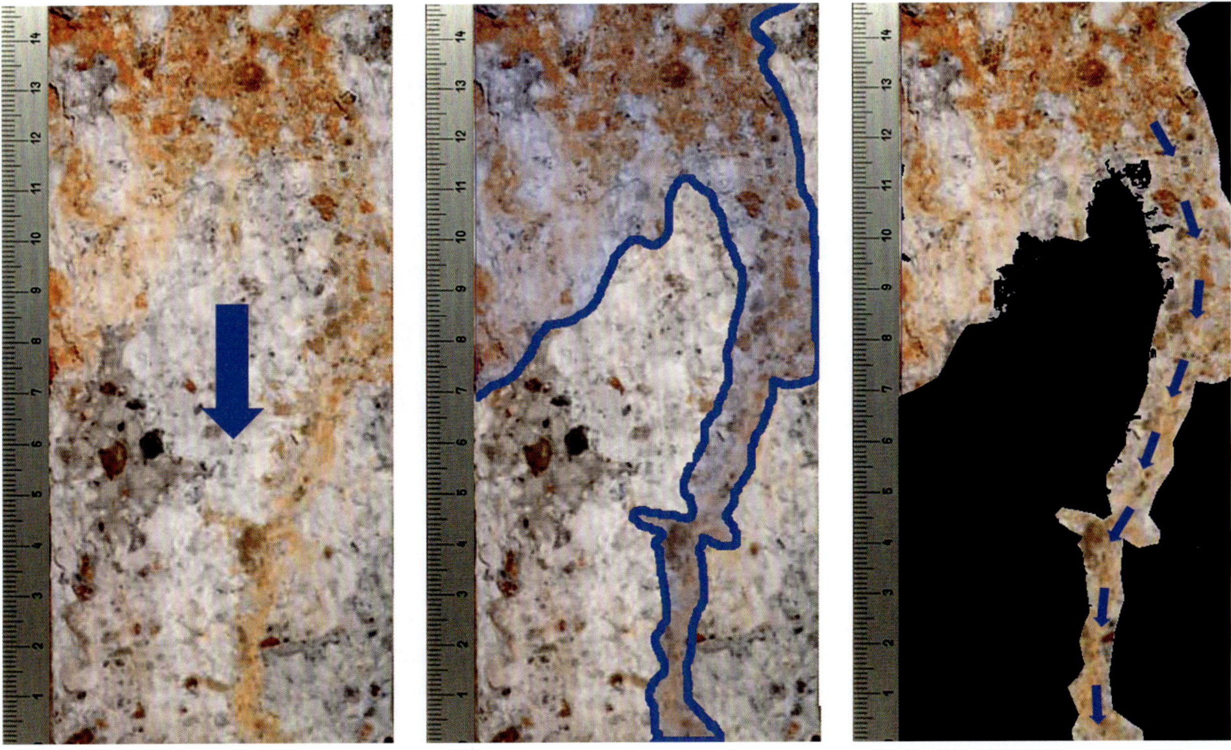

Bild 14.6: Geöffnete Rissfläche nach einem erfolglosen Selbstdichtungsversuch; links: nicht bearbeitetes Foto, Mitte und rechts: das gleiche Foto mit Einträgen

dem größten Durchflussquerschnitt. Falls sich diese nicht zusetzt, bleibt der Riss undicht, hat aber gegenüber dem Anfangsdurchfluss nur noch eine geringe Wassermenge.

Im Riss entstehen etwa trichterförmige Fließbereiche genauso wie nicht durchflossene Bereiche (Bild 14.4, Bild 14.6). Die Grenze zwischen diesen beiden Bereichen ist die Abdichtungsbarriere. Sie ist unregelmäßig geformt und begrenzt oft einen dünnen Kanal, durch den noch längere Zeit etwas Wasser fließt und der sich erst nach längerer Zeit abdichtet oder aber undicht bleibt. Das hängt allein von den Zufälligkeiten der Rissbildung und des Partikelangebots ab.

Die Barrierebildung ist am Foto eines nach erfolgloser Selbstdichtung geöffneten Risses aus den eigenen Versuchen gut zu erkennen (Bild 14.6). Der Riss an der Oberseite des Versuchskörpers ist 67 mm lang und besitzt einen vertikalen Durchflussweg von 150 mm Länge (siehe Maßstab links). Der Versuchskörper für die eigenen Versuche [Mei7] wurde auf der Basis des Prüfwürfels von 150 mm Kantenlänge in Anlehnung an den Versuchskörper von Clear [Cle1] entwickelt. Der blaue Pfeil gibt die Durchflussrichtung an. Das linke Teilbild ist das Originalfoto, das mittlere Teilbild ist das gleiche Foto mit Eintragungen und Markierungen. Das rechte Teilbild zeigt die bei erfolgloser Selbstdichtung dauerhaft durchströmte Fläche des Risses, die wie ein schmaler Trichter geformt ist. An der Luftseite verbleibt dann nur eine kleine Öffnung, aus der das Wasser tropfenweise austritt. Die durch die Barriere abgeschirmte, nicht durchströmte Fläche im Riss ist schwarz eingefärbt. Sie ist selbst bei erfolgloser Selbstdichtung trocken, obwohl sie anfangs kurzzeitig

Bild 14.7: Unterseite eines Versuchskörpers nach fast völliger Selbstdichtung des Risses mit Tropfenbildung, Blick von unten nach schräg oben (Bildquelle: Bozorgzadeh [Boz1])

Bild 14.8: Wasserfall, der in mehrere Strömungspfade geteilt ist

auch durchflossen worden sein muss. Am Ende eines solchen »Kanals« tritt das Wasser in der Endphase des Versuchs punktförmig und tropfenweise aus (Bild 14.7).

Die Barriere ist ein linienförmiges Gebilde, das im mittleren Foto von Bild 14.6 durch eine blaue Linie markiert ist. Der Riss in Bild 14.6 mit einer Rissbreite von 0,16 mm (Lupenmessung, Mittelwert aus je sechs Messungen an der Wasser- bzw. Luftseite) setzt sich nicht gleichmäßig zu, indem die Rissbreite langsam und stetig reduziert wird, sondern es gibt Abdichtungen nur an den Engstellen, die sich allmählich zu einer abdichtenden Barriere vereinigen (Bild 14.6 links und Mitte). Es scheint, dass es Rissbereiche gibt, die von Anfang an nicht vom Wasser durchflossen worden sind, auch bei Rissbreiten über 0,1 mm. So verbleibt ein unregelmäßiger, zerklüfteter und schmaler Kanal, durch den längere Zeit Wasser fließt, ohne dass es zur Abdichtung kommt. Erst in dieser letzten Phase, also nach erfolgreicher Abdichtung aller geeigneten Engstellen, entscheidet sich bei kleiner Durchflussrate, ob sich der Riss selbst abdichtet oder ob er undicht bleibt. Im beschriebenen Fall blieb er undicht.

Der im Foto gezeigte Versuch wurde nach 286 Stunden (also fast zwölf Tagen) abgebrochen. Zu dieser Zeit hatte das ausfließende Wasser einen zu niedrigen pH-Wert von pH = 8 bis 9, in dem sich kein Calciumcarbonat mehr im Riss bilden konnte. Der niedrige pH-Wert zeigt an, dass das Calciumhydroxid des Zementsteins herausgelaugt, also verbraucht ist und so keine Selbstdichtung mehr möglich ist.

Die braune Färbung der vom Wasser dauerhaft benetzten oder durchflossenen Bereiche rührt von Rostablagerungen her, die von der Spreizeinrichtung im Prüfkörper stammen. Sie zeigen die Bereiche, die während der Versuchsdauer von rund zwölf Tagen dauerhaft mit dem rosthaltigen Wasser in Berührung waren.

Nach der Beobachtung in den Durchflussversuchen, aber auch an fertigen Bauwerken, muss der Durchfluss durch einen engen Riss diskontinuierlich verlaufen und den Rissspalt nicht an allen Stellen ausfüllen. Der Strömungswiderstand über die Risslänge wechselt stark, sodass die Durchflussmenge im Riss ganz unterschiedliche Werte annehmen kann. Das Strömungsbild im Riss ist etwa mit dem in Bild 14.8 abgebildeten Wasserfall vergleichbar. Es ist davon auszugehen, dass es im Riss Bereiche gibt, durch die das Wasser nicht fließt. Das liegt wahrscheinlich daran, dass derartige Bereiche sehr eng sind und neben breiteren Bereichen liegen, in denen der Strömungswiderstand deutlich geringer ist und die deshalb vom langsam durchfließenden Wasser bevorzugt werden.

Diese Vermutung bedarf einer weiteren experimentellen Absicherung. Sicher kann man jedoch heute schon sagen, dass es im Rissspalt keine laminare und ohnehin keine stationäre Strömung gibt, wie sie das Durchflussgesetz von Hagen-Poiseuille voraussetzt.

Bemerkenswert ist, dass sich die Rissfläche nicht zu einem bestimmten, einheitlichen Zeitpunkt völlig abdichtet, sondern dass sich einzelne Bereiche nach und nach je nach den konkreten Selbstdichtungsbedingungen abdichten. Erkennbar ist das an der langsam abnehmenden Durchflussmenge. Gegen Ende des Versuchs verbleiben einzelne trichterförmige Kanäle, während der größere Flächenanteil hinter der Barriere liegt und schnell austrocknen kann. Diese Tatsache lässt sich an noch nassen Trennrissen beobachten (Bild 14.2).

Die Abdichtungsbarriere im Riss ist etwa linienförmig orientiert (Bild 14.9). Sie entsteht, indem sich zuerst die engsten Stellen im Riss mit Partikeln zusetzen und die weiteren Stellen verengt werden. Auch sie setzen sich nach einiger Zeit zu. Dort, wo die Engstellen aneinander grenzen, entstehen die Anfänge der Abdichtungsbarriere. Die Bereiche mit der größten Rissbreite dichten sich als letzte ab, im ungünstigsten Fall bleiben sie offen. So kann noch eine geringe Wassermenge den Riss passieren, ihn aber nicht mehr abdichten.

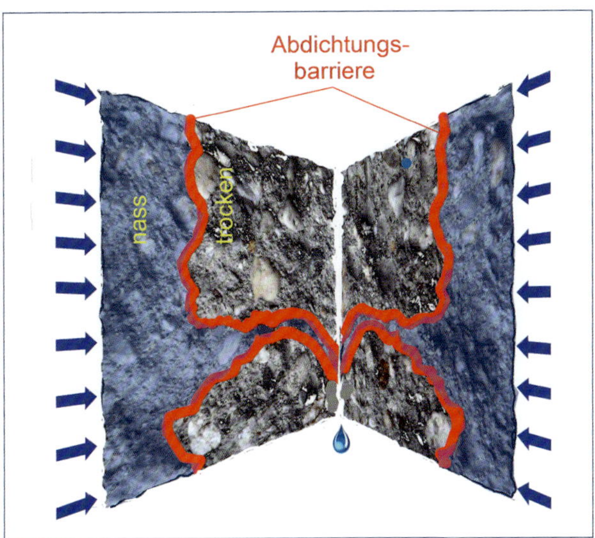

Bild 14.9: Blick in einen geöffneten, vertikalen Riss mit der rot markierten Abdichtungsbarriere (aufgeklappt wie ein Buch, schematisch dargestellt)

Die Vorhersagemöglichkeit einer Selbstdichtung hängt letztlich von den Zufälligkeiten der Unebenheiten der Rissuferflächen ab. Es ist nicht absehbar, ob diese Zufälligkeiten mathematisch erfasst werden können.

14.3 Einflüsse und Bedingungen für die Selbstheilung / Selbstdichtung

14.3.1 Druckdifferenz zwischen Wasser- und Luftseite

Die Druckdifferenz zwischen Wasser- und Luftseite liefert die Energie für den Fließprozess und bestimmt die Fließgeschwindigkeit im Riss. Je größer die Druckdifferenz zwischen Wasser- und Luftseite ist, umso größer ist bei gleicher Wanddicke die Fließgeschwindigkeit und umso schwieriger wird die Anlagerung von Wasserinhaltsstoffen und von Calciumcarbonat an den Engstellen des Risses. Die Fließbewegung ist notwendig, um die transportablen Partikel im Riss an die Engstellen zu transportieren. Dadurch beginnt der Aufbau einer Barriere von den Engstellen aus.

Bild 14.10 zeigt für drei normierte Durchflusskurven, dass mit steigender Druckdifferenz auch die Durchflussmenge zunimmt. Das Wasser muss an der Luftseite immer drucklos austreten, es würde sonst herausspritzen und hätte schlechte Chancen zur Selbst-

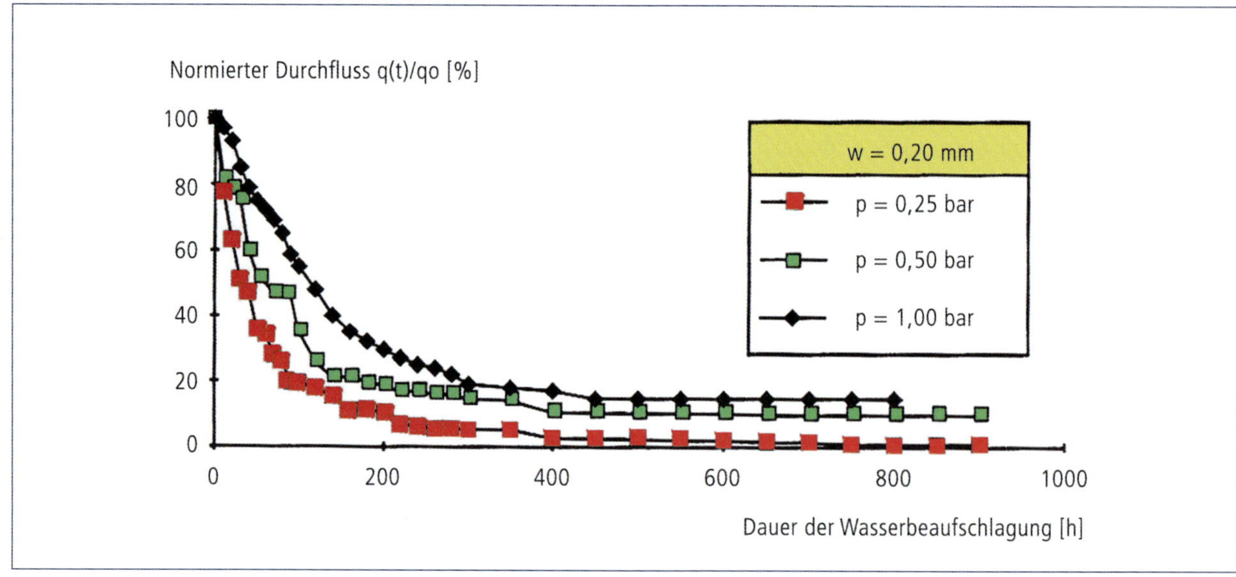

Bild 14.10: Durchflusskurven für Risse mit einer Rissbreite von 0,20 mm bei verschiedenen Wasserdrücken [Edv1]

dichtung. Für eine erfolgreiche Selbstdichtung sind also auch eine Mindestwanddicke und eine Höchstgrenze des Wasserdrucks einzuhalten. Nach bisherigen Erfahrungen genügen die gültigen Festlegungen der WU-Richtlinie zu Mindestwanddicken (Tabelle 14.3). Für den Wasserdruck gibt es bisher keine Festlegung für eine Obergrenze. Mit den vorliegenden Versuchsergebnissen liegen positive Erfahrungen bis zu 10 m Druckdifferenz vor. Das sollte vorläufig auch die Grenze sein, für die in der WU-Richtlinie zulässige Rissbreiten angegeben werden. Vorliegende Versuchsergebnisse über diesen Wert hinaus zeigen, dass die Selbstdichtungswahrscheinlichkeit über 10 mWS nicht mehr so groß ist.

Ohne fließendes Wasser im Riss ist keine Selbstdichtung denkbar. Es erfüllt die Aufgabe, die geeigneten Partikel an die Engstellen zu transportieren und ist Reaktionspartner bei der Bildung von Calciumcarbonat. Deshalb sind eine Wasserdruckdifferenz und eine Strömung notwendig, von denen die Fließgeschwindigkeit abhängt.

Zum Diagramm Bild 14.10 ist zu bemerken, dass nur der Riss mit einem Druckunterschied von 2,5 mWS (0,25 bar) bis zur Abdichtung kommt. Bei den beiden höheren Drücken von 5,0 mWS (0,5 bar) und 10,0 mWS (1,0 bar) kommt es bei dem Riss aus der Rissbreitengruppe 0,2 mm nicht mehr zur Selbstdichtung. Die Kombinationen von 0,2 mm Rissbreite und 5 mWS Druckdifferenz gehört damit bezüglich der Selbstdichtung bereits zu den unsicheren Positionen in der WU-Richtlinie.

Die Vorstellung, dass sich auch Biegerisse abdichten oder gar kraftschlüssig füllen können, ist nach heutigem Kenntnisstand nicht real. Wozu auch? Biegerisse sind keine potenziellen Leckstellen, weil sie das Bauteil nicht durchtrennen und damit keine Undichtigkeiten verursachen.

Beim Wasserdurchfluss durch einen Riss verändert sich die äußere Druckdifferenz zwischen Wasser- und Luftseite nicht, der Strömungswiderstand im Inneren des Risses wächst aber mit fortschreitender Selbstdichtung. Der Wasserdruck verläuft zu Beginn des Durchflusses über den Fließweg (Bauteildicke) linear. Danach ändert sich die Druckdifferenz nichtlinear (vgl. Bild 14.11).

Im Bild nimmt der Druck bei einer Tiefe von 50 mm während des Durchflusses, von der Wasserseite aus gemessen, stark ab und bleibt dann auf einem Niveau

Tabelle 14.1: In Durchflussversuchen verwendete Wasserdrücke

Edvardsen	Ripphausen	Meichsner
2,50 mWS	1,00 mWS stufenweise erhöht bis 22,50 mWS keine völlige Abdichtung	2,75 mWS
5,00 mWS		5,50 mWS (Standard)
10,00 mWS		8,25 mWS
15,00 mWS, nicht erfolgreich		11,00 mWS, nicht erfolgreich

von fast Null bis zur Luftseite annähernd konstant. Denkbar ist auch der gestrichelte Kurvenverlauf links oben. Er kann entstehen, wenn sich das eindringende Wasser an der Barriere aufstaut. Dieses Messergebnis von Bick zeigt die Abweichungen von linearen Beziehungen im Laufe des Selbstdichtungsprozesses. Das trifft auch auf andere Parameter des Prozesses zu.

Der Druckverlauf lässt erkennen, dass die Rissabdichtung nicht über die ganze Risstiefe erfolgt, sondern nur linienförmig etwas näher zur Wasserseite. Es bildet sich als Abdichtungselement also eine Barriere in der Nähe der Wasserseite aus.

Die für die Selbstdichtung experimentell erprobten Drücke, zu denen Ergebnisse vorliegen, sind in Tabelle 14.1 angegeben. Die Grenze von 10 mWS, für die empirische Erkenntnisse zur erfolgreichen Selbstdichtung vorliegen, sollte als Anwendungsgrenze vorläufig nicht überschritten werden.

Eine Voraussetzung für die Selbstheilung bzw. Selbstdichtung ist, dass die Wanddicke (Fließweg) so groß sein muss, dass das Wasser an der Luftseite drucklos ausströmen kann. Andernfalls sinkt die Wahrscheinlichkeit stark ab, dass sich Partikel anlagern und diese die Engstellen im Riss abdichten. Das ist mit den Mindestforderungen der WU-Richtlinie für die Wanddicke erfüllt.

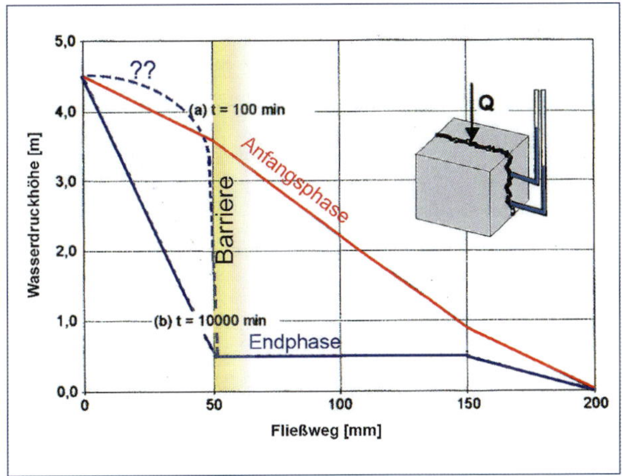

Bild 14.11: Druckabfall entlang des Fließwegs im Versuchskörper nach [Bic1]

14.3.2 Rauigkeit der Rissflächen

Die Rauigkeit der Rissflächen ist eine wesentliche Voraussetzung für eine erfolgreiche Selbstdichtung. Bild 14.12 zeigt eine natürlich gebrochene Betonfläche im Vergleich zu einer geschalten Fläche. Die Unebenheiten der gebrochenen Betonfläche sind verhältnismäßig groß.

Die Rauigkeit der Rissflächen begünstigt die Selbstdichtung dadurch, dass sich durch die stellenweise Rissflächenneigung Engstellen bilden, an denen sich die Partikel verankern, aus denen letztlich die Barriere entsteht. In Bild 14.13 und in Bild 14.14 ist dargestellt, dass der unregelmäßige Rissverlauf bei Abweichungen

Bild 14.12: Natürlich gebrochene Rissfläche (links) im Vergleich mit einer geschalten Betonfläche (rechts); beides Reste von einem Spaltzugversuch am 150er-Würfel

von der Zugkraftrichtung (in Bild 14.13 vertikal) natürliche Engstellen schafft, an denen die Rissbreiten im Inneren des Risses (w_1, w_2 usw.) erheblich kleiner als an der Oberfläche (w_k) sind. Dadurch entstehen die günstigen Voraussetzungen zur Anlagerung feiner Partikel. Vergleichsversuche mit natürlich gebrochenen und geschalten Flächen bestätigen die sehr stark unterstützende Wirkung einer rauen Rissfläche (vgl. Bild 14.46).

Im Bild 14.13 ist ein Riss mit parallelen Rissufern schematisch dargestellt. Solche Risse gibt es praktisch nicht. Die Reste der ehemaligen Rissprozesszone, die an den Rissflächen verbleiben verursachen nicht parallele Rissuferflächen. Das bedeutet, dass es auch an anderen Stellen als den gekennzeichneten Engstellen geben kann, an denen sich Partikel anlagern werden.

Die heute bekannten und benutzten Maßstäbe für die Rissrauigkeit sind nicht anwendbar, wenn die Rissfläche nicht zugänglich ist. Wünschenswert wäre aus Sicht der Selbstdichtung von Rissen, dass die Rissrauigkeit vorhersagbar und vielleicht sogar beeinflussbar ist. Aus heutiger Sicht bleibt das jedoch vorläufig ein unerreichbares Ziel. Die unzureichenden Kenntnisse über die Rissrauigkeit werden noch weiter bestehen bleiben und sich auch künftig in Form von Streuungen der Ergebnisse äußern.

In Bild 14.14 ist dargestellt, auf wie viel Prozent sich die Rissbreite im Inneren verringert, wenn Zugkraft- und Rissrichtung nicht rechtwinklig zueinander gerichtet sind. Bei einem Winkel von 45° beträgt die Rissbreite im Inneren noch 71 %, bei 60° nur noch 50 % des Oberflächenwerts. Im Vergleich mit Bild 14.13 wird deutlich, dass solche Rissverengungen durchaus auftreten.

Die Rissrauigkeit, die keine laminare Strömung im Riss entstehen lässt, hat einen entscheidenden Einfluss auf die Selbstdichtungswahrscheinlichkeit von Rissen. Häufig wird in Anlehnung an das Gesetz von Hagen-Poiseuille angenommen, dass der Durchfluss mit der 3. Potenz der Rissbreite zunimmt. Die gemessenen und normierten Durchflusskurven von Edvardsen [Edv1] sagen etwas anderes aus (Bild 14.15).

An einer willkürlich gewählten Stelle, an der die Durchflusskurven etwa parallel verlaufen (grüne

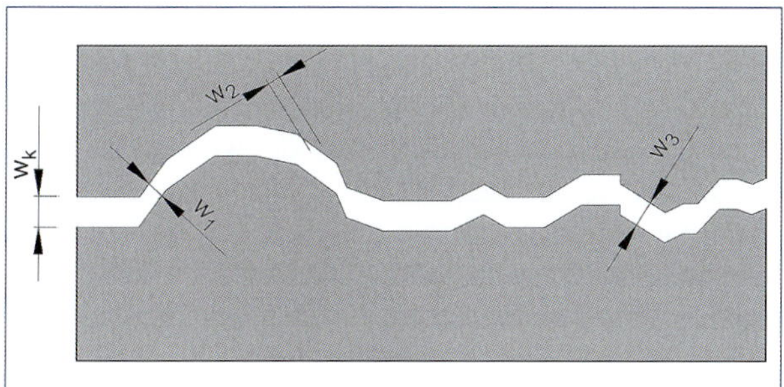

Bild 14.13: Vergleich zwischen der Rissbreite an der Oberfläche und der Rissbreite im Inneren

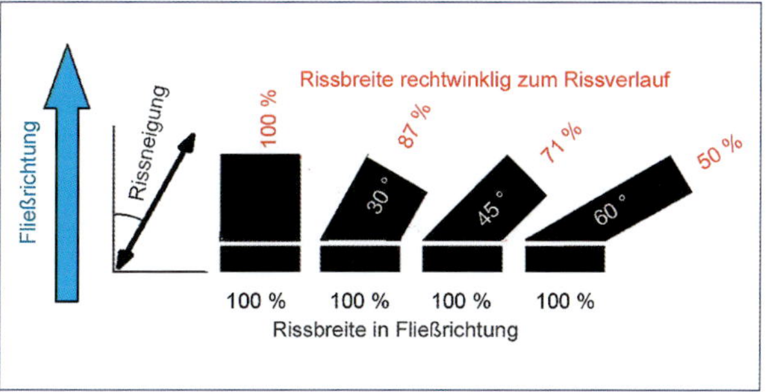

Bild 14.14: Die Neigung des Risses zur Zugkraftrichtung verringert die reale Rissbreite im Inneren

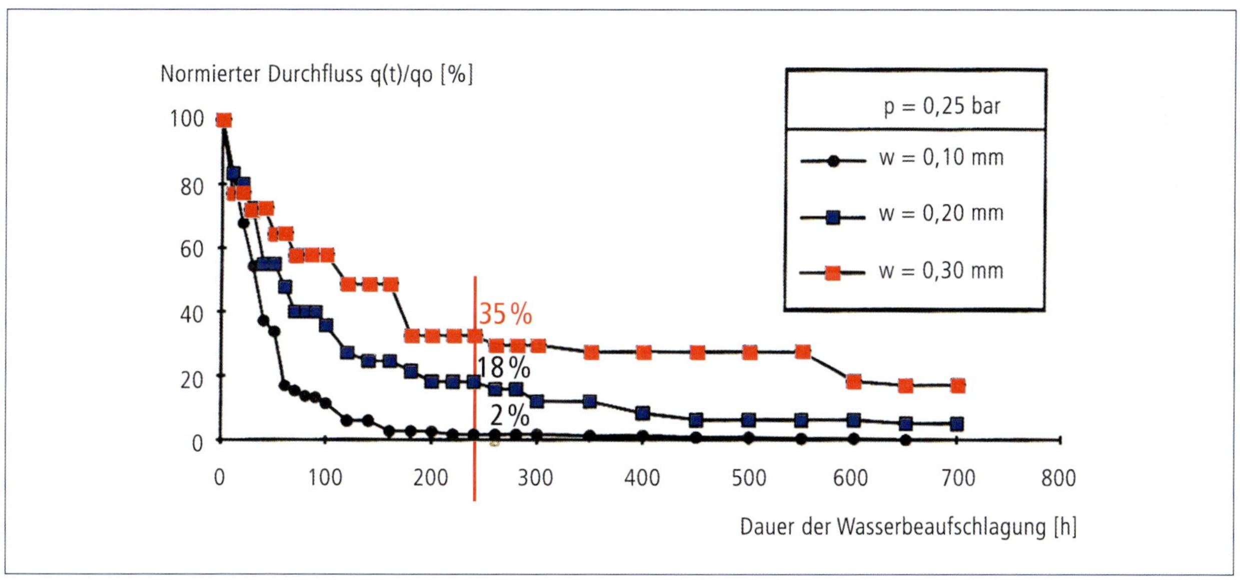

Bild 14.15: Normierter Durchfluss für verschiedene Rissbreiten [Edv1]

Pfeile) wurden folgende Durchflussmengen gemessen (Werte aus dem Diagramm abgegriffen):

Rissbreitengruppe w = 0,1 mm q(t) = 2 %
Rissbreitengruppe w = 0,2 mm q(t) = 18 %
Rissbreitengruppe w = 0,3 mm q(t) = 35 %

In dieser Reihung ist keine Abhängigkeit in der dritten Potenz der Rissbreite zu erkennen. Die beiden Durchflusswerte für die Rissbreiten 0,2 mm und 0,3 mm verhalten sich im Verhältnis 1:2. Der Wert für die kleinere Rissbreite passt nicht in die Reihe.

14.3.3 Geeignete Partikel für die Rissabdichtung

Um eine Barriere im Riss zu bilden, die den Wasserdurchfluss allmählich zum Stillstand bringt, ist Blockiermaterial an den Engstellen des Risses erforderlich. Für das Dichtmaterial gibt es vier Quellen (Bild 14.16):

- Betonpartikel, die bei der Bildung des Risses entstehen und als lose Teilchen im Rissspalt liegen,
- Wasserinhaltsstoffe,
- ins Wasser gemischte Partikel oder Verunreinigungen,
- Calciumcarbonatablagerungen und -kristalle.

In Bild 14.16 wurden die verfügbaren Partikel mit einer typischen Durchflusskurve verglichen. Zu Beginn des Durchflusses gibt es nur die Betonpartikel (Abplatzungsprodukte) und die Wasserinhaltsstoffe. Die Betonpartikel stehen sofort zur Verfügung und werden vom strömenden Wasser soweit mitgenommen, bis sie sich an einer Engstelle verhaken oder den Riss an der Luftseite verlassen.

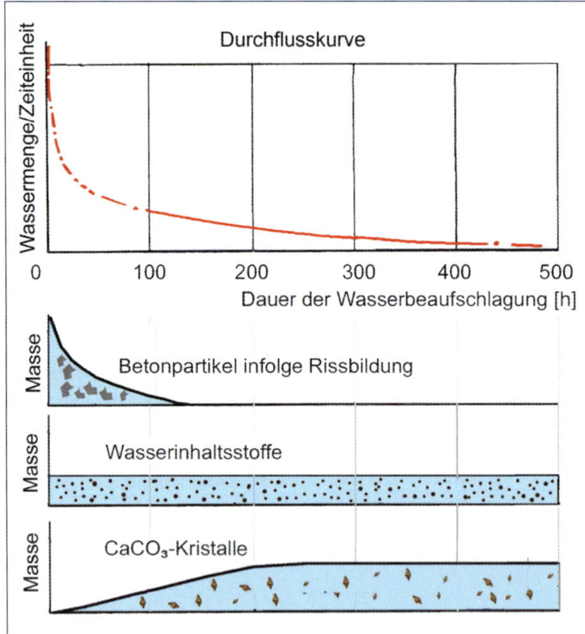

Bild 14.16: Angebot an Partikeln im Riss während der Selbstdichtungszeit (Durchflusskurve nach [Rip1])

Parallel dazu wirken die Wasserinhaltsstoffe, je nach Reinheitsgrad des Wassers mehr oder weniger intensiv. Etwas zeitversetzt beginnt die Bildung von Calciumcarbonat, das sich wie die anderen Partikel ebenfalls an den Engstellen, aber auch an anderen Stellen im Riss festsetzt. Die Größenordnungen des Partikelangebots sind von Fall zu Fall unterschiedlich und deshalb im Bild nicht als maßstäblich gezeichnet anzusehen. Verunreinigungen sind im Bild nicht dargestellt.

Die Partikel sind am wirksamsten, wenn sie mit der Strömung transportiert werden und so an die Engstellen gelangen können. Partikel, die sich irgendwo im Riss festsetzen, haben bezüglich der Selbstdichtung nur dann eine Wirkung, wenn sie letztlich Bestandteil einer Abdichtungsbarriere werden. Beispielsweise ist die nachträgliche Hydratation von Zementkörnern im Riss weniger wirksam, weil die Zementkörner ortsgebunden sind und überall im Riss den Spalt etwas verengen, aber die Engstellen nicht bevorzugen können. Hauptsächlich dort hätten sie die gewünschte Wirkung.

Betonpartikel

Für die Betonpartikel, die bei der Rissbildung entstehen und sich danach im Riss befinden, ist nur eine Messung von Ripphausen bekannt [Rip1], die nicht repräsentative quantitative Aussagen erlaubt. Es wurde eine Rissfläche mit den Abmessungen 200 mm × 200 mm untersucht. Die Messergebnisse sind in Tabelle 14.2 angegeben. Dabei wird der Anteil der Korn-

Tabelle 14.2: Abplatzungsprodukte in einer Rissfläche von 200 mm × 200 mm nach der Rissbildung [Rip1]

Korndurchmesser [mm]	Masse [g]
10 bis ≥ 0,5 0,5 bis ≥ 0,1 0,1 bis ≥ 0	5,5 (nicht berücksichtigt) 2,0 1,5
Summe	3,5 g = 3 500 mg
Volumen berechnet Volumen/Rissfläche	1 400 mm³ ≈ 0,04 mm³/mm²

durchmesser über 10 mm gestrichen, weil dafür kein Platz in einem Riss sein kann.

Die in Tabelle 14.2 nach der Korrektur enthaltenen Korndurchmesser sind für eine Abdichtung von Engstellen geeignet. Es ist eine unerwartet große Menge, die im Durchschnitt einer Partikelschicht von 0,04 mm Dicke auf der Rissfläche entspricht. Natürlich wird vermutlich der größere Teil dieser Partikel aus dem Riss herausgespült und steht damit für eine Abdichtung nicht zur Verfügung. Der verbleibende Rest ist aber immer noch ein wirksamer Faktor.

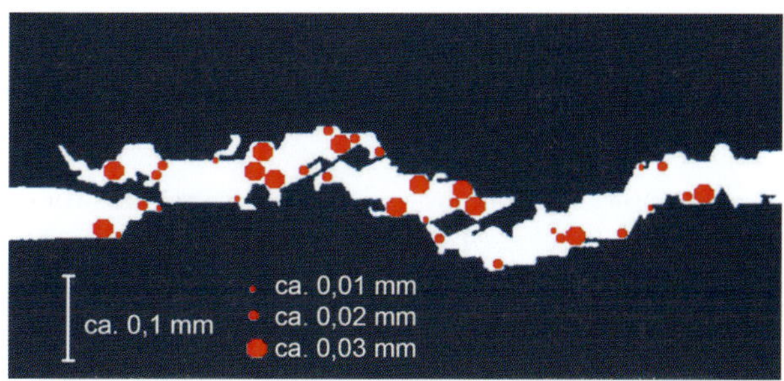

Bild 14.17: Riss nach der Computersimulation in Kapitel 11 mit feinsten Zerfaserungen an den Rissflächen mit sehr kleinen abdichtenden Partikeln (rot dargestellt)

Wasserinhaltsstoffe

Jedes natürlich vorkommende Wasser enthält Wasserinhaltsstoffe. Sie können bei ausreichender Größe Engstellen zusetzen, wenn sie von dem den Riss durchfließenden Wasser an die Engstellen transportiert werden. Je verunreinigter das durchfließende Wasser ist, umso mehr Partikel enthält es, die Beiträge zur Selbstdichtung liefern können. Die Partikelanzahl im fließenden, verschmutzten Wasser hat praktisch keine Grenze. Ihr Anteil an der Selbstdichtung kann sehr unterschiedlich sein, je nachdem welchen Ursprung das Wasser besitzt. Trinkwasser hat nur Schwebstoffe mit geringen Durchmessern, die für die Selbstdichtung zu klein sind. Aber ein natürlich gebrochener Riss hat an den Rissflächen durch plastische Änderungen in der Rissprozesszone kleine und kleinste Ausfaserungen, die auch Partikeln mit kleinsten Durchmessern eine Verankerungsmöglichkeit bieten. Verwiesen sei auf das Ergebnis einer Computersimulation in Kapitel 11, in dem die auch im kleinsten Maßstab rauen Rissflächen abgebildet sind (Bild 14.17). Sie bieten den sehr kleinen Partikeln von 0,01 mm Durchmesser oder weniger noch Anlagerungsmöglichkeiten.

Oberflächennahes Grundwasser kann Feinststoffe des Bodens enthalten, die den Rissspalt an seinen Engstellen wirksam verschließen können. In [Edv1] wurden Tastversuche mit der Zugabe von Silica-Suspension (Bild 14.18), Wasser-Bentonit-Suspension und einer Wasser-Feinstzement-Suspension durchgeführt, bei denen sich der Selbstdichtungsprozess unter vergleichbaren Bedingungen mit Trinkwasser beschleunigt hat. In allen drei Fällen kam es nach der Zugabe zu einer drastischen Abnahme des Durchflusses mit anschließender schneller Selbstdichtung (Bild 14.18).

Durch die Zugabe der Suspensionen zum Wasser steigt die Menge an feinen Partikeln plötzlich an, was den Selbstdichtungsprozess beschleunigt. Die Durchflusskurve Bild 14.18 zeigt den ursächlichen Zusammenhang sehr deutlich. Die Selbstdichtung vollzog sich so schnell, dass es zu keiner nennenswerten Calciumcarbonatbildung kam. Der Riss war bereits vorher nahezu dicht.

Eine ähnliche, beschleunigende Wirkung haben verschmutzte Flüssigkeiten aus der Landwirtschaft, bei denen es relativ schnell zur Selbstdichtung kommt [Hor1]. Dabei ist die Hauptwirkung für die Abdichtung das Verstopfen der Engstellen im Spalt. Auch wenn die Verschmutzung des Wassers überwiegend aus organischem Material besteht, funktioniert das mechanische Zusetzen trotzdem.

Calciumcarbonatkristalle

Calciumcarbonatkristalle entstehen im Riss und können sich bei ausreichender Größe wie andere Partikel an den Engstellen anlagern. Die Kristallbildung im Riss ist solange möglich, wie die Ausgangsstoffe verfügbar sind. Insbesondere sind das das Calciumhydroxid $Ca(OH)_2$ des Zementsteins und das im Wasser enthaltene Kohlendioxid. Die Menge der sich bildenden Partikel ist begrenzt. In den eigenen Versuchen wurde ein Zusammenhang zwischen dem pH-Wert des ausströmenden Wassers und der Selbstdichtungswahrscheinlichkeit beobachtet. Wenn der pH-Wert unter pH = 9

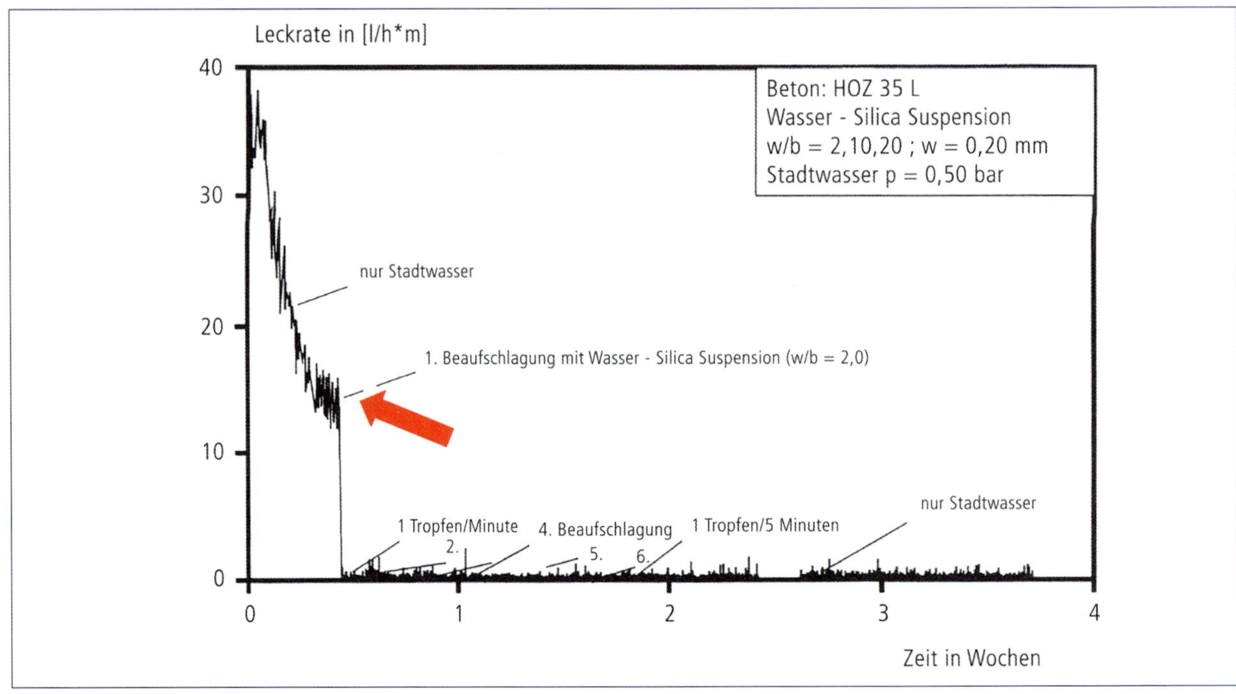

Bild 14.18: Durchflusskurve bei Zugabe einer Wasser-Silica-Suspension [Edv1]

abgefallen war, gab es keine Selbstdichtung mehr. Nachdem dieser Zusammenhang an zahlreichen Beispielen beobachtet worden war und als sicher galt, wurden die lang andauernden Durchflussversuche entsprechend kontrolliert und ggf. abgebrochen. Erklärbar ist das damit, dass das Calcium aus den Rissflanken ausgelaugt war und nicht mehr in der erforderlichen Menge zur Verfügung stand. Somit blieb die Reaktion aus.

Bild 14.19 zeigt Calcitkristalle, die je nach Wachstumszeit Abmessungen von 0,1 bis 0,15 mm erreichen können. Die im Foto gezeigten Kristalle können die Engstellen im Inneren der Risse verschließen. Sie schaffen dadurch weitere Einengungen, an denen sich wieder Partikel anlagern können. Das Kristallwachstum dauert je nach Größe mehrere Wochen. REM-Fotos in [Edv1] zeigen, dass die Calcit-Kristalle nicht nur an den Engstellen, sondern auch an den Risswandungen wachsen, obwohl sie dort keine dichtende Wirkung besitzen. Die Kristallbildung hört in dem Moment auf, in dem die Barriere den Riss abdichtet.

Bild 14.20 zeigt einige Partikelgrößen, die bei Trinkwasser für die Selbstdichtung wirksam sind, im Vergleich zu den Spaltbreiten im Riss. Der Bereich realer Rissbreiten an der Oberfläche und auch der geringeren Rissbreiten innerhalb des Risses ist rot gekennzeichnet. Die für die Abdichtung der Rissbreiten geeigneten Partikel sind im Diagramm erkennbar.

Die abdichtende Barriere besteht aus einem Konglomerat von Partikeln, die teilweise von $CaCO_3$ verkittet werden. In Bild 14.21, einer REM-Aufnahme mit Röntgendiagramm der Situation an einem Riss, ist zu sehen, dass der Riss nur partiell gedichtet wird. Zu beiden Seiten der Abdichtungsbarriere bleibt er als nicht abgedichteter Teil des Risses bestehen.

Die Abdichtung des Risses erfolgt nahe der Wasserseite nicht als große, gefüllte Fläche, sondern als relativ dünnes, unregelmäßig geformtes linienförmiges Gebilde (Bild 14.6). Von der Bauteildicke hängt die Wirksamkeit dieses Gebildes nicht ab, wenn die Mindestdicken der WU-Richtlinie eingehalten werden (Tabelle 14.3).

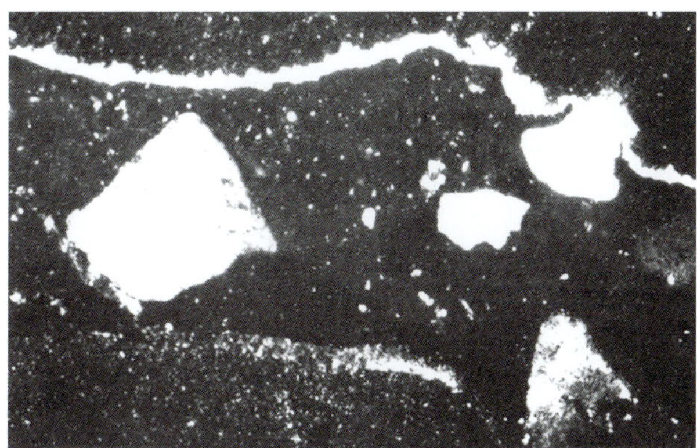

Bild 14.19: Calcitkristalle in einer nach Versuchsende geöffneten Rissfläche von Clear; das größte Korn hat einen Durchmesser von etwa 0,05 mm [Cle1]

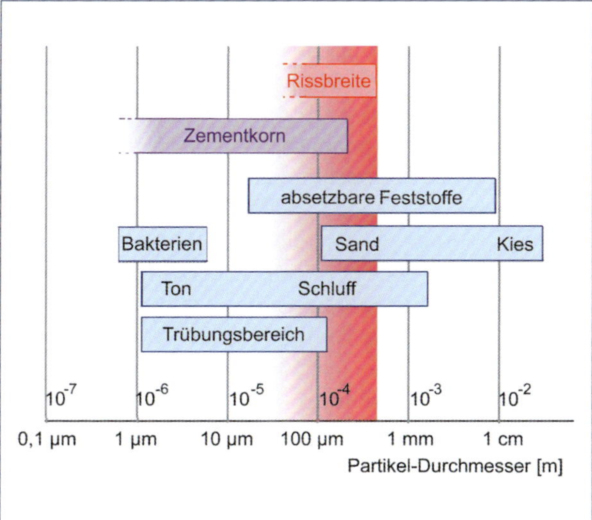

Bild 14.20: Größenvergleich von Rissbreiten und Partikeln, die für die Rissabdichtung geeignet sind (Trinkwasser)

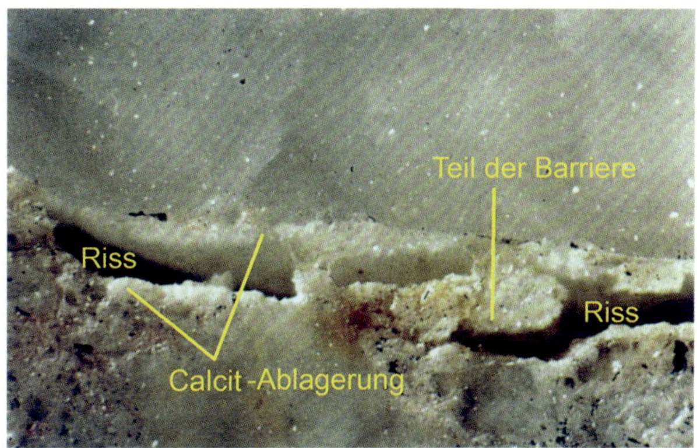

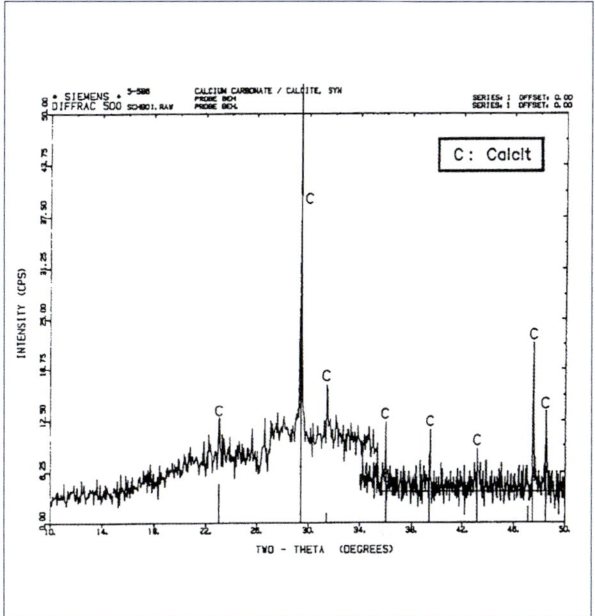

Bild 14.21: Die Abdichtungsbarriere ist ein linienförmiges Gebilde. (Foto aus einer Untersuchung mit dem Rasterelektronenmikroskop in [Edv1])

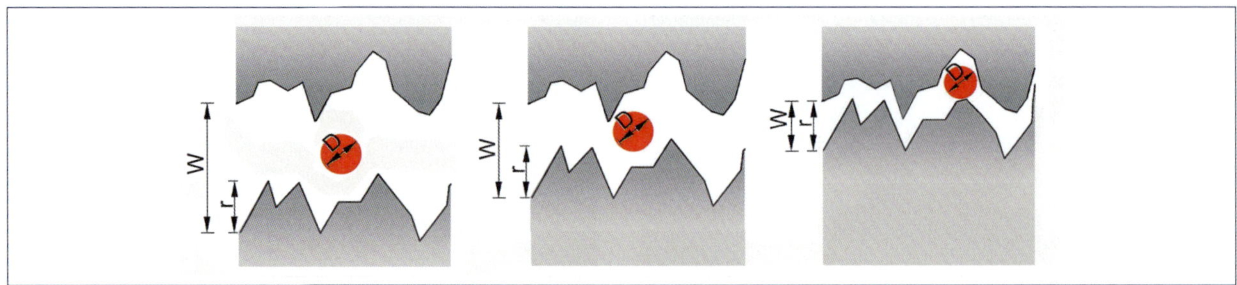

Bild 14.22: Beziehung zwischen Rissbreite, Rauigkeit und Partikeldurchmesser (schematisch)

14.3.4 Geringe Rissbreite und große Rissrauigkeit

Verfügbare Partikel und Rissbreiten bis 0,2 mm ermöglichen allein noch keine Abdichtung eines durchflossenen Trennrisses. Erst bei Engstellen, durch die der Riss auf eine Durchflussöffnung von etwa 0,1 mm oder weniger verengt wird, können sich Partikel anlagern und die Durchflussöffnung verringern. Durch Calcitbildung können auch etwas breitere Bereiche allmählich zuwachsen und die Barriere komplettieren. Eigentlich ist nicht die Rissbreite der maßgebende Parameter, sondern das Verhältnis von Partikeldurchmesser zur Rissbreite.

In Bild 14.22 ist der Zusammenhang zwischen Rissbreite und Partikeldurchmesser für drei Rissbreiten w schematisch dargestellt. Wichtiger für die Selbstdichtung als der Absolutwert der Rissbreite ist die richtige Proportion zwischen

- Rissbreite (an der Oberfläche) w,
- Rautiefe r,
- Partikeldurchmesser D.

Im mittleren Bild gibt es ein günstiges Verhältnis zwischen Rissbreite, Rauigkeit und Partikeldurchmesser, während im rechten Bild kein regulärer Spalt mehr existiert, die Selbstdichtungsbedingungen aber sehr gut sind. Ab einer gewissen Größe ist der Riss nicht mehr abdichtbar (linkes Bild).

Sollen Undichtigkeiten durch Trennrisse im Bauwerk auf Dauer vermieden werden, dann sind alle verfügbaren Mittel einzusetzen, um sie gar nicht erst entstehen zu lassen, indem die Zwangbeanspruchungen möglichst verhindert oder zumindest verringert werden. Das Vertrauen auf eine Selbstdichtung ist beim heutigen Kenntnisstand fast immer mit einem Risiko verbunden. Je höher der Druckunterschied ist, umso größer ist das Risiko. Trennrissbreiten über 0,1 mm sind nicht zuverlässig abdichtbar. Man kann in diesen Fällen nicht fest mit einer Abdichtung rechnen, auch wenn sie möglich ist. Die Erfahrung lehrt aber auch, dass es in feinen Trennrissen Bereiche gibt, die von Wasser nicht durchflossen werden. Je kleiner die Rissbreite ist, umso wahrscheinlicher treten solche Bereiche auf.

Der Rissbreite wird in allen Veröffentlichungen zur Selbstdichtung eine herausragende Bedeutung zugeschrieben. In einer umfassenden Analyse von Rissen in einer sehr großen Weißen Wanne [Mor1] kam der Autor der Analyse bei fast 1000 Rissen mit 1580 m Gesamtlänge zur Feststellung:

Interessanterweise besteht keine direkte Korrelation zwischen Rissbreite und Wasserführung. Es muss also noch andere Faktoren geben, die die Durchflussbedingungen durch einen Trennriss beeinflussen. Untersucht wurden 961 Risse mit einem Rechenwert der Rissbreite von 0,15 mm und mit einem Mittelwert aller Messwerte von 0,134 mm, der größer ist als es die Theorie lehrt. Der Rechenwert der Rissbreite soll bei w_k = 0,15 mm nach der Theorie einem 78 %-Quantil entsprechen. Trockenen Rissen mit einer Rissbreite über 0,15 mm standen wasserführende Risse unter 0,10 mm gegenüber. Die Beobachtungen vor Ort stimmten in beunruhigender Weise nicht mit unseren Vorstellungen überein, wie sie der WU-Richtlinie zugrunde liegen. Danach hätten alle erfassten Risse wasserführend sein müssen.

14.3.5 Der Einfluss der Wanddicke auf die Selbstdichtungswahrscheinlichkeit

Bei Beobachtung der Fließvorgänge im Trennriss ([Cle1], [Cle2], [Rip1], [Edv1]) hat das Druckgefälle Wasserdruckhöhe h_w/Bauteildicke h_b in Anlehnung an das Fließgesetz von Hagen-Poiseuille bei den meisten Autoren eine große Bedeutung. Das Druckgefälle gibt es auch im Darcy-Gesetz, das die Durchflussmenge pro Zeiteinheit (z.B. l/h) beim Durchströmen eines porösen Mediums (z.B. Sand) angibt. In beiden Fällen gilt es allerdings nur für den Strömungsvorgang; für die Beschreibung der **Selbstdichtungswahrscheinlichkeit** bei Trennrissen ist das Druckgefälle für übliche Bauteildicken von mindestens 200 mm ungeeignet.

Das zeigt Bild 14.23, das aus den Versuchen von Ripphausen abgeleitet worden ist. Der Durchflussbeiwert ξ ist ein Korrekturbeiwert, mit dem der Anfangsdurchfluss nach dem Gesetz von Hagen-Poiseuille an die Messwerte angepasst wird. Je kleiner der Korrekturbeiwert ist, umso weniger trifft das Durchflussgesetz von Hagen-Poiseuille zu. Mit dem Bild lässt sich indirekt auf den Einfluss der Bauteildicke auf die Selbstdichtung schließen. Nach dem Diagramm ergibt sich folgendes Bild:

Bauteildicke d = 10 cm $\xi = 0{,}09$ bis 0,18
Bauteildicke d = 30 cm $\xi = 0{,}01$ bis 0,08
Bauteildicke d = 15 cm $\xi = 0{,}03$ bis 0,05
Bauteildicke d = 22,5 cm $\xi = 0{,}01$ bis 0,04

Eindeutig ist lediglich, dass die größten Durchflussbeiwerte ξ für die kleinste Bauteildicke von d = 10 cm festgestellt wurden. Danach kommt in der Reihenfolge bereits die größte Bauteildicke von d = 30 cm. Die beiden anderen Bauteildicken von 15 cm bzw. 22,5 cm liegen zwischen diesen beiden Kategorien. Ein Zusammenhang zwischen Selbstdichtungswahrscheinlichkeit und Bauteildicke ist oberhalb einer Bauteildicke von 15 cm nicht zu erkennen.

Die Mindestwanddicke muss so groß sein, dass das Wasser an der Luftseite drucklos austritt. Die Wahrscheinlichkeit der Selbstdichtung wächst dann bei Vergrößerung der Wanddicke kaum noch, weil sie viel direkter von der Rissgeometrie im Inneren des Bauteils abhängt als von der Länge des Fließweges. Die in der WU-Richtlinie empfohlenen Mindestbauteildicken sind in Tabelle 14.3 angegeben. Bei ihrer Einhaltung ist mindestens bis zu einer Wasserdruckhöhe von 10 m ein druckloser Wasseraustritt an der Luftseite gewährleistet. Das ist experimentell abgesichert.

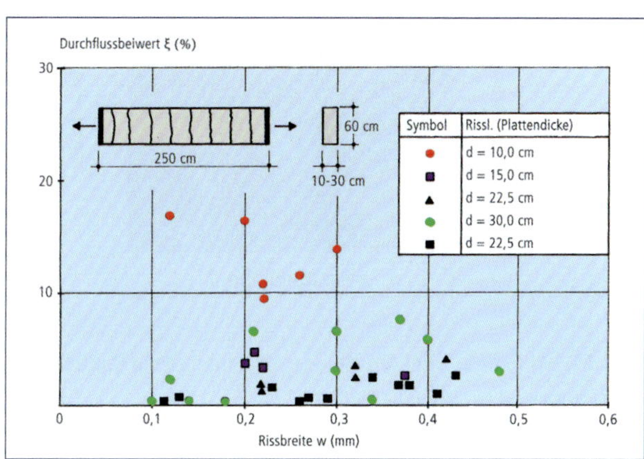

Bild 14.23: Verhältnis zwischen gemessener und Durchflussrate nach Hagen/Poiseuille ([Rip1])

In der deutschen Fachliteratur wurde die Bedeutung des Druckgefälles für die Strömung auf die Selbstheilungswahrscheinlichkeit übertragen, was nicht logisch ist und auch nicht begründet werden kann. Der stationäre Fließvorgang, für den das Gesetz von Hagen-Poiseuille gilt, hat mit der Selbstdichtung nicht direkt zu tun. Mit ihm lässt sich der Anfangsdurchfluss durch den Trennriss berechnen, wobei eine Korrektur des Ergebnisses bis zu 90 % (Korrekturfaktor $\xi = 0{,}1$) notwendig ist. Mit dem Ergebnis kann man im Zusammenhang mit der Selbstdichtung aber nichts anfangen. Für die Durchflussversuche konnte damit zu Beginn die größte Wassermenge berechnet werden, um damit die Versuchseinrichtung zu dimensionieren. In der Praxis gibt es für den Anfangsdurchfluss keine Verwendung, auch weil die Streuung der Werte besonders groß ist.

In der Fassung der WU-Richtlinie aus dem Jahr 2003 wird das Selbstdichtungskriterium in Form von zulässigen Rissbreiten in Abhängigkeit vom Druckgefälle (Verhältnis Wasserdruckhöhe in Meter/Bauteildicke in Meter) angegeben. Die Einbeziehung der Bau-

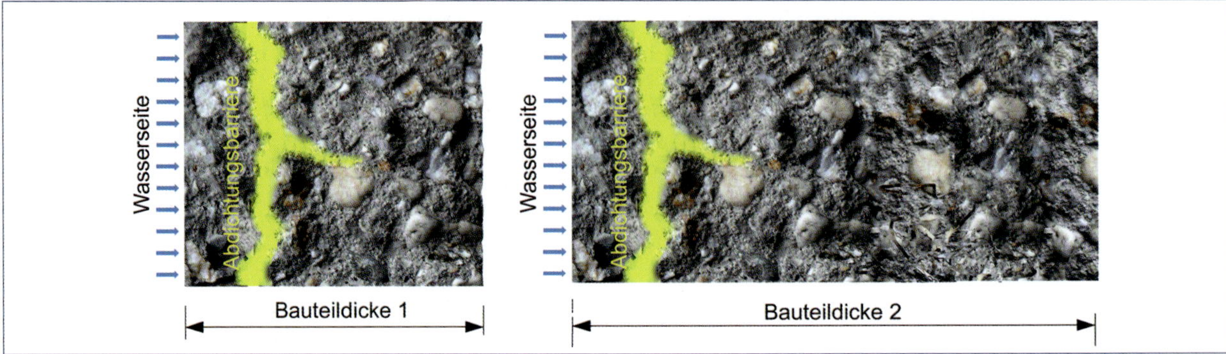

Bild 14.24: Eine in zwei Abstufungen angenommene Bauteildicke ändert an der Dichtigkeit des selbst abgedichteten Risses bei höherem Wasserdruck wenig (schematisch)

teildicke in das Selbstdichtungskriterium ergibt sich nicht aus der Versuchsanordnung und -auswertung. Sie wurde ohne jeden Bezug zur Sache den Versuchsergebnissen nachträglich zugeordnet.

Dass es bei Einhaltung einer Mindestdicke (Tabelle 14.3) keinen Bezug zwischen Selbstdichtung und Wanddicke gibt, ist in Bild 14.24 zu sehen. Die Abdichtungsbarriere entsteht als unregelmäßig geformtes, linienförmiges Gebilde, das den Fließweg rechtwinklig zur Fließrichtung absperrt (Bild 14.6).

In Bild 14.24 ist schematisch dargestellt, wie eine Abdichtungsbarriere in der Nähe der Wasserseite entstanden ist. Auf ihre abdichtende Funktion hat die dahinterliegende restliche Bauteildicke keinen Einfluss. Deshalb muss in künftigen Fassungen der WU-Richtlinie das Druckgefälle für das Selbstdichtungskriterium durch die Wasserdruckhöhe in Meter ersetzt werden.

Experimentell wurden sogar Wanddicken von 100 und 150 mm bei Wasserdrücken bis 22,5 m Wassersäule (mWS) untersucht, ohne dass sich Ungewöhnliches ereignet hätte. Es wäre besser, die Selbstdichtungswahrscheinlichkeit allein auf den Wasserdruck zu beziehen und nicht auf das Druckgefälle. Das entspräche auch den Versuchsprogrammen mit Ausnahme des Programms von Ripphausen, in denen nur der Wasserdruck, nicht aber die Wanddicke variiert wurde.

Tabelle 14.3: Empfohlene Mindestdicken in mm von Bauteilen nach WU-Richtlinie

Bauteil	Beanspruchungsklasse	Ausführungsart		
		Ortbeton	Elementwände	Fertigteile
Wände	1[1)]	240	240	200
	2[2)]	200	240[3)]	100
Bodenplatte	1[1)]	250		200
	2[2)]	150		100

[1)] Beanspruchungsklasse 1: Drückendes und nicht drückendes Wasser sowie zeitweise aufstauendes Sickerwasser
[2)] Beanspruchungsklasse 2: Bodenfeuchte und nicht stauendes Sickerwasser
[3)] Unter Beachtung besonderer betontechnologischer und ausführungstechnischer Maßnahmen ist eine Abminderung auf 200 mm möglich

14.3.6 Der Einfluss der Risslänge auf die Selbstdichtungswahrscheinlichkeit

Nach der üblichen Verfahrensweise der WU-Richtlinie spielt die Risslänge bei der Einschätzung der Selbstheilungswahrscheinlichkeit keine Rolle. Die Versuche, die für das Selbstheilungskriterium der WU-Richtlinie durchgeführt worden sind, haben sehr kurze Risslängen, weil eine Abhängigkeit der Wahrscheinlichkeit von der Risslänge von vornherein ausgeschlossen worden ist.

Diese Annahme war die Ursache für die Wahl der schmalen Versuchskörper mit ihrem zwangsläufig fast linienförmigen, zweidimensionalen Strömungsverhalten durch alle hier zitierten Autoren (Bild 14.25). Damit ließ sich die Pfadbildung, die unter realen Bedingungen im längeren Riss entsteht, nicht simulieren. Die tatsächlichen Bedingungen wurden mit den geringen Risslängen (Breite der durchströmten Fläche) nur unvollkommen abgebildet, was wahrscheinlich zu optimistische Ergebnisse für die Selbstheilungswahrscheinlichkeit ergeben hat. Dazu gibt es bis heute keine klärenden Untersuchungen.

In [Mei9] wurde nachgewiesen, dass auch die Risslänge die Selbstdichtungswahrscheinlichkeit beeinflusst. Je länger ein Riss ist, umso schwieriger und langwieriger ist es, ihn durch Selbstdichtung abzudichten.

In den Durchflussversuchen für die WU-Richtlinie war der Einfluss der Risslänge nicht Untersuchungsgegenstand. Trotzdem lassen sich aus den veröffentlichten Ergebnissen diesbezügliche Schlussfolgerungen ziehen. In Bild 14.26 sind die Dichtzeiten für Trinkwasser und die geprüften Risslängen einiger Autoren dargestellt. Obwohl der längste Riss in den benutzten Versuchen nur 600 mm lang war, ergibt sich eine Abhängigkeit der Dichtzeiten von der Risslänge. Andere systematische Untersuchungen mit längeren Rissen gibt es für Wasser bis heute nicht.

Reale wasserführende Risse zeigen, dass sie recht ungleichmäßig durchströmt werden (Bild 14.27). Den vorausgesetzten gleichmäßigen, kontinuierlichen Wasserfilm gibt es in keinem der abgebildeten Risse.

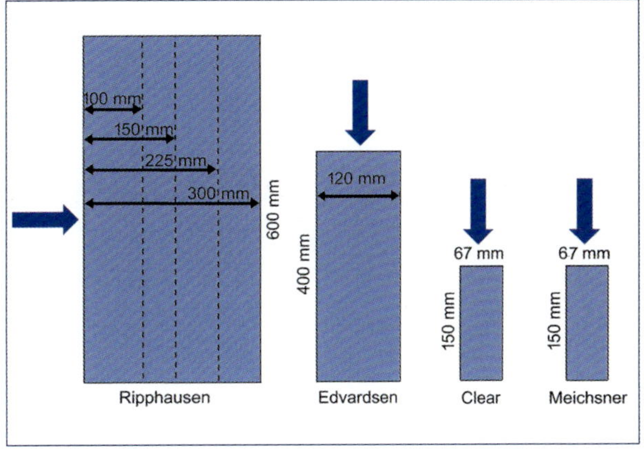

Bild 14.25: Die von vier Autoren benutzten Rissflächen für die Versuchskörper (die Pfeile zeigen die Fließrichtung)

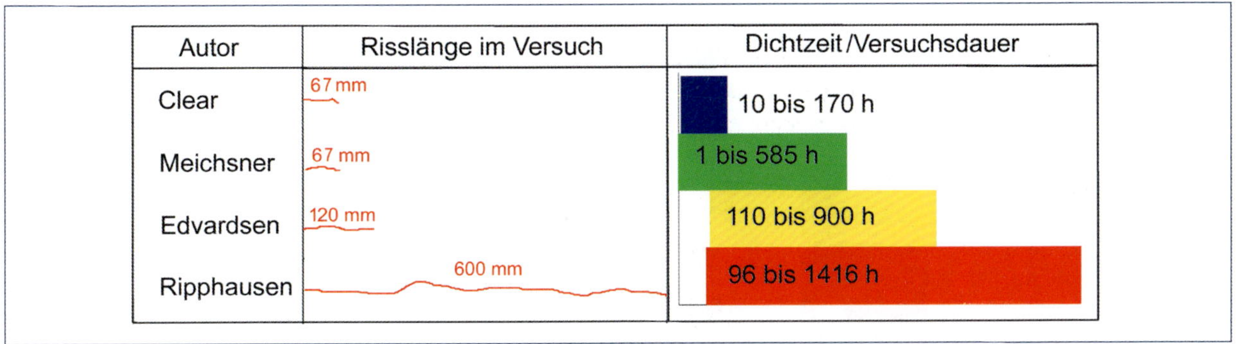

Bild 14.26: Dicht- bzw. Versuchszeiten unabhängig von den variierten Versuchsparametern

Bild 14.27: Mehrere schräge Trennrisse in einer Tiefgarage mit diskontinuierlichem Durchfluss und unterschiedlicher Selbstdichtungswahrscheinlichkeit in einem Riss

Daraus lässt sich schließen, dass die Durchlässigkeit eines Risses entlang seiner Länge unterschiedlich ist. Das heißt, dass es unterschiedliche Strömungsverhältnisse in benachbarten Bereichen des Risses, unterschiedliche Fließgeschwindigkeiten und ein unterschiedliches Selbstheilungsverhalten innerhalb eines einzelnen Risses gibt.

Das Wasser tritt nicht kontinuierlich aus dem Riss aus, sondern punktförmig. In Bild 14.28 ist das deutlich erkennbar. Hinter den Austrittspunkten verbergen sich schmale Kanäle. Die Abdichtung erfolgt so, dass sich nach und nach jeweils der einzelne Kanal abdichtet. So werden als erstes die weniger durchlässigen, feinen Kanäle abgedichtet und nach und nach die mit der größeren Durchlässigkeit. Erst wenn alle Kanäle abgedichtet sind, hat sich der Riss erfolgreich gedichtet. Bleibt auch nur einer der Kanäle wasserführend, ist der Riss nicht dicht. Das bedeutet, dass mit zunehmender Anzahl solcher Kanäle, also mit zunehmender Risslänge, die Wahrscheinlichkeit der Selbstdichtung eines Risses sinkt. In Bild 14.26 ist eine solche Tendenz zu erkennen, obwohl die wenigen vorliegenden Messwerte nicht repräsentativ sind.

Bild 14.28: Punktförmiger Wasseraustritt aus einem feinen Riss

Für eine zahlenmäßige Verknüpfung der Selbstheilungswahrscheinlichkeit mit der Risslänge gibt es derzeit keine Grundlage.

Der Abstand der Wasseraustrittspunkte hängt wohl im Wesentlichen von der Rissbreite ab. Je größer sie ist, umso dichter liegen die eigentlichen Undichtigkeiten beieinander. Ab einer gewissen Öffnung des Risses vereinigen sie sich zum durchgängigen Spalt und zu einem über die Risslänge annähernd kontinuierlichen Fließvorgang.

In Bild 14.29 wurde der Versuch gemacht, der alten Vorstellung des kontinuierlich durchströmten Risses die aktuelle Vorstellung gegenüberzustellen, nach der sich im Riss einzelne Kanäle ausbilden, was am punktförmigen Wasseraustritt an der Luftseite erkennbar ist. Nach dem traditionellen Modell tritt das Wasser linienförmig an der Luftseite des Risses aus. Nach dem hier diskutierten Modell ist der Wasseraustritt an der Luftseite punktförmig mit einem gewissen gegenseitigen Abstand der Punkte. Würden Versuchskörper aus diesem Riss herausgenommen, würden die Versuchsergebnisse bei der traditionellen Vorstellung bezüglich

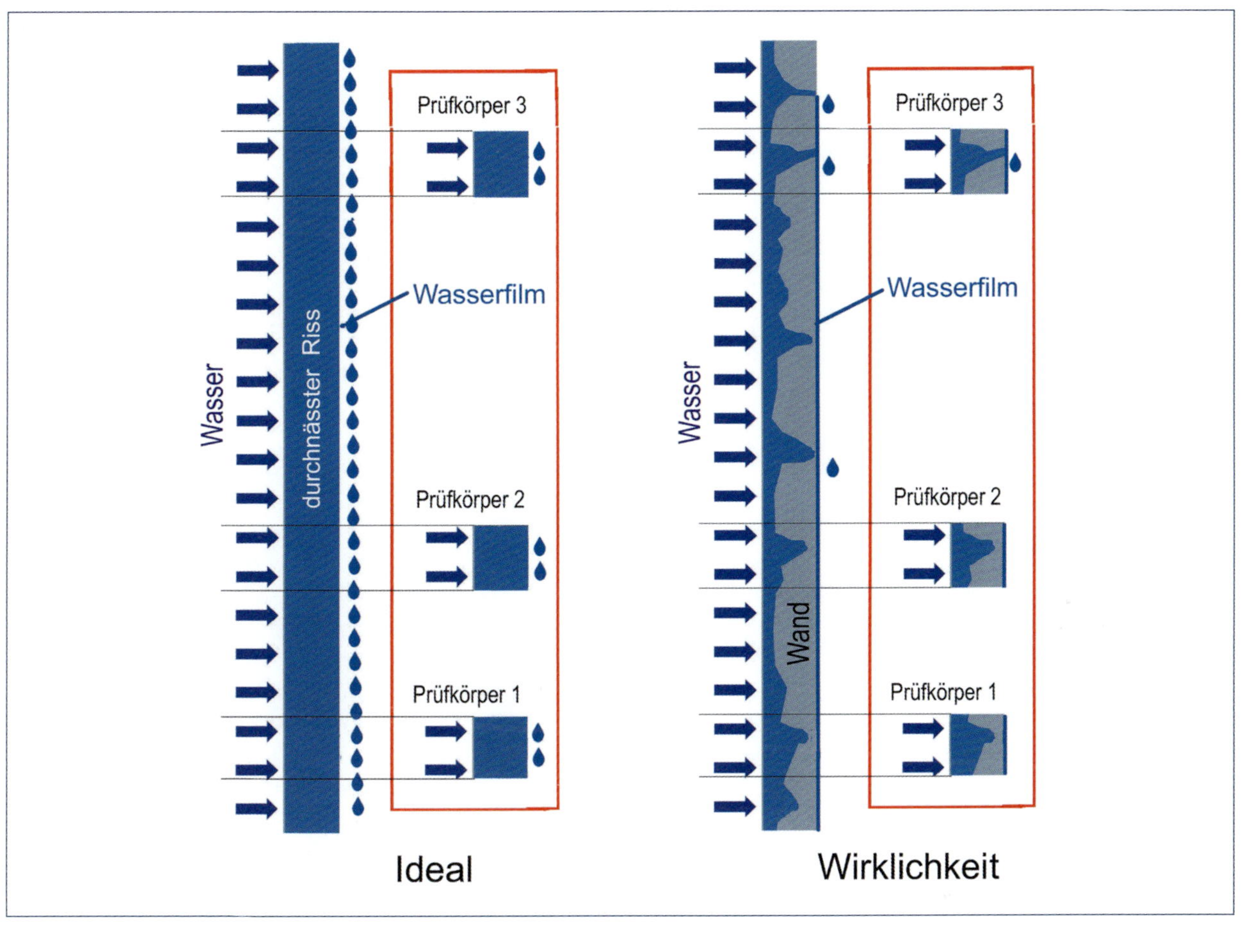

Bild 14.29: Ideal und Wirklichkeit: Rissfläche in einer Wand unter der Wirkung von drückendem Wasser nach erfolgloser Selbstheilung (Schema)

der Selbstdichtung immer undichte Versuchskörper anzeigen. Bei der realeren, neueren Vorstellung würden im gleichen Fall sowohl dichte als auch undichte Versuchskörper aus dem gleichen Riss herauslösbar sein.

Anhand von Bild 11.24 kann das auch für reale Risse gezeigt werden. In Bild 14.30 sind die drei realen, mit der Messlupe vermessenen Risse etwas verändert dargestellt. Mit der idealisierenden Annahme, dass Risse mit Rissbreiten bis 0,1 mm dicht sind, können in Bild 14.30 fünf bzw. vier voneinander getrennte undichte Bereiche festgestellt werden (rot eingefärbt). Wenn die übrigen Bereiche praktisch auch nicht dicht sein werden, haben die Stellen mit den größeren Rissbreiten einen geringeren Strömungswiderstand und werden bevorzugt durchflossen. In den engeren Bereichen werden sich Partikel im Wasser viel schneller festsetzen und diese abdichten. Über den gesamten Fließweg hinweg (Bauteildicke) ändern sich die Rissbreiten permanent, sodass die vom Wasser bevorzugten Wegsamkeiten unregelmäßig ausgebildete und punktförmig an der Luftseite endende Fließkanäle finden werden. In Bild 14.31 ist diese für wasserführende Risse typische Erscheinung in einem Foto abgebildet.

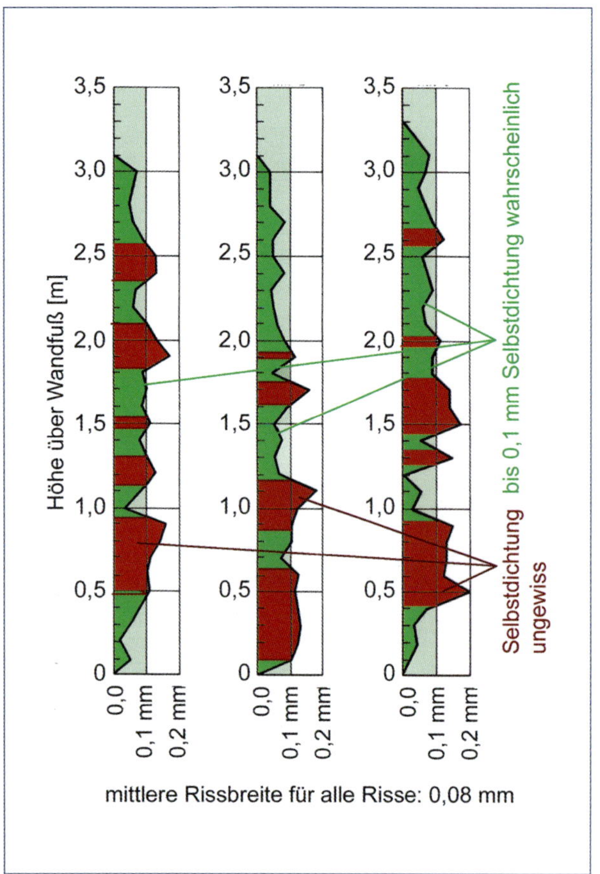

Bild 14.30: Bereiche mit größeren und kleineren Rissbreiten entlang der Risslänge

Bild 14.31: Realer Riss von ca. 2,0 m Länge in einer Tiefgarage mit nur sieben Wasseraustrittsstellen

Das Bild 14.31 zeigt, dass es über die Risslänge verteilt auch dichte Rissbereiche gibt, aus denen kein Wasser austritt. Unsere Vorstellung von dem über die gesamte Risslänge gleichmäßig durchströmten Trennriss kommt mit den hier gezeigten Bildern wasserführender Risse ins Wanken. Das wurde auch bei der Analyse der Rissbildung in den Untergeschossen des Jakob-Kaiser-Hauses in Berlin festgestellt (vgl. Kapitel 12.8). Von allen erfassten Rissen mit einer gesamten Risslänge von 1580 m war ein Anteil von 778 m unter der Wirkung von drückendem Wasser bis 11 mWS trocken; das entspricht fast genau der Hälfte der Summe der Risslängen. Es muss also auch dort eine größere Anzahl dichter Bereiche in den Trennrissen gegeben haben, auch bei Rissbreiten über 0,15 mm, bei denen es nach unseren Vorstellungen keinen dichten Trennriss geben kann. Morgen [Mor1] stellt kritisch fest, dass »keine direkte Korrelation zwischen Rissbreite und Wasserführung« besteht. Hosang kommt am gleichen Objekt zu einer ähnlichen Einschätzung. Er konnte keinen direkten Zusammenhang zwischen der Überschreitung der Grenzrissbreite und der Wasserführung des Risses feststellen [Hos1].

In Bild 14.32 wurde der Versuch gemacht, die Unebenheiten einer Rissfläche mit den Messergebnissen für die drei Risse nach Bild 14.30 darzustellen.

Die Fließwege in der Fläche liegen zwischen den rot gekennzeichneten Bereichen. Sie sind nicht geradlinig, sondern verzweigt und unregelmäßig im Querschnitt angeordnet. Von einem gleichmäßigen Wasserfilm bei der Durchströmung kann nicht die Rede sein. Erkennbar ist auch, dass das Wasser an der Wassereintritts- bzw. -austrittsstelle nur punktförmig austreten kann. Je länger der Riss ist, umso mehr solcher Stellen gibt es.

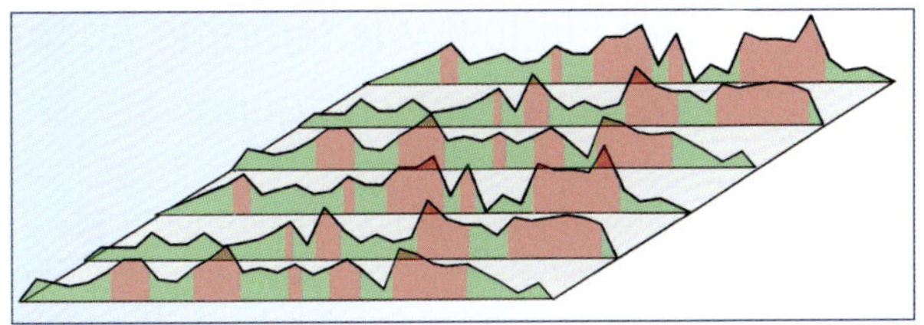

Bild 14.32: Veranschaulichung der Rissunebenheiten und der möglichen Wasserwege (rot)

14.3.7 Der Einfluss der chemischen Zusammensetzung des Wassers

Die Selbstdichtung funktioniert nicht unter allen Bedingungen. Es gibt auch Einschränkungen. Das Wasser soll chemisch neutral oder annähernd neutral sein. Andere Flüssigkeiten, insbesondere organische, haben kein Selbstdichtungsvermögen Das trifft auch auf stark kohlensäurehaltiges Wasser zu, das im natürlichen Grundwasser auftreten kann. Versuche von Ripphausen [Rip1] mit unterschiedlichem Gehalt an kalklösender Kohlensäure zeigen, dass sich ein Trennriss bei stark kohlensäurehaltigem Wasser (im Versuch bis 250 mg/l) nicht selbst abdichten kann. Allerdings gibt es auch bei solchen Flüssigkeiten eine Selbstheilung bzw. Selbstdichtung, wenn sich in der Flüssigkeit geeignete Partikel in ausreichender Menge befinden. Dann ist keine Kalkbildung nötig, um die Engstellen zu verstopfen. Anstelle des typischen abfallenden Astes in der Durchflusskurve vergrößert sich die durchfließende Wassermenge (Bild 14.33 rechts). Für das dritte Diagramm in Bild 14.33 wurde der Versuch mit sehr aggressivem Wasser mit einem Säuregrad nach Baumann-Gully von 250 ml/kg gefahren. Dieser Wert entspricht nach DIN EN 206 einer Expositionsklasse XA1. Unter diesen Bedingungen gibt es weder eine Selbstdichtung noch eine Selbstheilung für Wasser.

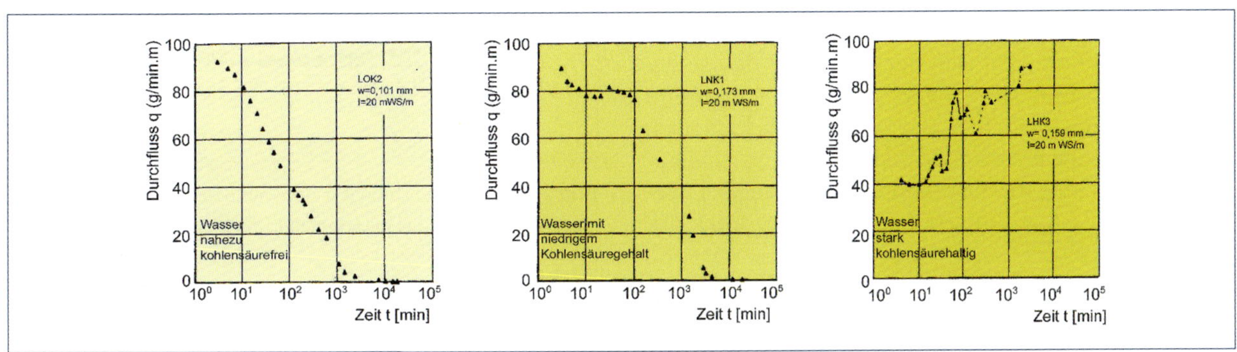

Bild 14.33: Durchflusskurven für verschiedene Gehalte an kalklösender Kohlensäure [Rip1]

14.3.8 Der Einfluss wiederholter Austrocknung und anschließender erneuter Wasserbeaufschlagung

In vielen praktischen Fällen mit wechselndem Grundwasserstand wird es häufig vorkommen, dass das Wasser soweit absinkt, dass selbstgedichtete Risse zeitweise trocken liegen. Die Ergebnisse eines diesbezüglichen Versuchs sind in Bild 14.34 dargestellt [Mei3]. Nach jeder Beaufschlagung und Abdichtung des Risses wurde der Versuchskörper so gelagert, dass er austrocknen konnte. Danach wurde erneut belastet, aber mit einem etwas höheren Wasserdruck. In jedem der Versuche war der Riss bei der wiederholten Belastung an der Luftseite wieder nass, wobei eine geringe Wassermenge austrat. Das wurde damit erklärt, dass der Zementstein im Riss gequollen ist und den Riss dabei verengt hat. Nach dem Austrocknen des Risses war er wieder leicht durchlässig, was sich aber nach einer relativ geringen Quellzeit wieder geändert hatte.

Die geringe Selbstdichtungszeit von ca. zehn Stunden wurde in keiner der drei Wiederholungen überschritten. Die neue Anfangswassermenge wurde bei jeder Wiederholung kleiner.

Der im letzten Versuch mit dem doppelten Druck beaufschlagte Riss hat sich sehr schnell erneut abgedichtet, ohne dass dazu eine größere Bauteildicke erforderlich war. Bei gleichem Druckgefälle (Wasserhöhe/Bauteildicke) hat sich der Riss unter den so gewählten Versuchsbedingungen ganz normal wie beim ersten Mal selbst gedichtet. Das Druckgefälle kann deshalb keine große Rolle bei der Selbstdichtung spielen.

Voraussetzung für die erneute Abdichtung bei wiederholter Belastung mit höherem Wasserdruck ist, dass sich neue Partikel an die undichte Stelle aufgrund des dort fließenden Wassers anlagern oder dass die $CaCO_3$-Kristalle weiter wachsen. Das ist offenbar gegeben. Ähnliche Versuche mit ähnlichem Ergebnis gab es auch bei anderen Autoren ([Rip1], [Edv1]).

Das wieder fließende Wasser kann auch in kleinen Mengen ein Problem sein. Eine höherwertige Nutzung der Innenräume ist damit zeitweise beeinträchtigt oder ausgeschlossen.

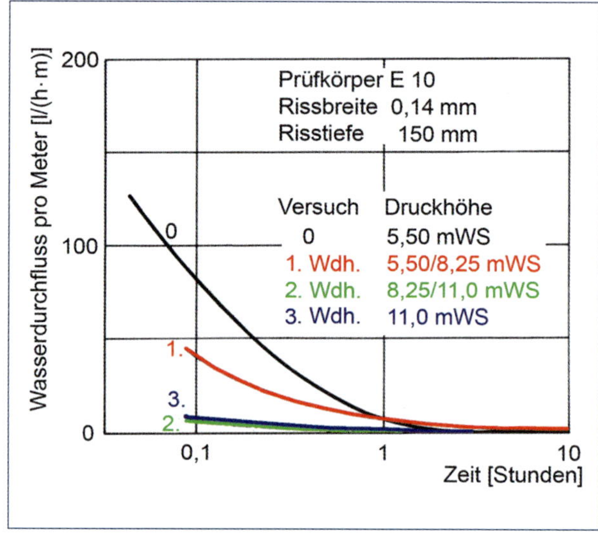

Bild 14.34: Selbstdichtungsversuch mit dreimaliger Wiederholung nach Austrocknung bei gleichzeitiger Drucksteigerung [Mei3]

14.3.9 Der Einfluss sich bewegender Rissufer

Viele Risse bewegen sich während ihrer Nutzung permanent. Die Ursache dafür ist die Längenänderung der Bauteile durch Last, Schwinden und Temperatureinwirkung. Während das Schwinden je nach den konkreten Bedingungen am Bauteil nach mehreren Jahren einem Endwert zustrebt, sind die temperaturbedingten Längenänderungen dauerhaft wirksam. So kann es auch vorkommen, dass Bauteile in WU-Bauwerken durch Temperatureinwirkungen langfristig in Bewegung bleiben. Das sind kleine Bewegungen, die je nach den Außentemperaturen mit unterschiedlichem Vorzeichen wirken. Um beurteilen zu können, ob sich Rissuferbewegungen ungünstig auf bereits abgedichtete Risse auswirken, wurden entsprechende Versuche durchgeführt.

In [Edv1] sind neun Durchflussversuche beschrieben, bei denen die Rissbreite (Öffnung um 10 bis 50 %) und der Prüfdruck (2,50 bis 10 mWS) variiert wurden. Alle neun Versuchskörper haben sich im Grundzustand innerhalb von bis zu acht Wochen selbst abgedichtet. Die anschließende Aufweitung und Zurückführung auf den Ausgangswert (jeweils einmal täglich) hat bei vier Versuchen zur völligen Dichtung und bei den restlichen fünf Versuchen zu Restmengen von bis zu 0,2 l/(h · m) geführt. Die Selbstdichtungszeiten betrugen bei den dynamischen Rissen 16 bis 24 Wochen, also fast bis zu einem halben Jahr. Ob ein Bauherr so viel Zeit hat und die dann noch fließende Restwassermenge akzeptieren kann, muss im Einzelfall entschieden werden.

In [Edv1] wurden zu diesen Versuchen die nachstehenden Schlussfolgerungen zusammengefasst:

- Die Selbstdichtung funktioniert bei sich bewegenden Rissen ähnlich wie bei statischen Rissen.
- Eine Selbstdichtung konnte in allen Versuchen mit dynamischen Rissen festgestellt werden. Die Selbstdichtungszeiten sind allerdings länger als bei statischen Rissen.
- Der Mechanismus der Abdichtung unterscheidet sich bei dynamischen Rissen nicht von dem der statischen Risse. Für eine verallgemeinerbare Aussage wäre eine größere Anzahl von Versuchsergebnissen wünschenswert. In der WU-Richtlinie ist deshalb sehr vorsichtig eine Rissbreitenänderung am selbst abgedichteten Riss von 10 % der Rissbreite zugelassen. Bei einer Rissbreite von 0,2 mm entspricht das einer Rissbreitenänderung von 0,02 mm. Das ist ein Wert unterhalb der Genauigkeitsgrenze der Rissbreitenbegrenzung für die Berechnung und Messung. Es wird deshalb empfohlen, von der in der WU-Richtlinie eingeräumten Möglichkeit möglichst keinen Gebrauch zu machen. Die Forderungen der Richtlinie können praktisch nicht nachgewiesen werden.

14.4 Transformation der Versuchsergebnisse von Durchflussversuchen in ein Selbstheilungskriterium für die WU-Richtlinie

14.4.1 Übertragung der gezielt eingestellten Rissbreiten aus dem Versuch auf den Rechenwert der Rissbreite

Das Selbstheilungskriterium der WU-Richtlinie wird als zulässige Rissbreite in Abhängigkeit von der Druckdifferenz zwischen Wasser- und Luftseite angegeben. In der Planung eines WU-Bauwerks wird aus diesem Kriterium für die zutreffende Rissbreite eine Mindestbewehrung berechnet und konstruiert, mit der die zulässige Rissbreite eingehalten werden soll. Zu beurteilen ist, inwieweit die im Versuch eingestellte Rissbreite mit dem Rechenwert der Rissbreite nach der Norm übereinstimmt.

In den Selbstdichtungsversuchen für die WU-Richtlinie [Edv1] wurde die zu untersuchende Rissbreite sehr sorgfältig mithilfe von je sechs Messwerten für die Wasser- bzw. Luftseite mit der Rissmesslupe eingestellt (vgl. Bild 12.6). In der Auswertung wurde die so eingestellte mittlere Rissbreite dem Rechenwert der Rissbreite nach DIN EN 1992-1-1 gleichgesetzt. An dieser Stelle muss die Frage gestellt werden, ob das eine korrekte Übertragung der Versuchsergebnisse in eine Planungsregel ist. Mehrere Umstände sprechen dagegen:

- Der Rechenwert der Rissbreite, in dem keine plastischen Verformungen der Rissränder berücksichtigt werden können, ist am Riss selbst nicht messbar.

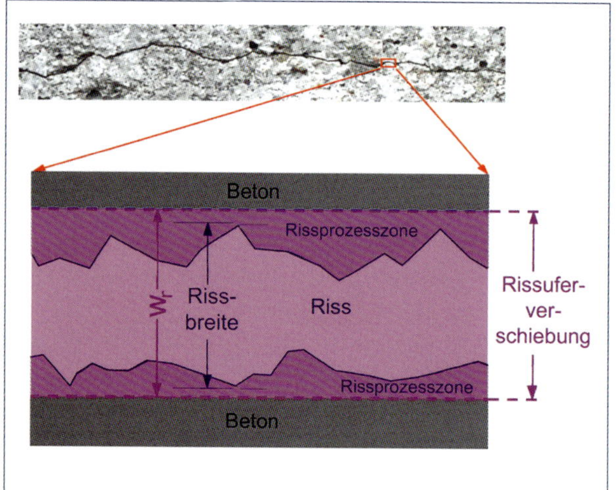

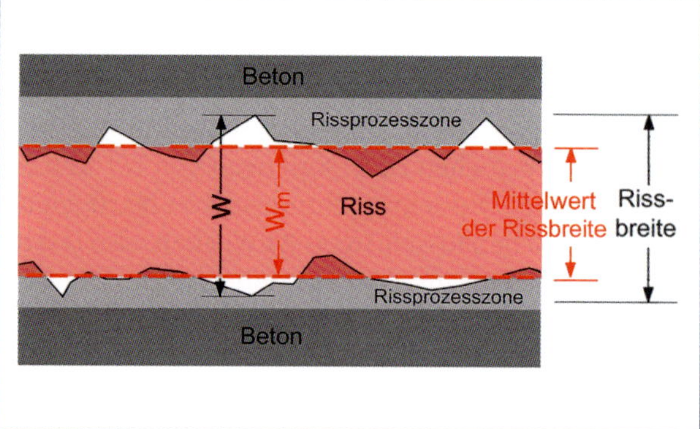

Bild 14.35: Vergleich des Rechenwerts der Rissbreite als Rissuferverschiebung mit dem Mittelwert der Rissbreite am gleichen Riss (unmaßstäblicher Schnitt)

Es ist ein idealisierter, nur über die Berechnung definierter Wert.

- Die Vorhersagewahrscheinlichkeit von Rissbreiten mithilfe der genormten Berechnung sinkt mit abnehmender Rissbreite. Bei WU-Bauwerken betragen die gebräuchlichen Rissbreiten 0,1 bzw. 0,15 mm. Bei diesen Rissbreiten entspricht der berechnete Rissbreitenwert einem 70 %- bzw. 78 %-Quantil. Das bedeutet, dass statistisch gesehen 22 bis 30 % der realen Werte über dem Rechenwert liegen. Damit sinkt die Wahrscheinlichkeit der Selbstheilung bzw. Selbstdichtung, oder aber Selbstheilung oder Selbstdichtung sind gar nicht mehr möglich.
- Der im Versuch eingestellte Mittelwert der Rissbreite ist ein relativ kleiner Messwert eines Trennrisses (vgl. Bild 14.35).
- Der Rechenwert der Rissbreite entspricht der Rissuferverschiebung eines Risses und ist damit der Größtwert eines Risses. Durch die Gleichsetzung der berechneten mit der im Versuch eingestellten Rissbreite wurde ein Fehler begangen, der 0,05 bis 0,1 mm beträgt. Dazu kommt die große Streubreite bei der Vorhersage der Selbstdichtungswahrscheinlichkeit, die zusätzlich für Unsicherheit sorgt.

Bei korrekter Übertragung der Versuchsergebnisse in ein normatives Dokument wäre die Umrechnung des Rechenwerts der Rissbreite in einen Mittelwert der Rissbreite notwendig. Eine solche Umrechnung gibt es jedoch nicht. Immerhin handelt es sich bei beiden Werten um Differenzen, die bis zu 0,1 mm betragen. Das kann zum Beispiel dazu führen, dass ein gewählter Grenzwert von 0,15 mm Rissbreite real einem Wert von 0,25 mm entspricht. Was das für das Selbstdichtungsvermögen dieses Risses bedeutet, zeigt ein Blick in die Tabelle 2 der WU-Richtlinie. Er wird sich mit Sicherheit nicht abdichten, obwohl die Vorschrift das vermuten lässt. Tatsächlich handelt es sich um die Folgen des vermischten Gebrauchs der verschiedenen realen Rissbreitenwerte.

Diese Verfahrensweise ist die Gleichsetzung eines mit der Lupe gemessenen Rissbreitenwerts (Rissbreite) mit einer zahlenmäßig gleichen berechneten Rissuferverschiebung. Beides sind verschiedene Größen, die am gleichen Riss unterschiedliche Werte besitzen und nicht direkt miteinander vergleichbar sind.

In Bild 14.35 sind in Anlehnung an Bild 12.1 die hier interessierenden Rechenwerte und Messwerte der Rissbreite gegenübergestellt. Der Rechenwert der Rissbreite w_k entspricht der Rissuferverschiebung und damit dem größten Wert. Der Mittelwert der Rissbreite ist ein kleiner messbarer Wert am gleichen Riss.

Die Verknüpfung von im Versuch eingestellter mittlerer Rissbreite und dem Rechenwert der Rissbreite entscheidet über die Genauigkeit des Selbstdichtungskriteriums bei seiner Anwendung. Eine Beziehung zwischen diesen beiden Werten gibt es nicht. Die Zufälligkeiten der bleibenden Formänderungen in der Rissprozesszone lassen das nicht zu.

Außerdem ist zu berücksichtigen dass die Rissbreitenberechnung bzw. die Berechnung der Mindestbewehrung nicht besonders genau ist. Abweichungen von bis zu 0,1 mm sind kein Grund zur Beunruhigung. Für die Selbstdichtung eines z.B. 0,15 mm breiten Risses ist jedoch eine Vergrößerung um 0,1 mm nahezu eine Katastrophe.

Einige nachträgliche Rissbreitenmessungen an fertigen Bauwerken lassen darauf schließen, dass die in der statischen Berechnung angestrebten Rechenwerte der Rissbreite in der Realität häufiger überschritten werden als das theoretisch erwartet werden kann. Das trifft auch auf die zwei in diesem Buch genannten Beispiele zu:

- das Untergeschoss im Jakob-Kaiser-Haus in Berlin (siehe Kapitel 12.10),
- die Zwischendecke eines Parkhauses mit dreieckigem Grundriss (siehe Kapitel 12.8).

Beide Bauteile waren für einen Rechenwert der Rissbreite von 0,15 mm bemessen. Beim Jakob-Kaiser-Haus wurde für 1 580 lfd. m Risslänge ein Mittelwert von 0,134 mm ermittelt. Das ist relativ nah am vorgegebenen Rechenwert von 0,15 mm. Die Messwerte sind damit zu groß, weil der Rechenwert ein Quantilwert ist, der nicht mit einem Mittelwert verglichen werden darf. Es scheint so zu sein, dass mit der Bemessung der Bewehrung für bestimmte Rechenwerte der Rissbreite eine etwas zu geringe Bewehrung berechnet wird, mit der sich die Risse etwas weiter öffnen als beabsichtigt. Gesichert ist diese Vermutung nicht.

Bei der Verknüpfung von optisch eingestellter Rissbreite am Versuchskörper mit dem Rechenwert der Rissbreite wird ein Widerspruch im Normenwerk sichtbar, der in diesem Zusammenhang erläutert werden muss. Nach Bild 11.16, in dem die Lage des Rechenwerts der Rissbreite an der Bewehrungsoberfläche dargestellt wird, ist der Oberflächenwert der Rissbreite etwas größer als der Rechenwert. Wenn dieser Ansatz richtig wäre, wären alle Versuchsergebnisse für die WU-Richtlinie, die die Grundlage für das Selbstdichtungskriterium der WU-Richtlinie bilden, zu korrigieren. In Kapitel 12.2 wurde gezeigt, dass diese Interpretation des Rechenwerts der Rissbreite in den Einführungstexten zur Norm so nicht möglich ist. Real ist es so, dass der Rechenwert der Rissbreite für einen Trennriss innerhalb der Betondeckung konstant ist. Nur bei Biegerissen ist der Riss keilförmig und hat dadurch an der Oberfläche einen größeren Rissbreitenwert im Vergleich zum Rechenwert.

14.4.2 Interpretation der Messergebnisse in den Selbstdichtungsversuchen

Für die Selbstdichtung von wasserführenden Trennrissen gibt es keine Theorie. Alle verfügbaren Erkenntnisse sind durch empirische Versuche gewonnen worden. In die WU-Richtlinie sind die empirischen Forschungsergebnisse von Edvardsen [Edv1] und von Ripphausen [Rip1] direkt eingeflossen. Bei den Durchflussversuchen von Edvardsen wurden folgende Parameter benutzt:

- Mittelwert der Rissbreite, variiert in drei Gruppen: 0,1 mm, 0,2 mm und 0,3 mm. Die Grenzen für die Eingruppierung lagen bei ± 0,03 mm, also z.B. für die Rissbreitengruppe 0,2 mm von 0,17 bis 0,23 mm. Die Rissbreitengruppe 0,3 mm wurde während der Versuche aus dem Programm herausgenommen, weil eine Abdichtung kaum möglich war.
- Wasserdruckdifferenz in vier Stufen: 2,50 mWS, 5 mWS, 10 mWS, 15 mWS)
- Bauteildicke (Fließweg): konstant 0,40 m
- Risslänge: 120 mm

Gemessen wurden:

- Erfolg bzw. Misserfolg der Selbstheilung,
- Dauer der Selbstdichtung bzw. Zeit bis zum Versuchsabbruch bei nicht erfolgreicher Selbstdichtung,
- Anfangsdurchflussmenge in l / (h · m Risslänge),
- Enddurchflussmenge in l / (h · m Risslänge).

Die Messergebnisse aus [Edv1] sind in Bild 14.36 in einer anschaulicheren Form als in der Originalquelle dargestellt. Die beiden Diagramme für die Rissbreitengruppen 0,1 mm und 0,2 mm zeigen die Abdichtungszeiten bei jeweils unterschiedlichem Prüfdruck von 2,5 mWS, 5 mWS, 10 mWS und 15 mWS. Die Höhe der Säulen gibt die Abdichtungszeit bzw. Versuchsdauer bei Abbruch in Tagen an. Nur die kleineren Säulenhöhen zeigen eine erfolgreiche Selbstdichtung an. Die Rissbreitengruppe 0,3 mm wurde ausgesondert, weil die Abdichtung überwiegend erfolglos war.

Zur Verdeutlichung wurden im Diagramm vier Farben eingeführt:

- dunkelgrün: erfolgreiche Selbstdichtung
- hellgrün: Reduzierung des Wasserdurchflusses auf höchstens 0,1 l/(h · m)
- hellrot: Reduzierung des Wasserdurchflusses auf höchstens 1 l/(h · m)
- dunkelrot: erfolgloser Abdichtungsversuch

Diese Darstellung gestattet bereits im Überblick die Aussage, dass Rissbreiten von 0,2 mm für die Selbstdichtung nahezu ungeeignet sind. Das betrifft alle Druckstufen. Bei der Rissbreitengruppe 0,1 mm ist die völlige Selbstdichtung nur in der untersten Druckstufe von 2,5 mWS möglich. Die beiden anderen Druckstufen sind bei nicht allzu hohen Dichtigkeitsansprüchen brauchbar, aber nicht zuverlässig.

In der WU-Richtlinie ist ein zusätzlicher Rissbreitenwert von 0,15 mm eingeführt worden. Er kann nur durch Interpolation zwischen den Ergebnissen der in Bild 14.36 dargestellten Rissbreitengruppen gewonnen worden sein. Orientiert man sich an den Farben, dann ist bei einer Rissbreite von 0,15 mm eine Selbstdichtung auch nur bei den niedrigen Druckdifferenzen denkbar. In der Planungspraxis kommt diese Rissbreite am häufigsten zur Anwendung.

Die Versuchsergebnisse aus [Edv1], die in die WU-Richtlinie eingeflossen sind, zeigen, dass es keinen Grund zu großem Optimismus bei der Selbstdichtung von Trennrissen in WU-Bauwerken gibt.

Mit den in Bild 14.36 und in Tabelle 14.4 dargestellten Ergebnissen der Durchflussversuche für die WU-Richtlinie ist erkennbar, dass es eine zulässige Rissbreite von 0,2 mm für die Selbstheilung/Selbstdichtung nicht geben kann. Experimentell wurde keine zuverlässige Selbstheilung für diese Rissbreitengruppe nachgewiesen. Die höchste Selbstheilungsrate betrug bei einer Rissbreite von 0,2 mm nur 50 %. Eine so geringe Zuverlässigkeit der Selbstheilung hat in einer technischen Regel keine Daseinsberechtigung.

Ein Vergleich der Versuchsergebnisse in Tabelle 14.4 mit der Tab. 2 der WU-Richtlinie (hier Tabelle 14.5) zeigt eine unbefriedigende Übereinstimmung zwischen den Versuchsergebnissen und den Empfehlungen der WU-Richtlinie.

Tabelle 14.4: Ergebnisse der Durchflussversuche nach Bild 14.36 in Tabellenform

Druckdifferenz in mWS	Rissbreitengruppe 0,1 mm			Rissbreitengruppe 0,2 mm		
	2,5	5,0	10,0	2,5	5,0	10,0
Anzahl völlige Abdichtung	4	–	3	3	2	4
Anzahl mit geringer Leckage	–	7	3	–	1	–
Anzahl nicht abgedichteter Versuche	1	1	2	3	8	4
Gesamtzahl	5	8	8	6	11	8
Anteil völlig abgedichteter Risse	80 %	0 %	38 %	50 %	18 %	50 %
Anteil Risse mit geringer Leckage	80 %	88 %	75 %	50 %	27 %	50 %

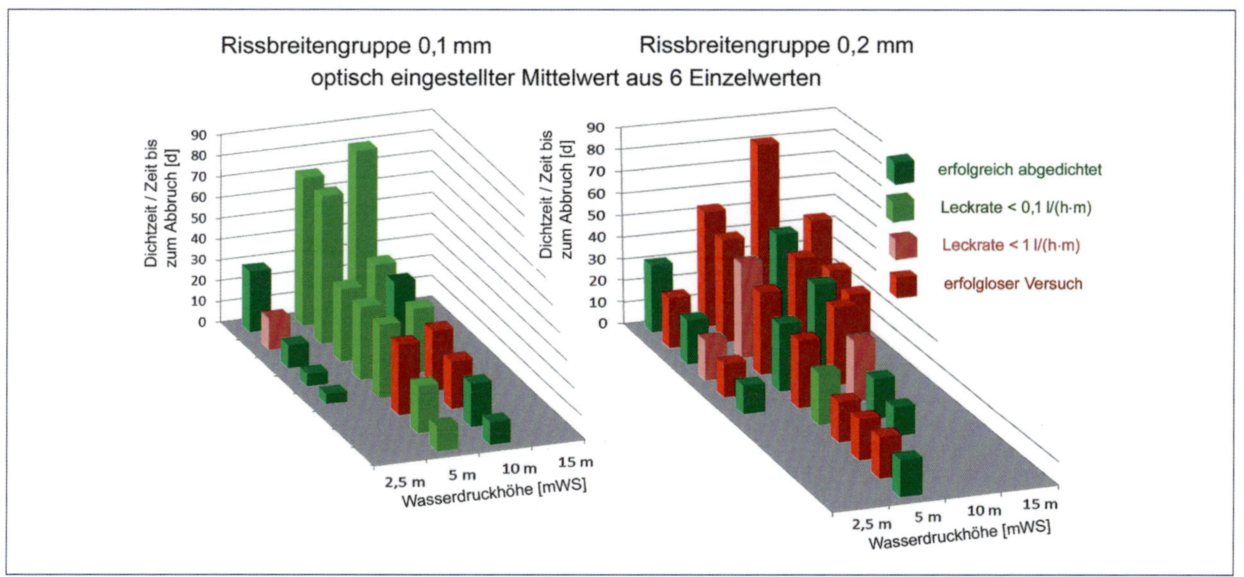

Bild 14.36: Ergebnisse der Durchflussversuche nach [Edv1]

Die Tabelle 2 der WU-Richtlinie ist hier als Tabelle 14.5 wiedergegeben. Um den Vergleich mit den Versuchsergebnissen von Edvardsen zu ermöglichen, wurde in Tabelle 14.5 die in den Versuchen benutzte Wasserdruckhöhe ergänzt. Sie wurde aus der in den Versuchen benutzten Wanddicke von 0,4 m durch Multiplikation mit dem Druckgefälle aus Tabelle 2 in der WU-Richtlinie errechnet.

Tabelle 14.5: Empfohlene zulässige Rechenwerte der Trennrissbreiten w_k bei Dichtigkeitsforderungen für Wasser nach WU-Richtlinie

Druckgefälle h_w/h_b [1)]	Zugehörige Druckhöhe	zul w_k
bis 10	bis 4,00 m	0,20 mm
über 10 bis 15	über 4,00 bis 6,00 m	0,15 mm
über 15 bis 25	über 6,00 bis 10,00 m	0,10 mm

[1)] h_w Wasserdruckdifferenz in mWS
h_b Bauteildicke in m (Länge des Fließweges)

Die beiden Diagramme in Bild 14.36 sowie die Tabelle 14.4 lassen einige Schlussfolgerungen zu:

1. Die Messergebnisse in Bild 14.36 liefern zu optimistische Selbstdichtungswahrscheinlichkeiten. Bei größeren Risslängen sinkt die Selbstdichtungswahrscheinlichkeit. Für die folgenden Ausführungen in dieser Aufzählung ist das zu berücksichtigen. Leider lässt sich dieser Einfluss nicht quantifizieren.
2. Von den vier Druckgruppen 2,5 mWS, 5 mWS, 10 mWS und 15 mWS ist in beiden Rissgruppen keine zuverlässig völlig abdichtbar. Selbst bei der Rissbreitengruppe 0,1 mm sind nur sieben Versuche von 21 völlig abgetrocknet (33 %). Der Regelfall bei Trennrissen im Bereich drückenden Wassers wird daher meist ein gewisser Feuchtigkeitseintritt sein.
3. Die Rissbreitengruppe 0,2 mm hat eine zu geringe Selbstheilungswahrscheinlichkeit und müsste mit diesen Ergebnissen aus der WU-Richtlinie herausgenommen werden. Es existiert kein Grund, dieser Rissbreitengruppe ein technisch nutzbares Selbstheilungsvermögen zuzuordnen.

Bild 14.37: Gekrümmte Gewichtsstaumauer aus Beton mit Kalkfahnen an der Luftseite, die geringfügige Undichtigkeiten anzeigen (Pfeile); die Krone ist 4 m breit

4. Die bisher in [Edv1] nachgewiesene Obergrenze für die Abdichtbarkeit liegt bei einem Wasserdruck von 10 mWS. In der Literatur wurden erfolgreiche Abdichtungen in Einzelversuchen auch für höhere Drücke nachgewiesen. Trotzdem sollte dieser nachgewiesene Höchstwert beibehalten werden. Mit dem dimensionslosen Druckgefälle als Parameter ist das nicht möglich, es wären sogar Wasserdruckhöhen bis 50 mWS und mehr denkbar.
5. Die Originalmessdaten in [Edv1] benutzen anstelle des sogenannten hydraulischen Gefälles nur die Druckdifferenz, weil es für die Auswertung nicht notwendig ist. Variiert wurde nur die Wasserdruckhöhe. Auch in der WU-Richtlinie sollte das Druckgefälle durch die Wasserdruckhöhe ersetzt werden. Das ist anschaulich und gestattet eine Obergrenze für den Druck einzuführen, die in der gegenwärtigen Fassung der WU-Richtlinie fehlt. Das lässt die Vermutung zu, dass jede beliebige Wasserdruckhöhe durch Vergrößerung der Bauteildicke durch Selbstdichtung abdichtbar sei. Dass das nicht so ist, zeigen viele Staumauern aus Beton, z.B. Bild 14.37 (Pfeile).
6. Die größte, in den Durchflussversuchen gemessene Selbstdichtungszeit beträgt 38 Tage mit einer Ausnahme bei 10 mWS und 0,2 mm Rissbreite mit 47 Tagen. In den eigenen Versuchen (Risslänge nur 67 mm gegenüber 120 mm in den Versuchen nach [Edv1]) wurde die längste Selbstdichtungszeit mit 22 Tagen festgestellt. Die Selbstdichtung kann nicht erzwungen werden. Hat sich ein Riss nach 30 bis 50 Tagen nicht abgedichtet, wird das nach bisherigem Kenntnisstand auch nach längerer Wartezeit nicht mehr geschehen.

Die Versuchsergebnisse sind wegen der zu kleinen Versuchskörper-Abmessungen als zu günstig zu bewerten. Im Unterschied zur Realität bildet sich bei diesen kleinen Prüfkörpern ein zusammenhängender Wasserfilm beim Durchfluss heraus. Real tritt das bei etwas längeren Rissen nicht auf. Das Wasser fließt entlang dünner Kanäle durch den Riss und tritt an der Luftseite punktförmig aus (Bild 14.31). Eine völlige Abdichtung erfordert, dass alle diese Kanäle abgedichtet sind. Erst dann ist ein Riss völlig trocken. Je größer die Risslänge ist, umso mehr derartiger Kanäle gibt es und umso geringer ist die Wahrscheinlichkeit, dass sich der Riss völlig abdichtet.

Tabelle 14.6: Angaben zu zulässigen Trennrissbreiten für Trinkwasserbehälter aus dem DVGW-Regelwerk

	Bezug	Rissbreite
1988	95 %-Quantilwert der Rissbreite	≤ 0,20 mm
	Wasser ohne Selbstdichtung	≤ 0,10 mm
2005	Rechenwert der Rissbreite	≤ 0,10 bis 0,15 mm
	Das Kalklösevermögen des Wassers ist zu berücksichtigen.	
2013	Rechenwert der Rissbreite	≤ 0,10 mm
	Das Kalklösevermögen des Wassers ist zu berücksichtigen.	

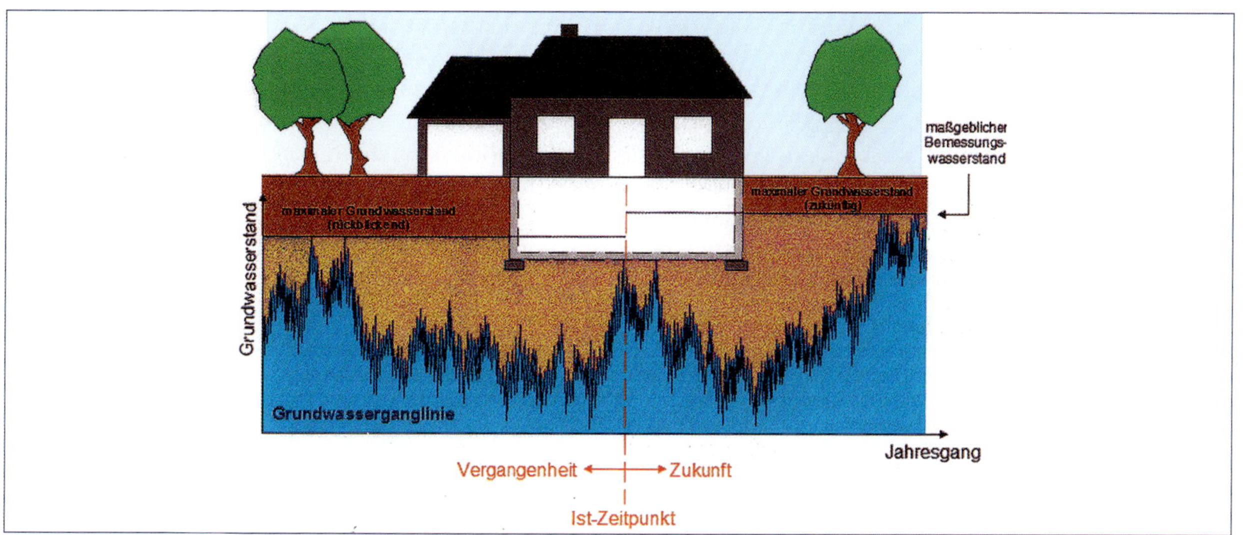

Bild 14.38: Grundwasserstände und Bemessungswasserstand [Hoh1]

Bei der Neufassung der WU-Richtlinie sollte diese Tatsache berücksichtigt werden. Die dort in der ersten Ausgabe (2003) genannten zulässigen Rissbreiten sind zu optimistisch.

Im DVGW-Regelwerk (Deutscher Verein des Gas- und Wasserfaches) gibt es ein Arbeitsblatt für Trinkwasserbehälter, in dem auch Angaben zu zulässigen Trennrissbreiten für Stahlbetonbehälter enthalten sind ([DVG2], [DVG3]). Es ist seit 1988 zweimal überarbeitet worden, wobei die zulässigen Trennrissbreiten von Ausgabe zu Ausgabe herabgesetzt worden sind. Gegenwärtig gibt es nur einen zulässigen Rechenwert der Trennrissbreite von $w_k \leq 0{,}1$ mm für Trinkwasserbehälter aus Stahlbeton oder Spannbeton (Tabelle 14.6). Dazu ist ergänzend zu bemerken, dass die Wasserspiegelhöhe in Trinkwasserbehältern üblicherweise nicht größer als 10 m ist. Diese Festlegung, hinter der jahrzehntelange Erfahrungen im Bau und Betrieb von Behältern vermutet werden dürfen, stimmt gut mit den Versuchsergebnissen in [Edv1] überein (Bild 14.36).

Das etwas zu optimistische Selbstdichtungskriterium in der WU-Richtlinie wird in der Praxis anders empfunden. Eigentlich müssten viele WU-Bauwerke undicht sein, wenn das richtig ist. Praktisch wird das aber nicht so wahrgenommen. Dichtigkeitsschäden gibt es sowohl bei WU-Bauwerken als auch bei anders gedichteten Bauwerken. Dabei ist zu berücksichtigen, dass eine Dichtung für einen Bemessungswasserstand ausgelegt wird, der nur selten eintritt. So wird die Grenzbelastung durch Wasserdruck nur selten erreicht. Manchmal liegen Jahrzehnte zwischen den Maximalwasserständen (Bild 14.38). Es ist durchaus möglich, dass ein Bemessungswasserstand über mehrere Jahrzehnte hinweg nicht erreicht wird und damit keine Selbstdichtung möglich ist. Nach jahrzehntelanger Nutzung kann es dann zum Wassereintritt durch die noch offenen Risse kommen. Der Selbstdichtungserfolg kann dann erst nach vielen Jahren überprüft werden und wird als erstmals beobachtete Undichtigkeit bewertet.

14.4.3 Empfehlungen für ein Selbstheilungskriterium

Bei einer erneuten Durchsicht der Versuchsergebnisse, aus denen das Selbstheilungskriterium der WU-Richtlinie (2003) abgeleitet worden ist ([Edv1], [Rip1]), kommt man heute zu etwas vorsichtigeren Werten für zulässige Rissbreiten, bei denen mit einer Selbstdichtung gerechnet werden kann.

- Für die Beurteilung der Dichtigkeit eines Risses ist die durchlässigste Stelle über die Risslänge maßgebend, also die größte Rissbreite im gesamten Rissbild. Die Vorhersagewahrscheinlichkeit einer Rissbreite sinkt mit verringerten Rissbreiten. Bei den für WU-Bauwerke interessanten Rissbreiten von 0,10 bis 0,15 mm entspricht der Rechenwert der Rissbreite einem Quantilwert von 70 bis 80 % gegenüber 95 % bei einer Rissbreite von 0,40 mm. Das heißt, dass der Rechenwert der Rissbreite relativ häufig überschritten wird. Diese überdurchschnittliche Streuung kann durch nichts ausgeglichen werden und verringert deshalb die Selbstdichtungswahrscheinlichkeit gegenüber dem Versuch (praktisch ohne Streuung eingestellte mittlere Rissbreite). Das in der WU-Richtlinie angegebene Selbstdichtungskriterium ist deshalb zu optimistisch. Wie groß es tatsächlich zu wählen ist, ist gegenwärtig nicht bekannt und bedarf weiterer Forschungsarbeiten.
- Die Risslänge ist seinerzeit nicht für das Selbstdichtungskriterium herangezogen worden. Mit der Beobachtung, dass es im Riss keine laminare Strömung gibt, sondern das Wasser in den tiefsten Unebenheiten der Rissflächen in Form von kleinen Kanälen fließt, ist die Abdichtung erst dann vollzogen, wenn jeder dieser Kanäle abgedichtet ist. Dadurch sinkt die Wahrscheinlichkeit der Selbstdichtung eines Risses gegenüber den in der WU-Richtlinie noch gültigen Kriterien, weil die realen Risse im Normalfall länger sind als die im Versuch benutzte Risslänge von 120 mm.
- Das Druckgefälle als Bezugsgröße, um eine zulässige Rissbreite zu finden, ist willkürlich gewählt und hat keinen sachlichen Hintergrund. Es ist wirklichkeitsnäher, die Druckhöhe wie in den Versuchsreihen als Kriterium zu nehmen. Das Druckgefälle wurde erst bei der Versuchsauswertung ohne irgendeine Notwendigkeit eingeführt.

Zu berücksichtigen ist auch, dass wahrscheinlich noch nicht alle wichtigen Faktoren der Selbstdichtung erforscht sind. Anders ist es nicht zu erklären, dass bei der Untersuchung der rund 1 000 Risse im Untergeschoss des Jakob-Kaiser-Hauses in Berlin eine nennenswerte Menge von trockenen Rissen mit Rissbreiten um 0,15 mm gefunden worden sind (vgl. Kapitel 12.10). Nach unseren heutigen Vorstellungen über das Durchflussverhalten von Trennrissen dürfte das nicht möglich sein.

Die Selbstheilung bzw. Selbstdichtung kann nicht fest eingeplant werden. Das heute benutzte Selbstdichtungskriterium ist nicht zuverlässig. Auch kann die Selbstdichtung nicht durch Warten erzwungen werden. Nach den vorliegenden Versuchsergebnissen dichtet sich nach sechs bis acht Wochen ein durchflossener Trennriss nicht mehr. Nach einer so langen Zeit des Durchflusses sind die Rissflächen ausgelaugt, und es kann sich kein Abdichtungsmaterial mehr bilden. Das bedeutet, dass ein solcher Riss nie dicht wird, wenn nicht künstlich Partikel ins Wasser gemischt werden. Derartige Beispiele sind auch an älteren Objekten häufig zu sehen (Bild 14.3).

Unter Berücksichtigung dieser, leider nur qualitativ möglichen Angaben, wird folgendes Selbstdichtungskriterium für WU-Bauwerke empfohlen:

- Größte Wasserdruckhöhe, bei der eine Selbstdichtung zu erwarten ist: 10 mWS
- zulässiger Rechenwert der Trennrissbreite, wenn eine Selbstdichtung in Ansatz gebracht werden soll: 0,1 mm

Die Versuchsergebnisse zeigen, dass eine völlige Abdichtung eines wasserführenden Risses nur bei geringen Wasserdrücken und kleiner Rissbreite möglich, aber nicht völlig sicher ist. Für den Entwurfsgrundsatz b) der WU-Richtlinie (Trennrisse und Einbeziehung der Selbstheilung/Selbstdichtung) muss mit einem zeitweiligen Wasserdurchfluss gerechnet werden, der bis zu acht Wochen anhalten kann. Ist er dann nicht zum Stillstand gekommen, wird es nur in Ausnahmefällen zur völligen Abdichtung kommen. In dem Fall müssen bei Bedarf die betreffenden Risse mit Abdichtungsmaterial injiziert werden. An dieser Stelle sei angemerkt, dass in den Durchflussversuchen von Ripphausen [Rip1] kein Riss bis zur völligen Trockenheit abgedichtet worden ist. Alle seine Versuche endeten mit einer sehr geringen Wassermenge und wurden nicht ganz trocken.

14.5 Dichtigkeitsnachweis für Biegerisse nach der WU-Richtlinie

Die WU-Richtlinie stellt Dichtigkeitsanforderungen auch an Biegerisse. Für Biegung ergibt sich die Mindestbewehrung aus der Forderung nach einer Mindestdruckzonenhöhe x in Abhängigkeit vom Größtkorndurchmesser des verwendeten Betons:

$x \geq 30$ mm
$x \geq 1{,}5\ D_{max}$
mit D_{max} Größtdurchmesser der Gesteinskörnung

Als Zahlenwert bedeutet diese Forderung der WU-Richtlinie:

1. für Betone mit 16 mm Größtkorn $x \geq 30$ mm,
2. für Betone mit 32 mm Größtkorn $x \geq 48$ mm ≈ 50 mm.

Der Nachweis der Dichtigkeit gehört zu den Grenzzuständen der Gebrauchstauglichkeit. Er bezieht sich also auf den Gebrauchszustand, für den die Druckspannungsverteilung bei Biegung etwa dreieckförmig verläuft (Bild 14.39). Mit dieser Annahme kann die Mindestdruckzonenhöhe einfach nachgewiesen werden.

Deshalb wird für die Ableitung der Druckzonenhöhe für reine Biegung eine lineare Verteilung der Druckspannungen nach Bild 14.39 angesetzt. Die Druckkraft im Beton D_c und die Zugkraft in der Bewehrung Z_s sind bei reiner Biegung gleich groß, aber gegeneinander gerichtet und betragen:

$$D_c = \sigma_c \cdot b \cdot x / 2 \qquad Z_s = \sigma_s \cdot A_s$$

mit
- b: Querschnittsbreite
- σ_c: Betondruckspannung am gedrückten Rand
- σ_s: Stahlzugspannung in der Bewehrung
- x: Höhe der Betondruckzone
- A_s: Bewehrungsfläche

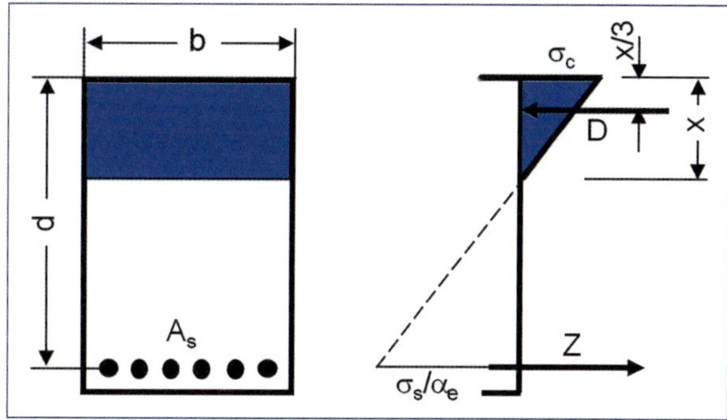

Bild 14.39: Reine Biegung am Rechteckquerschnitt, gerissene Zugzone, dreieckförmige Spannungsverteilung

Durch Gleichsetzen von Zug- und Druckkraft und Berücksichtigung der unterschiedlichen Elastizitätsmoduln ergibt sich für die Nulllinienlage x nach Bild 14.39:

$$x = \frac{E_S}{E_{cm}} \cdot \frac{A_S}{b} \cdot \left[-1 + \sqrt{1 + \frac{2 \cdot b \cdot d}{A_S \cdot E_S / E_{cm}}}\right] \qquad (14.1)$$

mit
- x: Druckzonenhöhe (Abstand zwischen gedrücktem Rand und der Nulllinie)
- E_s: Elastizitätsmodul des Bewehrungsstahls ($E_s = 200\,000$ N/mm²)
- E_{cm}: mittlerer Elastizitätsmodul des Betons nach DIN EN 1992-1-1, Tabelle 3.1
- A_s: Fläche der Biegezugbewehrung
- b: Querschnittsbreite bei Platten mit b = 1 m
- d: Nutzhöhe des Querschnitts

Gleichung (14.1) zeigt, dass die Druckzonenhöhe x nur vom Verhältnis der Elastizitätsmoduln, der Bewehrungsfläche in der Biegezugzone, der Querschnittsbreite und der Nutzhöhe (Abstand vom gedrückten

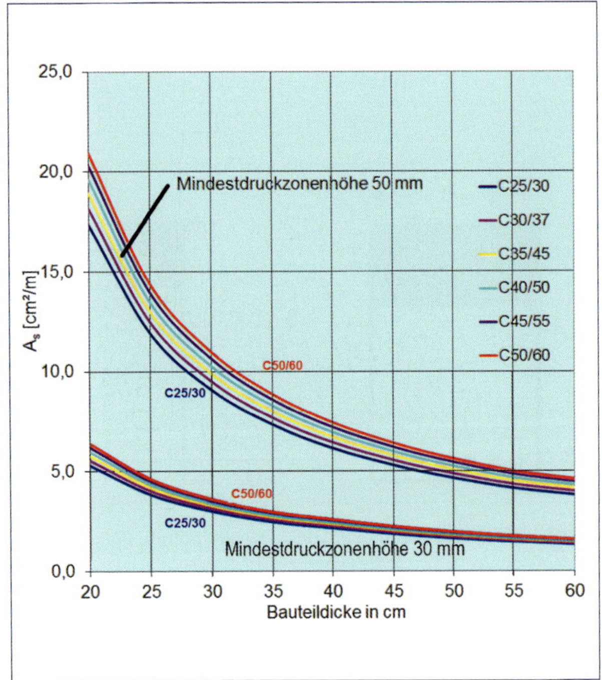

Bild 14.40: Mindestbiegebewehrung für eine Mindestdruckzonenhöhe von 50 mm; Schwerpunktabstand der Bewehrung vom Rand 35 mm

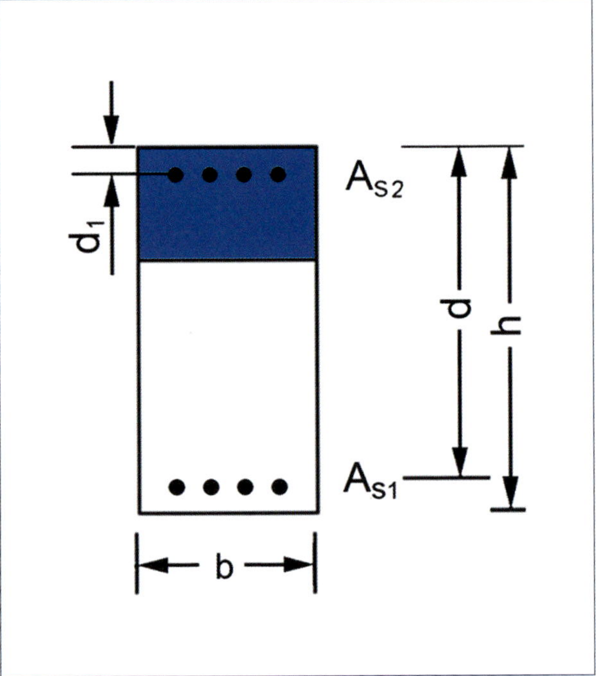

Bild 14.41: Querschnitt eines Biegebauteils mit doppelter Bewehrung

Rand bis zum Bewehrungsschwerpunkt) abhängt. Die Größe des Biegemoments ist in der Gleichung nicht enthalten. Das heißt, dass die Nulllinienlage nur von den Querschnittsabmessungen einschließlich der Bewehrungsfläche und vom Verhältnis der Elastizitätsmoduln von Stahl und Beton abhängt, nicht aber von der Größe der Beanspruchung durch ein Biegemoment. Das gestattet eine querschnittsbezogene Verallgemeinerung, die in Bild 14.40 für die beiden Druckzonenhöhen von 30 mm und von 50 mm und für flächige Bauteile (Wände, Decken) in Form von zwei Kurvenscharen aufbereitet wurde.

Die Gleichung (14.1) lautet, aufgelöst nach dem Bewehrungsverhältnis $\rho = A_s / A_c$:

$$\rho = \frac{\xi^2}{2 \cdot \alpha_e \cdot (1-\xi)} \text{ bzw.} \quad (14.2)$$

$$A_s = \rho \cdot b \cdot d \quad (14.3)$$

mit

ρ:	A_s / A_c
b:	Querschnittsbreite
d:	Nutzhöhe
ξ:	x / d
α_e:	E_s / E_{cm} (Verhältnis der Elastizitätsmoduln von Stahl und Beton)

Gleichung (14.2) gestattet es, ein Diagramm für Wände oder Platten bei reiner Biegung zu berechnen, bei dem für die gewünschte Mindestdruckzonenhöhe x in Abhängigkeit von der Bauteildicke die benötigte Bewehrungsfläche unmittelbar abgelesen werden kann. Als Höhe der Betondruckzone wurden für das Diagramm x = 30 mm und x = 50 mm angenommen. In Bild 14.40

ist das Diagramm dargestellt. Man erkennt, dass die größere Druckzone für x = 50 mm mehr Bewehrung benötigt, um eine gleich starke Zugzone zu bekommen. Der Stahlbedarf für die Druckzonenhöhe von mindestens 30 mm ist bedeutend kleiner. Bei einer Wanddicke von 300 mm und größer ist nur noch eine Flächenbewehrung in der Zugzone von höchstens 3 cm²/m erforderlich.

Oft ist die Forderung aber durch Bewehrung aus anderen Beanspruchungen bereits erfüllt. Zu beachten ist, dass die Werte für eine Differenz zwischen Bauteildicke und Nutzhöhe von h – d = 35 mm berechnet worden sind.

Die Ableitungen gelten für reine Biegung. Für Biegung mit Längskraft und für doppelte Bewehrung werden die Gleichungen etwas aufwendiger [Gra2]. Für den doppelt bewehrten Querschnitt bei reiner Biegung mit der Zugbewehrung A_{s1} und der Druckbewehrung A_{s2} wird die Druckzonenhöhe x wie folgt angegeben:

$$x = \frac{\alpha_e \cdot (A_{s1} + A_{s2})}{b} + \sqrt{\left(\frac{\alpha_e \cdot (A_{s1} + A_{s2})}{b}\right)^2 + \frac{2 \cdot \alpha_e}{b} \cdot (A_{s2} \cdot d + A_{s1} \cdot d_1)} \tag{14.4}$$

mit den Bezeichnungen für die Gleichung (14.1) und zusätzlich

- A_{s1}: Bewehrung in der Zugzone
- A_{s2}: Bewehrung in der Druckzone
- d_1: Schwerpunktabstand der gedrückten Bewehrung vom gedrückten Rand

Die Skizze Bild 14.41 erläutert die Bezeichnungen für den Querschnitt eines biegebeanspruchten Bauteils mit doppelter Bewehrung.

14.6 Die Arbeitsfuge im WU-Bauwerk – kein Sonderfall eines Risses

14.6.1 Arbeitsfugen sind Unstetigkeiten im Betongefüge

Arbeitsfugen entstehen bei befristeten Unterbrechungen eines Betoniervorgangs für ein monolithisches Bauteil. Die WU-Richtlinie definiert die Arbeitsfuge als »Grenzquerschnitt mit direktem Kontakt zwischen zwei Betonierabschnitten im Verbund. Arbeitsfugen ohne Fugenabdichtung gelten als Trennrisse. Arbeitsfugen sind zu planen.« Der in der WU-Richtlinie benutzte Vergleich von Arbeitsfugen mit Trennrissen ist nur mit Einschränkungen richtig.

Arbeitsfugen sind Inhomogenitäten in einem Bauteil, die sich auf die Eigenschaften des betreffenden Bauteils während der gesamten Nutzungszeit auswirken. Sie sind Schwachstellen, wenn die Betonzugfestigkeit benötigt wird und öffnen sich bei geringen Zugkräften relativ leicht.

Ein besonders eindrucksvolles Beispiel für die geringe Zugfestigkeit in Arbeitsfugen zeigt Bild 14.42. Es handelt sich um die im Jahr 1959 gebrochene Bogenstaumauer in Malpasset im Süden Frankreichs, in der sehr deutlich die vertikalen und horizontalen Arbeitsfugen auch noch Jahrzehnte nach der Katastrophe erkennbar sind. Die Bogenstaumauer war 60 m hoch, hatte an der Krone eine Dicke von 0,50 m und an der Basis von 6,80 m. Im Foto ist heute noch erkennbar, welche Abmessungen die Betonierabschnitte hatten. Die Arbeitsfugen waren während der Katastrophe Schwachstellen im Betongefüge, in denen die Brüche entstanden, nachdem die stützende Wirkung des im Bild nicht sichtbaren seitlichen Auflagers der Bogenstaumauer (rechts außerhalb des Fotos) versagt hatte.

Bild 14.42: Der Beton einer havarierten, unbewehrten Bogenstaumauer mit 60 m Höhe ist überwiegend in den Arbeitsfugen gebrochen.

Bild 14.43: Wasserseite der Staumauer aus Bild 14.42 mit Kalkschleiern, die ihren Ursprung in horizontalen und vertikalen Arbeitsfugen haben

Dass Arbeitsfugen eine größere Störung des Betongefüges verursachen, ist in Bild 14.43 zu sehen, das an der gewölbten Wasserseite der Bogenstaumauer entstand. Aus den horizontalen Arbeitsfugen treten geringe Wassermengen aus, die im sommerlichen, mediterranen Klima schnell verdunsten. Es handelt sich um Niederschlagswasser, das an der oberen Bruchfläche in das Porengefüge des Betons gelangt, nach unten sickert und an der horizontalen Arbeitsfuge auf eine Unterbrechung des Sickerweges trifft. In der Arbeitsfuge sind die Fließbedingungen in horizontaler Richtung günstiger als im Porengefüge des Betons. Deshalb fließt es horizontal weiter und tritt an der Wand aus. Nachdem das Wasser verdunstet ist, verbleiben die Inhaltsstoffe (überwiegend Kalk) als weißer Schleier auf der Oberfläche.

Ein kleinerer Teil des Wassers versickert von der Arbeitsfuge aus in den nächsten Block nach unten und tritt an der nächsten horizontalen, aber auch unten in der vertikalen Arbeitsfuge aus und erzeugt wieder weiße Schleier, allerdings in wesentlich geringerer Ausprägung. Arbeitsfugen sind an diesem Beispiel als Unstetigkeitsstelle im Betongefüge und als Zonen mit anderen Betoneigenschaften zu erkennen. Arbeitsfugen unterscheiden sich von natürlich gebrochenen Rissen in zweierlei Hinsicht:

- Es kommen Betone mit unterschiedlichen Eigenschaften in direkten Kontakt zueinander und sollen wie in einer monolithischen Konstruktion wirken.
- In Arbeitsfugen fehlt die beim natürlichen Bruch entstehende Rissprozesszone mit ihren winzigen Unregelmäßigkeiten und Auffaserungen. Außerdem ist eine aufgeraute Arbeitsfugenfläche viel ebener als eine natürlich gebrochene Rissfläche. Die Selbstdichtungseigenschaften sind daher bei Arbeitsfugen spürbar schlechter als bei natürlich gebrochenen Rissen. Ebenso fehlt die natürliche Rissrauigkeit, die auch durch Aufrauen der ersten Fugenfläche nur notdürftig ersetzt werden kann.

14.6.2 Die geringe Betonzugfestigkeit in Arbeitsfugen

Jede Arbeitsfuge ist eine Schwachstelle, auch wenn sie noch so gut vor- und nachbehandelt wurde. Anstelle der natürlichen Zugfestigkeit des gesunden Betons wirkt in der Kontaktfläche nur die Adhäsion als verbindendes Element. Sie hat einen wesentlich geringeren Widerstand gegenüber Zugkräften, sodass Arbeitsfugen bei normaler Nutzung häufig aufreißen (Bild 14.44).

Das tritt weit unterhalb der rechnerischen Risslast für einen natürlich gebrochenen Riss ein. So kann in Arbeitsfugen auch keine Rissprozesszone entstehen. Die »Rissbreite« ist deshalb bei Arbeitsfugen nahezu unabhängig von der Messmethode. Sowohl mit der Messlupe, als auch über die Messung der Rissuferverschiebung als Wegmessung wird – im Unterschied zum natürlich gebrochenen Riss – bei Arbeitsfugen der gleiche Wert gemessen (vgl. Bild 12.15).

Das bedeutet, dass einerseits die Rissprozesszone am fertig ausgebildeten Riss fehlt und dass dadurch die Spaltbreite der Arbeitsfuge bei sonst gleichen Bedingungen um bis zu 0,1 mm größer sein kann als im natürlich gebrochenen Riss unter vergleichbaren Bedingungen. In Bild 14.45 ist das in Schemazeichnungen veranschaulicht.

Durch die fehlende Rissprozesszone ist auch der Durchflussquerschnitt in einer Arbeitsfuge größer als in einem natürlich gebrochenen Riss. Damit ist auch die durchfließende Wassermenge größer und die Wahrscheinlichkeit der Selbstdichtung geringer. Der natürlich gebrochene Riss links im Bild (Ausschnitt aus Bild 11.8) hat zerfaserte Ränder, die den im Wasser transportierten besonders kleinen Partikeln viele Anlagerungsmöglichkeiten bieten. Sie haben ihren Ursprung in der Rissprozesszone, die während der Überwindung der Betonzugfestigkeit entsteht. In der Arbeitsfuge gibt es keine nennenswerte Zugfestigkeit und deshalb auch keine Rissprozesszone und keine zerfaserten Rissflächen. Deshalb trennen sich die beiden Fugenflächen viel leichter als die Rissuferflächen eines Risses bei seiner Entstehung. In der WU-Richtlinie werden Arbeitsfugen den Trennrissen gleichgesetzt, wenn sie keine Fugenabdichtung haben. Man erwartet also von einer Arbeitsfuge das gleiche Selbstdichtungsverhalten wie von einem Trennriss. Ein Vergleichsversuch mit einem natürlich gebrochenen Riss und einer Arbeitsfuge zeigt den Unterschied (Bild 14.46). Der Trennriss hatte mit 0,17 mm Rissbreite (optisch gemessen) eine um 70 % größere Durchflussfläche als die Arbeitsfuge (0,1 mm). Während sich der Trennriss bei etwa gleichem Anfangsdurchfluss nach wenigen Stunden abgedichtet hatte, gab es bei der Arbeitsfuge mit den ebenen Wandungen eine Halbierung des Anfangsdurchflusses und eine Stabilisierung auf diesem Niveau, ohne dass es zur Abdichtung gekommen wäre. Die Ursache für das vergleichsweise geringe Selbstdichtungsvermögen liegt in der fehlenden Rissrauigkeit und in der fehlenden Rissprozesszone, die zusätzlich eine feine Rissrauigkeit bewirkt. Die Durchflusskurven sind in Bild 14.46 abgebildet.

Bild 14.44: Beschichtete Bodenplatte einer Tiefgarage mit durchgeschlagener Arbeitsfuge

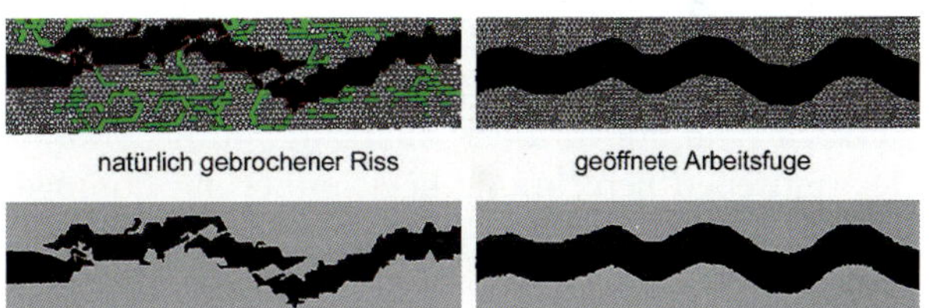

Bild 14.45: Unterschied zwischen einem natürlich gebrochenen Riss und einer aufgerauten Arbeitsfuge

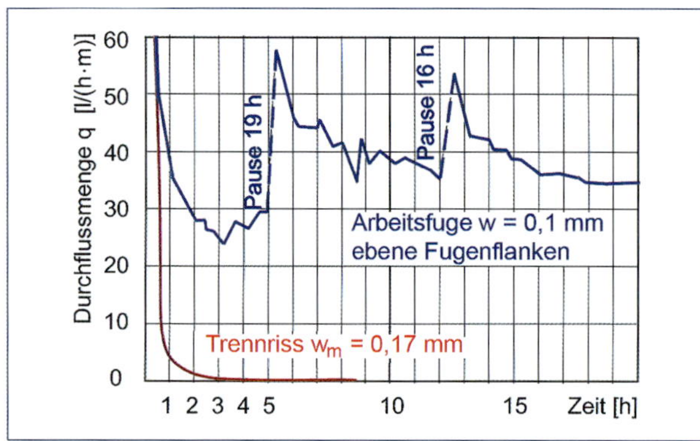

Bild 14.46: Durchflusskurve für eine Arbeitsfuge mit einem Fugenspalt von 0,1 mm mit ebenen, geschalter Rissfläche im Vergleich zu einem natürlich gebrochenen Riss mit einer mittleren Rissbreite an der Oberfläche von 0,17 mm [Mei2]

Bezüglich der Durchfluss- und Selbstdichtungseigenschaften verhalten sich Arbeitsfugen ungünstiger als Trennrisse unter sonst gleichen Bedingungen.

Eigene Versuche zur Selbstdichtung von Rissen haben gezeigt, dass bei glatten Rissflanken die transportierte Wassermenge bei sonst gleichen Bedingungen etwa fünf- bis zehnmal so groß ist wie bei einem natürlich gebrochenen Riss. Umgekehrt heißt das, dass Arbeitsfugen mit ebenen Wandungen im Vergleich zum natürlich gebrochenen Riss eine viel kleinere Rissbreite benötigen, um die gleiche Wassermenge an die Luftseite zu transportieren. Das Gleiche trifft auf die Selbstdichtungswahrscheinlichkeit zu. Deshalb ist die WU-Richtlinie bezüglich des Vergleichs von nicht gedichteten Arbeitsfugen und Trennrissen zu relativieren.

14.6.3 Arbeitsfugen sind eine potenzielle Trennung im Betongefüge

Arbeitsfugen haben keine Funktion im fertigen Bauwerk, sie sind nur für den Bauablauf von Bedeutung. Der statischen Berechnung liegt immer ein homogenes Bauwerk zugrunde. Arbeitsfugen werden meist nicht geplant. Sie sollten an schwach beanspruchten Stellen angeordnet werden, an denen möglichst keine Zugspannungen wirken.

Arbeitsfugen unterscheiden sich von Bewegungsfugen dadurch, dass sie von Bewehrung gekreuzt werden. Die Bewehrung fixiert die Fugenflanken, sodass sie sich nur soweit gegenseitig verschieben können, wie das in einem Riss möglich ist. Zu beachten ist, dass durch behinderte Schwind- und Temperaturverformungen zentrische Zugspannungen entstehen können, die mit dem Verlauf der lastbedingten Schnittgrößen nichts zu tun haben. Sie sollten bei der Festlegung der Arbeitsfugen nicht vergessen werden.

Arbeitsfugen können sich bereits bei geringsten Zugbeanspruchungen öffnen und wirken dann wie ein Riss mit ebenen Rissuferflächen. Für das Selbstdichtungsverhalten ist das sehr ungünstig. Dadurch fehlen die Engstellen, in denen sich Partikel anlagern und den Selbstdichtungsprozess einleiten. Für eine Selbstdichtung sind Arbeitsfugen deshalb wenig geeignet. Sind Dichtigkeitsforderungen zu erfüllen, dann spielt die Rauigkeit der Rissflächen eine große Rolle.

Trotz aller Bemühungen, um Unterschiede im Altbeton und im neuen Beton gering zu halten, gibt es immer eine Differenz zwischen den Betoneigenschaften. Sie haben ein unterschiedliches Verformungsverhalten zur Folge. In der WU-Richtlinie wird zwar gefordert, Arbeitsfugen immer abzudichten, aber es gibt auch eine Lösung bei Wanddicken von 300 mm und größer, die ohne Dichtmittel auskommt:

»Am Tag nach dem Betonieren der Bodenplatte ist die Zementschlämme auf der Oberfläche der Arbeitsfuge mit scharfem Wasserstrahl zu entfernen und das Korngerüst freizulegen.

Der Beton der Bodenplatte ist im Bereich der Arbeitsfuge durch ständiges Feuchthalten nachzubehandeln, bis die Festigkeit des oberflächennahen Betons mindestens 70 % der charakteristischen Festigkeit des verwendeten Betons beträgt. Chemische Nachbehandlungsmittel sind nicht zulässig.

Vor dem Betonieren ist der ordnungsgemäße Zustand der Arbeitsfuge zu kontrollieren. Die Arbeitsfuge muss kornrau, mattfeucht, frei von Verunreinigungen und von Rückständen (z.B. Schalungstrennmittel) sein. Die Kontrolle ist zu dokumentieren.

Beim Betonieren der Wand ist stets eine Anschlussmischung vorzusehen.«

Eine Arbeitsfuge unterbricht die Kontinuität des Betongefüges, auch wenn für die benachbarten Betonierabschnitte die gleiche Betonrezeptur bzw. eine Anschlussmischung verwendet worden ist. An der Kontaktfläche unterscheiden sich die Betoneigenschaften trotzdem. In [Lin4] wird darauf hingewiesen, dass sich an einer (auch zeitweiligen) Betonoberfläche Zement anreichert, der die Betoneigenschaften in Oberflächennähe gegenüber dem Inneren verändert. Das trifft auf alle geschalten oder abgestellten Flächen zu. Bei der Ruine der Staumauer in Malpasset (Bild 14.43) ist zu beobachten, dass in den Arbeitsfugen sogar druckloses Wasser in kleinen Mengen fließen kann. Das ist nur möglich, wenn der jüngere Beton an einer Arbeitsfugenfläche nicht formschlüssig am Altbeton anliegt und eine gewisse Adhäsion wirkt.

Bei freien Oberflächen entsteht durch das Abziehen oder Glätten der Fläche eine Zone mit anderen Betoneigenschaften als im übrigen Beton. Im Bild 14.47 ist das beispielhaft dargestellt. Der planmäßige Zementgehalt des verwendeten Betons von 300 kg/m³ kann an der Oberfläche auf das Vierfache ansteigen (bei einem w/z-Wert von 0,6 steigt er bis auf 1 400 kg/m³). Die starke Anreicherung des Zements hat eine Schichtdicke von 1/2 bis 2/3 des Größtkorndurchmessers, der durchschnittliche Zementgehalt wird in einer Tiefe des (1,3 bis 1,6)-fachen Größtkorndurchmessers erreicht. Das entspricht einer Tiefe der Störungszone, nach der

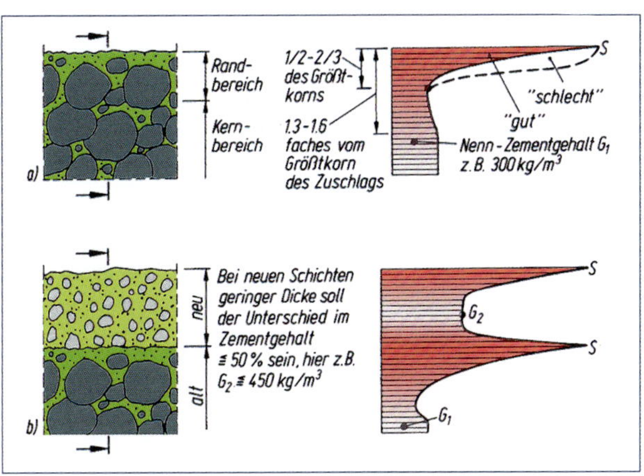

Bild 14.47: Zementgehalt im Randbereich von Bauteilen [Lin3/1]

der planmäßige Zementgehalt wieder erreicht wird, von

- bis 13 mm bei einem Größtkorndurchmesser von 8 mm,
- 21 bis 26 mm bei einem Größtkorndurchmesser von 16 mm,
- 42 bis 51 mm bei einem Größtkorndurchmesser von 32 mm.

Diese Werte liegen mindestens teilweise innerhalb der Betondeckung, die ohnehin eine sorgfältige Nachbehandlung erfordert. Die Randzone hat andere Eigenschaften als der Kernbeton. Das betrifft insbesondere das Schwindverhalten, den Elastizitätsmodul und das Selbstdichtungsvermögen.

14.6.4 Arbeitsfugen sind für Wasser durchlässiger als Trennrisse

Arbeitsfugen werden im Normalfall durch Bewehrung gekreuzt. Es gibt aber auch unbewehrte Arbeitsfugen, z.B. zwischen Kernbeton und Fertigteilbeton bei Elementwänden. Dort wird auf den Verbund von Fertigteil- und Ortbeton großer Wert gelegt. Bei nicht so sorgfältigem Einbau des Kernbetons sind diese unbewehrten Arbeitsfugen gar nicht so selten Transportwege für eingedrungenes Wasser. Bei ihnen ist die Spaltbreite im Unterschied zu einem Riss mit kreuzender Bewehrung nicht beeinflussbar.

Typische, sehr häufig vorkommende Arbeitsfugen sind der Anschluss zwischen Bodenplatte und Wand (Bild 14.48) oder der Anschluss zwischen Wand und Decke. Bei WU-Bauwerken wird nach der WU-Richtlinie empfohlen, in Arbeitsfugen Fugenabdichtungen einzubauen. Sie sind jedoch wie alle Hilfsmittel zum Abdichten von Betonbauwerken empfindlich gegenüber nachlässiger Arbeit. Als Dichtmittel kommen Fugenbänder, Fugenbleche, Quelleinlagen und Injektionsschläuche in Frage. Nur genormte oder zertifi-

Bild 14.48: Undichte Arbeitsfuge zwischen Bodenplatte und Wand in einer Tiefgarage

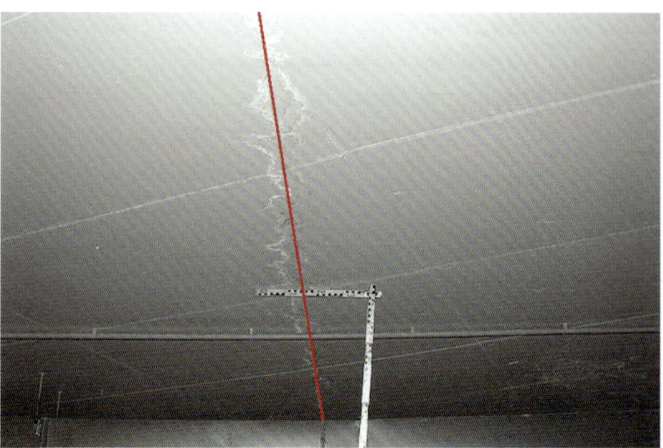

Bild 14.49: Deckenuntersicht mit einer gerissenen Arbeitsfuge mit Sinterspuren in einer Tiefgarage

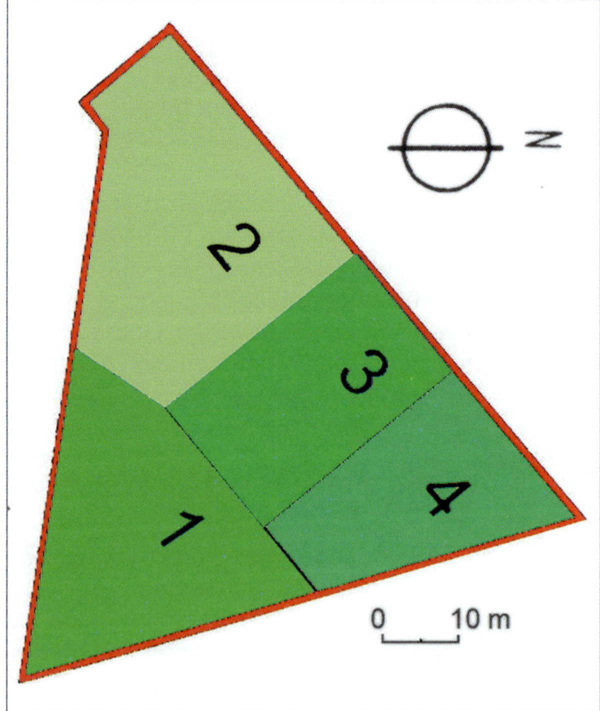

Bild 14.50: Rissbild einer Zwischendecke in einer Tiefgarage und Einteilung der Betonierabschnitte (rechts), vgl. auch Bild 14.49

zierte Dichtmittel dürfen in WU-Bauwerken eingebaut werden.

Die Chancen der Selbstdichtung sind bei Arbeitsfugen mit gleicher Rissbreite wesentlich geringer als bei natürlich gebrochenen Rissen. Das wird auch ein Grund sein, warum Arbeitsfugen so häufig undicht sind. In Bild 14.49 ist eine undichte Arbeitsfuge in der Zwischenebene einer Tiefgarage dargestellt. Das Wasser auf der Decke durch eingeschleppten Schneematsch ist kein drückendes Wasser und hat die Sinterspuren an der Deckenunterfläche verursacht.

Das Bild 14.50 zeigt den Grundriss der Zwischenebene in einer Tiefgarage mit dreieckförmigem Grundriss, aus der auch das Foto Bild 14.49 stammt. Die Decke wurde durch zentrische Zugkräfte beansprucht, die als Folge von behinderten Schwind- und Temperaturverkürzungen auftraten (Zwang). Dadurch sind Trennrisse in der 300 mm dicken Decke entstanden, durch die eingeschleppte Nässe von der oberen in die untere Parkebene gelangen konnte und auf die dort geparkten PKW tropfte. Die Arbeitsfugen haben sich infolge der zentrischen Zwangbeanspruchung bis auf ein kurzes Stück zwischen den Bauabschnitten 3 und 4 geöffnet und sind an den Undichtigkeiten der Decke maßgeblich beteiligt (vgl. auch Bild 14.49).

14.6.5 Sonderfall: Arbeitsfugen in Elementwänden für WU-Bauwerke

Elementwände haben wegen ihrer wirtschaftlichen und bautechnischen Vorteile einen beispiellosen Siegeszug angetreten, der noch nicht beendet ist. Sie werden mit Erfolg auch für WU-Bauwerke bei drückendem Wasser eingesetzt (Beanspruchungsklasse 1).

Elementwände werden in zwei Fertigungsstufen hergestellt:

- als montagefähiges Halbfabrikat in der Vorfertigung,
- als nutzungsfähiges Bauteil durch Montage und Komplettierung auf der Baustelle.

Durch die zweistufige Fertigung entstehen viele Arbeitsfugen mit entsprechend vergrößertem Undichtigkeitsrisiko. Der als Beispiel gewählte Ausschnitt aus einer Elementwand nach Bild 14.51 hat bei einer Länge von 33,92 m und einer Höhe von 4,50 m:

10,90 + 23,02 ≈ 34 m Aufstandsfugen,
12 · 4,50 = 54 m vertikale Stoßfugen,
33,92 m · 4,50 m · 2 ≈ 305 m² Fugenflächen zwischen Fertigteil- und Ortbeton.

Pro Meter Wandlänge sind das:
1 m Aufstandsfugen,
1,6 m vertikale Stoßfugen,
9 m² Arbeitsfugenflächen zwischen Fertigteil- und Ortbeton.

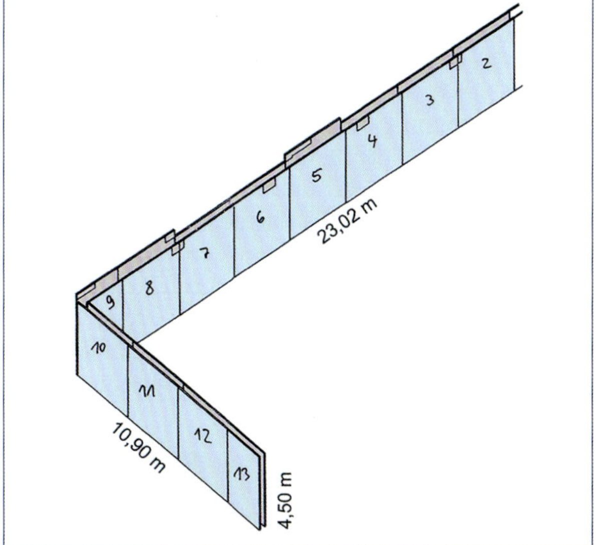

Bild 14.51: Beispiel eines Elementwandabschnitts

Alle diese Fugen müssen in einer Elementwand abgedichtet werden. Das erfordert, dass die Arbeitsfugenflächen zwischen dem Kernbeton und den Fertigteilelementen intakt sind. Es muss zwischen beiden unterschiedlich alten Betonteilen eine Haftung bestehen, weil ansonsten Wasser in die Arbeitsfuge gelangen und sich dort ohne Kontrolle bewegen kann.

14.7 Wasserwege an der oberen Horizontalbewehrung von dicken Platten

Es ist bekannt, dass Frischbeton nach Ende eines Betongangs etwas nachsackt. Das ist unbedenklich, wenn die mögliche Sackungsschicht weniger als 300 mm hoch ist. Dicke Bodenplatten oder auch Wände haben oben liegende Bewehrung, bei der der Sackungsweg größer als 300 mm ist.

Dadurch sind zwei mögliche Erscheinungen bedingt:

- Oberhalb der oberen Bewehrung können sich Längsrisse über der Bewehrung bilden, die im erhärteten Beton »eingefroren« werden (Bild 14.52).
- Unterhalb der oberen Bewehrung können sich linienförmige Hohlräume mit sichelartigem Querschnitt bilden, in denen Wasser über lange Strecken entlang der Bewehrung fließen kann (Bild 14.53). Deshalb sollen dicke Platten nach dem Sackungsprozess nachgerüttelt werden.

Die Kanäle unter der Bewehrung sind so lange unschädlich, wie sie nicht mit drückendem Wasser gespeist werden. Ein Riss, der nach der wasserberührten Seite offen ist und die obere Bewehrung kreuzt, wird die Kanäle unter der Bewehrung erreichen und mit Wasser speisen. Dieser Riss kreuzt weitere Bewehrungsstäbe und versorgt auch dort die Kanäle mit Wasser. So gelangt das Wasser in die Platte und kann weit entfernt von der Eintrittsstelle aus einem Riss an der Plattenoberfläche wieder austreten. Sowohl die Eintritts- als auch die Austrittsstelle können Biegerisse sein, die dann als undichte Risse erscheinen. Solche Risse lassen sich mit den herkömmlichen Mitteln zwar abdichten, die Lecks sind jedoch schwer zu lokalisieren, und das Wasser wird neue Wege finden und an anderer Stelle unter ähnlichen Bedingungen austreten.

In [Ruc2] wird diese Erscheinung im Zusammenhang mit der Instandsetzung des Schürmannbaus in Bonn geschildert. Dort werden solche Kanäle als Verbundstörung bezeichnet. Ein Wassertransport entlang der Bewehrung wurde dort bereits beobachtet, nachdem der äußere Wasserstand nur einige Zentimeter über der Oberfläche der Bodenplatte stand. In diesem Fall wurde eine übliche Rissverpressung gewählt, nachdem eine Probefläche mit einer Rasterbohrung nicht den gewünschten Erfolg gebracht hatte. Nach Versuchen mit einem Epoxidharz wurden die Kanäle mit einem Acrylatgel mit geringerer Viskosität verpresst, weil beim Epoxidharz zu hohe Drücke nötig waren und dadurch Abplatzungen entstanden. Das Gel diente nur der Abdichtung und hat sich wegen seiner sehr geringen Viskosität gut verarbeiten lassen. Anzumerken ist, dass gegenwärtig in Deutschland Acrylatgel für eine

Bild 14.52: Sackungsrisse in einer Stahlbetonplatte und in einer Wandkrone über der oben liegenden Bewehrung

Rissverpressung nicht benutzt werden darf, wenn es mit Bewehrungsstahl in Kontakt kommen kann.

Solche Wasserwege sind sehr unangenehme Erscheinungen. Eine Abdichtung durch Injektionen ist nur so möglich, dass die Bewehrung gezielt angebohrt wird, um die Kanäle unter der Horizontalbewehrung abzudichten. Besser, aber praktisch nicht realisierbar wäre es, die Eintrittsstellen des Wassers in die Kanäle zu finden und abzudichten. Das wird aber höchstens im Ausnahmefall möglich sein. Im Regelfall sind die Wasserwege abzudichten und nicht die äußeren Leckstellen im Bauwerk.

Um das Ablösen des Frischbetons von der Bewehrung im Betonierprozess zu verhindern, müssen dicke Bodenplatten bei WU-Bauwerken nachverdichtet werden. Das sogenannte Nachrütteln wird auch in DIN 4235 gefordert. In Teil 2 (Innenrüttler) und Teil 4 (Schalungsrüttler) ist dem Nachrütteln ein eigener Abschnitt gewidmet. Insbesondere sollen die oberen Bereiche möglichst spät, aber so rechtzeitig nachgerüttelt werden, dass der Beton beim Rütteln wieder plastisch wird. Nach dieser Norm stören die in den erstarrenden Beton eingeleiteten Schwingungen weder sein Erhärten, noch verursachen sie Formänderungen, die das Gefüge lockern.

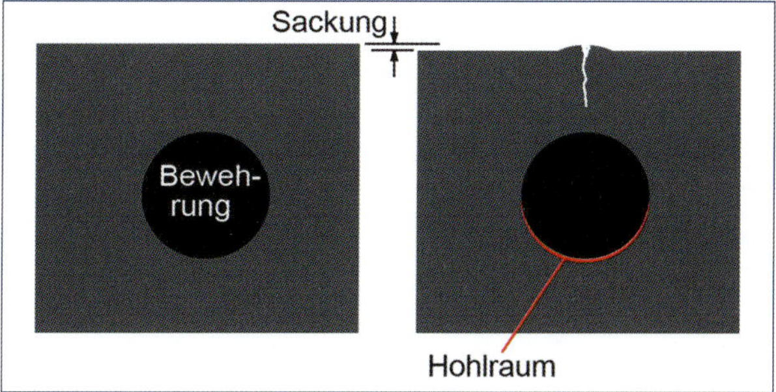

Bild 14.53: Schematische Darstellung der sichelförmigen Kanäle unter der Bewehrung, die durch Sackung des Frischbetons entstehen; an der Oberfläche kann sich die Bewehrung abzeichnen (Bild 14.52 rechts)

Bild 14.54: Suspensionsablagerungen unter einem horizontalen Bewehrungsstab (braun) in einer Schlitzwand, die im Schutz einer Stützflüssigkeit betoniert wurde (Blick in ein horizontales Kernbohrloch mit 50 mm Durchmesser in einer Wand)

Bild 14.55: Im »Kanal« unter der Bewehrung wird Wasser transportiert (links). Der Hohlraum ist groß genug, um die Wasserspeisung mit einem Schlauch von Hand vornehmen zu können (rechts).

15 Widersprüche und kritische Wertungen

In den vorherigen 14 Kapiteln dieses Buches, das viele Aspekte im Zusammenhang mit Rissen im Stahlbeton zum Inhalt hat, sind viele aus dem Normenwerk und der Literatur bekannte Tatsachen und Schlussfolgerungen enthalten. Der Inhalt beschränkt sich aber nicht nur auf die Übermittlung des Bekannten, sondern enthält auch Neues und manchmal auch einen neuen Blick auf Bekanntes, das zu einer neuen Sicht führt. Dabei sind in den einzelnen Kapiteln dieses Buches in unterschiedlicher Weise Auffassungen und Definitionen benutzt worden, die zum Teil nicht mit dem Normenwerk übereinstimmen. Mit der Durchsicht der verfügbaren Literatur sowie mit eigenen Überlegungen wurden einige Unstimmigkeiten und Widersprüchlichkeiten im Normenwerk und in den darauf aufbauenden Regelwerken festgestellt, die in diesem Kapitel zusammengefasst genannt werden sollen. Ausführliche Erläuterungen dazu gibt es in den vorangegangenen Kapiteln.

Zusammenfassend ist festzustellen, dass beim Umgang mit Rissen im Stahlbetonbau immer mit meist ungewohnt großen Streuungen zu rechnen ist, die nicht vernachlässigbar sind und die nicht mithilfe eines Sicherheitsfaktors kompensiert werden können. Das ist so lange kein Nachteil, wie Rissbreiten zum Maßstab für Vergleiche benutzt werden. Insbesondere trifft das für die Qualität einer Bewehrungskonstruktion zu, die mit der Verringerung von Rechenwerten der Rissbreite verbessert werden kann. Die Verbesserung bezieht sich auf die Dauerhaftigkeit einer Konstruktion, indem einzelne mögliche, unzulässig breite Risse mehr oder weniger wahrscheinlich werden.

Welche Wahrscheinlichkeit im Einzelfall notwendig ist, muss der Tragwerksplaner anhand der Einwirkungen und der Nutzerforderungen in Abstimmung mit dem Bauherrn entscheiden. Der Rechenwert der Rissbreite ist in diesem Fall nur ein Vergleichswert, der in keiner unmittelbaren Beziehung zu realen Rissbreiten stehen wird.

Anders ist das bei gezielten Rissbreitenberechnungen. Die Genauigkeit des Rechenverfahrens, aber auch der Messung von Rissbreiten ist wegen der fehlenden Regelungen zur Messung immer subjektiv beeinflusst und damit unzureichend. Es ist deshalb nicht nur riskant, sondern leichtfertig, berechnete Rissbreitenwerte mit Messwerten zu vergleichen. Das trifft zum Beispiel bei WU-Bauwerken zu, bei denen das Selbstheilungskriterium in einem zulässigen Rechenwert der Rissbreite in Abhängigkeit von der Wasserdruckdifferenz am gerissenen Bauteil besteht. In der empirischen Erforschung des Selbstheilungskriteriums konnten Rechenwerte der Rissbreite für die Versuche nicht erzeugt werden. So wurde der Einfachheit halber der Rechenwert dem im Experiment benutzten mittleren optisch gemessenen Wert gleichgesetzt. Im Kapitel 14 dieses Buches werden die nachteiligen Folgen einer solchen Ungenauigkeit geschildert.

Aus den bisherigen Erfahrungen und als Schlussfolgerung aus diesem Buch gilt folgende Regel:

Rechenwerte der Rissbreite sind für Vergleichszwecke, z.B. als Maßstab für die Beurteilung einer Bewehrungskonstruktion, brauchbare Hilfsmittel. Für die Berechnung von real am Objekt nachmessbaren Rissbreiten sind sie untauglich.

Unstimmigkeiten und Fehlaussagen im Umgang mit Rechen- und Messwerten der Rissbreite entstehen immer dann, wenn diese Regel verletzt wird. Zu berücksichtigen ist auch, dass Rissbreiten selbst bei Rissen, die unter identischen Bedingungen entstanden sind, starken Schwankungen unterliegen. Im Kapitel 11 wird das anhand eines Beispiels erläutert.

15.1 Differenzierung des Begriffs der Rissbreite und der Rissgeometrie

Die Rissbreite ist eine häufig benutzte, wichtige Größe im Stahlbetonbau. Eine Definition der Rissbreite gibt es aber nicht. Die Tatsache, dass ein Spalt entsteht, wenn die Zugfestigkeit des Betons überschritten wird, ist so selbstverständlich, dass man darüber nicht weiter nachdenken muss. Die Rissbreite wird also selbstverständlich der Spaltbreite gleichgesetzt.

Rissbreiten werden nach zwei unterschiedlichen Messprinzipien gemessen:

- optische Messung der Spaltbreite mit einem Vergleichsmaßstab (Bild 15.1) oder einer Rissmesslupe;
- Wegmessung mit einem Setzdehnungsmesser oder induktiven Wegaufnehmern. Dabei wird der Weg gemessen, der notwendig ist, um den Riss zu öffnen. Der Messwert ist die Differenz zwischen einer Ablesung vor der Bewegung und einer danach.

Die Rissbreite nimmt über die Risslänge unterschiedliche Werte an (Bild 15.1). Es ist üblich, bei optischen Rissbreitenwerten den Größtwert zu messen. Häufig werden aber auch mehrere Ablesungen über die Risslänge (z.B. im Abstand von 100 mm) vorgenommen, aus denen dann ein Mittelwert der Rissbreite gebildet wird. Auch abgewandelte Formen sind möglich. Bei jeder Messung ist die Auswahl der Messstelle eine subjektive Entscheidung. Da sich die genannten Rissbreitenwerte zahlenmäßig unterscheiden, ist auch das Ergebnis einer Rissbreitenmessung subjektiv. Deshalb lassen sich Rissbreitenmessungen nicht, wie für viele andere Kennzahlen üblich, in einer Norm regeln.

Vergleichsmessungen der Rissbreite mit einem Setzdehnungsmesser bzw. einer Messlupe haben gezeigt, dass sich am gleichen Riss die beiden Messwerte um einen Betrag von bis zu 0,1 mm unterscheiden. Im Kapitel 11 sind solche Vergleichsmessungen aus der Literatur angegeben. Im Umgang mit Rissbreiten blieb diese Differenz bisher sowohl in der Wissenschaft als auch in der Praxis unberücksichtigt, obwohl das Vermischen der unterschiedlichen Messwerte die Streuung von Vergleichswerten vergrößert. Die Kenntnis und Beachtung dieser Differenz erleichtert die Erklärung einiger Phänomene. Bisher gab es nur den Begriff Rissbreite, ganz gleich wie er gemessen worden ist. Um den Unterschied sichtbar zu machen, wird für das Ergebnis der Wegmessung der Begriff Rissuferverschiebung eingeführt. Wir unterscheiden damit zwischen der **Rissbreite** (optisch gemessen) und der **Rissuferverschiebung** (mit einer Wegmessung bestimmt) eines Risses. Beide Messwerte eines Risses unterscheiden sich und dürfen deshalb nicht gemeinsam (z.B. als Elemente einer statistischen Masse) verwendet werden.

Die größte in der Norm angegebene Rissbreite ist der Rechenwert der Rissbreite von 0,4 mm, wie er auch als Messwert in Bild 15.1. angegeben ist. Bei einem solchen Rissbreitenmaß sind Einzelheiten der Rissgeometrie ohne Hilfsmittel nicht mehr zu erkennen. Das erschwert auch den Umgang mit diesen im Bauwesen ungewohnt kleinen Abmessungen.

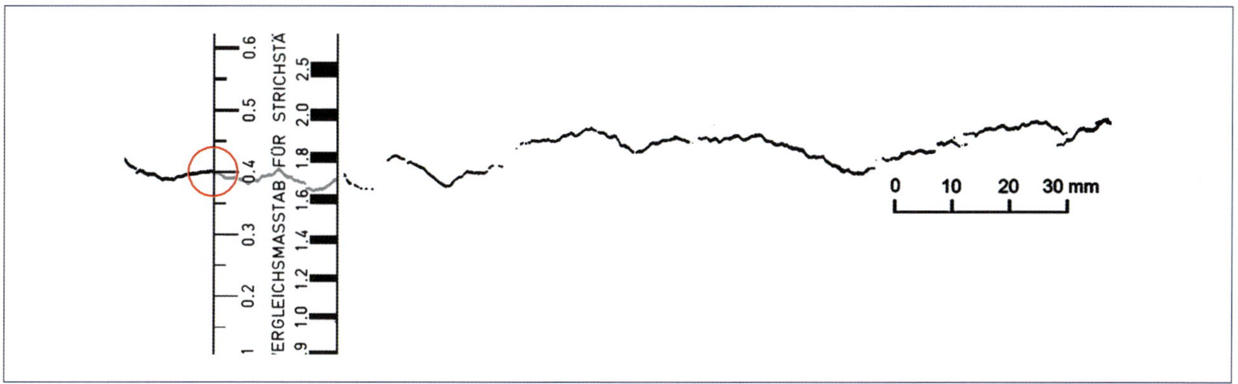

Bild 15.1: Ansicht eines Trennrisses mit aufgelegtem Vergleichsmaßstab

Rissuferverschiebungen als Ergebnis von Wegmessungen sind größer als die optisch gemessenen Rissbreiten. Die Ursache für diese Erscheinung liegt darin, dass sich an den Rissflächen im Moment des Aufreißens der Betonstruktur eine dünne, plastisch verformte Betonschicht bildet, die bei der Wegmessung unberücksichtigt bleibt. Dadurch ist der Messwert einer Wegmessung größer als der einer optisch gemessenen Rissbreite am gleichen Riss (Bild 15.2). Die Differenz ist weder am einzelnen Riss noch von Riss zu Riss konstant und beträgt bis zu 0,1 mm, in Ausnahmefällen auch etwas mehr.

In Bild 15.2 ist ein Trennriss schematisch dargestellt, bei dem die dünne Plastifizierung der Betonschicht an den Rissflächen rot gekennzeichnet ist. Die plastische Dehnung dieser Schicht ist an der Unterseite mit a bzw. b gekennzeichnet. Die Summe dieser beiden plastischen Verformungsanteile ist die Differenz Δ zwischen Rissbreite w und Rissuferverschiebung $w_{Rissufer}$.

Die Differenz der beiden messbaren Werte von bis zu 0,1 mm ist mit den Maßstäben des Bauwesens eine Winzigkeit, die aber bei einer Rissbreite von z.B. 0,2 mm einen Anteil von 50 % hat, also nicht vernachlässigbar ist. Im Kapitel 11 sind die Details zu dieser Erscheinung erläutert und in den anschließenden Kapiteln die wichtigsten Folgen dargestellt. Das sind:

- der Beitrag zur großen Streubreite beim Vergleich von Rechen- und Messwerten der Rissbreite. Die theoretisch hergeleiteten Berechnungsformeln müssen so kalibriert werden, dass die Übereinstimmung der Rechenwerte mit Messwerten möglichst gut ist. Das gelingt umso besser, je geringer die Schwankungsbreite der statistischen Masse der Messwerte ist. Bisher wurde zwischen den beiden Arten von Messwerten nicht unterschieden. So wurde bereits bei der Kalibrierung der Rissformeln ein Fehler in der Größe einer zweistelligen Prozentzahl unbewusst in Kauf genommen, mit dem sich die Streubreite der verglichenen Werte vergrößert. Da der Rechenwert der Rissbreite, der mit einer Berechnungsformel in der DIN EN 1992-1-1 definiert ist, dem Messwert Rissuferverschiebung entspricht, dürfen bei der Kalibrierung nur Messwerte der Rissuferverschiebung herange-

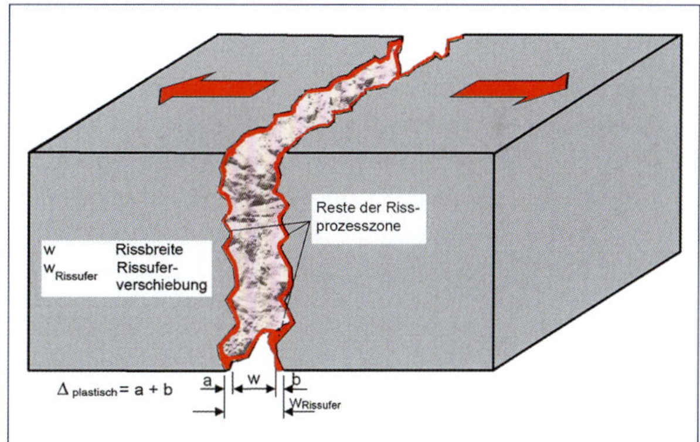

Bild 15.2: Vollständiger Trennriss (Schema) mit Angabe der Rissbreite und der Rissuferverschiebung

zogen werden. Dadurch wäre eine Verringerung der Streubreite im Vergleich mit den Rechenwerten zu erwarten.

- Für Vergleiche von Rechen- und Messwerten der Rissbreite können ebenfalls nur Rissuferverschiebungen benutzt werden. D.h., dass korrekte Vergleiche nur im Labor möglich sind. Rissuferverschiebungen können nicht mehr gemessen werden, wenn ein Riss bereits vor der eigentlichen Messung entstanden ist. Dann sind nur noch Veränderungen der Rissbreite messbar. Das bedeutet, dass die heute gelegentlich getroffenen vertraglichen Vereinbarungen über einzuhaltende Rissbreiten am fertigen Bauwerk nicht nachmessbar sind. Ein Beweis über die Einhaltung einer derartigen vertraglichen Vereinbarung ist also nicht möglich.
- Der Beitrag zur geringeren Vorhersagewahrscheinlichkeit von kleinen Rissbreiten hängt ebenfalls mit der Existenz der dünnen, plastifizierten Schicht an den Rissflächen zusammen. Da die Differenz zwischen Rissbreiten und Rissuferverschiebungen nach ihrem Entstehen unveränderlich ist, wirkt sich die Ungenauigkeit von Messwerten bei kleinen Rissbreiten viel bedeutsamer aus als bei großen Rissbreiten. Ein Trennriss mit einem Rechenwert der Rissbreite von 0,15 mm kann tatsächlich eine Rissuferverschiebung von 0,10 mm haben. Diese allgemein nicht bekannte Abweichung des Rechenwertes vom Messwert kann bei WU-Bauwerken mit Ansatz der Selbstheilung schwerwiegende Auswirkungen bezüglich der Dichtigkeit haben.
- Im Selbstheilungskriterium der WU-Richtlinie werden zulässige Rissbreiten in Abhängigkeit vom Wasserdruck bzw. vom Druckgefälle (Wasserdruckhöhe / Bauteildicke) angegeben. Dieses Kriterium wurde ohne theoretisches Modell rein empirisch bestimmt. Dabei wurden mit optischen Messgeräten eingestellte Rissbreiten in den Durchflussversuchen benutzt. Es handelte sich also um Rissbreiten. Die Rechenwerte der Rissbreite entsprechen Rissuferverschiebungen. Wenn sie mit optisch gewonnenen Messwerten gleichgesetzt werden, entstehen Ungenauigkeiten, die sich auf die Zuverlässigkeit der Selbstheilung nach WU-Richtlinie ungünstig auswirken. Viele unplanmäßige Undichtigkeiten in WU-Bauwerken deuten darauf hin, dass diese Vermutung richtig ist.

15.2 Unsicherheiten bei der rechnerischen Ermittlung der Rissbreiten

Das Formelwerk in der Norm DIN EN 1992-1-1 erscheint schlüssig und theoretisch begründet und ist leicht handhabbar. Das Ergebnis der Berechnung ist jedoch eine streuende Größe und besitzt lediglich eine gewisse Wahrscheinlichkeit. Darüber hinaus ist die Rissbreite nicht eindeutig definiert. Das einfache und leicht zu erklärende Modell der Rissbildung täuscht eine Verlässlichkeit vor, die nicht vorhanden ist. Die Erwartungen an eine Korrespondenz der Rechenwerte mit den Rissbreiten am Bauwerk sind unbegründet.

Ein praxisorientiertes Berechnungsmodell konnte nur durch rigorose Vereinfachungen des komplizierten Rissgeschehens aufgestellt werden. Die Zufälligkeiten im Mechanismus der Rissbildung entzogen sich dabei jeder Berücksichtigung. Die experimentellen und theoretischen Untersuchungen führten zu abweichenden Werten und zu einer unterschiedlichen Bewertung der Bedeutung der Koeffizienten. Diese Differenzen setzen sich in den Regelwerken und Vorschriften fort, wie bereits durch einen Vergleich zwischen dem fib Model Code 2010, EN 1992-1-1 und DIN EN 1992-1 festgestellt werden kann. Die derzeitige Situation bei der Berechnung der Rissbreiten ergibt streuende Ergebnisse, die je nach Bauteilabmessung, Betondeckung und Bewehrungsgehalt deutlich voneinander abweichen. Weiterhin ist die streuende und zum Risszeitpunkt nicht zuverlässig bekannte Zugfestigkeit von großem Einfluss.

Die modellbedingten Ursachen der Unsicherheiten der Rechenwerte liegen in

- dem streuenden Verhältnis des Rissabstands $s_{r,max}$/ $s_{r,m}$ (Kapitel 10.7.3), das sich direkt auf die rechnerischen Rissbreiten w_m / w_k auswirkt,
- der Annahme einer kontinuierlichen Verbundfestigkeit über die Einleitungslänge sowie symmetrische und übereinstimmende Einleitungslängen $l_{s,max}$ zu beiden Seiten des Risses,
- der Annahme über den Einfluss der Belastungsdauer auf den Verbund und die Steifigkeit (Kapitel 10.4.6),
- dem Übergang von der tatsächlichen zur vereinfachten Wirkungsfläche der Bewehrung $A_{c,eff}$ (Kapitel 10.4.5),
- der Berücksichtigung der Betondeckung auf die Einleitungslänge der Risskraft (Kapitel 10.7.3),
- der Formulierung des Bewehrungsquotienten ϕs / ρ_{eff},
- die Vernachlässigung der rissbegünstigenden Auswirkungen von Querstäben und Bügeln.

Der Zufallscharakter der rechnerischen Rissbreite wird hauptsächlich durch die Faktoren hervorgerufen, die zur Ermittlung der Einleitungslänge bzw. des Rissabstands benötigt werden.

Weitere Differenzen bestehen in der Einbeziehung der Belastungsart (zentrischer Zug, Biegung) und der Charakterisierung der Verbundeigenschaften.

Genannt werden muss außerdem die normgemäße Berechnung wichtiger Festigkeitswerte wie der Zug- und Verbundfestigkeit aus der Betondruckfestigkeit, ohne den tatsächlich verwendeten Beton zu prüfen. Dabei wird auch nicht berücksichtigt, dass der Einbau und das Verdichten des Frischbetons zu Festigkeitsdifferenzen im Vergleich zum Laborbeton führen.

Zwischen berechneten und an Prüfkörpern festgestellten sowie am Bauwerk beobachteten Rissbreiten sind vielfach Differenzen festgestellt worden. Alle veröffentlichten Vergleiche von berechneten und gemessenen Rissbreiten stimmen nur unbefriedigend überein (Bild 15.3). Trotz jahrzehntelanger Untersuchungen konnte die Genauigkeit nicht wesentlich verbessert werden. Die Vorgehensweise nach DIN EN 1992-1-1 ist jedoch geeignet, in Verbindung mit weiteren betontechnologischen und konstruktiven Gesichtspunkten eine hinreichende Bewehrung zur Rissbreitenbegrenzung zu ermitteln.

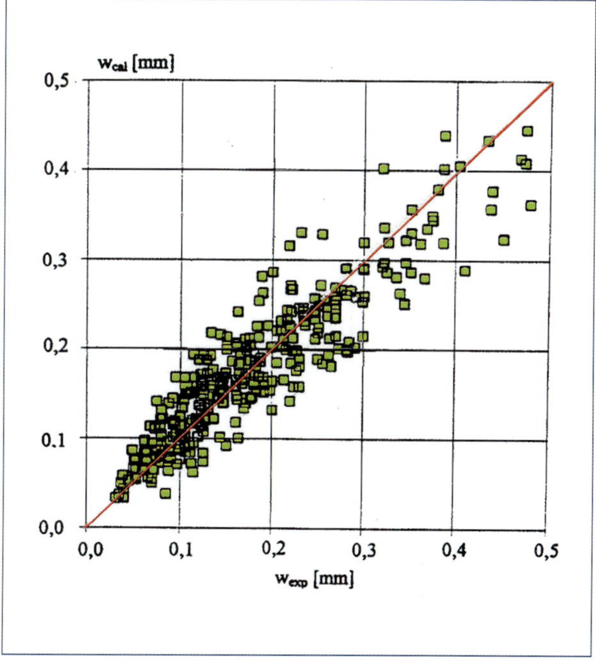

Bild 15.3: Vergleich von berechneten und gemessenen Rissbreiten nach [Kön1]

Die Tatsache, dass am gleichen Riss je nach dem gewählten Messverfahren zwei Messwerte gewonnen werden können, wirft die Frage nach dem »richtigen Messwert« auf. Diesen beiden Messwerten steht für die Kalibrierung und den sonstigen Vergleich nur ein Rechenwert der Rissbreite gegenüber. Deshalb darf auch nur einer der beiden Messwerte für einen Vergleich mit dem Rechenwert der Rissbreite benutzt werden. Welcher Messwert das ist, ist weder in einer Vorschrift geregelt noch gibt es dazu Angaben in der Literatur.

Nach dem genormten und allgemein angewendeten Berechnungsmodell ergibt sich der Rechenwert der Rissbreite w_k aus den rissbedingten Dehnungsunterschieden zwischen Bewehrungsstahl und Beton ($\varepsilon_{sm} - \varepsilon_{cm}$) über die beiderseitige Einleitungslänge $l_{s,max}$ ($s_{r,max} = 2\, l_{s,max}$) bis zur Rückübertragung der Risskraft in den ungestörten Betonquerschnitt. Die Stahldehnung im Riss wird durch die Risskraft hervorgerufen, die sich aus der Betonzugfestigkeit ergibt. Normgemäß wird dieser Zusammenhang für einen Trennriss beschrieben mit

$$w_k = s_{r,max} \cdot (\varepsilon_{sm} - \varepsilon_{cm}) \tag{15.1}$$

Nach dieser Formel entspricht der Rechenwert der Rissbreite der Differenz der mittleren Längenänderungen von Stahl ε_{sm} und Beton ε_{cm} in der Einleitungszone mit der Länge $s_{r,max}$. Sie enthält keine Anteile mit plastischen Dehnungen aus der Rissprozesszone (Bild 15.2) und auch keine Verschiebungsanteile aus der Bildung innerer Verbundrisse (Risseinschnürung). Damit entspricht sie einer Rissuferverschiebung. Vergleiche von Rechenwerten der Rissbreite mit Messwerten sind nur dann real, wenn mit Wegmessungen gewonnene Messwerte (Setzdehnungsmesser, induktive Wegaufnehmer) den Rechenwerten gegenübergestellt werden.

Optische Rissbreitenmesswerte sind für derartige Vergleicher nicht korrekt und unzulässig. Diese Feststellung hat Konsequenzen für den Vergleich von Mess- und Rechenwerten der Rissbreite. Die wichtigste Konsequenz ist der Verzicht auf derartige Vergleiche. Alle anderen Maßnahmen würden Umrechnungen von Rissbreiten auf Rissuferverschiebungen bedeuten, deren Ergebnisse mit den heutigen Kenntnissen fragwürdig sind.

15.3 Folgen der streuenden Eingangsgrößen bei zwangbedingten Beanspruchungen

Wenn von den geometrischen Daten abgesehen wird, sind sämtliche Eingangsgrößen, die zur Berechnung der Zwangbeanspruchungen verwendet werden, zufallsbedingt und nur mit einer gewissen Wahrscheinlichkeit zutreffend. Jede deterministisch getroffene Entscheidung, z.B. zur Risssicherheit, steht unter dem Vorbehalt, dass Überschreitungen von Grenzwerten nicht auszuschließen sind.

Vor allem bei jungem Beton sind risskritische Situationen aus der zeitabhängigen Zwangbeanspruchung infolge von Temperatur und Schwinden und der temperaturbedingen Entwicklung der Zugfestigkeit nur bedingt vorhersehbar. Sämtliche Eingangsgrößen sind nicht miteinander verknüpft, sondern von den Abmessungen der Bauteile und den Umgebungsbedingungen abhängig. Insofern ist auch die Übertragbarkeit von Messergebnissen und Beobachtungen nur eingeschränkt möglich.

Auch im späten Alter sind nicht eindeutig quantifizierbare Einflüsse vorhanden, die sich aus dem Schwinden, meteorologischen Einwirkungen und der Verformungsbehinderung der Bauteile ergeben. Insofern ist jede Abschätzung der Rissgefahr anhand der Gegenüberstellung von zeitbedingten Zwangspannungen und Zugfestigkeiten problematisch und durch eine probabilistische Betrachtung zu ersetzen (Kapitel 9.4).

Im gleichen Sinne ist die Abgrenzung von sogenannten Entwurfsgrundsätzen nicht haltbar (z.B. Kapitel 7.1). Wenn von einer Vermeidung von Rissbildungen ausgegangen wird, muss die Möglichkeit bedacht werden, dass dieser Vorsatz nicht einhaltbar und deshalb zusätzlich eine Bewehrung vorzusehen ist. Bei planmäßiger Anordnung einer Mindestbewehrung zur Rissbreitenbegrenzung ist Rücksicht darauf zu nehmen, dass die Streuungen der Rissbreiten am Bauwerk gegenüber den Rechenwerten der Rissbreite zu einer Vorsichtsmaßnahme zwingen und eine Verpressung größerer Rissbreiten vorzusehen ist. Der Entwurfsgrundsatz, die Rissbreiten nicht zu begrenzen, erscheint aus dieser Sicht sehr begründet.

15.4 Anmerkungen über den Ansatz der Zugfestigkeit zum Risszeitpunkt

Die Zugfestigkeit des Betons ist die entscheidende Kenngröße zur Beurteilung der Rissgefahr und zur Bemessung der rissbreitenbegrenzenden Mindestbewehrung und mit beträchtlichen Unwägbarkeiten verbunden. Die Angaben zur Festigkeitsentwicklung, die sehr oft auf labortechnischen Prüfungen beruhen, sind mit beträchtlichen Unsicherheiten verbunden und deshalb mit Vorsicht zu verwenden. Mängel am Bauwerk sind auch auf eine unzutreffende Einschätzung der Festigkeitsentwicklung zurückzuführen.

Die Zugfestigkeitswerte sind abhängig von der Sorgfalt beim Einbau des Frischbetons und bei der Nachbehandlung sowie von der Erhärtungstemperatur und den Eigenspannungen, die zu einer Rissbildung am Bauteilrand führen können. Auch die während der Nutzung auftretenden Bauteiltemperaturen können auf die Zugfestigkeit nachteilig einwirken. Insofern ist es nicht angemessen, die normgemäßen Werte der Betonzugfestigkeit, die denen bei einer Laborprüfung entsprechen, ohne Beachtung der festigkeitsbeeinflussenden Bedingungen zu verwenden. Auf folgende Zusammenhänge wird verwiesen:

- Der Normwert der Zugfestigkeit ist unter Berücksichtigung der Verarbeitung des Frischbetons abzumindern (Kapitel 5.2.2), bei höheren Erhärtungstemperaturen ist eine Festigkeitsverminderung abzuschätzen (Kapitel 5.2.5).
- Die Rissbildung setzt bei der lokal vorhandenen niedrigsten Bauteilfestigkeit ein. Für die Bildung der sich zunächst einstellenden Einzelrisse sollte der Fraktilwert $f_{ctk;\,0,05}$ und nicht der Mittelwert f_{ctm} zugrunde gelegt werden.
- Bei den Auswirkungen der Eigenspannungen ist dabei nicht nur die Bauteildicke, sondern vor allem die Nachbehandlung und der Schutz der Bauteiloberflächen vor schneller Abkühlung von Bedeutung. Der faktorielle Ansatz zur Berücksichtigung der einzelnen Einflüsse ist nicht eindeutig und zweifelhaft, wenn ein Schutz des erhärtenden Betons vorgesehen ist (Kapitel 14.4).

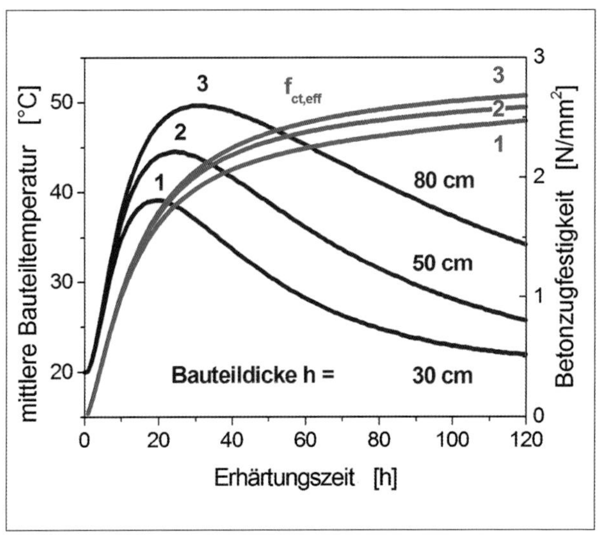

Bild 15.4: Temperatur- und Festigkeitsentwicklung in einem Wandbauteil unterschiedlicher Dicke aus einem Beton C30/37 mit Zement CEM I 32,5 R bei einer Lufttemperatur von 20 °C und schattiger Lagerung

Die Festigkeit zum Risszeitpunkt ergibt sich aus der temperaturbeeinflussten Festigkeitsentwicklung. Die normgemäßen Formeln geben den tatsächlichen Verlauf der Festigkeitsentwicklung nur angenähert wieder (Kapitel 5.2.4). Insofern sind Temperaturmessungen an Probekörpern mit der vorgesehenen Betonzusammensetzung zweckmäßig, wenn die zutreffende Einschätzung der Bauteilfestigkeit von Bedeutung ist. Für die Rissgefahr im späten Alter ist diese Maßnahme nicht erforderlich.

Aber auch im jungen Alter ist trotz deutlich voneinander abweichender Temperaturprofile der Unterschied in der Festigkeitsentwicklung verhältnismäßig gering (Bild 15.4). Insofern liegt es nahe, aus Temperaturberechnungen, die vor Beginn der Bauausführung durchgeführt wurden, auf die zu erwartende Festigkeitsentwicklung zu schließen.

Aus der zum Risszeitpunkt vorhandenen Zugfestigkeit ergibt sich die Rissschnittgröße, die die Grundlage der Bemessung der Mindestbewehrung zur Begrenzung der Rissbreite bildet. Aufgrund dieser Proportionalität zwischen Zugfestigkeit und Risskraft ist die Diskussion über die zum Risszeitpunkt maßgebende, d.h. effektive Zugfestigkeit, verständlich. Bislang wurde die Annahme, dass bei früher Rissbildung infolge abfließender Hydratationswärme die effektive Zugfestigkeit 50 % der Normzugfestigkeit beträgt, als zutreffend angesehen. Diese normative Vorgabe ist seit längerer Zeit als ungerechtfertigt bekannt.

Durch die vorgenommene Änderung und Festlegung, die zutreffende Bauzeitenfestigkeit genauer zu ermitteln, ist keine Verbesserung für die Bemessung der Mindestbewehrung zu erwarten. Der Zeitpunkt war und ist weiterhin ungewiss.

15.5 Gewährleistung der Dauerhaftigkeit ohne Berechnung der Rechenwerte der Rissbreite

Da die rechnerischen Rissbreiten nur eine Orientierung für die Festlegung der Bewehrung darstellen und aufgrund der Streuung keine am Bauwerk definitiv zu erwartenden Größen darstellen, sollte von der normgemäß vorgesehenen Möglichkeit Gebrauch gemacht werden; die Rissbreiten ohne direkte Berechnung zu begrenzen und dabei die vorgegebenen Rissbreiten stellvertretend als ein Beurteilungskriterium für die Beanspruchungen durch die Exposition und die daraus resultierende Bedeutung der Begrenzung der Rissbreiten anzusehen. Unter dieser Voraussetzung wäre für zentrischen Zwang die Anwendung des Bildes 15.7 denkbar, das auf der EN 1992-3 basiert.

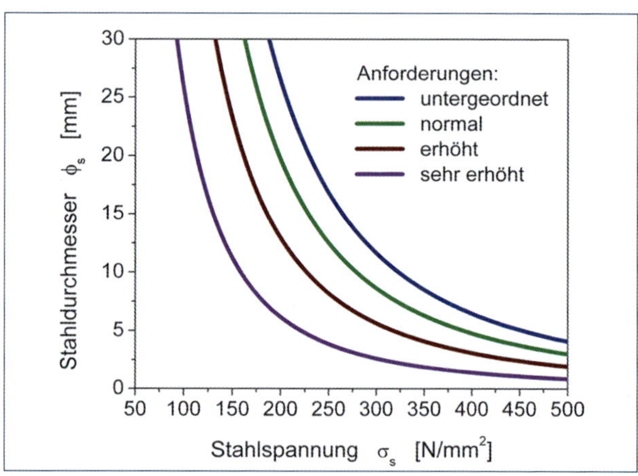

Bild 15.5: Stahlspannung zur Ermittlung der Bewehrungsstahlfläche in Abhängigkeit vom Stabdurchmesser und dem Grad der Anforderungen

15.6 Ungenauigkeiten des Selbstheilungskriteriums der WU-Richtlinie

Die Wahrscheinlichkeit der Abdichtung eines Risses durch die sogenannte Selbstdichtung oder Selbstheilung wird in der WU-Richtlinie mit einem Selbstheilungskriterium auf der Grundlage empirischer Forschungsarbeiten aus den 1980er- und 1990er-Jahren angegeben. Das stammt aus der Anfangszeit der Erforschung des Phänomens der Selbstheilung von Trennrissen in Beton. Man ging seinerzeit von zwar rauen, aber völlig parallelen Rissuferflächen aus, zwischen denen das drückende Wasser in einer laminaren Strömung in

Anlehnung an das Gesetz von Hagen/Poiseuille fließt. Obwohl der Fließvorgang mit sich abhängig von der Durchflusszeit verringernder Durchflussmenge ein bedeutender Gegenstand der Forschung war, hat er kaum und nur mittelbar mit der Selbstheilung zu tun. Die Selbstheilungskriterien (Tab. 2 der WU-Richtlinie) sind rein aus Durchflussversuchen abgeleitet worden. Der Bezug der Rissbreite zum Druckgefälle (Wasserdruckhöhe/Bauteildicke) ist rein willkürlich vorgenommen und nicht aus den Versuchen abgeleitet worden.

Alle Versuche aus der Anfangszeit der Selbstheilungsforschung wurden mit Trinkwasser durchgeführt. Erst in neuerer Zeit sind Flüssigkeiten mit organischen Bestandteilen aus der Tierhaltung in der Landwirtschaft untersucht worden, bei denen es ebenfalls eine Selbstheilung gibt. Tastversuche zeigen, dass die Selbstheilung vor allem von den im Wasser enthaltenen Partikeln abhängt.

Beobachtungen an in Nutzung befindlichen WU-Bauwerken zeigen, dass die seinerzeit zugrunde gelegten Annahmen teilweise unzulänglich oder gar falsch waren. Als Beispiel sei die Annahme genannt, dass Trennrisse über die gesamte Risslänge die gleiche Rissbreite haben, wenn diese in Richtung der Zugkraft gemessen wird. Damit wäre ein Durchfluss über die gesamte Risslänge mit annähernd gleicher Ergiebigkeit zu erwarten. Tatsächlich gibt es einen solchen Durchfluss nicht, wie z.B. Bild 15.6 zeigt. Die übliche Angabe der Wasserdurchflussmenge in der Dimension Volumen/Risslänge (l/m) ist deshalb nicht möglich.

Das Selbstheilungskriterium der WU-Richtlinie aus dem Jahr 2003 basiert auf den empirisch gewonnenen Erkenntnissen der 1980er- und 1990er-Jahre. Auch der neue Entwurf der WU-Richtlinie, dessen Einführung bevorsteht, übernimmt die Werte unverändert. Die richtige Erfassung weiterer Einflüsse wie der Bauteildicke (statt Druckgefälle) und der Risslänge lassen eine Verbesserung der Vorhersagewahrscheinlichkeit der Selbstheilung erwarten. Außerdem wurde festgestellt, dass die empirischen Versuchsergebnisse [Edv1] zu wohlwollend in ein Selbstheilungskriterium der WU-Richtlinie umgewandelt worden sind.

Bild 15.6: Wasserführende Risse in der Außenwand einer Tiefgarage

Es wäre an der Zeit, mit den inzwischen gewonnenen Erkenntnissen neuere Forschungsarbeiten einzuleiten. Zu erwarten ist, dass das Selbstheilungskriterium infolge der genaueren Kenntnis der Gesetzmäßigkeiten strenger gefasst werden muss als in der aktuellen WU-Richtlinie.

15.7 Berücksichtigung der Betonierbarkeit der Bauteile bei der Festlegung der Mindestbewehrung

Eine Verminderung der rechnerischen Rissbreiten gewährleistet nicht zuverlässig die Dichtigkeit der Konstruktion, wenn auch zweifellos die Wahrscheinlichkeit erhöht wird. Mit der Herabsetzung der rechnerischen Rissbreite steigen aber die benötigte Mindestbewehrung und damit die Kosten überproportional an (Bild 15.7). Die Entscheidung über den einzuhaltenden Rechenwert der Rissbreite ist demzufolge unter Beachtung der Art und Funktion des Bauteils sowie der Kosten für die Bewehrung und notwendige Folgemaßnahmen zu treffen.

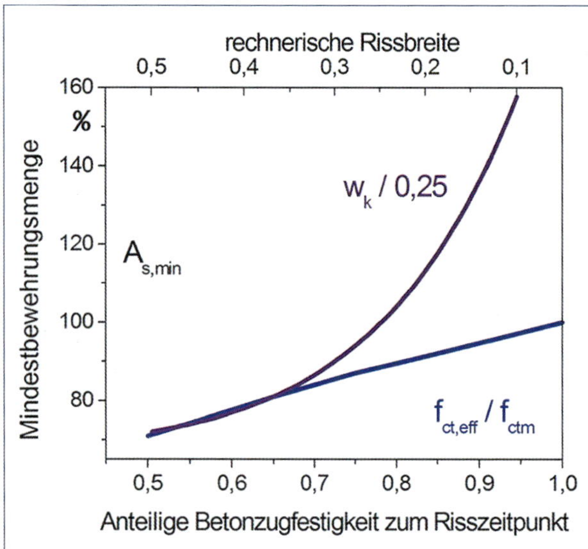

Bild 15.7: Veränderungen in der Mindestbewehrungsmenge in Abhängigkeit von der Annahme der zeitabhängigen Zugfestigkeit und der rechnerischen Rissbreite (Die Bewehrungsfläche ist bei einer Erhärtung nach 28 Tagen bzw. einem Rechenwert der Rissbreite w_k= 0,25 mm zu 100 % gesetzt.)

Der überproportionale Zuwachs an Bewehrungsfläche zur Verminderung des Rechenwertes der Rissbreite ist hauptsächlich dadurch begründet, dass die Modellgrundlage mit der mathematischen Beziehung zur Ermittlung dieser Mindestbewehrung die rechnerische Rissbreite im Nenner enthält. Insofern ist mathematisch nicht vertretbar, eine solche Funktion auch für sehr kleine rechnerische Rissbreiten, wie beispielsweise w_k = 0,10 oder, wie jetzt diskutiert, w_k= 0,05 mm, zu verwenden. Die Anwendung bleibt auf einen kleinen Bereich, und zwar vom Nullpunkt deutlich entfernt, beschränkt. Eine nicht zutreffende Annahme der Zugfestigkeit zum Risszeitpunkt wirkt sich ebenfalls aus, wenn auch in geringerem Maß (Bild 15.7).

Neben den Kosten sind die Folgen für die Baudurchführung nicht zu übersehen, wenn eine umfängliche Mindestbewehrung nicht auf diese abgestimmt wird. Dabei sind die Auswirkungen unterschiedlich und von der Konstruktion und den statischen Belastungen abhängig. Wenn beispielsweise eine Deckenkonstruktion eine Haupt- und Mindestbewehrung besitzt, die rechtwinklig zueinander eingelegt wird, kann ein Bewehrungsnetz entstehen, das einen qualitäts-

Bild 15.8: Bodenplatte eines Abwasserbeckens mit einer Dicke von 90 cm und achtlagiger oberer Bewehrung. Rüttelöffnungen waren nicht vorgesehen worden und mussten nachträglich ausgeschnitten werden.

Bild 15.9: Zu enge Bewehrungsführung bei einer Stahlbetonbrücke [Mel1]

gerechten Betoneinbau verhindert. Die Forderungen an die Mindestbewehrung sind dann nur formal erfüllt. Ein Beispiel zeigt Bild 15.8, bei dem zur dichten Bewehrungslage noch eine ungenügende konstruktive Gestaltung der Bewehrung mit fehlenden Rüttelgassen hinzukommt – ein Betoneinbau nach dem Regelwerk ist unter diesen Bedingungen nicht möglich.

Bei der Festlegung einer rechnerischen Rissbreite sind demzufolge weitere und zudem für das Tragverhalten entscheidende Gesichtspunkte zu beachten. Die Schlussfolgerungen können deshalb nur in der Empfehlung bestehen, durch eine Beschränkung der Forderungen nach geringeren Rissbreiten die konstruktive Durchbildung zu verbessern und damit den Verbund zwischen Bewehrungsstahl und Beton zu sichern. Dass unvertretbar dicht bewehrte Bauteile keine Seltenheit sind, zeigt das Beispiel Bild 15.9 aus dem Brückenbau. Diese Entwicklung wird durch die computergestützte Nachweisführung zur Einhaltung der rechnerischen Mindestbewehrung sicherlich unterstützt.

Literatur

DIN 488-2:1986-06 Betonstahl; Betonstabstahl; Maße und Gewichte. Ausgabe 1986-06. Ersetzt durch: DIN 488-2:2009-08

DIN 1045-3:2012-03 Tragwerke aus Beton, Stahlbeton und Spannbeton. Teil 3: Bauausführung – Anwendungsregeln zu DIN EN 13670.

DIN 4710:2003-01 Statistiken meteorologischer Daten zur Berechnung des Energiebedarfs von heiz- und lüftungstechnischen Anlagen in Deutschland.

DIN EN 480-4:1997-02 Zusatzmittel für Beton, Mörtel und Einpressmörtel – Prüfverfahren – Teil 4: Bestimmung der Wasserabsonderung des Betons (Bluten). Ersetzt durch: DIN EN 480-4:2006-03

DIN EN 1062-7:2004-08 Beschichtungsstoffe – Beschichtungsstoffe und Beschichtungssysteme für mineralische Substrate und Beton im Außenbereich – Teil 7: Bestimmung der rissüberbrückenden Eigenschaften; Deutsche Fassung EN 1062-7:2004

DIN EN 1992-1-1:2011-01 Eurocode 2: Bemessung und Konstruktion von Stahlbeton- und Spannbetontragwerken – Teil 1-1: Allgemeine Bemessungsregeln und Regeln für den Hochbau; Deutsche Fassung EN 1992-1-1:2004 + AC:2010

DIN EN 1992-1-1/NA:2013-04 Eurocode 2: Bemessung und Konstruktion von Stahlbeton- und Spannbetontragwerken. Teil 1-1: Allgemeine Bemessungsregeln und Regeln für den Hochbau. Nationaler Anhang – National festgelegte Parameter

DIN EN 1992-1-1/NA/A1:2015-12 Eurocode 2: Bemessung und Konstruktion von Stahlbeton- und Spannbetontragwerken – Teil 1-1: Allgemeine Bemessungsregeln und Regeln für den Hochbau. Nationaler Anhang – National festgelegte Parameter

DIN EN 1992-2:2010-12 Eurocode 2: Bemessung und Konstruktion von Stahlbeton- und Spannbetontragwerken – Teil 2: Betonbrücken – Bemessungs- und Konstruktionsregeln; Deutsche Fassung EN 1992-2:2005 + AC:2008

DIN EN 1992-2/NA:2013-04 Eurocode 2: Bemessung und Konstruktion von Stahlbeton- und Spannbetontragwerken – Teil 2: Betonbrücken – Bemessungs- und Konstruktionsregeln. Nationaler Anhang – National festgelegte Parameter

DIN EN 1992-3:2011-01 Eurocode 2: Bemessung und Konstruktion von Stahlbeton- und Spannbetontragwerken – Teil 3: Silos und Behälterbauwerke aus Beton; Deutsche Fassung EN 1992-3:2006

DIN EN 1992-3/NA:2011-01 Nationaler Anhang – National festgelegte Parameter – Eurocode 2: Bemessung und Konstruktion von Stahlbeton- und Spannbetontragwerken – Teil 3: Silos und Behälterbauwerke aus Beton.

DIN EN 13670:2011-03 Ausführung von Tragwerken aus Beton; Deutsche Fassung EN 13670:2009

ZTV-ING Zusätzliche Technische Vertragsbedingungen und Richtlinien für Ingenieurbauten. Teile 1 bis 10, Bundesanstalt für Straßenwesen (Ausgabe 2013-04)

ZTV-W, LB 215 Zusätzliche Technische Vertragsbedingungen – Wasserbau (ZTV-W) für Wasserbauwerke aus Beton und Stahlbeton (Ausgabe 2012-08)

ZTV-W, LB 219 Zusätzliche Technische Vertragsbedingungen – Wasserbau – für Schutz und Instandsetzung der Betonbauteile von Wasserbauwerken (Ausgabe 2012-07)

MC 78 CEB/FIP Model Code 1978

MC 90 CEB-FIP Model Code 1990. Bulletin D'Information Nr. 217, Lausanne 1993

MC 2010 FIP Model Code 2010. Volume 1, Bulletin Nr. 65; Volume 2, Bulletin Nr. 66. Final Drafts 2012-03

TGL 33405/01 Betonbau. Nachweis der Trag- und Nutzungsfähigkeit. Konstruktionen aus Beton und Stahlbeton (Fassung Oktober 1980; verbindlich ab 1.1.1986)

[ACI1] Building Code Requirements for Structural Concrete (ACI 318-05) and Commentary (ACI 318R-05), American Concrete Institute, ACI Committee 318 (2005)

[ACI2] Control of Cracking in Concrete Structures (ACI 224R-01), ACI Committee 224 (2001)

[ACI3] Bond and Development of Straight Reinforcing Bars in Tension (ACI 408R-03). ACI Committee 408 (2003)

[ACI4] Causes, Evaluation and Repair of Cracks in Concrete Structures (ACI 224.1R-93)

[ACI5] Cracking in Concrete Members in Direct Tension (ACI 224.2-92)

[ACI6] Joints in Concrete Construction (ACI 224.3R-95)

[ACI7] Effect of Restraint, Volume Change, and Reinforcement on Cracking of Mass Concrete (ACI 207.2R-95, reapproved 2002). ACI Materials Journal 87 (1990), Mai/Juni, S. 271–295

[ACI8] American Concrete Institute: Manual of Concrete Practice, Detroit 1987

[SNI1] Concrete and Reinforced Concrete Structures, SNIP 2.03.01.84. Gosstroy. UdSSR 1985

[Abe1] Abentung, M.: Einfache Modelle für den Entwurf von Weißen Wannen. Dissertation, Universität Innsbruck, 1998

[Abi1] Al-Abidien, H. M.Z.: Dynamische und statische Querdehnzahl des Betons in Abhängigkeit von den verschiedenen Einflussfaktoren. Dissertation, TH Aachen, 1975

[Abr1] Abrams, D.A.: Tests of Bond between Concrete and Steel. University of Illinois, Engineering Experiment Station, Bulletin Nr. 71, Urbana, 1913

[Ahl1] Ahlborn, T. M.; DenHartigh, T. C.: A Comparative Bond Study of Stainless Steel Reinforcement in Concrete. Houghton: Michigan Technological University, 2002

[Ahm1] Ahmed, K.; Siddiqi, Z.A.; Yousaf, M.: Slippage of Steel in High and Normal Strength Concrete. Pak. J. Engg. & Appl. Sci, Vol. 1, July 2007 (S. 31–39)

[Ala1] Alam, S. Y.; Lenormand, T.; Loukili, A.; Regoin, J. P.: Measuring crack width and spacing in reinforced concrete members. In: Korea Concrete Institute (Hrsg.): Fracture Mechanics of Concrete and Concrete Structures. Seoul: Selbstverlag, 2010 (S. 377–382)

[Alm1] Almeida Filho, F. M.; Barragan, B. E.; Casas, J. R.; El Debs, A. L.: Variability of the bond and mechanical properties of self-compacting concrete. IBRACON Structures and Materials Journal 1 (2008) Nr. 1, S. 31–57

[Alm2] Almeida Filho, F. M.; El Debs, M. K.; El Debs, A. L.: Evaluation of the bond strength behaviour between steel bars and High Strength Fiber Reinforced Self-Compacting Concrete at early ages. In: Walraven & Stoelhorst (Hrsg.): Tailor Made Concrete Structures. London: Taylor & Francis Group, 2008 (S. 445–451)

[Alo] D'Aloia, L.: Early age kinetics: Activation energy, maturity and early age. In: RILEM Report 25 – Early age cracking in cementitious systems. London: E & FN Spon, 2003

[Alt1] Alter, L.: Self-healing concrete could mean longer life. University of Rhode Island, 2010.

[Alt2] Altowaiji, W.A.; Darwin, D.; Donahey, R. C.: Bond of Reinforcement to Revibrated Concrete. Journal of the American Concrete Institute 83 (1986), Nr. 6, S. 1 035–1 042

[Ans1] Anson, M.; Rowlinson, P. M.: Field measurements for early-age strains in concrete walls. Magazine of Concrete Research 42 (1990), Nr. 152, S. 203–212

[Alv1] Alvarez, M.: Einfluss des Verbundverhaltens auf das Verformungsvermögen von Stahlbeton. Dissertation, ETH Zürich, 1998

[Atr1] Atrushi, D. S. : Tensile and Compressive Creep of Early Age Concrete. Testing and Modelling. Dissertation, Dept. of Civil Engineering, Norwegian University of Science and Technology, Trondheim 2003

[Att1] Attiogbe, E. K.; Darwin, D.: Strain due to submicrocracking in Cement Paste and Mortar. ACI Materials Journal 85 (1988); Nr. 1, S. 3–11

[BA1] Design Manual for Roads and Bridges, Vol. 1, Section 3 – Early thermal cracking of concrete (BA 24/87), 1987

[Bac1] Backhaus, K.: Hochleistungsbeton für Verkehrsflächen. Dissertation, TU München, 2002

[Bal1] Balazs, G. L.: Bond between Concrete and Steel. In: Behaviour and Analysis of Reinforced Concrete Structures under Alternate Actions Including Inelastic Response, chapter 4. CEB Bulletin Nr. 210 (July 1991); auch: London: Thomas Telford, 1996

[Bam1] Bamfort, P. B.: Early-age thermal crack control in concrete. London: CIRIA, 2007.

[Bam2] Bamonte, P.; Coronelli, D.; Gambarova, P. G.: Local bond stress-slip law and size effect in high-bond bars. In: Li, V. (Hrsg.): Fracture mechanics of concrete structures: proceedings of the fifth International Conference on Fracture Mechanics of Concrete and Concrete Structures, Vail, Colorado, USA, 12–16 April 2004. Band 1, S. 869–876. FRAMCOS, 2004

[Bam3] Bamonte, P.; Coronelli, D.; Gambarova, P. G.: Size Effect in the Bonding of Smooth and Deformed Bars: NSC Versus HPC. In: Gdoutos, E. E. (Hrsg.): Fracture of Nano and Engineering Materials and Structures. Proceedings of the 16th European Conference of Fracture, Alexandroupolis, July 3–7. Dordrecht: Springer, 2006 (S. 1371–1379)

[Bam4] Bamforth, P.; Denton, S. ; Shave, J.: The development of a unified approach for the design of reinforcement to control cracking in concrete resulting from restrained contraction (Final Report). Institute of Civil Engineers (ICE), Research Project 0706, Febr. 2010

[Bas1] Basalla, A.: Die Wärmeentwicklung im Beton. In: Zement-Taschenbuch 1964/1965. Wiesbaden: Bauverlag, 1963 (S. 275–304)

[Bau1] Baus, R.; Claude, G.: Essai de synthèse bibliographique des connaissances sur le mécanismede l'adhérence et des ancrages. In: Aciers – Adhérence – Ancrages. Paris: Comité Européen du Béton, 1968 (Bulletin 66), S. 135–213

[BAW1] Bundesanstalt für Wasserbau (Hrsg.): Merkblatt Rissbreitenbeschränkung für frühen Zwang in massiven Wasserbauwerken. Rev. Fassung: September 2004 sowie Fassung: November 2011, Karlsruhe: Selbstverlag

[BAW2] Bundesanstalt für Wasserbau (Hrsg.): Rissmechanik in dicken Stahlbetonbauteilen bei abfließender Hydratationswärme. Mitteilungsblatt Nr. 92, Karlsruhe: Selbstverlag, 2010

[BCS1] Concrete Society: In situ strength of concrete – An investigation into the relationship between core strength and the standard cube strength. Working Party of the Concrete Society, Project Report Nr. 3. Camberley/Surrey 2004

[Bec1] Beconcini, M.L.; Croce, P.; Formichi, P.: Influence of bondslip on the behaviour of reinforced concrete beam to column joints. In: Walraven & Stoelhorst (Hrsg.): Tailor Made Concrete Structures. London: Taylor & Francis, 2008 (S. 531–539)

[Bec2] Berckhaus, K.; Springenschmid, R.: Thermische Vorspannung von Beton. Betonwerk + Fertigteil-Technik (1996), Nr. 12, S. 94–96

[Bee1] Beeby, A.W.: The influence of the parameter ϕ/ρ_{eff} on crack widths. Structural Concrete 5 (2004), Nr. 2, S. 71–83. Besprechung in: Structural Concrete 6 (2005), Nr. 4, S. 155–165

[Bee2] Beeby, A.W.: Corrosion of reinforcing steel in concrete and its relation to cracking. The Structural Engineer 56A (1978), Nr. 3, S. 77–81

[Bee3] Beeby, A.W.: Cracking and Corrosion. Concrete in the Oceans. Report Nr. 2, London: CIRIA, Underwater Engineering Group, 1978

[Bee4] Beeby, A.W.: Calculation of Crack Width. prEN 1992-1 (Final Draft), Chapter 7.3.4

[Ber1] Bergmeister, K.: Risse im Konstruktionsbeton. Beton- und Stahlbetonbau 94 (1999) Nr. 6, S. 245–253

[Ber2] Bernander S. ; Emborg, M.: Temperature conditions and crack limitation in massive concrete structures. In: Swedish Handbook for Concrete Design, Stockholm, 1991

[Ber3] Bergner, H. Rissbreitenbeschränkung zwangbeanspruchter Bauteile aus hochfestem Normalbeton. Dissertation, TH Darmstadt, 1994. Auch in: Deutscher Ausschuss für Stahlbeton e.V. (Hrsg.): DAfStb-Heft 482. Berlin: Beuth Verlag, 1997

[Ber4] Bernardi, P. et al.: Evaluation of crack width in RC ties through a numerical »range« model. 21st European Conference of Fracture, ECF21, Juni 2016. Procedia Structural Integrity 2 (2016) S. 2 780–2 787

[Beu1] Beushausen, H.-D.; Alexander, M.: Spannungen durch Verformungsbehinderung im Aufbeton. Beton- und Stahlbetonbau 101 (2006), Nr. 6, S. 394–401

[Beu2] Beushausen, H.-D.; Alexander, M.: Schwinden bei Betonen mit unterschiedlichem Alter. Betonwerk + Fertigteil-Technik (2003), Nr. 10, S. 22–35

[Beu3] Beutinger, E.: Scholtzes Bautaschenbuch. Leipzig: Carl Scholtze (W. Junghans) Verlag für Architektur, Technik und Gewerbe, um 1910

[Bic1] Bick, D.: Zur Dichtheit von Trennrissen in Beton bei Einwirken umweltgefährdender Flüssigkeiten. Dissertation, Technische Hochschule Aachen, 1995.

[Bin1] Binnewies, W.: Zwangspannungen der allseitig festgehaltenen Decken- und Dachscheibe. Beton-und Stahlbetonbau 70 (1975) Nr. 1, S. 4–6

[Böd1] Bödefeld, J.; Ehmann, R.; Schlicke, D.; Tue, N.V.: Mindestbewehrung zur Begrenzung der Rissbreiten in Stahlbetonbauteilen infolge des Hydratationsprozesses. Teil 1: Risskraftbasierter Nachweis nach DIN EN 1992-1-1; Teil 2: Neues Konzept auf Grundlage der Verformungskompatibilität. Beton- und Stahlbetonbau 107 (2012) Nr. 1, S. 32–37 und Nr. 2, S. 79–85

[Böd2] Bödefeld, J.: Rissmechanik in dicken Stahlbetonbauteilen bei abfließender Hydratationswärme. In: Bundesanstalt für Wasserbau (Hrsg.): Mitteilungsblatt Nr. 92, Karlsruhe: Selbstverlag, 2010

[Böd3] Bödefeld, J.: Problemlos fugenlos – Die Renaissance der monolithischen Bauweise. URL: www.baw.de/DE/bautechnik/projekte/projekte.html?id=problemlos-fugenlos-die-renaissance-der-monolithischen-bauweise [Stand: 20.09.2017]

[Bol1] Bollmann, K.: Ettringitbildung in nicht wärmebehandelten Betonen. Dissertation, Bauhaus-Universität Weimar, 2000

[Bor1] Borosnyoi, A.; Balazs, G.L.: Models for flexural cracking in concrete: The state of the art. Structural Concrete 6 (2005), Nr. 2, S. 53–62

[Bor2] Borosnyoi, A.; Snobli, I.: Crack width variation within the concrete cover of reinforced concrete members. Epitöanyag 62 (2010), Nr. 3, S. 70–74

[Bos1] Al Bosta, S.: Risse im Mauerwerk. Verformungen infolge von Temperatur und Schwinden – Baupraktische Anwendungsbeispiele. 2. neubearb. u. erw. Aufl. Düsseldorf: Werner Verlag, 1999

[Bos2] Boshoff, W.P.; Combrinck, R.: Modelling the severity of plastic shrinkage cracking in concrete. Cement and Concrete Research 48 (2013), S. 34–39

[Boz1] Bozorgzadeh, S.: Investigation of Water Leakage Through Direct Tension Cracks in Reinforced Concrete Panels. Doc. Thesis, Ryerson University Toronto, 2012

[Bra1] Braasch, T.; Buschmeyer, W.: Verbesserte Dauerhaftigkeit. Kontrolle der frühen Rissbildung. Beton- und Stahlbetonbau 101 (2006), Nr. 11, S. 858–862

[Bra2] Brameshuber, W.: Elastizitätsmodul von Beton – Einflussgrößen, Vorhersage, Prüfungen und Erfahrungen aus der Praxis. In: Müller, H.S.; Nolting, U.; Haist, M.; Kromer, M. (Hrsg.): Betonverformungen beherrschen. Grundlagen für schadensfreie Bauwerke. 11. Symposium Baustoffe und Bauwerkserhaltung. Karlsruhe: KIT Scientific Publishing, 2015 (S. 29–36)

[Bre1] Brendel, G.: Stahlbetonbau unter Berücksichtigung des Spannbetons. Leipzig: B.G. Teubner Verlagsgesellschaft, 1963

[Bre2] Breitenbücher, R.; Schnell, J.: Tragwerksentwurf und Bauausführung von Kläranlagen. Beton-Informationen 35 (1995), Nr. 4, S. 43–50

[Bre3] Breitenbücher, R.: Zwangspannungen und Rissbildung infolge Hydratationswärme. Dissertation, TU München, 1989

[Bre4] Breugel, K. van: Numerical simulation of hydration and microstructural development in hardenig cement-based materials. I – Theory. Cement and Concrete Research 25 (1995), Nr. 2, S. 319–331
II – Applications. CCR 25 (1995), Nr. 3, S. 532–539

[Bre5] Breugel, K. van; Guang, Y.: Multi-scale Modelling: The Vehicle of Progress in Fundamental and Practice-oriented Research. In: de Miguel, Y.; Porro A.; Bartos, P.J.M. (Hrsg.): 2nd International Symposium on Nanotechnology in Construction in Bilbao. Paris: Rilem, 2005

[Bro1] Brooks, J.J.; Bennett, E.W.; Owens, P.L.: Influence of lightweight aggregates on thermal strength capacity of concrete. Magazine of Concrete Research 39 (1987), S. 60–72

[Bro2] Brown, E.N.; Sottos, N.R.; White, S. R.: Fracture Testing of a Self-Healing Polymer Composite. International Journal of Experimental Mechanic 42 (2001) Nr. 4, S. 372–379.

[Bül1] Bülte, S.: Zum Verbundverhalten von Spannstahl mit sofortigem Verbund unter Betriebsbeanspruchung. Dissertation, RTWH Aachen, 2008

[BTB1] Böing, Raymund: Betonauswahl bei begrenzter früher Betonzugfestigkeit. TB-Info 14 (2013) Nr. 53, S. 10–11

[Bus1] Buschmeyer, W.; Eßer, A.: Entwurf von Flüssigkeitsbehältern, Bemerkungen zur Anwendung der WU-Richtlinie. Beton- und Stahlbetonbau 104 (2009), Nr. 5, S. 302–308

[Byf1] Byfors, J.: Plain concrete at early ages. Stockholm: Swedish Cement and Concrete Research Institute, 1980

[Cai1] Cairns, J.; Jones, K.: The splitting forces generated by bond. Magazine of Concrete Research 47 (1995), Nr. 171, S. 153–165

[Cal1] Caldentey Perez, A.: Rissbreitendatensatz von der Universidad Politécnica de Madrid, 2006

[Cal2] Caldentey Perez, A. et al.: Cracking of RC members revisited: Influence of cover, $\phi/\rho_{s,eff}$ and stirupp spacing – an experimental and theoretical study. Structural Concrete 14 (2013), Nr. 1, S. 69–78

[Cal3] Caldentey Perez, A.: Cracking of reinforced concrete. Is ϕ_s/ρ_{eff} a relevant parameter? Investigating A. Beeby's statement. Technical Note. fib TG 4.1 Serviceability Models (2005)

[Cam1] Campbell-Allen, D.: The reduction of cracking in concrete. Sydney: Cement and Concrete Association of Australia, 1979

[Cam2] Camara, J.; Luis, R.: Crack Control for Imposed Deformations. Lausanne, Scientific Article, 2007

[Cat1] Cattaneo, S.; Rosati, G.: Bond and size effect in self-compacting concrete. In: Tam, C.T.; Ong, K.C.G.; Tan T.H. (Hrsg.): Proceedings of the 29th Conference on Our World In Concrete & Structures; Singapore, 25.–26. August 2004. Singapore: CI-Premier, 2004 (S. 221–228)

[CC1] The Concrete Center: Concrete Design Code. Nr. 1: Guidance on the design of liquid-retaining structures. London: Eigenverlag, 2015

[CEB1] Fissuration. Bulletin d'information CEB/FIP Nr. 61 (1966)

[CEB2] Bulletin d'information CEB/FIP: fib Model Code 1990. Design Code. London: Thomas Telford, 1993

[CEB3] Bond of reinforcement in concrete. State-of-art report. fib-Bulletin Nr. 10, Lausanne 2000

[CEB4] Aciers – Adhérence – Ancrages. Paris: Comité Euro-International du Béton (CEB). CEB Bulletin Nr. 118 (1979)

[CEB5] RILEM/CEB/FIP – RC 5 (1982): Recommendation RC 5, Bond test for reinforcement steel, 1. Beamtest. Materials and Structures, Vol. 6, Nr. 32, March–April 1973. 1st edition 1978, 2nd edition April 1982

[CEB6] RILEM/CEB/FIP – RC 6 (1983): Recommendation RC 6, Bond test for reinforcement steel, 2. Pullout-test, Materials and Structures, Vol. 6, Nr. 32, March–April 1973. 1st edition April 1978, 2nd edition May 1983.

[Cha1] Chan, S. H.C.: Bond and cracking of reinforced concrete. Thesis, Cardiff University 2012

[Cia1] Ciampi V.; Eligehausen R.; Bertero V.V.; Popov E.P.: Analytical model for deformed-bar bond under generalized excitations. In: Advanced mechanics of reinforced concrete (Hrsg.): IABSE colloquium; 1981, Delft – introductory report. Zürich: Selbstverlag, 1981 (Reports of the working commissions, 33) (S. 53–67)

[Cle1] Clear, C.A.: Leakage of Cracks in Concrete – Summary of Work to Date. Construction Research Department, Cement and Concrete Association Wexham Springs, Januar 1982 und März 1983

[Cle2] Clear, C.A.: The effects of autogenous healing upon the leakage of water through cracks in concrete. Cement and Concrete Association Wexham Springs, 1985 (Technical Report; 559)

[Com1] Combrinck, R.: Plastic shrinkage cracking in conventional and low volume fibre reinforced concrete. Thesis, Stellenbosch University, 2012

[CS1] Influence of tension stiffening on deflection of reinforced concrete structures. Camberley: Concrete Society, 2004 (Technical Report, Nr. 59)

[Cur1] Curbach, M.; Tue, N.; Eckfeldt, L.; Speck, K.: Erläuterungen zum Nachweis der Rissbreitenbeschränkung gemäß DIN 1045-1. In: Deutscher Ausschuss für Stahlbeton e.V. (Hrsg.): DafStb-Heft Nr. 525, Teil 2. Berlin: Beuth Verlag, 2003

[Cur2] Curbach, M.; Bösche, T.: Abbau von Zwangspannungen durch die Verwendung von bituminösen Tragschichten. Beton- und Stahlbetonbau 92 (1997), Nr. 5, S. 121–126 und Nr. 6, S. 165–169

[Cze1] Czernin, W.: Zementchemie für Bauingenieure. 3. Aufl. Wiesbaden: Bauverlag, 1977

[Czi1] Cziesielski, E.; Friedmann, M.: Gründungsbauwerke aus wasserundurchlässigem Beton. Bautechnik (1985), Nr. 4, S. 113–123

[Dah1] Dahou, Z.; Shartai, M.; Castel, A.; Ghoman, F.: Artificial neural network model for steel-concrete bond prediction. Engineering Structures 31 (2009), Nr. 8, S. 1 724–1 733

[Dar1] Dargel, H.-J.: Überarbeitete Richtlinie des DafStb »Betonbau beim Umgang mit wassergefährdenden Stoffen«. 19. LIB-Fachsymposium »Betoninstandhaltung heute für die Zukunft«, Dortmund, 2012

[DAS1] Deutscher Ausschuss für Stahlbeton e.V. (Hrsg.): Erläuterungen zu DIN EN 1992-1-1 und DIN EN 1992-1-1/NA (Eurocode 2), Berlin: Beuth Verlag GmbH, 2012 (DAfStb-Heft 600)

[DAS2] Deutscher Ausschuss für Stahlbeton e.V. (Hrsg.): DAfStb-Richtlinie »Wasserundurchlässige Bauwerke aus Beton« (WU-Richtlinie). Berlin: Beuth Verlag GmbH, Juni 2017 (Ersatz für Ausgabe November 2003)

[DAS3] Deutscher Ausschuss für Stahlbeton e.V. (Hrsg.): Erläuterungen zur DAfStb-Richtlinie »Wasserundurchlässige Bauwerke aus Beton« (WU-Richtlinie). Berlin: Beuth Verlag GmbH, 2006 (DAfStb-Heft 555)

[DAS4] Deutscher Ausschuss für Stahlbeton e.V. (Hrsg.): Prüfung von Beton – Empfehlungen und Hinweise als Ergänzung zu DIN 1048. Berlin: Beuth Verlag GmbH, 1991 (DAfStb-Heft 422)

[DAS5] Deutscher Ausschuss für Stahlbeton e.V. (Hrsg.): Erläuterungen zu DIN 1045-1. Berlin: Beuth Verlag, 2003 und 2. überarb. Auflage 2010 (DAfStb-Heft 525)

[DAS6] Deutscher Ausschuss für Stahlbeton e.V. (Hrsg.): Betonbau beim Umgang mit wassergefährdenden Stoffen. Teil 1: Grundlagen und Bemessung unbeschichteter Betonbauten, Ausgabe Oktober 2004; Teil 2: Baustoffe und Einwirken von wassergefährdenden Stoffen, Ausgabe März 2011. Berlin: Beuth Verlag (DAfStb Wassergefährdende Stoffe:2011-03; BUmwS:2011-03)

[DAS7] Deutscher Ausschuss für Stahlbeton e.V. (Hrsg.): Richtlinie zur Wärmebehandlung des Betons. Berlin: Beuth Verlag, September 1989

[DAS8] Deutscher Ausschuss für Stahlbeton e.V. (Hrsg.): DAfStb-Richtlinie – Schutz und Instandsetzung von Betonbauteilen (Instandsetzungs-Richtlinie), Teil 1: Allgemeine Regelungen und Planungsgrundsätze. Berlin: Beuth Verlag, Oktober 2001

[DAS9] Deutscher Ausschuss für Stahlbeton e.V. (Hrsg.): DAfStb-Richtlinie – Stahlfaserbeton. Berlin: Beuth Verlag, November 2012

[DBV1] Deutscher Beton- und Bautechnik-Verein e.V. (Hrsg.): DBV-Merkblatt Rissbildung (Begrenzung der Rissbildung im Stahlbeton- und Spannbetonbau). Fassung Mai 2016. Berlin: Selbstverlag, 2016

[DBV2] Deutscher Beton- und Bautechnik-Verein (Hrsg.): Wasserundurchlässige Baukörper aus Beton. Fassung Juni 1996. Wiesbaden: Selbstverlag, 1996

[DBV3] Deutscher Beton- und Bautechnik-Verein (Hrsg.): Was hat die Festlegung $f_{ct,eff} \leq 0{,}5\ f_{ctm}$ mit Rissen in Betonbauteilen zu tun? Rundschreiben Nr. 242 des Deutschen Beton- und Bautechnik-Vereins (DBV), September 2014. Berlin: Selbstverlag, 2014.

[DBV4] Deutscher Beton- und Bautechnik-Verein (Hrsg.): DBV-Merkblatt Besondere Verfahren zur Prüfung von Frischbeton. Fassung Juni 2007. Berlin: Selbstverlag, 2007.

[DBV5] Deutscher Beton- und Bautechnik-Verein (Hrsg.): DBV-Merkblatt Stahlfaserbeton. Fassung Oktober 2001. Berlin: Selbstverlag, 2001

[DBV6] Deutscher Beton- und Bautechnik-Verein (Hrsg.): DBV-Merkblatt Parkhäuser und Tiefgaragen. Fassung September 2010. Berlin: Selbstverlag, 2010

[DBV7] Deutscher Beton- und Bautechnik-Verein (Hrsg.): Dauerhafte Parkbauten in Betonbauweise. DBV-Nr. 36, Berlin: Selbstverlag, April 2015.

[DBV8] Deutscher Beton- und Bautechnik-Verein (Hrsg.): DBV-Merkblatt WU-Dächer. Fassung Juli 2013, Berlin: Selbstverlag, 2013

[DBV9] Deutscher Beton- und Bautechnik-Verein (Hrsg.): WU-Dächer – Ergänzende bautechnische Grundlagen und Ausführungsbeispiele zum DBV-Merkblatt. Nr. 25, Ausgabe Juli 2015. Berlin: Selbstverlag, 2015

[DBV10] Deutscher Beton- und Bautechnik-Verein (Hrsg.): DBV-Sachstandsbericht Beschränkung von Temperaturrissen im Beton. Fassung Oktober 1996: Mit 10. Erg. Jan. 2007 zurückgezogen, Berlin: Selbstverlag 1997

[DBV11] Deutscher Beton- und Bautechnik-Verein (Hrsg.): DBV-Merkblatt Betonierbarkeit von Bauteilen aus Beton und Stahlbeton, Planung- und Ausführungsempfehlungen für den Betoneinbau. Fassung Januar 2014., Berlin: Selbstverlag, 2014

[DBV12] Deutscher Beton- und Bautechnik-Verein (Hrsg.): DBV-Merkblatt Hochwertige Nutzung von Untergeschossen – Bauphysik und Raumklima. Fassung Januar 2009. Berlin: Selbstverlag, 2009

[DBV13] Fingerloos, F. et. al.: Verbesserung der Praxistauglichkeit der Baunormen durch pränormative Arbeit – Teilantrag 2: Betonbau [Abschlussbericht]. Stuttgart: Fraunhofer IRB Verlag, 2015

[Deh1] Dehn, F.; Holschemacher, K.; Weiße, D.: Self-Compacting Concrete (SCC). Time Development of the Material Properties and the Bond Behaviour. LACER 5 (2000), S. 115–124

[Der1] Derflinger, F.: Grundlagen der Bemessung von Fundamentplatten für die Eigen- und Zwangspannungen im Hinblick auf die Beschränkung der Stahlspannung und der Rissbreite Forschungsbericht 1103. München: Technische Universität München, 1982

[Des1] Desnick, P.; De Schutter, G.; Taerwe, L.: A local bond stress-slip model for reinforcing bars in self-compacting concrete. In: B.H. Oh et al. (Hrsg.): Fracture Mechanics of Concrete and Concrete Structures. Seoul: Korea Concrete Institute, 2010

[Det1] Dettling, H.: Die Wärmedehnung des Zementsteines, der Gesteine und Betone. Dissertation, TU Stuttgart, 1961

[Dhi1] Dhir, R.; Paine, K.A.; Zheng, L.: Design data for use where low heat cements are used. University of Dundee, Report Nr. CTU2704 (2006)

[Die1] Dierks, K.: Temperaturausgleich in Stahlbetonwänden – ein Versuch gegen die Bildung von Spaltrissen. Bauingenieur 57 (1982), Nr. 7, S. 257–264

[DIN1] DIN-Fachbericht 102: Betonbrücken. Berlin: Beuth Verlag GmbH, 2000

[Dör1] Dörr, K.: Berechnung von Stahlbetonscheiben im Zustand II bei Annahme eines wirklichkeitsnahen Werkstoffverhaltens. In: Deutscher Ausschuss für Stahlbeton e.V. (Hrsg.), DAfStb-Heft 238. Berlin: Verlag Ernst & Sohn, 1974

[Dri1] Drigert, K.-A.; Gerstner, H.: Erläuterungen zum ETV Beton. Berlin: Verlag für Bauwesen, 1983

[DVG1] DVGW Deutscher Verein des Gas- und Wasserfaches e.V. (Hrsg.): Planung und Bau von Wasserbehältern. DVGW-Regelwerk Nr. W 311. Bonn: Selbstverlag, 1988

[DVG2] DVGW Deutscher Verein des Gas- und Wasserfaches e.V. (Hrsg.): Wasserspeicherung – Planung, Bau, Betrieb und Instandhaltung von Wasserbehältern in der Trinkwasserversorgung, Technische Regeln – Arbeitsblatt W 300, Juni 2005. Bonn: Selbstverlag, 2005

[DVG3] DVGW Deutscher Verein des Gas- und Wasserfaches e.V. (Hrsg.): Trinkwasserbehälter – Teil 1: Planung und Bau, Technische Regel – Arbeitsblatt W 300-1 (A), November 2013. Bonn: Selbstverlag, 2013

[Ebe1] Ebeling, K.: Risiko-Kennzahlen für die Rissgefahr bei Weißen Wannen. Neues Planungs-Tool. Betonwerk + Fertigteiltechnik 81 (2015), Nr. 2, S. 162–164

[Eck1] Eckfeldt, L.: Der Fraktilwert von Rissbreitenberechnungsmodellen (und anderen Mysterien). In: Proske, Dirk (Hrsg.): 1. Dresdner Probabilistik-Symposium – Sicherheit und Risiko im Bauwesen. Dresden: Selbstverlag, 2003, aktualisierte Fassung 2004 (S. 139–188)

[Eck2] Eckfeldt, L.; Curbach, M.: The Mirrored Quantile of Calculated Crack Width – Excerpt from the Presented Opinion in an Extensive Discussion. Wien, 2003

[Eck3] Eckfeldt, L.: Faltblatt »Rissbreitenbeschränkung und Mindestbewehrung«. TU Dresden, August 2004

[Eck4] Eckfeldt, L.: Möglichkeiten und Grenzen der Berechnung von Rissbreiten in veränderlichen Verbundsituationen. Dissertation, TU Dresden, 2005

[Eck5] Eckfeldt, L.; Schröder, St.; Lindorf, A.; Lemnitzer L.; Hamdam, A.; Curbach, M.: Verbesserung der Vorhersage von sehr kleinen Rissbreiten. Forschungsbericht, TU Dresden, 2009

[Eck6] Eckfeldt, L.: Genzustandsuntersuchungen für Gefährdungsszenarien durch Rissbildung in Betonbauteilen. In: Deutsches Institut für Bautechnik (Hrsg.): DIBt-Newsletter 6/2012, S. 13–21

[Edv1] Edvardsen, C.K.: Wasserdurchlässigkeit und Selbstheilung von Trennrissen in Beton. In: Deutscher Ausschuss für Stahlbeton (Hrsg.): DAfStb-Heft 455. Berlin: Beuth Verlag, 1996

[Ehr1] Ehrlich, N.; Schmidt, D.; Weise, F.: Betonsortenauswahl stark wasser- und frostbelasteter Massenbetonbauwerke. Temperaturmessungen als Entscheidungshilfe. Beton- und Stahlbetonbau 95 (2000), Nr. 8, S. 474–483

[Eib1] Eibl, J.; Idda, K.; Lucero-Cimas, H.: Verbundverhalten bei Querzug. Kurzberichte aus der Bauforschung 40 (1999), Nr. 1, S. 51–57

[Eib2] Eibl, J.; Kobarg, J.: Das Verbundverhalten von Stahl und Beton unter besonderer Berücksichtigung lokaler Stahlspannungen. In: Eligehausen, Rolf (Hrsg.); Russwurm, Dieter (Hrsg.): Fortschritte im konstruktiven Ingenieurbau. Festschrift Gallus Rehm zum 60. Geburtstag. Berlin: Ernst & Sohn, 1984 (S. 143–152)

[Eic1] Eickschen, E.; Siebel, E.: Einfluss der Ausgangsstoffe und der Betonzusammensetzung auf das Schwinden und Quellen von Straßenbeton. beton 48 (1998), Nr. 9, S. 580–586 und Nr. 10, S. 641–646

[Eld1] El Debs, A. L.; Almeida Filho, F. M.: Theoretical and numerical approach of the bond behavior in beam tests using Self-Compacting and Ordinary Concrete with the same compressive strength. Ciencia & Engenharia 16 (2007), Nr. 1/2, S. 99–106

[Eie1] Eierle, B.; Schikora, K.: Zwang und Rissbildung infolge Hydratationswärme – Grundlagen, Berechnungsmodelle und Tragverhalten. In: Deutscher Ausschuss für Stahlbeton e.V. (Hrsg.), DAfStb Heft 512. Berlin: Beuth Verlag, 2000

[Elf1] Elfgren, L.; Noghabai, K.; Ohlsson, U. ; Olofsson, T.: Applications of fracture mechanics to anchors and bond, In: Proceedings of the 2nd International Conference on Fracture Mechanics of Concrete Structures, Vol. III. Zürich: Aedificatio Verlag 1995, S. 1 685–1 694.

[Eli1] Eligehausen, R., Mayer, U., Lettow, S. : Mitwirkung des Betons zwischen den Rissen in Stahlbetonbauteilen. In: Abschlussbericht zum DFG-Forschungsvorhaben EL 72/8-1 + 2. Institut für Werkstoffe im Bauwesen, Universität Stuttgart, 2003.

[Eli2] Eligehausen, R.; Sawade, G.: Verhalten von Beton auf Zug. Betonwerk + Fertigteil-Technik 51 (1985) Nr. 5, S. 315–322 und Nr. 6, S. 389–391

[Eli3] Eligehausen, R.; Popov, E. P.; Bertero, V. V.: Local Bond Stress-Slip Relationships of Deformed Bars under Generalized Excitations, Earthquake Engineering Research Center, University of California, Berkeley, Report Nr. UCB/EERC-83/23, 1983

[Elt1] Eltayeb, M. F. E.: Non-linear Bond Modelling for Reinforced Concrete. Dissertation, University of Cambridge, 2006

[Emb1] Emborg, M.: Thermal stresses in concrete structures at early ages. Dissertation, University of Technology, Div. of Structural Engineering, Lulea, 1989

[Emb2] Emborg, M.: Models and Methods for Computations of Thermal Stresses and Cracking Risks. State-of-the-Art-Report RILEM-TC 119 TCE, August, 1994

[Emp1] Emperger, F.: Die statische Bedeutung des Haftwiderstandes im Tragwerk aus Eisenbeton. Beton und Eisen 39 (1940), Nr. 7, S. 91–98 und Nr. 8, S. 106–109

[Emp2] Empelmann, M.: Zum nichtlinearen Trag- und Verformungsverhalten von Stabtragwerken aus Konstruktionsbeton unter besonderer Berücksichtigung von Betriebsbedingungen. Dissertation, RWTH Aachen, 1995

[Emp3] Empelmann, M.; Krakowski, W.: Erweitertes Modell zur Berechnung der Rissbreite. Beton- und Stahlbetonbau 110 (2015), Nr. 7, S. 458–467. Zuschrift in Nr. 10, S. 723–725

[Eng1] Engelhardt, R.: Mitteilung der Überwachungsgesellschaft mbH ZERT Plus, Bitterfeld, 2007

[Eng2] Engström, B.: Restraint cracking of reinforced concrete structures. Göteborg: Chalmers University of Technology, 2011

[Esp1] Esping, O.: Early age properties of self-compacting concrete. Dissertation, Chalmers University of Technology, Göteborg, 2007

[Esp2] Esping, O.; Löfgren, I.: Cracking due to plastic and autogenous shrinkage – Investigation of early age deformation of self-compacting concrete. Report 2005:11. Chalmers University of Technology, Göteborg 2005

[Esp3] Esping, O.; Löfgren, I.: Investigation of early age deformation in self-compacting concrete. In: Marchand, J. et al. (Hrsg.): Proceedings of the 2nd International Symposium on Advances in Concrete through Science and Engineering; 11–13 september 2006, Quebec City. Bagneux: Rilem, 2006

[Ess1] Eßer, A.; Schöppel, K.: Schäden an Parkdecks mit unzureichender rissbreitenbeschränkender Bewehrung. Beton- und Stahlbetonbau 99 (2004), Nr. 9, S. 726–734

[Est1] Estensen Klausen, A. B.: Early age crack assessment of concrete structures. Dissertation, Norwegian University of Science and Technology, Trondheim 2016

[Fal1] Falkner, H.: Zur Frage der Rissbildung durch Eigen- und Zwängungsspannungen infolge Temperatur in Stahlbetonbauteilen. Dissertation Universität Stuttgart, 1969 und Deutscher Ausschuss für Stahlbeton (Hrsg.): DAfStb-Heft Nr. 208, Berlin: Beuth Verlag, 1969

[Fal2] Falkner, H.: Stahlfaserbeton für die Unterwasserbetonsohlen am Potsdamer Platz in Berlin. In: Deutscher Beton-Verein (Hrsg.): Vorträge auf dem Deutschen Betontag 1997 vom 9. bis 11. April 1997 in Berlin, Wiesbaden: Selbstverlag, 1997 (S. 191–209)

[Fal3] Falkner, H.: Fugenlose und wasserundurchlässige Stahlbetonbauten ohne zusätzliche Abdichtung. In: Deutscher Beton-

Verein (Hrsg.): Vorträge auf dem Deutschen Betontag Vorträge auf dem Deutschen Betontag 1983. Wiesbaden: Selbstverlag, 1984 (S. 548–573)

[Fal4] Falkner, H.: Fugenloser Stahlbetonbau. Beton- und Stahlbetonbau 79 (1984), Nr. 7, S. 183–188

[Fan1] Fantilli, A.P.; Chiaia, B.: The divine proportion in the bond between steel and concrete. In: Cairns, J.W. et al. (Hrsg.): Proceedings of the 4th Bond in Concrete Conference: Bond, Anchorage, Detailing; Juni 2012, Brescia. Manerbio: Publisher creations, 2012 (S. 31–38)

[Fan2] Fantilli, A.P.; Chiaia, B.; Cennamo, C.: Defining the crack pattern of RC beams through the golden section. 9th International Conference on Damage Assessment of Structures DAMAS; Oxford, United Kingdom, 11–13 July 2011. Bristol: Institute of Physics Publishing, 2011 (Journal of Physics, Conference Series; 305)

[Fan3] Fantilli, A.P.; Mihashi, H.: Crack widths in reinforced cement-based structures. In: Carpinteri, A. (Hrsg.): 6th International Conference on Fracture Mechanics of Concrete and Concrete Structures (FraMCos6); 17–22 June 2007, Catania. London: Taylor & Francis, 2007

[Far1] Farra, B.; Jaccoud, J.-P.: Influence du beton et de l'armature sur la fissuration des structures en beton. Ecole Polytechnique Federale de Lausanne, 1993 (Publication; 140)

[Fas1] Fastabend, M.; Doering, N.; Schücker, B.: Konstruktionserfahrungen mit ausgedehnten Weißen Wannen. Beton- und Stahlbetonbau 101 (2006), Nr. 7, S. 479–489

[Fas2] Fastabend, M.; Schäfers, T.; Albert, M.; Schücker, B.; Doering, N.: Fugenlose und fugenreduzierte Bauweise – Optimierung im Hochbau. Beton- und Stahlbetonbau 107 (2012), Nr. 4, S. 225–235

[Feh1] Fehling, E.; Leutbecher, T.: Beschränkung der Rissbreite bei kombinierter Beanspruchung aus Last und Zwang. Beton- und Stahlbetonbau 98 (2003), Nr. 7, S. 377–388

[Fel1] Feller, M.: Mischwasserrückhaltebecken in Hamburg. beton 45 (1995), Nr. 5, S. 398–403

[fib1] International Federation for Structural Concrete (fib): Model Code 2010. Final Draft, March 2012

[Fin1] Fingerloos, F.: Der Eurocode 2 für Deutschland – Erläuterungen und Hintergründe. Teil 3: Begrenzung der Spannungen, Rissbreiten und Verformungen. Beton- und Stahlbetonbau 105 (2010), Nr. 8, S. 486–495

[Fin2] Fingerloos, F.; Hegger, J.; Zilch, K.: Eurocode 2 für Deutschland. DIN EN 1992-1-1 Bemessung und Konstruktion von Stahlbeton- und Spannbetontragwerken. Teil 1-1: Allgemeine Bemessungsregeln und Regeln für den Hochbau mit Nationalem Anhang. Kommentierte Fassung. Berlin: Beuth Verlag und Ernst & Sohn, 2012

[Fin3] Fingerloos, F.: Berechnung und Beurteilung von Rissen in Stahlbeton nach den neuen Regelwerken. In: Deutscher Beton- und Bautechnik-Verein e.V., (Hrsg.): DBV-Regionaltagungen 2004. Bauausführung. Ausgewählte Themen aus den DBV-Regionaltagungen. Berlin: Selbstverlag, 2004 (DBV-Nr. 8, S. 1–1 bis 1–15)

[Fin4] Fingerloos, F. et al.: Verbesserung der Praxistauglichkeit der Baunormen durch pränormative Arbeit. Teilantrag 2: Betonbau. Stuttgart: Fraunhofer IRB Verlag, 2015

[Fis1] Fischer, A.: Modelluntersuchungen zur Ermittlung des Rissabstandes dicker Bauteile aus Stahlbeton. Düsseldorf: VDI Verlag, 1993 (Fortschrittsberichte, Reihe 4, Nr. 118)

[Fis2] Fischer, C.: Auswirkungen der Bewehrungskorrosion auf den Verbund zwischen Stahl und Beton. Dissertation, Universität Stuttgart, 2012

[Flo1] Flohrer, C.: Das neue DBV-Merkblatt »Parkhäuser und Tiefgaragen«. Internationale Zeitschrift für Bauinstandsetzen und Baudenkmalpflege 10 (2004), Nr. 5, S. 481–496

[Flo2] Flohrer, C.: Risiken bei Konstruktion und Ausführung von wasserundurchlässigen Betonkonstruktionen für hochwertige Nutzung. LGIB-Rheinland-Pfalz/Saarland, 12. Fachsymposium Betoninstandsetzung 2003

[Foc1] Focacci, F.; Nanni, A.; Bakis, C.E.: Local Bond-Slip Relationship for FRP Reinforcement in Concrete. Journal of Composites for Construction 4 (2000), Nr. 1, S. 24–31

[Fon1] Fontana, P.: Frühe Rissbildung in Beton durch plastisches Schwinden. In: Rogge, A., Meng, B.: Tagungsband 52. DAfStb-Forschungskolloquium. Berlin: BAM Bundesanstalt für Materialforschung und -prüfung, 2011

[För1] Förster, M.-O.: Temperaturbedingte Beanspruchung von Betonfahrbahnen. Dissertation, TU Hannover, 2005

[For1] Foroughi-Asl, A.; Dilmaghani, S. ; Famili, H.: Bond strength of reinforcement steel in self-compacting concrete. International Journal of Civil Engineering 6 (2008), Nr. 1, S. 24–33

[Fra1] Franke, L.: Einfluss der Belastungsdauer auf das Verbundverhalten von Stahl in Beton (Verbundkriechen). In: Deutscher Ausschuss für Stahlbeton e.V. (Hrsg.), DAfStb-Heft 268. Berlin: Verlag Ernst & Sohn, 1976

[Fre1] Freiesleben Hansen, P.; Pedersen, J.: Maleinstrument til kontrol af betons haerdening. Nordisk Betong (1977), Nr. 1, S. 21–25

[Fre2] Freiesleben Hansen, P.; Pedersen, E.: Curing of concrete structures. Lyngby: Danish Concrete and Structural Research Institute, 1984

[Fre3] Freimann, T.: Wasserundurchlässige Bauwerke aus Beton. Ausführungstechnische Maßnahmen und betontechnologische Hinweise. Beton- und Stahlbetonbau Spezial, Oktober 2014. Berlin: Ernst und Sohn, 2014 (Beton- und Stahlbetonbau Spezial Sonderheft)

[Fri1] Fritsche, G.: Die Schwartenbewehrung Weißer Wannen. Österreichische Betonstahl-Magazin (2009), Nr. 97, S. 8–18

[Fül1] Füllsack-Köditz, R.: Verbundverhalten von GFK-Bewehrungsstäben und Rissentwicklung in GFK-stabbewehrten Betonbauteilen. Dissertation, Bauhaus-Universität Weimar, 2004

[Gan19 Gan, Y.: Bond stress and slip modeling in nonlinear finite element analysis of reinforced concrete structures. Dissertation, University of Toronto, 2000

[Ger1] Gergely, P.; Lutz, L.A.: Maximum crack width in reinforced concrete flexural members. In. Causes, Mechanism and Control of Cracking in Concrete. ACI SP-20, Detroit 1968, S. 87–117

[Gho1] Ghosh, A.: Modeling the bond stress at steel-concrete interface for uncorroded and corroded reinforcing steel. Dissertation, Ryerson University Toronto, 2004

[Got1] Goto, Y.: Cracks Formed in Concrete Around Deformed Tension Bars. ACI Journal 68 (1971), Nr. 4, S. 244–251

[Gra1] Graßhoff, H.; Kany, M.: Berechnung von Flächengründungen. In: Smoltczyk, U. (Hrsg.): Grundbautaschenbuch, Teil 3. 4. Aufl. Ernst & Sohn, Berlin 1997

[Gra2] Grasser, E., Kupfer, H., Pratsch, G., Feix, J.: Bemessung von Stahlbeton- und Spannbetonbauteilen. In: Eibl, Josef (Hrsg.): Beton-Kalender 1996, Teil 1. Berlin: W. Ernst & Sohn, 1996 (Beton-Kalender; 85)

[Gro1] Grote, K.-P.: Durchlässigkeitsgesetze für Flüssigkeiten mit Feinststoffanteilen bei Betonbunkern von Abfallbehandlungsanlagen. In: Deutscher Ausschuss für Stahlbeton e.V. (Hrsg.), DAfStb-Heft 483, Berlin: Beuth Verlag, 1997

[Gro2] Groli, G.: Crack width control in RC elements with recycled steel fibers and applications to integral structures. Dissertation, Universität Madrid 2014

[Gru1] Grube, H.: Ursachen des Schwindens von Beton und Auswirkungen auf Betonbauteile. Düsseldorf: Beton-Verlag, 1990 (Schriftenreihe der Zementindustrie; 52)

[Gru2] Grube, H.: Definition der verschiedenen Schwindarten. Ursachen, Größe der Verformungen und baupraktische Bedeutung. beton 53 (2003), Nr. 12, S. 598–603

[Grü1] Grübl, P.; Weigler, H.; Karl, S. : Beton. Arten, Herstellung und Eigenschaften. 2. Aufl. Berlin: Ernst & Sohn, 2001

[Gün1] Günter, M.; Ruckenbrod, C.: Risse – Erkennen, Einordnen und Untersuchen. In: Müller, H. S. ; Nolting, U.; Haist, M. (Hrsg.): Beherrschung von Rissen in Beton. Tagungsband zum 7. Symposium Baustoffe und Bauwerkserhaltung; Karlsruher Institut für Technologie (KIT), 23. März 2010. Karlsruhe: KIT Scientific Publishing, 2010

[Gus1] Guse, U.; Hilsdorf, H.-K.: Dauerhaftigkeit hochfester Betone. In: Deutscher Ausschuss für Stahlbeton e.V. (Hrsg.): DAfStb-Heft 487. Berlin: Beuth Verlag, 1998

[Gut1] Gutsch, A.-W.: Stoffeigenschaften jungen Betons – Versuche und Modelle. Braunschweig: Selbstverlag, 1998 (Institut für Baustoffe, Massivbau und Brandschutz der Technischen Universität Braunschweig; 140)

[Gut2] Gutsch, A.-W.; Rostasy, F.S. : Mechanical Models of the Stress-Strain Behaviour of Young Concrete in Axial Tension and Compression. In: TU Braunschweig, Institut für Baustoffe, Massivbau und Brandschutz – iBMB – (Hrsg.): Spannungs-Dehnungslinie, viskoelastisches Verhalten und autogenes Schwinden jungen Betons. Forschungsprojekt der europäischen Gemeinschaft Brite Euram BE96-3843 IPACS – Improved Production of Advanced Concrete Structures. Braunschweig: Selbstverlag 2001 (Schriftenreihe des Instituts für Baustoffe, Massivbau und Brandschutz der Technischen Universität Braunschweig; 155)

[Häh1] Hähne, H.; Techen, H.; Wörner, J.-D.: Eigenschaften von mit Polyacrylnitril-Fasern verstärktem Beton. Beton- und Stahlbetonbau 88 (1993), Nr. 1, S. 5–9

[Häu1] Häußler-Combe, U.; Hartig, J.: Rissbildung von Stahlbeton bei streuender Betonzugfestigkeit. Bauingenieur 85 (2010), Nr. 11, S. 460–470

[Hah1] Hahn, J.: Durchlaufträger, Rahmen, Platten und Balken auf elastischer Bettung. Düsseldorf: Werner Verlag, 1985

[Hai1] Haist, M.; Müller, H. S. Müller: Thermische Verformung von Beton. In: Müller, H. S. ; Nolting, U.; Haist, M., Kromer, M. (Hrsg.): Betonverformungen beherrschen. Tagungsband zum 11. Symposium Baustoffe und Bauwerkserhaltung; Karlsruher Institut für Technologie (KIT), März 2015. Karlsruhe: KIT Scientific Publishing, 2015 (S. 1–14)

[Ham1] Hampe, B.: Temperaturschäden im Beton. In: Deutscher Ausschuss für Stahlbeton e.V. (Hrsg.): DAfStb-Heft 1. Berlin: Verlag Ernst & Sohn, 1942

[Han1] Hanf, K.; Bennert, W.; Schmid, F.: Mathematische Modellierung des Warmbehandlungsprozesses von Beton mit zeit- und temperaturabhängigen thermischen Stoffparameter. Wärme- und Stoffübertragung 21 (1987), Nr. 6, S. 333–341

[Haq1] Haqqi, I. S. : Serviceability of reinforced concrete subjected to tension. PhD Thesis, Council for National Academic Awards, December 1983.

[Har1] Hariri, K.: Bruchmechanisches Verhalten jungen Betons – Laser-Speckle-Interferometrie und Modellierung der Rissprozesszone. In: TU Braunschweig, Institut für Baustoffe, Massivbau und Brandschutz – iBMB– (Hrsg.): Hydratationsgrad, Ultraschall-Technik zur Beschreibung der Erhärtung, Bruchmechanisches Verhalten jungen Betons. Forschungsprojekt der europäischen Gemeinschaft – Brite Euram BE96-3843 IPACS- Improved Production of Advanced Concrete Structures. Braunschweig: Selbstverlag, 2000 (Schriftenreihe des Instituts für Baustoffe, Massivbau und Brandschutz der Technischen Universität Braunschweig; 148)

[Har2] Harrison, T.A.: Temperature-matched curing. In: Concrete Society, London (Hrsg.): Developments in testing concrete for durability. London: Selbstverlag, 1985.

[Har3] Hartl, G.; Lukas, W.: Untersuchungen zur Chrorideindringung in Beton und zum Einfluss von Rissen auf die chloridinduzierte Korrosion der Bewehrung. Betonwerk und Fertigteil-Technik 53 (1987), Nr. 7, S. 497–506

[Har4] Harrison, T.A.: Early-age thermal crack control in concrete. London: Construction Industry Research and Information Association (CIRIA), 1981

[Heg1] Hegger, J.: Zwang und Mindestbewehrung (Vorlesung Massivbau III, 2010/2011)

[Heg2] Hegger, J.: Vorlesung Massivbau I – Verbundbaustoff Stahlbeton. RWTH Aachen, o. D.

[Heg3] Hegger, J.: Vorlesung Massivbau III – Fugen im Hochbau. RWTH Aachen 2010/2011

[Hei1] Heide, N., Schlangen, E.: Selfhealing of early age cracks in concrete. In: Proceedings of the First International Conference on Self Healing Materials; 18.–20. April 2007 Noordwijk aan Zee. Dordrecht: Springer, 2007.

[Hei1] Heilmann, Nr. G.: Beziehungen zwischen Zug- und Druckfestigkeit des Betons. Beton 19 (1969), Nr. 2, S. 68–70

[Hei2] Heilmann, H. G.; Hilsdorf, H.; Finsterwalder, K.: Festigkeit und Verformung von Beton unter Zugspannungen. In: Deutscher Ausschuss für Stahlbeton e.V. (Hrsg.), DAfStb-Heft 205. Berlin: Ernst & Sohn, 1969

[Hel1] Helmus, M.: Mindestbewehrung wandbeanspruchter dicker Stahlbetonbauteile In: Deutscher Ausschuss für Stahlbeton e.V. (Hrsg.), DAfStb-Heft 412. Berlin: Beuth Verlag, 1990

[Hen1] Henning, W.: Zwangsrissbildung und Bewehrung von Stahlbetonwänden auf steifen Unterbauten. Dissertation, TU Braunschweig, 1987

[Hen2] Henke, V.; Empelmann, M.: Rissbreitenberechnung bei »Kombibewehrung«. Beton- und Stahlbetonbau 102 (2007), Nr. 2, S. 66–79

[HET1] Pedersen, E. S. et al.: HETEK – Control of Early Age Cracking of Concrete – Guidelines., Copenhagen; Danish Road Directorate, 1997 (HETEK Report; 120)

[Hin1] Hintzen, W.: Zum Verhalten des jungen Betons unter zentrischem Zwang beim Abfließen der Hydratationswärme. Düsseldorf: Verlag Bau+Technik, 1998 (Schriftenreihe der Zementindustrie; 59)

[Hoc1] HOCHTIEF-Massenbeton (MBG). Zulassung Z-3.51-1816 vom 07.10.2013. HOCHTIEF Solutions AG, Mörfelden-Walldorf

[Hoh1] Hohmann, R.: Elementwände im drückenden Grundwasser. Konstruktionsprinzip, Planung, Bauausführung, Schwachstellen, Fehlervermeidung, Instandsetzung. Stuttgart: Fraunhofer IRB Verlag 2016

[Hol1] Holmberg, A.; Lindgren, E.: Cracks in Concrete Walls. National Swedish Building Research , D 7 (1972)

[Hor1] Hornig, U.; Zietmann, N.; Dehn, F.: Untersuchungen zum Selbstdichtungsverhalten von Trennrissen in landwirtschaftlich genutzten Stahlbetonkonstruktionen. Abschlussbericht 15001-007 der MFPA Leipzig GmbH, 2013

[Hos1] Hosang, W.: Nachträgliche Abdichtung von Europas größter fugenloser Weißen Wanne, im Jakob-Kaiser-Haus in Berlin – Rissverpressung als Planungskonzept. TAW-Symposium in Bochum, 21.–22. September 2011, Abdichtung von wasserundurchlässigen Bauwerken aus Beton im Ingenieur-, Wasser- und Tiefbau.

[Hos2] Hosoda, A.; Ninomiya, M.; Tamura, T.; Hayashi, K.: Improvement of covercrete quality by crack control system in Yamaguchi Prefecture in Japan. Society for Social Management Systems, Internet Journal 2012-05.

[Hua1] Huang, Z.; Engström, B.; Magnusson, J.: Experimental and analytical studies of the bond behaviour of deformed bars in high strength concrete. In: Utilization of high strength/high performance concrete; 29–31 May 1996, Paris. (Bd. 3) Paris: Presses de l'école nationale des Ponts et Chaussées, 1996 (S. 1 115–1 124)

[Hua2] Huang, Z.; Engström, B.; Magnusson, J.: Experimental Investigation of the Bond and Anchorage Behaviour of Deformed Bars in High Strength Concrete. Chalmers University of Technology. Report 95:4, 1996

[Hub1] Huber, G.: Wasserdicht bauen mit Beton. 2. Aufl. Wien: Selbstverlag, 1992

[Hug1] Hughes, B. P.; Videla, C.: Design criteria for early-age bond strength in reinforced concrete. Materials and Structures 25 (1992), Nr. 152, S. 445–463

[Hus1] Husain, S. I., Ferguson, P. M.: Flexural Crack Widths at the Bars in Reinforced Concrete Beams. Research Report Nr. 102-1F. Center for Highway Research. The University of Texas at Austin.

[Ich1] Ichinose, T.; Kanayama, Y.; Inoue, Y.; Bolander jr., J.E.: Size effect on bond strength of deformed bars. Construction and Building Materials 18 (2004), Nr. 7 (Sept.), S. 549–558

[IEB] Ingenieurelektronik Benad (IEB) – Betonrechner BR 2000 (V 2.0) Königsbrück

[Iva1] Ivanyi, G.; Sommer, R.: Ein fugenloses Regenüberlaufbecken. Beton-Informationen 29 (1989), Nr. 4, S. 39–45

[Iva2] Ivanyi, G.: Bemerkungen zu »Mindestbewehrung« in Wänden. Beton- und Stahlbetonbau 90 (1995), Nr. 11, S. 283–289

[Iwa1] Iwaki, R. et al.: Study on Analysis of Thermal Stress due to Heat of Hydration in Concrete. Tokyo: Selbstverlag, 1983 (KICT Report; 45)

[Iwa2] Iwaki, K. et al.: Evaluation of bond behavior of reinforcing bars in concrete structures by acoustic emission. J. Acoustic Emission 21 (2003), S. 166–175

[Jac1] Jaccoud, J.-P., Francou, B., Camara, J-M.: Projet de recherche 82–13. Armature minimale pour le controle de la fissuration: Rapport sur une premiere serie d'essays de courte duree. Ecole Polytechnique federale de Lausanne, Departement de genie Civil. May 1984.

[Jac2] Jacobs, F.; Hunkeler, F.; Carmine, L.; Germann, A.; Hirschi, T.: Schwinden von Beton. Bauingenieur (2008), Nr. 3, S. 14–19

[Jah1] Jahn, M.: Zum Ansatz der Betonzugfestigkeit bei den Nachweisen zur Trag- und Gebrauchstauglichkeit von unbewehrten und bewehrten Betonbauteilen. In: Deutscher Ausschuss für Stahlbeton e.V. (Hrsg.), DAfStb-Heft 341. Berlin: Verlag Ernst & Sohn, 1987

[Jen] Jensen, O.M.: The Curing Meter. In: Reinhardt, Hans-Wolf: Proceedings of Advanced testing of fresh cementitious materials, S. 139–146. Stuttgart: Institut für Werkstoffe im Bauwesen, 2006

[Jon1] Jonasson, J.-E.: Slipform construction – calculations for assessing protection against early freezing. Stockholm: Swedish Cement and Concrete Research Institute – CBI –, 1985

[Jon2] Jonasson, J.-E.: Early strength growth in concrete – Preliminary test results concerning hardening at elevated temperatures. In: Technical Research Centre of Finland (VTT) (Hrsg.): Third International RILEM Symposium on Winter Concreting. Espoo: Technical Research Centre of Finland, 1985 (S. 249–254)

[JRC1] Nikolova, B. et al.: Control of Cracking and Durability of Reinforced Concrete Structures. 4th ConCrack Workshop – engineering and standard issues. JRC Science and Policy Reports; 20. –21. März 2014. Luxembourg: Publications Office, 2014

[JSCE1] Japan Society of Civil Engineering (JSCE): Standard Specification for Design and Construction of Concrete Structures; Part 2 (Construction). Tokyo: Japan Society of Civil Engineers, 1986

[JSCE2] Japan Society of Civil Engineering (JSCE): Control of Thermal Cracking due to Heat of Cement Hydration (JSCE Standard Specification 2012). Tokyo: Japan Society of Civil Engineers, 2012

[Jus1] Just, M.; Curbach, M.: Grenzzustandsuntersuchungen zur Beurteilung des Zuverlässigkeitsniveaus von Stahlbetonbauteilen mit kleinen Trennrissen. Forschungsbericht, TU Dresden, 2012

[Kae1] Kaethner, S. : Have EC2 cracking rules advanced the mystical art of cracking with prediction? The Structural Engineer 89 (2011), Nr. 4 (Oktober), S. 14–22

[Kal1] Kalytta, S. : Strahlenschutz durch rissefreien Massenbeton. Beton 35 (1985), Nr. 1, S. 21–26

[Kam1] Kamali, A.Z.; Svedholm, C.; Johansson, M.: Effects of restrained thermal strains in transversal direction of concrete slab frame bridges. Stockholm: KTH, 2013

[Kan1] Kanstad, K.: Verification of three different calculation methods for early age concrete. In: Proceedings Of the Nordic Mini-Seminar Crack Risk Assessment Hardening Concrete Structures at The Norwegian University of Science and Technology (NTNU), Trondheim. Trondheim: Nordic Concrete Federation, 2006 (S. 101–110)

[Kan2] Kanstad, T.; Hammer, T.A.; Bjontegaard, O.; Sellevold, E.J.: Mechanical properties of young concrete: Evaluation of test methods for tensile strength and modulus of elasticity. Determination of model parameters. Trondheim: Norwegian Institute of Technology, 1999 (NOR-IPACS Report STF22)

[Kan3] Kankam, C.K.: Relationship of Bond Stress, Steel Stress, and Slip in Reinforced Concrete. Journal of Structural Engineering 123 (1997), Nr. 1 (Januar), S. 79–85

[Kap1] Kapteina, G.: Modell zur Beschreibung des Eindringens von Chlorid in Beton von Verkehrsbauten. In: Deutscher Ausschuss für Stahlbeton (Hrsg.): DAfStb-Heft 607. Berlin: Beuth Verlag, 2013

[Kau1] Kautsch, R.: Beitrag zur Nachweisführung von querkraftbewehrten Stahlbeton- und Spannbetonquerschnitten unter kombinierter Biege- und Schubbeanspruchung auf Grundlage der Erweiterten Technischen Biegelehre. Dissertation, TU Kaiserslautern 2010

[Kel1] Keller, Th., Menn, Chr.: Der Einfluss von Rissen auf die Bewehrungskonstruktion. In: Beton- und Stahlbetonbau 88 (1993), Nr. 1 (S. 16–20) und Nr. 2 (S. 47–51). Berlin: Verlag Ernst & Sohn

[Ker1] Kerkeni, N.; Hegger, J.; Kahmer, H.: Mindestbewehrung von weißen Wannen aus Doppelwänden. Beton- und Stahlbetonbau 97 (2002), Nr. 1, S. 1–7

[Keß1] Keßner, M.; Brummer, B.: Keine Beschichtung erforderlich. Tiefgaragenzwischendecke – schwimmend gelagert. Neues Konzept zur rissfreien Bauweise. In: Verkehrsbauten, Schwerpunkt Parkhäuser. Tagungsband der Technischen Akademie Esslingen zum 5. Kolloquium Januar 2012 (S. 121–130)

[Khe1] Kheder, G.F.: A new look at the control of volume change cracking of base restrained concrete walls. ACI Structural Journal (1997), Mai–Juni, S. 262–271

[Khe2] Kheder, G.F.; Al Rhawi, R.S.; Al Dhali, J.K.: Study of the behaviour of volume change cracking of base-restrained concrete walls. ACI Materials Journal (1994), März–April, S. 150–155

[Khe3] Kheder, G.F.; Fadhil, S. A.: Strategic reinforcement for controlling volume-change cracking in base-restrained concrete walls. Materials and Structures 23 (1990), Nr. 137, S. 358–363

[Kim1] Kimura, K.; Ono, S.: Evaluation of thermal crack occurrence in massive concrete structures. Transactions of JSCE 6 (1987) Nr. 378, S. 59–82

[Kip1] Kipp, B.: (Ab-)Dichtung und Wahrheit, Möglichkeiten und Grenzen der Abdichtung von Betonbauwerken bei Trennrissen. Der Bausachverständige 7 (2011), Nr. 1, S. 16–19

[Kje1] Kjellsen, K.O.: Physical and Mathematical Modelling of Hydration and Hardening of Portland Cement Concrete as a Function of Time and Curing Temperature. PhD-Thesis, Norwegian Institute of Technology Trondheim, 1990.

[Kje2] Kjellsen, K.O.; Detwiler, R.J.: Research kinetics of Portland Cement mortar hydrated at different temperatures. Cement and Concrete Research 22 (1992), S. 112–120

[Koc1] Koch, H.-J.; Lutze, D.: Sonderbeton für Fundamentplatten. Genehmigung im Einzelfall für das Kraftwerk Schkopau. Beton 45 (1995), Nr. 4, S. 227–233

[Kön1] König, G.; Tue, N.V.: Grundlagen und Bemessungshilfen für die Rissbreitenbeschränkung im Stahlbeton und Spannbeton sowie Kommentare, Hintergrundinformationen und Anwendungsbeispiele zu den Regelungen nach DIN 1045, EC 2 und Model Code 90. In: Deutscher Ausschuss für Stahlbeton (Hrsg.): DAfStb-Heft 466. Berlin: Beuth Verlag, 1996

[Kön2] König, G.; Fehling, E.: Zur Rissbreitenbeschränkung im Stahlbetonbau. Beton- und Stahlbetonbau 83 (1988), Nr. 6, S. 161–167 und Nr. 7, S. 199–204

[Kön3] König, G.; Puche, M.: Zur Rissbreitenbeschränkung und Mindestbewehrung bei Eigenspannungen und Zwang. Bauingenieur 66 (1991), Nr. 4, S. 149–156

[Kön4] König, G.: Bauaufgaben mit möglichem Einsatz von Beton. In: Beton zum Schutz der Umwelt beim Umgang mit wassergefährdenden Stoffen – Anforderungen, Planungsgrundlagen, Ausführungsbeispiele; Darmstädter Massivbau-Seminar, 9. und 10. Oktober 1989. Darmstadt: Darmstädter Massivbauseminar, 1989

[Kön5] König, G.; Tue, N.V.: Grundlagen des Stahlbetons. Bemessung nach DIN 1045-1. Stuttgart: Teubner-Verlag, 2003

[Kön6] König, G.;Lieberum, K.-H.; Tue, N.: Rissschäden an Betonbauteilen und eine Strategie zu ihrer Vermeidung. Bauingenieur 71 (1996), Nr. 4, S. 155–161

[Kor1] Kordina, K.: Bemessungshilfsmittel zu Eurocode 2 Teil 1. In: Deutscher Ausschuss für Stahlbeton (Hrsg.): DAfStb-Heft 425. Berlin: Beuth Verlag, 1992

[Kor2] Kordina, K.; Osterroth, H.-H.; Schwick, W.: Schutz von Gewässern und Grundwasser durch dichte Bauteile; Abschlussbericht zum Forschungsvorhaben. Braunschweig, 1989

[Kra1] Krauß, M.; Gutsch, A.-W.; Rostasy, F.S.: Modelling of Degree of Hydration on Basis of Adiabatic Heat Release. In: Hydratationsgrad, Ultraschall-Technik zur Beschreibung der Erhärtung, Bruchmechanisches Verhalten des jungen Betons. TU Braunschweig, 2001 (Schriftenreihe des IBMB; 154)

[Kra2] Krauß, M.: Probabilistisches Nachweiskonzept zur Kontrolle früher Trennrisse in massigen Betonbauteilen. Dissertation, TU Braunschweig 2004

[Kra3] Krauß, M.; Rostasy, F.S.; Budelmann, H.: Zuverlässigkeitsorientierte Bewertung von Maßnahmen gegen die frühe Trennrissbildung für wasserundurchlässige, massige Betonbauwerke. Bautechnik 83 (2006), Nr. 2, S. 108–118

[Kra4] Kraeft, U.: Reißrahmenversuche zur Abkühlung von Beton nach 3, 12 und 96 Stunden. Beton- und Stahlbetonbau 93 (1998), Nr. 11, S. 313–318

[Kre1] Krell, J.: Oberfläche und Nachbehandlung von Betonböden. In: Müller H.S. et al. (Hrsg.): Industrieböden aus Beton. 4. Symposium Baustoffe und Bauwerkserhaltung Universität Karlsruhe (TH), 15. März 2007. Karlsruhe: KIT Scientific Publishing, 2007 (S. 63–72)

[Kre2] Krell, J.: Bluten von Beton. Nützlich oder möglichst zu vermeiden? VDB-Information Nr. 17 (2012)

[Kri1] Krips, M.: Rissbreitenbeschränkung im Stahlbeton- und Spannbeton. Berlin: Ernst und Sohn, 1985

[Kus1] Kustermann, A.: Einflüsse auf die Bildung von Mikrorissen im Betongefüge. Dissertation, Universität der Bundeswehr, München, 2005

[Lac1] Lackner, R.; Mang, H.A.: Scale Transition in Steel-Concrete Interaction. Journal of Engineering Mechanics 129 (2003), Nr. 4, Part I: Model (S. 393–402), Part II: Applications (403–413)

[Lan1] Lange, J.; Benning, W.: Verfahren zur Rissanalyse bei Betonbauteilen. In: Deutsche Gesellschaft für zerstörungsfreie Prüfung (Hrsg.): Fachtagung Bauwerksdiagnose – Praktische Anwendungen Zerstörungsfreier Prüfungen; 23.–24. Februar 2006, Berlin. DGZfP Berichtsband 100-CD, Poster 13, Berlin: Selbstverlag, 2006

[Lau1] Laube, M.: Werkstoffmodell zur Berechnung von Temperaturspannungen in massigen Betonbauteilen im jungen Alter. Dissertation, TU Braunschweig, 1990

[Len1] Lenkenhoff, R.: Mikroskopischer Nachweis der Rissentwicklung im Betongefüge. Dissertation, Ruhr-Universität Bochum, 1998

[Leo1] Leonhardt, F.: Vorlesungen über Massivbau.
Teil 1: Grundlagen zur Bemessung im Stahlbetonbau. Berlin: Springer Verlag, 1973
Teil 4: Nachweis der Gebrauchsfähigkeit, Rissebeschränkungen, Formänderungen. Berlin: Springer Verlag, 1978

[Leo2] Leonhardt, F.: Zur Behandlung von Rissen im Beton in den deutschen Vorschriften. Beton- und Stahlbetonbau 80 (1985), Nr. 7, S. 179–184 und Nr. 8, S. 209–215

[Leo3] Leonhardt, F.: Spannbeton für die Praxis. Zweite, vollständig neu bearbeitete Auflage. Berlin: Wilhelm Ernst & Sohn, 1962

[Leo4] Leonhardt, F.; Walther, R.: Schubversuche an einfeldrigen Stahlbetonbalken mit und ohne Schubbewehrung. In: Deutscher Ausschuss für Stahlbeton (Hrsg.): DAfStb-Heft 151. Berlin: Ernst und Sohn, 1962

[Leo5] Leonhardt, F.: Cracks and Crack Control in Concrete Structures. Special Report. PCI Journal 33 (1988), Nr. 4 (Juli-August), S. 124–145

[Let1] Lettow, S.: Ein Verbundelement für nichtlineare Finite Elemente Analysen – Anwendung auf Übergreifungsstöße. Dissertation, TU Stuttgart, 2006

[Li1] Li, V. C.; Yang, E.: Self Healing in Concrete Materials. In: Zwaag, van der S. (Hrsg.): Self Healing Materials. Dordrecht: Springer, 2007 (Springer Series in Material Science, 100)

[Lin1] Lindorf, A.: Woher kommen die Bemessungswerte der Verbundspannung? Beton- und Stahlbetonbau 105 (2010), Nr. 1, S. 53–59

[Lin2] Lindorf, A.: Ermüdung des Verbundes von Stahlbeton unter Querzug. Dissertation, TU Dresden, 2011

[Lin3] Lindorf, A.; Lemnitzer, L.: Rissbreiten im Grenzzustand der Gebrauchstauglichkeit. In: Curbach, M.; Häußler-Combe, U.; Mechtcherine, V. (Hrsg.): Beiträge zum 48. Forschungskolloquium des DAfStb; 19.10.2007, Dresden. Dresden: Technische Universität, 2007 (S. 35–50)

[Lin4] Linder, R.: Wasserundurchlässige Bauwerke aus Beton. In: Betonkalender 1996, Teil II, Berlin: Verlag Ernst & Sohn, 1996

[Löf1] Löfgren, I.: Calculation of crack width and crack spacing. In: Proceedings of the Nordic Mini-seminar »Fibre reinforced concrete«, Trondheim 2007

[Loh1] Lohmeyer, G.; Ebeling, K.: Weiße Wannen – einfach und sicher. 9. überarb. und erw. Auflage, Düsseldorf: Verlag Bau+Technik, 2009

[Loh2] Lohmeyer, G.: Weiße Wannen einfach sicher. Konstruktion und Ausführung von Kellern und Becken aus Beton ohne besondere Dichtungsschicht. 1. Aufl. Düsseldorf: Beton-Verlag, 1985 und 10. Aufl., Düsseldorf: Verlag Bau u. Technik, 2013

[Lu1] Lu, H. R.; Swaddiwudhipong, S.; Wee, T. H.: Evaluation of thermal crack by a probalistic model using the tensile strength capacity. Magazine of Concrete Research 53 (2001), Nr. 1, S. 25–30

[Lun1] Lundgren, K.; Gylltoft, K.: A Model for the Bond between Concrete and Reinforcement. Magazine of Concrete Research 52 (2000), Nr. 1, S. 53–63

[Lur1] Lura, P.; Leemann, A.: Frühschwinden von Beton. Dübendorf: EMPA, Abteilung Beton, 2010

[Lut1] Lutz, L.A.; Gergely, P.: Mechanics of Bond and Slip of Deformed Bars in Concrete. Journal ACI 64 (1967), Nr. 11, S. 711–721

[Lyk1] Lykke, S.; Skotting, E.; Kjaer, U.: Prediction and Control of Early-Age Cracking. Experiencies from the Øresund-Tunnel. Concrete International 22 (2000), Nr. 9, S. 63–65

[Mai1] Mainz, J.: Modellierung des Verbundtragverhaltens von Betonrippenstahl. Dissertation, Technische Universität München, 1993

[Mak1] Makni, M.; Daoud, A.; Karray, M.A.: Application of Artificial Neural Network technique in Civil Engineering. International Conference on Control, Engineering & Information Technology (CEIT ,13), Proceedings Engineering & Technology 2 (2013), S. 56–61

[Mal1] Malarics, V.: Ermittlung der Betonzugfestigkeit aus dem Spaltzugversuch an zylindrischen Betonproben. Karlsruhe: KIT Scientific Publishing 2011 (Karlsruher Reihe Massivbau, Baustofftechnologie, Materialprüfung; 69)

[Man1] Manns, W.: Elastizitätsmodul von Zementstein und Beton. Betontechnische Berichte 1970, S. 139–164. Düsseldorf: Beton-Verlag, 1971 sowie in Beton 20 (1970), Nr. 9, S. 401–405

[Man2] Mangold, M.; Springenschmid, R.: Why are temperature-related criteria so unreliable for predicting thermal cracking at early ages? In: Springenschmid, R. (Hrsg.): Thermal Cracking in Concrete at Early Ages. Proceedings of the International RILEM

Symposium. London, E&FN Spon, 1995 (Rilem Proceedings; 25) (S. 361–368)

[Man3] Mangold, M.: Die Entwicklung von Zwang- und Eigenspannungen in Betonbauteilen während der Hydratation. Dissertation, TU München, 1994 (Berichte aus dem Baustoffinstitut; 1/1994)

[Man4] Manns, W.: Rissvermeidung bei der Betonherstellung. beton 43 (1993), Nr. 10, S. 504–510

[Man5] Manns, W.: Über den Einfluss der elastischen Eigenschaften von Mörtel und Beton. Opladen: Westdeutscher Verlag, 1970 (Forschungsberichte des Landes Nordrhein-Westfalen; 2112)

[Mar1] Martin, H.: Einfluss der Betonzusammensetzung auf das Verbundverhalten von Bewehrungsstählen. In: Eligehausen, R.; Russwurm, D. (Hrsg.): Fortschritte im konstruktiven Ingenieurbau. Gallus Rehm zum 60. Geburtstag. Berlin: Ernst & Sohn, 1984

[Mar2] Martin, H., Noakowski, P.: Verbundverhalten von Betonstählen – Untersuchung auf der Grundlage von Ausziehversuchen. In: Deutscher Ausschuss für Stahlbeton e.V. (Hrsg.), DAfStb-Heft 319. Ernst & Sohn, Berlin 1981

[Mar3] Martin, H.: Zusammenhang zwischen Oberflächenbeschaffenheit, Verbund und Sprengwirkung von Bewehrungsstählen unter Kurzzeitbelastung. Dissertation, TU München, 1971

[Mar4] Martin, H.; Schießl, P.; Schwarzkopf, M.: Ableitung eines allgemeingültigen Berechnungsverfahrens für Rissbreiten aus Lastbeanspruchung auf der Grundlage von theoretischen Erkenntnissen und Versuchsergebnissen. Forschungsbericht. München: Institut für Betonstahl und Stahlbetonbau e.V., 1979

[Mar5] Martin, H.: Zusammenhang zwischen Oberflächenbeschaffenheit, Verbund und Sprengwirkung von Bewehrungsstählen unter Kurzzeitbelastung. In: Deutscher Ausschuss für Stahlbeton e.V. (Hrsg.): DAfStb-Heft 228. Berlin: Verlag Ernst & Sohn, 1973

[Mar6] Martin, H.: Bond performance of ribbed bars (pull-out-test): Influence of concrete and consistency. Int. Conference – Bond in Concrete, Paisley (Scotland). In: Bartos, P. (Hrsg.): Bond in concrete. London: Applied Science Publishers, 1982 (S. 289–299)

[Mar7] Marti, P.: How to treat shear in structural concrete. ACI Structural Journal 96 (1999), Nr. 3, S. 408–414

[Mar8] Marx, W.: Berechnung von Temperatur und Spannung in Massenbeton infolge Hydratation. Stuttgart: Institut für Wasserbau der Universität Stuttgart, 1987 (Mitteilungen des Instituts für Wasserbau der Universität Stuttgart; 64)

[Mar9] Martinola, G.; Bäuml, M.; Schmid, I.: Ursachen der Rissbildung in Stahlbetonbauwerken aus Hochleistungsbetonen und neue Wege zu deren Vermeidung. Schlussbericht Forschungsauftrag AGB2003/003 auf Antrag der Arbeitsgruppe Brückenforschung. Zürich: Concretum AG, 2008

[Mau1] Maurer, R.; Tue, N.V.; Haveresch, K.-H.; Arnold, A.: Mindestbewehrung zur Begrenzung der Rissbreiten bei dicken Wänden. Bauingenieur 80 (2005), Nr. 10, S. 479–485

[Mau2] Maurer, R.: Neuausgabe DIN 1045-1: Mindestbewehrung zur Begrenzung der Rissbreiten bei dicken Bauteilen infolge Zwang. In: Deutscher Beton- und Bautechnik-Verein (Hrsg.): DBV-Merkblatt Nr. 14 Weiterbildung Tragwerksplaner Massivbau. Brennpunkt: Aktuelle Normung. Berlin: Selbstverlag 2007. Berichtigte Fassung 2013 (S. 86–99)

[Mcc1] McCann, D.M.; Forde, M.C.: Review of NDT methods in the assessment of concrete and masonry structures. Nondestructive Testing and Evaluation International 34 (2001), Nr. 2, S. 71–84

[Mcl1] McLeod, C.H.: Investigation into Cracking in Reinforced Concrete Water-retaining Structures. Thesis, Universität Stellenbosch, 2013

[Mec1] Mechtscherine, V.; Götze, M.: Schwinden und Schrumpfen – Lastunabhängige Betonverformungen. In: Betonverformungen beherrschen. In: 11. Symposium Baustoffe und Bauwerkserhaltung; Karlsruher Institut für Technologie, 12. März 2015. Karlsruhe: KIT Scientific Publishing, 2015

[Meh1] Mehta, P.K.; Monteiro, P.J.M.: Concrete – Microstructure, properties and materials. 3. Aufl. New York: McGraw-Hill, 2006

[Mei1] Meichsner, H.: Sind Rissbreitenmessungen eindeutig? – Vergleichende Rissbreitenmessungen mit Lupe und Setzdehnungsmesser. Beton- und Stahlbetonbau 87 (1992), Nr. 12, S. 299–302

[Mei2] Meichsner, H.; Rohr-Suchalla, K.: Risse in Beton und Mauerwerk – Ursachen, Sanierung Rechtsfragen. 2. überarb. u. erw. Aufl., Stuttgart: Fraunhofer IRB Verlag, 2011

[Mei3] Meichsner, H.: Über die Selbstdichtung von Trennrissen in Beton. Beton- und Stahlbetonbau 87 (1992), Nr. 4, S. 95–99

[Mei4] Meier, A.: Der späte Zwang als unterschätzter – aber maßgebender – Lastfall für die Bemessung.
Teil 1: Beton- und Stahlbetonbau 107 (2012), Nr. 4, S. 216–224;
Teil 2 / Fortsetzung: Hinweise für Tragwerksplaner. Beton- und Stahlbetonbau 110 (2015) Nr. 3, S. 179–190

[Mei5] Meichsner, H.; Rudolph, M.: Rissbreitenberechnung für Elementwände und -decken aus Stahlbeton für Zwangsbeanspruchungen rechtwinklig zu den Elementfugen. Bautechnik 85 (2008), Nr. 8, S. 530–540

[Mei6] Meichsner, H.: Abschätzung von Rissbreitenänderungen in Stahlbetonbauteilen. Vortragsveranstaltung der Landesgütegemeinschaft für Bauwerks- und Betonerhaltung Rrheinland-Pfalz/Saarland e.V., 28. April 2009, Kaiserslautern.

[Mei7] Meichsner, H.; Wünschig, R.: Die Selbstdichtung von Rissen in Beton- und Stahlbetonbauteilen. Kurzberichte aus der Bauforschung 33 (1992), Nr. 8, S. 719–729

[Mei8] Meichsner, H.; Röhling, S. : Die Risiken einer vertraglichen Vereinbarung von Grenzwerten der Rissbreiten. Der Bausachverständige 12 (2016), Nr. 3, S. 10–14

[Mei9] Meichsner, H.; Röhling, S. : Die Selbstdichtung (Selbstheilung) von Trennrissen – ein Risiko in der WU-Richtlinie. Der Bausachverständige 11 (2015), Nr. 5, S. 9–13

[Mei10] Meichsner, H.: Einfluss der Rauhigkeit von Rissflächen auf die Selbstdichtung von Rissen. Betontechnik 11 (1990), Nr. 5, S. 141–145

[Mel1] Mellwitz, R.: Schadensbeispiele und ihre Vermeidung bei Einbau, Verarbeitung und Nachbehandlung von Beton. Hochbaufachtagung, Schwenk Zement KG, Neugattersleben am 09.02.2016

[Men1] Menn, C.: Zwang und Mindestbewehrung. Beton- und Stahlbetonbau 81 (1986), Nr. 4, S. 94–99

[Men2] Meng, B.; Wiens, U.: Wirkung von Puzzolanen bei extrem hoher Dosierung. In: Bauhaus-Univ. Weimar, F.A. Finger-Institut für Baustoffkunde -FIB- (Hrsg.): Ibausil. 13. Internationale Baustofftagung; 24.–26. September 1997, Weimar. Tagungsbericht, Bd. 1. Weimar: Selbstverlag, 1997 (S. 175–186)

[Mey1] Meyer, G., Meyer, R.: Rissbreitenbeschränkung nach DIN 1045. Diagramme zur direkten Bemessung. 3. Überarb. Aufl. Düsseldorf: Verlag Bau+Technik, 2007

[Min1] Ministerium für Bauwesen der DDR, Staatliche Bauaufsicht und andere: Vorschrift 77/87 der Staatlichen Bauaufsicht StBA der DDR: Flüssigkeitsbehälter; Projektierung, Ausführung und Prüfung.

[Mir1] Mirmiran, A.; Philip, S. : Comparison of acoustic emission activity in steel-reinforced and FRP-reinforced concrete beams. Construction and Building Materials 14 (2000), S. 299–310

[Mör1] Mörsch, E.: Der Betoneisenbau, seine Anwendung und Theorie. Stuttgart: Wayss & Freytag AG, 1902

[Mor1] Morgen, K.: Die fugenlose Weiße Wanne für das Jakob-Kaiser-Haus in Berlin. Beton- und Stahlbetonbau 98 (2003), Nr. 11, S. 698–700

[Mül1] Müller, H.S. ; Haist, M.: Rissursachen und betontechnologische Möglichkeiten der Rissbeherrschung. In: Müller, H.S. (Hrsg.): Beherrschung von Rissen in Beton. 7. Symposium Baustoffe und Bauwerkserhaltung. Karlsruher Institut für Technologie, 23. März 2010. Karlsruhe: KIT Scientific Publishing, 2010 (S. 1–12),

[Mül2] Müller, H.S. ; Haist, M.; Kvitsel, V.; Breiner, R.: Kriechen und Schwinden von Beton – Mechanismen, Einflussgrößen und stoffgesetzliche Modelle. In: Müller, H.S. (Hrsg.): Betonverformungen beherrschen – Grundlage für schadensfreie Bauwerke. 11. Symposium Baustoffe und Bauwerkserhaltung; Karlsruher Institut für Technologie, 12. März 2015. Karlsruhe: KIT Scientific Publishing, 2015 (S. 37–54)

[Nev1] Neville, A.M.: In my judgment: Autogenous healing – a concrete miracle? Concrete International 24 (2002), Nr. 11, S. 76–82.

[Nie1] Nietner, L.; Schmidt, D.: Temperatur- und Festigkeitsmodellierungen durch Praxiswerkzeuge. Beton- und Stahlbetonbau 98 (2003), Nr. 12, S. 738–746

[Nie2] Niemann, P.: Gebrauchsverhalten von Bodenplatten aus Beton unter Einwirkung infolge Last und Zwang. Dissertation, TU Braunschweig, 2002

[Nie3] Nietner, L.; Schlicke, D.; Tue, N.V.: Berücksichtigung von Viskoelastizität bei der Beurteilung von Zwangbeanspruchungen erhärtender Massenbetonbauteile. Beton- und Stahlbetonbau 106 (2011), Nr. 3, S. 169–177

[Nie4] Niemeier, W.: Rissmonitoring in der modernen Bauwerksunterhaltung. Der Prüfingenieur, Zeitschrift der Bundesvereinigung der Prüfingenieure für Bautechnik (2007), Nr. 31, S. 51–59

[Nil1] Nilsson, M.; Jonasson, J.; Wallin, K. et al.: Crack Prevention in Walls and Slabs – The Influence of Restraint. In: Dhir, R.K. (Hrsg.): Innovation in concrete structures: design and construction. Proceedings of the international conference held at the University of Dundee, Scotland, UK on 8–10 September 1999. London: T. Telford, 1999 (S. 461–471)

[Nil2] Nilsson, M.: Restraint Factors and Partial Coefficients for Crack Risk Analyses of Early Age Concrete Structures. Doctoral Thesis, Lulea University of Technology, Division of Structural Engineering, 2003

[Nil3] Nilsson, M.: Thermal Cracking of Young Concrete. Lic. Thesis. Lulea University of Technology, 2000

[Nis1] Nischer, P.; Zückert, U.: Temperaturanstieg bei der Erhärtung von Beton. Zement und Beton, (2002), Sondernr. S. 2–7

[Noa1] Noakowski. P.: Die Bewehrung von Stahlbetonbauteilen bei Zwangsbeanspruchung infolge Temperatur. In: Deutscher Ausschuss für Stahlbeton e.V. (Hrsg.), DAfStb-Heft 296. Berlin: Ernst und Sohn, 1978

[Noa2] Noakowski, P.: Verbundorientierte, kontinuierliche Theorie zur Ermittlung der Rissbreite. Beton- und Stahlbetonbau 80 (1985), Nr. 7, S. 185–190 und Nr. 8, S. 215–221

[Nog1] Noghabai, K.: Splitting of concrete covers – a fracture mechanics approach. In: Wittmann F.H. (Hrsg.): Fracture Mechanics of Concrete Structures: Proceedings of the Second International Conference on Fracture Mechanics of Concrete Structures (FraMCoS 2), held at ETH Zurich, Switzerland, July 25–28, 1995, Volume I + II, Zürich: Aedificatio, 1995 (S. 1575–1584)

[Nol1] Nolting, E.H.: Zur Frage der Entwicklung lastunabhängiger Verformungen und Wärmedehnzahlen junger Betone. Dissertation, Hannover: Institut für Baustoffkunde und Materialprüfung der Universität, 1989

[Öst1] Österreichische Bautechnik Vereinigung ÖBV (Hrsg.): Richtlinie Wasserundurchlässige Betonbauwerke – Weiße Wannen. Ausgabe März 2009. Wien: Selbstverlag 2009

[Onk1] Onken, P.; Rostasy, F.S.: Wirksame Betonzugfestigkeit im Bauwerk bei früh einsetzendem Temperaturzwang. In: Deutscher Ausschuss für Stahlbeton e.V. (Hrsg.): DAfStb-Heft 449. Berlin: Beuth Verlag, 1995.

[Paa1] Paas, U.: Zwangeinwirkung und -verhalten massiver Behälterbauwerke der Wasser- und Abwasserwirtschaft. Da, Fachgebiet Massivbau Uni-GH Essen 1990

[Pau1] Paul, B.K.; Saha, G.C.; Saha, K.K.; Rashid, M.H.: Effect of Casting Temperature on Bond Stress of Reinforced Concrete Structure. Global Journal of Researches in Engineering, Civil and Structural Engineering 13 (2013), Nr. 2, S. 19–23

[Paa2] Paas, U.: Mindestbewehrung für verformungsbehinderte Betonbauteile im jungen Alter. In: Deutscher Ausschuss für Stahlbeton e.V. (Hrsg.): DAfStb-Heft 370. Berlin: Beuth Verlag, 1998

[Pau2] Paulini, P.; Bilewicz, D.: Temperature Field and Concrete Stresses in a Foundation Plate. In: Springenschmid, R. (Hrsg.): Thermal Cracking in Concrete at Early Ages. Proceedings of the International RILEM Symposium. Rilem, 1994 (Rilem Proceedings; 25) (S. 337–344)

[Ped1] Pedziwiatr, J.: Influence of internal cracks on bond in cracked concrete structures. Archives of Civil and Mechanical Engineering VIII (2008), Nr. 3, S. 91–105

[Pet1] Pettersson, D.; Alemo, J.: Characterization of restraint from friction tests with slabs cast on ground. Structural Concrete 1 (2000), Nr. 4, S. 181–187

[Pfe1] Pfefferkorn, W.; Steinhilber, H.: Ausgedehnte fugenlose Stahlbetonbauten. Entwurf und Bemessung der Tragkonstruktion. Düsseldorf: Beton-Verlag, 1990

[Pfe2] Pfeiffer, U.: Fugenlose Kaimauer für den Containerterminal Beirut. In: Beton- und Stahlbetonbau Spezial Häfen und Kaianlagen (Sonderheft, März 2012). Berlin: Ernst und Sohn, 2012 (S. 46–54)

[Pla1] Plannerer, M.: Temperaturspannungen in Betonbauteilen während der Erhärtung. Dissertation, TU München, 1998

[Pli1] Plizzari, G.A.; Schumm, C.; Giuriani, E.: The Effect of Residual Tensile Strength of Cracked Concrete on the Local Bond-Slip Law after Splitting. Studi e ricerche – Corso di perfezionamento per le costruzioni in cemento armato Fratelli Pasenti (1987), Nr. 9, S. 129–155

[Puc1] Puche, M.: Rissbreitenbeschränkung und Mindestbewehrung bei Eigenspannungen und Zwang. In: Deutscher Ausschuss für Stahlbeton e.V. (Hrsg.), Heft 396. Berlin: Beuth Verlag, 1988

[Rau1] Raupach, M.; Orlowsky, J.: Erhaltung von Betonbauwerken. Baustoffe und Eigenschaften. Wiesbaden: Verlag Vieweg + Teubner, GWV Fachverlage GmbH, 2008

[Rau2] Raupach, M; Wolff, L.: Korrosion der Bewehrung durch Auslaugung des Betons im Bereich wasserführender Risse. Bautechnik 93 (2016), Nr. 4, S. 278–283

[Rau3] Raupach, M.; Kosalla, M.; Wolff, L.; Meyer, L.: Einfluss von Rissen auf die Korrosionsgefahr der Bewehrung in Parkdecks und deren Instandsetzung – Neue Erkenntnisse aus Forschung und Praxis. In: Technische Akademie Esslingen (Hrsg.): Erhaltung von Bauwerken. 3. Kolloquium. 22. und 23. Januar 2013. Mit CD-ROM (S. 211–221), Ostfildern, Selbstverlag 2013

[Reh1] Rehm, G: Über die Grundlagen des Verbundes zwischen Stahl und Beton. In: Deutscher Ausschuss für Stahlbeton e.V. (Hrsg.): DAfStb-Heft 138. Berlin: Ernst & Sohn, 1961

[Reh2] Rehm, G.; Martin, H.: Zur Frage der Rissbegrenzung im Stahlbetonbau. Beton- und Stahlbetonbau 63 (1968), Nr. 8, S. 175–182

[Reh3] Rehm, G.: Kriterien zur Beurteilung von Bewehrungsstäben mit hochwertigem Verbund. In: Stahlbetonbau. Berichte aus Forschung und Praxis (Festschrift Hubert Rüsch). Berlin: Verlag Ernst & Sohn, 1969

[Reh4] Rehm, G.: Zur Frage der Prüfung und Bewertung des Verbundes zwischen Stahl und Beton von Betonrippenstählen. In: Eibl, Josef (Hrsg.): Forschungsbeiträge für die Baupraxis. Karl Kordina zum 60. Geburtstag gewidmet. Berlin: Verlag Ernst & Sohn, 1979 (S. 101–114)

[Reh5] Rehm, G.: The Fundamental Law of Bond. In: RILEM-Symposium on Bond and Crack Formation in Reinforced Concrete, Stockholm 1957

[Rei1] Reinhardt, H.W.; Veen, C. van der: Splitting Failure of a Strain-Softening Material due to Bond Stresses. In: Applications of Fracture Mechanics to Reinforced Concrete. London, New York: Elsevier Applied Science, 1992

[Rei2] Reinhardt, H.-W.: Dauerhaftigkeit von Stahlbetonkonstruktionen in feuchter Umgebung. In: Deutscher Beton- und Bautechnik-Verein e.V. (Hrsg.): Wasser- und Feuchteschäden im

Stahlbetonbau. Vermeiden, Beurteilen und Instandsetzen (Praxisseminar November 2003/März 2004). Stuttgart: Fraunhofer IRB Verlag, 2004

[Rem1] Remmel, G.: Zum Zug- und Schubtragverhalten von Bauteilen aus hochfestem Beton. In: Deutscher Ausschuss für Stahlbeton e.V. (Hrsg.): DAfStb-Heft 444. Berlin: Beuth Verlag, 1994

[Ric1] Rickenstorf, G.: Zur Berechnung der Rissöffnung – Besonderheiten bei Stahlbetonplatten. Bauplanung – Bautechnik 28 (1974), Nr. 8, S. 400–402

[Ric2] Richter, T.: Untersuchung zur Verankerung von Betonrippenstahl. Dissertation, Technische Universität Dresden, 1984

[Rie1] Rietschel / Raiß: Rietschels Lehrbuch der Heizung, Lüftung und Klimatechnik. Berlin, Göttingen, Heidelberg: Springer, 1964

[Rip1] Ripphausen, B.: Untersuchungen zur Wasserdurchlässigkeit und Sanierung von Stahlbetonbauteilen mit Trennrissen. Dissertation, RWTH Aachen, Fakultät für Bauingenieur- und Vermessungswesen, 1989

[Ric1] Richter, T.: Hochfester Beton – Hochleistungsbeton. Düsseldorf: Verlag Bau+Technik, 1999

[Roe1] Roelfstra, P.E.; Salet, T.A.M.: Modelling of heat and moisture transport in hardening concrete. In: Springenschmid, R. (Hrsg.): Thermal Cracking in Concrete at Early Ages. Proceedings of the International RILEM Symposium. (S. 37–44); Rilem, 1994 (Rilem Proceedings; 25)

[Röh1] Röhling, S.: Zwangspannungen infolge Hydratationswärme. 2. Aufl. Düsseldorf: Verlag Bau+Technik, 2009

[Röh2] Röhling, S.: Hydratation, junger Beton, Festbeton. (Betonbau, Bd. 2) Stuttgart: Fraunhofer IRB Verlag, 2012

[Röh3] Röhling, S.: Die effektive Zugfestigkeit bei der Ermittlung der rissbreitenbegrenzenden Bewehrung. beton 65 (2015), Nr. 4, S. 136–142

[Röh4] Verband Deutscher Betoningenieure (Hrsg.): Maßnahmen zur Verminderung der Zwangsbeanspruchungen infolge Hydratationswärme. Empfehlungen des AK Zwangspannungen des VDB. Düsseldorf: Selbstverlag, 2005 (Report – Verband Deutscher Betoningenieure e.V.; 12)

[Röh5] Röhling, S.: Prognose der Erhärtungsdruckfestigkeit in der Praxis. 45. Ulmer Beton- und Fertigteil-Tage 2001. Betonwerk + Fertigteil-Technik 67 (2001), Nr. 1, S. 112–114

[Röh6] Röhling, S.: Temperaturverhältnisse und Rissgefahr in erhärtenden Stahlbetonwänden. beton 52 (2002), Nr. 5, S. 256–261

[Röh7] Röhling, S.: Vermeidung der Frühschwindrissbildung bei der Herstellung von Stahlbeton-Fahrbahnplatten für ein großflächiges Parkdeck. In: Betonverformungen beherrschen – Grundlage für schadensfreie Bauwerke. 11. Symposium Baustoffe und Bauwerkserhaltung; Karlsruher Institut für Technologie, 12. März 2015. Karlsruhe: KIT Scientific Publishing, 2015

[Ros1] Rostasy, F.S.; Krauß, M.; Budelmann, H.: Planungswerkzeug zur Kontrolle der frühen Rissbildung in massigen Betonbauteilen. Bautechnik 79 (2002), Nr. 7, S. 431–435 (Teil 1); Nr. 8, S. 523–527 (Teil 2); Nr. 9, S. 541–548 (Teil 3); Nr. 10, S. 697–703 (Teil 4); Nr. 11, S. 778–789 (Teil 5); Nr. 12, S. 869–874 (Teil 6 und 7)

[Ros2] Rostasy, F.S.; Onken, P.: Wirksame Betonzugfestigkeit im Bauwerk bei früh einsetzendem Temperaturzwang. In: Deutscher Ausschuss für Stahlbeton e.V. (Hrsg.), DAfStb-Heft 449. Berlin: Beuth Verlag, 1995

[Ros3] Rostasy, F.S.; Krauß, M.; Gutsch, A.: Spannungsberechnung und Risskriterien für jungen Beton – Methoden des IBMB. Braunschweig: Institut für Baustoffe, Massivbau und Brandschutz der Technischen Universität Braunschweig, 2001 (Schriftenreihe; Nr. 156)

[Ros4] Rostasy, F.S.; Onken, P.: Konstitutives Stoffmodell für jungen Beton. Braunschweig: Institut für Baustoffe, Massivbau und Brandschutz der Technischen Universität Braunschweig, 1994

[Ros5] Rostasy, F.S.; Onken, P.: Wirksame Betonzugfestigkeit im Bauwerk bei früh einsetzendem Temperaturzwang. In: Deutscher Ausschuss für Stahlbeton e.V. (Hrsg.): DAfStb-Heft 449. Berlin: Beuth, 1995

[Ros6] Rostasy, F.S.; Krauß, M.: Frühe Risse in massigen Betonbauteilen – Ingenieurmodelle für die Planung und Gegenmaßnahmen. In: Deutscher Ausschuss für Stahlbeton e.V. (Hrsg.): DAfStb-Heft 520. Berlin: Beuth Verlag, 2001

[Ros7] Rostasy, F.S.; Krauß, M.; Gutsch, A.: Früher Zwang in massigen Sohlplatten. Braunschweig: Institut für Baustoffe, Massivbau und Brandschutz der Technischen Universität Braunschweig, 2001 (Schriftenreihe; Nr. 157)

[Ros8] Rostasy, F.S.; Henning, W.: Zwang und Oberflächenbewehrung dicker Wände. Beton- und Stahlbetonbau (1985), Nr. 4, S. 108–113 und Nr. 5, S. 134–136

[Ros9] Rostasy, F.S.; Gutsch, A.: Der Hydratationsgrad – Universeller Zustandsparameter der Erhärtung jungen Betons. In: Betonbau in Forschung und Praxis. Festschrift zum 60. Geburtstag von György Ivanyi. Düsseldorf: Verlag Bau+Technik, 1999

[Ros10] Rostasy, F.S.; Henning, W.: Zwang und Rissbildung in Wänden auf Fundamenten. In: Deutscher Ausschuss für Stahlbeton e.V. (Hrsg.): DAfStb-Heft 407. Berlin: Beuth Verlag, 1990

[Rot1] Rothenbacher, W.: Fugenlose Bodenplatte für ein Hochregallager. 1900 m^3 aus einem Guss. Beton-Informationen 50 (2010), Nr. 1, S. 3–7

[Ruc1] Rucker, P.; Beckhaus, K.; Wiegrink, K.-H.; Schießl, A.: Temperaturspannungen in dicken Betonbauteilen im jungen Alter. Beton- und Stahlbetonbau 98 (2003), Nr. 7, S. 389–398

[Ruc2] Ruckenbrod, C.; Schlüter, F.H.: Hochwasserschäden am Schürmannbau – Erkundung und Instandsetzung. In: Deutscher Beton- und Bautechnik-Verein e.V. (Hrsg.): Wasser- und Feuchteschäden im Stahlbetonbau. Vermeiden, Beurteilen und Instandsetzen. (Praxisseminar November 2003/März 2004) Stuttgart: Fraunhofer IRB Verlag, 2004

[Rüs1] Rüsch, H.: Die Ableitung der charakteristischen Werte der Betonzugfestigkeit. Beton 25 (1975), Nr. 2, S. 55–58.

[Rüs2] Rüsch, H.; Jungwirth, D.: Berücksichtigung der Einflüsse von Kriechen und Schwinden auf das Verhalten der Tragwerke. (Stahlbeton – Spannbeton Bd. 2) Düsseldorf: Werner Verlag, 1976

[Rüs3] Rüsch, H.; Rackwitz, R.: Statistische Analyse der Betonfestigkeit. In: Deutscher Ausschuss für Stahlbeton e.V. (Hrsg.): DAfStb-Heft 206. Berlin: Verlag Ernst & Sohn, 1969

[Rüs4] Rüsch, H.: Der Zusammenhang zwischen Rissbildung und Haftfestigkeit unter besonderer Berücksichtigung der Anwendung hoher Stahlspannungen. In: International Association for Bridge and Structural Engineering (Hrsg.): Fifth Congress. Preliminary publication; Lisboa/Porto 25 June – 2 July 1956. Zürich: IABSE, 1956 (S. 791–813)

[Ruß1] Rußwurm, D.: Betonstähle für den Stahlbetonbau. Eigenschaften und Verwendung. Wiesbaden: Bauverlag, 1992

[Ruu1] Ruud, F.O.: Prediction and Control of Cooling Stresses in Concrete Block. Journal of ACI 62 (1965), Jan., S. 95–103

[San1] Sant, G.; Lura, P.; Weiss, J.: Measurement of Volume Change in Cementitious Materials at Early Ages – Review of Testing Protocols and Interpretation of Results. Concrete materials 2006/ Transportation Research Record (2006), Nr. 1979, S. 1–29

[Sat1] Sato, R.; Shimomura, T.; Maruyama, I.; Nakarai, K.: Durability mechanics of concrete and concrete structures. Re-definition and a new approach. In: Tanabe, T. et al. (Hrsg.): Creep, shrinkage and durability mechanics in concrete and concrete structures. Volume 1: Proceedings of the Eighth International Conference on Creep, Shrinkage and Durability of Concrete and Concrete Structures; Ise-Shima (Japan), 30 September – 2 October 2008, Boca Raton: Taylor & Francis, 2009

[Sat2] Sato, R. et al.: JCI Guidelines for control of cracking of mass concrete 2008. Japan Concrete Institute (Hrsg.): Third International Conference on Sustainable Construction Materials and Technologies SCMT3-Proceedings. Hiroshima, 2012

[Sch1] Schießl, A.: Verbundverhalten von selbstverdichtendem Beton. In: Zilch, Konrad (Hrsg.): Massivbau 2001 – Forschung, Entwicklungen und Anwendungen – 5. Münchner Massivbau-Seminar 2001; 8./9. März 2001. Düsseldorf: Springer, VDI-Verlag, 2001 (S. 177–185)

[Sch2] Schlangen, E.; van Mier, J.G.M.: Experimental and numerical Analysis of Micromechanisms of fracture of cementbased components. In: TU Delft, Faculty of Civil Engineering (Hrsg.): Progress in Concrete Research. Delft 1991. (Annual Report – TU Delft, Faculty of Civil Engineering; 2)

[Sch3] Schießl, P.: Grundlagen der Neuregelung zur Beschränkung der Rissbreite. In: Deutscher Ausschuss für Stahlbeton e.V. (Hrsg.), DAfStb-Heft 400. Berlin: Beuth Verlag, 1989 (S. 157–175); 3. berichtigter Nachdruck 1994

[Sch4] Schlüßler, K.H.: Mathematical Modeling of the Kinetics of Binder Hardening. Cement and Concrete Research 16 (1986), Nr. 2, S. 215–226

[Sch5] Schießl, P.; Edvardsen, C.: Maßgebende Einflussgrößen auf die Wasserdurchlässigkeit von gerissenen Stahlbetonbauteilen. In: Deutscher Beton-Verein (Hrsg.): Forschung. Vorträge der DBV-Arbeitstagung; 16. Juni 1993 in Wiesbaden. Wiesbaden: Selbstverlag, 1994 (S. 25–32)

[Sch6] Schießl, P.: Einfluss von Rissen auf die Dauerhaftigkeit von Stahlbeton- und Spannbetonbauteilen. In: Deutscher Ausschuss für Stahlbeton e.V. (Hrsg.), DAfStb-Heft 370. Berlin: Ernst & Sohn, 1987

[Sch7] Schenkel, M.: Zum Verbundverhalten von Bewehrung bei kleiner Betondeckung. Dissertation, ETH Zürich, 1998

[Sch8] Schweighofer, A.: Zwangspannungen im jungen Beton in Bodenplatten und Wänden. Dissertation, TU Wien, 2011

[Sch9] Schlee, W.: Die Zwängspannungen in einseitig festgehaltenen Wandscheiben. Beton- und Stahlbetonbau (1962), Nr. 3, S. 64–72

[Sch10] Schlüßler, K.H.: Der Baustoff Beton. Grundlagen der Strukturbildung und der Technologie. Berlin: Verlag für Bauwesen, 1990

[Sch11] Schmidt, M.; Slowik, V.; Schmidt, M.; Fritzsch, R.: Auf Kapillardruckmessung basierende Nachbehandlung von Betonoberflächen im plastischen Materialzustand. Beton- und Stahlbeton 102 (2007), Nr. 11, S. 789–796

[Sch12] Schmidt, M.; Tiebe, R.-D.: Messung des kapillaren Unterdruckes in Beton mit Funksensoren unter Baustellenbedingungen. Leipzig: HTWK 2009

[Sch13] Schöppel, K.: Entwicklung der Zwangspannungen im Beton während der Hydratation. München: Selbstverlag, 1993 (Berichte aus dem Baustoffinstitut, Nr. 1/1993)

[Sch14] Schrage, I.; Springenschmid, R.: Versuche über das Kriechen und Schwinden hochfesten Betons. Beton- und Stahlbetonbau 91 (1996), Nr. 2, S. 33–36 und Nr. 3, S. 68–71

[Sch15] Schießl, P.; Raupach, M.: Laboratory studies and calculations on the influence of chloride-induced corrosion of steel in concrete. ACI Materials Journal 94 (1997), S. 56–62

[Sch16] Schütte, J.: Einfluss der Lagerungsbedingungen auf Zwang in Betonbodenplatten. Braunschweig: Institut für Baustoffe, Massivbau und Brandschutz der Technischen Universität Braunschweig, 1997 (Schriftenreihe; 132)

[Sch17] Schulz, M.: Industrieböden aus Stahlfaserbeton. KrampeHarex GmbH & Co. KG, Hamm

[Sch18] Schlicke, D.; Tue, N.V.: Mindestbewehrung zur Begrenzung der Rissbreite unter Berücksichtigung des tatsächlichen Bauteilverhaltens. Teil 1: Verformungsbasiertes Bemessungsmodell und Anwendung für Bodenplatten; Teil 2: Anwendung für Wände auf Fundamenten und Abgrenzung zum Risskraftnachweis nach EC2. Beton- und Stahlbetonbau 111 (2016), Nr. 3, S. 120–131 und Nr. 4, S. 210–220

[Sch19] Schlicke, D.: Mindestbewehrung für zwangbeanspruchten Beton. Festlegung unter Berücksichtigung der erhärtungsbedingten Spannungsgeschichte und der Bauteilgeometrie. Graz: Verlag der TU Graz, 2014 (Schriftenreihe des Instituts für Betonbau der TU Graz, 4)

[Sch20] Schlicke, D.; Tue, N.V.: Thermal restraint in thick concrete members at early age. In: Proceedings of the 3rd ACF International Conference (11.11.–13.11.2008) (S. 681–690)

[Sch21] Schattschneider, H.: Beanspruchungen aus Temperatur in massiven Betonquerschnitten. Zeitschrift des Spezialbaukombinates Wasserbau, Weimar 1985

[Sch22] Schröder, S. : Der Einfluss einer zweiaxialen Zugbelastung auf das Festigkeits- und Verformungsverhalten von Beton und gemischt bewehrten Bauteilen. Dissertation, TU Dresden, 2012

[Sch23] Schweighofer, A.: Reibungsfreie Gleitlagerung für vorgespannte Bodenplatten. Beton- und Stahlbetonbau 108 (2013), Nr. 5, S. 335–345

[Sch24] Schäper, M.; Kreye, J.: Kein kritischer Wasserdampfdurchtritt in WU-Betonkonstruktionen. Beton- und Stahlbetonbau 102 (2007), Nr. 7, S. 427–438

[Sch25] Schütte, J.; Teutsch, M.; Falkner, H.: Fugenlose Betonbodenplatten. Braunschweig: Selbstverlag, 1996 (Institut für Baustoffe, Massivbau und Brandschutz der Technischen Universität Braunschweig; 121)

[Sch26] Schnell, J.: Statisch und dynamisch bedingte Risse. In: Müller, H. S. (Hrsg.): Beherrschung von Rissen in Beton. 7. Symposium Baustoffe und Bauwerkserhaltung; Karlsruher Institut für Technologie (KIT), 23. März 2010. Karlsruhe: KIT Scientific Publishing, 2010 (S. 33–40)

[Sch27] Schäffel, P.: Zum Einfluss schwindreduzierender Zusatzmittel und Wirkstoffe auf das autogene Schwinden und weitere Eigenschaften von Zementstein. Düsseldorf: Verlag Bau+Technik, 2013 (Schriftenreihe der Zementindustrie; 78)

[Sch28] Schäffel, P.: Wirkungsweise schwindreduzierender Zusatzmittel und deren Einfluss auf wesentliche Eigenschaften des Betons. In: Müller, H. S. (Hrsg.): Betonverformungen beherrschen – Grundlagen für schadensfreie Bauwerke; 11. Symposium Baustoffe und Bauwerkserhaltung; Karlsruher Institut für Technologie (KIT), 12. März 2015. Karlsruhe: KIT Scientific Publishing, 2015 (S. 105–112)

[Sch29] Schießl, P.: Zur Frage der zulässigen Rissbreite und der erforderlichen Betondeckung im Stahlbetonbau unter besonderer Berücksichtigung der Karbonatisierung des Betons. Deutschter Ausschuss für Stahlbeton (Hrsg.): DAfStb-Heft 255. Berlin, München, Düsseldorf: Verlag W. Ernst & Sohn 1976

[Sch30] Schießl, P.: Chemische, physikalische und mechanische Angriffe auf den Beton. In Deutschter Ausschuss für Stahlbeton (Hrsg.): DAfStb-Heft 443. Berlin, München: Verlag W. Ernst & Sohn

[Sch31] Schneider, J.: Vermeidung von Rissen in Weißen Wannen. Vortrag Februar 2007

[Sch32] Schnell, J.; Schäfer, M.: Weiterentwicklung von Bemessungs- und Konstruktionsregeln bei großen Stabdurchmessern (> Ø32 mm, B500). Rissbreiten und zusätzlich erforderliche Oberflächenbewehrung. In: AiF Arbeitsgemeinschaft industrieller Forschungsvereinigungen »Otto von Guericke« e.V./Gemeinschaftsausschuss Kaltformgebung e. V. GAK (Hrsg.): Schlussbericht zum IGF Forschungsvorhaben 16992N/1 Weiterentwicklung von Bemessungs- und Konstruktionsregeln bei großen Stabdurchmessern (> Ø32 mm, B500). Düsseldorf, 2014

[Ser1] Seruga, A.; Szydlowski, R.; Zych, M.: Vertical cracking of reinforced concrete cylindrical tank wall at early age state. In: Pietraszkiewicz, W.; Szymczak, C. (Hrsg.): Proceedings of the 8th Conference Shell Structures Theory and Applications (SSTA 2005); 12–14 October 2005, Jurata/Danzig. London: Taylor & Francis, 2005

[Sie1] Sieber, E.: Zur Größe und Struktur des Fehlers der Betondruckfestigkeit. Beton- und Stahlbetonbau 102 (2007), Nr. 7, S. 450–455

[Sie2] Sieber, E.: Eigenspannungen in zweischichtigen Betonplatten, insbesondere mit nachträglich aufgebrachter zweiter Schicht. Beton- und Stahlbetonbau 99 (2004), Nr. 12, S. 949–955

[Sig1] Sigrist, V.: Zum Verformungsvermögen von Stahlbetonträgern. Basel: Birkhäuser, 1995 (Bericht – Institut für Baustatik und Konstruktion IBK, ETH Zürich; 210)

[Sim1] Simons, H.-J.: Einige Hinweise zum Entwurf Weißer Wannen. Beton- und Stahlbetonbau 88 (1993), Nr. 8, S. 205–210

[Slo1] Slowik, V.; Schmidt, M.: Kapillare Schwindrissbildung in Beton. Berlin: Bauwerk Verlag, 2010

[Slo2] Slowik, V.; Schmidt, M.; Fritzsch, R.: Capillary pressure in fresh cement-based materials and identification of the air entry value. Cement & Concrete Composites 30 (2008), S. 557–565

[Sne1] Snell, L.M.: How to prevent plastic shrinkage cracks. o.O.

[Sof1] Sofi, M.; Mendis, P.A.; Baweja, D.: Estimating early-age in situ strength development of concrete slabs. Construction and Building Materials 29 (2012), S. 659–666

[Som1] Sommer, R.: Wasserundurchlässige Becken und Behälter in Stahlbeton. Dissertation, Universität-GH Essen, 1993

[Son1] Sonebi, M.; Davidson, R.; Cleland, D.: Bond between Reinforcement and Concrete – Influence of Steel Corrosion. In: 12th International Conference on Durability of Building Materials and Components; Porto, 2011. Rotterdam: in-house publishing, 2011

[Spo1] Spohn, E.: Zemente für Massenbeton. Heidelberger Portländer (1963), Nr. 3, S. 25–29

[Spr1] Springenschmid, R.: Betontechnologie für die Praxis. Berlin: Bauwerk Verlag, 2007

[Spr2] Springenschmid, R.; Breitenbücher, R.: Beurteilung der Reißneigung anhand der Risstemperatur von jungem Beton bei Zwang. Beton- und Stahlbetonbau 85 (1990), Nr. 2, S. 29–33

[Spr3] Springenschmid, R.: Die Ermittlung der Spannungen infolge von Schwinden und Hydratationswärme im Beton. Beton- und Stahlbetonbau 79 (1984), Nr. 10, S. 263–269

[Sta1] Staffa, M.: Vermeidung von Hydratationsrissen in Stahlbetonwänden. Berlin: Selbstverlag, 1993 (Berichte aus dem Konstruktiven Ingenieurbau, Technische Universität Berlin; 17).

[Sta2] Stark, J.; Wicht, B.: Dauerhaftigkeit von Beton. 2. Aufl. Berlin, Heidelberg: Springer Verlag, 2013

[Ste1] Steinwedel, A.: Entwicklung radiographischer Untersuchungsmethoden des Verbundverhaltens von Stahl und Beton. In: Deutscher Ausschuss für Stahlbeton e.V. (Hrsg.), DAfStb-Heft 421. Berlin: Beuth Verlag, 1991

[Ste2] Steinl, G.: Einfluss des Eigenspannungsbeiwertes k auf die Ermittlung der Mindestbewehrung bei Zwang nach DIN 1045-1. Beton- und Stahlbetonbau 100 (2005), Nr. 5, S. 398–405

[Ste3] Stenzel, G.: Beton-Bodenplatten für Hallen- und Freiflächen. Konstruktion und Bemessung. Beton- und Stahlbetonbau 100 (2005), Nr. 4, S. 277–288

[Ste4] Steiner, J.: Besonderheiten bei der Bemessung mediendichter Flächen aus Beton und Stahlbeton. Beton- und Stahlbetonbau 96 (2001), Nr. 11, S. 699–706

[Sug1] Sugiyama, , H.; Masuda, Y.; Abe, M.: Strength development of concrete cured under high temperature conditions at early-age. In: American Concrete Institute et al. (Hrsg.): Proceedings of the 5th Conference Durability of Concrete; Spain, 2000. ACI Special Publication Nr. 192–52 (S. 965–982)

[Tan1] Tanabe, T.-A.; Niwa, M.: Thermal Stress Analysis of Massive Concrete Structures by the Proposed Compensation Plane Method. In: Kanok-Nukulchai; W. (Hrsg.): Proceedings of the First East Asian Conference on Structural Engineering & Construction; Bangkok, January 15–17, 1986. Oxford, New York: Pergamon Press, 1986

[Tan2] Tan, R.; Hendriks, M.; Kanstad, T.: Evaluation of Current Crack Width Calculation Methods According to Eurocode 2 and fib Model Code 2010. In: Hordijk, D.A.; Luković, M. (Hrsg.): High Tech Concrete: Where Technology and Engineering Meet. Proceedings of the 2017 fib Symposium; Maastricht, June 12–14 2017. Cham: Springer International Publishing, 2018

[Tas1] Tasdemir, M.A.; Lydon, F.D.; Barr, B.I.: The tensile strain capacity of concrete. Magazine of Concrete Research 48 (1996), Nr. 176, S. 211–218

[Taz1] Tazawa, E.; Sato, E.; Sakai, R.; Miyazawa, S.: Work of JCI committee on autogenous shrinkage. In: International RILEM Workshop on Shrinkage of Concrete, Shrinkage 2000; Paris, 16–17 October 2000. Paper 2, S. 21–41. Cachan (Val-de-Marne): RILEM publications, 2000 (RILEM proceedings; 17)

[Tep1] Tepfers, R.: A theory of bond applied to overlapped tensile reinforcement splices for deformed bars. Chalmers University of Technology, Publication 73 : 2, 1973 (Second printing 1976)

[Tep2] Tepfers, R.: Cracking of concrete cover along anchored deformed reinforcing bars. Mag. of Concrete Research 31 (1979), Nr. 106, S. 3–12.

[Tor1] Torre-Casanova, A.; Jason, L.; Davenne, L.; Pinelli, X.: Confinement effects on the steel-concrete bond strength and pull-out failure. Engineering Fracture Mechanics 97 (2013), S. 92–104

[Tro1] Trost, H., Cordes, H., und Ripphausen, B.: Zur Wasserdurchlässigkeit von Stahlbetonbauteilen mit Trennrissen. Beton- und Stahlbetonbau 84 (1989), Nr. 3, S. 60–63

[Tro2] Trost, H.: Frühe Kriechverformungen des Betons. In: Deutscher Ausschuss für Stahlbeton e.V. (Hrsg.), DAfStb-Heft 420:

Versuche zum Kriechen und zur Restfestigkeit von Beton bei mehrachsiger Beanspruchung, Kriechen von Beton nach langer Lasteinwirkung, frühe Kriechverformungen des Betons. Berlin: Beuth, 1991

[Tue1] Tue, N.V.; Schwarz, J.; Schenck, G.: Statistische Auswertung der Betondruckfestigkeit. In: Universität Leipzig, Institut für Massivbau und Baustofftechnologie (Hrsg.): Leipzig annual civil engineering report LACER 2005, Nr. 10. Leipzig: Selbstverlag 2005 (S. 341–356)

[Tue1a] Tue, N.V.; Schwarz, J.; Schenck, G.: Absicherung der statistisch erhobenen Festbetonkennwerte für die neue Normengeneration. Kurzberichte aus der Bauforschung 47 (2006), Nr. 4, S. 36

[Tue2] Tue, N.V.; Pierson, R.: Ermittlung der Rissbreite und Nachweiskonzept nach DIN 1045-1. Beton- und Stahlbetonbau 96 (2001), Nr. 5, S. 365–372

[Tue3] Tue, N.V.; Bödefeld, J.; Dietz, J.: Einfluss der Eigenspannung auf die Rissbildung bei dicken Bauteilen. Beton- und Stahlbetonbau 102 (2007), Nr. 4, S. 215–222

[Tue4] Tue, N.V.; Schlicke, D.; Schneider, H.: Zwangbeanspruchung massiver Kraftwerks-Bodenplatten infolge der Hydratationswärme. Beton- und Stahlbetonbau 86 (2009), Nr. 3, S. 142–149

[Tur1] Turner, K.; Schlicke, D.: Restraint and Crack Width Development during Service Life regarding Hardening Caused Stresses. In: Stang, H.; Braestrup, M. (Hrsg.): Concrete – innovation and design – fib symposium proceedings; Copenhagen, May 18–20 2015. Lausanne: fib, 2015

[Tsu1] Tsukamoto, M.: Untersuchung zur Durchlässigkeit von faserfreien und faserverstärkten Betonbauteilen mit Trennrissen. Dissertation, TH Darmstadt, 1991

[Uij1] Uijl, J.A. den: A bond model for ribbed bars based on concrete confinement. Heron 41 (1996), Nr. 3, S. 201–226

[US1] US Bureau of Reclamation: Concrete Manual, Denver 1942

[VDI1] VDI 4710:2011-03: Meteorologische Grundlagen für die technische Gebäudeausrüstung

[VDZ1] Verein Deutscher Zementwerke e.V. (Hrsg.): Nachbehandlung von Beton. Düsseldorf: Selbstverlag, März 2011 (Zement-Merkblatt Betontechnik; B 8)

[VDZ2] Verein Deutscher Zementwerke e.V. (Hrsg.): Zementtaschenbuch 2002. Düsseldorf: Verlag Bau+Technik, 2002

[Vit1] Vitharana, N.; Sakai, K.: Early-age behaviour of concrete sections under strain induced loadings. In: Sakai, K (Hrsg.): Proceedings of the International Conference on Concrete under severe conditions. Environment and loading: CONSEC,95; Sapporo/Japan. London: Spon, 1995 (S. 1571–1581)

[Vre1] de Vree, R.; Tegelaar, R.A.: Gewichtete Reife des Betons. beton 48 (1998), Nr. 11, S. 674–678

[Wag1] Wagner, J.-P.: Massenbetone für die Gewichtsstaumauer Talsperre Leibis/Lichte. In: Bauhaus-Univ. Weimar, F.A. Finger-Institut für Baustoffkunde -FIB- (Hrsg.): Ibausil. 15. Internationale Baustofftagung; Weimar, 24.–27. September 2003. Tagungsbericht Bd. 2. Weimar: Selbstverlag, 2003

[Wal1] Walraven, J.: Temperaturspannungen in Stahlbeton- und Spannbetonkonstruktionen. In: Deutscher Beton-Verein e.V. (Hrsg.): Forschung: Vorträge der DBV-Arbeitstagung 16. Juni 1993 in Wiesbaden. Wiesbaden: Selbstverlag, 1994

[Wal2] Walraven, J., Shkoukani, H.: Kriechen und Relaxation bei Temperatur-Zwangbeanspruchung. Beton- und Stahlbetonbau 88 (1993), Nr. 1, S. 10–15

[Wan1] Wandschneider, R.; Bangert, W.: Betonieren eines rissefreien massigen Bauwerks. Beton-Informationen 21 (1981), Nr. 5, S. 55–58

[Web1] Weber, J.W.; Wesche, K.: Entwicklung eines Verfahrens zur Vorausbestimmung der Druckfestigkeit von Normal- und Leichtbetonen in Abhängigkeit von den Matrix- und Zuschlageigenschaften unter Anwendung mathematisch-statistischer Verfahren. Opladen: Westdeutscher Verlag, 1978 (Forschungsberichte des Landes Nordrhein-Westfalen; 2783)

[Web2] Weber, J.W.: Empirische Formeln zur Beschreibung der Festigkeitsentwicklung und der Entwicklung des E-Moduls von Beton. Betonwerk + Fertigteil-Technik 45 (1979), Nr. 12, S. 753–756

[Web3] Weber, J.; Scholz, U.; Springenschmid, R.; Seeber, E.; Curbach, M.; Tiarks, F.: Saalebrücke Rudolphstein. Bauingenieur 71 (1996), Nr. 4, S. 173–184 (sowie: Jahresmitteilungen aus dem Baustoffinstitut der TU München; 1006)

[Wei1] Weigler, H.; Karl, S.: Junger Beton. Beanspruchung – Festigkeit – Verformung. Betonwerk + Fertigteil-Technik 40 (1974), Nr. 6, S. 392–401 und Nr. 7, S. 481–484

[Wei2] Weiße, D.; Hölschemacher, K.: Some Aspects about the Bond of Reinforcement in Ultra High Strength Concrete. Universität Leipzig, LACER 8 (2003), S. 251–263

[Wei3] Weil, G.; Bruy, E.: Ermittlung des Schwindmaßes von eingebauten Beton-Fahrbahnplatten (Modellversuche). Stuttgart: Otto-Graf-Institut, Universität Stuttgart, 1972

[Wes1] Wesche, K.:– Beton, Mauerwerk. Nichtorganische, metallische Stoffe. 3. völlig neubearb. u. erw. Aufl. Wiesbaden: Bauverlag, 1993 (Baustoffe für tragende Bauteile; 2)

[Wes2] Westendarp, A.: Hinweise zu Beton und Bauausführung bei Wasserbauwerken. Mitteilungsblatt der Bundesanstalt für Wasserbau Nr. 89 (2006), S. 103–110

[Wie1] Wierig, H.-J.: Einige Beziehungen zwischen den Eigenschaften des »grünen« und »jungen« Betons und denen des Festbetons. beton 21 (1971), Nr. 11, S. 445–448 und Nr. 12, S. 487–490

[Wil1] Wille, F.: Charakteristik und Modellbildung des Verbundtragverhaltens von einlagigen Rundlitzenseilen in Beton. Dissertation, TU Cottbus, 2004

[Win1] Winter, G.; Schnellenbach-Held, M.; Gusia, P.: Ausführungsqualität von Stahlbeton- und Spannbetonbrücken an Bundesfernstraßen. Beton- und Stahlbetonbau 107 (2012), Nr. 3, S. 146–153

[Wis1] Wischers, G.; Manns, W.: Ursachen für das Entstehen von Rissen in jungem Beton. Düsseldorf: Beton-Verlag (Betontechnische Berichte 1973); auch in: beton 23 (1973), Nr. 4, S. 167–171 und Nr. 5, S. 222–228

[Wis2] Wischers, G.: Betontechnische und konstruktive Maßnahmen gegen Temperaturrisse in massigen Bauteilen, Düsseldorf: Beton-Verlag, 1964 (Fortschritte des Betonbaues, Nr. 7)

[Wis3] Wischers, G.; Dahms, J.: Untersuchungen zur Beherrschung von Temperaturrissen in Brückenwiderlagern durch Raum- und Scheinfugen. Beton (1968), Nr. 11, S. 439–442 und Nr. 12, S. 483–490

[Wis4] Wischers, G.; Manns, W.; Dahms, J.: Festigkeitsentwicklung des Betons. In: Verein Deutscher Zementwerke e.V. (Hrsg.): Zement-Taschenbuch, 48. Ausgabe, S. 261–285. Wiesbaden, Berlin: Bauverlag, 1984

[Wit1] Wittmann, F.H.: On the action of capillary pressure in fresh concrete. Cement and Concrete Research 6 (1976), Nr. 1, S. 49–56

[Wit2] Wittmann, F.H.: Grundlagen eines Modells zur Beschreibung charakteristischer Eigenschaften des Betons. In: Deutscher Ausschuss für Stahlbeton e.V. (Hrsg.), DAfStb-Heft 290. Berlin: Verlag Ernst & Sohn, 1977

[Wit3] Wittmann, F.H.: Über den Zusammenhang von Kriechverformung und Spannungsrelaxation des Betons. Beton und Stahlbetonbau 66 (1971), Nr. 3, S. 63–65

[Wu1] Wu, M.H.Q.: Tension stiffening in reinforced concrete – Instantaneous and time-dependent behaviour. Thesis, University of New South Wales, Sidney 2010

[Wu2] Wu, H.Q.; Gilbert, R.I.: An experimental study of tension stiffening in reinforced concrete members under short-term and long-term loads. In: School of Civil and Environmental Engineering (Hrsg.): Studies from School of Civil and Environmental Engineering. Sydney: University of New South Wales, 2008 (UNICIV Report; R-449)

[Wyr1] Wyrzykowski, M.; Lura, P.: Early-age thermal deformations of cement paste and mortar. In: Ye, G. (Hrsg.): RILEM proceedings of the second International Conference on Microstructural-related Durability of Cementitious Composites; 11–13 April 2012, Amsterdam. Bagneux: RILEM 2012 (S. 360–367)

[Yam1] Yamao, H.; Chou, L.; Niwa, J.: Experimental study on bond stress slip relationship. Proceedings of Japan Society of Civil Engineers 343 (1984), S. 219–228

[Ye1] Ye, G.; Breugel, K. van: Potential of HYMOSTRUC hydration model for self-healing of microcracks in cementitious materials. In: Proceedings of the 1st International Conference on Self Healing Materials; Noordwijk aan Zee, 2007 (Springer series in materials science; 100.)

[Zem1] Verein Deutscher Zementwerke e.V. (Hrsg.) Zementtaschenbuch 2002. Düsseldorf: Verlag Bau+Technik, 2002

[Zil1] Zilch, K.; Schiessl, A.: Experimentelle Untersuchung zur Rissverzahnung und zum Verbundverhalten von Bauteilen aus selbstverdichtendem Beton. Stuttgart: Fraunhofer IRB Verlag, 2001

[Zah1] Zahn, F.; Wochner, M.: Betrachtungen zur rechnerischen Rissbreite bei frühem und spätem Zwang und geometrischen Schwachstellen. Beton- und Stahlbetonbau 111 (2016), Nr. 3, S. 132–140

[ZTV1] Bundesministerium für Verkehr, Bau- und Wohnungswesen, Abt. Eisenbahnen, Wasserstraßen (Hrsg.): Zusätzliche Technische Vertragsbedingungen – Wasserbau (ZTV-W) für Wasserbauwerke aus Beton und Stahlbeton (Leistungsbereich 215), Ausgabe 2004. Hannover: Drucksachenstelle bei der Wasser- und Schifffahrtsdirektion Mitte, 2004

[Zyc1] Zych, M.: The Influence of Ambient Temperature on RC Tank Walls Watertightness in Research and Theory. Periodica Polytechnica Civil Engineering 59 (2015), Nr. 3, S. 267–278

[Zwi1] Zwicky, D.: Bond and ductility: a theoretical study on the impact of construction details. Part 1: basic considerations; Part 2: structure-specific features. Advances of Concrete Construction 1 (2013) Nr. 1, S. 103–119 und Nr. 2, S. 137–149

Stichwortverzeichnis

A

B

C

D

E

F

G

H

I

K

L

M

N

O

P

Q

R

S